"十四五"时期国家重点出版物出版专项规划项目
中国能源革命与先进技术丛书

机械工业出版社高水平学术著作出版基金项目

# 基于子模块级联型换流器的柔性输电系统

徐政　张哲任　肖晃庆　著

Flexible Power Transmission Systems
Based on Cascaded Submodule Converters

本书包含三大板块。第一大板块是新型电力系统基础理论，内容包括电压源换流器（VSC）与交流电网之间的五种同步控制方法，VSC 及其控制模式的分类，基于模块化多电平换流器（MMC）的全能型静止同步机的原理与应用，电力系统强度的定义及其计算方法，电力系统谐振稳定性的定义及其分析方法，基于阻抗模型分析电力系统谐振稳定性的两难困境等。第二大板块是柔性直流输电系统的原理和应用，内容包括 MMC 的工作原理及其稳态特性，MMC 的主电路参数选择与损耗计算，基于 MMC 的柔性直流输电系统的控制策略，MMC 中的子模块电容电压控制，MMC 的交直流侧故障特性分析及直流侧故障自清除能力构建，适用于架空线路的柔性直流输电系统，大规模新能源基地的柔性直流送出系统，MMC 直流输电应用于海上风电场接入电网，MMC 直流电网的电压控制原理与暂态故障特性，高压直流断路器的基本原理和实现方法，新能源基地全直流集电和并网系统，MMC 直流换流站的绝缘配合设计，MMC 的电磁暂态快速仿真方法等。第三大板块是基于子模块级联型换流器的柔性交流输电系统的原理和应用，内容包括模块化多电平矩阵变频器（M3C）的原理和控制策略，基于 M3C 的海上风电场低频交流送出系统原理，基于 MMC 的统一潮流控制器（UPFC）原理，子模块级联型静止同步补偿器（STATCOM）原理等。

本书适合从事新型电力系统科研、规划、设计、运行以及柔性输电装备研发的高级工程技术人员和高等学校电气工程学科的教师与研究生阅读。

**图书在版编目（CIP）数据**

基于子模块级联型换流器的柔性输电系统／徐政，张哲任，肖晃庆著． -- 北京：机械工业出版社，2025.5. --（中国能源革命与先进技术丛书）． -- ISBN 978-7-111-77880-6

Ⅰ．TM72

中国国家版本馆 CIP 数据核字第 2025FY5562 号

机械工业出版社（北京市百万庄大街 22 号　邮政编码 100037）
策划编辑：付承桂　　　　　责任编辑：付承桂　闾洪庆
责任校对：樊钟英　张　薇　　封面设计：鞠　杨
责任印制：刘　媛
三河市宏达印刷有限公司印刷
2025 年 5 月第 1 版第 1 次印刷
184mm×260mm・41.5 印张・2 插页・1030 千字
标准书号：ISBN 978-7-111-77880-6
定价：298.00 元

电话服务　　　　　　　　　网络服务
客服电话：010-88361066　　机 工 官 网：www.cmpbook.com
　　　　　010-88379833　　机 工 官 博：weibo.com/cmp1952
　　　　　010-68326294　　金　书　网：www.golden-book.com
封底无防伪标均为盗版　　　机工教育服务网：www.cmpedu.com

# 前　言

不管是柔性直流输电技术还是柔性交流输电技术，发展到今天，其共同的核心技术都是子模块级联型换流器技术。可以说，子模块级联型换流器技术为电网一次系统的柔性化铺平了道路，是新型电力系统的基本支撑技术，在我国具有十分广阔的应用前景。子模块级联型换流器技术目前已趋于成熟，业界迫切需要一本反映此领域最新技术水平的学术专著，本书正是在这样的背景下撰写的。本书的学术贡献主要体现在如下几个方面。

**第一，本书创造了一系列新的技术概念。** 例如，针对电压源换流器（VSC）与交流电网之间的同步控制问题，本书按照同步控制方法所基于的物理媒介，即换流器交流母线 PCC 上可直接测量的 4 个物理量以及 VSC 的直流侧电压，将既有的同步控制方法统一归类为 5 个大类，分别为基于 PCC 瞬时电压的锁相环（PLL），包括 SRF-PLL 和 DDSRF-PLL；基于 PCC 有功功率的功率同步环（PSL）；基于 VSC 直流侧电压的直流电压同步环（VSL）；基于 PCC 无功功率的无功功率同步环（QSL）；基于 PCC 瞬时电流的电流同步环（CSL）。

针对目前业界关于构网型 VSC 与跟网型 VSC 定义不明确、逻辑不严密的问题，本书根据 VSC 能否独立确立全网频率对 VSC 的类型进行了重新划分并给出了明确的定义。本书将 VSC 与所接入电网之间的相互作用关系定义为两种基本类型，分别为电网构造型（Grid Forming）VSC 和电网支撑型（Grid Supporting）VSC。其中，电网构造型 VSC 本书也称其为"构网电源（Grid Forming Source）"，包含 4 层含义：第 1 层含义是构网电源为无源电网或新能源基地电网的功率平衡电源，其在交流侧的行为与交流电网潮流计算中的"平衡节点"完全一致，其在直流侧的表现则为直流侧电压 $U_{dc}$ 恒定，但 $U_{dc}$ 恒定不是构网电源本身实现的，而是由直流电网中的其他电源或者储能装置实现的；第 2 层含义是当 VSC 作为构网电源时，其采用的控制模式为 $f/V$ 控制模式；第 3 层含义是构网电源的运行频率决定了无源电网或新能源基地电网的运行频率；第 4 层含义是构网电源的电压幅值在很大程度上决定了无源电网或新能源基地电网的运行电压。本书将接入有源交流电网且采用同步控制的所有 VSC 统称为电网支撑型 VSC，其包含 4 种子类型，分别为电压支撑型 VSC、频率支撑型 VSC、电压与频率全支撑型 VSC，以及电压与频率零支撑型 VSC；并将电压与频率零支撑型 VSC 称为电网跟随型（Grid Following）VSC。

针对"宽频振荡"定义模糊问题，本书明确给出了电力系统谐振稳定性的定义。当电力系统遭受扰动后，必然进入电磁暂态振荡过程，其电压、电流响应中除了基波频率的强制分量外，还包含有以"固有谐振频率"振荡的自由分量。本书将这种以"固有谐振频率"振荡的自由分量的衰减特性定义为电力系统谐振稳定性。如果所有以"固有谐振频率"振荡的自由分量都是衰减的，则称电力系统是谐振稳定的，否则就称电力系统是谐振不稳定的。

　　针对基于阻抗模型分析电力系统谐振稳定性问题的做法，本书明确提出了两种不同性质的增量线性化模型，即基于泰勒级数展开的增量线性化模型与基于傅里叶级数展开的增量谐波线性化模型。强调了谐波线性化方法的基本原理是使非线性装置线性化后的数学模型满足线性时不变（LTI）模型的频率保持特性，即单一频率激励产生同一频率响应的特性。并在此基础上以非线性电阻元件为例，证明了在直流工作点上，基于泰勒级数展开的增量线性化模型与基于傅里叶级数展开的增量谐波线性化模型是一致的；而在交流稳态工作点上，基于泰勒级数展开的增量线性化模型与基于傅里叶级数展开的增量谐波线性化模型是不一致的。本书强调了基于 LTI 系统理论分析电力系统的谐振稳定性时，电力电子装置的线性化模型应采用基于傅里叶级数展开的增量谐波线性化模型，即采用双输入描述函数法所导出的增量谐波线性化模型。本书指出了目前基于阻抗模型分析电力系统谐振稳定性的两难困境，分别为"削足适履"困境和"走断头路"困境。所谓"削足适履"困境，指的是为了满足 LTI 模型单一频率激励产生同一频率响应的要求，采用双输入描述函数法导出电力电子装置的 LTI 增量阻抗模型时必须舍去非高次谐波分量，从而使 LTI 增量阻抗模型的精度受到了实质性的损伤，导致基于 LTI 增量阻抗模型采用 LTI 系统理论进行电力系统谐振稳定性分析的结果变得不可靠。所谓"走断头路"困境，指的是尽管可以推导出精度较高的电力电子装置频率耦合阻抗（或导纳）模型，但频率耦合阻抗（或导纳）模型不是 LTI 模型，因而不能将频率耦合阻抗模型与其他元件的 LTI 模型联接在一起，应用 LTI 系统理论来分析整个系统的稳定性。基于频率耦合阻抗（或导纳）模型，目前并没有可用的数学工具来进一步分析整个系统的谐振稳定性，即在推导出了频率耦合阻抗（或导纳）模型后就无路可走了。

　　本书提出的其他新技术概念还包括：非同步机电源；时域运算模型；同步控制环的抗电压扰动能力；同步控制环的抗频率扰动能力；根据同步控制方法和 VSC 外部特性双要素的 VSC 分数格式控制模式命名方法；全能型静止同步机；目标同步机；交直流双侧故障隔离；等效惯量提升因子；稳态频率偏差下降因子；关键性谐振模态；电压韧度；容量短路比、阻抗短路比、电压刚度、多馈入电压刚度、多馈入阻抗短路比；基于电压支撑强度不变的新能源基地电网等效简化方法等。

　　第二，本书比较完美地阐释了学习和应用子模块级联型换流器技术中所遇到的众多难点问题。包括：MMC 的实时触发模式；MMC 数学模型的双模分量描述法及其解耦特性；基于逐次逼近法的 MMC 稳态数学模型解析推导方法；MMC 的交流侧基频等效电路与调制比的定义；MMC 直流侧与交流侧阻抗的定义；等容量放电时间常数的意义；相单元串联谐振角频率的意义；SRF-PLL 的最优参数设计；PSL 的最优参数设计；QSL 的最优参数设计；QSL 同时实现同步控制与无功功率均摊的原理；MMC 的双模双环控制器设计；MMC 的环流抑制控制；二次谐波电流注入控制的原理与特性；零序三次谐波电压注入控制的原理与特性；同时实现恒定无功功率和恒定电压控制的外环控制器；基于 DDSRF 的通用瞬时正、负序分量分解方法；交流电网电压不平衡和畸变时 MMC 的双模双环双序控制器设计；MMC 作为无源电网或新能源基地电网构网电源时的定交流电压幅值差模单环控制器设计原理与高电压刚度实现方法；基于各种排序算法的子模块电容电压平衡策略；基于 $s$ 域运算电路模型的 MMC 直流侧短路电流计算方法；FHMMC 的防直流电流断流控制器和防输出功率堵塞控制器设计原理；大规模新能源基地的 3 种 LCC-MMC 串联型柔性直流输电送出系统结构；应用于大规模新能源基地送出的 LCC-MMC 送端站的控制策略；海上风电送出的 10 种典型方案及其技术经济特点；直流电网一次调压与二次调压的协调控制方法；MMC 直流电网的 2 种故障处理方法；高压直流断路器开断直流电流的 2 条基本途径；组合式多端口高压直流断路器实现原理；大规模新能源基地全直流汇集与送出系统的关键技术；全能型静止同步机的实现原理与应用技术；MMC 直流换流站绝缘配合设计原则；M3C 子模块电容电流与电容电压集合平均值的解析推导方法；M3C 控制器设计原理；基于 MMC 的 UPFC 的控制器设计原理；星形接线子模块级联型 STATCOM 在交流电网电压平衡和不平衡时的控制器设计原理；三角形接线子模块级联型 STATCOM 在交流电网电压平衡和不平衡时的控制器设计原理；STATCOM 同时实现动态无功补偿和有源滤波的原理；基于分块交接变量方程法的 MMC 快速仿真总体思路；子模块戴维南等效快速仿真方法；桥臂戴维南等效快速仿真方法；$s$ 域节点导纳矩阵法的两阶段实现原理；谐波线性化方法的基本原理与实现方法；基于双输入描述函数法的增量谐波线性化模型推导方法；频率耦合阻抗模型的推导方法与基本性质。

第三，本书基于扎实的推导和仿真，对一批业界流行的学术观点提出了质疑，并给出了作者的观点：

1）本书将电力电子技术领域广泛使用的用于描述算法原理的框图称为"时域运算模型"。以往这种描述算法原理的框图并没有一个合适的名称，容易被误解为是控制理论中的传递函数框图。事实上，这种描述算法原理的框图并不是控制理论意义上的传递函数框图，控制理论意义上的传递函数是在 $s$ 域中的函数，不是时域函数；而这种描述算法原理的框图首先是时域中的模型，与 $s$ 域中的函数没有任何关系，这种框图中的符号 "$s$" 仅仅用来表示微分和积分运算的算子符号。故拉普拉斯变换的相关定理对时域运算模型并不适用。

2）以往文献认为 SRF-PLL 是全局渐近稳定的，而本书用一个具体实例证明了 SRF-PLL 是非全局渐近稳定的。

3）之前有文献提出了基于 VSC 直流侧电容动态特性实现同步控制的方法，即本书所称的 VSL；本书证明了 VSL 因其抗电压扰动能力和抗频率扰动能力都极弱，不太可能在实际电网中应用。

4）基于耦合振子同步机制的 CSL 是当前的一大研究热点，业界对此种同步机制寄予了很高的期望。但本书通过一个简单的双机系统实例，证明了 CSL 不具备有功功率和无功功率的控制能力，因而不太可能在实际工程中得到应用。

5）业界普遍认为基于 PLL 的同步控制方法在强系统下有很好的性能；而基于 PSL 的同步控制方法比较适合于弱系统，在强系统下会发生振荡。本书通过数学推导和仿真验证，证明不管是基于 PLL 的同步控制方法还是基于 PSL 的同步控制方法，都能在强系统和弱系统下展现出很好的性能。基于 PSL 的同步控制方法在强系统下发生振荡的原因是阻尼系数采用了弱系统条件下设计的参数所致；而 PLL 在弱系统下会失锁的原因是 VSC 在弱系统下的控制策略不合适所致。

6）对于远距离架空线路柔性直流输电系统，当采用具有直流侧故障自清除能力的换流器实现直流线路故障清除时，一种可能的方案是采用全桥半桥混合型 MMC，即采用 FHMMC。在采用 FHMMC 的条件下，有 2 种直流线路故障清除方案，一种是通过子模块闭锁清除直流侧故障方案；另一种是将故障电流直接控制到零的直流侧故障清除方案。对于这 2 种直流侧故障清除方案，本书的论证结论是应采用子模块闭锁方案且全桥子模块比例取 50%。理由如下：①当 FHMMC 的全桥子模块比例为 50%时，采用子模块闭锁方案可以十分有效地清除直流侧故障，故障清除时间很短，典型值小于 15ms；故障清除后的子模块电容过电压水平不高，在 1.3 倍左右；相比于直接故障电流控制方案，子模块闭锁方案优势明显。②若采用直接故障电流控制方案清除直流侧故障，为了达到与子模块闭锁方案相同的直流侧故障清除时间（15ms），需要的全桥子模块比例将远远大于50%，典型值为75%；代价是大大增加了投资成本和运行成本，因此其合理性存疑。采用直接故障电流控制方案的主要依据是如下3点：①在清除直流侧故障期间可以对交流电网进行一定的无功支撑；②直流侧故障清除后子模块几乎不存在过电压；③由于子模块电容电压相对均衡，便于直流系统重新启动恢复送电。上述3个依据不够充分的理由如下：①直流侧故障清除期间对交流电网进行无功支撑，其必要性存疑；②子模块设计时已经考虑了一定的过电压耐受能力，1.3倍的过电压水平是可以接受的，追求直流侧故障清除后不存在过电压问题，其必要性存疑；③子模块电容电压不均衡不会妨碍直流系统重新启动恢复送电，FHMMC在恢复控制后子模块电容电压会很快得到均衡，因此追求直流侧故障清除后子模块电容电压相对均衡，其必要性存疑。总之，为了采用直接故障电流控制方案，需要大大提高FHMMC中的全桥子模块比例，在达到与子模块闭锁方案相同的故障清除时间的条件下，全桥子模块比例需要增加到75%，大大增加了FHMMC的投资成本和运行成本，而获得的效益几乎可以忽略不计。因此在选择直流侧故障清除控制方案时，不推荐采用直接故障电流控制方案。

7）本书证明了在新型电力系统中，容量短路比完全失去了刻画电力系统电压支撑强度的指标作用，已不再适用；相反，阻抗短路比在新型电力系统中仍然适用，且其数值所指示的系统强度保持其原始的意义。1992年CIGRE和IEEE联合工作组提出的短路比概念是基于短路容量来定义的，也就是本书所称的容量短路比。当电网中只有同步机电源时，容量短路比与阻抗短路比是完全一致的，因为同步机的短路电流完全由其阻抗决定，不存在限幅环节。但对于非同步机电源，容量短路比与阻抗短路比两者是完全不同的。对于非同步机电源，由于短路电流有限幅环节的作用，用短路容量来定义短路比是没有意义的；即对于非同步机电源，短路容量并不能表征其维持接入点电压模值接近于接入点空载电压的能力。

8）本书对基于序网模型分析谐振稳定性的正当性提出了质疑。以往有基于序网模型对交流电网谐振稳定性进行分析的做法，比如采用阻抗模型分析谐振稳定性时，通常是基于交流电网的序阻抗模型进行分析的。但本书基于谐振稳定性的定义，认为基于序网阻抗模型分析谐振稳定性是不合适的。

第四，本书在新型电力系统学术研究的方法上，也有一个重要创新。本书大量使用了直接求解系统微分代数方程组的方法来研究一定规模的系统问题，克服了解析分析只能应用于很低阶的系统而仿真方法机理展示不直接的缺陷，为新型电力系统的研究提供了一种新的技术手段。

本书总结了浙江大学交直流输配电研究团队在柔性输电领域的工作积累，是本研究团队共同努力的结晶。特别感谢黄莹、王国腾、徐雨哲、徐文哲、金砚秋等团队成员在本书写作过程中所做的工作。

与本书相关的研究工作得到了国家自然科学基金项目（批准号：U24B2089）的资助，在此表示感谢。

本书对业界普遍关注的一些技术问题给出了鲜明的学术观点，但学术观点需要时间和实践的检验；另外，限于作者水平，书中难免存在错误和不妥之处，真诚欢迎广大读者批评指正。本书的视频教程将在B站UP主"徐政讲直流输电"发布，作者联系邮箱：xuzheng007@zju.edu.cn。

作　者

2025年5月

# 首字母缩略词汇总

| | | |
|---|---|---|
| ABB | ASEA Brown Boveri | ABB 电力和自动化技术公司 |
| AGC | Automatic Generation Control | 自动发电控制 |
| CB | Circuit Breaker | 断路器 |
| CCC | Capacitor Commutated Converter | 电容换相换流器 |
| CCSC | Circulating Current Suppressing Controller | 环流抑制控制器 |
| CDSM | Clamping Double Sub-Module | 钳位双子模块 |
| CIGRE | Conseil International des Grands Reseaux Electriques International Council on Large Electric Systems | 国际大电网会议 |
| CHBC | Cascaded H-Bridge Converter | 级联 H 桥换流器 |
| CMMC | MMC using CDSMs | 采用钳位双子模块的模块化多电平换流器 |
| CSC | Current Synchronization Control | 电流同步控制 |
| CSL | Current Synchronization Loop | 电流同步环 |
| CSMC | Cascaded Sub-Module Converter | 子模块级联型换流器 |
| DDSRF | Decoupled Double Synchronous Reference Frame | 正负序解耦双同步旋转坐标系 |
| DDSRF-PLL | Decoupled Double Synchronous Reference Frame-Phase Locked Loop | 基于双同步旋转坐标变换正负序解耦技术的锁相环 |
| DFIG | Doubly Fed Induction Generator | 双馈感应发电机 |
| D-MMC | Diode in series with MMC | 直流出口串接大功率二极管阀的 MMC 逆变站 |
| DRU | Diode Rectifier Unit | 二极管整流站 |
| EMTDC | Electromagnetic Transient in DC System | 电磁暂态仿真软件 |
| ESSM | Energy Storage Sub-Module | 储能型子模块 |
| FACTS | Flexible Alternative Current Transmission System | 柔性交流输电系统 |
| FBSM | Full Bridge Sub-Module | 全桥子模块 |
| FMMC | MMC using FBSMs | 采用全桥子模块的模块化多电平换流器 |
| FHMMC | Full-bridge and Half-bridge Submodule Hybrid MMC | 全桥半桥子模块混合型 MMC |
| FRC | Fully Rated Converter | 全功率换流器 |
| GSC | Grid Side Converter | (风电机组)网侧换流器 |
| GTO | Gate Turn-Off thyristor | 门极关断晶闸管 |

（续）

| | | |
|---|---|---|
| HBSM | Half Bridge Sub-Module | 半桥子模块 |
| HMMC | MMC using HBSMs | 采用半桥子模块的模块化多电平换流器 |
| HVDC | High Voltage Direct Current | 高压直流输电 |
| IEEE | Institute of Electrical and Electronics Engineers | 电气电子工程师学会（美国） |
| IGBT | Insulated Gate Bipolar Transistor | 绝缘栅双极型晶体管 |
| KCL | Kirchhoff's Current Law | 基尔霍夫电流定律 |
| KVL | Kirchhoff's Voltage Law | 基尔霍夫电压定律 |
| LCC | Line Commutated Converter | 电网换相换流器 |
| LCC-CMMC | Line Commutated Converter with MMC using CDSMs | 采用 LCC 和钳位双子模块 MCC 构成的混合式直流输电系统 |
| LCC-HVDC | Line Commutated Converter based High Voltage Direct Current | 采用 LCC 的高压直流输电 |
| LCS | Load Commutation Switch | 负载转移开关 |
| LPF | Low Pass Filter | 低通滤波器 |
| LTI | Linear Time Invariant | 线性时不变 |
| MB | Main Breaker | 主断路器 |
| MCOV | Maximum Value of Continuous Operating Voltage | 最大持续运行电压 |
| MMC | Modular Multilevel Converter | 模块化多电平换流器 |
| MMCB | Modular Multilevel Converter Bank | 模块化多电平换流器组 |
| MMDC | Modular Multilevel DC/DC Converter | 模块化多电平直流变压器 |
| MMMC,M3C | Modular Multilevel Matrix Converter | 模块化多电平矩阵变频器 |
| MMPFC | Modular Multilevel(DC)Power Flow Controller | 模块化多电平直流潮流控制器 |
| MOA | Metal Oxide Arrester | 金属氧化物避雷器 |
| MOV | Metal Oxide Varistor | 金属氧化物压敏电阻 |
| MPPT | Maximum Power Point Tracking | 最大功率点跟踪 |
| MSC | Machine Side Converter | （风电机组）机侧换流器 |
| NPCC | Northeast Power Coordinating Council | 美国东北电力协调委员会 |
| NLC | Nearest Level Control | 最近电平控制 |
| NLM | Nearest Level Modulation | 最近电平调制 |
| pu | per unit | 标幺值 |
| PCC | Point of Common Coupling | 公共连接点 |
| PCOV | Peak Value of Continuous Operating Voltage | 持续运行电压峰值 |
| PI | Proportional Integral Controller | 比例积分控制器 |
| PLL | Phase Locked Loop | 锁相环 |
| PR | Proportional Resonant Controller | 比例谐振控制器 |
| PSC | Power Synchronization Control | 功率同步控制 |
| PSCAD | Power Systems Computer Aided Design | 电磁暂态仿真软件 |
| PSL | Power Synchronization Loop | 功率同步环 |

(续)

| 缩略词 | 英文全称 | 中文全称 |
|---|---|---|
| PSS | Power System Stabilizer | 电力系统稳定器 |
| PWM | Pulse Width Modulation | 脉冲宽度调制 |
| QSL | Q(Reactive Power) Synchronization Loop | 无功功率同步环 |
| RoCoF | Rate of Change of Frequency | 频率变化率 |
| RSIWV | Required Switching Impulse Withstand Voltage | 要求的操作冲击耐受电压 |
| SCCC | STATCOM and CCC | 改进型电容换相换流器 |
| SCR | Short Circuit Ratio | 短路比 |
| SHESM | Selective Harmonic Elimination Stair Modulation | 特定谐波消去阶梯波调制 |
| SIPL | Switching Impulse Protective Level | 操作冲击保护水平 |
| SM | Sub-Module | 子模块 |
| SO | Standard Oscillator | 全网统一的标准振子 |
| SRF-PLL | Synchronous Reference Frame-Phase Locked Loop | 基于同步旋转坐标变换的锁相环 |
| SSIWV | Specified Switching Impulse Withstand Voltage | 额定操作冲击耐受电压 |
| STATCOM | Static Synchronous Compensator | 静止同步补偿器 |
| SVC | Static Var Compensator | 静止无功补偿器 |
| SVC | Space Vector Control | 空间向量控制 |
| TCSC | Thyristor Controlled Series Compensation | 可控串联补偿 |
| THD | Total Harmonic Distortion | 总谐波畸变率 |
| TSM | Target Synchronous Machine | 目标同步机 |
| UFD | Ultra-Fast Disconnector | 超高速隔离开关 |
| UPFC | Unified Power Flow Controller | 统一潮流控制器 |
| VBE | Valve Base Electronics | 阀基电子设备 |
| VDCOL | Voltage Dependent Current Order Limit | 低压限流 |
| VOC | Virtual Oscillator Control | 虚拟振荡器控制 |
| VSC | Voltage Source Converter | 电压源换流器 |
| VSC-HVDC | Voltage Source Converter based High Voltage Direct Current | 电压源换流器型直流输电,柔性直流输电 |
| VSC-MTDC | Voltage Source Converter based Multi-terminal Direct Current | 电压源换流器型多端直流输电,多端柔性直流输电 |
| VSG | Virtual Synchronous Generator | 虚拟发电机 |
| VSL | (DC) Voltage Synchronization Loop | 直流电压同步环 |
| VSM | Virtual Synchronous Machine | 虚拟同步机 |
| VSSM | Versatile Static Synchronous Machine | 全能型静止同步机 |

# 符 号 说 明

**A**

**B**

$b_h$ 理想阶梯波展开中的傅里叶系数
$B_n$ MMC 的负极公共直流母线名称
$\boldsymbol{B}_{node}(j\omega_i)$ 频率 $j\omega_i$ 上的节点电纳矩阵
$B_p$ MMC 的正极公共直流母线名称

**C**

$C_0$ 子模块电容
$C_{arm}$ 桥臂等效电容
$C_{mmc}$ MMC 集总等效电容
$C_{ph}$ 相单元等效电容
$C_{sm}$ 子模块等效电容

**D**

dq 以电网角频率 $\omega$ 正方向（逆时针）旋转的坐标系
$d^2q^2$ 以 2 倍电网角频率 $2\omega$ 正方向（逆时针）旋转的坐标系
$d^{-1}q^{-1}$ 以电网角频率 $\omega$ 反方向（顺时针）旋转的坐标系
$d^{-2}q^{-2}$ 以 2 倍电网角频率 $2\omega$ 反方向（顺时针）旋转的坐标系
$D$ 发电机运动方程中的阻尼系数
$D_1$ 构成半桥子模块上开关的反向并联二极管
$D_2$ 构成半桥子模块下开关的反向并联二极管
$D_{vsm}$ 虚拟同步机阻尼系数

**E**

$E_{na}, E_{nb}, E_{nc}$ MMC 下桥臂各相电抗器与子模块相接的点
$E_{off}$ IGBT 的关断能量损耗
$E_{on}$ IGBT 的开通能量损耗

| | | |
|---|---|---|
| $E_{pa}, E_{pb}, E_{pc}$ | | MMC 上桥臂各相电抗器与子模块相接的点 |
| $E_{rec}$ | | 二极管的关断能量损耗 |
| $E_{sw1}$ | | 一个基波周期内必要开关损耗对应的能量 |
| $E_{sw,add}$ | | 附加开关损耗对应的能量 |
| $E_{va}, E_{vb}, E_{vc}$ | | M3C 输出侧各相 3 个桥臂的公共联接点 |
| $E_{VA}, E_{VB}, E_{VC}$ | | M3C 输入侧各相 3 个桥臂的公共联接点 |

## F

| | |
|---|---|
| $f$ | 电网频率 |
| $f_0$ | 电网额定频率 |
| $f_1$ | MMC 电平数与控制器控制频率完全呈线性关系的分界点 |
| $f_2$ | 使 MMC 子模块利用率达到最大的控制器控制频率 |
| $f_c$ | LPF 的截止频率 |
| $f_{ctrl}$ | MMC 控制频率 |
| $f_{pcc}$ | 换流站交流母线 PCC 的频率 |
| $f_{sw,ave}$ | MMC 中 IGBT 的平均开关频率 |

## G

| | |
|---|---|
| $G$ | 节点电导矩阵 |
| $G_{dc,pu}$ | VSC 的等效直流侧电导标幺值 |
| $G_{node}(j\omega_i)$ | 频率 $j\omega_i$ 上的节点电导矩阵 |

## H

| | |
|---|---|
| $h$ | ①表示谐波次数;②表示时域仿真时的积分步长 |
| $H$ | MMC 的等容量放电时间常数 |
| $H_{amp}$ | 等效惯量提升因子 |
| $H_{order}^2$ | 2 次及以上谐波项 |
| $H_{order}^3$ | 3 次及以上谐波项 |
| $H_{order}^5$ | 5 次及以上谐波项 |
| $H_{vsc}$ | VSC 的等容量放电时间常数 |
| $H_{vsm}$ | 虚拟同步机转子惯性时间常数 |

## I

| | |
|---|---|
| $i$ | 表示电流瞬时值的一般性符号 |
| $i_{Aa}, i_{Ba}, i_{Ca}$ | M3C 中流过桥臂 Aa、Ba、Ca 的电流 |
| $i_{Ab}, i_{Bb}, i_{Cb}$ | M3C 中流过桥臂 Ab、Bb、Cb 的电流 |
| $i_{Ac}, i_{Bc}, i_{Cc}$ | M3C 中流过桥臂 Ac、Bc、Cc 的电流 |
| $i_{arm}$ | MMC 的桥臂电流 |
| $i_{c,na}, i_{c,nb}, i_{c,nc}$ | MMC 下桥臂三相子模块电容电流集合平均值 |

| | |
|---|---|
| $i_{c,pa}, i_{c,pb}, i_{c,pc}$ | MMC 上桥臂三相子模块电容电流集合平均值 |
| $i_{c,rj}$ | $j$ 相 $r$ 桥臂子模块电容电流集合平均值 |
| $i_{c,rj\_i}$ | $j$ 相 $r$ 桥臂第 $i$ 个子模块电容电流 |
| $i_{CE}$ | IGBT 导通时流过的电流 |
| $i_{cirj}$ | $j$ 相环流 |
| $i_{cird}, i_{cirq}$ | MMC 三相环流的 d 轴分量和 q 轴分量 |
| $i_{cpl}$ | CSL 的输入电流信号 |
| $i_D$ | 二极管导通时流过的电流 |
| $i_d^*$ | 由外环控制器产生的内环电流控制器 d 轴电流指令值 |
| $i_{dc}$ | MMC 直流侧电流瞬时值 |
| $i_{dcf}$ | MMC 直流侧故障后的直流电流故障分量 |
| $i_{na}, i_{nb}, i_{nc}$ | MMC 下桥臂各相电流 |
| $i_{pa}, i_{pb}, i_{pc}$ | MMC 上桥臂各相电流 |
| $i_{pcc\alpha}, i_{pcc\beta}$ | 从 VSC 交流母线输出到交流系统的三相电流的 α 轴和 β 轴分量 |
| $i_{rj}$ | $j$ 相 $r$ 桥臂电流 |
| $i_{sm}$ | 流入子模块的电流 |
| $i_{T1}, i_{D1}, i_{T2}, i_{D2}$ | MMC 子模块中开关管 $T_1$、$D_1$、$T_2$、$D_2$ 的电流 |
| $i_{V1}$ | 子模块中流过上管 $T_1$ 或其反并联二极管 $D_1$ 的电流 |
| $i_{V2}$ | 子模块中流过下管 $T_2$ 或其反并联二极管 $D_2$ 的电流 |
| $i_{va}, i_{vb}, i_{vc}$ | ①MMC 阀侧交流相电流；②M3C 输出侧的阀侧交流相电流 |
| $i_{v\alpha}, i_{v\beta}, i_{v0}$ | M3C 输出侧的阀侧交流三相电流的 αβ0 分量 |
| $i_{va}^+, i_{vb}^+, i_{vc}^+$ | MMC 阀侧交流三相电流正序分量 |
| $i_{va}^-, i_{vb}^-, i_{vc}^-$ | MMC 阀侧交流三相电流负序分量 |
| $i_{VA}, i_{VB}, i_{VC}$ | M3C 输入侧的阀侧交流相电流 |
| $i_{V\alpha}, i_{V\beta}, i_{V0}$ | M3C 输入侧的阀侧交流相电流的 αβ0 分量 |
| $i_{v\alpha}, i_{v\beta}$ | MMC 阀侧三相电流的 α 轴和 β 轴分量 |
| $i_{vd}, i_{vq}$ | MMC 阀侧三相交流电流的 d 轴分量和 q 轴分量 |
| $i_{vd}^*, i_{vq}^*$ | MMC 阀侧三相交流电流的 d 轴分量和 q 轴分量的参考值 |
| $i_{vd}^+, i_{vq}^+$ | $i_{v\alpha}$、$i_{v\beta}$ 通过正向旋转坐标变换得到的 dq 坐标系中的 d 轴和 q 轴分量 |
| $i_{vd}^-, i_{vq}^-$ | $i_{v\alpha}$、$i_{v\beta}$ 通过反向旋转坐标变换得到的 $d^{-1}q^{-1}$ 坐标系中的 d 轴和 q 轴分量 |
| $i_{vdmax}, i_{vqmax}$ | MMC 阀侧三相交流电流的 d 轴分量和 q 轴分量的限幅值 |
| $\overline{i_{vdq}^+}$ | $i_{vd}^+$、$i_{vq}^+$ 中的直流分量 |
| $\widetilde{i_{vdq}^+}$ | $i_{vd}^+$、$i_{vq}^+$ 中的 2 次谐波分量 |
| $\widetilde{i_{vdq}^+}$ | $i_{vd}^+$、$i_{vq}^+$ 中的高次谐波分量 |
| $\overline{i_{vdq}^-}$ | $i_{vd}^-$、$i_{vq}^-$ 中的直流分量 |
| $\widetilde{i_{vdq}^-}$ | $i_{vd}^-$、$i_{vq}^-$ 中的 2 次谐波分量 |

| | |
|---|---|
| $\widetilde{i_{vdq}^-}$ | $i_{vd}^-$、$i_{vq}^-$ 中的高次谐波分量 |
| $i_{\alpha a}, i_{\beta a}, i_{0a}$ | M3C 中流过桥臂 Aa、Ba、Ca 电流的 αβ0 分量 |
| $i_{\alpha b}, i_{\beta b}, i_{0b}$ | M3C 中流过桥臂 Ab、Bb、Cb 电流的 αβ0 分量 |
| $i_{\alpha c}, i_{\beta c}, i_{0c}$ | M3C 中流过桥臂 Ac、Bc、Cc 电流的 αβ0 分量 |
| $i_{\alpha cir1}, i_{\beta cir1}$ | M3C 中环流 1 的 αβ 分量 |
| $i_{\alpha cir2}, i_{\beta cir2}$ | M3C 中环流 2 的 αβ 分量 |
| $I_{c,peak}$ | 子模块电容电流的峰值 |
| $I_{c,rms}$ | 子模块电容电流的有效值 |
| $I_{D1,peak}$ | 子模块 IGBT$_1$ 反并联二极管 D$_1$ 电流的峰值 |
| $I_{D1,rms}$ | 子模块 IGBT$_1$ 反并联二极管 D$_1$ 电流的有效值 |
| $I_{D2,peak}$ | 子模块 IGBT$_2$ 反并联二极管 D$_2$ 电流的峰值 |
| $I_{D2,rms}$ | 子模块 IGBT$_2$ 反并联二极管 D$_2$ 电流的有效值 |
| $I_{dc}$ | MMC 直流侧电流直流分量 |
| $\Delta I_{dc}$ | MMC 直流侧电流增量 |
| $\Delta \underline{I}_{dc}$ | MMC 直流侧电流增量的相量形式 |
| $I_{dc0}$ | MMC 直流侧故障前的电流初始值 |
| $I_{dcB}$ | MMC 在发生直流侧短路故障闭锁瞬间的直流侧电流值 |
| $I_{dcN}$ | MMC 直流侧电流额定值 |
| $I_{dcT}$ | MMC 在发生直流侧短路故障闭锁后交流开关跳开瞬间的直流侧电流值 |
| $I_{dc\infty}$ | MMC 在发生直流侧短路故障闭锁后的直流侧稳态电流 |
| $I_{ref}$ | 避雷器参考电流，大于此电流后避雷器上产生的热效应将非常明显 |
| $I_{rN}$ | MMC 桥臂电流额定值 |
| $I_{r2m}$ | $r$ 桥臂二倍频环流的幅值 |
| $I_{s3m}$ | 桥臂电抗器虚拟等电位点上发生三相短路时的阀侧线电流幅值 |
| $I_{scm}$ | 充电时联接变压器阀侧相电流幅值 |
| $I_{st}$ | 充电时联接变压器网侧相电流幅值 |
| $I_{T1,peak}$ | 子模块 IGBT$_1$ 电流的峰值 |
| $I_{T1,rms}$ | 子模块 IGBT$_1$ 电流的有效值 |
| $I_{T2,peak}$ | 子模块 IGBT$_2$ 电流的峰值 |
| $I_{T2,rms}$ | 子模块 IGBT$_2$ 电流的有效值 |
| $I_v$ | MMC 交流侧输出相电流基波有效值 |
| $I_v^+$ | MMC 阀侧交流相电流正序基波幅值 |
| $I_v^{+h}$ | MMC 阀侧交流相电流正序 $h$ 次谐波幅值 |
| $I_v^-$ | MMC 阀侧交流相电流负序基波幅值 |
| $I_v^{-h}$ | MMC 阀侧交流相电流负序 $h$ 次谐波幅值 |
| $I_{vm}$ | MMC 交流侧输出相电流基波幅值 |
| $I_{vmmax}$ | MMC 阀侧交流相电流幅值的最大值 |
| $I_{vN}$ | MMC 交流侧基波电流额定值（标幺值） |

**J**

| | |
|---|---|
| $j$ | 表示 a、b、c 三相中的任意一相 |
| $J$ | 同步机转子的转动惯量 |
| $\boldsymbol{J}$ | 节点电压方程中的注入电流向量 |

**K**

| | |
|---|---|
| $k_{cpl}$ | CSL 的电流耦合强度 |
| $k_{acv}$ | MMC 的交流电压变换系数 |
| $k_{dcv}$ | MMC 的直流电压变换系数 |
| $k_{FB}$ | FHMMC 的桥臂中全桥子模块所占比例 |
| $k_{rank}$ | 电容电压采用保持因子排序时的保持因子 |
| $K$ | 电压下斜控制中电压下斜曲线的斜率 |
| $K_U$ | 负荷电压控制器中的比例系数 |
| $K_{vtg}$ | 电压刚度 |
| $K_{vtg,nom}$ | 正常状态下的电压刚度 |
| $K_{vtg,flt}$ | 故障状态下的电压刚度 |
| $K_{vtg}^m$ | 直流多馈入下的电压刚度 |

**L**

| | |
|---|---|
| $L$ | 表示电感或电抗的通用符号 |
| $L_0$ | MMC 桥臂电抗器的电感 |
| $L_{ac}$ | 换流器交流出口到交流系统等效电势之间的等效电感（变压器漏电感）|
| $L_{dc}$ | 考虑平波电抗器和故障线路后的电感 |
| $L_{dcB}$ | 限制 MMC 闭锁前直流短路电流超过闭锁后直流短路电流的平波电抗器电感值 |
| $L_{in}, L_{out}$ | M3C 输入侧和输出侧电感 |
| $L_{in\Sigma}, L_{out\Sigma}$ | M3C 输入侧和输出侧等效电路的内电感 |
| $L_{line}$ | 直流线路电感 |
| $L_{sys}$ | 交流系统戴维南等效电感 |

**M**

| | |
|---|---|
| $m$ | MMC 的输出电压调制比 |
| $m_{min}$ | MMC 的输出电压调制比的最小值 |
| $m_{max}$ | MMC 的输出电压调制比的最大值 |
| $m_3$ | 3 次谐波电压调制比 |

**N**

| | |
|---|---|
| $n$ | ①表示直流系统的负极；②表示 MMC 的下桥臂 |
| $n_{level}$ | MMC 输出的电压阶梯波中的电压阶梯数，即 MMC 输出的实际电平数 |

## 符号说明

| | | |
|---|---|---|
| $n_{nj}$ | 某时刻 $j$ 相下桥臂投入的子模块个数 | |
| $n_{pj}$ | 某时刻 $j$ 相上桥臂投入的子模块个数 | |
| $N$ | 桥臂上可投入运行的子模块数目 | |
| $N_{tot}$ | 桥臂上存在的所有子模块数目 | |
| $\Delta N_{dsgn}$ | MMC 设计时考虑的冗余子模块数目，为 $N_{tot}$ 与 $N$ 之差 | |
| $N_{oprn}$ | MMC 当前运行状态桥臂上需投入的最大子模块数目 | |
| $\Delta N_{oprn}$ | MMC 可投入运行的桥臂子模块数目 $N$ 与 $N_{oprn}$ 之差 | |

### O

| | |
|---|---|
| O | MMC 或直流系统直流电压正负极之间的中性点名称 |
| O′ | MMC 交流侧三相电压的中性点名称 |

### P

| | |
|---|---|
| $p$ | ①瞬时有功功率；②表示直流系统的正极；③表示 MMC 的上桥臂 |
| $p_{pcc}$ | 从 MMC 交流母线注入交流电网的瞬时有功功率 |
| $p_{pcc}^{+}$ | 由正序电压和正序电流构成的从 MMC 交流母线注入交流系统的瞬时有功功率 |
| $p_v$ | MMC 交流出口注入交流电网的瞬时有功功率 |
| $P$ | 表示基波有功功率或平均功率的一般性符号 |
| PCC | MMC 换流站交流母线的物理位置名称 |
| $P_D$ | 二极管的总损耗功率 |
| $P_{Dcon}$ | 二极管的通态损耗功率 |
| $P_{dc}$ | MMC 注入直流侧的功率 |
| $P_{dcmax}$ | 给定换流站输出直流功率上限值 |
| $P_{dcmin}$ | 给定换流站输出直流功率下限值 |
| $P_{dc}^{*}$ | 调度中心下发给换流站的功率指令值 |
| $\Delta P_{dc}^{*}$ | 功率指令值的增量 |
| $P_{dcFN}$ | 电压基准换流站实发功率 |
| $P_{dcFN}^{*}$ | 电压基准换流站的功率指令值 |
| $P_{diff}$ | 从 MMC 内电势 $u_{diff}$ 点注入交流电网的基波有功功率 |
| $P_e$ | 发电机输出的电磁功率 |
| $\Delta P_{grid}^{*}$ | 二次调压时计算出来的全网功率指令值增量 |
| $P_m$ | 传递到发电机转子的机械功率 |
| $P_{off}$ | IGBT 的关断功率损耗 |
| $P_{on}$ | IGBT 的开通功率损耗 |
| $P_{pcc}$ | 从 MMC 交流母线注入交流电网的基波有功功率 |
| $P_{rec}$ | 二极管的反向恢复功率损耗 |
| $P_{sw1}$ | 必要开关损耗对应的功率 |
| $P_T$ | IGBT 的总损耗功率 |

| $P_{\text{Tcon}}$ | IGBT 的通态损耗功率 |
| --- | --- |
| $P_{\text{v}}$ | MMC 交流出口注入交流电网的基波有功功率 |

## Q

| $q$ | 表示瞬时无功功率的一般性符号 |
| --- | --- |
| $q_{\text{pcc}}$ | MMC 交流母线注入交流电网的瞬时无功功率 |
| $q_{\text{pcc}}^{+}$ | 由正序电压和正序电流构成的 MMC 交流母线注入系统瞬时无功功率 |
| $q_{\text{v}}$ | MMC 交流出口注入交流电网的瞬时无功功率 |
| $Q$ | 表示基波无功功率的一般性符号 |
| $Q_{\text{diff}}$ | 从 MMC 内电势 $u_{\text{diff}}$ 点注入交流电网的基波无功功率 |
| $Q_{\text{pcc}}$ | MMC 交流母线注入交流电网的基波无功功率 |
| $Q_{\text{v}}$ | MMC 交流出口注入交流电网的基波无功功率 |

## R

| $r$ | ①表示电阻的一般性符号;②用来表示 MMC 的上桥臂 p 或下桥臂 n |
| --- | --- |
| $r_{\text{CE}}$ | IGBT 的通态电阻 |
| $r_{\text{D}}$ | 二极管的通态电阻 |
| $R$ | 表示电阻的一般性符号 |
| $R_0$ | ①模拟 MMC 桥臂和换流变压器损耗的等效电阻;②MOV 的增量电阻 |
| $R_{\text{arm}}$ | 离散化处理后整个桥臂的戴维南等效电阻 |
| $R_{\text{dc}}$ | 考虑平波电抗器和故障线路后的电阻 |
| $R_{\text{deltf}}$ | 稳态频率偏差下降因子 |
| $R_{\text{dsgn}}$ | 桥臂中的子模块设计冗余度 |
| $R_{\text{in}}, R_{\text{out}}$ | M3C 输入侧和输出侧电阻 |
| $R_{\text{in}\Sigma}, R_{\text{out}\Sigma}$ | M3C 输入侧和输出侧等效电路的内电阻 |
| $R_{\text{lim}}$ | 限流电阻 |
| $R_{\text{line}}$ | 直流线路电阻 |
| $R_{\text{link}}$ | 换流站交流母线 PCC 与 Δ 点之间的联接电阻 |
| $R_{\text{oprn}}$ | 桥臂中的子模块运行冗余度 |
| $R_{\text{sys}}$ | 交流系统戴维南等效电阻 |

## S

| $s$ | 拉普拉斯算子 |
| --- | --- |
| $S_{\text{diffN}}$ | 在 MMC 内电势 $u_{\text{diff}}$ 点计算的额定容量 |
| $S_{\text{na}}, S_{\text{nb}}, S_{\text{nc}}$ | MMC 下桥臂三相平均开关函数 |
| $S_{\text{pa}}, S_{\text{pb}}, S_{\text{pc}}$ | MMC 上桥臂三相平均开关函数 |
| $S_{\text{pcc}}$ | 换流站的视在容量,即从换流站注入交流系统的复功率模值 |
| $S_{rj}$ | MMC 的 $j$ 相 $r$ 桥臂的平均开关函数 |
| $S_{rj\_i}$ | $j$ 相 $r$ 桥臂第 $i$ 个子模块的开关函数 |

| | | |
|---|---|---|
| $S_{sc,pcc}$ | | 系统为 PCC 提供的短路容量 |
| $S_v$ | | MMC 阀侧的视在容量 |
| $S_{vN}$ | | MMC 阀侧的额定容量 |
| $S_{Xy}$ | | M3C 的 $Xy$ 桥臂的平均开关函数 |
| $S_{Xy\_i}$ | | $Xy$ 桥臂第 $i$ 个子模块的开关函数 |

# T

| | |
|---|---|
| $t$ | 表示时间 |
| $T$ | 电网工频周期 |
| $T_1$ | 构成半桥子模块上开关的 IGBT 名称 |
| $T_2$ | 构成半桥子模块下开关的 IGBT 名称 |
| $\boldsymbol{T}_{abc\text{-}\alpha\beta}$ | 从 abc 三相静止坐标系变换到 αβ 二相静止坐标系的变换矩阵 |
| $\boldsymbol{T}_{abc\text{-}\alpha\beta 0}$ | 从 abc 三相静止坐标系变换到 αβ0 三相静止坐标系的变换矩阵 |
| $\boldsymbol{T}_{\alpha\beta\text{-}dq}(\theta)$ | 从 αβ 二相静止坐标系变换到 dq 旋转坐标系的变换矩阵 |
| $\boldsymbol{T}_{abc\text{-}dq}(\theta)$ | 从 abc 三相静止坐标系变换到 dq 旋转坐标系的变换矩阵 |
| $\boldsymbol{T}_{abc\text{-}dq}(-\theta)$ | 从 abc 三相静止坐标系变换到 $d^{-1}q^{-1}$ 旋转坐标系的变换矩阵 |
| $\boldsymbol{T}_{abc\text{-}dq}(-2\theta)$ | 从 abc 三相静止坐标系变换到 $d^{-2}q^{-2}$ 旋转坐标系的变换矩阵 |
| $T_{ctrl}$ | MMC 控制周期 |
| $\boldsymbol{T}_{DDSRF}(\theta_{pcc})$ | 对任意三相瞬时量提取其正序分量和负序分量的数学算子 |
| $\boldsymbol{T}_{dq\text{-}abc}(\theta)$ | 从 dq 旋转坐标系变换到 abc 三相静止坐标系的变换矩阵 |
| $\boldsymbol{T}_{dq\text{-}abc}(-\theta)$ | 从 $d^{-1}q^{-1}$ 旋转坐标系变换到 abc 三相静止坐标系的变换矩阵 |
| $\boldsymbol{T}_{dq\text{-}abc}(-2\theta)$ | 从 $d^{-2}q^{-2}$ 旋转坐标系变换到 abc 三相静止坐标系的变换矩阵 |
| $\boldsymbol{T}_{\alpha\beta 0\text{-}abc}$ | 从 αβ0 坐标系到 abc 坐标系的变换矩阵 |
| $T_e$ | 发电机电磁转矩 |
| $T_j$ | 功率器件的结温 |
| $T_m$ | 传递到发电机转子的机械转矩 |
| $T_{tozero}$ | FMMC 发生直流侧短路故障闭锁后直流电流下降到零所需的时间 |
| $T_{vtg}$ | 电压韧度 |
| $T_{vtgp}$ | 抗有功冲击电压韧度 |
| $T_{vtgq}$ | 抗无功冲击电压韧度 |

# U

| | |
|---|---|
| $u_{0seq}$ | 零序电压注入控制中注入的零序电压 |
| $u_{Aa}, u_{Ba}, u_{Ca}$ | M3C 桥臂 Aa、Ba、Ca 的子模块合成出来的电压 |
| $u_{Ab}, u_{Bb}, u_{Cb}$ | M3C 桥臂 Ab、Bb、Cb 的子模块合成出来的电压 |
| $u_{Ac}, u_{Bc}, u_{Cc}$ | M3C 桥臂 Ac、Bc、Cc 的子模块合成出来的电压 |
| $u_c$ | 子模块电容电压瞬时值 |
| $u_{c,na}, u_{c,nb}, u_{c,nc}$ | MMC 下桥臂各相所有子模块电容电压集合平均值 |
| $u_{c,pa}, u_{c,pb}, u_{c,pc}$ | MMC 上桥臂各相子模块电容电压集合平均值 |

| | | |
|---|---|---|
| $u_{c,rj}$ | | $j$ 相 $r$ 桥臂子模块电容电压集合平均值 |
| $u_{c,rj\_i}$ | | $j$ 相 $r$ 桥臂第 $i$ 个子模块的电容电压 |
| $u_{coma}, u_{comb}, u_{comc}$ | | ①MMC 三相上下桥臂的共模电压；②M3C 输出侧共模电压 |
| $u_{com\alpha}, u_{com\beta}, u_{com0}$ | | M3C 输出侧共模电压的 $\alpha\beta0$ 分量 |
| $\tilde{u}_{comj}$ | | $j$ 相上下桥臂的共模电压的交变分量 |
| $\tilde{u}_{comd}, \tilde{u}_{comq}$ | | MMC 三相共模电压在 $d^{-2}q^{-2}$ 坐标系下的 $d$ 轴分量和 $q$ 轴分量 |
| $u_{dc}$ | | MMC 直流侧输出电压瞬时值 |
| $u_{diff}^{*}$ | | MMC 基波等效电路 $\Delta$ 点上的调制波 |
| $u_{diffj}$ | | $j$ 相上下桥臂的差模电压 |
| $\tilde{u}_{diffj}$ | | $j$ 相上下桥臂的差模电压的基波分量 |
| $u_{diffa}^{+}, u_{diffb}^{+}, u_{diffc}^{+}$ | | MMC 三相桥臂差模电压的正序分量 |
| $u_{diffa}^{-}, u_{diffb}^{-}, u_{diffc}^{-}$ | | MMC 三相桥臂差模电压的负序分量 |
| $u_{diffd}, u_{diffq}$ | | MMC 三相差模电压的 $d$ 轴分量和 $q$ 轴分量 |
| $u_{Epna}, u_{Epnb}, u_{Epnc}$ | | 分别为点 $E_{pa}$、$E_{pb}$、$E_{pc}$ 和点 $E_{na}$、$E_{nb}$、$E_{nc}$ 之间的电位差 |
| $u_{inA}, u_{inB}, u_{inC}$ | | M3C 输入侧交流母线三相电压 |
| $u_{in\alpha}, u_{in\beta}, u_{in0}$ | | M3C 输入侧交流母线三相电压 $u_{inA}$、$u_{inB}$、$u_{inC}$ 的 $\alpha\beta0$ 分量 |
| $u_{L,na}, u_{L,nb}, u_{L,nc}$ | | MMC 下桥臂三相桥臂电抗电压 |
| $u_{L,pa}, u_{L,pb}, u_{L,pc}$ | | MMC 上桥臂三相桥臂电抗电压 |
| $u_{L,rj}$ | | $j$ 相 $r$ 桥臂电抗器上的电压 |
| $u_{na}, u_{nb}, u_{nc}$ | | MMC 下桥臂各相由子模块合成出来的电压 |
| $u_{oo'}$ | | 直流侧极间电压中性点与交流系统侧电压中性点之间的电位差 |
| $u_{outa}, u_{outb}, u_{outc}$ | | M3C 输出侧交流母线三相电压 |
| $u_{out\alpha}, u_{out\beta}, u_{out0}$ | | M3C 输出侧交流母线三相电压的 $\alpha\beta0$ 分量 |
| $u_{pa}, u_{pb}, u_{pc}$ | | MMC 上桥臂各相由子模块合成出来的电压 |
| $\boldsymbol{u}_{pcc}$ | | MMC 换流站交流母线三相电压的空间向量 |
| $u_{pcca}, u_{pccb}, u_{pccc}$ | | MMC 换流站交流母线相电压 |
| $u_{pcca}^{+}, u_{pccb}^{+}, u_{pccc}^{+}$ | | MMC 换流站交流母线三相电压正序分量 |
| $u_{pcca}^{-}, u_{pccb}^{-}, u_{pccc}^{-}$ | | MMC 换流站交流母线三相电压负序分量 |
| $u_{pcc\alpha}, u_{pcc\beta}$ | | VSC 交流母线三相电压的 $\alpha$ 轴和 $\beta$ 轴分量 |
| $u_{pccd}, u_{pccq}$ | | VSC 交流母线三相电压的 $d$ 轴和 $q$ 轴分量 |
| $u_{pccd}^{+}, u_{pccq}^{+}$ | | $u_{pcc\alpha}$、$u_{pcc\beta}$ 通过正向旋转坐标变换得到的 $dq$ 坐标系中的 $d$ 轴和 $q$ 轴分量 |
| $u_{pccd}^{-}, u_{pccq}^{-}$ | | $u_{pcc\alpha}$、$u_{pcc\beta}$ 通过反向旋转坐标变换得到的 $d^{-1}q^{-1}$ 坐标系中的 $d$ 轴和 $q$ 轴分量 |
| $\overline{u_{pccdq}^{+}}$ | | $u_{pccd}^{+}$、$u_{pccq}^{+}$ 中的直流分量 |
| $\widetilde{u_{pccdq}^{+}}$ | | $u_{pccd}^{+}$、$u_{pccq}^{+}$ 中的 2 次谐波分量 |
| $\widetilde{\widetilde{u_{pccdq}^{+}}}$ | | $u_{pccd}^{+}$、$u_{pccq}^{+}$ 中的高次谐波分量 |
| $\overline{u_{pccdq}^{-}}$ | | $u_{pccd}^{-}$、$u_{pccq}^{-}$ 中的直流分量 |

# 符号说明

| 符号 | 说明 |
|---|---|
| $\widetilde{u^-_{\mathrm{pccdq}}}$ | $u^-_{\mathrm{pccd}}$、$u^-_{\mathrm{pccq}}$ 中的 2 次谐波分量 |
| $\widetilde{\widetilde{u^-_{\mathrm{pccdq}}}}$ | $u^-_{\mathrm{pccd}}$、$u^-_{\mathrm{pccq}}$ 中的高次谐波分量 |
| $u_{\mathrm{sm}}$ | 子模块端口电压 |
| $u_{\mathrm{sm},rj\_i}$ | $j$ 相 $r$ 桥臂第 $i$ 个子模块耦合到桥臂中的电压 |
| $u_{\mathrm{sumA}}, u_{\mathrm{sumB}}, u_{\mathrm{sumC}}$ | M3C 输入侧共模电压 |
| $u_{\mathrm{sum}\alpha}, u_{\mathrm{sum}\beta}, u_{\mathrm{sum}0}$ | M3C 输入侧共模电压的 $\alpha\beta 0$ 分量 |
| $u_{rj}$ | $j$ 相 $r$ 桥臂由子模块合成的桥臂电压 |
| $u_{\mathrm{va}}, u_{\mathrm{vb}}, u_{\mathrm{vc}}$ | ①MMC 阀侧交流相电压；②M3C 输出侧的阀侧交流相电压 |
| $u_{\mathrm{VA}}, u_{\mathrm{VB}}, u_{\mathrm{VC}}$ | M3C 输入侧的阀侧交流相电压 |
| $u_{\alpha\mathrm{cir}1}, u_{\beta\mathrm{cir}1}$ | M3C 中环流电压 1 的 $\alpha\beta$ 分量 |
| $u_{\alpha\mathrm{cir}2}, u_{\beta\mathrm{cir}2}$ | M3C 中环流电压 2 的 $\alpha\beta$ 分量 |
| $U_{\mathrm{c}}$ | 子模块电容电压的直流分量 |
| $U_{\mathrm{cbase}}$ | 子模块电容电压基准值 |
| $U_{\mathrm{cD}}$ | 交流侧不控充电阶段子模块电容电压能够达到的最大值 |
| $U'_{\mathrm{cD}}$ | 直流侧不控充电阶段子模块电容电压能够达到的最大值 |
| $U_{\mathrm{cN}}$ | 子模块电容电压的额定值 |
| $U_{\mathrm{c}}^{h}$ | 子模块电容电压的 $h$ 次谐波幅值 |
| $U_{\mathrm{cmax}}$ | 电容电压采用保持因子排序时设定的电容电压上边界 |
| $U_{\mathrm{cmin}}$ | 电容电压采用保持因子排序时设定的电容电压下边界 |
| $U_{\mathrm{cref}}$ | 采用 NLM 计算投入子模块数目时所取的子模块电容电压参考值 |
| $U_{\mathrm{c,peak}}$ | 子模块电容电压的峰值 |
| $U_{\mathrm{c,rms}}$ | 子模块电容电压的有效值 |
| $U_{\mathrm{D,peak}}$ | 子模块 IGBT 反并联二极管的电压峰值 |
| $U_{\mathrm{D,rms}}$ | 子模块 IGBT 反并联二极管的电压有效值 |
| $U_{\mathrm{dc}}$ | MMC 直流侧输出电压的直流分量 |
| $\Delta U_{\mathrm{dc}}$ | MMC 直流侧电压增量 |
| $\Delta \underline{U}_{\mathrm{dc}}$ | MMC 直流侧电压增量的相量形式 |
| $U_{\mathrm{dc}}^{*}$ | 直流电压指令值 |
| $U_{\mathrm{dc}}^{h}$ | 直流侧 $h$ 次谐波电压 |
| $U_{\mathrm{dcB}}$ | MMC 在发生直流侧短路故障时闭锁瞬间的直流电压值 |
| $U_{\mathrm{dcf}0}$ | 直流电网故障点处正常运行时的直流电压 |
| $U_{\mathrm{dcFN}}$ | 直流电网电压基准节点的直流电压实测值 |
| $U_{\mathrm{dcFN}}^{*}$ | 直流电网电压基准节点的直流电压指令值 |
| $U_{\mathrm{dcmax}}$ | 考虑所有运行方式后直流电网给定节点电压的最大值 |
| $U_{\mathrm{dcmin}}$ | 考虑所有运行方式后直流电网给定节点电压的最小值 |
| $U_{\mathrm{dcN}}$ | MMC 直流侧输出电压的直流分量额定值 |
| $U_{\mathrm{dc,ctl}}$ | 与子模块可控触发要求的最低电压值相对应的直流电压 |

| | |
|---|---|
| $U_{dc,ef}$ | MMC 正常停运能量反馈阶段直流电压能够达到的最低值 |
| $U_{dc,max}$ | MMC 桥臂子模块在直流侧可以合成出的最高电压 |
| $U_{diff}$ | 桥臂差模电压 $u_{diffj}$ 的基波有效值 |
| $U_{diffm}$ | 桥臂差模电压 $u_{diffj}$ 的基波幅值 |
| $U_{inj3}$ | 3 次谐波注入控制中的注入电压幅值 |
| $U_{inj9}$ | 9 次谐波注入控制中的注入电压幅值 |
| $U_{pcc}$ | 换流站交流母线基波相电压有效值 |
| $U_{pcc}^{+}$ | 换流站交流母线相电压基波正序幅值 |
| $U_{pcc}^{+h}$ | 换流站交流母线相电压 $h$ 次谐波正序幅值 |
| $U_{pcc}^{-}$ | 换流站交流母线相电压基波负序幅值 |
| $U_{pcc}^{-h}$ | 换流站交流母线相电压 $h$ 次谐波负序幅值 |
| $U_{pccm}$ | 换流站交流母线相电压基波幅值 |
| $U_{pcc\Sigma}$ | 换流站交流母线的 Buchholz 集总电压 |
| $U_{ref}$ | 与避雷器参考电流 $I_{ref}$ 相对应的避雷器电压 |
| $U_{rm}$ | 理想阶梯波的峰值 |
| $U_{sys}$ | 交流系统等效线电势基波有效值 |
| $U_{T,peak}$ | 子模块 IGBT 电压的峰值 |
| $U_{T,rms}$ | 子模块 IGBT 电压的有效值 |
| $U_v$ | MMC 阀侧基波相电压有效值 |
| $U_{vm}$ | MMC 阀侧基波相电压幅值 |
| $U_v^*$ | MMC 阀侧交流相电压调制波幅值 |
| $U_{vTN}$ | 连接变压器阀侧空载额定相电压有效值 |

**V**

| | |
|---|---|
| va、vb、vc | MMC 相单元上下桥臂之间的连接点，也是 MMC 交流侧三相输出节点 |
| $V_{CE0}$ | IGBT 的通态电压偏置 |
| $V_{D0}$ | 二极管的通态电压偏置 |

**W**

**X**

| | |
|---|---|
| $X$ | 表示电抗的一般性符号 |
| $X_{ac}$ | 换流器交流出口到交流系统等效电势之间的等效电抗（变压器漏电抗） |
| $X_{link}$ | 换流站交流母线 PCC 与 Δ 点之间的基波联接电抗 |
| $X_{L0}$ | MMC 桥臂电抗器的基波电抗 |
| $X_{sys}$ | 交流系统戴维南等效基波电抗 |
| $X_T$ | 换流变压器基波漏抗 |

## 符号说明

**Y**

| | |
|---|---|
| $\underline{\boldsymbol{Y}}_{cpl}$ | 频率耦合导纳矩阵 |
| $\boldsymbol{Y}_{node}(s)$ | $s$ 域节点导纳矩阵 |
| $\boldsymbol{Y}_{node}(j\omega_i)$ | 频率 $j\omega_i$ 上的节点导纳矩阵 |

**Z**

| | |
|---|---|
| $\underline{Z}_{ac}^{+}(f)$ | 频率为 $f$ 时 MMC 在交流侧呈现的正序阻抗 |
| $\underline{Z}_{ac}^{-}(f)$ | 频率为 $f$ 时 MMC 在交流侧呈现的负序阻抗 |
| $\underline{\boldsymbol{Z}}_{cpl}$ | 频率耦合阻抗矩阵 |
| $\underline{Z}_{dc}(f)$ | 频率为 $f$ 时 MMC 在直流侧呈现的阻抗 |
| $\boldsymbol{Z}_{loop}(s)$ | $s$ 域回路阻抗矩阵 |
| $\underline{Z}_{sys}$ | 交流系统戴维南等效基波阻抗 |
| $\underline{Z}_{device}$ | 接入交流系统的一次设备的等效阻抗 |
| $\underline{Z}_{th}$ | 一次设备接入点看向电网的基频正序戴维南等效阻抗 |
| $\underline{Z}_{th,nom}$ | 正常状态下一次设备接入点看向电网的基频正序戴维南等效阻抗 |
| $\underline{Z}_{th,flt}$ | 故障状态下一次设备接入点看向电网的基频正序戴维南等效阻抗 |

**α**

| | |
|---|---|
| $\alpha$ | 表示 LCC 触发滞后角的一般性符号 |

**β**

| | |
|---|---|
| $\beta$ | ①LCC 的触发越前角的一般性符号；②频率偏差因子 |

**γ**

| | |
|---|---|
| $\gamma$ | 表示 LCC 关断角的一般性符号 |

**δ**

| | |
|---|---|
| $\delta$ | 表示相对于某个基准相角的相对相位角的一般性符号 |
| $\delta_{diff}$ | MMC 基波内电势 $u_{diff}$ 相对于某个基准相角的相对相位角 |
| $\delta_{pcc}$ | 换流站交流母线 PCC 相对于某个基准相角的相对相位角 |
| $\delta_v$ | MMC 交流侧出口 v 点相对于某个基准相角的相对相位角 |
| $\Delta$ | MMC 交流侧基波等效电路中内电势 $u_{diff}$ 所处的位置名称 |

**ε**

| | |
|---|---|
| $\varepsilon$ | MMC 中子模块电容电压波动率 |

**ζ**

| | |
|---|---|
| $\zeta$ | 表示阻尼比的一般性符号 |

**η**

$\eta_{sm}$ 桥臂中子模块的利用率

$\eta_D$ 子模块电容电压不控充电率

**θ**

$\theta$ 表示绝对相位角的一般性符号

$\theta_{pcc}$ 换流站交流母线 PCC 的绝对相位角

**ι**

**κ**

**λ**

$\lambda_{SCR}$ 交流系统阻抗短路比

$\lambda_{SCR,nom}$ 正常状态下的阻抗短路比

$\lambda_{SCR,flt}$ 故障状态下的阻抗短路比

$\lambda_{SCR}^{m}$ 直流多馈入下的阻抗短路比

**μ**

$\mu$ LCC 的换相角

**ν**

**ξ**

**ο**

**π**

**ρ**

$\rho_{MIESCR}$ 直流多馈入有效短路比

$\rho_{pcc}$ PCC 的容量短路比

$\rho_{SCR}$ 交流系统容量短路比

**σ**

$\sigma$ 电容电压不平衡度

$\sigma_m$ 设定的电容电压不平衡度阈值

**τ**

$\tau$ 表示时间常数的一般性符号

**υ**

**ϕ**

$\varphi$ 表示初始相位角的一般性符号

**χ**

**ψ**

**ω**

$\omega$ 电网角频率
$\omega_0$ 电网额定角频率
$\omega_{circl}$ MMC 二倍频环流谐振角频率
$\omega_{in}, \omega_{out}$ M3C 输入侧和输出侧的角频率
$\omega_{pcc}$ 换流站交流母线 PCC 的角频率

# 目 录

前言
首字母缩略词汇总
符号说明

**第1章 基于子模块级联型换流器的柔性输电技术的特点与应用** ………… 1
1.1 柔性输电技术的定义 …………… 1
1.2 柔性直流输电技术的发展过程及其特点 …………… 1
1.3 柔性直流输电应用于点对点输电 … 6
1.4 柔性直流输电应用于背靠背异步联网 … 7
1.5 柔性直流输电应用于背靠背异同步分网和类同步控制 …………… 7
1.6 柔性直流输电应用于构建直流电网 … 8
1.7 基于子模块级联型换流器的柔性交流输电技术 …………… 9
1.8 小结 …………… 9
参考文献 …………… 9

**第2章 MMC基本单元的工作原理** …… 12
2.1 MMC基本单元的拓扑结构 …… 12
2.2 MMC的工作原理 …………… 13
　2.2.1 子模块工作原理 …………… 13
　2.2.2 三相MMC工作原理 …… 15
2.3 MMC的调制方式 …………… 17
　2.3.1 调制问题的产生 …………… 17
　2.3.2 调制方式的比较和选择 … 17
　2.3.3 MMC中的最近电平逼近调制 … 19
　2.3.4 MMC中的输出波形 …… 20
2.4 MMC的解析数学模型与稳态特性 … 21
　2.4.1 MMC数学模型的输入输出结构 … 21
　2.4.2 基于开关函数的平均值模型 … 23
　2.4.3 MMC的微分方程模型 … 24

　2.4.4 推导MMC数学模型的基本假设 … 25
　2.4.5 MMC数学模型的解析推导 … 25
　2.4.6 解析数学模型验证及MMC稳态特性展示 …………… 32
2.5 MMC的交流侧外特性及其基波等效电路 …………… 38
2.6 MMC输出交流电压的谐波特性及其影响因素 …………… 38
　2.6.1 MMC电平数与输出交流电压谐波特性的关系 …………… 39
　2.6.2 电压调制比与输出交流电压谐波特性的关系 …………… 39
　2.6.3 MMC运行工况与输出交流电压谐波特性的关系 …………… 40
　2.6.4 MMC控制器控制频率与输出交流电压谐波特性的关系 …… 40
2.7 MMC的阻抗频率特性 …………… 41
　2.7.1 MMC的直流侧阻抗频率特性 … 42
　2.7.2 MMC的交流侧阻抗频率特性 … 44
　2.7.3 MMC的阻抗频率特性实例 … 45
2.8 MMC换流站稳态运行范围研究 … 47
　2.8.1 适用于MMC换流站稳态运行范围研究的电路模型 …… 47
　2.8.2 MMC接入有源交流系统时的稳态运行范围算例 …………… 48
　2.8.3 MMC向无源负荷供电时的稳态运行范围算例 …………… 50
参考文献 …………… 51

**第3章 MMC基本单元的主电路参数选择与损耗计算** …………… 53
3.1 引言 …………… 53

3.2 桥臂子模块数的确定原则 ……………… 54
3.3 MMC控制频率的选择原则 …………… 54
 3.3.1 电平数与控制频率的基本关系 …… 54
 3.3.2 两个临界控制频率的计算 ………… 55
3.4 联接变压器电压比的确定方法 ………… 56
3.5 子模块电容参数的确定方法 …………… 58
 3.5.1 MMC不同运行工况下电容电压的变化程度分析 ………………………… 58
 3.5.2 电容电压波动率的解析表达式 …… 58
 3.5.3 子模块电容值的确定原则 ………… 60
 3.5.4 描述子模块电容大小的通用指标——等容量放电时间常数 …… 60
 3.5.5 子模块电容值的设计实例 ………… 61
 3.5.6 子模块电容值设计的一般性准则 …………………………………… 62
 3.5.7 子模块电容稳态电压参数计算 …… 63
 3.5.8 子模块电容稳态电流参数的确定 …………………………………… 63
 3.5.9 子模块电容稳态电压和电流参数计算的一个实例 …………………… 63
3.6 子模块功率器件稳态参数的确定方法 …………………………………………… 66
 3.6.1 IGBT及其反并联二极管稳态参数的确定 ……………………………… 66
 3.6.2 子模块功率器件稳态参数计算的一个实例 ………………………………… 66
 3.6.3 子模块功率器件额定参数的选择方法 ………………………………… 68
3.7 桥臂电抗器参数的确定方法 …………… 68
 3.7.1 桥臂电抗器作为连接电抗器的一个部分 ………………………………… 68
 3.7.2 桥臂电抗值与环流谐振的关系 …… 70
 3.7.3 桥臂电抗器用于抑制直流侧故障电流上升率 …………………………… 71
 3.7.4 桥臂电抗器用于限制交流母线短路故障时桥臂电流上升率 ………… 73
 3.7.5 桥臂电抗器参数确定方法小结 …… 74
 3.7.6 桥臂电抗器稳态电流参数的确定 …………………………………… 74
 3.7.7 桥臂电抗器稳态电压参数的确定 …………………………………… 74
 3.7.8 桥臂电抗器稳态参数计算的一个实例 ………………………………… 74
3.8 平波电抗值的选择原则 ………………… 74
3.9 MMC阀损耗的组成及评估方法概述 …………………………………………… 75
 3.9.1 MMC阀损耗的组成 ……………… 76
 3.9.2 MMC阀损耗的评估方法 ………… 78
3.10 基于分段解析公式的MMC阀损耗评估方法 …………………………………… 78
 3.10.1 通态损耗的计算方法 …………… 79
 3.10.2 必要开关损耗的计算方法 ……… 80
 3.10.3 附加开关损耗的估计方法 ……… 81
 3.10.4 阀损耗评估方法小结 …………… 82
 3.10.5 MMC阀损耗评估的实例 ……… 82
参考文献 …………………………………………… 85

## 第4章 电压源换流器与交流电网之间的同步控制方法 …………………… 86
4.1 同步控制方法的5种基本类型 ………… 86
4.2 基于q轴电压为零控制的同步旋转坐标系锁相环（SRF-PLL）原理和参数整定 ………………………………… 87
 4.2.1 SRF-PLL的模型推导 …………… 87
 4.2.2 SRF-PLL的基本锁相特性展示 … 90
 4.2.3 输入信号幅值变化对SRF-PLL锁相特性的影响 ……………………… 91
 4.2.4 系统频率变化对SRF-PLL锁相特性的影响 ……………………… 91
 4.2.5 SRF-PLL的非全局稳定特性 …… 92
 4.2.6 SRF-PLL的小信号模型与参数整定 …………………………………… 93
4.3 基于q轴电压为零控制的双同步旋转参考坐标系锁相环（DDSRF-PLL）原理与设计 ………………………………… 94
 4.3.1 瞬时对称分量的定义 …………… 94
 4.3.2 SRF-PLL存在的主要问题 ……… 96
 4.3.3 DDSRF-PLL的基本原理 ……… 97
 4.3.4 基于二阶Butterworth滤波器的LPF实现方法 …………………………… 99
4.4 基于恒定功率控制的功率同步环（PSL）的原理和参数整定 ……………………… 101
 4.4.1 基于恒定功率控制的PSL的模型推导 ………………………………… 101
 4.4.2 PSL的参数整定 ………………… 105
 4.4.3 按单机无穷大系统设计的PSL对系统频率变化的适应性分析 …… 107

4.4.4 按单机无穷大系统设计的 PSL 对
系统电压跌落的适应性分析 …… 109
4.5 基于恒定直流电压控制的电压
同步环（VSL）推导和参数整定 …… 109
4.5.1 基于恒定直流电压控制的 VSL
推导 …………………………… 109
4.5.2 基于恒定直流电压控制的 VSL
参数整定 ……………………… 111
4.5.3 基于恒定直流电压控制的 VSL
的响应特性分析 ……………… 112
4.5.4 按单机无穷大系统设计的 VSL
对系统频率变化的适应性分析 … 115
4.5.5 按单机无穷大系统设计的 VSL
对系统电压跌落的适应性分析 … 117
4.6 基于恒定无功功率控制的无功同步环
（QSL）推导和参数整定 …………… 117
4.6.1 基于恒定无功功率控制的 QSL
推导 …………………………… 117
4.6.2 基于恒定无功功率控制的 QSL 的
参数整定 ……………………… 121
4.6.3 QSL 的控制性能展示 ………… 121
4.7 基于耦合振子同步机制的电流
同步环（CSL）的推导和参数整定 … 124
4.7.1 基于耦合振子同步机制的电流
同步控制基本思路 …………… 124
4.7.2 CSL 的数学模型 ……………… 124
4.7.3 CSL 的空载特性 ……………… 126
4.7.4 单换流器电源带孤立负荷时 CSL
的带载特性 …………………… 127
4.7.5 电流耦合强度改变对 CSL 输出
特性的影响 …………………… 129
4.7.6 双换流器电源带公共负荷时 CSL 的
耦合同步特性 ………………… 130
4.7.7 CSL1 电流耦合强度变化对 VSC1
输出功率的影响 ……………… 132
4.7.8 基于 CSL 耦合强度的定有功功率
控制特性 ……………………… 134
4.7.9 基于 CSL 输出电压旋转和伸缩的
定有功功率和定无功功率控制
特性 …………………………… 137
4.8 5 大类同步控制方法的适应性和性能
比较 ………………………………… 140
参考文献 ………………………………… 141

第 5 章 MMC 柔性直流输电系统的
控制策略 ……………………… 144
5.1 电压源换流器控制的要素及其分类 … 144
5.2 同步旋转坐标系下 MMC 的数学
模型 ………………………………… 148
5.2.1 差模电压与阀侧电流的关系 …… 149
5.2.2 共模电压与内部环流的关系 …… 151
5.3 基于 PLL 的 MMC 双模双环控制器
设计 ………………………………… 153
5.3.1 差模内环电流控制器的阀侧电流
跟踪控制 ……………………… 154
5.3.2 共模内环电流控制器的内部环流
跟踪控制 ……………………… 156
5.3.3 基于差模和共模两个内环电流
控制器的桥臂电压指令值
计算公式 ……………………… 157
5.3.4 差模外环控制器的有功类控制器
设计 …………………………… 158
5.3.5 差模外环控制器的无功类控制器
设计 …………………………… 158
5.3.6 共模外环控制器的环流抑制
控制 …………………………… 159
5.3.7 共模外环控制的电容电压波动
抑制控制 ……………………… 159
5.3.8 双模双环控制器性能仿真测试 … 160
5.3.9 环流抑制控制与子模块电容电压
波动抑制控制的对比 ………… 163
5.4 零序 3 次谐波电压注入提升 MMC
性能的原理及其适用场合 ………… 165
5.4.1 零序电压注入对控制效果的影响
分析 …………………………… 166
5.4.2 如何选取待注入的零序电压 …… 166
5.4.3 零序 3 次谐波电压注入仿真
展示 …………………………… 169
5.4.4 注入零序 3 次谐波电压后 MMC 的
性能提升分析 ………………… 171
5.4.5 注入零序 3 次谐波电压后可能
引起的不利方面 ……………… 171
5.4.6 零序 3 次谐波电压注入策略的
适用场合 ……………………… 171
5.5 交流电网电压不平衡和畸变条件下
MMC 的控制器设计 ……………… 171
5.5.1 基于 DDSRF 的瞬时对称分量

　　　　分解方法 ………………… 172
　5.5.2 电网电压不平衡和畸变情况下
　　　　MMC 的控制方法 ………… 174
　5.5.3 仿真验证 ………………… 178
5.6 交流电网平衡时基于 PSL 的 MMC
　　控制器设计 ……………………… 181
　5.6.1 基于 PSL 的定 PCC 电压幅值
　　　　控制器设计 ……………… 181
　5.6.2 基于 PSL 的定无功功率控制器
　　　　设计 ……………………… 182
　5.6.3 仿真验证 ………………… 183
5.7 基于 PLL 与基于 PSL 的控制器性能
　　比较 ……………………………… 183
5.8 PLL 失锁因素分析及性能提升方法 … 189
　5.8.1 PLL 失锁因素分析 ………… 189
　5.8.2 克服锁相环失锁的方法 …… 191
　5.8.3 对 PLL 与 PSL 选择的一般性
　　　　建议 ……………………… 194
5.9 MMC 作为无源电网或新能源基地电网
　　构网电源时的控制器设计 ……… 195
　5.9.1 MMC 作为无源电网或新能源基地
　　　　电网构网电源时控制器设计的
　　　　根本特点 ………………… 195
　5.9.2 测试系统仿真 …………… 197
5.10 电压韧度的定义及其意义 …… 199
参考文献 ……………………………… 200

## 第 6 章　MMC 中的子模块电容电压平衡策略 …………………… 202

6.1 子模块电容电压平衡控制 ……… 202
　6.1.1 基于完全排序与整体参与的电容
　　　　电压平衡策略 …………… 203
　6.1.2 基于按状态排序与增量投切的
　　　　电容电压平衡策略 ……… 205
　6.1.3 采用保持因子排序与整体投入的
　　　　电容电压平衡策略 ……… 207
　6.1.4 电容值不同时对子模块电容电压
　　　　平衡控制的影响 ………… 209
　6.1.5 电容电压平衡策略小结 …… 209
6.2 MMC 动态冗余与容错运行控制
　　策略 ……………………………… 211
　6.2.1 设计冗余与运行冗余的基本
　　　　概念 ……………………… 211
　6.2.2 MMC 动态冗余与容错运行控制

　　　　策略的基本思想 ………… 213
　6.2.3 MMC 动态冗余与容错运行控制
　　　　策略的实现方法 ………… 214
　6.2.4 MMC 动态冗余与容错运行稳态
　　　　特性仿真实例 …………… 214
　6.2.5 MMC 动态冗余与容错运行动态
　　　　特性仿真实例 …………… 215
6.3 MMC-HVDC 系统的启动控制 … 217
　6.3.1 MMC 的预充电控制策略概述 … 217
　6.3.2 子模块闭锁运行模式 …… 218
　6.3.3 直流侧开路的 MMC 不控充电
　　　　特性分析 ………………… 219
　6.3.4 直流侧带换流器的不控充电特性
　　　　分析 ……………………… 220
　6.3.5 限流电阻的参数设计 …… 221
　6.3.6 MMC 可控充电实现途径 … 222
　6.3.7 MMC 启动过程仿真验证 … 222
6.4 MMC-HVDC 系统停运控制 …… 224
　6.4.1 能量反馈阶段 …………… 225
　6.4.2 可控放电阶段 …………… 225
　6.4.3 不控放电阶段 …………… 226
　6.4.4 MMC 正常停运过程仿真验证 … 227
参考文献 ……………………………… 228

## 第 7 章　MMC 的交直流侧故障特性分析与直流侧故障自清除 …… 229

7.1 引言 …………………………… 229
7.2 交流侧故障时 MMC 提供的短路电流
　　特性 ……………………………… 230
　7.2.1 故障回路的时间常数分析与
　　　　MMC 短路电流大小的决定性
　　　　因素 ……………………… 230
　7.2.2 交流侧对称故障时 MMC 提供的
　　　　短路电流特性 …………… 230
　7.2.3 交流侧不对称故障时 MMC 提供的
　　　　短路电流特性 …………… 231
7.3 直流侧故障时由半桥子模块构成的
　　HMMC 的短路电流解析计算方法 … 232
　7.3.1 触发脉冲闭锁前的故障电流
　　　　特性 ……………………… 232
　7.3.2 触发脉冲闭锁后的故障电流
　　　　特性 ……………………… 238
　7.3.3 仿真验证 ………………… 240
　7.3.4 直流侧短路后 MMC 的闭锁时刻

估计 ………………………………… 243

7.3.5 直流侧短路电流闭锁后大于闭锁前的条件分析 ………… 244

7.4 FMMC 直流侧故障的子模块闭锁自清除原理 …………………………… 244

7.4.1 全桥子模块的结构和工作原理 … 244

7.4.2 基于子模块闭锁的 FMMC 直流侧故障自清除原理 …………… 247

7.5 CMMC 直流侧故障的子模块闭锁自清除原理 ……………………… 250

7.6 FHMMC 直流侧故障的子模块闭锁自清除原理 ……………………… 252

7.6.1 全桥半桥子模块混合型 MMC 的拓扑结构 …………………… 252

7.6.2 FHMMC 通过子模块闭锁实现直流侧故障自清除的条件 …… 252

7.6.3 FHMMC 通过子模块闭锁清除直流侧故障引起的子模块过电压估算 … 255

7.6.4 FHMMC 通过子模块闭锁清除直流侧故障的过程持续时间估算 … 256

7.7 3 种具有直流侧故障自清除能力的 MMC 的共同特点与成本比较 …… 257

7.7.1 3 种具有直流侧故障自清除能力的 MMC 的共同特点 ………… 257

7.7.2 3 种具有直流侧故障自清除能力的 MMC 的投资成本比较 …… 257

7.7.3 3 种具有直流侧故障自清除能力的 MMC 的运行损耗比较 …… 258

7.7.4 小结 …………………………… 259

7.8 FHMMC 降直流电压运行原理 ………… 259

7.8.1 FHMMC 降直流电压运行受全桥子模块占比的约束 ………… 259

7.8.2 FHMMC 降直流电压运行受半桥子模块电容电压均压的约束 … 260

7.9 FHMMC 直流侧故障的直接故障电流控制清除原理 ………………… 262

7.9.1 FHMMC 清除直流侧故障的控制器设计 …………………… 262

7.9.2 FHMMC 直接故障电流控制下的故障电流衰减特性实例 …… 263

7.10 FHMMC 采用子模块闭锁与直接故障电流控制清除直流侧故障的性能比较 ………………………… 264

7.11 对具有直流侧故障自清除能力的 MMC 的推荐结论 ………………… 266

参考文献 …………………………………… 267

## 第 8 章 适用于架空线路的柔性直流输电系统 ………………………… 268

8.1 引言 …………………………………… 268

8.2 跳交流侧开关清除直流侧故障的原理和特性 …………………… 269

8.2.1 交流侧开关跳开后故障电流的变化特性分析 ……………… 269

8.2.2 仿真验证 ………………………… 270

8.3 LCC-二极管-MMC 混合型直流输电系统运行原理 ……………… 270

8.3.1 拓扑结构与运行原理 ………… 270

8.3.2 交流侧和直流侧故障特性分析 … 271

8.4 LCC-FHMMC 混合型直流输电系统运行原理 ………………………… 279

8.4.1 LCC-FHMMC 混合系统中对 FHMMC 的控制要求 …………… 280

8.4.2 送端交流电网故障时 FHMMC 的控制策略 ……………… 281

8.4.3 受端交流电网故障时 FHMMC 的控制策略 ……………… 281

8.4.4 LCC-FHMMC 混合型直流输电系统中 FHMMC 的总体控制策略 …… 282

8.4.5 测试系统仿真验证 …………… 284

8.5 LCC-MMC 串联混合型直流输电系统 …………………………… 289

8.5.1 拓扑结构 ……………………… 289

8.5.2 基本控制策略 ………………… 289

8.5.3 针对整流侧交流系统故障的控制策略 ……………………… 290

8.5.4 针对逆变侧交流系统故障的控制策略 ……………………… 291

8.5.5 针对直流侧故障的控制策略 … 292

8.5.6 交流侧和直流侧故障特性仿真分析 ……………………… 294

参考文献 …………………………………… 301

## 第 9 章 适用于大规模新能源基地送出的柔性直流输电系统 ……… 303

9.1 引言 …………………………………… 303

9.2 直流输电应用于输送大规模新能源时的

    技术要求 ·················· 303
  9.2.1 锁相同步型与功率同步型新能源
      基地的不同特性 ············ 303
  9.2.2 直流输电应用于输送大规模新
      能源时必须考虑的技术因素 ····· 304
 9.3 LCC-MMC 串联混合型直流输电系统
    结构及其控制策略 ·············· 304
  9.3.1 LCC-MMC 串联混合型直流输电
      系统基本控制策略 ··········· 306
  9.3.2 对送端新能源基地电压构造能力
      的仿真验证 ··············· 307
  9.3.3 送端新能源基地交流电网故障时
      的系统稳定性仿真验证 ········ 308
  9.3.4 受端交流电网故障时的系统稳定性
      仿真验证 ················ 308
  9.3.5 架空线路故障清除技术仿真
      验证 ··················· 309
  9.3.6 LCC-MMC 串联混合型直流输电
      系统送端电网启动策略仿真
      验证 ··················· 310
 9.4 LCC-MMC 加 D-MMC 混合型直流输电
    系统结构及其控制策略 ··········· 312
  9.4.1 LCC-MMC 加 D-MMC 混合系统
      基本控制策略 ············· 313
  9.4.2 LCC-MMC 加 D-MMC 混合型直流
      输电系统特性的仿真验证 ······ 313
 9.5 LCC-MMC 加 FHMMC 混合型直流输电
    系统结构及其控制策略 ··········· 316
  9.5.1 LCC-MMC 加 FHMMC 混合系统
      基本控制策略 ············· 317
  9.5.2 LCC-MMC 加 FHMMC 混合型直流
      输电系统运行特性分析 ········ 317
 9.6 适用于大规模新能源基地送出的 3 种
    混合型直流输电拓扑比较 ·········· 317
 参考文献 ························ 318

# 第 10 章 海上风电送出的典型方案与 MMC 的应用 ··············· 320
 10.1 引言 ······················ 320
 10.2 工频锁相同步型风电机组海上风电场
     交流送出方案 ················ 321
 10.3 低频锁相同步型风电机组海上风电场
     低频交流送出方案 ············· 322
 10.4 工频锁相同步型风电机组海上风电场

     全 MMC 直流送出方案 ·········· 323
 10.5 工频锁相同步型风电机组海上风电场
     DRU 并联辅助 MMC 直流送出
     方案 ······················ 324
 10.6 工频锁相同步型风电机组海上风电场
     DRU 串联辅助 MMC 直流送出
     方案 ······················ 326
 10.7 中频锁相同步型风电机组海上风电场
     全 MMC 直流送出方案 ·········· 327
 10.8 低频无功功率同步型风电机组海上
     风电场低频交流送出方案 ········· 328
 10.9 中频无功功率同步型风电机组海上
     风电场全 DRU 整流直流送出方案 ··· 330
 10.10 直流端口型风电机组并联后经直流
      变压器升压的海上风电场直流送出
      方案 ····················· 331
 10.11 直流端口型风电机组相互串联升压的
      海上风电场直流送出方案 ······· 332
 10.12 典型方案的技术特点汇总 ······· 333
 10.13 工频锁相同步型风电机组海上风电场
      全 MMC 直流送出方案仿真测试 ··· 335
 10.14 工频锁相同步型风电机组海上风电场
      DRU 并联辅助 MMC 直流送出方案
      仿真测试 ················· 339
  10.14.1 风速波动时的响应特性 ···· 340
  10.14.2 海上交流系统短路故障时的
       响应特性 ············· 342
  10.14.3 陆上交流电网短路故障时的
       响应特性 ············· 344
 10.15 中频无功功率同步型风电机组海上
      风电场全 DRU 整流直流送出方案
      仿真测试 ················· 345
  10.15.1 风速阶跃仿真结果 ······· 346
  10.15.2 海上交流系统故障仿真结果 ·· 347
 参考文献 ······················· 348

# 第 11 章 MMC 直流电网的控制原理与故障处理方法 ·············· 350
 11.1 引言 ····················· 350
 11.2 直流电网电压控制的 3 种基本
     类型 ····················· 351
 11.3 主从控制策略 ················ 352
  11.3.1 基本原理 ··············· 352
  11.3.2 仿真验证 ··············· 353

11.4 直流电压裕额控制策略 …………… 356
　11.4.1 基本原理 ………………… 356
　11.4.2 直流电压裕额控制器的实现
　　　　原理 ………………………… 357
　11.4.3 直流电压裕额控制策略的仿真
　　　　验证 ………………………… 359
11.5 直流电网的一次调压与二次调压协调
　　控制方法 …………………………… 362
　11.5.1 基本原理 ………………… 362
　11.5.2 带电压死区的电压下斜控制
　　　　特性 ………………………… 363
　11.5.3 带电压死区的电压下斜控制器
　　　　实现方法 …………………… 364
　11.5.4 二次调压原理 …………… 364
　11.5.5 直流电网一次调压与二次调压
　　　　协调控制方法的仿真验证 …… 364
11.6 直流电网的潮流分布特性及潮流
　　控制器 ……………………………… 368
　11.6.1 直流电网的潮流分布特性 … 368
　11.6.2 模块化多电平潮流控制器 … 369
11.7 直流电网的短路电流计算方法 …… 371
　11.7.1 直流电网短路电流计算的叠加
　　　　原理 ………………………… 371
　11.7.2 采用叠加原理计算故障电流的
　　　　仿真验证 …………………… 373
11.8 MMC直流电网的两种故障处理
　　方法 ………………………………… 373
参考文献 ………………………………… 374

## 第12章 高压直流断路器的基本原理和
　　　　实现方法 …………………… 376

12.1 直流电网的两种构网方式与直流断路器的
　　两种基本断流原理 ………………… 376
　12.1.1 直流电网的两种构网方式 … 376
　12.1.2 直流断路器的两种基本断流
　　　　原理 ………………………… 376
12.2 基于串入无穷大电阻的高压直流
　　断路器 ……………………………… 377
　12.2.1 串入无穷大电阻断流法的基本
　　　　原理 ………………………… 377
　12.2.2 基于串入无穷大电阻原理已经
　　　　得到应用的技术方案 ……… 379
　12.2.3 基于串入无穷大电阻原理的
　　　　其他技术方案 ……………… 381

12.3 基于串入电容的高压直流断路器 …… 381
　12.3.1 串入电容断流法的基本原理 … 381
　12.3.2 基于串入电容原理已经得到
　　　　应用的技术方案 …………… 383
　12.3.3 单支路结构串入电容型直流
　　　　断路器 ……………………… 384
　12.3.4 双支路结构串入电容型直流
　　　　断路器 ……………………… 385
　12.3.5 三支路结构串入电容型直流
　　　　断路器 ……………………… 386
12.4 组合式多端口高压直流断路器 …… 388
　12.4.1 组合式多端口高压直流断路器
　　　　结构 ………………………… 388
　12.4.2 组合式多端口高压直流断路器
　　　　工作原理 …………………… 390
　12.4.3 续流支路采用晶闸管阀与续流
　　　　二极管阀并联的组合式多端口
　　　　高压直流断路器仿真验证 …… 390
　12.4.4 续流支路只采用续流二极管阀的
　　　　组合式多端口高压直流断路器
　　　　仿真验证 …………………… 397
12.5 典型高压直流断路器的经济性
　　比较 ………………………………… 399
　12.5.1 两端口高压直流断路器的经济性
　　　　比较 ………………………… 399
　12.5.2 组合式多端口高压直流断路器的
　　　　经济性比较 ………………… 400
参考文献 ………………………………… 401

## 第13章 大规模新能源基地全直流
　　　　汇集与送出系统 …………… 403

13.1 新能源基地外送发展方式的3个阶段
　　及其特点 …………………………… 403
13.2 新能源基地全直流汇集系统结构 …… 405
　13.2.1 光伏阵列及其出口Boost变换器
　　　　拓扑 ………………………… 407
　13.2.2 中压直流汇集系统 ………… 408
　13.2.3 中压直流汇集系统电压选择 … 409
　13.2.4 中压直流变压器方案 ……… 409
13.3 大规模新能源基地送出的高压与特
　　高压直流系统 ……………………… 410
　13.3.1 模块化多电平高压直流
　　　　变压器 ……………………… 410
　13.3.2 特高压直流变压器 ………… 411

13.4 全直流汇集与送出系统的接地方案 …………………………… 411
13.5 全直流汇集与送出系统的直流电压控制策略 ………………… 412
13.6 大规模新能源基地全直流汇集与送出系统实例仿真 ………… 412
 13.6.1 实例系统结构 …………………… 412
 13.6.2 光伏集群功率阶跃变化时的系统响应特性 …………………… 413
 13.6.3 受端交流系统故障时的系统响应特性 …………………………… 413
 13.6.4 ±800kV 特高压直流线路单极短路故障时的系统响应特性 …… 414
 13.6.5 ±250kV 高压直流线路单极短路故障时的系统响应特性 ……… 416
参考文献 ………………………………………… 417

## 第 14 章 基于 MMC 的全能型静止同步机原理与应用 … 418

14.1 全能型静止同步机的典型结构与基本特性 ……………………… 418
14.2 仅交流侧并网的全能型静止同步机实现原理 …………………… 420
 14.2.1 基于目标同步机的 VSSM 实现原理 ……………………………… 420
 14.2.2 VSSM 原理与性能的仿真测试 … 420
14.3 接入直流电网的全能型静止同步机的控制原理与性能 ……… 422
 14.3.1 接入直流电网的 VSSM 的控制策略 ……………………………… 422
 14.3.2 接入直流电网的 VSSM 的双侧故障隔离功能 ………………… 423
 14.3.3 实现双侧故障隔离 VSSM 主体控制策略 ……………………… 424
 14.3.4 储能装置的典型结构和技术要求 …………………………… 425
 14.3.5 储能装置控制器设计 …………… 426
 14.3.6 VSSM 在交直流侧故障时的双侧故障隔离实例 ……………… 426
参考文献 ………………………………………… 431

## 第 15 章 MMC 直流换流站的绝缘配合设计 …………………… 432

15.1 引言 ………………………………… 432

15.2 金属氧化物避雷器的特性 …………… 432
15.3 MMC 换流站避雷器的布置 ………… 434
15.4 金属氧化物避雷器的参数选择 …… 436
15.5 两端 MMC-HVDC 换流站保护水平与绝缘水平的确定 …………… 437
 15.5.1 一般性原则 ……………………… 437
 15.5.2 实例系统展示 …………………… 437
 15.5.3 避雷器的电压特性 ……………… 439
 15.5.4 需要考虑的各种故障 …………… 441
 15.5.5 避雷器的参数选择 ……………… 443
 15.5.6 避雷器的保护水平、配合电流、能量以及设备绝缘水平的确定 ………………………… 445
 15.5.7 相关结论 ………………………… 449
15.6 多端 MMC-HVDC 系统共用接地点技术 ……………………………… 449
 15.6.1 仿真算例系统参数 ……………… 450
 15.6.2 共用接地点需考虑的因素 …… 450
 15.6.3 仿真结果及分析 ………………… 451
15.7 多端 MMC-HVDC 系统过电压的研究 ……………………………………… 458
 15.7.1 仿真算例系统参数 ……………… 458
 15.7.2 过电压计算考虑的因素 ……… 459
 15.7.3 仿真结果及分析 ………………… 459
参考文献 ………………………………………… 464

## 第 16 章 基于 M3C 的低频输电系统 …………………………… 466

16.1 低频输电的原理和适用场景 ………… 466
16.2 M3C 的数学模型 ……………………… 467
 16.2.1 M3C 标准结构和变量命名 …… 467
 16.2.2 M3C 的基本数学模型推导 …… 468
16.3 M3C 的等效电路 ……………………… 475
16.4 M3C 的稳态特性分析 ………………… 476
 16.4.1 M3C 桥臂电流与输入侧和输出侧电流之间的关系 …………… 476
 16.4.2 M3C 子模块电容电流与电容电压的集合平均值 ……………… 478
16.5 M3C 的主回路参数设计 ……………… 482
 16.5.1 M3C 桥臂子模块数 $N$ 的确定 … 482
 16.5.2 子模块电容值的确定方法 …… 483
 16.5.3 桥臂电抗器参数设计 …………… 483
 16.5.4 M3C 的主回路参数设计实例 … 484
 16.5.5 M3C 低频侧频率选择对子模块

XXXI

　　　　电容值的影响 ……………… 486
16.6　M3C 的控制器设计 ……………… 487
　16.6.1　M3C 控制器设计的总体思路 …… 487
　16.6.2　输入侧控制器设计 ……………… 489
　16.6.3　输出侧控制器设计 ……………… 491
　16.6.4　环流抑制控制器设计 …………… 493
　16.6.5　桥臂电压指令值的计算 ………… 493
16.7　基于最近电平逼近调制的桥臂控制与子模块电压平衡策略 ……………… 494
16.8　海上风电低频送出测试系统仿真结果 ……………… 495
　16.8.1　额定工况下 M3C 子模块电容电压与开关频率 ……………… 496
　16.8.2　风功率变化时的仿真结果 ……… 496
　16.8.3　海上风电场故障时的仿真结果 ……………… 497
参考文献 ……………………… 498

## 第 17 章　基于 MMC 的统一潮流控制器（UPFC） ……………… 500
17.1　UPFC 的基本原理 ……………… 500
17.2　基于 MMC 的 UPFC 的控制器设计 … 502
　17.2.1　UPFC 并联侧 MMC 的控制器设计 ……………… 502
　17.2.2　UPFC 串联侧 MMC 的控制器设计 ……………… 502
17.3　基于 MMC 的 UPFC 的容量和电压等级确定方法 ……………… 504
　17.3.1　基于 MMC 的 UPFC 的容量确定方法 ……………… 504
　17.3.2　基于 MMC 的 UPFC 的电压等级确定方法 ……………… 505
17.4　基于 MMC 的 UPFC 的实例仿真 …… 505
参考文献 ……………………… 507

## 第 18 章　子模块级联型静止同步补偿器 ……………… 508
18.1　子模块级联型静止同步补偿器的接线方式 ……………… 508
18.2　星形接线 STATCOM 的数学模型 …… 509
18.3　交流电网平衡时星形接线 STATCOM 的控制器设计 ……………… 510
　18.3.1　内环电流控制器设计 ……………… 510
　18.3.2　外环子模块电容电压恒定控制器设计 ……………… 511
　18.3.3　外环无功类控制器设计 …………… 512
18.4　交流电网电压不平衡和畸变条件下星形接线 STATCOM 的控制器设计 ……………… 512
18.5　星形接线 STATCOM 同时实现无功补偿和有源滤波的控制器设计 …… 515
18.6　星形接线 STATCOM 应用于 SCCC 的实例仿真 ……………… 517
　18.6.1　无功补偿性能 ……………… 519
　18.6.2　交流滤波性能 ……………… 520
　18.6.3　暂态性能 ……………… 522
18.7　三角形接线 STATCOM 的数学模型 ……………… 523
18.8　交流电网平衡时三角形接线 STATCOM 的控制器设计 ……………… 526
　18.8.1　差模内环电流控制器设计 ………… 526
　18.8.2　差模外环子模块电容电压恒定控制器设计 ……………… 527
　18.8.3　差模外环无功类控制器设计 ……… 527
　18.8.4　差模内环控制器电流指令值的转换 ……………… 528
　18.8.5　共模内环电流控制器设计 ………… 528
　18.8.6　内环电流控制器的最终控制量计算 ……………… 528
18.9　交流电网电压不平衡和畸变条件下三角形接线 STATCOM 的控制器设计 ……………… 529
18.10　STATCOM 选择星形接线与三角形接线所考虑的因素 ……………… 531
参考文献 ……………………… 531

## 第 19 章　模块化多电平换流器的电磁暂态快速仿真方法 ……………… 532
19.1　问题的提出 ……………… 532
19.2　电磁暂态仿真的实现途径和离散化伴随模型 ……………… 533
19.3　基于分块交接变量方程法的 MMC 快速仿真方法总体思路 ……………… 535
19.4　子模块戴维南等效快速仿真方法 …… 537
　19.4.1　IGBT 可控时桥臂的戴维南等效模型 ……………… 537
　19.4.2　IGBT 闭锁时桥臂的戴维南等效模型 ……………… 540

19.4.3 全状态桥臂等效模型 ………… 543
19.4.4 子模块戴维南等效快速仿真
方法测试 ………………… 543
19.5 桥臂戴维南等效快速仿真方法 ……… 545
19.5.1 IGBT 可控时桥臂戴维南等效
模型的推导 ………………… 545
19.5.2 IGBT 闭锁时桥臂戴维南等效
模型的推导 ………………… 546
19.5.3 全状态 MMC 桥臂等效模型 …… 546
19.5.4 桥臂戴维南等效快速仿真方法
测试 ……………………… 546
19.6 几种常用仿真方法的比较和适用性
分析 ………………………… 548
参考文献 ………………………… 548

# 第 20 章 电力系统强度的合理定义及其计算方法 ………… 550

20.1 问题的提出 …………………… 550
20.2 电力系统强度的定义 …………… 551
20.3 非同步机电源的分类和外部特性
描述 ………………………… 552
20.4 非同步机电源的运行状态及其外特性
等效电路 ……………………… 553
20.4.1 正常态工况下非同步机电源的
外特性等效电路 ……………… 553
20.4.2 故障态工况下非同步机电源的
外特性等效电路 ……………… 553
20.5 描述电力系统任意点电压支撑强度的
短路比指标与电压刚度指标 ………… 553
20.5.1 经典短路比指标的两种表达
形式 ………………………… 553
20.5.2 电压刚度指标的定义 ………… 554
20.5.3 阻抗短路比指标与电压刚度
指标的比较 ………………… 555
20.6 电网中任意节点电压刚度与阻抗
短路比的计算 ………………… 556
20.6.1 电网中任意节点戴维南等效
阻抗的计算原理 ……………… 556
20.6.2 电压刚度与阻抗短路比计算
实例 1 ……………………… 557
20.6.3 电压刚度与阻抗短路比计算
实例 2 ……………………… 558
20.6.4 电压刚度与阻抗短路比计算
实例 3 ……………………… 559

20.7 影响电压刚度和阻抗短路比的决定性
因素 ………………………… 560
20.8 新型电力系统背景下容量短路比与
阻抗短路比的适用性分析 ………… 560
20.9 提升电压支撑强度的控制器改造
方法 ………………………… 563
20.10 基于电压支撑强度不变的新能源
基地电网等效简化方法 …………… 563
20.11 多馈入电压刚度与多馈入阻抗短路比
的定义和性质 ………………… 564
20.11.1 多馈入电压刚度与多馈入阻
抗短路比的定义 …………… 564
20.11.2 多馈入电压刚度与多馈入阻
抗短路比的应用 …………… 566
20.11.3 新型电力系统背景下多馈入
有效短路比的适用性分析 …… 566
20.12 新型电力系统背景下频率支撑强度的
定义与计算方法 ………………… 567
20.12.1 非同步机电源的惯量与一次
调频实现方式 ……………… 567
20.12.2 非同步机电源惯量支撑强度的
定义和计算方法 …………… 568
20.12.3 非同步机电源一次调频能力的
定义和计算方法 …………… 569
参考文献 ………………………… 570

# 第 21 章 电力系统谐振稳定性的定义与分析方法 ………… 573

21.1 引言 ………………………… 573
21.2 谐振稳定性的定义和物理机理 ……… 574
21.2.1 谐振稳定性的定义 ………… 574
21.2.2 谐振稳定性的物理机理 ……… 575
21.2.3 谐振稳定性的性质 ………… 576
21.2.4 "宽频谐振"与"宽频振荡"
含义的差别 ………………… 576
21.3 $s$ 域节点导纳矩阵法的理论基础 …… 577
21.4 决定谐振模态阻尼的因素及弱阻尼
系统基本特性 ………………… 578
21.5 $s$ 域节点导纳矩阵法的总体思路 …… 579
21.6 在无阻尼系统中实现第 1 阶段算法的
过程 ………………………… 579
21.6.1 无阻尼系统的谐振模态结构 … 579
21.6.2 无阻尼系统的 $s$ 域节点导纳矩阵
的结构 ……………………… 580

21.6.3 谐振模态无阻尼谐振频率的计算方法 ········ 580
21.6.4 谐振模态的节点电压振型与节点参与因子的意义及其计算方法 ········ 580
21.6.5 实现第1阶段算法的实例展示 ········ 583
21.7 在有阻尼的完整系统中实现第2阶段算法的过程 ········ 583
21.7.1 采用测试信号法的理论依据 ········ 583
21.7.2 测试信号法的具体实施示例 ········ 584
21.7.3 谐振模态阻尼值的灵敏度分析 ········ 586
21.8 直流电网谐振稳定性分析实例 ········ 587
21.9 $s$ 域节点导纳矩阵法总结 ········ 589
21.10 基于序网模型分析谐振稳定性的合理性探讨 ········ 590
21.10.1 问题的提出 ········ 590
21.10.2 谐振稳定性分析的网络模型选择问题探讨 ········ 591
参考文献 ········ 592

## 第22章 基于阻抗模型分析电力系统谐振稳定性的两难困境 ········ 594

22.1 引言 ········ 594
22.2 电力电子装置的 LTI 阻抗模型与频率耦合阻抗模型 ········ 595
22.2.1 三相非线性电力装置的 LTI 阻抗定义 ········ 595
22.2.2 三相非线性电力装置的频率耦合阻抗模型定义 ········ 595
22.3 基于简单测试系统的常用线性化方法特性分析 ········ 597
22.3.1 直流工作点上基于泰勒级数展开的增量线性化方法 ········ 597
22.3.2 直流工作点上基于傅里叶级数展开的增量谐波线性化方法 ········ 598
22.3.3 基于傅里叶级数展开的全量谐波线性化方法 ········ 598
22.3.4 交流稳态工作点上基于傅里叶级数展开的增量谐波线性化方法 ········ 599
22.3.5 交流稳态工作点上基于泰勒级数展开的增量线性化方法 ········ 602
22.4 多频率耦合导纳模型的导出 ········ 604
22.5 频率耦合阻抗模型的性质 ········ 606
22.6 展示频率耦合阻抗模型不适用于谐振稳定性分析的案例 ········ 607
22.7 小结与评述 ········ 609
参考文献 ········ 611

## 附录 ········ 612

附录A 典型高压大容量柔性输电工程 ········ 612
A1 南汇柔性直流输电工程 ········ 612
A2 南澳柔性直流输电工程 ········ 613
A3 舟山五端柔性直流输电工程 ········ 614
A4 厦门柔性直流输电工程 ········ 616
A5 鲁西背靠背柔性直流输电工程 ········ 617
A6 张北柔性直流电网工程 ········ 618
A7 昆柳龙±800kV 特高压三端柔性直流工程 ········ 619
A8 白鹤滩-江苏±800kV 特高压柔性直流工程 ········ 620
A9 渝鄂背靠背柔性直流工程 ········ 621
A10 粤港澳大湾区背靠背柔性直流工程 ········ 621
A11 南京西环网 UPFC 工程 ········ 622
A12 苏州南部 UPFC 工程 ········ 623
A13 上海蕰藻浜 UPFC 工程 ········ 624
A14 杭州低频输电工程 ········ 625
A15 华能玉环2号海上风电场低频输电工程 ········ 626
参考文献 ········ 627
附录B 高压大容量柔性输电工程分析与设计的工具 ········ 628
B1 柔性直流输电基本设计软件 ZJU-MMCDP ········ 628
B2 柔性直流输电电磁暂态仿真平台 ZJU-MMCEMTP ········ 628
B3 低频输电电磁暂态仿真平台 ZJU-M3CEMTP 介绍 ········ 628
B4 通用电力网络谐振稳定性分析程序 ZJU-ENRSA ········ 628

# 第1章　基于子模块级联型换流器的柔性输电技术的特点与应用

## 1.1　柔性输电技术的定义

本书所称的柔性输电技术包含了柔性直流输电技术和柔性交流输电技术。国际大电网会议（CIGRE）和美国电气电子工程师学会（IEEE）将柔性直流输电技术命名为"VSC-HVDC"技术，指的是基于电压源换流器（VSC）的直流输电技术，以区别于传统的基于电网换相换流器（LCC）的直流输电技术。柔性交流输电技术包含两层意思：第一层意思是柔性交流输电系统（FACTS），指的是装有电力电子型和其他静止型控制装置以加强可控性和增大功率传输能力的交流输电系统；第二层意思是柔性交流输电装置（FACTS controller），指的是对一个或多个交流输电系统参数进行控制的电力电子系统或其他静止型装置。FACTS装置不是一个单一的装置，而是用于控制电压、阻抗、相角、电流、无功功率和有功功率等相互关联的电气参数的一系列装置的集合。在传统电力系统向新型电力系统转型的过程中，柔性输电技术将会发挥越来越重要的作用。

## 1.2　柔性直流输电技术的发展过程及其特点

直流输电技术自从1954年商业化应用以来，经历了3次技术上的革新，其主要推动力是组成换流器的基本器件发生了革命性的重大突破[1]。第一代直流输电技术采用的换流器件是汞弧阀，所用的换流器拓扑是6脉动Graetz桥，也称为电网换相换流器（LCC），其主要应用年代是20世纪70年代以前。第二代直流输电技术采用的换流器件是晶闸管，所用的换流器拓扑仍然是6脉动Graetz桥，因而其换流理论与第一代直流输电技术相同，其应用年代是20世纪70年代初直到今后一段时间。第三代直流输电技术就是本书将要重点讨论的柔性直流输电技术，采用的换流器件是既可以控制导通又可以控制关断的双向可控电力电子器件，其典型代表是绝缘栅双极型晶体管（IGBT）。

柔性直流输电的换流理论完全不同于基于Graetz桥式换流器的第一代和第二代直流输电（通常称为传统直流输电）换流理论，实际上到目前为止柔性直流输电技术本身也可以划分成2个发展阶段[1]。

第一个发展阶段是20世纪90年代初到2010年，这一阶段柔性直流输电技术基本上由ABB公司垄断，采用的换流器是二电平或三电平电压源换流器（VSC），其基本理论是脉冲宽度调制（PWM）理论[1]。

1990年，基于VSC的直流输电概念首先由加拿大McGill大学的Boon-Teck Ooi等提出[2-4]。在此基础上，ABB公司将VSC和聚合物电缆相结合提出了轻型直流输电（HVDC Light）的概念，并于1997年3月在瑞典中部的Hellsjon和Grangesberg之间进行了首次工业性试验[5]。该试验系统的功率为3MW，直流电压等级为±10kV，输电距离为10km，分别联接到既有的10kV交流电网中。

第二个发展阶段是2010年到今后一段时间，其基本标志是2010年11月在美国旧金山投运的Trans Bay Cable柔性直流输电工程[6-8]；该工程由西门子公司承建，采用的换流器是基于子模块级联的模块化多电平换流器（MMC）[9-14]。MMC的换流理论不是PWM，而是阶梯波逼近[9-14]。

子模块级联型换流器（Cascaded Sub-module Converter，CSMC）的换流阀是通过子模块级联构成的，其不像二电平和三电平VSC换流阀那样是通过功率器件直接串联构成的。在需要提升换流器的电压等级和容量时，子模块级联型换流器不需要改变其拓扑结构，只需要增加换流阀中的级联子模块个数就能实现，因而特别适合应用于高压大容量场合。子模块级联型换流器的最早工程应用是基于级联H桥换流器（Cascaded H-Bridge Converter，CHBC）的静止同步补偿器（STATCOM）[15-16]。

2001年，R. Marquardt等学者提出了基于子模块级联的模块化多电平换流器（Modular Multilevel Converter，MMC）[9]。随后西门子公司开展了基于MMC的柔性直流输电技术的工程应用研究，并在Trans Bay Cable工程中采用了MMC拓扑。Trans Bay Cable工程额定直流电压为±200kV，额定输送功率为400MW，每个桥臂由200多个子模块串联而成，两个MMC换流站通过85km长的海底电缆相联接[6-8]。该工程已于2010年11月成功投入商业运行，展现出了良好的技术特性，是世界上首个基于MMC的柔性直流输电工程[7-8]。

二电平或三电平VSC由于电平数很少，输出电压波形较差，必须采用高频PWM来改善输出电压波形的质量。由于开关频率很高，要求所有的串联开关器件必须在极短的时间内同时开通或关断，因而对功率器件的开关一致性和均压性能提出了很高的要求。随着串联器件个数的增加，上述问题越发严重，因而阻碍了其在高压直流输电领域的推广应用。另一方面，高频PWM方式导致了较高的开关损耗，使得采用二电平或三电平拓扑的柔性直流输电系统的输电损耗居高不下。

相对于二电平和三电平拓扑，MMC拓扑具有以下几个突出优势[9-14]：

1）制造难度下降：不需要采用基于IGBT器件直接串联而构成的阀，这种阀在制造上有相当的难度，只有离散性非常小的IGBT器件才能满足静态和动态均压的要求，一般市售的IGBT器件是难以满足要求的。因而MMC拓扑大大降低了制造商进入柔性直流输电领域的技术门槛。

2）损耗成倍下降：MMC拓扑大大降低了IGBT器件的开关频率，从而使换流器的损耗成倍下降。因为MMC拓扑采用阶梯波逼近正弦波的调制方式，理想情况下一个工频周期内开关器件只要开关2次，考虑了电容电压平衡控制和其他控制因素后，开关器件的开关频率通常不超过150Hz，这与二电平和三电平拓扑开关器件的开关频率在1kHz以上形成了鲜明的对比。

3）阶跃电压降低：由于MMC所产生的电压阶梯波的每个阶梯都不大，MMC桥臂上的阶跃电压（d$v$/d$t$）和阶跃电流（d$i$/d$t$）都比较小，从而使得开关器件承受的应力大为降低，同时也使产生的高频辐射大为降低，容易满足电磁兼容指标的要求。

4）波形质量高：由于 MMC 通常电平数很多，所输出的电压阶梯波已非常接近于正弦波，波形质量高，各次谐波含有率和总谐波畸变率通常已能满足相关标准的要求，不需要安装交流滤波器。例如美国旧金山的 Trans Bay Cable 柔性直流输电工程[6-8]，每个桥臂采用了 200 个子模块，输出电压的电平数很多，波形质量已能满足要求，不需要安装交流滤波器。

5）故障处理能力强：由于 MMC 的子模块冗余特性，使得故障的子模块可由冗余的子模块替换，并且替换过程不需要停电，提高了换流器的可靠性；另外，MMC 的直流侧没有高压电容器组，并且桥臂电抗器与分布式的储能电容器相串联，从而可以直接限制内部故障或外部故障下的故障电流上升率，使故障的清除更加容易。

当然，MMC 拓扑与二电平或三电平拓扑相比，也有不足的地方：

1）所用器件数量多：对于同样的直流电压，MMC 采用的开关器件数量较大，约为二电平拓扑的 2 倍。

2）MMC 虽然避免了二电平和三电平拓扑必须采用 IGBT 直接串联构成换流阀的困难，但却将技术难度转移到了控制方面，主要包括子模块电容电压的平衡控制以及各桥臂之间的环流控制。

由于 MMC 拓扑相对于二电平和三电平拓扑，在 VSC-HVDC 的应用方面优势突出，因此，自从 2010 年 Trans Bay Cable 工程投运以来，全世界的 VSC-HVDC 工程几乎都是采用 MMC 技术建造的。特别是我国已建成投运的 10 多项柔性直流输电工程，全都是采用 MMC 技术建造的。因此，本书后文关于柔性直流输电技术的讨论，针对的就是基于子模块级联型模块化多电平换流器的柔性直流输电技术，本书将其简称为 MMC-HVDC 技术。

下面以 MMC 构成的柔性直流输电系统为例说明柔性直流输电系统的基本特点。两端 MMC-HVDC 单极系统结构如图 1-1 所示，换流站内包括联接变压器和换流器等设备。

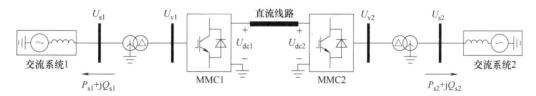

图 1-1 两端 MMC-HVDC 单极系统结构图

由于柔性直流输电系统的两端 MMC 各能控制 2 个物理量，目前两端 MMC 的常用控制方式是直接电流控制，也称内外环控制，控制系统主要由内环电流控制器和外环功率控制器构成，如图 1-2 所示。其中柔性直流输电系统的基本控制方式由外环功率控制器决定。外环功率控制器控制的主要物理量有：交流侧有功功率、直流侧电压、交流侧无功功率、交流侧电压等。其中，交流侧有功功率、直流侧电压为有功功率类物理量；而交流侧无功功率、交流侧电压为无功功率类物理量。柔性直流输电系统的每一端必须在有功功率类物理量和无功功率类物理量中各挑选一个物理量进行控制，同时，柔性直流输电系统中必须有一端控制直流侧电压。这样，柔性直流输电系统就存在多种控制变量的组合。

对于两端交流系统为有源系统的情况，合理的控制变量组合可以是整流端控制交流侧有功功率和交流侧无功功率，逆变端控制直流电压和交流侧无功功率。合理的控制变量组合随

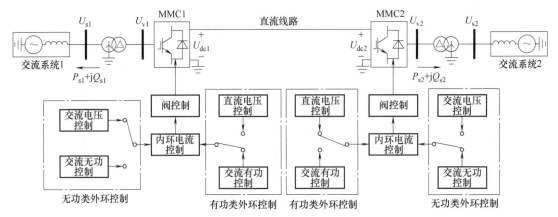

图 1-2 柔性直流输电系统的基本控制结构

两端交流系统情况的不同而改变。但两端的无功功率类控制是完全独立的，所需无功功率类控制可以由交流电压控制或直接无功功率控制来实现。由于换流器容量的限制，在同一端实现有功功率和无功功率的独立控制时，有功功率和无功功率必须限制在 PQ 平面的一个特定范围内。当使用柔性直流输电联接风电场时，通常联接风电场的 MMC 站采用控制交流侧频率和交流侧电压的控制变量组合，而联接电网的 MMC 站采用控制直流侧电压和交流侧无功功率类中的一个物理量的控制变量组合。另外，当使用柔性直流输电向无源交流网络供电时，通常联接无源交流网络的那个 MMC 站控制交流系统频率和交流系统电压，而联接有源电网的那个 MMC 站控制直流侧电压和交流侧无功功率类中的一个物理量。

第三代直流输电技术，即 MMC-HVDC 技术，与基于 LCC 的传统直流输电技术相比，主要优势表现在如下几个方面：

1) 没有无功补偿问题：传统直流输电由于存在 LCC 的换相过程，导致电流波形总是滞后于电压波形，以及波形的非正弦特性，需要吸收大量无功功率，其数值约为换流站所通过的直流功率的 40%～60%。因而需要大量的无功补偿及滤波设备，而且在甩负荷时会出现无功功率过剩，容易导致过电压。而 MMC 不仅不需要交流侧提供无功功率，而且本身能够起到 STATCOM 的作用，动态补偿交流系统无功功率，稳定交流母线电压。这意味着交流系统故障时如果 MMC 容量允许，那么柔性直流输电系统既可向交流系统提供有功功率的紧急支援，还可向交流系统提供无功功率的紧急支援，从而既能提高所联接的交流系统的功角稳定性，还能提高所联接的交流系统的电压稳定性。

2) 没有换相失败问题：传统直流输电受端换流器（逆变器）在受端交流系统发生故障时很容易发生换相失败，导致输送功率中断。通常只要逆变站交流母线电压因交流系统故障导致瞬间跌落 10% 以上幅度，就会引起逆变器换相失败，而在换相失败恢复前传统直流系统无法输送功率。而柔性直流输电的 MMC 采用的是可关断器件，不存在换相失败问题，即使受端交流系统发生严重故障，只要换流站交流母线仍然有电压，就能输送一定的功率，其大小取决于 MMC 的电流容量。

3) 可以为纯新能源基地电网提供构网电源或为无源电网供电：传统直流输电所用的 LCC 需要交流电网提供换相电流。这个电流实际上是相间短路电流。因此要保证换相的可靠，交流系统必须具有足够的容量，即必须有足够的短路比（SCR）。当交流电网比较弱或无电源支撑时便不能完成换相过程，LCC 无法运行。而柔性直流输电采用的是 VSC，不需要换相，可以工作在无源逆变方式。因而所联接的交流系统可以是无源系统，克服了传统直流输电 LCC 必须联接到有源系统的根本缺陷，使利用直流输电输送纯新能源基地电力或为孤立负荷供电成为可能。

4）可同时独立调节有功功率和无功功率：传统直流输电的换流器只有 1 个控制自由度，不能同时独立调节有功功率和无功功率。而柔性直流输电的 MMC 具有 2 个控制自由度，可以同时独立调节有功功率和无功功率。

5）谐波水平低：传统直流输电换流器会产生特征谐波和非特征谐波，必须配置相当容量的交流侧滤波器和直流侧滤波器，才能满足将谐波限定在换流站内的要求。柔性直流输电采用 MMC，电平数很高，不需要采用滤波器已能满足谐波要求。

6）适合构成多端直流系统或直流电网：传统直流输电 LCC 电流只能单向流动，潮流反转时电压极性反转而电流方向不变，因此在构成并联型多端直流系统或直流电网时，单端潮流难以反转，控制很不灵活。而柔性直流输电的 VSC 电流可以双向流动，但直流电压极性不能改变，因此构成并联型多端直流系统或直流电网时，在保持电压极性不变的前提下，通过改变单端电流的方向，单端潮流可以在正、反两个方向调节，能够充分发挥多端直流系统或直流电网的优势。

7）占地面积小：柔性直流输电换流站没有大量的无功补偿和滤波装置，交流场设备很少，因此，比传统直流输电占地少得多。

当然，柔性直流输电相对于传统直流输电也存在不足，主要表现在如下方面：

1）损耗较大：±800kV 电压等级的传统直流输电的单站损耗在 0.6% 左右，±500kV 电压等级的传统直流输电的单站损耗在 0.8% 左右，而柔性直流输电的单站损耗在 1.0% 左右。柔性直流输电损耗下降的前景包括两个方面：①现有技术的进一步提高；②采用新的可关断器件。柔性直流输电单站损耗降低到与传统直流输电相当的水平是可以预期的。

2）设备成本较高：就目前的技术水平，同电压等级同容量下，MMC 换流阀的成本是 LCC 换流阀成本的 3 倍左右。按换流站单位容量的投资成本比较，MMC 换流站是 LCC 换流站的 1.5 倍左右。同样，柔性直流输电的设备投资成本降低到与传统直流输电相当也是可以预期的。

3）过负荷能力较弱：IGBT 的超额定值运行能力很低，且持续时间很短，一般在 μs 级；因此 MMC 必须严格按照设计容量运行，MMC 设计时一般会考虑 1.1 倍的电流裕度。而晶闸管的短时过负荷能力较强，通常 1.1 倍过负荷可以长期运行，1.5 倍过负荷可以运行 3s。

4）容量相对较小：由于目前可关断器件的电压、电流额定值都比晶闸管低，因此单个 MMC 的容量比 LCC 基本单元（12 脉动换流器）的容量低。但是，如采用 MMC 基本单元的串、并联组合技术，柔性直流输电达到传统直流输电的容量水平是没有问题的，还能达到 MMC 分散接入交流系统，提高系统运行可靠性的目的。事实上，白鹤滩送江苏的 ±800kV、8000MW 柔性直流输电系统，就采用了 3 个 MMC 并联的方案，并实现了各 MMC 分散接入交流系统，提高系统运行可靠性的目的。

5）基于半桥子模块的 MMC 不太适合远距离架空线路输电：若 MMC-HVDC 系统采用的是半桥子模块型 MMC，则在直流侧发生短路时，即使 IGBT 全部闭锁，换流站通过与 IGBT 反并联的二极管，仍然会向故障点馈入电流，从而无法像传统直流输电那样通过换流器自身的控制来清除直流侧的故障。因此，基于半桥子模块的 MMC 一般应用于海上风电场送出工程，海底电缆故障时就通过直接跳交流侧断路器来清除故障。由于电缆故障率低，且如果发生故障，通常是永久性故障，本来就应该停电检修，因此跳交流侧断路器并不影响整个系统的可用率。而当直流线路采用远距离架空线时，因架空线路发生暂时性短路故障的概率很大，如果每次暂时性故障都跳交流侧开关，停电时间就会太长，影响了柔性直流输电的可用率。因此，对于采用长距离架空线路的柔性直流输电系统，要么采用半桥子模块型 MMC 加直流断路器方案，要么采用其他具有直流侧故障清除能力的换流器拓扑方案，本书后面的多个章节，就是针对此主题而展开的。

## 1.3 柔性直流输电应用于点对点输电

由于交流输电线路很难胜任真正意义上的远距离大容量输电任务，任何电压等级的交流输电的经济合理输送距离都在 1000km 以内[17]。而采用传统直流输电技术实现远距离大容量输电的根本性制约因素是受端电网的多直流馈入问题。所谓多直流馈入就是在受端电网的一个区域中集中落点多回直流线路，这是采用直流输电向负荷中心区送电的必然结果，在我国具有一定的普遍性。例如，到 2030 年在广东电网的珠江三角洲 200km×200km 的面积内，按照需求可能要落点 13 回直流线路，这种情况构成了世界上最典型的多直流馈入问题。理论分析和工程经验都表明，多直流馈入问题主要反映在两个方面，并且对于交直流并列输电系统问题尤其突出[18]：①换相失败引起输送功率中断威胁系统的安全稳定性。当交流系统发生短路故障时，瞬间电压跌落可能会引起多个换流站同时发生换相失败，导致多回直流线路输送功率中断，引起整个系统的潮流大范围转移和重新分布，影响故障切除后受端系统的电压恢复，从而影响故障切除后直流功率的快速恢复，由此造成的冲击可能会威胁到交流系统的暂态稳定性。②当任何一回大容量直流输电线路发生双极闭锁等严重故障时，直流功率会转移到与其并列的交流输电线路上，造成并列交流线路的严重过负荷和低电压，极有可能引起交流系统暂态失稳。

为了解决传统直流输电所引起的多直流馈入问题，采用柔性直流输电技术是一个很好的方案。因为在交流系统故障时，只要换流站交流母线电压不为零，柔性直流输电系统的输送功率就不会中断。故障期间，柔性直流输电系统的输送功率近似与其换流站交流母线的残压成正比。比如有 A、B、C 3 回直流同时馈入一个受端交流电网，且每回的容量都为 800 万 kW。假设某个交流故障导致 A、B、C 3 回直流的逆变站交流母线电压分别跌落 20%、25%、30%。如果这 3 回直流线路为传统直流线路，那么在此故障下，3 回直流必然都发生换相失败，输送功率中断，损失功率达到 2400 万 kW，对受端交流电网的冲击巨大。而如果这 3 回直流线路为柔性直流线路，那么 3 回直流损失的功率与电压跌落幅度成正比，在此故障下 3 回直流损失的总功率为（20%+25%+30%）×800 万 kW = 600 万 kW，小于单回直流的额定功率，对受端交流电网的冲击很小。这个案例表明，采用柔性直流技术后，即使交流系统发生故障，多回柔性直流输电线路损失的总功率也不大，对交流系统的冲击比传统直流输电线路要小得多。

因此，当采用柔性直流输电技术时，多直流馈入问题实际上已不复存在，因为没有换相失败问题，当然更不存在多个换流站同时发生换相失败的问题。柔性直流输电线路在交流故障下的响应特性与交流线路类似，甚至更好，即在故障时只要还存在电压，就能输送功率，而在故障切除电压得到恢复的情况下输送功率就立即恢复到正常水平，且柔性直流输电系统可以帮助交流系统恢复电压，这是交流线路所做不到的。因此，采用柔性直流输电技术，其突出优点是：①馈入受端交流电网的直流输电落点个数和容量已不受限制，受电容量与受端交流电网的结构和规模没有关系，即不存在所谓的"强交"才能接受"强直"的问题；②不增加受端电网的短路电流水平，破解了因交流线路密集落点而造成的短路电流超限问题。

## 1.4 柔性直流输电应用于背靠背异步联网

采用直流异步互联的电网结构已越来越受到国际电力工程界的推崇[19-20]。例如，美国东北电力协调委员会（NPCC）前执行总裁 George C. Loehr 在 2003 年的"8·14"美加大停电后的访谈中，倡导将横跨北美洲的两大巨型同步电网拆分成若干个小型同步电网，而这些小型同步电网之间采用直流输电进行互联[21-22]。ABB 公司将这种用于交流电网异步互联的直流输电系统形象地称为防火墙（firewall）[23]，用于隔离交流系统之间故障的传递。美国电力研究院（EPRI）在其主导的研究中，将柔性直流输电系统称作电网冲击吸收器（grid shock absorber）[24-25]，并倡导将其嵌入到北美东部大电网中，从而将北美东部大电网分割成若干个相互之间异步互联的小型同步电网，仿真结果表明采用这种小型同步电网异步互联结构，可以有效预防大面积停电事故的发生。

直流异步联网的优点主要表现在[18]：

1）避免连锁故障导致大面积停电。近年来世界上的几次大停电事故都表明，对于大规模的同步电网，相对较小的故障可以引发大面积停电事故。例如，当一条交流线路由于过载而被切除后，转移的潮流可能导致邻近线路发生过载并相继切除，由于潮流转移很难控制，故障可以从一个区域迅速传递到另一个区域，最终导致系统瓦解。而采用直流异步联网结构，就在网络结构上将送端电网的故障限制在送端电网内，受端电网的故障限制在受端电网内，从而消除了潮流的大范围转移，避免了交流线路因过载而相继跳闸，因而是预防大面积停电事故发生的最有效措施。

2）根除低频振荡。对于大规模的同步电网，极有可能发生联络线功率低频振荡问题，根据国内外大电网运行的经验，当两个大容量电网同步互联后，发生低频振荡的可能性很大，而且在这种情况下，一旦发生低频振荡，解决起来就比较困难，并不是所有机组配置电力系统稳定器（PSS）就能解决问题。而采用直流异步联网结构，就从网络结构上彻底根除了产生低频振荡的可能性。

3）不会对被联交流系统的短路电流水平产生影响，因为直流换流站不会像发电机那样为短路点提供故障电流。

## 1.5 柔性直流输电应用于背靠背异同步分网和类同步控制

对于多直流馈入的复杂受端电网，如采用柔性直流输电将其分割成几个异步互联的小型同步电网，则必然会造成某一些小型同步电网中有与其容量不相匹配的 1 回或多回大容量直流线路馈入的情况。对于有大容量直流线路馈入的小型同步电网，当大容量直流线路发生换相失败或双极闭锁时，存在电压失稳和频率失稳的严重风险[26]。为了应对这种情况的发生，同时解决多直流馈入复杂受端电网存在的潮流分布不可控制、多回直流同时换相失败、短路电流大范围超标3大技术难题，可以采用柔性直流背靠背异同步分网的构网模式。这种背靠背异同步分网构网模式的典型结构如图1-3所示。在图1-3中，A网和B网都是有多个直流馈入的受端电网，A网与B网之间有多个柔性背靠背换流站和多回交流线路相联接。

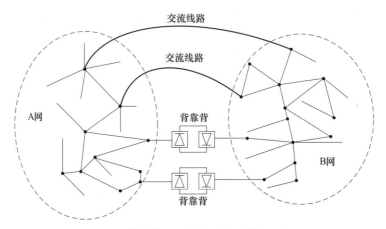

**图1-3　背靠背异同步分网构网模式示意图**

采用背靠背异同步分网的构网模式后，A网与B网之间的交流耦合程度被大大地削弱了，也就是A网与B网之间的电气距离得到了有意的增大，破解了多直流馈入复杂受端电网由于线路密集而造成的电网特性类似于"铁板一块"的困境，从而一方面发挥了直流异步联网的3大固有优势：①潮流精准控制，②隔离交流故障，③抑制短路电流传递；将"铁板一块"的电网进行了结构清晰的分区，一定程度上实现了：①潮流按规定路径走，②短路电流按规定路径走，③故障按规定路径传递的控制目标。另一方面发挥了交流同步电网内电压相角的功率盈亏指示作用。通过背靠背换流站两侧母线电压的相角差，反映A网与B网的功率盈亏状态，从而可以采用"类同步"控制的方法，模拟交流线路功率随两侧功角差调整的功率传输特性[27-29]，实现功率互济和紧急功率支援，为多直流馈入复杂受端电网的功率优化调整、故障主动支撑提供控制手段。

## 1.6　柔性直流输电应用于构建直流电网

传统直流输电技术电流不能反向，而并联型直流电网电压极性又不能改变，使得直流电网潮流方向单一，难以发挥直流电网的优势。因而在直流输电技术发展的前50年中直流电网并没有得到大的发展。而柔性直流输电技术出现以后，由于直流电流可以反向，直流电网的优势可以充分发挥，因而发展直流电网技术，已成为电力工业界的一个新的趋势。但发展直流电网的主要技术瓶颈有3个：①直流侧故障的快速检测和隔离技术；②直流电压的变压技术；③直流线路的潮流控制技术。与这3个技术瓶颈相对应的核心装置是大容量高电压高速直流断路器、大容量直流变压器和直流线路潮流控制器。目前在大容量高电压高速直流断路器、大容量直流变压器和直流线路潮流控制器的研究和工程应用方面已取得阶段性成果，本书后面将有专门章节讨论这些问题。

## 1.7 基于子模块级联型换流器的柔性交流输电技术

柔性交流输电系统（FACTS）的概念自 20 世纪 80 年代中后期被提出以来，得到了全世界电力工程界的广泛重视，是电力系统在一次系统领域的重要技术增长点。FACTS 装置可以分为两种基本类型：一种类型是基于晶闸管器件的，典型代表是静止无功补偿器（SVC）和晶闸管控制串联电容器（TCSC）；另一种类型是基于 VSC 的，典型代表是 STATCOM 和统一潮流控制器（UPFC）。

本书主要讨论基于 VSC 的 STATCOM 和 UPFC。然而基于 VSC 的 FACTS 装置，特别是高电压大容量的 FACTS 装置，在采用子模块级联型换流器技术之前，实际应用很少。

世界上第一个子模块级联型 STATCOM 于 1999 年在伦敦 East Clayton 变电站投入运行[30]，容量为±75MVA。在传统电力系统向新型电力系统转型的背景下，高电压大容量子模块级联型 STATCOM 的主要用途包括：①新能源基地电网的电压支撑；②电网动态电压控制；③大容量动态无功补偿和有源滤波；④电力系统功率振荡阻尼器；⑤分布式大容量储能装置。

UPFC 作为最新一代的 FACTS 装置，具有强大的控制能力，可以同时实现电网潮流控制、交流母线电压控制、阻尼低频振荡等功能。高电压大容量子模块级联型 UPFC 已在我国多个工程中得到应用，为解决电网运行中遇到的问题提供有力的技术支撑，对加速传统电网升级转型具有十分积极的意义。

低频输电系统的一个关键环节是低频系统与工频系统之间的接口，完成此功能的设备被称为变频器。实现变频器的电路拓扑有多种，其中模块化多电平矩阵变频器（M3C）是已经得到实际工程应用的拓扑。M3C 也是在 2001 年提出的[31-32]，与 MMC 是同一年提出的[9]。经过 20 多年来的研究和改进，M3C 的理论已趋于成熟。2023 年 6 月，世界上第一个陆上低频输电系统——杭州 220kV 低频输电工程的投运，标志着 M3C 已可用于高电压大容量输电领域。

## 1.8 小结

不管是柔性直流输电技术还是柔性交流输电技术，发展到今天，其共同的核心技术都是子模块级联型换流器技术。可以说，子模块级联型换流器技术为电网一次系统的柔性化铺平了道路，是新型电力系统的基本支撑技术，将引领电力系统技术的深刻变革。

## 参 考 文 献

[1] 徐政，陈海荣. 电压源换流器型直流输电技术综述[J]. 高电压技术，2007，33（1）：1-10.

[2] OOI B T, WANG X. Boost type PWM HVDC transmission system[J]. IEEE Transactions on Power Delivery, 1991, 6 (1): 1557-1563.

[3] OOI B T, WANG X. Voltage angle lock loop control of the boost type PWM converter for HVDC application [J]. IEEE Transactions on Power Delivery, 1990, 5 (2): 229-235.

[4] LU W, OOI B T. Multiterminal LVDC system for optimal acquisition of power in wind-farm using induction generators [J]. IEEE Transactions on Power Electronics, 2002, 17 (4): 558-563.

[5] ASPLUND G, ERIKSSON K, SVENSSON K. DC transmission based on voltage source converter [C]//CIGRE SC14 Colloquium, South Africa, 1997.

[6] GEMMELL B, DORN J, RETZMANN D, et al. Prospects of multilevel VSC technologies for power transmission [C]//IEEE/PES Transmission and Distribution Conference and Exposition, 21-24 April 2008, Chicago, IL, USA. New York: IEEE, 2008.

[7] WESTERWELLER T, FRIEDRICH K, ARMONIES U, et al. Trans bay cable world's first HVDC system using multilevel voltage sourced converter [C]//CIGRE Congress session B4-301, 22-27 August 2010, Paris, France. Paris: CIGRE, 2010.

[8] DORN J, GAMBACH H, STRAUSS J, et al. Trans Bay Cable-A breakthrough of VSC multilevel converters in HVDC transmission [C]//CIGRE Colloquium, 2012, San Francisco, USA.

[9] MARQUARDT R. Stromrichter schaltungen mit verteilten energie speichern: German Patent DE10103031A1 [P]. 2001-01-24.

[10] MARQUARDT R, LESNICAR A, HILDINGER J. Modulares Stromrichterkonzept für Netzkupplungsanwendung bei hohen Spannungen [C]//ETG-Fachtagung, 2002, Bad Nauhe, Germany.

[11] LESNICAR A, MARQUARDT R. An innovative modular multilevel converter topology suitable for a wide power range [C]//Power Tech Conference, 2003, Bologna, Italy. New York: IEEE, 2003.

[12] GLINKA M, MARQUARDT R. A new AC/AC-multilevel converter family applied to a single-phase converter [C]//Fifth International Conference on Power Electronics and Drive Systems, 17-20 Nov. 2003, Singapore. New York: IEEE, 2003.

[13] MARQUARDT R, LESNICAR A. New concept for high voltage-modular multilevel converter [C]//IEEE 35th Annual Power Electronics Specialists Conference, 20-25 June 2004, Aachen, Germany. New York: IEEE, 2004.

[14] GLINKA M. Prototype of multiphase modular-multilevel-converter with 2 MW power rating and 17-level-output-voltage [C]//IEEE 35th Annual Power Electronics Specialists Conference, 20-25 June 2004, Aachen, Germany. New York: IEEE, 2004.

[15] AINSWORTH J D, DAVIES M, Fitz P J, et al. Static var compensator (STATCOM) based on single-phase chain circuit converters [J]. IEE Proceedings-Generation, Transmission and Distribution, 1998, 145 (4): 381-386.

[16] HANSON D J, WOODHOUSE M L, HORWILL C, et al. STATCOM: a new era of reactive compensation [J]. Power Engineering Journal, 2002, 16 (3): 151-160.

[17] 徐政. 超、特高压交流输电系统的输送能力分析 [J]. 电网技术, 1995, 19 (8): 7-12.

[18] 徐政. 交直流电力系统动态行为分析 [M]. 北京: 机械工业出版社, 2004.

[19] CLARK H, WOODFORD D. Segmentation of the power system with DC links [C]//IEEE HVDC-FACTS Subcommittee Meeting, 2006.

[20] MOUSAVI O A, SANJARI M J, CHERKAOUI, et al. Power system segmentation using DC links to decrease the risk of cascading blackouts [C]//IEEE Trondheim PowerTech, 19-23 June 2011, Trondheim, Norway. New York: IEEE, 2011.

[21] LOEHR G C. Is it time to cut the ties that bind? [J]. Transmission & Distribution World: The Information Leader Serving the Worldwide Power-Delivery Industry, 2004 (3): 56.

[22] LOEHR G C. Enhancing the grid, smaller can be better [J]. Energybiz Magazine, 2007 (1): 35-36.

[23] CARLSSON L. HVDC-A "Firewall" against disturbances in high-voltage grids [J]. ABB Review, 2005

(3): 42-46.

[24] CLARK H, EDRIS A A, EI-GASSEIR M, et al. Softening the blow of disturbances-segmentation with grid shock absorbers for reliability of large transmission interconnections [J]. IEEE Power Energy Magazine, 2008, 6 (1): 30-41.

[25] CLARK H, EDRIS A A, EI-GASSEIR M, et al. The application of segmentation and grid shock absorber concept for reliable power grids [C]//12th International Middle-East Power System Conference, 12-15 March 2008, Aswen Egypt. New York: IEEE, 2008.

[26] CHENG BINJIE, XU ZHENG, XU WEI. Optimal DC-Segmentation for Multi-Infeed HVDC Systems Based on Stability Performance [J]. IEEE Transactions on Power Systems, 2016, 31 (3): 2445-2454.

[27] BOLA J, RIVAS R, FERNÁNDEZ R, et al. Operational experience of new Spain-France HVDC interconnection [C]//CIGRE Congress session B4-117, 21-26 August 2016, Paris, France. Paris: CIGRE, 2016.

[28] CORONADO L, LONGÁS C, RIVAS R, et al. INELFE: main description and operational experience over three years in service [C]//2019 AEIT HVDC International Conference (AEIT HVDC), 9-10 May 2019, Florence, Italy. New York: IEEE, 2019.

[29] 彭发喜, 黄伟煌, 许树楷, 等. 柔性直流输电系统异同步自动控制策略 [J]. 南方电网技术, 2023, 17 (3): 20-26.

[30] HANSON D J, HORWILL C, LOUGHRAN J, et al. The application of a relocatable STATCOM-based SVC on the UK National Grid system [C]//IEEE Asia Pacific Conference and Exhibition of the IEEE-Power Engineering Society on Transmission and Distribution, 6-10 Oct. 2002, Yokohama, Japan. New York: IEEE, 2002.

[31] ERICKSON R W, AL-NASEEM O A. A new family of matrix converters [C]//27th Annual Conference of the IEEE Industrial Electronics Society, November 29-December 2, 2001, Denver, USA.

[32] ANGKITITRAKUL S, ERICKSON R W. Capacitor voltage balancing control for a modular matrix converter [C]//Twenty-First Annual IEEE Conference and Exposition on Applied Power Electronics. Dallas, TX: IEEE, 2006.

# 第2章 MMC基本单元的工作原理

## 2.1 MMC 基本单元的拓扑结构

三相模块化多电平换流器（MMC）的拓扑结构是 R. Marquardt 于 2001 年提出的[1]。三相 MMC 的拓扑结构如图 2-1 所示。一个 MMC 由 6 个桥臂（Arm）构成，每一相的上下两个桥臂合在一起称为一个相单元（Phase Unit）。图 2-1 中，v 是位置符号，表示联接变压器的

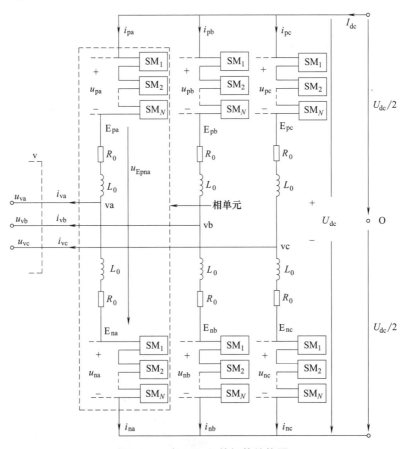

图 2-1 三相 MMC 的拓扑结构图

阀侧；下标 va、vb、vc 都是位置符号，表示联接变压器阀侧的 a 相、b 相、c 相位置；O 是位置符号，表示直流侧极间电压的中点；SM 为首字母缩写，表示子模块；下标 $N$ 表示每个桥臂的子模块数目；$R_0$、$L_0$ 表示桥臂电抗器的电阻和电感；$I_{dc}$ 表示直流侧电流；$U_{dc}$ 表示直流侧极间电压；$i_{pa}$、$i_{pb}$、$i_{pc}$、$i_{na}$、$i_{nb}$、$i_{nc}$ 表示流过 abc 三相上下桥臂的电流；$u_{pa}$、$u_{pb}$、$u_{pc}$、$u_{na}$、$u_{nb}$、$u_{nc}$ 表示 abc 三相上下桥臂中由子模块串联所合成的电压；$i_{va}$、$i_{vb}$、$i_{vc}$ 表示流入交流电网的阀侧三相电流；$u_{va}$、$u_{vb}$、$u_{vc}$ 表示阀侧三相电压。

MMC 电路高度模块化，能够通过增减接入换流器的子模块的数量来满足不同的功率和电压等级的要求，便于实现集成化设计，缩短项目周期，节约成本。

与二电平和三电平 VSC 拓扑不同，交流电抗器是直接串联在桥臂中的，而不像二电平和三电平 VSC 那样是接在换流器与交流系统之间的。MMC 中的交流电抗器（桥臂电抗器）的作用是抑制因各相桥臂直流电压瞬时值不完全相等而造成的相间环流，同时还可有效地抑制直流母线发生故障时的冲击电流，提高系统的可靠性。

## 2.2 MMC 的工作原理

### 2.2.1 子模块工作原理

图 2-2 所示为一个子模块（Sub-module，SM）的拓扑结构，$T_1$ 和 $T_2$ 代表 IGBT，$D_1$ 和 $D_2$ 代表反并联二极管，$C_0$ 代表子模块的直流侧电容器；$u_c$ 为电容器的电压，$u_{sm}$ 为子模块两端的电压，$i_{sm}$ 为流入子模块的电流，各物理量的参考方向如图中所示。由图可知，每个子模块有一个联接端口用于串联接入主电路拓扑，而 MMC 通过各个子模块的直流侧电容电压来支撑直流母线的电压。

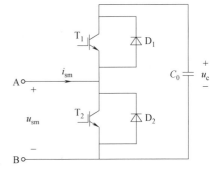

图 2-2 一个 MMC 子模块的拓扑结构

分析可知，子模块共有 3 种工作状态，见表 2-1。根据子模块上下桥臂 IGBT 的开关状态和电流方向，可以分为 6 个工作模式。

当 $T_1$ 和 $T_2$ 都加关断信号时，称为工作状态 1，此时 $T_1$ 和 $T_2$ 都处于关断状态。工作状态 1 存在两种工作模式，分别为模式 1 和模式 4，取决于子模块电流的流向。当子模块电流方向为从 A 到 B 方向时，对应于模式 1，$D_1$ 导通，电流经过 $D_1$ 向电容器充电；当子模块电流方向为从 B 到 A 方向时，对应于模式 4，$D_2$ 导通，电流经过 $D_2$ 将电容器旁路。此种工作状态为非正常工作状态，发生在 MMC 启动时或者在 MMC 直流侧故障时。本书后面所用术语子模块为"闭锁状态"即代表此工作状态。正常运行时，不允许出现此种工作状态。

当 $T_1$ 加开通信号而 $T_2$ 加关断信号时，称为工作状态 2，此时 $T_2$ 因加关断信号而处于关断状态，$D_2$ 因承受反向电压也处于关断状态。工作状态 2 同样存在两种工作模式，分别为模式 2 和模式 5，取决于子模块电流的流动方向。当子模块电流方向为从 A 到 B 方向时，对应于模式 2，此时 $D_1$ 处于导通状态，电流经过 $D_1$ 向电容器充电；而 $T_1$ 的电流可流动方向与子模块电流方向相反，尽管施加了开通信号，仍然处于关断状态。当子模块电流方向为从 B 到 A 方向时，对应于模式 5，此时 $T_1$ 处于导通状态，电流经过 $T_1$ 使电容器放电；而 $D_1$

的电流可流动方向与子模块电流方向相反，故处于关断状态。当子模块处于工作状态 2 时，直流侧电容器总被接入主电路中（充电或放电），子模块输出电压为电容器电压 $u_c$，本书后面所用术语子模块为"投入状态"即代表此工作状态。

表 2-1 子模块的 3 种工作状态

| 闭锁状态 | 投入状态 | 切除状态 |
|---|---|---|
| 模式1 | 模式2 | 模式3 |
| 模式4 | 模式5 | 模式6 |

当 $T_1$ 加关断信号而 $T_2$ 加开通信号时，称为工作状态 3，此时 $T_1$ 因加关断信号而处于关断状态，$D_1$ 因承受反向电压也处于关断状态。工作状态 3 仍然存在两种工作模式，分别为模式 3 和模式 6，取决于子模块电流的流动方向。当子模块电流方向为从 A 到 B 方向时，对应于模式 3，此时 $T_2$ 处于导通状态，电流经过 $T_2$ 将电容器旁路；而 $D_2$ 的电流可流动方向与子模块电流方向相反，故处于关断状态。当子模块电流方向为从 B 到 A 方向时，对应于模式 6，此时 $D_2$ 处于导通状态，电流经过 $D_2$ 将电容器旁路；而 $T_2$ 的电流可流动方向与子模块电流方向相反，尽管施加了开通信号，仍然处于关断状态。当子模块处于工作状态 3 时，子模块输出电压为零，即子模块被旁路出主电路，故本书后面所用术语子模块为"切除状态"即代表此工作状态。

对上述分析进行总结可得表 2-2，表中对于 $T_1$、$T_2$、$D_1$ 和 $D_2$，开关状态 1 对应导通状态，0 对应关断状态。从表 2-2 可以看出，对应每一个模式，$T_1$、$T_2$、$D_1$ 和 $D_2$ 4 个管子中有且仅有 1 个管子处于导通状态。因此可以认为，子模块进入稳态模式后，有且仅有 1 个管子处于导通状态，其余 3 个管子都处于关断状态。另一方面，若将 $T_1$ 与 $D_1$、$T_2$ 与 $D_2$ 分别集中起来作为开关 $V_1$ 和 $V_2$ 看待，那么对应投入状态，$V_1$ 是导通的，电流可以双向流动，而 $V_2$ 是断开的；对应切除状态，$V_2$ 是导通的，电流可以双向流动，而 $V_1$ 是断开的；而对应闭锁状态，$V_1$ 和 $V_2$ 中哪个导通、哪个断开是不确定的。

根据上述分析可以得出结论，只要对每个子模块上下两个 IGBT 的开关状态进行控制，就可以投入或者切除该子模块。

表 2-2　子模块的 3 个工作状态和 6 个工作模式

| 状态 | 模式 | $T_1$ | $T_2$ | $D_1$ | $D_2$ | 电流方向 | $u_{sm}$ | 说明 |
|---|---|---|---|---|---|---|---|---|
| 闭锁 | 1 | 0 | 0 | 1 | 0 | A 到 B | $u_c$ | 电容充电 |
| 投入 | 2 | 0 | 0 | 1 | 0 | A 到 B | $u_c$ | 电容充电 |
| 切除 | 3 | 0 | 1 | 0 | 0 | A 到 B | 0 | 旁路 |
| 闭锁 | 4 | 0 | 0 | 0 | 1 | B 到 A | 0 | 旁路 |
| 投入 | 5 | 1 | 0 | 0 | 0 | B 到 A | $u_c$ | 电容放电 |
| 切除 | 6 | 0 | 0 | 0 | 1 | B 到 A | 0 | 旁路 |

## 2.2.2　三相 MMC 工作原理

三相 MMC 的拓扑结构如图 2-1 所示。为了说明 MMC 的基本工作原理[2-5]，先不考虑桥臂电抗器的作用，即将桥臂电抗器短接掉。后文关于桥臂电抗器的作用会有更深入的分析。正常稳态运行时，MMC 具有以下几个特征：

1）维持直流电压恒定。从图 2-1 可以看出，直流电压由 3 个相互并联的相单元来维持。要使直流电压恒定，要求 3 个相单元中处于投入状态的子模块数相等且不变，从而使

$$u_{pa}+u_{na}=u_{pb}+u_{nb}=u_{pc}+u_{nc}=U_{dc} \tag{2-1}$$

当 a 相上桥臂所有子模块都切除时，$u_{pa}=0$，va 点电压为直流正极电压，这时 a 相下桥臂所有的 $N$ 个子模块都要投入，才能获得最大的直流电压。又因为相单元中处于投入状态的子模块数是一个不变的量，所以一般情况下，每个相单元中处于投入状态的子模块数为 $N$ 个，是该相单元全部子模块数（2$N$）的一半。

2）输出交流电压。由于各个相单元中处于投入状态的子模块数是一个定值 $N$，所以可以通过将各相单元中处于投入状态的子模块在该相单元上、下桥臂之间进行分配而实现对 $u_{va}$、$u_{vb}$、$u_{vc}$ 3 个输出交流电压的调节。

3）输出电平数。单个桥臂中处于投入状态的子模块数可以是 0、1、2、3 到 $N$，也就是说 MMC 最多能输出的电平数为（$N+1$）。通常一个桥臂含有的子模块数 $N$ 是偶数，这样当 $N$ 个处于投入状态的子模块在该相单元的上、下桥臂间平均分配时，则上、下桥臂中处于投入状态的子模块数相等，且都为 $N/2$，该相单元的输出电压为零电平。

4）电流的分布。参照图 2-1，由于 3 个相单元的对称性，总直流电流 $I_{dc}$ 在 3 个相单元之间平均分配，每个相单元中的直流电流为 $I_{dc}/3$。由于上、下桥臂电抗器 $L_0$ 相等，以 a 相为例，交流电流 $i_{va}$ 在 a 相上、下桥臂间均分，这样 a 相上、下桥臂电流为

$$i_{pa}=\frac{I_{dc}}{3}+\frac{i_{va}}{2} \tag{2-2}$$

$$i_{na}=\frac{I_{dc}}{3}-\frac{i_{va}}{2} \tag{2-3}$$

为了对 MMC 的工作原理有一个更直观的理解，考察一个简单的五电平拓扑 MMC。对于五电平拓扑，每个相单元由 8 个子模块构成，上、下桥臂分别有 4 个子模块，如图 2-3 所示。图中，实线表示上桥臂电压，虚线表示下桥臂电压，粗实线表示总的直流侧电压。MMC 在运行时，首先需要满足如下 2 个条件：

1)在直流侧维持直流电压恒定。根据图 2-3,要使直流电压恒定,要求 3 个相单元中处于投入状态的子模块数目相等且不变,即满足图 2-3 中粗实线的要求:

$$u_{pa}+u_{na}=U_{dc} \quad (2-4)$$

2)在交流侧输出三相交流电压。通过对 3 个相单元上、下桥臂中处于投入状态的子模块数进行分配而实现对换流器输出三相交流电压的调节,即通过调节图 2-3 中实线 $u_{pa}$ 和虚线 $u_{na}$ 的长度,达到交流侧输出电压 $u_{va}$ 为正弦波的目的。

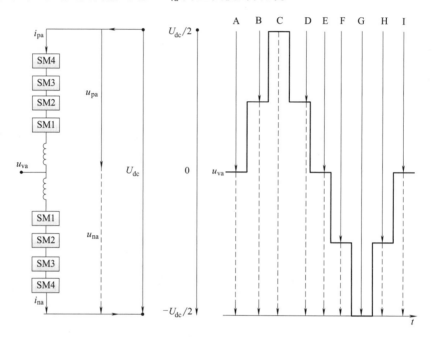

图 2-3　五电平 MMC 工作原理图

为了满足上述 2 个条件,对于图 2-3 所示的五电平拓扑 MMC,一个工频周期内 $u_{va}$ 需要经历 A、B、C、D、E、F、G、H 8 个不同的时间段。设直流侧两极之间的中点电位为电压参考点,则对应 $u_{va}$ 的 8 个不同的时间段,上、下桥臂投入的子模块数目变化情况见表 2-3。

表 2-3　$u_{va}$ 8 个不同的时间段所对应的子模块投入模式

| 时间段 | A | B | C | D | E | F | G | H |
| --- | --- | --- | --- | --- | --- | --- | --- | --- |
| $u_{va}$ 电压值 | 0 | $U_{dc}/4$ | $U_{dc}/2$ | $U_{dc}/4$ | 0 | $-U_{dc}/4$ | $-U_{dc}/2$ | $-U_{dc}/4$ |
| 上桥臂投入的子模块数 | 2 | 1 | 0 | 1 | 2 | 3 | 4 | 3 |
| 下桥臂投入的子模块数 | 2 | 3 | 4 | 3 | 2 | 1 | 0 | 1 |
| 相单元投入的子模块数 | 4 | 4 | 4 | 4 | 4 | 4 | 4 | 4 |
| 直流侧电压大小 | $U_{dc}$ | $U_{dc}$ | $U_{dc}$ | $U_{dc}$ | $U_{dc}$ | $U_{dc}$ | $U_{dc}$ | $U_{dc}$ |

由图 2-3 和表 2-3 可以清楚地看到,输出电压 $u_{va}$ 总共有 5 个不同的电压值,分别为 $-U_{dc}/2$、$-U_{dc}/4$、0、$U_{dc}/4$ 和 $U_{dc}/2$,即有 5 个不同的电平。而该 MMC 的 $N+1$ 个电平分别为 $\frac{N}{2}U_c$、$\left(\frac{N}{2}-1\right)U_c$、$\left(\frac{N}{2}-2\right)U_c$、…、0、…、$-\left(\frac{N}{2}-2\right)U_c$、$-\left(\frac{N}{2}-1\right)U_c$、$-\frac{N}{2}U_c$。可见,桥臂子模块数目 $N$ 越多,其电平数就越多,交流侧输出电压就越接近于正弦波。

一般地，在不考虑冗余的情况下，若MMC每个相单元由$2N$个子模块串联而成，则上、下桥臂分别有$N$个子模块，可以构成$N+1$个电平，任一瞬时每个相单元投入的子模块数目为$N$，即投入的子模块数目必须满足下式：

$$n_{pj}+n_{nj}=N \tag{2-5}$$

式中，$n_{pj}$为$j$相上桥臂投入的子模块个数，$n_{nj}$为$j$相下桥臂投入的子模块个数。式（2-5）说明，任意时刻都应保证一个相单元中总有一半的子模块投入。直流侧电压在任何时刻都需要由$N$个子模块的电容电压来平衡：

$$U_{dc}=\sum_{i=1}^{n_{pj}}u_{c,i}+\sum_{l=1}^{n_{nj}}u_{c,l} \tag{2-6}$$

式中，$u_{c,i}$和$u_{c,l}$分别表示上桥臂和下桥臂投入的子模块电容电压。

假设子模块电容电压维持均衡，其集合平均值的直流分量为$U_c$，则根据式（2-6）可以得到MMC的直流侧电压与每个子模块的电容电压之间的关系为

$$U_c=\frac{U_{dc}}{n_{pj}+n_{nj}}=\frac{U_{dc}}{N} \tag{2-7}$$

## 2.3 MMC的调制方式

### 2.3.1 调制问题的产生

传统直流输电采用的晶闸管是半控器件，可控制导通但不能控制关断，其关断需要借助外部电网电压，所构成的换流器属于电网换相换流器（Line Commutated Converter，LCC）。LCC通过调节触发角来调节整流侧和逆变侧的直流电压，进而实现对直流电流的控制。通过这种方法，传统直流输电技术可以达到比交流输电更快、更精确的有功功率控制。但是，由于一个工频周期中晶闸管只能开关一次，传统直流输电的响应时间与工频周期在同一数量级。由于不能主动控制关断，传统直流输电需要吸收大量无功功率，低次谐波含量较大，需要装设大量的无功补偿和滤波装置；另外，还存在换相失败问题。这些问题制约了传统直流输电技术的应用范围，而导致这些问题的核心原因是晶闸管不能控制关断。

为此，工业界尝试将GTO晶闸管、IGBT等可关断器件引入直流输电领域。在工业驱动领域，电压源换流器（Voltage Source Converter，VSC）凭借其优异的性能已经取代了LCC。基于全控器件的柔性直流输电调节速度更快，没有换相失败问题，输出波形好，不仅能控制有功功率，还可以控制发出和吸收的无功功率，无需无功补偿，滤波要求也小。VSC基于高频全控器件，这样我们可以在一个工频周期中多次对开关器件施加开通和关断信号，从而在交流侧产生恰当的交流电压波形。VSC的开通和关断的控制方法就是调制方式，它远比传统直流输电的触发控制复杂。调制方式对VSC的性能有着关键性的影响，因此针对特定的VSC，需要选择一种简单、高效、合适的调制方式。

### 2.3.2 调制方式的比较和选择

首先，控制器根据设定的有功功率、无功功率或直流电压等指令计算出需要VSC输出的交流电压波，我们将其称为调制波（Modulation Waveform），它是一个工频正弦波。然后，

调制方式确定怎样向开关器件施加开通和关断的控制信号,以利用直流电压在交流侧产生恰当的电压波形来逼近调制波。

一个好的调制方式应满足以下要求:

1) 较好的调制波逼近能力,其输出的电压波中的基波分量尽可能地逼近调制波。
2) 较小的谐波含量,其输出的电压波中的谐波含量尽可能地少。
3) 较少的开关次数,由于开关损耗在换流器损耗中是占主导性的,因此好的调制方式在实现波形输出的同时,只使用最少的开关次数。该问题在大功率的直流输电应用中更加突出。
4) 较快的响应能力,调制方式应能满足快速跟踪调制波变化的要求,这对系统的响应速度有着重要影响。
5) 较少的计算量;好的调制方式计算负担不能太大,实现起来尽可能简单。

任何一种调制方式要完全满足上面的要求是非常困难的,其中有些要求之间有一定的冲突,为此必须根据具体的换流器及其应用领域,选择一种能够兼顾以上几个方面的调制方式。

当 MMC 被用于直流输电时,为了满足高电压大功率的要求,需要的级联子模块数很多,往往是几十或数百,其输出电平数可以达到几十个或数百个。阶梯波调制(Staircase Modulation)方式是一种专门用于高电平数换流器的调制策略[6]。阶梯波调制策略不仅可以降低电力电子器件的开关频率和开关损耗,而且实现简便、动态响应较快。图 2-4 所示为阶梯波调制的输出波形,通过多个直流电平的投入和切除使输出波形跟踪调制波。

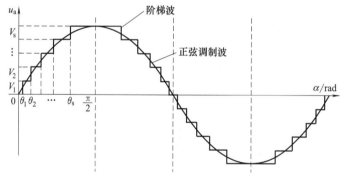

图 2-4 阶梯波调制

显然,对于应用在高压直流输电中的 MMC 而言,其输出电平数可以达到几十到上百个,阶梯波调制具有明显的优势[6-7]:器件开关频率低,开关损耗小;不需控制脉冲宽度,实现简单;波形质量很高,谐波已经不是主要问题。

阶梯波调制的具体实现方式有:特定谐波消去阶梯波调制(SHESM)和电压逼近调制。SHESM 的原理是事先对应各种调制波幅值,利用基波和谐波解析表达式设定相应的一组开关角,这组开关角能够使得基波跟随调制波并且使指定的低次谐波幅值为零,工作时根据系统运行条件查表确定输出哪组开关角。SHESM 的优点是能够很好地控制谐波。由于调制波幅值是时刻变化的,该方法只能用于稳态情况下,动态性能较差;实现起来计算量较大,且随着电平数的增加,复杂程度急剧增大。所以 SHESM 适用于电平数不太多的场合。

电压逼近调制策略又可以分为最近电平逼近调制(NLM),也称为最近电平逼近控制

（NLC）和空间向量控制（SVC）；其基本原理就是使用最接近的电平或最接近的电压向量瞬时逼近正弦调制波[8]。该方法的特点是动态性能好，实现简便。当电平数很多时，电压向量数会很多，SVC 实现起来就较复杂。因此对于 MMC-HVDC 系统，MMC 的电平数极多，NLM 具有优势[8]。

### 2.3.3　MMC 中的最近电平逼近调制

为了说明 MMC 中 NLM 的原理，暂时不考虑桥臂电抗器的作用，即将桥臂电抗器短接掉。参照图 2-1，我们用 $u_{vj}^*(t)$ 表示 vj（j=a、b、c）点调制波的瞬时值，$U_c$ 表示子模块电压的直流分量。$N$（通常是偶数）为上桥臂含有的子模块数，也等于下桥臂含有的子模块数。这样每个相单元任一瞬时总是投入 $N$ 个子模块。如果这 $N$ 个子模块由上、下桥臂平均分摊，则该相单元输出电压 $u_{vj}$ 为 0。参照图 2-5，随着调制波瞬时值从 0 开始升高，该相单元下桥臂处于投入状态的子模块需要逐渐增加，而上桥臂处于投入状态的子模块需要相应地减少，使该相单元输出的电压跟随调制波升高。理论上，NLM 将 MMC 输出的电压与调制波电压之差控制在 $\pm U_c/2$ 以内[8]。

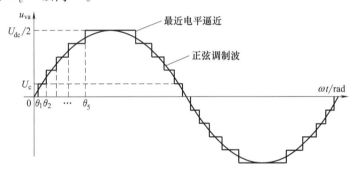

图 2-5　MMC 的 NLM

这样在 $t$ 时刻，下桥臂需要投入的子模块数的实时表达式可以表示为

$$n_{nj}(t) = \frac{N}{2} + \text{round}\left(\frac{u_{vj}^*(t)}{U_c}\right) \quad (2\text{-}8)$$

上桥臂需要投入的子模块数的实时表达式为

$$n_{pj}(t) = N - n_{nj}(t) = \frac{N}{2} - \text{round}\left(\frac{u_{vj}^*(t)}{U_c}\right) \quad (2\text{-}9)$$

式中，$\text{round}(x)$ 表示取与 $x$ 最接近的整数。

受子模块数目的限制，有 $0 \leq n_{pj}, n_{nj} \leq N$。如果根据式（2-8）、式（2-9）算得的 $n_{pj}$ 和 $n_{nj}$ 总在边界值以内，我们称 NLM 工作在正常工作区。一旦算得的某个 $n_{pj}$ 或 $n_{nj}$ 超出了边界值，则这时只能取相应的边界值。这意味着当调制波升高到一定程度后，由于电平数有限，NLM 已经无法将 MMC 输出的电压与调制波电压之差控制在 $\pm U_c/2$ 以内。只要出现这种情况，我们就称 NLM 工作在过调制区[8]。

对于实际使用的离散控制系统而言，控制器一般经过一定的控制周期 $T_{ctrl}$ 更新触发信号。那么在下一触发控制时刻，$j$ 相上桥臂和下桥臂投入的子模块数更新为

$$n_{pj}(t+T_{ctrl}) = \frac{N}{2} - \text{round}\left(\frac{u_{vj}^*(t+T_{ctrl})}{U_c}\right) \quad (2\text{-}10)$$

$$n_{nj}(t+T_{ctrl}) = \frac{N}{2} + \text{round}\left(\frac{u_{vj}^*(t+T_{ctrl})}{U_c}\right) \quad (2\text{-}11)$$

如此不断更新，MMC 最终输出跟随调制波变化的阶梯电压波形。

### 2.3.4　MMC 中的输出波形

根据调制波的波形和 NLM 算法，就可以得到不同子模块数的 MMC 的输出电平的跃变时刻。注意，并不是每隔一个控制周期 $T_{ctrl}$ 阶梯波就会发生一次跃变；同样，对于一次跃变，阶梯波也不见得刚好变化一个 $U_c$，可以变化几个 $U_c$。记调制比 $m$ 等于调制波相电压幅值除以 $U_{dc}/2$。以 21 电平 MMC 为例，取调制比 $m$ 为 0.9，可以得到控制频率 $f_{ctrl}(1/T_{ctrl})$ 为 4000Hz 和 8000Hz 的 MMC 输出交流电压波形，分别如图 2-6a 和 b 所示，其中虚线表示调制波，实线表示 MMC 输出的阶梯波。

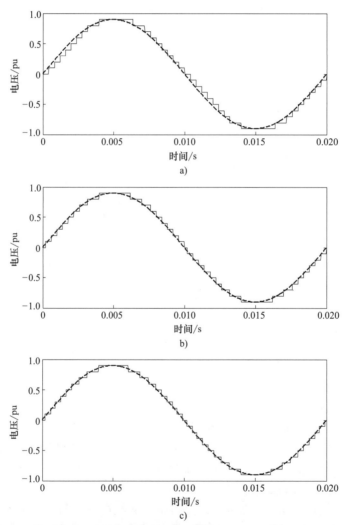

图 2-6　控制频率 $f_{ctrl}$ 不同时的阶梯波波形

a) $f_{ctrl}$ 为 4000Hz　b) $f_{ctrl}$ 为 8000Hz　c) $f_{ctrl}$ 为无穷大

从图 2-6a 和 b 可以看到，由于本例中 MMC 电平数较低，通常需要经过多个控制周期阶梯波才发生一次跃变。当控制频率 $f_{ctrl}$ 为有限值时，NLM 可以保证在控制周期点上将阶梯波和正弦调制波之差控制在 $\pm U_c/2$ 以内，但不能保证在所有时间点上将阶梯波和调制波之差控制在 $\pm U_c/2$ 以内，所以有限控制频率下阶梯波对调制波的逼近存在一定的延迟。在控制频率 $f_{ctrl}$ 较低的图 2-6a 中，阶梯波对调制波的逼近存在明显的延迟。随着控制频率的升高，控制周期 $T_{ctrl}$ 缩小，延迟减小，但对控制系统的要求也更高。

当控制频率 $f_{ctrl}$ 取无穷大时，只要调制波与阶梯波之差达到 $\pm U_c/2$，阶梯波就跃变一次，这种情况下对应每次跃变，阶梯波只变化一个 $U_c$，且阶梯波和正弦调制波之差在任何时间点上都被控制在 $\pm U_c/2$ 以内。对于上述 21 电平的示例，MMC 的输出波形如图 2-6c 所示。本书中，我们将控制周期 $f_{ctrl}$ 为无穷大时基于 NLM 算法的触发模式称为实时触发模式，这种情况下其阶梯波对调制波的逼近效果最好，达到一种理想的状态。

## 2.4 MMC 的解析数学模型与稳态特性

换流器的数学模型是柔性直流输电系统的关键性问题之一，因为这是所有相关研究工作的基础，也是进行建模、分析和控制的第一步。MMC 的解析数学模型能够给出各电气量的谐波结构，对深入理解其运行原理、研究系统运行特性、主回路参数设计以及控制器设计都具有非常重要的指导意义。

### 2.4.1 MMC 数学模型的输入输出结构

本书采用的 MMC 标准电路模型如图 2-7 所示。图 2-7 中，v 是位置符号，表示联接变压器的阀侧；下标 va、vb、vc 都是位置符号，表示联接变压器阀侧的 a 相、b 相、c 相位置；$E_{pa}$、$E_{pb}$、$E_{pc}$、$E_{na}$、$E_{nb}$、$E_{nc}$ 都是位置符号，表示 abc 三相上下桥臂中桥臂电抗器与子模块之间的联接点；O' 是位置符号，表示网侧交流等效电势的中性点，并被设置为整个电路的电位参考点；O 是位置符号，表示直流侧极间电压的中性点；SM 为首字母缩写，表示子模块；下标 N 表示每个桥臂的子模块数目；$R_0$、$L_0$ 表示桥臂电抗器的电阻和电感；$R_{ac}$、$L_{ac}$ 表示折算到联接变压器阀侧的联接变压器漏电阻和漏电感；$I_{dc}$ 表示直流侧电流；$U_{dc}$ 表示直流侧极间电压；$i_{pa}$、$i_{pb}$、$i_{pc}$、$i_{na}$、$i_{nb}$、$i_{nc}$ 表示流过 abc 三相上下桥臂的电流；$u_{pa}$、$u_{pb}$、$u_{pc}$、$u_{na}$、$u_{nb}$、$u_{nc}$ 表示 abc 三相上下桥臂中由子模块级联所合成的电压；$i_{va}$、$i_{vb}$、$i_{vc}$ 表示从 v 点流入交流电网的三相电流；$u_{va}$、$u_{vb}$、$u_{vc}$ 表示联接变压器阀侧 v 点的三相电压；$u_{pcca}$、$u_{pccb}$、$u_{pccc}$ 表示折算到联接变压器阀侧的换流站交流母线 PCC 电压；$p_v+jq_v$ 表示从 v 点流向交流电网的功率；$p_{pcc}+jq_{pcc}$ 表示从 PCC 流向交流电网的功率。

MMC 可以实现的基本控制方式有以下几种：直流侧定直流电压控制，交流侧定交流电压控制，交流侧定有功功率控制，交流侧定无功功率控制。MMC-HVDC 的一大优势是能够对有功功率和无功功率进行独立控制，所以交流侧定有功功率控制和交流侧定无功功率控制是最常用的控制方式。

对图 2-7 所示的 MMC 标准拓扑结构，推导其数学模型时通常设定的边界条件为：①已知 PCC 相电压的幅值 $U_{pccm}$；②已知注入交流系统的有功功率 $p_{pcc}$ 和无功功率 $q_{pcc}$；③已知直流电压 $U_{dc}$。这样 MMC 数学模型的输入输出结构如图 2-8 所示。

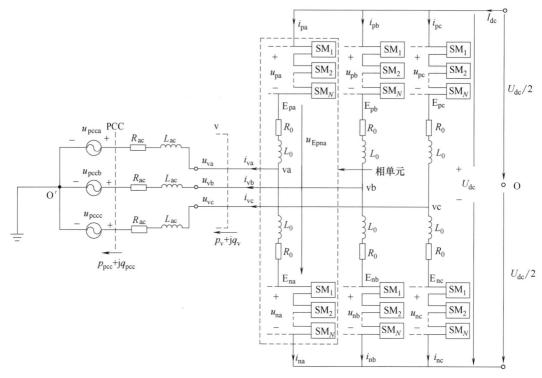

图 2-7 MMC 标准拓扑结构

MMC 数学模型的输出变量可以分成 3 类，分别是交流侧输出量、直流侧输出量和换流器内部状态量。其中，交流侧输出量包括如下几个变量：①阀侧交流电流 $i_{vj}$ ($j$=a, b, c)；②MMC 内电势 $u_{diffj}$ ($j$=a, b, c)，注意本章推导 MMC 数学模型时设定 MMC 的 a 相内电势 $u_{diffa}$ 的基波分量为交流侧基波电压的相位基准；③PCC 电压 $u_{pccj}$ 的相角 $\delta_{pccj}$。直流侧输出量包括：①直流电流 $I_{dc}$；②交流侧中性点与直流侧中性点电位差 $u_{oo'}$。换流器内部状态量包括：①桥臂电压 $u_{rj}$ ($r$=p, n; $j$=a, b, c)；②桥臂电流 $i_{rj}$ ($r$=p, n; $j$=a, b, c)；③共模电压 $u_{comj}$ ($j$=a, b, c)；④相环流 $i_{cirj}$ ($j$=a, b, c)；⑤桥臂子模块电容电压集合平均值 $u_{c,rj}$ ($r$=p, n; $j$=a, b, c)，注意区分时间平均值与集合平均值的差别，通常，时间平均值用大写字母表示，集合平均值一般仍然是时间的函数，用小写字母表示；⑥桥臂子模块电容电流集合平均值 $i_{c,rj}$ ($r$=p, n; $j$=a, b, c)；⑦桥臂电抗电压 $u_{L,rj}$ ($r$=p, n; $j$=a, b, c)；⑧子模块开关管 $T_1$、$D_1$、$T_2$、$D_2$ 的电流 $i_{T1}$、$i_{D1}$、$i_{T2}$、$i_{D2}$。

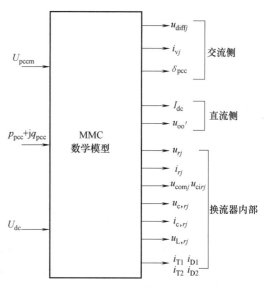

图 2-8 MMC 数学模型的输入输出结构

## 2.4.2 基于开关函数的平均值模型

下面用开关函数法建立子模块电容电流集合平均值与桥臂电流、子模块电容电压集合平均值与桥臂电压之间的关系。

定义 $S_{rj\_i}$ 为 $j$ 相 $r$ 桥臂第 $i$ 个子模块的开关函数。它的值取 1 表示该子模块投入，取 0 表示将该子模块切除。同时定义 $j$ 相 $r$ 桥臂平均开关函数为

$$S_{rj} = \frac{1}{N} \sum_{i=1}^{N} S_{rj\_i} \tag{2-12}$$

平均开关函数表示桥臂中子模块的平均投入比。为了保持直流侧输出电压恒定，每个相单元上下桥臂的平均开关函数之和应该等于 1。

首先推导子模块电容电流集合平均值与桥臂电流之间的关系。桥臂电流通过子模块的开关动作耦合到子模块的电容侧，这部分电流流过子模块电容，称为电容电流。对于 $j$ 相 $r$ 桥臂第 $i$ 个子模块，流过其电容器的电流为

$$i_{c,rj\_i} = S_{rj\_i} \cdot i_{rj} \tag{2-13}$$

对该桥臂所有子模块求和

$$\sum_{i=1}^{N} i_{c,rj\_i} = \sum_{i=1}^{N} S_{rj\_i} \cdot i_{rj} = i_{rj} \sum_{i=1}^{N} S_{rj\_i} \tag{2-14}$$

上式左右两边同时除以子模块个数 $N$ 得

$$\frac{1}{N} \sum_{i=1}^{N} i_{c,rj\_i} = i_{rj} \frac{1}{N} \sum_{i=1}^{N} S_{rj\_i} \tag{2-15}$$

将式（2-12）代入式（2-15）得

$$\frac{1}{N} \sum_{i=1}^{N} i_{c,rj\_i} = S_{rj} i_{rj} \tag{2-16}$$

定义 $j$ 相 $r$ 桥臂子模块电容电流集合平均值为

$$i_{c,rj} = \frac{1}{N} \sum_{i=1}^{N} i_{c,rj\_i} \tag{2-17}$$

则有

$$i_{c,rj} = S_{rj} i_{rj} \tag{2-18}$$

即子模块电容电流集合平均值等于桥臂平均开关函数 $S_{rj}$ 与桥臂电流 $i_{rj}$ 的乘积。

下面推导子模块电容电压集合平均值与桥臂电压之间的关系。电容电压通过子模块的开关动作耦合到桥臂中。$j$ 相 $r$ 桥臂第 $i$ 个子模块耦合到桥臂中的电压 $u_{sm,rj\_i}$ 可以用开关函数表示为

$$u_{sm,rj\_i} = S_{rj\_i} \cdot u_{c,rj\_i} \tag{2-19}$$

式中，$u_{c,rj\_i}$ 为 $j$ 相 $r$ 桥臂第 $i$ 个子模块的电容电压。对该桥臂所有子模块求和有

$$\sum_{i=1}^{N} u_{sm,rj\_i} = \sum_{i=1}^{N} S_{rj\_i} \cdot u_{c,rj\_i} \tag{2-20}$$

由于我们关注的是子模块电容电压集合平均值与桥臂电压之间的关系，因此这里假设所有子模块完全相同，单个子模块的电容电压 $u_{c,rj\_i}$ 相等且等于所有子模块电容电压的集合平均值 $u_{c,rj}$，因此有

$$\sum_{i=1}^{N} u_{\text{sm},rj\_i} = \sum_{i=1}^{N} S_{rj\_i} \cdot u_{\text{c},rj\_i} = \sum_{i=1}^{N} S_{rj\_i} \cdot u_{\text{c},rj} = u_{\text{c},rj} \sum_{i=1}^{N} S_{rj\_i} \quad (2\text{-}21)$$

故

$$\sum_{i=1}^{N} u_{\text{sm},rj\_i} = N u_{\text{c},rj}\left(\frac{1}{N}\sum_{i=1}^{N} S_{rj\_i}\right) \quad (2\text{-}22)$$

将式（2-12）代入式（2-22）可得

$$\sum_{i=1}^{N} u_{\text{sm},rj\_i} = S_{rj}(N u_{\text{c},rj}) \quad (2\text{-}23)$$

式（2-23）左边即为 $j$ 相 $r$ 桥臂的电压 $u_{rj}$。这样，式（2-23）可以重新写为

$$u_{rj} = S_{rj}(N u_{\text{c},rj}) \quad (2\text{-}24)$$

即桥臂的电压 $u_{rj}$ 等于桥臂平均开关函数 $S_{rj}$ 与子模块电容电压集合平均值 $u_{\text{c},rj}$ 的乘积再乘以 $N$。

可见，通过桥臂平均开关函数 $S_{rj}$ 可以建立子模块电容电流集合平均值与桥臂电流、子模块电容电压集合平均值与桥臂电压之间的关系。

### 2.4.3 MMC 的微分方程模型

根据图 2-7，可以推导出 MMC 的微分方程数学模型为

$$u_{\text{pcc}j} + R_{\text{ac}} i_{vj} + L_{\text{ac}} \frac{\text{d} i_{vj}}{\text{d} t} + u_{pj} + R_0 i_{pj} + L_0 \frac{\text{d} i_{pj}}{\text{d} t} = u_{oo'} + \frac{U_{\text{dc}}}{2} \quad (2\text{-}25)$$

$$u_{\text{pcc}j} + R_{\text{ac}} i_{vj} + L_{\text{ac}} \frac{\text{d} i_{vj}}{\text{d} t} - u_{nj} - R_0 i_{nj} - L_0 \frac{\text{d} i_{nj}}{\text{d} t} = u_{oo'} - \frac{U_{\text{dc}}}{2} \quad (2\text{-}26)$$

对于相单元 $j$，定义 MMC 上下桥臂的差模电压为 $u_{\text{diff}j}$，上下桥臂的共模电压为 $u_{\text{com}j}$。$i_{vj}$ 是 $j$ 相阀侧电流，具有差模电流的性质，$i_{\text{cir}j}$ 表示 $j$ 相环流，具有共模电流性质。即

$$\begin{cases} u_{\text{diff}j} = \dfrac{1}{2}(u_{nj} - u_{pj}) \\ u_{\text{com}j} = \dfrac{1}{2}(u_{nj} + u_{pj}) \end{cases} \quad (2\text{-}27)$$

$$\begin{cases} i_{vj} = i_{pj} - i_{nj} \\ i_{\text{cir}j} = \dfrac{1}{2}(i_{pj} + i_{nj}) \end{cases} \quad (2\text{-}28)$$

将式（2-25）和式（2-26）分别作和、作差并化简后，可得表征 MMC 交流侧动态特性和内部环流动态特性的数学表达式为

$$\left(L_{\text{ac}} + \frac{L_0}{2}\right)\frac{\text{d} i_{vj}}{\text{d} t} + \left(R_{\text{ac}} + \frac{R_0}{2}\right) i_{vj} = u_{oo'} - u_{\text{pcc}j} + u_{\text{diff}j} \quad (2\text{-}29)$$

$$L_0 \frac{\text{d} i_{\text{cir}j}}{\text{d} t} + R_0 i_{\text{cir}j} = \frac{U_{\text{dc}}}{2} - u_{\text{com}j} \quad (2\text{-}30)$$

将 a、b、c 三相的式（2-29）相加，有

$$\left(L_{\text{ac}} + \frac{L_0}{2}\right)\frac{\text{d}(i_{va} + i_{vb} + i_{vc})}{\text{d} t} + \left(R_{\text{ac}} + \frac{R_0}{2}\right)(i_{va} + i_{vb} + i_{vc}) =$$

$$3u_{oo'} - (u_{pcca} + u_{pccb} + u_{pccc}) + (u_{diffa} + u_{diffb} + u_{diffc}) \qquad (2\text{-}31)$$

一般 MMC 联接变压器的阀侧为三角形接法或不接地星形接法，因此，$i_{va} + i_{vb} + i_{vc} = 0$。另外，PCC 三相电压之和必为零。这样式（2-31）可以简化为

$$u_{oo'} = -\frac{1}{3}(u_{diffa} + u_{diffb} + u_{diffc}) \qquad (2\text{-}32)$$

### 2.4.4 推导 MMC 数学模型的基本假设

本节考虑稳态运行条件，且所有的理论推导都基于如下假设：
1) 所有电气量均以工频周期 $T$ 为周期。
2) a、b、c 三相的同一电气量在时域上依次滞后 $T/3$。
3) 同相上、下桥臂的同一电气量在时域上彼此相差 $T/2$。
4) MMC 采用实时触发。

前 3 个假设是 MMC 稳态运行最基本的条件。第 4 个假设表示 MMC 的控制频率为无穷大，即 MMC 可以看成是时域上的连续控制，这样便于理论分析。在数字仿真中，实时触发要求仿真步长足够小，并且控制频率所对应的控制周期要等于仿真步长。

### 2.4.5 MMC 数学模型的解析推导

**1. 逐次逼近法推导流程**

本节的主旨是推导 MMC 的解析模型，该模型基于 2.4.4 节已给出的 4 个假设条件，推导过程采用数学上常用的逐次逼近原理，可以分为 2 步。

第 1 步，根据基本假设 4)，设定 a 相下桥臂电压为理想阶梯波并将其按照傅里叶级数展开；根据基本假设 2) 和 3)，确定 MMC 6 个桥臂的桥臂电压傅里叶级数展开式；再根据 MMC 6 个桥臂的桥臂电压傅里叶级数展开式，确定三相的差模电压和共模电压傅里叶级数展开式；根据差模电压的傅里叶级数展开式以及描述 MMC 交流侧动态特性的式（2-29）确定阀侧交流电流表达式；根据共模电压的傅里叶级数展开式以及描述 MMC 环流动态特性的式（2-30）确定环流表达式；根据阀侧交流电流表达式和环流表达式确定 a 相上桥臂电流表达式；根据 a 相上桥臂电压的傅里叶级数展开式确定桥臂平均开关函数的表达式；根据 a 相上桥臂电流表达式以及桥臂平均开关函数确定 a 相上桥臂电容电流集合平均值表达式；根据 a 相上桥臂电容电流集合平均值确定 a 相上桥臂电容电压集合平均值表达式；根据 a 相上桥臂电容电压集合平均值以及桥臂平均开关函数表达式，确定 a 相上桥臂电压表达式；至此第 2 次得到了 a 相上桥臂电压的表达式，逐次逼近法的第 1 步结束。

第 2 步，根据已求得的 MMC 各电气量的初始解，重复第 1 步的推导过程，求得 MMC 各电气量的改进解，作为 MMC 解析模型的最终结果。用逐次逼近法推导 MMC 解析模型的重点是揭示 MMC 内部状态量的谐波结构。MMC 交流侧基波量的计算可以通过等效电路很方便地实现。

**2. 逐次逼近法第 1 步**

根据假设 4)，MMC 采用实时触发。若子模块电容电压为恒定值 $U_c$，则 MMC 桥臂电压为理想阶梯波，并且阶梯波的每次电压跃变值都等于一个电平的电压值 $U_c$，例如，对于 a 相下桥臂电压 $u_{na}$，其波形如图 2-9 所示。

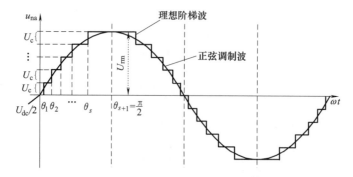

图 2-9 MMC 中 a 相下桥臂电压的理想阶梯波

对图 2-9 的阶梯波进行傅里叶级数展开,可得 a 相下桥臂电压的傅里叶级数形式为

$$\begin{cases} u_{\mathrm{na}} = \dfrac{U_{\mathrm{dc}}}{2} + \dfrac{4U_{\mathrm{dc}}}{\pi N} \sum\limits_{h=2k-1}^{\infty} b_h(U_{\mathrm{rm}})\sin(h\omega t) \\ b_h(U_{\mathrm{rm}}) = \sum\limits_{l=0}^{s} \int_{\theta_l}^{\theta_{l+1}} l\sin(h\theta)\mathrm{d}\theta,\ \theta_0 = 0,\ \theta_{s+1} = \pi/2 \end{cases} \quad (2\text{-}33)$$

式中,$U_{\mathrm{rm}}$ 如图 2-9 所示,是理想阶梯波的峰值,也是桥臂中交变电压的幅值;$k=1,2,3\cdots$ 为正整数(本节公式推导中用到的 $k$ 都取正整数);$s = \min(\mathrm{round}(U_{\mathrm{rm}}/U_c), N/2)$ 表示第一个 1/4 周期内电平跃变的总次数;运算符 $\mathrm{round}(x)$ 表示取与 $x$ 最接近的整数;$\theta_l = \arcsin((l-0.5)U_c/U_{\mathrm{rm}})$ 表示第 $l$ 次电平跃变所对应的电角度;而 $\omega$ 为基波角频率。

根据基本假设 2)和假设 3)以及式(2-33),可以得到 MMC 其他桥臂的桥臂电压表达式为

$$u_{\mathrm{pa}} = \dfrac{U_{\mathrm{dc}}}{2} - \dfrac{4U_{\mathrm{dc}}}{\pi N} \sum\limits_{h=2k-1}^{\infty} b_h(U_{\mathrm{rm}})\sin(h\omega t) \quad (2\text{-}34)$$

$$u_{\mathrm{pb}} = \dfrac{U_{\mathrm{dc}}}{2} - \dfrac{4U_{\mathrm{dc}}}{\pi N} \sum\limits_{h=2k-1}^{\infty} b_h(U_{\mathrm{rm}})\sin\left(h\omega t - \dfrac{2\pi}{3}h\right) \quad (2\text{-}35)$$

$$u_{\mathrm{pc}} = \dfrac{U_{\mathrm{dc}}}{2} - \dfrac{4U_{\mathrm{dc}}}{\pi N} \sum\limits_{h=2k-1}^{\infty} b_h(U_{\mathrm{rm}})\sin\left(h\omega t + \dfrac{2\pi}{3}h\right) \quad (2\text{-}36)$$

$$u_{\mathrm{nb}} = \dfrac{U_{\mathrm{dc}}}{2} + \dfrac{4U_{\mathrm{dc}}}{\pi N} \sum\limits_{h=2k-1}^{\infty} b_h(U_{\mathrm{rm}})\sin\left(h\omega t - \dfrac{2\pi}{3}h\right) \quad (2\text{-}37)$$

$$u_{\mathrm{nc}} = \dfrac{U_{\mathrm{dc}}}{2} + \dfrac{4U_{\mathrm{dc}}}{\pi N} \sum\limits_{h=2k-1}^{\infty} b_h(U_{\mathrm{rm}})\sin\left(h\omega t + \dfrac{2\pi}{3}h\right) \quad (2\text{-}38)$$

将式(2-33)~式(2-38)代入式(2-27),可得上、下桥臂的差模电压和共模电压为

$$\begin{cases} u_{\mathrm{diffa}} = \dfrac{4U_{\mathrm{dc}}}{\pi N} \sum\limits_{h=2k-1}^{\infty} b_h(U_{\mathrm{rm}})\sin(h\omega t) \\ u_{\mathrm{diffb}} = \dfrac{4U_{\mathrm{dc}}}{\pi N} \sum\limits_{h=2k-1}^{\infty} b_h(U_{\mathrm{rm}})\sin\left(h\omega t - h\dfrac{2\pi}{3}\right) \\ u_{\mathrm{diffc}} = \dfrac{4U_{\mathrm{dc}}}{\pi N} \sum\limits_{h=2k-1}^{\infty} b_h(U_{\mathrm{rm}})\sin\left(h\omega t + h\dfrac{2\pi}{3}\right) \end{cases} \quad (2\text{-}39)$$

$$\begin{cases} u_{\text{coma}} = \dfrac{U_{\text{dc}}}{2} \\ u_{\text{comb}} = \dfrac{U_{\text{dc}}}{2} \\ u_{\text{comc}} = \dfrac{U_{\text{dc}}}{2} \end{cases} \tag{2-40}$$

将式（2-39）代入式（2-32）中，得到交直流中性点电位差为

$$u_{oo'} = -\dfrac{4U_{\text{dc}}}{\pi N} \sum_{h=6k-3}^{\infty} b_h(U_{\text{rm}}) \sin(h\omega t) \tag{2-41}$$

根据式（2-41）可知，$u_{oo'}$ 含有的谐波次数为 3 次、9 次、15 次等，对于基波和 $6k\pm1$ 次谐波，$u_{oo'}=0$。

这样根据式（2-29），对于基波和 $6k\pm1$ 次谐波，因为 $u_{oo'}=0$，流向交流电网的阀侧交流电流 $i_{vj}$ 仅仅由差模电压 $u_{\text{diff}j}$ 激励。而根据式（2-39），$u_{\text{diff}j}$ 的 3 倍次谐波为零序量，其所激励出的电流 $i_{vj}$ 的零序量是不能流通的。因此，对于 $i_{vj}$ 和 $u_{\text{diff}j}$，只要考虑基波和 $6k\pm1$ 次谐波量就可以了。在本节的 MMC 解析模型推导中，为了使得表达式不至于太复杂，5 次及以上谐波不在表达式中显式呈现。因此，$i_{vj}$ 的表达式只包含有基波分量，设阀侧三相电流为

$$\begin{cases} i_{va} = I_{\text{vm}} \sin(\omega t - \varphi_v) + H_{\text{order}}^5 \\ i_{vb} = I_{\text{vm}} \sin\left(\omega t - \varphi_v - \dfrac{2}{3}\pi\right) + H_{\text{order}}^5 \\ i_{vc} = I_{\text{vm}} \sin\left(\omega t - \varphi_v + \dfrac{2}{3}\pi\right) + H_{\text{order}}^5 \end{cases} \tag{2-42}$$

式中，$\varphi_v$ 为阀侧三相电流相对于 $u_{\text{diff}j}$ 中基波分量的相角，$H_{\text{order}}^5$ 为 5 次及以上谐波项。

根据式（2-40）和式（2-30），并忽略等效电阻 $R_0$，可得相环流为一直流量。这表明在不考虑电容电压波动的情况下，三相桥臂之间的电压相互平衡，相环流除直流分量外，不存在其他次谐波分量。在稳态运行条件下，a、b、c 三相的直流电流相等，其值各为直流线路电流的三分之一，即

$$i_{\text{cir}j} = \dfrac{I_{\text{dc}}}{3} \tag{2-43}$$

根据式（2-28），可得 a 相上、下桥臂电流的表达式为

$$\begin{cases} i_{pa} = i_{\text{cir}a} + \dfrac{i_{va}}{2} = \dfrac{I_{\text{dc}}}{3} + \dfrac{I_{\text{vm}}}{2}\sin(\omega t - \varphi_v) + H_{\text{order}}^5 \\ i_{na} = i_{\text{cir}a} - \dfrac{i_{va}}{2} = \dfrac{I_{\text{dc}}}{3} - \dfrac{I_{\text{vm}}}{2}\sin(\omega t - \varphi_v) + H_{\text{order}}^5 \end{cases} \tag{2-44}$$

另一方面，对照图 2-9 分析式（2-33）中的基波分量，显然，随着 $N$ 的增大，$u_{na}$ 的基波分量幅值逐渐逼近 $U_{\text{rm}}$。为简化分析，这里近似认为 $u_{na}$ 的基波分量幅值就等于 $U_{\text{rm}}$，即

$$U_{\text{rm}} = \frac{4U_{\text{dc}}}{\pi N}b_1 \tag{2-45}$$

对照式（2-39），$u_{\text{diff}j}$ 的基波分量幅值与式（2-45）的右端项一致，即差模电压基波分量的幅值与桥臂电压基波分量的幅值是相等的。因此，若定义 $u_{\text{diff}j}$ 的基波分量幅值为 $U_{\text{diffm}}$，则有

$$U_{\text{diffm}} = U_{\text{rm}} = \frac{4U_{\text{dc}}}{\pi N}b_1 \tag{2-46}$$

定义 MMC 的输出基波电压调制比 $m$ 为

$$m = \frac{U_{\text{diffm}}}{U_{\text{dc}}/2} = \frac{U_{\text{rm}}}{U_{\text{dc}}/2} = \frac{\frac{4U_{\text{dc}}}{\pi N}b_1}{U_{\text{dc}}/2} = \frac{8}{\pi N}b_1 \tag{2-47}$$

对照式（2-33）中的 3 次谐波分量，定义 MMC 的 3 次谐波电压调制比 $m_3$ 为

$$m_3 = \frac{\frac{4U_{\text{dc}}}{\pi N}b_3}{U_{\text{dc}}/2} = \frac{8}{\pi N}b_3 \tag{2-48}$$

这样，可以将 $u_{\text{na}}$ 改写为如下形式

$$u_{\text{na}} = \frac{U_{\text{dc}}}{2} + \frac{U_{\text{dc}}}{2}m\sin(\omega t) + \frac{U_{\text{dc}}}{2}m_3\sin(3\omega t) + H_{\text{order}}^5 \tag{2-49}$$

根据基本假设 3）和式（2-49），$u_{\text{pa}}$ 可以表达为

$$u_{\text{pa}} = \frac{U_{\text{dc}}}{2} - \frac{U_{\text{dc}}}{2}m\sin(\omega t) - \frac{U_{\text{dc}}}{2}m_3\sin(3\omega t) + H_{\text{order}}^5 \tag{2-50}$$

而根据式（2-24）有

$$u_{\text{pa}} = S_{\text{pa}}(Nu_{\text{c,pa}}) = S_{\text{pa}}(NU_{\text{c}}) = S_{\text{pa}}U_{\text{dc}} \tag{2-51}$$

对照式（2-50），容易推得 a 相上桥臂的平均开关函数为

$$S_{\text{pa}} = \frac{1}{2} - \frac{1}{2}m\sin(\omega t) - \frac{1}{2}m_3\sin(3\omega t) + H_{\text{order}}^5 \tag{2-52}$$

将式（2-52）代入式（2-18）可得

$$\begin{aligned} i_{\text{c,pa}} = S_{\text{pa}}i_{\text{pa}} &= \left[\frac{1}{2} - \frac{1}{2}m\sin(\omega t) - \frac{1}{2}m_3\sin(3\omega t) + H_{\text{order}}^5\right]\left[\frac{I_{\text{dc}}}{3} + \frac{I_{\text{vm}}}{2}\sin(\omega t - \varphi_v) + H_{\text{order}}^5\right] \\ &= \frac{I_{\text{dc}}}{6} - \frac{I_{\text{vm}}m}{8}\cos(\varphi_v) + \frac{I_{\text{vm}}}{4}\sin(\omega t - \varphi_v) - \frac{I_{\text{dc}}m}{6}\sin(\omega t) + \frac{I_{\text{vm}}m}{8}\cos(2\omega t - \varphi_v) - \\ &\quad \frac{I_{\text{vm}}m_3}{8}\cos(2\omega t + \varphi_v) - \frac{I_{\text{dc}}m_3}{6}\sin(3\omega t) + \frac{I_{\text{vm}}m_3}{8}\cos(4\omega t - \varphi_v) + H_{\text{order}}^5 \end{aligned}$$

$$\tag{2-53}$$

式（2-53）的子模块电容电流集合平均值中含有直流分量，在稳态运行工况下，子模块电容电流的直流分量应该为零，否则将产生无穷大的电容电压。这样，子模块电容电流集合平均值的表达式可重写为

$$i_{c,pa} = \frac{I_{vm}}{4}\sin(\omega t - \varphi_v) - \frac{I_{dc}m}{6}\sin(\omega t) + \frac{I_{vm}m}{8}\cos(2\omega t - \varphi_v) - \frac{I_{vm}m_3}{8}\cos(2\omega t + \varphi_v) \qquad (2\text{-}54)$$

$$-\frac{I_{dc}m_3}{6}\sin(3\omega t) + \frac{I_{vm}m_3}{8}\cos(4\omega t - \varphi_v) + H^5_{\text{order}}$$

根据子模块电容电压与电容电流的关系，可得子模块电容电压集合平均值为

$$u_{c,pa} = \frac{1}{C_0}\int i_{c,pa}\,dt$$

$$= \frac{U_{dc}}{N} - \frac{I_{vm}}{4\omega C_0}\cos(\omega t - \varphi_v) + \frac{I_{dc}m}{6\omega C_0}\cos(\omega t) + \frac{I_{vm}m}{16\omega C_0}\sin(2\omega t - \varphi_v) -$$

$$\frac{I_{vm}m_3}{16\omega C_0}\sin(2\omega t + \varphi_v) + \frac{I_{dc}m_3}{18\omega C_0}\cos(3\omega t) + \frac{I_{vm}m_3}{32\omega C_0}\sin(4\omega t - \varphi_v) + H^5_{\text{order}}$$

$$(2\text{-}55)$$

根据子模块电容电压与桥臂电压的关系式（2-24），以及式（2-52）和式（2-55），可进一步得到 a 相上桥臂电压为

$$u'_{pa} = S_{pa}(Nu_{c,pa}) = \left[\frac{1}{2} - \frac{1}{2}m\sin(\omega t) - \frac{1}{2}m_3\sin(3\omega t) + H^5_{\text{order}}\right](Nu_{c,pa}) \qquad (2\text{-}56)$$

至此，我们再次得到了 $u_{pa}$ 的新的表达式 $u'_{pa}$，逐次逼近法的第 1 步到此结束。

**3. 逐次逼近法第 2 步**

根据式（2-56），$u'_{pa}$ 一定包含 $u_{c,pa}$ 的所有谐波成分。而根据式（2-55），$u_{c,pa}$ 包含了基波、2 次谐波、3 次谐波、4 次谐波和 5 次及以上谐波。由于式（2-56）的展开式非常复杂，因此将 $u'_{pa}$ 一般性地表达为

$$u'_{pa} = A_0 + A_1\sin(\omega t + \varphi_1) + A_2\sin(2\omega t + \varphi_2) + A_3\sin(3\omega t + \varphi_3) + A_4\sin(4\omega t + \varphi_4) + H^5_{\text{order}} \qquad (2\text{-}57)$$

而根据基本假设 3），可以得到 a 相下桥臂电压 $u'_{na}$ 为

$$u'_{na} = A_0 - A_1\sin(\omega t + \varphi_1) + A_2\sin(2\omega t + \varphi_2) - A_3\sin(3\omega t + \varphi_3) + A_4\sin(4\omega t + \varphi_4) + H^5_{\text{order}} \qquad (2\text{-}58)$$

从而根据式（2-27）可得

$$\begin{cases} u'_{\text{diffa}} = -A_1\sin(\omega t + \varphi_1) - A_3\sin(3\omega t + \varphi_3) + H^5_{\text{order}} \\ u'_{\text{coma}} = A_0 + A_2\sin(2\omega t + \varphi_2) + A_4\sin(4\omega t + \varphi_4) + H^5_{\text{order}} \end{cases} \qquad (2\text{-}59)$$

将式（2-59）与式（2-39）和式（2-40）作比较可知，差模电压所包含的谐波次数没有改变，但共模电压所包含的谐波次数有很大改变，经逐次逼近法第 1 步后得到的共模电压包含有 2 次和 4 次等偶数次谐波。这样，根据 MMC 交流侧动态特性方程（2-29）和内部环流动态特性方程（2-30），从电压激励产生电流响应的角度来看，差模性质的电流 $i_{vj}$ 所包含的谐波次数保持不变，因此其表达式仍然可以沿用式（2-42），但共模性质的环流 $i_{cirj}$ 需要加上 2 次谐波和 4 次谐波项。令

$$i'_{\text{cira}} = \frac{I_{dc}}{3} + I_{r2m}\sin(2\omega t + \alpha_2) + I_{r4m}\sin(4\omega t + \alpha_4) + H^5_{\text{order}} \qquad (2\text{-}60)$$

式中，$I_{r2m}$ 和 $I_{r4m}$ 分别为桥臂电流中的 2 次谐波电流幅值和 4 次谐波电流幅值。

仿照逐次逼近法第 1 步的做法，有

$$\begin{cases} i'_{\text{pa}} = i'_{\text{cira}} + \dfrac{i_{\text{va}}}{2} = \dfrac{I_{\text{dc}}}{3} + \dfrac{I_{\text{vm}}}{2}\sin(\omega t - \varphi_{\text{v}}) + I_{\text{r2m}}\sin(2\omega t + \alpha_2) + I_{\text{r4m}}\sin(4\omega t + \alpha_4) + H^5_{\text{order}} \\ i'_{\text{na}} = i'_{\text{cira}} - \dfrac{i_{\text{va}}}{2} = \dfrac{I_{\text{dc}}}{3} - \dfrac{I_{\text{vm}}}{2}\sin(\omega t - \varphi_{\text{v}}) + I_{\text{r2m}}\sin(2\omega t + \alpha_2) + I_{\text{r4m}}\sin(4\omega t + \alpha_4) + H^5_{\text{order}} \end{cases} \tag{2-61}$$

下面计算图 2-7 中的 $u_{\text{Epna}}$。显然

$$u_{\text{Epna}} = u_{\text{Epa}} - u_{\text{Ena}} = R_0 i'_{\text{pa}} + L_0 \dfrac{\mathrm{d}i'_{\text{pa}}}{\mathrm{d}t} + R_0 i'_{\text{na}} + L_0 \dfrac{\mathrm{d}i'_{\text{na}}}{\mathrm{d}t} = 2R_0 i'_{\text{cira}} + 2L_0 \dfrac{\mathrm{d}i'_{\text{cira}}}{\mathrm{d}t}$$

$$= \dfrac{2}{3}R_0 I_{\text{dc}} + B_2 \sin(2\omega t + \beta_2) + B_4 \sin(4\omega t + \beta_4) + H^5_{\text{order}} \tag{2-62}$$

式（2-62）中的 $B_2$、$\beta_2$、$B_4$ 和 $\beta_4$ 为与 $R_0$、$L_0$、$I_{\text{r2m}}$ 和 $I_{\text{r4m}}$ 有关的常数。

而

$$i'_{\text{c,pa}} = S'_{\text{pa}} \cdot i'_{\text{pa}} \tag{2-63}$$

为了简化分析，这里取 $S'_{\text{pa}} = S_{\text{pa}}$。

$$\begin{aligned}i'_{\text{c,pa}} &= S'_{\text{pa}} i'_{\text{pa}} \\ &\approx \left[\dfrac{1}{2} - \dfrac{1}{2}m\sin(\omega t) - \dfrac{1}{2}m_3\sin(3\omega t)\right]\left[\dfrac{I_{\text{dc}}}{3} + \dfrac{I_{\text{vm}}}{2}\sin(\omega t - \varphi_{\text{v}}) + I_{\text{r2m}}\sin(2\omega t + \alpha_2) + I_{\text{r4m}}\sin(4\omega t + \alpha_4)\right] \\ &= \dfrac{I_{\text{dc}}}{6} - \dfrac{I_{\text{vm}}m}{8}\cos(\varphi_{\text{v}}) + \dfrac{I_{\text{vm}}}{4}\sin(\omega t - \varphi_{\text{v}}) - \dfrac{I_{\text{dc}}m}{6}\sin(\omega t) - \dfrac{I_{\text{rm2}}m}{4}\cos(\omega t + \alpha_2) - \dfrac{I_{\text{r2m}}m_3}{4}\cos(\omega t - \alpha_2) - \\ &\quad \dfrac{I_{\text{r4m}}m_3}{4}\cos(\omega t + \alpha_4) + \dfrac{I_{\text{vm}}m}{8}\cos(2\omega t - \varphi_{\text{v}}) + \dfrac{I_{\text{r2m}}}{2}\sin(2\omega t + \alpha_2) - \dfrac{I_{\text{vm}}m_3}{8}\cos(2\omega t + \varphi_{\text{v}}) - \\ &\quad \dfrac{I_{\text{dc}}m_3}{6}\sin(3\omega t) + \dfrac{I_{\text{r2m}}m}{4}\cos(3\omega t + \alpha_2) - \dfrac{I_{\text{r4m}}m}{4}\cos(3\omega t + \alpha_4) + \dfrac{I_{\text{vm}}m_3}{8}\cos(4\omega t - \varphi_{\text{v}}) + \\ &\quad \dfrac{I_{\text{r4m}}}{2}\sin(4\omega t + \alpha_4) \end{aligned} \tag{2-64}$$

去除式（2-64）中的直流分量，$i'_{\text{c,pa}}$ 的表达式可重写为

$$\begin{aligned}i'_{\text{c,pa}} &= S'_{\text{pa}} i'_{\text{pa}} \\ &\approx \dfrac{I_{\text{vm}}}{4}\sin(\omega t - \varphi_{\text{v}}) - \dfrac{I_{\text{dc}}m}{6}\sin(\omega t) - \dfrac{I_{\text{r2m}}m}{4}\cos(\omega t + \alpha_2) - \dfrac{I_{\text{r2m}}m_3}{4}\cos(\omega t - \alpha_2) - \dfrac{I_{\text{r4m}}m_3}{4}\cos(\omega t + \alpha_4) + \\ &\quad \dfrac{I_{\text{vm}}m}{8}\cos(2\omega t - \varphi_{\text{v}}) + \dfrac{I_{\text{r2m}}}{2}\sin(2\omega t + \alpha_2) - \dfrac{I_{\text{vm}}m_3}{8}\cos(2\omega t + \varphi_{\text{v}}) - \\ &\quad \dfrac{I_{\text{dc}}m_3}{6}\sin(3\omega t) + \dfrac{I_{\text{r2m}}m}{4}\cos(3\omega t + \alpha_2) - \dfrac{I_{\text{r4m}}m}{4}\cos(3\omega t + \alpha_4) + \\ &\quad \dfrac{I_{\text{vm}}m_3}{8}\cos(4\omega t - \varphi_{\text{v}}) + \dfrac{I_{\text{r4m}}}{2}\sin(4\omega t + \alpha_4)\end{aligned} \tag{2-65}$$

根据子模块电容电压与电容电流的关系，可得 $u'_{\text{c,pa}}$ 为

$$\begin{aligned}
u'_{c,pa} = \frac{1}{C_0}\int i'_{c,pa}dt \approx \frac{U_{dc}}{N} + \\
\frac{I_{vm}}{4\omega C_0}\cos(\omega t - \varphi_v) + \frac{I_{dc}m}{6\omega C_0}\cos(\omega t) - \frac{I_{r2m}m}{4\omega C_0}\sin(\omega t + \alpha_2) - \frac{I_{r2m}m_3}{4\omega C_0}\sin(\omega t - \alpha_2) - \\
\frac{I_{r4m}m_3}{4\omega C_0}\sin(\omega t + \alpha_4) + \frac{I_{vm}m}{16\omega C_0}\sin(2\omega t - \varphi_v) - \frac{I_{r2m}}{4\omega C_0}\cos(2\omega t + \alpha_2) - \\
\frac{I_{vm}m_3}{16\omega C_0}\sin(2\omega t + \varphi_v) + \frac{I_{dc}m_3}{18\omega C_0}\cos(3\omega t) + \frac{I_{r2m}m}{12\omega C_0}\sin(3\omega t + \alpha_2) - \\
\frac{I_{r4m}m}{12\omega C_0}\sin(3\omega t + \alpha_4) + \frac{I_{vm}m_3}{32\omega C_0}\sin(4\omega t - \varphi_v) - \frac{I_{r4m}}{8\omega C_0}\cos(4\omega t + \alpha_4)
\end{aligned}$$

(2-66)

逐次逼近法第 2 步得到的结果表明，子模块电容电压包含直流分量、基波分量、2 次谐波分量、3 次谐波分量和 4 次谐波分量等。

这样，将逐次逼近法第 2 步所得到的结果作为 MMC 的完整解析数学模型的最终结果，汇总见表 2-4。

表 2-4 MMC 内部状态量的谐波结构与近似解析表达式汇总表

| 电气量 | 近似解析表达式 |
|---|---|
| 桥臂电压 | $u_{pa} = \left[\frac{1}{2} - \frac{1}{2}m\sin(\omega t) - \frac{1}{2}m_3\sin(3\omega t)\right](Nu_{c,pa})$ <br> $= A_0 + A_1\sin(\omega t + \varphi_1) + A_2\sin(2\omega t + \varphi_2) + A_3\sin(3\omega t + \varphi_3) + A_4\sin(4\omega t + \varphi_4)$ |
| 桥臂电流 | $i_{pa} = \frac{I_{dc}}{3} + \frac{I_{vm}}{2}\sin(\omega t - \varphi_v) + I_{r2m}\sin(2\omega t + \alpha_2) + I_{r4m}\sin(4\omega t + \alpha_4)$ |
| 相环流 | $i_{cira} = \frac{I_{dc}}{3} + I_{r2m}\sin(2\omega t + \alpha_2) + I_{r4m}\sin(4\omega t + \alpha_4)$ |
| 差模电压 | $u_{diffa} = \frac{U_{dc}}{2}m\sin(\omega t)$ |
| 输出电流 | $i_{va} = I_{vm}\sin(\omega t - \varphi_v)$ |
| 子模块电容电压集合平均值 | $u_{c,pa} = \frac{U_{dc}}{N} +$ <br> $\frac{I_{vm}}{4\omega C_0}\cos(\omega t - \varphi_v) + \frac{I_{dc}m}{6\omega C_0}\cos(\omega t) - \frac{I_{r2m}m}{4\omega C_0}\sin(\omega t + \alpha_2) - \frac{I_{r2m}m_3}{4\omega C_0}\sin(\omega t - \alpha_2) - \frac{I_{r4m}m_3}{4\omega C_0}\sin(\omega t + \alpha_4) +$ <br> $\frac{I_{vm}m}{16\omega C_0}\sin(2\omega t - \varphi_v) - \frac{I_{r2m}}{4\omega C_0}\cos(2\omega t + \alpha_2) - \frac{I_{vm}m_3}{16\omega C_0}\sin(2\omega t + \varphi_v) +$ <br> $\frac{I_{dc}m_3}{18\omega C_0}\cos(3\omega t) + \frac{I_{r2m}m}{12\omega C_0}\sin(3\omega t + \alpha_2) - \frac{I_{r4m}m}{12\omega C_0}\sin(3\omega t + \alpha_4) +$ <br> $\frac{I_{vm}m_3}{32\omega C_0}\sin(4\omega t - \varphi_v) - \frac{I_{r4m}}{8\omega C_0}\cos(4\omega t + \alpha_4)$ |

(续)

| 电气量 | 近似解析表达式 |
|---|---|
| 子模块电容电流集合平均值 | $i_{c,pa} = \dfrac{I_{vm}}{4}\sin(\omega t - \varphi_v) - \dfrac{I_{dc}m}{6}\sin(\omega t) - \dfrac{I_{r2m}m}{4}\cos(\omega t + \alpha_2) -$ <br> $\dfrac{I_{r2m}m_3}{4}\cos(\omega t - \alpha_2) - \dfrac{I_{r4m}m_3}{4}\cos(\omega t + \alpha_4) +$ <br> $\dfrac{I_{vm}m}{8}\cos(2\omega t - \varphi_v) + \dfrac{I_{r2m}}{2}\sin(2\omega t + \alpha_2) - \dfrac{I_{vm}m_3}{8}\cos(2\omega t + \varphi_v) -$ <br> $\dfrac{I_{dc}m_3}{6}\sin(3\omega t) + \dfrac{I_{r2m}m}{4}\cos(3\omega t + \alpha_2) - \dfrac{I_{r4m}m}{4}\cos(3\omega t + \alpha_4) +$ <br> $\dfrac{I_{vm}m_3}{8}\cos(4\omega t - \varphi_v) + \dfrac{I_{r4m}}{2}\sin(4\omega t + \alpha_4)$ |
| 上桥臂与下桥臂的总电压降 | $u_{Epna} = \dfrac{2}{3}R_0 I_{dc} + B_2\sin(2\omega t + \beta_2) + B_4\sin(4\omega t + \beta_4)$ |
| 交直流中性点电位差 | $u_{oo'} = -\dfrac{4U_{dc}}{\pi N}\sum\limits_{h=6k-3}^{\infty} b_h(U_{rm})\sin(h\omega t)$ |

注：$b_h(U_{rm}) = \sum\limits_{l=0}^{s}\int_{\theta_l}^{\theta_{l+1}} l\sin(h\theta)d\theta$，$\theta_0 = 0$，$\theta_{s+1} = \pi/2$；$m = \dfrac{U_{rm}}{U_{dc}/2} = \dfrac{8b_1}{\pi N}$；$m_3 = \dfrac{8b_3}{\pi N}$

## 2.4.6 解析数学模型验证及MMC稳态特性展示

为了验证上面所推导的MMC完整解析数学模型的正确性，本节在电磁暂态仿真软件PSCAD/EMTDC上搭建了如图2-7所示的单端400kV、400MW MMC测试系统模型。系统参数见表2-5，控制器控制频率 $f_{ctrl} = 50$kHz，仿真步长 $h = 20\mu s$。仿真中子模块电容电压平衡采用第6章6.1.1节讲述的基于完全排序与整体参与的电容电压平衡策略。设定测试系统的运行工况如下：PCC线电压有效值210kV，即相电压幅值 $U_{pccm} = 171.5$kV；直流电压 $U_{dc} = 400$kV；有功功率 $P_v = 350$MW，无功功率 $Q_v = 100$Mvar。

表2-5 单端400kV、400MW MMC测试系统具体参数

| 参数 | 数值 | 参数 | 数值 |
|---|---|---|---|
| MMC额定容量 $S_N$/MVA | 400 | 每个桥臂子模块数目 $N$ | 20 |
| 直流电压 $U_{dc}$/kV | 400 | 子模块电容 $C_0/\mu F$ | 666 |
| 交流系统额定频率 $f_0$/Hz | 50 | 桥臂电感 $L_0$/mH | 76 |
| 交流系统等效电抗 $L_{ac}$/mH | 24 | | |

**1. 桥臂电压和桥臂电流**

图2-10a为a相上桥臂电压仿真波形与解析计算波形对比图，图2-11a为桥臂电流仿真波形与解析波形对比图。两个电气量的解析计算波形都能很好地吻合仿真波形。图2-10b和图2-11b分别为这两个电气量谐波幅值分布图。桥臂电压主要包含直流分量和奇数次谐波；除2次谐波外，其他偶次谐波分量几乎为零。桥臂电流包含直流、基波、2次谐波以及 $6k\pm1$ 次谐波。从图中可以看出，解析计算值与仿真值非常接近，误差非常小。

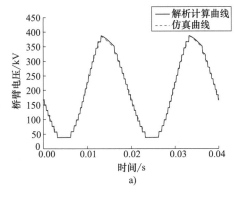 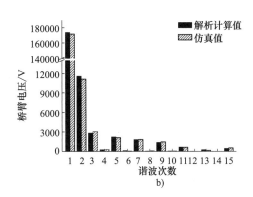

图 2-10  桥臂电压

a)波形图  b)谐波幅值分布图

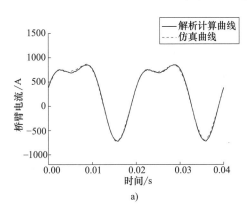 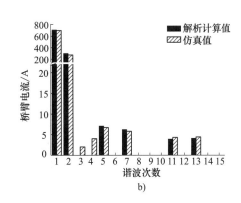

图 2-11  桥臂电流

a)波形图  b)谐波幅值分布图

## 2. MMC 交流出口处电压和电流

图 2-12a 和 b 分别为 MMC 交流出口处的电压波形图和谐波幅值分布图。图 2-13a 和 b 分别为 MMC 交流出口处的电流波形图和谐波幅值分布图。从图中可以看出，MMC 输出的电压和电流除基波外，主要含有 $6k\pm1$ 次谐波。无论是波形图，还是谐波幅值分布图，解析计算结果与仿真结果都基本一致。

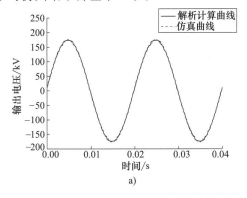 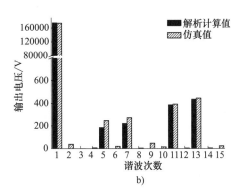

图 2-12  MMC 交流出口处的电压

a)波形图  b)谐波幅值分布图

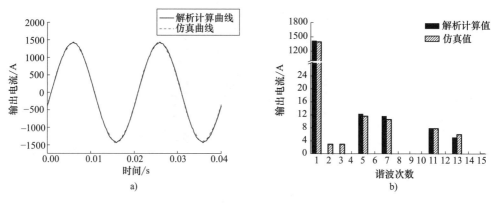

图 2-13　MMC 交流出口处的电流
a）波形图　b）谐波幅值分布图

## 3. 子模块电容电压和电容电流

图 2-14a 为子模块电容电压集合平均值解析计算波形与仿真波形对比图，从图中可以看出，解析计算波形与仿真波形基本吻合。图 2-15a 为子模块电容电流集合平均值解析计算波形与仿真波形对比图，从图中可以看出，解析计算模型能准确地反映电容电流的变化。图 2-14b 和图 2-15b 分别为这两个电气量的谐波幅值分布图，可以发现，子模块电容电压的

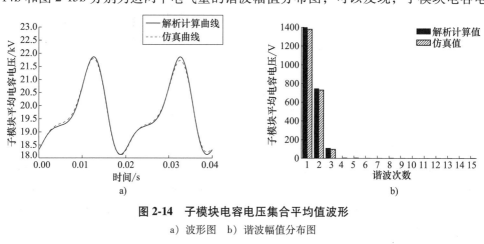

图 2-14　子模块电容电压集合平均值波形
a）波形图　b）谐波幅值分布图

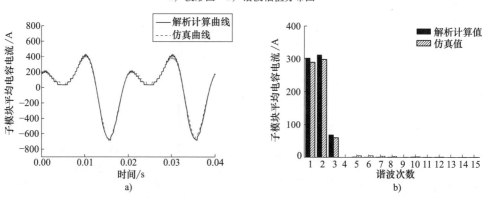

图 2-15　子模块电容电流集合平均值波形
a）波形图　b）谐波幅值分布图

主要成分为直流、基波和 2 次谐波；子模块电容电流的主要成分为基波和 2 次谐波；两者 3 次及以上次谐波含量都非常小。

**4. 相环流**

相环流的波形如图 2-16a 所示，从图中可以看出，解析计算波形与仿真波形吻合。相环流的谐波幅值分布如图 2-16b 所示，可以看出，相环流主要为偶数次谐波（直流分量在这里没有画出），除直流分量外，2 次谐波分量最大，其他次谐波分量非常小。

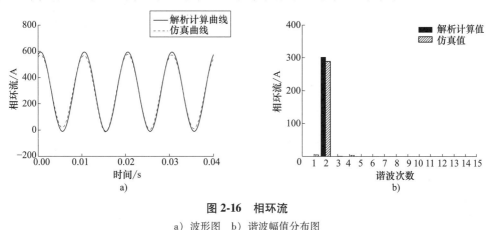

图 2-16 相环流

a) 波形图 b) 谐波幅值分布图

**5. 两中性点电位差**

直流侧中性点与交流侧中性点电位差波形如图 2-17a 所示，从图中可以看出，解析计算波形与仿真波形基本一致。图 2-17b 为两中性点电位差的谐波幅值分布图，可以看出它仅包含 $6k-3$ 次谐波，解析计算值与仿真值非常接近，误差非常小。

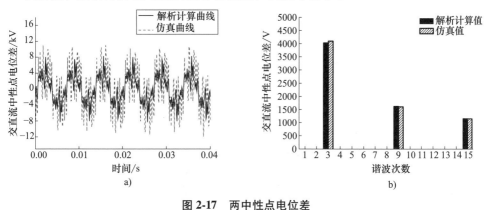

图 2-17 两中性点电位差

a) 波形图 b) 谐波幅值分布图

**6. 瞬时有功功率和无功功率**

图 2-18a 和 b 分别为瞬时有功功率的波形图和谐波幅值分布图。图 2-19a 和 b 分别为瞬时无功功率的波形图和谐波幅值分布图。从图中可以看出，瞬时有功功率和瞬时无功功率除了直流分量外，主要包含 $6k$ 次谐波分量。对于瞬时有功功率的直流分量，解析值为 350MW，仿真值为 351MW，两者之间的误差为 0.3%。对于瞬时无功功率的直流分量，解析值为 100Mvar，仿真值为 100.7Mvar，两者之间的误差为 0.7%。

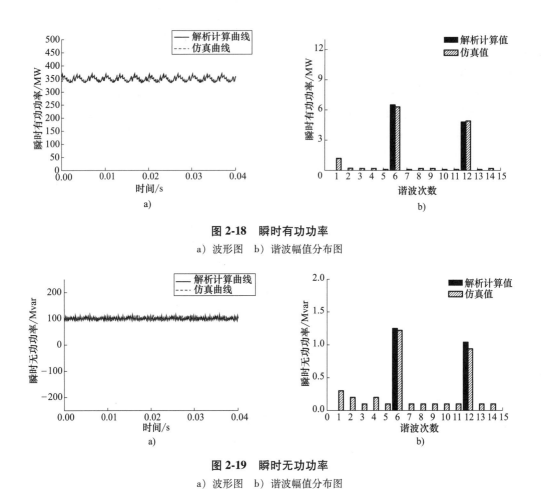

图 2-18 瞬时有功功率

a）波形图　b）谐波幅值分布图

图 2-19 瞬时无功功率

a）波形图　b）谐波幅值分布图

**7. 桥臂电抗电压**

图 2-20a 为桥臂电抗电压波形图，图 2-20b 为桥臂电抗电压谐波幅值分布图。桥臂电抗电压的主要成分是基波、2 次谐波和 $6k\pm1$ 次谐波。桥臂电抗电压的波形含有很多毛刺，主要是因为桥臂电流中的 $6k\pm1$ 次谐波电流在电抗中产生的 $6k\pm1$ 次谐波电压。从图中可以看出，仿真结果与解析结果基本一致。

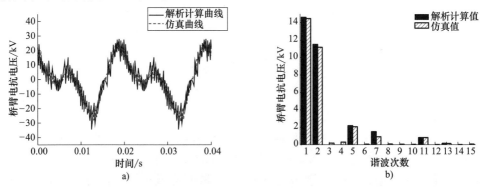

图 2-20 桥臂电抗电压

a）波形图　b）谐波幅值分布图

## 8. 点 $E_{pa}$ 和点 $E_{na}$ 之间电位差

图 2-21 为点 $E_{pa}$ 和点 $E_{na}$ 之间电位差的波形图,从图中可以看出,无论是解析计算曲线还是仿真曲线,$u_{Epn}$ 都不含基波分量,这进一步说明在基波电路中,这两个点为等电势点。

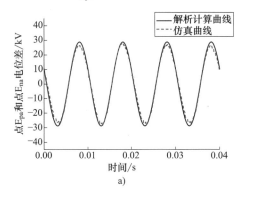
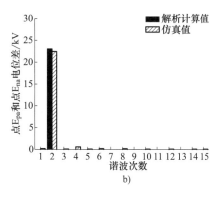

图 2-21 点 $E_{pa}$ 和点 $E_{na}$ 之间电位差

a) 波形图　b) 谐波幅值分布图

## 9. 子模块 $T_1$、$D_1$、$T_2$、$D_2$ 电流

图 2-22 为流过子模块各开关管的电流波形图,其电流参考方向采用图 2-2 中从 A 到 B 的方向。从图中可以看出,各开关管电流的解析波形与仿真波形吻合,两者误差非常小。另外必须指出的是,图 2-22 中 4 个开关器件的电流分布仅仅是在本算例设定的运行工况下的

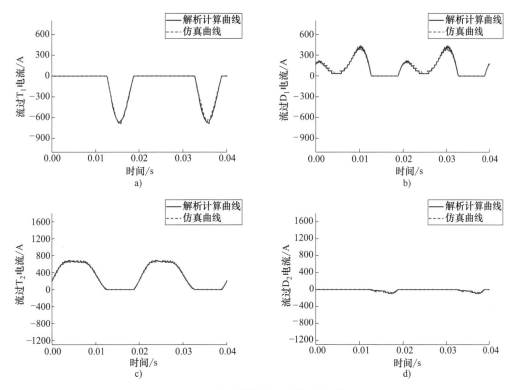

图 2-22 流过子模块各开关管电流波形图

a) 流过 $T_1$ 电流　b) 流过 $D_1$ 电流　c) 流过 $T_2$ 电流　d) 流过 $D_2$ 电流

状态；如果运行工况改变，4个开关器件的电流分布会完全不同。因此，在考察子模块开关器件的电压和电流应力时，需要扫描所有可能的运行工况。

## 2.5 MMC 的交流侧外特性及其基波等效电路

MMC 的基波等效电路主要用来描述式（2-29）差模方程中的基波分量所遵循的数学关系，其核心是 MMC 对所接入的交流系统所呈现的外特性。根据 2.4 节 MMC 解析模型的推导结果，相单元中上桥臂与下桥臂中桥臂电抗器的基波电压降之和为零，也就是相单元中两个桥臂电抗器各自的非公共连接端（即图 2-7 中的 $E_{pj}$ 和 $E_{nj}$）在基波下是等电位的。因此对于基波等效电路，可以将 $E_{pj}$ 和 $E_{nj}$ 这两个点连接起来，我们用 $\Delta$ 来表示该点，称为上下桥臂电抗器的基波虚拟等电位点，并将该点的基波电压用 $\tilde{u}_{\mathrm{diff}j}$ 来表示，称为 MMC 的交流侧基波等效电势，且 $\tilde{u}_{\mathrm{diff}j}$ 的幅值就是 $U_{\mathrm{diffm}}$。这样，就可以得到 MMC 的交流侧单相基波等效电路如图 2-23 所示。

图 2-23 中，$\tilde{u}_{vj}$ 和 $\tilde{i}_{vj}$ 分别为 $u_{vj}$ 和 $i_{vj}$ 的基波分量，用上标"~"表示基波分量。由于差模电压 $u_{\mathrm{diff}j}$ 的主导分量为其基波分量

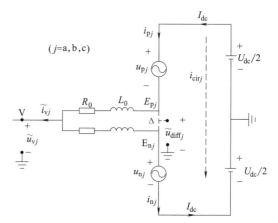

图 2-23 MMC 的交流侧单相基波等效电路

$\tilde{u}_{\mathrm{diff}j}$，因此在忽略谐波分量时，可以认为 $u_{\mathrm{diff}j} = \tilde{u}_{\mathrm{diff}j}$。为表述简洁，后文中对 $u_{vj}$、$i_{vj}$ 和 $u_{\mathrm{diff}j}$，不再区分其全量和基波分量的符号差别，即其意义为基波分量还是全量根据具体场景确定。

由于 $u_{\mathrm{diff}j}$ 可以直接由 $u_{pj}$ 和 $u_{nj}$ 控制，因而将图 2-23 中的 $\Delta$ 选作电压调制波的定义节点对控制器设计来说是方便的。这样，式（2-47）定义的 MMC 输出基波电压调制比 $m$ 可以理解为是 $\Delta$ 上的基波相电压幅值 $U_{\mathrm{diffm}}$ 除以 $U_{\mathrm{dc}}/2$，两者是完全一致的。

值得指出的是，MMC 的交流侧基波等效电路与二电平或三电平 VSC 的交流侧基波等效电路是类似的，只不过二电平或三电平 VSC 的交流侧基波等效电路更简单，其不存在桥臂电抗器。即在图 2-23 的 MMC 交流侧单相基波等效电路中将 $\Delta$ 点和 V 点合并，就能得到二电平或三电平 VSC 的交流侧基波等效电路。因此，图 2-23 实际上也可以表示一般性电压源换流器的交流侧基波等效电路。

## 2.6 MMC 输出交流电压的谐波特性及其影响因素

在实时触发的假设条件下，当 MMC 的每个桥臂具有 $N$ 个子模块时，其输出交流电压的电平数就有 $N+1$ 个；显然，$N$ 越大，波形质量越好；因此，子模块数目 $N$ 是影响输出交流电压谐波性能的一个重要因素。另外，MMC 的输出交流电压谐波应该是与其工作点相关的，当工作点变化时，谐波特性如何变化，也是一个需要研究的问题。而实际工程中，控制器的

控制频率 $f_{ctrl}$ 不可能为无穷大,即在去掉实时触发的假设条件下,需要研究控制频率对输出交流电压谐波特性的影响。为此,本节将研究子模块数目 $N$、MMC 运行工作点以及控制频率 $f_{ctrl}$ 对 MMC 谐波特性的影响。

## 2.6.1 MMC 电平数与输出交流电压谐波特性的关系

在实时触发的假设条件下,通过前面已推导出的 MMC 解析模型,对于确定的 MMC 运行工况,很容易算出 MMC 输出交流电压 $u_{vj}(t)$ 的稳态波形,再运用傅里叶级数理论对其进行谐波分解,就可以得到对应不同电平数时 $u_{vj}(t)$ 的谐波特性。

为此,采用与 2.4.6 节同样的单端 400kV、400MW 测试系统和同样的工作点(有功功率 350MW 和无功功率 100Mvar),考察桥臂子模块数目 $N$ 从 10 逐步增大到 300 时,MMC 输出交流电压 $u_{vj}(t)$ 的总谐波畸变率(THD)随 $N$ 变化的特性[9]。为了保持测试系统在子模块数目 $N$ 变化时其交流侧和直流侧基本特性不变,需要相应地改变子模块的参数。子模块参数的改变遵守如下 2 个约束条件:①$C_0/N$ 保持恒定不变;②$NU_c = U_{dc}$。计算结果如图 2-24 所示。从图 2-24 可以看出,当 $N$ 小于 50 时,THD 快速下降,从 11 电平时的 3.17%迅速下降到 51 电平时的 0.57%;当 $N$ 大于 60 时,THD 已小于 0.5%,并且 $N$ 继续增大时,THD 下降速度缓慢。

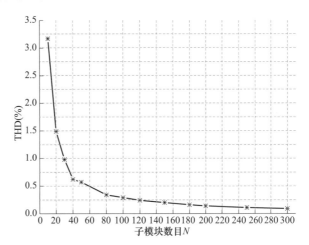

图 2-24 MMC 电平数与输出交流电压谐波特性的关系

## 2.6.2 电压调制比与输出交流电压谐波特性的关系

从式(2-47)可以看出,若直流电压 $U_{dc}$ 保持不变,则输出电压调制比 $m$ 与 $\Delta$ 上的基波电压幅值 $U_{diffm}$ 成正比。仍然采用 2.4.6 节的单端 400kV、400MW 测试系统,保持 PCC 电压幅值 $U_{PCCm} = 171.5$kV 以及直流电压 $U_{dc} = 400$kV 不变,桥臂子模块数目取 $N=100$,考察在 $p_v = 0$pu 而 $q_v$ 从 $-1$pu 变化到 $+1$pu 时 MMC 阀侧电压 $u_{vj}$ 总谐波畸变率的变化特性。

仍然在实时触发的假设条件下,基于前面已导出的 MMC 解析模型,对此问题进行研究。对于所讨论的 MMC 运行范围,由于已设定 $p_v = 0$pu,而 $q_v$ 从 $-1$pu 变化到 $+1$pu 时,对应于 MMC 满容量吸收无功功率到满容量发出无功功率,即 MMC 交流侧基波等效电势 $U_{diffm}$ 从最小值变化到最大值,也就是电压调制比 $m$ 从最小值变化到最大值。在所考察的运行范围内 MMC 阀侧电压 $u_{vj}$ 的谐波特性如图 2-25 所示。其中图 2-25a 是 $u_{vj}$ 的总谐波畸变率随 $q_v$ 变化的特性;图 2-25b 则将图 2-25a 中的横坐标 $q_v$ 用所对应的电压调制比 $m$ 替代。

从图 2-25b 可以看出,当电压调制比 $m$ 从其最小值逐渐上升到 1 时,MMC 阀侧电压 $u_{vj}$ 的总谐波畸变率从趋势上看是快速下降的;而当电压调制比 $m$ 大于 1 后(已超出 $q_v = 1$pu 范围,图中没有画出),MMC 阀侧电压 $u_{vj}$ 的总谐波畸变率会急剧上升,这种情况下 MMC 差模电压 $u_{diffj}$ 的阶梯波形状如图 2-26 所示,此时差模电压被"削顶",与正弦波形相差很大。

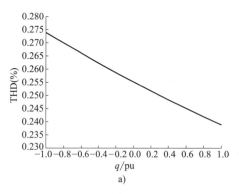
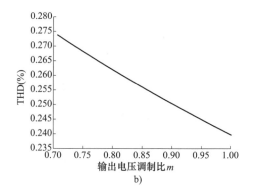

图 2-25 电压调制比 $m$ 与 MMC 阀侧电压谐波特性的关系

因此，为了使 MMC 输出交流电压的谐波畸变率在合理的范围内，实际运行时调制比 $m$ 不宜大于 1。

根据上面的讨论，实际上我们还可以给出调制比 $m$ 的运行范围，电压调制比 $m$ 的最小值 $m_{min}$ 是由工作点 $p_v=0\text{pu}$ 和 $q_v=-1\text{pu}$ 确定的。因为在这点上 $U_{\text{diffm}}$ 取到最小值，从而 $m$ 取到最小值。而电压调制比 $m$ 的最大值 $m_{max}$ 实际上就等于 1。即 MMC 电压调制比的合理运行范围为 $m_{min} \leq m \leq 1$。

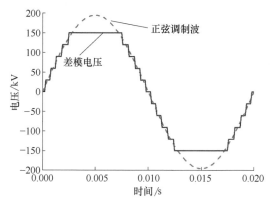

图 2-26 调制比 $m$ 大于 1 时的差模电压波形

## 2.6.3 MMC 运行工况与输出交流电压谐波特性的关系

仍然在实时触发的假设条件下，基于前面已推导出的 MMC 解析模型，对此问题进行研究。还是采用 2.4.6 节的单端 400kV、400MW 测试系统，保持 PCC 电压幅值 $U_{\text{PCCm}}=171.5\text{kV}$ 以及直流电压 $U_{\text{dc}}=400\text{kV}$ 不变，桥臂子模块数目取 $N=100$，考察在合理运行工况里（满足 $\sqrt{p_v^2+q_v^2} \leq S_N$，且 $m_{min} \leq m \leq 1$）MMC 阀侧电压 $u_{vj}$ 的谐波特性。结果如图 2-27 所示。其中图 2-27a 表示在不同 $p_v$ 和 $q_v$ 下的阀侧电压 $u_{vj}$ 的总谐波畸变率；图 2-27b 是图 2-27a 的俯视图，颜色深浅表示阀侧电压 $u_{vj}$ 总谐波畸变率的大小。

从图 2-27 可以看出，阀侧电压总谐波畸变率与有功功率的关系不是非常明显，但会随着无功功率的变大呈现下降的趋势。并且，MMC 吸收的无功功率越大，阀侧电压总谐波畸变率也越大；MMC 发出的无功功率越大（电压调制比 $m$ 在小于 1 的范围内），阀侧电压总谐波畸变率反而越小。

## 2.6.4 MMC 控制器控制频率与输出交流电压谐波特性的关系

仍然采用与 2.4.6 节同样的单端 400kV、400MW 测试系统和同样的工作点，并假定桥臂子模块数目 $N$ 为 200，通过基于 PSCAD 的柔性直流输电系统电磁暂态仿真平台，考察控制器控制频率 $f_{\text{ctrl}}$ 从 1kHz 变化到 10kHz 时阀侧电压 $u_{vj}$ 总谐波畸变率的变化特性，并设子模

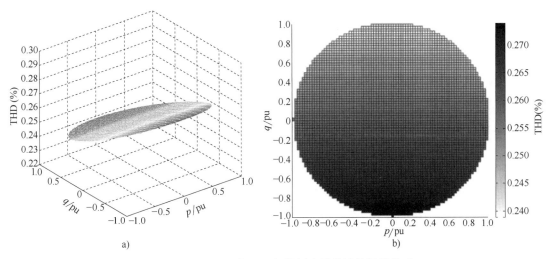

图 2-27 MMC 运行工况与阀侧电压谐波特性的关系

块电容电压平衡采用第 6 章 6.1.1 节讲述的基于完全排序与整体参与的电容电压平衡策略。结果如图 2-28 所示。

从图 2-28 可以看出，当控制器控制频率 $f_{ctrl}$ 在 1000~3000Hz 范围时，阀侧电压总谐波畸变率（THD）下降很快，但当 $f_{ctrl}$ 大于 3000Hz 后，THD 下降缓慢。根据图 2-28 可以推断，对于子模块数 $N=200$ 的 MMC-HVDC 工程，要使得线电压 THD 满足小于 0.2% 的要求，选择的控制器的控制频率 $f_{ctrl}$ 应大于 5kHz，即控制周期 $T_{ctrl}$ 应小于 200μs。

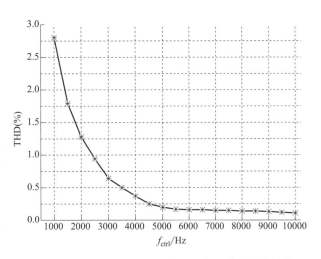

图 2-28 控制器控制频率与输出交流电压谐波特性的关系

## 2.7 MMC 的阻抗频率特性

MMC 作为大电网的一个元件，在分析某些电网现象时，往往需要知道 MMC 的阻抗频率特性。通常需要了解从交流侧向 MMC 看进去的阻抗频率特性和从直流侧向 MMC 看进去的阻抗频率特性。由于 MMC 是非线性元件，不管是从交流侧看进去的阻抗还是从直流侧看进去的阻抗，其定义都是基于 MMC 在某个工作点上的线性化系统给出的，即 MMC 的阻抗描述了增量电压与增量电流之间的关系，一般情况下它是随工作点的变化而变化的。

由于交流侧为三相系统，因此通常采用序阻抗来定义 MMC 在交流侧所呈现出的阻抗特性。MMC 联接变压器的接法要求阻断零序电流在电网与换流器之间的流通路径，因此，MMC 在交流侧所呈现出的零序阻抗可以认为是无穷大。MMC 的正序阻抗和负序阻抗分别定义为在换流站交流母线加入一组特定频率的正序增量电压和负序增量电压所对应的阻抗。

MMC 的直流侧阻抗定义为在 MMC 的直流侧加入一组特定频率的增量电压与此频率的增量电流所对应的阻抗。

### 2.7.1 MMC 的直流侧阻抗频率特性

为了推导从直流侧向 MMC 看进去的阻抗频率特性，画出 MMC 直流侧的阻抗定义图如图 2-29 所示。MMC 的直流侧阻抗定义为

$$\underline{Z}_{dc}(f) = \frac{\Delta \underline{U}_{dc}(f)}{\Delta \underline{I}_{dc}(f)} \quad (2\text{-}67)$$

注意，本书用下横线"－"表示相量和复数量，式（2-67）中 $f$ 为频率。

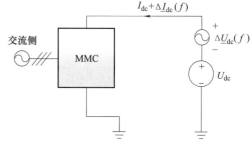

图 2-29 MMC 直流侧阻抗定义图

从 MMC 的阻抗定义图可以看出，为了求出 MMC 的直流侧阻抗，我们需要推导在工作点 $(U_{dc}, I_{dc})$ 下，$\Delta U_{dc}$ 与 $\Delta I_{dc}$ 之间的关系[10]。将 a、b、c 三相的式（2-30）相加，得

$$L_0 \frac{d \sum_j i_{cirj}}{dt} + R_0 \sum_j i_{cirj} = \sum_j \frac{U_{dc}}{2} - \sum_j u_{comj} \quad (2\text{-}68)$$

因为

$$\sum_j i_{cirj} = \sum_j \frac{1}{2}(i_{pj} + i_{nj}) = \frac{1}{2}\sum_j i_{pj} + \frac{1}{2}\sum_j i_{nj} = \frac{1}{2}i_{dc} + \frac{1}{2}i_{dc} = i_{dc} \quad (2\text{-}69)$$

$$\sum_j u_{comj} = \sum_j \frac{1}{2}(u_{pj} + u_{nj}) = \frac{1}{2} \sum_r \sum_j u_{rj} \quad (2\text{-}70)$$

故

$$\frac{d}{dt} \sum_j u_{comj} = \frac{1}{2} \sum_r \sum_j \frac{d}{dt}(u_{rj}) \quad (2\text{-}71)$$

根据式（2-24）有

$$\frac{d}{dt}(u_{rj}) = N \frac{d}{dt}(S_{rj} \cdot u_{c,rj}) = N \left[ u_{c,rj} \cdot \frac{d}{dt}(S_{rj}) + S_{rj} \cdot \frac{d}{dt}(u_{c,rj}) \right] \quad (2\text{-}72)$$

根据式（2-52）可以得到 $S_{rj}$ 的一般性表达式为

$$\begin{cases} S_{pj} = \dfrac{1}{2} - \dfrac{m}{2}\sin(\omega t + \gamma_j) + H_{order}^3 \\ S_{nj} = \dfrac{1}{2} + \dfrac{m}{2}\sin(\omega t + \gamma_j) + H_{order}^3 \end{cases} \quad (2\text{-}73)$$

式（2-73）中，$\gamma_j$ 为 $j$ 相的相位角；$H_{order}^3$ 为 3 次及以上谐波项。再根据 $u_{c,rj}$ 的一般性表达式（2-66）可以得到

$$u_{c,rj} \cdot \frac{d}{dt}(S_{rj}) = \left[ U_c^{(0)} + U_c^{(1)} \sin(\omega t + \eta_{rj}) + H_{order}^2 \right] \cdot \left[ \pm \frac{m}{2} \omega \cos(\omega t + \gamma_j) + H_{order}^3 \right]$$
$$= \pm U_c^{(0)} \cdot \frac{m}{2} \omega \cos(\omega t + \gamma_j) + C_{rj} + H_{order}^2 \quad (2\text{-}74)$$

式 (2-74) 中，$C_{rj}$ 为与 $r$ 和 $j$ 有关的常数项；$H_{\text{order}}^2$ 为 2 次及以上谐波项。故

$$\sum_r \sum_j u_{c,rj} \frac{\mathrm{d}}{\mathrm{d}t}(S_{rj}) = \sum_r \sum_j \left[ \pm U_c^{(0)} \cdot \frac{m}{2}\omega\cos(\omega t + \gamma_{rj}) + C_{rj} + H_{\text{order}}^2 \right] = 0 \quad (2\text{-}75)$$

即式 (2-72) 的第 1 项为零。而

$$i_{c,rj} = C_0 \frac{\mathrm{d}}{\mathrm{d}t}(u_{c,rj}) \quad (2\text{-}76)$$

因此，根据式 (2-76) 和式 (2-18) 有

$$S_{rj} \cdot \frac{\mathrm{d}}{\mathrm{d}t}(u_{c,rj}) = \frac{1}{C_0}S_{rj} \cdot i_{c,rj} = \frac{1}{C_0}S_{rj} \cdot S_{rj}i_{rj} = \frac{1}{C_0}S_{rj}^2 i_{rj} \quad (2\text{-}77)$$

故

$$\sum_r \sum_j S_{rj} \frac{\mathrm{d}}{\mathrm{d}t}(u_{c,rj}) = \sum_r \sum_j \frac{1}{C_0}S_{rj}^2 i_{rj} = \sum_r \sum_j \frac{1}{C_0}\left[\frac{1}{2} \pm \frac{m}{2}\sin(\omega t + \gamma_j) + H_{\text{order}}^3 \right]^2 i_{rj}$$

$$= \sum_r \sum_j \frac{1}{C_0}\left[\frac{1}{4} \pm \frac{m}{2}\sin(\omega t + \gamma_j) + H_{\text{order}}^2 \right] i_{rj} = \frac{i_{\text{dc}}}{2C_0} \quad (2\text{-}78)$$

因此，式 (2-71) 变为

$$\frac{\mathrm{d}}{\mathrm{d}t}\sum_j u_{\text{com}j} = \frac{1}{2}\sum_r \sum_j \frac{\mathrm{d}}{\mathrm{d}t}(u_{rj}) = \frac{N}{2}\sum_r \sum_j \frac{\mathrm{d}}{\mathrm{d}t}(u_{c,rj}) = \frac{N}{2C_0}\sum_r \sum_j S_{rj}^2 i_{rj} = \frac{N}{4C_0}i_{\text{dc}} \quad (2\text{-}79)$$

因此，式 (2-68) 变为

$$L_0 \frac{\mathrm{d}i_{\text{dc}}}{\mathrm{d}t} + R_0 i_{\text{dc}} + \frac{N}{4C_0}\int i_{\text{dc}}\mathrm{d}t = \frac{3}{2}U_{\text{dc}} \quad (2\text{-}80)$$

对式 (2-80) 进行增量分析有

$$L_0 \frac{\mathrm{d}\Delta i_{\text{dc}}}{\mathrm{d}t} + R_0 \Delta i_{\text{dc}} + \frac{N}{4C_0}\int \Delta i_{\text{dc}}\mathrm{d}t = \frac{3}{2}\Delta U_{\text{dc}} \quad (2\text{-}81)$$

对式 (2-81) 进行正弦稳态分析，设增量的频率为 $f$，有

$$\mathrm{j}2\pi f L_0 \Delta \underline{I}_{\text{dc}}(f) + R_0 \Delta \underline{I}_{\text{dc}}(f) + \frac{N}{4C_0} \cdot \frac{1}{\mathrm{j}2\pi f}\Delta \underline{I}_{\text{dc}}(f) = \frac{3}{2}\Delta \underline{U}_{\text{dc}}(f) \quad (2\text{-}82)$$

因此，从直流侧向 MMC 看进去的阻抗频率特性为

$$\underline{Z}_{\text{dc}}(f) = \frac{\Delta \underline{U}_{\text{dc}}(f)}{\Delta \underline{I}_{\text{dc}}(f)} = (\mathrm{j}2\pi f)\frac{2}{3}L_0 + \frac{2}{3}R_0 + \frac{1}{(\mathrm{j}2\pi f)\dfrac{6C_0}{N}} \quad (2\text{-}83)$$

其等效电路如图 2-30 所示。

可见，MMC 在直流侧呈现出来的等效阻抗与一个 RLC 串联电路一致。等效电阻 $R$ 和等效电感 $L$ 就是 MMC 实际电路中 $R_0$ 与 $L_0$ 的集总化，即在相单元中是串联关系，3 个相单元之间是并联关系；而等效电容 $C$ 可以理解为在桥臂中是串联关系，6 个桥臂之间是并联关系。该电路的谐振频率为

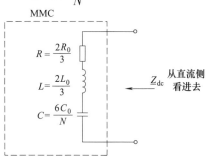

图 2-30  MMC 直流侧阻抗等效电路

$$f_{\text{res}} = \frac{1}{4\pi}\sqrt{\frac{N}{L_0 C_0}} \quad (2\text{-}84)$$

当频率 $f<f_{\text{res}}$ 时，等效阻抗呈现为容性；当 $f>f_{\text{res}}$ 时，等效阻抗呈现为感性。

### 2.7.2 MMC 的交流侧阻抗频率特性

对于三相交流系统，三相元件之间是相互耦合的，其阻抗特性需要用矩阵来描述。但是，如果三相系统完全对称，那么其阻抗矩阵中的对角元与非对角元是分别相等的，在对称分量变换下 3 个序阻抗是完全解耦的。MMC 在工作点上的线性化系统可以理解为是三相完全对称的系统，因此其阻抗特性可以用 3 个序阻抗来描述。因为 MMC 所采用的联接变压器阻断了零序电流在网侧与阀侧之间的流通路径，即零序阻抗为无穷大，所以我们只考虑正序阻抗和负序阻抗的频率特性。MMC 在某个工作点下的正序阻抗和负序阻抗的定义如图 2-31 所示。其中，$\underline{U}_{\text{sa}}(50)$、$\underline{U}_{\text{sb}}(50)$、$\underline{U}_{\text{sc}}(50)$ 为 PCC 的 50Hz 正序基波电压相量，是确定 MMC 工作点的系统电压；$\underline{I}_{\text{sa}}(50)$、$\underline{I}_{\text{sb}}(50)$、$\underline{I}_{\text{sc}}(50)$ 为从系统侧流入 MMC 的 50Hz 正序基波电流相量，是 MMC 在正序基波电压作用下的响应；$\Delta \underline{U}_{\text{sa}}^+(f)$、$\Delta \underline{U}_{\text{sb}}^+(f)$、$\Delta \underline{U}_{\text{sc}}^+(f)$ 和 $\Delta \underline{I}_{\text{sa}}^+(f)$、$\Delta \underline{I}_{\text{sb}}^+(f)$、$\Delta \underline{I}_{\text{sc}}^+(f)$ 分别是频率为 $f$ 的正序增量电压相量和正序增量电流相量；$\Delta \underline{U}_{\text{sa}}^-(f)$、$\Delta \underline{U}_{\text{sb}}^-(f)$、$\Delta \underline{U}_{\text{sc}}^-(f)$ 和 $\Delta \underline{I}_{\text{sa}}^-(f)$、$\Delta \underline{I}_{\text{sb}}^-(f)$、$\Delta \underline{I}_{\text{sc}}^-(f)$ 分别是频率为 $f$ 的负序增量电压相量和负序增量电流相量。MMC 的交流侧的正序阻抗和负序阻抗分别定义为

$$\underline{Z}_{\text{ac}}^+(f) = \frac{\Delta \underline{U}_{\text{sa}}^+(f)}{\Delta \underline{I}_{\text{sa}}^+(f)} = \frac{\Delta \underline{U}_{\text{sb}}^+(f)}{\Delta \underline{I}_{\text{sb}}^+(f)} = \frac{\Delta \underline{U}_{\text{sc}}^+(f)}{\Delta \underline{I}_{\text{sc}}^+(f)} \quad (2\text{-}85)$$

$$\underline{Z}_{\text{ac}}^-(f) = \frac{\Delta \underline{U}_{\text{sa}}^-(f)}{\Delta \underline{I}_{\text{sa}}^-(f)} = \frac{\Delta \underline{U}_{\text{sb}}^-(f)}{\Delta \underline{I}_{\text{sb}}^-(f)} = \frac{\Delta \underline{U}_{\text{sc}}^-(f)}{\Delta \underline{I}_{\text{sc}}^-(f)} \quad (2\text{-}86)$$

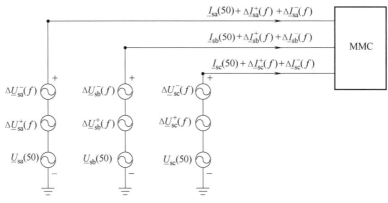

图 2-31 MMC 交流侧阻抗定义图

用解析方法推导 MMC 交流侧的序阻抗计算公式相当困难，因此我们用数值计算的方法来计算 MMC 交流侧序阻抗的频率特性。所采用的方法是测试信号法[11-12]。测试信号法的基本思路是针对非线性系统而提出的，其实质是采用时域仿真方法来研究非线性系统在特定工作点上线性化后的特性。MMC 的直流侧阻抗和交流侧阻抗都可以用测试信号法进行数值计算。对于交流侧正序阻抗计算，其具体实现步骤如下；对于负序阻抗计算，其实现步骤类似。

1) 在时域仿真软件，例如 PSCAD/EMTDC 中建立需要研究的 MMC 模型。

2) 在图 2-31 所示系统中插入小值正序电压源：

$$\begin{cases} \Delta u_{\text{sa}}^+ = \sum_f A_f \cos(2\pi f t + \phi_f) \\ \Delta u_{\text{sb}}^+ = \sum_f A_f \cos\left(2\pi f t + \phi_f - \dfrac{2\pi}{3}\right) \\ \Delta u_{\text{sc}}^+ = \sum_f A_f \cos\left(2\pi f t + \phi_f + \dfrac{2\pi}{3}\right) \end{cases} \tag{2-87}$$

式中，$f$ 为频率，可以在需要研究的频率范围内变化；$A_f$ 和 $\phi_f$ 为相应的电压幅值和相位，对所加 $A_f$ 的要求是不能破坏系统的可线性化条件，$A_f$ 取交流侧额定电压的 0.1% 左右是恰当的；由于 MMC 在运行点附近基本上是线性的，不同频率的量不会相互干扰；因此，可以一次施加多个不同频率的电压源，例如以 1Hz 为间隔；事实上，一次施加多个不同频率的电压源与一次只施加一个频率的电压源所得结果几乎没有差别。

3) 对 MMC 进行电磁暂态仿真直到进入稳态为止，同时监测流过 MMC 的电流 $\Delta i_{\text{sa}}^+$，对于一般系统，通常仿真 20s 已足够。

4) 在进入稳态的时间段内提取 $\Delta u_{\text{sa}}^+$ 一个公共周期内的数据量 $\Delta u_{\text{sa}}^+$ 和 $\Delta i_{\text{sa}}^+$。

5) 对 $\Delta u_{\text{sa}}^+$ 和 $\Delta i_{\text{sa}}^+$ 作傅里叶分解，得到不同频率下的 $\Delta \underline{U}_{\text{sa}}^+(f)$ 和 $\Delta \underline{I}_{\text{sa}}^+(f)$。

6) 根据式（2-85），计算不同频率下的正序阻抗（对于所有的 $f$）。

7) 画出正序阻抗随频率变化的曲线。

## 2.7.3 MMC 的阻抗频率特性实例

仍然采用与 2.4.6 节同样的单端 400kV、400MW 测试系统和同样的工作点，设桥臂电阻 $R_0$ 为 0.2Ω。

首先考察 MMC 直流侧阻抗的频率特性，分别用等效电路法和测试信号法进行计算，计算结果如图 2-32 所示。从图 2-32 可以看出，频率小于 100Hz 的低频范围内两种方法的结果

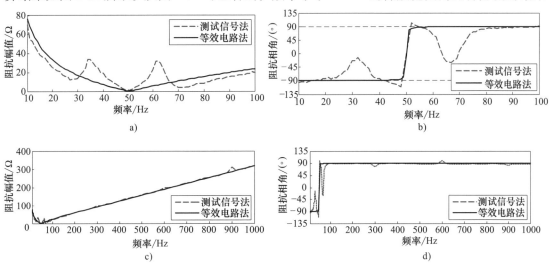

图 2-32 MMC 直流侧阻抗的频率特性
a）10~100Hz 幅频特性　b）10~100Hz 相频特性　c）10~1000Hz 幅频特性　d）10~1000Hz 相频特性

存在一定误差，而频率大于100Hz的高频范围内两者结果吻合得很好。

基于测试信号法进行计算，图2-33给出了MMC交流侧正序阻抗的频率特性，图2-34给出了MMC交流侧负序阻抗的频率特性。从图2-33和图2-34可以看出，在频率低于100Hz的低频段，正序和负序阻抗有一定差别，在频率高于100Hz的高频段，正序和负序阻抗较为接近。值得注意的是，由于高频段相角接近90°，此时正序和负序阻抗在一定程度上可利用变压器等效电抗（$2\pi f L_T$）和桥臂等效电抗（$2\pi f L_0$）进行模拟，测试信号法的计算结果显示正序和负序等效阻抗介于$2\pi f L_T$和$2\pi f(L_T+L_0/2)$之间，接近$2\pi f(L_T+L_0/4)$，改变系统参数后仍然在很大程度上满足上述规律。

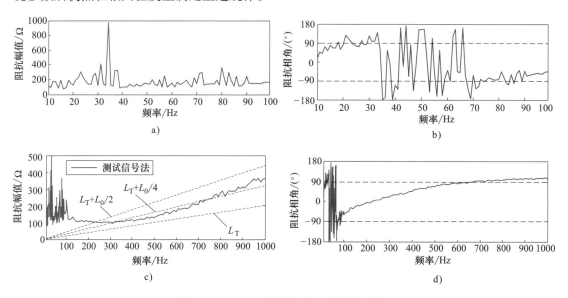

图2-33 MMC交流侧正序阻抗频率特性

a) 10~100Hz 幅频特性　b) 10~100Hz 相频特性　c) 10~1000Hz 幅频特性　d) 10~1000Hz 相频特性

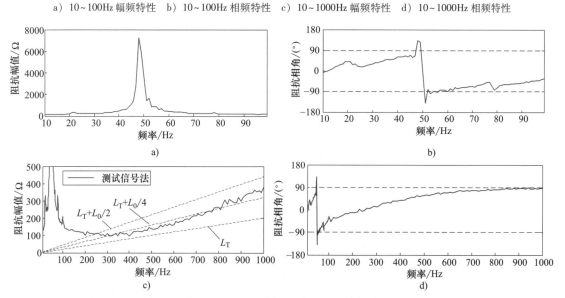

图2-34 MMC交流侧负序阻抗频率特性

a) 10~100Hz 幅频特性　b) 10~100Hz 相频特性　c) 10~1000Hz 幅频特性　d) 10~1000Hz 相频特性

另外，从图 2-33 还可以看出，MMC 交流侧正序阻抗不管在低频段还是在高频段，都存在一定的频率范围，其阻抗角越出 $-90°\sim90°$ 的范围，即存在电阻为负的频率范围。对于电阻为负的频率点，如果在此频率点上发生电网振荡，MMC 将会起到负阻尼的作用，这是特别需要关注的。

考察 100Hz 以下的频率范围，发现 MMC 交流侧负序阻抗也存在电阻为负的频率范围。

## 2.8　MMC 换流站稳态运行范围研究

### 2.8.1　适用于 MMC 换流站稳态运行范围研究的电路模型

MMC 换流站的稳态运行范围指的是从换流站交流母线 PCC 注入交流系统的有功功率和无功功率的变化范围。稳态分析不涉及具体的控制方式，但它是动态分析的基础，性能优良的控制策略应使系统运行范围逼近甚至达到稳态运行极限。为了对稳态运行范围进行分析，采用图 2-35 所示的单端 MMC-HVDC 正序基波等效电路比较方便，该图中的电压在有名值系统中表示线电压基波有效值。该模型考虑了两种方式，第 1 种方式是 MMC 接入到有源交流系统，第 2 种方式是 MMC 向无源负荷供电。对于第 1 种方式，$\underline{Z}_{sys}=R_{sys}+jX_{sys}$ 可以理解为交流系统的戴维南等效阻抗，$\underline{U}_{sys}=U_{sys}\angle0$ 可以理解为交流系统的戴维南等效电势。对于第 2 种方式，$\underline{Z}_{sys}=R_{sys}+jX_{sys}$ 可以理解为从换流站到无源负荷的输电通道阻抗，$\underline{U}_{sys}=U_{sys}\angle0$ 可以理解为无源负荷上的电压。换流站交流母线用 PCC 来表示，其正序基波电压相量为 $\underline{U}_{pcc}=U_{pcc}\angle\delta_{pcc}$，从 PCC 注入交流系统的功率为 $P_s+jQ_s$，本节的目标就是研究 $P_s$ 与 $Q_s$ 在 $PQ$ 复功率平面上的运行范围；联接变压器用其基波漏抗 $X_T$ 来表示。MMC 采用图 2-23 所示的单相基波等效电路来表示，并设其正序基波等效电势相量为 $\underline{U}_{diff}=U_{diff}\angle\delta_{diff}$。$X_{link}$ 是换流站交流母线 PCC 与 Δ 点之间的连接电抗，$X_{link}=X_T+0.5X_{L0}$，其中 $X_{L0}$ 为基频下的桥臂电抗。

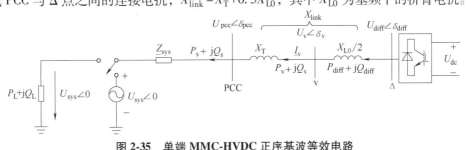

图 2-35　单端 MMC-HVDC 正序基波等效电路

对图 2-35 所示的模型系统采用标幺值进行分析。设电压基准值为联接变压器网侧和阀侧的额定电压，功率基准值取 MMC 的额定容量，约定 MMC 的额定容量以 v 点作为参考点，也就是从 v 点输出的额定容量就是 MMC 的额定容量。图 2-35 中 MMC 从 Δ 点输出的有功功率和无功功率可以分别表示为

$$P_{diff}=\frac{U_{diff}U_{pcc}}{X_{link}}\sin(\delta_{diff}-\delta_{pcc}) \quad (2\text{-}88)$$

$$Q_{diff}=\frac{U_{diff}^2}{X_{link}}-\frac{U_{diff}U_{pcc}}{X_{link}}\cos(\delta_{diff}-\delta_{pcc}) \quad (2\text{-}89)$$

为了研究 PCC 注入交流系统的有功功率 $P_s$ 和无功功率 $Q_s$ 的运行范围，这里以从 v 点输出的有功功率 $P_v$ 和无功功率 $Q_v$ 作为中间变量，对 $P_s$ 与 $Q_s$ 的运行范围进行分析。

根据基尔霍夫定律，可以得到 v 点电压所满足的方程为

$$U_v\angle\delta_v - \frac{P_v - jQ_v}{U_v\angle -\delta_v}(jX_T + R_{sys} + jX_{sys}) = U_{sys}\angle 0 \quad (2\text{-}90)$$

令 $U_v\angle\delta_v = U_{vd} + jU_{vq}$，式（2-90）可以化简为

$$U_{vd}^2 + U_{vq}^2 - P_vR_{sys} - Q_v(X_{sys} + X_T) - U_{vd}U_{sys} + j[-P_v(X_{sys}+X_T) + Q_vR_{sys} + U_{vq}U_{sys}] = 0 \quad (2\text{-}91)$$

令式（2-91）中实部、虚部分别相等，可以得到用于计算 v 点电压的方程组如下：

$$\begin{cases} U_{vd}^2 + U_{vq}^2 - P_vR_{sys} - Q_v(X_{sys}+X_T) - U_{vd}U_{sys} = 0 \\ U_{vq} = \dfrac{P_v(X_{sys}+X_T) - Q_vR_{sys}}{U_{sys}} \end{cases} \quad (2\text{-}92)$$

若式（2-92）存在实数解，就表明在某一工况下（对应已知的 $U_{sys}$ 和 $Z_{sys}$），换流器能够在 v 点输出 $P_v + jQ_v$ 的功率。v 点处交流电压计算出来之后，可以计算出 PCC 和 Δ 点的注入功率：

$$P_s + jQ_s = P_v + j\left[Q_v - \frac{P_v^2 + Q_v^2}{U_v^2}X_T\right] \quad (2\text{-}93)$$

$$P_{\text{diff}} + jQ_{\text{diff}} = P_v + j\left[Q_v + \frac{P_v^2 + Q_v^2}{U_v^2}\frac{X_{L0}}{2}\right] \quad (2\text{-}94)$$

另外，考虑实际运行时换流器的约束条件，需要校验输出电压调制比以及换流器输出电流是否满足约束条件：

$$m \leqslant 1 \quad (2\text{-}95)$$

$$\text{abs}\left(\frac{P_v + jQ_v}{U_{vd} + jU_{vq}}\right) \leqslant I_{vN} \quad (2\text{-}96)$$

式中，$I_{vN}$ 为 MMC 交流侧基波电流额定值（标幺值）。

综上所述，确定 MMC 运行范围的步骤可以划分为[13]

1）设已知 MMC 在 v 点的额定视在功率 $S_{vN}$，即当 $P_v^2 + Q_v^2 \leqslant S_{vN}^2$ 时，MMC 本身是允许运行的。将区域 $P_v^2 + Q_v^2 \leqslant S_{vN}^2$ 划分为若干细小区块，每个小区块用相应的功率点（$P_v + jQ_v$）表示，对于所有功率点，重复以下步骤。

2）基于方程组（2-92）求解 v 点电压。如果方程组无实数解，说明 MMC 不能运行在所考虑的功率点下，于是排除该点；如果方程组有实数解，说明 MMC 可能运行到所考虑的功率点下。该点的合理性需要通过下面的步骤进一步校验。

3）根据判据式（2-95）和式（2-96）从输出电压调制比和换流器输出电流两个方面校核所求出的电压和电流是否满足要求。如果满足要求，表明该功率点是一个合理的功率点，然后通过式（2-93）和式（2-94）计算 PCC 和 Δ 点的注入功率。

4）遍历区域 $P_v^2 + Q_v^2 \leqslant S_{vN}^2$ 内所有功率点，其中合理的功率点必定对应着 PCC 处相应的功率点（$P_s$ 和 $Q_s$），这些功率点所覆盖的范围就是 MMC 的功率运行范围。

## 2.8.2　MMC 接入有源交流系统时的稳态运行范围算例

在图 2-35 所示的模型系统中，假定 MMC 接入有源交流电网。假设换流器 v 点的额定视

在功率 $S_{vN}=1.0\text{pu}$；$U_{sys}=1.1\text{pu}$；并设当交流系统阻抗为零且 v 点注入交流系统的无功功率为 $Q_v=1\text{pu}$ 时，换流器的电压调制比 $m$ 为 1；换流器交流输出电流的上限值为 1.0pu；$X_{link}=0.2\text{pu}$ 且 $X_T=0.1\text{pu}$。

首先分析交流系统等效阻抗 $\underline{Z}_{sys}$ 无电阻分量时的运行范围。图 2-36 给出了交流系统短路比[13] $\rho_{SCR}$ 为 5 时 $P_s$ 与 $Q_s$、$P_v$ 与 $Q_v$、$P_{diff}$ 与 $Q_{diff}$ 的运行范围（灰色区域）。图中虚线包围的区域表示半径 1.0pu 的功率圆范围。

从图 2-36 的计算结果可以发现，对于短路比 $\rho_{SCR}=5$ 的情况，换流站运行范围的上边界主要受到电压调制比不能大于 1 的约束；下边界主要受到输出电流额定值即式 (2-96) 的约束。

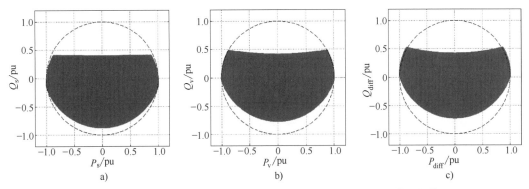

图 2-36 短路比 $\rho_{SCR}=5$ 时 $P_s$ 与 $Q_s$、$P_v$ 与 $Q_v$、$P_{diff}$ 与 $Q_{diff}$ 的运行范围

以下针对 $\rho_{SCR}=5$ 的情况，分析 $P_{diff}$-$Q_{diff}$ 运行区域的上边界是凹的而不是凸的原因，因为一般认为换流器输出有功功率较小时，发出的无功功率应该较大，即 $P_{diff}$-$Q_{diff}$ 运行区域的上边界应该是凸的。为此，将图 2-36c 重画于图 2-37，观察上边界上的 A 点和 B 点。

为了方便分析，这里将 $\underline{U}_{diff}$ 相量的相位设为零，参照图 2-35，显然有

$$\underline{U}_{sys}=U_{diff}-\frac{Q_{diff}X_\Sigma}{U_{diff}}-\text{j}\frac{P_{diff}X_\Sigma}{U_{diff}}=U_{diff}-\Delta U-\text{j}\delta U \quad (2\text{-}97)$$

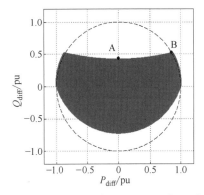

图 2-37 $\rho_{SCR}=5$ 时 $P_{diff}$-$Q_{diff}$ 运行区域

由于 A、B 两点受限于电压调制比 $m$，也就是说 $\underline{U}_{diff}$ 的幅值均达到最大，因此可以画出 A、B 两点对应的相量图如图 2-38 所示。对应于 A 点，由于 $P_{diff}=0$，故 $\delta U=0$，$\underline{U}_{sys}$ 与 $\underline{U}_{diff}$ 同相位。对应于 B 点，由于 $P_{diff}>0$，故 $\delta U>0$，$\underline{U}_{sys}$ 会滞后于 $\underline{U}_{diff}$ 一个角度。由于 $U_{sys}$ 是恒定值，因此根据图 2-38 可以看出，$\Delta U_{(B)}>\Delta U_{(A)}$，根据式 (2-97)，显然有 B 点的 $Q_{diff}$ 大于 A 点的 $Q_{diff}$，从而说明了图 2-37 的上边界是凹的。

然后分析交流系统等效阻抗 $\underline{Z}_{sys}$ 具有电阻分量时的运行范围。图 2-39 给出了交流系

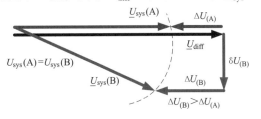

图 2-38 A 点和 B 点的相量图

统短路比 $\rho_{SCR}$ 为 2 时 $P_s$ 与 $Q_s$、$P_v$ 与 $Q_v$、$P_{diff}$ 与 $Q_{diff}$ 的运行范围（灰色区域），设定的电阻分量比例 $R_{sys}/X_{sys}$ 分别为 0、0.125 和 0.25。

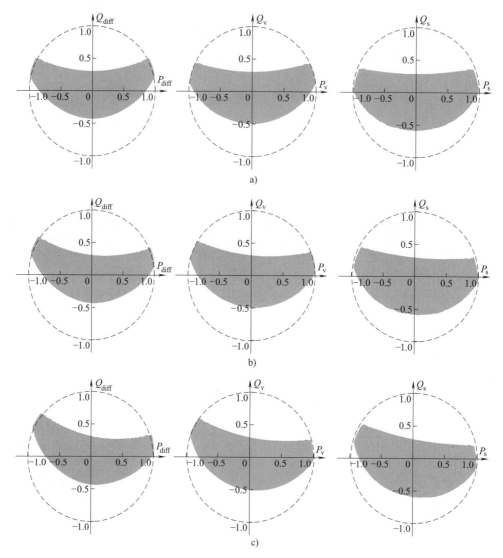

图 2-39　考虑 $R_{sys}$ 且短路比 $\rho_{SCR}=2$ 时 $P_s$ 与 $Q_s$、$P_v$ 与 $Q_v$、$P_{diff}$ 与 $Q_{diff}$ 的运行范围
a) $R_{sys}/X_{sys}=0$　b) $R_{sys}/X_{sys}=0.125$　c) $R_{sys}/X_{sys}=0.25$

从图 2-39 可以看出，$R_{sys}/X_{sys}$ 的增大改变了运行区域。直观地看，当 $R_{sys}/X_{sys}$ 的值增加时，运行区域顺时针"旋转"。按照图 2-35 的功率参考方向，可以发现，在短路比较小时（当 MMC-HVDC 不能传输 1pu 有功功率时），$R_{sys}/X_{sys}$ 的增大将降低整流器的最大有功功率接受能力，但会增大逆变器的最大有功功率传输能力。

### 2.8.3　MMC 向无源负荷供电时的稳态运行范围算例

设 MMC 的参数见表 2-6，输电线路电压等级为 230kV，线路单位长度阻抗参数为 $(0.02976+j0.2782)\Omega/km$，忽略线路的电容效应。考察输电线路长度分别为 30km、60km 和

90km3 种情况下 MMC 向无源负荷供电时的运行范围。设 3 种情况下负荷端的电压 $U_{sys}$ = 0.95pu 保持不变。采用上节的算法可以得到 3 种情况下 MMC 的运行范围如图 2-40 所示。由于是向无源负荷供电,图 2-40 中 $P_s<0$ 的一半不用考虑。从图 2-40 可以看出,3 种情况下有功功率都能够全额送出,但无功功率的运行范围受到输电线路长度的限制,线路越长,无功功率的运行范围越小。

表 2-6 MMC 参数

| 参数 | 数值 | 参数 | 数值 |
| --- | --- | --- | --- |
| MMC 额定容量 $S_{vN}$/MVA | 400 | 联接变压器短路阻抗 $u_k$(%) | 15 |
| 网侧交流母线电压/kV | 230 | 直流电压 $U_{dc}$/kV | 400 |
| 交流系统额定频率 $f_0$/Hz | 50 | 每个桥臂子模块数目 $N$ | 20 |
| 联接变压器额定容量/MVA | 480 | 子模块电容 $C_0$/μF | 666 |
| 联接变压器电压比 | 230/210 | 桥臂电感 $L_0$/mH | 76 |

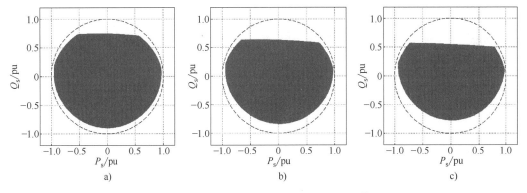

图 2-40 向无源负荷供电时 MMC 的运行范围
a) 输电距离 30km  b) 输电距离 60km  c) 输电距离 90km

# 参 考 文 献

[1] MARQUARDT R. Stromrichter schaltungen mit verteilten energie speichern:German Patent DE10103031A1 [P]. 2001-01-24.

[2] LESNICAR A,MARQUARDT R. An innovative modular multilevel converter topology suitable for a wide power range [C]//Power Tech Conference,2003,Bologna,Italy. New York:IEEE,2003.

[3] MARQUARDT R,LESNICAR A. New concept for high voltage-modular multilevel converter [C]//IEEE 35th Annual Power Electronics Specialists Conference,20-25 June 2004,Aachen,Germany. New York:IEEE,2004.

[4] DORN J,HUANG H,RETZMANN D. A new Multilevel Voltage-Sourced Converter Topology for HVDC Applications [C]//CIGRE Congress session B4-304,22-27 August 2010,Paris,France. Paris:CIGRE,2010.

[5] GEMMELL B,DORN J,RETZMANN D,et al. Prospects of multilevel VSC technologies for power transmission [C]//IEEE/PES Transmission and Distribution Conference and Exposition,21-24 April 2008,Chi-

[6] 管敏渊,徐政,屠卿瑞,等. 模块化多电平换流器型直流输电的调制策略 [J]. 电力系统自动化, 2010, 34 (2):48-52.

[7] GUAN MINYUAN, XU ZHENG, CHEN HAIRONG. Control and modulation strategies for modular multilevel converter based HVDC system [C]//37th Annual Conference on IEEE Industrial Electronics Society (IECON 2011), November 7-10, 2011, Melbourne, Australia. New York:IEEE, 2011.

[8] PEREZ M, RODRIGUEZ J, PONT J, et al. Power distribution in hybrid multi-cell converter with nearest level modulation [C]//IEEE International Symposium on Industrial Electronics, June 4-7, 2007, Vigo, Spain. New York:IEEE, 2007.

[9] XIAO H, XU Z, XUE Y, et al. Theoretical analysis of the harmonic characteristics of modular multilevel converters [J]. Science China-Technological Sciences, 2013, 56:2762-2770.

[10] 薛英林,徐政,张哲任,等. MMC-HVDC换流器阻抗频率特性分析. 中国电机工程学报, 2014, 34 (24):4041-4048.

[11] 徐政. 交直流电力系统动态行为分析 [M]. 北京:机械工业出版社, 2004.

[12] 徐政,裘鹏,黄莹,等. 采用时域仿真的高压直流输电直流回路谐振特性分析 [J]. 高电压技术, 2010, 36 (1):44-54.

[13] ZHANG ZHEREN, XU ZHENG, JIANG WEI, et al. Study on operating area for modular multilevel converter based HVDC systems. IET Renewable Power Generation, 2016, 10 (6):776-787.

# 第3章　MMC基本单元的主电路参数选择与损耗计算

## 3.1　引言

　　MMC-HVDC 换流站的主电路包括联接变压器、桥臂电抗器、子模块电容器、IGBT 模块及平波电抗器等一次设备。主电路参数选择是 MMC-HVDC 换流站设计的重要组成部分，合理的主电路参数可以有效改善系统的动态和稳态性能，降低系统的初始投资及运行成本，提高系统的经济性能指标。

　　子模块是构成正弦交流电压的最小单元，MMC 的电平数直接影响到其输出交流电压的波形质量，当子模块数量较多时，其电平数与控制器的控制周期 $T_{ctrl}$ 有关，因此有必要研究 MMC 控制频率 $f_{ctrl}$ 的选取原则。

　　对于 MMC-HVDC 工程，子模块数量相当庞大，子模块电容器是子模块中体积最大的元件，电容值的大小直接决定了电容电压的波动范围，同时也会影响到子模块功率器件的承压水平，子模块电容器的成本与所采用的功率器件成本大致相当，因此子模块电容值的减小一方面具有巨大的经济效益，另一方面可以大大减小换流站的占地面积。

　　子模块中的半导体器件一般为 IGBT 模块，由于其承受过电压和过电流的能力较小且价格昂贵，其参数的确定对换流站的建造成本影响较大，也需要仔细考量。

　　桥臂电抗器是 MMC 拓扑必不可少的主回路元件，主要实现以下三方面功能：

　　1) 对于交流系统而言，上下两个桥臂电抗器相当于并联关系，它是构成换流器出口电抗的一部分，对换流器的额定容量以及运行范围有一定的影响。

　　2) 由于3个相单元相当于并联在直流侧，而它们各自产生的直流电压不可能完全相等，因此就会有环流在3个相单元之间流动。桥臂电抗可以提供环流阻抗以限制环流的大小。

　　3) 桥臂电抗有效地减小了换流器内部或外部故障时的电流上升率。特别是当换流器直流侧出口短路时，可以将电流上升率限制到较小的值，从而使 IGBT 在较低的过电流水平下关断，为系统提供更为有效和可靠的保护。

　　与传统直流输电系统（LCC-HVDC）不同，由于多电平 MMC 的谐波分量非常小，MMC-HVDC 中平波电抗器并不考虑用来减小直流线路中的谐波电压和谐波电流。MMC-HVDC 中平波电抗器主要起两个作用：首先是抑制直流线路发生短路故障时的故障电流上升率；其次是与桥臂电抗器一起，调整柔性直流系统直流回路的谐振点，避免交流故障下直流回路发生谐振。

本章将探讨桥臂子模块数目、控制频率、联接变压器参数、子模块电容值、桥臂电抗值及平波电抗值的制约因素和选择方法。

## 3.2 桥臂子模块数的确定原则

电力电子开关所能承受的电压等级是确定 MMC 单元桥臂子模块数目的决定性因素。MMC 每个桥臂应能够承担所分摊到的全部的直流电压 $U_{dc}$，并留有一定的裕度。为简化起见，将每个子模块的电容电压平均值记为 $U_c$，一个桥臂的级联子模块总数记为 $N$，则应满足

$$U_c N \geqslant U_{dc} \tag{3-1}$$

即

$$N \geqslant \frac{U_{dc}}{U_c} \tag{3-2}$$

因此桥臂的子模块数 $N$ 直接决定于直流电压 $U_{dc}$ 和子模块电容电压的平均值 $U_c$，再考虑一定的裕度。在后面的分析中，为简化起见，暂时不考虑冗余度，均认为式（3-2）取等号，$N=U_{dc}/U_c$。

## 3.3 MMC 控制频率的选择原则

首先要澄清电平数 $n_{level}$ 和子模块数 $N$ 这两个概念的区别。电平数 $n_{level}$ 指的是换流器输出的电压阶梯波中的电压阶梯数。子模块数 $N$ 指的是 MMC 单元一个桥臂上串联的子模块总数。

对于一般的级联型多电平换流器，电平数往往较少，如 5 电平、7 电平等。这种情况下，电平数与级联子模块的数目直接相关，且一般满足：

$$n_{level} = N+1 \tag{3-3}$$

式中，$n_{level}$ 代表电平数；$N$ 代表每个桥臂的子模块数。为了方便构成零电平，一般 $N$ 取偶数。

对于 MMC 拓扑，尤其是应用于高电压场合时，一个桥臂上级联的子模块数目往往高达数百。此时换流器输出波形的电平数 $n_{level}$ 不仅与子模块数目 $N$ 有关，而且与控制器的控制频率 $f_{ctrl}$、电压调制比 $m$ 密切相关，因此这种情况下式（3-3）不再适用。而 $n_{level}$ 直接影响到输出波形的谐波特性，$f_{ctrl}$ 又与整个换流器的损耗有关，因此，有必要研究电平数与控制器控制频率、电压调制比以及输出电压总谐波畸变率（THD）之间的关系。

当采用第 2 章所述的最近电平逼近调制（NLM）方式时，如果子模块数目 $N$ 相当大，则在一个控制周期 $T_{ctrl}$ 中，正弦调制波的变化量有可能已经超过了 1 个子模块的电容电压值 $U_c$，由此可能导致一个控制周期中投入或切除多个子模块，从而使输出电压的电平数必然小于 $N+1$。这时，控制器控制频率对电平数的影响就突显出来。为此，需要详细研究控制器控制频率与电平数的关系。

### 3.3.1 电平数与控制频率的基本关系

对应确定的桥臂子模块数 $N$，对 MMC 输出电压的电平数与控制器控制频率的关系进行

仿真研究，可以得到电平数随控制器控制频率变化的趋势曲线如图 3-1 所示。该结果对不同的子模块数 $N$ 具有通用性。

由图 3-1 可以看出，在 $N$ 一定的情况下，电平数 $n_{\text{level}}$ 与控制器控制频率 $f_{\text{ctrl}}$ 之间存在着类似饱和特性的关系。其中存在两个临界频率 $f_1$ 和 $f_2$，它们的意义如下：只有当 $f_{\text{ctrl}} > f_2$ 时，子模块才可能被充分利用，此时的电平数达到最大，即 $n_{\text{level}} = N+1$。

而当 $f_{\text{ctrl}} < f_1$ 时，电平数和控制器的控制频率 $f_{\text{ctrl}}$ 之间便存在严格的线性关系，此时控制周期 $T_{\text{ctrl}} = 1/f_{\text{ctrl}}$ 相对较大，使得电平数完全由半个基波周期 $T/2$ 与 $T_{\text{ctrl}}$ 的比值决定。因此，当 $f_{\text{ctrl}} < f_1$ 后，电平数会随着 $f_{\text{ctrl}}$ 的下降而显著下降，造成输出电压的谐波含量显著上升。

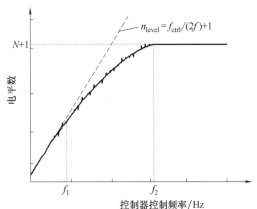

图 3-1 电平数与控制器控制频率的关系

### 3.3.2 两个临界控制频率的计算

将图 2-23 重画于图 3-2，并根据式（2-47）基波电压调制比 $m$ 的定义

$$m = \frac{U_{\text{diffm}}}{U_{\text{dc}}/2} \tag{3-4}$$

实际工程中，$0 \leq m \leq 1$。MMC 控制器工作时通常使 $\Delta$ 点的电压 $\tilde{u}_{\text{diff}j}$ 跟踪电压调制波。

设控制器输出的电压调制波 $\tilde{u}_{\text{diffa}}^*$ 为一个标准的正弦波：

$$\tilde{u}_{\text{diffa}}^*(t) = U_{\text{diffm}} \sin(\omega t) = \frac{mU_{\text{dc}}}{2} \sin(\omega t) \tag{3-5}$$

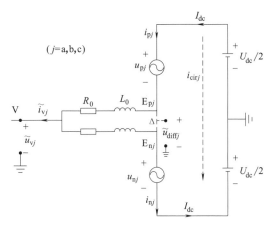

图 3-2 MMC 的交流侧单相基波等效电路

在一个控制周期 $T_{\text{ctrl}}$ 内，电压调制波的变化可以近似地用其微分 $d\tilde{u}_{\text{diffa}}^*$ 来表示[1]。

$$d\tilde{u}_{\text{diffa}}^* = \frac{mU_{\text{dc}}}{2}\omega\cos(\omega t)dt = \frac{mU_{\text{dc}}}{2}\omega\cos(\omega t)T_{\text{ctrl}} = mU_{\text{dc}}\pi\frac{f}{f_{\text{ctrl}}}\cos(\omega t) \tag{3-6}$$

式中，$f$ 为电网基波频率；$f_{\text{ctrl}}$ 为控制器控制频率。

令 $f_1$ 表示在电压调制波 $\tilde{u}_{\text{diffa}}^*$ 最平坦处（峰值），一个控制周期 $T_{\text{ctrl}}$ 内开通的子模块数目恰恰变化 1（电压调制波恰恰变化 $U_c$）所对应的频率，它是电平数 $n_{\text{level}}$ 与控制器控制频率 $f_{\text{ctrl}}$ 完全呈线性关系的分界点，根据式（3-6）有

$$d u_{\text{diffa}}^* \bigg|_{\min} = mU_{\text{dc}}\pi\frac{f}{f_{\text{ctrl}}}\cos(\omega t)\bigg|_{\omega t = \frac{\pi}{2}-\omega T_{\text{ctrl}}} = U_c \tag{3-7}$$

由式（3-7）得

$$mN\pi \frac{f}{f_{\text{ctrl}}} \sin \frac{2\pi f}{f_{\text{ctrl}}} = 1 \tag{3-8}$$

不妨假设 $f_{\text{ctrl}} \gg 2\pi f$，则式（3-8）可改写为

$$2mN \frac{\pi^2 f^2}{f_{\text{ctrl}}^2} = 1 \tag{3-9}$$

因此有

$$f_1 = \pi f \sqrt{2mN} \tag{3-10}$$

设 $f_2$ 与最大电压阶梯数相关，表示使子模块利用率达到最大的控制器控制频率，即每个子模块都将构成一个电平。它对应于电压调制波 $\widetilde{u}_{\text{diffa}}^*$ 过零时刻（$\omega t = 0$），其变化量恰巧等于一个 $U_\text{c}$ 的情况。根据式（3-6）有

$$\mathrm{d}\widetilde{u}_{\text{diffa}}^* |_{\max} = mU_{\text{dc}} \pi \frac{f}{f_{\text{ctrl}}} \cos(\omega t)|_{\omega t = 0} = U_\text{c} \tag{3-11}$$

由此可以求出临界频率 $f_2$ 为

$$f_2 = \pi f mN \tag{3-12}$$

从工程实际的角度考虑，为了充分利用子模块以实现更多的电平，$f_{\text{ctrl}}$ 应尽量靠近 $f_2$，但也没有必要大于 $f_2$；但从降低换流器损耗的角度考虑，$f_{\text{ctrl}}$ 又应尽可能地小，但应尽量避免小于 $f_1$，因为此时控制频率的下降会导致电平数的急剧减小，严重影响波形质量和总谐波含量。对于桥臂子模块数 $N = 200$ 的 MMC，当电压调制比 $m$ 取 1 时，$f_1 = 3.14\text{kHz}$，$f_2 = 31.4\text{kHz}$，通常 MMC 控制周期 $T_{\text{ctrl}}$ 在 50~100μs，$f_{\text{ctrl}}$ 在 10~20kHz 范围，即 $f_1 < f_{\text{ctrl}} < f_2$。

## 3.4 联接变压器电压比的确定方法

联接变压器的作用主要是 3 个方面：第一方面是实现电网电压与 MMC 直流电压之间的匹配；第二方面是实现电网与 MMC 之间的电气隔离，特别是隔离零序电流的流通；第三方面是起到连接电抗器的作用，用以平滑波形和抑制故障电流。联接变压器的参数选择包括确定联接变压器的容量、绕组联结组别、网侧额定电压和阀侧空载额定电压、分接头档距和档数、短路阻抗等。

联接变压器的容量通常按 MMC 与电网之间交换功率的大小确定，考虑变压器自身消耗的无功功率后，联接变压器的容量通常为 MMC 容量的 1.1~1.2 倍。联接变压器的绕组联结方式一般是网侧星形接地、阀侧星形不接地或三角形联结；对于网侧不直接接地的电力系统，也有采用网侧三角形联结、阀侧星形接地的联结方式。联接变压器的分接头档距和档数主要决定于网侧电压在实际运行过程中的变化幅度，确定档距和档数的基本准则是保持联接变压器阀侧空载电压在网侧电压变化时基本维持恒定。联接变压器的短路阻抗根据变压器制造时的经济合理条件取较小的值。下面重点分析联接变压器阀侧空载额定电压有效值的取值方法。

根据图 3-2 所示的 MMC 单相基波等效电路，当 MMC-HVDC 系统直流侧电压 $U_{\text{dc}}$ 确定后，根据电压调制比的关系，相电压幅值 $U_{\text{diffm}}$ 的变化范围就已经确定，从而相电压有效值 $U_{\text{diff}}$ 的变化范围也已经确定。在 MMC 容量和直流侧电压 $U_{\text{dc}}$ 给定的条件下，Δ 点和 v 点的电压有效值 $U_{\text{diff}}$ 和 $U_\text{v}$ 取值越高，阀侧交流电流有效值 $I_\text{v}$ 的取值就越低，从而桥臂电流的取

值也就越低，这样就可以降低对子模块开关器件和电容器电流额定值的要求，同时也可以降低子模块电容电压波动的幅度，有利于降低换流器的投资成本并提高其运行性能。因此，阀侧空载电压的确定原则就是使 $U_{\text{diff}}$ 和 $U_v$ 尽量取高值。

由图 2-35 可以看出，当所有量都折算到联接变压器阀侧后，对应确定的工况，阀侧空载电压就等于该工况下的 $U_{\text{pcc}}$；因此确定阀侧空载电压就是确定图 2-35 中的 $U_{\text{pcc}}$。而对 $U_{\text{diff}}$ 的基本要求是，$U_{\text{diff}}$ 要有足够的调节裕度使得 $P_{\text{diff}}$、$Q_{\text{diff}}$ 运行范围覆盖如图 2-37 虚线所示的整个功率圆。根据式（2-89）和图 2-35 容易推得，在 $P_{\text{diff}}$、$Q_{\text{diff}}$ 运行的整个功率圆内，满容量发无功功率的工况对 $U_{\text{diff}}$ 的要求是最高的。

另外，当 MMC 满容量发无功功率时，网侧交流电压往往是低于其额定电压的，即在此工况下，$U_{\text{pcc}}$ 小于其额定值 $U_{\text{pccN}}$。因此，在 $U_{\text{pcc}}$ 取 $U_{\text{pccN}}$ 和 MMC 满容量发无功功率这两个条件下来确定 $U_{\text{diff}}$ 的最大值，对于 MMC 的实际运行工况，$U_{\text{diff}}$ 仍然具有一定的调节裕度。

综合上述两个因素，以下按照如下条件来确定联接变压器的电压比：设定在 $U_{\text{pcc}}$ 取 $U_{\text{pccN}}$ 和 MMC 满容量发无功功率这两个条件下 $U_{\text{diff}}$ 取到其最大值，即此时调制比 $m=1$。

根据图 2-35，得到有名值无功功率表达式为

$$Q_{\text{diff}} = 3\frac{U_{\text{diff}}(U_{\text{diff}} - U_{\text{pcc}}\cos(\delta_{\text{diff}} - \delta_{\text{pcc}}))}{X_{\text{link}}} = \frac{3}{2}\frac{U_{\text{diffm}}(U_{\text{diffm}} - \sqrt{2}U_{\text{pcc}}\cos(\delta_{\text{diff}} - \delta_{\text{pcc}}))}{X_{\text{link}}} \quad (3\text{-}13)$$

当 MMC 满容量发无功功率时，$U_{\text{diffm}}$ 取最大值，$m=1$，因而下式成立

$$S_{\text{diffN}} = \frac{3}{2}\frac{\dfrac{U_{\text{dc}}}{2}\left(\dfrac{U_{\text{dc}}}{2} - \sqrt{2}U_{\text{pccN}}\right)}{X_{\text{link}}} \quad (3\text{-}14)$$

设 MMC 在变压器阀侧的额定容量为 $S_{vN}$，令

$$\lambda = \frac{\sqrt{3}U_{\text{pccN}}}{U_{\text{dc}}/2} \quad (3\text{-}15)$$

$$S_{\text{diffN}} = 1.1S_{vN} \quad (3\text{-}16)$$

$$X_{\text{link}} = X_{\text{link,pu}}\frac{(\sqrt{3}U_{\text{pccN}})^2}{1.2S_{vN}} \quad (3\text{-}17)$$

式中，$\lambda$ 表示变压器阀侧空载线电压额定值与 $U_{\text{dc}}/2$ 的比值，而 $X_{\text{link,pu}}$ 表示 $X_{\text{link}}$ 折算到联接变压器基准值下的标幺值，这里假定了联接变压器的额定容量为 1.2 倍的 $S_{vN}$。这样，$\lambda$ 和 $X_{\text{link,pu}}$ 就满足如下方程

$$\frac{11}{18}X_{\text{link,pu}}\lambda^2 + \sqrt{\frac{2}{3}}\lambda - 1 = 0 \quad (3\text{-}18)$$

可以解出 $\lambda$ 和 $X_{\text{link,pu}}$ 的关系为

$$\lambda = \frac{-\sqrt{216} + \sqrt{216 + 792X_{\text{link,pu}}}}{22X_{\text{link,pu}}} \quad (3\text{-}19)$$

这样，根据式（3-19），当 $X_{\text{link,pu}} = 0.2\text{pu}$ 时，$\lambda = 1.057$；当 $X_{\text{link,pu}} = 0.25\text{pu}$ 时，$\lambda = 1.027$；当 $X_{\text{link,pu}} = 0.3\text{pu}$ 时，$\lambda = 1.0$。

因此，变压器阀侧空载线电压的额定值是与联接变压器的漏抗和桥臂电抗的取值相关的，一般情况下大致可以取 $U_{\text{dc}}/2$ 的 1.00~1.05 倍。

对于第 2 章 2.4.6 节给出的单端 400kV、400MW 测试系统，可以大致估算出 $X_{\text{link,pu}}$ = 0.21pu，因此取 $\lambda$ = 1.05，从而得到变压器阀侧空载线电压额定值为 210kV。如果该单端 MMC-HVDC 系统的交流电网侧额定电压为 525kV，那么联接变压器的电压比可以取 525/210。

## 3.5 子模块电容参数的确定方法

### 3.5.1 MMC 不同运行工况下电容电压的变化程度分析

不同运行工况下，MMC 的电容电压波动情况也不同。在选取子模块直流电容参数时，必须考虑最严重的工况，即电容电压正向波动幅度最大的工况。为此，我们需要对 MMC 不同运行工况下电容电压的正向波动幅度进行分析。仍然采用第 2 章 2.4.6 节的单端 400kV、400MW 测试系统，保持 PCC 线电压有效值为 210kV 以及直流电压为 ±200kV 不变，MMC 中各量的参考方向如图 2-7 所示，其他参数见表 2-5。采用第 2 章导出的电容电压解析式进行计算，图 3-3 给出了该 MMC 在 4 种极限运行工况下的子模块电容电压波形图。从图 3-3 中可以看出，MMC 在图 3-3c 所示的运行工况下的电容电压正向波动幅度最大。在子模块直流电容参数选取时，我们将考虑这一种最严重的工况。

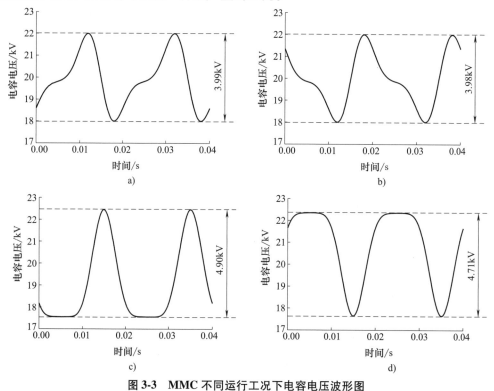

图 3-3 MMC 不同运行工况下电容电压波形图

a) 工况 $P_v$ = 1pu，$Q_v$ = 0pu  b) 工况 $P_v$ = -1pu，$Q_v$ = 0pu  c) 工况 $P_v$ = 0pu，$Q_v$ = 1pu  d) 工况 $P_v$ = 0pu，$Q_v$ = -1pu

### 3.5.2 电容电压波动率的解析表达式

根据第 2 章的式（2-66），我们已得到描述子模块电容电压集合平均值随时间变化的表

达式为 $u_{c,pa}(t)$，其可以表达为直流分量与波动分量之和，将其重写如下：

$$u_c(t) = u_{c,pa}(t) = \frac{U_{dc}}{N} + \Delta u_{c,pa}(t) \tag{3-20}$$

式中，第 1 项为电容电压的直流分量；第 2 项为电容电压的波动分量。

为了计算电容电压偏离其直流分量 $U_c = U_{dc}/N$ 的波动范围，用 $\varepsilon$ 表示波动分量幅值与 $U_c$ 之比，称为电容电压波动率（Fluctuation Factor），即

$$\varepsilon = \frac{\max(\Delta u_{c,pa}(t))}{U_c} \tag{3-21}$$

而根据式（2-66），$\Delta u_{c,pa}(t)$ 显然与系统参数和运行工况有关。已经证明，在 MMC 满容量发无功功率时 $\max(\Delta u_{c,pa}(t))$ 取到最大值，因此计算 $\varepsilon$ 时运行工况应取满容量发无功功率工况，即 $P_v = 0\text{pu}$、$Q_v = 1\text{pu}$ 工况。

参考文献 [2] 从子模块电容 $C_0$ 储能与电压的对应关系，根据 $C_0$ 储能的最大变化量反推出了 $C_0$ 电压的波动率。推导过程采用了桥臂电压和桥臂电流分别为直流分量加基波分量的简化条件，在此简化条件下可以推出 $C_0$ 储能的最大变化量表达式为

$$\Delta W_{c0}(m) = \frac{2}{3}\frac{S_v}{mN\omega}\left[1 - \left(\frac{m\cos\varphi}{2}\right)^2\right]^{\frac{3}{2}} \tag{3-22}$$

式中，$S_v$ 和 $\varphi$ 分别为由 $P_v$ 和 $Q_v$ 构成的视在功率及其功率因数角。

而子模块电容的最大储能 $W_{c0,\max}$ 和最小储能 $W_{c0,\min}$ 可以用电容电压的最大值和最小值表示，在假定电容电压偏离其平均值的上下波动幅值相等的条件下有

$$W_{c0,\max} = \frac{1}{2}C_0[U_c(1+\varepsilon)]^2 \tag{3-23}$$

$$W_{c0,\min} = \frac{1}{2}C_0[U_c(1-\varepsilon)]^2 \tag{3-24}$$

这样，子模块电容储能最大变化量的另一个表达式为

$$\Delta W_{c0} = W_{c0,\max} - W_{c0,\min} = \frac{1}{2}C_0 U_c^2(4\varepsilon) \tag{3-25}$$

根据式（3-22）和式（3-25），可以得到

$$\varepsilon = \frac{1}{3}\frac{S_v}{mN\omega C_0 U_c^2}\left[1 - \left(\frac{m\cos\varphi}{2}\right)^2\right]^{\frac{3}{2}} \tag{3-26}$$

而在 MMC 满容量发无功功率的工况下，$S_v = S_N$，$m \approx 1$，$\cos\varphi = 0$。因此

$$\varepsilon = \frac{1}{3}\frac{S_N}{N\omega C_0 U_c^2} \tag{3-27}$$

式（3-21）和式（3-27）都是电容电压波动率计算的解析表达式，两者的差别是式（3-21）不设置简化条件，需要在系统参数 $L_{ac}$、$L_0$、$R_0$ 和 $C_0$ 给定的条件下进行计算；而式（3-27）是在简化条件下导出的，只需要知道 $C_0$ 就能计算出电容电压波动率 $\varepsilon$，即 $\varepsilon$ 只与 $C_0$ 有关。以下，我们称按式（3-21）进行的计算为精确解析模型计算法，按式（3-27）进行的计算为简化解析模型计算法。

### 3.5.3 子模块电容值的确定原则

选择子模块电容值的基本考虑是抑制电容电压波动,理想状态是电容电压恒定不变。在电容取有限值的情况下,电容电压必然存在波动,因此我们的目标是选择尽量小的电容值以满足电容电压波动率 $\varepsilon$ 的限值要求。

那么,电容电压波动率 $\varepsilon$ 的大小对 MMC 的运行又有什么实际的影响呢?首先,考察 $\varepsilon$ 的大小对 MMC 运行性能的影响。表征 MMC 运行性能的 2 个基本参数是 MMC 阀侧交流电压的总谐波畸变率和 MMC 直流侧电压的谐波含量。采用第 2 章 2.4 节导出的 MMC 完整解析模型,针对第 2 章 2.4.6 节设定的单端 400kV、400MW 测试系统,取桥臂子模块数目 $N=200$,改变子模块电容 $C_0$ 的大小使得 $\varepsilon$ 变化,计算输出电压的总谐波畸变率与电容电压波动率 $\varepsilon$ 之间的关系,发现阀侧和直流侧电压总谐波畸变率对 $\varepsilon$ 的变化并不敏感。其次,考察 $\varepsilon$ 的大小对 MMC 运行稳定性的影响。大量仿真表明,当电容电压波动率 $\varepsilon$ 达到 0.75 时,MMC 仍能稳定运行,说明 $\varepsilon$ 的大小对 MMC 的运行稳定性影响不大。最后,考察 $\varepsilon$ 的大小对 MMC 子模块功率器件承压的影响。由于子模块功率器件承受的电压就是电容电压,$\varepsilon$ 大意味着功率器件承压的裕度减小,因此,从减轻功率器件电压应力考虑,要求 $\varepsilon$ 取较小的值。

### 3.5.4 描述子模块电容大小的通用指标——等容量放电时间常数

为了对不同换流器之间的子模块电容取值进行比较,引入一个通用的刻画子模块电容取值大小的指标,这个指标在参考文献 [3] 中被称为单位电容常数(Unit Capacitance Constant,UCC),我们这里将其称为等容量放电时间常数(Equal Capacity Discharging Time Constant),用符号 $H$ 表示。其定义是,MMC 所有子模块电容器的额定储能之和,如果以等于 MMC 容量的功率放电,所能持续的时间长度,即

$$H = \frac{3 \times 2N \times \frac{1}{2} C_0 U_c^2}{S_N} = \frac{3}{S_N} \frac{C_0}{N} U_{dc}^2 \tag{3-28}$$

从式(3-28)可以看出,对于确定的 MMC,$H$ 与 $C_0$ 成正比,$C_0$ 越大,$H$ 也越大。但引入等容量放电时间常数 $H$ 以后,我们就可以对不同换流器之间子模块电容的取值大小进行横向比较。因此,后面的分析中,我们将用 $H$ 来表示 $C_0$ 的大小。

后文将会说明,对于不同工程的 MMC,$H$ 的典型值为 40ms,当 $H$ 保持不变而桥臂子模块数目 $N$ 改变时,在 MMC 直流侧电压 $U_{dc}$ 和容量 $S_N$ 确定的条件下,$C_0/N$ 保持不变。这个结果意味着,对于同样容量和直流侧电压的 MMC,提高子模块的额定电压 $U_c$ 就能够减少桥臂中的级联子模块个数 $N$,从而就能够降低电容器 $C_0$ 的容值。这就是为什么使用额定电压更高的子模块成为 MMC 技术发展的一个重要方向的原因。

当用 $H$ 来表示 $C_0$ 时,式(3-27)可以简化为如下表达式

$$\varepsilon = \frac{1}{H\omega} \tag{3-29}$$

式(3-29)表明,电容电压波动率 $\varepsilon$ 与 $H$ 成反比,同时也与系统频率 $\omega$ 成反比。这是一个很重要的结果,表明对于 MMC,当电网频率为 60Hz 时,对于同样的电容电压波动率 $\varepsilon$,$H$ 的取值可以比电网频率 50Hz 时小 17%。类似地,对于连接直驱型风电机组的 MMC,若直驱型风电机组的输出电压频率为 20Hz,则对于同样的电容电压波动率 $\varepsilon$,$H$ 的取值是频率为 50Hz 时的 2.5 倍。

## 3.5.5 子模块电容值的设计实例

**1. 单端400kV、400MW测试系统的电容值设计示例**

对于2.4.6节的单端400kV、400MW测试系统，在$P_v = 0\text{pu}$、$Q_v = 1\text{pu}$工况下，分别采用精确解析模型和简化解析模型，计算出$H$与$\varepsilon$之间的关系曲线如图3-4所示。根据图3-4的精确解析模型曲线，若$\varepsilon$取12%，则$H$为40ms，从而可以反推出

$$C_0 = H \frac{N}{3} \frac{S_N}{U_{dc}^2} = 40 \times 10^{-3} \times \frac{20}{3} \times \frac{400}{400^2} \text{F} \approx 666 \mu\text{F} \tag{3-30}$$

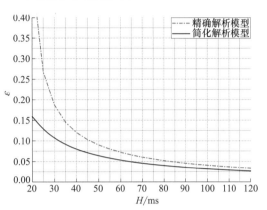

图3-4 单端400kV、400MW测试系统$H$与$\varepsilon$之间的关系

但需要指出的是，上述子模块电容值的选择方法已假定了MMC的子模块是实时触发的，并且所考虑的电容电压波动率$\varepsilon$是所有子模块的集合平均值；而实际上子模块的投入与切除状态转换不是实时的，并且子模块的电容电压是通过排序算法进行平衡的，各子模块电容电压之间存在差异。因而自然就有如下的问题，采用上述方法确定的$C_0$在什么程度上能够保证$\varepsilon$在要求的范围之内。下面我们针对上述单端400kV、400MW测试系统，采用仿真方法进行验证。

设控制周期$T_{ctrl} = 100\mu\text{s}$，子模块电容$C_0 = 666\mu\text{F}$，子模块电容电压平衡采用第6章6.1.1节讲述的基于完全排序与整体参与的电容电压平衡策略，则在所讨论的运行工况下，该MMC中6个桥臂所有子模块电容电压随时间变化的曲线如图3-5所示。取子模块电容电压直流分量$U_c = 400\text{kV}/20 = 20\text{kV}$，则最大的电容电压波动率为12.8%，与图3-4给出的结果12%基本一致。因此，子模块电容值的选取可以采用基于精确解析模型的曲线。基于简化解析模型的曲线有一定的误差，比如，当$H$取40ms时，根据简化解析模型得到$\varepsilon$为7.96%，比仿真结果乐观较多。

**2. 几个实际工程的电容值设计示例**

根据附录A给出的我国5个柔性直流输电工程实际参数，计算出其$H$-$\varepsilon$曲线，根据已知的电容值，算出对应的$H$值进行比较。

对于上海南汇和厦门柔性直流输电工程，其$H$-$\varepsilon$曲线如图3-6所示。其中，$H_{南汇} = H_{厦柔} = 75\text{ms}$，可见该工程的子模块电容电压波动率设计在5%左右；而$H_{彭厝} = $

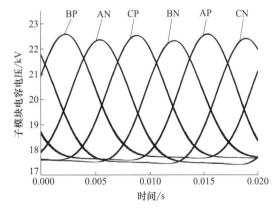

图3-5 6个桥臂子模块电容电压集合平均值随时间变化的曲线

$H_{湖边} = 30.7\text{ms}$，可见该工程的子模块电容电压波动率设计在12%左右。

对于南澳三端柔性直流输电工程，塑城、金牛和青澳3个换流器的$H$-$\varepsilon$曲线如图3-7所

示,其中 $H_{塑城}=57.3\text{ms}$,$H_{金牛}=38.4\text{ms}$,$H_{青澳}=43.0\text{ms}$,3 个换流器的电容电压波动率设计准则有较大差别。

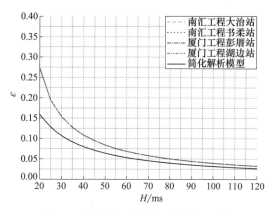

图 3-6 上海南汇和厦门柔性直流输电
工程 $H$ 与 $\varepsilon$ 之间的关系

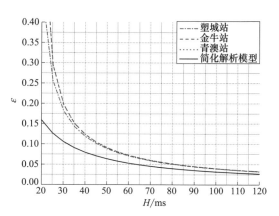

图 3-7 南澳三端柔性直流输电工程
$H$ 与 $\varepsilon$ 之间的关系

对于舟山五端柔性直流输电工程,定海、岱山、衢山、泗礁和洋山 5 个换流器的 $H$-$\varepsilon$ 曲线如图 3-8 所示,而 5 个换流器的 $H$ 常数是统一的,都是 $H=57.6\text{ms}$,5 个换流器的电容电压波动率具有相同的设计准则。

对于鲁西背靠背柔性直流输电工程,换流器 1 和换流器 2 的 $H$-$\varepsilon$ 曲线如图 3-9 所示,其中,换流器 1 的 $H$ 常数是 $H_1=37.9\text{ms}$,换流器 2 的 $H$ 常数是 $H_2=40.3\text{ms}$,两个换流器的电容电压波动率设计准则大致相当。

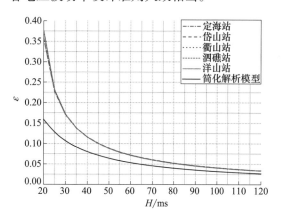

图 3-8 舟山五端柔性直流输电
工程 $H$ 与 $\varepsilon$ 之间的关系

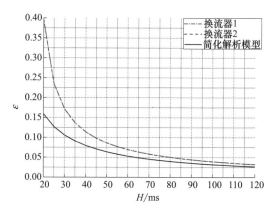

图 3-9 鲁西背靠背柔性直流输电
工程 $H$ 与 $\varepsilon$ 之间的关系

### 3.5.6 子模块电容值设计的一般性准则

前面 3.5.5 节给出了多个子模块电容值设计的工程实例。可以看出,如果用等容量放电时间常数 $H$ 来表征子模块电容值的大小,那么 $H$ 与子模块电容电压波动率之间的关系基本上是不随具体工程而变的。这可以从 3.5.5 节用精确解析模型画出的多个实际工程的 $H$-$\varepsilon$ 曲线得到证明,不同工程之间 $H$-$\varepsilon$ 曲线差别很小;另外,如果用简化解析模型式(3-29)来进行计算，则当所讨论工程的电网频率一致时，$H$ 与子模块电容电压波动率之间的关系完全不随具体工程而变。既然 $H\text{-}\varepsilon$ 曲线具有跨工程的普遍适用性，因此子模块电容值的设计就是确定具体 $\varepsilon$ 值的问题。而选择最优 $\varepsilon$ 限值的问题实际上是在减少电容器投资成本与减少功率器件投资成本之间寻找一个最优值。我们认为，当 $\varepsilon$ 是在 MMC 满容量发无功功率工况下进行计算时，其经济合理的取值在 10%~15% 之间，因而对应的 $H$ 取值在 35~45ms 之间。本书采用的单端 400kV、400MW 测试系统的 $H$ 取值是 40ms。

另外，子模块电容值除了与电容电压波动率 $\varepsilon$ 密切相关外，还与子模块功率器件的开关频率密切相关，因而与功率器件的开关损耗密切相关。根据第 6 章 6.1.4 节的研究结论，子模块电容值越大，功率器件的开关频率越低，因而功率器件的开关损耗越小。为了降低 MMC 的功率损耗水平，可以选择较大的子模块电容值。

### 3.5.7 子模块电容稳态电压参数计算

根据式 (3-20)，已经知道子模块电容电压随时间变化的解析表达式，因此确定子模块电容稳态电压参数可以采用如下 2 个步骤：

1) 选择最严峻的工况。原理上，我们需要对 PQ 平面上 MMC 可运行区域内的所有功率点进行扫描计算，找出子模块电容电压最大的点，但这样做，计算工作量极大。当 MMC 的可运行功率点在 PQ 平面上为一个圆时，根据 3.5.1 节关于 MMC 在不同运行工况下电容电压的变化程度分析，已经明确当 $P_v = 0\text{pu}$、$Q_v = 1\text{pu}$ 时，即当 MMC 全容量发出无功功率时，电容电压变化程度最大，即其峰值最大。当 MMC 的可运行功率点在 PQ 平面上不是一个圆时，需要对运行区域边界上的多个点进行计算，找出其中的最大值。

2) 计算子模块电容稳态电压参数。有用的子模块电容稳态电压参数主要是 2 个，一个是有效值，另一个是峰值。对于给定的运行功率点，根据式 (3-20)，可以将电容电压 $u_c(t)$ 写成傅里叶级数形式。根据有效值的定义，我们可以得到电容电压的有效值为

$$U_{c,\text{rms}} = \sqrt{(U_c)^2 + \sum_{h=1}^{\infty} (U_c^h)^2 / 2} \tag{3-31}$$

式中，$U_c^h$ 表示电容电压第 $h$ 次谐波的幅值。而电容电压的峰值可以用下式表示

$$U_{c,\text{peak}} = U_c + \max(\Delta u_{c,\text{pa}}(t)) \tag{3-32}$$

### 3.5.8 子模块电容稳态电流参数的确定

确定子模块电容稳态电流参数的步骤与确定子模块电容稳态电压参数的步骤类似。第 1 步，确定能包含最严峻工况的一个或多个计算工况；第 2 步，对于给定的工况，计算子模块电容电流的峰值和有效值。根据第 2 章的式 (2-65)，我们已得到描述子模块平均电容电流随时间变化的表达式 $i_{c,\text{pa}}(t)$，因此可以直接求出电容电流的峰值 $I_{c,\text{peak}}$ 和有效值 $I_{c,\text{rms}}$。

### 3.5.9 子模块电容稳态电压和电流参数计算的一个实例

采用 2.4.6 节的单端 400kV、400MW 测试系统和参数，$C_0$ 取 666μF，对前述的 4 种极端工况进行计算。可以得到 $u_c(t)$ 和 $i_c(t)$ 的变化曲线及其傅里叶分解分别如图 3-10 和图 3-11 所示。根据图 3-10 和图 3-11，可以得到 4 种极端工况下的电容电压有效值和峰值以及电容电流有效值和峰值见表 3-1。表 3-1 中，为了便于对比，同时列出了电容电压的额定

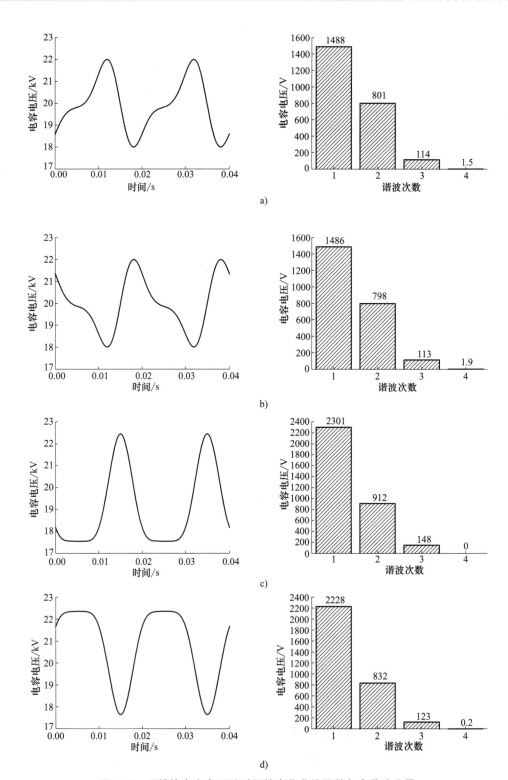

**图 3-10 子模块电容电压随时间的变化曲线及其各次谐波分量**

a) 工况 $P_v=1\text{pu}$，$Q_v=0\text{pu}$   b) 工况 $P_v=-1\text{pu}$，$Q_v=0\text{pu}$
c) 工况 $P_v=0\text{pu}$，$Q_v=1\text{pu}$   d) 工况 $P_v=0\text{pu}$，$Q_v=-1\text{pu}$

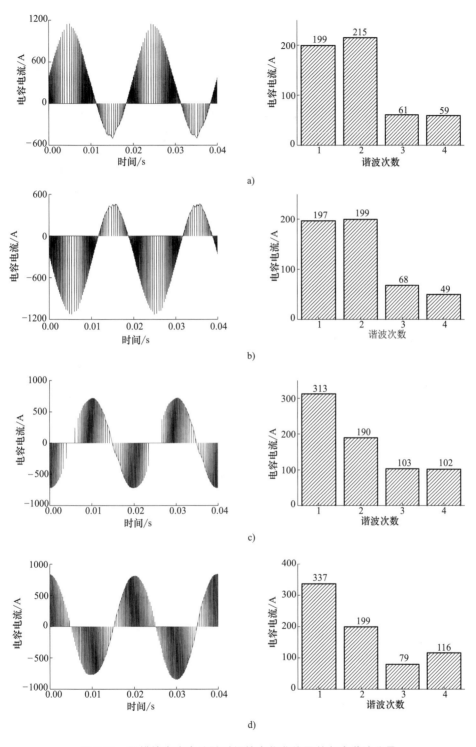

**图 3-11 子模块电容电流随时间的变化曲线及其各次谐波分量**

a）工况 $P_v = 1\text{pu}$，$Q_v = 0\text{pu}$　b）工况 $P_v = -1\text{pu}$，$Q_v = 0\text{pu}$

c）工况 $P_v = 0\text{pu}$，$Q_v = 1\text{pu}$　d）工况 $P_v = 0\text{pu}$，$Q_v = -1\text{pu}$

值 $U_{cN}$、直流电流的额定值 $I_{dcN}$ 和桥臂电流的额定值 $I_{rN} = \sqrt{(I_{dcN}/3)^2 + (I_{vN}/2)^2}$。从表 3-1 可以看出，4 种极端工况下的电容电压有效值和峰值差别不大，电容电压峰值为其额定值的 1.07 倍；电容电流有效值在满容量发无功功率或吸无功功率工况下达到其最大值，但都不到额定直流电流的一半，约为桥臂电流额定值的 60%；电容电流峰值在满容量发有功功率或吸有功功率工况下达到其最大值，约为直流电流额定值的 1.15 倍。

表 3-1  4 种极端工况下的电容电压和电容电流的有效值和峰值

| 工况 | $P_v = 1\text{pu}, Q_v = 0\text{pu}$ | $P_v = -1\text{pu}, Q_v = 0\text{pu}$ | $P_v = 0\text{pu}, Q_v = 1\text{pu}$ | $P_v = 0\text{pu}, Q_v = -1\text{pu}$ |
|---|---|---|---|---|
| $U_{c,rms}$/kV | 20.036 | 20.036 | 20.077 | 20.071 |
| $U_{c,peak}$/kV | 21.402 | 21.362 | 21.387 | 22.412 |
| $U_{cN}$/kV | 20 | 20 | 20 | 20 |
| $I_{c,rms}$/A | 308.1 | 310.2 | 371.8 | 414.8 |
| $I_{c,peak}$/A | 1150.6 | 1126.6 | 723.4 | 839.9 |
| $I_{rN,rms}$/A | 667 | 667 | 667 | 667 |
| $I_{rN,peak}$/A | 1150 | 1150 | 1150 | 1150 |
| $I_{dcN}$/A | 1000 | 1000 | 1000 | 1000 |

## 3.6  子模块功率器件稳态参数的确定方法

### 3.6.1  IGBT 及其反并联二极管稳态参数的确定

确定 IGBT 及其反并联二极管稳态参数的步骤与确定子模块电容稳态电压参数的步骤类似。第 1 步，确定能包含最严峻工况的一个或多个计算工况；第 2 步，对于给定的工况，计算 IGBT 及其反并联二极管所承受的电压和电流值。

从 MMC 子模块工作原理可知，$T_1$ 和 $T_2$ 集电极-发射极之间所承受的电压就是子模块电容电压（当 $T_1$ 导通 $T_2$ 关断时，$T_2$ 集电极-发射极电压为电容电压；当 $T_1$ 关断 $T_2$ 导通时，$T_1$ 集电极-发射极电压为电容电压），所以 $T_1$ 和 $T_2$ 集电极与发射极之间的电压有效值 $U_{T,rms}$ 和最大值 $U_{T,peak}$ 分别与子模块电容电压的有效值和最大值相等。而二极管 $D_1$ 和 $D_2$ 分别反并联在 $T_1$ 和 $T_2$ 上，其电压参数分别与 $T_1$ 和 $T_2$ 一致，因此，反并联二极管 $D_1$ 和 $D_2$ 的电压有效值 $U_{D,rms}$ 和最大值 $U_{D,peak}$ 也与子模块电容电压的有效值和最大值相等。即

$$U_{T,rms} = U_{D,rms} = U_{c,rms} \tag{3-33}$$

$$U_{T,peak} = U_{D,peak} = U_{c,peak} \tag{3-34}$$

因此 $T_1$、$T_2$ 和 $D_1$、$D_2$ 的稳态电压参数计算是比较简单的，直接取电容的稳态电压参数就可以了。而流过 $T_1$、$T_2$、$D_1$、$D_2$ 的电流可以通过电容电流和桥臂电流的表达式进行计算。因此可以很容易求出 $T_1$、$T_2$、$D_1$、$D_2$ 的电流峰值 $I_{T1,peak}$、$I_{T2,peak}$、$I_{D1,peak}$、$I_{D2,peak}$ 和有效值 $I_{T1,rms}$、$I_{T2,rms}$、$I_{D1,rms}$、$I_{D2,rms}$。

### 3.6.2  子模块功率器件稳态参数计算的一个实例

采用 2.4.6 节的单端 400kV、400MW 测试系统和参数，$C_0$ 取 666μF，对前述的 4 种极端工况进行计算。可以得到 $i_{T1}$、$i_{D1}$、$i_{T2}$、$i_{D2}$ 的波形如图 3-12 所示。根据图 3-12，可以得到 4 种极端工况下 $i_{T1}$、$i_{D1}$、$i_{T2}$、$i_{D2}$ 的有效值和峰值见表 3-2。

由表 3-2 可以看出，$i_{T1}$、$i_{D1}$、$i_{T2}$、$i_{D2}$ 的稳态参数随工况不同有很大的变化，选择子模

块功率器件电流参数时需要对运行工况进行全面的考察。从这 4 种极端工况的计算结果来看，$T_2$ 和 $D_1$ 在满容量发有功功率的工况下达到其电流最大峰值，$T_1$ 和 $D_2$ 在满容量吸有功功率的工况下达到其电流最大峰值，约为直流电流额定值的 1.15 倍。任何工况下，4 个管子的电流有效值都小于桥臂电流额定值。

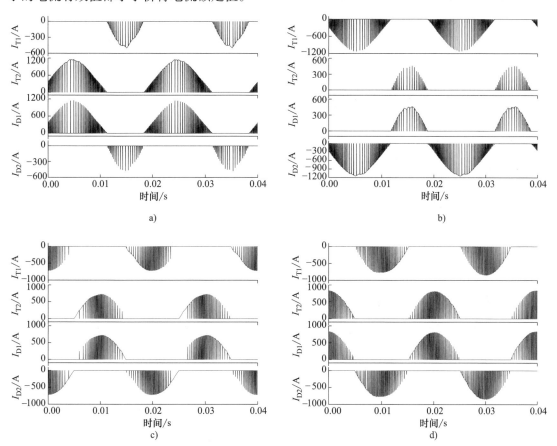

**图 3-12　子模块各开关管电流随时间变化的曲线**

a) 工况 $P_v = 1\text{pu}$, $Q_v = 0\text{pu}$　b) 工况 $P_v = -1\text{pu}$, $Q_v = 0\text{pu}$　c) 工况 $P_v = 0\text{pu}$, $Q_v = 1\text{pu}$　d) 工况 $P_v = 0\text{pu}$, $Q_v = -1\text{pu}$

**表 3-2　4 种极端工况下 4 个开关管的电流值**

| 工况 | $P_v = 1\text{pu}, Q_v = 0\text{pu}$ | $P_v = -1\text{pu}, Q_v = 0\text{pu}$ | $P_v = 0\text{pu}, Q_v = 1\text{pu}$ | $P_v = 0\text{pu}, Q_v = -1\text{pu}$ |
|---|---|---|---|---|
| $I_{T1,\text{rms}}/\text{A}$ | 183.8 | 250.6 | 262.2 | 291.8 |
| $I_{T1,\text{peak}}/\text{A}$ | 500.1 | 1125.2 | 721.5 | 846.6 |
| $I_{T2,\text{rms}}/\text{A}$ | 561.2 | 63.1 | 253.7 | 301.8 |
| $I_{T2,\text{peak}}/\text{A}$ | 1145.6 | 454.6 | 728.4 | 840.0 |
| $I_{D1,\text{rms}}/\text{A}$ | 249.5 | 182.8 | 263.7 | 294.6 |
| $I_{D1,\text{peak}}/\text{A}$ | 1141.5 | 461.5 | 723.4 | 839.9 |
| $I_{D2,\text{rms}}/\text{A}$ | 63.6 | 559.4 | 256.7 | 300.0 |
| $I_{D2,\text{peak}}/\text{A}$ | 475.4 | 1144.6 | 722.4 | 846.4 |
| $I_{rN,\text{rms}}/\text{A}$ | 667 | 667 | 667 | 667 |
| $I_{rN,\text{peak}}/\text{A}$ | 1150 | 1150 | 1150 | 1150 |
| $I_{dcN}/\text{A}$ | 1000 | 1000 | 1000 | 1000 |

注：根据阀侧空载线电压约等于 $U_{dcN}/2$ 可以推导得到近似关系 $I_{rN,\text{rms}} = (2/3)I_{dcN}$，$I_{rN,\text{peak}} = 1.15 I_{dcN}$。

### 3.6.3 子模块功率器件额定参数的选择方法

当子模块功率器件采用 IGBT 时，IGBT 的额定参数通常按照如下方式确定。子模块的额定电压通常取 IGBT 额定电压的一半，即 IGBT 的电压额定值为子模块额定电压的 2 倍。而 IGBT 的电流额定值与直流系统的电流额定值相近。比如采用额定值为 4.5kV/3kA 的 IGBT 器件构造子模块时，子模块的额定电压一般取 2.2kV，所对应的直流系统的直流电流额定值可以取到 3kA 左右。

## 3.7 桥臂电抗器参数的确定方法

桥臂电抗值主要决定于 3 个因素。第 1 个因素是桥臂电抗器具有连接电抗器的作用。连接电抗器是二电平和三电平 VSC 中的核心部件，是换流器与交流系统交换功率的媒介，它对注入交流系统的电流有平滑作用，能抑制由电网电压不平衡引起的负序电流，同时对换流器快速跟踪交流系统电流指令值有影响。第 2 个因素是桥臂电抗器可以用来抑制环流，桥臂电抗器与环流的关系比较复杂，选择桥臂电抗器参数首先要考虑避免环流谐振现象的发生。第 3 个因素是桥臂电抗器可以用来抑制换流器内部故障和直流侧故障时流过桥臂的故障电流上升率。下面根据决定桥臂电抗值的 3 个因素，分别进行讨论。

### 3.7.1 桥臂电抗器作为连接电抗器的一个部分

对于 MMC，关于连接电抗器的正序基波等效电路如图 2-35 所示，为了阅读方便，将图 2-35 重画于图 3-13。同时，为了使分析简单，这里设交流系统为无穷大系统，即认为交流系统等效阻抗 $Z_{sys}$ 为零。对于 MMC，等效的连接电抗器由两部分组成，一部分是联接变压器的电抗 $X_T$，另一部分是桥臂电抗器的等效电抗 $X_{L0}/2$。桥臂电抗器等效为连接电抗器时需要除 2 的原因是，对于交流系统侧而言，相单元中的 2 个桥臂电抗器是并联关系。

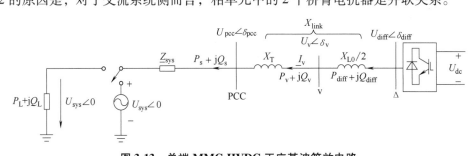

图 3-13 单端 MMC-HVDC 正序基波等效电路

就 $X_{link}$ 的取值，可以从多个角度进行考虑。首先，从 MMC 输出交流电流跟踪交流电流指令值来看，$X_{link}$ 越小越好，因为 $X_{link}$ 越小，跟踪速度越快。其次，从 $X_{link}$ 对换流器容量的影响来看，也是 $X_{link}$ 越小越好，因为 $X_{link}$ 越小，无功损耗越小，换流器的容量就可以得到更充分的利用。但从输出交流电流谐波性能以及换流器抵御交流系统负序电压的能力考虑，又希望 $X_{link}$ 越大越好。由于用于柔性直流输电的 MMC 的桥臂子模块数目很大，MMC 输出交流电压的谐波已很小；另外，电网侧的背景谐波水平通常小于负序电压水平，且连接电抗器抑制谐波电流的能力大于抑制基波负序电流的能力（因电抗与谐波次数成正比），因此下面主要从 MMC 抑制基波负序电流的能力出发,探讨 $X_{link}$ 的最小取值限制。

首先,根据图 3-13 的 MMC 等效电路,容易得到

$$P_{diff} = \frac{U_{diff} U_{pcc}}{X_{link}} \sin(\delta_{diff}) \tag{3-35}$$

$$Q_{diff} = \frac{U_{diff}}{X_{link}} [U_{diff} - U_{pcc} \cos(\delta_{diff})] \tag{3-36}$$

设换流站交流母线电压运行在额定值 $U_{pccN} = 1\text{pu}$,求 MMC 在额定工作点运行时的输出电流 $I_{vN}$,额定工作点定义为 $P_{diffN} = 1\text{pu}$ 和 $Q_{diffN} = 0\text{pu}$ 的点。在此工作点上有

$$P_{diffN} = \frac{U_{diffN} U_{pccN}}{X_{link}} \sin(\delta_{diffN}) = \frac{U_{diffN}}{X_{link}} \sin(\delta_N) = 1 \tag{3-37}$$

$$Q_{diffN} = \frac{U_{diffN}}{X_{link}} [U_{diffN} - U_{pccN} \cos(\delta_{diffN})] = \frac{U_{diffN}}{X_{link}} [U_{diffN} - \cos(\delta_N)] = 0 \tag{3-38}$$

由式(3-37)和式(3-38)可以得到

$$U_{diffN} = \cos(\delta_N) \tag{3-39}$$

$$X_{link} = \cos(\delta_N) \sin(\delta_N) = \frac{1}{2} \sin(2\delta_N) \tag{3-40}$$

而

$$I_{vN} = \frac{U_{diffN} - U_{pccN}}{jX_{link}} = \frac{\cos(\delta_N) \angle \delta_N - 1}{jX_{link}} = \frac{\cos^2(\delta_N) - 1 + j\sin(\delta_N)\cos(\delta_N)}{jX_{link}} \tag{3-41}$$

$$I_{vN} = \frac{\sin(\delta_N)}{X_{link}} = \frac{\sin(\delta_N)}{\frac{1}{2}\sin(2\delta_N)} = \frac{1}{\cos(\delta_N)} \tag{3-42}$$

下面计算电网侧存在背景基波负序电压时流过连接电抗器的基波负序电流 $I_v^-$。设电网侧的背景基波负序电压为 $U_{sys}^-$,当 MMC 没有配置负序电流抑制控制器时,MMC 对负序电流相当于短路。因此,流过连接电抗器的基波负序电流 $I_v^-$ 可以用下式表达:

$$I_v^- = \frac{U_{sys}^-}{X_{link}} = \frac{U_{sys}^-}{\frac{1}{2}\sin(2\delta_N)} \tag{3-43}$$

因此

$$\frac{I_v^-}{I_{vN}} = \frac{U_{sys}^-}{\frac{1}{2}\sin(2\delta_N)} \cos(\delta_N) = \frac{U_{sys}^-}{\sin(\delta_N)} \tag{3-44}$$

考虑电网背景基波负序电压限值为额定电压的 1.5%,在此背景基波负序电压下,为了使没有配置负序电流抑制控制器的 MMC 能够长期运行,要求流过连接电抗器的负序电流不大于 MMC 额定电流的 5%~10%。即

$$\frac{U_{sys}^-}{\sin(\delta_N)} = \frac{0.015}{\sin(\delta_N)} \leqslant 5\% \sim 10\% \tag{3-45}$$

因此有

$$\sin(\delta_N) \geqslant 0.15 \sim 0.3 \tag{3-46}$$

$$\delta_N \geqslant 8.6° \sim 17.5° \tag{3-47}$$

即

$$X_{\text{link}} = \frac{1}{2}\sin(2\delta_N) \geqslant 0.15 \sim 0.29 \text{pu} \tag{3-48}$$

一旦确定了 $X_{\text{link}}$，那么在已知联接变压器漏抗 $X_T$ 的条件下，就很容易确定桥臂电抗器的电抗 $X_{L0}$。例如，当要求流过连接电抗器的负序电流不大于 MMC 额定电流的 10% 时，$X_{\text{link}}$ 可以取 0.15pu，假定联接变压器漏抗 $X_T$ 等于 0.1pu，那么容易得到桥臂电抗器电抗 $X_{L0}$ 也为 0.1pu。

## 3.7.2 桥臂电抗值与环流谐振的关系

首先来了解一下环流谐振是一种什么现象。在 $P_v = 0\text{pu}$、$Q_v = 1\text{pu}$ 工况下，基于 2.4.6 节的单端 400kV、400MW 测试系统，保持交流系统等效电感 $L_{ac}$ 为 24mH 和子模块电容 $C_0$ 为 666μF 不变，改变桥臂电感 $L_0$，利用式（2-60）计算 a 相环流 $i_{\text{cira}}$。由于此种工况下 $I_{dc} = 0$，a 相环流的主要成分是二倍频分量。图 3-14 给出了 $L_0$ 与 a 相环流二倍频分量幅值 $I_{r2m}$ 之间的关系曲线。由图 3-14 可以看出，当 $L_0 = 29\text{mH}$ 时，$I_{r2m}$ 将趋于无穷大。我们称

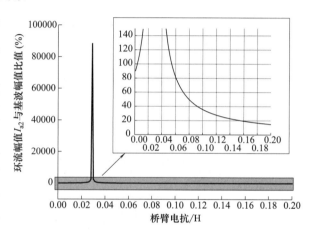

图 3-14 相环流二倍频分量幅值随桥臂电感变化的曲线

这种情况为发生了二倍频环流谐振现象。显然，当 $L_0 > 29\text{mH}$ 后，就不会发生二倍频环流谐振问题。

为了描述（二倍频）环流谐振发生的条件，我们引入几个新的概念。首先引入相单元等效电路的概念。我们知道，MMC 的相单元是由 $2N$ 个子模块和 2 个桥臂电感串联而成的，其中有 $N$ 个子模块电容是投入的，另外 $N$ 个子模块是被旁路掉的，但投入的子模块与被旁路的子模块一直是动态变化的。因此平均来看，可以认为相单元中的 $2N$ 个子模块具有相同的电容电压，且都等于 $U_c$。因此，如果基于电容器储能不变和承受总电压不变的原则将这 $2N$ 个子模块用 1 个电容器来等效的话，有如下的关系式

$$\frac{1}{2}C_{\text{ph}}U_{dc}^2 = 2N\frac{1}{2}C_0 U_c^2 \tag{3-49}$$

再根据 $U_{dc} = NU_c$ 的关系，可以得到

$$C_{\text{ph}} = \frac{2}{N}C_0 \tag{3-50}$$

因此可以得到相单元等效电路如图 3-15 所示。

下面再引入相单元串联谐振角频率 $\omega_{\text{res}}$ 的概念。由电路理论可知，对于如图 3-15 所示的电感和电容

图 3-15 相单元等效电路

串联电路,在串联谐振角频率下,电感的电抗等于电容的容抗。因此可以得到相单元串联谐振角频率 $\omega_{res}$ 的表达式为

$$\omega_{res} = \frac{1}{2}\sqrt{\frac{N}{L_0 C_0}} \tag{3-51}$$

参考文献 [4] 证明,当相单元串联谐振角频率 $\omega_{res}$ 落在 $1.55\omega \sim 2.0\omega$ 范围时,在 MMC 运行工况变化时,会导致二倍频环流谐振发生,使得二倍频环流 $I_{r2m}$ 达到最大值。因此,我们选择桥臂电感 $L_0$ 的一个基本约束条件就是使相单元串联谐振角频率 $\omega_{res}$ 尽量小于 $1.55\omega \sim 2.0\omega$ 范围。从安全性和经济性考虑,通常选择 $\omega_{res}$ 在 $1.0\omega$ 附近是合理的。

例如,对于第 2 章 2.4.6 节所采用的单端 400kV、400MW 测试系统,其相单元串联谐振角频率为

$$\omega_{res} = \frac{1}{2}\sqrt{\frac{N}{L_0 C_0}} = \frac{1}{2}\sqrt{\frac{20}{76\times 10^{-3}\times 666\times 10^{-6}}} = 1.0\omega_0 (\text{rad/s}) \tag{3-52}$$

式中,$\omega_0$ 是电网额定角频率。

表 3-3 列出了我国 5 个柔性直流输电工程所采用的相单元串联谐振角频率数据,原始参数见附录 A。

表 3-3 我国 5 个柔性直流输电工程所采用的相单元串联谐振角频率

| 工程名 | 上海南汇柔性直流输电工程 | | | | |
|---|---|---|---|---|---|
| 换流站名 | 大治 | 书柔 | | | |
| $\omega_{res}$/(rad/s) | $0.618\omega_0$ | $0.618\omega_0$ | | | |
| 工程名 | 南澳三端柔性直流输电工程 | | | | |
| 换流站名 | 塑城 | 金牛 | 青澳 | | |
| $\omega_{res}$/(rad/s) | $0.824\omega_0$ | $1.061\omega_0$ | $1.003\omega_0$ | | |
| 工程名 | 舟山五端柔性直流输电工程 | | | | |
| 换流站名 | 定海 | 岱山 | 衢山 | 泗礁 | 洋山 |
| $\omega_{res}$/(rad/s) | $0.766\omega_0$ | $0.766\omega_0$ | $0.777\omega_0$ | $0.777\omega_0$ | $0.777\omega_0$ |
| 工程名 | 鲁西背靠背柔性直流输电工程 | | | | |
| 换流站名 | 换流站 1 | 换流站 2 | | | |
| $\omega_{res}$/(rad/s) | $0.967\omega_0$ | $0.939\omega_0$ | | | |
| 工程名 | 厦门柔性直流输电工程 | | | | |
| 换流站名 | 彭厝站 | 湖边站 | | | |
| $\omega_{res}$/(rad/s) | $0.919\omega_0$ | $0.919\omega_0$ | | | |

## 3.7.3 桥臂电抗器用于抑制直流侧故障电流上升率

MMC-HVDC 拓扑的一个重要优势在于直流侧故障时具有良好的响应特性。与两电平拓扑相比,MMC 不需要在直流侧集中安装大容量的高压电容器组,而是将储能电容分散安装在各个子模块中。由于桥臂电抗和各个子模块相串联,因此可以限制直流侧故障时电容的放电电流,使得直流侧故障特性得到显著改善。

选择 MMC 桥臂电抗器时必须要与换流器开关器件的电压和电流额定值相配合,当直流侧发生短路故障时,开关器件必须能够承受可能出现的过电流。如图 3-16 所示,在 $t_0$ 时刻直流侧发生短路故障,各子模块电容器迅速放电,但是由于桥臂串联电抗器的作用,浪涌电流的上升率得到了抑制。与二电平拓扑相比,MMC 电容器放电提供的短路电流会流过开关

器件，因此必须考虑浪涌电流对开关器件和续流二极管的影响。此时交流侧电流也会迅速增大，由于控制器具有时延，处于导通状态的 IGBT 并不能立刻关断，故障电流流过联接变压器、桥臂电抗器、$T_1$（故障前已投入运行的子模块）或 $D_2$（故障前被旁路掉的子模块），流向故障点。

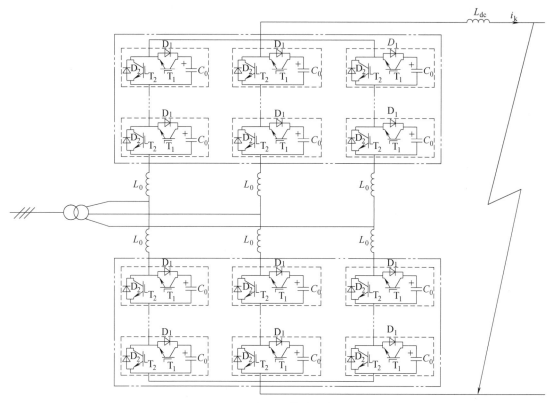

图 3-16 直流侧故障示意图

控制器时延 $\Delta t_d$ 是一个随机的量，与系统运行状态、控制系统的响应时间有关，设其最大控制延迟时间为 $\Delta t_{dmax}$，一般情况下认为 $\Delta t_{dmax} \leq 5ms$。

在 $[t_0, t_0+\Delta t_d]$ 时间段内，abc 三相桥臂电流能达到的最大值为 $I_{max}$，$T_1$ 的允许电流必须大于此值。当 $t>t_0+\Delta t_d$ 时，IGBT 闭锁，此时交流系统提供的故障电流全部流过续流二极管 $D_2$，在交流断路器断开交流系统前，续流二极管 $D_2$ 必须能够承受此故障电流。根据实际仿真计算经验，可以发现故障后桥臂电流的最大值出现在 $T_1$ 闭锁瞬间，因此只校核故障后 $[t_0, t_0+\Delta t_d]$ 时间段内 $T_1/D_2$ 通流能力即可。

当 $t>t_0+\Delta t_d$ 时，$T_1$ 已闭锁，此时交流系统提供的故障电流全部流过续流二极管 $D_2$，在交流断路器断开交流系统前，续流二极管必须能够承受此故障电流。

考虑实际工程中可能发生的最严重故障，参照图 3-16，当平波电抗器线路侧正负直流母线间短路，短路电流可以通过平波电抗器和相单元构成回路，此时假设各个子模块电容电压没有突变，则一个相单元内的换流器模块的等效电压为 $U_{dc}$。仍然设桥臂电流的参考方向为从上到下，则在短路瞬间，由 KVL 可以简单地得出

$$L_0 \frac{di_{pa}}{dt} + L_0 \frac{di_{na}}{dt} = -U_{dc} + L_{dc} \frac{di_k}{dt} \tag{3-53}$$

又由于短路后的极短时间内，电流的暂态分量占主导，因此可以假设同相的上下两个桥臂电流相等（即 $i_{pa}=i_{na}$）且 $i_k$ 在 3 个相单元之间平均分配，从而得到桥臂电流的上升率为

$$\frac{\mathrm{d}i_{pa}}{\mathrm{d}t}=\frac{\mathrm{d}i_{na}}{\mathrm{d}t}=-\frac{U_{dc}}{2L_0+3L_{dc}} \tag{3-54}$$

因此，在给定桥臂暂态电流上升率 $\alpha(\mathrm{kA/\mu s})$ 的情况下，串联电抗器的选取公式为

$$L_0=\frac{\dfrac{U_{dc}}{\alpha}-3L_{dc}}{2} \tag{3-55}$$

以 $\pm 200\mathrm{kV}$ 的换流器为例，如果要求桥臂暂态电流上升率 $\alpha$ 不大于 $0.1\mathrm{kA/\mu s}$，在不考虑安装平波电抗器时，根据上面的原则，可以得到满足要求的最小桥臂电抗值为 $2.0\mathrm{mH}$。

### 3.7.4 桥臂电抗器用于限制交流母线短路故障时桥臂电流上升率

根据图 3-13 的 MMC 等效电路可以知道，若交流母线发生短路，会造成 PCC 交流电压跌落。那么在控制器起作用之前，换流器的交流电流会呈现其自然响应特性，进而导致桥臂电流增大。为了确保 MMC 能穿越交流母线短路故障（MMC 不会因为桥臂电流过电流而闭锁），需要考虑通过选取合适的桥臂电抗来限制交流侧故障电流的上升率。

考虑交流母线 PCC 金属性接地故障。假设控制周期为 $T_{ctrl}$，故障后的过程如下：故障发生后的 $[0, T_{ctrl}]$ 时间段内，控制器来不及响应，换流器的交流电流呈自然响应特性；故障发生后的 $[T_{ctrl}, 2T_{ctrl}]$ 时间段，控制器开始动作，使得换流器交流侧故障电流处于受控状态。即假定故障发生后的 $[0, T_{ctrl}]$ 时间段内，故障电流上升率最大。

假设故障前换流器交流调制波电压 $u_{diffj}$ 按照正弦规律变化；$R_0$ 为桥臂等效电阻（折算到换流器阀侧）。根据图 3-13 可以推出故障后 $[0, T_{ctrl}]$ 时间段内换流器交流侧电流的变化特性如下：

$$i_{v1}=\left[i'_v+\frac{U_{diffm}}{\sqrt{R_0^2+(\omega L_{link})^2}}\cos(\theta+\varphi)\right]\mathrm{e}^{-t/\tau}-\frac{U_{diffm}}{\sqrt{R_0^2+(\omega L_{link})^2}}\cos(\omega t+\theta+\varphi) \tag{3-56}$$

式中，$i'_v$ 表示故障瞬间换流器交流侧电流；$\varphi$ 表示故障瞬间电压相位；$L_{link}$ 表示联接电感；其他变量定义如下：

$$\theta=\arccos\frac{\omega L_{link}}{\sqrt{R_0^2+(\omega L_{link})^2}} \tag{3-57}$$

$$\tau=\frac{L_{link}}{R_0} \tag{3-58}$$

注意到 $T_{ctrl}$ 远小于 $\tau$，因此式（3-56）的衰减项可以近似为常数，式（3-56）的变化主要取决于最后一项。又因为 $T_{ctrl}$ 远小于基波周期，因此可以认为故障后 $[0, T_{ctrl}]$ 时间段内电流上升率保持不变。因此故障后 $T_{ctrl}$ 时刻桥臂电流的最大增量可以用下式进行估算：

$$\Delta i_{v1}=\frac{\omega U_{diffm}}{\sqrt{R_0^2+(\omega L_{link})^2}}T_{ctrl} \tag{3-59}$$

综上所述，交流母线金属性接地故障发生后交流电流的最大增量如式（3-59）所示。假设控制周期 $T_{ctrl}=200\mu s$，控制器电流限幅环节的上限为 $1.2\mathrm{pu}$，等效电阻 $R_0$ 等于 $0.001\mathrm{pu}$，

稳态运行时换流器交流电流幅值为 1pu。若要求故障后换流器阀侧交流电流不超过 2pu，通过式（3-59）可以计算得到，$X_{\text{link}}$ 必须大于 0.0795pu。

### 3.7.5 桥臂电抗器参数确定方法小结

从桥臂电抗器作为连接电抗器的一个部分、桥臂电抗值与环流谐振的关系和桥臂电抗器用于抑制直流侧故障电流上升率三方面因素的分析可以得出结论：

1）桥臂电抗器用于抑制直流侧故障电流上升率因素对桥臂电抗器的取值要求很低，桥臂电抗器只要取很小的值就能满足这方面的要求。

2）桥臂电抗器作为连接电抗器一个部分的功能对桥臂电抗器的取值约束较宽，桥臂电抗器在较宽范围内取值都能满足要求。

3）真正对桥臂电抗器取值起决定性作用的是桥臂电抗值必须避开二倍频环流谐振角频率，桥臂电抗器的取值原则是使相单元串联谐振角频率 $\omega_{\text{res}}$ 尽量远离二倍频环流谐振角频率，通常 $\omega_{\text{res}}$ 的经济合理取值在 $1.0\omega_0$ 附近。

### 3.7.6 桥臂电抗器稳态电流参数的确定

确定桥臂电抗器电流稳态额定值的步骤如下：第 1 步，确定能包容最严峻工况的一个或多个计算工况；第 2 步，对于给定的工况，计算桥臂电抗器电流的有效值。根据第 2 章的式 (2-61)，我们已得到描述桥臂电流随时间变化的表达式为 $i_{\text{pa}}(t)$，因此可以很容易求出桥臂电抗器电流的有效值 $I_{\text{L0,rms}}$。

### 3.7.7 桥臂电抗器稳态电压参数的确定

根据式 (2-62)，可以得到桥臂电抗器电压随时间变化的解析表达式，因此可以仿照确定桥臂电抗器电流稳态额定值的做法确定桥臂电抗器电压有效值 $U_{\text{L0,rms}}$。

### 3.7.8 桥臂电抗器稳态参数计算的一个实例

采用 2.4.6 节的单端 400kV、400MW 测试系统和参数，计算 MMC 在 4 种极端工况下桥臂电抗器的电流和电压有效值：①$P_v = 1$pu，$Q_v = 0$pu；②$P_v = -1$pu，$Q_v = 0$pu；③$P_v = 0$pu，$Q_v = 1$pu；④$P_v = 0$pu，$Q_v = -1$pu。结果见表 3-4。从表 3-4 中可以看出，MMC 在运行工况③下的桥臂电抗器电压有效值最大。

表 3-4　4 种极端工况下的桥臂电抗器的电压和电流有效值

| 工况 | $P_v = 1$pu, $Q_v = 0$pu | $P_v = -1$pu, $Q_v = 0$pu | $P_v = 0$pu, $Q_v = 1$pu | $P_v = 0$pu, $Q_v = -1$pu |
| --- | --- | --- | --- | --- |
| $U_{\text{L0,rms}}$/kV | 17.590 | 17.677 | 19.816 | 19.012 |
| $I_{\text{L0,rms}}$/A | 681.3 | 681.0 | 624.8 | 610.7 |

## 3.8　平波电抗值的选择原则

平波电抗器串联在换流站直流母线和直流线路之间，对于两端都是 MMC 的柔性直流输电系统，平波电抗器的作用有 3 个：一是抑制直流线路故障时的故障电流上升率；二是在直流线路故障时，使 MMC 闭锁前的直流侧故障电流小于 MMC 闭锁后的直流侧故障电流；三是阻挡雷电波直接侵入换流站。其中第 1 个作用可以由桥臂电抗器分担，第 3 个作用只对直流架空线路有意义。对于一端由 LCC、另一端由 MMC 构成的混合型柔性直流输电系统，平波电抗器还有第 4 个作用，即阻塞谐波电流流通并改变直流回路的谐振频率，这种情况下要求直流回路的谐振频率离基波频率和 2 次谐波频率有一定的距离。

根据第 7 章的研究结论，当直流侧故障导致 MMC 的直流侧正负极通过平波电抗器短路后，MMC 闭锁前直流短路电流的表达式为式（7-6），略去式（7-6）中的非主导因素，可以得到直流短路电流的最大值近似为 $U_{dc}/R_{dis}$，其中 $R_{dis}$ 的表达式见式（7-10），这里先引用一下。

$$R_{dis} = \sqrt{\frac{2N(2L_0+3L_{dc})-C_0(2R_0+3R_{dc})^2}{36C_0}} \qquad (3-60)$$

$R_{dis}$ 与平波电抗器 $L_{dc}$ 的取值密切相关，如果 $L_{dc}$ 取零的话，直流短路电流的最大值可以达到直流额定电流的 50 倍以上。

闭锁后直流短路电流的表达式见式（7-30），直流短路电流的最大值等于 1.5 倍的桥臂等电位点三相短路电流 $I_{s3m}$，即

$$I_{dc\infty} = \frac{3}{2}I_{s3m} = \frac{3U_{pccm}}{2\omega L_{ac}+\omega L_0} \qquad (3-61)$$

此值通常是小于 50 倍的直流额定电流的。因此，直流侧短路电流在闭锁前后的大小关系主要取决于平波电抗器的大小，若平波电抗器太小的话，闭锁前的直流短路电流大于闭锁后的直流短路电流。

例如，针对 2.4.6 节的单端 400kV、400MW 测试系统，可以得到闭锁前直流短路电流最大值 $U_{dc}/R_{dis}$ 随平波电抗器 $L_{dc}$ 的变化曲线如图 3-17 所示。

从图 3-17 可以看出，当 $L_{dc}$ 小于 13mH 时，闭锁前的直流短路电流大于闭锁后的直流短路电流。

我们将图 3-17 中 $U_{dc}/R_{dis}$ 与 $I_{dc\infty}$ 相等所对应的平波电抗器电感值定义为平波电抗器临界电感值 $L_{dcB}$。其意义是当 $L_{dc}<L_{dcB}$ 时，闭锁前直流短路电流大于闭锁后的直流短路电流；而当 $L_{dc}>L_{dcB}$ 时，闭锁前直流短路电流小于闭锁后的直流短路电流。

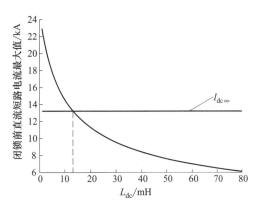

图 3-17 闭锁前直流短路电流最大值随 $L_{dc}$ 的变化曲线

因此，平波电抗器取值的一个重要原则是要求 $L_{dc}>L_{dcB}$。

## 3.9 MMC 阀损耗的组成及评估方法概述

阀损耗是直流输电系统稳态运行损耗的主要组成部分，其大小是评估其性能优劣的重要指标。损耗计算一方面能为开关器件选型、散热系统设计和经济效益评估提供理论依据，另一方面也能为后续拓扑结构优化和降损措施研究奠定基础。由于 MMC 的电气运行工况复

杂，且受限于测量设备的精度，很难直接采用电气测量的方法进行测量，因此普遍采用基于计算的损耗评估方法。

### 3.9.1 MMC 阀损耗的组成

MMC 运行状态下的阀损耗主要有以下 3 个部分：

1) 静态损耗，包括 IGBT 和反向并联二极管的通态损耗，以及它们的正向截止损耗。正向截止损耗在总损耗中所占的比例很小，可以忽略不计。IGBT/二极管通态压降和电流的典型曲线如图 3-18 所示（图中以 IGBT 为例）。在精度要求不高的情况下，IGBT 和二极管可以用串联的通态电压偏置、通态电阻以及理想开关来代替。

因此，开关器件的通态损耗可以表示为

$$P_{\text{Tcond}}(i_{\text{CE}}) = i_{\text{CE}} V_{\text{CE0}} + i_{\text{CE}}^2 r_{\text{CE}} \tag{3-62}$$

$$P_{\text{Dcond}}(i_{\text{D}}) = i_{\text{D}} V_{\text{D0}} + i_{\text{D}}^2 r_{\text{D}} \tag{3-63}$$

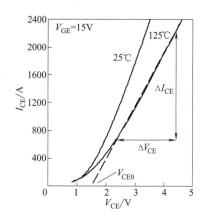

图 3-18 IGBT 正向导通压降

式中，$V_{\text{CE0}}$、$V_{\text{D0}}$ 分别为 IGBT 和二极管的通态电压偏置；$r_{\text{CE}}$、$r_{\text{D}}$ 分别为 IGBT 和二极管的通态电阻；$i_{\text{CE}}$、$i_{\text{D}}$ 分别为 IGBT 和二极管导通期间流过器件的电流。从图 3-18 可以看出，开关器件的通态电压偏置和通态电阻随着结温的变化而变化。可以采用线性插值模拟出其他结温下的通态特性参数：

$$V_{\text{CE0\_T}_j} = \frac{[V_{\text{CE0\_125}} - V_{\text{CE0\_25}}](T_j - 25)}{125 - 25} + V_{\text{CE0\_25}} \tag{3-64}$$

$$r_{\text{CE\_T}_j} = \frac{[r_{\text{CE\_125}} - r_{\text{CE\_25}}](T_j - 25)}{125 - 25} + r_{\text{CE\_25}} \tag{3-65}$$

$$V_{\text{D0\_T}_j} = \frac{[V_{\text{D0\_125}} - V_{\text{D0\_25}}](T_j - 25)}{125 - 25} + V_{\text{D0\_25}} \tag{3-66}$$

$$r_{\text{D\_T}_j} = \frac{[r_{\text{D\_125}} - r_{\text{D\_25}}](T_j - 25)}{125 - 25} + r_{\text{D\_25}} \tag{3-67}$$

式中，$T_j$ 为结温；$V_{\text{CE0\_25}}(V_{\text{D0\_25}})$ 和 $V_{\text{CE0\_125}}(V_{\text{D0\_125}})$ 分别表示结温为 25℃ 和 125℃ 下的通态电压偏置；$r_{\text{CE\_25}}(r_{\text{D\_25}})$ 和 $r_{\text{CE\_125}}(r_{\text{D\_125}})$ 分别表示结温为 25℃ 和 125℃ 下的通态电阻；这些参数可以根据 IGBT 模块的参数表（datasheet）计算得到。$V_{\text{CE0\_T}_j}(V_{\text{D0\_T}_j})$ 和 $r_{\text{CE\_T}_j}(r_{\text{D\_T}_j})$ 分别表示计算所得结温为 $T_j$ 情况下的通态电压偏置和通态电阻。

2) 对于 IGBT，开关损耗包括开通损耗和关断损耗。对于反并联二极管，其开通损耗远小于其反向恢复损耗，因此只考虑其反向恢复损耗即可。以 IGBT 为例，某特定条件下器件的开关特性曲线如图 3-19 所示，实际计算经验表明，使用

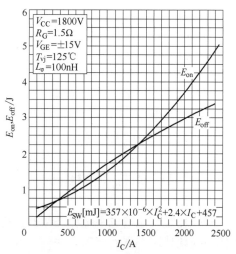

图 3-19 IGBT 开关特性曲线

二次多项式拟合并提取开关特性参数已足够准确[5]。实际情况下，开关损耗还与结温、截止电压甚至驱动电路有关，本节将这些因素归纳为一个修正系数。

$$\begin{cases} E_{\text{off}}(i_{\text{CE}}) = (a_1 + b_1 i_{\text{CE}} + c_1 i_{\text{CE}}^2) k_1 \\ P_{\text{off}} = \dfrac{1}{T} \sum_{t_0}^{t_0+T} E_{\text{off}} \end{cases} \quad (3\text{-}68)$$

$$\begin{cases} E_{\text{on}}(i_{\text{CE}}) = (a_2 + b_2 i_{\text{CE}} + c_2 i_{\text{CE}}^2) k_2 \\ P_{\text{on}} = \dfrac{1}{T} \sum_{t_0}^{t_0+T} E_{\text{on}} \end{cases} \quad (3\text{-}69)$$

$$\begin{cases} E_{\text{rec}}(i_{\text{D}}) = (a_3 + b_3 i_{\text{D}} + c_3 i_{\text{D}}^2) k_3 \\ P_{\text{rec}} = \dfrac{1}{T} \sum_{t_0}^{t_0+T} E_{\text{rec}} \end{cases} \quad (3\text{-}70)$$

式中，$a_i$、$b_i$、$c_i$（$i=1$，2，3）为开关能量损耗的拟合系数；$k_i$（$i=1$，2，3）为开关能量损耗函数的修正系数；$P_{\text{on}}$、$P_{\text{off}}$、$P_{\text{rec}}$为基波周期内的平均开关损耗。简化起见，不考虑门极驱动电路的影响，同样使用线性插值方法，可以求得能表征对应于其他截止电压以及其他结温情况下的修正系数[6]。

$$k_1(T_j, V_{\text{CE}}) = \frac{1}{E_{\text{off}}(125)} \left[ \frac{[E_{\text{off}}(125) - E_{\text{off}}(25)](T_j - 25)}{100} + E_{\text{off}}(25) \right] \frac{V_{\text{CE}}}{V_{\text{CE\_ref}}} \quad (3\text{-}71)$$

$$k_2(T_j, V_{\text{CE}}) = \frac{1}{E_{\text{on}}(125)} \left[ \frac{[E_{\text{on}}(125) - E_{\text{on}}(25)](T_j - 25)}{100} + E_{\text{on}}(25) \right] \frac{V_{\text{CE}}}{V_{\text{CE\_ref}}} \quad (3\text{-}72)$$

$$k_3(T_j, V_{\text{CE}}) = \frac{1}{E_{\text{rec}}(125)} \left[ \frac{[E_{\text{rec}}(125) - E_{\text{rec}}(25)](T_j - 25)}{100} + E_{\text{rec}}(25) \right] \frac{V_{\text{CE}}}{V_{\text{CE\_ref}}} \quad (3\text{-}73)$$

式中，$V_{\text{CE\_ref}}$和$V_{\text{CE}}$分别表示参数表上的参考截止电压以及实际运行中的真实截止电压；$E$（125）和$E$（25）分别表示参数表中直接给出的结温为125℃和25℃下、截止电压为$V_{\text{CE\_ref}}$且开关电流为某一参考值时元器件的开关能量损耗。

3）驱动损耗指的是IGBT驱动电路所消耗的功率。根据实际经验，该部分功率在MMC阀损耗中所占的比例不大，因此可以忽略不计。

MMC阀损耗计算最终分解为各个开关器件即IGBT及其反并联二极管的损耗计算。稳态运行下IGBT和反并联二极管的功率损耗可以按照如下公式进行计算：

$$P_{\text{T}} = P_{\text{Tcond}} + P_{\text{on}} + P_{\text{off}} \quad (3\text{-}74)$$

$$P_{\text{D}} = P_{\text{Dcond}} + P_{\text{rec}} \quad (3\text{-}75)$$

因此将MMC所有开关器件损耗进行叠加即可求得阀损耗为

$$P_{tot} = \sum P_T + \sum P_D \tag{3-76}$$

式中，下标 T 表示 IGBT 部分；下标 D 表示反并联二极管部分。

### 3.9.2 MMC 阀损耗的评估方法

一般地，对阀损耗评估方法有以下基本要求：①计及控制调制策略，真实反映系统运行特性；②有效提取 IGBT 参数，合理拟合其损耗曲线；③计算快速，结果准确。目前主要有 2 种方法对 MMC-HVDC 系统的阀损耗进行计算：

1) 利用时域仿真软件计算所搭建模型的实时功率损耗[5]。从理论上说，搭建的模型越精确，其仿真结果就越会接近真实结果。该方法可以提供较为精确的计算结果，但是需要耗费大量的计算时间和计算机硬件资源。

2) 使用解析公式/经验公式对阀损耗进行估计。该方法基于数学推导，得到子模块各器件平均电流/平均损耗的解析公式，在所有方法中最具效率优势，适用于损耗初步评估。

## 3.10 基于分段解析公式的 MMC 阀损耗评估方法

根据产生机理的不同，MMC 阀损耗可以拆分为 3 个部分：①通态损耗；②因调制电压随时间变化而导致子模块投入个数改变所产生的"必要开关损耗"；③因子模块电容电压平衡控制而导致的附加开关动作所产生的"附加开关损耗"。

必要开关动作与附加开关动作的时序说明如图 3-20 所示。图 3-20 描述了两种类型的开关动作，分别用不同种类的箭头来标识。一部分箭头出现在输出电平改变的时刻，表示因调制电压变化而导致子模块投入数目发生变化，所引起的必要开关动作。另一部分箭头出现在输出电平未改变的时刻，表示因子模块电容电压平衡控制而引起的附加开关动作。必要开关损耗由必要开关动作产生，附加开关损耗由附加开关动作产生。箭头朝上表示投入的子模块数增加，箭头朝下表示投入的子模块数减小。

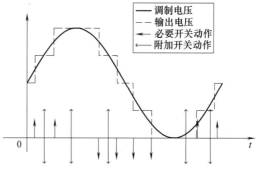

图 3-20 必要开关动作与附加开关动作的时序说明

下面分别对 MMC 阀损耗的上述三个部分进行详细的分析。使用分段解析方法之后，通态损耗以及必要开关损耗可以通过解析式来精确刻画；附加开关损耗由于其特殊性和复杂性，不能精确地使用解析式表示，但是可以在预先假定子模块平均开关频率的基础上，估算其大小。考虑到三个相单元的对称性，以及上下桥臂之间的反相对称性，整个换流器的阀损耗在理论上等于 a 相上桥臂阀损耗的 6 倍。

在使用分段解析公式计算 MMC 阀损耗时，采用了以下几点假设：①引入了环流抑制器，用来减小桥臂电流的有效值以及换流阀的总损耗；②鉴于实际 MMC-HVDC 的高电平数，采用实时触发的最近电平逼近作为调制手段。

## 3.10.1 通态损耗的计算方法

对于实际的 MMC-HVDC 系统，每个桥臂中包含有大量子模块，使得桥臂的输出电压几乎为理想正弦波。作为简化处理，在计算通态损耗时，本节用桥臂电压调制波近似代替实际桥臂电压，将桥臂输出的阶梯波电压转化为光滑波形处理。

考虑 a 相上桥臂中的某一个子模块，该子模块中处于导通状态的器件是由子模块的触发信号和子模块的电流方向决定的。在图 2-1 所示的电流参考方向下，当桥臂电流大于零时，如果子模块处于投入状态，则仅仅有二极管 $D_1$ 导通；如果子模块处于切除状态，则仅仅有 $T_2$ 导通。当桥臂电流小于零时，如果子模块处于投入状态，则仅仅有 $T_1$ 导通；如果子模块处于切除状态，则仅仅有 $D_2$ 导通。针对一个特定的子模块，上述关系可以用图 3-21 来进行说明。在时间段①，电流方向为正而子模块处于投入状态，因此 $D_1$ 导通；在时间段②，电流方向为正而子模块处于切除状态，因此 $T_2$ 导通；在时间段③，电流方向为负而子模块处于切除状态，因此 $D_2$ 导通；在时间段④，电流方向为负而子模块处于投入状态，因此 $T_1$ 导通。

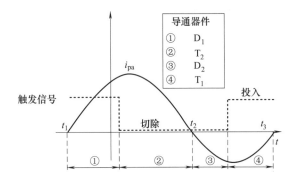

图 3-21 导通器件与桥臂电流以及触发信号的关系

根据第 2 章的结论，不考虑环流后，桥臂电流中的谐波分量很小，因此对应图 3-21，可以设定：

$$u_{pa} = \frac{U_{dc}}{2}[1 - m\sin(\omega t)] \tag{3-77}$$

$$i_{pa} = \frac{1}{3}I_{dc} + \frac{1}{2}i_{va} \approx \frac{1}{3}I_{dc} + \frac{1}{2}I_{vm}\sin(\omega t - \varphi) \tag{3-78}$$

$$n_{pa} = \frac{u_{pa}}{U_{cN}} \tag{3-79}$$

式中，$\omega$ 为换流器交流侧电压的基波角频率；$m$ 为电压调制比；$U_{cN}$ 为子模块电容电压额定值；$n_{pa}$ 为 a 相上桥臂投入的子模块个数；$\varphi$ 为桥臂电流基波分量落后于桥臂电压基波分量的相位；$I_{vm}$ 为 MMC 阀侧交流线电流基波分量的幅值。

式 (3-78) 电流 $i_{pa}$ 过零点的时刻 $t_1$、$t_2$、$t_3$ 可以通过下式确定：

$$\begin{cases} t_1 = \dfrac{\varphi - \arcsin\left(\dfrac{2I_{dc}}{3I_{vm}}\right)}{\omega} \\[2ex] t_2 = \dfrac{\pi + \varphi + \arcsin\left(\dfrac{2I_{dc}}{3I_{vm}}\right)}{\omega} \\[2ex] t_3 = \dfrac{2\pi + \varphi - \arcsin\left(\dfrac{2I_{dc}}{3I_{vm}}\right)}{\omega} \end{cases} \quad (3\text{-}80)$$

根据电流 $i_{pa}$ 的过零点时刻，可以得到 a 相上桥臂的通态损耗的解析计算式为

$$P_{cond} = \dfrac{1}{T}\Big\{ \int_{t_1}^{t_2} [n_{pa}(t)P_{Dcond}(i_{pa}) + (N - n_{pa}(t))P_{Tcond}(i_{pa})]dt + \int_{t_2}^{t_3} [n_{pa}(t)P_{Tcond}(-i_{pa}) + (N - n_{pa}(t))P_{Dcond}(-i_{pa})]dt \Big\} \quad (3\text{-}81)$$

### 3.10.2 必要开关损耗的计算方法

为了精确描述必要开关损耗，首先定义开关能量函数 $E$ 如下：

$$E(t) = \begin{cases} E_{off}(t), & \dfrac{dn_{pa}(t)}{dt} \geq 0 \text{ 且 } i_{pa} \geq 0 \\[1.5ex] E_{rec}(t) + E_{on}(t), & \dfrac{dn_{pa}(t)}{dt} < 0 \text{ 且 } i_{pa} \geq 0 \\[1.5ex] E_{rec}(t) + E_{on}(t), & \dfrac{dn_{pa}(t)}{dt} \geq 0 \text{ 且 } i_{pa} < 0 \\[1.5ex] E_{off}(t), & \dfrac{dn_{pa}(t)}{dt} < 0 \text{ 且 } i_{pa} < 0 \end{cases} \quad (3\text{-}82)$$

式中，$E_{on}$、$E_{off}$、$E_{rec}$ 的大小与桥臂电流 $i_{pa}$ 有关，因此它们都是时间的函数；$n_{pa}$ 的定义如式 (3-79) 所示。式 (3-82) 表达的物理意义为：当桥臂电流大于零且追加投入子模块时，必要开关动作会带来 $E_{off}$ 的能量消耗（$T_2$ 关断和 $D_1$ 开通）；当桥臂电流大于零且需要切除子模块时，必要开关动作会带来 $(E_{on} + E_{rec})$ 的能量消耗（$T_2$ 开通和 $D_1$ 关断）；当桥臂电流小于零且追加投入子模块时，必要开关动作会带来 $(E_{on} + E_{rec})$ 的能量消耗（$T_1$ 开通和 $D_2$ 关断）；当桥臂电流小于零且需要切除子模块时，必要开关动作会带来 $E_{off}$ 的能量消耗（$T_1$ 关断和 $D_2$ 开通）。

在一个基波周期 $T$ 内，必要开关动作引发的能量消耗可以表达为

$$E_{sw1} = \sum_{i=1}^{M} E(T_i) \quad (3\text{-}83)$$

式中，$T_i$ 为必要开关动作发生的时刻；$M$ 为基波周期内必要开关动作的总次数。从式 (3-83) 中可以发现，为了精确计算 $E_{sw1}$，必须计算一个基波周期内所有必要开关动作发生的时刻 $T_i$。

针对第 $i$ 个必要开关动作引发的能量损耗，考虑把它转化为积分的形式：

$$E(T_i) = E(T_i) \cdot \frac{\Delta n_{\text{pa}}}{\Delta t} \cdot \Delta t = E(T_i) \cdot \rho \cdot \Delta t = E(T_i) \cdot \int_{T_i}^{T_{i+1}} \rho \text{d}t \approx \int_{T_i}^{T_{i+1}} E(t) \rho \text{d}t \quad (3\text{-}84)$$

$$\Delta n_{\text{pa}} = \int_{T_i}^{T_{i+1}} \rho \text{d}t = 1 \quad (3\text{-}85)$$

式中，$T_i$ 和 $T_{i+1}$ 为相邻两个必要开关动作发生的时刻；$\rho$ 为 a 相上桥臂投入的子模块个数 $n_{\text{pa}}$ 随时间的变化率；$\Delta n_{\text{pa}}$ 为这两个时刻之间 a 相上桥臂投入子模块的变化数量，若采用实时触发的最近电平逼近，$\Delta n_{\text{pa}}$ 一定等于 1；$\Delta t = T_{i+1} - T_i$。图 3-22 是这些变量之间关系的示意图。

把式（3-84）代入式（3-83），一个基波周期内必要开关动作引发的总能量消耗可以简化为

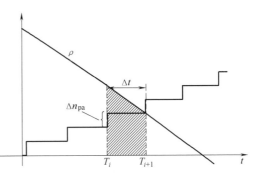

图 3-22 投入子模块个数与变化率函数的示意图

$$E_{\text{sw1}} \approx \int_{t_0}^{t_0+T} E(t) \rho \text{d}t \quad (3\text{-}86)$$

为了确保式（3-85）在所有的 $[T_i, T_{i+1}]$ 区间内能成立，$\rho$ 可以取为式（3-79）中 $n_{\text{pa}}$ 关于时间导数的绝对值：

$$\rho = \text{abs}\left(\frac{\text{d}n_{\text{pa}}}{\text{d}t}\right) = \text{abs}\left[\frac{\text{d}\left(\frac{u_{\text{pa}}}{U_{\text{cN}}}\right)}{\text{d}t}\right] = \text{abs}\left[\frac{U_{\text{dc}}}{2U_{\text{cN}}} m\omega\cos(\omega t)\right] \quad (3\text{-}87)$$

这样选取的 $\rho$ 具有以下 3 点优势：①a 相上桥臂投入状态子模块的个数在持续上升（下降）期间的变化量与变化率函数 $\rho$ 在此段时间内的积分几乎一致；②$\rho$ 的大小与桥臂中投入子模块个数的变化相对应，即桥臂中投入子模块个数变化得越频繁，$\rho$ 也就会越大，反之亦然；③可以避免必要开关动作发生时刻 $T_i$ 的计算，简化计算过程。

通过把式（3-87）代入式（3-86），可以避开必要开关动作发生时刻 $T_i$ 的求解，从而可以较为高效地计算得到一个基波周期内必要开关动作引发的总能量损耗[7]。

图 3-23 给出了直流电流大于零时，开关损耗的组成成分与桥臂电流、投入子模块个数变化率函数之间的关系示意图。

因此，MMC 必要开关损耗的平均功率可以表达为

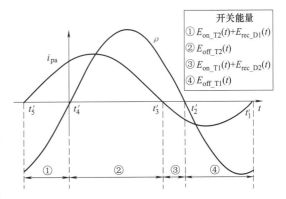

图 3-23 开关能量与桥臂电流以及变化率函数的关系示意图

$$P_{\text{sw1}} = E_{\text{sw1}}/T \quad (3\text{-}88)$$

## 3.10.3 附加开关损耗的估计方法

如上文所述，因子模块之间电容平衡控制引起的 MMC 附加开关损耗很难用精确的解析

式表达。本节接下来介绍一种估算附加开关损耗上限的方法。

假设 $f_{\text{sw\_dev}}$ 是某一个子模块的平均开关频率，$m$ 是换流器的调制比，$f_0$ 是基波频率。其他的变量在上文已定义。MMC 的附加开关损耗可以使用以下公式进行估算：

$$f_{\text{sw\_add}} = f_{\text{sw\_dev}} - mf_0 \tag{3-89}$$

$$i_{\text{pa}}(t_{\max}) = \max[\text{abs}[i_{\text{pa}}(t)]](t \in [t_0, t_0+T]) \tag{3-90}$$

$$E_{\text{sw\_add}} = Nf_{\text{sw\_add}}[E_{\text{on}}(t_{\max})k_2 + E_{\text{off}}(t_{\max})k_1 + E_{\text{rec}}(t_{\max})k_3] \tag{3-91}$$

$$P_{\text{sw\_add}} = E_{\text{sw\_add}}/1 = E_{\text{sw\_add}} \tag{3-92}$$

参照实际工程，在 MMC-HVDC 附加开关损耗的计算中，可以把式（3-89）中的 $f_{\text{sw\_dev}}$ 设为 150Hz。

### 3.10.4 阀损耗评估方法小结

综上所述，在使用分段解析公式计算 MMC-HVDC 换流站阀损耗时，计算流程如下：

1）根据系统运行条件，计算理想状态下换流器 a 相上桥臂的桥臂电流 $i_{\text{pa}}$ 和桥臂电压 $u_{\text{pa}}$，以及 $i_{\text{pa}}$ 基波分量落后于 $u_{\text{pa}}$ 的相位 $\varphi$。根据前文分析，后续的阀损耗计算必须在桥臂电流和桥臂电压均已知的情况下才能进行。

2）在器件制造商提供的数据表上，查找并计算相关参数。这些参数是，二次多项式类型开关能量函数的系数、IGBT 和二极管的通态压降以及通态电阻。在多数情况下，数据表中会给出多种温度下开关器件的典型参数值或者典型曲线。为了扩大解析公式的适用范围，推荐采用数据表中所有给出最高结温下的上述参数进行阀损耗计算。

3）基于步骤 2 中计算所得参数，利用线性插值计算修正系数。为了提高计算效率，在解析计算阀损耗时，可以默认 IGBT 和二极管的结温为 125℃，同时将开关器件的截止电压设置为子模块电容的额定电压。这些假设可能会使得计算的损耗结果偏于保守，然而能够显著地减少计算量并提供一定的安全裕量。

4）在已完成上述 3 步准备工作之后，按照式（3-77）~式（3-92），计算 a 相上桥臂的通态损耗、必要开关损耗以及附加开关损耗。然后将 3 个结果加在一起，记为 $P_{\text{pa\_loss}}$。

5）将 $P_{\text{pa\_loss}}$ 乘以 6，所得到的结果就等于 MMC 的阀损耗。

### 3.10.5 MMC 阀损耗评估的实例

下面基于一个 MMC-HVDC 测试系统，分别利用基于 PSCAD/EMTDC 搭建的 MMC-HVDC 时域仿真模型和分段解析公式，计算 MMC 阀损耗。测试系统主电路参数基于 2.4.6 节的测试系统进行修改，修改后的参数见表 3-5。

表 3-5 测试系统 1 主电路参数

| 参数 | 数值 | 参数 | 数值 |
| --- | --- | --- | --- |
| 子模块电容 $C_0/\mu F$ | 6660 | 子模块电容额定电压/kV | 2 |
| 每个桥臂子模块个数 $N$ | 200 | IGBT 模块 | ABB 5SNA 1200E330100 |

提取的 IGBT 特征参数见表 3-6 和表 3-7。

# 第3章 MMC基本单元的主电路参数选择与损耗计算

表3-6 IGBT模块通态压降与通态电阻

|  | $V_0$/V | $r$/Ω | 结温/℃ |
|---|---|---|---|
| IGBT | 1.4807 | 1.2932×10⁻³ | 25 |
|  | 1.5410 | 1.8463×10⁻³ | 125 |
| 反向并联二极管 | 1.3173 | 7.5875×10⁻³ | 25 |
|  | 1.0144 | 1.0178×10⁻³ | 125 |

表3-7 IGBT模块开关损耗特征参数

| 开关能量 | a | b | c |
|---|---|---|---|
| $E_{off}$/mJ | 28.562 | 1.8714 | −1.9724×10⁻⁴ |
| $E_{on}$/mJ | 422.965 | 0.5392 | 5.4953×10⁻⁴ |
| $E_{rec}$/mJ | 457.000 | 2.4000 | −3.5700×10⁻⁴ |

注:结温为125℃,参考电压为1.8kV。

需要校核的工况见表3-8。

表3-8 需要校核的工况

| 工况 | 有功功率 $P_v$/MW | 无功功率 $Q_v$/Mvar | 工况 | 有功功率 $P_v$/MW | 无功功率 $Q_v$/Mvar |
|---|---|---|---|---|---|
| 1 | 386 | 41 | 5 | −415 | 47 |
| 2 | 271 | 322 | 6 | −289 | −235 |
| 3 | −2.8 | 444 | 7 | −5.4 | −357 |
| 4 | −288 | 324 | 8 | 270 | −238 |

基于时域仿真模型和分段解析公式的计算结果如图3-24~图3-26所示。

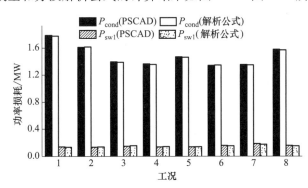

图3-24 换流站内总的通态损耗以及必要开关损耗

从图3-24和图3-26中可以发现,分段解析公式法的计算结果与时域仿真法的计算结果较为吻合。在所考虑的所有工况下,通态损耗以及必要开关损耗在子模块的4个开关器件($T_1$、$T_2$、$D_1$、$D_2$)中分布不均匀。而且,通态损耗以及必要开关损耗的分布情况随着工况的改变而变化。从图3-25可以发现,当MMC吸收有功功率时,$D_2$上的功率损耗要比其他器件都高;当MMC送出有功功率时,$T_2$上的功率损耗要比其他器件都高。

从图3-26可以发现,对于表3-8中所罗列的运行工况,仿真所得的附加开关损耗和附加开关频率低于解析上限。事实上,附加开关损耗随着子模块电压平衡策略的改变而改

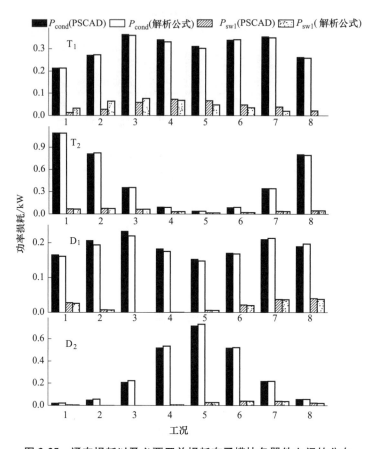

图 3-25 通态损耗以及必要开关损耗在子模块各器件之间的分布

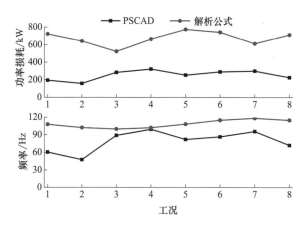

图 3-26 附加开关损耗和附加开关频率

变;在同一种策略中,若控制参数不同,也会导致附加开关损耗的变化。

若定义相对误差=$(P_{仿真}/P_{解析}-1)\times 100\%$,对于通态损耗和必要开关损耗,解析结果和仿真结果之间的相对误差如图 3-27 所示。可以发现通态损耗的相对误差在±1%之间,必要开关损耗的误差在±8%之间。

从理论上来说,主要有两个因素导致了仿真结果和解析结果之间的误差。第一,桥臂电压和桥臂电流中的谐波分量在一定程度上导致了误差的产生。第二，变化率函数的引入，也在一定程度上影响了解析结果的精确性。

按照定义，通态损耗的大小取决于桥臂电流和桥臂中投入子模块的个数。为了简化计算，解析方法忽略了其中的谐波分量，因此导致了解析结果的误差。对于必要开关损耗而言，其大小由桥臂电压、桥臂电流两者共同决定，并且只出现在离散的时刻。在使用解析公式计算必要开关损耗时，忽略了桥臂电流中的谐波分量，并且认为必要开关动作连续不断地发生。因此，采用解析方法求得的必要开关损耗的相对误差必然会大于通态损耗的相对误差。

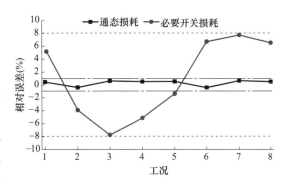

图 3-27 仿真结果和解析结果之间的相对误差

# 参 考 文 献

[1] TU Q, XU Z. Impact of sampling frequency on harmonic distortion for modular multilevel converter [J]. IEEE Transactions on Power Delivery，2011，26（1）：298-306.

[2] LESNICAR A. Neuartiger modularer mehrpunktumrichter M2C für netzkupplungsanwendungen [D]. München, Germany：Universität der Bundeswehr München，2008.

[3] FUJITA H, TOMINAGA S, AKAGI H. Analysis and design of a DC voltage-controlled static var compensator using quad-series voltage-source inverters [J]. IEEE Transactions on Industry Applications，1996，32（4）：970-977.

[4] 徐政，肖晃庆，张哲任，等. 柔性直流输电系统 [M]. 北京：机械工业出版社，2017.

[5] 屠卿瑞，徐政. 基于结温反馈方法的模块化多电平换流器型高压直流输电阀损耗评估 [J]. 高电压技术，2012，38（6）：1506-1512.

[6] 潘武略. 新型直流输电系统损耗特性及降损措施研究 [D]. 杭州：浙江大学，2008.

[7] ZHANG Z, XU Z, XUE Y. Valve losses evaluation based on piecewise analytical method for MMC-HVDC links [J]. IEEE Transactions on Power Delivery，2014，29（3）：1354-1362.

# 第4章 电压源换流器与交流电网之间的同步控制方法

## 4.1 同步控制方法的5种基本类型

交流电网能够运行的必要条件是所有电源必须是同一频率的。在同步机电源占主导的交流电网中,保持所有电源为同一频率的能力被称为"同步稳定性",具体表现为同步发电机之间的"功角稳定性"。而在同步机电源与非同步机电源并存的交流电网中,保持所有电源为同一频率仍然是交流电网能够运行的必要条件。但其表现形式与同步机电源占主导的交流电网不同,同步机之间的"功角稳定性"已不足以保证同步机电源与非同步机电源之间是同频率的。由于非同步机电源一般由电力电子换流器控制或者其本身就是电力电子换流器,其与电网中其他电源保持同步的能力并不是其固有的特性,而是必须由控制器来实现的,这一点是与同步机本质不同的。这样,在同步机电源与非同步机电源并存的交流电网中,同步机电源之间的"同步稳定性"概念在理论上和实践上都必须加以扩展以包含同步机制完全不同的所有电源之间的同频率运行条件,本书将其称为"广义同步稳定性"[1]。广义同步稳定性具体包括如下3个方面:①传统的同步机之间的同步稳定性,②同步机电源与非同步机电源之间的同步稳定性,③非同步机电源之间的同步稳定性。

以换流器为代表的非同步机电源实现与电网电源同步的控制方法有多种。就目前的技术发展来看,在换流器交流母线PCC上可直接测量的4个物理量:电压、电流、有功功率和无功功率,都可以用作同步控制的媒介。基于PCC上瞬时电压信号实现同步控制的主流方法是控制q轴电压到零的同步旋转参考坐标系锁相环(Synchronous Reference Frame PLL,SRF-PLL)[2-6]。基于PCC输出有功功率信号实现同步控制的方法有很多种名称,但其本质是一致的,包括虚拟同步机(Virtual Synchronous Machines,VSM)控制[7-8]、虚拟发电机(Virtual Synchronous Generators,VSG)控制[9-10],静止同步机或同步机型换流器(Synchronverters)控制[11-12],功率同步控制(Power Synchronization Control)[13],以及其他名称[14-18];本书将统一用功率同步环(Power Synchronization Loop,PSL)来命名这种控制方法。基于PCC输出无功功率信号实现同步控制的方法主要应用在海上风电经二极管整流直流送出的场景下[19-20],也有文献对这种方法在一般电网中的应用做过探讨[21];本书将这种同步控制方法命名为无功功率同步环(Reactive Power Synchronization Loop,QSL)。基于PCC瞬时电流信号实现同步控制的方法主要应用在百分之百换流器电源组成的电网中,以往文献将这种同步控制方法称为虚拟振荡器控制(Virtual Oscillator Control,VOC)[22-28],本书将这种同步控制方法命名为电流同步环（Current Synchronization Loop，CSL）。除了采用在换流器交流母线 PCC 上可实测的 4 个物理量作为同步控制的媒介外，还有采用换流器直流侧电压作为媒介实现同步控制的[29]，本书将这种同步控制方法命名为直流电压同步环（DC Voltage Synchronization Loop，VSL）。本章将对上述几种同步控制方法分别进行阐述。

## 4.2 基于 q 轴电压为零控制的同步旋转参考坐标系锁相环（SRF-PLL）原理和参数整定

锁相同步控制最早可追溯到 20 世纪 20 年代[30-31]，其主要应用领域为相干通信系统和锁相伺服系统。传统直流输电采用的锁相同步控制是基于电压过零点的锁相倍频技术[32]。基于电压过零点的锁相倍频技术调整时刻与电压过零点相对应，一个工频周期只能调整 2 次，因此响应速度较慢，且抗不对称和谐波能力弱。当前电压源换流器广泛采用的锁相环（Phase Locked Loop，PLL）的基本思路是 1997 年由参考文献［2］提出的，其将锁相同步问题转化为一个自动控制问题，通常将直接基于该思路构成的 PLL 称为 SRF-PLL。几十年来，在 SRF-PLL 基础上发展出了种类繁多的 PLL，参考文献［3-6］对此进行了很好的总结。

### 4.2.1 SRF-PLL 的模型推导

考虑单个电压源换流器并入交流电网的情形，如图 4-1 所示。设 PPC 的 a 相电压 $u_{pcca}$ 为

$$u_{pcca} = U_{pccm}\cos(\omega_{pcc}t+\varphi_{pcc}) = U_{pccm}\cos(\theta_{pcc}) \quad (4-1)$$

式中，$U_{pccm}$ 为 PCC 电压的幅值；$\omega_{pcc}$ 为 PCC 电压的角频率；$\varphi_{pcc}$ 为初相角；$\theta_{pcc}$ 为 a 相电压按余弦形式表达时的相位角。

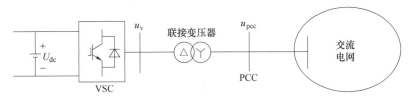

**图 4-1 单个电压源换流器并入交流电网接线图**

按照电力系统工程的习惯思路，与测量电压的电压互感器和测量电流的电流互感器类似，可以将 PLL 看作为一个测量装置，其测量的就是安装点处正序电压的相位角。

当三相系统对称平衡时，设 PCC 三相电压中的 a 相电压达到最大值的时刻为时间起点，则 PCC 三相电压的表达式如式（4-2）所示。这种情况下，PLL 测量的就是任意时刻的相位角 $\theta_{pcc}=\omega_{pcc}t$。

$$\begin{bmatrix} u_{pcca} \\ u_{pccb} \\ u_{pccc} \end{bmatrix} = U_{pccm}\begin{bmatrix} \cos(\omega_{pcc}t) \\ \cos(\omega_{pcc}t-2\pi/3) \\ \cos(\omega_{pcc}t+2\pi/3) \end{bmatrix} = U_{pccm}\begin{bmatrix} \cos(\theta_{pcc}) \\ \cos(\theta_{pcc}-2\pi/3) \\ \cos(\theta_{pcc}+2\pi/3) \end{bmatrix} \quad (4-2)$$

为了测量任意时刻 $\theta_{pcc}$ 的值，需要将 abc 三相静止坐标系中的三相电压量变换到 dq 旋

转坐标系中。通常此变换过程分两步来完成。第 1 步采用克拉克变换，从三相 abc 静止坐标系变换到两相 αβ 静止坐标系；第 2 步采用派克变换，从两相 αβ 静止坐标系变换到两轴 dq 旋转坐标系。

3 种坐标系之间的转换关系可以用空间向量 $\boldsymbol{u}_{pcc}$ 在相应坐标系中的投影来表示，如图 4-2 所示。即空间向量 $\boldsymbol{u}_{pcc}$ 以基波角频率 $\omega_{pcc}$ 逆时针旋转，其任意时刻的位置由其与 abc 三相静止坐标系中 a 相轴之间的相位角 $\theta_{pcc}$ 确定。αβ 静止坐标系中的 α 轴与 abc 三相静止坐标系中 a 相轴重合，而 β 轴超前于 α 轴 90°。dq 旋转坐标系的位置由 d 轴确定，q 轴超前 d 轴 90°；标记 d 轴与 a 相轴之间的角度为 $\theta_{pcc}^*$，$\theta_{pcc}^*$ 就是作为测量装置的 PLL 的输出量，即测量值。$\boldsymbol{u}_{pcc}$ 在静止坐标轴 a、b、c 上的投影就是 a 相、b 相、c 相的瞬时电压 $u_{pcca}(t)$、$u_{pccb}(t)$、$u_{pccc}(t)$，其在静止坐标轴 α、β 上的投影就是 $u_{pcc\alpha}(t)$、$u_{pcc\beta}(t)$，其在旋转坐标轴 d、q 上的投影就是 $u_{pccd}(t)$、$u_{pccq}(t)$。

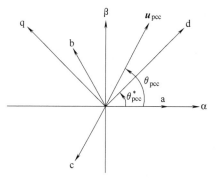

图 4-2　3 种坐标系之间的关系

根据图 4-2 所示 3 种坐标系之间的关系，容易得到从 abc 静止坐标系到 αβ 静止坐标系和从 αβ 静止坐标系到 dq 旋转坐标系的变换关系式，如式（4-3）和式（4-4）所示。

$$\begin{bmatrix} u_{pcc\alpha} \\ u_{pcc\beta} \end{bmatrix} = \boldsymbol{T}_{abc-\alpha\beta} \begin{bmatrix} u_{pcca} \\ u_{pccb} \\ u_{pccc} \end{bmatrix} = \frac{2}{3} \begin{bmatrix} 1 & -1/2 & -1/2 \\ 0 & \sqrt{3}/2 & -\sqrt{3}/2 \end{bmatrix} \begin{bmatrix} u_{pcca} \\ u_{pccb} \\ u_{pccc} \end{bmatrix} = \begin{bmatrix} U_{pccm}\cos(\theta_{pcc}) \\ U_{pccm}\sin(\theta_{pcc}) \end{bmatrix} \quad (4-3)$$

$$\begin{bmatrix} u_{pccd} \\ u_{pccq} \end{bmatrix} = \boldsymbol{T}_{\alpha\beta-dq}(\theta_{pcc}^*) \begin{bmatrix} u_{pcc\alpha} \\ u_{pcc\beta} \end{bmatrix} = \begin{bmatrix} \cos(\theta_{pcc}^*) & \sin(\theta_{pcc}^*) \\ -\sin(\theta_{pcc}^*) & \cos(\theta_{pcc}^*) \end{bmatrix} \begin{bmatrix} u_{pcc\alpha} \\ u_{pcc\beta} \end{bmatrix} = U_{pccm} \begin{bmatrix} \cos(\theta_{pcc}-\theta_{pcc}^*) \\ \sin(\theta_{pcc}-\theta_{pcc}^*) \end{bmatrix}$$

$$(4-4)$$

而锁相同步技术的目标就是使 PLL 的输出 $\theta_{pcc}^*$ 跟踪空间向量 $\boldsymbol{u}_{pcc}$ 的相位角 $\theta_{pcc}$。根据式（4-4），当 PLL 锁住 $\boldsymbol{u}_{pcc}$ 的相位角 $\theta_{pcc}$，即 $\theta_{pcc}^* = \theta_{pcc}$ 时，有 $u_{pccq} = 0$。因此可以得到 SRF-PLL 的原理如图 4-3 所示。

本书将大量采用如图 4-3 所示的带有拉普拉斯算子"$s$"的数学模型，并称其为"时域运算模型"（Time-Domain Operational Model）。采用这种表达方式的优势是比采用纯粹的微分方程模型更简洁。"时域运算模型"就是将微分和积分运算用算子"$s$"来表达，比如设 $x(t)$ 是一个时域函数，那么 $\mathrm{d}x(t)/\mathrm{d}t$ 就可以表示为 $sx(t)$ 或 $sx$，而 $\int x(t)\mathrm{d}t$ 可以表示为 $x(t)/s$ 或 $x/s$。注意，这种时域运算模型不是控制理论意义上的传递函数，控制理论意义上的传递函数是在 $s$ 域中的函数，不是时域函数；而"时域运算模型"首先是在时域中的模型，与 $s$ 域中的函数没有任何关系。因此拉普拉斯变换的相关定理对时域运算模型并不适用，比如拉普拉斯变换的初值定理和终值定理对时域运算模型并不适用。将这种时域运算模型应用于数学分析、仿真试验和工程实现时需要将其还原成时域微分方程模型，如本节下面的例子所示。

注意，图 4-3 中 $u^*_{\text{pccq}}=0$ 的指令值是以负号出现的；如果求 $u_{\text{pccq}}$ 偏差信号时符号反了，那么 $\theta^*_{\text{pcc}}$ 与 $\theta_{\text{pcc}}$ 之间就会存在一个 180° 的偏差，不能实现锁相的目的。图 4-3 所示的 PLL 原理将锁相同步问题处理为一个自动控制问题，即控制 SRF-PLL 的输出 $\theta^*_{\text{pcc}}$ 使 $u_{\text{pccq}}$ 跟踪其指令值 $u^*_{\text{pccq}}=0$。其中，控制器采用 PI 控制器，在 PI 控制器的输出中加上额定工频角频率 $\omega_0$，其目的是为了加快锁相速度。

图 4-3 中，为了使 PI 控制器的参数具有通用性，将输入的三相电压信号以及三相电压的角频率进行标幺化。即 PCC 电压向量 $\boldsymbol{u}_{\text{pcc}}$ 在采样时就以电网额定电压作为基准值进行了标幺化，其幅值的标幺值为 $U_{\text{pccm,pu}}$；$\omega_{\text{pcc}}$ 也以电网额定频率 $\omega_0$ 作为基准值进行标幺化，其标幺值为 $\omega_{\text{pcc,pu}}$，而 $\omega_{0,\text{pu}}=1$。

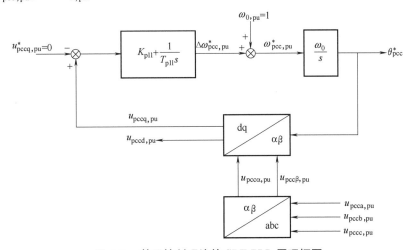

**图 4-3 基于控制理论的 SRF-PLL 原理框图**

下面根据图 4-3 所示的 SRF-PLL 原理框图推导 SRF-PLL 的数学模型。设定状态变量为

$$\begin{cases} x_1 = \theta^*_{\text{pcc}} - \theta_{\text{pcc}} \\ x_2 = \omega^*_{\text{pcc,pu}} - \omega_{\text{pcc,pu}} \end{cases} \tag{4-5}$$

则有

$$\frac{\mathrm{d}x_1}{\mathrm{d}t} = \frac{\mathrm{d}\theta^*_{\text{pcc}}}{\mathrm{d}t} - \frac{\mathrm{d}\theta_{\text{pcc}}}{\mathrm{d}t} = \omega_0(\omega^*_{\text{pcc,pu}} - \omega_{\text{pcc,pu}}) = \omega_0 x_2 \tag{4-6}$$

而根据图 4-3 有

$$\Delta\omega^*_{\text{pcc,pu}} = \left(K_{\text{pll}} + \frac{1}{T_{\text{pll}}s}\right) u_{\text{pccq,pu}} = \left(K_{\text{pll}} + \frac{1}{T_{\text{pll}}s}\right)(-U_{\text{pccm,pu}}\sin x_1) \tag{4-7}$$

再根据图 4-3 中 $\Delta\omega^*_{\text{pcc,pu}}$ 的关系，式（4-7）可以改写为

$$s(\omega^*_{\text{pcc,pu}} - \omega_{0,\text{pu}}) = K_{\text{pll}}s(-U_{\text{pccm,pu}}\sin x_1) - \frac{1}{T_{\text{pll}}}U_{\text{pccm,pu}}\sin x_1 \tag{4-8}$$

即

$$\frac{\mathrm{d}}{\mathrm{d}t}(\omega^*_{\text{pcc,pu}} - \omega_{\text{pcc,pu}} + \omega_{\text{pcc,pu}} - \omega_{0,\text{pu}}) = K_{\text{pll}}\frac{\mathrm{d}}{\mathrm{d}t}(-U_{\text{pccm,pu}}\sin x_1) - \frac{1}{T_{\text{pll}}}U_{\text{pccm,pu}}\sin x_1 \tag{4-9}$$

即

$$\frac{dx_2}{dt} + \frac{d\omega_{pcc,pu}}{dt} = -K_{pll}U_{pccm,pu}\cos x_1 \frac{dx_1}{dt} - \frac{U_{pccm,pu}}{T_{pll}}\sin x_1 \qquad (4\text{-}10)$$

这样，根据式（4-6）~式（4-10）可以得到 SRF-PLL 的数学模型为

$$\begin{cases} \dfrac{dx_1}{dt} = \omega_0 x_2 \\ \dfrac{dx_2}{dt} = -K_{pll}\omega_0 U_{pccm,pu} x_2 \cos x_1 - \dfrac{U_{pccm,pu}}{T_{pll}}\sin x_1 - \dfrac{d\omega_{pcc,pu}}{dt} \end{cases} \qquad (4\text{-}11)$$

## 4.2.2 SRF-PLL 的基本锁相特性展示

设定式（4-11）中的 PI 控制器参数为 $K_{pll}=1.0$，$T_{pll}=0.02\text{ms}$；PCC 电压参数为 $U_{pccm,pu}=1$，$\omega_{pcc,pu}=1.1$，$\omega_0=100\pi\text{rad/s}$。分 4 种初始状态考察 SRF-PLL 的锁相特性，分别为初始状态 1：$(x_{10},x_{20})=(\pi,2.0)$；初始状态 2：$(x_{10},x_{20})=(-\pi,2.0)$；初始状态 3：$(x_{10},x_{20})=(\pi/2,2.0)$；初始状态 4：$(x_{10},x_{20})=(-\pi/2,2.0)$。求解式（4-11）得到的锁相特性如图 4-4 所示。

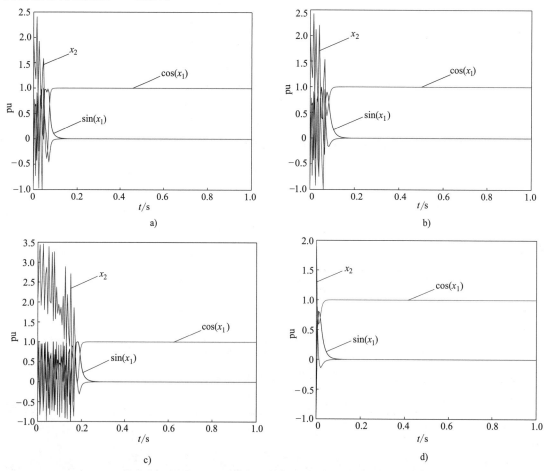

图 4-4 不同初始状态下 SRF-PLL 的锁相特性

a) 初始状态 1 下的锁相特性　b) 初始状态 2 下的锁相特性　c) 初始状态 3 下的锁相特性　d) 初始状态 4 下的锁相特性

从图 4-4 可以看出，对于所给出的 4 种初始状态，不管哪种初始状态，最终都能进入锁相状态，只是进入锁相状态的过程不一样。进入锁相状态后，$x_2=0$；根据 $\sin(x_1)=0$ 和 $\cos(x_1)=1$ 可以推出 $x_1=0$ 或 $2\pi$ 的整数倍，为简化分析，后文设定进入锁相状态后 $x_1=0$。

### 4.2.3　输入信号幅值变化对 SRF-PLL 锁相特性的影响

设定式（4-11）中的 PI 控制器参数为 $K_{\text{pll}}=1.0$，$T_{\text{pll}}=0.02\text{ms}$；$\omega_{\text{pcc,pu}}=1.1$，$\omega_0=100\pi\text{rad/s}$，初始状态 $(x_{10},x_{20})=(\pi,2.0)$。考察 PCC 电压 $U_{\text{pccm,pu}}$ 变化时 PLL 的响应特性。当 $0<t\le0.5\text{s}$ 时 $U_{\text{pccm,pu}}=1$；$0.5<t\le1\text{s}$ 时 $U_{\text{pccm,pu}}=0.5$；$1<t\le1.5\text{s}$ 时 $U_{\text{pccm,pu}}=0$；$1.5<t\le2\text{s}$ 时 $U_{\text{pccm,pu}}=1.0$。求解式（4-11）可以得到对应的时域响应特性如图 4-5 所示。

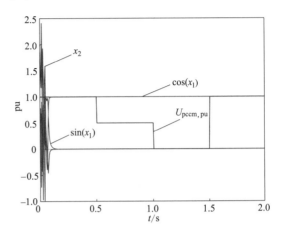

图 4-5　PCC 电压幅值变化时的锁相特性

从图 4-5 可以看出，PLL 一旦进入锁相状态后，对 PCC 电压幅值的变化已不敏感，即使 $U_{\text{pccm,pu}}$ 跌落到零，也不影响 PLL 继续保持锁相状态。说明 SRF-PLL 对 PCC 的电压幅值，有非常强的抗扰动能力。

### 4.2.4　系统频率变化对 SRF-PLL 锁相特性的影响

实际电网的一个根本特性为其频率是随时间而变化的，通常实际电网的频率在其额定频率 $f_0$ 附近波动。为分析方便，将实际电网的频率波动量等效为正弦波动量，即设式（4-11）中的 $\omega_{\text{pcc,pu}}$ 按照式（4-12）变化，考察 SRF-PLL 的锁相特性。

$$\omega_{\text{pcc,pu}}=\omega_{0,\text{pu}}+A_{\text{flut,pu}}\sin(2\pi f_{\text{flut}}t) \tag{4-12}$$

式中，$A_{\text{flut,pu}}$ 为频率波动量的幅值；$f_{\text{flut}}$ 为频率波动量的频率。

考虑 $\omega_{\text{pcc,pu}}$ 为正弦波动量后，描述 SRF-PLL 数学模型的式（4-11）变为

$$\begin{cases}\dfrac{\mathrm{d}x_1}{\mathrm{d}t}=\omega_0 x_2\\[2mm]\dfrac{\mathrm{d}x_2}{\mathrm{d}t}=-K_{\text{pll}}\omega_0 U_{\text{pccm,pu}}x_2\cos x_1-\dfrac{U_{\text{pccm,pu}}}{T_{\text{pll}}}\sin x_1-2\pi A_{\text{flut,pu}}f_{\text{flut}}\cos(2\pi f_{\text{flut}}t)\end{cases} \tag{4-13}$$

设定式（4-13）中的 $f_{\text{flut}}=2\text{Hz}$，PI 控制器参数为 $K_{\text{pll}}=1.0$，$T_{\text{pll}}=0.02\text{ms}$，$\omega_0=100\pi\text{rad/s}$，初始状态 $(x_{10},x_{20})=(\pi,2.0)$，考察 $A_{\text{flut,pu}}$ 变化时 SRF-PLL 的锁相特性。求解式（4-13）得到的锁相特性如图 4-6 所示。

从图 4-6 可以看出，固定 $f_{\text{flut}}=2\text{Hz}$ 后，当 $A_{\text{flut,pu}}$ 取 0.5 时，$\sin(x_1)\ne 0$，SRF-PLL 没有进入锁相状态；而当 $A_{\text{flut,pu}}$ 取 0.01 时，$\sin(x_1)=0$，SRF-PLL 进入锁相状态。此时对应的电网频率变化率（Rate of Change of Frequency，RoCoF）最大值为

$$\left|\dfrac{\mathrm{d}f_{\text{pcc}}}{\mathrm{d}t}\right|_{\max}=2\pi A_{\text{flut,pu}}f_{\text{flut}}f_0=2\pi\times 0.01\times 2\times 50=2\pi\ (\text{Hz/s}) \tag{4-14}$$

式（4-14）说明，SRF-PLL 在电网频率变化率小于 $2\pi$Hz/s 的条件下，具有良好的锁相效果。

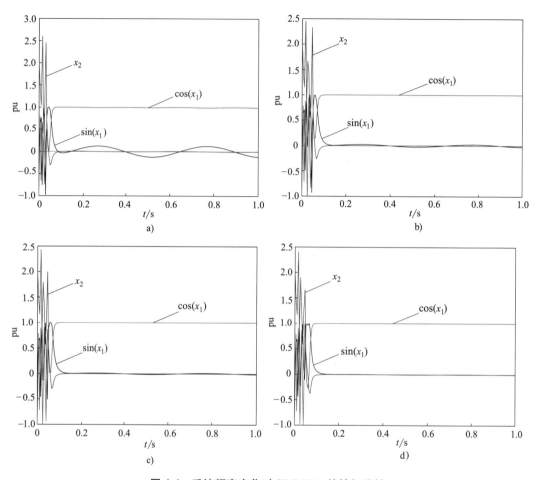

图 4-6 系统频率变化时 SRF-PLL 的锁相特性

a）$A_{\text{flut,pu}} = 0.5$ 时的锁相特性　b）$A_{\text{flut,pu}} = 0.1$ 时的锁相特性
c）$A_{\text{flut,pu}} = 0.05$ 时的锁相特性　d）$A_{\text{flut,pu}} = 0.01$ 时的锁相特性

## 4.2.5　SRF-PLL 的非全局稳定特性

由式（4-5）可知，$x_1$ 是 SRF-PLL 的相位角偏差，$x_2$ 是 SRF-PLL 的频率偏差。根据式（4-11）所描述的 SRF-PLL 数学模型，显然对 $x_1$ 会呈现周期函数特性，因此分析 SRF-PLL 全局稳定性时，$x_1$ 的变化范围限定在 $[-\pi, \pi]$ 区间就可以了。但 $x_2$ 的变化范围可以是 $(-\infty, +\infty)$。下面考察初始状态 $x_{10}$ 取 $-\pi/2$ 和 $\pi/2$ 而改变初始状态 $x_{20}$ 值时，SRF-PLL 的锁相特性。设定式（4-11）中的 PI 控制器参数为 $K_{\text{pll}} = 1.0$，$T_{\text{pll}} = 0.02$ms；PCC 电压参数为 $U_{\text{pccm,pu}} = 1$，$\omega_{\text{pcc,pu}} = 1.1$，$\omega_0 = 100\pi$rad/s。求解式（4-11），得到不同初始条件下 SRF-PLL 的锁相特性如图 4-7 所示。

从图 4-7 可以看出，SRF-PLL 的锁相特性不是大范围稳定的。当 $x_{20}$ 的绝对值较大时，SRF-PLL 不能进入锁相状态，锁相失败。对于本例设定的计算条件，根据有限点的测试，可

# 第4章 电压源换流器与交流电网之间的同步控制方法

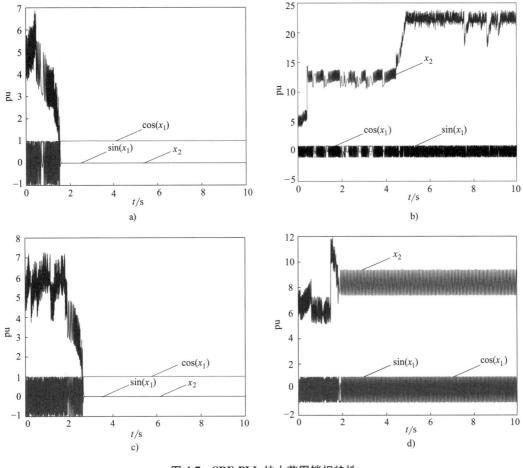

图 4-7 SRF-PLL 的大范围锁相特性

a) $(x_{10}, x_{20}) = (-\pi/2, 5.9)$  b) $(x_{10}, x_{20}) = (-\pi/2, 6.0)$
c) $(x_{10}, x_{20}) = (\pi/2, 5.5)$  d) $(x_{10}, x_{20}) = (\pi/2, 5.6)$

以观察到,当 $x_{10}$ 取 $-\pi/2$ 时,若 $-5.6 < x_{20} < 5.9$,SRF-PLL 能够进入锁相状态;当 $x_{10}$ 取 $\pi/2$ 时,若 $-5.7 < x_{20} < 5.5$,SRF-PLL 也能够进入锁相状态。

## 4.2.6 SRF-PLL 的小信号模型与参数整定

在 $\omega_{pcc}$ 为常值的条件下,式(4-11)描述的 SRF-PLL 数学模型可以简化为

$$\begin{cases} \dfrac{dx_1}{dt} = \omega_0 x_2 \\ \dfrac{dx_2}{dt} = -K_{pll} \omega_0 U_{pccm,pu} x_2 \cos x_1 - \dfrac{U_{pccm,pu}}{T_{pll}} \sin x_1 \end{cases} \quad (4\text{-}15)$$

显然,$X_e = (x_{1e}, x_{2e}) = (0, 0)$ 是式(4-15)的稳态平衡点,也是 SRF-PLL 进入锁相状态后的运行点。现在对 SRF-PLL 在稳态平衡点 $X_e$ 上做小信号分析。对式(4-15)进行小信号线性化,可以得到

$$\begin{cases} \dfrac{\mathrm{d}\Delta x_1}{\mathrm{d}t} = \omega_0 \Delta x_2 \\ \dfrac{\mathrm{d}\Delta x_2}{\mathrm{d}t} = -\dfrac{U_{\mathrm{pccm,pu}}}{T_{\mathrm{pll}}} \Delta x_1 - K_{\mathrm{pll}} \omega_0 U_{\mathrm{pccm,pu}} \Delta x_2 \end{cases} \quad (4\text{-}16)$$

式（4-16）状态方程的系数矩阵为

$$A = \begin{bmatrix} 0 & \omega_0 \\ -\dfrac{U_{\mathrm{pccm,pu}}}{T_{\mathrm{pll}}} & -K_{\mathrm{pll}} \omega_0 U_{\mathrm{pccm,pu}} \end{bmatrix} \quad (4\text{-}17)$$

对应的特征方程为

$$\det(\lambda I - A) = \begin{vmatrix} \lambda & -\omega_0 \\ \dfrac{U_{\mathrm{pccm,pu}}}{T_{\mathrm{pll}}} & \lambda + K_{\mathrm{pll}} \omega_0 U_{\mathrm{pccm,pu}} \end{vmatrix} = \lambda^2 + K_{\mathrm{pll}} \omega_0 U_{\mathrm{pccm,pu}} \lambda + \dfrac{\omega_0 U_{\mathrm{pccm,pu}}}{T_{\mathrm{pll}}} \quad (4\text{-}18)$$

根据式（4-18）可以得到无阻尼自然振荡角频率 $\omega_\mathrm{n}$ 和阻尼比 $\zeta$ 为

$$\begin{cases} \omega_\mathrm{n} = \sqrt{\omega_0 U_{\mathrm{pccm,pu}} / T_{\mathrm{pll}}} \\ \zeta = K_{\mathrm{pll}} \sqrt{\omega_0 T_{\mathrm{pll}} U_{\mathrm{pccm,pu}}} / 2 \end{cases} \quad (4\text{-}19)$$

对于额定频率为50Hz的电力系统，设定系统运行在额定电压下，即 $U_{\mathrm{pccm,pu}} = 1$，SRF-PLL的最优阶跃响应指标为阻尼比 $\zeta = 0.707$、调整时间 $t_\mathrm{s} = 0.02\mathrm{s}$，从而根据二阶系统阶跃响应特征量之间的关系式

$$t_\mathrm{s} = \dfrac{4.5}{\zeta \omega_\mathrm{n}} \quad (4\text{-}20)$$

得到 $\omega_\mathrm{n} = 318.246 \mathrm{rad/s}$。这样根据式（4-19）可以推得

$$\begin{cases} T_{\mathrm{pll}} = \omega_0 U_{\mathrm{pccm,pu}} / \omega_\mathrm{n}^2 = 0.0031\mathrm{s} \\ K_{\mathrm{pll}} = 2\zeta / \sqrt{\omega_0 T_{\mathrm{pll}} U_{\mathrm{pccm,pu}}} = 1.433\mathrm{pu} \end{cases} \quad (4\text{-}21)$$

## 4.3 基于 q 轴电压为零控制的双同步旋转参考坐标系锁相环（DDSRF-PLL）原理与设计

### 4.3.1 瞬时对称分量的定义

当电网电压不平衡和存在畸变时，对电网电压的描述一般采用瞬时三相对称分量分解进行描述。瞬时对称分量的概念是1954年由参考文献［33］提出的，其直接将传统对称分量法推广到abc三相瞬时量。传统对称分量分解针对的是abc三相量的相量，本来就是复数量，分解后的三序量仍然是复数量，因而容易理解。而瞬时对称分量分解针对的是abc三相量的瞬时值，是实数量，而分解后的三序量却变成了复数量，因而不容易理解，其物理意义也不明确。为此，本书采用参考文献［34］的做法，将瞬时对称分量分解放在实数域内讨论。

在电力系统进入稳态后，根据周期函数的傅里叶级数展开理论和传统对称分量法原理，

abc 三相量必然能够进行如式（4-22）所示的瞬时对称分量分解。当电力系统处于暂态过程中时，严格来说，abc 三相量为非周期函数，并不能进行傅里叶级数展开，因而进行如式（4-22）所示的瞬时对称分量分解也是不严格的。但是，工程上为了使复杂问题的处理简单化，通常采用了如下的近似假设，即扰动后电力系统的暂态过程持续时间很短，可以忽略不计；因而 abc 三相量在任何时刻都可以进行如式（4-22）所示的瞬时对称分量分解。这个假设的合理性已在实际工程应用中得到证明。因此，在以下的讨论中，我们都假定 abc 三相量可以进行如式（4-22）所示的瞬时对称分量分解。

$$\begin{cases} f_a = f_a^+ + f_a^- + f^0 + \sum_{h=2}^{\infty}(f_a^{+h} + f_a^{-h}) \\ f_b = f_b^+ + f_b^- + f^0 + \sum_{h=2}^{\infty}(f_b^{+h} + f_b^{-h}) \\ f_c = f_c^+ + f_c^- + f^0 + \sum_{h=2}^{\infty}(f_c^{+h} + f_c^{-h}) \end{cases} \quad (4\text{-}22)$$

式中，$f_a$、$f_b$、$f_c$ 可以是三相电压或三相电流，$f_a^+$、$f_b^+$、$f_c^+$ 表示正序基波分量，如式（4-23）所示，其中的 $A^+$ 为正序电压幅值；$f_a^-$、$f_b^-$、$f_c^-$ 表示负序基波分量，如式（4-24）所示，其中的 $A^-$ 为负序电压幅值，$\varphi^-$ 为负序电压初相角；$f_a^{+h}$、$f_b^{+h}$、$f_c^{+h}$ 表示正序 $h$ 次谐波分量，如式（4-25）所示，其中的 $A^{+h}$ 为正序 $h$ 次谐波电压幅值，$\varphi^{+h}$ 为正序 $h$ 次谐波电压初相角；$f_a^{-h}$、$f_b^{-h}$、$f_c^{-h}$ 表示负序 $h$ 次谐波分量，如式（4-26）所示，其中的 $A^{-h}$ 为负序 $h$ 次谐波电压幅值，$\varphi^{-h}$ 为负序 $h$ 次谐波电压初相角；$f^0$ 表示零序分量，如式（4-27）所示。另外，在以下的讨论中，会用到同步相位角的概念，这里给出其定义：所谓的同步相位角，指的是正序基波分量中 a 相的相位角，即式（4-23）中 $f_a^+$ 的相位角 $\theta_{pcc} = \omega_{pcc} t$。

$$\begin{cases} f_a^+ = A^+ \cos(\omega_{pcc} t) = A^+ \cos(\theta_{pcc}) \\ f_b^+ = A^+ \cos(\omega_{pcc} t - 2\pi/3) = A^+ \cos(\theta_{pcc} - 2\pi/3) \\ f_c^+ = A^+ \cos(\omega_{pcc} t + 2\pi/3) = A^+ \cos(\theta_{pcc} + 2\pi/3) \end{cases} \quad (4\text{-}23)$$

$$\begin{cases} f_a^- = A^- \cos(-\omega_{pcc} t + \varphi^-) = A^- \cos(-\theta_{pcc} + \varphi^-) \\ f_b^- = A^- \cos(-\omega_{pcc} t + \varphi^- - 2\pi/3) = A^- \cos(-\theta_{pcc} + \varphi^- - 2\pi/3) \\ f_c^- = A^- \cos(-\omega_{pcc} t + \varphi^- + 2\pi/3) = A^- \cos(-\theta_{pcc} + \varphi^- + 2\pi/3) \end{cases} \quad (4\text{-}24)$$

$$\begin{cases} f_a^{+h} = A^{+h} \cos(h\omega_{pcc} t + \varphi^{+h}) = A^{+h} \cos(h\theta_{pcc} + \varphi^{+h}) \\ f_b^{+h} = A^{+h} \cos(h\omega_{pcc} t + \varphi^{+h} - 2\pi/3) = A^{+h} \cos(h\theta_{pcc} + \varphi^{+h} - 2\pi/3) \\ f_c^{+h} = A^{+h} \cos(h\omega_{pcc} t + \varphi^{+h} + 2\pi/3) = A^{+h} \cos(h\theta_{pcc} + \varphi^{+h} + 2\pi/3) \end{cases} h \geq 2 \quad (4\text{-}25)$$

$$\begin{cases} f_a^{-h} = A^{-h} \cos(-h\omega_{pcc} t + \varphi^{-h}) = A^{-h} \cos(-h\theta_{pcc} + \varphi^{-h}) \\ f_b^{-h} = A^{-h} \cos(-h\omega_{pcc} t + \varphi^{-h} - 2\pi/3) = A^{-h} \cos(-h\theta_{pcc} + \varphi^{-h} - 2\pi/3) \\ f_c^{-h} = A^{-h} \cos(-h\omega_{pcc} t + \varphi^{-h} + 2\pi/3) = A^{-h} \cos(-h\theta_{pcc} + \varphi^{-h} + 2\pi/3) \end{cases} h \geq 2 \quad (4\text{-}26)$$

$$f^0 = (f_a + f_b + f_c)/3 \quad (4\text{-}27)$$

### 4.3.2　SRF-PLL 存在的主要问题

下面考察电网电压不平衡和存在畸变时，SRF-PLL 性能受到影响的原因。当电网电压不平衡和存在畸变时，图 4-1 所示的电压源换流器网侧交流母线 PCC 的三相电压可以表示为如下式子，其中 $u_{pcc}^0$ 表示零序电压。

$$\begin{cases} u_{pcca} = U_{pcc}^+ \cos\omega_{pcc}t + U_{pcc}^- \cos(-\omega_{pcc}t + \varphi^-) + u_{pcc}^0 + \\ \qquad\qquad \sum_{h=2}^{\infty} U_{pcc}^{+h} \cos(h\omega_{pcc}t + \varphi^{+h}) + \sum_{h=2}^{\infty} U_{pcc}^{-h} \cos(-h\omega_{pcc}t + \varphi^{-h}) \\ u_{pccb} = U_{pcc}^+ \cos(\omega_{pcc}t - 2\pi/3) + U_{pcc}^- \cos(-\omega_{pcc}t + \varphi^- - 2\pi/3) + u_{pcc}^0 + \\ \qquad\qquad \sum_{h=2}^{\infty} U_{pcc}^{+h} \cos(h\omega_{pcc}t + \varphi^{+h} - 2\pi/3) + \sum_{h=2}^{\infty} U_{pcc}^{-h} \cos(-h\omega_{pcc}t + \varphi^{-h} - 2\pi/3) \\ u_{pccc} = U_{pcc}^+ \cos(\omega_{pcc}t + 2\pi/3) + U_{pcc}^- \cos(-\omega_{pcc}t + \varphi^- + 2\pi/3) + u_{pcc}^0 + \\ \qquad\qquad \sum_{h=2}^{\infty} U_{pcc}^{+h} \cos(h\omega_{pcc}t + \varphi^{+h} + 2\pi/3) + \sum_{h=2}^{\infty} U_{pcc}^{-h} \cos(-h\omega_{pcc}t + \varphi^{-h} + 2\pi/3) \end{cases}$$

(4-28)

将三相电压从 abc 坐标系变换到 αβ 坐标系，

$$\begin{bmatrix} u_{pcc\alpha} \\ u_{pcc\beta} \end{bmatrix} = \boldsymbol{T}_{abc-\alpha\beta} \begin{bmatrix} u_{pcca} \\ u_{pccb} \\ u_{pccc} \end{bmatrix} = \frac{2}{3} \begin{bmatrix} 1 & -1/2 & -1/2 \\ 0 & \sqrt{3}/2 & -\sqrt{3}/2 \end{bmatrix} \begin{bmatrix} u_{pcca} \\ u_{pccb} \\ u_{pccc} \end{bmatrix}$$

$$= U_{pcc}^+ \begin{bmatrix} \cos(\omega_{pcc}t) \\ \sin(\omega_{pcc}t) \end{bmatrix} + U_{pcc}^- \begin{bmatrix} \cos(-\omega_{pcc}t + \varphi^-) \\ \sin(-\omega_{pcc}t + \varphi^-) \end{bmatrix} +$$

$$\sum_{h=2}^{\infty} U_{pcc}^{+h} \begin{bmatrix} \cos(h\omega_{pcc}t + \varphi^{+h}) \\ \sin(h\omega_{pcc}t + \varphi^{+h}) \end{bmatrix} + \sum_{h=2}^{\infty} U_{pcc}^{-h} \begin{bmatrix} \cos(-h\omega_{pcc}t + \varphi^{-h}) \\ \sin(-h\omega_{pcc}t + \varphi^{-h}) \end{bmatrix}$$

(4-29)

可见，零序分量在 αβ 坐标系中表现为零。因此，基于 dq 坐标系的 PLL 设计可以不考虑零序分量的作用。将三相电压从 αβ 坐标系变换到同步旋转的 dq 坐标系，有

$$\begin{bmatrix} u_{pccd} \\ u_{pccq} \end{bmatrix} = \boldsymbol{T}_{\alpha\beta-dq}(\theta_{pcc}^*) \begin{bmatrix} u_{pcc\alpha} \\ u_{pcc\beta} \end{bmatrix} = \begin{bmatrix} \cos(\theta_{pcc}^*) & \sin(\theta_{pcc}^*) \\ -\sin(\theta_{pcc}^*) & \cos(\theta_{pcc}^*) \end{bmatrix} \begin{bmatrix} u_{pcc\alpha} \\ u_{pcc\beta} \end{bmatrix}$$

$$= U_{pcc}^+ \begin{bmatrix} \cos(\omega_{pcc}t - \theta_{pcc}^*) \\ \sin(\omega_{pcc}t - \theta_{pcc}^*) \end{bmatrix} + U_{pcc}^- \begin{bmatrix} \cos(-\omega_{pcc}t - \theta_{pcc}^* + \varphi^-) \\ \sin(-\omega_{pcc}t - \theta_{pcc}^* + \varphi^-) \end{bmatrix} +$$

$$\sum_{h=2}^{\infty} U_{pcc}^{+h} \begin{bmatrix} \cos(h\omega_{pcc}t - \theta_{pcc}^* + \varphi^{+h}) \\ \sin(h\omega_{pcc}t - \theta_{pcc}^* + \varphi^{+h}) \end{bmatrix} + \sum_{h=2}^{\infty} U_{pcc}^{-h} \begin{bmatrix} \cos(-h\omega_{pcc}t - \theta_{pcc}^* + \varphi^{-h}) \\ \sin(-h\omega_{pcc}t - \theta_{pcc}^* + \varphi^{-h}) \end{bmatrix}$$

(4-30)

如果锁相环能够锁住同步相位，即 $\theta_{pcc}^* = \theta_{pcc} = \omega_{pcc}t$，则式（4-30）简化为

$$\begin{bmatrix} u_{pccd} \\ u_{pccq} \end{bmatrix} = U_{pcc}^{+} \begin{bmatrix} 1 \\ 0 \end{bmatrix} + U_{pcc}^{-} \begin{bmatrix} \cos(-2\omega_{pcc}t + \varphi^{-}) \\ \sin(-2\omega_{pcc}t + \varphi^{-}) \end{bmatrix} +$$

$$\sum_{h=2}^{\infty} U_{pcc}^{+h} \begin{bmatrix} \cos[(h-1)\omega_{pcc}t + \varphi^{+h}] \\ \sin[(h-1)\omega_{pcc}t + \varphi^{+h}] \end{bmatrix} + \sum_{h=2}^{\infty} U_{pcc}^{-h} \begin{bmatrix} \cos[-(h+1)\omega_{pcc}t + \varphi^{-h}] \\ \sin[-(h+1)\omega_{pcc}t + \varphi^{-h}] \end{bmatrix}$$

(4-31)

从式（4-31）可以看出，负序基波分量经同步旋转坐标变换后在 d 轴和 q 轴上表现为 2 次谐波量，正序 h 次谐波经同步旋转坐标变换后在 d 轴和 q 轴上表现为（h−1）次谐波量，负序 h 次谐波经同步旋转坐标变换后在 d 轴和 q 轴上表现为（h+1）谐波量。可见，当电网三相电压不平衡和存在畸变时，$u_{pccq}$ 将包含正弦交变分量。因此，上述的基于控制理论的 SRF-PLL 原理已不再成立。

为了使 SRF-PLL 在电网电压不平衡和存在畸变时仍然能够使用，最直接的方法就是使 SRF-PLL 的输入电压信号只包含正序基波分量。这就是下面要讲述的采用双同步旋转坐标变换消去负序基波分量的锁相同步技术（DDSRF-PLL）[35] 的基本思路。

### 4.3.3 DDSRF-PLL 的基本原理

DDSRF-PLL 的基本原理是用双同步旋转坐标变换消去负序基波分量，而用低通滤波的方法去除谐波分量，从而实现输入 SRF-PLL 的信号不包含负序基波分量的目的。

为了能够抵消负序基波分量，需要对 $u_{pcc\alpha}$ 和 $u_{pcc\beta}$ 分别进行正向同步旋转坐标变换和反向同步旋转坐标变换。因此，特意将 $u_{pcc\alpha}$ 和 $u_{pcc\beta}$ 通过正向同步旋转坐标变换得到的 dq 轴分量标记为 $u_{pccd}^{+}$ 和 $u_{pccq}^{+}$，将 $u_{pcc\alpha}$ 和 $u_{pcc\beta}$ 通过反向同步旋转坐标变换得到的 $d^{-1}q^{-1}$ 轴分量标记为 $u_{pccd}^{-}$ 和 $u_{pccq}^{-}$。采用上述符号系统后，式（4-31）可重新改写为

$$\begin{bmatrix} u_{pccd}^{+} \\ u_{pccq}^{+} \end{bmatrix} = U_{pcc}^{+} \begin{bmatrix} 1 \\ 0 \end{bmatrix} + U_{pcc}^{-} \begin{bmatrix} \cos(-2\omega_{pcc}t + \varphi^{-}) \\ \sin(-2\omega_{pcc}t + \varphi^{-}) \end{bmatrix} +$$

$$\sum_{h=2}^{\infty} U_{pcc}^{+h} \begin{bmatrix} \cos[(h-1)\omega_{pcc}t + \varphi^{+h}] \\ \sin[(h-1)\omega_{pcc}t + \varphi^{+h}] \end{bmatrix} + \sum_{h=2}^{\infty} U_{pcc}^{-h} \begin{bmatrix} \cos[-(h+1)\omega_{pcc}t + \varphi^{-h}] \\ \sin[-(h+1)\omega_{pcc}t + \varphi^{-h}] \end{bmatrix}$$

$$= \overline{u_{pccdq}^{+}} + \widehat{u_{pccdq}^{+}} + \widetilde{u_{pccdq}^{+}}$$

(4-32)

式中，

$$\overline{u_{pccdq}^{+}} = U_{pcc}^{+} \begin{bmatrix} 1 \\ 0 \end{bmatrix}$$

(4-33)

$$\widehat{u_{pccdq}^{+}} = U_{pcc}^{-} \begin{bmatrix} \cos(-2\omega_{pcc}t + \varphi^{-}) \\ \sin(-2\omega_{pcc}t + \varphi^{-}) \end{bmatrix} = \begin{bmatrix} \cos(2\omega_{pcc}t) & \sin(2\omega_{pcc}t) \\ -\sin(2\omega_{pcc}t) & \cos(2\omega_{pcc}t) \end{bmatrix} \times U_{pcc}^{-} \begin{bmatrix} \cos(\varphi^{-}) \\ \sin(\varphi^{-}) \end{bmatrix}$$

$$= \boldsymbol{T}_{\alpha\beta-dq}(2\theta_{pcc}^{*}) \times U_{pcc}^{-} \begin{bmatrix} \cos(\varphi^{-}) \\ \sin(\varphi^{-}) \end{bmatrix}$$

(4-34)

$$\widetilde{u_{\text{pccdq}}^{+}} = \sum_{h=2}^{\infty} U_{\text{pcc}}^{+h} \begin{bmatrix} \cos[(h-1)\omega_{\text{pcc}}t + \varphi^{+h}] \\ \sin[(h-1)\omega_{\text{pcc}}t + \varphi^{+h}] \end{bmatrix} + \sum_{h=2}^{\infty} U_{\text{pcc}}^{-h} \begin{bmatrix} \cos[-(h+1)\omega_{\text{pcc}}t + \varphi^{-h}] \\ \sin[-(h+1)\omega_{\text{pcc}}t + \varphi^{-h}] \end{bmatrix}$$

(4-35)

将三相电压从 αβ 坐标系通过反向同步旋转坐标变换映射到 $d^{-1}q^{-1}$ 坐标系,即

$$\begin{bmatrix} u_{\text{pccd}}^{-} \\ u_{\text{pccq}}^{-} \end{bmatrix} = \boldsymbol{T}_{\alpha\beta-dq}(-\theta_{\text{pcc}}^{*}) \begin{bmatrix} u_{\text{pcc}\alpha} \\ u_{\text{pcc}\beta} \end{bmatrix} = \begin{bmatrix} \cos(-\theta_{\text{pcc}}^{*}) & \sin(-\theta_{\text{pcc}}^{*}) \\ -\sin(-\theta_{\text{pcc}}^{*}) & \cos(-\theta_{\text{pcc}}^{*}) \end{bmatrix} \begin{bmatrix} u_{\text{pcc}\alpha} \\ u_{\text{pcc}\beta} \end{bmatrix}$$

$$= U_{\text{pcc}}^{+} \begin{bmatrix} \cos(\omega_{\text{pcc}}t + \theta_{\text{pcc}}^{*}) \\ \sin(\omega_{\text{pcc}}t + \theta_{\text{pcc}}^{*}) \end{bmatrix} + U_{\text{pcc}}^{-} \begin{bmatrix} \cos(-\omega_{\text{pcc}}t + \theta_{\text{pcc}}^{*} + \varphi^{-}) \\ \sin(-\omega_{\text{pcc}}t + \theta_{\text{pcc}}^{*} + \varphi^{-}) \end{bmatrix} +$$

$$\sum_{h=2}^{\infty} U_{\text{pcc}}^{+h} \begin{bmatrix} \cos(h\omega_{\text{pcc}}t + \theta_{\text{pcc}}^{*} + \varphi^{+h}) \\ \sin(h\omega_{\text{pcc}}t + \theta_{\text{pcc}}^{*} + \varphi^{+h}) \end{bmatrix} + \sum_{h=2}^{\infty} U_{\text{pcc}}^{-h} \begin{bmatrix} \cos(-h\omega_{\text{pcc}}t + \theta_{\text{pcc}}^{*} + \varphi^{-h}) \\ \sin(-h\omega_{\text{pcc}}t + \theta_{\text{pcc}}^{*} + \varphi^{-h}) \end{bmatrix}$$

(4-36)

如果锁相环能够锁住同步相位,即 $\theta_{\text{pcc}}^{*} = \theta_{\text{pcc}} = \omega_{\text{pcc}}t$,则式(4-36)简化为

$$\begin{bmatrix} u_{\text{pccd}}^{-} \\ u_{\text{pccq}}^{-} \end{bmatrix} = U_{\text{pcc}}^{+} \begin{bmatrix} \cos(2\omega_{\text{pcc}}t) \\ \sin(2\omega_{\text{pcc}}t) \end{bmatrix} + U_{\text{pcc}}^{-} \begin{bmatrix} \cos(\varphi^{-}) \\ \sin(\varphi^{-}) \end{bmatrix} +$$

$$\sum_{h=2}^{\infty} U_{\text{pcc}}^{+h} \begin{bmatrix} \cos[(h+1)\omega_{\text{pcc}}t + \varphi^{+h}] \\ \sin[(h+1)\omega_{\text{pcc}}t + \varphi^{+h}] \end{bmatrix} + \sum_{h=2}^{\infty} U_{\text{pcc}}^{-h} \begin{bmatrix} \cos[-(h-1)\omega_{\text{pcc}}t + \varphi^{-h}] \\ \sin[-(h-1)\omega_{\text{pcc}}t + \varphi^{-h}] \end{bmatrix}$$

$$= \overline{u_{\text{pccdq}}^{-}} + \widehat{u_{\text{pccdq}}^{-}} + \widetilde{u_{\text{pccdq}}^{-}}$$

(4-37)

式中,

$$\overline{u_{\text{pccdq}}^{-}} = U_{\text{pcc}}^{-} \begin{bmatrix} \cos(\varphi^{-}) \\ \sin(\varphi^{-}) \end{bmatrix}$$

(4-38)

$$\widehat{u_{\text{pccdq}}^{-}} = U_{\text{pcc}}^{+} \begin{bmatrix} \cos(2\omega_{\text{pcc}}t) \\ \sin(2\omega_{\text{pcc}}t) \end{bmatrix} = \begin{bmatrix} \cos(-2\omega_{\text{pcc}}t) & \sin(-2\omega_{\text{pcc}}t) \\ -\sin(-2\omega_{\text{pcc}}t) & \cos(-2\omega_{\text{pcc}}t) \end{bmatrix} \times U_{\text{pcc}}^{+} \begin{bmatrix} 1 \\ 0 \end{bmatrix}$$

$$= \boldsymbol{T}_{\alpha\beta-dq}(-2\theta_{\text{pcc}}^{*}) \times U_{\text{pcc}}^{+} \begin{bmatrix} 1 \\ 0 \end{bmatrix}$$

(4-39)

$$\widetilde{u_{\text{pccdq}}^{-}} = \sum_{h=2}^{\infty} U_{\text{pcc}}^{+h} \begin{bmatrix} \cos[(h+1)\omega_{\text{pcc}}t + \varphi^{+h}] \\ \sin[(h+1)\omega_{\text{pcc}}t + \varphi^{+h}] \end{bmatrix} + \sum_{h=2}^{\infty} U_{\text{pcc}}^{-h} \begin{bmatrix} \cos[-(h-1)\omega_{\text{pcc}}t + \varphi^{-h}] \\ \sin[-(h-1)\omega_{\text{pcc}}t + \varphi^{-h}] \end{bmatrix}$$

(4-40)

根据式(4-33)和式(4-39)以及式(4-34)和式(4-38),可得到如下有趣的关系式:

$$\widehat{u_{\text{pccdq}}^{-}} = \boldsymbol{T}_{\alpha\beta-dq}(-2\theta_{\text{pcc}}^{*}) \times \overline{u_{\text{pccdq}}^{+}}$$

(4-41)

$$\widehat{u_{\text{pccdq}}^{+}} = \boldsymbol{T}_{\alpha\beta-dq}(2\theta_{\text{pcc}}^{*}) \times \overline{u_{\text{pccdq}}^{-}}$$

(4-42)

至此，我们就可以得到 DDSRF-PLL 的原理框图如图 4-8 所示。

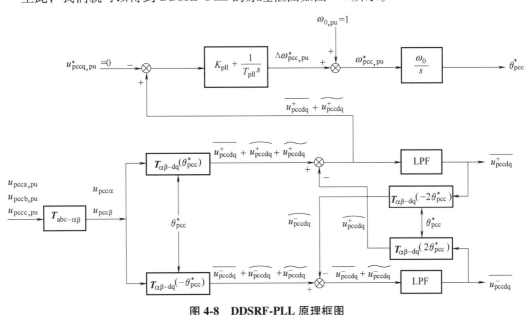

图 4-8 DDSRF-PLL 原理框图

注意，图 4-8 中输入到锁相环的信号是 $\overline{u^+_{pccdq}}+\widetilde{u^+_{pccdq}}$，包含有与正序基波电压相对应的直流分量和与谐波电压相对应的交流分量。为什么不直接取低通滤波器（LPF）后与正序基波电压相对应的直流分量 $\overline{u^+_{pccq}}$ 作为锁相环的输入，主要是考虑到经过 LPF 后会影响锁相环的响应速度。因为锁相环本身包含有纯积分环节，对谐波有一定的抑制作用，所以输入信号中包含有较小的谐波分量时，对锁相环的性能影响不大。对于图 4-8 的 DDSRF-PLL，PI 控制器的参数整定已在 4.1.6 节阐述过，现在还需要确定 LPF 的参数。

### 4.3.4 基于二阶 Butterworth 滤波器的 LPF 实现方法

常用的低通滤波器有 Butterworth、Chebychev、Elliptic 和 Bessel 滤波器等[36-37]。对于图 4-8 的 DDSRF-PLL 中的 LPF，其目的是分离直流分量。因此 LPF 的截止频率可以选得比较低。当截止频率选得较低时，Butterworth 滤波器的检测精度最高，这是因为 Butterworth 滤波器对直流量无衰减且动态响应速度快；而 Chebyshev 滤波器和 Ellipse 滤波器的阶跃响应速度慢，且对直流量有衰减；而 Bessel 滤波器响应速度较慢。

当截止频率选定后，分析不同阶数的 Butterworth 滤波器性能发现，该滤波器的阶数越高，其动态响应速度越慢，主要原因是阶数越高，时延越大。

这样，综合考虑检测精度、动态响应速度和计算复杂度后，图 4-8 中的 LPF 选用二阶 Butterworth 滤波器。

二阶 Butterworth 滤波器的传递函数为

$$H(s)=\frac{\omega_c^2}{s^2+\sqrt{2}\omega_c s+\omega_c^2} \tag{4-43}$$

式中，$\omega_c=2\pi f_c$，而 $f_c$ 被称为 LPF 的截止频率，其定义为 $|H(j\omega)|$ 从 $|H(j0)|$ 下降到

$|H(j0)|/\sqrt{2}$ 所对应的频率。$H(s)$ 的幅频特性如图 4-9 所示。

根据图 4-9 所示的 $H(s)$ 的幅频特性可以看出，$f_c$ 越小，滤波效果越好。但 $f_c$ 越小，动态响应速度越慢。因此，$f_c$ 的取值需要折中考虑滤波效果和动态响应速度，对于图 4-8 中的 LPF，取 $f_c = 20\text{Hz}$ 是合适的，下面用一个实际算例来进行验证。

设 DDSRF-PLL 的采样周期与 MMC 的控制周期 $T_{\text{ctrl}}$ 一致，根据双线性变换关系 $s = \dfrac{2}{T_{\text{ctrl}}} \dfrac{1-z^{-1}}{1+z^{-1}}$，得到二阶 Butterworth 数字滤波器的传递函数为

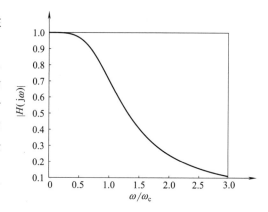

图 4-9　二阶 Butterworth 滤波器的幅频特性

$$H(z) = \frac{a_0 + a_1 z^{-1} + a_2 z^{-2}}{1 + b_1 z^{-1} + b_2 z^{-2}} \tag{4-44}$$

式中，

$$\begin{cases} a_0 = \dfrac{\omega_c^2}{(2/T_{\text{ctrl}})^2 + 2\sqrt{2}\,\omega_c/T_{\text{ctrl}} + \omega_c^2} \\ a_1 = 2a_0 \\ a_2 = a_0 \\ b_1 = \dfrac{-2(2/T_{\text{ctrl}})^2 + 2\omega_c^2}{(2/T_{\text{ctrl}})^2 + 2\sqrt{2}\,\omega_c/T_{\text{ctrl}} + \omega_c^2} \\ b_2 = \dfrac{(2/T_{\text{ctrl}})^2 - 2\sqrt{2}\,\omega_c/T_{\text{ctrl}} + \omega_c^2}{(2/T_{\text{ctrl}})^2 + 2\sqrt{2}\,\omega_c/T_{\text{ctrl}} + \omega_c^2} \end{cases} \tag{4-45}$$

设二阶 Butterworth 数字滤波器的输入信号序列为 $x_n$，输出信号序列为 $y_n$，则 $y_n$ 的递推计算式为

$$y_n = a_0 x_n + a_1 x_{n-1} + a_2 x_{n-2} - b_1 y_{n-1} - b_2 y_{n-2} \tag{4-46}$$

设测试信号 $x(t)$ 如式（4-47）所示，分别设置 $f_c = 10\text{Hz}$、$f_c = 20\text{Hz}$、$f_c = 30\text{Hz}$ 3 种情况，在 $T_{\text{ctrl}} = 50\mu\text{s}$ 的条件下，测试二阶 Butterworth 数字滤波器的性能。

$$x(t) = \begin{cases} 10 + \cos(\omega_0 t) + \cos(2\omega_0 t + \pi/5) + \cos(3\omega_0 t + \pi/3) + \cos(13\omega_0 t + \pi/5) & t \in [0,1]\text{s} \\ 20 + 2\cos(\omega_0 t) + \cos(2\omega_0 t + \pi/5) + 2\cos(3\omega_0 t + \pi/3) + 2\cos(13\omega_0 t + \pi/5) & t \in [1,2]\text{s} \\ 5 + \cos(\omega_0 t) + \cos(2\omega_0 t + \pi/5) + \cos(3\omega_0 t + \pi/3) + \cos(13\omega_0 t + \pi/5) & t \in [2,3]\text{s} \end{cases}$$

$$\tag{4-47}$$

图 4-10a 为未加滤波器的原始测试信号，当该测试信号经过 $f_c = 10\text{Hz}$、$f_c = 20\text{Hz}$、$f_c = 30\text{Hz}$ 的 3 种二阶 Butterworth 数字滤波器滤波后，其输出波形分别如图 4-10b~d 所示。

对比经过 3 种二阶 Butterworth 数字滤波器滤波后的输出波形可以发现，$f_c = 10\text{Hz}$ 时滤波

器的滤波效果较好,但响应速度较慢;$f_c$ = 30Hz 时滤波器的响应速度较快,但滤波效果较差;$f_c$ = 20Hz 时滤波器的滤波效果和响应速度都比较好。综合考虑滤波效果和响应速度,取$f_c$ = 20Hz 是合适的。

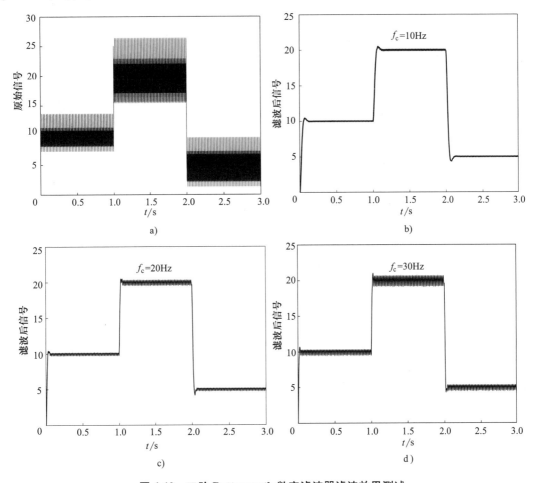

图 4-10 二阶 Butterworth 数字滤波器滤波效果测试
a) 未加滤波器的原始测试信号　b) $f_c$ = 10Hz 的二阶 Butterworth 滤波
c) $f_c$ = 20Hz 的二阶 Butterworth 滤波　d) $f_c$ = 30Hz 的二阶 Butterworth 滤波

## 4.4 基于恒定功率控制的功率同步环(PSL)的原理和参数整定

PSL 是除 PLL 之外得到最广泛应用的一种同步方式[38]。PSL 的主要优势是能够为 VSC 所接入的交流电网提供惯量支撑和电压支撑。本节将给出基于恒定功率控制的 PSL 的模型推导与参数整定方法。

### 4.4.1 基于恒定功率控制的 PSL 的模型推导

先考虑最简单的单个 VSC 并入无穷大系统的情形。根据第 2 章推导出的 MMC 基波等效电路,可以画出单个 VSC 并入无穷大电网的正序基频等效电路如图 4-11 所示。图 4-11 中的

VSC为一般性电压源换流器,可以是二电平 VSC 或三电平 VSC,也可以是 MMC。图 4-11 中,PCC 为 VSC 的并网点;$L_{sys}$ 和 $R_{sys}$ 表示从 PCC 看向交流系统的交流系统等效阻抗,用于刻画并网点 PCC 的系统强度;交流系统等效电势用无穷大系统来表示,并将其作为电压相位基准,其电压相量为 $U_{sys}\angle 0$,其角频率为 $\omega_{sys}$,且 $U_{sys}$ 为恒定值,$\omega_{sys}$ 为恒定值且等于交流电网的额定角频率 $\omega_0$;并网点 PCC 的电压相量为 $U_{pcc}\angle\delta_{pcc}$;VSC 注入交流电网的电流瞬时值为 $i_{pcc}$,注入交流电网的功率为 $P_{pcc}+jQ_{pcc}$;VSC 的内电势为 $U_{diff}\angle\delta_{diff}$;VSC 的内阻抗用 $L_{link}$ 和 $R_{link}$ 表示;VSC 的直流侧电压为 $U_{dc}$,在本节推导 PSL 时设定其为恒定值,即 $U_{dc}$ 恒定是由直流侧的其他电路进行控制的,这个条件对直流侧配有储能的系统或装置是可以满足的,对于直流电网中的非直流电压控制站通常也是可以满足的,但对于不配储能的风电系统和光伏系统,这个条件通常是难以满足的。

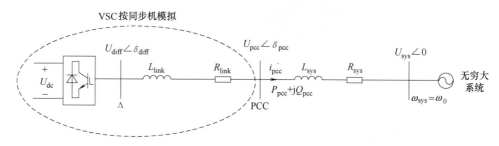

**图 4-11 单个 VSC 并入无穷大系统接线图**

设初始状态下 VSC 的输出有功功率为 $P_{pcc}=P_{pcc0}$,现在要将 $P_{pcc}$ 改变为 $P_{pcc}^*$。在 $P_{pcc}$ 从 $P_{pcc0}$ 变化到 $P_{pcc}^*$ 的过程中,假设 $U_{pcc}$ 保持不变且 VSC 与无穷大系统之间能够保持同步稳定性,则此过程对应于 $\delta_{pcc}$ 从 $\delta_{pcc0}$ 变化到 $\delta_{pcc}^*$。显然,$\delta_{pcc}$ 从 $\delta_{pcc0}$ 变化到 $\delta_{pcc}^*$ 的方式有无穷多种,而选择哪种方式有利就是一个需要研究的问题。根据交流同步电网的运行经验,同步机具有天然的并网同步能力;如果能将 VSC 的运行特性按照同步机的运行特性进行塑造,那么至少 VSC 并网的同步稳定性问题能够得到解决。而虚拟同步机控制正是上述思路的具体实现。

同步机属于机电转换型装置,其机械输入功率 $P_m$ 与电磁输出功率 $P_e$ 之间的关系可以用摇摆方程来描述:

$$\frac{d}{dt}\left(\frac{1}{2}J\omega^2\right)=P_m-P_e \tag{4-48}$$

式中,$J$ 为同步机转子的转动惯量;$\omega$ 为同步机转子的旋转角速度。在同步机并入无穷大电网且保持同步稳定性的条件下,进入稳态后 $\omega$ 一定为恒定值且与无穷大电网的角频率 $\omega_0$ 相等。因此,进入稳态后式(4-48)等号左边的项为零,这样就必然得出 $P_m=P_e$。

根据上述讨论,对于VSC,如果采用虚拟同步机控制,那么前面提出的将 $P_{pcc}$ 从 $P_{pcc0}$ 改变为 $P_{pcc}^*$ 的控制需求可以这么来实现。在式(4-48)中,将 $P_m$ 看作 $P_{pcc}^*$,将 $P_e$ 看作 $P_{pcc}$;这样当 VSC 进入稳态后,$P_{pcc}$ 一定等于 $P_{pcc}^*$。由此我们就得到了 VSC 的虚拟同步机控制方程为

$$\frac{d}{dt}\left(\frac{1}{2}J\omega_{pcc}^2\right)=P_{pcc}^*-P_{pcc} \tag{4-49}$$

式中，$P_{pcc}^*$ 为恒定值；$P_{pcc}$ 为时间 $t$ 的函数；$\omega_{pcc}$ 为 PCC 电压瞬时值 $u_{pcc}(t)$ 对应的空间向量的旋转角速度。展开式（4-49）有

$$J\omega_{pcc}\frac{d\omega_{pcc}}{dt}=P_{pcc}^*-P_{pcc} \tag{4-50}$$

设 VSC 的额定容量为 $S_N$，交流电网的额定角频率为 $\omega_0$，对式（4-50）进行标幺化处理，式（4-50）等号两边同除以 $S_N$ 有

$$2\frac{\left(\frac{1}{2}J\omega_{pcc}\omega_0\right)}{S_N}\frac{d\omega_{pcc,pu}}{dt}=P_{pcc,pu}^*-P_{pcc,pu} \tag{4-51}$$

式中，下标带"pu"的量表示标幺值。由于实际暂态过程中 $\omega_{pcc}$ 偏离 $\omega_0$ 的数值不大，因此近似有 $\omega_{pcc}\approx\omega_0$。这样就有

$$\frac{\left(\frac{1}{2}J\omega_{pcc}\omega_0\right)}{S_N}\approx\frac{\left(\frac{1}{2}J\omega_0^2\right)}{S_N}=H_{vsm} \tag{4-52}$$

注意，式（4-52）中括号部分是虚拟转子的动能，与第 3 章定义"等容量放电时间常数"类似，式（4-52）中的 $H_{vsm}$ 就是"等容量放能时间常数"，通常称为虚拟转子的惯性时间常数，其单位为 s。这样，式（4-51）变为

$$2H_{vsm}\frac{d\omega_{pcc,pu}}{dt}=P_{pcc,pu}^*-P_{pcc,pu} \tag{4-53}$$

对式（4-53）中的 $P_{pcc,pu}$ 采用准稳态方程进行描述，设定 $U_{pcc}=U_{sys}=U_N$，这里 $U_N$ 为 PCC 的额定电压，并忽略系统等效阻抗中的 $R_{sys}$，则有

$$P_{pcc,pu}=\frac{1}{S_N}\frac{U_{pcc}U_{sys}}{X_{sys}}\sin\delta_{pcc}=\frac{1}{S_N}\frac{U_N^2}{X_{sys}}\sin\delta_{pcc}=\frac{S_{sc,pcc}}{S_N}\sin\delta_{pcc}=\rho_{pcc}\sin\delta_{pcc} \tag{4-54}$$

式中，$S_{sc,pcc}$ 是系统为 PCC 提供的短路容量；$\rho_{pcc}$ 为 PCC 的短路比；$\delta_{pcc}$ 满足如下方程：

$$\delta_{pcc}=\int(\omega_{pcc}-\omega_{sys})dt=\omega_0\int\left(\frac{\omega_{pcc}}{\omega_0}-\frac{\omega_{sys}}{\omega_0}\right)dt=\omega_0\int(\omega_{pcc,pu}-\omega_{sys,pu})dt \tag{4-55}$$

故

$$\frac{d\delta_{pcc}}{dt}=\omega_0(\omega_{pcc,pu}-\omega_{sys,pu}) \tag{4-56}$$

这样式（4-53）变为

$$2H_{vsm}\frac{d\omega_{pcc,pu}}{dt}=P_{pcc,pu}^*-\rho_{pcc}\sin\delta_{pcc} \tag{4-57}$$

对式（4-56）和式（4-57）在新的稳态工作点（$P_{pcc,pu}=P_{pcc,pu}^*$，$\omega_{pcc,pu}=\omega_{0,pu}$，$\delta_{pcc}=\delta_{pcc}^*$）上做小信号分析，令 $\Delta\omega_{pcc,pu}=\omega_{pcc,pu}-\omega_{0,pu}$，$\Delta\delta_{pcc}=\delta_{pcc}-\delta_{pcc}^*$，有

$$\begin{cases}\dfrac{d\Delta\delta_{pcc}}{dt}=\omega_0(\Delta\omega_{pcc,pu}-\Delta\omega_{sys,pu})=\omega_0(\Delta\omega_{pcc,pu}-\Delta\omega_{0,pu})=\omega_0\Delta\omega_{pcc,pu}\\ 2H_{vsm}\dfrac{d\Delta\omega_{pcc,pu}}{dt}=\Delta P_{pcc,pu}^*-\rho_{pcc}\cos\delta_{pcc}^*\Delta\delta_{pcc}=-\rho_{pcc}\cos\delta_{pcc}^*\Delta\delta_{pcc}\end{cases} \tag{4-58}$$

式（4-58）可以化为 2 阶常微分方程：

$$\frac{2H_{vsm}}{\omega_0}\frac{d^2\Delta\delta_{pcc}}{dt^2}+(\rho_{pcc}\cos\delta_{pcc}^*)\Delta\delta_{pcc}=0 \qquad (4\text{-}59)$$

式（4-59）对应的特征方程为

$$\frac{2H_{vsm}}{\omega_0}\lambda^2+(\rho_{pcc}\cos\delta_{pcc}^*)=0 \qquad (4\text{-}60)$$

式（4-60）的特征根为

$$\lambda_{1,2}=\pm j\sqrt{\frac{\omega_0\rho_{pcc}\cos\delta_{pcc}^*}{2H_{vsm}}} \qquad (4\text{-}61)$$

显然式（4-59）所描述的系统是一个无阻尼振荡系统，其振荡频率由式（4-61）给出。为了使 $\delta_{pcc}$ 能从 $\delta_{pcc0}$ 稳定地达到 $\delta_{pcc}^*$，需要在摇摆方程中人为地加入阻尼项，即需要在式（4-60）的特征方程中增加一个 $\lambda$ 的一次项，且其系数必须为正。对应地需要在式（4-53）的摇摆方程中加入阻尼项，阻尼项的形式必须为包含 $\omega_{pcc,pu}$ 的一次式。显然此种阻尼项的形式不是唯一的，但借鉴同步机并入无穷大系统时的阻尼项表达式，用 $D_{vsm}(\omega_{pcc,pu}-\omega_{0,pu})$ 来表示阻尼项，从而得到 VSC 的包含阻尼的完整摇摆方程为

$$2H_{vsm}\frac{d\omega_{pcc,pu}}{dt}=P_{pcc,pu}^*-P_{pcc,pu}-D_{vsm}(\omega_{pcc,pu}-\omega_{0,pu}) \qquad (4\text{-}62)$$

式中，$D_{vsm}$ 为阻尼系数，单位为 pu；$\omega_{0,pu}=1$。对式（4-62）在工作点（$P_{pcc,pu}=P_{pcc,pu}^*$，$\omega_{pcc,pu}=\omega_{0,pu}$，$\delta_{pcc}=\delta_{pcc}^*$）上做小信号分析，令 $\Delta\omega_{pcc,pu}=\omega_{pcc,pu}-\omega_{0,pu}$，$\Delta\delta_{pcc}=\delta_{pcc}-\delta_{pcc}^*$，$\Delta P_{pcc,pu}=P_{pcc,pu}-P_{pcc,pu}^*$，则式（4-62）可以改写为

$$2H_{vsm}\frac{d\Delta\omega_{pcc,pu}}{dt}=-\Delta P_{pcc,pu}-D_{vsm}\Delta\omega_{pcc,pu} \qquad (4\text{-}63)$$

类似于式（4-60）的推导，可以得到小信号系统对应的 2 阶常微分方程为

$$\frac{2H_{vsm}}{\omega_0}\frac{d^2\Delta\delta_{pcc}}{dt^2}+\frac{D_{vsm}}{\omega_0}\frac{d\Delta\delta_{pcc}}{dt}+(\rho_{pcc}\cos\delta_{pcc}^*)\Delta\delta_{pcc}=0 \qquad (4\text{-}64)$$

式（4-64）对应的系统特征方程为

$$\frac{2H_{vsm}}{\omega_0}\lambda^2+\frac{D_{vsm}}{\omega_0}\lambda+(\rho_{pcc}\cos\delta_{pcc}^*)=0 \qquad (4\text{-}65)$$

式（4-65）的特征根为

$$\lambda_{1,2}=-\frac{D_{vsm}}{4H_{vsm}}\pm j\sqrt{\frac{8H_{vsm}\omega_0\rho_{pcc}\cos\delta_{pcc}^*-D_{vsm}^2}{16H_{vsm}^2}} \qquad (4\text{-}66)$$

对应的阻尼比 $\zeta$ 为

$$\zeta=\frac{D_{vsm}}{\sqrt{8H_{vsm}\omega_0\rho_{pcc}\cos\delta_{pcc}^*}} \qquad (4\text{-}67)$$

在式（4-63）中用拉普拉斯算子 $s$ 代替微分算子 $d/dt$，得到计算 $\Delta\omega_{pcc,pu}$ 的传递函数为

$$\Delta\omega_{pcc,pu}=\frac{1}{2H_{vsm}s+D_{vsm}}(P_{pcc,pu}^*-P_{pcc,pu}) \qquad (4\text{-}68)$$

设图 4-11 中 PCC 电压瞬时值 $u_{pcc}(t)$ 对应的空间向量的旋转角为 $\theta_{pcc}(t)$，则有

$$\theta_{pcc}(t) = \int \omega_{pcc}(t) dt = \int (\omega_{0,pu} + \Delta\omega_{pcc,pu}) \omega_0 dt \tag{4-69}$$

因此，根据式（4-68）和式（4-69）可以得到计算 $\theta_{pcc}(t)$ 的传递函数框图如图 4-12 所示。

### 4.4.2 PSL 的参数整定

基于恒定功率控制的 PSL 的参数整定涉及 2 个参数，一个是虚拟惯性时间常数 $H_{vsm}$，另一个是阻尼系数 $D_{vsm}$。所涉及的约束条件也是 2 个，一个是 VSC 的功率调节裕度，另一个是式（4-67）中的阻尼比 $\zeta$ 取最优值 $1/\sqrt{2}$。

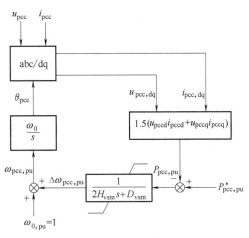

图 4-12 基于恒定功率控制的 PSL 框图

首先讨论 VSC 功率调节裕度对 $H_{vsm}$ 取值的约束，由于阻尼功率通常较小，先忽略不计。根据式（4-53）有

$$\frac{2H_{vsm}}{f_0}\frac{df_{pcc}}{dt} = P_{pcc,pu}^* - P_{pcc,pu} = \Delta P_{margin} \tag{4-70}$$

式中，$\Delta P_{margin}$ 为 VSC 的功率调节裕度，单位为 pu；$df_{pcc}/dt$ 为频率变化率（Rate of Change of Frequency，RoCoF），其决定于扰动的大小和电网的特性。式（4-70）表达了 VSC 的功率裕度与惯量支撑之间的转换关系。如果 VSC 的功率裕度为零，那么惯性常数 $H_{vsm}$ 就等于零。在 $\Delta P_{margin}$ 不等于零的条件下，VSC 可以提供惯量支撑，其值可以表达为

$$H_{vsm} = \frac{f_0}{2}\frac{|\Delta P_{margin}|}{|df_{pcc}/dt|} \tag{4-71}$$

对于大多数电网，RoCoF 的值不会大于 1Hz/s；而 $\Delta P_{margin}$ 的最大值为 1。根据式（4-71），VSC 能够提供的惯量支撑值 $H_{vsm}$ 的变化范围是由 RoCoF 的值和 $\Delta P_{margin}$ 的值决定的，在此范围内对 $H_{vsm}$ 进行取值都是可行的。这一点是与同步发电机完全不同的，同步发电机的惯性时间常数是一个常值。只要 VSC 有一定的功率调节裕度，比如还有 10% 的功率调节裕度，那么 $H_{vsm}$ 的最小值是 2.5s。一般情况下 VSC 的虚拟转子惯性时间常数 $H_{vsm}$ 取 4s 是合适的。

下面讨论阻尼系数 $D_{vsm}$ 的取值方法。根据 2 阶系统的响应特性，式（4-67）中 $\zeta$ 的最优值为 $1/\sqrt{2}$。而根据式（4-54）有

$$\rho_{pcc}\cos\delta_{pcc}^* = \sqrt{\rho_{pcc}^2 - (P_{pcc,pu}^*)^2} \tag{4-72}$$

因此根据式（4-67）和式（4-72）得到最优的 $D_{vsm}$ 值为

$$D_{vsm} = \frac{\sqrt{8H_{vsm}\omega_0\rho_{pcc}\cos\delta_{pcc}^*}}{\sqrt{2}} = \sqrt{4H_{vsm}\omega_0\sqrt{\rho_{pcc}^2 - (P_{pcc,pu}^*)^2}} \tag{4-73}$$

对式（4-73），实际应用中应尽量让 $D_{vsm}$ 取小值，因此可以令 $P_{pcc,pu}^* = 1$，这样 $D_{vsm}$ 的最优值就只与 $\rho_{pcc}$ 有关，如下式所示：

$$D_{vsm} = \sqrt{4H_{vsm}\omega_0\sqrt{\rho_{pcc}^2 - 1}} \tag{4-74}$$

例如，对于50Hz电网，当$H_{vsm}$取4s时，若$\rho_{pcc}=2$，则$D_{vsm}=93.3$；若$\rho_{pcc}=5$，则$D_{vsm}=156.9$。显然，当$\rho_{pcc} \geq 5$时，$\rho_{pcc}^2 \gg 1$，此时，式（4-74）可以近似为

$$D_{vsm} \approx 2\sqrt{H_{vsm}\omega_0\rho_{pcc}}, \quad 当\rho_{pcc} \geq 5 时 \tag{4-75}$$

式（4-75）表明，阻尼系数$D_{vsm}$与短路比的平方根成正比，短路比越大，$D_{vsm}$的取值应越大。这就是为什么采用恒定阻尼系数$D_{vsm}$时，对于弱系统（短路比小）阻尼效果很好，而对于强系统（短路比大）阻尼效果较差的原因。

那么，对于强系统，按照式（4-75），$D_{vsm}$取值很大时，对系统运行又有什么影响呢？当采用图4-11所示的单VSC接入无穷大系统模型时，稳态下电网频率与额定频率之间无偏差，即使$D_{vsm}$取值很大，也不影响VSC的输出功率$P_{pcc}$跟踪功率指令值$P_{pcc}^*$。但按照图4-11模型设计的VSC接入到实际电网时，稳态下电网频率与额定频率之间存在偏差，即$\Delta\omega_{pcc,pu} \neq 0$，此时根据式（4-62）得到VSC的输出功率$P_{pcc}$与功率指令值$P_{pcc}^*$之间的关系为

$$P_{pcc,pu} = P_{pcc,pu}^* - D_{vsm}\Delta\omega_{pcc,pu} \tag{4-76}$$

当电网频率低于额定频率时，$\Delta\omega_{pcc,pu} < 0$，因而$P_{pcc,pu} > P_{pcc,pu}^*$；当电网频率高于额定频率时，$\Delta\omega_{pcc,pu} > 0$，因而$P_{pcc,pu} < P_{pcc,pu}^*$。这个特性说明阻尼系数$D_{vsm}$还具有一次调频的功能，当然这个功能的实现依赖于VSC本身的有功裕度是否充足。可见，对于强系统，按照式（4-75），$D_{vsm}$取值很大时，对电网运行并不存在不利的影响。

参数整定实例：设置4种VSC并入系统的场景。第1种场景设定并网点为弱系统，参数整定结果为$\rho_{pcc}=2$，$H_{vsm}=4s$，$D_{vsm}=93.3$；第2种场景设定并网点为强系统，参数整定结果为$\rho_{pcc}=5$，$H_{vsm}=4s$，$D_{vsm}=156.9$；第3种场景设定并网点为强系统，仍然采用弱系统下的阻尼系数，相关参数为$\rho_{pcc}=5$，$H_{vsm}=4s$，$D_{vsm}=93.3$；第4种场景设定并网点为弱系统，但采用强系统下的阻尼系数，相关参数为$\rho_{pcc}=2$，$H_{vsm}=4s$，$D_{vsm}=156.9$。运行条件为$U_{pcc}=U_{sys}=U_N$，0~1s时间段VSC处于零功率输出的初始状态，1s时$P_{pcc,pu}^*$从0pu跳变到0.5pu，6s时$P_{pcc,pu}^*$从0.5pu跳变到1.0pu，11s时$P_{pcc,pu}^*$从1.0pu跳变到0.5pu，16s时$P_{pcc,pu}^*$从0.5pu跳变到0pu，仿真到20s结束。

根据式（4-54）、式（4-56）和式（4-62），本实例的时域响应特性可以通过求解如下的微分方程得到。

$$\begin{cases} \dfrac{d\Delta\omega_{pcc,pu}}{dt} = \dfrac{1}{2H_{vsm}}(P_{pcc,pu}^* - \rho_{pcc}\sin\delta_{pcc} - D_{vsm}\Delta\omega_{pcc,pu}) \\ \dfrac{d\delta_{pcc}}{dt} = \omega_0\Delta\omega_{pcc,pu} \end{cases} \tag{4-77}$$

通过求解式（4-77），可以得到4种场景下的时域响应特性如图4-13所示。

从图4-13a和b可以看出，采用式（4-74）给出的最优阻尼系数$D_{vsm}$可以得到很平稳的动态响应特性。从图4-13c可以看出，当采用PCC弱系统条件下得到的阻尼系数$D_{vsm}$而在强系统条件下运行时，VSC动态响应特性的振荡就比较明显，这也验证了采用恒定阻尼系数$D_{vsm}$时系统越强振荡越强烈的现象。从图4-13d可以看出，当采用PCC强系统条件下得到的阻尼系数$D_{vsm}$而在弱系统条件下运行时，VSC动态响应特性没有振荡。

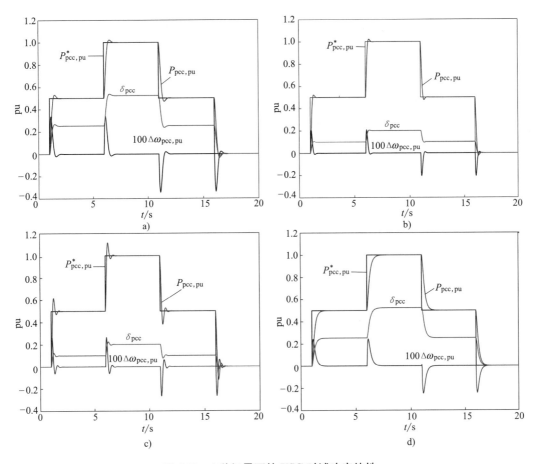

图 4-13  4 种场景下的 VSC 时域响应特性
a) 场景 1 下的 VSC 时域响应特性　b) 场景 2 下的 VSC 时域响应特性
c) 场景 3 下的 VSC 时域响应特性　d) 场景 4 下的 VSC 时域响应特性

## 4.4.3  按单机无穷大系统设计的 PSL 对系统频率变化的适应性分析

尽管按照图 4-11 所示的单机无穷大系统模型设计出来的 PSL 在单机无穷大系统下具有良好的性能；但当这种 PSL 用于实际电网时，其适应性如何还需要验证。实际电网的一个根本特性为其频率是随时间而变化的，通常实际电网的频率在额定频率 $f_0$ 附近波动。为分析方便，将实际电网的频率波动量等效为正弦波动量，则图 4-11 模型仍然可用于对 VSC 接入实际电网的行为进行分析，只不过 $\omega_{sys}$ 将不等于常值 $\omega_0$。设图 4-11 中的交流等效系统为惯量有限的实际电网，其频率按照下式变化：

$$f_{sys} = f_0 + A_{flut}\sin(2\pi f_{flut}t) \tag{4-78}$$

式中，$A_{flut}$ 为频率波动量的幅值；$f_{flut}$ 为频率波动量的变化频率。

根据式 (4-56)，当 PSL 用于实际电网时，PCC 电压与系统等效电势之间的相角差 $\delta_{pcc}$ 由 $\omega_{pcc,pu} - \omega_{sys,pu}$ 决定。令 $\Delta\omega_{pcc,pu} = \omega_{pcc,pu} - \omega_{sys,pu}$，则根据式（4-62）得到考虑系统频率变化时的 VSC 摇摆方程为

$$2H_{vsm}\frac{d(\Delta\omega_{pcc,pu}+\omega_{sys,pu})}{dt}=P^*_{pcc,pu}-P_{pcc,pu}-D_{vsm}(\omega_{pcc,pu}-\omega_{sys,pu}+\omega_{sys,pu}-\omega_{0,pu}) \quad (4-79)$$

在假定 PCC 电压模值和系统等效电势模值等于额定值的条件下，根据式（4-54）和式（4-79）得到 VSC 的摇摆方程变为

$$\begin{cases}\dfrac{d\Delta\omega_{pcc,pu}}{dt}=\dfrac{P^*_{pcc,pu}-\rho_{pcc}\sin\delta_{pcc}-D_{vsm}(\Delta\omega_{pcc,pu}+A_{flut,pu}\sin(2\pi f_{flut}t))}{2H_{vsm}}-2\pi A_{flut,pu}f_{flut}\cos(2\pi f_{flut}t)\\ \dfrac{d\delta_{pcc}}{dt}=\omega_0\Delta\omega_{pcc,pu}\end{cases}$$

$$(4\text{-}80)$$

式中，$A_{flut,pu}=A_{flut}/f_0$。

设测试系统的参数为 $\rho_{pcc}=2$、$H_{vsm}=4s$、$D_{vsm}=93.3$，运行条件为 $U_{pcc}=U_{sys}=U_N$。固定式（4-80）中的 $P^*_{pcc,pu}=0.5$ 和 $f_{flut}=0.01Hz$，考察 $A_{flut,pu}$ 变化时 $P_{pcc,pu}$ 跟踪 $P^*_{pcc,pu}$ 的能力。通过求解式（4-80），可以得到不同 $A_{flut,pu}$ 下的 VSC 的时域响应特性如图 4-14 所示。

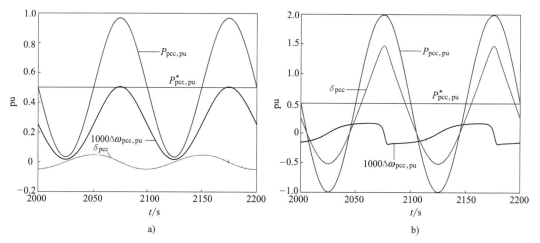

**图 4-14 $A_{flut,pu}$ 变化时的 VSC 时域响应特性**
a) $A_{flut,pu}$ 取 0.005   b) $A_{flut,pu}$ 取 0.016

从图 4-14 可以看出，当 $A_{flut,pu}$ 取 0.005pu 时，VSC 的输出功率 $P_{pcc,pu}$ 的峰值已接近其额定值 1；当 $A_{flut,pu}$ 取 0.016pu 时，PCC 电压与系统等效电势之间的相角差 $\delta_{pcc}$ 已接近其稳定极限 90°，而 VSC 的输出功率 $P_{pcc,pu}$ 的峰值已大大超出其额定值 1。因此，按单机无穷大系统设计的 PSL 适应系统频率变化的第一个约束条件是其输出功率不能超出其额定值。显然，VSC 能否运行在第一个约束条件下与 VSC 的功率指令值 $P^*_{pcc,pu}$、VSC 接入点的系统强度 $\rho_{pcc}$ 和系统频率的变化速度有关。

对于本算例所设定的 VSC 和 PSL 参数，我们定义电网频率的波动频率 $f_{flut}$ 等于 0.01Hz、波动幅度 $A_{flut,pu}$ 为 0.005pu 的运行条件为基于单机无穷大系统设计的 PSL 可以运行的临界条件。根据式（4-78）有

$$\left|\frac{df_{sys}}{dt}\right|_{max}=|A_{flut}2\pi f_{flut}\cos(2\pi f_{flut}t)|_{max}=A_{flut}2\pi f_{flut}=0.005\times50\times2\pi\times0.01Hz/s=0.0157Hz/s$$

$$(4\text{-}81)$$

式（4-81）表明，对于本算例所设定的条件，基于单机无穷大系统设计的 PSL 可以正常运行的条件是电网的 RoCoF 不能大于 0.0157Hz/s。对照式（4-14），PSL 对电网 RoCoF 的要求比 SRF-PLL 高得多，两者相差 400 倍。

针对基于单机无穷大系统设计的 PSL，存在这样一对矛盾。本来，采用功率同步控制的目的就是为了增加电网的惯量，而 PSL 对电网 RoCoF 的要求非常严苛，其并不能在低惯量系统中正常运行。如何消除这对矛盾，确实是一个重大技术挑战。当前，最典型的低惯量系统是包含少量同步机的新能源基地，对于这样的新能源基地，每个发电单元该如何控制，值得研究。

### 4.4.4 按单机无穷大系统设计的 PSL 对系统电压跌落的适应性分析

对于按照图 4-11 所示模型设计的 PSL，当交流系统发生故障导致电压跌落时，以 PCC 电压与系统等效电势之间的相角差 $\delta_{pcc}$ 等于 90° 作为考核其抗电压扰动能力的指标。那么对于弱系统（$\rho_{pcc}=2$），如初始状态为满功率送出状态，那么 PCC 电压 $U_{pcc}$ 跌落到零的时间超过 400ms，$\delta_{pcc}$ 就会大于 90°。对于强系统（$\rho_{pcc}=5$），如初始状态为满功率送出状态，那么 PCC 电压 $U_{pcc}$ 跌落到零的时间超过 800ms，$\delta_{pcc}$ 就会大于 90°。说明 PSL 抗电压扰动能力与系统强度和初始运行状态有关，考虑故障清除时间通常为 100ms，说明 PSL 具有良好的抗电压扰动能力。

## 4.5 基于恒定直流电压控制的电压同步环（VSL）推导和参数整定

### 4.5.1 基于恒定直流电压控制的 VSL 推导

与 PSL 的推导类似，考虑最简单的单个 VSC 并入无穷大系统的情形，系统接线如图 4-15 所示。图 4-15 中，$P_{dc}$ 为直流侧注入 VSC 的功率，$C_{dc}$ 为 VSC 折算到其直流侧的等效电容，$G_{dc}$ 为描述 VSC 所有损耗的折算到直流侧的等效电导，$U_{dc}$ 为电容 $C_{dc}$ 上的电压，其他变量与图 4-11 一致。图 4-15 模型用于描述直流输电系统中的定直流电压控制换流器，或全功率换流器型风力发电系统中的网侧定直流电压控制换流器，或光伏发电系统中的网侧定直流电压控制换流器。其运行特性是，直流侧输入功率 $P_{dc}$ 是随时间变化的，因而 VSC 注入交流系统的功率 $P_{pcc}$ 必须跟随 $P_{dc}$ 而变化，而直流电压 $U_{dc}$ 保持恒定则标志着输入功率与输出功率的平衡。

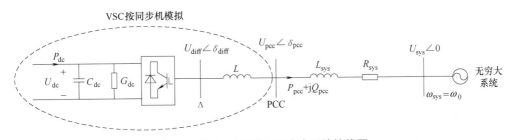

图 4-15 单个 VSC 并入无穷大系统接线图

设初始状态下 VSC 的输入功率 $P_{dc0}$ 与输出功率 $P_{pcc0}$ 相互匹配，图 4-15 系统处于稳态，

且 $U_{dc}$ 等于其指令值 $U_{dc}^*$，注意 $U_{dc}^*$ 为常数。现在输入功率 $P_{dc}$ 从 $P_{dc0}$ 变化到了 $P_{dc1}$，如果图 4-15 系统在此功率变化过程中能够保持同步稳定性并能将 $U_{dc}$ 控制到其指令值 $U_{dc}^*$，那么图 4-15 系统一定会再次进入稳态。设新的稳态下 $P_{pcc} = P_{pcc1}$，$U_{dc} = U_{dc}^*$。显然，$P_{pcc}$ 从 $P_{pcc0}$ 变化到 $P_{pcc1}$ 的方式有无穷多种，采用与 PSL 推导过程中同样的论据，决定将 VSC 的运行特性按照同步机的运行特性进行塑造。

首先忽略 VSC 的所有损耗，将 $P_{dc}$ 与机械功率相对应，将 $P_{pcc}$ 与电磁功率相对应，仿照 PSL 的推导过程，根据式（4-48）~式（4-62），可以得到

$$2H_{vsm}\frac{d\omega_{pcc,pu}}{dt} = P_{dc,pu} - P_{pcc,pu} - D_{vsm}(\omega_{pcc,pu} - \omega_{0,pu}) \tag{4-82}$$

式中，除 $P_{dc,pu}$ 外，其余变量在式（4-48）~式（4-62）中已定义过，而 $P_{dc,pu}$ 是输入功率 $P_{dc}$ 相对于 VSC 额定容量 $S_N$ 的标幺值。

显然在新的稳态工作点下，因忽略了 VSC 的所有损耗，故有 $P_{dc1,pu} = P_{pcc1,pu}$。这样式（4-82）可以改写为

$$2H_{vsm}\frac{d\omega_{pcc,pu}}{dt} = (P_{dc,pu} - P_{dc1,pu}) - (P_{pcc,pu} - P_{pcc1,pu}) - D_{vsm}(\omega_{pcc,pu} - \omega_{0,pu}) \tag{4-83}$$

在新的稳态工作点 $P_{dc1,pu}$ 和 $P_{pcc1,pu}$ 上定义增量，令 $\Delta\omega_{pcc,pu} = \omega_{pcc,pu} - \omega_{0,pu}$，$\Delta P_{dc,pu} = P_{dc,pu} - P_{dc1,pu}$，$\Delta P_{pcc,pu} = P_{pcc,pu} - P_{pcc1,pu}$，式（4-83）变为

$$2H_{vsm}\frac{d\Delta\omega_{pcc,pu}}{dt} = \Delta P_{dc,pu} - \Delta P_{pcc,pu} - D_{vsm}\Delta\omega_{pcc,pu} \tag{4-84}$$

而另一方面，根据图 4-15 可以得到对应的功率平衡方程为

$$P_{dc} - P_{pcc} = \frac{d}{dt}\left(\frac{1}{2}C_{dc}U_{dc}^2\right) + G_{dc}U_{dc}^2 \tag{4-85}$$

对式（4-85）进行标幺化，设功率基准值为 VSC 额定容量 $S_N$，直流电压基准值为直流电压额定值 $U_{dcN}$，则式（4-85）变为

$$P_{dc,pu} - P_{pcc,pu} = \frac{\frac{1}{2}C_{dc}U_{dcN}^2}{S_N}\frac{d}{dt}(U_{dc,pu}^2) + \frac{U_{dcN}^2 G_{dc}}{S_N}U_{dc,pu}^2 \tag{4-86}$$

定义

$$\begin{cases} H_{vsc} = \dfrac{\frac{1}{2}C_{dc}U_{dcN}^2}{S_N} \\ G_{dc,pu} = \dfrac{U_{dcN}^2 G_{dc}}{S_N} \end{cases} \tag{4-87}$$

称 $H_{vsc}$ 为 VSC 的等容量放电时间常数，单位为 s，其意义与式（3-28）中的等容量放电时间常数完全一致；而 $G_{dc,pu}$ 为等效直流侧电导标幺值，则式（4-86）变为

$$P_{dc,pu} - P_{pcc,pu} = H_{vsc}\frac{d}{dt}(U_{dc,pu}^2) + G_{dc,pu}U_{dc,pu}^2 \tag{4-88}$$

当输入功率 $P_{dc}$ 从 $P_{dc0}$ 变化到了 $P_{dc1}$ 并进入新的稳态时，有 $P_{pcc}=P_{pcc1}$，$U_{dc}=U_{dc}^*$。故根据式（4-88）存在如下关系：

$$P_{dc1,pu}-P_{pcc1,pu}=G_{dc,pu}(U_{dc,pu}^*)^2 \tag{4-89}$$

将式（4-88）与式（4-89）相减得到

$$(P_{dc,pu}-P_{dc1,pu})-(P_{pcc,pu}-P_{pcc1,pu})=H_{vsc}\frac{d}{dt}(U_{dc,pu}^2-U_{dc,pu}^{*2})+G_{dc,pu}(U_{dc,pu}^2-U_{dc,pu}^{*2}) \tag{4-90}$$

在新的稳态工作点 $P_{dc1,pu}$ 和 $P_{pcc1,pu}$ 上定义增量，令 $\Delta P_{dc,pu}=P_{dc,pu}-P_{dc1,pu}$，$\Delta P_{pcc,pu}=P_{pcc,pu}-P_{pcc1,pu}$，则式（4-90）变为

$$\Delta P_{dc,pu}-\Delta P_{pcc,pu}=H_{vsc}\frac{d}{dt}(U_{dc,pu}^2-U_{dc,pu}^{*2})+G_{dc,pu}(U_{dc,pu}^2-U_{dc,pu}^{*2}) \tag{4-91}$$

这样，根据式（4-84）和式（4-91）有

$$2H_{vsm}\frac{d\Delta\omega_{pcc,pu}}{dt}+D_{vsm}\Delta\omega_{pcc,pu}=H_{vsc}\frac{d}{dt}(U_{dc,pu}^2-U_{dc,pu}^{*2})+G_{dc,pu}(U_{dc,pu}^2-U_{dc,pu}^{*2}) \tag{4-92}$$

在式（4-92）中用拉普拉斯算子 $s$ 代替微分算子 $d/dt$，得到计算 $\Delta\omega_{pcc,pu}$ 的传递函数为

$$\Delta\omega_{pcc,pu}=\frac{H_{vsc}s+G_{dc,pu}}{2H_{vsm}s+D_{vsm}}(U_{dc,pu}^2-U_{dc,pu}^{*2}) \tag{4-93}$$

设图 4-15 中 PCC 电压瞬时值 $u_{pcc}(t)$ 对应的空间向量的旋转角为 $\theta_{pcc}(t)$，则仿照 PSL 的推导过程，根据式（4-93）可以得到计算 $\theta_{pcc}(t)$ 的传递函数框图如图 4-16 所示。

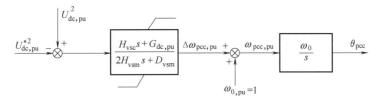

图 4-16 基于恒定直流电压控制的 VSL 框图

## 4.5.2 基于恒定直流电压控制的 VSL 参数整定

在本节设定的直流电压动态过程中，已经假定了 $P_{dc}$ 跳变为 $P_{dc1}$ 作为动态过程的驱动力，因此式（4-83）中等式右端的第 1 项 $P_{dc,pu}-P_{dc1,pu}=0$。这样，根据式（4-83）可以导出与式（4-63）完全一致的小信号微分方程。因此，上节基于恒定功率控制的 PSL 的优化参数整定方法仍然适用，不再重复。

VSC 的等容量放电时间常数 $H_{vsc}$ 与电容值成线性关系，$H_{vsc}$ 大意味着采用的电容值大，投资成本增大。实际工程一旦建成，$H_{vsc}$ 就是定值，不能改变。对于直流输电工程中使用的 MMC，第 3 章已介绍过 $H_{mmc}$ 的典型值为 40ms，对于光伏和风电系统中使用的二电平或三电平 VSC，其等容量放电时间常数 $H_{vsc}$ 一般小于 MMC，即不到 40ms。

VSC 的损耗用 $G_{dc,pu}$ 表示，损耗 $P_{loss}$ 占 VSC 额定容量 $S_N$ 的标幺值就等于 $G_{dc,pu}$，即 $P_{loss}/S_N=G_{dc,pu}$。对于直流输电用 MMC，损耗一般为 1% 左右。尽管损耗随工况会有所变化，但由于其值较小，通常就用恒定值表示。

### 4.5.3 基于恒定直流电压控制的 VSL 的响应特性分析

设 $P_{\text{dc,pu}}^*$ 按如下方式变化：

$$P_{\text{dc,pu}}^* = P_{\text{dc0,pu}} + A_{\text{pwr,pu}} \sin(2\pi f_{\text{pwr}} t) \tag{4-94}$$

式中，$P_{\text{dc0,pu}}$ 为直流侧输入功率恒定分量；$A_{\text{pwr,pu}}$ 为直流侧输入功率的交变分量幅值；$f_{\text{pwr}}$ 为直流侧输入功率交变分量的频率。为了分析按照图 4-15 模型设计的 VSL 的时域响应特性，以下对不同参数组合下 VSC 的时域响应特性进行计算，考核的核心指标是直流电压偏离其指令值的程度，即 $\Delta U_{\text{dc,pu}} = U_{\text{dc,pu}} - U_{\text{dc,pu}}^*$。通常认为直流电压偏离其指令值的程度不能大于 10%，即 $-0.1 \leq \Delta U_{\text{dc,pu}} \leq 0.1$ 为满足要求。

**1. 强系统与弱系统的响应特性对比**

设置两种 VSC 并入系统的场景。第 1 种场景设定并网点为弱系统，$\rho_{\text{pcc}} = 2$，$H_{\text{vsm}} = 4\text{s}$，$D_{\text{vsm}} = 93.3$；第 2 种场景设定并网点为强系统，$\rho_{\text{pcc}} = 5$，$H_{\text{vsm}} = 4\text{s}$，$D_{\text{vsm}} = 156.9$。两种场景下系统的运行条件都是 $U_{\text{pcc,pu}} = U_{\text{sys,pu}} = 1$。根据式（4-54）、式（4-56）、式（4-88）和式（4-92），VSC 的时域响应特性可以通过求解如下的微分方程得到。

$$\begin{cases} P_{\text{dc,pu}} - \rho_{\text{pcc}} \sin\delta_{\text{pcc}} = H_{\text{vsc}} \dfrac{\text{d}}{\text{d}t}(U_{\text{dc,pu}}^2 - U_{\text{dc,pu}}^{*2}) + G_{\text{dc,pu}}(U_{\text{dc,pu}}^2 - U_{\text{dc,pu}}^{*2}) + G_{\text{dc,pu}} U_{\text{dc,pu}}^{*2} \\ 2H_{\text{vsm}} \dfrac{\text{d}\Delta\omega_{\text{pcc,pu}}}{\text{d}t} + D_{\text{vsm}} \Delta\omega_{\text{pcc,pu}} = H_{\text{vsc}} \dfrac{\text{d}}{\text{d}t}(U_{\text{dc,pu}}^2 - U_{\text{dc,pu}}^{*2}) + G_{\text{dc,pu}}(U_{\text{dc,pu}}^2 - U_{\text{dc,pu}}^{*2}) \\ \dfrac{\text{d}\delta_{\text{pcc}}}{\text{d}t} = \omega_0 \Delta\omega_{\text{pcc,pu}} \end{cases} \tag{4-95}$$

将式（4-95）整理成标准微分方程组形式为

$$\begin{cases} \dfrac{\text{d}}{\text{d}t}(U_{\text{dc,pu}}^2 - U_{\text{dc,pu}}^{*2}) = \dfrac{1}{H_{\text{vsc}}}(-G_{\text{dc,pu}}(U_{\text{dc,pu}}^2 - U_{\text{dc,pu}}^{*2}) - G_{\text{dc,pu}} U_{\text{dc,pu}}^{*2} - \rho_{\text{pcc}} \sin\delta_{\text{pcc}} + P_{\text{dc,pu}}) \\ \dfrac{\text{d}\Delta\omega_{\text{pcc,pu}}}{\text{d}t} = \dfrac{1}{2H_{\text{vsm}}}(-D_{\text{vsm}} \Delta\omega_{\text{pcc,pu}} + P_{\text{dc,pu}} - \rho_{\text{pcc}} \sin\delta_{\text{pcc}} - G_{\text{dc,pu}} U_{\text{dc,pu}}^{*2}) \\ \dfrac{\text{d}\delta_{\text{pcc}}}{\text{d}t} = \omega_0 \Delta\omega_{\text{pcc,pu}} \end{cases}$$

$$\tag{4-96}$$

设置 VSC 本身参数为 $U_{\text{dc,pu}}^* = 1$，$P_{\text{dc0,pu}} = 0.5$，$A_{\text{pwr,pu}} = 0.2$，$f_{\text{pwr}} = 0.1\text{Hz}$，$H_{\text{vsc}} = 40\text{ms}$，$G_{\text{dc,pu}} = 0.01$。通过求解式（4-96），可以得到弱系统场景和强系统场景下的时域响应特性如图 4-17 所示。从图 4-17 可以看出，两种情况下直流电压偏离度都大于 10%，其中强系统下的直流电压偏离度相对较小。

**2. 输入功率变化频率不同时的响应特性对比**

参数设置和运行条件为 $\rho_{\text{pcc}} = 3$，$H_{\text{vsm}} = 4\text{s}$，$D_{\text{vsm}} = 119.3$，$U_{\text{pcc,pu}} = U_{\text{sys,pu}} = 1$，$U_{\text{dc,pu}}^* = 1$，$P_{\text{dc0,pu}} = 0.5$，$A_{\text{pwr,pu}} = 0.2$，$H_{\text{vsc}} = 40\text{ms}$，$G_{\text{dc,pu}} = 0.01$。通过求解式（4-96），可以得到如图 4-18 所示的 VSC 动态响应曲线，其中 $f_{\text{pwr}}$ 分别取 0.05Hz、0.04Hz、0.02Hz 和 0.01Hz。

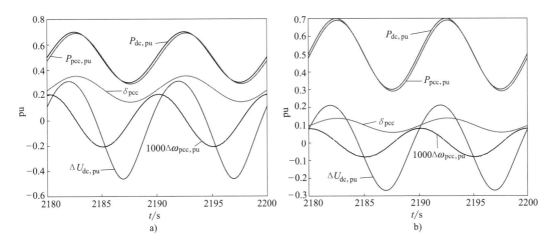

图 4-17 强系统与弱系统的响应特性对比

a) 弱系统　b) 强系统

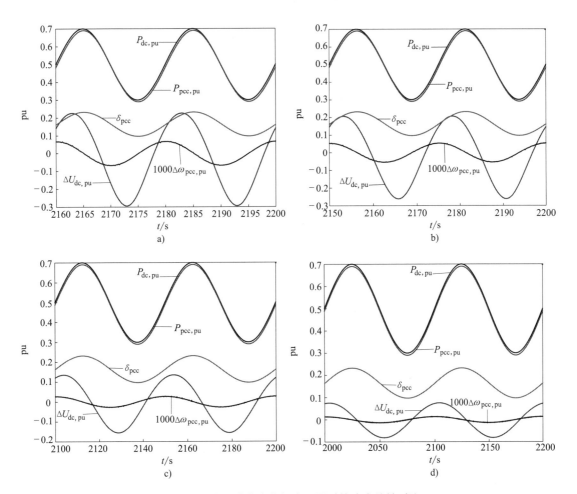

图 14-18 输入功率变化频率不同时的响应特性对比

a) $f_{pwr}$ 取 0.05Hz　b) $f_{pwr}$ 取 0.04Hz　c) $f_{pwr}$ 取 0.02Hz　d) $f_{pwr}$ 取 0.01Hz

从图 4-18 可以看出，频率 $f_{pwr}$ 越大，直流电压偏离度越大；当频率 $f_{pwr}=0.01$Hz 时，直流电压偏离度近似等于 10%，此时对应的输入功率最大变化率为

$$\left|\frac{\mathrm{d}P_{dc,pu}}{\mathrm{d}t}\right|_{\max} = A_{pwr,pu} \cdot 2\pi f_{pwr} = 0.2 \times 2\pi \times 0.01 \text{pu/s} = 0.0126 \text{pu/s} \quad (4\text{-}97)$$

即 VSC 的直流侧输入功率变化率不能大于 1.26%/s，否则直流电压的偏离度会大于 10%，不能满足工程要求。

### 3. $H_{vsc}$ 不同时的响应特性对比

为了考察 $H_{vsc}$ 不同时的响应特性，设置两种场景进行分析。场景 1 下 $H_{vsc}$ 取大值，参数设置为 $\rho_{pcc}=3$，$H_{vsm}=4$s，$D_{vsm}=119.3$，$U_{pcc,pu}=U_{sys,pu}=1$，$U^*_{dc,pu}=1$，$P_{dc0,pu}=0.5$，$A_{pwr,pu}=0.2$，$f_{pwr}=0.02$Hz，$H_{vsc}=80$ms，$G_{dc,pu}=0.01$；场景 2 下 $H_{vsc}$ 取小值，参数设置为 $\rho_{pcc}=3$，$H_{vsm}=4$s，$D_{vsm}=119.3$，$U_{pcc,pu}=U_{sys,pu}=1$，$U^*_{dc,pu}=1$，$P_{dc0,pu}=0.5$，$A_{pwr,pu}=0.2$，$f_{pwr}=0.02$Hz，$H_{vsc}=20$ms，$G_{dc,pu}=0.01$。通过求解式（4-96），可以得到两种场景下的时域响应特性如图 4-19 所示。从图 4-19 可以看出，$H_{vsc}$ 越大，直流电压偏离度越小。

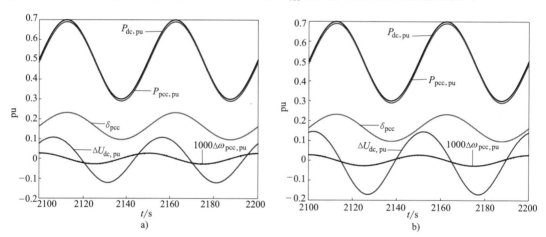

图 4-19 $H_{vsc}$ 不同时的响应特性对比
a）$H_{vsc}$ 取 80ms　b）$H_{vsc}$ 取 20ms

### 4. VSC 损耗不同时的响应特性对比

为了考察损耗不同时的响应特性，设置两种场景进行分析。大损耗场景下的参数设置为 $\rho_{pcc}=3$，$H_{vsm}=4$s，$D_{vsm}=119.3$，$U_{pcc,pu}=U_{sys,pu}=1$，$U^*_{dc,pu}=1$，$P_{dc0,pu}=0.5$，$A_{pwr,pu}=0.2$，$f_{pwr}=0.02$Hz，$H_{vsc}=40$ms，$G_{dc,pu}=0.03$；无损耗场景下的参数设置为 $\rho_{pcc}=3$，$H_{vsm}=4$s，$D_{vsm}=119.3$，$U_{pcc,pu}=U_{sys,pu}=1$，$U^*_{dc,pu}=1$，$P_{dc0,pu}=0.5$，$A_{pwr,pu}=0.2$，$f_{pwr}=0.02$Hz，$H_{vsc}=40$ms，$G_{dc,pu}=0.0$。通过求解式（4-96），可以得到两种场景下的时域响应特性如图 4-20 所示。

从图 4-20 可以看出，直流电压偏离度对损耗非常敏感，可以将 $G_{dc,pu}$ 看作为定直流电压控制中的阻尼系数，但这个阻尼系数是真实系统参数，不能随意调节。从图 4-20 还可以看出，无损耗场景下，直流电压偏离度成倍上升，已大到完全不可接受的程度；此外，因为没有损耗，故 VSC 的直流侧输入功率 $P_{dc,pu}$ 与 VSC 的交流侧输出功率 $P_{pcc,pu}$ 是重合的。

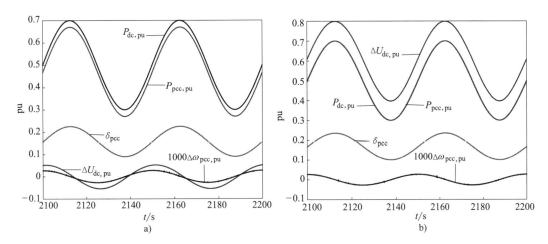

图 4-20 损耗不同时的响应特性对比
a) 大损耗　b) 无损耗

## 4.5.4 按单机无穷大系统设计的 VSL 对系统频率变化的适应性分析

尽管按照图 4-15 所示的单机无穷大系统模型设计出来的直流 VSL 应用于单机无穷大系统时在一定的条件下具有可接受的性能,但当这种 VSL 应用于实际电网时,其适应性如何还需要验证。仿照 PSL 对系统频率变化的适应性分析方法,下面研究实际电网频率 $f_{sys}$ 按式 (4-78) 变化时 VSL 的响应特性。

当 VSL 用于实际电网时,$\omega_{sys,pu} \neq \omega_{0,pu}$。PCC 电压与系统等效电势之间的相角差由 $\Delta\omega_{pcc,pu} = \omega_{pcc,pu} - \omega_{sys,pu}$ 来定义,而式 (4-96) 中的 $\Delta\omega_{pcc,pu}$ 是按照 $\Delta\omega_{pcc,pu} = \omega_{pcc,pu} - \omega_{0,pu}$ 来定义的。摇摆方程中 $\Delta\omega_{pcc,pu}$ 的导数在 $\omega_{sys,pu} \neq \omega_{0,pu}$ 时与 $\omega_{pcc,pu}$ 的导数是不相等的;阻尼功率项按定义是与 $\omega_{pcc,pu} - \omega_{0,pu}$ 成正比的,在 $\omega_{sys,pu} \neq \omega_{0,pu}$ 时也需要进行改变。将式 (4-96) 摇摆方程中的 $\Delta\omega_{pcc,pu} = \omega_{pcc,pu} - \omega_{0,pu}$ 变换到 $\Delta\omega_{pcc,pu} = \omega_{pcc,pu} - \omega_{sys,pu}$ 后,可以得到考虑系统频率变化时的 VSC 的系统方程为

$$\begin{cases} \dfrac{d}{dt}(U_{dc,pu}^2 - U_{dc,pu}^{*2}) = \dfrac{1}{H_{vsc}}(-G_{dc,pu}(U_{dc,pu}^2 - U_{dc,pu}^{*2}) - G_{dc,pu}U_{dc,pu}^{*2} - \rho_{pcc}\sin\delta_{pcc} + P_{dc,pu}) \\ \dfrac{d\Delta\omega_{pcc,pu}}{dt} = \dfrac{P_{dc,pu} - \rho_{pcc}\sin\delta_{pcc} - G_{dc,pu}U_{dc,pu}^{*2} - D_{vsm}(\Delta\omega_{pcc,pu} + A_{flut,pu}\sin(2\pi f_{flut}t))}{2H_{vsm}} - \\ \qquad\qquad\qquad 2\pi f_{flut}A_{flut,pu}\cos(2\pi f_{flut}t) \\ \dfrac{d\delta_{pcc}}{dt} = \omega_0 \Delta\omega_{pcc,pu} \end{cases}$$

(4-98)

设定测试系统的参数为 $\rho_{pcc} = 3$,$H_{vsm} = 4s$,$D_{vsm} = 119.3$,$U_{pcc,pu} = U_{sys,pu} = 1$,$U_{dc,pu}^* = 1$,$P_{dc,pu} = 0.5$,$H_{vsc} = 40ms$,$G_{dc,pu} = 0.01$。固定式 (4-78) 中的 $f_{flut} = 0.01Hz$,考察 $A_{flut,pu}$ 变化时直流电压偏离度的大小。通过求解式 (4-98),可以得到不同 $A_{flut,pu}$ 下的 VSC 的时域响应特性分别如图 4-21 所示。

从图 4-21 可以看出,VSC 的动态响应与电网频率的波动大小关系密切。在所仿真的所

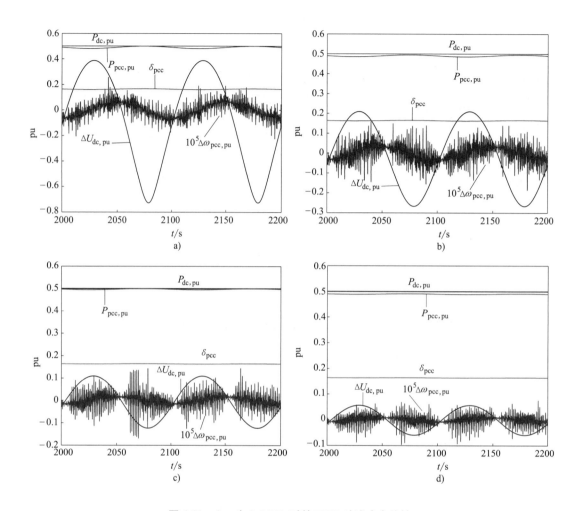

**图 4-21** $f_\text{flut}$ 为 0.01Hz 时的 VSC 时域响应特性

a) $A_\text{flut,pu}$ 取 0.00008   b) $A_\text{flut,pu}$ 取 0.00004   c) $A_\text{flut,pu}$ 取 0.00002   d) $A_\text{flut,pu}$ 取 0.00001

有场景中，只有 $A_\text{flut,pu}$ 为 0.00001 的场景，直流电压偏离度小于 10%；而 $A_\text{flut,pu}$ 为 0.00002 的场景，直流电压偏离度约等于 10%。我们定义 $A_\text{flut,pu}$ 为 0.00002 的场景为基于单机无穷大系统设计的 VSL 可以运行的临界条件。根据式（4-78）有

$$\left|\frac{\mathrm{d}f_\text{sys}}{\mathrm{d}t}\right|_\text{max} = \left|A_\text{flut}2\pi f_\text{flut}\cos(2\pi f_\text{flut}t)\right|_\text{max} = A_\text{flut}2\pi f_\text{flut} = 0.00002\times50\times2\pi\times0.01\text{Hz/s} = 20\pi\mu\text{Hz/s}$$

(4-99)

式（4-99）表明，在本算例所设定的条件下，基于单机无穷大系统设计的 VSL 可以正常运行的条件是电网的 RoCoF 不能大于 $20\pi\mu\text{Hz/s}$。对照式（4-14），VSL 对电网 RoCoF 的要求比 SRF-PLL 高得多，两者相差 $10^5$ 数量级；对照式（4-81），VSL 对电网 RoCoF 的要求比 PSL 也高很多，两者相差 250 倍。

上述结果表明，基于恒定直流电压控制的 VSL，由于其对电网 RoCoF 的要求太高，在实际电网中几乎是不可能运行的。

如果在 VSC 的直流侧加装储能装置，使得直流电压保持恒定，那么基于恒定直流电压

控制的 VSL 的性能又如何呢？这种情况下，与推导 PSL 的图 4-11 所设定的条件是相同的，即直流侧电压 $U_{dc}$ 保持恒定。因此，对于直流侧加装储能装置的 VSC，直流 VSL 将演变为 PSL，其性能与 PSL 相同。

### 4.5.5 按单机无穷大系统设计的 VSL 对系统电压跌落的适应性分析

对于按照图 4-15 模型设计的 VSL，当交流系统发生故障导致电压跌落时，仍然以直流电压偏离其指令值的程度作为考核其性能的指标。那么不管对于强系统（$\rho_{pcc} = 5$）还是弱系统（$\rho_{pcc} = 2$），只要 PCC 电压 $U_{pcc}$ 跌落到零的时间超过 20ms，$\Delta U_{dc,pu} = U_{dc,pu} - U_{dc,pu}^*$ 就会大于 10%。考虑故障清除时间通常为 100ms，说明 VSL 抗电压扰动能力非常弱。

## 4.6 基于恒定无功功率控制的无功同步环（QSL）推导和参数整定

海上风电二极管整流直流送出方案与其他海上风电送出方案相比，在投资成本和运行性能两方面具有巨大的优势。而所存在的关键性技术问题是海上风电机组之间的同步问题和无功功率均摊问题。QSL 可以很好地解决上述两个问题，有望在海上风电经二极管整流直流送出场景下发挥关键性的作用[39]。本节将详细阐述基于恒定无功功率控制的 QSL 的推导和参数整定。

### 4.6.1 基于恒定无功功率控制的 QSL 推导

为了考察 QSL 是如何解决海上风电机组之间的同步和无功功率均摊问题的，特构建一个可以反映同步和无功功率均摊问题的简单测试系统。该系统如图 4-22 所示。图 4-22 中，VSC1 和 VSC2 为海上风电机组 1 和机组 2 的网侧换流器；$U_{dc1}$ 和 $U_{dc2}$ 分别为 VSC1 和 VSC2 的直流侧电压，这里设定 $U_{dc1}$ 和 $U_{dc2}$ 由对应的机侧换流器控制恒定；$u_{diff1}$ 和 $u_{diff2}$ 分别为 VSC1 和 VSC2 的内电势；$L_{link1}$、$R_{link1}$ 和 $L_{link2}$、$R_{link2}$ 分别为 VSC1 和 VSC2 的内电感和内电阻；$U_{pcc1} \angle \delta_{pcc1}$ 和 $U_{pcc2} \angle \delta_{pcc2}$ 分别为 VSC1 和 VSC2 的交流母线基波电压相量；$L_{line1}$、$R_{line1}$ 和 $L_{line2}$、$R_{line2}$ 分别为 VSC1 和 VSC2 连接到二极管整流站（Diode Rectifier Unit，DRU）的交流输电线路对应的电感和电阻；$U_{dru} \angle 0$ 为 DRU 交流母线基波电压相量，设定其为整个系统的电压相位基准；$C_{dru}$ 为 DRU 所配置的无功补偿和交流滤波器在基波下的等效电容值；$P_{dru} + jQ_{dru}$ 为输入到 DRU 的有功功率和无功功率；$T$ 为换流变压器电压比；$L_T$ 为折算到换流

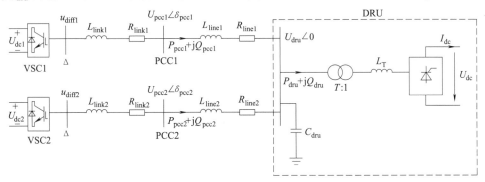

图 4-22 考察海上风电机组同步和无功功率均摊问题的简单测试系统

变压器阀侧的变压器漏感；$U_{dc}$ 和 $I_{dc}$ 分别为 DRU 的直流侧电压和电流。

设置全网功率基准值为 $S_N$，电压基准值为 $U_N$，阻抗基准值为 $U_N^2/S_N$，下面公式推导中的电压、功率和阻抗量都是基于上述基准值下的标幺值。

$$P_{pcc1,pu} = \frac{R_{line1,pu}(U_{pcc1,pu}^2 - U_{pcc1,pu}U_{dru,pu}\cos\delta_{pcc1}) + X_{line1,pu}U_{pcc1,pu}U_{dru,pu}\sin\delta_{pcc1}}{R_{line1,pu}^2 + X_{line1,pu}^2} \tag{4-100}$$

$$Q_{pcc1,pu} = \frac{X_{line1,pu}(U_{pcc1,pu}^2 - U_{pcc1,pu}U_{dru,pu}\cos\delta_{pcc1}) - R_{line1,pu}U_{pcc1,pu}U_{dru,pu}\sin\delta_{pcc1}}{R_{line1,pu}^2 + X_{line1,pu}^2} \tag{4-101}$$

$$P_{pcc2,pu} = \frac{R_{line2,pu}(U_{pcc2,pu}^2 - U_{pcc2,pu}U_{dru,pu}\cos\delta_{pcc2}) + X_{line2,pu}U_{pcc2,pu}U_{dru,pu}\sin\delta_{pcc2}}{R_{line2,pu}^2 + X_{line2,pu}^2} \tag{4-102}$$

$$Q_{pcc2,pu} = \frac{X_{line2,pu}(U_{pcc2,pu}^2 - U_{pcc2,pu}U_{dru,pu}\cos\delta_{pcc2}) - R_{line2,pu}U_{pcc2,pu}U_{dru,pu}\sin\delta_{pcc2}}{R_{line2,pu}^2 + X_{line2,pu}^2} \tag{4-103}$$

$$P_{line1,pu} = \frac{R_{line1,pu}(U_{pcc1,pu}^2 - 2U_{pcc1,pu}U_{dru,pu}\cos\delta_{pcc1} + U_{dru,pu}^2)}{R_{line1,pu}^2 + X_{line1,pu}^2} \tag{4-104}$$

$$Q_{line1,pu} = \frac{X_{line1,pu}(U_{pcc1,pu}^2 - 2U_{pcc1,pu}U_{dru,pu}\cos\delta_{pcc1} + U_{dru,pu}^2)}{R_{line1,pu}^2 + X_{line1,pu}^2} \tag{4-105}$$

$$P_{line2,pu} = \frac{R_{line2,pu}(U_{pcc2,pu}^2 - 2U_{pcc2,pu}U_{dru,pu}\cos\delta_{pcc2} + U_{dru,pu}^2)}{R_{line2,pu}^2 + X_{line2,pu}^2} \tag{4-106}$$

$$Q_{line2,pu} = \frac{X_{line2,pu}(U_{pcc2,pu}^2 - 2U_{pcc2,pu}U_{dru,pu}\cos\delta_{pcc2} + U_{dru,pu}^2)}{R_{line2,pu}^2 + X_{line2,pu}^2} \tag{4-107}$$

$$U_{dc} = K_b\left(\frac{3\sqrt{2}}{\pi T}U_{dru} - \frac{3X_T}{\pi}I_{dc}\right) = U_{dcN} \tag{4-108}$$

$$I_{dc} = \left(\frac{3\sqrt{2}}{\pi T}U_{dru} - \frac{U_{dcN}}{K_b}\right) \bigg/ \left(\frac{3}{\pi}X_T\right) \tag{4-109}$$

式（4-100）~ 式（4-109）中的 $X_{line1}$、$X_{line2}$、$X_T$ 分别为与 $L_{line1}$、$L_{line2}$、$L_T$ 对应的电抗；式（4-104）~ 式（4-107）中的 $P_{line1}$、$Q_{line1}$、$P_{line2}$、$Q_{line2}$ 分别为输电线路 1 和输电线路 2 的有功功率损耗和无功功率损耗；式（4-108）和式（4-109）中的 $K_b$ 表示 DRU 中串联的 6 脉动桥的个数；式（4-108）和式（4-109）中的 $U_{dcN}$ 表示 DRU 直流侧的额定电压，这里假定了 DRU 直流侧的电压 $U_{dc}$ 由陆上换流站将其控制到额定值 $U_{dcN}$。

不考虑 DRU 的有功功率损耗，流向 DRU 的有功功率和无功功率可以表示为

$$P_{dru,pu} = U_{dcN}I_{dc}/S_N = C_1 U_{dru,pu} - C_2 \tag{4-110}$$

式中，

$$\begin{cases} C_1 = \sqrt{2}\, U_N U_{dcN}/(S_N T X_T) \\ C_2 = \pi U_{dcN}^2/(3 S_N K_b X_T) \end{cases} \tag{4-111}$$

而
$$Q_{\mathrm{dru,pu}} = P_{\mathrm{dru,pu}} \tan\varphi \tag{4-112}$$

式中，$\varphi$ 为 DRU 的功率因数角，且有

$$\cos\varphi \approx \frac{U_{\mathrm{dc}}}{U_{\mathrm{d0}}} = \frac{U_{\mathrm{dcN}}}{K_{\mathrm{b}} \dfrac{3\sqrt{2}}{\pi T} U_{\mathrm{dru}}} = \frac{\pi T U_{\mathrm{dcN}}}{3\sqrt{2} K_{\mathrm{b}} U_{\mathrm{N}} U_{\mathrm{dru,pu}}} \tag{4-113}$$

$$\tan\varphi = \sqrt{\frac{1}{\cos^2\varphi} - 1} \approx \sqrt{\left(\frac{3\sqrt{2} K_{\mathrm{b}} U_{\mathrm{N}}}{\pi T U_{\mathrm{dcN}}} U_{\mathrm{dru,pu}}\right)^2 - 1} = \sqrt{C_3 U_{\mathrm{dru,pu}}^2 - 1} \tag{4-114}$$

式中，

$$C_3 = \frac{18 K_{\mathrm{b}}^2 U_{\mathrm{N}}^2}{\pi^2 T^2 U_{\mathrm{dcN}}^2} \tag{4-115}$$

故

$$Q_{\mathrm{dru,pu}} = P_{\mathrm{dru,pu}} \tan\varphi = (C_1 U_{\mathrm{dru,pu}} - C_2) \sqrt{C_3 U_{\mathrm{dru,pu}}^2 - 1} \tag{4-116}$$

图 4-22 系统的有功功率平衡方程为

$$P_{\mathrm{dru,pu}} = P_{\mathrm{pcc1,pu}} + P_{\mathrm{pcc2,pu}} - P_{\mathrm{line1,pu}} - P_{\mathrm{line2,pu}} \tag{4-117}$$

图 4-22 系统的无功功率平衡方程为

$$Q_{\mathrm{dru,pu}} = Q_{\mathrm{pcc1,pu}} + Q_{\mathrm{pcc2,pu}} + Q_{\mathrm{Cdru,pu}} - Q_{\mathrm{line1,pu}} - Q_{\mathrm{line2,pu}} \tag{4-118}$$

式中，

$$Q_{\mathrm{Cdru,pu}} = \frac{\omega C_{\mathrm{dru}} U_{\mathrm{dru}}^2}{S_{\mathrm{N}}} = \frac{\omega C_{\mathrm{dru}} U_{\mathrm{N}}^2 U_{\mathrm{dru,pu}}^2}{S_{\mathrm{N}}} = B_{\mathrm{Cdru,pu}} U_{\mathrm{dru,pu}}^2 \tag{4-119}$$

式（4-119）中的 $B_{\mathrm{Cdru,pu}}$ 表示电容 $C_{\mathrm{dru}}$ 对应的电纳标幺值。下面分析风电机组的有功功率、无功功率与电压、频率的关系。

根据有功功率平衡关系式（4-117），单台风电机组发出的功率越大，$P_{\mathrm{dru}}$ 就越大。而由式（4-110）可知，$P_{\mathrm{dru}}$ 与 $U_{\mathrm{dru}}$ 成正比。这就意味着单台风电机组发出的功率越大，$U_{\mathrm{dru}}$ 就越大。而 $U_{\mathrm{dru}}$ 越大，就意味着单台风电机组的端口电压 $U_{\mathrm{pcc1}}$ 和 $U_{\mathrm{pcc2}}$ 就越大。因此，风电机组发出的有功功率与其端口电压之间存在单调的正相关关系，这样可以利用风电机组发出的有功功率来调节风电机组端口的电压，从而得到单台风电机组的有功功率-电压控制框图如图 4-23 所示。图 4-23 中的 $U_{0,\mathrm{pu}} = 1$，表示 $U_0$ 取电压额定值。

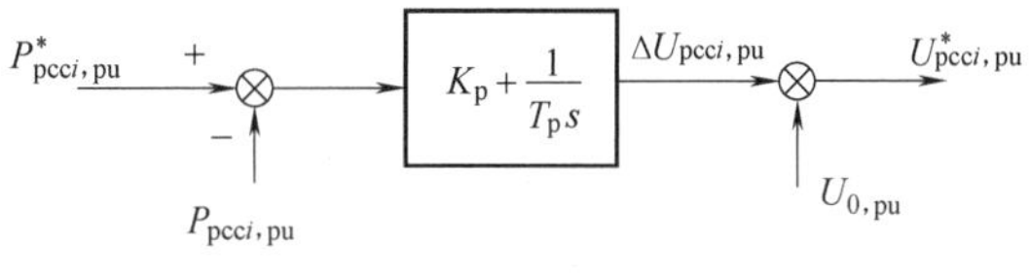

**图 4-23　有功功率-电压模值控制器框图**

另一方面，假定图 4-22 系统已处于某个稳定运行状态，这时，若增大系统的运行频率，则根据式（4-119），$C_{\mathrm{dru}}$ 发出的无功功率会增大；而根据式（4-109），因 $X_{\mathrm{T}}$ 增大而导致 $I_{\mathrm{dc}}$ 减小，导致 $P_{\mathrm{dru}} = U_{\mathrm{dcN}} I_{\mathrm{dc}}$ 减小，从而根据式（4-112）得到 $Q_{\mathrm{dru}}$ 会减小。上述过程表明，运行频率增大时，对应图 4-22 所示的系统，DRU 消耗的无功功率减小，而 DRU 所配的无功补偿装置发出的无功功率会增大，两者叠加的效果是 DRU 所需求的无功功率下降。这样，考虑了线路无功功率损耗的变化后，仍然可以得出结论，频率增大后，对各台风电机组的无功功率需求下降，即风电机组发出的无功功率与电网运行频率之间存在单调的负相关关系。当

单台风电机组发出的无功功率超出其指令值后，可以通过增大该风电机组端口的频率来达到减小该风电机组无功功率输出的目的。这个过程与 VSL 中的直流电压-频率控制过程类似，当 VSC 中的直流电压超出其指令值后，VSL 通过增大该 VSC 端口的频率来达到减小该 VSC 直流侧电压的目的。因此可以利用风电机组发出的无功功率来调节风电机组端口的频率，且单台风电机组的无功功率-频率控制器可以采用与 VSL 直流电压-频率相同的控制器结构，从而可以得到单台风电机组的无功功率-频率控制框图如图 4-24 所示。我们将图 4-24 所示的控制器称为 QSL。

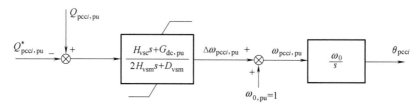

图 4-24 基于恒定无功功率控制的 QSL 框图

实际工程应用中，对于海上风电场中的每台风电机组，其控制器参数需要取相同的值。例如，对图 4-24，无功功率指令值 $Q^*_{\text{pcc}i,\text{pu}}$ 一般取 0，这样当系统进入稳态后，全网频率相同，每台机组承担的无功功率 $Q_{\text{pcc}i,\text{pu}}$ 为一个常值，从而实现了无功功率在每台风电机组之间的均摊。注意图 4-23 和图 4-24 有功功率控制器和无功功率控制器中的有功功率和无功功率标幺值都是基于风电机组本机容量定义的，不是基于整个系统的功率基准值定义的。

根据图 4-23，假定风电机组网侧换流器的响应速度足够快，使得其实际输出电压 $U_{\text{pcc}i,\text{pu}}$ 就等于其电压指令值 $U^*_{\text{pcc}i,\text{pu}}$。同时定义全网容量基准值 $S_N$ 与第 $i$ 台风电机组的容量 $S_{Ni}$ 之比为 $K_i = S_N/S_{Ni}$，并定义 $T_{\text{p}i} = K_i K_\text{p} T_\text{p}$。可以得到在全网基准值下的风电机组 1 和 2 对应的有功功率-电压方程如下：

$$T_\text{p} \frac{\text{d}U_{\text{pcc}1,\text{pu}}}{\text{d}t} = -T_{\text{p}1} \frac{\text{d}P_{\text{pcc}1,\text{pu}}}{\text{d}t} + K_1 (P^*_{\text{pcc}1,\text{pu}} - P_{\text{pcc}1,\text{pu}}) \tag{4-120}$$

$$T_\text{p} \frac{\text{d}U_{\text{pcc}2,\text{pu}}}{\text{d}t} = -T_{\text{p}2} \frac{\text{d}P_{\text{pcc}2,\text{pu}}}{\text{d}t} + K_2 (P^*_{\text{pcc}2,\text{pu}} - P_{\text{pcc}2,\text{pu}}) \tag{4-121}$$

根据图 4-24，定义 $H_{\text{vsc}i} = K_i H_{\text{vsc}}$ 和 $G_{\text{dc}i,\text{pu}} = K_i G_{\text{dc},\text{pu}}$，在无功功率指令值 $Q^*_{\text{pcc}i,\text{pu}} = 0$ 的条件下，可以得到在全网基准值下的风电机组 1 和 2 对应的无功功率-角频率方程如下：

$$2H_{\text{vsm}} \frac{\text{d}\omega_{\text{pcc}1,\text{pu}}}{\text{d}t} + D_{\text{vsm}}(\omega_{\text{pcc}1,\text{pu}} - \omega_{0,\text{pu}}) = H_{\text{vsc}1} \frac{\text{d}Q_{\text{pcc}1,\text{pu}}}{\text{d}t} + G_{\text{dc}1,\text{pu}} Q_{\text{pcc}1,\text{pu}} \tag{4-122}$$

$$2H_{\text{vsm}} \frac{\text{d}\omega_{\text{pcc}2,\text{pu}}}{\text{d}t} + D_{\text{vsm}}(\omega_{\text{pcc}2,\text{pu}} - \omega_{0,\text{pu}}) = H_{\text{vsc}2} \frac{\text{d}Q_{\text{pcc}2,\text{pu}}}{\text{d}t} + G_{\text{dc}2,\text{pu}} Q_{\text{pcc}2,\text{pu}} \tag{4-123}$$

而根据图 4-22 系统以 DRU 交流母线为全网电压相位基准的假设，$\delta_{\text{pcc}1}$ 与 $\delta_{\text{pcc}2}$ 满足如下方程：

$$\frac{\text{d}\delta_{\text{pcc}1}}{\text{d}t} = \omega_0 (\omega_{\text{pcc}1,\text{pu}} - \omega_{\text{dru},\text{pu}}) \tag{4-124}$$

$$\frac{\text{d}\delta_{\text{pcc}2}}{\text{d}t} = \omega_0 (\omega_{\text{pcc}2,\text{pu}} - \omega_{\text{dru},\text{pu}}) \tag{4-125}$$

至此，全网总的状态量为 $U_{pcc1,pu}$、$\delta_{pcc1}$、$\omega_{pcc1,pu}$、$P_{pcc1,pu}$、$Q_{pcc1,pu}$ 和 $U_{pcc2,pu}$、$\delta_{pcc2}$、$\omega_{pcc2,pu}$、$P_{pcc2,pu}$、$Q_{pcc2,pu}$ 以及 $U_{dru,pu}$、$\omega_{dru,pu}$，总共 12 个。而每台风电机组对应 5 个方程，包括有功功率方程和无功功率方程、有功功率控制器方程和无功功率控制器方程以及相位角与角频率之间的方程；DRU 母线对应 2 个方程；这样总共有 12 个方程。因此，图 4-22 系统的所有状态量都是可以求解的。

### 4.6.2 基于恒定无功功率控制的 QSL 的参数整定

首先讨论有功功率-电压模值控制器的参数整定问题。显然，该控制器的参数有 2 个，分别为 $K_p$ 和 $T_p$。

先忽略该 PI 控制器的积分部分，这样有

$$\Delta U_{pu} = K_p (P_{pu}^* - P_{pu}) \tag{4-126}$$

考虑极端情况，当 $P_{pu}^* - P_{pu}$ 取 ±1 时，$K_p = \Delta U_{pu}$，一般 $\Delta U_{pu}$ 的允许范围为 ±10%，这样就得到 $K_p = 0.1$。

积分时间常数 $T_p$ 的作用是消除有功功率偏差，可以在较大范围内变化，推荐 $T_p$ 取 10s。

下面讨论 QSL 的参数整定问题。显然，QSL 的控制器结构与 VSL 的结构完全相同，控制器参数的物理意义也与 VSL 相同，只是控制器的输入信号从 $U_{dc,pu}^2$ 变为了 $Q_{pu}$。参数 $H_{vsm}$ 与 $D_{vsm}$ 是决定 $\omega$ 和 $\delta$ 变化模式的，其意义与 VSL 和 PSL 中的参数相同，推荐 $H_{vsm}$ 取 4s，$D_{vsm}$ 取 100。参数 $H_{vsc}$ 与 $G_{dc,pu}$ 是反映 $Q_{pu}$ 跟踪其指令值的速度和跟踪过程中的阻尼的，而且在稳态下有

$$\Delta\omega_{pu} = G_{dc,pu} Q_{pu} / D_{vsm} \tag{4-127}$$

考虑 $\Delta\omega_{pu}$ 的变化范围为 ±0.1%，由 $D_{vsm} = 100$ 和 $Q_{pu}$ 的变化范围，可以得到 $G_{dc,pu}$ 的推荐值 0.1。$H_{vsc}$ 反映 $Q_{pu}$ 的调节速度，而 $Q_{pu}$ 是与 $P_{pu}$ 在响应速度上相一致的，因此 $Q_{pu}$ 的响应速度是要求快速的，这样 $H_{vsc}$ 的推荐值取 100ms。

总结上述结果，在风电机组采用本机额定电压和额定容量作为基准值的标幺制下，所有风电机组的有功功率-电压模值控制器参数和 QSL 参数可以取全网统一的值，见表 4-1。

表 4-1 基于本机额定值的全网统一 QSL 和有功功率-电压模值控制器参数

| 参数 | $K_p$/pu | $T_p$/s | $H_{vsc}$/ms | $G_{dc,pu}$/pu | $H_{vsm}$/s | $D_{vsm}$/pu |
|---|---|---|---|---|---|---|
| 推荐值 | 0.1 | 10 | 100 | 0.1 | 4 | 100 |

### 4.6.3 QSL 的控制性能展示

考察图 4-22 所示的基于 DRU 直流送出的双风电机组风电场电网的控制性能。设置等效风电机组 1 和 2 的容量都为 60MVA，通过 110kV 海底电缆接到 DRU，等效风电机组 1 的电缆长度为 10km，等效风电机组 2 的电缆长度为 20km，110kV 海底电缆的单位长度电阻参数为 0.0888Ω/km，单位长度电感参数为 0.422mH/km，海底电缆的电容效应统一合并到 $C_{dru}$ 中考虑。DRU 的容量为 120MVA，直流侧额定电压为 100kV，换流站由单个 6 脉波换流器构成，换流变压器容量为 120MVA，短路阻抗为 15%，电压比为 110kV : 80kV，换流站无功补偿与滤波器容量为换流站总容量的 40%。设定系统的额定电压为 110kV，额定频率为 50Hz，频率变化范围为 ±0.1%。这样，得到系统参数见表 4-2。

表 4-2 双风电机组测试系统各元件参数

| 网架 | $R_{line1,pu}$/pu | $X_{line1,pu}$/pu | $R_{line2,pu}$/pu | $X_{line2,pu}$/pu | $U_N$/kV | $S_N$/MVA | $B_{dru,pu}$/pu |
|---|---|---|---|---|---|---|---|
| 参数 | 0.008807 | 0.013148 | 0.017614 | 0.026296 | 110 | 120 | 0.4 |
| 换流站 | $S_{TN}$/MVA | $T$/(kV/kV) | $X_T$/Ω | $U_{dcN}$/kV | $C_1$/pu | $C_2$/pu | $C_3$/pu |
| 参数 | 120 | 110/80 | 8.0 | 100 | 11.7851 | 10.9083 | 1.1672 |
| 控制器 1 | $K_1$/pu | $T_p$/s | $T_{p1}$/s | $H_{vsc1}$/s | $G_{dc1,pu}$/pu | $H_{vsm}$/s | $D_{vsm}$/pu |
| 系统公共基准值参数 | 2 | 10 | 2 | 0.2 | 0.2 | 4 | 100 |
| 控制器 2 | $K_2$/pu | $T_p$/s | $T_{p2}$/s | $H_{vsc2}$/s | $G_{dc2,pu}$/pu | $H_{vsm}$/s | $D_{vsm}$/pu |
| 系统公共基准值参数 | 2 | 10 | 2 | 0.2 | 0.2 | 4 | 100 |

设定双风电机组测试系统的运行工况为：$t<21s$ 前，系统处于空载状态，风电机组 1 和风电机组 2 的有功功率和无功功率出力都为零；$t=21s$ 开始，风电机组 1 的有功功率开始变化，21s 时 $P^*_{pcc1,pu}$ 从 0pu 跳变到 0.2pu，50s 时 $P^*_{pcc1,pu}$ 从 0.2pu 跳变到 0.4pu，80s 时 $P^*_{pcc1,pu}$ 从 0.4pu 跳变到 0.2pu；$t=40s$ 开始，风电机组 2 的有功功率开始变化，40s 时 $P^*_{pcc2,pu}$ 从 0pu 跳变到 0.1pu，70s 时 $P^*_{pcc2,pu}$ 从 0.1pu 跳变到 0.5pu，100s 时 $P^*_{pcc2,pu}$ 从 0.5pu 跳变到 0.1pu；仿真到 120s 结束。

通过联立求解式（4-100）~式（4-103）、式（4-117）~式（4-118）和式（4-120）~式（4-125），可以得到双风电机组测试系统的运行特性如图 4-25 所示。

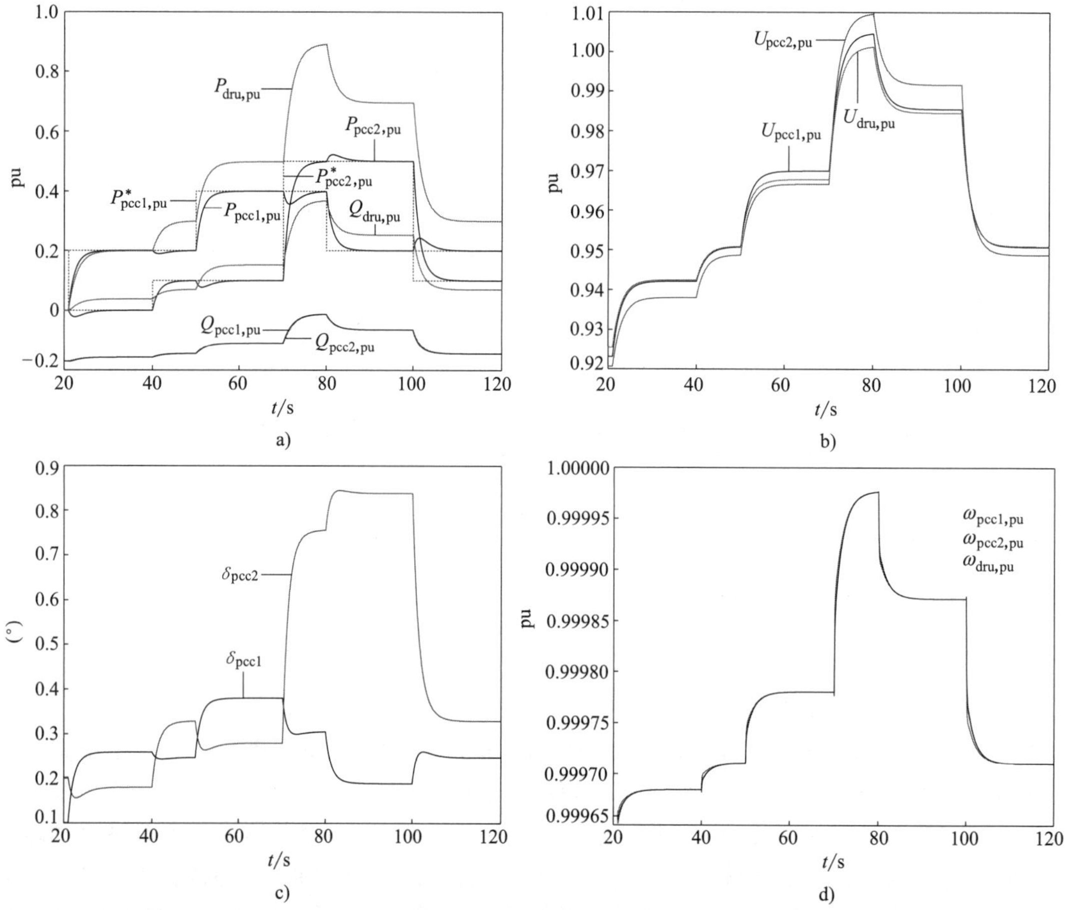

图 4-25 DRU 无功补偿为 40%时风电场电网在风电机组出力变化时的响应特性
a) 有功功率与无功功率 b) 电压 c) 相位角 d) 角频率

从图 4-25 可以看出，基于 DRU 直流送出的双风电机组风电场电网在风电机组功率变化时能够稳定运行，2 台风电机组始终保持同步，说明图 4-24 所示的 QSL 具有良好的性能。宏观上看，图 4-22 风电场电网通过调节风电机组端口电压实现整个系统的有功功率平衡，而通过调节风电机组端口的电压相位角实现整个系统的无功功率平衡。

从图 4-25 还可以看出，随着风电机组有功功率的不断增加，风电机组端口与 DRU 母线的电压模值、电压角频率和电压相位角三者都不断上升，直流系统送出的有功功率也不断上升，同时 DRU 消耗的无功功率也不断上升。尽管 2 台风电机组的有功功率出力不同，但 2 台风电机组的无功功率出力始终保持相等，实现了交流电网无功功率由风电机组均摊的运行要求。由于 DRU 配置了 40% 的无功补偿与滤波器容量，对于所仿真的过程，DRU 消耗的无功功率都可以由无功补偿装置和滤波器提供，整个过程中 2 台风电机组始终吸收无功功率。说明对于 DRU，配置 40% 的无功补偿与滤波器容量太多，没有发挥风电机组提供无功功率支撑的潜力，增大了海上平台的投资。

下面分析将无功补偿与滤波器容量下降为 DRU 容量的 10% 时的运行特性，设定系统的参数与运行工况除 $B_{\mathrm{dru,pu}}=0.1$ 外与表 4-2 完全一致。仿真结果如图 4-26 所示。

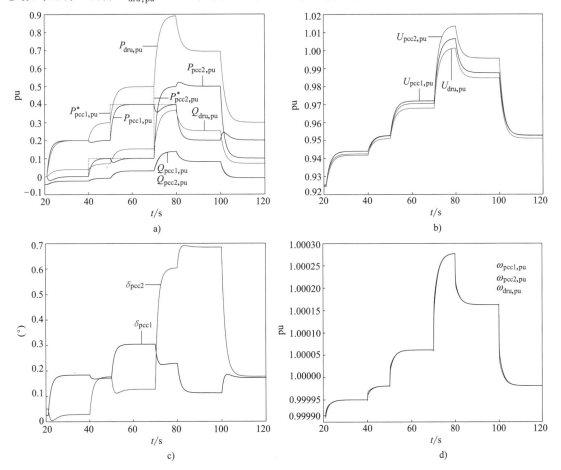

图 4-26　DRU 无功补偿为 10% 时风电场电网在风电机组出力变化时的响应特性
a) 有功功率与无功功率　b) 电压　c) 相位角　d) 角频率

从图 4-26 可以看出，配置 10% 的无功补偿和滤波器容量后，风电场电网所需要的无功功率可以由风电机组承担。另外，图 4-26 与图 4-25 相比，风电机组端口的电压模值和角频率有所上升，而其电压相位角则有所下降。这主要是由风电场电网在两种仿真条件下传输的无功功率数量不同引起的；角频率上升而电压相位角下降的原因是，相位角是相对于 DRU 母线电压的相对角，其与相对角频率大小正相关，与各自角频率的绝对值没有直接关系。

## 4.7 基于耦合振子同步机制的电流同步环（CSL）的推导和参数整定

### 4.7.1 基于耦合振子同步机制的电流同步控制基本思路

已有研究结果表明[40-42]，存在多种非线性振子（Nonlinear Oscillator）在通过网络耦合后会趋向于同步。进入同步状态后，所有振子的振荡频率保持一致，各振子之间振荡的相位差不随时间而改变。将耦合振子同步机制应用于电网 VSC 电源的同步控制时，首先要解决各振子之间如何耦合的问题。已提出的方案是将 VSC 输出电流的瞬时值作为耦合信号馈入到振子中，从而通过电网间接实现了各振子之间的耦合。本书将这种控制方法称为电流同步控制（Current Synchronization Control，CSC），而将实现这种控制方法的非线性振子及其耦合电路称为电流同步环（Current Synchronization Loop，CSL）。

基于耦合振子同步机制的电流同步控制基本思路如图 4-27 所示。首先针对电网中的每个 VSC，安装一个 CSL，CSL 由全网统一的标准振子（Standard Oscillator，SO）加系统耦合电流两部分组成，系统耦合电流是 CSL 安装处的本地电流。

CSL 的输入为系统耦合电流，一般取 VSC 输出电流的瞬时值。由于标准振子是全网统一的，因此对每个 VSC 的输出电流需要进行标幺化处理，以使全网所有标准振子所接收到的信号大小具有相同的数量级。将标幺化处理后的 VSC 的输出电流乘以一个大于零的系数后就构成了 CSL 的输入信号 $i_{cpl}$，该系数用 $k_{cpl}$ 表示，本书将其称为电流耦合强度。在 CSL 的实际应用中，为了达到某种控制目标，电流耦合强度是可以改变的，即 $k_{cpl}$ 可以是一个变数。

CSL 的输出信号为在 αβ 坐标系中的两个电压分量 $u_{so\alpha}$ 和 $u_{so\beta}$，其在 αβ 坐标系中构成一个空间旋转相量 $u_{so}$，即 $u_{so\alpha}$ 和 $u_{so\beta}$ 可以理解为是 $u_{so}$ 在 α 轴和 β 轴上的投影。$u_{so}$ 经过旋转和伸缩变换后就直接作为 VSC 内电势的指令值，也就是 $u_{diff}^*$。由于标准振子是全网统一的，因此 $u_{so}$ 的幅值几乎对全网所有 CSL 都是相同的。为了与电网电压相匹配，首先需要将 $u_{so}$ 的幅值换算成与电网额定电压相一致，这一步通过将 $u_{so}$ 乘以电网基准电压 $U_{base}$ 来实现。而为了达到某种控制目的，需要将 $U_{base}u_{so}$ 向量再进行旋转和伸缩，然后作为 VSC 内电势的指令值 $u_{diff}^*$。本书将 $u_{diff}^*$ 相对于 $u_{so}$ 旋转的角度 $\delta_P$ 称为电压旋转角，而用伸缩因子 $k_Q$ 来实现 $U_{base}u_{so}$ 向量的伸缩。

### 4.7.2 CSL 的数学模型

由图 4-27 可见，CSL 由标准振子加系统耦合电流源构成。本书采用参考文献［27］提出的饱和型振子作为全网统一标准振子，其电路结构如图 4-27a 所示。图 4-27a 中的标准振子由一个并联的 RLC 电路构成，该并联电路的并联谐振频率为

# 第4章 电压源换流器与交流电网之间的同步控制方法

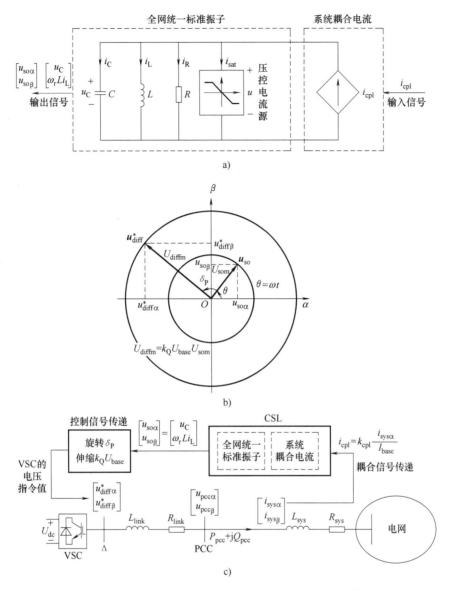

**图 4-27 基于耦合振子同步机制的电流同步控制原理图**
a) CSL 的电路结构　b) 电流同步控制中的控制信号传递环节
c) CSL 与电压源换流器之间的信号传递关系

$$\omega_r = 1/\sqrt{LC} \tag{4-128}$$

标准振子的非线性元件为一个压控饱和电流源,其数学表达式为

$$i_{sat} = \begin{cases} -\alpha u & \text{当} |u| < \lambda \\ -\alpha\lambda & \text{当} u \geq \lambda \\ \alpha\lambda & \text{当} u \leq -\lambda \end{cases} \quad \text{且 } \alpha>0, \lambda>0 \tag{4-129}$$

根据参考文献 [27] 提出的保证耦合振子趋于同步的设计原则,得到额定频率为 50Hz 且频率偏差不大于 2% 的全网统一标准振子的参数见表 4-3。

表 4-3 全网统一标准振子参数

| 参数 | 数值 | 说明 | 参数 | 数值 | 说明 |
| --- | --- | --- | --- | --- | --- |
| $f_0$ | 50Hz | 电网额定频率 | $R$ | 34.2248 mΩ | 标准振子电阻 |
| $\Delta f/f_0$ | 2% | 电网允许频率偏差 | $L$ | 69.782μH | 标准振子电感 |
| $\lambda$ | 1.3435kV | 电压饱和边界 | $C$ | 145.1970mF | 标准振子电容 |
| $\alpha$ | 30.2712S | 伏安特性斜率 | | | |

建立图 4-27a 所示的 CSL 的数学模型如下：

$$\begin{cases} L\dfrac{di_L}{dt}=u_C \\ C\dfrac{du_C}{dt}=i_C=i_{cpl}-i_L-i_{sat}-\dfrac{u_C}{R} \end{cases} \tag{4-130}$$

当 CSL 进入同步状态后，忽略较小的谐波分量后，$i_L$ 和 $u_C$ 为正弦波。设 $i_L$ 的表达式为

$$i_L=I_{Lm}\sin(\omega t) \tag{4-131}$$

式中，$I_{Lm}$ 为 $i_L$ 的幅值，$\omega$ 为 $i_L$ 的振荡频率，则可以得到 $u_C$ 的表达式为

$$u_C=L\dfrac{di_L}{dt}=\omega L I_{Lm}\cos(\omega t)=U_{som}\cos(\omega t) \tag{4-132}$$

式中，$U_{som}=\omega L I_{Lm}$，为 $u_C$ 的幅值。对式（4-131）两边乘 $\omega L$ 有

$$\omega L i_L=\omega L I_{Lm}\sin(\omega t)=U_{som}\sin(\omega t) \tag{4-133}$$

根据式（4-132）、式（4-133），再对照式（4-2）和式（4-3），可以定义标准振子的 α 轴电压分量和 β 轴电压分量为

$$\begin{bmatrix} u_{so\alpha} \\ u_{so\beta} \end{bmatrix}=\begin{bmatrix} u_C \\ \omega L i_L \end{bmatrix}=\begin{bmatrix} U_{som}\cos(\omega t) \\ U_{som}\sin(\omega t) \end{bmatrix}=\begin{bmatrix} U_{som}\cos(\theta) \\ U_{som}\sin(\theta) \end{bmatrix} \tag{4-134}$$

当标准振子进入同步状态后，其振荡频率 $\omega$ 与谐振频率 $\omega_r$ 之间的偏差不会超过 2%，因此有

$$\omega L\approx\omega_r L \tag{4-135}$$

这样，定义标准振子的状态变量为

$$\begin{bmatrix} x_1 \\ x_2 \end{bmatrix}=\begin{bmatrix} u_{so\alpha} \\ u_{so\beta} \end{bmatrix}\approx\begin{bmatrix} u_C \\ \omega_r L i_L \end{bmatrix} \tag{4-136}$$

改写式（4-130）为标准状态方程

$$\begin{cases} \dfrac{dx_1}{dt}=-\dfrac{x_1}{RC}-\dfrac{1}{C}i_{sat}(x_1)-\omega_r x_2+\dfrac{1}{C}i_{cpl} \\ \dfrac{dx_2}{dt}=\omega_r x_1 \end{cases} \tag{4-137}$$

### 4.7.3 CSL 的空载特性

当 CSL 没有耦合电流输入时，标准振子的振荡特性称为自由振荡特性。图 4-28 给出了标准振子各物理量的自由振荡特性。

第4章 电压源换流器与交流电网之间的同步控制方法

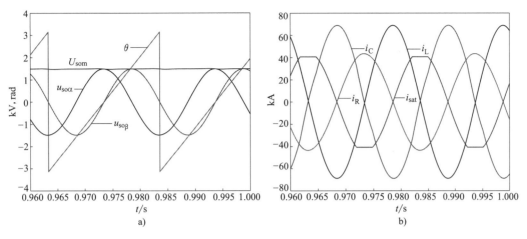

图 4-28 标准振子的自由振荡特性
a）标准振子的 αβ 电压分量和相位角 b）标准振子中 4 个并联支路的电流

由图 4-28a 可以看出，标准振子的电压幅值 $U_{som}$ 基本上是恒定值 $\sqrt{2}$ kV，其有效值就是 1kV；相位角在 $-\pi \sim \pi$ 之间线性变化，说明标准振子的电压空间向量是沿着圆周匀速运动。由于 1s 时与 0.96s 时相位角 $\theta$ 没有完全衔接上，说明振荡频率略小于谐振频率 50Hz。由图 4-28b 可以看出，$RLC$ 三个支路的电流为波形质量较好的正弦波；电感电流与电容电流刚好反向，说明了 $LC$ 处于谐振状态；饱和电流与电阻电流大致反向，说明电阻消耗的能量由非线性电流源补偿，标准振子可以维持稳定的振荡状态。标准振子自由振荡时，电感电流与电容电流的幅值为 70kA 左右，电阻电流的幅值为 45kA 左右，饱和电流限幅在 40kA 左右。

### 4.7.4 单换流器电源带孤立负荷时 CSL 的带载特性

根据 CSL 的运行原理，CSL 输出的 αβ 电压分量经具有旋转和伸缩变换的传递环节后直接作为 VSC 内电势的 αβ 分量指令信号。因此 VSC 产生的实际内电势与其指令信号之间最多延迟 1 个控制周期。通常 1 个控制周期在 100μs 数量级，这样，可以认为 VSC 的内电势指令值就是 VSC 实际输出的内电势。

设换流器带孤立负荷的系统结构如图 4-29 所示。图 4-29 中，系统额定电压为 $U_N$ = 500kV，换流器额定容量 $S_N$ = 1000MVA，换流器内阻抗与线路阻抗合计为 $R_\Sigma = R_{link} + R_{line}$ = 2Ω，$L_\Sigma = L_{link} + L_{line}$ = 200mH；负荷的额定容量为 $P_{loadN}$ = 500MW，对应的电阻为 $R_{load}$ = 500Ω。

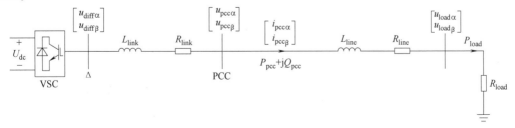

图 4-29 单换流器电源带孤立负荷示意图

对于图 4-29 所示的换流器带孤立负荷系统，先不考虑图 4-27 控制信号传递环节中的电流耦合强度变化以及旋转和伸缩变换，即 $k_{cpl}$、$\delta_P$ 和 $k_Q$ 取默认值 1、0 和 1。CSL 输出的 αβ 电压分量 $u_{soα}$ 和 $u_{soβ}$ 与换流器内电势指令值的 αβ 分量 $u_{diffα}^*$ 和 $u_{diffβ}^*$ 之间的换算关系是相电压基准值；而 CSL 输入电流 $i_{cpl}$ 与换流器输出电流 $i_{pcc}$ 之间的换算关系则是相电流基准值。对于图 4-29 所示系统，两个基准值按照下式计算：

$$\begin{cases} U_{base} = U_N/\sqrt{3} = 500\text{kV}/\sqrt{3} = 288.6751\text{kV} \\ I_{base} = S_N/(\sqrt{3}\,U_N) = 1000\text{MVA}/(\sqrt{3}\times 500\text{kV}) = 1.1547\text{kA} \end{cases} \quad (4\text{-}138)$$

当三相系统的元件参数为对称平衡矩阵时，类似于对称分量法的三序分量解耦性质，α 分量与 β 分量之间也是解耦的。这样，就可以在 αβ 坐标系下建立图 4-29 所示系统的数学模型如下式所示：

$$\begin{cases} \dfrac{dx_1}{dt} = -\dfrac{x_1}{RC} - \dfrac{1}{C}i_{sat}(x_1) - \omega_r x_2 + \dfrac{k_{cpl} i_{pccα}}{C\, I_{base}} \\ \dfrac{dx_2}{dt} = \omega_r x_1 \\ U_{base} x_1 - u_{loadα} = L_\Sigma \dfrac{di_{pccα}}{dt} + R_\Sigma i_{pccα} \\ U_{base} x_2 - u_{loadβ} = L_\Sigma \dfrac{di_{pccβ}}{dt} + R_\Sigma i_{pccβ} \\ u_{loadα} = R_{load} i_{pccα} \\ u_{loadβ} = R_{load} i_{pccβ} \end{cases} \quad (4\text{-}139)$$

对于对称平衡的三相系统，在 αβ 坐标系中进行建模与在 abc 坐标系中进行建模是完全等价的。而基于电压和电流瞬时值如何定义和计算无功功率，在学术界并没有一致的结论，本书采用参考文献 [43] 的瞬时无功功率定义。以计算图 4-29 中 VSC 在 PCC 的输出功率 $P_{pcc}+jQ_{pcc}$ 为例，当采用式（4-3）所示的从 abc 坐标系到 αβ 坐标系的变换式时，$P_{pcc}+jQ_{pcc}$ 在 αβ 坐标系中的表达式为

$$\begin{cases} P_{pcc} = \dfrac{3}{2}(u_{pccα} i_{pccα} + u_{pccβ} i_{pccβ}) \\ Q_{pcc} = \dfrac{3}{2}(u_{pccβ} i_{pccα} - u_{pccα} i_{pccβ}) \end{cases} \quad (4\text{-}140)$$

求解式（4-139）可以得到换流器带孤立负荷时 CSL 的带载特性如图 4-30 所示。根据参考文献 [27] 提出的保证耦合振子相互同步的条件，对于所设计的全网统一标准振子，系统耦合电流 $i_{cpl}$ 相比于标准振子中其他 4 条支路中的电流很小，如图 4-30b 和 d 所示。由图 4-30a 和 b 还可以看出，CSL 的带载特性与空载特性差别不大。另外，标准振子按照参考文献 [27] 提出的设计原则设计时，所得到的 VSC 内电势会高于电网额定电压，这从图 4-30c 可以看出，此时的负荷侧电压大约为 520kV，导致负荷消耗的功率大于其额定功率 500MW。

第4章 电压源换流器与交流电网之间的同步控制方法

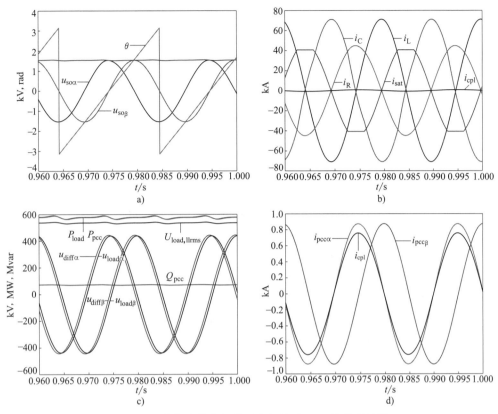

图 4-30 单换流器电源带孤立负荷时 CSL 的带载特性

a）标准振子的 αβ 电压分量和相位角  b）标准振子中 5 个并联支路的电流  c）电网侧的电压和功率  d）电网侧电流和耦合电流

### 4.7.5 电流耦合强度改变对 CSL 输出特性的影响

对于图 4-29 所示的换流器带孤立负荷系统，考察 CSL 输入信号 $i_{cpl}$ 中的耦合强度 $k_{cpl}$ 对 CSL 输出特性的影响，令 $k_{cpl}$ 分别取值 0.5、1.0 和 2.0。求解式（4-139）可以得到换流器带孤立负荷系统的响应特性如图 4-31 所示。

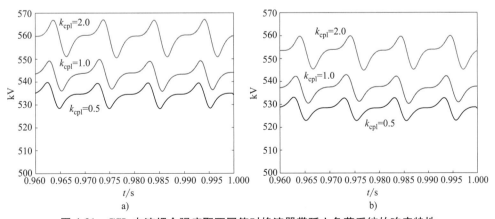

图 4-31 CSL 电流耦合强度取不同值时换流器带孤立负荷系统的响应特性

a）VSC 内线电势有效值  b）负荷母线线电压有效值

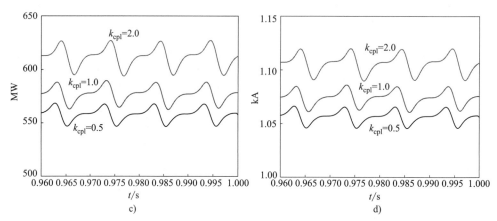

图 4-31 CSL 电流耦合强度取不同值时换流器带孤立负荷系统的响应特性（续）

c）负荷功率　d）VSC 输出电流有效值

从图 4-31 可以看出，电流耦合强度 $k_{cpl}$ 越大，CSL 的输出电压幅值越大，VSC 的内电势幅值越大，线路电流越大，负荷功率越大，即 VSC 的输出功率与电流耦合强度 $k_{cpl}$ 呈单调正相关关系。注意，这个特性仅仅对单 VSC 电源带孤立负荷系统成立，对于一般性的多 VSC 电源系统，电流耦合强度 $k_{cpl}$ 与 VSC 电源输出功率之间的关系要复杂得多。

### 4.7.6 双换流器电源带公共负荷时 CSL 的耦合同步特性

设双换流器电源带公共负荷的系统结构如图 4-32 所示。图 4-32 中，系统额定电压为 $U_N = 500\text{kV}$，VSC1 额定容量 $S_{N1} = 1500\text{MVA}$，VSC1 内阻抗与线路阻抗合计为 $R_{\Sigma 1} = R_{link1} + R_{line1} = 3.976\Omega$，$L_{\Sigma 1} = L_{link1} + L_{line1} = 138.55\text{mH}$；VSC2 额定容量 $S_{N2} = 3000\text{MVA}$，VSC2 内阻抗与线路阻抗合计为 $R_{\Sigma 2} = R_{link2} + R_{line2} = 4.964\Omega$，$L_{\Sigma 2} = L_{link2} + L_{line2} = 192.825\text{mH}$；负荷的额定容量为 $P_{loadN} = 2500\text{MW}$，对应的电阻为 $R_{load} = 100\Omega$。另外，输电线路的分布电容作为集总电容放在负荷端模拟，其电容值为 $3.318\mu\text{F}$。VSC1 和 VSC2 与其各自的电流同步环 CSL1 和 CSL2 之间的基准值按照下式计算：

$$\begin{cases} U_{base1} = U_{base2} = U_N/\sqrt{3} = 500\text{kV}/\sqrt{3} = 288.6751\text{kV} \\ I_{base1} = S_{N1}/(\sqrt{3}\,U_{N1}) = 1500\text{MVA}/(\sqrt{3}\times 500\text{kV}) = 1.7321\text{kA} \\ I_{base2} = S_{N2}/(\sqrt{3}\,U_{N2}) = 3000\text{MVA}/(\sqrt{3}\times 500\text{kV}) = 3.4642\text{kA} \end{cases} \quad (4\text{-}141)$$

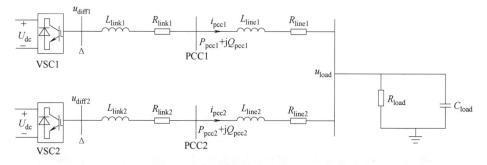

图 4-32 双换流器电源带公共负荷示意图

第4章 电压源换流器与交流电网之间的同步控制方法

对于图 4-32 所示的双换流器电源带公共负荷系统，同样先不考虑 CSL 输入信号的耦合强度变化以及输出信号的旋转和伸缩，只按照基准值进行换算。在 αβ 坐标系下建立图 4-32 所示系统的数学模型如下式所示：

$$\begin{cases} \dfrac{du_{so1\alpha}}{dt} = -\dfrac{u_{so1\alpha}}{RC} - \dfrac{1}{C}i_{sat1}(u_{so1\alpha}) - \omega_r u_{so1\beta} + \dfrac{k_{cpl1}}{C}\dfrac{i_{pcc1\alpha}}{I_{base1}} \\[4pt] \dfrac{du_{so1\beta}}{dt} = \omega_r u_{so1\alpha} \\[4pt] \dfrac{du_{so2\alpha}}{dt} = -\dfrac{u_{so2\alpha}}{RC} - \dfrac{1}{C}i_{sat2}(u_{so2\alpha}) - \omega_r u_{so2\beta} + \dfrac{1}{C}\dfrac{i_{pcc2\alpha}}{I_{base2}} \\[4pt] \dfrac{du_{so2\beta}}{dt} = \omega_r u_{so2\alpha} \\[4pt] U_{base1}u_{so1\alpha} - u_{load\alpha} = L_{\Sigma 1}\dfrac{di_{pcc1\alpha}}{dt} + R_{\Sigma 1}i_{pcc1\alpha} \\[4pt] U_{base1}u_{so1\beta} - u_{load\beta} = L_{\Sigma 1}\dfrac{di_{pcc1\beta}}{dt} + R_{\Sigma 1}i_{pcc1\beta} \\[4pt] U_{base2}u_{so2\alpha} - u_{load\alpha} = L_{\Sigma 2}\dfrac{di_{pcc2\alpha}}{dt} + R_{\Sigma 2}i_{pcc2\alpha} \\[4pt] U_{base2}u_{so2\beta} - u_{load\beta} = L_{\Sigma 2}\dfrac{di_{pcc2\beta}}{dt} + R_{\Sigma 2}i_{pcc2\beta} \\[4pt] i_{pcc1\alpha} + i_{pcc2\alpha} = \dfrac{u_{load\alpha}}{R_{load}} + C_{load}\dfrac{du_{load\alpha}}{dt} \\[4pt] i_{pcc1\beta} + i_{pcc2\beta} = \dfrac{u_{load\beta}}{R_{load}} + C_{load}\dfrac{du_{load\beta}}{dt} \end{cases} \quad (4\text{-}142)$$

求解式（4-142）可以得到双换流器电源带公共负荷时 CSL 的耦合同步特性如图 4-33 所示。

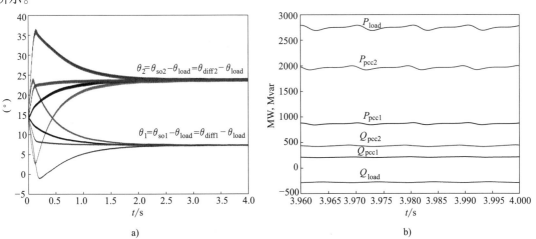

图 4-33 双换流器电源带公共负荷时 CSL 的耦合同步特性

a）4 种不同初始值下 2 个 CSL 的同步特性　b）有功功率、无功功率波形

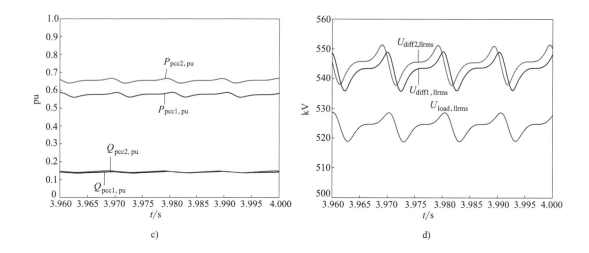

图 4-33 双换流器电源带公共负荷时 CSL 的耦合同步特性（续）
c）有功功率、无功功率标幺值 d）电压波形

由图 4-33a 可以看出，在 CSL1 和 CSL2 的电容电压取不同初始值而系统其他状态量取 0 的条件下，系统都能进入同步状态，表明 CSL1 和 CSL2 确实具有耦合同步特性，系统进入同步的时间随初始值的不同而不同。

如果以图 4-32 中负荷母线电压 $u_{load}$ 的相角作为相角基准，那么系统进入同步后，SO1 的相角 $\theta_1$ 约为 7.5°，也就是 VSC1 的内电势 $u_{diff1}$ 的相角 $\theta_1$ 约为 7.5°，这是容易理解的，因为有功潮流是从 VSC1 流向负荷母线，故 VSC1 的电压相角一定超前负荷母线的电压相角。同样，系统进入同步后，SO2 的相角 $\theta_2$ 约为 23.5°，也就是 VSC2 内电势 $u_{diff2}$ 的相角 $\theta_2$ 约为 23.5°，因为更大的有功潮流是从 VSC2 流向负荷母线的。

图 4-33b 和 c 给出了 VSC1 和 VSC2 的输出功率特性，VSC1 输出的有功功率以其自身容量为基准值时的标幺值约为 0.58pu，VSC2 输出的有功功率以其自身容量为基准值时的标幺值约为 0.66pu，VSC1 和 VSC2 输出的无功功率以其自身容量为基准值时几乎相等，约 0.15pu。两个换流器电源输出功率的大小与换流器的容量和电网结构及参数有关，是由 CSL1 和 CSL2 的耦合同步特性自然决定的。

图 4-33d 给出了 3 条母线上的线电压有效值，其中 VSC1 和 VSC2 的内线电势有效值在 545kV 左右，负荷母线的线电压有效值在 525kV 左右，都在合理范围。

### 4.7.7 CSL1 电流耦合强度变化对 VSC1 输出功率的影响

对于图 4-32 所示的双换流器电源带公共负荷系统，考察 CSL1 输入信号 $i_{cpl1}$ 中的耦合强度 $k_{cpl1}$ 变化对整个系统功率分布的影响，令 $k_{cpl1}$ 分别取值 0.5、1 和 1.5。求解式（4-142）可以得到双换流器电源带公共负荷系统的响应特性如图 4-34 所示。

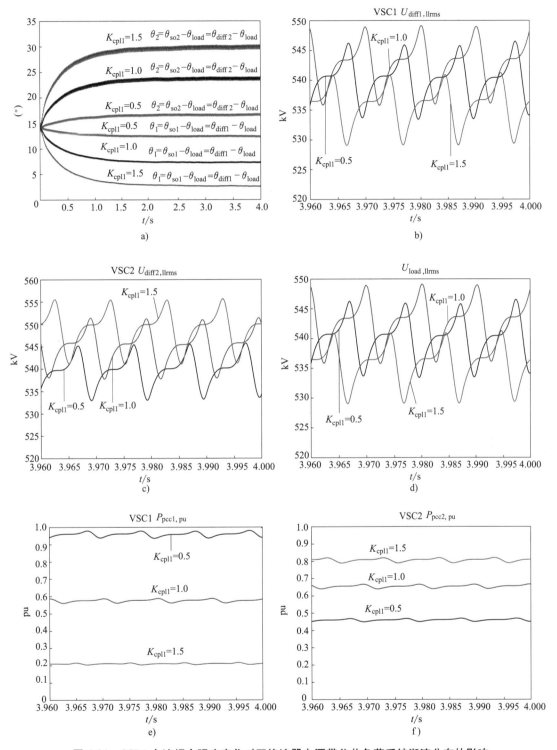

**图 4-34 CSL1 电流耦合强度变化对双换流器电源带公共负荷系统潮流分布的影响**

a）耦合强度不同时两个 CSL 的相位角　b）VSC1 内线电势有效值　c）VSC2 内线电势有效值
d）负荷母线线电压有效值　e）VSC1 输出有功功率标幺值　f）VSC2 输出有功功率标幺值

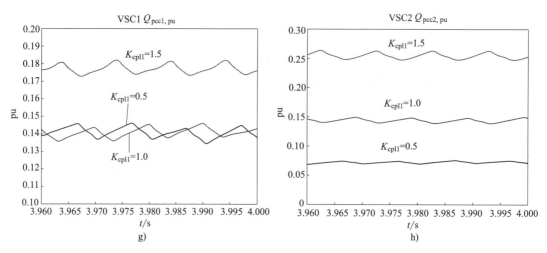

**图 4-34 CSL1 电流耦合强度变化对双换流器电源带公共负荷系统潮流分布的影响（续）**
g) VSC1 输出无功功率标幺值    h) VSC2 输出无功功率标幺值

从图 4-34a 可以看出，随着 CSL1 的电流耦合强度 $k_{cpl1}$ 从 0.5 变大到 1.5，VSC1 相对于负荷母线的电压相角差单调变小，从 12.5°左右变小到 2.5°左右；而 VSC2 相对于负荷母线的电压相角差单调变大，从 17°左右变大到 30°左右。这个结果与图 4-34eVSC1 输出有功功率变化和图 4-34fVSC2 输出有功功率变化在物理性质上完全吻合，VSC1 输出到负荷的有功功率也是单调变小，VSC2 输出到负荷的有功功率则是单调变大。从图 4-34b 可以看出，VSC1 的内电势随 $k_{cpl1}$ 的变化不是单调的，这个结果与图 4-34gVSC1 的输出无功功率随 $k_{cpl1}$ 的变化不是单调的，在物理性质上也是吻合的。从图 4-34c 可以看出，VSC2 的内电势随 $k_{cpl1}$ 的变大是单调增大的，这个结果与图 4-34hVSC2 的输出无功功率随 $k_{cpl1}$ 的变大也是单调增大，在物理性质上也是吻合的。

### 4.7.8 基于 CSL 耦合强度的定有功功率控制特性

根据图 4-34 所示的 CSL1 电流耦合强度 $k_{cpl1}$ 对 VSC1 输出功率的影响规律，通过调节 $k_{cpl1}$ 的大小来调节 VSC1 输出的有功功率是可能的，但通过调节 $k_{cpl1}$ 的大小来控制 VSC1 输出的无功功率则是不可能的，因为 VSC1 输出无功功率与 $k_{cpl1}$ 之间不存在单调的对应关系。

下面讨论如何通过调节 $k_{cpl1}$ 来实现 VSC1 的定有功功率控制，这里采用最简单的 PI 控制方法给出 $k_{cpl1}$ 的值。根据图 4-34e，$k_{cpl1}$ 越大，VSC1 输出的有功功率越小，因此构造的 PI 控制器如图 4-35 所示。图 4-35 中，$P_{pcc1,pu}^*$ 为以 VSC1 自身容量为基准值给出的标幺化功率指令值，$P_{pcc1,pu}$ 为实测功率的标幺值，$K_1$、$T_1$ 为 PI 控制器参数。当 $P_{pcc1,pu} - P_{pcc1,pu}^* > 0$ 时，意味着输出功率偏大，需要调小输出功率，对应地需要调大 $k_{cpl1}$；当 $P_{pcc1,pu} - P_{pcc1,pu}^* < 0$ 时，意味着输出功率偏小，需要调大输出功率，对应地需要调小 $k_{cpl1}$；显然，图 4-35 的 PI

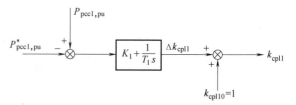

**图 4-35 VSC1 定有功功率 PI 控制器框图**

控制器满足这个要求。

设定对图 4-32 系统的 VSC1 实施定有功功率控制，采用改变 $k_{\text{cpl1}}$ 实现定有功功率控制后，式（4-142）的数学模型将修正为式（4-143）。控制目标设定为 $P_{\text{pcc1,pu}}^* = 0.50$，在此控制目标下，VSC2 实际上成为整个系统的有功功率平衡站。

针对所设定的控制目标，在 PI 控制器参数取 $K_1 = 0$、$T_1 = 8.0\text{s}$ 的条件下，求解式（4-143）可以得到定有功功率控制下双电源系统的运行特性如图 4-36 所示。

由图 4-36 可以看出，通过调节 $k_{\text{cpl1}}$，VSC1 的有功功率被控制到了 0.5pu 附近，基本上达到了控制目标。

必须指出，对于一般性电网，通过调节 CSL 的电流耦合强度 $k_{\text{cpl}}$ 实现功率控制的普遍意义是存疑的。主要是两方面的问题：第一，对于一般性电网，各 CSL 的电流耦合强度 $k_{\text{cpl}}$ 与对应 VSC 电源的输出功率之间存在复杂的关系，若 $k_{\text{cpl}}$ 与输出功率之间不存在单调关系，那么通过调节 $k_{\text{cpl}}$ 来实现 VSC 电源的恒定功率控制是不可行的；第二，$k_{\text{cpl}}$ 的变化会引起对应 VSC 电源输出的有功功率和无功功率同时变化，因此，通过调节 $k_{\text{cpl}}$ 实现有功功率和无功功率的同时控制是不可能的。

$$\begin{cases} \dfrac{\mathrm{d}u_{\text{so1}\alpha}}{\mathrm{d}t} = -\dfrac{u_{\text{so1}\alpha}}{RC} - \dfrac{1}{C}i_{\text{sat1}}(u_{\text{so1}\alpha}) - \omega_r u_{\text{so1}\beta} + \dfrac{k_{\text{cpl1}}}{C}\dfrac{i_{\text{pcc1}\alpha}}{I_{\text{base1}}} \\[6pt] \dfrac{\mathrm{d}u_{\text{so1}\beta}}{\mathrm{d}t} = \omega_r u_{\text{so1}\alpha} \\[6pt] \dfrac{\mathrm{d}u_{\text{so2}\alpha}}{\mathrm{d}t} = -\dfrac{u_{\text{so2}\alpha}}{RC} - \dfrac{1}{C}i_{\text{sat2}}(u_{\text{so2}\alpha}) - \omega_r u_{\text{so2}\beta} + \dfrac{1}{C}\dfrac{i_{\text{pcc2}\alpha}}{I_{\text{base2}}} \\[6pt] \dfrac{\mathrm{d}u_{\text{so2}\beta}}{\mathrm{d}t} = \omega_r u_{\text{so2}\alpha} \\[6pt] U_{\text{base1}} u_{\text{so}\alpha} - u_{\text{load}\alpha} = L_{\Sigma 1}\dfrac{\mathrm{d}i_{\text{pcc11}\alpha}}{\mathrm{d}t} + R_{\Sigma 1} i_{\text{pcc1}\alpha} \\[6pt] U_{\text{base1}} u_{\text{so}\beta} - u_{\text{load}\beta} = L_{\Sigma 1}\dfrac{\mathrm{d}i_{\text{pcc1}\beta}}{\mathrm{d}t} + R_{\Sigma 1} i_{\text{pcc1}\beta} \\[6pt] \dfrac{\mathrm{d}k_{\text{cpl1}}}{\mathrm{d}t} = K_1 \dfrac{\mathrm{d}\Delta P_{\text{pcc1,pu}}}{\mathrm{d}t} + \dfrac{\Delta P_{\text{pcc1,pu}}}{T_1} \\[6pt] \Delta P_{\text{pcc1,pu}} = -P_{\text{pcc1,pu}}^* + \dfrac{3}{2}\cdot\dfrac{U_{\text{base1}}}{S_{\text{N1}}}(u_{\text{so}\alpha} i_{\text{pcc1}\alpha} + u_{\text{so}\beta} i_{\text{pcc1}\beta}) \\[6pt] U_{\text{base2}} u_{\text{so2}\alpha} - u_{\text{load}\alpha} = L_{\Sigma 2}\dfrac{\mathrm{d}i_{\text{pcc2}\alpha}}{\mathrm{d}t} + R_{\Sigma 2} i_{\text{pcc2}\alpha} \\[6pt] U_{\text{base2}} u_{\text{so2}\beta} - u_{\text{load}\beta} = L_{\Sigma 2}\dfrac{\mathrm{d}i_{\text{pcc2}\beta}}{\mathrm{d}t} + R_{\Sigma 2} i_{\text{pcc2}\beta} \\[6pt] i_{\text{pcc1}\alpha} + i_{\text{pcc2}\alpha} = \dfrac{u_{\text{load}\alpha}}{R_{\text{load}}} + C_{\text{load}}\dfrac{\mathrm{d}u_{\text{load}\alpha}}{\mathrm{d}t} \\[6pt] i_{\text{pcc1}\beta} + i_{\text{pcc2}\beta} = \dfrac{u_{\text{load}\beta}}{R_{\text{load}}} + C_{\text{load}}\dfrac{\mathrm{d}u_{\text{load}\beta}}{\mathrm{d}t} \end{cases} \quad (4\text{-}143)$$

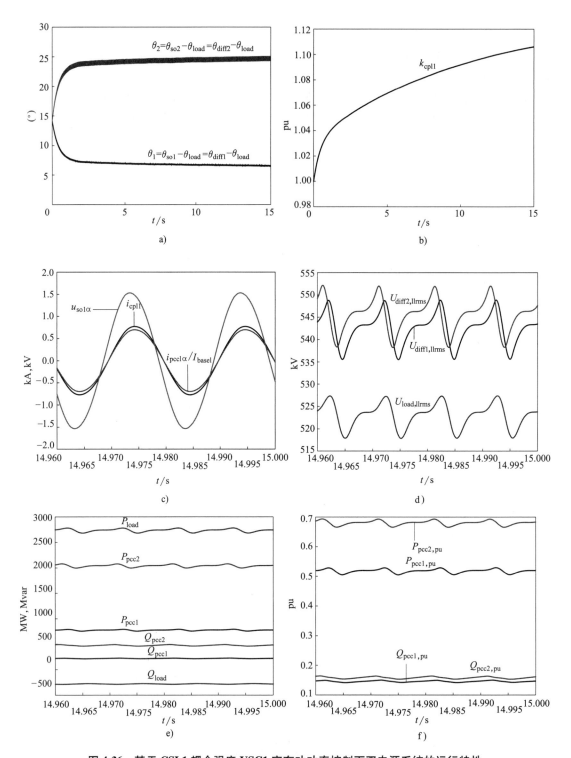

图 4-36 基于 CSL1 耦合强度 VSC1 定有功功率控制下双电源系统的运行特性

a) 两个 VSC 电源的相角 b) VSC1 的电流耦合强度 $k_{cpl1}$ c) CSL1 内部 $i_{cpl1}$ 相关物理量 d) 电压波形 e) 有功功率、无功功率有名值 f) 有功功率、无功功率标幺值

## 4.7.9 基于 CSL 输出电压旋转和伸缩的定有功功率和定无功功率控制特性

上一节的算例表明,通过调节 $k_{cpl}$ 实现有功功率和无功功率的同时控制是不可能的。那么,在基于耦合振子的电流同步控制的前提下,有没有可能针对特定的 VSC 进行有功功率和无功功率的恒定控制呢?

为了对特定的 VSC 进行功率控制,根据高压电网中有功功率与电压相角密切相关和无功功率与电压幅值密切相关的基本特性,本书尝试将 CSL 输出的 αβ 电压分量经特定的旋转和伸缩变换后再作为 VSC 的内电势指令值,以实现对特定 VSC 有功功率和无功功率的控制。即图 4-27 中的 $\delta_P$ 和 $k_Q$ 值不再取缺省值 0 和 1,而是要按照定有功功率和定无功功率控制的要求给出。为此,本书采用最简单的 PI 控制方法给出 $\delta_P$ 和 $k_Q$ 的值。

设需要对 $VSC_i$ 的有功功率和无功功率进行控制,其指令值分别为 $P^*_{pcci,pu}$ 和 $Q^*_{pcci,pu}$,则对应的 PI 控制框图如图 4-37 所示。图 4-37 中,$P^*_{pcci,pu}$ 和 $Q^*_{pcci,pu}$ 为以 VSC 自身容量为基准值给出的标幺化功率指令值,$P_{pcci,pu}$ 和 $Q_{pcci,pu}$ 为实测功率的标幺值;$K_1$、$T_1$ 和 $K_2$、$T_2$ 为 PI 控制器参数。

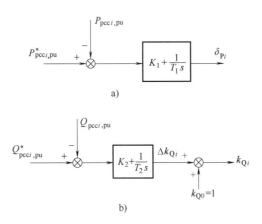

图 4-37 VSC 定有功功率和无功功率的控制框图
a) 定有功功率 PI 控制器  b) 定无功功率 PI 控制器

在通过 PI 控制器得到了 $\delta_P$ 和 $k_Q$ 的数值之后,就可以计算传递到 VSC 的 αβ 坐标系中的内电势指令值。根据图 4-27b 可以得到

$$\begin{cases} u^*_{diff\alpha} = U_{diffm}\cos(\theta+\delta_P) = (U_{diffm}\cos\theta)\cos\delta_P - (U_{diffm}\sin\theta)\sin\delta_P \\ u^*_{diff\beta} = U_{diffm}\sin(\theta+\delta_P) = (U_{diffm}\sin\theta)\cos\delta_P + (U_{diffm}\cos\theta)\sin\delta_P \end{cases} \quad (4\text{-}144)$$

根据图 4-27b 所示的关系,式(4-144)可以表达为

$$\begin{cases} u^*_{diff\alpha} = k_Q U_{base}(u_{so\alpha}\cos\delta_P - u_{so\beta}\sin\delta_P) \\ u^*_{diff\beta} = k_Q U_{base}(u_{so\beta}\cos\delta_P + u_{so\alpha}\sin\delta_P) \end{cases} \quad (4\text{-}145)$$

设对图 4-32 中的 VSC1 采用定功率控制,则式(4-142)的数学模型将修正为式(4-146),增加了 $\delta_{P1}$ 和 $\Delta k_Q$ 的控制方程以及 $\Delta P_{pcc1,pu}$ 和 $\Delta Q_{pcc1,pu}$ 的计算方程。

$$\begin{cases}
\dfrac{\mathrm{d}u_{\mathrm{so1}\alpha}}{\mathrm{d}t} = -\dfrac{u_{\mathrm{so1}\alpha}}{RC} - \dfrac{1}{C}i_{\mathrm{sat1}}(u_{\mathrm{so1}\alpha}) - \omega_{\mathrm{r}}u_{\mathrm{so1}\beta} + \dfrac{1}{C}\dfrac{i_{\mathrm{pcc1}\alpha}}{I_{\mathrm{base1}}} \\[6pt]
\dfrac{\mathrm{d}u_{\mathrm{so1}\beta}}{\mathrm{d}t} = \omega_{\mathrm{r}}u_{\mathrm{so1}\alpha} \\[6pt]
\dfrac{\mathrm{d}u_{\mathrm{so2}\alpha}}{\mathrm{d}t} = -\dfrac{u_{\mathrm{so2}\alpha}}{RC} - \dfrac{1}{C}i_{\mathrm{sat2}}(u_{\mathrm{so2}\alpha}) - \omega_{\mathrm{r}}u_{\mathrm{so2}\beta} + \dfrac{1}{C}\dfrac{i_{\mathrm{pcc2}\alpha}}{I_{\mathrm{base2}}} \\[6pt]
\dfrac{\mathrm{d}u_{\mathrm{so2}\beta}}{\mathrm{d}t} = \omega_{\mathrm{r}}u_{\mathrm{so2}\alpha} \\[6pt]
(1+\Delta K_{\mathrm{Q1}})U_{\mathrm{base1}}(u_{\mathrm{so}\alpha}\cos\delta_{\mathrm{P}} - u_{\mathrm{so}\beta}\sin\delta_{\mathrm{P}}) - u_{\mathrm{load}\alpha} = L_{\Sigma 1}\dfrac{\mathrm{d}i_{\mathrm{pcc1}\alpha}}{\mathrm{d}t} + R_{\Sigma 1}i_{\mathrm{pcc1}\alpha} \\[6pt]
(1+\Delta K_{\mathrm{Q1}})U_{\mathrm{base1}}(u_{\mathrm{so}\beta}\cos\delta_{\mathrm{P}} + u_{\mathrm{so}\alpha}\sin\delta_{\mathrm{P}}) - u_{\mathrm{load}\beta} = L_{\Sigma 1}\dfrac{\mathrm{d}i_{\mathrm{pcc1}\beta}}{\mathrm{d}t} + R_{\Sigma 1}i_{\mathrm{pcc1}\beta} \\[6pt]
\dfrac{\mathrm{d}\delta_{\mathrm{P1}}}{\mathrm{d}t} = K_1\dfrac{\mathrm{d}\Delta P_{\mathrm{pcc1,pu}}}{\mathrm{d}t} + \dfrac{\Delta P_{\mathrm{pcc1,pu}}}{T_1} \\[6pt]
\dfrac{\mathrm{d}\Delta k_{\mathrm{Q1}}}{\mathrm{d}t} = K_2\dfrac{\mathrm{d}\Delta Q_{\mathrm{pcc1,pu}}}{\mathrm{d}t} + \dfrac{\Delta Q_{\mathrm{pcc1,pu}}}{T_2} \\[6pt]
\Delta P_{\mathrm{pcc1,pu}} = P^*_{\mathrm{pcc1,pu}} - \dfrac{3}{2}\cdot\dfrac{(1+\Delta K_{\mathrm{Q1}})U_{\mathrm{base1}}}{S_{\mathrm{N1}}}[(u_{\mathrm{so}\alpha}\cos\delta_{\mathrm{P}} - u_{\mathrm{so}\beta}\sin\delta_{\mathrm{P}})i_{\mathrm{pcc1}\alpha} + \\
\qquad (u_{\mathrm{so}\beta}\cos\delta_{\mathrm{P}} + u_{\mathrm{so}\alpha}\sin\delta_{\mathrm{P}})i_{\mathrm{pcc1}\beta}] \\[6pt]
\Delta Q_{\mathrm{pcc1,pu}} = Q^*_{\mathrm{pcc1,pu}} - \dfrac{3}{2}\cdot\dfrac{(1+\Delta K_{\mathrm{Q1}})U_{\mathrm{base1}}}{S_{\mathrm{N1}}}[(u_{\mathrm{so}\beta}\cos\delta_{\mathrm{P}} + u_{\mathrm{so}\alpha}\sin\delta_{\mathrm{P}})i_{\mathrm{pcc1}\alpha} - \\
\qquad (u_{\mathrm{so}\alpha}\cos\delta_{\mathrm{P}} - u_{\mathrm{so}\beta}\sin\delta_{\mathrm{P}})i_{\mathrm{pcc1}\beta}] \\[6pt]
U_{\mathrm{base2}}u_{\mathrm{so2}\alpha} - u_{\mathrm{load}\alpha} = L_{\Sigma 2}\dfrac{\mathrm{d}i_{\mathrm{pcc2}\alpha}}{\mathrm{d}t} + R_{\Sigma 2}i_{\mathrm{pcc2}\alpha} \\[6pt]
U_{\mathrm{base2}}u_{\mathrm{so2}\beta} - u_{\mathrm{load}\beta} = L_{\Sigma 2}\dfrac{\mathrm{d}i_{\mathrm{pcc2}\beta}}{\mathrm{d}t} + R_{\Sigma 2}i_{\mathrm{pcc2}\beta} \\[6pt]
i_{\mathrm{pcc1}\alpha} + i_{\mathrm{pcc2}\alpha} = \dfrac{u_{\mathrm{load}\alpha}}{R_{\mathrm{load}}} + C_{\mathrm{load}}\dfrac{\mathrm{d}u_{\mathrm{load}\alpha}}{\mathrm{d}t} \\[6pt]
i_{\mathrm{pcc1}\beta} + i_{\mathrm{pcc2}\beta} = \dfrac{u_{\mathrm{load}\beta}}{R_{\mathrm{load}}} + C_{\mathrm{load}}\dfrac{\mathrm{d}u_{\mathrm{load}\beta}}{\mathrm{d}t}
\end{cases} \quad (4\text{-}146)$$

仍然采用图 4-32 所示的双换流器电源带公共负荷系统来测试上述定有功功率和定无功功率控制方法的有效性。控制目标设定 $P^*_{\mathrm{pcc1,pu}} = 0.50$、$Q^*_{\mathrm{pcc1,pu}} = 0$。在这种控制目标下，VSC2 实际上成为整个系统的功率平衡站，VSC1 的控制目标必须落在系统潮流分布的可行域内。

针对所设定的控制目标，在 PI 控制器参数取 $K_1 = 0.01$、$K_2 = 0.001$、$T_1 = 8.0\mathrm{s}$ 和 $T_2 = 10\mathrm{s}$ 的条件下，求解式（4-146）可以得到定功率控制下双电源系统的运行特性如图 4-38 所示。

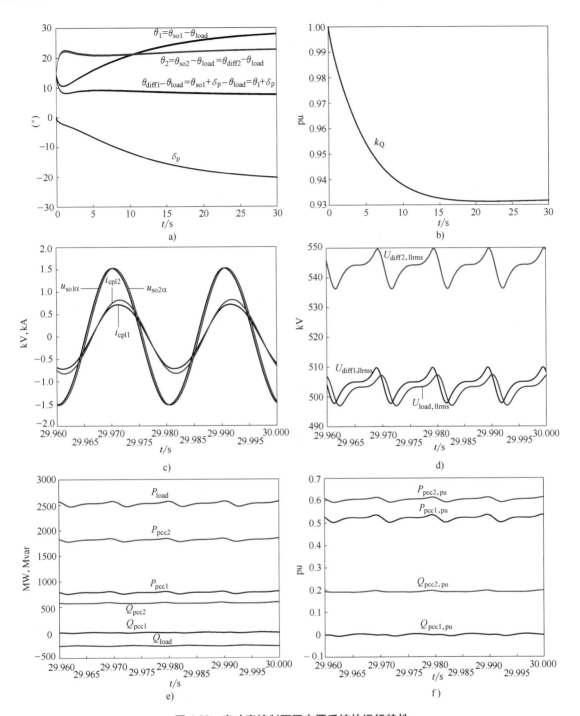

图 4-38 定功率控制下双电源系统的运行特性
a) 两个 VSC 电源的相角  b) VSC1 的电压伸缩因子 $k_Q$  c) CSL1 和 CSL2 的内部物理量
d) 电压波形  e) 有功功率、无功功率有名值  f) 有功功率、无功功率标幺值

由图 4-38 可以看出，VSC1 的有功功率被控制到了 0.5pu 附近，无功功率被控制到了 0pu 附近，基本上达到了控制目标。为了使 VSC1 的输出无功功率为零，VSC1 的内电势 $U_{\text{diff1m}}$ 需要大幅下降，电压伸缩因子 $k_Q$ 的稳态值为 0.932。由于 VSC1 电压的大幅下降，导

致负荷母线电压也大幅下降,其线电压有效值下降到505kV左右,从而负荷消耗的有功功率接近于其额定值,为2500MW左右。在此控制目标下,VSC2作为整个系统的功率平衡母线,有功功率和无功功率的平衡都由VSC2实现,故VSC2的输出有功功率和无功功率也有较大变化。

必须指出,对于本算例系统,在不同的控制目标下,PI控制器的参数对系统稳定性非常敏感。这个问题是由系统结构与参数所决定的潮流可行域所引起,还是由CSL本身的电流耦合同步特性所引起,还有待进一步研究。

## 4.8 5大类同步控制方法的适应性和性能比较

本书按照同步控制方法所基于的物理媒介,将非同步机电源与电网电源同步的控制方法分为5大类,分别为基于PCC瞬时电压的PLL,包括SRF-PLL和DDSRF-PLL;基于PCC有功功率的PSL;基于VSC直流侧电压的VSL;基于PCC无功功率的QSL;基于PCC瞬时电流的CSL。这5大类同步控制方法的适用场合和控制性能是有很大差别的。下面就如下4个方面对这5大类同步控制方法进行比较:①适用于一般性电网还是特殊电网;②对PCC电压变化的适应性;③对电网频率变化的适应性;④能否实现非同步机电源的有功功率和无功功率解耦控制。比较结果见表4-4。

表4-4 5大类同步控制方法的适应性和性能比较

| 同步控制方法 | 适用场合 | 抗电压扰动能力 | 抗频率扰动能力,RoCoF限制值 | 可否用于有功功率和无功功率解耦控制 |
|---|---|---|---|---|
| SRF-PLL | 包含同步机和非同步机电源的一般性电网 | 电压对称跌落到零可以正常运行 | 典型值 RoCoF < $2\pi$ Hz/s 时可以正常运行 | 有功功率和无功功率可以独立控制 |
| DDSRF-PLL | 包含同步机和非同步机电源的一般性电网 | 电压不对称跌落可以正常运行 | 典型值 RoCoF < $2\pi$ Hz/s 时可以正常运行 | 有功功率和无功功率可以独立控制 |
| PSL | 包含同步机和非同步机电源的一般性电网;但要求VSC的直流侧电压由外部电路或储能装置维持恒定 | 与运行状态和PCC短路比有关,抗电压跌落能力较强 | 典型值 RoCoF < $5\pi$ mHz/s 时可以正常运行。抗频率扰动能力弱 | 有功功率和无功功率可以独立控制 |
| VSL | 包含同步机和非同步机电源的一般性电网 | PCC金属性短路时间不能超过20ms,抗电压跌落能力极弱 | 典型值 RoCoF < $20\pi$ $\mu$Hz/s 时可以正常运行。抗频率扰动能力极弱 | 有功功率不可控,无功功率可控 |
| QSL | 采用二极管整流直流送出的海上风电场电网 | 抗电压跌落能力强 | 无频率扰动问题 | 有功功率和无功功率不能独立控制 |
| CSL | 完全由VSC电源构成的电网 | 抗电压跌落能力强 | 无频率扰动问题 | 有功功率和无功功率不能独立控制 |

总体上,在上述5大类同步控制方法中,DDSRF-PLL具有最强的适应性,并且抗电压扰动和频率扰动性能优越;PSL只适用于直流侧电压$U_{dc}$由外部电路或储能装置控制其恒定的VSC中,虽具有较强的抗电压扰动能力,但抗频率扰动能力较弱;VSL抗电压扰动能力和抗频率扰动能力都极弱,不大可能在实际电网中应用。QSL和CSL为适用于特定电网的同步控制方法,很难应用于既包含同步机电源又包含非同步机电源的电网;其中,QSL在二极管整流直流送出的风电场电网中具有良好的性能;而CSL尽管在完全由VSC电源构成的

电网中具有同步控制的能力,但几乎不具备功率控制能力。

# 参 考 文 献

[1] XU, Z. Three technical challenges faced by power systems in transition [J]. Energies, 2022, 15 (12), 4473.

[2] KAURA V, BLASCO V. Operation of a phase locked loop system under distorted utility conditions [J]. IEEE Transactions on Industry Applications, 1997, 33 (1): 58-63.

[3] TIMBUS A, TEODORESCU R, BLAABJERG F, LISERRE M. Synchronization methods for three phase distributed power generation systems-an overview and evaluation [C]//IEEE 36th Conference on Power Electronics Specialists, June 12, 2005, Aachen, Germany. New York: IEEE, 2005: 2474-2481.

[4] BLAABJERG F, TEODORESCU R, LISERRE M, et al. Overview of control and grid synchronization for distributed power generation systems [J]. IEEE Transactions on Industrial Electronics, 2006, 53 (5): 1398-1409.

[5] SAEED G, JOSEP M. GUERRERO J C V. Three-Phase PLLs: A Review of Recent Advances [J]. IEEE Transactions on Power Electronics, 2017, 32 (3): 1894-1907.

[6] ALI Z, CHRISTOFIDES N, HADJIDEMETRIOU L, et al. Three-phase phase-locked loop synchronization algorithms for grid connected renewable energy systems: A review [J]. Renewable and Sustainable Energy Reviews, 2018, 90 (C): 434-452.

[7] BECK H P, HESSE R. Virtual Synchronous Machine [C]//9th International Conference on Electrical Power Quality and Utilisation, 9-11 October 2007, Barcelona, Spain. New York: IEEE, 2007.

[8] CHEN Y, HESSE R, TURSCHNER D, BECK H P. Improving the grid power quality using virtual synchronous machines [C]//2011 International Conference on Power Engineering, Energy and Electrical Drives, 11-13 May 2011, Torremolinos, Malaga, Spain. New York: IEEE, 2011.

[9] DRIESEN J, VISSCHER K. Virtual Synchronous Generators [C]//IEEE Power and Energy Society 2008 General Meeting: Conversion and Delivery of Energy in the 21st Century, 20-24 July 2008, Pittsburgh, Pennsylvania, USA. New York: IEEE, 2008.

[10] WESENBEECK M P N, HAAN S W H, VARELA P, VISSCHER K. Grid tied converter with virtual kinetic storage [C]//2009 IEEE Bucharest PowerTech Conference: Innovative Ideas Toward the Electrical Grid of the Future, 28 June-2 July 2009, Bucharest, Romania. New York: IEEE, 2009.

[11] ZHONG Q C, WEISS G. Static synchronous generators for distributed generation and renewable energy [C]//2009 IEEE/PES Power Systems Conference and Exposition, 15-18 March 2009, Seattle, Washington, USA. New York: IEEE, 2009.

[12] ZHONG Q C, WEISS G. Synchronverters: inverters that mimic synchronous generators [J]. IEEE Transactions on Industrial Electronics, 2011, 58 (4): 1259-1267.

[13] ZHANG L, HARNEFORS L, NEE H P. Power synchronization control of grid-connected voltage source converters [J]. IEEE Transactions on Power Systems, 2010, 25 (2): 809-820.

[14] GAO F, IRAVANI M R. A control strategy for a distributed generation unit in grid-connected and autonomous modes of operation [J]. IEEE Transactions on Power Delivery, 2008, 23 (2): 850-859.

[15] D'ARCO S, SUUL J A. Virtual synchronous machines-classification of implementations and analysis of equivalence to droop controllers for microgrids [C]//IEEE PowerTech Grenoble 2013, 16-20 June 2013, Grenoble, France. New York: IEEE, 2013.

[16] BEVRANI H, ISE T, MIURA Y. Virtual synchronous generators: a survey and new perspectives [J].

Electrical Power and Energy Systems, 2014, 54: 244-254.

[17] D'ARCO S, SUUL J A. Equivalence of virtual synchronous machines and frequency-droops for converter-based microgrids [J]. IEEE Transactions on Smart Grid, 2014, 5 (1): 394-395.

[18] GUAN M, PAN W, ZHANG J, et al. Synchronous generator emulation control strategy for voltage source converter stations [J]. IEEE Transactions on Power Systems, 2015, 30 (6): 3093-3101.

[19] ANDRADE A I, PENA G R, BLASCO-GIMENEZ R, RIEDEMANN A J. Control strategy of a HVDC-diode rectifier connected type-4 off-shore wind farm [C]//2015 IEEE 2nd International Future Energy Electronics Conference (IFEEC), 01-04 November 2015, Taipei, China. New York: IEEE, 2015.

[20] CARDIEL-ALVAREZ M A, ARNALTES S, RODRIGUEZ-AMENEDO J L, Nami A. Decentralized control of offshore wind farms connected to diode-based HVDC links [J]. IEEE Transactions on Energy Conversion, 2018, 33 (3): 1233-1241.

[21] ASENSIO A P, GOMEZ S A, RODRIGUEZ-AMENEDO J L, CARDIEL A M A. Reactive power synchronization method for voltage-sourced converters [J]. IEEE Transactions on Sustainable Energy, 2019, 10 (3): 1430-1438.

[22] TORRES L A B, HESPANHA J P, MOEHLIS J. Power supply synchronization without communication [C]// IEEE Power and Energy Society General Meeting, 22-26 July 2012, San Diego, CA, USA. New York: IEEE, 2012.

[23] JOHNSON B B, DHOPLE S V, CALE J L, et al. Oscillator based inverter control for islanded three phase microgrids [J]. IEEE Journal of Photovoltaics, 2014, 4 (1): 387-395.

[24] JOHNSON B B, DHOPLE S V, HAMADEH A O, et al. Synchronization of nonlinear oscillators in an LTI electrical power network [J]. IEEE Transactions on Circuits & Systems, 2014, 61 (3): 834-844.

[25] JOHNSON B B, DHOPLE S V, HAMADEH A O, et al. Synchronization of parallel single phase inverters with virtual oscillator control [J]. IEEE Transactions on Power Electronics, 2014, 29 (11): 6124-6138.

[26] JOHNSON B B, SINHA M, AINSWORTH N G, et al. Synthesizing virtual oscillators to control islanded inverters [J]. IEEE Transactions on Power Electronics, 2016, 31 (8): 6002-6015.

[27] COSTA D A, TORRES L A B, SILVA S M, DE CONTI A, BRANDAO D I. Parameter selection for the virtual oscillator control applied to microgrids [J]. Energies, 2021, 14 (7): 1818.

[28] SIMA AZIZI AGHDAM MOHAMMED AGAMY. Virtual oscillator-based methods for grid-forming inverter control: A review [J]. IET Renewable Power Generation, 2022, 16: 835-855.

[29] HUANG L, XIN H, WANG Z, et al. A virtual synchronous control for voltage-source converters utilizing dynamics of DC-link capacitor to realize self-synchronization [J]. IEEE Journal of Emerging and Selected Topics in Power Electronics, 2017, 5 (4): 1565-1577.

[30] CHIE C M, LINDSEY WC, CHIE C M. A Survey of digital phase-locked loops [J]. Proceedings of the IEEE, 1981, 69 (4): 410-431.

[31] Hsieh G C, Hung J C. Phase-locked loop techniques-a survey [J]. IEEE Transactions on Industrial Electronics,, 1996, 43 (6): 609-615.

[32] KIMBARK E W. Direct current transmission [M]. New York: Wiley-Interscience, 1971.

[33] LYON W V. Transient analysis of alternating-current machinery [M]. New York: Technology Press of MIT and John Wiley & Sons Inc., 1954.

[34] 张桂斌, 徐政, 王广柱. 基于空间矢量的基波正序、负序分量及谐波分量的实时检测方法 [J]. 中国电机工程学报, 2001, 21 (10): 1-5.

[35] RODRÍGUEZ P, POU J, BERGAS J, et al. Decoupled double synchronous reference frame PLL for power converters control [J]. IEEE Transactions on Power Electronics, 2007, 22 (2): 584-592.

[36] SMITH S W. The scientist and engineer's guide to digital signal processing [M]. second Edition. San Diego: California Technical Publishing, 1999.

[37] LATHI B P, GREEN R A. Linear Systems and Signals [M]. Third Edition. New York: Oxford University Press, 2018.

[38] Matevosyan J, Badrzadeh B, Prevost T, et al. Grid-forming inverters are they the key for high renewable penetration [J]. IEEE power & energy magazine, 2019, 17 (6): 89-98.

[39] ZHANG Zheren, JIN Yanqiu, XU Zheng. Grid-forming control of wind turbines for diode rectifier unit based offshore wind farm integration [J]. IEEE Transactions on Power Delivery, 2023, 38 (2): 1341-1352.

[40] DÖRFLERA F, CHERTKOVB M, BULLOA F. Synchronization in complex oscillator networks and smart grids [J]. PNAS, 2013, 110 (6): 2005-2010.

[41] DÖRFLER, F, BULLO, F. Synchronization in complex networks of phase oscillators: a survey [J]. Automatica, 2014, 50 (6): 1539-1564.

[42] JOSHI, S K, SEN S, KAR I N. Synchronization of coupled oscillator dynamics [J]. IFAC-PapersOnLine, 2016, 49 (1): 320-325.

[43] AKAGI H, WATANABE E H, AREDES M. Instantaneous Power Theory and Applications to Power Conditioning [M]. New York: John Wiley & Sons, Inc., 2007.

# 第5章 MMC柔性直流输电系统的控制策略

## 5.1 电压源换流器控制的要素及其分类

对于一般性的电压源换流器（VSC），其典型结构如图5-1所示。图5-1中，$U_{dc}$ 为VSC的直流侧电压；$I_{dc}$ 为VSC的直流侧电流；$u_{diff}$ 为VSC的内电势；$u_{pcc}$ 为VSC的网侧交流母线PCC电压；$P_{pcc}+jQ_{pcc}$ 为VSC注入交流系统的有功功率和无功功率；$i_{pcc}$ 为注入交流系统的电流；$U_{pccm}$ 为PCC的电压幅值；$f_{pcc}$ 为PCC的电压频率；$t$ 为时间；$\theta_{pcc}$ 为PCC的电压相角。

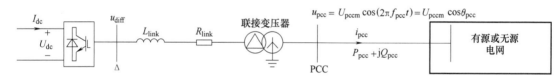

**图 5-1 VSC 典型结构**

从图5-1可以看出，VSC的外部边界条件可以用6个状态量进行完整描述，分别为 $U_{dc}$、$P_{pcc}$、$Q_{pcc}$、$U_{pccm}$ 以及 $f_{pcc}$ 和 $\theta_{pcc}$。对于VSC的控制策略设计来说，需要将这6个状态量分为2个不同层级来分别处理，第1层级实现VSC的同步控制，第2层级实现VSC的双自由度控制。按照2个层级中所采用的控制方式不同，可以将VSC控制器进行分类，如图5-2所示。以下对图5-2的控制器分类进行具体说明。

第1层级的状态量是PCC的电压频率 $f_{pcc}$ 和电压相角 $\theta_{pcc}$。控制器对第1层级状态量的控制方式取决于VSC是接入到有源交流电网还是接入到无源电网或新能源基地电网，这里的新能源基地电网指的是光伏发电和风力发电占主导的但有可能存在储能和很小比例同步机电源的交流电网。

当VSC接入到无源电网或新能源基地电网时，VSC是所接入电网的唯一定频率电源，其PCC电压的频率 $f_{pcc}$ 是由其控制器直接给定的。这种情况下对VSC来说，不存在同步问题。

当VSC接入到有源交流电网时，由广义同步稳定性的要求，VSC与电网中其他电源之间必须保持同步运行[1-2]。根据第4章的分析结论，对于既包含同步机电源又包含非同步机电源的一般性电网，工程上实际可用的同步控制方式主要有2种。一种为采用锁相同步控制

# 第5章　MMC柔性直流输电系统的控制策略

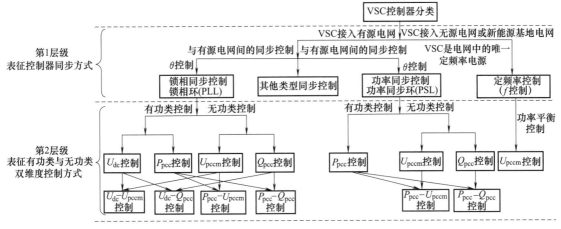

图 5-2　VSC 控制器的分类

的同步方式，其核心控制器是 PLL；另一种为采用功率同步控制的同步方式，其核心控制器是 PSL。

第 2 层级的状态量为 $U_{dc}$、$P_{pcc}$、$Q_{pcc}$、$U_{pccm}$，进一步可将这 4 个状态量划分成 2 类，$U_{dc}$ 和 $P_{pcc}$ 被称为有功类状态量，$Q_{pcc}$ 和 $U_{pccm}$ 被称为无功类状态量。单个 VSC 的控制自由度是 2 个，分别对应一个有功类状态量和一个无功类状态量。特别注意，VSC 在任何时刻，只能分别控制有功类状态量和无功类状态量中的一个状态量。比如，当前时刻 VSC 控制的有功类状态量是有功功率，那么当前时刻直流电压就不能由该 VSC 来控制。

这样，根据上述 2 组状态量的不同组合，第 2 层级 VSC 的控制模式有 4 种，分别为 $U_{dc}$-$U_{pccm}$、$U_{dc}$-$Q_{pcc}$、$P_{pcc}$-$U_{pccm}$、$P_{pcc}$-$Q_{pcc}$，且任何时刻，VSC 只能运行在其中的一种控制模式。控制模式 $U_{dc}$-$U_{pccm}$ 表示 VSC 控制器控制直流侧电压 $U_{dc}$ 恒定和交流母线电压幅值 $U_{pccm}$ 恒定；控制模式 $U_{dc}$-$Q_{pcc}$ 表示 VSC 控制器控制直流侧电压 $U_{dc}$ 恒定和注入交流系统无功功率 $Q_{pcc}$ 恒定；控制模式 $P_{pcc}$-$U_{pccm}$ 表示 VSC 控制器控制注入交流系统有功功率 $P_{pcc}$ 恒定和交流母线电压幅值 $U_{pccm}$ 恒定；控制模式 $P_{pcc}$-$Q_{pcc}$ 表示 VSC 控制器控制注入交流系统有功功率 $P_{pcc}$ 恒定和无功功率 $Q_{pcc}$ 恒定。

根据上述 2 个层级的控制方式，可以将 VSC 的控制模式进行统一命名，汇总的控制模式如下：

对于接入无源电网或新能源基地电网的 VSC，只有一种控制模式，为 $f/V$ 控制模式。注意本书采用分数格式命名控制模式，其中分子部分表示第 1 层级采用的控制模式，分母部分表示第 2 层级采用的控制模式。$f/V$ 控制模式表示 VSC 控制所接入电网的频率 $f$ 并控制其交流母线 PCC 的电压幅值 $U_{pccm}$ 为设定值。

对于接入有源交流电网的 VSC，如果采用锁相同步控制方式，存在 4 种控制模式，可以分别命名为 PLL/$U_{dc}$-$U_{pccm}$、PLL/$U_{dc}$-$Q_{pcc}$、PLL/$P_{pcc}$-$U_{pccm}$、PLL/$P_{pcc}$-$Q_{pcc}$。如果采用功率同步控制方式，由于有功类状态量中的 $P_{pcc}$ 已被用作同步控制，VSC 的有功类控制自由度已用尽，即该 VSC 已不能用来控制直流电压 $U_{dc}$。实际上，对于采用功率同步控制方式的 VSC，通常假设 VSC 的直流侧电压是恒定的，即 $U_{dc}$ 是由系统中的其他装置控制其恒定。故在功率同步控制方式下，只存在 2 种控制模式，分别命名为 PSL/$P_{pcc}$-$U_{pccm}$ 和 PSL/

$P_{pcc}$-$Q_{pcc}$。

值得指出的是,目前业界还广泛采用电网跟随型(Grid Following)控制与电网构造型(Grid Forming)控制来对 VSC 的控制器进行分类[3-5];并同时将采用电网跟随型控制器的 VSC 称为电网跟随型 VSC,将采用电网构造型控制器的 VSC 称为电网构造型 VSC。但对何为电网跟随型控制与何为电网构造型控制并没有严格的定义。普遍接受的关于两者的基本特点包括如下 2 个方面:①电网跟随型控制器是采用 PLL 来实现同步控制的,而电网构造型控制器不采用 PLL 而采用诸如 PSL 等其他同步控制方式来实现同步控制;②电网构造型 VSC 的外部特性表现为电压源特性,而电网跟随型 VSC 的外部特性表现为电流源特性。

众所周知,构造电网的基本要素是 2 个,第 1 个要素是电网的运行频率,第 2 个要素是电网的运行电压。其中电网的运行频率是全网性的物理量,稳态下全网的运行频率是一致的;而电网的运行电压是一个局部性的物理量,电网中各点的运行电压可以不同。目前业界关于电网构造型 VSC 的第 2 个特征,即 VSC 的外部特性表现为电压源特性,只满足了构造电网的第 2 个要素,并不说明已具备构造电网的能力。根据上述分析,本书将能否独立确立全网频率作为电网构造型 VSC 的第一要素,将能否控制 VSC 交流母线 PCC 的电压为设定值作为电网构造型 VSC 的第二要素。这样,我们就给出了电网构造型 VSC 的完整定义,即同时满足上述 2 个要素的 VSC 为电网构造型 VSC。如从 VSC 与电网的相互作用特性方面进行考察,电网构造型 VSC 在与电网的相互作用方面,是处于主动地位的,是不依赖于电网的;而电网跟随型 VSC 在与电网的相互作用方面,是处于被动地位的,是依赖于电网的。而同步控制的本质是确定 VSC 内电动势的频率。采用同步控制就意味着该 VSC 需要与所接入电网中其他电源保持同步,就意味着该 VSC 没有独立确立全网频率的能力。因此,凡采用同步控制的 VSC 天然不具备独立确立全网频率的能力,即采用同步控制的 VSC 不可能成为电网构造型 VSC。这样,采用第 4 章所述五大类型同步控制方式的 VSC,不可能是电网构造型 VSC。

在第 4 章所述的所有五大类型同步控制方式中,其最大的差别是实现同步所基于的媒介不同。比如锁相同步控制(PLL)所基于的媒介是 PCC 上的电压,功率同步控制(PSL)所基于的媒介是 PCC 输出的有功功率,无功功率同步控制(QSL)所基于的媒介是 PCC 输出的无功功率,电流同步控制(CSL)所基于的媒介是 PCC 输出的电流,直流电压同步控制(VSL)所基于的媒介是 VSC 的直流侧电压。

从与电网的相互作用特性方面考察,上述 5 种同步控制方式尽管采用的媒介不同,但在对所接入电网的依赖性上是完全一致的。换句话说,上述 5 种同步控制方式并不具备独立确立全网频率的能力,因此不满足电网构造型 VSC 的第一要素,不可能是电网构造型 VSC。从这个意义上来说,目前业界将基于 PCC 电压实现同步控制的 PLL 划入为电网跟随型控制,而将基于 PCC 输出有功功率实现同步控制的 PSL 划入为电网构造型控制,在逻辑上是不通的。因为这 2 种同步控制方式尽管所采用的媒介不同,但在依赖于所接入电网这个特性上是完全一致的,没有理由将这 2 种同步控制方式区别对待,并将对应的 VSC 划入不同的类型。

针对目前业界关于电网跟随型 VSC 与电网构造型 VSC 定义不明确、逻辑不严密的问题,本书试图对 VSC 的类型进行重新划分。本书将 VSC 与所接入电网之间的相互作用关系定义为 2 种基本类型,分别为电网构造型(Grid Forming)VSC 和电网支撑型(Grid Supporting)VSC。

首先定义电网构造型（Grid Forming）VSC 为同时满足构造电网 2 个基本要素的 VSC，即能够独立确立电网运行频率和控制 PCC 电压为设定值的 VSC。本书也将电网构造型 VSC 称为"构网电源（Grid Forming Source）"。构网电源包含 4 层含义：第 1 层含义是构网电源为无源电网或新能源基地电网的功率平衡电源，其在交流侧的行为与交流电网潮流计算中的"平衡节点"完全一致，其在直流侧的表现则为直流侧电压 $U_{dc}$ 恒定，但 $U_{dc}$ 恒定不是由构网电源本身实现的，而是由直流电网中的其他电源或者储能装置实现的；第 2 层含义是当 VSC 作为构网电源时，其采用的控制模式为 $f/V$ 控制模式；第 3 层含义是构网电源的运行频率决定了无源电网或新能源基地电网的运行频率；第 4 层含义是构网电源的电压幅值在很大程度上决定了无源电网或新能源基地电网的运行电压。当 VSC 作为构网电源时，新能源基地电网的同步机电源和所有非同步机电源必须与 VSC 所建立的构网电源保持同步。按照构网电源的定义，传统同步机电网中的同步发电机并不能称为构网电源；因为单台同步发电机并不能独立确立传统同步机电网的运行频率，传统同步机电网的运行频率是由接入电网的所有同步机共同确立的。与传统同步机电网中的同步发电机相比较，构网电源是功能更强大的一类电源，正常运行方式下其维持频率恒定和电压恒定的能力大大超越同步发电机，而与无穷大电源相一致。

然后，将不能独立确立电网运行频率，但能够对电网运行频率和运行电压进行支撑的 VSC 定义为电网支撑型（Grid Supporting）VSC。根据对电网运行频率和运行电压支撑程度的不同，进一步将电网支撑型 VSC 分为 4 种子类型，分别为电压支撑型 VSC，频率支撑型 VSC，电压与频率全支撑型 VSC，以及电压与频率零支撑型 VSC。参考业界广泛采用的电网跟随型 VSC 的概念，本书将电压与频率零支撑型 VSC，也就是既不能支撑电网频率也不能支撑电网电压的 VSC，称为电网跟随型（Grid Following）VSC。注意，按照这种 VSC 的分类方法，电网跟随型 VSC 实际上是电网支撑型 VSC 的一种子类型。按照电网支撑型 VSC 的定义，配备有自动电压调节器和调速器的同步发电机实际上为电压频率全支撑型电源。

对照图 5-2 所示的对 VSC 控制器的分类结果，可以看出，只有最右侧接入无源电网或新能源基地电网且采用 $f/V$ 控制模式的那一类 VSC，可以被称为电网构造型 VSC 或构网电源。因为这类 VSC 能够独立确立所接入电网的运行频率 $f$，并且能够将 PCC 的电压幅值 $U_{pccm}$ 控制为设定值。图 5-2 中其余接入有源交流电网的 VSC，都不能被称为电网构造型 VSC。因为这些接入有源交流电网的 VSC 并不能独立确立电网的运行频率 $f$，即并不具有独立构造电网的能力。

根据前面对电网支撑型 VSC 的定义，电网支撑型 VSC 是接在有源电网中的 VSC，其不能独立确立所接入电网的运行频率，所接入电网的运行频率必须由该电网中的所有同步机电源和非同步机电源共同确定，但电网支撑型 VSC 可以对电网的运行频率和电压进行支撑。在图 5-2 中，采用 $U_{pccm}$ 恒定控制的 VSC 都是电压支撑型 VSC；采用输出有功功率 $P_{pcc}$ 与频率相关控制的 VSC 都是频率支撑型 VSC；而同时采用 $U_{pccm}$ 恒定控制和 $P_{pcc}$ 与频率相关控制的 VSC 就是电压频率全支撑型 VSC；当 VSC 的输出功率 $P_{pcc}$ 和 $Q_{pcc}$ 两者都与电网频率和 PCC 的电压幅值完全解耦时，该 VSC 既不具有频率支撑能力，也不具有电压支撑能力，因此被称为电网跟随型 VSC。

本书对 VSC 的类型进行了重新划分并给出了明确的定义。特别注意依据本书定义而命名的电网构造型（Grid Forming）VSC 和电网跟随型（Grid Following）VSC 与目前业界广泛采用的电网构造型 VSC 和电网跟随型 VSC 在概念上存在很大差别。例如，目前业界将采用 PSL、QSL、CSL、VSL 进行同步控制的 VSC 称为电网构造型 VSC，但依据本书的分类标准，这些 VSC 并不具备构造电网的能力，仅仅属于电网支撑型（Grid Supporting）VSC；另外，目前业界将采用 PLL 进行同步控制的 VSC 称为电网跟随型 VSC，但依据本书的分类标准，即使对于采用 PLL 进行同步控制的 VSC，其同样具有控制 $U_{pccm}$ 恒定和控制 $P_{pcc}$ 随频率而变化的能力，因此这些 VSC 同样可以做成电网支撑型（Grid Supporting）VSC。

从图 5-2 可以看出，由于电网支撑型控制按照同步控制方式以及有功类和无功类控制的双层双类组合存在非常多的类型，笼统地采用 "电网支撑型控制" 命名控制器类型并没有明确的意义，因此需要采用更精准的 VSC 控制模式命名方法。本书后文将基于图 5-2 对 VSC 控制器的分类结果，采用前面已描述过的分数格式对 VSC 的控制器类型进行命名。以下各节将针对 MMC 就图 5-2 中 2 个控制层级中的典型控制器设计方法进行论述。

## 5.2 同步旋转坐标系下 MMC 的数学模型

在 MMC 控制器设计时，采用的标准电路模型如图 5-3 所示。图 5-3 中，v 是位置符号，表示联接变压器的阀侧；下标 va、vb、vc 都是位置符号，表示联接变压器阀侧的 a 相、b 相、c 相位置；$E_{pa}$、$E_{pb}$、$E_{pc}$、$E_{na}$、$E_{nb}$、$E_{nc}$ 都是位置符号，表示 abc 三相上下桥臂中桥臂电抗器与子模块之间的联接点；O′ 是位置符号，表示网侧交流等效电势的中点，并被设置为整个电路的电位参考点；O 是位置符号，表示直流侧极间电压的中点；SM 为首字母缩

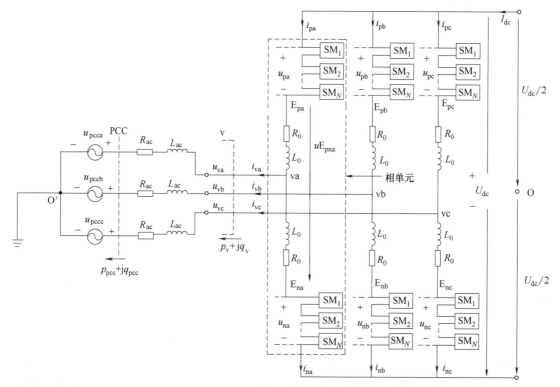

图 5-3 MMC 的标准电路模型

写，表示子模块；下标 $N$ 表示每个桥臂的子模块数目；$R_0$、$L_0$ 表示桥臂电抗器的电阻和电感；$R_{ac}$、$L_{ac}$ 表示折算到联接变压器阀侧的联接变压器漏电阻和漏电感；$I_{dc}$ 表示直流侧电流；$U_{dc}$ 表示直流侧极间电压；$i_{pa}$、$i_{pb}$、$i_{pc}$、$i_{na}$、$i_{nb}$、$i_{nc}$ 表示流过 abc 三相上下桥臂的电流；$u_{pa}$、$u_{pb}$、$u_{pc}$、$u_{na}$、$u_{nb}$、$u_{nc}$ 表示 abc 三相上下桥臂中由子模块级联所合成的电压；$i_{va}$、$i_{vb}$、$i_{vc}$ 表示从 v 点流入交流电网的三相电流；$u_{va}$、$u_{vb}$、$u_{vc}$ 表示联接变压器阀侧 v 点的三相电压；$u_{pcca}$、$u_{pccb}$、$u_{pccc}$ 表示折算到联接变压器阀侧的换流站交流母线 PCC 电压；$p_v+jq_v$ 表示从 v 点流向交流电网的功率；$p_{pcc}+jq_{pcc}$ 表示从 PCC 流向交流电网的功率。

根据图 5-3，可以导出 MMC 的微分方程数学模型为

$$u_{pccj}+R_{ac}i_{vj}+L_{ac}\frac{di_{vj}}{dt}+u_{pj}+R_0 i_{pj}+L_0\frac{di_{pj}}{dt}=u_{OO'}+\frac{U_{dc}}{2},\quad j=a,b,c \tag{5-1}$$

$$u_{pccj}+R_{ac}i_{vj}+L_{ac}\frac{di_{vj}}{dt}-u_{nj}-R_0 i_{nj}-L_0\frac{di_{nj}}{dt}=u_{OO'}-\frac{U_{dc}}{2},\quad j=a,b,c \tag{5-2}$$

为了简化 MMC 控制器的设计，可以不直接使用 MMC 的桥臂电压和桥臂电流作为状态量，而定义一组新的变量来描述桥臂的运行状态。定义 MMC 上下桥臂的差模电压 $u_{diffj}$ 和上下桥臂的共模电压 $u_{comj}$ 为

$$\begin{cases} u_{diffj}=\frac{1}{2}(u_{nj}-u_{pj}) \\ u_{comj}=\frac{1}{2}(u_{nj}+u_{pj})=\frac{U_{dc}}{2}+\widetilde{u}_{comj},\quad j=a,b,c \\ \widetilde{u}_{comj}=u_{comj}-\frac{U_{dc}}{2} \end{cases} \tag{5-3}$$

将式 (5-1) 和式 (5-2) 分别作和、作差并化简后，可得表征 MMC 动态特性的数学表达式为

$$\left(L_{ac}+\frac{L_0}{2}\right)\frac{di_{vj}}{dt}+\left(R_{ac}+\frac{R_0}{2}\right)i_{vj}=u_{OO'}-u_{pccj}+u_{diffj},\quad j=a,b,c \tag{5-4}$$

$$L_0\frac{di_{cirj}}{dt}+R_0 i_{cirj}=\frac{U_{dc}}{2}-u_{comj}=-\widetilde{u}_{comj},\quad j=a,b,c \tag{5-5}$$

式中，

$$\begin{cases} i_{vj}=i_{pj}-i_{nj} \\ i_{cirj}=\frac{1}{2}(i_{pj}+i_{nj}) \end{cases},\quad j=a,b,c \tag{5-6}$$

$i_{vj}$ 是 $j$ 相阀侧电流，具有差模电流的性质，$i_{cirj}$ 是 $j$ 相环流，具有共模电流性质。

## 5.2.1 差模电压与阀侧电流的关系

对于 MMC 的控制器设计，交流侧我们只关注基波分量；而根据第 2 章的分析，在交流系统对称条件下，稳态下式 (5-4) 中 $u_{OO'}$ 的基波分量为零。令 $u_{OO'}=0$，则式 (5-4) 可以简化为

$$\left(L_{ac}+\frac{L_0}{2}\right)\frac{di_{vj}}{dt}+\left(R_{ac}+\frac{R_0}{2}\right)i_{vj}=-u_{pccj}+u_{diffj},\quad j=a,b,c \tag{5-7}$$

显然，式（5-7）在稳态下对于基波分量是精确成立的。令

$$\begin{cases} L_{\text{link}} = L_{\text{ac}} + \dfrac{L_0}{2} \\ R_{\text{link}} = R_{\text{ac}} + \dfrac{R_0}{2} \end{cases} \tag{5-8}$$

将式（5-7）表示为三相形式，可以得到 abc 坐标系下 MMC 交流侧的基频动态方程为

$$L_{\text{link}} \frac{\mathrm{d}}{\mathrm{d}t} \begin{bmatrix} i_{\text{va}}(t) \\ i_{\text{vb}}(t) \\ i_{\text{vc}}(t) \end{bmatrix} + R_{\text{link}} \begin{bmatrix} i_{\text{va}}(t) \\ i_{\text{vb}}(t) \\ i_{\text{vc}}(t) \end{bmatrix} = - \begin{bmatrix} u_{\text{pcca}}(t) \\ u_{\text{pccb}}(t) \\ u_{\text{pccc}}(t) \end{bmatrix} + \begin{bmatrix} u_{\text{diffa}}(t) \\ u_{\text{diffb}}(t) \\ u_{\text{diffc}}(t) \end{bmatrix} \tag{5-9}$$

式（5-9）是三相静止坐标系下 MMC 交流侧的动态数学模型。稳态运行时其电压和电流都是正弦形式的交流量，不利于控制器设计。为了得到易于控制的直流量，常用方法是对式（5-9）进行坐标变换，将三相静止坐标系下的正弦交流量变换到两轴同步旋转坐标系 dq 下的直流量。这里的坐标变换采用经典的派克变换。从 abc 坐标系到 dq 坐标系以及从 dq 坐标系到 abc 坐标系的一般性变换式为

$$f_{\text{dq}}(t) = T_{\text{abc-dq}}(\theta_{\text{pcc}}) f_{\text{abc}}(t) \tag{5-10}$$

$$f_{\text{abc}}(t) = T_{\text{dq-abc}}(\theta_{\text{pcc}}) f_{\text{dq}}(t) \tag{5-11}$$

$$T_{\text{abc-dq}}(\theta_{\text{pcc}}) \frac{\mathrm{d}}{\mathrm{d}t}[f_{\text{abc}}(t)] = \frac{\mathrm{d}}{\mathrm{d}t}[f_{\text{dq}}(t)] - \frac{\mathrm{d}}{\mathrm{d}t}[T_{\text{abc-dq}}(\theta_{\text{pcc}})] \cdot T_{\text{dq-abc}}(\theta_{\text{pcc}}) \cdot f_{\text{dq}}(t) \tag{5-12}$$

式（5-10）~式（5-12）中，$f_{\text{abc}}(t)$ 表示 abc 三相量构成的列向量，$f_{\text{dq}}(t)$ 表示 dq 双轴量构成的列向量，$T_{\text{abc-dq}}(\theta_{\text{pcc}})$ 表示从 abc 坐标系到 dq 坐标系的变换矩阵，$T_{\text{dq-abc}}(\theta_{\text{pcc}})$ 表示从 dq 坐标系到 abc 坐标系的变换矩阵，$\theta_{\text{pcc}}$ 是 PCC 基波正序电压中的 a 相电压相位角（余弦形式），见式（4-2）。工程实现时，$\theta_{\text{pcc}}$ 通过安装在 PCC 的 PLL 或者 PSL 来获取。

本书采用的从 abc 坐标系到 dq 坐标系和从 dq 坐标系到 abc 坐标系的变换矩阵的表达式如下：

$$T_{\text{abc-dq}}(\theta_{\text{pcc}}) = \frac{2}{3} \begin{bmatrix} \cos\theta_{\text{pcc}} & \cos\left(\theta_{\text{pcc}} - \dfrac{2\pi}{3}\right) & \cos\left(\theta_{\text{pcc}} + \dfrac{2\pi}{3}\right) \\ -\sin\theta_{\text{pcc}} & -\sin\left(\theta_{\text{pcc}} - \dfrac{2\pi}{3}\right) & -\sin\left(\theta_{\text{pcc}} + \dfrac{2\pi}{3}\right) \end{bmatrix} \tag{5-13}$$

$$T_{\text{dq-abc}}(\theta_{\text{pcc}}) = \begin{bmatrix} \cos\theta_{\text{pcc}} & -\sin\theta_{\text{pcc}} \\ \cos\left(\theta_{\text{pcc}} - \dfrac{2\pi}{3}\right) & -\sin\left(\theta_{\text{pcc}} - \dfrac{2\pi}{3}\right) \\ \cos\left(\theta_{\text{pcc}} + \dfrac{2\pi}{3}\right) & -\sin\left(\theta_{\text{pcc}} + \dfrac{2\pi}{3}\right) \end{bmatrix} \tag{5-14}$$

设图 5-2 中折算到阀侧的 PCC 三相电压为

$$\begin{bmatrix} u_{\text{pcca}} \\ u_{\text{pccb}} \\ u_{\text{pccc}} \end{bmatrix} = U_{\text{pccm}} \begin{bmatrix} \cos(\omega_{\text{pcc}}t + \varphi) \\ \cos(\omega_{\text{pcc}}t + \varphi - 2\pi/3) \\ \cos(\omega_{\text{pcc}}t + \varphi + 2\pi/3) \end{bmatrix} \tag{5-15}$$

注意式（4-2）已经给出了换流站交流母线 PCC 三相电压的表达式，这里为了简洁起见，式

（5-15）没有区分 PCC 电压折算到阀侧后的符号变化。即这里的 $u_{pccj}$（$j=$a，b，c）是已经折算到阀侧的 PCC 电压，这里的 $U_{pccm}$ 是已经折算到阀侧的 PCC 电压幅值，式（5-15）与式（4-2）的不同之处是式（5-15）考虑了 PCC 电压折算到联接变压器阀侧后引起的移相角 $\varphi$。为简洁起见，本章后续部分将不再明确区分 PCC 电压和折算到阀侧的 PCC 电压，统一称为 PCC 电压。

对式（5-15）进行从 abc 坐标系到 dq 坐标系的变换，取 $\theta_{pcc}$ 等于 $\omega_{pcc}t$，得到

$$\begin{bmatrix} u_{pccd} \\ u_{pccq} \end{bmatrix} = \boldsymbol{T}_{abc\text{-}dq}(\theta_{pcc}) \begin{bmatrix} u_{pcca} \\ u_{pccb} \\ u_{pccc} \end{bmatrix} = \begin{bmatrix} U_{pccm}\cos(\varphi) \\ U_{pccm}\sin(\varphi) \end{bmatrix} \quad (5\text{-}16)$$

式（5-16）表明，经过从 abc 坐标系到 dq 坐标系的变换后，得到 PCC 的 d 轴电压分量 $u_{pccd}$ 和 q 轴电压分量 $u_{pccq}$ 为直流量。

根据瞬时功率理论，注入交流系统的瞬时有功功率和瞬时无功功率在 dq 坐标系中可以表示为[6]

$$\begin{bmatrix} p_{pcc} \\ q_{pcc} \end{bmatrix} = \frac{3}{2} \begin{bmatrix} u_{pccd} & u_{pccq} \\ u_{pccq} & -u_{pccd} \end{bmatrix} \begin{bmatrix} i_{vd} \\ i_{vq} \end{bmatrix} \quad (5\text{-}17)$$

而根据式（5-16），PCC 的电压幅值在 dq 坐标系中可以表达为

$$U_{pccm} = \sqrt{u_{pccd}^2 + u_{pccq}^2} \quad (5\text{-}18)$$

对式（5-9）施加式（5-10）所示的坐标变换并利用式（5-12），可得

$$L_{link}\frac{d}{dt}\begin{bmatrix} i_{vd}(t) \\ i_{vq}(t) \end{bmatrix} + R_{link}\begin{bmatrix} i_{vd}(t) \\ i_{vq}(t) \end{bmatrix} = -\begin{bmatrix} u_{pccd}(t) \\ u_{pccq}(t) \end{bmatrix} + \begin{bmatrix} u_{diffd}(t) \\ u_{diffq}(t) \end{bmatrix} + \begin{bmatrix} & \omega_{pcc}L_{link} \\ -\omega_{pcc}L_{link} & \end{bmatrix} \begin{bmatrix} i_{vd}(t) \\ i_{vq}(t) \end{bmatrix}$$

$$(5\text{-}19)$$

对式（5-19）用拉普拉斯算子 $s$ 代替 $d/dt$，可得到描述 MMC 在 dq 坐标系下基频动态特性的时域运算模型（Time-Domain Operational Model）为

$$\begin{cases} (R_{link}+L_{link}s)\cdot i_{vd} = -u_{pccd}+u_{diffd}+\omega_{pcc}L_{link}i_{vq} \\ (R_{link}+L_{link}s)\cdot i_{vq} = -u_{pccq}+u_{diffq}-\omega_{pcc}L_{link}i_{vd} \end{cases} \quad (5\text{-}20)$$

从式（5-20）可以看出，MMC 的阀侧电流取决于 PCC 电压和桥臂差模电压。根据式（5-20），可以得到从差模电压到阀侧电流的时域运算传递函数关系，如图 5-4 所示，该图描述了 MMC 控制变量与受控变量之间的关系，是 5.3 节控制器设计的基础。

## 5.2.2 共模电压与内部环流的关系

根据第 2 章的式（2-60），MMC 内部环流的解析表达式为

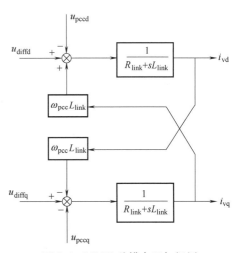

图 5-4 MMC 差模电压与阀侧电流在 dq 坐标系下的关系

$$i_{\text{cira}} = \frac{I_{\text{dc}}}{3} + I_{\text{r2m}}\sin(2\omega t + \alpha_2) + H^3_{\text{order}} \tag{5-21}$$

式中，$H^3_{\text{order}}$ 表示 3 次及以上的谐波分量，已非常小，可以忽略不计。这样，三相内部环流 $i_{\text{cir}j}$ 可以表达为

$$\begin{cases} i_{\text{cira}} = \dfrac{I_{\text{dc}}}{3} + I_{\text{r2m}}\cos(2\omega t + \alpha_2) \\ i_{\text{cirb}} = \dfrac{I_{\text{dc}}}{3} + I_{\text{r2m}}\cos\left[2\left(\omega t - \dfrac{2\pi}{3}\right) + \alpha_2\right] = \dfrac{I_{\text{dc}}}{3} + I_{\text{r2m}}\cos\left(2\omega t + \alpha_2 + \dfrac{2\pi}{3}\right) \\ i_{\text{circ}} = \dfrac{I_{\text{dc}}}{3} + I_{\text{r2m}}\cos\left[2\left(\omega t + \dfrac{2\pi}{3}\right) + \alpha_2\right] = \dfrac{I_{\text{dc}}}{3} + I_{\text{r2m}}\cos\left(2\omega t + \alpha_2 - \dfrac{2\pi}{3}\right) \end{cases} \tag{5-22}$$

由式（5-22）可以看出，MMC 内部环流的 2 次谐波相序是负序的。因此，为了得到易于控制的直流量，需要采用与负序 2 次谐波分量相对应的坐标变换。采用从 abc 三相静止坐标系变换到 $d^{-2}q^{-2}$ 旋转坐标系（以 $2\omega_{\text{pcc}}$ 速度反 $\theta_{\text{pcc}}$ 方向旋转）的变换矩阵可以将负序 2 次谐波分量变换为直流分量。参照变换矩阵式（5-13），容易推得从 abc 三相静止坐标系变换到 $d^{-2}q^{-2}$ 旋转坐标系的变换矩阵为 $\boldsymbol{T}_{\text{abc-dq}}(-2\theta_{\text{pcc}})$；而参照变换矩阵式（5-14），从 $d^{-2}q^{-2}$ 旋转坐标系变回到 abc 三相静止坐标系的变换矩阵为 $\boldsymbol{T}_{\text{dq-abc}}(-2\theta_{\text{pcc}})$。

将式（5-5）表示为三相形式，可以得到 abc 坐标系下三相内部环流的动态方程为

$$L_0 \frac{\text{d}}{\text{d}t}\begin{bmatrix} i_{\text{cira}}(t) \\ i_{\text{cirb}}(t) \\ i_{\text{circ}}(t) \end{bmatrix} + R_0 \begin{bmatrix} i_{\text{cira}}(t) \\ i_{\text{cirb}}(t) \\ i_{\text{circ}}(t) \end{bmatrix} = -\begin{bmatrix} \widetilde{u}_{\text{coma}}(t) \\ \widetilde{u}_{\text{comb}}(t) \\ \widetilde{u}_{\text{comc}}(t) \end{bmatrix} \tag{5-23}$$

对式（5-23）进行 $d^{-2}q^{-2}$ 坐标变换可得

$$L_0 \frac{\text{d}}{\text{d}t}\begin{bmatrix} i_{\text{cird}}(t) \\ i_{\text{cirq}}(t) \end{bmatrix} + R_0 \begin{bmatrix} i_{\text{cird}}(t) \\ i_{\text{cirq}}(t) \end{bmatrix} = \begin{bmatrix} & -2\omega_{\text{pcc}}L_0 \\ 2\omega_{\text{pcc}}L_0 & \end{bmatrix}\begin{bmatrix} i_{\text{cird}}(t) \\ i_{\text{cirq}}(t) \end{bmatrix} - \begin{bmatrix} \widetilde{u}_{\text{comd}}(t) \\ \widetilde{u}_{\text{comq}}(t) \end{bmatrix} \tag{5-24}$$

式中，

$$\begin{bmatrix} i_{\text{cird}}(t) \\ i_{\text{cirq}}(t) \end{bmatrix} = \boldsymbol{T}_{\text{abc-dq}}(-2\theta_{\text{pcc}})\begin{bmatrix} i_{\text{cira}}(t) \\ i_{\text{cirb}}(t) \\ i_{\text{circ}}(t) \end{bmatrix} = \frac{2}{3}\begin{bmatrix} \cos 2\theta_{\text{pcc}} & \cos\left(2\theta_{\text{pcc}} + \dfrac{2\pi}{3}\right) & \cos\left(2\theta_{\text{pcc}} - \dfrac{2\pi}{3}\right) \\ \sin 2\theta_{\text{pcc}} & \sin\left(2\theta_{\text{pcc}} + \dfrac{2\pi}{3}\right) & \sin\left(2\theta_{\text{pcc}} - \dfrac{2\pi}{3}\right) \end{bmatrix}\begin{bmatrix} i_{\text{cira}}(t) \\ i_{\text{cirb}}(t) \\ i_{\text{circ}}(t) \end{bmatrix}$$
$$\tag{5-25}$$

$$\begin{bmatrix} \widetilde{u}_{\text{comd}}(t) \\ \widetilde{u}_{\text{comq}}(t) \end{bmatrix} = \boldsymbol{T}_{\text{abc-dq}}(-2\theta_{\text{pcc}})\begin{bmatrix} \widetilde{u}_{\text{coma}}(t) \\ \widetilde{u}_{\text{comb}}(t) \\ \widetilde{u}_{\text{comc}}(t) \end{bmatrix} = \frac{2}{3}\begin{bmatrix} \cos 2\theta_{\text{pcc}} & \cos\left(2\theta_{\text{pcc}} + \dfrac{2\pi}{3}\right) & \cos\left(2\theta_{\text{pcc}} - \dfrac{2\pi}{3}\right) \\ \sin 2\theta_{\text{pcc}} & \sin\left(2\theta_{\text{pcc}} + \dfrac{2\pi}{3}\right) & \sin\left(2\theta_{\text{pcc}} - \dfrac{2\pi}{3}\right) \end{bmatrix}\begin{bmatrix} \widetilde{u}_{\text{coma}}(t) \\ \widetilde{u}_{\text{comb}}(t) \\ \widetilde{u}_{\text{comc}}(t) \end{bmatrix}$$
$$\tag{5-26}$$

对式（5-24）用拉普拉斯算子 $s$ 代替 $\text{d}/\text{d}t$，可得 $d^{-2}q^{-2}$ 坐标系下描述 MMC 内部环流动态的时域运算模型为

$$\begin{cases} (R_0+L_0s) \cdot i_{\text{cird}} = -\tilde{u}_{\text{comd}} - 2\omega_{\text{pcc}}L_0 i_{\text{cirq}} \\ (R_0+L_0s) \cdot i_{\text{cirq}} = -\tilde{u}_{\text{comq}} + 2\omega_{\text{pcc}}L_0 i_{\text{cird}} \end{cases} \quad (5\text{-}27)$$

从式（5-27）可以看出，$i_{\text{cird}}$ 和 $i_{\text{cirq}}$ 是由 $\tilde{u}_{\text{comd}}$ 和 $\tilde{u}_{\text{comq}}$ 驱动的。根据式（5-27），可以得到从 $\tilde{u}_{\text{comd}}$ 和 $\tilde{u}_{\text{comq}}$ 到 $i_{\text{cird}}$ 和 $i_{\text{cirq}}$ 之间的时域运算传递函数如图 5-5 所示。图 5-5 同样描述了 MMC 控制变量与受控变量之间的关系，称之为 MMC 共模分量模型框图，是 5.3 节控制器设计的基础。

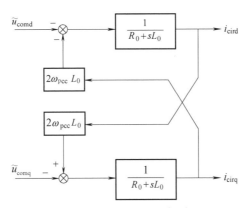

图 5-5　MMC 共模电压与内部环流在 $d^{-2}q^{-2}$ 坐标系下的关系

## 5.3　基于 PLL 的 MMC 双模双环控制器设计

在 dq 坐标系下，图 5-2 中第 2 层级的各种控制模式都是通过差模双环控制器来实现的。差模双环控制器分为差模外环控制器和差模内环控制器，其中差模外环控制器可以分为有功类控制器与无功类控制器两种，差模内环控制器只有电流控制器一种。

差模外环控制器的控制目标分为两类，第 1 类为有功类控制目标，第 2 类为无功类控制目标。有功类控制目标的指令值是 PCC 有功功率 $P_{\text{pcc}}^*$ 或直流侧直流电压 $U_{\text{dc}}^*$，注意任何时刻只可选择一种指令值进行控制。无功类控制目标的指令值是 PCC 无功功率 $Q_{\text{pcc}}^*$ 或 PCC 电压幅值 $U_{\text{pccm}}^*$，同样任何时刻只可选择一种指令值进行控制。差模外环控制器的输出是差模内环电流控制器的 d 轴电流指令值 $i_{\text{vd}}^*$ 和 q 轴电流指令值 $i_{\text{vq}}^*$。当采用 PLL 锁相同步控制时，有功类控制目标与无功类控制目标可以相互解耦，即有功类控制目标与差模内环电流控制器的 d 轴电流分量指令值 $i_{\text{vd}}^*$ 构成一个独立的控制回路；无功类控制目标与差模内环电流控制器的 q 轴电流分量指令值 $i_{\text{vq}}^*$ 构成一个独立的控制回路。

差模内环电流控制器通过调节 MMC 上下桥臂差模电压的 dq 轴分量 $u_{\text{diffd}}$ 和 $u_{\text{diffq}}$，使 MMC 阀侧电流的 dq 轴分量快速跟踪其指令值 $i_{\text{vd}}^*$ 和 $i_{\text{vq}}^*$。

共模外环控制器实现桥臂环流抑制控制或子模块电容电压波动抑制控制。桥臂环流抑制控制用于消除桥臂环流的 2 次谐波分量[7]，即将桥臂环流的 2 次谐波分量抑制到零。子模块电容电压波动抑制控制用于消除子模块电容电压中的 2 次谐波分量[8-11]，降低子模块电容电压波动率。共模外环控制器的输出是在 $d^{-2}q^{-2}$ 坐标系中的共模内环电流控制器的 d 轴电流指令值 $i_{\text{cird}}^*$ 和 q 轴电流指令值 $i_{\text{cirq}}^*$。

共模内环电流控制器在 $d^{-2}q^{-2}$ 坐标系中通过调节 MMC 上下桥臂共模电压的 dq 轴分量 $\tilde{u}_{\text{comd}}$ 和 $\tilde{u}_{\text{comq}}$，使 MMC 的 2 次谐波环流 dq 轴分量快速跟踪其指令值 $i_{\text{cird}}^*$ 和 $i_{\text{cirq}}^*$。

MMC 的双模双环控制器结构如图 5-6 所示，下面介绍控制器中主要环节的设计方法。

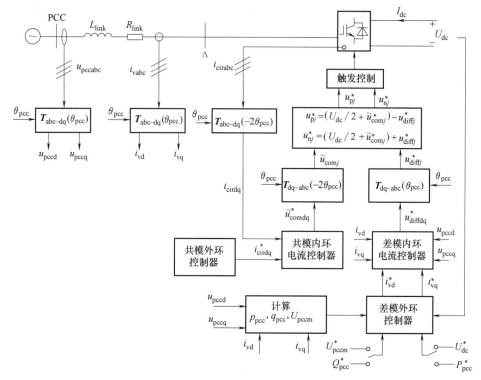

图 5-6 MMC 的双模双环控制器结构框图

## 5.3.1 差模内环电流控制器的阀侧电流跟踪控制

式（5-20）中，$i_{\text{vd}}$、$i_{\text{vq}}$ 为受控变量，$u_{\text{diffd}}$、$u_{\text{diffq}}$ 为控制变量，$u_{\text{pccd}}$、$u_{\text{pccq}}$ 则是前馈变量，并且 dq 轴电流之间存在耦合。差模内环电流控制器设计的目标之一是确定控制变量指令值 $u_{\text{diffd}}^*$、$u_{\text{diffq}}^*$，使受控变量 $i_{\text{vd}}$、$i_{\text{vq}}$ 跟踪其指令值 $i_{\text{vd}}^*$、$i_{\text{vq}}^*$。

为了简化控制器的设计，作如下的变量替换。令

$$\begin{cases} V_{\text{d}} = -u_{\text{pccd}} + u_{\text{diffd}} + \omega_{\text{pcc}} L_{\text{link}} i_{\text{vq}} \\ V_{\text{q}} = -u_{\text{pccq}} + u_{\text{diffq}} - \omega_{\text{pcc}} L_{\text{link}} i_{\text{vd}} \end{cases} \quad (5\text{-}28)$$

则式（5-20）变为

$$\begin{cases} (R_{\text{link}} + L_{\text{link}} s) \cdot i_{\text{vd}} = V_{\text{d}} \\ (R_{\text{link}} + L_{\text{link}} s) \cdot i_{\text{vq}} = V_{\text{q}} \end{cases} \quad (5\text{-}29)$$

根据式（5-29），可以分别建立受控变量 $i_{\text{vd}}$、$i_{\text{vq}}$ 与新的控制变量 $V_{\text{d}}$、$V_{\text{q}}$ 之间的时域运算传递函数，如式（5-30）所示，其框图如图 5-7 所示。

$$\begin{cases} \dfrac{i_{vd}}{V_d} = \dfrac{1}{R_{link}+L_{link}s} = G(s) \\ \dfrac{i_{vq}}{V_q} = \dfrac{1}{R_{link}+L_{link}s} = G(s) \end{cases} \tag{5-30}$$

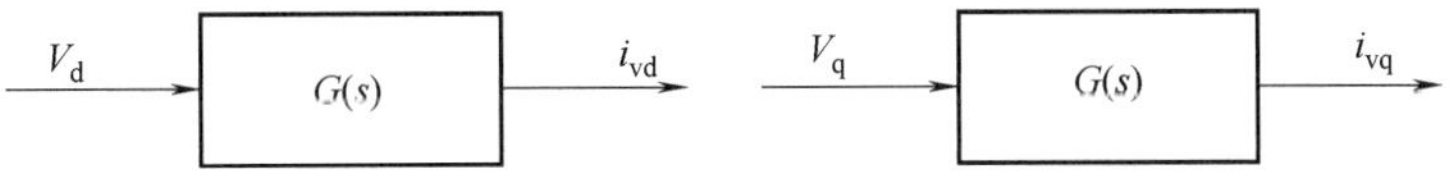

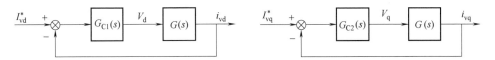

图 5-7 d 轴和 q 轴差模电流的时域运算传递函数

根据经典的负反馈控制理论,要使受控变量 $i_{vd}$、$i_{vq}$ 跟踪其指令值 $i_{vd}^*$、$i_{vq}^*$,需要构造一个负反馈的控制系统。这里采用最简单的单位负反馈控制系统,如图 5-8 所示。

图 5-8 阀侧交流电流的 d 轴和 q 轴闭环控制系统

图 5-8 中,$G_{C1}(s)$ 和 $G_{C2}(s)$ 分别为 d 轴和 q 轴控制器的传递函数,$i_{vd}^*$、$i_{vq}^*$ 基本上是直流量。由于 PI 控制器对跟踪直流量有很好的性能,因此实际工程中广泛采用的控制方法是 PI 控制,即 $G_{C1}(s)$ 和 $G_{C2}(s)$ 具有如下形式:

$$\begin{cases} G_{C1}(s) = K_{p1} + \dfrac{1}{T_{i1}s} \\ G_{C2}(s) = K_{p2} + \dfrac{1}{T_{i2}s} \end{cases} \tag{5-31}$$

因此,新的控制变量 $V_d$、$V_q$ 的表达式为

$$\begin{cases} V_d = (i_{vd}^* - i_{vd})\left(K_{p1} + \dfrac{1}{T_{i1}s}\right) \\ V_q = (i_{vq}^* - i_{vq})\left(K_{p2} + \dfrac{1}{T_{i2}s}\right) \end{cases} \tag{5-32}$$

这样,根据式(5-32),就可以得到控制变量指令值 $u_{diffd}^*$ 和 $u_{diffq}^*$ 的表达式为

$$\begin{cases} u_{diffd}^* = u_{pccd} - \omega_{pcc}L_{link}i_{vq} + V_d = u_{pccd} - \omega_{pcc}L_{link}i_{vq} + (i_{vd}^* - i_{vd})\left(K_{p1} + \dfrac{1}{T_{i1}s}\right) \\ u_{diffq}^* = u_{pccq} + \omega_{pcc}L_{link}i_{vd} + V_q = u_{pccq} + \omega_{pcc}L_{link}i_{vd} + (i_{vq}^* - i_{vq})\left(K_{p2} + \dfrac{1}{T_{i2}s}\right) \end{cases} \tag{5-33}$$

至此,我们可以得到计算控制变量指令值 $u_{diffd}^*$、$u_{diffq}^*$ 的时域运算模型框图如图 5-9a 所示。

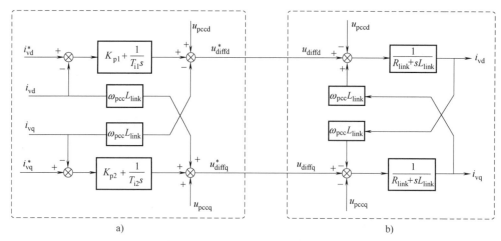

**图 5-9 差模内环电流控制器的阀侧电流跟踪控制框图**
a）控制器框图　b）MMC 差模分量模型框图

### 5.3.2 共模内环电流控制器的内部环流跟踪控制

根据第 2 章的式（2-42），MMC 阀侧电流的解析表达式为

$$i_{va} = I_{vm}\sin(\omega t - \varphi_v) + H_{order}^5 \tag{5-34}$$

从式（5-21）可以看出，内部环流的主要成分是直流分量和 2 次谐波分量，而从式（5-34）可以看出，阀侧电流的主要成分是基波分量和 5 次及以上谐波，没有 2 次谐波分量。容易理解，内部环流中的直流分量通过直流线路构成回路，是直流输电的工作电流；而内部环流中的 2 次谐波分量既不流入交流电网，也不流入直流线路，完全在三相桥臂间流动。

共模内环电流控制器在 $d^{-2}q^{-2}$ 坐标系中实现，其控制目标是确定控制变量指令值 $u_{comd}^*$、$u_{comq}^*$，使环流中的 2 次谐波分量 $i_{cird}$、$i_{cirq}$ 跟踪其指令值 $i_{cird}^*$、$i_{cirq}^*$。

仿照阀侧电流跟踪控制中的设计方法，作如下的变量替换。令

$$\begin{cases} V_d' = -\widetilde{u}_{comd} - 2\omega_{pcc}L_0 i_{cirq} \\ V_q' = -\widetilde{u}_{comq} + 2\omega_{pcc}L_0 i_{cird} \end{cases} \tag{5-35}$$

则式（5-27）变为

$$\begin{cases} (R_0 + L_0 s) \cdot i_{cird} = V_d' \\ (R_0 + L_0 s) \cdot i_{cirq} = V_q' \end{cases} \tag{5-36}$$

根据式（5-36），可以分别建立受控变量 $i_{cird}$、$i_{cirq}$ 与新的控制变量 $V_d'$、$V_q'$ 之间的时域运算传递函数，如式（5-37）所示，其框图如图 5-10 所示。

$$\begin{cases} \dfrac{i_{cird}}{V_d'} = \dfrac{1}{R_0 + L_0 s} = G'(s) \\ \dfrac{i_{cirq}}{V_q'} = \dfrac{1}{R_0 + L_0 s} = G'(s) \end{cases} \tag{5-37}$$

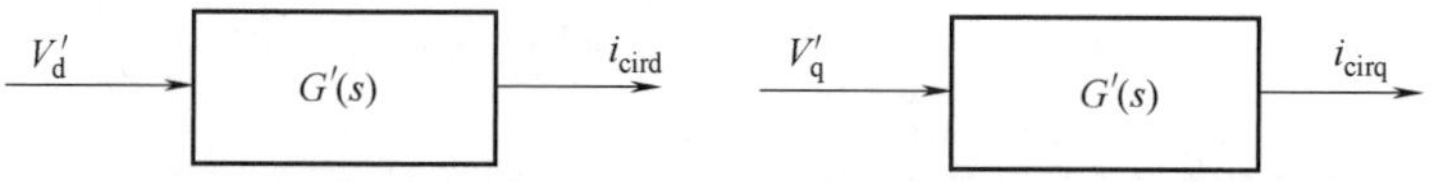

**图 5-10 内部环流 2 次谐波的 d 轴和 q 轴时域运算传递函数**

根据经典的负反馈控制理论，要使受控变量 $i_{cird}$、$i_{cirq}$ 跟踪其指令值 $i_{cird}^*$、$i_{cirq}^*$，需要构造一个负反馈的控制系统。若采用最简单的单位负反馈控制系统，则如图 5-11 所示。

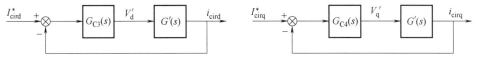

**图 5-11　内部环流 2 次谐波的 d 轴和 q 轴闭环控制系统**

图 5-11 中，$G_{C3}(s)$ 和 $G_{C4}(s)$ 分别为 d 轴和 q 轴控制器的传递函数。对于如图 5-11 所示的单环控制系统，采用 PI 控制是合适的，即 $G_{C3}(s)$ 和 $G_{C4}(s)$ 具有如下形式：

$$\begin{cases} G_{C3}(s) = K_{p3} + \dfrac{1}{T_{i3}s} \\ G_{C4}(s) = K_{p4} + \dfrac{1}{T_{i4}s} \end{cases} \quad (5\text{-}38)$$

因此，新的控制变量 $V_d'$、$V_q'$ 的表达式为

$$\begin{cases} V_d' = (i_{cird}^* - i_{cird})\left(K_{p3} + \dfrac{1}{T_{i3}s}\right) \\ V_q' = (i_{cirq}^* - i_{cirq})\left(K_{p4} + \dfrac{1}{T_{i4}s}\right) \end{cases} \quad (5\text{-}39)$$

这样，根据式（5-35），就可以得到控制变量指令值 $\widetilde{u}_{comd}^*$ 和 $\widetilde{u}_{comq}^*$ 的表达式为

$$\begin{cases} \widetilde{u}_{comd}^* = -V_d' - 2\omega_{pcc}L_0 i_{cirq} = -2\omega_{pcc}L_0 i_{cirq} - (i_{cird}^* - i_{cird})\left(K_{p3} + \dfrac{1}{T_{i3}s}\right) \\ \widetilde{u}_{comq}^* = -V_q' + 2\omega_{pcc}L_0 i_{cird} = 2\omega_{pcc}L_0 i_{cird} - (i_{cirq}^* - i_{cirq})\left(K_{p4} + \dfrac{1}{T_{i4}s}\right) \end{cases} \quad (5\text{-}40)$$

至此，我们可以得到计算控制变量指令值 $\widetilde{u}_{comd}^*$、$\widetilde{u}_{comq}^*$ 的控制框图如图 5-12a 所示。

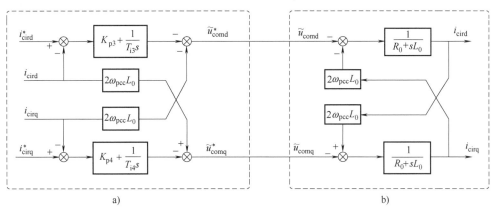

**图 5-12　共模内环电流控制器的环流跟踪控制框图**
a）控制器框图　b）MMC 共模分量模型框图

## 5.3.3　基于差模和共模两个内环电流控制器的桥臂电压指令值计算公式

根据式（5-14）对 $u_{diffd}^*$、$u_{diffq}^*$ 进行 dq 反变换，就能得到 abc 坐标系下的桥臂差模电压

指令值 $u_{\mathrm{diffj}}^*$。根据式（5-14）并将 $\theta_{\mathrm{pcc}}$ 用 $-2\theta_{\mathrm{pcc}}$ 替代，对 $\widetilde{u}_{\mathrm{comd}}^*$、$\widetilde{u}_{\mathrm{comq}}^*$ 进行 $\mathrm{d}^{-2}\mathrm{q}^{-2}$ 反变换，就能得到 abc 坐标系下的桥臂共模电压指令值 $\widetilde{u}_{\mathrm{comj}}^*$。至此根据式（5-3）可以得到计算三相桥臂电压指令值 $u_{\mathrm{pj}}^*$、$u_{\mathrm{nj}}^*$ 的公式为

$$\begin{cases} u_{\mathrm{pj}}^* = \dfrac{U_{\mathrm{dc}}}{2} + \widetilde{u}_{\mathrm{comj}}^* - u_{\mathrm{diffj}}^* \\ u_{\mathrm{nj}}^* = \dfrac{U_{\mathrm{dc}}}{2} + \widetilde{u}_{\mathrm{comj}}^* + u_{\mathrm{diffj}}^* \end{cases} \tag{5-41}$$

### 5.3.4 差模外环控制器的有功类控制器设计

在按式（5-17）计算得到 $P_{\mathrm{pcc}}$ 的实际值以后，采用简单的 PI 控制，可以得到 $P_{\mathrm{pcc}}^*$ 给定时的有功类控制回路，如图 5-13a 所示。如果给定的是 $U_{\mathrm{dc}}^*$，则对应的有功类控制回路如图 5-13b 所示。其中，$i_{\mathrm{vd}}^*$ 指令值加了限幅环节，限幅值 $i_{\mathrm{vdmax}}$ 是随运行工况而变化的，并与 q 轴电流 $i_{\mathrm{vq}}$ 有关。简化的 $i_{\mathrm{vdmax}}$ 计算式可以采用下式：

$$i_{\mathrm{vdmax}} = \sqrt{I_{\mathrm{vmmax}}^2 - i_{\mathrm{vq}}^2(t - T_{\mathrm{ctrl}})} \tag{5-42}$$

式中，$I_{\mathrm{vmmax}}$ 是阀侧交流相电流幅值的最大值，可以根据额定容量和额定交流电压推算出来；$i_{\mathrm{vq}}(t-T_{\mathrm{ctrl}})$ 是上一个控制周期已经测量到的 q 轴电流。

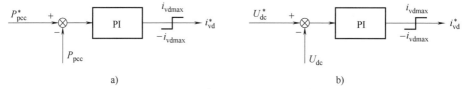

图 5-13 差模外环功率控制器的有功类控制器

a) $P_{\mathrm{pcc}}^*$ 给定时的有功类控制器　b) $U_{\mathrm{dc}}^*$ 给定时的有功类控制器

### 5.3.5 差模外环控制器的无功类控制器设计

仿照差模外环控制器的有功类控制器设计思路，可以得到 $Q_{\mathrm{pcc}}^*$ 给定时的无功类控制回路，如图 5-14a 所示。如果给定的是 $U_{\mathrm{pccm}}^*$，则对应的无功类控制回路如图 5-14b 所示。限幅值 $i_{\mathrm{vqmax}}$ 是随运行工况而变化的，并与 d 轴电流 $i_{\mathrm{vd}}$ 有关。简化的 $i_{\mathrm{vqmax}}$ 计算式可以采用下式：

$$i_{\mathrm{vqmax}} = \sqrt{I_{\mathrm{vmmax}}^2 - i_{\mathrm{vd}}^2(t - T_{\mathrm{ctrl}})} \tag{5-43}$$

式中，$i_{\mathrm{vd}}(t-T_{\mathrm{ctrl}})$ 是上一个控制周期已经测量到的 d 轴电流。

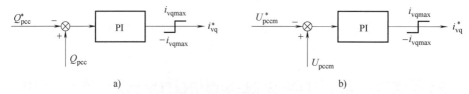

图 5-14 差模外环功率控制器的无功类控制器

a) $Q_{\mathrm{pcc}}^*$ 给定时的无功类控制器　b) $U_{\mathrm{pccm}}^*$ 给定时的无功类控制器

## 5.3.6 共模外环控制器的环流抑制控制

内部环流中的 2 次谐波分量会占用桥臂元件的容量并造成损耗。因此，从保证 MMC 可靠和高效工作的角度来看，将内部环流中的 2 次谐波分量抑制到零是所期望的[7]。这种情况下，共模外环控制器的输出直接取零，即

$$\begin{cases} i_{\text{cird}}^* = 0 \\ i_{\text{cirq}}^* = 0 \end{cases} \tag{5-44}$$

## 5.3.7 共模外环控制的电容电压波动抑制控制

根据第 2 章推导的子模块电容电压表达式（2-66），子模块电容电压中的 2 次谐波分量表达式为

$$u_{c,h2} = \frac{I_{vm}m}{16\omega C_0}\sin(2\omega t - \varphi_v) - \frac{I_{r2m}}{4\omega C_0}\cos(2\omega t + \alpha_2) - \frac{I_{vm}m_3}{16\omega C_0}\sin(2\omega t + \varphi_v) \tag{5-45}$$

如果采用 5.3.6 节的方法将内部环流中的 2 次谐波分量 $I_{r2m}$ 抑制到零，$u_{c,h2}$ 不会等于零。这意味着抑制环流中的 2 次谐波对子模块电容电压中的 2 次谐波有一定的作用，但不彻底。

对式（5-45）进行整理得

$$u_{c,h2} = \sqrt{(m-m_3)^2\cos^2\varphi_v + (m+m_3)^2\sin^2\varphi_v} \cdot \sin(2\omega t + \gamma) - \frac{I_{r2m}}{4\omega C_0}\cos(2\omega t + \alpha_2) \tag{5-46}$$

式中，角度 $\gamma$ 与 $m$、$m_3$ 和 $\varphi_v$ 有关。这样根据式（5-46），通过调节 $I_{r2m}$ 和 $\alpha_2$，存在将 $u_{c,h2}$ 抑制到零的可能性。这就是共模外环控制器的控制目标。根据这个控制目标，首先要将电容电压的 2 次谐波分量提取出来，然后将这个分量与零做比较，其偏差量用于控制环流中的 2 次谐波分量。下面给出共模外环控制器的设计方法[11]。

根据第 2 章推导 MMC 数学模型的基本假设 3）：同相上、下桥臂的同一电气量在时域上彼此相差 $T/2$。显然，对于电容电压集合平均值中的 2 次谐波分量 $u_{c,h2}$，其上桥臂表达式与下桥臂表达式是相同的。考虑到实际子模块电容电压的波动性和离散性，本书采用下面的方法将电容电压集合平均值中的 2 次谐波分量提取出来[11]。

定义 $j$ 相上、下桥臂子模块电容电压集合平均值的共模分量为 $u_{c,comj}$，其表达式为

$$u_{c,comj} = \frac{u_{c,pj} + u_{c,nj}}{2} \tag{5-47}$$

式中，$u_{c,pj}$ 和 $u_{c,nj}$ 为 $j$ 相上、下桥臂子模块电容电压集合平均值。如果将式（5-47）写成三相形式，那么 $u_{c,coma}$、$u_{c,comb}$、$u_{c,comc}$ 中的 2 次谐波分量一定是呈负序的，因此采用从 abc 坐标系到 $d^{-2}q^{-2}$ 坐标系的变换后，所得到的 $u_{c,comd}$ 和 $u_{c,comq}$ 分量稳态下为直流量。只要将 $u_{c,comd}$ 和 $u_{c,comq}$ 控制到零，就意味着 $u_{c,coma}$、$u_{c,comb}$、$u_{c,comc}$ 中的 2 次谐波分量被控制到零，也就意味着上、下桥臂子模块电容电压集合平均值中的 2 次谐波分量被控制到零。这样就得到共模外环控制器的控制框图如图 5-15 所示。

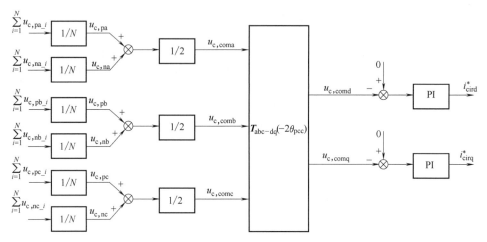

图 5-15 共模外环控制器的子模块电容电压 2 次谐波抑制控制

### 5.3.8 双模双环控制器性能仿真测试

在 PSCAD/EMTDC 仿真软件中搭建双端 MMC-HVDC 测试系统，两侧交流系统采用相同的结构和参数，直流主回路结构为单极大地回线，测试系统结构如图 5-16 所示，系统参数见表 5-1。两侧换流器都采用基于 PLL 的双模双环控制器。MMC1 为整流器，采用 PLL/$U_{dc}$-$Q_{pcc}$ 控制模式；其差模外环控制器采用定直流电压控制和定无功功率控制，且直流电压指令值设为 400kV，无功功率指令值设为 0；其共模外环控制器采用环流抑制控制，2 次谐波环流指令值设定为 0。MMC2 为逆变器，采用 PLL/$P_{pcc}$-$Q_{pcc}$ 控制模式；其差模外环控制器采用定有功功率控制和定无功功率控制，且初始有功功率为 200MW，初始无功功率为 100Mvar，1.0s 时有功功率指令值由 200MW 更改为 300MW，1.2s 时无功功率指令值由 100Mvar 更改为 0Mvar；其共模外环控制器采用环流抑制控制，2 次谐波环流指令值设定为 0。

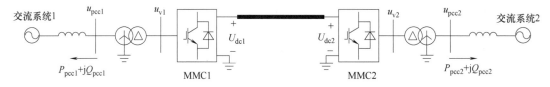

图 5-16 两端 MMC-HVDC 单极系统结构图

表 5-1 控制器性能测试系统参数

| 部位 | 参数 | 数值 |
|---|---|---|
| 交流侧 | 交流系统等值电压 | 220kV |
| | 交流系统等值电阻 | 2.978Ω |
| | 交流系统等值电感 | 75.846mH |
| | 联接变压器容量 | 480MVA |
| | 联接变压器变比 | 220kV/210kV |
| | 联接变压器接线方式 | $Y_0/\triangle$ |
| | 联接变压器漏抗 | 0.1pu |

(续)

| 部位 | 参数 | 数值 |
|---|---|---|
| 直流侧 | 额定直流电压 | 400kV |
| | 架空线路长度 | 100km |
| | 架空线路单位长度电阻 | $9.32\times10^{-3}\Omega/km$ |
| | 架空线路单位长度电感 | $8.499\times10^{-1}mH/km$ |
| | 架空线路单位长度电容 | $1.313\times10^{-2}\mu F/km$ |
| 换流器内部 | MMC 容量 | 400MVA |
| | 单个桥臂子模块数目 | 20 |
| | 额定电容电压 | 20kV |
| | 子模块电容值 | $666\mu F$ |
| | 桥臂电感值 | 76mH |

图 5-17 给出了逆变侧主回路主要电气量的变化波形,其中图 a 是交流有功功率指令值 $P_{pcc}^*$ 与实际值 $P_{pcc}$ 的波形图,图 b 是交流无功功率指令值 $Q_{pcc}^*$ 与实际值 $Q_{pcc}$ 的波形图,图 c 是阀侧三相交流电压 $u_{vj}$ 的波形图,图 d 是阀侧三相交流电流 $i_{vj}$ 的波形图,图 e 是三相内

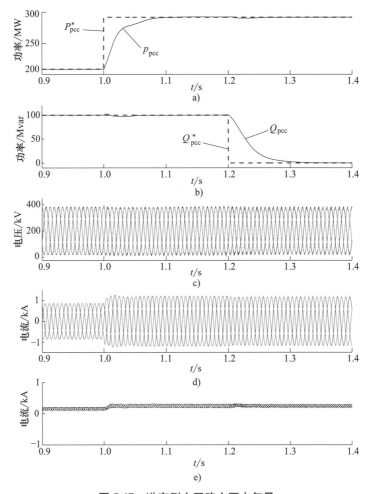

图 5-17 逆变侧主回路主要电气量

a)交流有功功率 b)交流无功功率 c)阀侧交流电压 d)阀侧交流电流 e)三相内部环流的交流分量

部环流 $i_{\text{cir}j}$ 的交流分量波形图。

图 5-18 给出了逆变器内环控制器中主要变量的变化波形,其中图 a 是阀侧电流 d 轴指令值 $i_{\text{vd}}^*$ 与实际值 $i_{\text{vd}}$ 的波形图,图 b 是阀侧电流 q 轴指令值 $i_{\text{vq}}^*$ 与实际值 $i_{\text{vq}}$ 的波形图,图 c 是内部环流 d 轴和 q 轴电流实际值 $i_{\text{cir}d}$ 和 $i_{\text{cir}q}$ 的波形图,图 d 是桥臂差模电压 dq 轴分量指令值 $u_{\text{diff}d}^*$ 和 $u_{\text{diff}q}^*$ 的波形图,图 e 是桥臂共模电压中交流分量的 dq 轴指令值 $u_{\text{com}d}^*$ 和 $u_{\text{com}q}^*$ 的波形图。

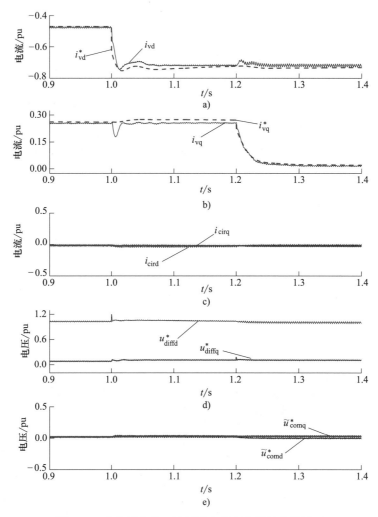

图 5-18 逆变侧内外环控制器中主要变量的变化波形

a) 阀侧电流 d 轴分量指令值与实际值　b) 阀侧电流 q 轴分量指令值与实际值　c) 内部环流 d 轴分量和 q 轴分量实际值　d) 桥臂差模电压 d 轴分量和 q 轴分量指令值　e) 桥臂共模电压中交流分量的 d 轴和 q 轴指令值

从图 5-17 和图 5-18 可以看出,内环电流控制器能够实现对阀侧电流 d 轴和 q 轴电流分量的快速解耦控制,使它们迅速跟踪各自指令值的变化;内环电流控制器能够抑制内部环流的交流分量到接近于零;有功功率的变化主要通过对阀侧电流的 d 轴分量的调节来实现,而无功功率的变化主要通过对阀侧电流的 q 轴分量的调节来实现,有功功率和无功功率控制之间的相互影响小,解耦性能好;内环电流控制的响应速度明显快于外环控制。桥臂共模电压中的交流分量 d 轴和 q 轴指令值 $\tilde{u}_{\text{comd}}^*$ 和 $\tilde{u}_{\text{comq}}^*$ 是接近于零的小值。

## 5.3.9 环流抑制控制与子模块电容电压波动抑制控制的对比

采用的测试系统结构仍然如图 5-16 所示，两个换流站以及相连的交流系统采用相同的参数，仿真系统主要参数见表 5-2。两侧换流器都采用基于 PLL 的双模双环控制器。MMC1 为整流器，采用 PLL/$U_{\text{dc}}$-$Q_{\text{pcc}}$ 控制模式；其差模外环控制器采用定直流电压控制和定无功功率控制，且直流电压指令值设为 400kV，无功功率指令值设为 0Mvar；其共模外环控制器采用环流抑制控制，2 次谐波环流指令值设定为 0。MMC2 为逆变器，采用 PLL/$P_{\text{pcc}}$-$Q_{\text{pcc}}$ 控制模式；其差模外环控制器采用定有功功率控制和定无功功率控制，有功功率指令值为 400MW，无功功率指令值为 0Mvar；其共模外环控制器的控制策略分别采用环流抑制控制和子模块电容电压波动抑制控制，并在仿真过程中进行切换。

表 5-2 共模外环控制策略对比测试系统参数

| 参数名称 | 参数值 | 参数名称 | 参数值 |
| --- | --- | --- | --- |
| 直流电压 $U_{\text{dc}}$ | 400kV | 变压器漏抗 | 0.1pu |
| 额定容量 | 400MVA | 桥臂子模块数量 $N$ | 200 |
| 交流系统电压 | 110kV | 子模块电容 $C_0$ | 6666μF |
| 交流系统阻抗 | 10mH | 额定电容电压 $U_{\text{c}}$ | 2kV |
| 变压器容量 | 480MVA | 桥臂电抗 $L_0$ | 76mH |
| 变压器接线 | $Y_0/\triangle$ | 控制频率 $f_{\text{ctrl}}$ | 10kHz |
| 变压器电压比 | 110kV/200kV | | |

仿真过程如下：在 $t=1.0$s 前，MMC2 的共模外环控制器采用环流抑制控制，且 2 次谐波环流指令值设定为 0；而在 $t=1.0$s 后，MMC2 的共模外环控制器切换为子模块电容电压波动抑制控制。控制策略切换前后 MMC2 内部各电气量的波形如图 5-19 所示。其中，图 a 为 a 相子模块电容电压集合平均值的共模分量，可以看到控制策略切换后，其中的 2 次谐波分量被消除。图 b 展示了 a 相上桥臂电容电压集合平均值，可以看到子模块电容电压波动峰峰值在控制策略切换前为 0.30kV，而在控制策略切换后降低到了 0.24kV。图 c 为 a 相上桥臂电流 $i_{\text{pa}}$，控制策略切换前 $i_{\text{pa}}$ 有效值为 0.67kA，控制策略切换后 $i_{\text{pa}}$ 有效值上升到了 0.70kA。图 d 为 $i_{\text{va}}$ 波形，可以看到控制策略切换前后 $i_{\text{va}}$ 没有发生明显变化，说明共模外环控制器控制策略的切换几乎不会对 MMC 交流侧输出特性产生影响。

上述仿真结果仅仅针对了 MMC2 的单个工作点 400MW+j0Mvar，即满容量发有功功率工作点。下面对 MMC2 的全工况进行对比[11]。扫描 MMC2 在功率圆内的所有工况，对各工况下 MMC2 单个桥臂的电容电压集合平均值的峰峰值和桥臂电流有效值进行计算。图 5-20 给出了两种控制策略下单桥臂电容电压集合平均值的峰峰值的对比。可以看到，在两种控制策略下，子模块电容电压波动峰峰值的最大值都在 $P_{\text{pcc2}}$+j$Q_{\text{pcc2}}$=0−j1pu 工作点上达到，即在满容量吸无功功率时达到。其中，使用环流抑制控制策略时该值为 0.43kV；使用电容电压波动抑制控制时该值为 0.35kV。考虑到子模块电容电压的额定值为 2kV，在假设子模块电容电压正向和负向波动幅度相等的条件下，这意味着使用电容电压波动抑制控制相比环流抑制控制能够使子模块电容电压波动率 $\varepsilon$ 从 10.75% 下降到 8.75%。

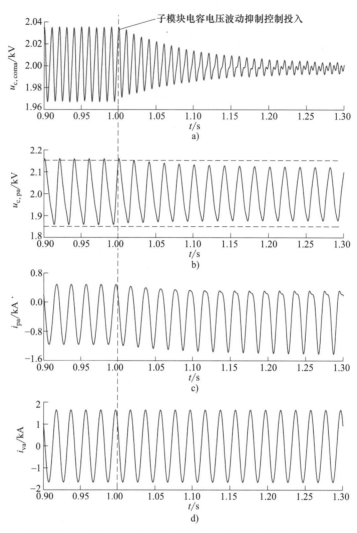

图 5-19 环流抑制控制与电容电压波动抑制控制切换前后的对比

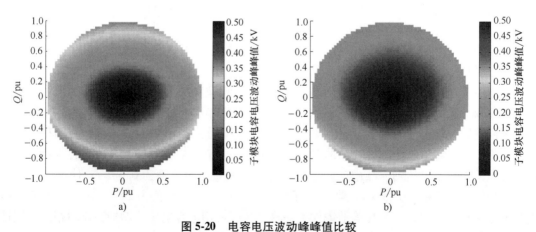

图 5-20 电容电压波动峰峰值比较

a）环流抑制控制  b）子模块电容电压波动抑制控制

图 5-21 给出了两种控制策略下的桥臂电流有效值对比。可以看到，在两种控制策略下，桥臂电流有效值差别最大的工作点是 $P_{pcc2}+jQ_{pcc2}=0+j1pu$。即在满容量发无功功率时，两种控制策略下的桥臂电流有效值差别最大；对于本测试系统，该值为 86A。考虑到本测试系统下桥臂电流的额定值为 650A（见表 3-1），这意味着使用电容电压波动抑制控制相比环流抑制控制使桥臂电流有效值增大了 13.2%。

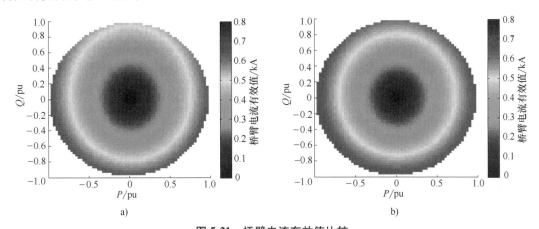

图 5-21 桥臂电流有效值比较
a）环流抑制控制　b）子模块电容电压波动抑制控制

综合环流抑制控制与子模块电容电压波动抑制控制的性能对比结果，子模块电容电压波动抑制控制可以使电容电压波动率 $\varepsilon$ 从 10.75% 下降到 8.75%，即可以使电容电压波动率 $\varepsilon$ 下降 2 个百分点；但其代价是桥臂电流有效值上升了 13.2%。因此，对于共模外环控制策略的选择，需要针对具体工程的要求，从投资成本和运行成本两方面全面考虑。

## 5.4 零序 3 次谐波电压注入提升 MMC 性能的原理及其适用场合

所谓的零序电压注入控制指的是在基于式（5-41）计算 $u_{pj}^*$ 和 $u_{nj}^*$（$j=a, b, c$）时，不直接采用由控制器给出的 $u_{diffj}^*$（$j=a, b, c$）进行计算，而是采用新的差模电压表达式（$u_{diffj}^*+u_{0seq}$）（$j=a, b, c$）来替换 $u_{diffj}^*$ 进行计算，这里的 $u_{0seq}$ 是某次谐波的零序电压，即采用如下公式来计算 $u_{pj}^*$ 和 $u_{nj}^*$。

$$\begin{cases} u_{pj}^* = (U_{dc}/2+\widetilde{u}_{comj}^*)-(u_{diffj}^*+u_{0seq}) \\ u_{nj}^* = (U_{dc}/2+\widetilde{u}_{comj}^*)+(u_{diffj}^*+u_{0seq}) \end{cases} \quad j=a,b,c \tag{5-48}$$

这样做的目的是在直流电压 $U_{dc}$ 给定的条件下，使 MMC 合成的阀侧基波电压最大化。通过在差模电压中加入零序电压提升 MMC 性能是否可行，首先需要回答如下几个问题：①采用式（5-48）而不是式（5-41）计算桥臂电压的指令值 $u_{pj}^*$ 和 $u_{nj}^*$ 会不会影响控制的效果；②零序电压 $u_{0seq}$ 如何选取；③选定 $u_{0seq}$ 后 MMC 的哪些性能能够提升及其提升程度；④采用零序电压注入策略后可能引起的不利方面；⑤零序电压注入策略的适用场合。以下分别对这些问题进行分析。

## 5.4.1 零序电压注入对控制效果的影响分析

根据式（5-48），在差模电压 $u_{\text{diff}j}^*$ 中加入零序电压 $u_{0\text{seq}}$，对共模电压没有任何影响。既然 $u_{0\text{seq}}$ 对共模电压没有作用，根据式（5-5），就意味着对 MMC 中的环流没有影响。而根据派克变换式（5-13），$u_{pj}^*$ 和 $u_{nj}^*$ 中加入零序分量不会对 d 轴量和 q 轴量产生影响，因此在 $u_{pj}^*$ 和 $u_{nj}^*$ 中加入 $u_{0\text{seq}}$ 不影响 $u_{\text{diffd}}$、$u_{\text{diffq}}$ 和 $i_{vd}$、$i_{vq}$ 的计算结果，即不对图 5-9 的差模内环电流控制器的阀侧电流跟踪控制产生任何影响。说明零序电压注入不会对 MMC 的控制结果产生影响。换句话说，在差模电压 $u_{\text{diff}j}^*$ 中加入 $u_{0\text{seq}}$，对 dq 坐标系中的量不会产生影响，仅仅对差模电压本身和 $u_{pj}^*$、$u_{nj}^*$ 产生影响。

## 5.4.2 如何选取待注入的零序电压

以 $u_{pa}^*$ 的计算为例进行说明。根据第 2 章给出的 MMC 单相基波等效电路，$\tilde{u}_{\text{diffa}}$ 是 MMC 内部虚拟等电位点 $\Delta$ 上的 a 相基波电压。由于虚拟等电位点 $\Delta$ 与 MMC 交流母线 PCC 之间还存在由式（5-8）所描述的阻抗，因此 $\tilde{u}_{\text{diffa}}$ 与 PCC 电压 $u_{\text{pcca}}$ 之间存在相角差，用 $\delta$ 表示此相角差。在常规设计参数下，MMC 正常运行范围内，$\delta$ 在 $\pm 8°$ 之内，当 MMC 运行于纯无功功率状态时，$\delta \approx 0°$。

参照图 5-1 和图 5-3，设 PPC a 相电压为

$$u_{\text{pcca}} = U_{\text{pccm}}\cos(\omega_{\text{pcc}}t) = U_{\text{pccm}}\cos\theta_{\text{pcc}} \tag{5-49}$$

那么 $\tilde{u}_{\text{diffa}}$ 可以表达为

$$\tilde{u}_{\text{diffa}} = U_{\text{diffm}}\cos(\omega_{\text{pcc}}t+\delta) = U_{\text{diffm}}\cos(\theta_{\text{pcc}}+\delta) \tag{5-50}$$

而式（5-48）中的 $u_{\text{diffa}}^*$ 是由控制器给出的，其主导分量是其基波分量，稳态下该基波分量的解析表达式就是式（5-50）。为简化分析，先忽略 $u_{\text{diffa}}^*$ 中的非基波分量。这样，$u_{\text{diffa}}^*$ 就等于 $\tilde{u}_{\text{diffa}}$。另一方面，$\tilde{u}_{\text{coma}}$ 是为抑制环流中的 2 次谐波分量而生成的，由图 5-18e 可以看出，其值很小，接近于零。因此，为简化分析，也将其忽略。这样，式（5-48）中计算 $u_{pa}^*$ 的公式变为

$$u_{pa}^* = \frac{U_{\text{dc}}}{2} - (\tilde{u}_{\text{diffa}} + u_{0\text{seq}}) = \frac{U_{\text{dc}}}{2} - [U_{\text{diffm}}\cos(\theta_{\text{pcc}}+\delta) + u_{0\text{seq}}] \tag{5-51}$$

另一方面，$u_{pa}$ 是 a 相上桥臂所有级联子模块合成的电压。因此，对于由半桥子模块构成的 MMC，其最小值为 0，最大值为 $U_{\text{dc}}$，即 $u_{pa} \in [0, U_{\text{dc}}]$。设定 $u_{pa}^*$ 的取值范围与 $u_{pa}$ 相同，即 $u_{pa}^* \in [0, U_{\text{dc}}]$。令

$$\lambda = \frac{U_{\text{dc}}}{2} - u_{pa}^* \tag{5-52}$$

则根据 $u_{pa}^* \in [0, U_{\text{dc}}]$ 有 $\lambda \in [-U_{\text{dc}}/2, U_{\text{dc}}/2]$，即 $\lambda$ 的取值范围是正负对称的。

显然，根据式（5-52）和式（5-51）有

$$\lambda = U_{\text{diffm}}\cos(\theta_{\text{pcc}}+\delta) + u_{0\text{seq}} \tag{5-53}$$

根据式（5-53），如何选取零序电压 $u_{0\text{seq}}$ 的问题可以用数学语言描述为：选择 $u_{0\text{seq}}$，使 $U_{\text{diffm}}$ 在 $\lambda \in [-U_{\text{dc}}/2, U_{\text{dc}}/2]$ 的条件下取最大值；或者换一个角度，在 $U_{\text{diffm}}$ 给定的条件

下，选择 $u_{0seq}$，使得 $\lambda$ 的峰值 $\lambda_{peak}$ 取最小值。

对于零序电压 $u_{0seq}$ 的选择，逻辑上需要从直流到各次谐波分别进行考察。由于 $u_{0seq}$ 的性质是外部注入的电压，为了使 $u_{0seq}$ 具有 MMC 内生电压的性质，需要对 $u_{0seq}$ 可能选取的谐波次数进行限制。

对于三相对称的电气装置，其内生的谐波中，只有 $3k$ 次谐波具有零序性质，但由于偶次谐波不属于半波对称波形，在电气装置中是尽量避免出现的，因此选择 $u_{0seq}$ 时偶次谐波被排除在外。这样，选择 $u_{0seq}$ 时只要考虑直流和 $3k$（$k$ 为奇数）次谐波电压的情形就可以了。下面分别对这几种情况进行考察。

（1）$u_{0seq}$ 取直流量

当 $u_{0seq}$ 取直流量时，会造成式（5-53）右边项正负不对称，在 $U_{diffm}$ 给定的条件下，会使 $\lambda$ 的峰值比 $u_{0seq}=0$ 时更大，因而可以排除 $u_{0seq}$ 取直流量的选项。当 $u_{0seq}=0$ 时，即无零序电压注入时，根据式（5-53），$\lambda_{peak}=U_{diffm}$，考虑到 $\lambda\in[-U_{dc}/2,\ U_{dc}/2]$，因此有 $\max(U_{diffm})=U_{dc}/2$。

（2）$u_{0seq}$ 取 3 次谐波电压

$$u_{0seq}=-U_{inj3}\cos(3\omega_{pcc}t)=-U_{inj3}\cos(3\theta_{pcc}) \tag{5-54}$$

式中，$U_{inj3}$ 为注入的零序 3 次谐波电压幅值，$\theta_{pcc}$ 为接在 PCC 上的 PLL 输出的角度。此时有

$$\lambda=U_{diffm}\cos(\theta_{pcc}+\delta)-U_{inj3}\cos(3\theta_{pcc}) \tag{5-55}$$

注意，式（5-54）中右端项取负号而不是取正号的原因是，若取正号，在 $\theta_{pcc}=0$ 和 $\delta=0$ 时，$\lambda=U_{diffm}+U_{inj3}>U_{diffm}$，显然不合要求，因为注入 $u_{0seq}$ 的目的是使 $\lambda_{peak}<U_{diffm}$。

将 $U_{diffm}$ 和 $\delta$ 作为固定量，在 $U_{inj3}\in[0,\ +\infty)$、$\theta_{pcc}\in[0°,\ 360°]$ 的空间内求 $\lambda_{peak}$ 的最小值。由式（5-55）可以看出，$\lambda$ 的极值在正、负方向是相等的，因而 $\lambda_{peak}$ 取最小值与 $\lambda$ 取最小值的条件是一致的。根据式（5-55），$\lambda$ 取极值的条件为

$$\begin{cases}\dfrac{\partial\lambda}{\partial U_{inj3}}=\cos(3\theta_{pcc})=0\\ \dfrac{\partial\lambda}{\partial\theta_{pcc}}=-U_{diffm}\sin(\theta_{pcc}+\delta)+3U_{inj3}\sin(3\theta_{pcc})=0\end{cases} \tag{5-56}$$

求解式（5-56）得到

$$\begin{cases}\theta_{pcc,extm}=30°\\ U_{inj3,extm}=\dfrac{\sin(\delta+30°)}{3}U_{diffm}\end{cases} \tag{5-57}$$

此时根据式（5-55）有

$$\lambda_{extm}=U_{diffm}\cos(\theta_{pcc,extm}+\delta)-U_{inj3,extm}\cos(3\theta_{pcc,extm})=U_{diffm}\cos(\delta+30°) \tag{5-58}$$

故

$$U_{diffm}=\dfrac{\lambda_{extm}}{\cos(\delta+30°)} \tag{5-59}$$

由于 $\lambda\in[-U_{dc}/2,\ U_{dc}/2]$，在该区间内的任意值总是可以实现的；而 $\delta\in[-8°,\ 8°]$，其具体取值是由 MMC 的运行工况确定的。下面计算 $\lambda_{extm}=U_{dc}/2$ 和 $\delta=-8°$、$0°$、$8°$ 3 种极限工况时的 $\max(U_{diffm})$。

当 MMC 作满有功功率整流运行时，对应于 $\delta=-8°$ 工况。此工况下，由式（5-59）和式（5-57）得到

$$\begin{cases} \max(U_{\text{diffm}}) = \dfrac{U_{\text{dc}}}{2\cos(-8°+30°)} = 0.5393 U_{\text{dc}} \\ U_{\text{inj3}} = \dfrac{\sin(-8°+30°)}{3} U_{\text{diffm}} = \dfrac{\tan(-8°+30°)}{6} U_{\text{dc}} = 0.0673 U_{\text{dc}} \end{cases} \quad (5\text{-}60)$$

当 MMC 作满有功功率逆变运行时，对应于 $\delta=8°$ 工况。此工况下，由式（5-59）和式（5-57）得到

$$\begin{cases} \max(U_{\text{diffm}}) = \dfrac{U_{\text{dc}}}{2\cos(8°+30°)} = 0.6345 U_{\text{dc}} \\ U_{\text{inj3}} = \dfrac{\sin(8°+30°)}{3} U_{\text{diffm}} = \dfrac{\tan(8°+30°)}{6} U_{\text{dc}} = 0.1302 U_{\text{dc}} \end{cases} \quad (5\text{-}61)$$

当 MMC 作纯无功功率运行时，对应于 $\delta=0°$ 工况。此工况下，由式（5-59）和式（5-57）得到

$$\begin{cases} \max(U_{\text{diffm}}) = \dfrac{U_{\text{dc}}}{2\cos(30°)} = 0.5774 U_{\text{dc}} \\ U_{\text{inj3}} = \dfrac{\sin(30°)}{3} U_{\text{diffm}} = \dfrac{\tan(30°)}{6} U_{\text{dc}} = 0.0962 U_{\text{dc}} \end{cases} \quad (5\text{-}62)$$

（3）$u_{0\text{seq}}$ 取 9 次谐波电压

$$u_{0\text{seq}} = -U_{\text{inj9}} \cos(9\omega_{\text{pcc}} t) = -U_{\text{inj9}} \cos(9\theta_{\text{pcc}}) \quad (5\text{-}63)$$

式中，$U_{\text{inj9}}$ 为注入的零序 9 次谐波电压幅值，$\theta_{\text{pcc}}$ 为接在 PCC 上的 PLL 输出的角度。此时有

$$\lambda = U_{\text{diffm}} \cos(\theta_{\text{pcc}} + \delta) - U_{\text{inj9}} \cos(9\theta_{\text{pcc}}) \quad (5\text{-}64)$$

将 $U_{\text{diffm}}$ 和 $\delta$ 作为固定量，在 $U_{\text{inj9}} \in [0, +\infty)$、$\theta_{\text{pcc}} \in [0°, 360°]$ 的空间内求 $\lambda_{\text{peak}}$ 的最小值。根据式（5-64），$\lambda$ 取极值的条件为

$$\begin{cases} \dfrac{\partial \lambda}{\partial U_{\text{inj9}}} = \cos(9\theta_{\text{pcc}}) = 0 \\ \dfrac{\partial \lambda}{\partial \theta_{\text{pcc}}} = -U_{\text{diffm}} \sin(\theta_{\text{pcc}} + \delta) + 9 U_{\text{inj9}} \sin(9\theta_{\text{pcc}}) = 0 \end{cases} \quad (5\text{-}65)$$

求解式（5-65）得到

$$\begin{cases} \theta_{\text{pcc,extm}} = 10° \\ U_{\text{inj9,extm}} = \dfrac{\sin(\delta+10°)}{9} U_{\text{diffm}} \end{cases} \quad (5\text{-}66)$$

此时根据式（5-64）有

$$\lambda_{\text{extm}} = U_{\text{diffm}} \cos(\delta+10°) \quad (5\text{-}67)$$

则

$$U_{\text{diffm}} = \dfrac{\lambda_{\text{extm}}}{\cos(\delta+10°)} \quad (5\text{-}68)$$

同时考虑 $\lambda \in [-U_{\text{dc}}/2, U_{\text{dc}}/2]$ 和 $\delta \in [-8°, 8°]$ 2 个条件后，计算 $\lambda_{\text{extm}} = U_{\text{dc}}/2$ 和 $\delta=$

−8°、0°、8° 3 种极限工况时的 max($U_{\text{diffm}}$)。

当 MMC 作满有功功率整流运行时，对应于 δ = −8°工况。此工况下，由式（5-68）和式（5-66）得到

$$\begin{cases} \max(U_{\text{diffm}}) = \dfrac{U_{\text{dc}}}{2\cos(-8°+10°)} = 0.5003 U_{\text{dc}} \\ U_{\text{inj9}} = \dfrac{\sin(-8°+10°)}{9} U_{\text{diffm}} = \dfrac{\tan(-8°+10°)}{18} U_{\text{dc}} = 0.0019 U_{\text{dc}} \end{cases} \quad (5\text{-}69)$$

当 MMC 作满有功功率逆变运行时，对应于 δ = 8°工况。此工况下，由式（5-68）和式（5-66）得到

$$\begin{cases} \max(U_{\text{diffm}}) = \dfrac{U_{\text{dc}}}{2\cos(8°+10°)} = 0.5257 U_{\text{dc}} \\ U_{\text{inj9}} = \dfrac{\sin(8°+10°)}{9} U_{\text{diffm}} = \dfrac{\tan(8°+10°)}{18} U_{\text{dc}} = 0.0181 U_{\text{dc}} \end{cases} \quad (5\text{-}70)$$

当 MMC 作纯无功功率运行时，对应于 δ = 0°工况。此工况下，由式（5-68）和式（5-66）得到

$$\begin{cases} \max(U_{\text{diffm}}) = \dfrac{U_{\text{dc}}}{2\cos(10°)} = 0.5077 U_{\text{dc}} \\ U_{\text{inj9}} = \dfrac{\sin(10°)}{9} U_{\text{diffm}} = \dfrac{\tan(10°)}{18} U_{\text{dc}} = 0.0098 U_{\text{dc}} \end{cases} \quad (5\text{-}71)$$

（4）上述结果小结

由上述分析结果可以看出，无零序电压注入时，$U_{\text{diffm}}$ 可以取到的最大值为 $0.5 U_{\text{dc}}$。采用零序 3 次谐波电压注入时，当 MMC 运行在满有功功率逆变状态时，$U_{\text{diffm}}$ 可以取到所有工况中的最大值 $0.6345 U_{\text{dc}}$，与没有零序电压注入时相比，基波电压提升率达到 1.269 倍，此时注入的零序 3 次谐波电压幅值为 $0.1302 U_{\text{dc}}$。与注入零序 3 次谐波电压相比较，注入零序 9 次谐波电压时的基波电压提升效果很小，其基波电压最大提升率为 1.0514 倍。因此工程上只采用注入零序 3 次谐波电压的方法来提升直流电压利用率，实际上这种方法在 1975 年就已经提出[12]。对于实际工程，MMC 的运行工况显然是变化的，比如既可以作整流器运行，又可以作逆变器运行。这样，上面讨论中的 δ 角就是一个变量，而注入的零序 3 次谐波电压幅值通常采用固定值。实用上，将 δ = 0°时的结果作为零序 3 次谐波电压的固定注入，即零序 3 次谐波注入电压采用下式实现：

$$u_{0\text{seq}} = -0.0962 U_{\text{dc}} \cos(3\theta_{\text{pcc}}) \quad (5\text{-}72)$$

采用式（5-72）作为零序 3 次谐波注入电压时，随着 MMC 运行工况的变化，基波电压提升率一般小于 1.15 倍。

### 5.4.3 零序 3 次谐波电压注入仿真展示

仍然采用图 5-16 所示的测试系统，其参数见表 5-1。两侧换流器都采用基于 PLL 的双模双环控制器。MMC1 为整流器，采用 PLL/$U_{\text{dc}}$-$Q_{\text{pcc}}$ 控制模式；其差模外环控制器采用定直流电压控制和定无功功率控制，且直流电压指令值设为 400kV，无功功率指令值设为 0；其共模外环控制器采用环流抑制控制，2 次谐波环流指令值设定为 0。MMC2 为逆变器，采用

PLL/$P_{pcc}$-$Q_{pcc}$ 控制模式；其差模外环控制器采用定有功功率控制和定无功功率控制，有功功率为 300MW，无功功率为 100Mvar；其共模外环控制器采用环流抑制控制，2 次谐波环流指令值设定为 0。系统在 $t=1.0$s 时已进入稳态；$t=1.1$s 时投入零序 3 次谐波电压注入控制，$u_{0seq}=-0.0962U_{dc}\cos(3\theta_{pcc})$；$t=1.2$s 时投入零序 3 次加 9 次谐波电压注入控制，$u_{0seq}=-0.0962U_{dc}\cos(3\theta_{pcc})-0.0098U_{dc}\cos(9\theta_{pcc})$。仿真波形从 $t=1.0$s 到 $t=1.3$s。

图 5-22 给出了逆变侧主回路和差模控制器中主要电气量的变化波形。其中图 a 是交流有功功率 $p_{pcc}$ 和无功功率 $q_{pcc}$ 的波形图，图 b 是阀侧三相交流电压 $u_{vj}(j=a,b,c)$ 的波形图，图 c 是阀侧三相交流电流 $i_{vj}(j=a,b,c)$ 的波形图，图 d 是阀侧电流 d、q 轴分量 $i_{vd}$、$i_{vq}$ 的波形图，图 e 是差模内环电流控制器生成的桥臂差模电压 d、q 轴指令值 $u_{diffd}^*$、$u_{diffq}^*$ 的波形图。

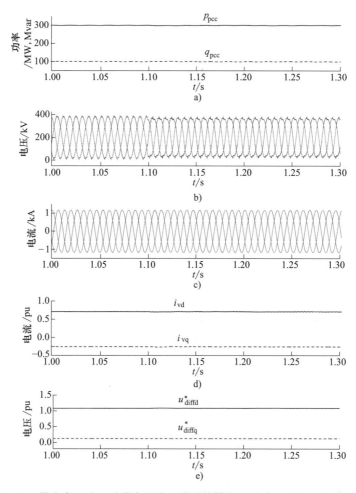

**图 5-22** 零序电压注入对逆变侧主回路和差模控制器中主要电气量的影响

a）交流功率 $p_{pcc}$ 和 $q_{pcc}$  b）阀侧三相交流电压 $u_{vj}$  c）阀侧三相交流电流 $i_{vj}$
d）阀侧 d、q 轴电流分量 $i_{vd}$ 和 $i_{vq}$  e）桥臂差模电压 d、q 轴指令值

从图 5-22 可以看出，在差模电压中加入零序电压仅仅对阀侧三相交流电压 $u_{vj}(j=a,b,c)$ 有影响，加入零序电压后，$u_{vj}(j=a,b,c)$ 的峰峰值会有轻微的减小；另外，在加入零

序 3 次谐波电压基础上再加入零序 9 次谐波电压的效果与仅仅加入零序 3 次谐波电压的效果几乎一样，说明如果采用零序电压注入控制，只要注入零序 3 次谐波电压就可以了。

### 5.4.4 注入零序 3 次谐波电压后 MMC 的性能提升分析

由 5.4.2 节和 5.4.3 节的分析知，在直流电压 $U_{dc}$ 给定的条件下，若采用零序 3 次谐波电压注入控制，则可以提升 MMC 阀侧基波电压的幅值 $U_{diffm}$。一般情况下，与无零序 3 次谐波电压注入时相比，$U_{diffm}$ 可以提升 15%左右。比如，对于±200kV 的直流系统，根据第 3 章联接变压器电压比选择的分析，其阀侧交流线电压的有效值可以达到 210kV 左右；但如果采用了零序 3 次谐波电压注入控制后，MMC 阀侧交流线电压的有效值就可以达到 230kV 左右。这样，在 MMC 容量给定的条件下，阀侧基波电压幅值 $U_{diffm}$ 的增大，意味着阀侧基波电流幅值 $I_{vm}$ 下降，桥臂基波电流幅值 $I_{vm}/2$（见表 2-5）下降，子模块电容电压波动幅度 $I_{vm}/(4\omega C_0)$（见表 2-5）下降，以及桥臂中 IGBT 和二极管器件通态损耗下降。特别是当直流工程的额定直流电压 $U_{dc}$ 和额定直流电流 $I_{dc}$ 给定的条件下，因桥臂电流的峰值为 $I_{dc}/3+I_{vm}/2$，故 $I_{vm}$ 的下降对 IGBT 器件的电流额定值要求也下降，在有些工程场合，$I_{vm}$ 的下降对 IGBT 的选型具有至关重要的意义。

另外，如果 MMC 正常运行时不采用零序 3 次谐波电压注入控制，那么在交流电网电压保持不变及联接变压器分接头保持不变的情况下，投入零序 3 次谐波电压注入控制，可以使直流侧降压运行，降压幅度可以达到 15%左右，这对于由半桥子模块构成的 MMC 是有实际价值的，因为半桥型 MMC 没有负电平输出能力，直接实现直流侧降压是比较困难的。

### 5.4.5 注入零序 3 次谐波电压后可能引起的不利方面

在 MMC 换流站的绝缘配合中，联接变压器阀侧单相接地故障是绝缘配合中需要考虑的关键性故障，因为由此故障所造成的桥臂过电压很大。显然，此过电压水平与 $U_{diffm}$ 成正相关。在注入零序 3 次谐波电压后，阀侧额定电压提高了，故此过电压水平也会增大，从而提高桥臂的过电压水平，可能提升 MMC 子模块阀的造价。

### 5.4.6 零序 3 次谐波电压注入策略的适用场合

在式（5-48）中，零序电压 $u_{0seq}$ 是作为差模电压 $u_{diffj}(j=a，b，c)$ 的一个分量而引入的。由差模电压 $u_{diffj}$ 的性质知，$u_{0seq}$ 只对差模电流性质的阀侧电流 $i_{vj}$ 有作用，对共模电流性质的环流 $i_{cirj}$ 是没有作用的。由于 3 次谐波电压注入是零序性质的，其在阀侧电流中产生的 3 次谐波分量也是零序性质的，但这个 3 次谐波零序电流是不被允许的。因此，原理上，零序 3 次谐波电压注入策略仅仅适用于 MMC 阀侧无零序通路的应用场合。换句话说，零序 3 次谐波电压注入策略是否适用，主要取决于 MMC 联接变压器接法。当 MMC 联接变压器的阀侧绕组采用三角形接法或不接地星形接法时，零序 3 次谐波电压注入策略是适用的。

## 5.5 交流电网电压不平衡和畸变条件下 MMC 的控制器设计

前面所介绍的 MMC 控制器设计是基于交流电网电压平衡且无畸变的理想情况，实际交流电网电压可能是不平衡的,特别是当交流电网发生不对称故障时。当交流电网发生不对称故障时,换流站交流母线电压不再平衡,存在负序分量和零序分量。MMC 作为一种电压源换流器,正常运行时只输出正序基波电压(忽略谐波分量),当换流站交流母线存在负序电压分量和零序电压分量时,MMC 并不提供与之相对的反电动势,这样在 MMC 的阀侧就会产生很大的负序电流分量(由于联接变压器的特定接法,通常阀侧不存在零序电流通路,因此阀侧没有零序电流),与正序电流分量和直流电流分量叠加后可能会大大超出功率器件的电流容量,因此会严重威胁 MMC 的安全运行。交流电网不对称故障时 MMC 控制器的控制目标是抑制阀侧负序电流,避免功率器件电流超限,使 MMC 能够安全穿越交流电网故障时段,实现不脱网运行。

交流电网电压不平衡时 MMC 控制器设计的基本思路是将电网电压进行瞬时三相对称分量分解,将阀侧电流进行瞬时正序分量和负序分量分解。对于电网电压正序分量和阀侧电流正序分量,其控制关系已在前面几节中介绍了;对于电网电压负序分量和阀侧电流负序分量,其控制关系正是本节需要研究的。

### 5.5.1 基于 DDSRF 的瞬时对称分量分解方法

DDSRF-PLL 解决了电网电压不平衡和包含谐波时的锁相同步问题,在此基础上再进行任意三相电压或三相电流的瞬时对称分量分解就是轻而易举的事情。第 4 章在讲述 DDSRF 原理时已经推导了对 PCC 电压 $u_{\text{pcc}j}(j=a, b, c)$ 进行三相瞬时对称分量分解的方法。本质上是对 $u_{\text{pcc}j}(j=a, b, c)$ 进行 2 次派克旋转变换,第 1 次是正向派克旋转变换,第 2 次是反向派克旋转变换,然后利用两者的关系提取出 $u_{\text{pcc}j}(j=a, b, c)$ 的正序基波分量和负序基波分量。类似地,对 MMC 的阀侧三相电流 $i_{\text{v}j}(j=a, b, c)$,也可以进行三相瞬时对称分量分解,并提取出 $i_{\text{v}j}(j=a, b, c)$ 的正序基波分量和负序基波分量。下面直接列出对 $u_{\text{pcc}j}(j=a, b, c)$ 和 $i_{\text{v}j}(j=a, b, c)$ 进行三相瞬时对称分量分解的计算步骤和结果。假定 $u_{\text{pcc}j}(j=a, b, c)$ 和 $i_{\text{v}j}(j=a, b, c)$ 都包含基波三序分量和谐波三序分量,其数学表达式具有式(4-28)的形式。

第 1 步:对 $u_{\text{pcc}j}(j=a, b, c)$ 和 $i_{\text{v}j}(j=a, b, c)$ 进行克拉克变换,将 $u_{\text{pcc}j}(j=a, b, c)$ 和 $i_{\text{v}j}(j=a, b, c)$ 从 abc 坐标系变换到 αβ 坐标系。

$$\boldsymbol{u}_{\text{pcc}\alpha\beta} = \begin{bmatrix} u_{\text{pcc}\alpha} \\ u_{\text{pcc}\beta} \end{bmatrix} = \boldsymbol{T}_{\text{abc-}\alpha\beta} \begin{bmatrix} u_{\text{pcca}} \\ u_{\text{pccb}} \\ u_{\text{pccc}} \end{bmatrix} \tag{5-73}$$

$$\boldsymbol{i}_{\text{v}\alpha\beta} = \begin{bmatrix} i_{\text{v}\alpha} \\ i_{\text{v}\beta} \end{bmatrix} = \boldsymbol{T}_{\text{abc-}\alpha\beta} \begin{bmatrix} i_{\text{va}} \\ i_{\text{vb}} \\ i_{\text{vc}} \end{bmatrix} \tag{5-74}$$

式(5-73)和式(5-74)中,$\boldsymbol{u}_{\text{pcc}\alpha\beta}$ 和 $\boldsymbol{i}_{\text{v}\alpha\beta}$ 表示 $u_{\text{pcc}j}(j=a, b, c)$ 和 $i_{\text{v}j}(j=a, b, c)$ 经过克拉克变换后的结果,是 2 维列向量;$\boldsymbol{T}_{\text{abc-}\alpha\beta}$ 表示从 abc 坐标系到 αβ 坐标系的变换矩阵,其表达式见式(4-3)。

第 2 步:对 $\boldsymbol{u}_{\text{pcc}\alpha\beta}$ 和 $\boldsymbol{i}_{\text{v}\alpha\beta}$ 进行正向派克旋转变换,可以得到

$$\begin{cases} \boldsymbol{u}_{\text{pccdq}}^{+} = \begin{bmatrix} u_{\text{pccd}}^{+} \\ u_{\text{pccq}}^{+} \end{bmatrix} = \boldsymbol{T}_{\alpha\beta\text{-dq}}(\theta_{\text{pcc}}) \begin{bmatrix} u_{\text{pcc}\alpha} \\ u_{\text{pcc}\beta} \end{bmatrix} = \overline{u_{\text{pccdq}}^{+}} + \widehat{u_{\text{pccdq}}^{+}} + \widetilde{u_{\text{pccdq}}^{+}} \\ \boldsymbol{i}_{\text{vdq}}^{+} = \begin{bmatrix} i_{\text{vd}}^{+} \\ i_{\text{vq}}^{+} \end{bmatrix} = \boldsymbol{T}_{\alpha\beta\text{-dq}}(\theta_{\text{pcc}}) \begin{bmatrix} i_{\text{v}\alpha} \\ i_{\text{v}\beta} \end{bmatrix} = \overline{i_{\text{vdq}}^{+}} + \widehat{i_{\text{vdq}}^{+}} + \widetilde{i_{\text{vdq}}^{+}} \end{cases} \quad (5\text{-}75)$$

式中，$\boldsymbol{u}_{\text{pccdq}}^{+}$ 和 $\boldsymbol{i}_{\text{vdq}}^{+}$ 表示 $\boldsymbol{u}_{\text{pcc}\alpha\beta}$ 和 $\boldsymbol{i}_{\text{v}\alpha\beta}$ 经过正向派克变换后的结果，是 2 维列向量；$\boldsymbol{T}_{\alpha\beta\text{-dq}}(\theta_{\text{pcc}})$ 表示从 αβ 坐标系到 dq 坐标系的正向派克变换矩阵，其表达式见式（4-4）；$\overline{u_{\text{pccdq}}^{+}}$ 和 $\overline{i_{\text{vdq}}^{+}}$ 表示 $\boldsymbol{u}_{\text{pccdq}}^{+}$ 和 $\boldsymbol{i}_{\text{vdq}}^{+}$ 中的直流分量，是 2 维列向量；$\widehat{u_{\text{pccdq}}^{+}}$ 和 $\widehat{i_{\text{vdq}}^{+}}$ 表示 $\boldsymbol{u}_{\text{pccdq}}^{+}$ 和 $\boldsymbol{i}_{\text{vdq}}^{+}$ 中的 2 次谐波分量，是 2 维列向量；$\widetilde{u_{\text{pccdq}}^{+}}$ 和 $\widetilde{i_{\text{vdq}}^{+}}$ 表示 $\boldsymbol{u}_{\text{pccdq}}^{+}$ 和 $\boldsymbol{i}_{\text{vdq}}^{+}$ 中高于 2 次的谐波分量之和，是 2 维列向量。

第 3 步：对 $\boldsymbol{u}_{\text{pcc}\alpha\beta}$ 和 $\boldsymbol{i}_{\text{v}\alpha\beta}$ 进行反向派克旋转变换，可以得到

$$\begin{cases} \boldsymbol{u}_{\text{pccdq}}^{-} = \begin{bmatrix} u_{\text{pccd}}^{-} \\ u_{\text{pccq}}^{-} \end{bmatrix} = \boldsymbol{T}_{\alpha\beta\text{-dq}}(-\theta_{\text{pcc}}) \begin{bmatrix} u_{\text{pcc}\alpha} \\ u_{\text{pcc}\beta} \end{bmatrix} = \overline{u_{\text{pccdq}}^{-}} + \widehat{u_{\text{pccdq}}^{-}} + \widetilde{u_{\text{pccdq}}^{-}} \\ \boldsymbol{i}_{\text{vdq}}^{-} = \begin{bmatrix} i_{\text{vd}}^{-} \\ i_{\text{vq}}^{-} \end{bmatrix} = \boldsymbol{T}_{\alpha\beta\text{-dq}}(-\theta_{\text{pcc}}) \begin{bmatrix} i_{\text{v}\alpha} \\ i_{\text{v}\beta} \end{bmatrix} = \overline{i_{\text{vdq}}^{-}} + \widehat{i_{\text{vdq}}^{-}} + \widetilde{i_{\text{vdq}}^{-}} \end{cases} \quad (5\text{-}76)$$

式中，$\boldsymbol{u}_{\text{pccdq}}^{-}$ 和 $\boldsymbol{i}_{\text{vdq}}^{-}$ 表示 $\boldsymbol{u}_{\text{pcc}\alpha\beta}$ 和 $\boldsymbol{i}_{\text{v}\alpha\beta}$ 经过反向派克变换后的结果，是 2 维列向量；$\boldsymbol{T}_{\alpha\beta\text{-dq}}(-\theta_{\text{pcc}})$ 表示从 αβ 坐标系到 $d^{-1}q^{-1}$ 坐标系的反向派克变换矩阵；$\overline{u_{\text{pccdq}}^{-}}$ 和 $\overline{i_{\text{vdq}}^{-}}$ 表示 $\boldsymbol{u}_{\text{pccdq}}^{-}$ 和 $\boldsymbol{i}_{\text{vdq}}^{-}$ 中的直流分量，是 2 维列向量；$\widehat{u_{\text{pccdq}}^{-}}$ 和 $\widehat{i_{\text{vdq}}^{-}}$ 表示 $\boldsymbol{u}_{\text{pccdq}}^{-}$ 和 $\boldsymbol{i}_{\text{vdq}}^{-}$ 中的 2 次谐波分量，是 2 维列向量；$\widetilde{u_{\text{pccdq}}^{-}}$ 和 $\widetilde{i_{\text{vdq}}^{-}}$ 表示 $\boldsymbol{u}_{\text{pccdq}}^{-}$ 和 $\boldsymbol{i}_{\text{vdq}}^{-}$ 中高于 2 次的谐波分量之和，是 2 维列向量。

第 4 步：根据式（4-41）和式（4-42），建立正向派克变换与反向派克变换所得结果之间的关系：

$$\begin{cases} \widehat{u_{\text{pccdq}}^{-}} = \boldsymbol{T}_{\alpha\beta\text{-dq}}(-2\theta_{\text{pcc}}) \times \overline{u_{\text{pccdq}}^{+}} \\ \widehat{u_{\text{pccdq}}^{+}} = \boldsymbol{T}_{\alpha\beta\text{-dq}}(2\theta_{\text{pcc}}) \times \overline{u_{\text{pccdq}}^{-}} \end{cases} \quad (5\text{-}77)$$

$$\begin{cases} \widehat{i_{\text{vdq}}^{-}} = \boldsymbol{T}_{\alpha\beta\text{-dq}}(-2\theta_{\text{pcc}}) \times \overline{i_{\text{vdq}}^{+}} \\ \widehat{i_{\text{vdq}}^{+}} = \boldsymbol{T}_{\alpha\beta\text{-dq}}(2\theta_{\text{pcc}}) \times \overline{i_{\text{vdq}}^{-}} \end{cases} \quad (5\text{-}78)$$

第 5 步：根据第 4 步所得到的关系，消去 2 次谐波分量，并采用低通滤波器滤除高于 2 次的谐波分量后，就可以得到在 dq 坐标系中提取 $u_{\text{pcc}j}(j=\text{a, b, c})$ 和 $i_{\text{v}j}(j=\text{a, b, c})$ 正序基波分量和在 $d^{-1}q^{-1}$ 坐标系中提取 $u_{\text{pcc}j}(j=\text{a, b, c})$ 和 $i_{\text{v}j}(j=\text{a, b, c})$ 负序基波分量的原理框图，如图 5-23 和图 5-24 所示。

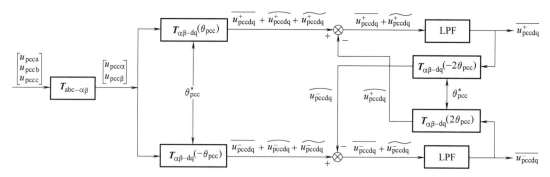

图 5-23 基于 DDSRF 提取 PCC 电压正序基波分量和负序基波分量的原理图

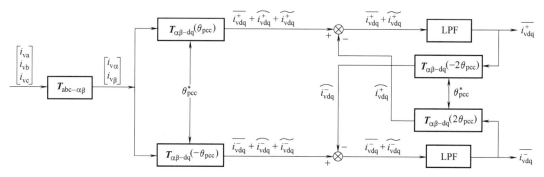

图 5-24 基于 DDSRF 提取阀侧电流正序基波分量和负序基波分量的原理图

根据图 5-23 和图 5-24 提取三相瞬时电压和三相瞬时电流正序分量和负序分量的流程，一般性地定义 $T_{\text{DDSRF}}(\theta_{\text{pcc}})$ 为对任意三相瞬时量提取其正序分量和负序分量的数学算子，注意 $T_{\text{DDSRF}}(\theta_{\text{pcc}})$ 代表的是一个计算流程，不是通常意义上的矩阵变换式。这样，图 5-23 和图 5-24 的整个流程可以表达为

$$\begin{bmatrix} \overline{u_{\text{pccdq}}^+} \\ \overline{u_{\text{pccdq}}^-} \end{bmatrix} = \begin{bmatrix} \overline{u_{\text{pccd}}^+} \\ \overline{u_{\text{pccq}}^+} \\ \overline{u_{\text{pccd}}^-} \\ \overline{u_{\text{pccq}}^-} \end{bmatrix} = T_{\text{DDSRF}}(\theta_{\text{pcc}}) \begin{bmatrix} u_{\text{pcca}} \\ u_{\text{pccb}} \\ u_{\text{pccc}} \end{bmatrix} \tag{5-79}$$

$$\begin{bmatrix} \overline{i_{\text{vdq}}^+} \\ \overline{i_{\text{vdq}}^-} \end{bmatrix} = \begin{bmatrix} \overline{i_{\text{vd}}^+} \\ \overline{i_{\text{vq}}^+} \\ \overline{i_{\text{vd}}^-} \\ \overline{i_{\text{vq}}^-} \end{bmatrix} = T_{\text{DDSRF}}(\theta_{\text{pcc}}) \begin{bmatrix} i_{\text{va}} \\ i_{\text{vb}} \\ i_{\text{vc}} \end{bmatrix} \tag{5-80}$$

## 5.5.2 电网电压不平衡和畸变情况下 MMC 的控制方法

由于联接变压器的特定接法，使得 MMC 的阀侧交流端没有零序电流通过，因此根据

abc 坐标系下描述 MMC 交流侧基频动态特性的方程式（5-9），可以得到描述正负序电压与电流关系的方程式如下：

$$L_{\text{link}} \frac{\text{d}}{\text{d}t} \begin{bmatrix} i_{\text{va}}^{+}(t) + i_{\text{va}}^{-}(t) \\ i_{\text{vb}}^{+}(t) + i_{\text{vb}}^{-}(t) \\ i_{\text{vc}}^{+}(t) + i_{\text{vc}}^{-}(t) \end{bmatrix} + R_{\text{link}} \begin{bmatrix} i_{\text{va}}^{+}(t) + i_{\text{va}}^{-}(t) \\ i_{\text{vb}}^{+}(t) + i_{\text{vb}}^{-}(t) \\ i_{\text{vc}}^{+}(t) + i_{\text{vc}}^{-}(t) \end{bmatrix} = - \begin{bmatrix} u_{\text{pcca}}^{+}(t) + u_{\text{pcca}}^{-}(t) \\ u_{\text{pccb}}^{+}(t) + u_{\text{pccb}}^{-}(t) \\ u_{\text{pccc}}^{+}(t) + u_{\text{pccc}}^{-}(t) \end{bmatrix} + \begin{bmatrix} u_{\text{diffa}}^{+}(t) + u_{\text{diffa}}^{-}(t) \\ u_{\text{diffb}}^{+}(t) + u_{\text{diffb}}^{-}(t) \\ u_{\text{diffc}}^{+}(t) + u_{\text{diffc}}^{-}(t) \end{bmatrix}$$

(5-81)

式中，变量的上标"+"表示正序分量，变量的上标"-"表示负序分量。由于 MMC 交流侧 abc 三相电路的结构和参数具有对称性，因此可以断定正序和负序分量是完全解耦的，即正序分量和负序分量分别满足如下方程式：

$$L_{\text{link}} \frac{\text{d}}{\text{d}t} \begin{bmatrix} i_{\text{va}}^{+}(t) \\ i_{\text{vb}}^{+}(t) \\ i_{\text{vc}}^{+}(t) \end{bmatrix} + R_{\text{link}} \begin{bmatrix} i_{\text{va}}^{+}(t) \\ i_{\text{vb}}^{+}(t) \\ i_{\text{vc}}^{+}(t) \end{bmatrix} = - \begin{bmatrix} u_{\text{pcca}}^{+}(t) \\ u_{\text{pccb}}^{+}(t) \\ u_{\text{pccc}}^{+}(t) \end{bmatrix} + \begin{bmatrix} u_{\text{diffa}}^{+}(t) \\ u_{\text{diffb}}^{+}(t) \\ u_{\text{diffc}}^{+}(t) \end{bmatrix} \tag{5-82}$$

$$L_{\text{link}} \frac{\text{d}}{\text{d}t} \begin{bmatrix} i_{\text{va}}^{-}(t) \\ i_{\text{vb}}^{-}(t) \\ i_{\text{vc}}^{-}(t) \end{bmatrix} + R_{\text{link}} \begin{bmatrix} i_{\text{va}}^{-}(t) \\ i_{\text{vb}}^{-}(t) \\ i_{\text{vc}}^{-}(t) \end{bmatrix} = - \begin{bmatrix} u_{\text{pcca}}^{-}(t) \\ u_{\text{pccb}}^{-}(t) \\ u_{\text{pccc}}^{-}(t) \end{bmatrix} + \begin{bmatrix} u_{\text{diffa}}^{-}(t) \\ u_{\text{diffb}}^{-}(t) \\ u_{\text{diffc}}^{-}(t) \end{bmatrix} \tag{5-83}$$

控制器设计时我们只考虑基波分量，将 $u_{\text{pcc}j}$（$j$=a，b，c）和 $i_{\text{v}j}$（$j$=a，b，c）通过正向旋转坐标变换 $\boldsymbol{T}_{\text{abc-dq}}(\theta_{\text{pcc}})$ 映射到 dq 坐标系，将 $u_{\text{pcc}j}$（$j$=a，b，c）和 $i_{\text{v}j}$（$j$=a，b，c）通过反向旋转坐标变换 $\boldsymbol{T}_{\text{abc-dq}}(-\theta_{\text{pcc}})$ 映射到 $\text{d}^{-1}\text{q}^{-1}$ 坐标系。对式（5-82）和式（5-83）分别进行正向旋转坐标变换和反向旋转坐标变换，只考虑旋转变换后对应的基波分量，用图 5-23 和图 5-24 原理提取出 $u_{\text{pcc}j}$（$j$=a，b，c）和 $i_{\text{v}j}$（$j$=a，b，c）中的正序基波分量和负序基波分量后，得到在 dq 坐标系下的方程式和 $\text{d}^{-1}\text{q}^{-1}$ 坐标系下的方程式分别为式（5-84）和式（5-85）。

$$L_{\text{link}} \frac{\text{d}}{\text{d}t} \begin{bmatrix} \overline{i_{\text{vd}}^{+}(t)} \\ \overline{i_{\text{vq}}^{+}(t)} \end{bmatrix} + R_{\text{link}} \begin{bmatrix} \overline{i_{\text{vd}}^{+}(t)} \\ \overline{i_{\text{vq}}^{+}(t)} \end{bmatrix} = - \begin{bmatrix} \overline{u_{\text{pccd}}^{+}(t)} \\ \overline{u_{\text{pccq}}^{+}(t)} \end{bmatrix} + \begin{bmatrix} u_{\text{diffd}}^{+}(t) \\ u_{\text{diffq}}^{+}(t) \end{bmatrix} + \begin{bmatrix} & \omega_{\text{pcc}} L_{\text{link}} \\ -\omega_{\text{pcc}} L_{\text{link}} & \end{bmatrix} \begin{bmatrix} \overline{i_{\text{vd}}^{+}(t)} \\ \overline{i_{\text{vq}}^{+}(t)} \end{bmatrix}$$

(5-84)

$$L_{\text{link}} \frac{\text{d}}{\text{d}t} \begin{bmatrix} \overline{i_{\text{vd}}^{-}(t)} \\ \overline{i_{\text{vq}}^{-}(t)} \end{bmatrix} + R_{\text{link}} \begin{bmatrix} \overline{i_{\text{vd}}^{-}(t)} \\ \overline{i_{\text{vq}}^{-}(t)} \end{bmatrix} = - \begin{bmatrix} \overline{u_{\text{pccd}}^{-}(t)} \\ \overline{u_{\text{pccq}}^{-}(t)} \end{bmatrix} + \begin{bmatrix} u_{\text{diffd}}^{-}(t) \\ u_{\text{diffq}}^{-}(t) \end{bmatrix} + \begin{bmatrix} & -\omega_{\text{pcc}} L_{\text{link}} \\ \omega_{\text{pcc}} L_{\text{link}} & \end{bmatrix} \begin{bmatrix} \overline{i_{\text{vd}}^{-}(t)} \\ \overline{i_{\text{vq}}^{-}(t)} \end{bmatrix}$$

(5-85)

对式（5-84）和式（5-85）分别用拉普拉斯算子"$s$"替换 $\text{d}/\text{d}t$，得到正序基波分量和负序基波分量在 dq 和 $\text{d}^{-1}\text{q}^{-1}$ 坐标系下的时域运算模型为

$$\begin{cases} (R_{\text{link}} + L_{\text{link}} s) \cdot \overline{i_{\text{vd}}^{+}} = -\overline{u_{\text{pccd}}^{+}} + u_{\text{diffd}}^{+} + \omega_{\text{pcc}} L_{\text{link}} \overline{i_{\text{vq}}^{+}} \\ (R_{\text{link}} + L_{\text{link}} s) \cdot \overline{i_{\text{vq}}^{+}} = -\overline{u_{\text{pccq}}^{+}} + u_{\text{diffq}}^{+} - \omega_{\text{pcc}} L_{\text{link}} \overline{i_{\text{vd}}^{+}} \end{cases} \tag{5-86}$$

$$\begin{cases} (R_{link}+L_{link}s) \cdot \overline{i_{vd}^-} = -\overline{u_{pccd}^-}+\overline{u_{diffd}^-}-\omega_{pcc}L_{link}\overline{i_{vq}^-} \\ (R_{link}+L_{link}s) \cdot \overline{i_{vq}^-} = -\overline{u_{pccq}^-}+\overline{u_{diffq}^-}+\omega_{pcc}L_{link}\overline{i_{vd}^-} \end{cases} \quad (5\text{-}87)$$

仿照 5.3.1 节的推导，可以得到实际控制变量指令值 $u_{diffd}^{+*}$、$u_{diffq}^{+*}$ 和 $u_{diffd}^{-*}$、$u_{diffq}^{-*}$ 的表达式为

$$\begin{cases} u_{diffd}^{+*} = \overline{u_{pccd}^+} - \omega_{pcc}L_{link}\overline{i_{vq}^+} + (\overline{i_{vd}^{+*}} - \overline{i_{vd}^+})\left(k_{p1}' + \frac{1}{T_{i1}'s}\right) \\ u_{diffq}^{+*} = \overline{u_{pccq}^+} + \omega_{pcc}L_{link}\overline{i_{vd}^+} + (\overline{i_{vq}^{+*}} - \overline{i_{vq}^+})\left(k_{p2}' + \frac{1}{T_{i2}'s}\right) \end{cases} \quad (5\text{-}88)$$

$$\begin{cases} u_{diffd}^{-*} = \overline{u_{pccd}^-} + \omega_{pcc}L_{link}\overline{i_{vq}^-} + (\overline{i_{vd}^{-*}} - \overline{i_{vd}^-})\left(k_{p1}'' + \frac{1}{T_{i1}''s}\right) \\ u_{diffq}^{-*} = \overline{u_{pccq}^-} - \omega_{pcc}L_{link}\overline{i_{vd}^-} + (\overline{i_{vq}^{-*}} - \overline{i_{vq}^-})\left(k_{p2}'' + \frac{1}{T_{i2}''s}\right) \end{cases} \quad (5\text{-}89)$$

至此，我们可以得到正序分量和负序分量的差模内环电流控制器框图分别如图 5-25a 和 b 所示。

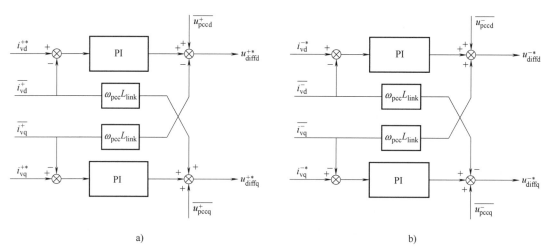

图 5-25 差模正序和负序电流控制器框图

a) 正序分量　b) 负序分量

仿照 5.3.3 节的推导，在求得实际控制变量指令值 $u_{diffd}^{+*}(t)$、$u_{diffq}^{+*}(t)$ 和 $u_{diffd}^{-*}(t)$、$u_{diffq}^{-*}(t)$ 后，首先进行坐标反变换。通过反变换矩阵 $\boldsymbol{T}_{dq\text{-}abc}(\theta_{pcc})$ 将 dq 坐标系中的 $u_{diffd}^{+*}(t)$、$u_{diffq}^{+*}(t)$ 变换回 abc 坐标系中。通过反变换矩阵 $\boldsymbol{T}_{dq\text{-}abc}(-\theta_{pcc})$ 将 $d^{-1}q^{-1}$ 坐标系中的 $u_{diffd}^{-*}(t)$、$u_{diffq}^{-*}(t)$ 变换回 abc 坐标系中。

$$\begin{bmatrix} u_{diffa}^{+*}(t) \\ u_{diffb}^{+*}(t) \\ u_{diffc}^{+*}(t) \end{bmatrix} = \boldsymbol{T}_{dq\text{-}abc}(\theta_{pcc}) \begin{bmatrix} u_{diffd}^{+*}(t) \\ u_{diffq}^{+*}(t) \end{bmatrix} \quad (5\text{-}90)$$

$$\begin{bmatrix} u_{\text{diffa}}^{-*}(t) \\ u_{\text{diffb}}^{-*}(t) \\ u_{\text{diffc}}^{-*}(t) \end{bmatrix} = \boldsymbol{T}_{\text{dq-abc}}(-\theta_{\text{pcc}}) \begin{bmatrix} u_{\text{diffd}}^{-*}(t) \\ u_{\text{diffq}}^{-*}(t) \end{bmatrix} \tag{5-91}$$

从而求出 abc 坐标系下的桥臂差模电压指令值 $u_{\text{diff}j}^{*}$ 为

$$\begin{bmatrix} u_{\text{diffa}}^{*}(t) \\ u_{\text{diffb}}^{*}(t) \\ u_{\text{diffc}}^{*}(t) \end{bmatrix} = \begin{bmatrix} u_{\text{diffa}}^{+*}(t) \\ u_{\text{diffb}}^{+*}(t) \\ u_{\text{diffc}}^{+*}(t) \end{bmatrix} + \begin{bmatrix} u_{\text{diffa}}^{-*}(t) \\ u_{\text{diffb}}^{-*}(t) \\ u_{\text{diffc}}^{-*}(t) \end{bmatrix} \tag{5-92}$$

后面计算三相桥臂电压指令值 $u_{\text{p}j}^{*}$、$u_{\text{n}j}^{*}$ 的过程已在 5.3.3 节讲述过，不再重复。

前面已讲述过，交流电网不对称故障时 MMC 控制器的控制目标是抑制阀侧负序电流，避免功率器件电流超限。因此，差模内环电流控制器的输入指令中，负序电流指令值 $i_{\text{vd}}^{-*}$ 和 $i_{\text{vq}}^{-*}$ 直接取零，以消除阀侧负序电流。而正序电流指令值 $i_{\text{vd}}^{+*}$ 和 $i_{\text{vq}}^{+*}$ 则按照 5.3.5 节的方法确定，其中有功功率和无功功率只根据正序分量计算，即

$$\begin{bmatrix} p_{\text{pcc}} \\ q_{\text{pcc}} \end{bmatrix} = \frac{3}{2} \begin{bmatrix} \overline{u_{\text{pccd}}^{+}} & \overline{u_{\text{pccq}}^{+}} \\ \overline{u_{\text{pccq}}^{+}} & -\overline{u_{\text{pccd}}^{+}} \end{bmatrix} \begin{bmatrix} \overline{i_{\text{vd}}^{+}} \\ \overline{i_{\text{vq}}^{+}} \end{bmatrix} \tag{5-93}$$

至此，我们可以得到 MMC 在交流电网电压不平衡和畸变条件下的双模双环双序控制器模型框图如图 5-26 所示。

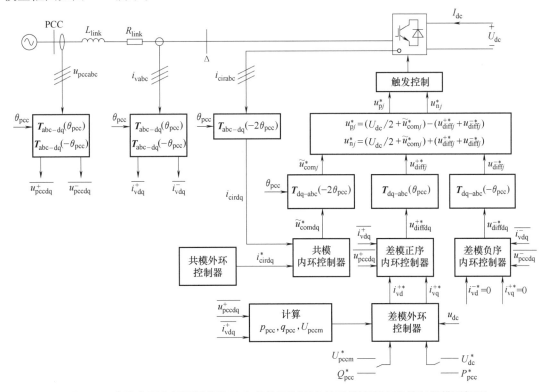

图 5-26 交流电网电压不平衡和畸变条件下 MMC 的双模双环双序控制器模型框图

## 5.5.3 仿真验证

在 PSCAD/EMTDC 仿真软件中搭建双端 MMC-HVDC 测试系统,测试系统结构图如图 5-16 所示。系统参数见表 5-1。两侧换流器都采用基于 PLL 的双模双环双序控制器。MMC1 为整流器,采用 PLL/$U_{dc}$-$Q_{pcc}$ 控制模式;其差模外环控制器采用定直流电压控制和定无功功率控制,且直流电压指令值设为 400kV,无功功率指令值设为 0;其共模外环控制器采用环流抑制控制,2 次谐波环流指令值设定为 0。MMC2 为逆变器,采用 PLL/$P_{pcc}$-$Q_{pcc}$ 控制模式;其差模外环控制器采用定有功功率控制和定无功功率控制,有功功率指令值为 200MW,无功功率指令值为 100Mvar;其共模外环控制器采用环流抑制控制,2 次谐波环流指令值设定为 0。设 1.0s 时逆变侧交流电网发生 a 相接地短路故障,持续 0.1s 后将故障清除。

图 5-27 给出了逆变侧电压量的变化波形。其中,图 a 是 PCC 电压 $u_{pcca}$、$u_{pccb}$、$u_{pccc}$ 的

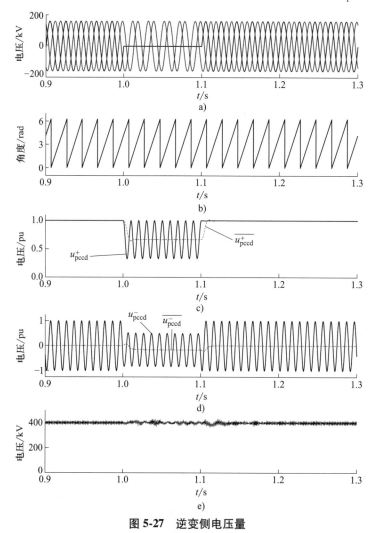

图 5-27 逆变侧电压量

a) 网侧交流电压 $u_{pcca}$、$u_{pccb}$、$u_{pccc}$ b) 锁相环输出的同步相位角 $\theta_{pcc}$ c) dq 坐标系下 d 轴方向的 $u_{pccd}^+$ 和 $\overline{u_{pccd}^+}$ d) $d^{-1}q^{-1}$ 坐标系下 d 轴方向的 $u_{pccd}^-$ 和 $\overline{u_{pccd}^-}$ e) 直流侧电压 $U_{dc}$

波形图，图 b 是锁相环输出的 PCC 电压同步相位角 $\theta_{\text{pcc}}$ 的波形图，图 c 是 dq 坐标系下的 PCC 电压在 d 轴方向的全量 $u_{\text{pccd}}^+$ 和直流分量 $\overline{u_{\text{pccd}}^+}$ 的波形图，图 d 是 $d^{-1}q^{-1}$ 坐标系下的 PCC 电压在 d 轴方向的全量 $u_{\text{pccd}}^-$ 和直流分量 $\overline{u_{\text{pccd}}^-}$ 的波形图，图 e 是直流侧电压 $U_{\text{dc}}$ 的波形图。

图 5-28 给出了逆变侧电流量的变化波形。其中，图 a 是阀侧交流电流 $i_{\text{va}}$、$i_{\text{vb}}$、$i_{\text{vc}}$ 的波形图，图 b 是 $i_{\text{vd}}^{+*}$、$i_{\text{vd}}^+$、$\overline{i_{\text{vd}}^+}$ 的波形图，图 c 是 $i_{\text{vq}}^{+*}$、$i_{\text{vq}}^+$、$\overline{i_{\text{vq}}^+}$ 的波形图，图 d 是 $i_{\text{vd}}^-$、$\overline{i_{\text{vd}}^-}$ 的波形图，图 e 是 $i_{\text{vq}}^-$、$\overline{i_{\text{vq}}^-}$ 的波形图，图 f 是 $i_{\text{cird}}$、$i_{\text{cirq}}$ 的波形图。

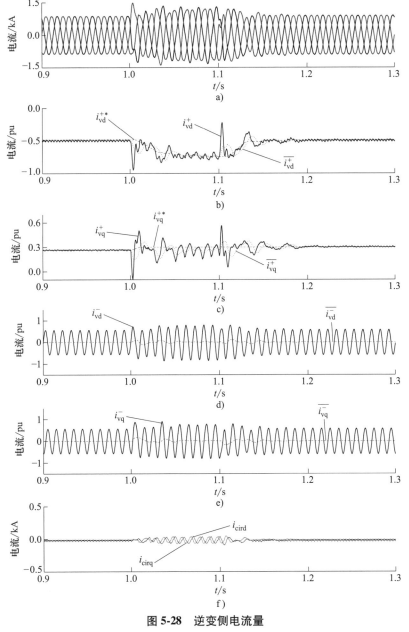

图 5-28 逆变侧电流量

a) 阀侧交流电流 $i_{\text{va}}$、$i_{\text{vb}}$、$i_{\text{vc}}$   b) $i_{\text{vd}}^{+*}$、$i_{\text{vd}}^+$、$\overline{i_{\text{vd}}^+}$   c) $i_{\text{vq}}^{+*}$、$i_{\text{vq}}^+$、$\overline{i_{\text{vq}}^+}$   d) $i_{\text{vd}}^-$、$\overline{i_{\text{vd}}^-}$   e) $i_{\text{vq}}^-$、$\overline{i_{\text{vq}}^-}$   f) $i_{\text{cird}}$、$i_{\text{cirq}}$

图 5-29 给出了逆变侧功率和桥臂差模电压与共模电压的变化波形。其中，图 a 是网侧功率 $p_{pcc}^+$、$q_{pcc}^+$ 的波形图，图 b 是桥臂差模电压正序分量 $u_{diffd}^{+*}$、$u_{diffq}^{+*}$ 的波形图，图 c 是桥臂差模电压负序分量 $u_{diffd}^{-*}$、$u_{diffq}^{-*}$ 的波形图，图 d 是桥臂共模电压 $\tilde{u}_{comd}^*$、$\tilde{u}_{comq}^*$ 的波形图。

从图 5-27a 可以看出，$t=1s$ 时，单相故障发生，a 相电压跌落到零；$t=1.1s$ 时，故障清除，a 相电压恢复。从图 5-27b 可以看出，基于 DDSRF 原理的锁相环具有优越的性能，交流系统发生故障后，其跟踪同步相位的能力几乎不受影响，故障期间 $\theta_{pcc}$ 的波形图与故障前几乎没有差别。从图 5-27c 可以看出，发生单相故障后，因 $u_{pcca}$、$u_{pccb}$、$u_{pccc}$ 中存在较大负序分量，而对应的正序分量幅值下降；因此，在 dq 坐标系中的 $u_{pccd}^+$ 就包含与负序分量对应的 2 倍频分量，而与正序分量对应的 $\overline{u_{pccd}^+}$ 的值则下降；故障清除后，$u_{pcca}$、$u_{pccb}$、$u_{pccc}$ 中的负序分量消失，因此 $u_{pccd}^+$ 和 $\overline{u_{pccd}^+}$ 的波形保持一致。从图 5-27d 可以看出，故障前，因 $u_{pcca}$、$u_{pccb}$、$u_{pccc}$ 中没有负序分量，因此，在 $d^{-1}q^{-1}$ 坐标系中与负序分量对应的 $\overline{u_{pccd}^-}$ 为零，而 $u_{pccd}^-$ 中只存在与正序分量对应的 2 倍频分量。故障期间，出现负序分量，同时正序分量下降，因此，$\overline{u_{pccd}^-}$ 不再为零，而 $u_{pccd}^-$ 中与正序分量对应的 2 倍频分量幅值下降。故障清除后，$u_{pcca}$、$u_{pccb}$、$u_{pccc}$ 中的负序分量消失，因此 $\overline{u_{pccd}^-}$ 保持为零，$u_{pccd}^-$ 只包含 2 倍频分量。从图 5-27e 可以看出，故障期间直流电压 $U_{dc}$ 的波动情况与非故障期间类似，说明交流

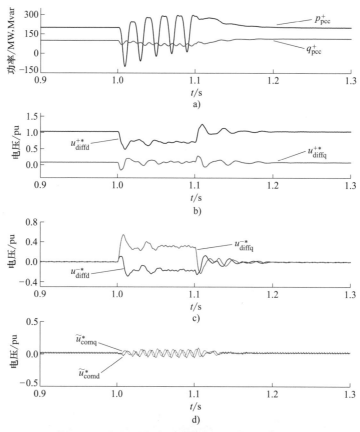

图 5-29 逆变侧功率和桥臂差模电压与共模电压

a）网侧功率 $p_{pcc}^+$、$q_{pcc}^+$  b）桥臂差模电压 $u_{diffd}^{+*}$、$u_{diffq}^{+*}$  c）桥臂差模电压 $u_{diffd}^{-*}$、$u_{diffq}^{-*}$  d）桥臂共模电压 $\tilde{u}_{comd}^*$、$\tilde{u}_{comq}^*$

系统故障对直流侧电压的影响不明显。

从图 5-28a 可以看出，交流侧故障会导致阀侧交流电流 $i_{va}$、$i_{vb}$、$i_{vc}$ 上升，但上升幅度不大，在 1.5 倍之内。从图 5-28b 和 c 可以看出，故障前，与 200MW 有功功率相对应的 $i_{vd}^+$ 为 0.5pu，与 100Mvar 无功功率相对应的 $i_{vq}^+$ 为 0.25pu。故障期间，$i_{vd}^+$ 的指令值 $i_{vd}^{+*}$ 是下降的，而 $\overline{i}_{vd}^+$ 基本上能够跟踪 $i_{vd}^{+*}$，在其上下小幅波动；$i_{vq}^+$ 的指令值 $i_{vq}^{+*}$ 基本保持不变，而 $\overline{i}_{vq}^+$ 也基本上能够跟踪 $i_{vq}^{+*}$，在其上下小幅波动。故障清除后大约 100ms，$i_{vd}^+$、$i_{vq}^+$ 恢复到故障前的值。从图 5-28d 和 e 可以看出，故障前，$i_{va}$、$i_{vb}$、$i_{vc}$ 中无负序分量，因此 $i_{vd}^-$ 和 $i_{vq}^-$ 只包含与正序分量对应的 2 倍频分量，$\overline{i}_{vd}^-$ 和 $\overline{i}_{vq}^-$ 为零。故障期间，由于 $i_{va}$、$i_{vb}$、$i_{vc}$ 中的正序分量有所上升，因此，$i_{vd}^-$ 和 $i_{vq}^-$ 中与正序分量对应的 2 倍频分量幅值有所上升；但由于控制器的控制目标是抑制负序电流，因此，$i_{va}$、$i_{vb}$、$i_{vc}$ 中的负序电流基本上被抑制住，$\overline{i}_{vd}^-$ 和 $\overline{i}_{vq}^-$ 在故障期间大致为零。故障后 50ms，$i_{vd}^-$ 和 $i_{vq}^-$ 恢复到故障前的状态。从图 5-28f 可以看出，由于控制器采用了抑制环流为零的控制目标，因此正常运行时，$i_{cird}$ 和 $i_{cirq}$ 近似为零。故障期间，环流不能被完全抑制，$i_{cird}$ 和 $i_{cirq}$ 中出现工频分量，但幅值不大。故障后 50ms 内，$i_{cird}$ 和 $i_{cirq}$ 恢复到故障前的状态。

从图 5-29a 可以看出，故障前，$p_{pcc} = 200$MW，$q_{pcc} = 100$Mvar。故障期间，$p_{pcc}^+$ 波动比较剧烈，$q_{pcc}^+$ 波动较小。故障后 100ms，$p_{pcc}^+$、$q_{pcc}^+$ 恢复到故障前水平。从图 5-29b 可以看出，故障前，$u_{diffd}^{+*}$ 在 1.0pu 左右，$u_{diffq}^{+*}$ 近似为零。故障期间，$u_{diffd}^{+*}$ 有所下降，$u_{diffq}^{+*}$ 在零上下波动。故障后 100ms，$u_{diffd}^{+*}$、$u_{diffq}^{+*}$ 恢复到故障前水平。从图 5-29c 可以看出，故障前，由于阀侧交流电流中无负序分量需要抑制，因此 $u_{diffd}^{-*}$、$u_{diffq}^{-*}$ 为零。故障期间，为了抑制阀侧交流电流中的负序分量，MMC 产生出负序反电动势，因此 $u_{diffd}^{-*}$、$u_{diffq}^{-*}$ 有一定的数值。故障后 100ms，$u_{diffd}^{-*}$、$u_{diffq}^{-*}$ 恢复到零。从图 5-29d 可以看出，故障前，环流控制器的输出 $\tilde{u}_{comd}^*$、$\tilde{u}_{comq}^*$ 很小，接近于零。故障期间，$\tilde{u}_{comd}^*$、$\tilde{u}_{comq}^*$ 有工频分量输出，但幅值较小。故障后 50ms，$\tilde{u}_{comd}^*$、$\tilde{u}_{comq}^*$ 恢复到故障前水平。

## 5.6 交流电网平衡时基于 PSL 的 MMC 控制器设计

根据图 5-2 对 VSC 控制器的分类，采用功率同步控制后，主要实现 2 种控制模式，分别为 PSL/$P_{pcc}$-$U_{pccm}$ 和 PSL/$P_{pcc}$-$Q_{pcc}$。而定有功功率控制已经在 PSL 中实现，这样，对基于 PSL 的 MMC 控制器设计，其核心问题是如何实现定无功功率类控制。无功功率类控制包括定 PCC 电压 $U_{pccm}$ 控制和定无功功率 $Q_{pcc}$ 控制。

### 5.6.1 基于 PSL 的定 PCC 电压幅值控制器设计

采用双环控制来实现定 PCC 电压幅值控制。设定外环控制器的控制目标为 $u_{pccm} = u_{pccm}^*$ 和 $u_{pccq} = 0$，输出变量为阀侧电流指令值 $i_{vd}^*$ 和 $i_{vq}^*$。内环控制器的输入变量为 $i_{vd}^*$ 和 $i_{vq}^*$，输出变量为 $u_{diffd}^*$ 和 $u_{diffq}^*$。内环电流控制器的结构如图 5-9a 所示，这里不再重复。

下面考察外环控制器的设计问题。外环控制器有 2 个控制目标和 2 个输出变量。通常采用解耦控制来实现控制器的设计，即 1 个控制目标独立决定 1 个输出变量。这样，外环控制器的 2 个控制目标与 2 个输出变量之间如何配对就是一个需要考虑的问题。显然，2 个控制目标与 2 个输出变量之间存在 2 种配对方案。方案 1：$u_{\text{pccm}} = u_{\text{pccm}}^* \to i_{\text{vd}}^*$ 和 $u_{\text{pccq}} = 0 \to i_{\text{vq}}^*$ 各构成一个控制回路；方案 2：$u_{\text{pccm}} = u_{\text{pccm}}^* \to i_{\text{vq}}^*$ 和 $u_{\text{pccq}} = 0 \to i_{\text{vd}}^*$ 各构成一个控制回路。

本书采用方案 1 进行配对，通过控制阀侧电流指令值 $i_{\text{vd}}^*$ 使 $u_{\text{pccm}} = u_{\text{pccm}}^*$，而通过控制阀侧电流指令值 $i_{\text{vq}}^*$ 使 $u_{\text{pccq}} = 0$。另外，在外环控制器的设计时还要考虑不能让 MMC 过载，即需要对 $i_{\text{vd}}^*$ 和 $i_{\text{vq}}^*$ 进行限幅。

综合考虑上述因素后，可以得到 MMC 的外环控制器结构如图 5-30a 和 b 所示。其中 $i_{\text{vdmax}}$ 和 $i_{\text{vqmax}}$ 的计算式与式（5-42）和式（5-43）相同。

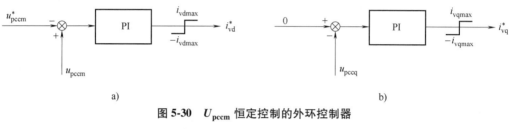

图 5-30 $U_{\text{pccm}}$ 恒定控制的外环控制器

a） $u_{\text{pccm}} = u_{\text{pccm}}^* \to i_{\text{vd}}^*$ 控制回路 b） $u_{\text{pccq}} = 0 \to i_{\text{vq}}^*$ 控制回路

## 5.6.2 基于 PSL 的定无功功率控制器设计

定无功功率控制器通过调节 PCC 的电压幅值 $U_{\text{pccm}}$ 来实现。即首先根据无功功率-电压控制环确定 $U_{\text{pccm}}^*$，然后根据 5.6.1 节已经介绍过的定 $U_{\text{pccm}}$ 控制器设计方法设计对应的控制器。为了消除无功功率的静态偏差以及更好地适用于弱交流系统，无功功率-电压控制环的控制方程可以写成

$$U_{\text{pccm}}^* = U_{\text{pccm0}}^* + \left(K_{\text{p}} + \frac{1}{T_{\text{i}} s}\right)(Q_{\text{pcc}}^* - Q_{\text{pcc}}) \tag{5-94}$$

式中，$U_{\text{pccm}}^*$ 为 PCC 电压幅值指令值，$U_{\text{pccm0}}^*$ 为输出无功功率为零时的空载电压，$Q_{\text{pcc}}^*$ 为无功功率指令值，$Q_{\text{pcc}}$ 为实际输出的无功功率，$K_{\text{p}}$ 和 $T_{\text{i}}$ 为 PI 控制器参数。至此，我们可以得到定无功功率外环控制器框图如图 5-31 所示。

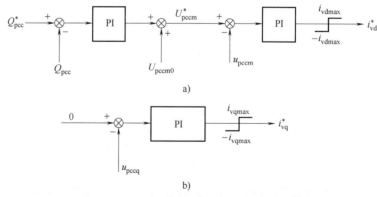

图 5-31 基于 PSL 的定无功功率外环控制器框图

a） $Q_{\text{pcc}} = Q_{\text{pcc}}^* \to i_{\text{vd}}^*$ 控制回路 b） $u_{\text{pccq}} = 0 \to i_{\text{vq}}^*$ 控制回路

## 5.6.3 仿真验证

在 PSCAD/EMTDC 仿真软件中搭建双端 MMC-HVDC 测试系统,测试系统结构如图 5-16 所示,测试系统参数见表 5-1。MMC1 为整流器,采用 PLL/$U_{dc}$-$Q_{pcc}$ 控制模式;其差模外环控制器采用定直流电压控制和定无功功率控制,且直流电压指令值设为 400kV,无功功率指令值设为 0;其共模外环控制器采用环流抑制控制,2 次谐波环流指令值设定为 0。MMC2 为逆变器,采用 PSL/$P_{pcc}$-$Q_{pcc}$ 控制模式;其差模外环控制器采用定有功功率控制和定无功功率控制,且初始有功功率为 200MW,初始无功功率为 100Mvar,1.0s 时有功功率指令值由 200MW 更改为 300MW,1.2s 时无功功率指令值由 100Mvar 更改为 0Mvar;其共模外环控制器采用环流抑制控制,2 次谐波环流指令值设定为 0。

图 5-32 给出了逆变侧相关变量的变化波形,其中图 a 是交流有功功率 $P_{pcc}$ 和无功功率 $Q_{pcc}$ 的波形图,图 b 是 PSL 输出角度 $\theta_{pcc}$ 变化波形图,图 c 是图 5-31a 控制器输出的 PCC 电压幅值指令值 $U^*_{pccm}$ 和实际 $U_{pccm}$ 的波形图。

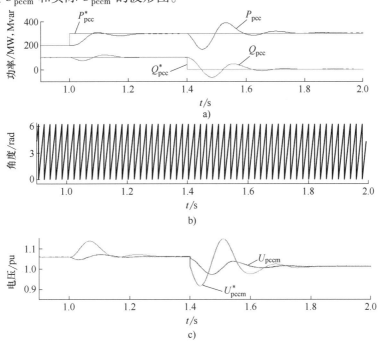

图 5-32 逆变侧主回路主要电气量
a) 交流有功功率和无功功率 b) PSL 输出角度 c) PCC 电压幅值的指令值与实际值

## 5.7 基于 PLL 与基于 PSL 的控制器性能比较

本节基于交流故障后受端系统的响应特性,对基于 PLL 与基于 PSL 的控制器性能进行比较。在时域仿真软件 PSCAD/EMTDC 中搭建如图 5-33 所示的测试系统模型,改变测试系统中发电机的容量可以模拟发电机与换流站同时向集总负荷供电的不同场景。测试系统主要参数见表 5-3~表 5-5。

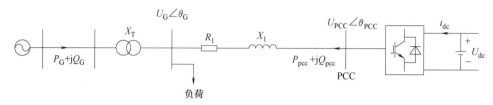

图 5-33 测试系统模型

表 5-3 MMC 换流站的主回路参数[1]

| 参数 | 数值 |
| --- | --- |
| 联接变压器漏抗 $X_T$ | 0.1pu |
| 桥臂电抗 $X_{L0}$ | 0.2pu |
| 直流侧极对地电压 $U_{dc}/2$ | 200kV |
| v 点额定视在功率 $S_{vN}$ | 400MVA |
| 联接变压器额定电压比 | 220kV/194kV |
| 子模块数 $N$ | 100 |
| 子模块电容额定电压 $U_{CN}$ | 4kV |

[1] 功率基准值采用 400MVA。

表 5-4 发电机和升压变压器的主要参数[1]

| 参数 | 数值 |
| --- | --- |
| 发电机 | |
| d 轴暂态时间常数 $T'_{d0}$ | 8s |
| d 轴次暂态时间常数 $T''_{d0}$ | 0.039s |
| q 轴次暂态时间常数 $T''_{q0}$ | 0.071s |
| d 轴电抗 $x_d$ | 1.6pu |
| q 轴电抗 $x_q$ | 1.6pu |
| d 轴暂态电抗 $x'_d$ | 0.314pu |
| d 轴次暂态电抗 $x''_d$ | 0.28pu |
| q 轴次暂态电抗 $x''_q$ | 0.314pu |
| 升压变压器 | |
| 额定电压比 | 13.8kV/220kV |
| 漏抗 | 0.14pu |
| 励磁模型 ST1A | |
| 励磁系统放大系数 $K_A$ | 200pu |
| 励磁系统时间常数 $T_A$ | 0s |
| 励磁电压上限 $V_{Rmax}$ | 6pu |
| 励磁电压下限 $V_{Rmin}$ | -6pu |
| $K_C$ | 0.038pu |
| $K_{LR}$ | 4.54 |
| $I_{LR}$ | 4.4 |

[1] 功率基准值采用升压变压器容量。

表 5-5 测试系统其他参数[1]

| 参数 | 数值 |
| --- | --- |
| 负载阻抗 $r_L+jx_L$ | (0.903+j0.297)pu |
| 交流线路阻抗 $R_1+jX_1$ | 0.25pu |
| 线路电阻电抗比 $R_1/X_1$ | 0.125 |

[1] 功率基准值采用 400MVA。

MMC 的直流侧用恒定直流电压源表示。MMC 采用 2 种控制模式。第 1 种为 PLL/$P_{pcc}$-$Q_{pcc}$ 控制模式；其差模外环控制器采用定有功功率控制和定无功功率控制，有功功率占集总负荷的比例分别设置为 0.1、0.3、0.4 和 0.9 四种场景，无功功率按 PCC 电压达到 1.0pu 左右设定；其共模外环控制器采用环流抑制控制，2 次谐波环流指令值设定为 0。第 2 种为 PSL/$P_{pcc}$-$Q_{pcc}$ 控制模式；其差模外环控制器采用定无功功率控制，有功功率占集总负荷的比例分别设置为 0.1、0.3、0.4 和 0.9 四种场景，无功功率按 PCC 电压达到 1.0pu 左右设定；其共模外环控制器采用环流抑制控制，2 次谐波环流指令值设定为 0。对应所设定的四种有功功率输出场景，不管是 PSL/$P_{pcc}$-$Q_{pcc}$ 控制模式还是 PLL/$P_{pcc}$-$Q_{pcc}$ 控制模式，所有控制器的结构和参数均保持不变。

对应 MMC 的有功功率占集总负荷的比例分别为 0.1、0.3、0.4 和 0.9 四种场景，发电机容量分别按 400MVA、310MVA、270MVA 和 45MVA 设置。发电机励磁系统按照机端电压恒定控制，机端电压设定值为 1.0pu。

负荷采用恒阻抗模型，功率因数为 0.95，额定电压下负荷有功功率为 400MW。

对应于 MMC 的有功功率供电比例为 0.1、0.3、0.4、0.9 以及对应的发电机容量配置，当发电机等效电抗采用次暂态电抗时，可以计算得到 MMC 交流母线 PCC 的短路比在上述 4 种场景下分别为 1.50、1.26、1.15 和 0.25。

考察系统在负荷母线发生三相短路故障时的响应特性。假设故障发生在 0.1s，故障持续时间为 0.1s。4 种场景下测试系统主要物理量的变化特性如图 5-34～图 5-40 所示。

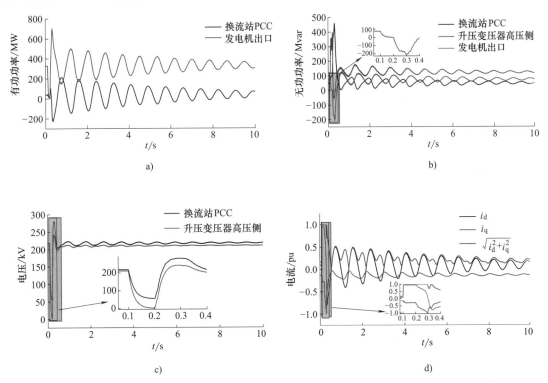

图 5-34 短路比为 1.50 场景下 PSL/$P_{pcc}$-$Q_{pcc}$ 控制模式的响应特性
a) MMC 和发电机的有功功率 b) MMC 和发电机的无功功率 c) PCC 和负荷的电压 d) MMC 交流电流

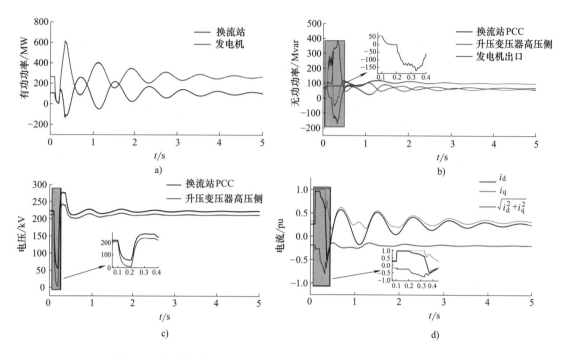

**图 5-35 短路比为 1.26 场景下 PSL/$P_{pcc}$-$Q_{pcc}$ 控制模式的响应特性**

a) MMC 和发电机的有功功率   b) MMC 和发电机的无功功率   c) PCC 和负荷的电压   d) MMC 交流电流

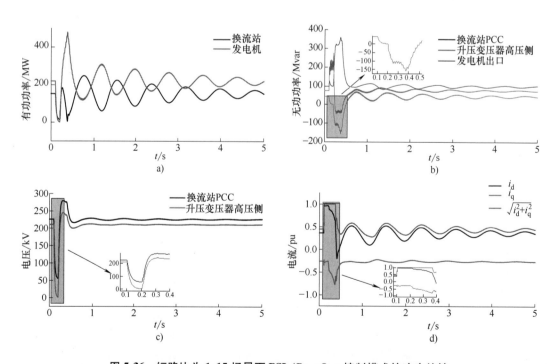

**图 5-36 短路比为 1.15 场景下 PSL/$P_{pcc}$-$Q_{pcc}$ 控制模式的响应特性**

a) MMC 和发电机的有功功率   b) MMC 和发电机的无功功率   c) PCC 和负荷的电压   d) MMC 交流电流

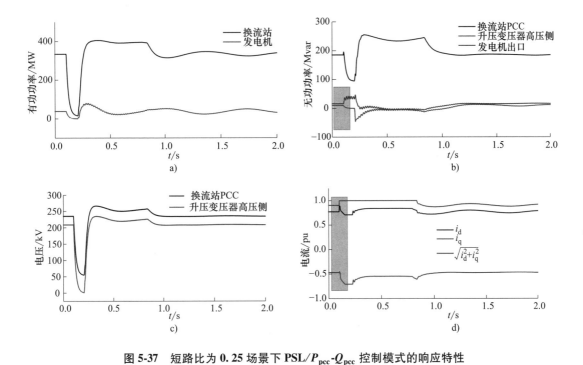

图 5-37 短路比为 0.25 场景下 PSL/$P_{pcc}$-$Q_{pcc}$ 控制模式的响应特性

a) MMC 和发电机的有功功率  b) MMC 和发电机的无功功率  c) PCC 和负荷的电压  d) MMC 交流电流

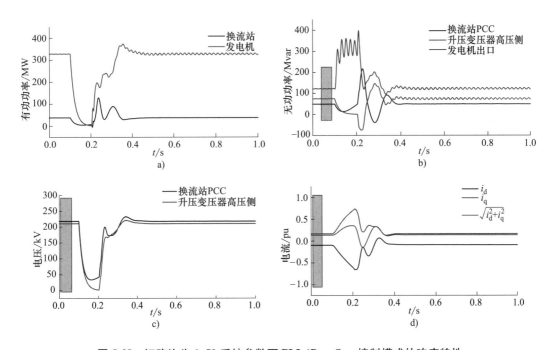

图 5-38 短路比为 1.50 系统参数下 PLL/$P_{pcc}$-$Q_{pcc}$ 控制模式的响应特性

a) MMC 和发电机的有功功率  b) MMC 和发电机的无功功率  c) PCC 和负荷的电压  d) MMC 交流电流

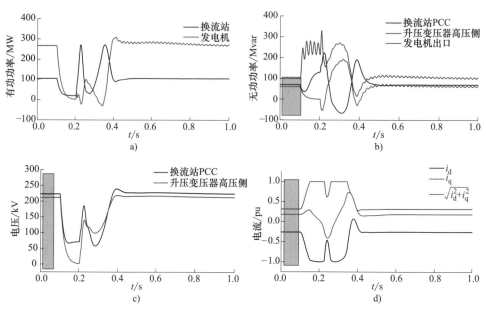

图 5-39 短路比为 1.26 系统参数下 PLL/$P_{pcc}$-$Q_{pcc}$ 控制模式的响应特性

a) MMC 和发电机的有功功率　b) MMC 和发电机的无功功率　c) PCC 和负荷的电压　d) MMC 交流电流

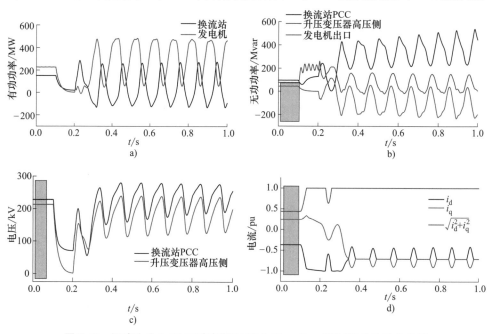

图 5-40 短路比为 1.15 系统参数下 PLL/$P_{pcc}$-$Q_{pcc}$ 控制模式的响应特性

a) MMC 和发电机的有功功率　b) MMC 和发电机的无功功率　c) PCC 和负荷的电压　d) MMC 交流电流

观察图 5-34～图 5-40 的仿真结果可以发现，当换流站供电比例小于或等于 0.3（短路比 1.26）时，采用 PLL/$P_{pcc}$-$Q_{pcc}$ 控制的换流站可以穿越交流侧的三相短路故障。当换流站供电比例大于或等于 0.4（短路比 1.15）时，采用 PLL/$P_{pcc}$-$Q_{pcc}$ 控制的换流站已经不能穿越交流侧的三相短路故障。换言之，在短路比小于或等于 1.15 的情况下，采用 PLL/$P_{pcc}$-$Q_{pcc}$

控制的换流站在三相短路故障下会发生失稳现象。

为了查找 PLL/$P_{pcc}$-$Q_{pcc}$ 控制模式在短路比小于或等于 1.15 时不能穿越交流侧三相短路故障的原因,图 5-41 给出了换流站供电比例为 0.4 的情况下 PSL 和 PLL 在故障清除后 1.1~1.3s 期间输出电角度的仿真波形。

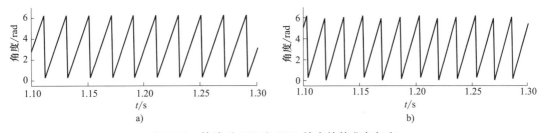

图 5-41 故障后 PSL 和 PLL 输出的基准电角度

a) PSL 输出的 $\theta_{pcc}$  b) PLL 输出的 $\theta_{pcc}$

由于 PSL/PLL 输出的基准电角度是后续 dq 变换的基础,因此 PSL/PLL 的正常运行是保证换流站稳定运行的关键因素。从图 5-41 的仿真结果中可以发现,PLL 在故障清除后输出参考电角度的频率已经接近 60Hz,不能跟踪电网的实际频率,因此采用 PLL/$P_{pcc}$-$Q_{pcc}$ 控制的换流站不能稳定运行。而 PSL 在故障清除后输出的基准电角度对应的频率能保持在 50Hz 附近,是保证故障清除后换流站稳定运行的重要因素。

另外一方面,如果换流站采用 PSL 控制,当交流系统短路比相对较大时,系统阻尼非常小,故障之后交直流系统需要经过很长时间才能过渡到稳定运行状态;当交流系统短路比相对较小时,系统阻尼才会较大;这个结果在式(4-74)中已经给出解释,短路比越大,PSL 的阻尼系数应该跟着变大,否则系统响应的阻尼就会变差。如果换流站采用 PLL/$P_{pcc}$-$Q_{pcc}$ 控制,系统阻尼一直都比较大,故障之后交直流系统能够很快地恢复到稳定运行状态;此外,故障恢复过程中电压和功率的波动幅度也比较小。

## 5.8 PLL 失锁因素分析及性能提升方法

### 5.8.1 PLL 失锁因素分析

上节的仿真结果表明,在短路比等于 1.15 场景下,PLL/$P_{pcc}$-$Q_{pcc}$ 控制模式已经不能稳定运行,其根本原因是 PLL 失锁。下面基于一个简化系统模型,分析 PLL 失锁的因素。

图 5-42 是研究 PLL 失锁的一个简化系统模型,图中各相关变量为正序基频相量;且

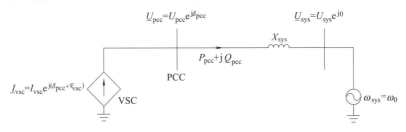

图 5-42 基于 PLL 控制的单个 VSC 的等效模型

VSC 所接入的交流系统用恒定频率系统表示，并将交流系统的等效电势设定为整个系统的相位基准；为简化分析，设交流系统等效阻抗为纯电抗。

在设定交流系统等效电势为整个系统相位基准的条件下，设定 VSC 交流母线 PCC 的电压相角为 $\delta_{\text{pcc}}$，电压频率为 $\omega_{\text{pcc}}$，则 $\delta_{\text{pcc}}$ 和 $\omega_{\text{pcc}}$ 满足如下关系：

$$\delta_{\text{pcc}} = \int (\omega_{\text{pcc}} - \omega_{\text{sys}}) dt = \int (\omega_{\text{pcc}} - \omega_0) dt = \int \omega_{\text{pcc}} dt - \omega_0 t = \theta_{\text{pcc}} - \theta_0 \qquad (5\text{-}95)$$

式中，$\theta_{\text{pcc}}$ 的意义参见图 4-2。

当 VSC 采用双模双环控制器结构时，其差模内环电流控制器的响应时间在数 ms 到数十 ms 数量级，相比于差模外环控制器的响应时间至少快 1 个数量级，因此从外部看 VSC，VSC 的外特性就是一个电流源。

设 VSC 的功率因数角为 $\varphi_{\text{vsc}}$，则模拟 VSC 的电流源可以表达为

$$\underline{I}_{\text{vsc}} = I_{\text{vsc}} e^{j(\delta_{\text{pcc}} + \varphi_{\text{vsc}})} \qquad (5\text{-}96)$$

图 5-42 所示的简单系统中，暂态下两个独立电源的角频率是不同的，系统等效电势的角频率是额定角频率 $\omega_0$，模拟 VSC 的电流源 $I_{\text{vsc}}$ 的角频率是 $\omega_{\text{pcc}}$。因此，必须通过叠加原理才能计算 PCC 的电压，并且在暂态过程中两个独立电源所对应的相量的旋转角频率也是不同的。这样，通过叠加原理计算可以得到

$$\begin{aligned}\underline{U}_{\text{pcc}} &= U_{\text{sys}} e^{j0} + [I_{\text{vsc}} e^{j(\delta_{\text{pcc}} + \varphi_{\text{vsc}})}] \cdot jX_{\text{sys}} = U_{\text{sys}} + jX_{\text{sys}} I_{\text{vsc}} e^{j(\delta_{\text{pcc}} + \varphi_{\text{vsc}})} \\ &= [U_{\text{sys}} - I_{\text{vsc}} X_{\text{sys}} \sin(\delta_{\text{pcc}} + \varphi_{\text{vsc}})] + j I_{\text{vsc}} X_{\text{sys}} \cos(\delta_{\text{pcc}} + \varphi_{\text{vsc}}) \end{aligned} \qquad (5\text{-}97)$$

假设 PLL 锁相成功，且系统存在稳定的运行点，则稳态下 $\omega_{\text{pcc}} = \omega_0$ 且 $\delta_{\text{pcc}}$ 为一个定值，两个独立电源 $\underline{I}_{\text{vsc}}$ 与交流等效电势 $\underline{U}_{\text{sys}}$ 趋于同频率。此时，两个独立电源所合成的电压 $\underline{U}_{\text{pcc}}$ 可以理解为是一个按额定角频率 $\omega_0$ 旋转的相量。令式（5-97）等号两端的虚部相等，有

$$U_{\text{pcc}} \sin\delta_{\text{pcc}} = I_{\text{vsc}} X_{\text{sys}} \cos(\delta_{\text{pcc}} + \varphi_{\text{vsc}}) = I_{\text{vsc}} X_{\text{sys}} [\cos\delta_{\text{pcc}} \cos\varphi_{\text{vsc}} - \sin\delta_{\text{pcc}} \sin\varphi_{\text{vsc}}] \qquad (5\text{-}98)$$

在式（5-98）等号两端乘 $U_{\text{pcc}}$，得到

$$\begin{aligned}U_{\text{pcc}}^2 \sin\delta_{\text{pcc}} &= U_{\text{pcc}} I_{\text{vsc}} X_{\text{sys}} [\cos\delta_{\text{pcc}} \cos\varphi_{\text{vsc}} - \sin\delta_{\text{pcc}} \sin\varphi_{\text{vsc}}] \\ &= X_{\text{sys}} [(U_{\text{pcc}} I_{\text{vsc}} \cos\varphi_{\text{vsc}}) \cos\delta_{\text{pcc}} + (-U_{\text{pcc}} I_{\text{vsc}} \sin\varphi_{\text{vsc}}) \sin\delta_{\text{pcc}}] \\ &= X_{\text{sys}} [P_{\text{pcc}} \cos\delta_{\text{pcc}} + Q_{\text{pcc}} \sin\delta_{\text{pcc}}] \end{aligned} \qquad (5\text{-}99)$$

而另一方面，

$$P_{\text{pcc}} = \frac{U_{\text{pcc}} U_{\text{sys}}}{X_{\text{sys}}} \sin\delta_{\text{pcc}} \qquad (5\text{-}100)$$

将式（5-100）代入到式（5-99）中得到

$$U_{\text{pcc}} U_{\text{sys}} \cos\delta_{\text{pcc}} + X_{\text{sys}} Q_{\text{pcc}} = U_{\text{pcc}}^2 \qquad (5\text{-}101)$$

因此有

$$\cos\delta_{\text{pcc}} = \frac{U_{\text{pcc}}^2 - Q_{\text{pcc}} X_{\text{sys}}}{U_{\text{pcc}} U_{\text{sys}}} = \frac{U_{\text{pcc,pu}}^2 - Q_{\text{pcc,pu}} / \rho_{\text{pcc}}}{U_{\text{pcc,pu}} U_{\text{sys,pu}}} \qquad (5\text{-}102)$$

式中，下标带"pu"的量表示以 VSC 额定容量和额定电压为基准的标幺值，而 $\rho_{\text{pcc}}$ 为 PCC 的短路比，其与 $X_{\text{sys,pu}}$ 之间呈倒数关系。

若 PLL 锁相成功，且系统存在稳定的运行点，则 $\delta_{\text{pcc}}$ 为一个定值。这意味着式（5-102）的解是存在的，因而下式必须得到满足

$$\left|\frac{U_{\text{pcc,pu}}^2 - Q_{\text{pcc,pu}}/\rho_{\text{pcc}}}{U_{\text{pcc,pu}} U_{\text{sys,pu}}}\right| \leq 1 \tag{5-103}$$

式(5-103)就是PLL锁相成功的必要条件,若式(5-103)不能满足,PLL就必然失锁。

## 5.8.2 克服锁相环失锁的方法

从式(5-103)可以看出,若VSC输出的无功功率$Q_{\text{pcc}}$一直保持为零,那么PLL锁相成功与否就与短路比$\rho_{\text{pcc}}$的大小没有关系。即在无功功率$Q_{\text{pcc}}$为零时,短路比$\rho_{\text{pcc}}$的取值大小对PLL锁相是否成功没有影响,下面采用测试系统对上述论断进行检验。

注意,上述论断是在假定图5-42分析模型中的交流系统等效阻抗为纯电抗的条件下得到的;更一般性的推论是,若模拟VSC的电流源$I_{\text{vsc}}$在交流系统等效阻抗上所产生的电压降为零,那么短路比$\rho_{\text{pcc}}$的取值大小对PLL锁相是否成功没有影响。因此,为了保证在交流电网故障期间PLL仍然锁相成功,最有效的方法是在交流电网故障期间设置VSC的输出电流为零。

测试系统如图5-42所示,设定系统额定电压为$U_N = 500\text{kV}$,额定频率为$f_0 = 50\text{Hz}$,MMC额定容量$S_N = 2000\text{MVA}$。设在标幺制下建立该测试系统的数学模型,采用的标幺制基准值如下:

$$\begin{cases} S_{\text{base}} = S_N \\ U_{\text{base}} = U_N/\sqrt{3} \\ I_{\text{base}} = S_N/(\sqrt{3}U_N) \\ Z_{\text{base}} = U_{\text{base}}/I_{\text{base}} = U_N^2/S_N \end{cases} \tag{5-104}$$

以PCC的dq坐标系为基准建立整个测试系统的数学模型。参照图4-2的变量定义,PLL跟踪的角频率和旋转角分别为$\omega_{\text{pcc}}$和$\theta_{\text{pcc}}$,PLL输出的角频率和旋转角分别为$\omega_{\text{pcc}}^*$和$\theta_{\text{pcc}}^*$,而PCC的dq坐标系是以$\omega_{\text{pcc}}^*$和$\theta_{\text{pcc}}^*$为基准建立的。为了在PCC的dq坐标系中建立测试系统的数学模型,需要将PCC电压$u_{\text{pcc}}$和交流系统等效电势$u_{\text{sys}}$在该dq坐标系中进行分解,根据式(4-4)可得$u_{\text{pcc}}$和$u_{\text{sys}}$的分解式分别为

$$\begin{bmatrix} u_{\text{pccd}} \\ u_{\text{pccq}} \end{bmatrix} = U_{\text{pccm}} \begin{bmatrix} \cos(\theta_{\text{pcc}} - \theta_{\text{pcc}}^*) \\ \sin(\theta_{\text{pcc}} - \theta_{\text{pcc}}^*) \end{bmatrix} \tag{5-105}$$

$$\begin{bmatrix} u_{\text{sysd}} \\ u_{\text{sysq}} \end{bmatrix} = U_{\text{sysm}} \begin{bmatrix} \cos(\theta_0 - \theta_{\text{pcc}}^*) \\ \sin(\theta_0 - \theta_{\text{pcc}}^*) \end{bmatrix} \tag{5-106}$$

式(5-105)和式(5-106)中的$U_{\text{pccm}}$和$U_{\text{sysm}}$分别表示相电压和相电势的幅值。仍然采用式(4-5)的状态变量,设定

$$\begin{cases} x_1 = \theta_{\text{pcc}}^* - \theta_{\text{pcc}} \\ x_2 = \omega_{\text{pcc,pu}}^* - \omega_{\text{pcc,pu}} \end{cases} \tag{5-107}$$

则根据式(5-95)、式(5-105)、式(5-106)和式(5-107),可以得到

$$\begin{bmatrix} u_{\text{pcc}d} \\ u_{\text{pcc}q} \end{bmatrix} = U_{\text{pccm}} \begin{bmatrix} \cos(\theta_{\text{pcc}} - \theta_{\text{pcc}}^*) \\ \sin(\theta_{\text{pcc}} - \theta_{\text{pcc}}^*) \end{bmatrix} = U_{\text{pccm}} \begin{bmatrix} \cos x_1 \\ -\sin x_1 \end{bmatrix} \tag{5-108}$$

$$\begin{bmatrix} u_{\text{sys}d} \\ u_{\text{sys}q} \end{bmatrix} = U_{\text{sysm}} \begin{bmatrix} \cos(\theta_0 - \theta_{\text{pcc}}^*) \\ \sin(\theta_0 - \theta_{\text{pcc}}^*) \end{bmatrix} = U_{\text{sysm}} \begin{bmatrix} \cos(-\delta_{\text{pcc}} - x_1) \\ \sin(-\delta_{\text{pcc}} - x_1) \end{bmatrix} = U_{\text{sysm}} \begin{bmatrix} \cos(\delta_{\text{pcc}} + x_1) \\ -\sin(\delta_{\text{pcc}} + x_1) \end{bmatrix} \tag{5-109}$$

而在 dq 坐标系下图 5-42 的电路方程为

$$\begin{cases} L_{\text{sys}} \dfrac{\mathrm{d}i_{\text{v}d}}{\mathrm{d}t} - \omega_0 L_{\text{sys}} i_{\text{v}q} = u_{\text{pcc}d} - u_{\text{sys}d} \\ L_{\text{sys}} \dfrac{\mathrm{d}i_{\text{v}q}}{\mathrm{d}t} + \omega_0 L_{\text{sys}} i_{\text{v}d} = u_{\text{pcc}q} - u_{\text{sys}q} \end{cases} \tag{5-110}$$

采用式（5-104）的基准值，可以得到式（5-110）的标幺值方程为

$$\begin{cases} \dfrac{1}{\rho_{\text{pcc}}\omega_0} \dfrac{\mathrm{d}i_{\text{v}d,\text{pu}}}{\mathrm{d}t} - \dfrac{1}{\rho_{\text{pcc}}} i_{\text{v}q,\text{pu}} = U_{\text{pccm},\text{pu}} \cos(x_1) - U_{\text{sysm},\text{pu}} \cos(\delta_{\text{pcc}} + x_1) \\ \dfrac{1}{\rho_{\text{pcc}}\omega_0} \dfrac{\mathrm{d}i_{\text{v}q,\text{pu}}}{\mathrm{d}t} + \dfrac{1}{\rho_{\text{pcc}}} i_{\text{v}d,\text{pu}} = -U_{\text{pccm},\text{pu}} \sin(x_1) + U_{\text{sysm},\text{pu}} \sin(\delta_{\text{pcc}} + x_1) \end{cases} \tag{5-111}$$

而在 dq 坐标系中 PCC 的功率方程为

$$\begin{cases} P_{\text{pcc}} = \dfrac{3}{2}(u_{\text{pcc}d} i_{\text{v}d} + u_{\text{pcc}q} i_{\text{v}q}) = \dfrac{3}{2} U_{\text{pccm}}(i_{\text{v}d}\cos x_1 - i_{\text{v}q}\sin x_1) \\ Q_{\text{pcc}} = \dfrac{3}{2}(-u_{\text{pcc}d} i_{\text{v}q} + u_{\text{pcc}q} i_{\text{v}d}) = \dfrac{3}{2} U_{\text{pccm}}(-i_{\text{v}d}\sin x_1 - i_{\text{v}q}\cos x_1) \end{cases} \tag{5-112}$$

采用式（5-104）的基准值，可以得到式（5-112）的标幺值方程为

$$\begin{cases} P_{\text{pcc},\text{pu}} = \dfrac{1}{2} U_{\text{pccm},\text{pu}}(i_{\text{v}d,\text{pu}}\cos x_1 - i_{\text{v}q,\text{pu}}\sin x_1) \\ Q_{\text{pcc},\text{pu}} = \dfrac{1}{2} U_{\text{pccm},\text{pu}}(-i_{\text{v}d,\text{pu}}\sin x_1 - i_{\text{v}q,\text{pu}}\cos x_1) \end{cases} \tag{5-113}$$

另一方面，根据式（5-100），采用式（5-104）的基准值后，可以得到式（5-100）的标幺值方程为

$$P_{\text{pcc},\text{pu}} = \dfrac{U_{\text{pcc}} U_{\text{sys}}}{X_{\text{sys}} S_{\text{N}}} \sin\delta_{\text{pcc}} = \dfrac{3}{2} \dfrac{U_{\text{pccm}} U_{\text{sysm}}}{X_{\text{sys}} U_{\text{N}}^2 / Z_{\text{base}}} \sin\delta_{\text{pcc}}$$

$$= \dfrac{3}{2} \dfrac{U_{\text{pccm}} U_{\text{sysm}}}{3 U_{\text{base}}^2 X_{\text{sys}}/Z_{\text{base}}} \sin\delta_{\text{pcc}} = \dfrac{1}{2} U_{\text{pccm},\text{pu}} U_{\text{sysm},\text{pu}} \rho_{\text{pcc}} \sin\delta_{\text{pcc}} \tag{5-114}$$

这样，综合式（5-107）和式（4-11）以及式（5-111）、式（5-113）、式（5-114），可以得到描述测试系统特性的完整微分方程为

$$\begin{cases} \dfrac{1}{\rho_{\text{pcc}}\omega_0}\dfrac{\mathrm{d}i_{\text{vd,pu}}}{\mathrm{d}t}-\dfrac{1}{\rho_{\text{pcc}}}i_{\text{vq,pu}}=U_{\text{pccm,pu}}\cos(x_1)-U_{\text{sysm,pu}}\cos(\delta_{\text{pcc}}+x_1) \\ \dfrac{1}{\rho_{\text{pcc}}\omega_0}\dfrac{\mathrm{d}i_{\text{vq,pu}}}{\mathrm{d}t}+\dfrac{1}{\rho_{\text{pcc}}}i_{\text{vd,pu}}=-U_{\text{pccm,pu}}\sin(x_1)+U_{\text{sysm,pu}}\sin(\delta_{\text{pcc}}+x_1) \\ \dfrac{\mathrm{d}x_1}{\mathrm{d}t}=\omega_0 x_2 \\ \dfrac{\mathrm{d}x_2}{\mathrm{d}t}=-K_{\text{pll}}\omega_0 U_{\text{pccm,pu}} x_2 \cos x_1-\dfrac{U_{\text{pccm,pu}}}{T_{\text{pll}}}\sin x_1-\dfrac{\mathrm{d}\omega_{\text{pcc,pu}}}{\mathrm{d}t} \\ P_{\text{pcc,pu}}=\dfrac{1}{2}U_{\text{pccm,pu}}(i_{\text{vd,pu}}\cos x_1-i_{\text{vq,pu}}\sin x_1) \\ P_{\text{pcc,pu}}=\dfrac{1}{2}U_{\text{pccm,pu}}U_{\text{sysm,pu}}\rho_{\text{pcc}}\sin\delta_{\text{pcc}} \\ Q_{\text{pcc,pu}}=\dfrac{1}{2}U_{\text{pccm,pu}}(-i_{\text{vd,pu}}\sin x_1-i_{\text{vq,pu}}\cos x_1) \end{cases} \quad (5\text{-}115)$$

式中，从上到下分别为测试系统电路方程 2 个，PLL 动态方程 2 个，功率方程 3 个，共 7 个方程。求解 $x_1$、$x_2$、$i_{\text{vd,pu}}$、$i_{\text{vq,pu}}$、$U_{\text{sysm,pu}}$、$\delta_{\text{pcc}}$、$\omega_{\text{pcc,pu}}$ 共 7 个变量；而已知变量为 3 个，分别为 $U_{\text{pccm,pu}}$、$P_{\text{pcc,pu}}$、$Q_{\text{pcc,pu}}$。

首先设定已知变量为

$$\begin{cases} U_{\text{pccm,pu}}=\sqrt{2} \\ P_{\text{pcc,pu}}=0.5+0.2\sin(2\pi t) \\ Q_{\text{pcc,pu}}=0 \end{cases} \quad (5\text{-}116)$$

式中，设定 $U_{\text{pccm}}$ 为已知变量而不是 $U_{\text{sysm}}$ 为已知变量的原因是，本测试仅仅是考察 PLL 的性能，需要保证测试系统在 VSC 输出有功功率变化条件下潮流仍然有解，即系统对应每个有功功率值都存在稳定的运行点。

下面分两种场景对 PLL 的锁相性能进行测试。场景 1：设定短路比 $\rho_{\text{pcc}}=1$。场景 2：设定短路比 $\rho_{\text{pcc}}=0.8$，根据式（4-54），VSC 输出有功功率的极限值为 $\rho_{\text{pcc}}$，而根据式（5-116），$P_{\text{pcc}}$ 的最大值为 0.7pu，因此设定 $\rho_{\text{pcc}}=0.8$ 可以避免 $P_{\text{pcc}}$ 达到 VSC 的输出有功功率极限值。在上述 2 种场景下，设定 PLL 的 PI 控制器参数为 $K_{\text{pll}}=1.214$，$T_{\text{pll}}=0.0044\text{s}$。PLL 锁相成功的标志是式（5-107）的状态变量 $x_1$ 和 $x_2$ 都等于零。

针对场景 1，求解式（5-115），得到 PLL 的锁相特性如图 5-43 所示。从图 5-43 可以看出，在有功功率变化的所有工况下，状态变量 $x_1$ 和 $x_2$ 都等于零，PLL 都是锁相成功的。

针对场景 2，求解式（5-115），得到 PLL 的锁相特性如图 5-44 所示。从图 5-44 可以看出，在有功功率变化的所有工况下，状态变量 $x_1$ 和 $x_2$ 都等于零，PLL 都是锁相成功的。

根据对图 5-42 简单测试系统的测试结果，可以看出，只要保持 VSC 的输出无功功率为零，在电网条件允许的有功功率输出范围内，不管短路比为多少，PLL 都是能锁相成功的。

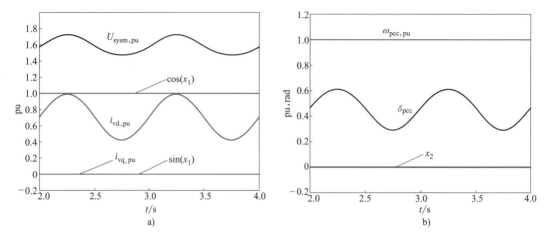

图 5-43 短路比等于 1 时 SRF-PLL 的锁相性能

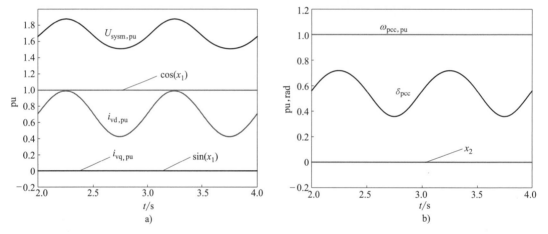

图 5-44 短路比等于 0.8 时 SRF-PLL 的锁相性能

换个角度表述，短路比大小不是决定 PLL 是否锁相成功的根本因素，只要保持 VSC 输出电流为零，那么在短路比极小的情况下，PLL 仍然不会失锁。

### 5.8.3 对 PLL 与 PSL 选择的一般性建议

首先明确一个事实，在短路比极小的情况下，VSC 不能稳定运行，这个现象与采用何种同步控制方式没有关系。因为根据式（4-54），VSC 输出有功功率标幺值不可能超过短路比 $\rho_{pcc}$，否则系统没有运行点。在系统具有稳定运行点的前提下，才有讨论采用何种同步方式更好的必要性。根据上一小节的测试结果以及表 4-4 对 PLL 和 PSL 适应性和性能的比较结论，可以看出，PLL 的抗电网频率变化和抗电网电压变化能力以及对电网强度的适应能力都是最好的。而 PSL 抗电网频率和电压变化能力比 PLL 差很多，且使用 PSL 的一个前提条件是 VSC 的直流侧电压 $U_{dc}$ 必须由外部电路或储能装置将其控制恒定，对于不配置储能装置的风电机组和光伏发电单元，PSL 是不适用的。因此，在一般性应用场合，首先推荐采用 PLL 作为 VSC 的同步装置，特别是对无功能力要求不高的应用场合，PLL 的锁相性能是十分优越的。

## 5.9 MMC作为无源电网或新能源基地电网构网电源时的控制器设计

MMC 的一个突出优势是可以作为无源电网或新能源基地电网的构网电源，其应用至少包含两个重要方面。第一个方面是纯粹向无源电网供电，比如通过柔性直流输电向城市中心区供电，或者通过柔性直流输电向无源海岛供电等。第二个方面是为新能源基地建立构网电源，这种情况下新能源基地占主导地位的电源是采用 PLL 锁相同步的非同步机电源，但可能包含有一定数量的同步机电源和一定数量的采用 PSL 同步的非同步机电源。

### 5.9.1 MMC 作为无源电网或新能源基地电网构网电源时控制器设计的根本特点

MMC 作为无源电网或新能源基地电网构网电源时的系统结构如图 5-45 所示。此时，MMC 需要控制无源电网或新能源基地电网的频率和电压幅值，MMC 的两个控制自由度已用完，因此直流侧电压控制的任务必须由直流系统中的其他换流器或储能装置来完成。以下讨论时都假定直流电压 $U_{dc}$ 恒定，这是 MMC 作为无源电网或新能源基地电网构网电源的一个前提条件。

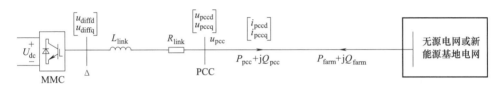

图 5-45 MMC 作为无源电网或新能源基地电网构网电源的系统结构图

从能量平衡的角度来看，图 5-45 中的无源电网或新能源基地电网所消耗或发出的有功功率和无功功率是随时间而变化的，不是恒定值。而要保持 PCC 的电压幅值 $U_{pccm}$ 为恒定值，就意味着 PCC 是无源电网或新能源基地电网的功率平衡母线，其类似于电网潮流计算中的功率平衡母线。既然 PCC 是功率平衡母线，那么 PCC 的电源侧即 MMC 的直流侧是更高一层的功率平衡母线。实际上，保持 $U_{dc}$ 在负荷变化条件下恒定，就意味着 $U_{dc}$ 母线就是功率平衡母线。

下面重点讲述 MMC 的控制器设计原理。对于 MMC，控制目标是 2 个，一个是控制无源电网或新能源基地电网的频率 $f$ 为额定频率，另一个是控制 PCC 的电压幅值 $U_{pccm}$ 为恒定值。当在 dq 坐标系下设计 MMC 控制器时，我们仍然沿用 5.3 节已讲述过的基于 PLL 的 MMC 双模双环控制器设计思路。

与接入有源系统时的控制策略相比，接入无源系统的 MMC 的控制策略有 2 个显著特点。第 1 个特点是不再需要 PLL，因为无源电网的频率是给定值，即电角度 $\theta_{pcc} = 2\pi f_0 t = \omega_0 t$（$f_0$ 为无源电网的额定频率）是完全确定的。第 2 个特点是合并差模双环控制器成差模单环控制器[14]。原因是，如果仍然沿用差模双环控制器结构，那么内环控制器的指令值 $i_{vd}^*$ 和 $i_{vq}^*$ 是由外环控制器给出的，而外环控制器的控制目标是保持 PCC 的电压幅值 $U_{pccm}$ 恒定，那么 $i_{vd}^*$ 和 $i_{vq}^*$ 就必然与 $u_{pccd}$ 和 $u_{pccq}$ 有关。但对于如图 5-45 所示的 MMC，$i_{vd}$ 和 $i_{vq}$ 是流入无源电网的电流，这个电流是由无源电网决定的，与由保持 $U_{pccm}$ 恒定而给出的 $i_{vd}^*$ 和 $i_{vq}^*$ 没有直接的关系；这样，$i_{vd}$、$i_{vq}$ 与其指令值 $i_{vd}^*$、$i_{vq}^*$ 之间不存在相容关系，差模双环控制器结构不可能稳定运行。

差模单环控制器的设计方法如下。在 dq 坐标系下,定 $U_{\text{pccm}}$ 控制器采用 MMC 的稳态数学模型来设计。稳态下,式(5-19)中的导数项为零,可以得到

$$\begin{cases} u_{\text{diffd}} = u_{\text{pccd}} - \omega_{\text{pcc}} L_{\text{link}} i_{\text{vq}} + R_{\text{link}} i_{\text{vd}} \\ u_{\text{diffq}} = u_{\text{pccq}} + \omega_{\text{pcc}} L_{\text{link}} i_{\text{vd}} + R_{\text{link}} i_{\text{vq}} \end{cases} \tag{5-117}$$

设 $U_{\text{pccm}}$ 的指令值为 $U_{\text{pccm}}^*$。在 dq 坐标系下设定差模单环控制器的控制目标为

$$\begin{cases} u_{\text{pccd}}^* = U_{\text{pccm}}^* \\ u_{\text{pccq}}^* = 0 \end{cases} \tag{5-118}$$

为了消除图 5-45 所示系统的潜在振荡风险,在 MMC 控制器设计时应尽量减少动态环节。因此差模单环控制器就直接按照式(5-117)进行设计,将差模单环控制器的控制目标式(5-118)代入到式(5-117)中就得到差模单环控制器的方程为

$$\begin{cases} u_{\text{diffd}}^* = u_{\text{pccm}}^* - \omega_{\text{pcc}} L_{\text{link}} i_{\text{vq}} + R_{\text{link}} i_{\text{vd}} \\ u_{\text{diffq}}^* = \omega_{\text{pcc}} L_{\text{link}} i_{\text{vd}} + R_{\text{link}} i_{\text{vq}} \end{cases} \tag{5-119}$$

式(5-119)表明,在 dq 坐标系下,MMC 的差模电压指令值 $u_{\text{diffd}}^*$、$u_{\text{diffq}}^*$ 只决定于 $U_{\text{pccm}}^*$ 和负载电流 $i_{\text{vd}}$、$i_{\text{vq}}$。而负载电流 $i_{\text{vd}}$、$i_{\text{vq}}$ 是由无源电网或新能源基地电网的功率水平决定的,正常工况下其值不会超出 MMC 的电流极限值;但在系统故障情况下,$i_{\text{vd}}$、$i_{\text{vq}}$ 有可能超出 MMC 的电流极限值。

由于差模单环控制器不像差模双环控制器那样能够对流过 MMC 的 $i_{\text{vd}}$、$i_{\text{vq}}$ 进行直接控制,因此必须另辟蹊径实现对流过 MMC 的 $i_{\text{vd}}$、$i_{\text{vq}}$ 进行限幅控制。本书采用降低 $U_{\text{pccm}}^*$ 来对流过 MMC 的 $i_{\text{vd}}$、$i_{\text{vq}}$ 进行限幅。具体做法是在 $u_{\text{pcc}}$ 的每一个采样周期,在 dq 坐标系中计算 $U_{\text{pccm}}$ 或者在 abc 坐标系中计算 $U_{\text{pcc}\Sigma}$,如果 $U_{\text{pccm}}$ 或者 $U_{\text{pcc}\Sigma}$ 小于指定的阈值(比如 0.90pu),就判定无源电网或新能源基地电网侧发生了故障,MMC 转入故障控制模式,通过降低 $U_{\text{pccm}}$ 指令值 $U_{\text{pccm}}^*$ 的方法来实现对流过 MMC 的 $i_{\text{vd}}$、$i_{\text{vq}}$ 限幅控制。

在 dq 坐标系中实时计算 $U_{\text{pccm}}$ 的公式为式(5-18)。在 abc 坐标系中实时计算 $U_{\text{pcc}\Sigma}$ 的公式如下:

$$U_{\text{pcc}\Sigma} = \sqrt{u_{\text{pcca}}^2 + u_{\text{pccb}}^2 + u_{\text{pccc}}^2} \tag{5-120}$$

式(5-120)中的 $U_{\text{pcc}\Sigma}$ 称为 Buchholz 集总电压[6],对称平衡工况下 $U_{\text{pcc}\Sigma}$ 等于线电压有效值,是一个常数。考虑故障工况 $i_{\text{vd}}$、$i_{\text{vq}}$ 限幅功能的 MMC 定交流电压幅值差模单环控制器基本框图如图 5-46 所示。而整个 MMC 的控制器框图与图 5-6 类似,仅仅是将差模外环控制器与差模内环控制器合并成了差模单环控制器。

必须指出,图 5-46 中的限幅控制必须限定时限。因为在限幅控制模式下,PCC 的电压 $U_{\text{pccm}}$ 有可能一直稳定在限幅值 $U_{\text{pccm,lim}}^*$ 上,即使无源电网或新能源基地电网中的故障已被清除。原因是,如果无源电网或新能源基地电网中没有其他的构网电源,即使故障清除以后,PCC 的电压也不会跳变到正常值,从而无法跳出限幅控制模式。采用限幅控制模式加时限(时限值大于断路器动作时间,比如 200~300ms)策略后,故障清除后 PCC 电压就会恢复到原始的控制指令值 $U_{\text{pccm,original}}^*$ 上。图 5-46 中的 $T_{\text{sum}}$ 是计时器,在 $U_{\text{pccm}}$ 小于 0.9pu 时开始计时,每个采样周期 $T_{\text{sum}}$ 加 1,如果 $U_{\text{pccm}}$ 一直小于 0.9pu,那么当 $T_{\text{sum}}$ 大于设定的时间限值 $T_{\text{switch}}$ 时,电压指令值恢复到原始指令值 $U_{\text{pccm,original}}^*$ 上。

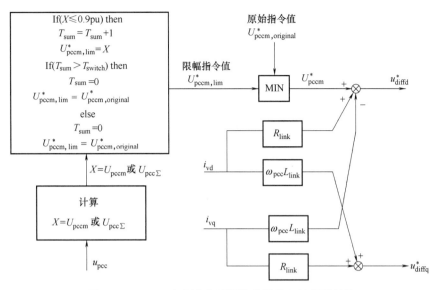

图 5-46 MMC 定交流电压幅值差模单环控制器结构

## 5.9.2 测试系统仿真

下面以一个实例来展示 MMC 作为无源电网或新能源基地电网构网电源时的特性。对于如图 5-45 所示的 MMC 作为构网电源的系统结构，设定 MMC 直流侧电压 $U_{dc}$ 在 MMC 供电负荷变化过程中始终保持恒定，并忽略 MMC 阀控环节一个控制周期的时间延迟，可以认为差模单环控制器的输出指令值 $u_{diffd}^*$、$u_{diffq}^*$ 与 MMC 相单元实际合成的差模电压 $u_{diffd}$、$u_{diffq}$ 是相等的。即设定：

$$\begin{cases} u_{diffd} = u_{diffd}^* \\ u_{diffq} = u_{diffq}^* \end{cases} \tag{5-121}$$

在标幺制下建立图 5-45 测试系统的数学模型，采用的标幺制基准值与式（5-104）相同。在式（5-104）基准值下，建立图 5-45 测试系统的数学模型如式（5-122）所示。

$$\begin{cases} \dfrac{X_{link,pu}}{\omega_{pcc}} \dfrac{di_{vd,pu}}{dt} + R_{link,pu} i_{vd,pu} = -u_{pccd,pu} + u_{diffd,pu} + X_{link,pu} i_{vq,pu} \\ \dfrac{X_{link,pu}}{\omega_{pcc}} \dfrac{di_{vq,pu}}{dt} + R_{link,pu} i_{vq,pu} = -u_{pccq,pu} + u_{diffq,pu} - X_{link,pu} i_{vd,pu} \\ u_{diffd,pu} = u_{pccm,pu}^* - X_{link,pu} i_{vq,pu} + R_{link,pu} i_{vd,pu} \\ u_{diffq,pu} = X_{link,pu} i_{vd,pu} + R_{link,pu} i_{vq,pu} \\ U_{pccm,pu} = \sqrt{u_{pccd,pu}^2 + u_{pccq,pu}^2} \\ P_{pcc,pu} = (U_{pccm,pu} i_{vd,pu})/2 \\ Q_{pcc,pu} = (-U_{pccm,pu} i_{vq,pu})/2 \\ P_{pcc,pu} = -P_{farm,pu} \\ Q_{pcc,pu} = -Q_{farm,pu} \end{cases} \tag{5-122}$$

式中，从上到下分别为 MMC 交流侧（差模）主回路动态方程 2 个；差模单环控制器方程 2 个，这里已应用了式（5-119）和式（5-121）；PCC 电压幅值方程 1 个，这里应用了电压幅值的通用计算公式；PCC 输出功率方程 2 个，这里采用 $u_{pccm}$ 而不用 $u_{pccd}$ 来计算功率，主要是出于数值计算的稳定性考虑，因为 $u_{pccm}$ 和 $u_{pccd}$ 在稳态下是相等的；系统功率平衡方程 2 个；共 9 个方程。求解 $u_{diffd}$、$u_{diffq}$、$u_{pccd}$、$u_{pccq}$、$i_{vd}$、$i_{vq}$、$u_{pccm}$、$P_{pcc}$、$Q_{pcc}$ 共 9 个变量。注意式（5-122）中，只有 MMC 本身的主回路方程是微分方程，其余方程，包括控制器方程，都是代数方程。这种控制器结构消除了由于控制器引起的振荡风险，可以为新能源基地电网提供十分稳定的构网电源，对新能源基地的稳定送出具有十分重要的作用。

设定图 5-45 测试系统额定电压为 $U_N$ = 500kV，额定频率为 $f_0$ = 50Hz，MMC 额定容量 $S_N$ = 2000MVA。主回路标幺值参数为 $R_{link,pu}$ = 0.01pu，$X_{link,pu}$ = 0.15pu。设图 5-45 测试系统 PCC 的线电压有效值为 $U_{pccrms}$，其标幺值 $U_{pccrms,pu}$ 的基准电压为系统额定电压 $U_N$，则 $U_{pccm}$ 以式（5-104）为基准值时，$U_{pccm,pu} = \sqrt{2} U_{pccrms,pu}$。

仿真过程 1：保持 $P_{farm,pu}$ = 0.5 和 $Q_{farm,pu}$ = 0.2，设定 $U^*_{pccrms,pu}$ 随时间而作正弦变化，其表达式为

$$U_{pccrms,pu} = 1.0 + 0.1\sin(2\pi f_{flut} t) \tag{5-123}$$

当 $f_{flut}$ 取 1Hz 时，求解式（5-122）可以得到 MMC 的响应特性如图 5-47 所示。

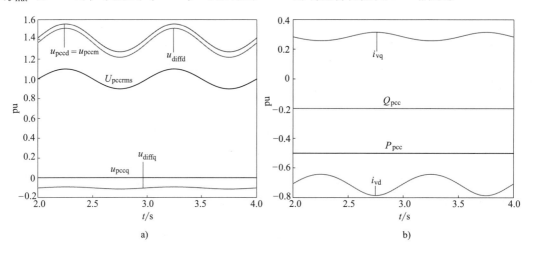

图 5-47 电压指令值作正弦变化时 MMC 的响应特性
a）MMC 中的电压量  b）MMC 中的功率量和电流量

从图 5-47 可以看出，当 PCC 电压指令值作周期变化时，dq 坐标系中的差模电压 $u_{diffd}$、$u_{diffq}$ 和差模电流 $i_{vd}$、$i_{vq}$ 也作周期变化，$u_{pccd} = u_{pccm}$ 也作周期变化，但 $u_{pccq}$ 能够保持为零，输入 MMC 的有功功率和无功功率保持为恒定值。

仿真过程 2：保持 $U^*_{pccrms,pu}$ = 1 和 $Q_{farm,pu}$ = 0.2，设定 $P_{farm,pu}$ 随时间而作正弦变化，其表达式为

$$P_{farm,pu} = 0.5 + 0.1\sin(2\pi f_{flut} t) \tag{5-124}$$

当 $f_{flut}$ 取 1Hz 时，求解式（5-122）可以得到测试系统的响应特性如图 5-48 所示。

从图 5-48 可以看出，当输入 MMC 的有功功率作周期变化时，在保持 PCC 电压为恒定

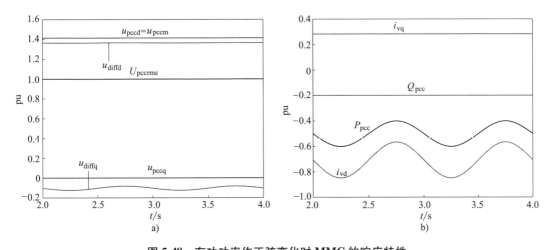

**图 5-48　有功功率作正弦变化时 MMC 的响应特性**
a）MMC 中的电压量　b）MMC 中的功率量和电流量

值的条件下，只有 $u_{\text{diffq}}$ 和 $i_{\text{vd}}$ 也作周期变化，其余量基本上保持恒定值。

仿真过程 3：保持 $U^*_{\text{pccrms,pu}} = 1$ 和 $P_{\text{farm,pu}} = 0.5$，设定 $Q_{\text{farm,pu}}$ 随时间而作正弦变化，其表达式为

$$Q_{\text{farm,pu}} = 0.2 + 0.1\sin(2\pi f_{\text{flut}} t) \tag{5-125}$$

当 $f_{\text{flut}}$ 取 1Hz 时，求解式（5-122）可以得到测试系统的响应特性如图 5-49 所示。

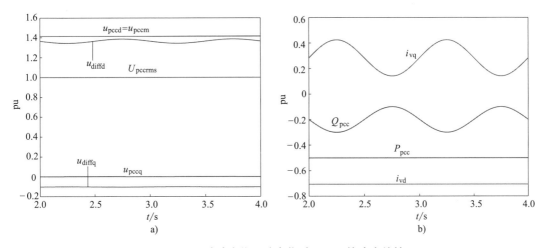

**图 5-49　无功功率作正弦变化时 MMC 的响应特性**
a）MMC 中的电压量　b）MMC 中的功率量和电流量

从图 5-49 可以看出，当输入 MMC 的无功功率作周期变化时，在保持 PCC 电压为恒定值的条件下，只有 $u_{\text{diffd}}$ 和 $i_{\text{vq}}$ 也作周期变化，其余量基本上保持恒定值。

## 5.10　电压韧度的定义及其意义

当 MMC 采用定 PCC 电压幅值控制时，稳态下总能实现 $U_{\text{pccm}}$ 等于指令值的控制目标，

但在 MMC 的负荷快速变化时，$U_{pccm}$ 就不一定能够保持在指令值上。本书采用电压韧度（Voltage Toughness）来描述电压源换流器、同步发电机或其他电气装置在负荷快速变化时保持其端口电压恒定的能力。电压韧度 $T_{vtg}$ 用抗有功冲击电压韧度 $T_{vtgp}$ 和抗无功冲击电压韧度 $T_{vtgq}$ 来表示，单位是 pu/s。其意义是，当装置的输出有功功率变化速度小于 $T_{vtgp}$ 时，装置能够维持其端口电压恒定；或者当装置的输出无功功率变化速度小于 $T_{vtgq}$ 时，装置能够维持其端口电压恒定。显然，电压韧度 $T_{vtg}$ 也可以用来度量 VSC 定电压控制器的性能。

下面以图 5-45 所示的测试系统为例，计算配置了差模单环控制器的 MMC 的电压韧度。对于如图 5-45 所示的新能源基地柔性直流送出系统，受端换流站接入受端交流电网，受端换流站控制送端换流站直流侧电压 $U_{dc}$ 恒定，即 $U_{dc}$ 母线为直流侧的功率平衡母线。送端换流站 MMC 为新能源基地建立构网电源，因此 MMC 采用 f/V 控制模式，即 MMC 控制 PCC 的电压频率恒定和电压幅值恒定。电压频率恒定通过设置 PCC 的电角度 $\theta_{pcc} = 2\pi f_0 t = \omega_0 t$（$f_0$ 为新能源基地电网额定频率）来实现；电压幅值恒定则需要采用 5.9 节的差模单环控制器来实现。当新能源基地输出功率 $P_{farm} + jQ_{farm}$ 快速变化时，$U_{pccm}$ 一直保持恒定，就说明 MMC 的电压幅值控制器性能良好，电压韧度好，否则就是电压韧度差。

首先计算图 5-45 系统中 MMC 的抗有功冲击电压韧度，设置新能源基地的输出有功功率按式（5-124）变化，计算过程中保持 $U^*_{pccrms,pu} = 1$ 和 $Q_{farm,pu} = 0.2$ 不变，不断增大式（5-124）中的 $f_{flut}$，检查 $U_{pccrms,pu}$ 是否能够维持在其指令值上。基于式（5-122）的计算结果表明，当 $f_{flut}$ 达到 4Hz 时，计算不收敛，不妨认为这种情况下 MMC 已不能维持 $U_{pccrms,pu}$ 在其指令值上。而此时根据式（5-124）可得有功功率变化的最大值为

$$\left|\frac{dP_{farm,pu}}{dt}\right| = 0.1 \cdot 2\pi f_{flut} = 0.1 \cdot 2\pi \cdot 4 \text{pu/s} = 2.5 \text{pu/s} \qquad (5-126)$$

因此，可以得到采用差模单环控制器的 MMC 的抗有功冲击电压韧度 $T_{vtgp} = 2.5 \text{pu/s}$。

然后计算图 5-45 系统中 MMC 的抗无功冲击电压韧度，设置新能源基地的输出无功按式（5-125）变化，计算过程中保持 $U^*_{pccrms,pu} = 1$ 和 $P_{farm,pu} = 0.5$ 不变，不断增大式（5-125）中的 $f_{flut}$，检查 $U_{pccrms,pu}$ 是否能够维持在其指令值上。基于式（5-122）的计算结果表明，当 $f_{flut}$ 达到 28Hz 时，计算不收敛，不妨认为这种情况下 MMC 已不能维持 $U_{pccrms,pu}$ 在其指令值上。而此时根据式（5-125）可得无功变化的最大值为

$$\left|\frac{dQ_{farm,pu}}{dt}\right| = 0.1 \cdot 2\pi f_{flut} = 0.1 \cdot 2\pi \cdot 28 \text{pu/s} = 17.6 \text{pu/s} \qquad (5-127)$$

因此，可以得到采用差模单环控制器的 MMC 的抗无功冲击电压韧度 $T_{vtgq} = 17.6 \text{pu/s}$。

上述计算结果表明，采用差模单环控制器的 MMC 的电压韧度是相当高的，新能源基地的功率变化速度绝不可能超出此水平。从新能源基地向 MMC 侧看，MMC 完全可以看作是一个无穷大电源，其频率和电压幅值都不随新能源基地的输出功率变化而变化。

# 参 考 文 献

[1] XU, Z. Three technical challenges faced by power systems in transition [J]. Energies, 2022, 15 (12), 4473.
[2] 徐政. 电力系统广义同步稳定性的物理机理与研究途径 [J]. 电力自动化设备, 2020, 40 (9)：3-9.

[3] NINAD N A, LOPES L A C. Per-phase vector (dq) controlled three-phase grid-forming inverter for stand-alone systems [C]//2011 IEEE International Symposium on Industrial Electronics, 27-30 June 2011, Gdansk, Poland. New York: IEEE, 2011.

[4] Matevosyan J, Badrzadeh B, Prevost T, et al. Grid-forming inverters are they the key for high renewable penetration [J]. IEEE power & energy magazine, 2019, 17 (6): 89-98.

[5] Peter U, Maria N, Philipp S, et al. Overview on grid-forming inverter control methods [J]. Energies, 2020, 13 (10): 2589.

[6] AKAGI H, WATANABE E H, AREDES M. Instantaneous Power Theory and Applications to Power Conditioning [M]. New York: John Wiley & Sons, Inc., 2007.

[7] TU Q, XU Z, XU L. Reduced switching-frequency modulation and circulating current suppression for modular multilevel converters [J]. IEEE Transactions on Power Delivery, 2011, 26 (3): 2009-2017.

[8] ENGEL S P, DONCKER R W D. Control of the modular multi-level converter for minimized cell capacitance [C]//14th European Conference on Power Electronics and Applications, Aug 30-Sep 1, 2011, Birmingham, United Kingdom.

[9] PICAS R, POU J, CEBALLOS S, et al. Minimization of the capacitor voltage fluctuations of a modular multilevel converter by circulating current control [C]//38th Annual Conference on IEEE Industrial Electronics Society, 25-28 October, 2012, Ecole de Technologie Superieure de Montreal, Universite du Quebec Montreal, Canada. New York: IEEE, 2012.

[10] PICAS R, POU J, CEBALLOS S, et al. Optimal injection of harmonics in circulating currents of modular multilevel converters for capacitor voltage ripple minimization [C]//2013 IEEE ECCE Asia Downunder, 3-6 June, Melbourne, Australia. New York: IEEE, 2013.

[11] XU Yuzhe, XU Zheng, ZHANG Zheren, et al. A novel circulating current controller for MMC capacitor voltage fluctuation suppression [J]. IEEE Access, 2019, 7: 120141-120151.

[12] BUJA G, INDRI G. Improvement of pulse width modulation techniques [J]. Archiv fur Elektrotechnik, 1975, 57: 281-289.

[13] GUAN M Y, XU Z. Modeling and control of modular multilevel converter-based HVDC systems under unbalanced grid conditions [J]. IEEE Transactions Power Electronics, 2012, 27 (12): 4858-4867.

[14] 陈海荣, 徐政. 向无源网络供电的VSC-HVDC系统控制器设计 [J]. 中国电机工程学报, 2006, 26 (23): 42-48.

# 第6章 MMC中的子模块电容电压平衡策略

## 6.1 子模块电容电压平衡控制

根据第2章MMC解析数学模型推导出的子模块电容电压表达式及子模块电容电压集合平均值波形图，可见子模块电容电压是一个波动量，其除了直流分量外，还包含相当数量的基波、2次谐波和3次谐波分量。

当采用最近电平逼近调制策略时，任何控制时刻根据式（2-10）和式（2-11）计算上下桥臂需投入的子模块数目时，都需要确定子模块电容电压的数值。这里就存在2个问题。第1个问题是子模块电容电压是随时间变化的，不同控制时刻子模块的电容电压是不同的，应该取子模块电容电压的瞬时值还是取其他什么值？第2个问题是由于各子模块电容在充放电时间、损耗和电容值等方面必然存在差异，因而实际上各子模块的电容电压存在一定的离散性，那么子模块电容电压值该如何选取才合适呢？

对这2个问题，目前实际工程中是这么处理的，用于最近电平逼近调制计算的电容电压采用固定值，一般就采用电容电压的额定值，即采用$U_{cN}=U_{dcN}/N$，这里$N$为桥臂子模块个数。直观地看，为了使MMC能够稳定运行，需要控制电容电压的波形尽量靠近所取的固定值$U_{cN}$。这一方面要求控制电容电压的波动率尽量小，另一方面要求控制各子模块电容电压的不平衡度即离散度尽量小。

式（3-21）根据子模块电容电压集合平均值给出了子模块电容电压波动率的定义，下面根据单个桥臂所有子模块的电容电压波形给出子模块电容电压最大波动率的定义。首先给出单个子模块电容电压波动率的定义：

$$\varepsilon_i = \frac{\max_{t \in [t_0, t_0+T]}(\Delta u_{c,i}(t))}{U_{cN}} \tag{6-1}$$

式中，$t_0$为任意时刻，$T$为工频周期，$\max_{t \in [t_0, t_0+T]}(\Delta u_{c,i}(t))$为第$i$个子模块电容电压偏离其额定值$U_{cN}$的最大值。然后给出单个桥臂中子模块电容电压波动率的定义：

$$\varepsilon = \max_{i \in [1, N]}(\varepsilon_i) \tag{6-2}$$

式中，$i$为整数。

子模块电容电压的不平衡度或称离散度（Dispersion Degree）由下式定义：

$$\sigma = \frac{\max\limits_{\substack{t \in [t_0, t_0+T] \\ i,j \in [1,N]}} (u_{c,i}(t) - u_{c,j}(t))}{U_{cN}} \tag{6-3}$$

式中，$t_0$ 为任意时刻，$T$ 为工频周期，$i$、$j$ 为整数。

关于电容电压波动率的控制，第 3 章已进行过讨论，一般只能通过增大子模块电容值的方法来实现，目前实际工程中电容电压波动率一般控制在 10% 左右。而对于各子模块电容电压不平衡度的控制，目前主要采用各种排序方法来实现，但关于电容电压不平衡度应该控制到什么水平才合适，并没有定论。直观地看，既然电容电压波动率在 10% 左右，意味着电容电压偏离其额定值在 10% 左右，那么电容电压不平衡度的限制值应该以电容电压实际值偏离其额定值不超过 10% 左右为准则。

最近电平逼近调制策略给出了每个控制时刻 MMC 各桥臂需要投入的子模块数目 $N_{on}$，但在大多数控制时刻 $N_{on}$ 小于桥臂总的子模块数 $N$，因此在 $N$ 个子模块中选择 $N_{on}$ 个子模块存在一定的自由度。子模块电容电压平衡控制就是利用这些自由度，调节子模块电容器的充放电时间，达到子模块电容电压的动态平衡。

电容电压平衡控制从原理上讲采用的是反馈控制，实际操作上一般基于电容电压值的某种排序方法来实现。电容电压平衡控制在 MMC 的整个控制体系中属于阀组层级。关于子模块电容电压平衡控制已有很多研究，提出了多种平衡控制策略。本节将介绍 3 种比较典型的控制策略，分别是基于完全排序与整体参与的电容电压平衡策略[1]，基于按状态排序与增量投切的电容电压平衡策略[2]，采用保持因子排序与整体投入的电容电压平衡策略[3]。

### 6.1.1 基于完全排序与整体参与的电容电压平衡策略

参考文献 [1] 提出了一种基于完全排序与整体参与的电容电压平衡策略，该策略以桥臂为单位对子模块的投切状态进行控制，具体实现方法如下：

1) 监测桥臂中所有子模块的电容电压值，并对所有子模块电容电压值进行排序。

2) 监测桥臂电流 $i_{arm}$ 的方向，判定桥臂电流对桥臂中处于投入状态的子模块的充放电情况。

3) 在实施触发控制时，如果该时刻桥臂电流 $i_{arm}$ 对投入的子模块充电，则按照电容电压由低到高的顺序将 $N_{on}$ 个子模块投入（这 $N_{on}$ 个子模块电容被充电，电压升高），并将其余的 $N-N_{on}$ 个子模块切除（这些子模块的电容电压将不变）。如果该时刻桥臂电流 $i_{arm}$ 使投入的子模块放电，则按照由高到低的顺序将 $N_{on}$ 个子模块投入（这些子模块电容被放电，电压将降低），并将其余的 $N-N_{on}$ 个子模块切除（这些子模块的电容电压将不变）。

上述电容电压平衡策略的实施过程如图 6-1 所示。其中 $i_{arm}$ 为桥臂电流，$i_{arm}>0$ 为对子模块充电方向，$i_{arm}<0$ 为对子模块放电方向。

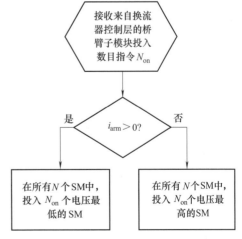

图 6-1 基于完全排序与整体参与的电容电压平衡策略

**仿真算例与特性分析**

采用与 2.4.6 节同样的单端 400kV、400MW 测试系统和同样的工作点（有功功率 350MW 和无功功率 100Mvar），桥臂子模块数目 $N$ 为 20，考察基于完全排序与整体参与的平衡策略的特性。设 MMC 控制器的控制周期 $T_{\text{ctrl}} = 100\mu s$。图 6-2 给出了 a 相上桥臂第 1 个子模块 $SM_1$ 上 $T_1$ 的触发信号图，其中高电平表示 $T_1$ 开通，低电平表示 $T_1$ 关断。图 6-3 给出了 a 相上桥臂 20 个子模块电容电压的波形。从图 6-2 可以看出，$T_1$ 的触发脉冲比较密集，说明 $T_1$ 的开关频率是比较高的。从图 6-3 可以看出，a 相上桥臂 20 个子模块的电容电压基本上是一致的，其不平衡度很小；且各子模块电容电压出现较大偏差的时刻都不在电容电压峰值附近，即电容电压之间的不平衡度几乎不对电容电压波动率构成影响；这是一个令人欣慰的结果，意味着对电容电压之间的不平衡度要求可以不那么严格。对于图 6-3，任何时刻子模块之间的最大电压偏差小于 0.16kV，因此基于完全排序与整体参与的电容电压平衡策略所得到的电容电压不平衡度 $\sigma$ 小于 $0.16/20 = 0.80\%$。

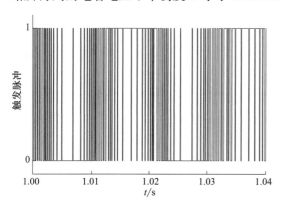

图 6-2 采用完全排序与整体参与平衡策略时 $T_1$ 上的触发脉冲　　图 6-3 采用完全排序与整体参与平衡策略时 a 相上桥臂 20 个子模块的电容电压

下面我们来计算采用完全排序与整体参与的平衡策略时 MMC 中 IGBT 的平均开关频率。定义单个 IGBT 的开关频率为其在 1 个工频周期内开通的次数乘以 50（对于工频为 50Hz 的系统）。因此，对于 MMC 中 IGBT 的平均开关频率，可以只取其中的一个桥臂进行计算。对于本仿真系统，我们取 a 相上桥臂 20 个子模块中的 40 个 IGBT 进行计算。计算公式如下：

$$f_{\text{sw,ave}} = \frac{\sum_{k=1}^{2N} n_{\text{on},k}}{2N} \times 50 \tag{6-4}$$

式中，$f_{\text{sw,ave}}$ 为 MMC 中 IGBT 的平均开关频率，单位 Hz；$n_{\text{on},k}$ 为第 $k$ 个 IGBT 在一个工频周期内开通的次数。对于本算例，当采用完全排序与整体参与的电容电压平衡策略时，MMC 中 IGBT 的平均开关频率 $f_{\text{sw,ave}}$ 为 1843Hz。

基于完全排序与整体参与的电容电压平衡策略虽然可以快速地将桥臂电流所承载的电荷最均匀地分配到桥臂上的所有子模块电容上，保持各个子模块间的电容电压基本一致，但由于没有设定一个前提条件，使得排序算法无条件地应用于桥臂的每个控制周期，即使桥臂上各子模块间的电压偏差并不大，或者桥臂上需要投入的子模块数目并没有变化，但由于排序结果的微小变化，各子模块的触发脉冲也必须要重新调整，这会导致同一 IGBT 不必要地反复投切,增大了器件的开关频率,从而增加了换流阀的开关损耗。

从上述算例可以总结出衡量电容电压平衡控制策略性能的 3 个重要指标,分别为电容电压波动率 $\varepsilon$,电容电压不平衡度 $\sigma$,MMC 中 IGBT 的平均开关频率 $f_{sw,ave}$。对于本单端 400kV、400MW 测试系统的运行工况,采用基于完全排序与整体参与的电容电压平衡策略时,这 3 个性能指标分别为 $\varepsilon = 6.8\%$、$\sigma = 0.80\%$、$f_{sw,ave} = 1843Hz$。

## 6.1.2 基于按状态排序与增量投切的电容电压平衡策略

为了减小 IGBT 的开关次数,降低开关损耗,可以只对需要投入或切除的增量子模块进行电容电压大小的排序[2]。这种方法的原则是,尽量避免不必要的开关动作。当需要投入的子模块数目增加时,保持已投入的子模块不再进行切除操作;当需要投入的子模块数目减少时,保持已切除的子模块不再投入。基于按状态排序与增量投切的电容电压平衡策略的具体实现流程如图 6-4 所示,具体做法如下:

1) 首先计算当前时刻的子模块电容电压不平衡度 $\sigma$,如果 $\sigma$ 超过预先设定的不平衡度阈值 $\sigma_m$,表示此时的子模块电容电压差异过大,这时采用 6.1.1 节所述的"基于完全排序与整体参与的电容电压平衡策略";如果 $\sigma < \sigma_m$,则按下面步骤进行子模块的投切操作。

2) 计算当前控制时刻相比前一控制时刻需投入的子模块数目的增量,即将当前控制时刻的子模块投入数目指令 $N_{on}$ 与上一控制时刻的子模块投入数目指令 $N_{on,old}$ 作差,得到子模块投入数目的增量 $\Delta N_{on}$。如果 $\Delta N_{on} = 0$,即总的子模块投入数目不变,则不管这时的电压排序结果如何,都保持现有的触发脉冲不变,不进行任何投切操作;如果 $\Delta N_{on} > 0$,表示本次应再多投入 $\Delta N_{on}$ 个子模块,这时已经投入的子模块将不再进行操作,而在剩余的 $N - N_{on,old}$ 个已切除的子模块中,按照完全排序规则,投入 $\Delta N_{on}$ 个子模块;反之,如果 $\Delta N_{on} < 0$,表示

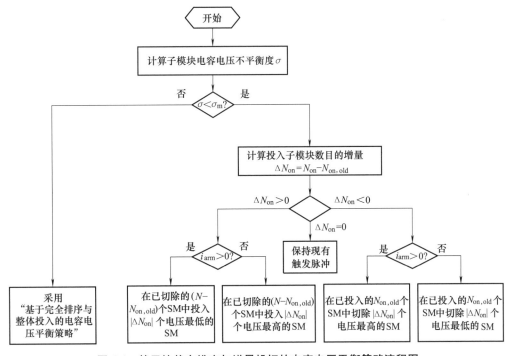

图 6-4 基于按状态排序与增量投切的电容电压平衡策略流程图

本次应再多切除$|\Delta N_{on}|$个子模块，这时已经切除的子模块将不再进行操作，而在已投入的$N_{on,old}$个子模块中，按照完全排序规则，切除$|\Delta N_{on}|$个子模块。

**仿真算例与特性分析**

采用与 2.4.6 节同样的单端 400kV、400MW 测试系统和同样的工作点（有功功率 350MW 和无功功率 100Mvar），桥臂子模块数目 $N$ 为 20，考察基于按状态排序与增量投切的电容电压平衡策略的特性。设 MMC 控制器的控制周期 $T_{ctrl}=100\mu s$。图 6-5 给出了 $\sigma_m$ 取 2% 和 5% 时 a 相上桥臂第 1 个子模块 $SM_1$ 上 $T_1$ 的触发信号图，其中高电平表示 $T_1$ 开通，低电平表示 $T_1$ 关断。图 6-6 给出了 $\sigma_m$ 取 2% 和 5% 时 a 相上桥臂 20 个子模块电容电压的波形。

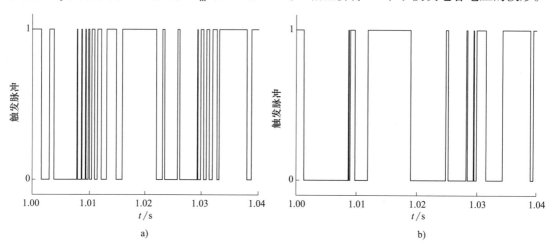

图 6-5 采用按状态排序与增量投切的平衡策略时 $T_1$ 上的触发脉冲

a) $\sigma_m=2\%$  b) $\sigma_m=5\%$

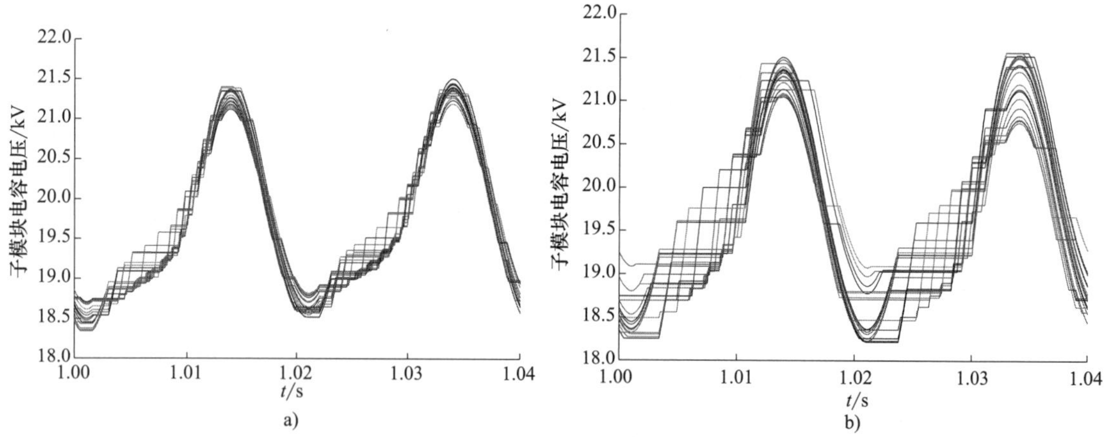

图 6-6 采用按状态排序与增量投切的平衡策略时 a 相上桥臂 20 个子模块的电容电压

a) $\sigma_m=2\%$  b) $\sigma_m=5\%$

对于本单端 400kV、400MW 测试系统的运行工况，采用按状态排序与增量投切的平衡策略时，若不平衡度阈值 $\sigma_m=2\%$，其 3 个性能指标分别为 $\varepsilon=7.5\%$、$\sigma=2.88\%$、$f_{sw,ave}=440Hz$；若不平衡度阈值 $\sigma_m=5\%$，其 3 个性能指标分别为 $\varepsilon=7.9\%$、$\sigma=5.83\%$、$f_{sw,ave}=205Hz$。

## 6.1.3　采用保持因子排序与整体投入的电容电压平衡策略

为了降低 IGBT 的开关频率从而减少开关损耗，参考文献［3］在基于完全排序与整体参与的电容电压平衡策略的基础上，提出了采用保持因子排序与整体投入的电容电压平衡策略。其基本原理是，在电容电压额定值 $U_{cN}$ 附近设定一组电压的上、下限，分别为 $U_{cmax}=1.1U_{cN}$ 和 $U_{cmin}=0.9U_{cN}$，将平衡控制的重点放在电容电压越限的子模块上。通过对部分电容电压值进行基于保持因子 $k_{rank}$ 的放大处理，然后再采用 6.1.1 节的基于完全排序与整体参与的电容电压平衡策略，可以在一定程度上增大电容电压未越限的子模块在下一次实施触发控制时保持原来投切状态的概率，从而降低了 IGBT 的开关频率。基于保持因子的电容电压平衡策略的流程图如图 6-7 所示，具体做法如下。

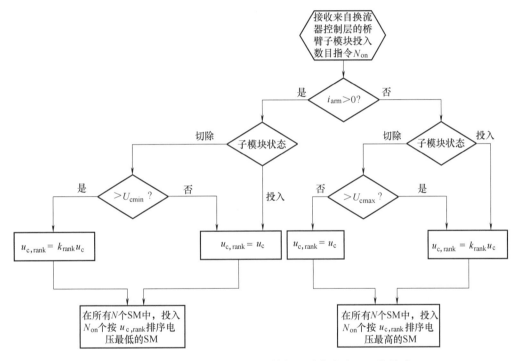

图 6-7　采用保持因子排序与整体投入的电容电压平衡策略

1) 如果桥臂电流 $i_{arm}$ 使投入的子模块充电，下一次实施触发控制时倾向于投入电容电压较低的子模块。将处于切除状态且电容电压高于电压下限 $U_{cmin}$ 的子模块的电容电压乘以一个略大于 1 的保持因子 $k_{rank}$ 后再做排序，这样通过抬高排序电压增大了这些子模块在下一次实施触发控制时保持切除状态的概率。同时也相应地增大了处于切除状态且电容电压低于电压下限的子模块和处于投入状态的子模块在下一次实施触发控制时被投入的概率。

2) 如果桥臂电流 $i_{arm}$ 使投入的子模块放电，下一次实施触发控制时倾向于投入电容电压较高的子模块。将处于切除状态且电容电压高于电压上限 $U_{cmax}$ 的子模块和处于投入状态的子模块的电容电压乘以一个略大于 1 的保持因子 $k_{rank}$ 后再做排序，这样通过抬高排序电压增大了这些子模块在下一次实施触发控制时被投入的概率。同时也相应地增大了处于切除状态且电容电压低于电压上限的子模块在下一次实施触发控制时保持切除状态的概率。

**仿真算例与特性分析**

采用与 2.4.6 节同样的单端 400kV、400MW 测试系统和同样的工作点（有功功率 350MW 和无功功率 100Mvar），桥臂子模块数目 $N$ 为 20，考察采用保持因子排序与整体投入的电容电压平衡策略的特性。设 MMC 控制器的控制周期 $T_{ctrl}=100\mu s$。图 6-8 给出了 $k_{rank}$ 分别取 1.01 和 1.04 时 a 相上桥臂第 1 个子模块 $SM_1$ 上 $T_1$ 的触发信号图，其中高电平表示 $T_1$ 开通，低电平表示 $T_1$ 关断。图 6-9 给出了 $k_{rank}$ 分别取 1.01 和 1.04 时 a 相上桥臂 20 个子模块电容电压的波形。

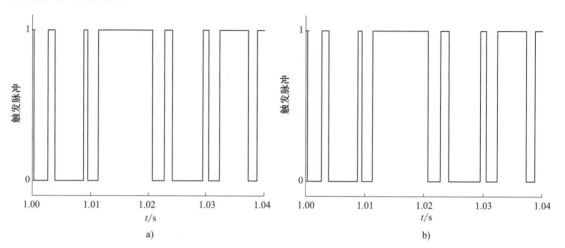

图 6-8　采用保持因子排序与整体投入平衡策略时 $T_1$ 上的触发脉冲
a）$k_{rank}=1.01$　b）$k_{rank}=1.04$

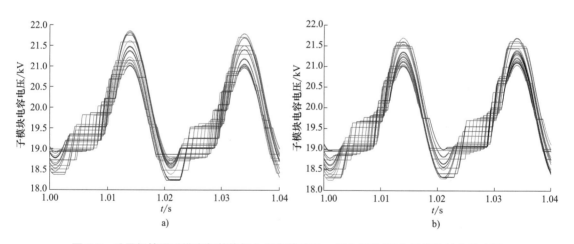

图 6-9　采用保持因子排序与整体投入平衡策略时 a 相上桥臂 20 个子模块的电容电压
a）$k_{rank}=1.01$　b）$k_{rank}=1.04$

对于本单端 400kV、400MW 测试系统的运行工况，采用基于保持因子排序与整体投入平衡策略时，若保持因子 $k_{rank}=1.01$，则其 3 个性能指标分别为 $\varepsilon=7.1\%$、$\sigma=1.88\%$、$f_{sw,ave}=371Hz$；若保持因子 $k_{rank}=1.04$，则其 3 个性能指标分别为 $\varepsilon=9.3\%$、$\sigma=4.77\%$、$f_{sw,ave}=125Hz$。

## 6.1.4 电容值不同时对子模块电容电压平衡控制的影响

本节的算例都采用了与2.4.6节同样的单端400kV、400MW测试系统和同样的工作点,没有分析子模块电容值不同时电容电压平衡策略对电容电压波动率$\varepsilon$、电容电压不平衡度$\sigma$和平均开关频率$f_{sw,ave}$的影响。为此,改变2.4.6节单端400kV、400MW测试系统中MMC子模块的电容值,考察电容值不同时上述3种电容电压平衡策略的性能。结果见表6-1。

从表6-1可以看出,对于完全排序与整体参与的电容电压平衡策略,子模块电容值的增大对平均开关频率没有影响,而电容电压波动率和电容电压不平衡度的减小主要是由电容值增大所致。对于后2种电容电压平衡策略,子模块电容值的增大都会使平均开关频率大幅度下降,特别是当电容值从666μF增大到1332μF时,平均开关频率$f_{sw,ave}$下降接近1倍。当然,电容值的增大意味着MMC成本的上升,而平均开关频率$f_{sw,ave}$的下降意味着开关损耗的下降,因此如何取到一个最优的电容值,需要综合考虑MMC的投资成本与运行成本进行经济性分析。本节后面关于3种电容电压平衡策略的比较则在子模块电容值已给定的条件下进行。

表6-1 子模块电容值不同时3种电容电压平衡策略的性能

| 排序方法 | 电容值/μF | 电容电压波动率 $\varepsilon(\%)$ | 电容电压不平衡度 $\sigma(\%)$ | 开关频率 $f_{sw,ave}$/Hz |
|---|---|---|---|---|
| 完全排序与整体参与 | 666 | 6.8 | 0.80 | 1843 |
|  | 1332 | 3.1 | 0.37 | 1803 |
|  | 1998 | 1.9 | 0.25 | 1780 |
| 按状态排序与增量投切 ($\sigma_m=2\%$) | 666 | 7.5 | 2.88 | 440 |
|  | 1332 | 4.0 | 2.35 | 233 |
|  | 1998 | 2.5 | 2.30 | 133 |
| 采用保持因子排序与整体投入 ($k_{rank}=1.01$) | 666 | 7.1 | 1.88 | 371 |
|  | 1332 | 3.5 | 1.41 | 218 |
|  | 1998 | 2.5 | 1.27 | 158 |

## 6.1.5 电容电压平衡策略小结

为了比较基于完全排序与整体参与的电容电压平衡策略(简称完全排序法)、基于按状态排序与增量投切的电容电压平衡策略(简称按状态排序法)和采用保持因子排序与整体投入的电容电压平衡策略(简称保持因子法)的优缺点,仍采用与2.4.6节同样的单端400kV、400MW测试系统和同样的工作点(有功功率350MW和无功功率100Mvar),桥臂子模块数目$N$为20,控制周期$T_{ctrl}=100\mu s$,子模块电容$C_0=666\mu F$,比较这3种策略的性能,结果见表6-2。

表6-2 3种电容电压平衡策略的性能比较

| 平衡策略 | 方法参数 ($\sigma_m$ 或 $k_{rank}$) | 电容电压波动率 $\varepsilon(\%)$ | 电容电压不平衡度 $\sigma(\%)$ | 开关频率 $f_{sw,ave}$/Hz |
|---|---|---|---|---|
| 完全排序法 | — | 6.8 | 0.80 | 1843 |

(续)

| 平衡策略 | 方法参数 ($\sigma_m$ 或 $k_{rank}$) | 电容电压波动率 $\varepsilon$(%) | 电容电压不平衡度 $\sigma$(%) | 开关频率 $f_{sw,ave}$ /Hz |
|---|---|---|---|---|
| 按状态排序法 | $\sigma_m = 2\%$ | 7.5 | 2.88 | 440 |
| | $\sigma_m = 4\%$ | 8.1 | 4.71 | 223 |
| | $\sigma_m = 6\%$ | 8.5 | 6.78 | 145 |
| | $\sigma_m = 8\%$ | 9.3 | 8.73 | 98 |
| 保持因子法 | $k_{rank} = 1.01$ | 7.1 | 1.88 | 371 |
| | $k_{rank} = 1.03$ | 8.7 | 3.78 | 160 |
| | $k_{rank} = 1.05$ | 10.0 | 6.62 | 118 |
| | $k_{rank} = 1.07$ | 11.3 | 7.53 | 85 |

从表6-2可以得出如下结论：相比完全排序法，按状态排序法和保持因子法都能够大幅度降低开关频率，达到减少开关损耗的目的；在相同等级的开关频率下，按状态排序法的电容电压波动率相对较低，而保持因子法的电容电压不平衡度相对较小。由于电容电压波动率直接影响子模块电容器和子模块功率器件承受的电压水平，对投资成本具有直接的影响；而电容电压不平衡度造成的影响较小。因此，在相同等级的开关频率下，优先考虑具有较低电容电压波动率的控制策略。另外，保持因子法本身需要确定3个参数，包括电容电压额定值$U_{cN}$附近电压的上、下限参数以及保持因子本身的参数，优化过程比较复杂，相对来说不够方便。因此，下面重点讨论按状态排序法的参数选择问题。

表6-3为按状态排序法取不同参数值时的特性分析表。从表中可以看出，随着电容电压不平衡度阈值$\sigma_m$的提高，开关频率逐渐降低，但下降的速度逐渐变小。对于本例，$\sigma_m$取8%是一个比较合理的选择。对于实际工程，$\sigma_m$可以在5%～10%之间先进行仿真试验，找到合适的值之后再将按状态排序法的具体算法固定下来。

表6-3 基于按状态排序与增量投切的电容电压平衡策略特性分析表

| 电容电压不平衡度阈值 $\sigma_m$(%) | 电容电压波动率 $\varepsilon$(%) | 电容电压不平衡度 $\sigma$(%) | 开关频率 $f_{sw,ave}$/Hz |
|---|---|---|---|
| 1 | 6.9 | 1.87 | 676 |
| 2 | 7.5 | 2.88 | 440 |
| 3 | 8.0 | 3.82 | 320 |
| 4 | 8.1 | 4.71 | 223 |
| 5 | 7.9 | 6.83 | 205 |
| 6 | 8.5 | 6.78 | 145 |
| 7 | 8.9 | 7.87 | 106 |
| 8 | 9.3 | 8.73 | 98 |
| 9 | 9.5 | 9.85 | 90 |
| 10 | 10.3 | 10.77 | 85 |
| 11 | 10.5 | 11.78 | 84 |
| 12 | 10.8 | 12.74 | 84 |
| 13 | 10.9 | 13.73 | 83 |
| 14 | 10.7 | 14.74 | 80 |

## 6.2 MMC 动态冗余与容错运行控制策略

### 6.2.1 设计冗余与运行冗余的基本概念

为了更形象地展示设计冗余与运行冗余的概念，先来看一个具体实例。设某半桥子模块型 MMC 的每个桥臂具有 $N_{\text{tot}} = 10$ 个子模块，每个子模块的额定电压为 $U_{\text{cN}} = 1\text{kV}$，且 MMC 直流侧额定电压 $U_{\text{dcN}} = 8\text{kV}$，额定运行时每个相单元投入的子模块个数 $N = 8$。

现分 4 种工况展示该 MMC 的交流侧和直流侧电压运行能力以及上下桥臂投入子模块数目的变化规律。第 1 种工况，直流运行电压 $U_{\text{dc}} = U_{\text{dcN}} = 8\text{kV}$，交流差模电压幅值 $U_{\text{diffm}} = 4\text{kV}$，此时 a 相上下桥臂投入子模块数目的变化规律见表 6-4。第 2 种工况，直流运行电压 $U_{\text{dc}} = U_{\text{dcN}} = 8\text{kV}$，交流差模电压幅值 $U_{\text{diffm}} = 3\text{kV}$，此时 a 相上下桥臂投入子模块数目的变化规律见表 6-5。第 3 种工况，直流运行电压 $U_{\text{dc}} = U_{\text{dcN}} = 8\text{kV}$，交流差模电压幅值 $U_{\text{diffm}} = 5\text{kV}$，此时 a 相上下桥臂投入子模块数目的变化规律见表 6-6。第 4 种工况，直流运行电压 $U_{\text{dc}} = 10\text{kV}$，交流差模电压幅值 $U_{\text{diffm}} = 5\text{kV}$，此时 a 相上下桥臂投入子模块数目的变化规律见表 6-7。

**表 6-4  直流运行电压 8kV 与交流相电压幅值 4kV 工况**

| $u_{\text{diffa}}$ | 0 | 1 | 2 | 3 | 4 | 3 | 2 | 1 | 0 | -1 | -2 | -3 | -4 | -3 | -2 | -1 | 0 | 1 |
|---|---|---|---|---|---|---|---|---|---|---|---|---|---|---|---|---|---|---|
| $u_{\text{pa}}$ | 4 | 3 | 2 | 1 | 0 | 1 | 2 | 3 | 4 | 5 | 6 | 7 | 8 | 7 | 6 | 5 | 4 | 3 |
| $u_{\text{na}}$ | 4 | 5 | 6 | 7 | 8 | 7 | 6 | 5 | 4 | 3 | 2 | 1 | 0 | 1 | 2 | 3 | 4 | 5 |
| $U_{\text{dc}}$ | 8 | 8 | 8 | 8 | 8 | 8 | 8 | 8 | 8 | 8 | 8 | 8 | 8 | 8 | 8 | 8 | 8 | 8 |

**表 6-5  直流运行电压 8kV 与交流相电压幅值 3kV 工况**

| $u_{\text{diffa}}$ | 0 | 1 | 2 | 3 | 2 | 1 | 0 | -1 | -2 | -3 | -2 | -1 | 0 | 1 |
|---|---|---|---|---|---|---|---|---|---|---|---|---|---|---|
| $u_{\text{pa}}$ | 4 | 3 | 2 | 1 | 2 | 3 | 4 | 5 | 6 | 7 | 6 | 5 | 4 | 3 |
| $u_{\text{na}}$ | 4 | 5 | 6 | 7 | 6 | 5 | 4 | 3 | 2 | 1 | 2 | 3 | 4 | 5 |
| $U_{\text{dc}}$ | 8 | 8 | 8 | 8 | 8 | 8 | 8 | 8 | 8 | 8 | 8 | 8 | 8 | 8 |

**表 6-6  直流运行电压 8kV 与交流相电压幅值 5kV 工况**

| $u_{\text{diffa}}$ | 0 | 1 | 2 | 3 | 4 | 5 | 4 | 3 | 2 | 1 | 0 | -1 | -2 | -3 | -4 | -5 | -4 | -3 | -2 | -1 | 0 | 1 |
|---|---|---|---|---|---|---|---|---|---|---|---|---|---|---|---|---|---|---|---|---|---|---|
| $u_{\text{pa}}$ | 4 | 3 | 2 | 1 | 0 | -1 | 0 | 1 | 2 | 3 | 4 | 5 | 6 | 7 | 8 | 9 | 8 | 7 | 6 | 5 | 4 | 3 |
| $u_{\text{na}}$ | 4 | 5 | 6 | 7 | 8 | 9 | 8 | 7 | 6 | 5 | 4 | 3 | 2 | 1 | 0 | -1 | 0 | 1 | 2 | 3 | 4 | 5 |
| $U_{\text{dc}}$ | 8 | 8 | 8 | 8 | 8 | 8 | 8 | 8 | 8 | 8 | 8 | 8 | 8 | 8 | 8 | 8 | 8 | 8 | 8 | 8 | 8 | 8 |

**表 6-7  直流运行电压 10kV 与交流相电压幅值 5kV 工况**

| $u_{\text{diffa}}$ | 0 | 1 | 2 | 3 | 4 | 5 | 4 | 3 | 2 | 1 | 0 | -1 | -2 | -3 | -4 | -5 | -4 | -3 | -2 | -1 | 0 | 1 |
|---|---|---|---|---|---|---|---|---|---|---|---|---|---|---|---|---|---|---|---|---|---|---|
| $u_{\text{pa}}$ | 5 | 4 | 3 | 2 | 1 | 0 | 1 | 2 | 3 | 4 | 5 | 6 | 7 | 8 | 9 | 10 | 9 | 8 | 7 | 6 | 5 | 4 |
| $u_{\text{na}}$ | 5 | 6 | 7 | 8 | 9 | 10 | 9 | 8 | 7 | 6 | 5 | 4 | 3 | 2 | 1 | 0 | 1 | 2 | 3 | 4 | 5 | 6 |
| $U_{\text{dc}}$ | 10 | 10 | 10 | 10 | 10 | 10 | 10 | 10 | 10 | 10 | 10 | 10 | 10 | 10 | 10 | 10 | 10 | 10 | 10 | 10 | 10 | 10 |

从表 6-4 可以看出，在直流运行电压 $U_{dc}=U_{dcN}=8\text{kV}$ 与交流差模电压幅值 $U_{diffm}=4\text{kV}$ 的条件下，a 相上下桥臂各自投入的最大子模块数目是 8 个，最小子模块数目是 0 个。这意味着桥臂子模块的设计冗余是 2 个，运行冗余是 0 个。

从表 6-5 可以看出，在直流运行电压 $U_{dc}=U_{dcN}=8\text{kV}$ 与交流差模电压幅值 $U_{diffm}=3\text{kV}$ 的条件下，a 相上下桥臂各自投入的最大子模块数目是 7 个，最小子模块数目是 0 个。这意味着桥臂子模块的设计冗余是 2 个，运行冗余是 1 个。

从表 6-6 可以看出，在直流运行电压 $U_{dc}=U_{dcN}=8\text{kV}$ 与交流差模电压幅值 $U_{diffm}=5\text{kV}$ 的条件下，a 相上下桥臂各自投入的最大子模块数目是 9 个，最小子模块数目是 −1 个。这意味着这种工况是不可能实现的，交流差模电压幅值不可能大于直流运行电压的一半。

从表 6-7 可以看出，在直流运行电压 $U_{dc}=U_{dcN}=10\text{kV}$ 与交流差模电压幅值 $U_{diffm}=5\text{kV}$ 的条件下，a 相上下桥臂各自投入的最大子模块数目是 10 个，最小子模块数目是 0 个。这意味着在 MMC 存在设计冗余的条件下，直流运行电压可以高于直流额定电压；而在表 6-7 所示的升压运行条件下，桥臂子模块的设计冗余是 0 个，运行冗余是 0 个。

从上面的具体实例可以看出，桥臂子模块总数 $N_{tot}$ 决定了直流侧最高运行电压 $U_{dc,max}$，直流侧最高运行电压 $U_{dc,max}$ 决定了直流侧实际可能的运行电压 $U_{dc}$，直流侧实际运行电压 $U_{dc}$ 决定了 MMC 的设计冗余度；另一方面，直流侧实际运行电压 $U_{dc}$ 决定了交流侧最高运行电压 $U_{diffm,max}$，交流侧最高运行电压 $U_{diffm,max}$ 决定了 MMC 的运行冗余度。为了一般性地描述上述关系，需要定义直流电压变换系数 $k_{dcv}$ 和交流基波电压调制比 $m$ 如下：

$$\begin{cases} k_{dcv} = \dfrac{U_{dc}}{N_{tot}U_{cN}} = \dfrac{U_{dc}}{U_{dc,max}} \\ m = \dfrac{U_{diffm}}{\dfrac{U_{dc}}{2}} \end{cases} \quad (6\text{-}5)$$

式中，$U_{dc}$ 为直流系统实际运行电压，而 $N_{tot}U_{cN}$ 是直流侧可以取到的最高电压 $U_{dc,max}$；$U_{diffm}$ 为交流侧实际运行的相电压幅值，交流基波电压调制比 $m$ 的定义与第 2 章中已经给出的定义完全一致，这里只是再强调一下。

前面的相关分析中，我们没有考虑存在冗余子模块的情况，桥臂子模块数目 $N$ 是不考虑冗余情况下的桥臂子模块级联数，等于直流额定电压 $U_{dcN}$ 与额定电容电压 $U_{cN}$ 的比值 $N=U_{dcN}/U_{cN}$。

MMC 设计时，需要考虑调制比 $m=1$ 的运行工况，在不考虑直流降压运行的情况下，上下桥臂合成电压 $u_{pj}$ 和 $u_{nj}$ 的变化范围是 $0\sim U_{dcN}$，相应地每个桥臂投入的子模块数目为 $0\sim N$。此时在 $N$ 个子模块之外额外级联的子模块即为设计时考虑的冗余子模块，其数目记为 $\Delta N_{dsgn}$。定义设计冗余度为

$$R_{dsgn} = \dfrac{\Delta N_{dsgn}}{N} = \dfrac{N_{tot}-N}{N} = \dfrac{N_{tot}-k_{dcv}N_{tot}}{k_{dcv}N_{tot}} = \dfrac{1}{k_{dcv}}-1 \quad (6\text{-}6)$$

MMC 实际运行时，大多数情况调制比 $m<1$。我们来计算一下此时每个桥臂需要投入的子模块数目最大值。以 a 相桥臂为例进行计算。根据式（5-41）可知，当 $u_{diffa}$ 取到其幅值 $U_{diffm}$ 时，$u_{na}$ 取到最大值 $U_{na,max}$，我们定义与 $U_{na,max}$ 相对应的子模块数目为 $N_{oprn}$。根据差

模电压和共模电压的关系式，设当 $u_{na}$ 取到其最大值 $U_{na,max}$ 时对应的 $u_{pa}$ 为 $U_{pa}$，则 $U_{na,max}$ 和 $U_{pa}$ 满足如下方程：

$$\begin{cases} u_{coma} = \dfrac{1}{2}(U_{na,max}+U_{pa}) = \dfrac{U_{dcN}}{2}+\widetilde{u}_{comj} \\ U_{diffm} = \dfrac{1}{2}(U_{na,max}-U_{pa}) = m\dfrac{U_{dcN}}{2} \end{cases} \quad (6\text{-}7)$$

由于 $\widetilde{u}_{comj}$ 很小，忽略不计，可以得到

$$U_{na,max} = \dfrac{1+m}{2}U_{dcN} \quad (6\text{-}8)$$

从而可以得到

$$N_{oprn} = \dfrac{1+m}{2}N \quad (6\text{-}9)$$

可见，在 $m<1$ 的运行方式下，每个桥臂需要投入的最大子模块数目不到 $N$，而这意味着桥臂的 $N$ 个子模块不会被完全利用，任一时刻将至少有 $N-N_{oprn}$ 个子模块处于闲置状态。本书将运行中由于调制比 $m<1$ 而产生的冗余子模块称为运行冗余子模块，其数目记为 $\Delta N_{oprn}$。定义运行冗余度为

$$R_{oprn} = \dfrac{\Delta N_{oprn}}{N} = \dfrac{N-N_{oprn}}{N} = \dfrac{1-m}{2} \quad (6\text{-}10)$$

图 6-10 给出了桥臂总子模块数 $N_{tot}$、设计冗余子模块数 $\Delta N_{dsgn}$、运行冗余子模块数 $\Delta N_{oprn}$ 以及满足当前运行方式的实际运行模块数 $N_{oprn}$ 之间的关系。其中，$N_{tot}$、$\Delta N_{dsgn}$ 以及 $N$ 均为固定值，其大小在工程设计时已确定；$N_{oprn}$ 以及 $\Delta N_{oprn}$ 为变化值，其大小由当前的交流基波电压调制比 $m$ 决定。定义 MMC 的子模块利用率 $\eta_{sm}$ 为

$$\eta_{sm} = \dfrac{N_{oprn}}{N_{tot}} \quad (6\text{-}11)$$

它表征了子模块被利用的程度。

在调制比 $m<1$ 的情况下，每相最多只需 $N_{oprn}$ 个子模块即可正常运行，其余均可视为冗余子模块。若额定运行工况下调制比 $m=0.85$，则运行冗余度 $R_{oprn}=(1-0.85)/2=7.5\%$。假定工程设计冗余度 $R_{dsgn}$ 为 10%，则综合冗余度（设计冗余度与运行冗余度之和）将达到 17.5%，此时子模块的实际利用率 $\eta_{sm}$ 仅为 84.1%。

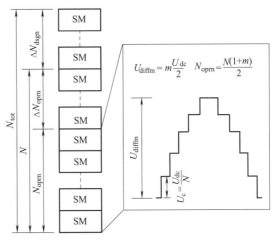

图 6-10 子模块投入情况示意图

## 6.2.2 MMC 动态冗余与容错运行控制策略的基本思想

在 6.1 节讨论子模块电容电压平衡控制时曾经指出，当采用最近电平逼近调制（NLM）策略时，任何控制时刻计算桥臂需投入的子模块数目时，都需要给出子模块电容电压的数值；而电容电压本身是波动性的，并不是一个固定值，且各子模块电容电压之间还存在较大

的离散性。6.1 节将电容电压额定值 $U_{cN} = U_{dcN}/N$ 作为 NLM 计算时的电容电压值，实践证明系统完全可以稳定运行。如果将 NLM 计算时所采用的电容电压值定义为电容电压基准值 $U_{cbase}$，那么从 6.1 节的分析和仿真结果可以看出，如果 $U_{cbase}$ 不取 $U_{cN}$，而取比 $U_{cN}$ 小一点的数值，系统也完全可以运行，只是子模块的电容电压直流分量会小一些。

因此，我们可以仿照传统直流输电换流器的动态冗余与容错运行策略，提出一种思路类似的适用于 MMC 的动态冗余与容错运行策略。其要点是：①不区分是冗余子模块还是一般子模块；②将所有冗余子模块都投入运行；③一旦有子模块故障，就旁路该子模块；④当故障子模块数目超过最大容许值时，系统停运大修，并补充要求数目的冗余子模块。

### 6.2.3 MMC 动态冗余与容错运行控制策略的实现方法

按照上述 MMC 的动态冗余与容错运行控制策略，MMC6 个桥臂可投入运行的子模块数目将有可能是不同的，因为每个桥臂处于故障态的子模块数目可能是不同的。但根据本书前面推导的 MMC 控制策略，最终的控制落实到阀控层面，就是要实现 $u_{pj}^*$ 和 $u_{nj}^*$。显然，实现 $u_{pj}^*$ 和 $u_{nj}^*$ 并不要求 6 个桥臂可投入运行的子模块数目一致，实际上各桥臂完全可以独立控制。设 MMC 某桥臂可投入运行的所有子模块数目为 $N_{tot}$，则对应该桥臂的子模块电容电压基准值 $U_{cbase}$ 可以按下式取值：

$$U_{cbase} = \frac{U_{dc}}{N_{tot}} \tag{6-12}$$

### 6.2.4 MMC 动态冗余与容错运行稳态特性仿真实例

采用与 5.3.8 节同样的单端 400kV、400MW 测试系统，其他条件不变，仅对 MMC 的构成做一点小的调整。原系统中，MMC 每个桥臂有 20 个子模块，每个子模块电容电压的额定值为 20kV。为了反映动态冗余与容错运行的特点，设该 MMC 的设计冗余度为 8%，即每个桥臂可投入运行的子模块总数为 22 个；并设当每个桥臂可投入运行的子模块总数小于 18 时系统停运。MMC1 为整流器，采用 PLL/$U_{dc}$-$Q_{pcc}$ 控制模式；其差模外环控制器采用定直流电压控制和定无功功率控制，且直流电压指令值为 400kV，无功功率指令值设为 0；其共模外环控制器采用环流抑制控制，2 次谐波环流指令值设定为 0。MMC2 为逆变器，采用 PLL/$P_{pcc}$-$Q_{pcc}$ 控制模式；其差模外环控制器采用定有功功率控制和定无功功率控制，有功功率为 200MW，无功功率为 100Mvar；其共模外环控制器采用环流抑制控制，2 次谐波环流指令值设定为 0。本算例设定的仿真过程为，初始状态逆变站 MMC 6 个桥臂的子模块数目都为 22 个，1.0s 时 a 相上桥臂有一个子模块故障被旁路掉，该相剩下的 21 个子模块继续运行；1.2s 时 c 相下桥臂有一个子模块故障被旁路掉，该相剩下的 21 个子模块继续运行；MMC 其余未故障桥臂的子模块总数仍然为 22 个不变。另外，本次仿真中，子模块电容电压平衡控制采用基于按状态排序与增量投切的电容电压平衡策略，不平衡度阈值取 $\sigma_m = 8\%$。

图 6-11 给出了逆变站 MMC 部分物理量的变化波形，其中图 a 是交流有功功率 $P_{pcc}$ 和无功功率 $Q_{pcc}$ 的波形图，图 b 是阀侧交流电压 $u_{vd}$ 和 $u_{vq}$ 波形图，图 c 是阀侧交流电流 $i_{vd}$ 和 $i_{vq}$ 的波形图，图 d 是内部环流 d 轴和 q 轴电流 $i_{cird}$ 和 $i_{cirq}$ 的波形图，图 e 是 a 相上桥臂所有子模块电容电压的波形图。

从图 6-11 可以看出，桥臂中约 5% 的子模块故障并被旁路对 MMC 的稳定运行影响很小，

第6章 MMC中的子模块电容电压平衡策略

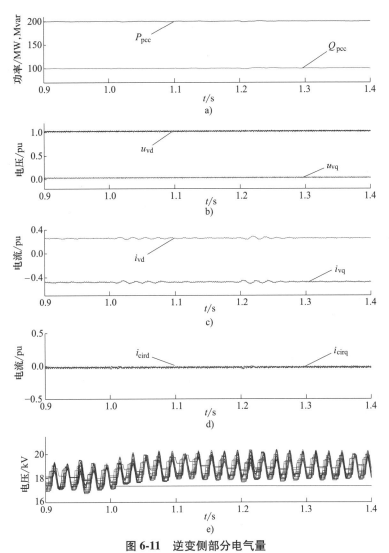

图 6-11 逆变侧部分电气量
a) 有功功率 $P_{pcc}$ 和无功功率 $Q_{pcc}$　b) 阀侧交流电压 $u_{vd}$ 和 $u_{vq}$　c) 阀侧交流电流 $i_{vd}$ 和 $i_{vq}$
d) 内部环流 $i_{cird}$ 和 $i_{cirq}$　e) a 相上桥臂所有子模块电容电压

输出功率和输出电压几乎没有变化，输出电流 $i_{vd}$ 和 $i_{vq}$ 有微小变化，内部环流仍然保持在零值附近，故障桥臂健全子模块的电容电压有所上升。

## 6.2.5 MMC动态冗余与容错运行动态特性仿真实例

仍然采用与5.3.8节同样的单端400kV、400MW测试系统，本算例测试桥臂子模块数目不同时 MMC 的动态响应特性。设 MMC a 相上桥臂子模块数目为21，a 相下桥臂子模块数目为22；b 相上桥臂子模块数目为22，b 相下桥臂子模块数目为20；c 相上桥臂子模块数目为21，c 相下桥臂子模块数目为20。MMC1 为整流器，采用 PLL/$U_{dc}$-$Q_{pcc}$ 控制模式；其差模外环控制器采用定直流电压控制和定无功功率控制，且直流电压指令值设为400kV，无功功率指令值设为0；其共模外环控制器采用环流抑制控制，2 次谐波环流指令值设定为 0。MMC2 为逆变器，采用 PLL/$P_{pcc}$-$Q_{pcc}$ 控制模式；其差模外环控制器采用定有功功率控制和定无功功率控制,初始有功功率为200MW,初始无功功率为100Mvar;其共模外环控制器采用环流抑制控制,2次谐波环流指令值设定为0。本算例设定的仿真过程为,1.0s时逆变侧无功功率指令值从100Mvar变为0Mvar;1.2s时有功功率指令值从200MW变为300MW。且本次仿真中子模块电容电压平衡控制采用基于按状态排序与增量投切的电容电压平衡策略,不平衡度阈值取$\sigma_m = 8\%$。

图6-12给出了逆变站MMC部分物理量的变化波形,其中图a是交流有功功率$P_{pcc}$和无功功率$Q_{pcc}$的波形图,图b是阀侧交流电压$u_{vd}$和$u_{vq}$波形图,图c是阀侧交流电流$i_{vd}$和$i_{vq}$的波形图,图d是内部环流d轴和q轴电流$i_{cird}$和$i_{cirq}$的波形图,图e是a相上桥臂所有子模块电容电压的波形图。

从图6-12可以看出,MMC各桥臂子模块数目存在5%~10%的差别时,MMC完全可以稳定运行,控制性能也没有退化。

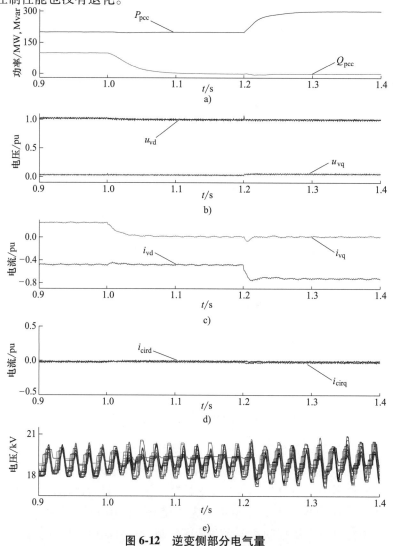

**图6-12 逆变侧部分电气量**

a) 有功功率$P_{pcc}$和无功功率$Q_{pcc}$ b) 阀侧交流电压$u_{vd}$和$u_{vq}$ c) 阀侧交流电流$i_{vd}$和$i_{vq}$
d) 内部环流$i_{cird}$和$i_{cirq}$ e) a相上桥臂所有子模块电容电压

## 6.3 MMC-HVDC 系统的启动控制

### 6.3.1 MMC 的预充电控制策略概述

由于 MMC 各相桥臂的子模块中包含大量的储能电容,换流器在进入稳态工作方式前,必须采用合适的启动控制来对这些子模块储能电容进行预充电。因此,在 MMC 的启动过程中,必须采取适当的启动控制和限流措施。另外,MMC 作为无源电网或新能源基地电网构网电源时,其交流侧系统是一个无源网络,MMC 不能直接进入 $f/V$ 控制模式。因此,作为无源电网或新能源基地电网构网电源的 MMC,也必须要有单独的启动控制策略。

事实上,启动控制的目标是通过控制方式和辅助措施使 MMC 的直流电压快速上升到接近正常工作时的电压,但又不产生过大的充电电流。通常,在中低压应用领域中,电压源型换流装置可以考虑采用辅助充电电源的他励启动方式来实现。显然,这种方式在 MMC-HVDC 系统中既不现实也不经济。因此在实际的 MMC-HVDC 工程中,一般多采用自励启动方式。其中一种可行方案是启动时在充电回路中串接限流电阻,如图 6-13 所示。启动结束时退出限流电阻以减少损耗。

对于 MMC 换流器,为了限制子模块电容器的充电电流,限流电阻的安装位置一般有以下 2 种选择:①安装在联接变压器网侧;②安装在联接变压器阀侧。

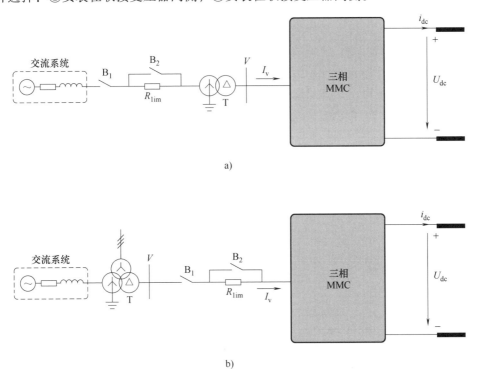

图 6-13 MMC 换流站启动限流电阻配置方案
a) 限流电阻接在网侧  b) 限流电阻接在阀侧

从时间尺度看，MMC 自励预充电过程分为两个阶段：不控充电阶段（此时换流器闭锁）和可控充电阶段（此时换流器已解锁）。在不控充电阶段，换流器启动之前各子模块电压为零，由于子模块触发电路通常是通过电容分压取能的，故此阶段 IGBT 因缺乏足够的触发能量而闭锁，此时交流系统只能通过子模块内与 IGBT 反并联的二极管对电容进行充电。在可控充电阶段，子模块电容电压已达到一定的值，子模块 IGBT 已具有可控性，换流器基于特定的控制策略继续充电，直到电容电压达到预设水平。

从空间维度看，MMC 自励预充电启动策略可以分为两种：交流侧预充电启动和直流侧预充电启动。第 1 种是柔性直流系统各换流站分别通过交流侧完成对本地 MMC 三相桥臂子模块电容的充电，之后切换到正常运行模式；第 2 种是只通过一端换流站（为主导站）同时向本地和远方的 MMC 子模块电容充电，当所有子模块电容电压达到设定值后切换到正常运行模式。前者对各站通信要求较低，独立性较强；而后者在 MMC 作为无源电网或新能源基地电网构网电源以及黑启动等场合中是必须的，因为此时无源侧和待恢复交流系统可能没有电源向电容器提供充电电源。根据以上特点，这两种启动方式也可称为本地预充电启动和远方预充电启动。

### 6.3.2 子模块闭锁运行模式

MMC 子模块闭锁模式一般出现在以下 3 种场景下：①当直流侧发生故障后，需要立即封锁所有 IGBT 的触发信号以帮助实现直流侧故障隔离，防止故障进一步发展和浪涌电流损坏器件；②虽未发生直流侧故障，但由于调度运行、检修计划或其他原因，需要换流器闭锁以实现正常退出；③启动初期因 IGBT 缺乏必需的能量而无法触发，处于闭锁状态。

处于闭锁状态的 MMC，其一个桥臂的电气特性与该桥臂中任意一个子模块的电气特性一致，因此，闭锁状态下 MMC 的简化等效电路可以用图 6-14 来表示。对于闭锁状态下的任意一个子模块，定义其电压 $u_{sm}$ 和电流 $i_{sm}$ 的正方向为 A 到 B，如图 6-15 所示。闭

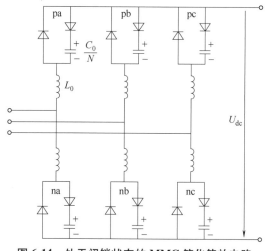

图 6-14 处于闭锁状态的 MMC 简化等效电路

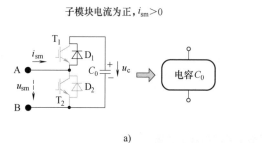

图 6-15 半桥子模块闭锁模式下的等效电路

a）充电模式 b）短路模式

锁状态下子模块的等效电路与其电流方向密切相关,当电流为正时,子模块处于充电模式,对外等效为带电的电容 $C_0$;当电流为负时,子模块处于旁路模式,对外等效为短路。

### 6.3.3 直流侧开路的 MMC 不控充电特性分析

直流侧开路的 MMC 的示意图如图 6-16 所示,其中桥臂编号规则采用与传统直流输电 LCC 换流器完全一致的规则[4],即三相上桥臂依次编号为 1、3、5,三相下桥臂依次编号为 4、6、2,且定义桥臂电流正方向为从上往下。

仍然采用传统直流输电换流理论对线电压过零点的定义[4],即 $u_{pcca}$ 超过 $u_{pccc}$ 的相交点为 $C_1$,$u_{pccb}$ 超过 $u_{pccc}$ 的相交点为 $C_2$,其余依次类推,如图 6-17 所示。

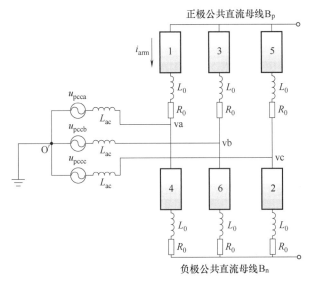

图 6-16 直流侧开路的 MMC 示意图

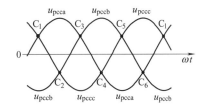

图 6-17 交流系统线电势过零点的定义

下面以 $C_1$ 到 $C_2$ 时间段为例,对图 6-16 所示的 MMC 的不控充电特性进行分析。在 $C_1$ 到 $C_2$ 时间段,$u_{pcca}$ 最高,$u_{pccb}$ 最低。在不控充电阶段,起主要作用的是二极管和电容,主回路中的电感可以暂时忽略不计。这样,因为 $u_{pcca}$ 最高,对于阻容电路,a 相上的电流方向必然是从 va 流向 $B_p$ 和从 va 流向 $B_n$ 的,即桥臂 1 电流为负,桥臂 4 电流为正;而 $u_{pccb}$ 电压最低,b 相上的电流方向必然是从 $B_p$ 流向 vb 和从 $B_n$ 流向 vb 的,即桥臂 3 电流为正,桥臂 6 电流为负。

对于 3 个上桥臂,由于桥臂 1 电流为负,因此桥臂 1 的子模块必处于短路模式。这样,$B_p$ 的电位就与 va 的电位相同,从而桥臂 3 和桥臂 5 承受正向电压,对于阻容电路,电流方向与电压方向一致,桥臂 3 和桥臂 5 电流为正,处于充电模式。

对于 3 个下桥臂,由于桥臂 6 电流为负,因此桥臂 6 的子模块必处于短路模式,$B_n$ 的电位就与 vb 的电位相同,从而桥臂 4 和桥臂 2 承受正向电压,对于阻容电路,电流方向与电压方向一致,桥臂 4 和桥臂 2 电流为正,处于充电模式。

因此在 MMC 闭锁的不控充电阶段,MMC 总有 2 个桥臂处于短路模式,而有 4 个桥臂处于充电模式。

对于处于充电模式的桥臂,以桥臂 5 为例进行分析。若桥臂 5 上的正向电压 $e_{pc} = u_{pcca} -$

$u_{\text{pccc}}$ 大于桥臂 5 所有子模块电容电压合成的内电势 $u_{\text{pc}}$，那么桥臂 5 的充电电流为正，可以继续充电。如果桥臂 5 上的正向电压 $e_{\text{pc}} = u_{\text{pcca}} - u_{\text{pccc}}$ 小于桥臂 5 所有子模块电容电压合成的内电势 $u_{\text{pc}}$，那么桥臂 5 的充电电流就会反向，但由于子模块中的二极管 $D_1$ 承受反向电压截止，桥臂 5 的充电电流就只能等于零，即桥臂 5 中的子模块也不可能放电。

实际上，可以对桥臂 5 充电的时间段是 $C_1$ 到 $C_5$ 时间段，其中 $C_1$ 到 $C_3$ 时间段 $e_{\text{pc}} = u_{\text{pcca}} - u_{\text{pccc}}$，$C_3$ 到 $C_5$ 时间段 $e_{\text{pc}} = u_{\text{pccb}} - u_{\text{pccc}}$。这样，只要 $e_{\text{pc}}$ 有任何时刻大于 $u_{\text{pc}}$，桥臂 5 就会充电，其电容电压就会上升。可以想象，随着充电过程的继续，桥臂 5 上的内电势 $u_{\text{pc}}$ 会越来越高，直到最终 $e_{\text{pc}}$ 在任何时刻都不高于桥臂 5 上的内电势 $u_{\text{pc}}$。此时，充电过程结束，桥臂 5 上的内电势 $u_{\text{pc}}$ 必等于 $e_{\text{pc}}$ 的最大值，即交流线电势的幅值。设充电结束时子模块电容电压为 $U_{\text{cD}}$，则有如下关系：

$$NU_{\text{cD}} = \sqrt{3}\, U_{\text{pccm}} \tag{6-13}$$

$$U_{\text{cD}} = \frac{\sqrt{3}\, U_{\text{pccm}}}{N} \tag{6-14}$$

式中，$U_{\text{pccm}}$ 为交流系统等值相电势幅值。

不考虑冗余，子模块电容电压额定值 $U_{\text{cN}}$ 由下式确定：

$$U_{\text{cN}} = \frac{U_{\text{dc}}}{N} \tag{6-15}$$

定义子模块电容电压不控充电率 $\eta_{\text{D}}$ 如下：

$$\eta_{\text{D}} = \frac{U_{\text{cD}}}{U_{\text{cN}}} \tag{6-16}$$

第 3 章在推导联接变压器阀侧空载额定电压时已有如下结论：变压器阀侧空载线电压的额定值与联接变压器的漏抗和桥臂电抗的取值相关，一般情况下大致可以取 $U_{\text{dc}}/2$ 的 1.00~1.05 倍，即图 6-16 交流系统等效线电势有效值为 $U_{\text{dc}}/2$ 的 1.00~1.05 倍，因而交流系统等效相电势幅值 $U_{\text{pccm}}$ 可用下式表达：

$$U_{\text{pccm}} = \frac{\sqrt{2}}{\sqrt{3}}(1.00 \sim 1.05)\frac{U_{\text{dc}}}{2} \tag{6-17}$$

因此可以对 $\eta_{\text{D}}$ 作如下估算：

$$\eta_{\text{D}} = \frac{U_{\text{cD}}}{U_{\text{cN}}} = \frac{\sqrt{3}\, U_{\text{pccm}}}{U_{\text{dc}}} = \frac{\sqrt{2}(1.00 \sim 1.05)\dfrac{U_{\text{dc}}}{2}}{U_{\text{dc}}} = 0.71 \sim 0.74 \tag{6-18}$$

即不控充电阶段的充电率可以达到 71%~74%。

### 6.3.4 直流侧带换流器的不控充电特性分析

如前文所述，通过直流侧线路进行预充电是指只通过一端换流站（为主导站）同时向本地和远方的 MMC 子模块电容充电，这种充电方式在 MMC 作为无源电网或新能源基地电网构网电源以及黑启动时是必须的方式。图 6-18 给出了通过主导站向远方站预充电的示意图。

对于图 6-18 所示系统的不控充电过程，也可以仿照 6.3.3 节的分析方法进行分析。下

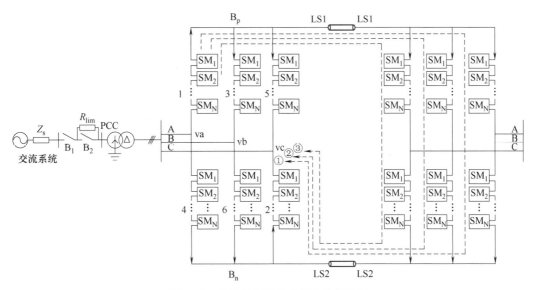

图 6-18 主导站向远方站预充电示意图

面以 $C_2$ 到 $C_3$ 时间段为例,对图 6-18 所示的两个 MMC 的不控充电特性进行分析。在 $C_2$ 到 $C_3$ 时间段,$u_{pcca}$ 最高,$u_{pccc}$ 最低。这样,a 相上的电流方向必然是从 va 流向 $B_p$ 和从 va 流向 $B_n$ 的,即桥臂 1 电流为负,桥臂 4 电流为正;c 相上的电流方向必然是从 $B_p$ 流向 vc 和从 $B_n$ 流向 vc 的,即桥臂 5 电流为正,桥臂 2 电流为负。因此,在 $C_2$ 到 $C_3$ 时间段,桥臂 1 和桥臂 2 处于短路模式,不计直流线路电阻时,远方 MMC 每个相单元上的充电电压为 a 相与 c 相之间的线电势。这种情况具有普遍性,即远方 MMC 每个相单元上的充电电压总为本地交流系统的线电势。因此远方 MMC 每个相单元在不控充电阶段可以达到的最高电压就是本地交流系统的线电势幅值。设充电结束时远方 MMC 子模块电容电压为 $U'_{cD}$,则有如下关系:

$$2NU'_{cD} = \sqrt{3}\, U_{pccm} \tag{6-19}$$

$$U'_{cD} = \frac{\sqrt{3}\, U_{pccm}}{2N} \tag{6-20}$$

对比本地预充电模式下的电容最大充电电压,可以看出远方预充电模式下 MMC 的电容最大充电电压是本地模式下的一半,即远方 MMC 的电容电压不控充电率可以达到 35%~37%。

### 6.3.5 限流电阻的参数设计

从图 6-14 处于闭锁状态的 MMC 简化等效电路可以看出,在充电的初始时刻,子模块电容电压为零或很低,交流系统合闸后 6 个 MMC 桥臂近似于短路,这样就会导致很大的充电电流,会危及交流系统和换流器的安全。解决的方法就是启动时必须在充电回路中串接限流电阻,如图 6-13 所示。限流电阻的参数设计可以这样进行,参照图 6-16 的电路模型,设 6 个 MMC 桥臂为短路,这样联接变压器阀侧的各相交流电流幅值为

$$I_{scm} = \frac{U_{pccm}}{R_{lim}} \tag{6-21}$$

式中，$R_{\lim}$ 为接在联接变压器阀侧的限流电阻，$I_{scm}$ 为充电时联接变压器阀侧相电流幅值。实际工程中，一般要求 $I_{scm}$ 小于 50A。这样，对于阀侧电压为 220kV 的 MMC，联接变压器阀侧接限流电阻时，限流电阻 $R_{\lim}$ 表达式为

$$R_{\lim} \geqslant \frac{U_{pccm}}{I_{scm}} = \frac{\sqrt{2} \times 220/\sqrt{3}}{50} \text{k}\Omega = 3.6 \text{k}\Omega \tag{6-22}$$

实际工程中可以取 $R_{\lim} = 4\text{k}\Omega$。

### 6.3.6 MMC 可控充电实现途径

上节已经阐明不控充电阶段子模块电容只能充电到 70% 额定电压，实际工程中子模块电容达到其 30% 额定电压时已能对子模块进行触发控制。在子模块进入可控阶段后，继续提升子模块电容电压到额定电压的有效方法是 MMC 差模内外环控制器投入运行，同时阀控层级的子模块电容电压平衡控制也投入运行。此时，差模外环控制器宜采用直流侧定电压控制、交流侧定无功功率控制的控制策略，直流电压指令值取额定值，无功功率指令值取零。

### 6.3.7 MMC 启动过程仿真验证

仍然采用与 5.3.8 节同样的单端 400kV、400MW 测试系统。设限流电阻设置在联接变压器阀侧，如图 6-13b 所示，$R_{\lim} = 4\text{k}\Omega$。仿真验证两种场景。第 1 种场景是 MMC1 直流侧开路，仅仅验证 MMC1 的启动过程；第 2 种场景是假定 MMC2 向无源网络供电，MMC1 通过直流线路与 MMC2 同时启动。

**1. 直流侧开路时的单站启动过程**

仿真的时间节点设置如下：初始时刻，断路器 $B_1$、$B_2$ 处于断开状态；0.05s 时闭合断路器 $B_1$，系统进入不控充电阶段；3.0s 时闭合断路器 $B_2$，切除限流电阻；3.5s 时 MMC1 解锁，同时差模内外环控制器投入运行，按照定直流电压和定无功功率控制，并设 MMC1 控制器的控制周期 $T_{ctrl} = 100\mu\text{s}$，子模块电容电压平衡控制采用基于按状态排序与增量投切的电容电压平衡策略，不平衡度阈值取 $\sigma_m = 8\%$；4s 时仿真结束。

图 6-19 给出了 MMC1 主回路主要电气量的变化波形，其中图 a 是阀侧 a 相交流电流的波形图，图 b 是 a 相上桥臂的电流波形图，图 c 是 a 相上桥臂第 1 个子模块电容电压的波形图，图 d 是直流侧电压的波形图。

从图 6-19 可以看出，由于限流电阻的作用，不控充电阶段不管是交流侧电流还是桥臂电流都是很小的，限流电阻切除前，子模块电容电压平稳上升，到 3s 时电容电压已超过 10kV；限流电阻切除瞬间，交流侧电流和桥臂电流都有一个跳变，但都在额定电流范围内，子模块电容电压有一个跳变，瞬间达到不控充电阶段子模块电容电压可以达到的最大值 $U_{cD}$，大约为 70% 额定电压，这里是 14kV 左右；3.5s 时控制器投入后按定直流电压运行，交流侧电流和桥臂电流以及子模块电容电压都有一个跳变，直流电压瞬间达到控制的指令值。

**2. 直流侧带换流器的启动过程**

仿真的时间节点设置如下：初始时刻，断路器 $B_1$、$B_2$ 处于断开状态；0.05s 时闭合断路器 $B_1$，系统进入不控充电阶段；3.0s 时 MMC2 解锁，MMC2 差模内外环控制器按定交流

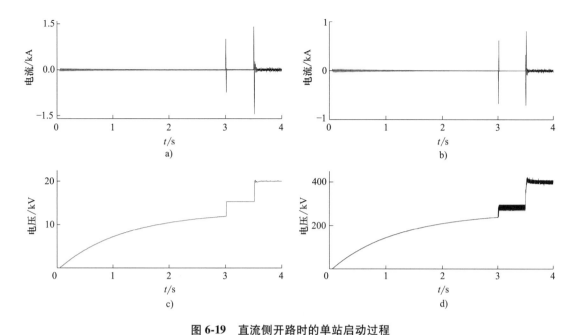

**图 6-19 直流侧开路时的单站启动过程**
a) 阀侧 a 相交流电流的波形  b) a 相上桥臂的电流波形  c) a 相上桥臂第 1 个子模块电容电压的波形  d) 直流侧电压的波形

侧额定电压幅值和频率设置；10.0s 时闭合断路器 $B_2$，切除限流电阻；11.0s 时 MMC1 解锁，MMC1 差模内外环控制器投入运行，并设 MMC1 和 MMC2 控制器的控制周期 $T_{ctrl}$ = 100μs，子模块电容电压平衡控制采用基于按状态排序与增量投切的电容电压平衡策略，不平衡度阈值取 $\sigma_m = 8\%$；12.0s 时仿真结束。

图 6-20 给出了整个系统主回路主要电气量的变化波形，其中图 a 是 MMC1 阀侧 a 相交流电流的波形图，图 b 是 MMC1 a 相上桥臂的电流波形图，图 c 是 MMC1 a 相上桥臂第 1 个

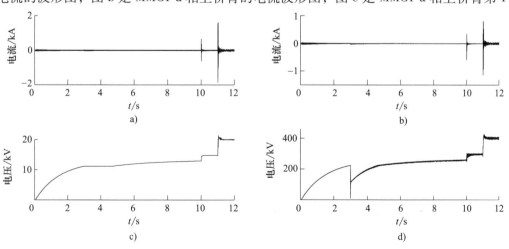

**图 6-20 直流侧带换流器的启动过程**
a) MMC1 阀侧 a 相交流电流的波形图  b) MMC1 a 相上桥臂的电流波形图  c) MMC1 a 相上桥臂第 1 个子模块电容电压的波形图  d) MMC1 直流侧电压的波形图

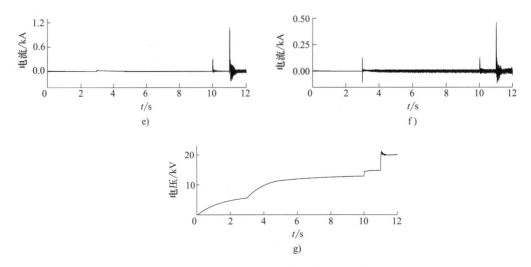

图 6-20 直流侧带换流器的启动过程（续）
e) MMC1 侧直流线路电流的波形图　f) MMC2 a 相上桥臂的电流波形图
g) MMC2 a 相上桥臂第 1 个子模块电容电压的波形图

子模块电容电压的波形图，图 d 是 MMC1 直流侧电压的波形图，图 e 是 MMC1 侧直流线路电流的波形图，图 f 是 MMC2 a 相上桥臂的电流波形图，图 g 是 MMC2 a 相上桥臂第 1 个子模块电容电压的波形图。

从图 6-20 可以看出，MMC2 先解锁对提升 MMC2 的子模块电压十分有利，此时由于限流电阻还没有切除，MMC2 的解锁对整个系统冲击很小，仅仅是直流线路电压有一个瞬时的跳变；MMC2 解锁后，两侧 MMC 中的子模块电压能够平稳上升，直到限流电阻切除后，MMC1 子模块电压跳变到不控充电的最大值，但引起的电流冲击不大。MMC1 解锁并投入控制器后，系统快速稳定到控制的指令值，相应的电流冲击都在额定值范围内。

上述仿真结果表明，本章提出的 MMC 两阶段预充电策略是简单有效的。

## 6.4　MMC-HVDC 系统停运控制

MMC-HVDC 系统的停运有两种情况：正常停运和紧急停运。正常停运指的是为了定期对 MMC-HVDC 系统进行维护与检修而要求其退出运行状态。然而，正常运行的 MMC 子模块电容电压远远超过人身安全电压，因此必须考虑将电容电压放电至安全电压以下进行检修。紧急停运是指当系统发生短路故障等情况时需要 MMC-HVDC 系统快速退出运行，此时各子模块电容不需要进行放电，这可以通过闭锁换流器的触发信号来实现。对于正常停运而言，为了尽量减少对 MMC-HVDC 系统自身和对电网的冲击，需要设计合理的停运流程来完成大量桥臂子模块电容的放电过程。下面对 MMC 正常停运控制策略进行阐述。

MMC 的正常停运一般分为 3 个阶段。第 1 个阶段是能量反馈阶段，通过改变 MMC 的调制比，使子模块电容电压尽量降低；第 2 个阶段是可控放电阶段，通过直流线路放电将子模块电容电压降低到接近其可被触发控制的最低阈值；第 3 个阶段是不控放电阶段，子模块电容通过子模块内电阻彻底放电。

## 6.4.1 能量反馈阶段

MMC 在正常运行时,为了保证功率调节的裕度,电压调制比 $m$ 一般运行在 $0.8\sim0.95$ 范围。因此,在交流侧电压确定的情况下,通过提高电压调制比到 1,就意味着直流电压的下降,从而也意味着子模块电容电压的下降。根据电压调制比 $m$ 的定义

$$m = \frac{U_{\text{diffm}}}{\dfrac{U_{\text{dc}}}{2}} \tag{6-23}$$

MMC 正常停运时可以认为不再与交流系统交换功率,这样 $U_{\text{diffm}}$ 就等于变压器阀侧空载相电压幅值 $\sqrt{2}\,U_{\text{vTN}}$。因此,在能量反馈阶段,直流电压的最低值 $U_{\text{dc,ef}}$ 可以用下式描述

$$U_{\text{dc,ef}} = 2\sqrt{2}\,U_{\text{vTN}} = 2\frac{\sqrt{2}}{\sqrt{3}}\cdot\sqrt{3}\,U_{\text{vTN}} = 2\frac{\sqrt{2}}{\sqrt{3}}(1.00\sim1.05)\frac{U_{\text{dcN}}}{2} = (0.82\sim0.86)U_{\text{dcN}} \tag{6-24}$$

式中,$U_{\text{dcN}}$ 为直流电压额定值。能量反馈阶段结束后,MMC 与所连接的交流系统断开。

## 6.4.2 可控放电阶段

可控放电阶段的主要目标是通过直流线路将子模块电容电压降低到一个事先指定的值,这个值通常接近子模块可控触发所要求的最低电压值,一般为子模块电容电压额定值的 30% 左右。可控放电阶段还可进一步分为 2 个小阶段。第 1 个小阶段是直流线路可控放电阶段,第 2 个小阶段是子模块电容可控放电阶段。

**1. 直流线路可控放电阶段**

能量反馈阶段后,尽管直流侧电流几乎等于零,但直流侧电压仍然很高。不管是直流电缆还是直流架空线,直流线路中还有相当大的电容储能,必须在子模块电容放电之前先放电。直流线路放电控制的基本步骤如下:

步骤 1:在 MMC 3 个相单元中选择 1 个相单元,比如 A 相,用于直流线路放电。闭锁其他两相中的所有子模块,投入相单元 A 中的部分子模块,旁路相单元 A 中的其余子模块。

步骤 2:逐步减少相单元 A 中投入的子模块数目直到零为止。这样,直流线路就通过 MMC 的一个相单元放电,线路上的电压逐渐下降到零,如图 6-21 所示;同时,线路电流也对子模块电容充电,考虑到直流线路电阻和子模块内电阻消耗的能量,实际上子模块电容电压不会升高很多。

步骤 3:如果在减少相单元 A 中投入的子模块数目直到零的过程中,子模块电容电压没有超过其额定电压的,那么直流线路放电过程结束;否则,需增加相单元 A 中投入的子模块数目,重新回到步骤 2。在直流线路放电阶段结束时,相单元 A 上的所有子模块都处于旁路状态,直流线路上已没有电压;而相单元 B 和相单元 C 上的子模块还处于闭锁状态。

**2. 子模块电容可控放电阶段**

此阶段从 MMC-HVDC 系统层面看,采用的控制策略是两侧 MMC 相继放电控制策略;从进入放电的 MMC 本身看,采用的控制策略是按相单元分别放电控制策略。

系统层面的控制策略如图 6-22 所示。设进入可控放电阶段的是 MMC1,则 MMC2 的 3 个相单元全部处于旁路状态,为 MMC1 的放电提供通路。

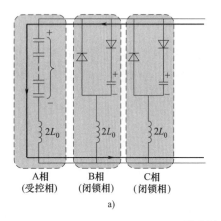
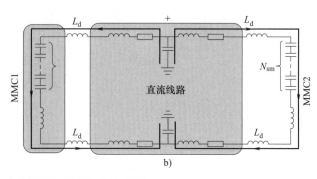

图 6-21 直流线路可控放电阶段示意图

换流器层面的可控放电控制策略如图 6-23 所示。采用的控制策略是按相单元分别放电控制策略。对于进入放电的相单元，比如图 6-23 中的相单元 A，采用子模块分组放电的控制策略，以控制放电电流不超过功率器件的限值；不在放电分组中的其余子模块，采用旁路的控制方式。对于未进入放电的相单元，比如图 6-22 中的相单元 B 和相单元 C，采用闭锁所有子模块的控制策略。子模块电容可控放电阶段结束时，两侧 MMC 中所有子模块的电容电压已接近子模块可控触发所要求的最低电压值。

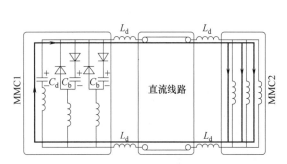
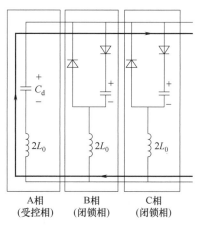

图 6-22 子模块可控放电阶段两侧 MMC 的运行状态

图 6-23 MMC 的按相单元分别放电控制策略

### 6.4.3 不控放电阶段

可控放电阶段结束后，直流线路与所连接的 MMC 断开。后面的过程就是不控放电阶段，子模块电容只通过子模块内部电阻器放电，其等效电路如图 6-24 所示。由于二极管 $D_1$ 承受反向电压截止，子模块电容放电是一个简单的 $RC$ 电路，并且各子模块的放电回路完全是独立的。尽管此 $RC$ 电路的时间常数一般为数十秒，比前 2 个阶段要长得

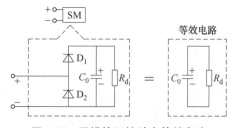

图 6-24 子模块不控放电等效电路

多,但数分钟后子模块电容电压可以可靠地下降到安全电压以下。

### 6.4.4 MMC 正常停运过程仿真验证

仍然采用与 5.3.8 节同样的单端 400kV、400MW 测试系统。稳态运行时整流站采用定有功功率和定无功功率控制,逆变站采用定直流电压控制和定无功功率控制。仿真的时间节点设置如下:2s 开始启动正常停运;2~4s,为能量反馈阶段,通过提升调制比降低子模块电容电压;4.05s 时,交流侧断路器跳开,MMC 与交流系统断开连接;4.1s 时,开始直流线路可控放电阶段;8.1s 时,开始子模块可控放电阶段,从 MMC1 的 3 个相单元分别放电到 MMC2 的 3 个相单元分别放电;9.5s 时,MMC 与直流线路断开,子模块不控放电开始;10.0s 时,仿真结束。

图 6-25 给出停运过程中主回路重要电气量的变化波形。其中图 a 是 MMC1 a 相上桥臂的电流波形图;图 b 是 MMC1 a 相上桥臂第 1 个子模块电容电压的波形图;图 c 是 MMC1 直流

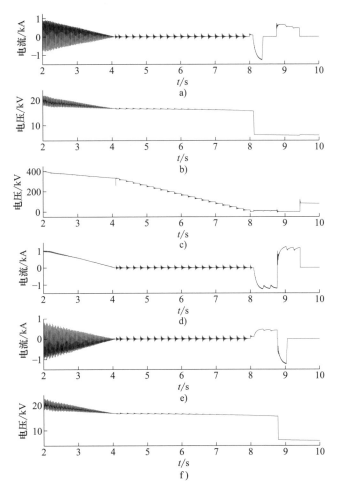

图 6-25 正常停运过程

a) MMC1 a 相上桥臂的电流波形图  b) MMC1 a 相上桥臂第 1 个子模块电容电压的波形图  c) MMC1 直流侧电压的波形图  d) MMC1 侧直流线路电流的波形图  e) MMC2 a 相上桥臂的电流波形图
f) MMC2 a 相上桥臂第 1 个子模块电容电压的波形图

侧电压的波形图；图 d 是 MMC1 侧直流线路电流的波形图；图 e 是 MMC2 a 相上桥臂的电流波形图；图 f 是 MMC2 a 相上桥臂第 1 个子模块电容电压的波形图。

从图 6-25 可以看出，直流线路可控放电持续时间较长，直流线路电压持续下降过程中流过直流线路的电流很小；子模块可控放电过程持续时间较短，流过直流线路的电流较大。

# 参 考 文 献

[1]  GEMMELL B, DORN J, RETZMANN D, et al. Prospects of multilevel VSC technologies for power transmission [C]//IEEE/PES Transmission and Distribution Conference and Exposition, 21-24 April 2008, Chicago, IL, USA. New York: IEEE, 2008.

[2]  屠卿瑞, 徐政, 郑翔, 等. 一种优化的模块化多电平换流器电压均衡控制方法 [J]. 电工技术学报, 2011, 26 (5): 15-20.

[3]  管敏渊, 徐政. MMC 型 VSC-HVDC 系统电容电压的优化平衡控制 [J]. 中国电机工程学报, 2011, 31 (12): 9-14.

[4]  浙江大学发电教研组直流输电科研组. 直流输电 [M]. 北京: 电力工业出版社, 1982.

# 第7章 MMC的交直流侧故障特性分析与直流侧故障自清除

## 7.1 引言

以往,计算交流电网短路电流时通常忽略 LCC 换流站提供的短路电流,其依据主要是 3 个方面。一是 LCC 在交流侧呈现为电流源特性,该电流源的幅值由直流电流决定,并不会随交流电网发生短路故障而增大;二是 LCC 换流站注入交流电网的电流基本上为有功电流,该电流与交流电网其他电源产生的故障电流之间基本成正交关系,对总故障电流的幅值几乎没有影响;三是 LCC 换流站并不很多且容量有限,忽略 LCC 注入交流电网的电流对交流电网的短路电流计算影响不大。

当前,大规模高密度负荷中心电网普遍面临短路电流超标问题,而未来这些负荷中心电网中还将大量接入大容量 MMC 换流站,因此精确评估大容量 MMC 换流站接入后对所接入电网短路电流水平的影响,就是一个迫切需要解决的问题。本章将对 MMC 换流站在交流电网故障时提供的短路电流特性进行分析并给出计算模型。

直流侧故障是 MMC 换流站设计运行必须考虑的一种严重故障类型,对设备参数、控制策略和保护配置具有重要影响。本章将详细阐述基于半桥子模块(Half Bridge Sub-module, HBSM)的 MMC(简称 HMMC)的直流侧故障特性分析方法。

对于直流侧发生故障后的处理方法,LCC-HVDC 通过强制移相使两侧换流器进入逆变方式,迫使弧道电流迅速降低为零,实现直流侧故障快速消除[1],可用于易发生闪络等暂时性故障的架空线电力传输。而 HMMC 本身无法有效处理直流故障,因此 HMMC-HVDC 难以应用于易发生闪络等暂时性故障的架空线电力传输。从原理上分析,处理直流侧故障的基本途径有 3 类。一是利用换流器自身控制实现直流侧故障的自清除;二是利用直流侧设备如直流断路器隔离故障点;三是利用交流侧设备如交流断路器、交流熔断器等切断与交流系统的连接。本章将详细讨论具有直流侧故障自清除能力的 MMC 子模块结构及其直流侧故障自清除策略。包括如下 3 种 MMC 结构:第 1 种是基于全桥子模块(Full Bridge Sub-module, FBSM)的 MMC(简称 FMMC);第 2 种是基于钳位双子模块(Clamping Double Sub-module, CDSM)的 MMC(简称 CMMC);第 3 种是基于全桥子模块(FBSM)和半桥子模块(HBSM)2 种子模块类型的子模块混合型 MMC(简称 FHMMC)。

## 7.2 交流侧故障时MMC提供的短路电流特性

### 7.2.1 故障回路的时间常数分析与MMC短路电流大小的决定性因素

设MMC接入有源电网或无源电网，如图7-1a所示，现分析MMC换流站交流母线PCC发生三相短路故障时，MMC提供的短路电流特性。根据MMC的差模分量数学模型式（5-4），发生三相短路故障时不存在零序分量，分析PCC发生三相短路故障时MMC三相短路电流特性的电路模型如图7-1b所示。图7-1中，所有变量都在前面章节中定义过，不再赘述。

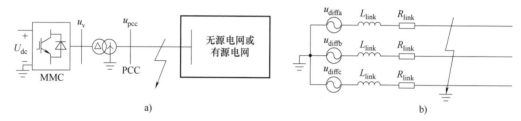

**图7-1 PCC发生三相短路时MMC的电路模型**
a）故障点示意图 b）分析短路电流特性的电路模型

根据图7-1b的电路模型，故障回路是一个电阻-电感串联回路，其时间常数为

$$\tau = \frac{L_{\text{link}}}{R_{\text{link}}} = \frac{L_T + L_0/2}{R_T + R_0/2} = \frac{1}{\omega_0} \cdot \frac{X_T + X_0/2}{R_T + R_0/2} \tag{7-1}$$

式中，$L_T$、$X_T$、$R_T$是联接变压器的短路电感、短路电抗和短路电阻，$L_0$、$X_0$、$R_0$是桥臂电抗器的电感、电抗和电阻。对于高压大容量MMC，联接变压器的短路阻抗典型值为15%，其中电抗与电阻之比大于10。假设桥臂电抗器的电抗与电阻之比与联接变压器相同，这样根据式（7-1）可以计算得到 $\tau$ 大于47ms。而MMC差模内环电流控制器的响应时间一般小于3ms，因此在 $\tau/10$ 的时间段内，MMC的内环电流控制器已经能够充分响应。这说明决定MMC短路电流大小的根本性因素是MMC的差模内环电流控制器，即差模内环电流控制器有足够的时间将MMC的输出短路电流控制在电流指令值上。

### 7.2.2 交流侧对称故障时MMC提供的短路电流特性

当故障点离PCC较远时，故障导致PCC电压跌落幅度不大，比如小于10%，此时MMC还能够按正常方式运行，即差模内环电流控制器没有进入电流限幅控制状态。本书主要关注交流电网故障导致MMC差模内环电流控制器进入电流限幅控制状态的故障方式，并称进入电流限幅控制状态的MMC为进入"电流饱和态"。后文的短路电流特性分析都是在交流电网故障导致MMC进入电流饱和态的假设条件下进行的，不导致MMC进入电流饱和态的故障方式本书将按照正常方式进行处理，不在本章的讨论范围。

当交流电网发生对称故障，PCC电压大幅度跌落，导致MMC进入电流饱和态后，MMC的等效电路与第5章讨论过的图5-42类似，如图7-2所示。图7-2中，$I_{\max}$是MMC的饱和电流值，典型值是MMC交流侧额定电流的1.1倍或1.2倍。

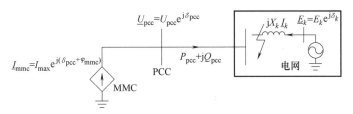

**图 7-2　交流侧对称故障时 MMC 提供短路电流的等效模型**

根据图 7-2，MMC 提供的短路电流相量 $\underline{I}_{mmc}$ 的模值 $I_{max}$ 是不随 MMC 的控制策略而变的，但其功率因数角 $\varphi_{mmc}$ 是与 MMC 在交流电网故障时的控制策略紧密相关的。若 MMC 在交流电网故障时只输出有功功率，那么 $\varphi_{mmc}=0$；若 MMC 在交流电网故障时只输出无功功率，那么 $\varphi_{mmc}=-\pi/2$。

短路电流计算时通常忽略各电源之间的相角差，即认为图 7-2 中的 $\delta_k$（$k=1,2,3,\cdots,M$）和 $\delta_{pcc}$ 是相等的，可以设定为 0。这样注入短路点的短路电流表达式为

$$\underline{I}_{sc}=I_{max}e^{j\varphi_{mmc}}+\sum_{k=1}^{M}\frac{E_k e^{j0}}{jX_k}=I_{max}e^{j\varphi_{mmc}}+\left(\sum_{k=1}^{M}\frac{E_k}{X_k}\right)e^{-j\frac{\pi}{2}} \tag{7-2}$$

因此，当 MMC 在交流电网故障时只输出有功功率时，对应 $\varphi_{mmc}=0$，注入短路点的短路电流模值为

$$I_{sc}=\left|I_{max}+\left(\sum_{k=1}^{M}\frac{E_k}{X_k}\right)e^{-j\frac{\pi}{2}}\right|=\sqrt{I_{max}^2+\left(\sum_{k=1}^{M}\frac{E_k}{X_k}\right)^2}\approx\sum_{k=1}^{M}\frac{E_k}{X_k} \tag{7-3}$$

即交流电网故障时若 MMC 只输出有功功率，那么 MMC 对注入短路点的短路电流模值几乎没有影响。

另一方面，若 MMC 在交流电网故障时只输出无功功率，对应于 $\varphi_{mmc}=-\pi/2$，此时注入短路点的短路电流模值为

$$I_{sc}=\left|I_{max}e^{-j\frac{\pi}{2}}+\left(\sum_{k=1}^{M}\frac{E_k}{X_k}\right)e^{-j\frac{\pi}{2}}\right|=I_{max}+\sum_{k=1}^{M}\frac{E_k}{X_k} \tag{7-4}$$

说明交流电网故障时若 MMC 只输出无功功率，那么 MMC 会直接增大注入短路点的短路电流模值。

对于其他交流电网故障时的 MMC 控制策略，其对注入短路点的短路电流模值的影响介于式（7-3）与式（7-4）之间，不再赘述。

## 7.2.3　交流侧不对称故障时 MMC 提供的短路电流特性

当交流电网发生不对称故障时，注入故障点的短路电流可以通过对称分量法进行计算。MMC 的正序等效电路与图 7-2 相同。MMC 的负序等效电路为开路，因为通常 MMC 在交流电网不对称故障时，为了避免桥臂过电流，采用了抑制负序电流的控制策略，实际上从 MMC 注入 PCC 的负序电流为零。MMC 的零序等效电路取决于联接变压器网侧的接法及其接地方式；MMC 的阀侧要么没有零序通路，要么零序通路上的阻抗很大，零序电流接近于零。综上，MMC 在交流电网发生不对称故障时，会提供正序故障电流；但不会提供负序故障电流；MMC 的联接变压器通常会为网侧的零序电流提供通路，但其零序阻抗大小与联接

变压器的接法和接地方式紧密相关。

## 7.3 直流侧故障时由半桥子模块构成的 HMMC 的短路电流解析计算方法

在发生直流线路故障时，基于半桥子模块的 HMMC 的柔性直流系统无法采用闭锁换流器的方法来限制短路电流。本节基于短路电流的发展过程，介绍用于计算直流侧短路电流的数学模型，并研究影响短路电流大小的关键因素。

图 7-3 给出了双极 MMC 换流站的示意图。换流站的一极由一个 MMC 和一个平波电抗器 $L_{dc}$ 串联而成；正负极之间通过接地极可靠接地。

对于双极系统，直流侧故障一般包括直流线路单极接地故障以及极间短路故障。考虑到实际情况下单极接地故障发生的概率要比极间短路故障高得多，且直流线路极间短路故障可以等效为正负极各自发生单极接地故障，所以本节只分析其中的单极接地故障。不失一般性，为了研究直流侧发生单极接地故障时 MMC 各部分的故障电流特性，包括交流侧故障电流、桥臂电流和直流线路电流的特性，可以采用如图 7-4 所示的单换流器直流侧故障分析模型。

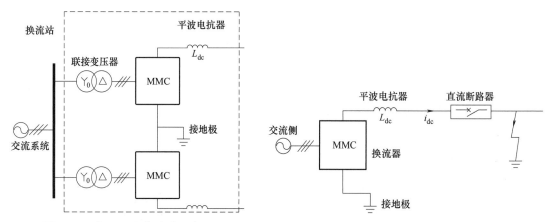

图 7-3　双极 MMC 换流站示意图　　　　图 7-4　单换流器直流侧故障分析模型

MMC 发生直流侧接地故障后，直流侧故障电流主要分量有子模块电容放电电流和交流电源三相短路电流，电容放电电流上升极快，可以在故障 1ms 后达到 10kA 数量级。为了保护 IGBT 不受损坏，IGBT 的触发脉冲一般会在数 ms 内闭锁。触发脉冲闭锁后，子模块电容不再放电，来自于交流电源的故障电流将占主导地位。即触发脉冲闭锁前后，故障电流的变化规律是完全不一样的。因此，在以下的单换流器直流侧故障分析中，将分触发脉冲闭锁前和触发脉冲闭锁后两个时间段分别进行分析。

### 7.3.1 触发脉冲闭锁前的故障电流特性

故障发生前，MMC 处于正常运行状态，一个相单元中有 $N$ 个子模块处于投入状态，另有 $N$ 个子模块处于旁路状态。当直流侧突然发生故障时，处于导通状态的 IGBT 器件并不能立刻关断，流过直流断路器的故障电流的流通路径为故障点→接地极→3 个并联的相单元→平波电抗器→直流断路器→直流线路→故障点；流过桥臂的故障电流除了上面提到的流过相单元的故障电流外,还包含交流电源→联接变压器→桥臂电抗器→各桥臂的故障电流分量。故障电流在子模块中的流通路径决定于故障前子模块的运行状态;当故障前子模块处于投入状态时,故障电流将流过电容器 $C_0$ 和功率器件 $T_1$;当故障前子模块处于旁路状态时,故障电流将经过二极管 $D_2$ 流通。触发脉冲闭锁前的故障电流分布如图 7-5 所示。

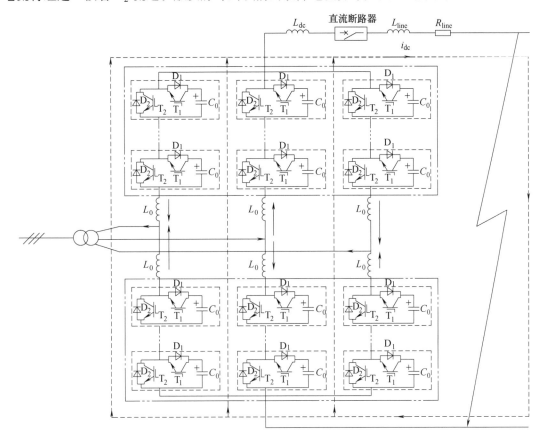

图 7-5 触发脉冲闭锁前的故障电流分布

我们先在如下假设条件下对图 7-5 系统进行分析,然后再检查分析结论在假设条件之外是否仍然适用。对于 MMC,桥臂中投入的子模块个数是不断变化的,本质上 MMC 是一个时变电路。但是,如果我们将分析的时间段缩得足够短,以至于 6 个 MMC 桥臂中投入的子模块和切除的子模块都保持不变,那么在此时间段内,MMC 就是一个线性定常电路。对于线性定常电路,我们可以采用叠加原理进行分析。为此,设以下分析的时间段是故障发生后很短的一个时间段,该时间段内假定 6 个 MMC 桥臂中投入的子模块和切除的子模块都保持不变。

对线性电路暂态过程进行解析分析的一种有效方法是采用运算电路分析法或称 $s$ 域分析法[2],其本质是对电路元件的微分方程作拉普拉斯变换,将描述电路性状的微分方程变换成代数方程,从而将时域中的暂态电路求解问题变换成 $s$ 域中的稳态电路求解问题。其具体做法是将交流稳态分析中的阻抗和导纳分别用运算阻抗和运算导纳进行替代,而其分析方法与交流稳态电路完全一致。

电路基本元件电感和电容的运算电路模型分别如图 7-6 和图 7-7 所示,其中,$sL$ 和 $\dfrac{1}{sC}$ 是运算阻抗,$i(0)$ 和 $u(0)$ 为初始时刻 $t=0$ 时电感电流初始值和电容电压初始值。

图 7-6 电感的运算电路模型

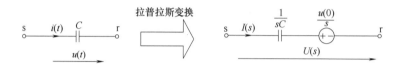

图 7-7 电容的运算电路模型

将图 7-5 所示的 MMC 直流侧短路时域模型变换成 $s$ 域中的运算电路模型,如图 7-8 所示。其中直流线路的电感和电阻统一合并到平波电抗器的电感 $L_{dc}$ 和电阻 $R_{dc}$ 中,$i_{vc}(0)$ 为故障发生时刻 $t=0$ 时 $i_{vc}$ 的初始值,$i_{dc}(0)$ 为故障发生时刻 $t=0$ 时 $i_{dc}$ 的初始值,$u_{nc}(0)$ 为故障发生时刻 $t=0$ 时 $u_{nc}$ 的初始值,$u_{pc}(0)$ 为故障发生时刻 $t=0$ 时 $u_{pc}$ 的初始值。

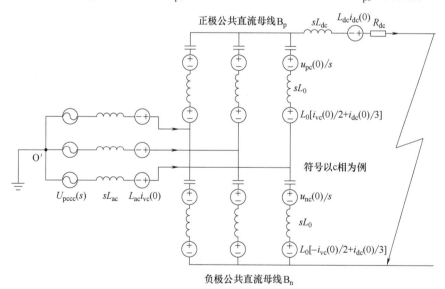

图 7-8 MMC 直流侧短路故障 $s$ 域运算电路模型

显然,图 7-8 的运算电路模型中,包含有 3 种类型的激励源,分别为交流电网等效电势激励源、电感元件初始值激励源和电容元件初始值激励源,整个电路的响应就是这 3 种类型激励源共同作用的结果。根据线性电路的叠加原理,电路的总响应等于各种激励源分别产生的响应之和。因此,我们将图 7-8 的激励源进行分组,分别计算各组激励源单独作用下的响应,然后合成出总响应。

为了聚焦 MMC 直流侧短路故障时的本质特征,我们将图 7-8 的激励源分成如下 3 组,分别计算各组激励源单独作用下对桥臂电流和直流侧短路电流的作用。第 1 组激励源为直流侧短路电流流通回路上的激励源,如图 7-9 所示,考虑了所有子模块电容初始值激励源和桥臂电抗器中与直流电流初始值对应的激励源以及平波电抗器电流初始值激励源。第 2 组激励源如图 7-10 所示,只考虑交流电网等效电势激励源。第 3 组激励源如图 7-11 所示,考虑交流电网等值电感电流初始值激励源和桥臂电抗器中与交流电流初始值对应的激励源。下面分别对这 3 个电路进行分析。

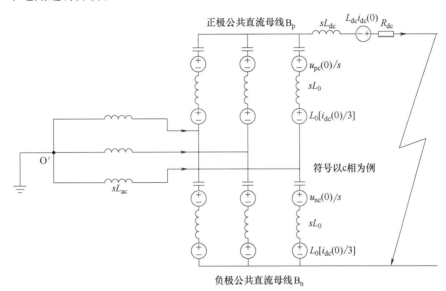

图 7-9　直流侧短路电流流通回路上的激励源作用下的短路电流

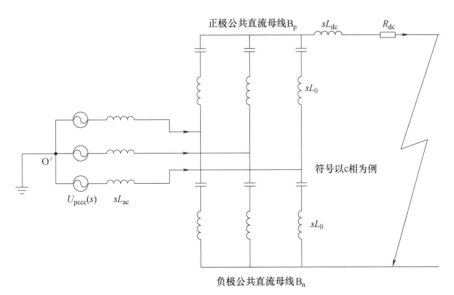

图 7-10　交流电网等效电势激励源作用下的短路电流

首先分析图 7-9 所示电路。这里我们主要关注流过直流线路的电流,对于图 7-9 所示电路,交流电网部分只有一个运算阻抗,不存在激励源,因此可以认为交流电网部分只起到分流的作用。但由于流入交流电网的三相电流之和必然为零,即从 a 相流入的电流必然会从 b 相和 c 相流出,也就是交流电网从相单元 a 分流的电流必然会补充给相单元 b 和 c。又由于

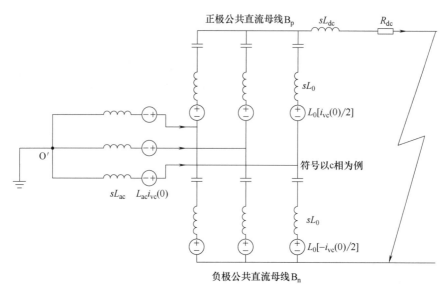

**图 7-11 交流电流流通回路上的激励源作用下的短路电流**

直流线路电流等于 3 个相单元电流之和,从而可以推理出流入交流电网的电流大小对直流线路电流不起作用。因此在分析直流线路电流时,可以不考虑交流电网部分的作用,即将交流电网部分开路掉。这样,图 7-9 所示的电路可以进一步简化为图 7-12 所示的电路。简化过程中,有两点需要特别说明。第一,当略去交流电网部分后,图 7-9 的主体部分是 3 个相单元的并联;而对于每一个相单元,故障发生时刻 $t=0$ 时投入的子模块个数为 $N$,因此相单元中的电容电压之和就等于故障发生时刻 $t=0$ 时直流电压初始值 $U_{dc}(0)$;另外,尽管投入相单元中的子模块电容数为 $N$,但由于子模块是按照电压均衡控制轮换投入的,因此相单元等效电容的计算不是按照 $N$ 个电容串联进行等效的,而应该按储能相等原则进行,即按照式(3-49)和式(3-50)进行计算。第二,相单元的上述等效原则在 MMC 闭锁前都是成立的;即图 7-12 不仅在短路发生后 MMC 中投入和切除的子模块没有变化的极短时间段内成立,而且在具体投入和切除的子模块发生变化的情况下也成立;因为对于相单元来说,具体哪个子模块投入与哪个子模块切除对相单元的总体特性没有影响,即对图 7-12 的计算电路没有影响;这样,图 7-12 的分析结果在 MMC 闭锁前都是成立的。另外,图 7-12 中,桥臂电阻 $R_0$ 用来近似表示开关器件和桥臂电抗器的损耗。

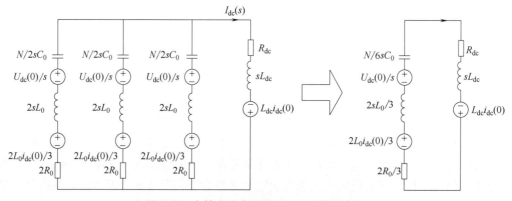

**图 7-12 去掉交流电网后图 7-9 的简化电路**

求解图 7-12 所示的简化电路,可得

$$I_{dc}(s) = \frac{s\left(L_{dc}+\dfrac{2L_0}{3}\right)i_{dc}(0)+U_{dc}(0)}{s^2\left(\dfrac{2}{3}L_0+L_{dc}\right)+s\left(\dfrac{2}{3}R_0+R_{dc}\right)+\dfrac{N}{6C_0}} \tag{7-5}$$

对式(7-5)进行拉普拉斯反变换,得到

$$i_{dc}(t) = -\frac{1}{\sin\theta_{dc}}i_{dc}(0)e^{-\frac{t}{\tau_{dc}}}\sin(\omega_{dc}t-\theta_{dc})+\frac{U_{dc}(0)}{R_{dis}}e^{-\frac{t}{\tau_{dc}}}\sin(\omega_{dc}t) \tag{7-6}$$

式中,

$$\tau_{dc} = \frac{4L_0+6L_{dc}}{2R_0+3R_{dc}} \tag{7-7}$$

$$\omega_{dc} = \sqrt{\frac{2N(2L_0+3L_{dc})-C_0(2R_0+3R_{dc})^2}{4C_0(2L_0+3L_{dc})^2}} \tag{7-8}$$

$$\theta_{dc} = \arctan(\tau_{dc}\omega_{dc}) \tag{7-9}$$

$$R_{dis} = \sqrt{\frac{2N(2L_0+3L_{dc})-C_0(2R_0+3R_{dc})^2}{36C_0}} \tag{7-10}$$

下面分析图 7-10 所示电路。图 7-10 所对应的运行状态与 MMC 空载合闸类似,在所分析的时间段内可以认为子模块电容电压为零或很低,这样 6 个桥臂的子模块串联部分近似于短路,图 7-10 可以进一步简化为图 7-13 所示的等效电路。

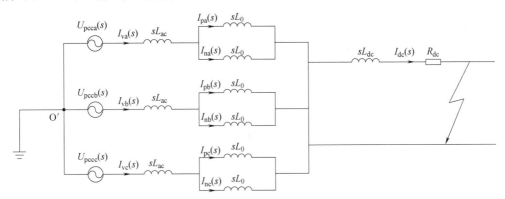

图 7-13 图 7-10 的简化等效电路

对图 7-13 所示的简化等效电路进行分析。由于交流等效电势是三相对称的,且整个电路结构也是三相对称的,因此系统不存在零序电流,即流入直流线路的电流为零。以 a 相电流为例进行分析。设 a 相等效电势的表达式为

$$u_{pcca}(t) = U_{pccm}\sin(\omega t+\eta_{pcca}) \tag{7-11}$$

则 a 相电流和 a 相上桥臂的电流表达式为

$$\begin{cases} i_{va1}(t) = I_{s3m}\sin(\omega t+\eta_{pcca}-90°) = -I_{s3m}\cos(\omega t+\eta_{pcca}) \\ i_{pa1}(t) = \dfrac{1}{2}I_{s3m}\sin(\omega t+\eta_{pcca}-90°) = -\dfrac{1}{2}I_{s3m}\cos(\omega t+\eta_{pcca}) \end{cases} \tag{7-12}$$

式中，

$$I_{s3m} = \frac{U_{pccm}}{\omega\left(L_{ac} + \dfrac{L_0}{2}\right)} \tag{7-13}$$

这里用 $i_{va1}$ 和 $i_{pa1}$ 来表示此电流是由交流等效电势产生的，是不随时间而衰减的；而 $I_{s3m}$ 是桥臂电抗器虚拟等电位点上发生三相短路时的阀侧线电流幅值。

下面分析图 7-11 所示电路。图 7-11 所示电路的激励源是交流电流流通路径上的初始电流值，其响应是电流从这些初始值开始直到衰减到零。这个电路的分析可以与图 7-10 的电路分析类比，即在所分析的时间段内可以认为子模块电容电压为零或很低，这样 6 个桥臂的子模块串联部分近似为短路，从而可以得到此电路中电流衰减的时间常数为

$$\tau_{ac} = \frac{L_{ac} + L_0/2}{R_0/2} \tag{7-14}$$

显然，对于图 7-11 电路，a 相电流和 a 相上桥臂的电流表达式为

$$\begin{cases} i_{va2}(t) = i_{va}(0)\,e^{-\frac{t}{\tau_{ac}}} \\ i_{pa2}(t) = \dfrac{1}{2}i_{va}(0)\,e^{-\frac{t}{\tau_{ac}}} \end{cases} \tag{7-15}$$

至此，我们已得到 MMC 直流侧突然短路后触发脉冲闭锁前阶段的故障电流特性，其中直流侧短路电流 $i_{dc}(t)$ 的表达式见式（7-6）。下面我们来推导 a 相电流 $i_{va}(t)$ 和 a 相上桥臂的电流 $i_{pa}(t)$ 的表达式。

在对图 7-9 电路进行分析时，我们认为交流电网部分会对流过相单元的电流进行分流，但由于三相交流电流之和等于零，这种分流对 3 个相单元电流之和即对直流侧电流不起作用。但对于桥臂电流来说，显然要考虑这种分流的作用。这样我们可以写出 a 相电流 $i_{va}(t)$ 和 a 相上桥臂电流 $i_{pa}(t)$ 的通式为

$$i_{va}(t) = -I_{s3m}\cos(\omega t + \eta_{pcca}) + i_{va}(0)\,e^{-\frac{t}{\tau_{ac}}} \tag{7-16}$$

$$i_{pa}(t) = \frac{1}{3}i_{dc}(t) - \frac{1}{2}I_{s3m}\cos(\omega t + \eta_{pcca}) + \frac{1}{2}i_{va}(0)\,e^{-\frac{t}{\tau_{ac}}} \tag{7-17}$$

式（7-16）中的两项分别对应图 7-10 和图 7-11 确定的 a 相电流分量，式（7-17）中的 3 项分别对应图 7-9、图 7-10 和图 7-11 确定的桥臂电流分量。

## 7.3.2 触发脉冲闭锁后的故障电流特性

子模块闭锁后 MMC 的运行特性与 6.3.3 节已讨论过的 MMC 不控充电运行工况不同，6.3.3 节不控充电工况下 MMC 的直流侧是开路的，因此在子模块电容电压较低时，交流系统有可能对子模块进行充电，即电流流通的路径有可能通过二极管 $D_1$ 流通。但对于直流侧短路后的 MMC 闭锁，MMC 的所有子模块都只能通过二极管 $D_2$ 流通，这样，触发脉冲闭锁后的 MMC 等效电路如图 7-14 所示。

图 7-14 是标准的二极管整流电路，这里我们感兴趣仍然是桥臂电流和直流侧电流，因为桥臂电流决定了 $D_2$ 以及与 $D_2$ 并联的保护晶闸管的电流容量，而直流侧电流则决定了对

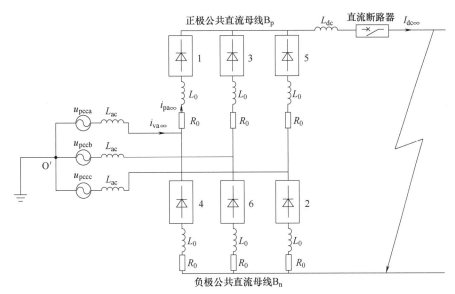

图 7-14 触发脉冲闭锁后的 MMC 等效电路

直流断路器开断容量的要求。下面对图 7-14 的二极管整流电路进行分析。

为简化分析,首先考虑短路发生在平波电抗器线路侧出口处,这样正极公共直流母线 $B_p$ 与负极公共直流母线 $B_n$ 就是等电位的。由于这个二极管整流电路的对称性,可以认为 $O'$ 与 $B_p$ 和 $B_n$ 也是等电位的。下面我们用待定系数法来确定桥臂电流和直流侧电流。

设 $u_{pcca}$ 的表达式如式(7-11)所示,并设 $i_{pa\infty}$ 的通式为

$$i_{pa\infty}(t) = A_0 + A_1\sin(\omega t + \varphi_1) + A_2\sin(2\omega t + \varphi_2) + A_3\sin(3\omega t + \varphi_3) + \cdots \quad (7\text{-}18)$$

则 $i_{va\infty}$ 的通式肯定可以写为

$$i_{va\infty}(t) = 2A_1\sin(\omega t + \varphi_1) + 2A_2\sin(2\omega t + \varphi_2) + 2A_3\sin(3\omega t + \varphi_3) + \cdots \quad (7\text{-}19)$$

对图 7-14 二极管整流电路的 a 相立电压方程,有

$$u_{pcca}(t) = L_{ac}\frac{di_{va\infty}}{dt} + L_0\frac{di_{pa\infty}}{dt} \quad (7\text{-}20)$$

为分析简单,式(7-20)中没有考虑桥臂电阻 $R_0$ 的作用。将式(7-11)以及式(7-18)和式(7-19)代入到式(7-20)中有

$$U_{pccm}\sin(\omega t + \eta_{pcca}) = L_{ac}[2A_1\omega\cos(\omega t + \varphi_1) + 4A_2\omega\cos(2\omega t + \varphi_2) + 6A_3\omega\cos(3\omega t + \varphi_3) + \cdots] + L_0[A_1\omega\cos(\omega t + \varphi_1) + 2A_2\omega\cos(2\omega t + \varphi_2) + 3A_3\omega\cos(3\omega t + \varphi_3) + \cdots]$$

$$(7\text{-}21)$$

即

$$U_{pccm}\sin(\omega t + \eta_{pcca}) = A_1(2\omega L_{ac} + \omega L_0)\cos(\omega t + \varphi_1) + A_2(4\omega L_{ac} + 2\omega L_0)\cos(2\omega t + \varphi_2) + \cdots$$

$$(7\text{-}22)$$

比较式(7-22)两边同次谐波项的系数和相位角,可以得到

$$\begin{cases} A_1 = \dfrac{U_{pccm}}{2\omega L_{ac} + \omega L_0} = \dfrac{1}{2}I_{s3m} \\ \varphi_1 = -90° + \eta_{pcca} \end{cases} \quad (7\text{-}23)$$

$$\begin{cases} A_2 = 0 \\ A_3 = 0 \\ \vdots \end{cases} \tag{7-24}$$

至此，我们可以得到

$$i_{\text{pa}\infty}(t) = A_0 + A_1 \sin(\omega t + \varphi_1) \tag{7-25}$$

下面我们来确定 $A_0$。这里要用到图 7-14 二极管整流电路本身的 2 个性质。第 1 个性质是二极管阀的单向导通性，即 $i_{\text{pa}\infty} \geq 0$；第 2 个性质是二极管阀电流存在多个零点，事实上，对于图 7-14 的二极管整流电路，当考虑 $R_0$ 的作用时，$i_{\text{pa}\infty}$ 在每一个工频周期中必然存在某个整时间段为零。

根据图 7-14 二极管整流电路的第 1 个性质，可以推出

$$A_0 \geq A_1 \tag{7-26}$$

根据图 7-14 二极管整流电路的第 2 个性质，可以推出

$$A_0 \leq A_1 \tag{7-27}$$

根据式（7-26）和式（7-27），可以得到

$$A_0 = A_1 \tag{7-28}$$

这样，我们就得到 a 相电流和 a 相上桥臂电流的表达式为

$$\begin{cases} i_{\text{va}\infty}(t) = -I_{\text{s3m}}\cos(\omega t + \eta_{\text{pcca}}) \\ i_{\text{pa}\infty}(t) = \dfrac{1}{2}I_{\text{s3m}}\left[1-\cos(\omega t + \eta_{\text{pcca}})\right] \end{cases} \tag{7-29}$$

从而得到图 7-14 二极管整流电路直流侧电流的表达式为

$$I_{\text{dc}\infty} = \dfrac{3}{2}I_{\text{s3m}} \tag{7-30}$$

需要注意的是，图 7-14 是 MMC 闭锁后的等效电路，基于图 7-14 求出的桥臂电流和直流侧电流表达式（式（7-29）和式（7-30））是 MMC 闭锁后进入稳态后的表达式。从闭锁瞬间到进入稳态需要一定的时间，一般可以用一阶惯性过程来进行模拟，这里分别用 $\tau_{\text{acB}}$ 和 $\tau_{\text{dcB}}$ 来表示桥臂电流和直流侧电流从闭锁瞬间到进入稳态的一阶过程的时间常数。如果我们重新定义闭锁瞬间为时间起点 $t=0$，那么可以得到 MMC 闭锁后的桥臂电流和直流侧短路电流的完整表达式为

$$\begin{cases} i_{\text{va}}(t) = i_{\text{va}\infty}(t) + (I_{\text{vaB}} - i_{\text{va}\infty}(0))\text{e}^{-\dfrac{t}{\tau_{\text{acB}}}} \\ i_{\text{pa}}(t) = i_{\text{pa}\infty}(t) + (I_{\text{paB}} - i_{\text{pa}\infty}(0))\text{e}^{-\dfrac{t}{\tau_{\text{acB}}}} \end{cases} \tag{7-31}$$

$$i_{\text{dc}}(t) = I_{\text{dc}\infty} + [I_{\text{dcB}} - I_{\text{dc}\infty}]\text{e}^{-\dfrac{t}{\tau_{\text{dcB}}}} \tag{7-32}$$

式中，$I_{\text{vaB}}$、$I_{\text{paB}}$ 和 $I_{\text{dcB}}$ 分别为 MMC 闭锁时刻的 a 相电流、a 相上桥臂电流和直流侧电流。

时间常数 $\tau_{\text{acB}}$ 和 $\tau_{\text{dcB}}$ 的解析表达式推导非常困难，对于实际工程，$\tau_{\text{acB}}$ 大约为 10ms，$\tau_{\text{dcB}}$ 与平波电抗器的电感值关系密切，一般在 10~200ms 之间。

### 7.3.3 仿真验证

采用第 2 章 2.4.6 节的单端 400kV、400MW 测试系统进行仿真验证。设置的运行工况

如下：交流等值系统线电势有效值为210kV，即相电势幅值 $U_{pccm} = 171.5$ kV；直流电压 $U_{dc} = 400$ kV；MMC 运行于整流模式，有功功率 $P_v = 400$ MW，无功功率 $Q_v = 0$ Mvar。平波电抗器电感和电阻分别为 $L_{dc} = 200$ mH 和 $R_{dc} = 0.1\Omega$。MMC 的相关参数重新列于表 7-1。

表 7-1 单端 400kV、400MW 测试系统具体参数

| 参数 | 数值 | 参数 | 数值 |
| --- | --- | --- | --- |
| MMC 额定容量 $S_{vN}$/MVA | 400 | 每个桥臂子模块数目 $N$ | 20 |
| 直流电压 $U_{dc}$/kV | 400 | 子模块电容 $C_0$/μF | 666 |
| 交流系统额定频率 $f_0$/Hz | 50 | 桥臂电感 $L_0$/mH | 76 |
| 联接变压器电抗 $L_{ac}$/mH | 24 | 桥臂电阻 $R_0$/Ω | 0.2 |

设仿真开始时（$t = 0$ms）测试系统已进入稳态运行，$t = 10$ms 时在平波电抗器出口处发生单极接地短路，故障后 10ms 换流器闭锁，仿真过程持续到 $t = 80$ms。表 7-2 给出了单端 400kV、400MW 测试系统直流侧故障时闭锁前的几个特征参数，表 7-3 给出了单端 400kV、400MW 测试系统直流侧故障时闭锁后的几个特征参数，图 7-15 给出了直流侧短路电流仿真值与解析计算值的比较，图 7-16 给出了 $\eta_{pcca}$ 取 0°、90°、180° 和 270° 4 种情况下 a 相电流 $i_{va}(t)$ 仿真值与解析计算值的比较，图 7-17 给出了 $\eta_{pcca}$ 取 0°、90°、180° 和 270° 4 种情况下 a 相上桥臂电流 $i_{pa}(t)$ 仿真值与解析计算值的比较，图 7-18 给出了上述 4 种情况下 a 相上桥臂子模块电容电压集合平均值的仿真结果。

表 7-2 单端 400kV、400MW 测试系统直流侧故障时闭锁前的几个特征参数

| 参数 | 数值 |
| --- | --- |
| 直流侧短路电流放电时间常数 $\tau_{dc}$/s | 2.15 |
| 交流侧短路电流放电时间常数 $\tau_{ac}$/s | 0.62 |
| 直流侧短路电流振荡角频率 $\omega_{dc}$/(rad/s) | 141.30 |
| 直流侧短路电流初相角 $\theta_{dc}$/(°) | 89.81 |
| 电容电压等效放电电阻 $R_{dis}$/Ω | 35.42 |

表 7-3 单端 400kV、400MW 测试系统直流侧故障时闭锁后的几个特征参数

| 参数 | 数值 |
| --- | --- |
| 桥臂等电位点三相短路时的阀侧线电流幅值 $I_{s3m}$/kA | 8.80 |
| 闭锁后稳态下直流电流 $I_{dc\infty}$/kA | 13.20 |
| 闭锁瞬间直流电流 $I_{dcB}$/kA | 11.25 |
| 闭锁后桥臂电流时间常数 $\tau_{acB}$/s | 0.008 |
| 闭锁后直流电流时间常数 $\tau_{dcB}$/s | 0.01 |

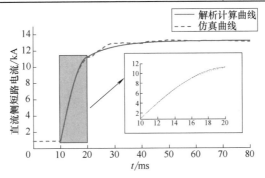

图 7-15 直流侧短路电流仿真值与解析计算值的比较

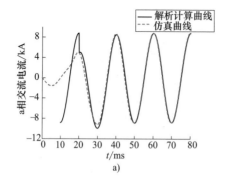
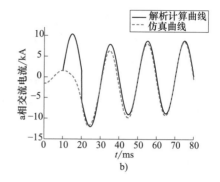
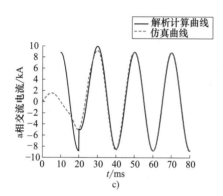
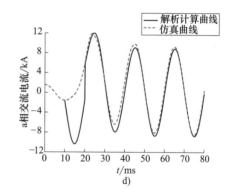

图 7-16　a 相电流仿真值与解析计算值的比较

a) $\eta_{pcca}=0°$　b) $\eta_{pcca}=90°$　c) $\eta_{pcca}=180°$　d) $\eta_{pcca}=270°$

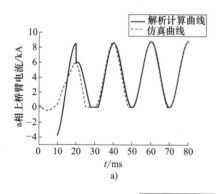
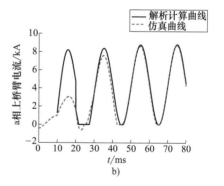
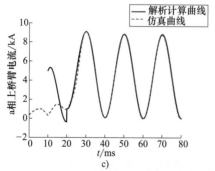
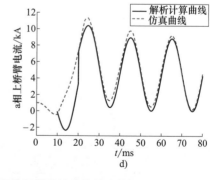

图 7-17　a 相上桥臂电流仿真值与解析计算值的比较

a) $\eta_{pcca}=0°$　b) $\eta_{pcca}=90°$　c) $\eta_{pcca}=180°$　d) $\eta_{pcca}=270°$

从图 7-15 可以看出，不管是在闭锁前还是在闭锁后，直流侧短路电流的仿真值与解析计算值吻合得很好，说明直流侧短路电流的解析计算公式（式（7-6）、式（7-30）和式（7-32））是精确成立的。

从图 7-16 和图 7-17 可以看出，对于交流侧相电流和桥臂电流，闭锁前解析计算值与仿真值相差很大；而闭锁后，解析计算值与仿真值吻合得很好，说明交流侧相电流和桥臂电流的解析计算公式（式（7-29）和式（7-31））是精确成立的。

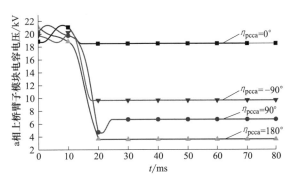

图 7-18　a 相上桥臂子模块电容电压集合平均值变化曲线

从图 7-18 可以看出，子模块电容电压下降的程度随短路发生的时刻有很大的变化，严重情况下电容电压可以在 10ms 内几乎下降到零。

### 7.3.4　直流侧短路后 MMC 的闭锁时刻估计

从图 7-15 可以看出，直流侧发生短路故障后，直流侧故障电流上升极快，并且闭锁后的故障电流大于闭锁前的故障电流。因此，如果通过直流断路器切除故障的话，应该在 MMC 闭锁前切除故障，这样对直流断路器切断电流的要求相对较低。但 MMC 的闭锁时刻取决于子模块中 IGBT 器件承受短路电流的能力。一般 IGBT 承受短路电流的能力按照 2 倍额定电流考虑，通常的做法是测量流过 IGBT 器件的电流，当该电流瞬时值达到器件额定电流的 2 倍时就立刻闭锁 IGBT 器件。因此，直流侧短路后 MMC 何时闭锁取决于流过桥臂的电流大小。根据式（7-17）桥臂电流的近似表达式，略去非主导性的因素后，桥臂电流的简化表达式如式（7-33）所示。

$$i_{pa}(t) = \frac{1}{3}i_{dc}(t) - \frac{1}{2}I_{s3m}\cos(\omega t + \eta_{pcca}) \tag{7-33}$$

由于 MMC 6 个桥臂电流变化的初相位是不同的，又由于直流侧故障时刻是随机的，因此我们需要选择故障后最早达到 2 倍额定电流的那个桥臂。对于桥臂电流表达式（7-33），上述要求就转化为选择一个 $\eta_{pcca}$ 值，使得 $i_{pa}(t)$ 最早达到 2 倍额定电流。显然，当取 $\eta_{pcca} = \pi/2$ 时，$i_{pa}(t)$ 的值是最大的，因此我们将按式（7-34）来估计 MMC 的闭锁时刻。

$$i_{pa}(t) = \frac{1}{3}i_{dc}(t) + \frac{1}{2}I_{s3m}\sin(\omega t) \tag{7-34}$$

对于单端 400kV、400MW 测试系统，我们可以算出式（7-34）随时间变化的曲线如图 7-19 所示。设该测试系统 IGBT 器件的额定电流为 3kA，那么当 $i_{pa}(t)$ 达到 6kA 时 IGBT 闭锁。从图 7-19 可以看出，闭锁时刻是 3.52ms，即直流侧故障后 3.52ms MMC 闭锁。对照式（7-34）可知，闭锁时刻决定于 $i_{dc}(t)$

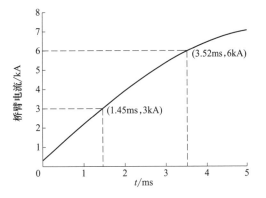

图 7-19　桥臂电流随时间变化的曲线

的上升速度和 $I_{s3m}$ 的值。要延长故障到闭锁的时间，就需要降低 $i_{dc}(t)$ 的上升速度和 $I_{s3m}$ 的值，这在系统设计时是需要考虑的。

### 7.3.5 直流侧短路电流闭锁后大于闭锁前的条件分析

根据前面的分析，闭锁前的直流短路电流的表达式为式（7-6），略去式（7-6）中的非主导性因素，可以得到直流短路电流的最大值近似为 $U_{dc}/R_{dis}$，其值与平波电抗器 $L_{dc}$ 的取值密切相关，如果 $L_{dc}$ 取零的话，直流短路电流的最大值可以达到直流额定电流的 50 倍以上。

闭锁后直流短路电流的表达式为式（7-30），直流短路电流的最大值等于 1.5 倍的桥臂等电位点三相短路电流 $I_{s3\infty}$，此值通常是小于 50 倍的直流额定电流的。因此，直流侧短路电流在闭锁前后的大小关系主要取决于平波电抗器的大小，若平波电抗器太小的话，闭锁前的直流短路电流大于闭锁后的直流短路电流。

同样针对单端 400kV、400MW 测试系统，我们来计算一下闭锁前的直流短路电流最大值 $U_{dc}/R_{dis}$ 随平波电抗器 $L_{dc}$ 的变化曲线，如图 7-20 所示。从图 7-20 可以看出，当 $L_{dc}$ 小于 13mH 时，闭锁前的直流短路电流大于闭锁后的直流短路电流。

我们将图 7-20 中 $U_{dc}/R_{dis}$ 与 $I_{dc\infty}$ 相等所对应的平波电抗器电感值定义为平波电抗器临界电感值 $L_{dcB}$。其意义是当 $L_{dc}<L_{dcB}$ 时，闭锁前的直流短路电流大于闭锁后的直流短路电流；而当 $L_{dc}>L_{dcB}$ 时，闭锁前的直流短路电流小于闭锁后的直流短路电流。一般系统设计时要求 $L_{dc}>L_{dcB}$。

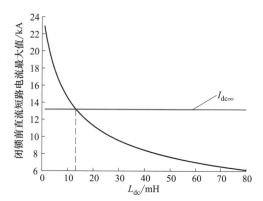

图 7-20 闭锁前的直流短路电流最大值随 $L_{dc}$ 的变化曲线

## 7.4 FMMC 直流侧故障的子模块闭锁自清除原理

### 7.4.1 全桥子模块的结构和工作原理

全桥子模块由 4 个带反并联二极管（$D_1$、$D_2$、$D_3$ 和 $D_4$）的 IGBT（$T_1$、$T_2$、$T_3$ 和 $T_4$）和 1 个储能电容 $C_0$ 构成，如图 7-21 所示。其与半桥子模块（见图 2-2）的差别是增加了带反并联二极管（$D_3$ 和 $D_4$）的 2 个 IGBT（$T_3$ 和 $T_4$）。这样，全桥子模块使用的 IGBT 和二极管数目比半桥子模块多 1 倍。

全桥子模块正常工作时，$T_1$ 和 $T_2$ 以及

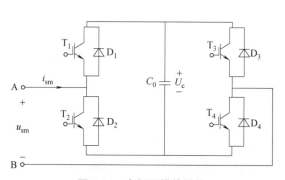

图 7-21 全桥子模块结构

$T_3$和$T_4$的开关状态一定是互补的,否则就处于非正常工作状态。与半桥子模块存在"投入""切除"和"闭锁"3种工作状态类似,全桥子模块存在"正投入""负投入""切除"和"闭锁"4种工作状态;其中前三种为正常工作状态,并可根据子模块输出电压极性进行划分;而最后一种属于非正常工作状态,一般用于故障清除或系统启动。而根据流入子模块的电流方向和流经器件的具体路径,每种工作状态又可分为多种具体工作模式。这样,全桥子模块存在4种工作状态和10种工作模式,见表7-4。

1)"正投入"状态。当电流为正方向时,对$T_2$和$T_3$施加关断信号,电流通过$D_1$-$C_0$-$D_4$导通,给$C_0$充电,子模块输出电压为+$U_c$,定义这种工作模式为模式1。当电流为反方向时,对$T_1$和$T_4$施加开通信号,电流通过$T_4$-$C_0$-$T_1$导通,给$C_0$放电,子模块输出电压为+$U_c$,定义这种工作模式为模式2。

2)"负投入"状态。当电流为正方向时,对$T_2$和$T_3$施加开通信号,电流通过$T_2$-$C_0$-$T_3$导通,给$C_0$放电,子模块输出电压为-$U_c$,定义这种工作模式为模式3。当电流为反方向时,对$T_1$和$T_4$施加关断信号,电流通过$D_3$-$C_0$-$D_2$导通,给$C_0$充电,子模块输出电压为-$U_c$,定义这种工作模式为模式4。

3)"切除"状态。当电流为正方向时,存在2种可能的模式:第1种模式对$T_1$和$T_3$施加开通信号,对$T_2$和$T_4$施加关断信号,电流通过$D_1$-$T_3$导通,子模块输出电压为0,定义这种工作模式为模式5;第2种模式对$T_2$和$T_4$施加开通信号,对$T_1$和$T_3$施加关断信号,电流通过$T_2$-$D_4$导通,子模块输出电压为0,定义这种工作模式为模式6。当电流为反方向时,存在2种可能的模式:第1种模式对$T_2$和$T_4$施加开通信号,对$T_1$和$T_3$施加关断信号,电流通过$T_4$-$D_2$导通,子模块输出电压为0,定义这种工作模式为模式7;第2种模式对$T_1$和$T_3$施加开通信号,对$T_2$和$T_4$施加关断信号,电流通过$D_3$-$T_1$导通,子模块输出电压为0,定义这种工作模式为模式8。

4)"闭锁"状态。此时$T_1$、$T_2$、$T_3$、$T_4$无触发信号,当电流为正方向时,电流通过$D_1$-$C_0$-$D_4$导通,给$C_0$充电,子模块输出电压为+$U_c$,定义这种工作模式为模式9。当电流为反方向时,电流通过$D_3$-$C_0$-$D_2$导通,给$C_0$充电,子模块输出电压为-$U_c$,定义这种工作模式为模式10。

表7-4 全桥子模块的4种工作状态和10种工作模式

| 工作状态 | 工作模式 | |
|---|---|---|
| 正投入状态 | 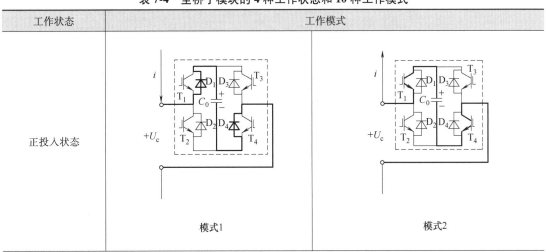 | |
| | 模式1 | 模式2 |

（续）

| 工作状态 | 工作模式 | |
| --- | --- | --- |
| 负投入状态 | 模式3 ($-U_c$) | 模式4 ($-U_c$) |
| 切除状态 | 模式5 | 模式6 |
| | 模式7 | 模式8 |
| 闭锁状态 | 模式9 ($+U_c$) | 模式10 ($-U_c$) |

从表 7-4 可以看出，在全桥子模块的 10 种工作模式中，有 2 对模式的电流流通路径完全相同。第 1 对是模式 1 与模式 9，其电流流通路径是 $D_1$-$C_0$-$D_4$，表明电流正向流通时，正投入状态与闭锁状态是等价的。第 2 对是模式 4 与模式 10，其电流流通路径是 $D_3$-$C_0$-$D_2$，表明电流反向流通时，负投入状态与闭锁状态是等价的。

通常，FMMC 采用子模块正投入工作模式，其工作原理与 HMMC 类似，只有在清除直流侧故障时，才会采用负投入工作模式或者闭锁工作模式。

## 7.4.2 基于子模块闭锁的 FMMC 直流侧故障自清除原理

研究图 7-4 所示的单换流器直流侧故障分析模型，设图中的 MMC 为 FMMC。在直流侧发生短路故障后，所有子模块的电流都是反向流动的。因此在子模块闭锁前，对于正投入状态的子模块，其处于工作模式 2，故障电流流通路径为 $T_4$-$C_0$-$T_1$，电容器处于放电状态，其对故障电流起到助增作用；对于负投入状态的子模块，其处于工作模式 4，故障电流流通路径为 $D_3$-$C_0$-$D_2$，电容器处于充电状态，其对故障电流起到抑制作用；对于切除状态的子模块，其处于工作模式 7 或工作模式 8，故障电流流通路径为 $T_4$-$D_2$ 或 $D_3$-$T_1$，其不对故障电流大小产生影响。

根据上述分析，当 FMMC 只采用正投入模式和切除模式运行时，直流侧故障后从直流侧向 FMMC 看进去的等效电路与图 7-5 类似，是一个子模块电容向直流侧短路点放电的电路，这种运行模式助增了直流侧的故障电流。而若采用负投入工作模式或闭锁工作模式，则直流侧故障后故障电流流通路径都为 $D_3$-$C_0$-$D_2$，电容器处于充电状态，对故障电流直接起到抑制作用，经过一定时间后可以将故障电流抑制到零。因此，对于采用正投入模式和切除模式运行的 FMMC，当直流侧发生短路故障后，立刻将子模块工作模式切换为负投入模式或闭锁模式是实现 FMMC 故障自清除的有效手段。

对于图 7-4 所示的单换流器直流侧故障分析模型，直流侧故障时，对所有子模块来说电流是反向流通的，此时负投入状态与闭锁状态是等价的。当全桥子模块全部切换到负投入模式或闭锁模式后，所有子模块处于工作模式 4 或工作模式 10，直流侧短路电流通过 $D_3$ 到 $C_0$ 到 $D_2$ 流通，给 $C_0$ 充电。这时从直流侧向 FMMC 看进去的等效电路如图 7-22a 所示，每个相单元等价于故障电流通过二极管向电容器充电，且故障电流流过 3 个相单元中的所有子模块。导出图 7-22a 的原理与导出图 7-12 的原理是完全相同的；在分析直流线路电流时，可以将交流电网部分开路掉，因为交流电网注入 3 个相单元的电流之和总为零，对直流线路电流

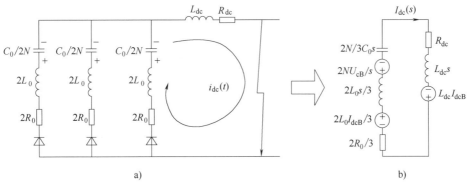

图 7-22 从直流侧向 FMMC 看进去的等效电路

不起作用。

下面我们对故障电流 $i_{dc}(t)$ 的变化规律作解析分析。

设闭锁时刻子模块电容电压为 $U_{cB}$、故障电流值为 $I_{dcB}$，并设闭锁时刻为时间起点 $t=0$，则图 7-22a 的等效运算电路可以简化为如图 7-22b 所示。对图 7-22b 的运算电路进行求解，可得

$$I_{dc}(s) = \frac{s\left(L_{dc}+\dfrac{2L_0}{3}\right)I_{dcB}-2NU_{cB}}{s^2\left(\dfrac{2}{3}L_0+L_{dc}\right)+s\left(\dfrac{2}{3}R_0+R_{dc}\right)+\dfrac{2N}{3C_0}} \tag{7-35}$$

对式（7-35）进行拉普拉斯反变换，得到

$$i_{dc}(t) = -\frac{1}{\sin\theta'_{dc}}I_{dcB}e^{-\frac{t}{\tau'_{dc}}}\sin(\omega'_{dc}t-\theta'_{dc}) - \frac{2NU_{cB}}{R'_{dis}}e^{-\frac{t}{\tau'_{dc}}}\sin(\omega'_{dc}t) \tag{7-36}$$

式中，

$$\tau'_{dc} = \frac{4L_0+6L_{dc}}{2R_0+3R_{dc}} \tag{7-37}$$

$$\omega'_{dc} = \sqrt{\frac{8N(2L_0+3L_{dc})-C_0(2R_0+3R_{dc})^2}{4C_0(2L_0+3L_{dc})^2}} \tag{7-38}$$

$$\theta'_{dc} = \arctan(\tau'_{dc}\omega'_{dc}) \tag{7-39}$$

$$R'_{dis} = \sqrt{\frac{8N(2L_0+3L_{dc})-C_0(2R_0+3R_{dc})^2}{36C_0}} \tag{7-40}$$

根据式（7-36），$i_{dc}(t)$ 包含 2 个分量：一个分量是电感元件电流不能突变而产生的续流，其方向是向子模块电容充电；另一个分量是子模块电容的放电电流，其方向与故障电流流动方向相反。两个分量叠加就使故障电流迅速下降到零，由于二极管的单向导通特性，故障电流下降到零后不会向负的方向发展，因而故障电流下降到零后就保持零值不变。

下面对闭锁后故障电流下降到零所需要的时间进行估计。根据式（7-36），$i_{dc}(t)$ 的第 1 项为正，第 2 项为负；因此忽略 $i_{dc}(t)$ 的第 2 项得到的过零时间显然是偏长的，但可以作为闭锁后故障电流下降到零所需时间的一个保守估计。设闭锁后故障电流下降到零所需的时间为 $T_{tozero}$，则 $T_{tozero}$ 满足式（7-41）。

$$T_{tozero} < \frac{\theta'_{dc}}{\omega'_{dc}} \tag{7-41}$$

一般情况下从闭锁到故障电流衰减到零的时间不超过 10ms。

下面仍然采用表 7-1 所示的单端 400kV、400MW 测试系统进行仿真验证，假定该测试系统中的子模块采用全桥子模块，所有参数与表 7-1 保持一致。设置的运行工况如下：交流等值系统线电势有效值为 210kV，即相电势幅值 $U_{pccm}=171.5$kV；直流电压 $U_{dc}=400$kV；MMC 运行于整流模式，有功功率 $P_v=400$MW，无功功率 $Q_v=0$Mvar。平波电抗器电感和电阻分别为 $L_{dc}=200$mH 和 $R_{dc}=0.1\Omega$。

设仿真开始时（$t=0$ms）测试系统已进入稳态运行，$t=10$ms 时在平波电抗器出口处发生单极接地短路，故障后 10ms 换流器闭锁，仿真过程持续到 $t=40$ms。表 7-5 给出了此测试系统直流侧故障闭锁后的几个特征参数，图 7-23 给出了直流侧短路电流仿真值与解析计算

值的比较,闭锁瞬间的子模块电容电压取平均值 $U_{cB} = 16kV$、故障电流值 $I_{dcB} = 11kA$。图 7-24 给出了阀侧三相交流电流 $i_{vj}$ 的波形图。图 7-25 给出了 6 个桥臂电流 $i_{pj}$、$i_{nj}$ 的波形图。图 7-26 给出了 6 个桥臂的总电容电压波形图。

表 7-5 单端 400kV、400MW 全桥 MMC 测试系统直流侧故障闭锁后的几个特征参数

| 参数 | 数值 |
| --- | --- |
| 直流侧短路电流放电时间常数 $\tau'_{dc}/s$ | 2.15 |
| 直流侧短路电流振荡角频率 $\omega'_{dc}/(rad/s)$ | 282.60 |
| 直流侧短路电流初相角 $\theta'_{dc}/(°)$ | 89.91 |
| 闭锁后直流侧短路电流下降到零历时上限 $T_{tozero}/ms$ | 5.55 |
| 电容电压等效放电电阻 $R'_{dis}/\Omega$ | 70.84 |

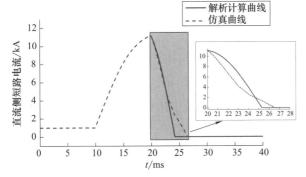

图 7-23 全桥子模块 MMC 直流侧短路电流仿真值与解析计算值的比较

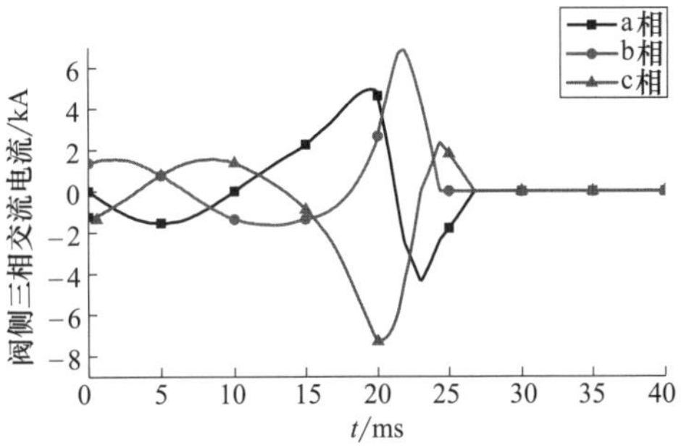

图 7-24 阀侧三相交流电流 $i_{vj}$ 的波形图

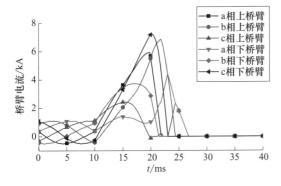

图 7-25 6 个桥臂电流 $i_{pj}$、$i_{nj}$ 的波形图

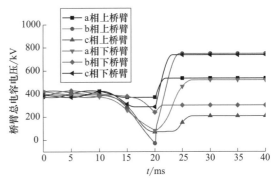

图 7-26 6 个桥臂的总电容电压波形图

从图 7-23 可以看出,式(7-36)的解析计算结果与仿真结果差别较大,从闭锁到故障电流衰减到零的时间分别为 4.2ms(解析计算值)和 6.5ms(仿真值)。解析结果与仿真结果差别较大的主要原因是图 7-22 的计算模型推导时假设了闭锁瞬间所有子模块的电容电压相等,这与实际情况不符;并且闭锁延迟越大,子模块之间的电容电压差别就越大。因此,直流侧发生故障后,FMMC 的实际行为需要通过仿真方法才能精确确定。

从图 7-24 可以看出,阀侧三相交流电流在桥臂闭锁后的行为不是单调变化的,但在直

流侧故障电流衰减到零后都衰减到零。从图 7-25 可以看出，6 个桥臂电流在桥臂闭锁后的行为也不一定是单调的，但在直流侧故障电流衰减到零后都衰减到零。

从图 7-26 可以看出，在桥臂闭锁瞬间，6 个桥臂各自的总电容电压有很大的不同，但桥臂闭锁后 6 个桥臂各自的总电容电压都是上升的，直到直流侧故障电流清除后 6 个桥臂各自的总电容电压保持稳定值不变。直流侧故障电流清除后子模块电容电压不再变化是可以理解的，因为此时交流侧无电流馈入，直流侧电流为零，MMC 本身不再与外界交换能量。从图 7-26 还可以看出，6 个桥臂各自的总电容电压稳定值相差非常大，最高水平超过 700kV，接近 800kV。因此，从过电压水平衡量，子模块电容电压的最高过电压水平接近 2 倍。但这个过电压水平不是实际工程中可能出现的，因为实际工程从发生故障到桥臂闭锁的时间要比本算例短得多，通常任意一个桥臂电流达到额定值的 2 倍就会触发闭锁，这样直流侧故障清除后子模块电容电压的稳定值就会小很多，一般情况下过电压水平不会超过 1.3 倍。

## 7.5　CMMC 直流侧故障的子模块闭锁自清除原理

钳位双子模块（CDSM）由两个等效半桥单元通过两个钳位二极管和一个引导 IGBT（$T_5$）构成[3,4]，如图 7-27 所示。正常运行时 $T_5$ 一直导通，钳位双子模块等效为两个级联的半桥子模块（HBSM）。因此对于每桥臂 $N$ 个钳位双子模块的 MMC，控制策略与具有 $N$ 个半桥子模块的 MMC 相同，只不过钳位双子模块投入时插入的电容电压为 $2U_c$，半桥子模块投入时插入的电容电压为 $U_c$。钳位双子模块的触发信号与子模块输出电压之间的关系见表 7-6，实际直流输电工程中由于电压很高，子模块数目很多，一般不使用输出仅为 $U_c$ 的工作模式。下面研究 CMMC 的故障自清除原理。

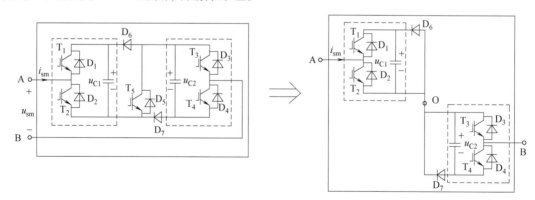

图 7-27　钳位双子模块正常运行简化模型

表 7-6　钳位双子模块触发信号与输出电压

|  | $T_1D_1$ | $T_2D_2$ | $T_3D_3$ | $T_4D_4$ | $T_5D_5$ | $U_{\text{HBSM1}}$ | $U_{\text{HBSM2}}$ | $u_{\text{sm}}$ | $i_{\text{sm}}$ |
|---|---|---|---|---|---|---|---|---|---|
| 正常模式 | 1 | 0 | 0 | 1 | 1 | $U_c$ | $U_c$ | $2U_c$ | — |
|  | 1 | 0 | 1 | 0 | 1 | $U_c$ | 0 | $U_c$ | — |
|  | 0 | 1 | 0 | 1 | 1 | 0 | $U_c$ | $U_c$ | — |
|  | 0 | 1 | 1 | 0 | 1 | 0 | 0 | 0 | — |
| 闭锁模式 | 1 | 0 | 0 | 1 | 1 | $U_c$ | $U_c$ | $2U_c$ | >0 |
|  | 0 | 1 | 1 | 0 | 0 | $-U_c$ | $-U_c$ | $-U_c$ | <0 |

采用图7-4所示的单换流器直流侧故障分析模型，设图中的MMC为CMMC，则在子模块闭锁前，对于双投入或者单投入的子模块，故障电流分别通过2个电容或1个电容放电；对于切除的子模块，故障电流通过$D_3$、$T_5$和$D_2$流通。从直流侧向MMC看进去的等效电路与图7-5类似，是一个子模块电容向直流侧短路点放电的电路。

当钳位双子模块全部闭锁后，子模块电流的流通路径如图7-28所示，两个电容被并联充电。从直流侧向MMC看进去的等效电路与图7-22类似，即故障电流流动的方向是向子模块电容充电的方向，子模

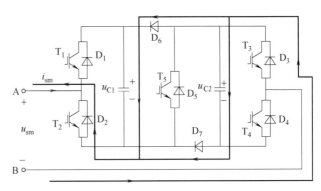

图7-28 钳位双子模块全部闭锁的故障电流流通路径

块电容电压是与故障电流流动方向相反的，从而驱使故障电流快速衰减到零。这样，若采用CMMC，直流侧故障时只要闭锁IGBT，故障电流就会自动衰减到零。

下面仍然采用表7-1所示的单端400kV、400MW测试系统进行仿真验证，假定该测试系统中的子模块采用CDSM，所有参数与表7-1保持一致。设置的运行工况如下：交流等值系统线电势有效值为210kV，即相电势幅值$U_{pccm}=171.5$kV；直流电压$U_{dc}=400$kV；MMC运行于整流模式，有功功率$P_v=400$MW，无功功率$Q_v=0$Mvar。平波电抗器电感和电阻分别为$L_{dc}=200$mH和$R_{dc}=0.1\Omega$。

设仿真开始时（$t=0$ms）测试系统已进入稳态运行，$t=10$ms时在平波电抗器出口处发生单极接地短路，故障后10ms换流器闭锁，仿真过程持续到$t=50$ms。图7-29给出了直流侧短路电流波形图。图7-30给出了阀侧三相交流电流$i_{vj}$的波形图。图7-31给出了6个桥臂电流$i_{pj}$、$i_{nj}$的波形图。图7-32给出了6个桥臂的总电容电压波形图。

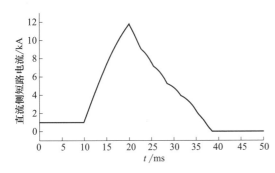

图7-29 CMMC直流侧短路电流波形

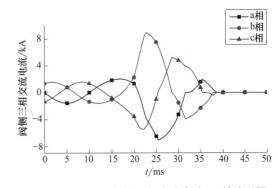

图7-30 CMMC阀侧三相交流电流$i_{vj}$的波形图

从图7-29可以看出，从闭锁到故障电流衰减到零的时间约为18ms，比FMMC的6.5ms（见图7-23）慢很多，主要原因是CMMC产生的反向电容电压只有FMMC的一半。从图7-30可以看出，阀侧三相交流电流在桥臂闭锁后的行为不是单调变化的，但在直流侧故障电流衰减到零后都衰减到零。从图7-31可以看出，6个桥臂电流在桥臂闭锁后的行为也不一定是单调的，但在直流侧故障电流衰减到零后都衰减到零。从图7-32可以看出，在桥臂闭锁

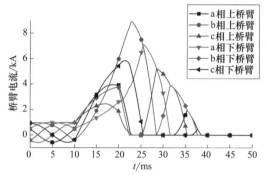
图 7-31 CMMC 6 个桥臂电流 $i_{pj}$、$i_{nj}$ 的波形图

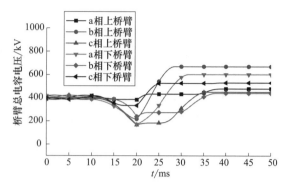
图 7-32 CMMC 6 个桥臂的总电容电压波形图

瞬间，6 个桥臂各自的总电容电压有很大的不同，但桥臂闭锁后 6 个桥臂各自的总电容电压都是上升的，直到直流侧故障电流清除后 6 个桥臂各自的总电容电压保持稳定值不变。对照图 7-26 FMMC 的电容电压波形图，可以发现 CMMC 6 个桥臂各自的总电容电压稳定值的差别小于 FMMC 的电容电压差别。同样，本算例子模块电容过电压水平比较高的原因是仿真中故意延长了从故障发生到闭锁的时间，对于实际工程，通常任意一个桥臂电流达到额定值的 2 倍就会触发闭锁，一般情况下子模块电容过电压水平不会超过 1.3 倍。

## 7.6 FHMMC 直流侧故障的子模块闭锁自清除原理

### 7.6.1 全桥半桥子模块混合型 MMC 的拓扑结构

根据 7.4 节的分析，FMMC 具有直流故障自清除能力。但在相同容量和电压等级下与 HMMC 相比，FMMC 使用的电力电子器件数目多了 1 倍，造成投资成本和运行损耗都增加。为此，本书作者团队提出了一种同时使用全桥子模块（FBSM）与半桥子模块（HBSM）的子模块混合型 MMC 结构（简称 FHMMC）[5-7]。其特点是在保留直流故障自清除能力的同时，减少所需的电力电子器件数目，降低投资成本和运行损耗。

FHMMC 的结构如图 7-33 所示。其中图 a 是运行原理图，$U_{dc}$ 为 FHMMC 输出的直流电压，$u_{vj}$（$j$=a，b，c）为换流器交流出口处三相电压，$u_{pj}$ 和 $u_{nj}$ 分别为 $j$ 相上、下桥臂级联子模块的输出电压，$i_{pj}$ 和 $i_{nj}$ 分别为 $j$ 相上、下桥臂电流。FHMMC 采用三相六桥臂结构，每桥臂由 $N$ 个 HBSM 和 $M$ 个 FBSM 级联而成，同时配置有一个桥臂电抗 $L_0$ 以抑制环流和故障电流上升率，每个桥臂的总子模块数为 $N_{tot}=M+N$，如图 b 所示。图 c 所示的 HBSM 由 2 个 IGBT、2 个续流二极管和 1 个电容 $C_0$ 组成；图 d 所示的 FBSM 由 4 个 IGBT、4 个续流二极管和 1 个电容 $C_0$ 组成；$U_c$ 为子模块电容电压，$u_{smi}$ 为桥臂上第 $i$（$i \in \{1,2,\cdots,M+N\}$）个子模块输出电压。

### 7.6.2 FHMMC 通过子模块闭锁实现直流侧故障自清除的条件

当 FHMMC 所有子模块处于闭锁状态时，只有二极管可以导通，单个桥臂在不同桥臂电流方向下的等效电路如图 7-34 所示。当桥臂电流正向流通时，对 HBSM 来说子模块处于投入状态；对 FBSM 来说，子模块处于正投入状态；因此桥臂的总合成电压为 $(N+M)U_c$，如

第7章 MMC的交直流侧故障特性分析与直流侧故障自清除

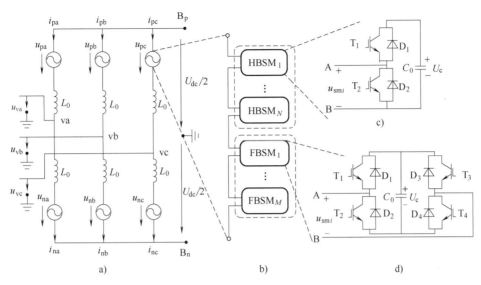

图 7-33　FHMMC 的拓扑结构

图 7-34a 所示。当桥臂电流反向流通时，对 HBSM 来说子模块处于切除状态；对 FBSM 来说，子模块处于负投入状态；因此桥臂的总合成电压为 $-MU_c$，如图 7-34b 所示。

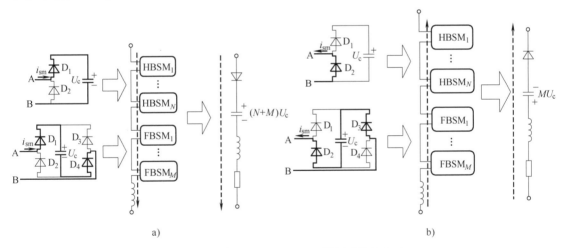

图 7-34　闭锁状态下 FHMMC 的桥臂等效电路
a）电流正向流通　b）电流反向流通

根据前文对 FMMC 和 CMMC 通过闭锁所有子模块清除直流侧故障的机理分析结果，可以认为，能够清除直流侧故障的根本原因是在直流故障电流通路中插入了由子模块电容构成的反向电压。正是这个反向电压，驱使直流故障电流衰减到零。而在直流故障电流衰减到零后，从交流电网注入桥臂的阀侧三相电流也必须被阻断；否则根据 7.3 节对半桥子模块 MMC 闭锁后行为的分析结果，只要交流电网能够向桥臂注入电流，FHMMC 在闭锁状态下的行为与二极管整流器类同，注入桥臂的电流最终会整流成直流而流入直流线路，导致故障清除失败。由此得到 FHMMC 在直流侧发生故障时能够通过闭锁实现故障清除的 2 个条件为：①直流侧的故障电流能够衰减到零；②直流侧故障电流衰减到零后交流侧向 MMC 注入

253

的电流必须被阻断。

当直流侧发生接地故障，FHMMC 的所有子模块处于闭锁状态且直流侧故障电流已衰减到零后，根据图 7-34 的分析结果，从交流系统向换流器注入电流的可能路径可以分为两种类型，如图 7-35 所示，分别称为路径 1 和路径 2。路径 1 经换流器内部的两相上桥臂（或下桥臂）而构成回路；路径 2 经换流器两相的上桥臂和下桥臂以及直流侧故障弧道而构成回路，其中，$L_{dc}$ 为平波电抗器和换流站出口侧与直流故障点之间的直流线路电感，$R_{dc}$ 为换流站出口侧和直流故障点之间的线路等效电阻，$R_f$ 为直流故障接地等效电阻。

为了满足交流侧向 MMC 注入电流必须被阻断的直流侧故障清除条件②，要求图 7-35 两种类型的回路内电容提供的反向电压不小于交流线电压幅值，即

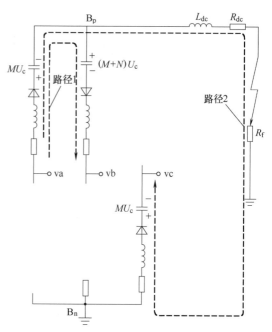

图 7-35 交流侧向 FHMMC 注入电流的可能路径类型

$$\begin{cases} (2M+N)U_c \geq \sqrt{3}\,U_{pccm}, & \text{路径 1} \\ 2MU_c \geq \sqrt{3}\,U_{pccm}, & \text{路径 2} \end{cases} \tag{7-42}$$

根据式（7-42），满足直流侧故障清除的条件②为

$$2MU_c \geq \sqrt{3}\,U_{pccm} \tag{7-43}$$

而对于直流侧故障电流能够衰减到零的直流侧故障清除的条件①，可以这么考虑，基于图 7-4 所示的单换流器直流侧故障分析模型，直流侧故障时，对所有子模块来说电流是反向流通的。类似于 FMMC 闭锁时图 7-22 的推导，根据图 7-34b，从直流侧向 FHMMC 看进去的等效电路与图 7-22 几乎相同，仅仅将图 7-22 中的 $N$ 用 $M$ 替换就可以了。这样，根据式（7-36），可以确认直流侧的故障电流 $i_{dc}(t)$ 一定会衰减到零，即直流侧故障清除的条件①是满足的。

综合上述分析结果，为了满足直流侧故障清除的条件①和条件②，实际上只要满足式（7-43）就可以了。根据第 2 章输出基波电压调制比 $m$ 的定义：

$$m = \frac{U_{diffm}}{U_{dc}/2} \tag{7-44}$$

现在讨论 $U_{pccm}$ 相对于 $U_{diffm}$ 的取值关系。主要考虑 2 种极端工况：

第 1 种工况是 FHMMC 满容量发无功，这种工况下调制比 $m_1$ 取最大值 1.0；$U_{pccm}$ 相对于 $U_{diffm}$ 取小值。该值与联接电抗有关，如下式所示：

$$\begin{cases} L_{link} = L_{ac} + \dfrac{L_0}{2} \\ R_{link} = R_{ac} + \dfrac{R_0}{2} \end{cases} \tag{7-45}$$

式中，$L_{ac}$ 对应于联接变压器漏抗，$L_0$ 对应于桥臂电抗。对于一般工程，联接电抗标幺值在 0.15 左右，极端情况下联接电抗取 0.20。考虑极端工程情况，联接电抗标幺值取 0.20，这种情况下当 FHMMC 满容量发出无功功率时，$U_{pccm}$ 约为 $0.8U_{diffm}$。

第 2 种工况是 FHMMC 满容量吸收无功功率，这种情况下调制比 $m_2$ 取最小值约 0.75；考虑极端工程情况，联接电抗标幺值取 0.20，这种情况下当 FHMMC 满容量吸收无功功率时，$U_{pccm}$ 约为 $1.2U_{diffm}$。

在考察 $U_{pccm}$ 相对于 $U_{diffm}$ 的取值关系时还需要考虑 2 个因素：一是子模块电容电压 $U_c$ 的取值应考虑电容电压波动率，一般取 10%；二是在直流侧故障电流衰减到零后，$U_c$ 实际上都已上升到高于额定电压，假定按额定电压的 110% 考虑。显然，这 2 个因素是相互抵消的，同时考虑这 2 个因素后子模块电容电压 $U_c$ 取额定值是合理的。

这样，对于第 1 种情况，联立式（7-43）和式（7-44）有

$$\begin{cases} 2MU_{cN} \geqslant \sqrt{3} U_{pccm1} \\ U_{pccm1} = 0.8U_{diffm1} = 0.8m_1 U_{dcN}/2 = 0.8m_1 N_{tot} U_{cN}/2 \end{cases} \quad (7\text{-}46)$$

对于第 2 种情况，联立式（7-43）和式（7-44）有

$$\begin{cases} 2MU_{cN} \geqslant \sqrt{3} U_{pccm2} \\ U_{pccm2} = 1.2U_{diffm2} = 1.2m_2 U_{dcN}/2 = 1.2m_2 N_{tot} U_{cN}/2 \end{cases} \quad (7\text{-}47)$$

令 $k_{FB} = M/N_{tot}$ 为桥臂中全桥子模块的占比，则上述 2 种工况下 $k_{FB}$ 需满足

$$\begin{cases} k_{FB1} \geqslant \dfrac{\sqrt{3}}{4} \cdot 0.8m_1 = \dfrac{\sqrt{3}}{4} \cdot 0.8 \cdot 1 = 34.64\% \\ k_{FB2} \geqslant \dfrac{\sqrt{3}}{4} \cdot 1.2m_2 = \dfrac{\sqrt{3}}{4} \cdot 1.2 \cdot 0.75 = 38.97\% \end{cases} \quad (7\text{-}48)$$

因此，$k_{FB}$ 取 40% 已经考虑了实际工程中最严峻的工况，是可行的。如果 $k_{FB}$ 取 50%，实际上已经有 10% 的裕量，因此 FHMMC 的 $k_{FB}$ 取 50%，在工程上是一个已经考虑了安全裕度的合理选择。

实际上，当 $k_{FB}$ 取 50% 时，FHMMC 闭锁时每个桥臂产生的反向电容电压与同电压等级同容量的 CMMC 是相同的，而 CMMC 能够通过闭锁子模块实现直流侧故障自清除是不需要附加任何条件的，因此 $k_{FB}$ 取 50% 时，FHMMC 通过闭锁子模块实现直流侧故障自清除是没有任何问题的。

## 7.6.3 FHMMC 通过子模块闭锁清除直流侧故障引起的子模块过电压估算

从图 7-35 可以看出，FHMMC 在子模块闭锁清除直流侧故障电流的过程中，直流侧故障电流通过路径 2 不断地给子模块电容充电，从而必然导致子模块电容电压上升。因此必须评估通过子模块闭锁清除直流侧故障可能引起的子模块电容过电压水平。

还是采用表 7-1 所示的单端 400kV、400MW 测试系统作为示例进行估算。假定该测试系统的换流器为 FHMMC，且 $k_{FB}$ 为 50%，即每个桥臂中各有 10 个 FBSM 和 HBSM，所有参数与表 7-1 保持一致。设置的运行工况如下：交流等值系统线电势有效值为 210kV，即相电势幅值 $U_{pccm}$ = 171.5kV；直流电压 $U_{dc}$ = 400kV；MMC 运行于整流模式，有功功率 $P_v$ = 400MW，无功功率 $Q_v$ = 0Mvar。平波电抗器电感为 200mH，输电线路长度为 1000km，单位

km 电感为 1mH。针对子模块电容产生过电压最严重的故障方式，设定直流线路短路故障发生在线路末端，这样对应图 7-4 的单换流器直流侧故障分析模型，$L_{dc}$ = 1.2H。设定当直流侧故障电流达到额定电流的 2 倍时 FHMMC 闭锁全部子模块，即 $I_{dcB} = 2I_{dcN}$ = 2kA，并假定此时子模块电容电压由于放电作用其平均值已下降到额定电压的 90%。由前一小节对 FMMC 和 CMMC 闭锁后的仿真结果可知，子模块闭锁后清除直流侧故障电流的过程中，直流侧故障电流的流通路径是不断变化的，即存在与 LCC 换相过程类似的过程。也就是说，在清除故障电流的过程中，直流侧故障电流对子模块进行充电的桥臂不是固定的，而是轮换的。显然，轮换充电所导致的子模块电容过电压水平是小于固定充电所导致的过电压水平的。为了考虑最严峻的工况，以下分析假定直流侧故障电流只对固定的 1 个上桥臂和 1 个下桥臂进行充电，且最终 $L_{dc}$ 中的全部储能全部转化为这 2 个桥臂中的 FBSM 电容器中的储能。

设闭锁瞬间 FBSM 电容电压的初始值为额定电压的 90%，即 $U_{c0} = 0.9U_{cN}$ = 18kV；直流侧故障电流清除后的 FBSM 的电容电压为 $U_{c\infty}$。根据前述假设条件，1 个桥臂中的 FBSM 数目为 $M$ = 10，这样 2 个固定桥臂中的 FBSM 数目为 20，从而可以得到如下估算 $U_{c\infty}$ 的关系式：

$$2M\frac{1}{2}C_0(U_{c\infty}^2 - U_{c0}^2) = \frac{1}{2}L_{dc}I_{dcB}^2 \tag{7-49}$$

将前述参数代入到式（7-49）中，可以得到 $U_{c\infty}$ = 26.15kV，过电压水平为 $U_{c\infty}/U_{cN}$ = 1.31。显然，这个过电压水平是可以接受的。

需要指出 2 点：①上述过电压水平是在假设的最严峻的条件下得到的，实际的过电压水平小于上述过电压水平；②表 7-1 所示的单端 400kV、400MW 测试系统，由于其电压等级低，故设置 1000km 输电线路长度是合理的。对于更长的输电线路，其输电电压等级一定会更高，这种情况下所估算出来的过电压水平与上述结果相近。当然，对于具体工程，通过子模块闭锁清除直流侧故障所产生的最高子模块过电压水平，需要通过电磁暂态仿真扫描输电线路末端不同时刻发生的故障来确定。

### 7.6.4 FHMMC 通过子模块闭锁清除直流侧故障的过程持续时间估算

FHMMC 子模块闭锁后计算直流侧电流 $i_{dc}(t)$ 的等效电路结构与图 7-22 相同，且可以根据式（7-36）计算 $i_{dc}(t)$，只要将式（7-36）中的 $N$ 用 $M$ 替换就可以了。

还是采用表 7-1 所示的单端 400kV、400MW 测试系统作为示例进行估算。假定该测试系统的换流器为 FHMMC，且 $k_{FB}$ 为 50%，即每个桥臂中各有 10 个 FBSM 和 HBSM，所有参数与表 7-1 保持一致。设置的运行工况如下：交流等值系统线电势有效值为 210kV，即相电势幅值 $U_{pccm}$ = 171.5kV；直流电压 $U_{dc}$ = 400kV；FHMMC 运行于整流模式，有功功率 $P_v$ = 400MW，无功功率 $Q_v$ = 0Mvar。平波电抗器电感为 200mH，输电线路长度为 1000km，单位 km 电感为 1mH，电阻为 10mΩ。针对闭锁过程持续时间最长的故障方式，设定直流线路短路故障发生在线路末端，这样对应图 7-4 的单换流器直流侧故障分析模型，$L_{dc}$ = 1.2H，$R_{dc}$ = 10Ω。设定当直流侧故障电流达到额定电流的 2 倍时 FHMMC 闭锁全部子模块，并设此时由于放电作用子模块电容电压平均值下降为其额定值的 80%。与采用式（7-36）计算 $i_{dc}(t)$ 所对应的参数见表 7-7。$i_{dc}(t)$ 随时间变化的曲线如图 7-36 所示。

表 7-7　单端 400kV、400MW FHMMC 直流侧故障闭锁后的几个特征参数

| 参数 | 数值 | 参数 | 数值 |
| --- | --- | --- | --- |
| 平波电抗器与线路总电感 $L_{dc}$/H | 1.2 | 直流侧短路电流初相角 $\theta'_{dc}$/(°) | 87.40 |
| 平波电抗器与线路总电阻 $R_{dc}$/Ω | 10.0 | 电容电压等效放电电阻 $R'_{dis}$/Ω | 111.77 |
| 单个桥臂全桥子模块数目 $M$/个 | 10 | 闭锁瞬间直流电流 $I_{dcB}$/kA | 2 |
| 直流侧短路电流放电时间常数 $\tau'_{dc}$/s | 0.2468 | 闭锁瞬间 FBSM 电容电压 $U_{cB}$/kV | 16 |
| 直流侧短路电流振荡角频率 $\omega'_{dc}$/(rad/s) | 89.37 | | |

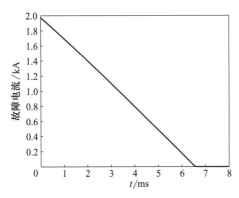

图 7-36　直流侧故障电流随时间的变化曲线

从图 7-36 可以看出，子模块闭锁后约 6.6ms，故障电流下降到零。说明对于 FHMMC，采用子模块闭锁的方法清除直流侧故障是非常快速的。

## 7.7　3 种具有直流侧故障自清除能力的 MMC 的共同特点与成本比较

### 7.7.1　3 种具有直流侧故障自清除能力的 MMC 的共同特点

前文讨论了具有直流侧故障自清除能力的 3 种 MMC 结构，分别为 FMMC、CMMC，以及 FHMMC。这 3 种 MMC 具有如下共同特点：

1) 直流侧发生故障后，可以通过闭锁所有子模块来清除故障。
2) 计算直流侧故障电流 $i_{dc}(t)$ 的等效电路结构如图 7-22 所示，$i_{dc}(t)$ 的计算公式只要对式（7-36）中的子模块数目 $N$ 做相应的调整就能适用。
3) 在直流侧故障电流 $i_{dc}(t)$ 衰减到零后，交流侧向 MMC 注入的电流为零。

### 7.7.2　3 种具有直流侧故障自清除能力的 MMC 的投资成本比较

这里将 3 种具有直流侧故障自清除能力的 MMC 的投资成本比较简化为对其构成子模块的投资成本比较，并以 HBSM 作为比较的基准。HBSM 没有故障自清除能力，但成本是最低的。对于具有故障自清除能力的子模块，其产生单位电平 $U_c$ 的成本通常是高于 HBSM 的。因此，我们以产生单位电平 $U_c$ 所需的电力电子器件的数量为指标来衡量 3 种具有故障自清除能力的子模块的投资成本。具体的比较结果见表 7-8。

表 7-8  3 种具有故障自清除能力的 MMC 的投资成本比较

| 子模块类型 | 单子模块含器件数 | | 单子模块输出电压 | 单位电平所需器件数 | | 直流故障自清除能力 |
| --- | --- | --- | --- | --- | --- | --- |
| | IGBT | 二极管 | | IGBT | 二极管 | |
| HBSM | 2 | 2 | $U_c$ | 2 | 2 | 无 |
| FBSM | 4 | 4 | $U_c$ | 4 | 4 | 有 |
| HBSM+ FBSM | 6 | 6 | $2U_c$ | 3 | 3 | 有 |
| CDSM | 5 | 7 | $2U_c$ | 2.5 | 3.5 | 有 |

假定每个电力电子器件承压均为 $U_c$。对于 HBSM，每个子模块包含 2 个 IGBT、2 个反并联二极管和 1 个电容，其输出电压为 1 个 $U_c$。因此，其单位电平所需的 IGBT 及二极管数量均为 2 个。同理可知，对 FBSM，单位电平所需的 IGBT 及二极管的数量均为 4 个。表 7-8 中子模块类型（HBSM+ FBSM）对应于全桥比例 $k_{FB}$ 为 50%的子模块混合型 FHMMC，其等效子模块产生单位电平所需的 IGBT 及二极管的数量均为 3 个。由于每个 CDSM 包含 5 个 IGBT、5 个反并联二极管以及 2 个钳位二极管，因此其单位电平所需的 IGBT 及二极管数量分别为 2.5 个及 3.5 个。

由表 7-8 可知，HBSM 具有最佳的经济性，但其欠缺直流故障处理能力。在其余 3 种子模块中，FBSM 所需的电力电子器件数最多，经济性最差。与 CDSM 相比，$k_{FB}$ 为 50%的 FHMMC 等效子模块所需 IGBT 的个数稍多，但所需二极管的数量较少。因此 $k_{FB}$ 为 50%的 FHMMC 等效子模块与 CDSM 的器件投资成本相当，是构成具有故障自清除能力的 MMC 的首选子模块类型。

### 7.7.3  3 种具有直流侧故障自清除能力的 MMC 的运行损耗比较

根据第 3 章对 MMC 阀损耗的评估结果可以看出，相较于开关损耗，子模块的通态损耗在系统运行损耗中占有主导地位。因此，子模块运行损耗可用单位电平所需流通的电力电子器件数量作为指标来衡量。具体比较结果见表 7-9。

表 7-9  3 种具有故障自清除能力的 MMC 的运行损耗比较

| 子模块类型 | 电流方向 | 输出电压 | 导通器件总数 | 单位电平流通的器件数 |
| --- | --- | --- | --- | --- |
| HBSM | A→B | $U_c$ | 1 个二极管 | 1 个二极管 |
| | B→A | | 1 个 IGBT | 1 个 IGBT |
| FBSM | A→B | $U_c$ | 2 个二极管 | 2 个二极管 |
| | B→A | | 2 个 IGBT | 2 个 IGBT |
| HBSM+FBSM | A→B | $2U_c$ | 3 个二极管 | 1.5 个二极管 |
| | B→A | | 3 个 IGBT | 1.5 个 IGBT |
| CDSM | A→B | $2U_c$ | 3 个二极管 | 1.5 个二极管 |
| | B→A | | 3 个 IGBT | 1.5 个 IGBT |

通过对比可知，与 FBSM 相比，$k_{FB}$ 为 50%的 FHMMC 等效子模块与 CDSM 均具有较强的经济性。在导通状态下，这两种子模块单位电平所需流通的电力电子器件个数均为 1.5 个，而 FBSM 所需流通的电力电子器件个数为 2 个。因此，$k_{FB}$ 为 50%的 FHMMC 与由

CDSM 构成的 CMMC 将具有同等水平的通态损耗。

### 7.7.4 小结

通过对 3 种具有故障自清除能力的 MMC 的比较，发现采用 $k_{FB}$ 为 50% 的 FHMMC 其投资成本与运行成本都与采用 CDSM 构成的 CMMC 相当，而 CMMC 被业界公认为是具有故障自清除能力的 MMC 中最经济的结构。因此，$k_{FB}$ 为 50% 的 FHMMC 是一种优越的 MMC 结构，值得推广。

## 7.8 FHMMC 降直流电压运行原理

为了更形象地展示降直流电压运行的条件，先来看一个具体实例。设某子模块混合型 MMC 的每个桥臂具有 $N_{tot}=10$ 个子模块，其中全桥子模块数目 $M=5$，半桥子模块数目 $N=5$，每个子模块的额定电压为 $U_{cN}=1$kV。

现分 2 种工况展示该子模块混合型 MMC 的降直流电压运行能力。第 1 种工况，交流差模电压幅值 $U_{diffm}=4$kV，此时 a 相上下桥臂投入子模块数目的变化规律见表 7-10。第 2 种工况，交流差模电压幅值 $U_{diffm}=5$kV，此时 a 相上下桥臂投入子模块数目的变化规律见表 7-11。

表 7-10  交流差模电压幅值为 4kV 工况

| $u_{diffa}$ | 0 | 1 | 2 | 3 | 4 | 3 | 2 | 1 | 0 | -1 | -2 | -3 | -4 | -3 | -2 | -1 | 0 | 1 |
|---|---|---|---|---|---|---|---|---|---|---|---|---|---|---|---|---|---|---|
| $u_{pa}$ | -1 | -2 | -3 | -4 | -5 | -4 | -3 | -2 | -1 | 0 | 1 | 2 | 3 | 2 | 1 | 0 | -1 | -2 |
| $u_{na}$ | -1 | 0 | 1 | 2 | 3 | 2 | 1 | 0 | -1 | -2 | -3 | -4 | -5 | -4 | -3 | -2 | -1 | 0 |
| $U_{dc}$ | -2 | -2 | -2 | -2 | -2 | -2 | -2 | -2 | -2 | -2 | -2 | -2 | -2 | -2 | -2 | -2 | -2 | -2 |

表 7-11  交流差模电压幅值为 5kV 工况

| $u_{diffa}$ | 0 | 1 | 2 | 3 | 4 | 5 | 4 | 3 | 2 | 1 | 0 | -1 | -2 | -3 | -4 | -5 | -4 | -3 | -2 | -1 | 0 | 1 |
|---|---|---|---|---|---|---|---|---|---|---|---|---|---|---|---|---|---|---|---|---|---|---|
| $u_{pa}$ | 0 | -1 | -2 | -3 | -4 | -5 | -4 | -3 | -2 | -1 | 0 | 1 | 2 | 3 | 4 | 5 | 4 | 3 | 2 | 1 | 0 | -1 |
| $u_{na}$ | 0 | 1 | 2 | 3 | 4 | 5 | 4 | 3 | 2 | 1 | 0 | -1 | -2 | -3 | -4 | -5 | -4 | -3 | -2 | -1 | 0 | 1 |
| $U_{dc}$ | 0 | 0 | 0 | 0 | 0 | 0 | 0 | 0 | 0 | 0 | 0 | 0 | 0 | 0 | 0 | 0 | 0 | 0 | 0 | 0 | 0 | 0 |

从表 7-10 可以看出，交流差模电压幅值 $U_{diffm}=4$kV 时，直流电压可以降低到 -2kV 运行。从表 7-11 可以看出，交流差模电压幅值 $U_{diffm}=5$kV 时，直流电压可以降低到 0kV 运行。说明降直流电压运行的范围与交流侧相电压幅值 $U_{diffm}$ 密切相关。

下面基于解析方法分析 FHMMC 降直流电压运行的范围。降直流电压运行的范围主要由两个约束条件决定，分别为：①桥臂电压的输出范围约束；②半桥子模块的电容电压均压约束。

### 7.8.1 FHMMC 降直流电压运行受全桥子模块占比的约束

在分析降直流电压运行条件时，交流侧运行电压与直流侧运行电压之间的关系不再采用交流基波电压调制比 $m$ 来进行刻画，因为直流运行电压 $U_{dc}$ 有可能取零值或者负值。定义

直流电压变换系数 $k_{dcv}$ 和交流电压变换系数 $k_{acv}$ 如下式所示。

$$\begin{cases} k_{dcv} = \dfrac{U_{dc}}{N_{tot}U_{cN}} \\ k_{acv} = \dfrac{U_{diffm}}{N_{tot}U_{cN}/2} \end{cases} \tag{7-50}$$

下面以 a 相为例，分析直流电压 $U_{dc}$ 的运行范围。根据式（5-3），忽略数值接近于零的共模电压交流分量，交流电压 $u_{diffa}$ 与直流电压 $U_{dc}$ 满足如下关系：

$$\begin{cases} u_{diffa} = \dfrac{1}{2}(u_{na} - u_{pa}) = U_{diffm}\sin\omega t \\ u_{coma} = \dfrac{1}{2}(u_{na} + u_{pa}) = \dfrac{U_{dc}}{2} \end{cases} \tag{7-51}$$

故

$$\begin{cases} u_{pa} = \dfrac{U_{dc}}{2} - u_{diffa} = \dfrac{U_{dc}}{2} - U_{diffm}\sin\omega t = \dfrac{(k_{dcv} - k_{acv}\sin\omega t)N_{tot}U_{cN}}{2} \\ u_{na} = \dfrac{U_{dc}}{2} + u_{diffa} = \dfrac{U_{dc}}{2} + U_{diffm}\sin\omega t = \dfrac{(k_{dcv} + k_{acv}\sin\omega t)N_{tot}U_{cN}}{2} \end{cases} \tag{7-52}$$

根据桥臂子模块由 $M$ 个全桥子模块和 $N$ 个半桥子模块构成的基本特性，可以得到

$$\begin{cases} -MU_{cN} \leq u_{pa} \leq N_{tot}U_{cN} \\ -MU_{cN} \leq u_{na} \leq N_{tot}U_{cN} \end{cases} \tag{7-53}$$

根据式（7-52）和式（7-53），以 $u_{pa}$ 为例进行分析，存在如下关系：

$$\begin{cases} \dfrac{(k_{dcv} - k_{acv}\sin\omega t)N_{tot}U_{cN}}{2} \geq -MU_{cN} \\ \dfrac{(k_{dcv} - k_{acv}\sin\omega t)N_{tot}U_{cN}}{2} \leq N_{tot}U_{cN} \end{cases} \tag{7-54}$$

求解式（7-54）得到

$$k_{acv} - 2k_{FB} \leq k_{dcv} \leq 2 - k_{acv} \tag{7-55}$$

取典型值 $k_{acv} = 0.85$ 和 $k_{FB} = 0.5$，此时 $k_{dcv}$ 的最小值为 $-0.15$，最大值为 $1.15$。意味着直流电压运行范围在 $-0.15N_{tot}U_{cN} \sim 1.15N_{tot}U_{cN}$ 之间，即 $U_{dc}$ 可以负电压运行。对于表 7-10 的运行工况，$k_{acv} = 0.8$ 和 $k_{FB} = 0.5$，根据式（7-55）计算得到 $k_{dcv}$ 的最小值为 $-0.2$，与表中 $U_{dc} = -2kV$ 吻合。对于表 7-11 的运行工况，$k_{acv} = 1$ 和 $k_{FB} = 0.5$，根据式（7-55）计算得到 $k_{dcv}$ 的最小值为 0，与表中 $U_{dc} = 0kV$ 吻合。

## 7.8.2 FHMMC 降直流电压运行受半桥子模块电容电压均压的约束

在 FHMMC 运行过程中，若忽略换流器的损耗，则可认为换流器直流侧功率与交流侧功率相等，得到如下表达式：

$$U_{dc}I_{dc} = \dfrac{3}{2}U_{diffm}I_{vm}\cos\varphi_v \tag{7-56}$$

式中，$I_{vm}$ 为阀侧相电流幅值，$\varphi_v$ 为阀侧相电流滞后于相电压的角度。

将式（7-50）代入式（7-56）可以得到

$$I_{dc} = \frac{3k_{acv}}{4k_{dcv}} I_{vm} \cos\varphi_v \tag{7-57}$$

在采用桥臂环流抑制控制的情况下，桥臂电流中的 2 次及以上谐波分量可以忽略，则根据表 2-5 可以得到 a 相上下桥臂电流的表达式为

$$\begin{cases} i_{pa} = \dfrac{I_{dc}}{3} + \dfrac{i_{va}}{2} = \dfrac{k_{acv}}{4k_{dcv}} I_{vm} \cos\varphi_v + \dfrac{1}{2} I_{vm} \sin(\omega t - \varphi_v) \\ i_{na} = \dfrac{I_{dc}}{3} - \dfrac{i_{va}}{2} = \dfrac{k_{acv}}{4k_{dcv}} I_{vm} \cos\varphi_v - \dfrac{1}{2} I_{vm} \sin(\omega t - \varphi_v) \end{cases} \tag{7-58}$$

对于 FHMMC 中的半桥子模块来说，由于其只能输出正电平或零电平，子模块电容的充电和放电只能由桥臂电流的方向决定。因此，为了保证半桥子模块电容电压能够在稳态运行过程中保持平衡，FHMMC 需要始终满足如下两个条件中的一个：

1）在每个周期内，桥臂电流方向会发生改变。
2）若某种运行状态下桥臂电流始终保持同一个方向，则此时的桥臂电压需要全部由全桥子模块提供，所有半桥子模块都始终处于切除状态。

若要满足条件 1），则要求式（7-58）中的桥臂电流表达式在一个周期内既会出现正值也会出现负值，即需要满足以下条件：

$$\frac{k_{acv}}{4k_{dcv}} I_{vm} |\cos\varphi_v| < \frac{1}{2} I_{vm} \tag{7-59}$$

即交流电压变换系数 $k_{acv}$ 与直流电压变换系数 $k_{dcv}$ 需要满足如下关系式：

$$k_{dcv} > \frac{1}{2} k_{acv} |\cos\varphi_v| \tag{7-60}$$

式（7-60）表明，只要直流电压 $U_{dc}$ 按照负压或者零压运行，就不可能满足条件 1）。

而当满足条件 2）时，a 相上下桥臂能够输出的桥臂电压范围变化为

$$\begin{cases} -MU_{cN} \le u_{pa} \le MU_{cN} \\ -MU_{cN} \le u_{na} \le MU_{cN} \end{cases} \tag{7-61}$$

重新将式（7-52）代入到式（7-61）中，可以得到该条件下的 FHMMC 的直流电压变换系数的变化范围为

$$k_{acv} - 2k_{FB} \le k_{dcv} \le 2k_{FB} - k_{acv} \tag{7-62}$$

此条件与式（7-55）完全一致。

综上所述，为满足半桥子模块电容电压平衡的条件，FHMMC 的直流电压变换系数需要始终满足式（7-60）或者式（7-62）。

对于表 7-10 的运行工况，$k_{FB} = 0.5$，$k_{acv} = 0.8$，$k_{dcv} = -0.2$，显然不满足式（7-60），但满足式（7-62），因此表 7-10 的运行工况是可行的。

对于表 7-11 的运行工况，$k_{FB} = 0.5$，$k_{acv} = 1$，$k_{dcv} = 0$，显然不满足式（7-60），但满足式（7-62），因此表 7-11 的运行工况也是可行的。

## 7.9 FHMMC 直流侧故障的直接故障电流控制清除原理

### 7.9.1 FHMMC 清除直流侧故障的控制器设计

由上节的讨论可知，FHMMC 存在直流负压运行的可能性。因此在直流侧故障的情况下，可以将 FHMMC 的运行工况立刻切换到直流负压运行工况，从而将直流侧故障电流直接控制到零。例如对于图 7-4 所示的单换流器直流侧故障分析模型，当直流侧发生极对地短路时，故障电流是从 FHMMC 流向故障点的，借鉴 LCC-HVDC 采用强制移相使整流器电压极性反转清除直流侧故障的策略[1]，也将 FHMMC 的直流电压极性反转，此时直流侧电流的强制分量将从故障点流向 FHMMC，从而可以将故障电流抑制到零[8]。在故障电流抑制到零后，通过直流电流控制将故障电流一直控制为零，直到系统重启动。

根据上述思路，FHMMC 通过直接电流控制清除直流侧故障的控制器设计原则如下：①检测到直流侧故障后，控制器从正常运行模式切换到清除直流侧故障运行模式；②在清除直流侧故障运行模式下，差模外环控制按照定子模块电容电压恒定控制和定无功功率恒定控制，差模内环控制器保持常规控制器结构和参数不变；③在清除直流侧故障运行模式下，正常工况下的共模双环控制切换为共模单环控制，针对故障电流与零电流之间的偏差进行比例控制，输出的直流电压指令值需经过限幅处理。这样，可以得到 FHMMC 通过直接故障电流控制清除直流侧故障的控制器框图如图 7-37 所示。

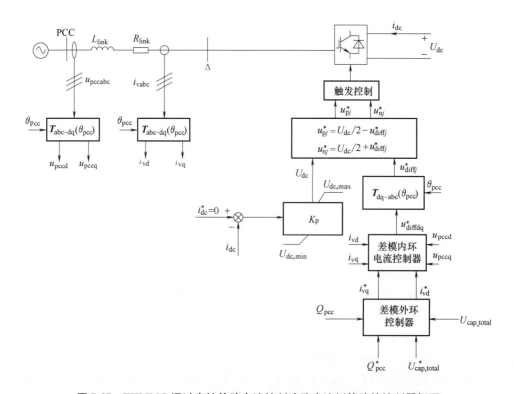

图 7-37 FHMMC 通过直接故障电流控制清除直流侧故障的控制器框图

## 7.9.2 FHMMC 直接故障电流控制下的故障电流衰减特性实例

还是采用表 7-1 所示的单端 400kV、400MW 测试系统作为示例进行分析。假定该测试系统的换流器为 FHMMC，且 $k_{FB}$ 为 50%，即每个桥臂中各有 10 个 FBSM 和 HBSM，所有参数与表 7-1 保持一致。设置的运行工况如下：交流等值系统线电势有效值为 210kV，即相电势幅值 $U_{pccm}$ = 171.5kV；直流电压 $U_{dc}$ = 400kV；FHMMC 运行于整流模式，有功功率 $P_v$ = 400MW，无功功率 $Q_v$ = 0Mvar。平波电抗器电感为 200mH，输电线路长度为 1000km，单位 km 电感为 1mH，电阻为 10mΩ。针对闭锁过程持续时间最长的故障方式，设定直流线路短路故障发生在线路末端，这样对应图 7-4 的单换流器直流侧故障分析模型，$L_{dc}$ = 1.2 H，$R_{dc}$ = 10Ω。设定当直流侧故障电流达到额定电流的 2 倍时 FHMMC 清除直流侧故障的直接电流控制投入。

图 7-4 单换流器直流侧故障分析模型满足的微分方程为

$$\begin{cases} L_{dc}\dfrac{di_{dc}}{dt}+R_{dc}i_{dc}=U_{dc} \\ U_{dc}=-K_p i_{dc} \\ U_{dc} \geq k_{dc,min}U_{dcN} \end{cases} \quad (7\text{-}63)$$

对于本测试系统，设定清除直流侧故障期间，差模外环控制的无功功率指令值为零，因而 FHMMC 的差模电压幅值 $U_{diffm}$ 就等于 $U_{pccm}$，对应的交流电压变换系数 $k_{acv}=U_{diffm}/(N_{tot}U_{cN}/2)$ = 171.5/200 = 0.8575，根据式（7-62），在此状态下对应的 $k_{dc,min}=k_{acv}-2k_{FB}=-0.1425$，故直流电压的下限值 $U_{dc,min}=k_{dc,min}N_{tot}U_{cN}=-57$kV。当 $K_p$（单位为 kV/kA）分别取 50、100、150 时，故障电流的衰减特性如图 7-38 所示。

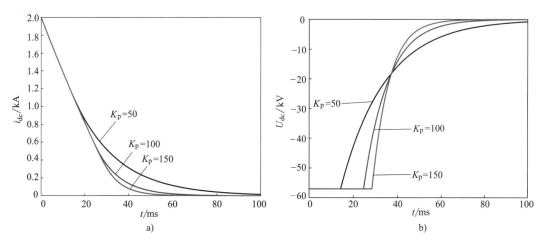

**图 7-38 FHMMC 采用直接故障电流控制时的故障电流衰减特性**
a) 直流侧故障电流波形　b) 控制器输出的直流电压

从图 7-38 可以看出，故障电流的衰减特性与故障电流控制器的比例系数 $K_p$ 有关，$K_p$ 越大，故障电流衰减越快，其原因是 $K_p$ 越大，维持直流电压为最大负压值的时间越长。对于本例，$K_p$ 大于 100 后，故障电流衰减特性的变化已不明显。对于 $K_p$ 大于 100 的情形，故障电流衰减到零的时间为 80ms 左右。

## 7.10 FHMMC采用子模块闭锁与直接故障电流控制清除直流侧故障的性能比较

从前面的分析结果可以看出，当FHMMC采用的全桥子模块占比$k_{FB}$等于50%时，采用子模块闭锁方式或者直接故障电流控制方式清除直流侧故障都是可行的，两者的主要差别是：①采用闭锁方式清除直流侧故障的优势是直流侧故障持续时间较短，直流线路恢复送电时间较短；劣势是故障清除后FHMMC中子模块电容电压分布不均衡，存在过电压的风险，并且故障清除过程中无法对交流电网进行无功支撑。②采用直接故障电流控制方式清除直流侧故障的优势是故障清除后FHMMC中子模块电容电压分布比较均衡，不存在过电压风险，并且在牺牲直流负压输出能力的条件下，可以在故障清除过程中对交流电网进行少量无功支撑；劣势是由于输出直流负压较低，导致故障清除过程持续时间较长，不利于直流线路快速恢复送电。

下面仍然采用表7-1所示的单端400kV、400MW测试系统，通过电磁暂态仿真方法对FHMMC采用不同直流侧故障清除策略时的性能进行比较，并给出推荐结论。

设定的比较条件如下：①$k_{FB}$为50%，即每个桥臂中各有10个FBSM和HBSM，所有参数与表7-1保持一致。②运行边界条件为，交流等值系统线电势有效值为210kV，即相电势幅值$U_{pccm}$ = 171.5kV；直流电压$U_{dc}$ = 400kV；FHMMC运行于整流模式，有功功率$P_v$ = 400MW，无功功率$Q_v$ = 0Mvar。③直流系统主电路参数为平波电抗器电感200mH，输电线路长度1000km，单位km电感1mH，电阻10mΩ。④故障方式设定在直流线路末端，对应图7-4的单换流器直流侧故障分析模型，$L_{dc}$ = 1.2 H，$R_{dc}$ = 10Ω。⑤设定当直流侧故障电流达到额定电流的2倍时投入故障清除控制，即采用子模块闭锁或投入直接故障电流控制。⑥故障清除过程中两种控制方式都不对交流电网进行无功支撑，即采用直接故障电流控制方式时图7-37中的无功功率指令值$Q_{pcc}^*$取零。⑦采用直接故障电流控制方式时，图7-37中故障电流控制器比例系数$K_p$（单位为kV/kA）分别取50、100、150，故障电流控制器输出的直流电压限幅值$U_{dc,min}$ = -57kV。

设仿真开始时（$t$ = 0ms）测试系统已进入稳态运行，$t$ = 10ms时在直流线路末端发生单极接地短路，故障电流达到2kA故障控制投入，仿真过程持续到$t$ = 100ms。图7-39给出了两种控制方式以及不同$K_p$下的直流侧短路电流波形图，图7-40给出了两种控制方式以及不同$K_p$下的FHMMC直流侧端口电压$U_{dc}$的波形图，图7-41给出了子模块闭锁控制方式下阀侧三相交流电流$i_{vj}$的波形图，图7-42给出了故障电流直接控制方式下阀侧三相交流电流$i_{vj}$的波形图（$K_p$ = 100），图7-43给出了子模块闭锁控制方式下6个桥臂电流$i_{pj}$、$i_{nj}$的波形

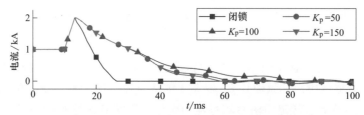

图7-39　两种控制方式以及不同$K_p$下的直流侧短路电流波形图

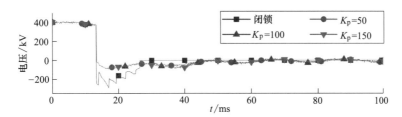

图 7-40 两种控制方式以及不同 $K_p$ 下 FHMMC 直流侧端口电压 $U_{dc}$ 波形图

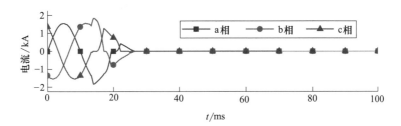

图 7-41 子模块闭锁控制方式下阀侧三相交流电流的波形图

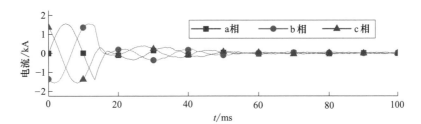

图 7-42 故障电流直接控制方式下阀侧三相交流电流的波形图（$K_p = 100$）

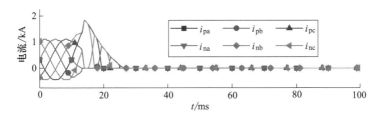

图 7-43 子模块闭锁控制方式下 6 个桥臂电流的波形图

图，图 7-44 给出了故障电流直接控制方式下 6 个桥臂电流 $i_{pj}$、$i_{nj}$ 的波形图（$K_p = 100$），图 7-45 给出了子模块闭锁控制方式下 6 个桥臂的总电容电压波形图，图 7-46 给出了故障电流直接控制方式下 6 个桥臂的总电容电压波形图（$K_p = 100$）。

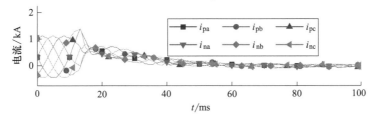

图 7-44 故障电流直接控制方式下 6 个桥臂电流的波形图（$K_p = 100$）

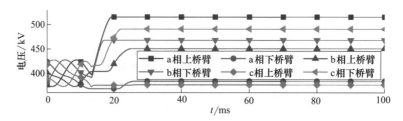

图 7-45　子模块闭锁控制方式下 6 个桥臂的总电容电压波形图

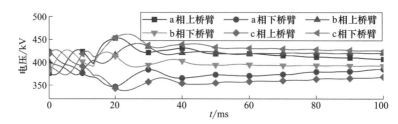

图 7-46　故障电流直接控制方式下 6 个桥臂的总电容电压波形图（$K_p=100$）

从图 7-39 可以看出，从故障发生到故障电流上升到 2 倍额定电流的时间约为 3ms，即故障发生后 3ms 故障清除控制投入。当采用子模块闭锁方式清除故障时，故障清除时间约为 14ms；当采用直接故障电流控制方式清除故障时，故障清除时间约为 80ms。可见子模块闭锁方式比直接故障电流控制方式更具有优势。

从图 7-40 可以看出，当采用子模块闭锁方式清除故障时，FHMMC 直流端口电压 $U_{dc}$ 可以取到-200kV，而采用直接故障电流控制方式时，FHMMC 直流端口电压 $U_{dc}$ 最多取到-57kV，导致清除故障时间比子模块闭锁方式长得多。

从图 7-41 可以看出，当采用子模块闭锁方式清除故障时，阀侧三相交流电流与直流侧故障电流同时衰减到零，这个过程约 14ms，其后交流侧电流一直保持为零。

从图 7-42 可以看出，采用直接故障电流控制方式时，阀侧三相交流电流是一直有值的，要等到直流侧故障电流被控制到零时才接近于零，这个过程持续时间约 80ms。

从图 7-43 可以看出，当采用子模块闭锁方式清除故障时，6 个桥臂电流与直流侧故障电流同时衰减到零，这个过程约 14ms，其后桥臂电流一直保持为零。

从图 7-44 可以看出，采用直接故障电流控制方式时，6 个桥臂电流是一直有值的，要等到直流侧故障电流被控制到零时才接近于零，这个过程持续时间约 80ms。

从图 7-45 可以看出，当采用子模块闭锁方式清除故障时，直流侧故障电流被清除后，各桥臂的总电容电压就不再变化。其中 6 个桥臂中过电压水平最高的桥臂总电容电压约为 515kV，过电压水平为 515/400＝1.29，小于根据式（7-49）得到的估算值。显然，这个过电压水平是可以接受的。

从图 7-46 可以看出，采用直接故障电流控制方式时，6 个桥臂中过电压水平最高的桥臂总电容电压约为 460kV，过电压水平为 460/400＝1.15，过电压水平不高，可以接受。

## 7.11　对具有直流侧故障自清除能力的 MMC 的推荐结论

总结上述比较结果，可以得出结论：当 FHMMC 的全桥子模块比例 $k_{FB}=50\%$ 时，采用子模块闭锁方式可以十分有效地清除直流侧故障,故障清除时间很短,典型值小于15ms;故障清除后的子模块电容过电压水平不高,在1.3倍左右。相比于直接故障电流控制方式,子模块闭锁方式清除直流侧故障优势明显。推荐结论:①构建具有直流侧故障自清除能力的MMC时,推荐采用全桥子模块比例 $k_{FB}=50\%$ 的FHMMC结构;②选择直流侧故障清除控制方式时,推荐采用子模块闭锁方式。

另外值得指出的是,若采用直接故障电流控制方式清除直流侧故障,为了达到与子模块闭锁方式相同的直流侧故障清除时间(15ms),需要的全桥子模块比例 $k_{FB}$ 将远远大于50%,典型值为75%;代价是大大增加了投资成本和运行成本,因此其合理性存疑。疑点简述如下。采用直接故障电流控制方式加高比例 $k_{FB}$(典型值75%)的主要依据是如下3点:①在清除直流侧故障期间可以对交流电网进行一定的无功支撑;②直流侧故障清除后子模块几乎不存在过电压;③由于子模块电容电压相对均衡,便于直流系统重新启动恢复送电。上述3个依据不够充分的理由如下:①直流侧故障清除期间对交流电网进行无功支撑,其必要性存疑;②子模块设计时已经考虑了一定的过电压耐受能力,1.3倍的过电压水平是可以接受的,追求直流侧故障清除后不存在过电压问题,其必要性存疑;③子模块电容电压不均衡不会妨碍直流系统重新启动恢复送电,FHMMC在恢复控制后子模块电容电压会很快得到均衡,因此追求直流侧故障清除后子模块电容电压相对均衡,其必要性存疑。

总之,为了采用直接故障电流控制方式,需要大大提高FHMMC中的全桥子模块比例,在达到与子模块闭锁方式相同的故障清除时间的条件下,全桥子模块比例需要增加到75%,大大增加了FHMMC的投资成本和运行成本,而获得的效益几乎可以忽略不计。因此在选择直流侧故障清除控制方式时,不推荐采用直接故障电流控制方式。

# 参 考 文 献

[1] 浙江大学发电教研组直流输电科研组. 直流输电[M]. 北京:电力工业出版社,1982.

[2] 邱关源,罗先觉. 电路[M]. 5版. 北京:高等教育出版社,2006.

[3] MARQUARDT R. Modular Multilevel Converter:An universal concept for HVDC-Networks and extended DC-Bus-applications [C]//IEEE 2010 International Power Electronics Conference,21-24 June,2010,Sapporo,Japan. New York:IEEE,2010.

[4] MARQUARDT R. Modular multilevel converter topologies with dc-short circuit current limitation [C]//IEEE 8th International Conference on Power Electronics and ECCE Asia,May 30- June 3,2011 Jeju,Korea. New York:IEEE,2011.

[5] 徐政,许烽,唐庚,等. 一种基于混杂式MMC的混合型直流输电系统:201410005031.6[P]. 2014-10-05.

[6] 徐政,董桓锋,刘高任,等. 一种混杂式MMC电容电压的均衡控制方法:201410172233X[P]. 2014-10-17.

[7] 许烽,徐政. 基于LCC和FHMMC的混合型直流输电系统. 高电压技术,2014,40(8):2520-2530.

[8] 林卫星,文劲宇,刘伟增. 架空柔性直流输电系统全桥模块比例设计与无闭锁控制. 南方电网技术,2018,12(2):3-11.

# 第8章 适用于架空线路的柔性直流输电系统

## 8.1 引言

远距离大容量输电是我国电网发展的一个重要趋势，直流输电在其中担负着重要角色。一般远距离大容量直流输电系统有2个重要特点：其一是潮流方向单一，不管是大容量水电基地送出还是大容量火电基地送出，都不需要考虑潮流反向问题；其二是受端系统直流落点密集，如广东电网和华东电网等，造成所谓的多直流馈入问题，其严重性表现在当受端系统某点发生短路故障时，可能引起多回直流线路同时发生换相失败，导致多回直流线路输送功率暂时中断，对送受端交流系统的安全稳定性构成严重威胁。

基于电网换相换流器的高压直流输电（LCC-HVDC）技术已经非常成熟。目前，LCC-HVDC系统已经被广泛地应用于海底电缆输电、远距离大容量输电以及异步电网背靠背互联等场合。但是，LCC-HVDC系统存在着逆变站换相失败、无法对弱交流系统供电、运行过程中需要消耗大量无功功率并产生大量谐波等缺陷[1,2]，在一定程度上制约它的应用范围。

基于模块化多电平换流器的柔性直流输电（MMC-HVDC）系统，可以独立控制有功功率和无功功率，不存在换相失败，可为无源孤岛供电，且开关频率低，开关损耗小，扩展性强，无需交流滤波器，因而优势突出。但是，HMMC-HVDC系统无法有效地处理直流侧故障，制约了其在远距离大容量输电场合的应用。

根据直流侧发生故障后清除故障电流的方法不同，柔性直流输电网的基本构网方式有两种：第1种方式是HMMC加直流断路器方式；第2种方式是无直流断路器但采用具有直流侧故障自清除能力的MMC。对于点对点柔性直流输电系统，除了上述2种故障电流清除方法或构网方式外，对于特定的应用场合，还可以采用特殊的故障电流清除方法。

ABB公司在Caprivi Link[3-4]工程中，就采用了跳交流侧开关来清除直流侧故障的方法。由于通过跳交流侧开关来清除直流侧故障，清除故障的耗时较长，从故障发生到重新恢复到故障前的送电水平需要耗时5s左右，因此仅适用于对送电中断不太敏感的应用场合。

对于点对点单向架空线路输电的应用场合，本书作者团队提出了3种无需直流断路器的柔性直流输电系统结构。第1种结构是LCC-二极管-MMC混合型直流输电系统结构[5-9]，第2种结构是LCC-FHMMC混合型直流输电系统结构[10-12]，第3种结构是LCC-MMC串联混合型直流输电系统结构[13-16]。本章将分别阐述上述几种特殊的直流侧故障清除方法的原理和特性。

## 8.2 跳交流侧开关清除直流侧故障的原理和特性

ABB 公司在 Caprivi Link[3-4] 工程中，采用了通过跳交流侧开关来清除直流侧故障的方法。我国的上海南汇柔性直流工程、南澳三端柔性直流工程和舟山五端柔性直流工程，也都是采用跳交流侧开关来清除直流侧故障的。这种故障清除方法的基本步骤如下：①直流侧线路发生故障；②换流器闭锁；③跳开交流侧开关；④使流过故障线路的电流衰减到很小的值；⑤隔离故障线路；⑥故障闪络点空气去游离；⑦交流开关重新闭合；⑧换流器解锁按 STATCOM 运行；⑨直流线路隔离开关重新闭合；⑩恢复到故障前的输送功率。下面以一个单极单端 MMC 为例说明跳交流侧开关清除直流侧故障的原理和特性。

### 8.2.1 交流侧开关跳开后故障电流的变化特性分析

不失一般性，为了研究发生单极接地故障时流过故障线路的故障电流特性，仍然采用如图 7-4 所示的单换流器直流侧故障分析模型。为阅读方便，图 8-1 重新给出了该分析模型的示意图。将交流侧开关跳开瞬间设为时间零点 $t=0$，并设交流开关跳开时直流线路的故障电流值为 $I_{dcT}$，且 $L_{dc}$ 和 $R_{dc}$ 为考虑了平波电抗器和故障线路参数的电感和电阻，忽略故障线路电容的作用，则图 8-1 所示分析模型的运算电路如图 8-2 所示。

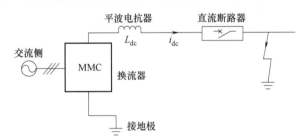

图 8-1 流过直流线路的故障电流分析模型

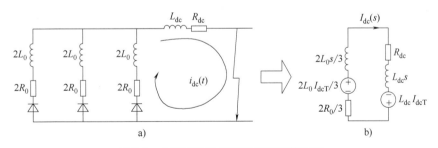

图 8-2 交流开关跳开后的等值运算电路

对图 8-2b 的运算电路进行求解，可得

$$I_{dc}(s) = \frac{\left(\dfrac{2L_0}{3}+L_{dc}\right)I_{dcT}}{s\left(\dfrac{2}{3}L_0+L_{dc}\right)+\left(\dfrac{2}{3}R_0+R_{dc}\right)} \tag{8-1}$$

对式（8-1）进行拉普拉斯反变换，得到

$$i_{dc}(t) = I_{dcT} e^{-\frac{t}{\tau''_{dc}}} \tag{8-2}$$

式中，

$$\tau''_{dc} = \frac{2L_0 + 3L_{dc}}{2R_0 + 3R_{dc}} \tag{8-3}$$

### 8.2.2 仿真验证

下面仍然采用表 7-1 所示的单端 400kV、400MW 测试系统进行仿真验证，设置的运行工况如下：交流等值系统线电势有效值为 210kV，即相电势幅值 $U_{pccm} = 171.5\text{kV}$；直流电压 $U_{dc} = 400\text{kV}$；MMC 运行于整流模式，有功功率 $P_v = 400\text{MW}$，无功功率 $Q_v = 0\text{Mvar}$。平波电抗器电感和电阻分别为 $L_{dc} = 200\text{mH}$ 和 $R_{dc} = 0.1\Omega$。

设仿真开始时（$t = 0\text{ms}$）测试系统已进入稳态运行，$t = 10\text{ms}$ 时在平波电抗器出口处发生单极接地短路，故障后 5ms 换流器闭锁，故障后 40ms 交流侧开关跳开，仿真过程持续到 $t = 2000\text{ms}$。显然，在所仿真的故障方式下，$\tau''_{dc} = 1074\text{ms}$。根据仿真结果，$I_{dcT} = 11.65\text{kA}$。图 8-3 给出了直流侧短路电流仿真值与解析计算值的比较。从图 8-3 可以看出，式（8-3）的解析计算结果与仿真结果完全吻合。而根据式（8-3），可以推出从交流侧开关跳开到故障电流衰减到接近于零（例如 200A）所需要的时间为 4367ms。

因为直流侧隔离开关必须在故障电流接近于零（例如 200A）时才可能隔离故障线路，因此对于本测试系统的故障场景，从直

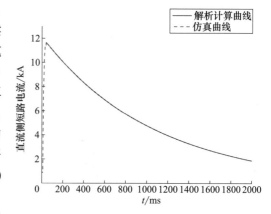

图 8-3 交流侧开关跳开后直流侧短路电流仿真值与解析计算值的比较

流侧发生故障到将故障线路隔离需要耗时约 4.4s。从本测试系统的故障分析可以看出，通过跳交流开关来清除直流侧故障的耗时是比较长的，在数秒数量级，这对于大规模远距离输电的应用场景，通常是不能接受的。为了加速直流侧故障电流的衰减速度，可以在故障回路中串入外加电阻来实现，此种方案已经在舟山五端柔性直流工程中进行试验。

## 8.3 LCC-二极管-MMC 混合型直流输电系统运行原理

为了克服半桥子模块 MMC 无法有效处理直流侧故障的缺点，参考文献 [5-9] 提出了一种混合型直流输电系统结构，该结构送端采用 LCC，受端采用 HMMC，利用串联在逆变器出口的二极管阀清除直流侧故障。采用该结构后，可以同时发挥 LCC 和 MMC 各自的优势，并彻底根除了逆变侧发生换相失败的可能性，是消解多直流馈入问题的一种有效途径。

### 8.3.1 拓扑结构与运行原理

LCC-二极管-MMC 混合型直流输电系统结构如图 8-4 所示[5-9]。整流侧由 12 脉动换流器

构成，逆变侧由 HMMC 构成。DCF 为直流侧滤波器。大功率二极管阀装设在逆变侧直流母线出口处，用于阻断发生直流故障时的故障电流通路。关于传统直流输电换流器 LCC 运行原理的详细阐述见参考文献 [1]，这里不再赘述。

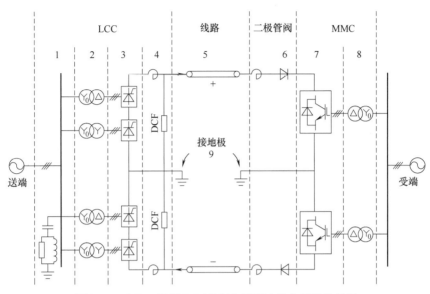

图 8-4　LCC-二极管-MMC 混合型直流输电系统接线图

对于图 8-4 所示的混合型直流输电系统，按照传统直流输电"整流侧定电流、逆变侧定电压"以及柔性直流输电系统"一侧定电压、另一侧定有功功率"的控制策略，很容易想到 2 种可能的控制策略，我们分别称其为控制策略 1 和控制策略 2。控制策略 1：LCC 侧定电流控制加最小触发角限制，MMC 侧定直流电压控制。控制策略 2：LCC 侧定直流电压控制加最小触发角限制，MMC 侧定有功功率控制。

图 8-4 所示的 LCC-二极管-MMC 混合型直流输电系统清除直流侧故障的原理叙述如下。设直流线路上某点发生接地故障，则显然流入故障点的故障电流是从 LCC 侧流出的；MMC 侧对故障点电流没有贡献，因为二极管阀阻塞了 MMC 到故障点的电流流动路径。而消除从 LCC 侧流出的故障电流，对传统直流输电来说是一个非常成熟的技术，即所谓的"强制移相技术"[1-2]。强制移相的意思是 LCC 在检测到直流侧发生故障后，立刻将触发角从正常运行的 15°±2.5°范围快速拉大到 145°左右，使 LCC 从整流运行状态快速转变为逆变运行状态。当 LCC 转变为逆变运行状态后，LCC 产生的电势是阻止故障电流流动的，从而使故障电流快速下降到零。因为 LCC 的单向导通特性，故障电流不会变负，保持在零值不变。

## 8.3.2　交流侧和直流侧故障特性分析

考察的测试系统如图 8-5 所示。送端交流系统和受端交流系统都用两区域四机系统[17]来模拟，混合型直流输电系统如图 8-4 所示，采用单极结构，额定电压为+800kV，额定功率为 800MW。整流侧由 2 个相同的 12 脉动 LCC 串联构成，其直流侧额定电压都是 400kV；逆变侧由 2 个相同的半桥子模块 MMC 串联构成，其直流侧额定电压都是 400kV；直流线路长度为 2000km，单位长度参数为电阻 0.02Ω/km，电感 0.90mH/km，电容 0.015μF/km。我们的目的是考察送端交流电网、受端交流电网和直流线路发生故障时混合型直流输电系统的响应特性。

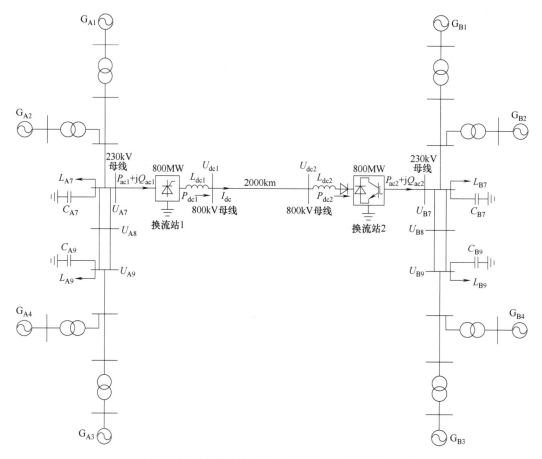

图 8-5　LCC-二极管-MMC 混合型直流输电原理测试系统

初始运行方式设置如下：两侧交流系统各发电机出力和各负荷参数见表 8-1。直流系统参数见表 8-2，初始运行状态见表 8-3。以下针对 3 种场景，考察 LCC-二极管-MMC 混合型直流输电系统的响应特性。

表 8-1　两侧交流系统发电机出力和负荷大小

| 元件 | 有功功率/MW | 无功功率/Mvar | 端口电压模值/pu | 端口电压相角/(°) |
| --- | --- | --- | --- | --- |
| $G_{A1}$ | 800 | 275 | 1.03 | 0 |
| $G_{A2}$ | 700 | 390 | 1.01 | -12.3 |
| $G_{A3}$ | 700 | 235 | 1.03 | 9.1 |
| $G_{A4}$ | 700 | 360 | 1.01 | -0.6 |
| $G_{B1}$ | 760 | 275 | 1.03 | 0 |
| $G_{B2}$ | 700 | 405 | 1.01 | -11.5 |
| $G_{B3}$ | 700 | 250 | 1.03 | -16.7 |
| $G_{B4}$ | 700 | 400 | 1.01 | -26.5 |

(续)

| 元件 | 有功功率/MW | 无功功率/Mvar | 端口电压模值/pu | 端口电压相角/(°) |
|---|---|---|---|---|
| $L_{A7}$ | 800 | 100 | 0.97 | 1.3 |
| $C_{A7}$ | 0 | 450(滤波器) | 0.97 | 1.3 |
| $L_{A9}$ | 1200 | 100 | 0.97 | 13.7 |
| $C_{A9}$ | 0 | 0 | 0.97 | 13.7 |
| $L_{B7}$ | 2000 | 100 | 0.96 | 2.1 |
| $C_{B7}$ | 0 | 0 | 0.96 | 2.1 |
| $L_{B9}$ | 1600 | 100 | 0.96 | -12.4 |
| $C_{B9}$ | 0 | 0 | 0.96 | -12.4 |

表 8-2 换流站主回路参数

| 参数名称 | | 换流站1 | 换流站2 |
|---|---|---|---|
| 换流器类型 | | LCC | MMC |
| 换流器个数 | | 4 | 2 |
| 换流器额定容量/MVA | | 200 | 400 |
| 网侧交流母线电压/kV | | 230 | 230 |
| 直流电压/kV | | 200 | 400 |
| 变压器 | 额定容量/MVA | 250 | 500 |
| | 电压比 | 230/180 | 230/200 |
| | 短路阻抗 $u_k$(%) | 15 | 15 |
| 子模块电容额定电压/kV | | | 1.6 |
| 单桥臂子模块个数 | | | 250 |
| 子模块电容值/mF | | | 8.3 |
| 桥臂电抗/mH | | 0 | 76.3 |
| 换流站出口平波电抗器/mH | | 300 | 300 |

表 8-3 直流系统初始运行状态

| 控制策略 | 换流站1 | 换流站1指令值 | 换流站2 | 换流站2指令值 |
|---|---|---|---|---|
| 1 | 定电流控制 | $I_{dc}^* = 1$kA(按定功率800MW计算电流指令值) | 定逆变侧直流电压控制,定无功功率控制 | $U_{dc2}^* = 760$kV<br>$Q_{ac2}^* = 0$Mvar |
| 2 | 定电压控制 | $U_{dc1}^* = 800$kV | 定有功功率控制,定无功功率控制 | $P_{dc2}^* = 760$MW<br>$Q_{ac2}^* = 0$Mvar |

场景 1(逆变侧交流系统故障):设仿真开始时($t=0$s)测试系统已进入稳态运行。$t=0.1$s 时逆变侧交流系统 B8 母线发生三相接地短路,$t=0.2$s 时接地短路被清除,仿真持续到 $t=5$s。图 8-6 给出了混合型直流系统的响应特性,其中图 a 是整流侧直流母线电压波形;图 b 是整流侧直流电流波形;图 c 是逆变侧直流母线电压波形;图 d 是逆变侧输出有功功率波形。图 8-7 给出了送端交流电网的响应特性,其中图 a 是整流站交流母线 A7 的电压波形;图 b 是送端交流电网发电机 3 对发电机 1 的功角摇摆曲线。图 8-8 给出了受端交流电网的响

应特性，其中图 a 是逆变站交流母线 B7 的电压波形；图 b 是受端交流电网发电机 3 对发电机 1 的功角摇摆曲线。

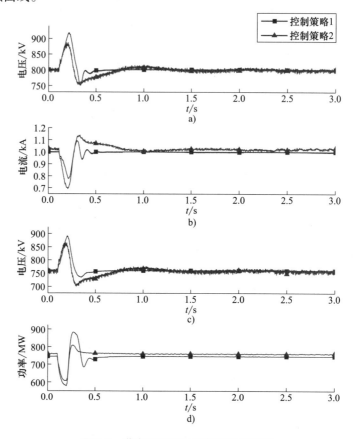

图 8-6　逆变侧交流系统故障响应特性

a) 整流侧直流母线电压波形　b) 整流侧直流电流波形　c) 逆变侧直流母线电压波形　d) 逆变侧输出有功功率波形

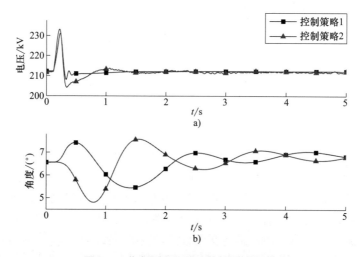

图 8-7　逆变侧交流系统故障响应特性

a) 整流站交流母线 A7 电压波形　b) 送端交流电网发电机 3 对发电机 1 的功角摇摆曲线

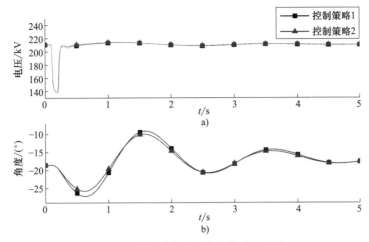

**图 8-8 逆变侧交流系统故障响应特性**

a) 逆变站交流母线 B7 电压波形  b) 受端交流电网发电机 3 对发电机 1 的功角摇摆曲线

分析图 8-6~图 8-8 可知,逆变侧交流系统 B8 母线发生三相短路故障后,逆变站交流母线 B7 电压跌落至稳态值的 65%,导致直流功率送出受阻。因此,故障期间逆变侧直流电压首先上升,从而导致整流侧直流电流下降,整流侧和逆变侧电压上升的幅度在 20% 之内,故障期间输送功率下降在 25% 之内。故障清除后系统能够很快地恢复至稳定运行状态。若与采用 LCC 的传统直流输电相比,上述故障下 LCC 将会发生换相失败,导致输送功率直接降低到零;而 MMC 对交流故障的耐受能力很强,不存在换相失败问题,在交流系统故障期间输送功率损失较小,交流故障清除后功率能够在 20ms 内恢复到故障前的值。

场景 2(整流侧交流系统故障):设仿真开始时($t=0$s)测试系统已进入稳态运行。$t=0.1$s 时整流侧交流系统 A8 母线发生三相接地短路,$t=0.2$s 时接地短路被清除,仿真持续到 $t=5$s。图 8-9 给出了混合型直流系统的响应特性,其中图 a 是整流侧直流母线电压波形;图 b 是整流侧直流电流波形;图 c 是逆变侧直流母线电压波形;图 d 是逆变侧输出有功功率波形;图 e 是整流侧平波电抗器上的电压波形;图 f 是整流侧高压端 6 脉动换流器阀 1 上的电压波形。图 8-10 给出了送端交流电网的响应特性,其中图 a 是整流站交流母线 A7 的电压

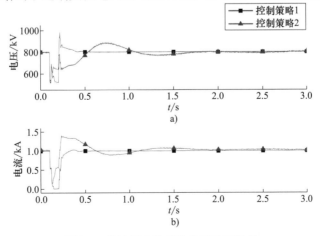

**图 8-9 整流侧交流系统故障响应特性**

a) 整流侧直流母线电压波形  b) 整流侧直流电流波形

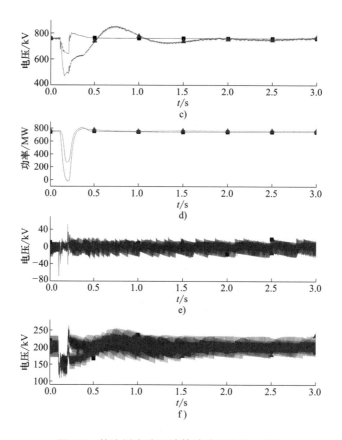

**图 8-9 整流侧交流系统故障响应特性（续）**

c）逆变侧直流母线电压波形　d）逆变侧输出有功功率波形
e）整流侧平波电抗器上的电压波形　f）整流侧高压端 6 脉动换流器阀 1 电压波形

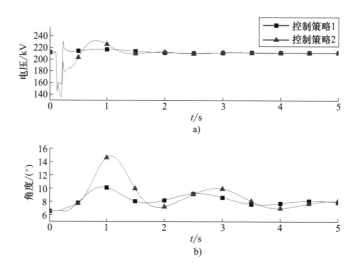

**图 8-10 整流侧交流系统故障响应特性**

a）整流站交流母线 A7 电压波形　b）送端交流电网发电机 3 对发电机 1 的功角摇摆曲线

波形；图 b 是送端交流电网发电机 3 对发电机 1 的功角摇摆曲线。图 8-11 给出了受端交流电网的响应特性，其中图 a 是逆变站交流母线 B7 的电压波形；图 b 是受端交流电网发电机 3 对发电机 1 的功角摇摆曲线。

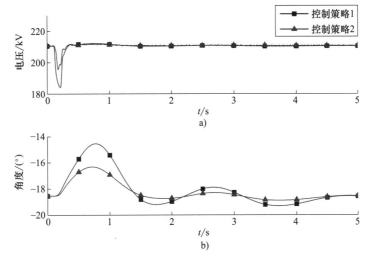

图 8-11　整流侧交流系统故障响应特性

a) 逆变站交流母线 B7 电压波形　b) 受端交流电网发电机 3 对发电机 1 的功角摇摆曲线

分析图 8-9~图 8-11 可知，整流侧交流系统 A8 母线发生三相短路故障后，整流站交流母线电压跌落至稳态值的 65%，导致直流电流瞬间跌落，输送功率也瞬间跌落。对于控制策略 1，直流电流和输送功率都跌落到零；对于控制策略 2，直流电流和输送功率没有跌落到零，还有一定的数值。即使直流电流跌落到零，平波电抗器和换流阀上的过电压也不明显。故障清除后直流功率能够在 20ms 内恢复到故障前的值。

场景 3（直流线路中点接地故障）：设仿真开始时（$t=0$s）测试系统已进入稳态运行。$t=0.1$s 时直流线路中点发生接地短路，当检测到整流侧直流电流大于 1.8pu 时将 LCC 触发角 $\alpha$ 强制移相到 120° 运行，当整流侧直流电流回落到 0.8pu 后将 $\alpha$ 设置成 145°，故障电流过零后再过 0.3s 重新起动 LCC，按原来的控制策略运行。仿真持续到 $t=5$s。图 8-12 给出了

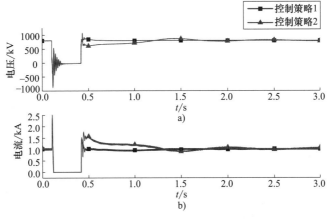

图 8-12　直流线路中点故障响应特性

a) 整流侧直流母线电压波形　b) 整流侧直流电流波形

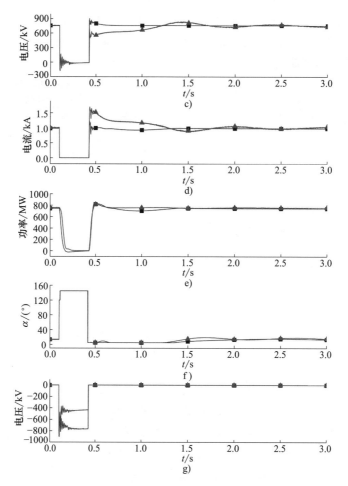

**图 8-12 直流线路中点故障响应特性（续）**

c）逆变侧直流母线电压波形　d）逆变侧直流电流波形　e）逆变侧输出有功功率波形
f）整流侧触发角 α 波形　g）MMC 直流侧出口串联二极管阀电压波形

混合型直流系统的响应特性，其中图 a 是整流侧直流母线电压波形；图 b 是整流侧直流电流波形；图 c 是逆变侧直流母线电压波形；图 d 逆变侧直流电流波形；图 e 是逆变侧输出有功功率波形；图 f 是整流侧触发角 α 波形；图 g 是 MMC 直流侧出口串联的二极管阀承受的电压波形。图 8-13 给出了送端交流电网的响应特性，其中图 a 是整流站交流母线 A7 的电压波形；图 b 是送端交流电网发电机 3 对发电机 1 的功角摇摆曲线。图 8-14 给出了受端交流电网的响应特性，其中图 a 是逆变站交流母线 B7 的电压波形；图 b 是受端交流电网发电机 3 对发电机 1 的功角摇摆曲线。

分析图 8-12~图 8-14 可知，直流线路中点发生接地短路后，由于二极管阀的单向导通特性，流入逆变站的直流电流瞬间跌落到零；整流站在检测到直流电流达到 1.8pu 时认为直流线路发生了接地短路，起动强制移相控制，直流电流迅速下降到零。故障起始阶段二极管阀会承受 1.1 倍直流额定电压的过电压水平。故障期间送端换流站交流母线电压升高是由于换流站无功补偿装置产生的无功功率馈入送端交流电网所引起的。故障期间受端换流站交流母线电压下降是由于受端换流站无有功功率输出导致受端交流电网潮流分布改变所引起的。

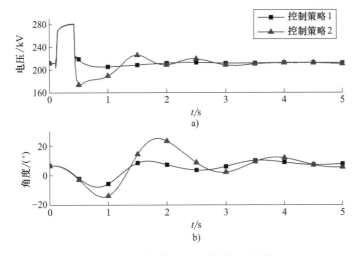

图 8-13 直流线路中点故障响应特性
a) 整流站交流母线 A7 电压波形　b) 送端交流电网发电机 3 对发电机 1 的功角摇摆曲线

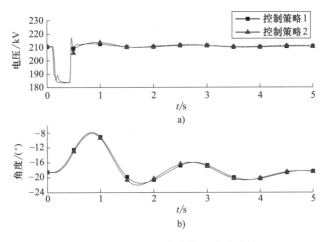

图 8-14 直流线路中点故障响应特性
a) 逆变站交流母线 B7 电压波形　b) 受端交流电网发电机 3 对发电机 1 的功角摇摆曲线

故障电流被清除后，经过 300ms 的去游离时间，系统能够快速恢复到故障前的输送功率水平。尽管直流线路故障导致送电中断超过 300ms，且输送功率达到送受端交流系统发电出力的 30% 左右，两侧交流系统仍然具有很好的暂态稳定特性。

## 8.4 LCC-FHMMC 混合型直流输电系统运行原理

为了克服半桥子模块型 HMMC 无法有效处理直流侧故障的缺点，除了采用如图 8-4 所示的 LCC-二极管-MMC 结构外，一种更一般性的混合型直流输电系统结构是 LCC-FHMMC 结构[10-12]，如图 8-15 所示。当 LCC-FHMMC 混合型直流输电系统直流侧发生故障时，送端 LCC 的故障电流清除策略与 LCC-二极管-MMC 结构完全相同，即采用"强制移相技术"[1-2]清除故障。而受端的 FHMMC 只要闭锁其子模块的触发脉冲，就能自动使直流侧故障电流快

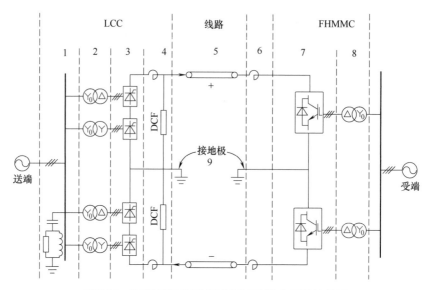

图 8-15 LCC-FHMMC 混合型直流输电系统接线图

速下降到零,其原理已在第 7 章中阐述过,这里不再赘述。

本节将阐述 LCC-FHMMC 混合型直流输电系统在两侧交流电网故障时如何保持平稳运行的控制策略。LCC-FHMMC 结构比 LCC-二极管-MMC 结构优越的地方是 FHMMC 除了能够通过子模块闭锁清除直流故障外,还能够利用全桥子模块的负电平输出能力,实现长时间的直流电压降压运行,从而能够比较方便地穿越送端交流电网故障和受端交流电网故障[18-20]。

## 8.4.1 LCC-FHMMC 混合系统中对 FHMMC 的控制要求

与图 8-4 的 LCC-二极管-MMC 混合型直流输电系统类似,LCC-FHMMC 混合型直流输电系统理论上存在多种控制策略。考虑到常规直流输电系统采用的经典控制策略中,整流侧一般采用"定电流加后备最小触发角控制",逆变侧一般采用"定电压加后备定电流控制"或"定关断角加后备定电流控制";结合 FHMMC 的特性,LCC-FHMMC 混合型直流输电系统拟采用的基本控制策略为:整流侧"定电流加后备最小触发角控制",逆变侧"定电压加后备定电流控制"。在上述基本控制策略的基础上,需要解决送端交流电网和受端交流电网的故障穿越问题。下面分别讨论在送、受端交流电网故障时,采用基本控制策略的 LCC-FHMMC 系统所呈现的特性。

当送端交流电网发生故障时,LCC 交流母线电压跌落,LCC 定电流控制器将通过减小触发角 $\alpha$ 来维持直流电流不变。然而,当触发角 $\alpha$ 降低至最小值 5°时,LCC 将失去控制直流电流的能力,导致直流电流下降到零,功率输送中断。我们将上述现象称为"直流电流断流"现象。解决直流电流断流问题在常规直流输电系统中已有成功经验,这就是在整流站进入最小触发角控制模式后,逆变站转入后备定电流控制模式,从而能够确保直流电流不断流,直流系统维持输送一定的功率。如何实现逆变站从定电压控制平稳转入后备定电流控制是 FHMMC 控制器设计的关键。

当受端交流电网发生故障时,FHMMC 交流母线电压跌落,FHMMC 将通过增大 d 轴电流来维持有功功率输出,当 d 轴电流达到限幅值后,FHMMC 进入电流饱和态工作模式,输出的有功功率与受端交流母线电压成正比。受端交流电网故障后，整流侧 LCC 仍然按照定电流控制模式工作，FHMMC 由于进入电流饱和态工作模式并不能使直流电压快速下降，导致从送端输入的功率大于从 FHMMC 输出到受端交流电网的功率，直流系统内部存在功率盈余，引起 FHMMC 中的子模块电容电压上升，产生过电压问题。我们将上述现象称为"受端输出功率堵塞"现象。如何消除受端交流电网故障时"受端输出功率堵塞"问题，也是 FHMMC 控制器设计的关键。

### 8.4.2 送端交流电网故障时 FHMMC 的控制策略

为了应对送端交流电网故障引起的直流电流断流问题，设计 FHMMC 的后备定电流控制器如图 8-16 所示。后备定电流控制器的作用是防止整流侧电网故障时直流电压跌落导致直流电流跌落至零。该控制器仿照了常规直流 LCC 逆变站的后备定电流控制策略，选用的电流指令值比整流侧的电流指令值 $I_{rec}^*$ 小一个电流阈值，通常取为 0.1pu，即图 8-16 中的 $(I_{rec}^*-0.1)$ 代表 FHMMC 的电流指令值 $I_{inv}^*$，而 $I_{dc}$ 为 FHMMC 侧的实际直流电流。

在常规直流输电系统采用的整流侧"定电流加后备最小触发角控制"与逆变侧"定电压加后备定电流控制"经典策略中，逆变侧的定电压控制实际控制的是整流侧平波电

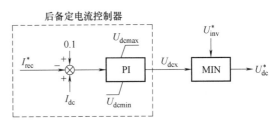

图 8-16　FHMMC 的后备定电流控制器结构

抗器与直流线路交点处的直流电压，即由上级调度中心给定的定电压指令值指的是 $U_{rec}^*$。例如，对于某个 ±800kV 直流系统，所谓的逆变侧定直流电压控制，指的是通过逆变侧的控制，将整流侧平波电抗器出口的电压控制到 ±800kV。而对于 FHMMC 的控制，必须知道 FHMMC 直流侧端口上的电压指令值。我们用 $U_{inv}^*$ 表示根据 $U_{rec}^*$ 计算得到的 FHMMC 直流侧端口电压指令值，显然，两者的关系为

$$U_{inv}^* = U_{rec}^* - R_{dc} I_{rec}^* \tag{8-4}$$

式中，$R_{dc}$ 为直流线路总电阻，是给定的已知值。

对于 FHMMC 来说，在正常运行工况下，直流电流的实际值 $I_{dc}$ 始终大于指令值 $I_{inv}^*$，故后备定电流控制器的输出 $U_{dcx}$ 始终保持为限幅环节的最大值 $U_{dcmax}$，该值一定大于 FHMMC 本身的直流电压指令值 $U_{inv}^*$，因此图 8-16 的后备定电流控制器一定会选中 $U_{inv}^*$ 作为 FHMMC 的直流电压指令值。而当整流侧交流电网发生故障时，整流侧直流电压跌落，进而引起直流电流快速跌落，此时 $U_{dcx}$ 会减小，并作为最终的电压指令值被选中，逆变站进入后备定电流控制模式，FHMMC 进入降直流电压运行状态，以防止 LCC 侧直流电压的跌落引起的直流电流断流和功率传输中断发生。

### 8.4.3 受端交流电网故障时 FHMMC 的控制策略

为了应对受端交流电网故障引起的受端输出功率堵塞问题，设计 FHMMC 的防输出功率堵塞控制器如图 8-17 所示。图 8-17 中，$U_{pcc\Sigma}$ 称为 Buchholz 集总电压[21]，在 abc 坐标系中实时计算 $U_{pcc\Sigma}$ 的公式如下：

$$U_{\text{pcc}\Sigma} = \sqrt{u_{\text{pcca}}^2 + u_{\text{pccb}}^2 + u_{\text{pccc}}^2} \tag{8-5}$$

式中, $u_{\text{pcca}}$、$u_{\text{pccb}}$、$u_{\text{pccc}}$ 为 FHMMC 交流母线的三相电压瞬时值。在对称平衡工况下 $U_{\text{pcc}\Sigma}$ 是一个常数, 等于 PCC 线电压有效值。在任何工况下, 求出集总电压 $U_{\text{pcc}\Sigma}$ 后除以 PCC 线电压额定值, 就得到 FHMMC 交流母线电压的标幺值 $U_{\text{pcc}\Sigma,\text{pu}}$。

图 8-17 所示的防输出功率堵塞控制器的基本思路如下。在保持直流电流为故障前的初始值的条件下, 馈入直流系统的功率与直流电压成正比; 同样, 在保持 FHMMC 交流侧电流为故障前的初始值的条件下, 输出到受端交流电网的功率与 PCC 的电压成正比。为适应任意工况下对 PCC 电压的定义, 采用 Buchholz 集总电压来定义 PCC 的电压。由于故障前,

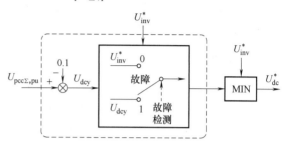

图 8-17 FHMMC 防输出功率堵塞控制器结构

馈入直流侧的功率与 FHMMC 的输出功率是平衡的, 意味着故障前直流电压与 PCC 交流电压存在一种对应关系。那么故障后 PCC 的集总电压下降了, 在保持 FHMMC 交直流两侧电流为故障前同样水平的条件下, 为了维持故障后的功率平衡, 直流电压也应该下降同样的比例。考虑安全裕度后, 直流电压除了取 PCC 集总电压同样的下降比例外, 还额外多下降 10%。这样, 在保持 FHMMC 交直流侧电流都为故障前的初始值的条件下, 馈入直流系统的功率水平一定小于 FHMMC 的功率输出能力, 即 FHMMC 一定能够将馈入直流系统的功率输出到受端交流电网中, 而不会引起过电流和过电压。

具体到图 8-17 中, 正常运行时, 控制器中的故障开关 fault 打在"0"的位置, 虚线框中的输出为 $U_{\text{inv}}^*$, 防输出功率堵塞控制器的实际输出仍然是 $U_{\text{inv}}^*$, 满足正常运行 FHMMC 定直流电压控制的要求。当受端交流电网故障导致 FHMMC 交流母线 PCC 电压下降后, FHMMC 进入电流饱和态工作模式, 此时 FHMMC 能够输出的最大功率标幺值为

$$P_{\text{lim,pu}} = U_{\text{pcc}\Sigma,\text{pu}} I_{\text{lim,pu}} \tag{8-6}$$

式中, $I_{\text{lim,pu}}$ 为 FHMMC 在电流饱和态下的交流侧线电流有效值的标幺值。当防输出功率堵塞控制器根据故障检测结果将故障开关 fault 打在"1"的位置后, 图 8-17 中虚线框的输出为 $U_{\text{dcy}}$:

$$U_{\text{dcy}} = U_{\text{pcc}\Sigma,\text{pu}} - 0.1 \tag{8-7}$$

显然, $U_{\text{dcy}}$ 小于 $U_{\text{inv}}^*$, 故防输出功率堵塞控制器的实际输出为 $U_{\text{dcy}}$。此时从直流侧输入 FHMMC 的功率为

$$P_{\text{dc,pu}} = U_{\text{dcy}} I_{\text{dc,pu}}^* \leq U_{\text{dcy}} I_{\text{lim,pu}} = (U_{\text{pcc}\Sigma,\text{pu}} - 0.1) I_{\text{lim,pu}} < U_{\text{pcc}\Sigma,\text{pu}} I_{\text{lim,pu}} = P_{\text{lim,pu}} \tag{8-8}$$

式中, 利用了故障前 $I_{\text{dc,pu}}^* \leq I_{\text{lim,pu}}$ 的条件, 因为故障前 FHMMC 一般不运行于电流限幅状态。式 (8-8) 表明, 从直流侧输入 FHMMC 的功率小于 FHMMC 能够输出的最大功率。因而采用防输出功率堵塞控制器后, FHMMC 在交流侧故障情况下, 不会产生功率堵塞问题, 也不会引起过电压问题。

### 8.4.4 LCC-FHMMC 混合型直流输电系统中 FHMMC 的总体控制策略

根据第 5 章 MMC 的一般性双模双环控制器结构, 结合 FHMMC 在送端电网故障时的防

直流电流断流控制器和受端电网故障时的防输出功率堵塞控制器结构，可以得到在 LCC 侧采用"定电流加后备最小触发角控制"以及在 FHMMC 侧采用"定电压加后备定电流控制"的 LCC-FHMMC 混合型直流输电系统中的 FHMMC 的总体控制策略如图 8-18 所示。图 8-18 中，防直流电流断流控制器与防输出功率堵塞控制器已合并成一个控制器。

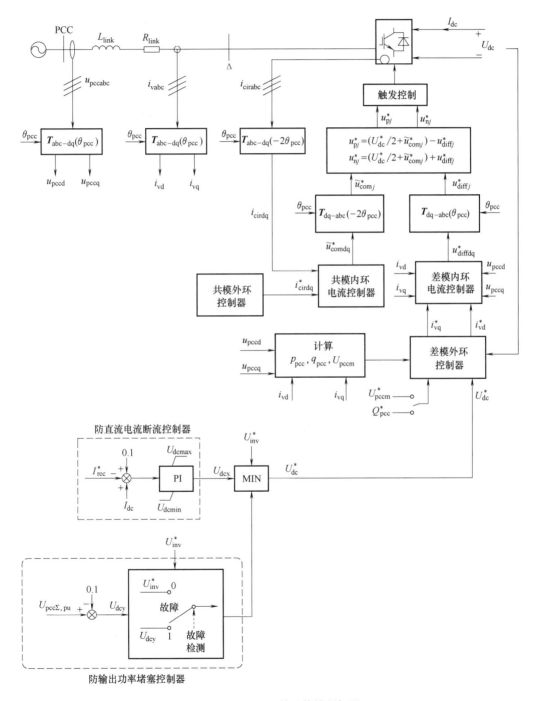

图 8-18 FHMMC 的总体控制框图

## 8.4.5 测试系统仿真验证

测试系统结构如图 8-15 所示。系统额定直流电压为±800kV，额定功率为5000MW。整流站每一极由两个 12 脉动换流器串联构成，逆变站每一极由两个额定电压为 400kV 的 FHMMC 串联而成。换流站以及交流系统参数见表 8-4。输电线路长度为 1200 m，杆塔参数见表 8-5。设定整流站定电流指令值 $I_{\text{rec}}^{*}$ = 3.125kA，逆变站定电压指令值 $U_{\text{inv}}^{*}$ = 775kV，逆变站定无功功率指令值 $Q_{\text{pcc}}^{*}$ = 0Mvar。

表 8-4　测试系统两侧换流站参数

| 参数名称 | 整流侧 | 逆变侧 |
|---|---|---|
| 换流单元个数 | 4 | 4 |
| 换流单元额定容量/MVA | 1250 | 1250 |
| 换流单元直流电压/kV | 400 | 400 |
| 交流母线电压/kV | 525 | 525 |
| 交流系统短路比 | 6 | 6 |
| 交流系统阻抗角/(°) | 82 | 82 |
| 变压器额定容量/MVA | 762 | 1500 |
| 换流变压器电压比 | 525/180 | 525/210 |
| 换流变压器漏抗/pu | 0.20 | 0.1 |
| 桥臂半桥子模块数量 | — | 100 |
| 桥臂全桥子模块数量 | — | 100 |
| 子模块电容/mF | — | 21 |
| 子模块电容电压/kV | — | 2 |
| 桥臂电感/mH | — | 24.3 |
| 平波电抗器/mH | 300 | 150 |

表 8-5　测试系统输电线路参数

| 输电线路参数 | | 接地线路参数 | |
|---|---|---|---|
| 传输线高度 | 50m | 接地线高度 | 65m |
| 传输线弧垂 | 20m | 接地线弧垂 | 20m |
| 传输线间距 | 22m | 接地线间距 | 28m |
| 传输线半径 | 0.01811m | 接地线半径 | 0.00787m |
| 传输线直流电阻 | 0.0391Ω/km | 接地线直流电阻 | 0.5807Ω/km |
| 传输线分裂数 | 6 | 传输线分裂数 | 1 |
| 分裂线间距 | 0.45m | 分裂线间距 | — |
| 土壤电阻率 | | 2000Ω·m | |

场景 1（送端交流系统三相接地故障）：假设在 $t$ = 0s 时，系统已进入稳态。在 $t$ = 0.1s 时刻，送端交流系统发生三相接地故障，整流站交流母线三相电压跌落 60%，仿真得到系统响应特性如图 8-19 所示。图中依次给出了换流站正负极出口的直流电流和直流电压、整流站交流母线电压瞬时值、逆变站交流母线电压瞬时值、换流站总有功功率以及逆变站正极 MMC 的 a 相上桥臂子模块电容电压平均值。

分析图 8-19 可以发现，在整流站交流母线三相电压跌落 60% 的情况下，系统没有出现

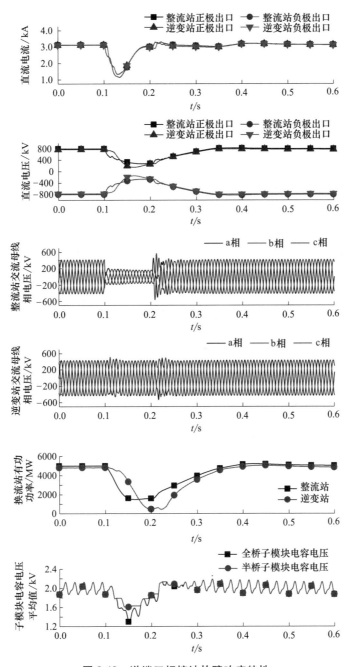

图 8-19 送端三相接地故障响应特性

直流电流断流现象,直流功率传输不会中断。故障过程中,整流站进入最小触发角控制模式,直流电压跌落至 200kV 左右,为额定直流电压的 25%;直流电流跌落至 1.2kA。在故障清除之后,系统能够平稳恢复。子模块电容电压在故障过程中会跌落至约 1.3kV,但在故障清除后能够快速恢复到稳态值。

场景 2(整流站正极出口故障):假设在 $t=0$s 时,系统已进入稳态。在 $t=100$ms 时,整流站出口正极线路发生接地故障,接地电阻为 0.01Ω。在 $t=101$ms 时,整流站检测到直流故障，将触发角强制移相到 145°。在 $t=140\text{ms}$ 时，逆变站检测到桥臂电流超过子模块 IGBT 额定电流的 2 倍（仿真中设为 6kA），逆变站进入子模块闭锁清除直流侧故障模式，经过 30ms 左右完成故障清除，再经过 300ms 的去游离时间后，整个系统恢复稳态控制模式，系统响应特性如图 8-20 所示。关于 FHMMC 清除直流侧故障的特性，在第 7 章已做过详细讨论，不再赘述。

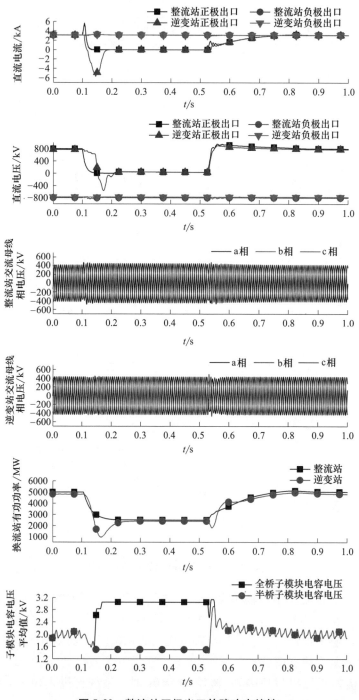

图 8-20 整流站正极出口故障响应特性

场景3（受端交流系统三相接地故障）：假设在 $t = 0s$ 时，系统已进入稳态。在 $t = 1.0s$ 时，受端交流系统发生近端三相短路故障，故障持续时间为 $0.1s$。此时，交流电压跌落约 80%，交流母线电压有效值降低到约 0.2pu。系统响应特性如图 8-21 所示。

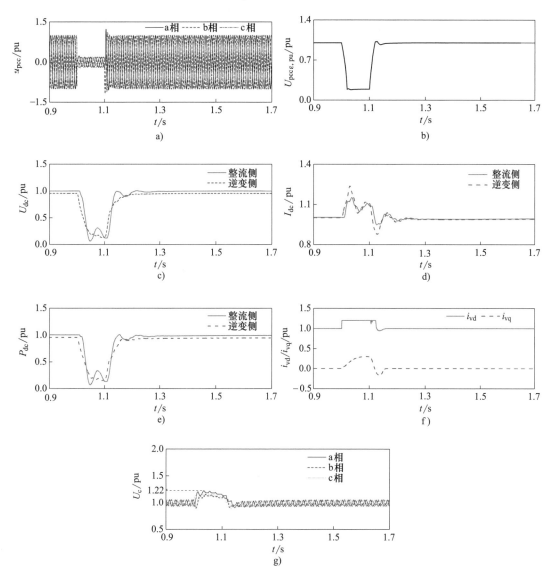

图 8-21　受端三相接地故障响应特性

a) 逆变站 PCC 三相电压　b) 逆变站 PCC 交流母线集总电压　c) 直流电压　d) 直流电流
e) 直流功率　f) FHMMC 的 d 轴和 q 轴电流　g) 子模块电容电压

从图 8-21 可以看出，逆变侧交流电网发生故障后，FHMMC 主动降低其直流电压指令值 $U_{dc}^*$ 到比交流母线集总电压 $U_{pcc\Sigma,pu}$ 低 0.1pu 的水平，而整流侧 LCC 按定直流电流控制必然跟着降低整流侧的直流电压以维持直流电流在指令值上，这样从整流侧馈入直流系统的功率就得到了有效控制。FHMMC 的 d 轴电流达到其限幅值，子模块电容电压略有升高，逆变侧交流故障被清除后，混合型直流输电系统能够平滑恢复至稳态。

场景 4（受端交流系统不对称接地故障）：假设在 $t = 0$s 时，系统已进入稳态。在 $t = 1.0$s 时，受端交流系统 a 相电压跌落至 0，交流母线集总电压 $U_{pcc\Sigma,pu}$ 降低到约 0.82pu。系统响应特性如图 8-22 所示。

从图 8-22 可以看出，逆变侧交流电网发生 a 相接地故障后，FHMMC 主动降低其直流电压指令值 $U_{dc}^*$ 到比交流母线集总电压 $U_{pcc\Sigma,pu}$ 低 0.1pu 的水平，约 0.7pu。而整流侧 LCC 按定直流电流控制必然跟着降低整流侧的直流电压以维持直流电流在指令值上，整流侧 LCC 的直流电压也降低到 0.75pu 左右，这样从整流侧馈入直流系统的功率就得到了有效控制，馈入的直流功率降低到 0.75pu 左右。FHMMC 的 d 轴电流短时达到其限幅值，子模块电容电压略有升高，逆变侧交流故障被清除后，混合型直流输电系统能够平滑恢复至稳态。

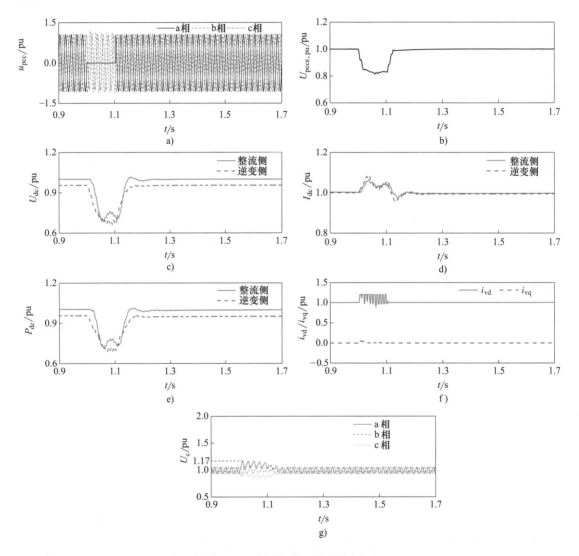

**图 8-22 受端 a 相接地故障响应特性**

a）逆变站 PCC 三相电压　b）逆变站 PCC 交流母线集总电压　c）直流电压
d）直流电流　e）直流功率　f）FHMMC 的 d 轴和 q 轴电流　g）子模块电容电压

## 8.5 LCC-MMC 串联混合型直流输电系统

### 8.5.1 拓扑结构

所设计的 LCC-MMC 串联混合型直流输电系统接线如图 8-23 所示[13-16]，这里仅画出一个单极。整流站和逆变站均由 12 脉动 LCC 和半桥子模块 MMC 串联构成，其中 MMCB 为电压低端换流器组，是由多个 MMC 并联组成的；LCC 为电压高端换流器。该系统具有如下 5 个主要优点：

1）能够独立控制有功功率和无功功率，具有运行灵活性。
2）能够依靠 LCC 的强制移相和 MMC 的闭锁清除直流故障，系统本身具有直流故障穿越能力。
3）逆变侧由于 LCC 的存在，直流电压响应迅速，整流侧交流故障下不会发生断流。
4）逆变侧由于 MMC 的存在，即使发生换相失败，系统仍能保持一定的功率输送能力。
5）MMC 的容量问题可以通过换流器并联加以解决，这与现有的制造能力相适应。

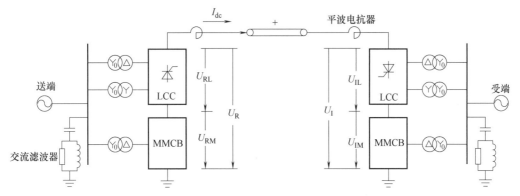

图 8-23 LCC-MMC 串联混合型输电系统单极接线图

### 8.5.2 基本控制策略

按照传统直流输电"整流侧定电流、逆变侧定电压"以及柔性直流输电系统"一侧定电压、另一侧定有功功率"的控制策略，制定 LCC-MMC 串联混合型直流输电系统的基本控制策略见表 8-6，其中整流侧 LCC 控制直流电流，整流侧 MMC、逆变侧 LCC 和 MMC 控制各自的直流电压，两侧控制策略共同作用实现稳态下的定输送功率控制。MMC 存在 2 个控制自由度：一个自由度作有功类控制，如控制直流电压或有功功率；另一个自由度作无功类控制，如控制无功功率或交流母线电压。一般而言，控制无功功率可以精确补偿 LCC 吸收的无功功率，从而使换流站整体从交流系统吸收的无功功率为零；控制交流母线电压则有利于系统从交流故障中恢复。

整流侧 LCC 定直流电流控制和逆变侧 LCC 定直流电压控制的控制框图分别如图 8-24 和图 8-25 所示[2]。相对于整流侧和逆变侧 LCC 的控制系统，MMC 的控制器较为复杂，相应的控制器设计方法详见第 5 章，这里不再赘述。

表 8-6　LCC-MMC 串联混合型直流输电系统基本控制策略

| 整流侧 | | 逆变侧 | |
|---|---|---|---|
| LCC | MMC | LCC | MMC |
| 定直流电流控制配最小触发角 $\alpha$ 限制 | 定直流电压控制定无功功率或定交流电压控制 | 定直流电压控制配定关断角控制和后备定电流控制 | 定直流电压控制定无功功率或定交流电压控制 |

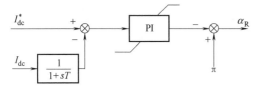

图 8-24　整流侧 LCC 定直流电流控制

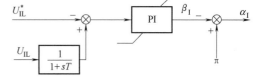

图 8-25　逆变侧 LCC 定直流电压控制

### 8.5.3　针对整流侧交流系统故障的控制策略

整流侧交流系统发生短路故障后，整流站换流母线电压降低，导致整流站 LCC 输出的直流电压降低和整流侧直流电压整体降低，从而导致直流电流和直流功率下降。如图 8-24 所示，整流侧 LCC 的定直流电流控制已具有一定的故障应对能力，其在整流侧交流系统发生短路故障后通过减小触发角 $\alpha$ 以在一定程度上减小直流电压和直流电流的跌落。由于稳态下 $\alpha$ 通常为 $15°$，最小 $\alpha$ 限制通常为 $5°$，整流侧 LCC 的定直流电流控制在交流故障下的调节能力非常有限（$\cos5°/\cos15° \approx 1.03$）。这也是传统高压直流输电在整流侧交流故障下通常需要启用逆变侧后备定电流控制的原因。

对于 LCC-MMC 串联混合型直流输电系统，由于 MMC 在交流故障下的直流电压维持能力较强，因此在整流站 LCC 失去直流电流调节能力后，系统可以根据整流站交流母线电压跌落的严重程度分两步动作，以最大限度维持直流功率。第一步是提升整流侧 MMC 的直流电压以进一步维持整流侧整体的直流电压，从而使直流电流尽可能维持在接近指令值的水平，这一步是故障下直流功率的近似无差控制。第二步则是在直流电流进一步下降的情况下触发逆变侧 LCC 的后备定电流控制，以使直流电流在故障下的跌落尽可能小，防止直流系统在整流侧交流系统故障时发生断流。整流侧后备定电流控制和逆变侧后备定电流控制的框图分别如图 8-26 和图 8-27 所示。

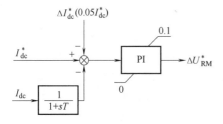

图 8-26　整流侧后备定电流控制

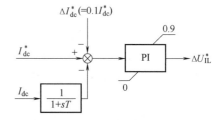

图 8-27　逆变侧后备定电流控制

整流侧后备定电流控制的作用途径是为整流侧 MMC 的定电压控制指令值提供一个辅助信号。正常运行时该辅助信号为零；当整流侧交流系统故障导致整流侧 LCC 无法维持直

电流在控制指令值 $I_{dc}^*$ 的 95%以上时,发挥整流侧 MMC 的有限调压作用,尽量将直流电流维持在其控制指令值 $I_{dc}^*$ 的 95%水平上。其运行原理如下。图 8-26 的 PI 限幅环节低限取 0,高限考虑到 MMC 的过电压能力并留有裕度,取其电压额定值的 0.1 倍。正常运行时,图 8-26 PI 控制器的输入为负值,因此 PI 控制器的输出为其低限值 0,即正常运行时图 8-26 控制器的输出为零。当整流侧交流系统发生故障,整流侧 LCC 经过调节仍然无法维持直流电流在 $0.95I_{dc}^*$ 以上时,PI 将生成一个大于零的输出 $\Delta U_{RM}^*$,$\Delta U_{RM}^*$ 的限幅值为 0.1。$\Delta U_{RM}^*$ 加在整流侧 MMC 的直流电压额定值(1.0pu)上构成整流侧 MMC 定电压控制器的指令值 $U_{RM}^*$。

逆变侧后备定电流控制的作用途径是为逆变侧 LCC 的定电压控制指令值提供一个辅助信号。正常运行时该辅助信号为零;当整流侧交流系统故障导致整流侧 LCC 和 MMC 共同作用仍然无法维持直流电流在控制指令值 $I_{dc}^*$ 的 90%以上时,发挥逆变侧 LCC 的大范围调压作用,将直流电流维持在其控制指令值 $I_{dc}^*$ 的 90%水平上。其运行原理如下。图 8-27 的 PI 限幅环节低限取 0,高限取逆变侧 LCC 电压额定值的 0.9 倍。正常运行时,图 8-27 PI 控制器的输入为负值,因此 PI 控制器的输出为其低限值 0,即正常运行时图 8-27 控制器的输出为零。当整流侧交流系统发生故障,整流侧 LCC 和 MMC 共同作用仍然无法维持直流电流在 $0.90I_{dc}^*$ 以上时,PI 将生成一个大于零的输出 $\Delta U_{IL}^*$。逆变侧 LCC 定电压控制器的指令值 $U_{IL}^*$ 等于其直流电压额定值(1.0pu)减去 $\Delta U_{IL}^*$。

综上所述,在整流侧发生交流系统故障的情况下,整流侧 LCC 定电流控制、整流侧 MMC 后备定电流控制和逆变侧 LCC 后备定电流控制三者联合作用能够依据交流系统故障的严重程度逐级备用,以减少故障下的直流电流跌落,防止出现直流电流断流和输送功率中断。

### 8.5.4 针对逆变侧交流系统故障的控制策略

逆变侧交流系统发生短路故障后,逆变站换流母线电压降低,导致逆变侧 LCC 输出的直流电压降低和逆变侧直流电压整体降低,直流电流上升,换相角增大,关断角减小,如果故障导致逆变站交流母线电压瞬间跌落超过 10%,通常会导致逆变侧 LCC 发生换相失败。

在逆变侧交流系统故障下,系统主要通过逆变侧 LCC 定关断角控制配合整流侧 LCC 定电流控制来限制直流电流上升,降低换相失败发生概率,同时使故障下系统的功率下降尽可能小。逆变侧 LCC 正常运行时按定直流电压控制,在交流系统故障时若逆变侧 LCC 关断角小于指令值,则会自动切换到定关断角控制。逆变侧 LCC 定直流电压控制加定关断角控制的框图如图 8-28 所示,任何时刻只有其中的一个控制器起作用。

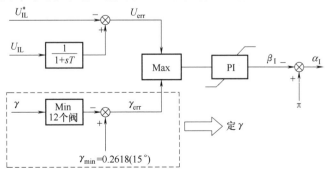

图 8-28 逆变侧 LCC 定直流电压控制加定关断角控制框图

在正常运行状态下，关断角 $\gamma$ 大于 15°，故 $\gamma$ 的偏差信号 $\gamma_{err}$ 为负值，而电压偏差信号 $U_{err}$ 为 0，因此正常运行状态下定关断角控制不起作用，此时图 8-28 与图 8-25 等价。逆变侧交流系统发生故障后，直流电压通常伴随交流母线电压下降，导致电压偏差信号 $U_{err}$ 小于 0，同时由于换流母线电压下降导致换相角增大，$\gamma$ 减小；由于 $\gamma$ 减小很快，$\gamma_{err}$ 将很快大于零（实际仅需大于 $U_{err}$），逆变侧 LCC 将自然切换到定关断角控制。

故障期间，整流侧和逆变侧 MMC 仍然维持定直流电压控制。故障清除后，如果逆变侧 MMC 的无功类控制自由度被用作定交流电压控制的话，对交流系统的电压恢复是十分有利的。为了充分利用逆变侧 MMC 在故障恢复期间的电压支撑作用，可以有意识地降低故障恢复期间输送的有功功率，从而使逆变侧 MMC 能够多发无功功率。这方面根据工程实际需要，还可以采用更精细的控制策略。

### 8.5.5 针对直流侧故障的控制策略

直流线路发生接地故障后，故障点直流电压瞬间跌落，整流侧直流电流将快速上升；逆变侧由于晶闸管的单向导通性，直流电流通常将自然减小到零。

对于传统高压直流输电，整流站可以通过强制移相（Force Retard）使输出直流电压为负，从而使故障电流衰减。对于采用半桥子模块的 HMMC，当 IGBT 被闭锁后，HMMC 子模块电容无法给故障点提供放电电流，但交流系统仍然可通过反并联的二极管为故障点提供故障电流，即闭锁后 HMMC 输出端直流电压仍然为正。下面将对闭锁后 HMMC 输出电压的特性进行具体分析。

处于故障闭锁状态的 HMMC，其一个桥臂的电气特性与该桥臂中任意一个子模块的电气特性一致。因此，闭锁状态下 HMMC 的简化等值电路可以用图 8-29 来表示，其中直流电流和桥臂电流的正方向与故障电流方向一致。

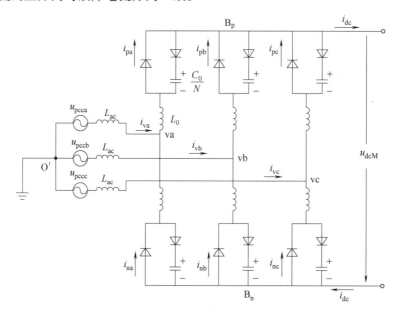

图 8-29 闭锁状态下 HMMC 等效电路图

由图 8-29 可知，在故障闭锁状态下，桥臂正向电流仅流经二极管，桥臂负向电流同时流经二极管和桥臂等值电容。首先证明闭锁后桥臂负向电流不存在,即证明闭锁后桥臂子模块合成的电容电压($NU_c$)大于阀侧交流线电压。不妨假设此时 a 相上桥臂流过正向电流,c 相上桥臂流过负向电流。根据第 3 章的分析结论,MMC 的阀侧空载线电压$\sqrt{3}\,U_v$大致为$U_{dcN}/2$的 1.00~1.05 倍,即

$$\sqrt{3}\,U_v = (1.00 \sim 1.05)\frac{U_{dcN}}{2} \tag{8-9}$$

式中,$U_{dcN}$表示 MMC 的直流侧额定电压。故有

$$u_{pcca} - u_{pccc} < \sqrt{2} \cdot \sqrt{3}\,U_v \leqslant \sqrt{2} \cdot 1.05\frac{U_{dcN}}{2} = 0.742 U_{dcN} \approx 0.742 NU_c \tag{8-10}$$

闭锁后桥臂子模块合成的电容电压($NU_c$)显著大于阀侧交流线电压,这将导致桥臂负向电流在很大反电动势的作用下很快衰减到零,即桥臂负向电流不存在。

上述证明说明故障闭锁状态下桥臂仅能流经正向电流,即具有单向导通性,此时 MMC 的特性类似于三相六脉动桥的不控整流特性。

参照三相六脉动桥的不控整流特性,对于上桥臂或者下桥臂,其在闭锁状态下任意时刻仅可能有一相导通(正常状态)或两相导通(换相状态),下面将推导闭锁状态下故障电流上升阶段输出直流电压的特性。假设某时刻上桥臂 a 相和下桥臂 c 相导通,则 $B_p$ 点和 $B_n$ 点电位如下:

$$u_p = u_{pcca} - L_{ac}\frac{di_{va}}{dt} - L_0\frac{di_{pa}}{dt} = u_{pcca} - (L_{ac} + L_0)\frac{di_{dc}}{dt} \tag{8-11}$$

$$u_n = u_{pccc} - L_{ac}\frac{di_{vc}}{dt} + L_0\frac{di_{nc}}{dt} = u_{pccc} + (L_{ac} + L_0)\frac{di_{dc}}{dt} \tag{8-12}$$

则 MMC 输出的直流电压 $u_{dcM}$ 为

$$u_{dcM} = u_p - u_n = u_{pcca} - u_{pccc} - 2(L_{ac} + L_0)\frac{di_{dc}}{dt} < u_{pcca} - u_{pccc} < \sqrt{2} \cdot \sqrt{3}\,U_v \tag{8-13}$$

当上桥臂 a、b 相发生换相时,则 $B_p$ 点电位为

$$\begin{aligned}
u_p &= u_{pcca} - L_{ac}\frac{di_{va}}{dt} - L_0\frac{di_{pa}}{dt} = u_{pccb} - L_{ac}\frac{di_{vb}}{dt} - L_0\frac{di_{pb}}{dt} \\
&= \frac{1}{2}(u_{pcca} + u_{pccb}) - \frac{L_{ac}}{2}\frac{d(i_{va} + i_{vb})}{dt} - \frac{L_0}{2}\frac{d(i_{pa} + i_{pb})}{dt} \\
&= \frac{1}{2}(u_{pcca} + u_{pccb}) - \frac{L_{ac} + L_0}{2}\frac{di_{dc}}{dt}
\end{aligned} \tag{8-14}$$

此时 $B_n$ 点电位的表达式与式(8-12)一致,则输出的直流电压 $u_{dcM}$ 为

$$\begin{aligned}
u_{dcM} &= u_p - u_n \\
&= \frac{1}{2}(u_{pcca} + u_{pccb}) - u_{pccc} - \frac{3(L_{ac} + L_0)}{2}\frac{di_{dc}}{dt} \\
&< \frac{1}{2}(u_{pcca} + u_{pccb}) < \sqrt{2} \cdot \sqrt{3}\,U_v
\end{aligned} \tag{8-15}$$

同理可知,当下桥臂发生换相时,输出直流电压同样满足 $u_{dcM} < \sqrt{2} \cdot \sqrt{3}\,U_v$。综上所述,

MMC在故障闭锁后的直流电流上升阶段，输出直流电压将小于阀侧空载线电压的幅值。

实际上，根据LCC换流理论，对于图8-29所示的二极管整流电路，不管直流电流处于上升阶段还是下降阶段，$u_{dcM}$的最大值就是线电压幅值，即

$$u_{dcM,max} = \sqrt{2} \cdot \sqrt{3} U_v \tag{8-16}$$

通过对闭锁状态下MMC输出直流电压分析可知，若直流故障下整流侧LCC通过强制移相输出的负电压的绝对值大于$\sqrt{2} \cdot \sqrt{3} U_v$，则故障下整流侧的整体直流电压必然为负，从而使整流侧故障电流衰减到零。

整流侧LCC通过强制移相能否使输出负电压的绝对值大于$\sqrt{2} \cdot \sqrt{3} U_v$取决于正常运行时LCC与MMC的直流电压之比，即取决于$U_{RL}$与$U_{RM}$之比。考虑$U_{RL}$等于$U_{RM}$的典型方案，设$U_{RL}$与$U_{RM}$的额定值为$U_{dcN}$，则根据式（8-16）有

$$u_{dcM,max} = \sqrt{2} \cdot \sqrt{3} U_v = \sqrt{2} \cdot (1\sim1.05)\frac{U_{dcN}}{2} \approx 0.75 U_{dcN} \tag{8-17}$$

整流侧LCC在触发角α为15°左右时输出直流电压为$U_{dcN}$，那么强制移相使关断角γ为15°左右时输出的直流电压就是$-U_{dcN}$，显然足以抵消$u_{dcM,max}$，并且还有约$0.25U_{dcN}$的裕度。因此，采用LCC-MMC串联结构时，若LCC与MMC的直流侧额定电压相等，那么通过LCC强制移相抵消处于闭锁状态的MMC输出直流电压，从而使整体直流电压变负清除直流侧故障是完全可行的。

对于MMC的过电流保护，目前比较通行的做法是当检测到桥臂电流瞬时值大于IGBT额定值2倍时闭锁。因此，对于LCC-MMC串联混合型直流输电系统（假定LCC与MMC的额定直流电压相等），一个可行的直流侧故障控制策略为：当检测到桥臂电流瞬时值大于IGBT额定值的2倍时，闭锁整流侧的MMC；整流侧LCC触发角强制移相；逆变侧MMC维持原有控制方式不变，逆变侧LCC强制移相至120°。

需要说明的是，额定电流下整流侧LCC的换相角约为22°，直流故障下整流侧电流可能超过额定电流的2倍，极端情况下换相角可能接近60°；因此直流故障的初始阶段，整流侧LCC强制移相后的触发角不宜过大，以避免转入逆变状态后发生换相失败。

检测到直流故障后，整流侧MMC闭锁，整流侧LCC触发角先强制移相至120°，当整流侧故障电流下降至低于额定电流后，提高触发角至145°，以加快故障电流清除；故障电流清除后，保持上述控制动作0.2~0.4s，以完成故障点去游离过程。去游离结束后，整流侧MMC解锁，LCC触发角从45°线性减小至15°左右，逆变侧LCC触发角从120°线性上升至140°左右，重启动过程耗时0.2s，之后系统转入正常运行状态。

### 8.5.6 交流侧和直流侧故障特性仿真分析

考察的测试系统与图8-5类似，只是将图8-5中的LCC-二极管-MMC混合型直流输电系统用图8-23所示的LCC-MMC串联混合型直流输电系统替换。LCC-MMC串联混合型直流输电系统采用单极结构，额定电压为+800kV，额定功率为800MW。整流侧由1个12脉动LCC和1个半桥子模块MMC串联构成，其直流侧额定电压都是400kV；逆变侧也由1个12脉动LCC和1个半桥子模块MMC串联构成，其直流侧额定电压也都是400kV；直流线路长度为2000km，单位长度参数为电阻0.02Ω/km，电感0.90mH/km，电容0.015μF/km。我们的目

# 第8章 适用于架空线路的柔性直流输电系统

的是考察送端交流电网、受端交流电网和直流线路发生故障时混合型直流输电系统的响应特性。

初始运行方式设置如下：两侧交流系统各发电机出力和各负荷参数见表 8-7。直流系统参数见表 8-8，初始运行状态见表 8-9。以下针对 3 种场景，考察 LCC-MMC 串联混合型直流输电系统的响应特性。

表 8-7 两侧交流系统各发电机出力和各负荷参数

| 元件 | 有功功率/MW | 无功功率/Mvar | 端口电压模值/pu | 端口电压相角/(°) |
|---|---|---|---|---|
| $G_{A1}$ | 800 | 300 | 1.03 | 0 |
| $G_{A2}$ | 700 | 450 | 1.01 | −12.3 |
| $G_{A3}$ | 700 | 240 | 1.03 | 9.2 |
| $G_{A4}$ | 700 | 370 | 1.01 | −0.5 |
| $G_{B1}$ | 760 | 270 | 1.03 | 0 |
| $G_{B2}$ | 700 | 400 | 1.01 | −11.5 |
| $G_{B3}$ | 700 | 250 | 1.03 | −16.6 |
| $G_{B4}$ | 700 | 400 | 1.01 | −26.4 |
| $L_{A7}$ | 800 | 100 | 0.95 | 0.9 |
| $C_{A7}$ |  | 250（滤波器） | 0.95 | 0.9 |
| $L_{A9}$ | 1200 | 100 | 0.96 | 13.8 |
| $C_{A9}$ | 0 | 0 | 0.96 | 13.8 |
| $L_{B7}$ | 2000 | 100 | 0.96 | 2.5 |
| $C_{B7}$ | 0 | 250（滤波器） | 0.96 | 2.5 |
| $L_{B9}$ | 1600 | 100 | 0.95 | −12.3 |
| $C_{B9}$ | 0 | 0 | 0.95 | −12.3 |

表 8-8 LCC 和 MMC 主回路参数

| 换流器类型 | | LCC | MMC |
|---|---|---|---|
| 换流器个数 | | 2 | 1 |
| 换流器额定容量/MVA | | 200 | 400 |
| 网侧交流母线电压/kV | | 230 | 230 |
| 直流电压/kV | | 200 | 400 |
| 变压器 | 额定容量/MVA | 250 | 500 |
| 变压器 | 电压比 | 230/165 | 230/200 |
| 变压器 | 短路阻抗 $u_k$(%) | 15 | 15 |
| 子模块电容额定电压/kV | | | 1.6 |
| 单桥臂子模块个数 | | | 250 |
| 子模块电容值/mF | | | 8.3 |
| 桥臂电抗/mH | | | 76.3 |
| 换流站出口平波电抗器/mH | | 300 | 300 |

表 8-9 直流系统初始运行状态

| 换流器 | MMC1 | LCC1 | MMC2 | LCC2 |
|---|---|---|---|---|
| 控制策略 | 定直流电压控制 $U_{dc}^{*}=400\text{kV}$ 定无功功率控制 $Q_{ac}^{*}=0\text{Mvar}$ | 定电流控制 $I_{dc}^{*}=1\text{kA}$（按定功率 800MW 计算电流指令值） | 定直流电压控制 $U_{dc}^{*}=400\text{kV}$ 定无功功率控制 $Q_{ac}^{*}=0\text{Mvar}$ | 定送端 LCC 直流电压控制 $U_{dc}^{*}=400\text{kV}$ |

场景 1（逆变侧交流系统故障）：设仿真开始时（$t=0\text{s}$）测试系统已进入稳态运行。$t=0.1\text{s}$ 时逆变侧交流系统 B8 母线发生三相接地短路，$t=0.2\text{s}$ 时接地短路被清除，仿真持续到 $t=5\text{s}$。图 8-30 给出了串联混合型直流系统的响应特性，其中图 a 是整流侧 LCC 和 MMC 以及直流母线电压波形；图 b 是整流侧直流电流波形；图 c 是逆变侧 LCC 和 MMC 以及直流母线电压波形；图 d 是逆变侧输出有功功率波形。图 8-31 给出了送端交流电网的响应特性，其中图 a 是整流站交流母线 A7 的电压波形；图 b 是送端交流电网发电机功角摇摆曲线。图 8-32 给出了受端交流电网的响应特性，其中图 a 是逆变站交流母线 B7 的电压波形；图 b 是受端交流电网发电机的功角摇摆曲线。需要说明的是，除功角摇摆曲线的仿真时长为 5.0s 外，其余波形的仿真时长均为 1.0s。

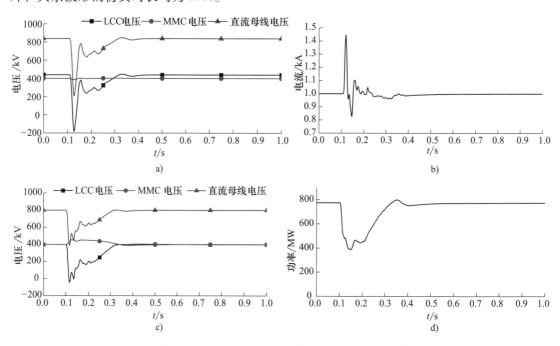

图 8-30 混合型直流输电系统在逆变侧交流系统故障后的响应特性
a) 整流侧 LCC 和 MMC 以及直流母线电压波形 b) 整流侧直流电流波形
c) 逆变侧 LCC 和 MMC 以及直流母线电压波形 d) 逆变侧输出有功功率波形

分析图 8-30~图 8-32 可知，逆变侧交流系统 B8 母线发生三相短路故障后，逆变站交流母线电压跌落至稳态值的 65%，逆变侧 LCC 发生换相失败，逆变侧 LCC 直流侧电压跌落到零；导致整个直流系统过电流到 1.45pu，整流侧 LCC 按定电流控制会拉大触发角 $\alpha$，使整流侧 LCC 输出电压也下降到零甚至变负。然而由于 MMC 的作用，故障期间整个直流

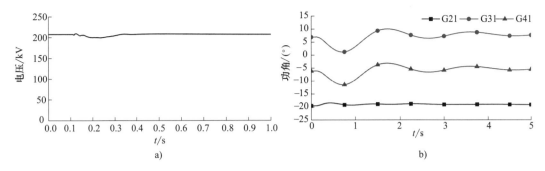

图 8-31 送端交流系统在逆变侧交流系统故障后的响应特性
a）整流站交流母线 A7 电压波形　b）送端交流电网发电机功角摇摆曲线

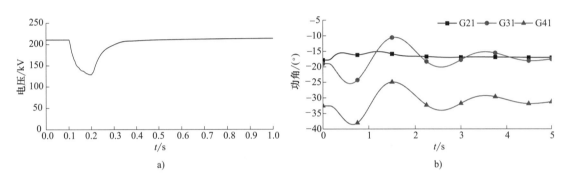

图 8-32 受端交流系统在逆变侧交流系统故障后的响应特性
a）逆变站交流母线 B7 电压波形　b）受端交流电网发电机功角摇摆曲线

系统的电压仍然维持在 400kV 左右；即对于 LCC-MMC 串联混合型直流输电系统，即使逆变侧交流系统发生故障导致 LCC 发生换相失败，系统仍然能够输送一半的功率，这是常规直流输电系统所无法做到的。故障清除后系统能够在 200ms 内恢复至故障前的稳定运行状态。

场景 2（整流侧交流系统故障）：设仿真开始时（$t=0s$）测试系统已进入稳态运行。$t=0.1s$ 时整流侧交流系统 A8 母线发生三相接地短路，$t=0.2s$ 时接地短路被清除，仿真持续到 $t=5s$。图 8-33 给出了串联混合型直流系统的响应特性，其中图 a 是整流侧 LCC 和 MMC 以及直流母线电压波形；图 b 是整流侧直流电流波形；图 c 是逆变侧 LCC 和 MMC 以及直流母线电压波形；图 d 是逆变侧输出有功功率波形；图 e 是整流侧平波电抗器上的电压波形；图 f 是整流侧高压端 6 脉动换流器阀 1 上的电压波形。图 8-34 给出了送端交流电网的响应特性，其中图 a 是整流站交流母线 A7 的电压波形；图 b 是送端交流电网发电机的功角摇摆曲线。图 8-35 给出了受端交流电网的响应特性，其中图 a 是逆变站交流母线 B7 的电压波形；图 b 是受端交流电网发电机的功角摇摆曲线。

分析图 8-33~图 8-35 可知，整流侧交流系统 A8 母线发生三相短路故障后，整流站交流母线电压跌落至稳态值的 65%，导致整流侧 LCC 电压瞬间跌落，直流电流也瞬间跌落，此时逆变侧 LCC 转入后备定电流控制，维持直流电流在逆变侧电流指令值附近，故直流电流没有跌落到零，没有发生断流现象。故障期间，系统仍然输送了超过 400MW 的功率。故障清除后直流功率能够在 200ms 内恢复到故障前的值。

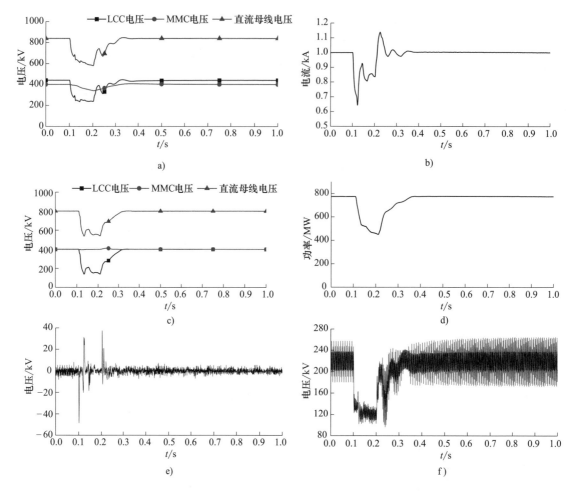

**图 8-33 混合型直流输电系统在整流侧交流系统故障后的响应特性**
a) 整流侧 LCC 和 MMC 以及直流母线电压波形　b) 整流侧直流电流波形　c) 逆变侧 LCC 和 MMC 以及直流母线电压波形　d) 逆变侧输出有功功率波形　e) 整流侧平波电抗器上的电压波形　f) 整流侧高压端 6 脉动换流器阀 1 上的电压波形

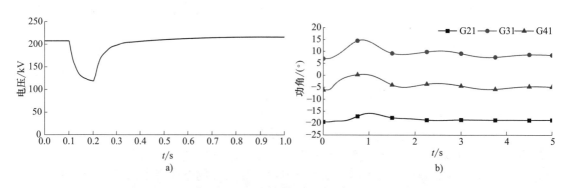

**图 8-34 送端交流系统在整流侧交流系统故障后的响应特性**
a) 整流站交流母线 A7 电压波形　b) 送端交流电网发电机的功角摇摆曲线

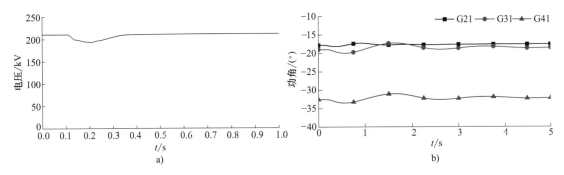

**图 8-35 受端交流系统在整流侧交流系统故障后的响应特性**
a) 逆变站交流母线 B7 电压波形  b) 受端交流电网发电机的功角摇摆曲线

场景 3（直流线路中点接地故障）：设仿真开始时（$t=0s$）测试系统已进入稳态运行。$t=0.1s$ 时直流线路中点发生接地短路，故障清除策略按整流侧直流电流达到 1.8pu 作为起动判据，即直流电流达到 1.8pu 时 LCC 强制移相，相关细节如 8.5.5 节所述，其中去游离时间设置为 0.3s。图 8-36 给出了混合型直流系统的响应特性，其中图 a 是整流侧 LCC 和 MMC 以及直流母线电压波形；图 b 是整流侧和逆变侧直流电流波形；图 c 是逆变侧 LCC 和 MMC 以及直流母线电压波形；图 d 是逆变侧输出有功功率波形；图 e 是整流侧 LCC 触发角 $\alpha$ 的波形。图 8-37 给出了送端交流电网的响应特性，其中图 a 是整流站交流母线 A7 的电压波形；图 b 是送端交流电网发电机的功角摇摆曲线。图 8-38 给出了受端交流电网的响应特性，其中图 a 是逆变站交流母线 B7 的电压波形；图 b 是受端交流电网发电机的功角摇摆曲

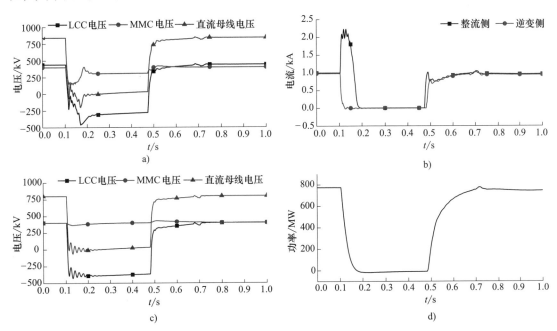

**图 8-36 混合型直流输电系统在直流线路中点故障后的响应特性**
a) 整流侧 LCC 和 MMC 以及直流母线电压波形  b) 整流侧和逆变侧直流电流波形  c) 逆变侧 LCC 和 MMC 以及直流母线电压波形  d) 逆变侧输出有功功率波形

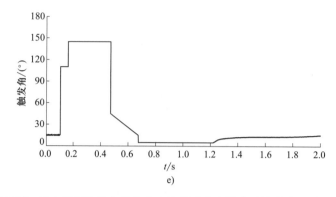

图 8-36 混合型直流输电系统在直流线路中点故障后的响应特性（续）

e）整流侧 LCC 触发角 $\alpha$ 的波形

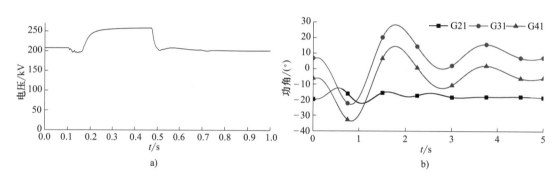

图 8-37 送端交流系统在直流线路中点故障后的响应特性

a）整流站交流母线 A7 电压波形　b）送端交流电网发电机的功角摇摆曲线

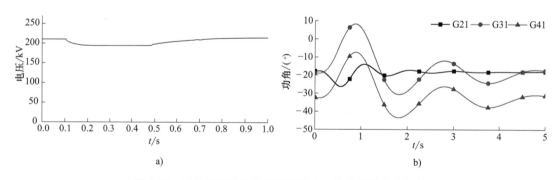

图 8-38 受端交流系统在直流线路中点故障后的响应特性

a）逆变站交流母线 B7 电压波形　b）受端交流电网发电机的功角摇摆曲线

线。需要说明的是，除整流侧触发角和功角摇摆曲线的仿真时长分别为 2.0s 和 5.0s 外，其余波形的仿真时长均为 1.0s。

分析图 8-36~图 8-38 可知，直流线路中点发生接地短路后，整流侧会出现过电流，而逆变侧由于 LCC 的单向导通特性，流入逆变站的直流电流瞬间跌落到零。整流侧 MMC 检测到桥臂电流越限后立刻闭锁，MMC 闭锁后其直流电压会有大幅度跌落，从闭锁前的 400kV 左右跌落到闭锁后的 200kV 左右。而整流侧 LCC 在检测到直流电流达到 1.8pu 时认为直流线路发生了接地短路，起动强制移相控制。初始阶段，$\alpha$ 强制移相到 110°，LCC 产生的负电压较小,直流侧故障电流在 2.1pu 附近振荡;然后,α 强制移相到 145°,LCC 产生很大的负电压,足以抵消 MMC 在闭锁状态下输出的正电压,从而使得短路电流在 80ms 内被清除。对于本例,如果在初始阶段直接将 α 强制移相到 145°也不会造成换相失败,那样的话可以在小于 80ms 的时间内清除故障电流。从发生故障到重新启动并恢复至 90%功率水平,历时约 0.6s。尽管直流线路故障导致送电中断超过 500ms,且输送功率达到送受端交流系统发电出力的 30%左右,两侧交流系统仍然具有很好的暂态稳定特性。

# 参 考 文 献

[1] 浙江大学直流输电科研组. 直流输电 [M]. 北京:电力工业出版社,1982.
[2] 徐政. 交直流电力系统动态行为分析 [M]. 北京:机械工业出版社,2004.
[3] MAGG T G, MUTSCHLER H D, NYBERG S, et al. Caprivi link HVDC interconnector:site selection, geophysical investigations, interference impacts and design of the earth electrodes [C] //CIGRE Congress session B4-302, 22-27 August 2010, Paris, France. Paris:CIGRE, 2010.
[4] MAGG T, MANCHEN M, KRIGE E, WASBORG J, SUNDIN J. Connecting networks with VSC HVDC in Africa:Caprivi Link Interconnector [C] //IEEE PES Power Africa Conference and Exposition, 9-13 July, 2012, Johannesburg, South Africa. New York:IEEE, 2012.
[5] 徐政,唐庚,薛英林. 一种混合双极直流输电系统:201210431652. 1 [P]. 2012-10-16.
[6] 徐政,唐庚,黄弘扬,等. 消解多直流馈入问题的两种新技术 [J]. 南方电网技术,2013,7(1):6-14.
[7] 唐庚,徐政,薛英林. LCC-MMC 混合高压直流输电系统 [J]. 电工技术学报,2013,28(10):301-309.
[8] TANG G, XU Z. A LCC and MMC hybrid HVDC topology with dc line fault clearance capability [J]. International Journal of Electrical Power & Energy Systems, 2014, 62:419 - 428.
[9] TANG G, XU Z, ZHOU Y. Impacts of three MMC-HVDC configurations on ac system stability under dc line faults [J]. IEEE Transactions on Power Systems, 2014, 29(6):3030-3040.
[10] 徐政,许烽,唐庚,等. 一种基于混杂式 MMC 的混合型直流输电系统:201410005031. 6 [P]. 2014-10-05.
[11] 徐政,董桓锋,刘高任,等. 一种混杂式 MMC 电容电压的均衡控制方法:201410172233. X [P]. 2014-10-17.
[12] 许烽,徐政. 基于 LCC 和 FHMMC 的混合型直流输电系统 [J]. 高电压技术,2014,40(8):2520-2530.
[13] 徐政,王世佳,肖晃庆. 一种具有直流故障穿越能力的串联混合型双极直流输电系统:201510530173. 9 [P]. 2015-10-05.
[14] 徐政,王世佳,李宁璨,等. 适用于远距离大容量架空线路的 LCC-MMC 串联混合型直流输电系统 [J]. 电网技术,2016,40(1):55-63.
[15] 徐政,王世佳,张哲任,等. LCC-MMC 混合级联型直流输电系统受端接线和控制方式. 电力建设,2018,39(7):115-122.
[16] 徐政,王世佳,肖晃庆. LCC and MMC series-connected HVDC system with DC fault ride-through capability:US10084387B2 [P]. 2018-09-25.
[17] KUNDUR P. Power system stability and control [M]. New York:McGraw-Hill Inc., 1994.
[18] 徐雨哲,徐政,张哲任,等. 基于 LCC 和混合型 MMC 的混合直流输电系统控制策略 [J]. 广东电

力,2018,31(9):13-25.

[19] 徐政,张楠,张哲任. 混合直流输电系统受端电网故障下抑制受端换流器过压的控制方法:202111023962.5 [P]. 2021-11-02.

[20] 张楠,徐政,张哲任. LCC-FHMMC 混合直流输电系统受端交流系统故障穿越控制策略 [J]. 电力自动化设备,2013,43(4):39-53.

[21] AKAGI H,WATANABE E H,AREDES M. Instantaneous Power Theory and Applications to Power Conditioning [M]. New York:John Wiley & Sons,Inc.,2007.

# 第9章 适用于大规模新能源基地送出的柔性直流输电系统

## 9.1 引言

按照实现"双碳"目标的要求，根据国内多家机构预测，2060年我国的总装机规模为80亿kW，发电量为16万亿kWh，其中风电和光伏的总装机规模为60亿kW左右，且至少有10亿kW的新能源需要通过"西电东送"输送到中东部地区，输电距离在1000~3500km之间。为完成上述输电任务，采用特高压直流输电技术几乎是唯一可行的技术手段[1]。但基于电网换相换流器（LCC）的常规直流输电技术在输送新能源基地（风电和光伏占主导）电力时存在技术障碍，短期内难以克服；因而必须采用具有输送大规模新能源能力的柔性直流输电技术，特别是基于模块化多电平换流器（MMC）的柔性直流输电技术[2-3]。本章将讨论直流输电应用于输送大规模新能源时的技术要求，并针对3种有望应用于大规模新能源送出的直流输电拓扑[4-6]，进行详细阐述。

## 9.2 直流输电应用于输送大规模新能源时的技术要求

### 9.2.1 锁相同步型与功率同步型新能源基地的不同特性

新能源发电基地与水电基地或火电基地的根本不同是电源特性不同。水电基地或火电基地采用的是同步发电机电源，天然具有电网支撑能力和同步运行能力；而目前主流的风力发电或光伏发电采用的是锁相同步型非同步机电源[7-8]，其必须接入到有源电网才能运行，而且这个有源电网还必须有相当的强度。电网强度以往是针对同步发电机占主导的电网来定义的，分为频率支撑强度和电压支撑强度。传统上，电压支撑强度用短路比来表示，其等于场站接入点的电网三相短路容量与场站本身容量之比[9]。对于锁相同步型风电场或光伏电站，一般认为短路比大于3时可以稳定运行；而如果电网中的同步发电机在电源中不占主导地位，即电网中包含大量非同步机电源时，那么上述短路比不能用来定义电网强度。电网强度需要用电压刚度来定义（见第20章）。

未来风力发电或光伏发电如果配备有足够的储能，能够保持其网侧换流器的直流电压恒定，则根据第4章的分析，其有可能采用功率同步型控制，从而可以接入到有源电网或无源电网。对于功率同步型风电场或光伏电站的送出问题，理论上采用常规直流输电技术是可行的。然而根据表4-4的比较结果，采用功率同步型控制的风力发电或光伏发电单元抗电压扰动和抗频率扰动能力都比锁相同步型发电单元弱，其是否能够组成稳定的送端交流电网并通过常规直流输电技术将所发出的电能送出，在技术上仍然存疑。因此本章将在假定风电场或光伏电站为锁相同步型的前提下讨论新能源基地的直流输电送出问题。

### 9.2.2 直流输电应用于输送大规模新能源时必须考虑的技术因素

当直流输电应用于新能源基地的电力送出时，送端电网为锁相同步型的新能源基地，其需要较强的构网电源才能稳定运行。因此，直流输电的送端换流站必须为送端新能源基地提供构网电源。显然，LCC不可能为送端电网提供构网电源，因为LCC本身必须接入有源电网才能运行[10]。这样纯粹采用LCC作为送端换流器是不可行的，可行的办法是必须在送端换流站采用具有构网能力的MMC，并由MMC为送端新能源基地提供构网电源。

当基于MMC的直流输电技术应用于远距离大容量输电时，首先考虑的问题是如何解决架空直流输电线路的故障清除问题。宏观上看，清除直流线路故障的途径只有两种：一种是采用直流断路器（见第12章），另一种是采用具有故障自清除能力的换流器（见第7章）。而对于特高压等级的点对点直流输电系统或端数较少的直流输电系统，采用具有故障自清除能力的换流器是目前工程界认可程度更高的技术途径。按照这个思路，基于半桥子模块型的MMC因无故障自清除能力，不能独立成为直流输电系统的一端换流器。

对任何一种用于大规模新能源基地送出的直流输电系统，需要满足如下3个条件：①能够向送端交流电网提供构网电压；②受端交流电网故障时不产生严重的换相失败影响；③具有直流线路故障自清除能力。本章将对3种有望应用于大规模新能源送出的直流输电系统结构及其控制策略进行讨论。

## 9.3 LCC-MMC 串联混合型直流输电系统结构及其控制策略

LCC-MMC 串联混合型直流输电拓扑如图9-1所示，该拓扑在第8章的8.5节详细讨论过，只是第8章仅仅讨论了该拓扑用于两侧都为有源交流系统的场景。本节将讨论该拓扑用于大规模新能源发电基地送出的可行性。该拓扑是否真能应用于大规模新能源发电基地送

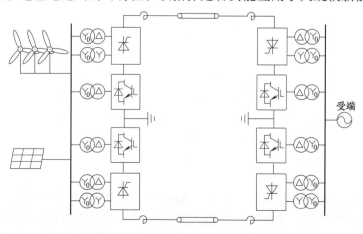

图 9-1  应用于新能源基地送出的 LCC-MMC 串联混合型直流输电拓扑

出,必须对如下几个问题进行仔细考察:①对送端新能源发电基地的电压构造能力,需要同时考察正常运行工况及送端交流电网发生故障时的故障穿越问题;②受端交流电网故障时导致 LCC 换相失败及受端 MMC 输出功率受阻时的受端故障穿越问题;③直流线路故障时的自清除能力,需要考察送端 LCC 强制移相控制对送端 MMC 过电压的影响;④考察 LCC-MMC 串联混合型直流输电拓扑如何实现送端新能源发电基地的启动。

为了对上述 4 个方面的问题进行研究,本节采用典型案例的研究方法。为此,先构造一个典型测试系统。该系统为 800kV、5000MW 的双极系统;每极由 1 个 LCC 和 1 个半桥子模块型 MMC 串联构成,如图 9-1 所示;LCC 为 1 个 12 脉动换流器,额定电压为 400kV,额定容量为 1250MW;MMC 的额定电压为 400kV,额定容量为 1250MW;直流线路长度为 2000km;该 LCC-MMC 串联混合型直流输电系统的详细参数见表 9-1。

表 9-1 LCC-MMC 串联混合型测试系统参数

| 参数 | | 取值 |
|---|---|---|
| 类别 | 项目 | |
| 基本参数 | 双极额定容量/MW | 5000 |
| | 额定直流电压/kV | ±800 |
| | 额定直流电流/kA | 3.125 |
| | LCC 直流电压/kV | 400 |
| | MMC 直流电压/kV | 400 |
| | 交流系统电压有效值/kV | 500 |
| | 受端交流系统短路比 | 6 |

| 参数 | | 取值 |
|---|---|---|
| 类别 | 项目 | |
| 送端交流耗能装置 | 额定容量/MW | 5000 |
| | 投入电压/pu | 1.2(整流侧 MMC) 1.1(逆变侧 MMC) |
| | 切除电压/pu | 1.05 |

| 参数 | | 取值 |
|---|---|---|
| 类别 | 项目 | |
| MMC | 平波电抗器/mH | 300 |
| | 桥臂子模块的个数 | 200 |
| | 子模块电容/μF | 20833 |
| | 桥臂电抗/mH | 24.3 |

| 参数 | | 取值 |
|---|---|---|
| 类别 | 项目 | |
| 换流变压器 | LCC 换流变压器 | 电压比/(kV/kV) | 500/173.3(整流侧) 500/180(逆变侧) |
| | | 容量/MVA | 750 |
| | | 漏抗/pu | 0.18 |
| | MMC 换流变压器 | 电压比/(kV/kV) | 500/200 |
| | | 容量/MVA | 1500 |
| | | 漏抗/pu | 0.15 |

(续)

| 类别 | 参数 | 取值 |
|---|---|---|
| | 项目 | |
| 直流线路参数 | 线路长度/km | 2000 |
| | 直流电阻/Ω | 8.05 |

| 类别 | 参数 | 取值 |
|---|---|---|
| | 项目 | |
| 交流线路参数 | 单位长度电阻/(Ω/km) | 0.0075 |
| | 单位长度电感/(mH/km) | 0.7082 |
| | 单位长度电容/(μF/km) | 0.0158 |

送端新能源基地额定电压为 500kV，采用 3 个锁相同步型电压源换流器（VSC）来集总表示所有的风电和光伏发电场站。为了较好地模拟新能源电源网侧换流器的响应特性，模型中网侧 VSC 采用定直流电压控制。设定每个锁相同步型 VSC 的交流侧额定电压为 500kV，额定容量为 2000MW，并通过 2 回 500kV 线路接入到送端换流站交流母线。3 个锁相同步型 VSC 与送端换流站的距离分别设定为 50km、100km 和 150km。送端新能源基地的电气接线如图 9-2 所示，交流线路单位长度参数见表 9-1。受端交流电网用戴维南等效电路表示，受端换流站交流母线的短路比取 6。

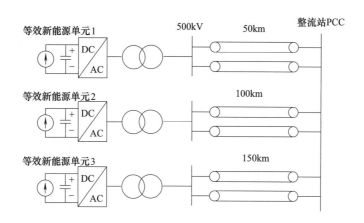

图 9-2 送端新能源基地的电气接线示意图

## 9.3.1 LCC-MMC 串联混合型直流输电系统基本控制策略

送端换流站需要为送端新能源基地提供构网电源，因此送端 MMC 需要一直采用 $f/V$ 控制模式，具体控制原理和控制器结构见第 5 章的 5.9 节。送端新能源基地发出的所有功率将通过送端换流站送出，送端换流站相当于功率平衡站，不具备直流功率（直流电流）主动控制能力。

送端 LCC 采用定直流电流控制策略，如图 9-3a 所示，但直流电流的指令值根据维持送端 MMC 的直流侧电压恒定确定。即将送端 MMC 的直流电压与其指令值作差，经 PI 控制器得到送端 LCC 的直流电流指令值，如图 9-3b 所示。

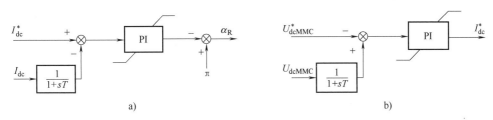

图 9-3 送端 LCC 控制器框图

a) 整流侧 LCC 定直流电流控制器　b) 整流侧 LCC 电流指令值生成器

若送端 MMC 的直流电压超过其指令值，在控制器作用下 LCC 将提高送端直流电流，从而提升 MMC 送出的直流功率；根据能量守恒原理，当 MMC 输出的直流功率超过其交流侧受入的有功功率时，子模块电容将提供这部分功率缺额，会导致 MMC 直流电压下降，从而达到维持送端 MMC 直流电压恒定的目的。

对于图 9-1 的新能源基地直流送出系统，直流电压需要由受端换流站进行控制，正常状态下受端 MMC 和受端 LCC 都需要采用定直流电压控制策略。

为了防止直流系统在送端交流电网故障时的直流电流断流问题，逆变侧 LCC 需要配备后备定电流控制器，控制框图如图 9-4a 所示。逆变侧后备定电流控制的原理描述见第 8 章的 8.5.3 节，由图 9-3b 生成的整流侧直流电流指令值 $I_{dc}^*$ 需要通过通信系统送到逆变侧。

为了降低受端交流电网故障时逆变侧 LCC 换相失败的风险，逆变侧 LCC 还配备了后备定关断角控制器，如图 9-4b 所示，其工作原理见第 8 章的 8.5.4 节。完整的逆变侧 LCC 控制器框图如图 9-4 所示。

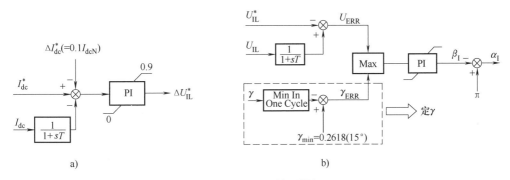

图 9-4 受端 LCC 控制器框图

a) 后备定电流控制器　b) 后备定关断角控制器

此外，为了解决各种故障下 MMC 子模块电容过电压问题，需要在送端换流站装设交流耗能装置。交流耗能装置的输入为送端 MMC 和受端 MMC 的直流电压测量值。考虑到送受端之间的输电距离，受端 MMC 直流电压需要经过 20ms 的延时才能作为交流耗能装置的输入信号。交流耗能装置的基本参数见表 9-1。

### 9.3.2 对送端新能源基地电压构造能力的仿真验证

假设系统已进入稳定运行状态，并且 3 个等效新能源单元的出力均为 1600MW。在 2s 时，改变新能源单元 1 的有功功率指令至 1000MW。直流系统的动态响应特性如图 9-5 所示。

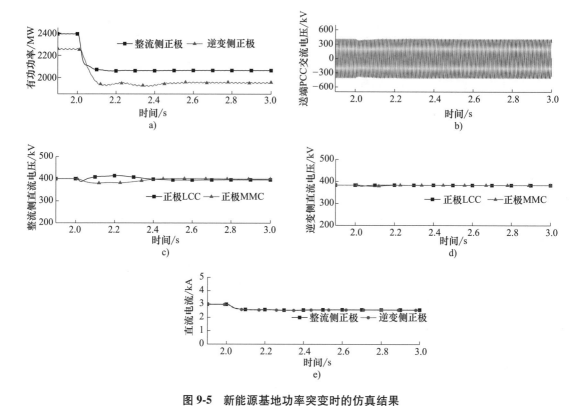

图 9-5 新能源基地功率突变时的仿真结果

a) 正极直流功率 b) 送端换流站 PCC 三相交流电压 c) 送端换流站正极直流电压
d) 受端换流站正极直流电压 e) 正极直流电流

从图 9-5 可以看出，直流系统采用所提出的控制策略之后，送端功率突变情况下，送端 MMC 能够维持 PCC 的电压恒定，直流系统可以平稳过渡到新的运行状态，整个过程在 0.4s 内完成。

### 9.3.3 送端新能源基地交流电网故障时的系统稳定性仿真验证

对送端换流站 PCC 施加单相金属性交流故障。故障在系统稳态运行至 2.0s 时施加，持续 0.1s 后清除。此故障下的系统响应特性如图 9-6 所示。

本次仿真未投入受端后备定电流控制。从图 9-6 可以看出，送端 PCC 单相金属性短路会导致送端换流站（LCC）直流电压下降；故障期间直流电流最低跌落到 0.5pu 附近，但由于故障持续时间短，以及直流系统存在较大的电感，即使不投入受端后备定电流控制，直流电流也没有断流。故障期间送、受端直流功率分别保持在 0.75pu 和 0.67pu 以上，说明系统还具有一定的功率输送能力。故障清除后，系统可以快速地恢复到稳定运行状态。

如果送端新能源基地电网发生严重的三相短路故障，送端 MMC 需要采用图 5-46 所示的交流电压指令值限幅控制，系统可以穿越送端系统严重故障。

### 9.3.4 受端交流电网故障时的系统稳定性仿真验证

对受端换流站 PCC 施加单相金属性交流故障。故障在系统稳态运行至 2.0s 时施加，持

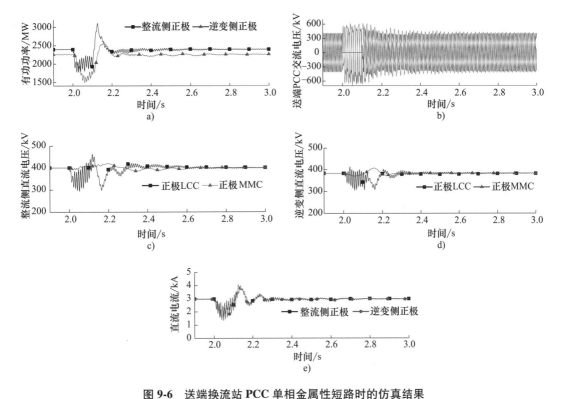

**图 9-6 送端换流站 PCC 单相金属性短路时的仿真结果**
a) 正极直流功率  b) 送端换流站 PCC 三相交流电压  c) 送端换流站正极
直流电压  d) 受端换流站正极直流电压  e) 正极直流电流

续 0.1s 后清除。此故障下的系统响应特性如图 9-7 所示。

从图 9-7 可以看出，逆变侧故障后，逆变侧 LCC 将发生换相失败而导致逆变侧 LCC 直流侧电压下跌到 0pu 附近。此时，在定直流电流控制器的作用下，整流侧 LCC 也会主动降低其直流电压，故障期间直流系统将运行在半压状态。在不考虑主动降低送端新能源基地有功出力的情况下，对于受端 MMC 而言，由于故障期间其交流有功功率输出能力受阻，多余的能量将导致其直流电压上升，仿真中通过投入送端交流耗能装置，吸收新能源基地发出的多余有功功率来缓解受端 MMC 直流过电压问题。仿真结果表明，故障期间有功功率跌落至 0.4pu，受端换流站直流过电压被抑制在 1.3pu；故障清除后系统可以在 100ms 内恢复有功功率传输。

## 9.3.5 架空线路故障清除技术仿真验证

系统稳态运行 2.0s 时在正极直流线路的中点处施加金属性接地故障，仿真结果如图 9-8 所示。故障发生后直流系统的故障清除策略如下：

1）参考 LCC 常见的保护设置，直流电流检测故障阈值设定为 1.5pu。

2）系统完成故障检测后，闭锁故障极整流侧 MMC 并对故障极整流侧 LCC 强制移相。先将整流侧 LCC 触发角 $\alpha_R$ 移相至 115°，等短路电流降低到 1.0pu 以下，再移相至 140°。另外在从发生故障到系统恢复的暂态过程中，逆变侧 LCC 触发角 $\alpha_I$ 始终设置为 120°。

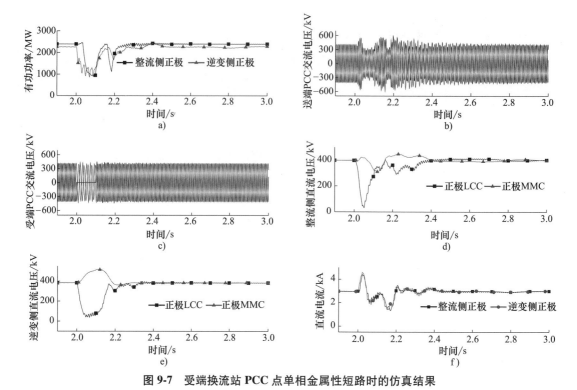

图 9-7 受端换流站 PCC 点单相金属性短路时的仿真结果

a) 正极直流功率 b) 送端换流站 PCC 三相交流电压 c) 受端换流站 PCC 三相交流电压
d) 送端换流站正极直流电压 e) 受端换流站正极直流电压 f) 正极直流电流

3) 待故障电流清除后，继续保持上述的控制设置 0.2s，以完成故障点的去游离过程。

4) 去游离过程完成后，系统重新启动，解锁故障极 MMC，然后设置 $\alpha_R$ 从 45°线性减小到 15°，$\alpha_I$ 从 120°线性增大到 150°。整个启动过程耗时 0.2s，启动完成后，切换到稳态下的控制方式。

从图 9-8 可以看出，采用上述直流系统的故障清除策略后，直流线路故障得到了清除。在故障极中，由 LCC 强制移相产生的负电压可以抵消 MMC 在闭锁状态下输出的正电压，使得短路电流在 170ms 内被清除。故障期间及恢复过程中，送端新能源基地发出的多余有功功率由送端交流耗能装置吸收，送端 MMC 不会出现严重的直流过电压。系统从发生故障到重新启动至恢复额定功率输送，历时约 0.5s，这是一个可以接受的时间范围。

### 9.3.6 LCC-MMC 串联混合型直流输电系统送端电网启动策略仿真验证

对于送端新能源发电基地的启动问题，理论上可以分解为两项技术内容：①LCC-MMC 串联混合型直流输电系统的启动；②送端新能源发电基地的启动。

对于送端新能源发电基地的启动，只要送端 MMC 建立了送端交流电网的构网电压，新能源发电基地的启动就与接入常规交流电网时的启动类似。因此，LCC-MMC 串联混合型直流输电系统的启动就成为了送端新能源发电基地启动的关键。

原则上，考虑到 LCC 不具备电流反向能力，因此 LCC-MMC 串联混合型直流输电系统在启动初期只考虑低压 MMC 阀组的启动，此时 LCC 换流阀处于强制移相状态且直流侧电流转移开关处于闭合状态。直流系统的启动策略如下：

第9章 适用于大规模新能源基地送出的柔性直流输电系统

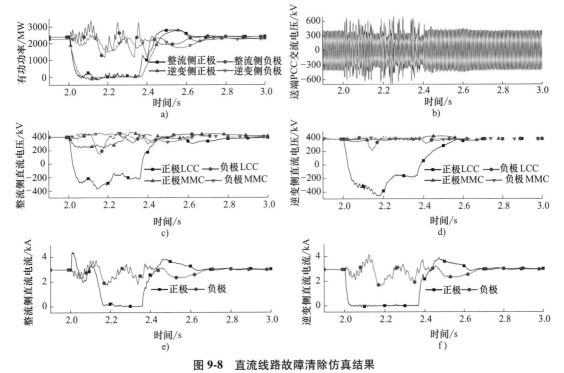

图 9-8 直流线路故障清除仿真结果
a) 双极直流功率 b) 送端换流站 PCC 三相交流电压 c) 送端换流站双极直流电压
d) 受端换流站双极直流电压 e) 送端双极直流电流 f) 受端双极直流电流

1) 假设 1.0s 前低压 MMC 阀组已经完成启动且建立起送端交流电压，其启动时序和控制策略可以参考海上风电直流送出工程。在 1.0s 将新能源发电基地接入，新能源场站和单元采用常规策略启动，并将输出功率维持在较低水平（如 0.1pu）。

2) 1.5s 时新能源基地已稳定运行，触发 LCC 的旁通对，然后断开电流转移开关，并将整流侧 LCC 和逆变侧 LCC 切换至正常触发状态。随后将整流侧 LCC 触发角由 90°线性降低至 15°，同时逐步提高逆变侧电压指令值直至系统进入稳定运行状态。在这个过程中，可以将新能源基地的输出功率增大到 0.2pu 以使稳态直流电流保持不变。

3) 待系统运行稳定后，（于 2.5s 时）逐步提升送端新能源发电基地出力至 1.0pu，完成整个启动过程。

LCC-MMC 串联混合型直流输电拓扑送端电网启动过程的仿真结果如图 9-9 所示。可以看出启动过程中直流侧均未产生明显过电流，系统可以平稳完成启动过程。

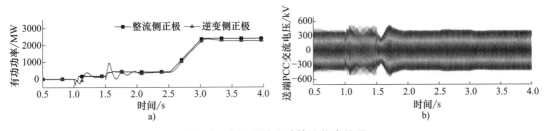

图 9-9 直流系统启动策略仿真结果
a) 正极直流功率 b) 送端换流站 PCC 三相交流电压

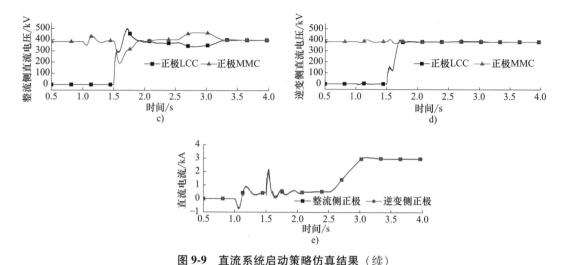

**图 9-9 直流系统启动策略仿真结果（续）**
c) 送端换流站正极直流电压　d) 受端换流站正极直流电压　e) 正极直流电流

## 9.4 LCC-MMC 加 D-MMC 混合型直流输电系统结构及其控制策略

LCC-MMC 加 D-MMC 混合型直流输电系统结构如图 9-10 所示，该拓扑与第 8 章 8.3 节讨论过的 LCC-二极管-MMC 混合型直流输电系统结构几乎一致，只是将送端的 LCC 替换成了 LCC-MMC 串联结构，以实现为送端新能源基地提供构网电源的目的。本章将这种混合型直流输电系统结构称为"LCC-MMC 加 D-MMC"结构。

为了对 LCC-MMC 加 D-MMC 拓扑应用于新能源基地送出的可行性进行分析，本节仍然采用典型案例的研究方法。为此，图 9-10 就是所构造的典型测试系统。该系统为 800kV、5000MW 的双极系统。送端每极由 1 个 LCC 和 1 个半桥子模块型 MMC 串联构成；LCC 为 1

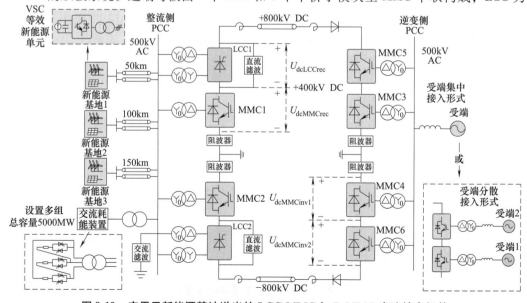

**图 9-10 应用于新能源基地送出的 LCC-MMC 加 D-MMC 直流输电拓扑**

个 12 脉动换流器，额定电压为 400kV，额定容量为 1250MW，LCC 阀组交直流侧均需配置滤波器；MMC 的额定电压为 400kV，额定容量为 1250MW，由 MMC 提供送端交流系统构网电压并为 LCC 提供换相电压。两者在直流侧串联，交流侧并联。受端换流站高低压阀组均采用基于半桥子模块的 MMC，逆变站直流出口串接大功率二极管阀（D）以使逆变站 MMC 具备直流故障自清除能力，因此逆变站换流器简称为"D-MMC"。此外，送、受端近中性母线处均设置了阻塞滤波器。

送端新能源基地额定电压为 500kV，采用 3 个锁相同步型 VSC 集总表示。为与新能源电源采用的锁相同步型控制策略相一致，图 9-10 中 3 个 VSC 采用定直流侧电压控制，其输出功率大小取决于直流侧电流源大小。等效 VSC 分别使用双回 500kV 交流线路送出，输电距离分别设置为 50km、100km 和 150km。受端换流器可以采用集中接入或分散接入交流系统两种方式。受端交流系统额定电压为 500kV，采用戴维南等效电路模拟，短路比设置为 6。直流线路长度为 2000km。送端新能源基地、直流线路以及受端交流电网参数设置与图 9-1 系统相同，相关参数见表 9-1。

## 9.4.1 LCC-MMC 加 D-MMC 混合系统基本控制策略

LCC-MMC 加 D-MMC 拓扑与上节讨论的 LCC-MMC 串联混合型拓扑在送端是完全一致的，因此，送端 MMC 和 LCC 的控制策略完全与 9.2.1 节所述一致。

逆变侧 MMC 需要承担定直流电压控制的任务。通常，所谓的定直流电压控制所控制的并不是逆变站出口的直流电压，而是整流站出口的直流电压，即直流电压指令值给的是整流站出口的直流电压。为了方便逆变侧 MMC 的定直流电压控制，首先要将整流站出口的直流电压指令值折算到逆变站出口的直流电压指令值，这可以通过减去直流线路上的压降得到。在得到逆变站出口的直流电压指令值后，逆变侧 MMC 的定直流电压控制已经在第 5 章的 5.3.4 节讲述过，不再赘述。

此外，为了防止直流系统在送端交流电网故障时的直流电流断流问题，逆变侧需要配备后备定电流控制器。但由于半桥子模块型 MMC 降直流电压能力有限，即使采用 3 次谐波注入方法，最多只能降 15% 左右。因此，对于送端交流电网电压跌幅较大且持续时间较长的故障，LCC-MMC 加 D-MMC 拓扑在防止直流电流断流方面存在一定风险。但根据图 9-6 的仿真结果，对于送端电网一般性的单相短路故障，由于直流系统本身的电感较大以及故障持续时间较短，即使受端没有配置后备定电流控制器，也不至于发生直流电流断流问题。

由于串接在逆变站直流出口的大功率二极管阀具有单向导通特性，直流线路发生故障后，受端 MMC 不会向故障点输出故障电流，直流侧故障清除只需考虑送端的 LCC-MMC 混合拓扑。送端 LCC-MMC 清除直流侧故障的原理在第 8 章的 8.5.5 节进行了详细论述，在本章的 9.2.5 节已进行过仿真验证，不再赘述。

## 9.4.2 LCC-MMC 加 D-MMC 混合型直流输电系统特性的仿真验证

由于 LCC-MMC 加 D-MMC 拓扑与 9.2 节讨论的 LCC-MMC 串联混合拓扑在送端完全一致，只是受端结构不同。但对于清除直流侧故障，两者原理完全一致；对于送端交流电网故障，如果受端不配置后备定电流控制，两者特性也完全一致。因此，本节仿真验证主要考察受端交流电网故障时 LCC-MMC 加 D-MMC 混合型直流输电系统的响应特性。

（1）受端单相金属性短路时的系统响应特性

系统进入稳态后，2.0s 时在受端 PCC 施加持续时间 0.1s 的单相金属性短路故障，当受端采用 D-MMC 结构与 LCC-MMC 串联结构时的仿真结果对比如图 9-11 所示。

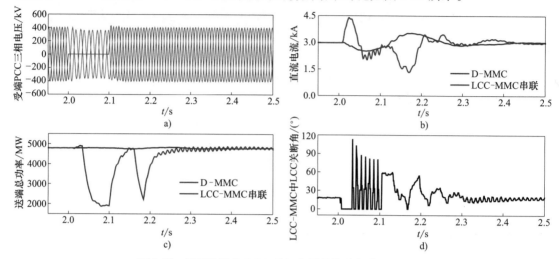

图 9-11　受端换流站 PCC 单相金属性故障仿真结果对比

a）受端换流站 PCC 三相电压　b）直流电流　c）送端总功率　d）受端 LCC-MMC 串联结构中 LCC 的关断角

从仿真结果可以看出，受端发生单相短路故障时，D-MMC 结构比 LCC-MMC 串联结构性能更好。由于受端为纯 MMC 结构，不存在换相失败问题，在故障期间表现平稳，直流电流与新能源场站送出功率均未受太大影响。而 LCC-MMC 串联结构由于 LCC 的存在，发生了换相失败，直流电流波动较大，输送功率受阻，触发送端交流耗能装置动作，使新能源场站送出功率受损。

（2）换流器分散接入受端电网时的系统响应特性

将受端接入方式改为图 9-10 所示的受端分散接入方式。在系统处于稳态下，2.0s 时在电压低端换流器的交流母线上施加三相金属性接地故障，2.1s 时切除故障，系统的故障响应特性如图 9-12 所示（只展示正极波形）。

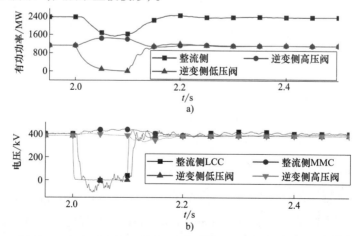

图 9-12　受端电压低端换流器母线三相金属性故障时的系统响应特性

a）整流侧和逆变侧正极有功功率　b）整流侧和逆变侧正极换流器直流电压

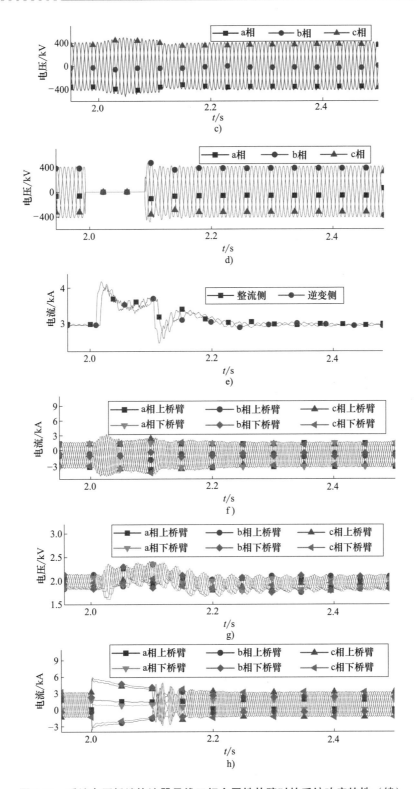

**图 9-12 受端电压低端换流器母线三相金属性故障时的系统响应特性（续）**
c) 送端 PCC 三相电压瞬时值　d) 低端 MMC 母线三相电压瞬时值　e) 直流电流
f) 送端 MMC 桥臂电流　g) 送端 MMC 子模块电容电压平均值　h) 逆变侧低端 MMC 桥臂电流

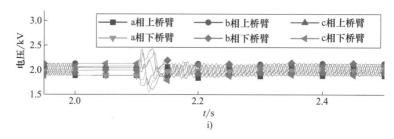

图 9-12 受端电压低端换流器母线三相金属性故障时的系统响应特性（续）

i) 逆变侧低端 MMC 子模块电容电压平均值

从图 9-12 可以看出，故障发生后，逆变侧低端 MMC 直流电压迅速降低到接近于零的水平，而直流侧 LCC 由于定电流控制的作用，直流电压也迅速下降到零附近；直流电流因受端 MMC 直流电压的大幅降低而有所上升，达到 1.34pu；整流侧低端 MMC 桥臂电流最大值上升至 1.49pu，子模块电容电压值上升至 1.21pu；逆变侧低端 MMC 桥臂电流最大值上升至 1.65pu，子模块电容电压值上升至 1.22pu；故障清除后 150ms 系统即基本恢复至稳态。

## 9.5 LCC-MMC 加 FHMMC 混合型直流输电系统结构及其控制策略

LCC-MMC 加 FHMMC 混合型直流输电系统结构如图 9-13 所示，该拓扑与第 8 章 8.4 节讨论过的 LCC-FHMMC 混合型直流输电系统基本一致，只是将送端的 LCC 替换成了 LCC-MMC 串联结构，以实现为送端新能源基地提供构网电源的目的。本章将这种混合型直流输电系统结构称为 "LCC-MMC 加 FHMMC" 结构。该结构采用双极接线方式，送端所连交流电网为大规模新能源发电基地，受端为有源交流电网。对于每一极直流系统，整流站采用 12 脉动 LCC 与半桥子模块型 MMC 串联，实现孤岛系统下新能源基地的功率送出。其中，MMC 为电压低端阀组，用于建立并维持并网点电压稳定；LCC 为电压高端阀组，同时配有相应的交、直流滤波器和无功补偿装置。逆变站采用两个相同电压和容量的 FHMCC 串联，FHMCC 的全桥子模块比例为 50%。

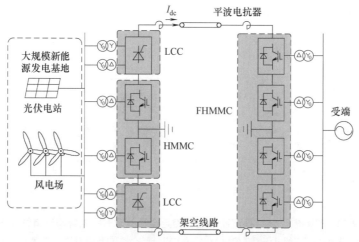

图 9-13 LCC-MMC 加 FHMMC 混合型直流输电系统结构

## 9.5.1 LCC-MMC 加 FHMMC 混合系统基本控制策略

LCC-MMC 加 FHMMC 拓扑的送端换流站采用 LCC-MMC 串联结构，与前两节讨论过的混合型拓扑的送端是完全一致的。因此，送端 MMC 和 LCC 的控制策略完全与 9.2.1 节所述一致。

受端 FHMMC 控制策略已在第 8 章的 8.4 节做过详细描述，这里不再赘述。

## 9.5.2 LCC-MMC 加 FHMMC 混合型直流输电系统运行特性分析

当送端交流电网发生故障时，LCC 交流母线电压跌落，LCC 定电流控制器将通过减小触发角 α 来维持直流电流不变。然而，当触发角 α 降低至最小值 5°时，LCC 将失去控制直流电流的能力，从而难以维持直流电流恒定的控制目标。直流电流下降到受端 FHMMC 的后备定电流控制指令值后，受端 FHMMC 从定电压控制转换为定电流控制，直流系统能够维持一定比例的有功功率输送。这种故障方式下，系统的响应特性与图 8-19 类似。

当受端交流电网发生故障时，FHMMC 会发生输出功率堵塞现象，采用第 8 章描述过的防输出功率堵塞控制器后，系统仍然能够输送部分功率，这种故障方式下的系统响应特性与图 8-21 和图 8-22 类似。这种故障方式下有可能触发送端交流耗能装置动作。

当直流线路发生短路故障时，送端 LCC-MMC 换流站的清除故障方式在第 8 章的 8.5.5 节做过详细描述，其响应特性如图 9-8 所示。直流线路发生短路故障后，受端 FHMMC 采用闭锁子模块的方式来清除直流侧故障，其故障清除原理在第 7 章的 7.6 节进行过详细阐述，其响应特性如图 8-20 所示，故障清除时间一般在 50ms 之内。

# 9.6 适用于大规模新能源基地送出的 3 种混合型直流输电拓扑比较

前面几节对 3 种有望应用于大规模新能源送出的直流输电系统结构及其控制策略进行了讨论。下面对这 3 种拓扑在多个受关注的维度上进行比较。比较结果见表 9-2。由于 3 种拓扑的送端结构是一致的，因此比较的重点是受端结构。

对于直流线路侧故障，3 种拓扑中的受端换流器的故障清除时间都大大小于送端换流器的故障清除时间。因此直流侧故障清除时间决定于送端 LCC-MMC 串联结构的故障清除时间，3 种拓扑没有差别；该结构通过 LCC 强制移相抵消已闭锁的 MMC 的正向电压，但所得到的反向电压不是很大，因此清除直流侧故障时间较长，在 100ms 数量级。清除直流侧故障期间，故障极完全不能输送功率，有可能触发送端交流耗能装置动作。

对于送端交流电网故障，受端 D-MMC 结构无法实现后备定电流控制，其性能相比于其他两种拓扑要差一些。

对于受端交流电网故障，LCC 会产生换相失败，失去输送功率能力；但同样 MMC 和 FHMMC 会有输出功率堵塞问题，同样会失去一部分输送功率能力；3 种拓扑相比，受端为 LCC-MMC 结构的拓扑性能要差一些。但如果采用受端换流站分散接入受端电网的策略，即受端换流站采用多个换流单元串并联结构，且不同的换流单元接入到受端电网的不同区域，那么受端电网故障时只会影响受端换流站中的部分换流器，换流器输出功率堵塞问题可以得到极大的缓解。

表 9-2　3 种混合型直流输电系统拓扑对比

| 比较项 | 拓扑 1 | 拓扑 2 | 拓扑 3 |
| --- | --- | --- | --- |
| 送端结构 | LCC-MMC | LCC-MMC | LCC-MMC |
| 受端结构 | LCC-MMC | D-MMC | 全桥比例 50% FHMMC |
| 送端基本控制策略 | LCC 定直流电流加最小触发角限制，其电流指令值来自 MMC 的直流电压偏差；MMC 定交流侧频率和电压幅值，采用 $f/V$ 控制模式 | | |
| 受端基本控制策略 | LCC 定直流电压加后备定电流；MMC 定直流电压 | MMC 定直流电压 | FHMMC 定直流电压加后备定电流 |
| 应对送端故障能力 | 受端 LCC 具有后备定电流能力，直流电流断流风险小<br>强 | 利用 3 次谐波注入可降低直流电压 15%，但不具有后备定电流能力，直流电流断流风险中等<br>中等 | 受端 FHMMC 具有后备定电流能力，无直流电流断流风险<br>强 |
| 应对受端故障能力 | 受端 LCC 存在换相失败风险，但送端 LCC 定电流控制可以确保故障期间有输送一半功率的能力。MMC 有输出功率堵塞风险。有可能触发送端交流耗能装置动作<br>较差 | 不存在换相失败风险，有输出功率堵塞风险。有可能触发送端交流耗能装置动作<br>中等 | 不存在换相失败风险，无输出功率堵塞风险。送端盈余功率由送端交流耗能装置处理<br>中等 |
| 应对直流线路故障能力 | 受端 LCC 瞬间断流，故障处理能力最强；送端 LCC 强制移相抵消处于闭锁状态的 MMC 的直流电压，清除故障速度中等<br>中等 | 受端二极管瞬间断流，故障处理能力最强；送端 LCC 强制移相抵消处于闭锁状态的 MMC 的直流电压，清除故障速度中等<br>中等 | 受端 FHMMC 闭锁，清除直流故障能力中等；送端 LCC 强制移相抵消处于闭锁状态的 MMC 的直流电压，清除故障速度中等<br>中等 |
| 综合运行性能 | **中等** | **中等** | **中等偏上** |
| 投资成本 | 低 | 中 | 高 |
| 运行成本 | 低 | 中 | 高 |

根据表 9-2 的比较结果，推荐采用送端和受端都为 LCC-MMC 的拓扑。建议受端的 MMC 采用多个单元并联方案，即采用图 8-23 所示的电压低端换流器组（MMCB）结构。同时建议 LCC 和各 MMC 单元分别接入受端电网不同的区域，以达到受端交流电网故障时受端换流站中只有少数换流器单元输出功率受阻的效果。

# 参考文献

[1] KALAIR A, ABAS N, KHAN N. Comparative study of HVAC and HVDC transmission systems [J]. Renewable and Sustainable Energy Reviews, 2016, 59: 1653-1675.
[2] 徐政, 屠卿瑞, 管敏渊, 等. 柔性直流输电系统 [M]. 北京: 机械工业出版社, 2012.
[3] 徐政, 薛英林, 张哲任. 大容量架空线柔性直流输电关键技术及前景展望 [J]. 中国电机工程学报, 2014, 34 (29): 5051-5062.

［4］ 徐政，张哲任，徐文哲. LCC-MMC 串联混合型直流输电拓扑在大规模纯新能源发电基地送出中的应用研究［J］. 电力电容器与无功补偿，2022，43（3）：119-126.

［5］ 徐文哲，张哲任，徐政. 适用于大规模纯新能源发电基地送出的混合式直流输电系统［J］. 中国电力，2023，56（4）：17-27.

［6］ 刘文韬，张哲任，徐政. 适用于纯新能源基地送出的混合型直流输电方案［J］. 太阳能学报，2023，44（12）：533-543.

［7］ WU Bin，LANG Yongqiang，ZARGARI N，et al. Power Conversion and Control of Wind Energy Systems［M］. New York：Wiley，2011.

［8］ STAPLETON Geoff，NEILL Susan. Grid-connected Solar Electric Systems［M］. New York：Taylor & Francis Group，2012.

［9］ CIGRE Working Group 14. 07，IEEE Working Group 15. 05. 05. Guide for planning DC links terminating at AC locations having low short-circuit capacities-Part I：AC/DC interaction phenomena［R］. Paris，France：CIGRE Brochure No. 68，1992.

［10］ 浙江大学发电教研组直流输电科研组. 直流输电［M］. 北京：电力工业出版社，1982.

# 第10章 海上风电送出的典型方案与MMC的应用

## 10.1 引言

海上风电具有资源丰富、发电利用小时高、不占用土地和适宜大规模开发的特点。我国是一个海洋大国，拥有 300 多万 $km^2$ 的海域和近 1.8 万 km 的大陆海岸线以及 6000 多个岛屿和 1.4 万 km 的岛屿海岸线。受东亚季风气候影响，我国沿海地区风能资源丰富，而且沿海地区经济发展水平高，电力需求大，电网基础好，海上风电离负荷中心近，消纳不是问题。我国海上风电普遍认可的数据是，离岸距离 50km 以内的近海风能技术可开发量为 3.6 亿 kW；水深大于 50m、离岸距离大于 70km 的深远海风能技术可开发量超过 20 亿 kW，深远海风电开发潜力巨大。

海上风电机组的典型结构是全功率换流器型风电机组，如图 10-1 所示。风力机带永磁同步发电机，传动轴系通常不需要变速箱，一般 MW 级风力机的额定转速在 8~30r/min 之间。永磁同步发电机出口通过 2 个背靠背的全功率换流器联到电网；这样，同步发电机与电网之间是通过直流环节隔离的。因此，同步发电机的转速与电网频率无关，从而使风力机转速可以在很大范围内变化。联接到永磁同步发电机的那个全功率换流器被称为机侧换流器（Machine Side Converter，MSC），联接到海上风电场电网的那个全功率换流器被称为网侧换流器（Grid Side Converter，GSC）。

针对风电机组中同步发电机的不同类型，常见的机侧换流器控制策略有两种。一种针对隐极式同步发电机，机侧换流器采用零 d 轴电流控制策略；另一种针对凸极式同步发电机，机侧换流器采用单位电流最大转矩控制策略。网侧换流器的控制策略比较简单；通常，网侧换流器的控制目标是定直流侧电压和定交流侧无功功率，即采用 $PLL/U_{dc}$-$Q_{pcc}$ 控制策略，这里不再赘述。

海上风电机组与海上风电场电网的相互作用特性主要取决于网侧换流器的控制特性。当网侧换流器采用 PLL 实现与海上风电场电网中其他电源的同步控制时，我们称该风电机组为锁相同步型风电机组。当网侧换流器采用 QSL 实现与海上风电场电网中其他电源的同步控制时，我们称该风电机组为无功功率同步型风电机组。

海上风电并网方式与海上风电机组的特性是紧密相关的，不同的海上风电机组特性对应于不同的海上风电并网方式。海上风电机组特性可以在 2 个技术维度上进行描述，第 1 个技术维度是海上风电机组采用的同步方式，分别为锁相同步型风电机组和无功功率同步型风电

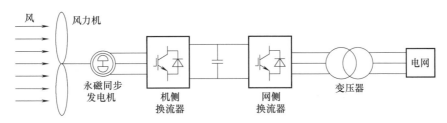

图 10-1　全功率换流器型风电机组结构

机组；第 2 个技术维度是海上风电机组输出电压和电流的频率特性，包括直流、低频、工频和中频 4 种类型。而从海上风电送出的主干通道看，主要有 3 种输电方式，即工频交流输电方式、低频交流输电方式和直流输电方式。根据海上风电机组的特性以及主干输电通道的输电方式，可以组合出种类繁多的海上风电并网方式。

目前工程上已得到成功应用的海上风电并网方式主要是 2 种，即工频锁相同步型风电机组海上风电场的交流送出方式和工频锁相同步型风电机组海上风电场的直流送出方式。

工频锁相同步型风电机组海上风电场交流送出方式的优势是结构简单，投资成本低；缺点是输电距离受到限制，通常在 80km 之内[1]，制约因素是海缆的电容效应比较大，导致海缆中流过的电流随距离分布不均衡。

工频锁相同步型风电机组海上风电场直流送出方式的优势是没有输电距离限制，适合于远海风电送出，我国第 1 个这种类型的工程是江苏如东海上风电柔性直流输电工程，参数为±400kV/1100MW。

世界上第 1 个采用直流输电技术，也是第 1 个采用柔性直流输电技术将海上风电场接入电网的工程是 BorWin1 柔性直流输电工程[2]。该工程用于将 Bard Offshore 1 风电场接入电网[2-5]。Bard Offshore 1 风电场位于欧洲北海，离岸距离约为 130km，装有 80 台 Bard5.0 的 5MW 风电机组，该风电场采用 36kV 交流电缆连接风力发电机，然后通过 Bard Offshore 1 风电场海上升压站将电压升到 155kV，再通过 1km 的 155kV 海底电缆与海上换流站 BorWin alpha 相连接，2010 年 3 月开始建设，2012 年投运。BorWin1 柔性直流输电工程由 ABB 公司承建，2007 年开工，2009 年 9 月投运，直流电压为±150kV，直流功率为 400MW，海底电缆长度为 125km，陆上电缆长度为 75km。

本章将对海上风电送出的几种典型方案[6]进行讨论。

## 10.2　工频锁相同步型风电机组海上风电场交流送出方案

工频锁相同步型风电机组海上风电场交流送出方案典型接线如图 10-2 所示。这种送出方案是目前得到广泛应用的海上风电送出方案。其基本特点包括：①海上风电机组采用锁相同步控制，基于锁相环（PLL）跟踪网侧换流器（GSC）交流母线电压的相位角和频率，技术成熟，抗扰动能力强。②由陆上交流电网为锁相同步型风电机组提供构网电源，支撑强度通常用短路比来表示，定义为风电场交流母线的三相短路容量与风电场的容量之比[7-8]。另外，陆上交流电网也是海上风电场的功率平衡节点，即海上风电场发出的功率大小不受限制，可以完全靠陆上电网进行平衡。③受海缆电容效应影响，表现为过电压效应和沿海缆方向的电流分布不均衡，如海上没有中间平台对海缆进行并联补偿，输电距离一般在 80km 之内[1]。

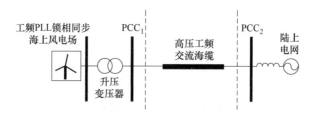

图 10-2　工频锁相同步型风电机组海上风电场交流送出方案示意图

## 10.3　低频锁相同步型风电机组海上风电场低频交流送出方案

低频锁相同步型风电机组海上风电场低频交流送出的典型接线如图 10-3 所示。这种技术方案与工频锁相同步型风电机组海上风电场交流送出方案的根本不同就是采用低频交流输电，其目的是降低海缆的电容效应。因为电容效应决定于电容电纳的大小，而电容电纳是与运行频率成正比的，运行频率降低，电容效应相应降低。这样，采用低频输电后，海缆的输电距离就可以得到扩展，比如当运行频率降低到 20Hz 时，海缆电容电流大幅减小，交流海缆输送距离可达 200km 左右[9]，从而可以应用于远海风电的送出。

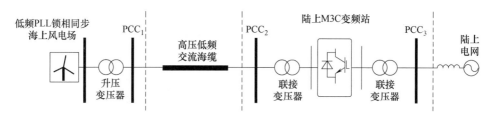

图 10-3　低频锁相同步型风电机组海上风电场低频交流送出方案示意图

低频交流输电除了上述扩展输电距离的主要优势外，还可以提升海底交流电缆的载流能力，因为频率降低，导体的趋肤效应下降，载流密度提高[10]。当然，采用低频交流输电，也存在一些缺陷，最主要的是变压器的体积和重量上升，因为频率下降意味着电磁感应效应降低，对于同样容量和电压等级的变压器，铁心截面必须加大。初步估计，当运行频率降低到 16.66Hz 时，对应相同的容量和电压等级，低频变压器的体积和重量是工频变压器的 1.75 倍左右[11]。

低频锁相同步型风电机组海上风电场交流送出方案的关键设备是联接海上低频交流系统和陆上工频交流系统的接口装置，该接口装置一般被称为变频器。对该变频器的技术要求是，为海上低频侧交流电网提供幅值恒定和频率恒定的构网电源，使得海上风电机组能够按照 PLL 锁相同步方式运行。能够满足上述技术要求的变频器拓扑并不多，目前被广泛接受的变频器拓扑是模块化多电平矩阵变频器（M3C）。M3C 的拓扑结构如图 10-4 所示，其功能完全等价于 2 个背靠背联接的模块化多电平换流器（MMC）。第 16 章将对 M3C 的工作原理进行详细分析。这里仅按照 2 个背靠背联接的 MMC 来说明 M3C 的控制原则。

陆上交流电网是有源电网，也是海上风电场送出系统的功率平衡节点，因此接到陆上电网的 MMC2 作为整个系统的功率平衡换流器使用，其表现形式就是该换流器的控制目标设定为保持其直流侧的电压恒定。对应到 M3C，其陆上工频侧的控制策略就是保持 M3C 中 9

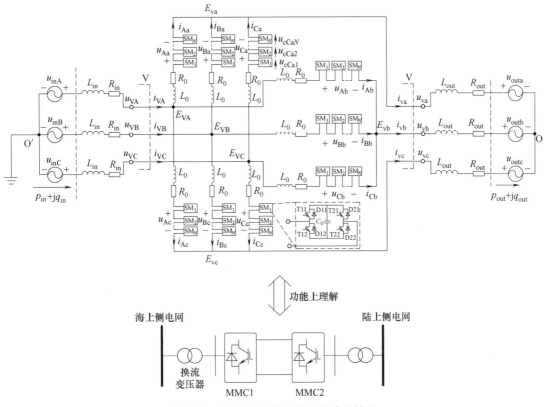

图 10-4 M3C 的拓扑结构及其功能等价

个桥臂所有子模块电容电压的平均值为恒定值。

海上交流电网是低频运行的风电场电网，由于风电机组是 PLL 锁相同步型的，因此联接海上交流电网的 MMC1 必须为海上交流电网提供构网电源。因此，MMC1 必须采用定频率和交流电压幅值的 f/V 控制模式。在这种控制模式下，MMC1 的两个控制自由度已用尽，即没有多余的控制自由度来控制进入 MMC1 的海上风电场功率，海上风电场进入 MMC1 的功率是由 MMC2 来实现平衡的。当陆上交流电网发生故障导致 MMC2 交流母线电压跌落时，MMC2 可能失去平衡海上风电场进入功率的能力，导致直流系统内部功率盈余而发生过电压问题，这种情况下只能在 MMC1 交流母线处安装消能装置，减小进入 MMC1 的海上风电场功率。对应到 M3C，其海上低频侧的控制策略就是控制其交流母线的频率和电压幅值恒定，并需要在低频侧交流母线上安装消能装置。

## 10.4　工频锁相同步型风电机组海上风电场全 MMC 直流送出方案

工频锁相同步型风电机组海上风电场全 MMC 直流送出方案典型接线如图 10-5 所示，这种送出方案是目前国内外已投运的海上风电直流送出工程所普遍采用的技术方案。

海上风电采用直流送出的根本优势是输送容量大和输送距离不受限制。如前所述，受海缆电容效应影响，工频交流输送方案的输电距离一般在 80km 之内[1]，更远距离的送出工程通常只有两种技术可以选择。第 1 种是直流输电技术，第 2 种是低频交流输电技术。而就技

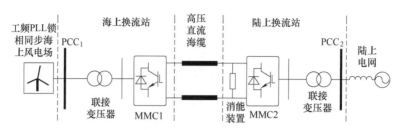

图 10-5 工频锁相同步型风电机组海上风电全 MMC 直流送出方案

术成熟度而言，直流输电技术比低频交流输电技术更成熟。

工频锁相同步型风电机组海上风电场全 MMC 直流送出方案的技术特点如下：

1) 海上换流站 MMC1 必须采用 $f/V$ 控制模式。由于海上风电机组是锁相同步型的，因此直流输电海上换流站 MMC1 必须为海上交流电网提供构网电源。这样 MMC1 本身必须采用 $f/V$ 控制模式，即采用第 5 章已论述过的 MMC 作为无源电网或新能源基地电网构网电源时的 $f/V$ 控制模式。值得指出的是，对于锁相同步型的海上风电机组，海上风电直流送出方案不可能采用基于电网换相换流器（LCC）的常规直流输电技术，因为 LCC 本身必须有源换相[12]，即 LCC 本身必须有构网电源才能工作，遑论为海上风电机组提供构网电源了。

2) 海上换流站 MMC1 是海上交流电网的功率平衡站。从功率平衡的角度看，MMC1 是海上交流电网的功率平衡站，其作用等价于交流电网潮流计算中的平衡母线。如果用潮流计算的概念来描述锁相同步型海上风电场电网的稳态行为，那么每台风电机组出口可以用一个 $PQ$ 节点或者 $PV$ 节点来描述，即每台风电机组是按照定有功功率和定无功功率（或者定交流电压）运行的；而 MMC1 的交流母线是海上风电场电网的平衡母线，即其电压幅值为设定值，其电压相角为海上交流电网的基准相角。这样，不管海上风电机组的有功功率和无功功率如何变化，最终都由 MMC1 换流站来平衡。

3) 陆上换流站 MMC2 是高压直流输电通道的功率平衡站。仍然从功率平衡的角度看，陆上换流站 MMC2 是整个高压直流输电系统的功率平衡站，其表现形式为 MMC2 控制直流系统的电压为恒定值。当直流电压保持恒定时，就意味着 MMC2 将通过 MMC1 进入直流系统的有功功率全部送入了受端交流电网。但当受端交流电网发生故障时，MMC2 有可能无法完成作为整个直流系统功率平衡站的功能。因为 MMC2 的输出功率与 MMC2 交流母线电压成正比，当受端交流电网故障时，MMC2 交流母线电压跌落，从而降低了 MMC2 的功率输出能力。这时直流系统内部的盈余功率必须通过额外的消能装置来消耗掉，否则会引起直流系统过电压，威胁设备安全。

4) 本方案的主要不足。工频锁相同步型风电机组海上风电直流送出方案目前存在的主要不足是海上平台体积和重量大，如何降低海上平台和换流站的体积和重量是当前研发的主要方向。

## 10.5 工频锁相同步型风电机组海上风电场 DRU 并联辅助 MMC 直流送出方案

工频锁相同步型风电机组海上风电场 DRU 并联辅助 MMC 直流送出方案典型接线如图

10-6 所示[13]。图 10-6 中，与 DRU 并联的 MMC 称为并联辅助 MMC，其容量通常较小，典型值为直流送出系统额定容量的 1/3。并联辅助 MMC 由半桥子模块构成，其功能主要有 3 个方面：①为海上风电场提供构网电源；②为 DRU 提供换相电压；③滤除从 DRU 注入风电场电网的 11 次和 13 次特征谐波电流。

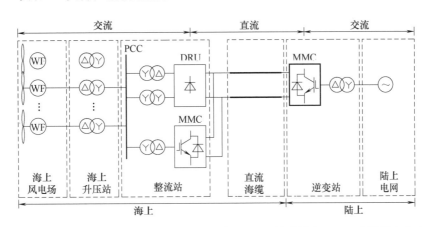

图 10-6　工频锁相同步型风电机组海上风电场 DRU 并联辅助 MMC 直流送出方案

由于并联的辅助 MMC 为海上交流电网提供了电压支撑，因此风电机组可以运行于锁相同步型控制模式。这样，风电机组的网侧换流器采用定直流电压控制和定无功功率控制，从而维持风电机组背靠背换流器的直流电压，并控制风电机组输出到交流电网的无功功率。风电机组的机侧换流器采用零 d 轴电流控制策略，控制永磁发电机 d 轴电流为零，则发电机电磁转矩与 q 轴电流成正比，即电磁转矩与定子电流呈线性关系，使发电机的转矩控制环节得以简化。q 轴电流指令值由最大功率点跟踪（MPPT）控制产生，实现最大风能跟踪。

并联的辅助 MMC 的主要目的是为海上风电场电网提供构网电源和为 DRU 提供换相电压，因此，并联的辅助 MMC 采用第 5 章已论述过的 $f/V$ 控制模式，控制 PCC 的交流电压频率和幅值。

图 10-6 所示的直流送出方案正常运行时希望所有有功功率都通过 DRU 送出，将并联辅助 MMC 的容量全部用来应对暂态过程。由于图 10-6 所示直流送出方案的直流侧电压是由陆上 MMC 控制的，因此通过 DRU 送出的有功功率由 DRU 交流母线 PCC 的电压幅值 $U_{pcc}$ 决定。若 $U_{pcc}$ 升高，则 DRU 传输有功功率增大；反之，若 $U_{pcc}$ 降低，则 DRU 传输有功功率减小。这样，根据第 5 章关于 MMC 作为无源电网或新能源基地电网构网电源的控制器设计思路，可以得到并联辅助 MMC 的差模单环控制器结构如图 10-7 所示。

图 10-7 的有功功率控制器是在图 5-46 的基础上增加的。该有功功率控制器的输入为并联辅助 MMC 的有功功率指令值 $P_{MMC}^*$（$P_{MMC}^*=0$）与实际值 $P_{MMC}$ 的差值，经过 PI 控制器输出并联辅助 MMC 的定交流电压幅值指令值 $U_{pccm,power}$。当海上风电场输出有功功率增加时，在初始 PCC 电压幅值下 DRU 传输有功功率保持不变，海上风电场多发的有功功率将注入并联辅助 MMC；在并联辅助 MMC 控制器的作用下，PCC 电压幅值升高，从而使 DRU 传输的有功功率增大；最终在 PI 控制器的无差调节作用下，注入并联辅助 MMC 的有功功率恢复到 0，DRU 承担全部海上风电有功功率。

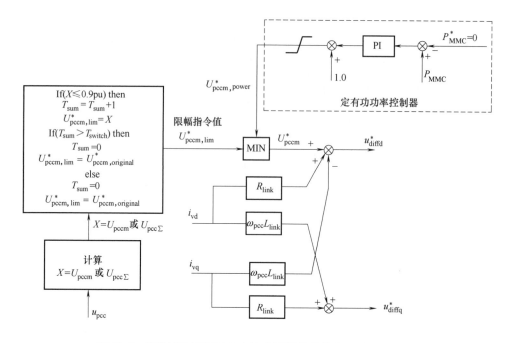

图 10-7 并联辅助 MMC 定交流电压幅值差模单环控制器结构

## 10.6 工频锁相同步型风电机组海上风电场 DRU 串联辅助 MMC 直流送出方案

工频锁相同步型风电机组海上风电场 DRU 串联辅助 MMC 直流送出方案典型接线如图 10-8 所示[14]。图 10-8 中,与 DRU 串联的 MMC 称为串联辅助 MMC,其容量通常较小,其直流侧电压 $U_{dc,MMC}$ 通常为 DRU 直流侧电压 $U_{dc,LCC}$ 的 1/3。串联辅助 MMC 由半桥子模块构成,其功能与图 10-6 中的并联辅助 MMC 完全一致,不再赘述。

由于串联辅助 MMC 为海上交流电网提供了电压支撑,因此风电机组运行于锁相同步控制模式,其控制策略与图 10-6 中的风电机组的控制策略也完全一致,不再赘述。

串联辅助 MMC 的主要目的是为海上风电场电网提供构网电源和为 DRU 提供换相电压,

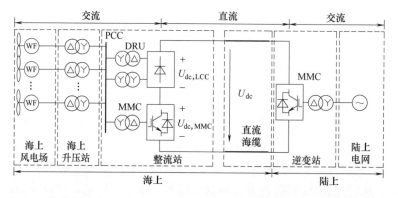

图 10-8 工频锁相同步型风电机组海上风电场 DRU 串联辅助 MMC 直流送出方案

因此，串联辅助 MMC 采用第 5 章已论述过的 $f/V$ 控制模式，控制 PCC 的交流电压频率和幅值。

图 10-8 所示的直流送出方案中，串联的辅助 MMC 与 DRU 流过相同的电流，因此正常运行时串联的辅助 MMC 一定有功率流过。又由于海上风电场功率是波动的，因此通过功率来判断串联的辅助 MMC 的负载水平有困难。故串联的辅助 MMC 的控制策略不能套用图 10-6 中的并联辅助 MMC 的控制策略。然而，串联辅助 MMC 的直流侧电压可以反映其功率平衡的程度，因此可以用串联辅助 MMC 的直流侧电压偏差来确定串联辅助 MMC 定 PCC 电压幅值控制的指令值。该控制器结构与图 10-7 中的定有功功率控制器非常类似，如图 10-9 所示。

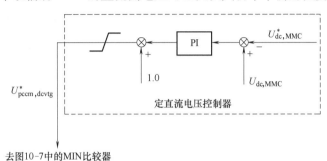

这样，只要将图 10-9 的定直流电压控制器替换图 10-7 中的定有功功率控制器，就能够得到串联辅助 MMC 的总体控制器结构。

图 10-9　串联辅助 MMC 定直流电压控制器结构

若 $U_{dc,MMC}$ 大于额定值，意味着需要提升 DRU 传输的有功功率，即需要提升 $U_{pcc}$；反之，若 $U_{dc,MMC}$ 小于额定值，意味着需要降低 DRU 传输的有功功率，即需要降低 $U_{pcc}$。

## 10.7　中频锁相同步型风电机组海上风电场全 MMC 直流送出方案

中频锁相同步型风电机组海上风电场全 MMC 直流送出方案的典型接线如图 10-10 所示[15-16]。这种送出方案与图 10-5 的工频锁相同步型风电机组海上风电场直流送出方案相比，仅仅是海上风电场变成了中频电网，其余部分是完全一样的。

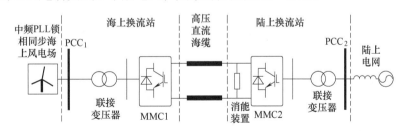

图 10-10　中频锁相同步型风电机组海上风电场全 MMC 直流送出方案

中频锁相同步型风电机组海上风电直流送出方案的技术特点如下[15-16]：

1）海上交流电网是中频交流电网。由于海上风电机组是锁相同步型的，因此直流输电海上换流站 MMC1 必须为海上交流电网提供中频的构网电源，即 MMC1 采用 $f/V$ 控制模式，只是这里的频率 $f$ 是中频频率，比如为 100Hz。

2）海上平台和换流站可以做得更小。由于海上换流站 MMC1 接入海上中频交流电网，MMC1 的桥臂子模块电容值 $C$ 可以大大下降，从而可以降低子模块的体积和重量，最终降低海上平台的体积和重量，节省海上平台和换流站的投资成本。其理论依据在第 3 章中已论述过。根据式（3-29），子模块中的电容电压波动率 $\varepsilon$ 与 MMC 的等容量放电时间常数 $H$ 成反比，与交流系统运行角频率 $\omega$ 成反比，即 $\varepsilon=1/(H\omega)$。而 $H$ 与子模块电容值 $C$ 成正比，这样，对于同样的 $\varepsilon$，如果 $\omega$ 上升到原来值的 2 倍，那么 $H$ 就下降到原来值的 1/2，也就是子模块电容值 $C$ 下降到原来值的 1/2。

3）风电机组和海上交流电网变压器可以做得更小。由于交流变压器是根据电磁感应原理工作的，感应电动势 $E=4.44fN\Phi=4.44fNSB$，其中，$E$ 为感应电动势的有效值，$f$ 为交流电频率，$N$ 为绕组匝数，$\Phi$ 为磁通幅值，$S$ 为铁心截面积，$B$ 为磁感应强度最大值。在感应电动势 $E$ 相同的条件下，如果保持 $B$ 和 $N$ 不变，那么 $fS$ 就是定值。意味着 $f$ 上升到原来值的 2 倍，$S$ 就下降到原来值的 1/2。因此，海上风电机组采用中频后，变压器的铁心截面积可以下降，从而减小了变压器的体积和重量。

4）海缆的载流量下降和损耗上升。中频海底电缆与工频海底电缆相比，频率升高了，金属导体的趋肤效应增强，导体的载流量会有所下降，损耗会有所上升。根据初步的评估，在保持工频海缆结构不变的条件下，以中频频率取 150Hz 为例，中频电阻比工频电阻上升 50% 左右；中频载流量比工频载流量下降 10% 左右[16]。如果就中频频率对海缆进行针对性设计，载流量下降和损耗上升问题还可以得到一些改善。应当指出的是，本方案总体上属于高压直流送出方案，中频频率仅仅应用于海上集电系统，通常集电系统的集电距离小于 30km，目前趋势性的做法是采用 66kV 交流电缆直接将风电机组联接到海上直流换流站，省去海上升压平台。目前海底交流电缆，至少在 220kV 及以下，都是采用三芯电缆。对于三芯电缆，电缆护套内三相电流之和等于零，因此正常情况下护套中的环流接近于零，这是与采用单芯电缆时完全不同的。因此在中频海缆载流量分析中，海缆护套环流不构成限制因素，用三芯海缆可以使护套环流接近于零。

5）技术成熟度。本方案与工频锁相同步型风电机组海上风电直流送出方案相比，差别仅仅是海上集电系统为中频电网，其他方面并没有变化。尽管目前还没有基于这种方案的实际工程，但可以认为这种方案在技术上是成熟的，完全可以应用于实际工程。

## 10.8 低频无功功率同步型风电机组海上风电场低频交流送出方案

如果海上风电机组采用低频无功功率同步控制，即采用 QSL 控制，那么海上风电场可以采用低频交流的方式送到陆上，但陆上的变频器可以采用更简单的形式，比如采用 DRU 加 MMC 的形式。

典型的低频无功功率同步型风电机组海上风电场交流送出方案如图 10-11 所示[17-18]。这种方案的关键技术问题是风电机组控制器如何设计。对风电机组控制器的要求有 2 个：第一，控制风电机组端口的电压幅值和频率为设定值；第二，所有接入海上交流电网的风电机组能够保持同步运行。对于主流的全功率换流器型海上风电机组，上述对风电机组控制器的要求，是通过风电机组的 2 个背靠背换流器的协调控制来实现的，如图 10-12 所示[17-18]。

图 10-12 中，机侧换流器和网侧换流器的控制策略与锁相同步型风电机组是完全不同的。机侧换流器在锁相同步型风电机组中采用的是最大功率点跟踪（MPPT）控制策略，而在无功功率同步型风电机组中则采用保持直流侧电容电压恒定控制策略；网侧换流器在锁相同步型风电机组中采用的是保持直流侧电容电压恒定控制策略，而在无功功率同步型风电机

# 第10章 海上风电送出的典型方案与MMC的应用

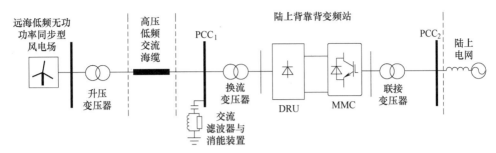

图 10-11 低频无功功率同步型风电机组海上风电低频交流送出方案

组中则采用保持网侧换流器交流母线电压幅值和无功功率为设定值控制策略,即采用 QSL/$Q_{pcc}$-$U_{pccm}$ 控制模式。

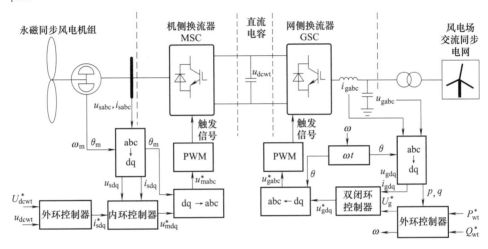

图 10-12 海上风电机组的无功功率同步控制策略

通常,网侧换流器的控制器由3层组成[17-18]。最外层的控制器根据有功功率设定值 $P_{wt}^*$ 和无功功率设定值 $Q_{wt}^*$ 确定网侧换流器交流母线电压的幅值和频率。如何设计这个最外层控制器是无功功率同步型风电机组最核心的技术问题。参考文献[19]已经发现有功功率-电压模值（P-V）、无功功率-电压频率（Q-f）的控制方案是可行的,但没有说明这种方案为什么是可行的。参考文献[20]基于灵敏度分析证明了 Q-f 下垂控制满足控制器设计的基本原则,具有运行域全局适应性。第4章对基于恒定无功功率控制的无功功率同步环（QSL）进行了详细推导,并给出了参数整定的方法。根据第4章的推导,外环控制器中的有功功率-电压模值控制器框图如图4-23所示；无功功率-频率控制器框图,即QSL框图如图4-24所示。

根据风电机组最大功率点跟踪和功率平衡的要求,有功功率设定值 $P_{wt}^*$ 就取风电机组的最大功率；无功功率设定值 $Q_{wt}^*$ 可以取某个固定的值,例如取零。网侧换流器中的双环控制器与常规的定电压幅值控制器没有差别,其结构与第5章已论述过的交流电网平衡时基于PSL 的 MMC 控制器完全一致,不再赘述。

低频无功功率同步型风电机组海上风电场低频交流送出方案的主要技术特点如下:
1) 具有低频输电系统的优势。可以将交流海缆输电距离扩展到200km左右[9]。

2）陆上变频站可以采用 DRU 加 MMC 结构。由于海上风电机组为无功功率同步型风电机组，所组成的风电场可以直接带二极管不控整流器运行，这样，陆上变频站可以采用 DRU 加 MMC 的背靠背结构，如图 10-11 所示，成本比 M3C 大幅下降。

3）技术成熟度。本方案的技术关键是将风电机组做成 $QSL/Q_{pcc}\text{-}U_{pccm}$ 型，而且海上所有风电机组能够同步运行。与技术成熟的工频锁相同步型风电机组相比，需要改变的主要是风电机组的网侧换流器，主电路要适应低频的需要，控制器要适应 $QSL/Q_{pcc}\text{-}U_{pccm}$ 的要求。在规模化和标准化应用之前，需要进行多方面的研发和实际工程试验。另外，由于陆上变频站采用了 DRU，海上风电场的启动不能依靠 DRU 来实现，因此还需要研究合适的海上风电场启动方案。

## 10.9 中频无功功率同步型风电机组海上风电场全 DRU 整流直流送出方案

中频无功功率同步型风电机组海上风电场全 DRU 整流直流送出方案如图 10-13 所示[21-23]。这种方案的关键技术问题与低频无功功率同步型风电机组海上风电交流送出方案相同，还是海上风电机组的控制器设计和同步运行问题，不再赘述。

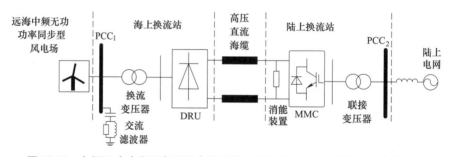

图 10-13　中频无功功率同步型风电机组海上风电场全 DRU 整流直流送出方案

中频无功功率同步型风电机组海上风电场全 DRU 整流直流送出方案的主要技术特点如下[21-23]：

1）海上换流站采用 DRU 后，与采用 MMC 作为海上换流站的远海风电直流送出方案相比，大大提高了系统的可靠性和经济性。可靠性方面，采用 DRU 后，由于二极管没有触发电路，因此可以看作是与电阻、电感、电容一样的无源元件，很容易采用封闭结构安装。这对于海上环境是特别有利的，其可靠性比通常带触发控制电路 MMC 高得多，并且可以实现长年免维护。经济性方面，DRU 与 MMC 相比，在成本、体积和重量方面优势更加明显，不在一个数量级上。这样，在采用直流输电的海上风电送出方案中，中频无功功率同步型风电机组海上风电场全 DRU 整流直流送出方案优势明显。因此作者认为这种方案是远海风电送出的优选方案，对于远海风电送出，目前没有其他方案比这种方案更简单、经济和可靠了，因此特别推荐这种方案。

2）海上风电机组和集电系统的额定运行频率采用中频（100Hz 左右），可以大幅度降低 DRU 换流变压器和 DRU 交流滤波器的体积和重量，进一步提高系统的经济性。

3）海上风电场集电系统采用中频后，会使海底电缆的输电距离缩短；但海上风电场集电系统范围较小,海缆输电距离缩短并不构成限制因素[16]。另外,关于中频海缆的载流量下降和损耗上升问题,10.7节已有描述,不再赘述。

4)技术成熟度。本方案目前在理论上已经成熟[21-23],还缺乏实际工程经验,需要建设试验工程对技术进行验证。与技术成熟的工频锁相同步型风电机组相比,需要改变的主要是风电机组的网侧换流器,主电路要适应中频的需要,控制器要适应 $QSL/Q_{pcc}$-$U_{pccm}$ 的要求。另外,由于海上换流站采用了 DRU,海上风电场的启动不能依靠 DRU 来实现,因此还需要研究合适的海上风电场启动方案。

## 10.10 直流端口型风电机组并联后经直流变压器升压的海上风电场直流送出方案

海上风电机组大多采用全功率换流器型风电机组,如图 10-12 所示。从图 10-12 可以看出,风电机组定子发出的交流电首先通过机侧换流器 MSC 转换为直流电,再通过网侧换流器 GSC 转换为交流电接入海上交流电网,然后再升压后通过高压输电系统输送到陆上电网。当海上输电主通道采用高压直流输电方式时,似乎交-直-交变换的环节比较多,因此自然就提出了海上风电全直流集电网和输电系统的方案[24-26],以减少交-直-交变换环节并提高输电效率。采用全直流集电网和输电系统方案时,对应的风电机组必须被构造成直流端口型风电机组。构造直流端口型风电机组的典型技术途径是两条,如图 10-14 所示。

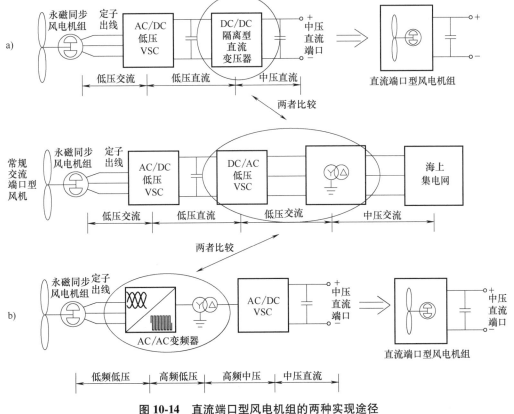

图 10-14 直流端口型风电机组的两种实现途径

图 10-14 中，途径 a）采用 DC/DC 隔离型直流变压器将低压直流（2kV 左右）提升到中压直流（50kV 左右）；途径 b）采用交-交变频器将低频交流变换为高频交流。如果将单台风电机组接入常规交流集电网的交流端口型风电机组作为比较的基准，那么在集电系统这个层面，直流端口型风电机组与交流端口型风电机组的成本是可以进行对比的。对于途径 a），DC/DC 隔离型直流变压器与 DC/AC 低压 VSC 加一台工频变压器相比，在成本上不存在明显优势。对于途径 b），AC/AC 变频器加一台高频变压器与 DC/AC 低压 VSC 加一台工频变压器相比，在成本上也不存在明显优势。这样，接入直流集电网的直流端口型风电机组与接入交流集电网的交流端口型风电机组相比在成本上并不存在明显优势。

当直流端口型风电机组并联后经直流变压器升压通过高压直流输电系统送出时，其结构如图 10-15 所示[24]。

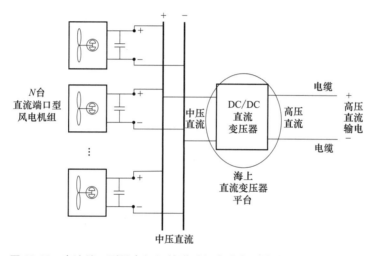

图 10-15　直流端口型风电机组并联后经直流变压器升压直流送出方案

如果将常规工频锁相同步型风电机组海上风电直流送出方案作为比较的基准，那么图 10-15 中的 DC/DC 直流变压器及其海上平台就要与图 10-5 中的海上换流站 MMC1 及其海上平台作对比了。按照目前的技术水平评估，图 10-15 中的 DC/DC 直流变压器与图 10-5 中的 MMC1 相比在成本上并不存在明显优势。

这样，综合考察直流集电网和高压直流输电系统，直流端口型风电机组并联后经直流变压器升压的海上风电直流送出方案，优势并不明显。

## 10.11　直流端口型风电机组相互串联升压的海上风电场直流送出方案

为了降低全直流集电网和输电系统方案的设备成本，本方案采用直流端口型风电机组串联升压，从而去掉图 10-15 中昂贵的大容量 DC/DC 直流变压器，其基本结构如图 10-16 所示[25-26]。

图 10-16 中，为简化分析，我们假设负极海缆为地电位，正极海缆为 500kV。这样，与正极海缆相接的那台直流端口型风电机组的正负极对地电位都在 500kV 量级；假定该直流

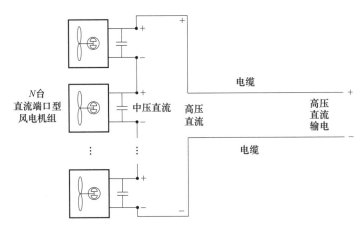

图 10-16 直流端口型风电机组相互串联升压的海上风电场直流送出方案

端口型风电机组是按照图 10-14 中的途径 b) 实现的,显然图 10-14b 中高频变压器的网侧绕组将会有 500kV 量级的直流偏置电压,而该变压器的机侧绕组接近地电位,这意味着该高频变压器的一、二次绕组间需要承受 500kV 量级的直流电压,这对于单台风电机组容量的变压器来说,成本不成比例,经济性是其制约因素。

综上,尽管本方案在高压直流送出系统中省去了直流升压变压器,但每台风电机组的成本可能会大大增加,其经济合理性并不明显。

## 10.12 典型方案的技术特点汇总

为了更直观地展示前述各种海上风电送出方案的特性,表 10-1 对前面所讨论的几种典型方案的技术特点进行了汇总。表 10-1 对比的维度包括风电机组的同步控制方式、风电机组输出端口的频率、海上平台及其设备的成本和复杂度、主干输电通道采用的输电方式、陆上接入装置的成本和复杂度等。理论上,设备的复杂度与其可靠性和运维成本是紧密相关的,复杂度越高,运维成本越高,可靠性越低。表 10-1 还特别给出了每种方案的技术成熟度信息,可以作为技术研发和工程方案选择的参考。

表 10-1 前述几种典型方案的技术特点汇总

| 方案 | 风电机组控制 | 风电机组频率 | 海上平台及设备 | 海上平台及设备总成本 | 海上平台设备复杂度 | 输电通道频率 | 陆上接入装置 | 陆上接入装置成本 | 典型可输送距离 | 技术成熟度 | 产业链完整性 | 实际工程经验 |
|---|---|---|---|---|---|---|---|---|---|---|---|---|
| 图 10-2 | 锁相同步型 | 工频 | 工频升压站 | 低 | 低 | 工频 | 无 | 0~80km | 高++ | 高++ | 多++ |
| 图 10-3 | 锁相同步型 | 低频 | 低频升压站 | 低+ | 低 | 低频 | M3C变频站 | 高++ | 0~200km | 中 | 低 | 无 |
| 图 10-5 | 锁相同步型 | 工频 | 工频MMC整流站 | 高 | 高 | 直流 | 工频MMC逆变站 | 高 | 无限制 | 高+ | 高+ | 多+ |

(续)

| 方案 | 风电机组控制 | 风电机组频率 | 海上平台及设备 | 海上平台及设备总成本 | 海上平台设备复杂度 | 输电通道频率 | 陆上接入装置 | 陆上接入装置成本 | 典型可输送距离 | 技术成熟度 | 产业链完整性 | 实际工程经验 |
|---|---|---|---|---|---|---|---|---|---|---|---|---|
| 图10-6 | 锁相同步型 | 工频 | DRU并联辅助MMC | 中 | 中 | 直流 | 工频MMC逆变站 | 高 | 无限制 | 中 | 高+ | 低 |
| 图10-8 | 锁相同步型 | 工频 | DRU串联辅助MMC | 中 | 中 | 直流 | 工频MMC逆变站 | 高 | 无限制 | 中 | 高+ | 低 |
| 图10-10 | 锁相同步型 | 中频 | 中频MMC整流站 | 高- | 高 | 直流 | 中频MMC逆变站 | 高- | 无限制 | 高 | 低 | 无 |
| 图10-11 | 无功功率同步型 | 低频 | 低频升压站 | 低+ | 低 | 低频 | DRU-MMC变频站 | 高+ | 0~200km | 低 | 低 | 无 |
| 图10-13 | 无功功率同步型 | 中频 | 中频DRU整流站 | 中 | 中 | 直流 | 工频MMC逆变站 | 高 | 无限制 | 低 | 低 | 无 |
| 图10-15 | 直流端口型 | 直流风电机组并联 | 直流升压站 | 高++ | 高++ | 直流 | 工频MMC逆变站 | 高 | 无限制 | 低 | 低 | 无 |
| 图10-16 | 直流端口型 | 直流风电机组串联 | 无 | 0 | 0 | 直流 | 工频MMC逆变站 | 高 | 无限制 | 低 | 低 | 无 |

从表10-1可以看出，目前海上风电送出的成熟技术是基于工频锁相同步型风电机组的交流送出方案和基于工频锁相同步型风电机组的全MMC直流送出方案。锁相同步型风电机组与无功功率同步型风电机组相比，技术成熟度高，因此基于中频锁相同步型风电机组的全MMC直流送出方案，是研发难度相对较低的未工程化应用技术，应加快工程化应用研发。基于低频无功功率同步型风电机组的海上风电低频交流送出方案，可以采用DRU+MMC作为变频器，在经济上有优势；但技术还不够成熟，需要进一步研发。采用DRU作为海上换流器的中频无功功率同步型风电机组直流送出方案，是海上风电送出的优选方案，与采用MMC作为海上换流站的远海风电直流送出方案相比，经济性和可靠性十分优越，应加速这种技术的开发。基于直流端口型风电机组的并联型和串联型两种海上风电全直流组网与送出方案，与既有技术相比优势不明显。

## 10.13 工频锁相同步型风电机组海上风电场全MMC直流送出方案仿真测试

考察的海上风电送出系统如图10-17所示。海上风电场由200台2MW全功率换流器型风电机组构成；风电机组运行于额定状态，控制策略为零d轴电流。单台风电机组首先通过690V/35kV变压器接到风电场母线，风电场母线再通过35kV/230kV变压器接到海上换流站交流母线，略去风电场集电系统线路阻抗和交流输电线路阻抗。受端交流系统用两区域四机系统[27]来模拟，MMC柔性直流系统是一个400kV的单极系统。我们的目的是考察当陆上交流系统母线7发生三相短路故障时，整个海上风电送出系统的响应特性。两区域四机系统的发电机及其控制系统参数以及网络结构和参数保持与原系统一致，只改变发电机出力和负荷大小以满足本测试系统的目的。各发电机出力和各负荷参数见表10-2。2个换流器采用基于半桥子模块的MMC，其参数见表10-3，初始运行状态见表10-4。

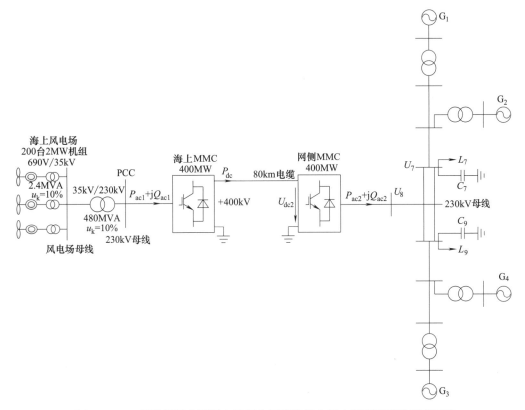

图10-17 工频锁相同步型风电机组全MMC海上风电场直流送出测试系统

表10-2 发电机出力和负荷大小

| 元件 | 有功功率/MW | 无功功率/Mvar | 端口电压模值/pu | 母线电压相角/(°) |
|---|---|---|---|---|
| $G_1$ | 815 | 300 | 1.03 | 0 |
| $G_2$ | 700 | 450 | 1.01 | −13 |
| $G_3$ | 700 | 450 | 1.03 | −6.6 |

(续)

| 元件 | 有功功率/MW | 无功功率/Mvar | 端口电压模值/pu | 母线电压相角/(°) |
|---|---|---|---|---|
| $G_4$ | 700 | 400 | 1.01 | -16.9 |
| $L_7$ | 1700 | 100 | 0.94 | -0.1 |
| $C_7$ | 0 | 0 | 0.94 | -0.1 |
| $L_9$ | 1700 | 100 | 0.95 | -3.2 |
| $C_9$ | 0 | 0 | 0.95 | -3.2 |

表 10-3 MMC 换流器主回路参数

| 参数名称 | | 海上换流站 | 网侧换流站 |
|---|---|---|---|
| 换流器额定容量/MVA | | 400 | 400 |
| 网侧交流母线电压/kV | | 230 | 230 |
| 直流电压/kV | | 400 | 400 |
| 联接变压器 | 额定容量/MVA | 500 | 500 |
| | 电压比 | 230/205 | 230/205 |
| | 短路阻抗 $u_k$(%) | 15 | 15 |
| 子模块电容额定电压/kV | | 1.6 | 1.6 |
| 单桥臂子模块个数 | | 250 | 250 |
| 子模块电容值/mF | | 8.4 | 8.4 |
| 桥臂电抗/mH | | 76 | 76 |
| 换流站出口平波电抗器/mH | | 200 | 200 |

表 10-4 海上风电 MMC 送出系统初始运行状态

| 换流站 | 换流站控制策略 | 控制器的指令值 |
|---|---|---|
| 海上 MMC | 定交流侧电压的幅值和频率,即 $f/V$ 控制 | $U_{pcc}^* = 230\text{kV}, f_{WF}^* = 50\text{Hz}$;风电机组机侧换流器按最大功率点跟踪控制,风电机组网侧换流器按定直流电压控制,风电场输出功率:$P_{ac1} = 400\text{MW}, Q_{ac1} = 0\text{Mvar}$ |
| 网侧 MMC | 直流侧定电压;交流侧定无功功率 | $U_{dc2}^* = 400\text{kV}, Q_{ac2} = 0\text{Mvar}$ |

  设仿真开始时($t=0$s)测试系统已进入稳态运行。$t=0.1$s 时在陆上交流系统母线 7 处发生三相接地故障,$t=0.2$s 时故障被清除,仿真过程持续到 $t=1.0$s。图 10-18 给出了永磁同步发电机的响应特性,其中图 a 是机械功率、定子有功功率和定子无功功率波形;图 b 是 dq 轴定子电流;图 c 是 dq 轴定子电压。图 10-19 给出了风电机组背靠背全功率换流器的响应特性,其中图 a 是风电机组网侧换流器交流母线电压;图 b 是风电机组输入到机侧换流器和从网侧换流器输出的有功功率;图 c 是风电机组背靠背全功率换流器的直流电容电压。图 10-20 给出了 MMC 直流输电系统的响应特性,其中图 a 是注入海上 MMC 的有功功率和无功功率 $P_{ac1}+jQ_{ac1}$;图 b 是从网侧 MMC 注入交流系统的有功功率和无功功率 $P_{ac2}+jQ_{ac2}$;图 c 是直流功率 $P_{dc}$;图 d 是直流电压 $U_{dc2}$。图 10-21 是受端交流系统的响应特性,其中图 a 是受端交流电网的发电机功角摇摆曲线;图 b 是受端交流电网母线 7、母线 8 和母线 9 的电压变化曲线。

第10章 海上风电送出的典型方案与MMC的应用

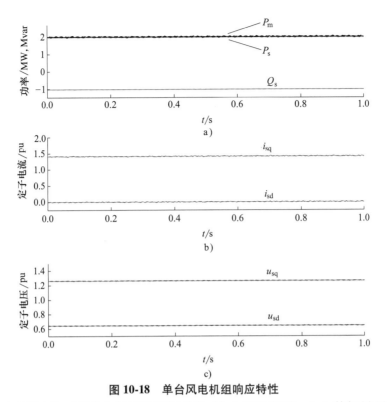

图 10-18 单台风电机组响应特性

a) 机械功率、定子有功功率和定子无功功率　b) dq 轴定子电流　c) dq 轴定子电压

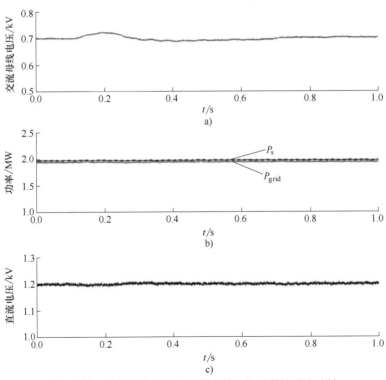

图 10-19 单台风电机组背靠背全功率换流器的响应特性

a) 网侧换流器交流母线电压　b) 输入到机侧换流器和从网侧换流器输出的有功功率　c) 直流电容电压

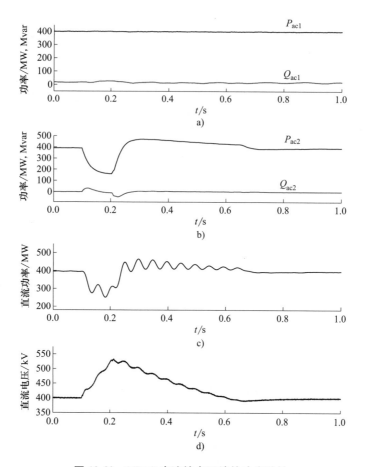

**图 10-20　MMC 直流输电系统的响应特性**

a）注入海上 MMC 的有功功率和无功功率　b）从网侧 MMC 注入交流系统的有功功率和无功功率　c）直流功率　d）直流电压

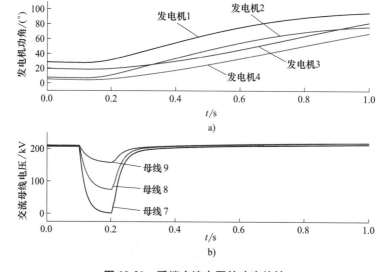

**图 10-21　受端交流电网的响应特性**

a）受端交流系统的发电机功角摇摆曲线　b）受端交流系统母线 7、母线 8 和母线 9 的电压变化曲线

从图 10-18 和图 10-19 可以看出，受端交流电网发生故障后，对风电场中风电机组的响应特性几乎没有影响，风电场交流母线电压有轻微上升，风电机组背靠背全功率换流器中的直流电容电压保持恒定，说明通过 MMC 柔性直流输电系统，风电场与受端交流电网之间实现了有效隔离，受端交流电网的故障基本上不会传递到风电场侧。

从图 10-20 可以看出，受端交流电网发生故障后，电网侧 MMC 有功功率送出受阻，而风电场侧 MMC 继续接受风电场输入的有功功率，因而导致 MMC 柔性直流输电系统的直流侧电压上升；本例中，对于交流故障持续时间 0.1s 的场景，直流电压上升幅度达到 1.35 倍；交流故障清除以后，在电网侧 MMC 定直流电压控制器作用下，直流侧电压开始下降，250ms 后直流电压恢复到稳态值，此过程中电网侧 MMC 输出的功率大于风电场侧 MMC 从风电场接受的功率。

从图 10-21 可以看出，受端交流电网母线 7 发生三相短路故障，导致电网侧 MMC 交流母线电压跌落到正常水平的 50%以下，因而会导致电网侧 MMC 输出功率大幅下降；故障切除后，受端交流电网电压在 100ms 内能够恢复到稳态值；而受端交流电网功角摆动，则由于振荡周期较长，会持续较长时间。

## 10.14 工频锁相同步型风电机组海上风电场 DRU 并联辅助 MMC 直流送出方案仿真测试

工频锁相同步型风电机组海上风电场 DRU 并联辅助 MMC 直流送出系统模型如图 10-6 所示，海上风电场包含 3 台等值风电机组，等值风电机组通过升压变压器直接连接到整流站交流母线。系统主回路参数见表 10-5~表 10-10。

表 10-5 等值风电机组参数

| 参数 | 数值 | 参数 | 数值 |
| --- | --- | --- | --- |
| 额定功率 | 300MW（WT#1）、300MW（WT#2）、400MW（WT#3） | $LC$ 滤波器电抗 | 0.15pu |
| | | $LC$ 滤波器电纳 | 0.10pu |
| 箱变电压比 | 0.69kV/35kV | 额定交流频率 | 50Hz |
| 箱变额定容量 | 336MVA（WT#1）、336MVA（WT#2）、448MVA（WT#3） | 额定直流电压 | 1.2kV |
| | | 消能装置阈值上限 | 1.32kV |
| 箱变漏抗 | 0.07pu | 额定风速 | 12m/s |

表 10-6 海上升压站参数

| 参数 | 数值 | 参数 | 数值 |
| --- | --- | --- | --- |
| 变压器电压比 | 35kV/220kV | 变压器漏抗 | 0.105pu |
| 变压器额定容量 | 360MVA（WT#1）、360MVA（WT#2）、480MVA（WT#3） | | |

表 10-7  DRU 整流器参数

| 参数 | 数值 | 参数 | 数值 |
| --- | --- | --- | --- |
| 换流变压器电压比 | 220kV/246kV | 换流变压器漏抗 | 0.08pu |
| 换流变压器额定容量 | 600MVA×2 | 额定交流频率 | 50Hz |

表 10-8  并联辅助 MMC 参数

| 参数 | 数值 | 参数 | 数值 |
| --- | --- | --- | --- |
| 换流变压器电压比 | 220kV/320kV | 额定交流频率 | 50Hz |
| 换流变压器额定容量 | 360MVA | 额定极间直流电压 | 640kV |
| 换流变压器漏抗 | 0.1pu | 额定容量 | 300MVA |

表 10-9  直流海缆参数

| 参数 | 数值 | 参数 | 数值 |
| --- | --- | --- | --- |
| 长度 | 100km | 单位长度电感 | 0.85mH/km |
| 单位长度电阻 | 0.0079mΩ/km | 单位长度电容 | 0.188μF/km |

表 10-10  MMC 逆变器参数

| 参数 | 数值 | 参数 | 数值 |
| --- | --- | --- | --- |
| 换流变压器电压比 | 220kV/320kV | 额定极间直流电压 | 640kV |
| 换流变压器额定容量 | 1200MVA | 额定直流功率 | 1000MW |
| 换流变压器漏抗 | 0.1pu | 消能装置阈值上限 | 704kV |
| 额定交流频率 | 50Hz | 消能装置阈值下限 | 576kV |

## 10.14.1  风速波动时的响应特性

测试系统在 $t=2.0\mathrm{s}$ 之前已经稳定运行于额定工况，3 台风电机组均在额定风速 12m/s 情况下运行。在 $t=2.0\mathrm{s}$ 时，风速由 12m/s 阶跃降低至 11m/s，测试系统的响应特性如图 10-22 所示。

从图 10-22 可以看出，当风速减小时，风电机组的机械功率减小，机械功率小于电磁功率，风电机组转子转速降低。根据 MPPT 控制，随着转子转速的降低，风电机组机侧变流器的有功功率指令值减小，从而使风电机组输出的有功功率减小。风电机组网侧变流器按照定直流侧电压控制，因而在风速改变时风电机组的直流电压基本保持不变。

并联辅助 MMC 采用图 10-7 所示的定交流电压幅值差模单环控制器，能够维持海上交流系统电压，控制海上风电有功功率全部由 DRU 送出。当海上风电场发出的有功功率减小时，图 10-7 控制器运行的结果是并联辅助 MMC 的输出有功功率为零，整流站交流母线电压幅值降低。而 DRU 的直流电流和吸收的有功功率都与整流站交流母线电压幅值正相关。因此，随着整流站交流母线电压幅值降低，DRU 并联辅助 MMC 直流送出系统的直流电流和直流功率降低，系统平稳过渡到新的稳定运行点。

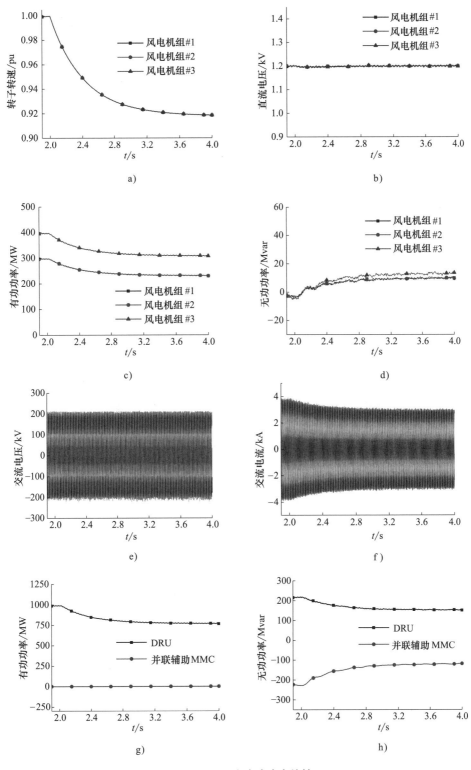

图 10-22 风速波动响应特性

a) 风电机组转子转速  b) 风电机组直流电压  c) 风电机组有功功率  d) 风电机组无功功率
e) 整流站交流母线电压  f) 整流站交流电流  g) 整流侧吸收有功功率  h) 整流侧吸收无功功率

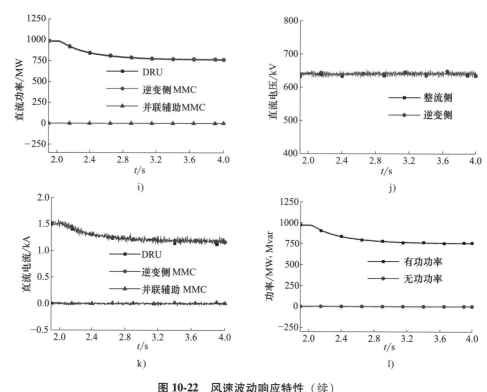

图 10-22 风速波动响应特性（续）

i）换流器直流功率　j）直流电压　k）直流电流　l）逆变站输出功率

## 10.14.2 海上交流系统短路故障时的响应特性

测试系统在 $t=2.0\mathrm{s}$ 之前已经稳定运行于额定工况，在 $t=2.1\mathrm{s}$ 时，整流站交流母线发生三相接地短路故障，0.1s 后故障清除。测试系统的响应如图 10-23 所示。

从图 10-23 可以看出，在三相短路故障发生的瞬间，整流站交流母线电压瞬间跌落到零。风电机组有功功率输出受阻，在风电机组的直流消能装置投入之前，风电机组背靠背换流器的直流电压和风电机组的转子转速迅速增加。故障期间，DRU 有功功率跌落到零，并联辅助 MMC 在故障清除后有一个暂态过程，不能将注入的有功功率控制到零。

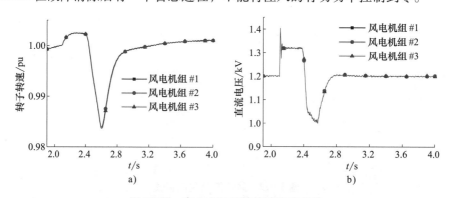

图 10-23 海上交流系统故障响应特性

a）风电机组转子转速　b）风电机组直流电压

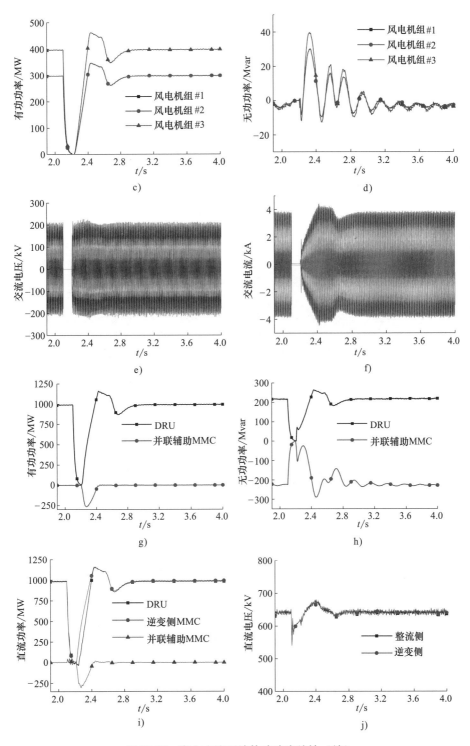

**图 10-23 海上交流系统故障响应特性（续）**

c) 风电机组有功功率　d) 风电机组无功功率　e) 整流站交流母线电压　f) 整流站交流电流
g) 整流侧吸收有功功率　h) 整流侧吸收无功功率　i) 换流器直流功率　j) 直流电压

## 10.14.3 陆上交流电网短路故障时的响应特性

测试系统在 $t=2.0$ 之前已经稳定运行于额定工况，在 $t=2.1s$ 时，逆变站交流母线发生三相接地短路故障，0.1s 后故障清除。测试系统的响应如图 10-24 所示。

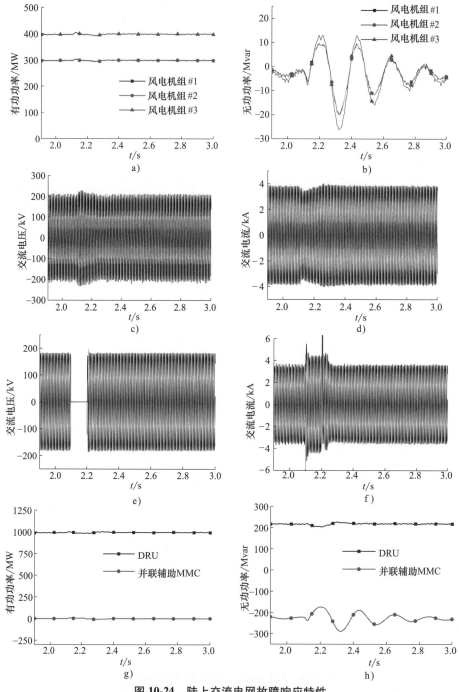

**图 10-24 陆上交流电网故障响应特性**

a) 风电机组有功功率　b) 风电机组无功功率　c) 整流站交流母线电压　d) 整流站交流电流
e) 逆变站交流母线电压　f) 逆变站交流电流　g) 整流侧吸收有功功率　h) 整流侧吸收无功功率

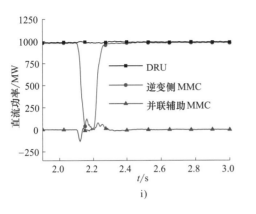
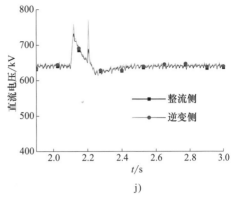

图 10-24 陆上交流电网故障响应特性（续）

i）换流器直流功率  j）直流电压

从图 10-24 可以看出，逆变站交流母线三相短路故障导致逆变站有功功率输出受阻，直流系统中过剩的有功功率会导致直流电压升高。直流系统逆变侧装设直流消能装置，当直流电压升高到 1.1pu 时，直流消能装置投入，通过 DRU 整流站注入直流系统的功率被直流侧消能装置吸收，限制直流电压。故障消失后，海上风电送出系统可以快速恢复正常运行。

## 10.15 中频无功功率同步型风电机组海上风电场全DRU整流直流送出方案仿真测试

中频无功功率同步型风电机组海上风电场全 DRU 整流直流送出系统模型如图 10-13 所示，海上风电场包含 3 台等值风电机组，等值风电机组通过长度不同的 66kV 集电线路直接连接到 DRU 整流站交流母线。系统主回路参数见表 10-11。

表 10-11 海上风电送出系统主回路参数

| 设备 | 参数 | 数值 |
| --- | --- | --- |
| 等值风电机组 | 额定功率/MW | 133 |
| | 箱变电压比 | 0.69kV/66kV |
| | 额定频率/Hz | 100 |
| | 额定风速/(m/s) | 12 |
| 集电系统交流海缆 | 长度/km | 5,10,15 |
| | 单位长度电阻/(mΩ/km) | 31.7 |
| | 单位长度电感/(mH/km) | 0.42 |
| | 单位长度电容/(μF/km) | 0.152 |
| 高压直流海缆 | 长度/km | 120 |
| | 单位长度电阻/(mΩ/km) | 7.56 |
| | 单位长度电感/(mH/km) | 0.23 |
| | 单位长度电容/(μF/km) | 0.181 |

(续)

| 设备 | 参数 | 数值 |
|---|---|---|
| DRU 整流器 | 换流变压器容量/MVA | 2×220 |
| | 换流变压器电压比 | 66kV/161kV（中频直流） |
| | 换流变压器漏抗 | 0.15（标幺值） |
| | 滤波器等值电容 | 0.4（标幺值） |
| MMC 逆变器 | 换流变压器容量/MVA | 440 |
| | 换流变压器电压比 | 220kV/200kV |
| | 额定直流电压/kV | ±200 |
| | 桥臂子模块个数 | 200 |
| | 子模块电容/mF | 6.67 |
| | 桥臂电抗/mH | 76 |

### 10.15.1 风速阶跃仿真结果

在 $t=2.0s$ 之前，3 台风电机组均已经在额定风速 12m/s 下稳定运行。设在 $t=2.0s$ 时，风电机组 WT1 的风速由 12m/s 阶跃下降至 11m/s。系统响应特性如图 10-25 所示。

从图 10-25 可以看出，在风速降低的时刻，风电机组 WT1 的机械功率降低，机械功率小于电磁功率，发电机转速降低。风电机组 WT1 的转速从 1.0pu 降低到约 0.9pu，其输出的有功功率也从 1.0pu 降低到约 0.74pu。在此变化过程中风电机组的直流电压保持恒定。DRU 换流站交流电压降低，导致整流侧直流电压降低，使得直流电流降低，DRU 换流站吸收的有功功率也降低到一个新的稳态值，DRU 换流站吸收的无功功率随有功功率的降低而降低。为了维持无功功率平衡，风电机组输出的无功功率也降低。在 QSL 的作用下，稳态和过渡过程中，3 台风电机组输出的无功功率标幺值始终相等，3 台风电机组的交流频率始终保持一致，满足风电机组无功功率控制目标，即无功负荷按照风电机组容量等比例分配。

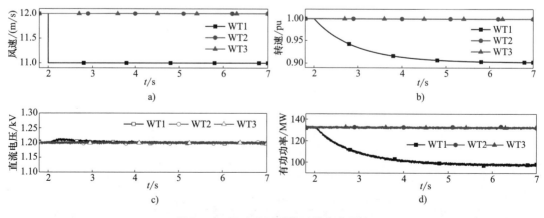

图 10-25 风速阶跃时的系统响应特性

a) 风电机组风速　b) 风电机组转速　c) 风电机组换流器直流电压　d) 风电机组输出有功功率

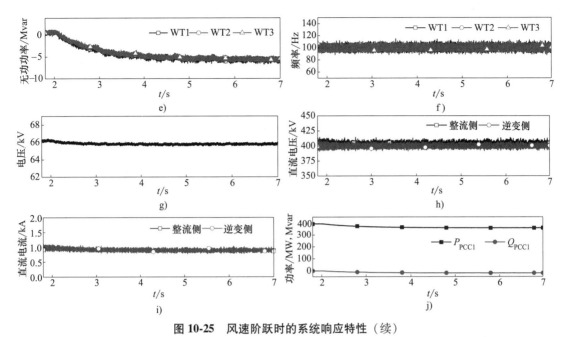

图 10-25 风速阶跃时的系统响应特性（续）

e）风电机组输出无功功率  f）风电机组频率  g）DRU 换流站交流母线电压有效值  h）DRU-MMC 输电系统直流电压  i）DRU-MMC 输电系统直流电流  j）DRU 换流站吸收功率

## 10.15.2 海上交流系统故障仿真结果

系统在 2.0s 之前已经进入稳态，设在 $t=2.0s$ 时刻，DRU 换流站交流母线发生三相金属性接地短路故障，0.1s 后故障被切除。系统响应特性如图 10-26 所示。

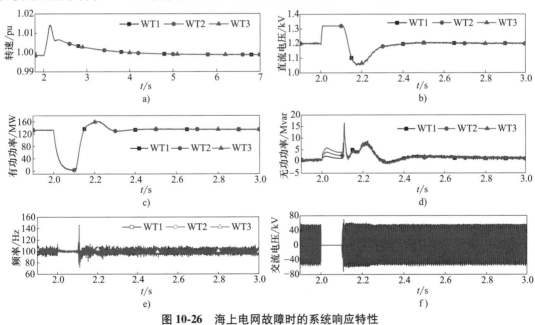

图 10-26 海上电网故障时的系统响应特性

a）风电机组转速  b）风电机组换流器直流电压  c）风电机组输出有功功率  d）风电机组输出无功功率  e）风电机组频率  f）DRU 换流站交流母线电压

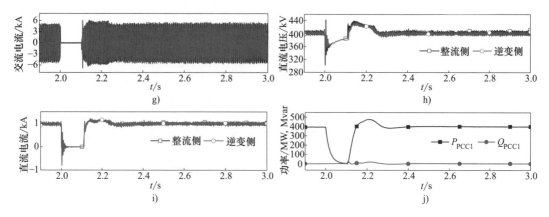

图 10-26 海上电网故障时的系统响应特性（续）
g) 注入 DRU 换流站交流母线电流　h) DRU-MMC 输电系统直流电压
i) DRU-MMC 输电系统直流电流　j) DRU 换流站吸收功率

从图 10-26 可见，故障发生后，DRU 换流站交流母线电压和电流瞬时跌落到零，DRU 换流站交流母线电压的跌落导致换流站直流电压和直流电流的跌落，DRU 换流站吸收的有功功率也降低到零。故障发生后，风电机组有功功率输出受阻，功率不平衡导致风电机组换流器的直流电压和转子转速迅速增加。故障清除后，等值风电机组的有功功率输送能力恢复，系统能够快速恢复到稳定运行状态。在 QSL 的作用下，稳态和暂态过程中，3 台风电机组输出无功功率的标幺值基本相等，3 台风电机组的交流频率也保持一致，海上风电机组能够保持同步运行。

# 参 考 文 献

[1] 蔡蓉，张立波，程濛，等. 66kV 海上风电交流集电方案技术经济性研究 [J]. 全球能源互联网，2019，2（2）：155-162.
[2] http：//www. tennettso. de/site/en/Tasks/offshore/our-projects/overview.
[3] http：//en. wikipedia. org/wiki/List_ of_ HVDC_ projects.
[4] http：//en. wikipedia. org/wiki/List_ of_ Offshore_ Wind_ Farms.
[5] http：//www. energy. siemens. com/us/en/power-transmission/grid-access-solutions/references. htm.
[6] 徐政. 海上风电送出主要方案及其关键技术问题 [J]. 电力系统自动化，2022，46（21）：1-10.
[7] IEEE. IEEE guide for planning DC links terminating at AC locations having low short-circuit capacities：IEEE Std 1204—1997 [S]. New York：IEEE Press，1997.
[8] 徐政. 交直流电力系统动态行为分析 [M]. 北京：机械工业出版社，2004.
[9] 林进钿，倪晓军，裘鹏. 柔性低频交流输电技术研究综述 [J]. 浙江电力，2021，40（10）：42-50.
[10] DOMINGUEZ-GARCIA J L，ROGERS D J，UGALDE-LOO C E，et al. Effect of non-standard operating frequencies on the economic cost of offshore AC networks [J]. Renewable Energy，2012，44：267-280.
[11] WYLLIE P B，TANG Y，RAN L，et al. Low frequency ac transmission - elements of a design for wind farm connection [C]//11th IET International Conference on AC and DC Power Transmission，10-12 February，2015，Birmingham，UK.
[12] 浙江大学发电教研组直流输电科研组. 直流输电 [M]. 北京：电力工业出版社，1982.

[13] JIN Yanqiu, ZHANG Zheren, HUANG Ying, et al. Harmonic filtering and fault ride-through of diode rectifier unit and modular multilevel converter based offshore wind power integration [J]. IET Renewable Power Generation, 2023, 17: 3554-3567.

[14] NGUYEN T H, LEE D C, KIM C K. A series-connected topology of a diode rectifier and a voltage-source converter for an HVDC transmission system [J]. IEEE Transactions on Power Electronics, 2014, 29 (4): 1579-1584.

[15] ZHANG Zheren, TANG Yingjie, XU Zheng. Medium frequency diode rectifier unit based HVDC transmission for offshore wind farm integration [J]. IET Renewable Power Generation, 2021, 15: 717-730.

[16] 张哲任,陈晴,金砚秋,等. 跟网型海上风电中频汇集柔性直流送出系统的最优频率选择 [J]. 电网技术, 2022, 46 (8): 2881-2888.

[17] 唐英杰,张哲任,徐政. 基于二极管不控整流单元的远海风电低频交流送出方案 [J]. 中国电力, 2020, 53 (7): 44-54.

[18] TANG Yingjie, ZHANG Zheren, XU Zheng. DRU based low frequency ac transmission scheme for offshore wind farm integration [J]. IEEE Transactions on Sustainable Energy, 2021, 12 (3): 1512-1524.

[19] IVAN A A, RUBEN P G, BLASCO-GIMENEZ R, et al. Control strategy of a HVDC-diode rectifier connected type-4 off-shore wind farm [C]// IEEE 2nd International. Future Energy Electronics Conference., 1-4 November, 2015, Taipei, China. New York: IEEE, 2015.

[20] ZHANG Zheren, JIN Yanqiu, XU Zheng. Grid-forming control of wind turbines for diode rectifier unit based offshore wind farm integration [J]. IEEE Transactions on Power Delivery, 2023, 38 (2): 1341-1352.

[21] 张哲任,唐英杰,徐政. 采用中频不控整流直流系统的远海风电送出方案 [J]. 中国电力, 2020, 53 (7): 80-91.

[22] 张哲任,金砚秋,徐政. 两种基于构网型风机和二极管整流单元的海上风电送出方案 [J]. 高电压技术, 2022, 48 (6): 2098-2107.

[23] 徐政,唐英杰,张哲任. High-frequency uncontrolled rectifier-based dc transmission system for offshore wind farm: US11791632B2 [P]. 2023-10-17.

[24] CHEN W, HUANG A Q, LI C, et al. Analysis and comparison of medium voltage high power DC/DC converters for offshore wind energy systems [J]. IEEE Transactions on Power Electronics, 2012, 28 (4): 2014-2023.

[25] GUAN Minyuan, XU Zheng. A novel concept of offshore wind-power collection and transmission system based on cascaded converter topology [J]. International Transactions on Electrical Energy Systems, 2014, 24 (3): 363-377.

[26] ZHANG H, GRUSON F, RODRIGUEZ D, et al. Overvoltage limitation method of an offshore wind farm with dc series-parallel collection grid [J]. IEEE Transactions on Sustainable Energy, 2018, 10 (1): 204-213.

[27] KUNDUR P. Power system stability and control [M]. New York: McGraw-Hill Inc., 1994.

# 第11章　MMC直流电网的控制原理与故障处理方法

## 11.1　引言

直流电网（HVDC Grid）的初级形式是多端直流系统，多端直流系统在具有冗余的直流输电线路后就扩展成为直流电网。多端直流输电系统的概念在直流输电技术的早期发展阶段就已提出，但由于两大技术限制严重阻碍了多端直流输电技术的发展和应用。第一大技术限制是输送功率无法反向：采用基于晶闸管的传统电网换相换流器（LCC），对于通常采用的并联型多端直流输电系统，输送功率不能反向；因为LCC的电流方向不能改变，而并联型多端直流系统的电压极性也不可能改变，因而在直流电压和直流电流极性都不变的条件下，功率无法反向。第二大技术限制是没有可用于隔离故障的直流断路器：因为直流故障电流没有自然过零点，开断直流电流非常困难。

在VSC-HVDC概念被提出并成功应用于实际工程以后，人们自然想到了将两端VSC-HVDC系统扩展到多端VSC-HVDC系统（即VSC-MTDC系统）。对于VSC-MTDC系统，由于VSC电流可以双向流动，因而传统多端直流输电系统所面临的第一大技术限制已被克服，直流电网的优势可以充分发挥，因而发展柔性直流电网技术已成为电力工业界的一个新的期望[1]。

目前看来，直流电网主要在两个方面很有应用前景。第一个方面是跨大区的特高压柔性直流电网，如将送端多个大规模新能源基地先联接组网，然后通过特高压柔性直流电网统一送电到受端交流电网，这在我国特别具有应用前景。第二个方面就是海上风电场群的接入系统，由于陆上输电走廊紧缺，必须将大量海上风电直流送出线路合并后通过少量大容量直流输电线路接入负荷中心，这就构成了海上风电所特有的直流电网结构。

直流电网与交流系统有本质不同，与两端直流输电系统也有巨大差别。其本质特征可以概括为如下3点：

1) 功率平衡的惯性时间常数极小。直流电网的电源和负载为各种类型的换流器，不存在机械惯性，如不考虑外加的储能装置，其储能元件只有电容和电感，不像交流系统那样有旋转电机的转子作为储能元件。因而直流电网对功率扰动的响应速度极快，比一般交流系统快3个数量级。具体地说，频率是反映交流系统功率平衡水平的指标，其响应时间常数一般为数秒；而电压是反映直流电网功率平衡水平的指标，其响应时间常数一般为数毫秒。也就是说，直流电网的功率平衡控制速度，应比一般交流系统的功率平衡控制速度快3个数量级。

2) 故障形态不同，表现在 3 个方面。①故障过程不同，交流系统故障过程可以分为次暂态、暂态和稳态 3 个阶段；而直流电网故障过程一般可以分为 2 个阶段，第 1 阶段为换流器和直流线路中的电容放电过程，此阶段短路电流的主导分量为电容放电电流，此阶段持续时间通常在 10ms 以内，第 2 阶段为交流系统经过换流器向短路点馈入短路电流，短路电流的大小取决于从交流电源到短路点路径的综合阻抗。②稳态短路电流大，直流电网故障时限制其短路电流的因素包括换流器所连接的交流变压器和交流系统阻抗、换流器的连接电抗器或桥臂电抗器、直流线路电阻，其稳态短路电流可以超出额定电流 10 倍以上。③故障过程中短路电流没有极性变化，不存在过零点，断路器灭弧困难。

3) 对快速切除故障的要求极高。交流系统的故障切除时间一般为 50ms 及以上，而直流电网的故障切除时间一般需要控制在 5ms 以内，否则会对设备安全构成严重威胁。即直流电网的故障检测和保护动作速度也应比一般交流系统快 1 个数量级以上。

发展柔性直流电网除了在设备制造方面还存在瓶颈之外，在控制策略方面同样存在挑战。本章将主要阐述直流电网的电压控制原理以及故障特性分析与保护策略等。

## 11.2 直流电网电压控制的 3 种基本类型

在直流电网中，直流电压的稳定就如同交流系统中的频率稳定一样，是系统功率平衡的基本标志。目前已提出的柔性直流电网的控制策略可以分为 3 种基本类型[1]，即主从控制策略（Master Slave Control）[2-5]、直流电压裕额控制策略（Voltage Margin Control）[6-7] 和直流电压下斜控制策略（Voltage Droop Control）[1]。而得到实际工程应用并已有运行经验的只有主从控制策略。

主从控制策略的优点是简单清晰，缺点主要是 2 个：①整个系统的直流电压控制落在主控站一个站上，即主控站担负了整个系统的功率平衡任务，因此，对主控站的容量提出了很高的要求。②如果主控站功率调节能力达到极限或者故障退出的话，需要有一个从控站立刻转变为主控站，以控制整个系统的电压并实现功率平衡；否则，整个系统的直流电压就会失控，导致严重的过电压或系统崩溃；如何实现主控站的平稳交接，是主从控制策略需要解决的一个关键问题，因而主从控制策略对通信系统有很强的依赖性。根据主从控制策略的上述特点，其应用范围局限在端数很少的小型直流电网上。

为了解决主从控制对通信系统的强依赖性，提出了直流电压裕额控制策略。直流电压裕额控制的基本思路是设定一个备用的定电压主控站，该备用主控站的定电压指令值与当前主控站的定电压指令值不同。根据当前主控站是整流站还是逆变站，备用主控站的定电压指令值与当前主控站的定电压指令值之间具有一个正的或负的裕额。这就是直流电压裕额控制的由来，可以理解为是主从控制策略的一种变形。直流电压裕额控制的优势是在系统发生大扰动时电压控制能够自动转换到新的主控站，且这个过程不需要换流站间的通信。相比于主从控制策略，其可靠性更强；但其控制器设计与主从控制器相比复杂很多，特别是端数多时，需要校核的运行方式成倍增加。另外，直流电压裕额控制与主从控制一样，任何时刻只有一个站承担电压控制的任务，同时平衡整个直流系统的功率；因而对电压控制站的容量有很高的要求，特别是当运行方式有大幅度变化时，一个单站的容量很难满足平衡整个系统功率的要求，同时对与电压控制站相连的交流系统的功率冲击也较大。因而直流电压裕额控制与主从控制一样，通常应用于端数较少且换流站容量差别很大的小型直流系统中。

为了克服主从控制策略和电压裕额控制策略的不足，根据直流电网电压与交流电网频率在表征电网功率平衡特性上的相似性，很自然地借用交流电网负荷频率控制的思路，提出了直流电压下斜控制策略[1]。尽管直流电压下斜控制策略的实现方法已有非常多的文献进行过讨论，但到目前为止并没有一种实现方法得到广泛的接受。本章将给出一种一次调压与二次调压相协调的直流电网电压控制策略[8-10]，其中一次调压采用带死区的直流电压下斜控制律，二次调压采用基于电压基准节点电压恒定的控制准则。

## 11.3 主从控制策略

### 11.3.1 基本原理

主从控制策略是并联型多端直流输电系统最基本的控制策略，早在多端直流输电系统概念被提出时，就提出了此控制策略[11]。主从控制策略的核心是由一个换流站来确定（控制）整个并联型多端直流输电系统的电压，其余的换流站按照各自的功率要求进行控制。其中，控制整个系统直流电压的那个换流站被称为主控站，其余的换流站被称为从控站。对于基于传统 LCC 的并联型多端直流输电系统，从控站不能直接控制直流功率，其功率控制是通过控制直流电流来达到的[11]。对于基于 VSC 的并联型多端柔性直流输电系统，从控站直接控制直流功率[12-13]。

下面以一个四端柔性直流输电系统为例，说明主从控制策略的控制原理。图 11-1 为主从控制策略的原理图，图中虚线框为各个换流站直流电压与功率的运行范围，实心点为各个换流站的运行点。

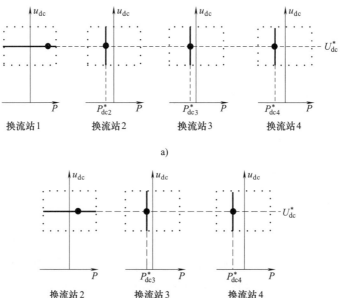

图 11-1 主从控制策略原理框图

a）正常运行模式 b）主控站故障退出运行后从控站运行模式切换

图 11-1a 描述正常运行模式下各换流站的控制策略。此时，换流站 1 为主控站，其有功类控制器负责控制整个系统的直流电压，即换流站 1 实际上是一个功率平衡换流站；换流站 2 到换流站 4 为从控站，其有功类控制器按定有功功率控制。图 11-1a 中，所有换流站的无功类控制器可以在两种控制方式中选择一种，分别为定无功功率控制和定交流电压控制。当从控站所连接的交流系统为无源系统时，从控站采用构网电源控制器，见第 5 章的 5.9 节。

图 11-1b 描述主控站由于故障而退出运行时各站的模式切换过程。任何时刻柔性多端直流输电系统必须有一个站负责整个系统的直流电压稳定。当主控站故障退出时，从控站中必须有一个站转变为主控站运行，以负责将直流电压控制在指令值，并接替主控站完成功率平衡任务。图 11-1b 中，主控站退出后，换流站 2 立刻由从控站转变为主控站，而换流站 3 和换流站 4 仍然按从控站运行。

我国南澳三端柔性直流工程采用的是主从控制策略[2]。受端塑城换流站为主控站，送端金牛、青澳换流站为从控站。塑城站采用定直流电压控制并平衡有功功率，金牛站和青澳站根据风电场的联网方式采用不同的控制方式。若风电场以交直流并列方式并网，则相应的送端换流站按定有功功率控制；若风电场以纯直流方式并网，则相应的送端换流站按定交流母线频率和电压幅值的 $f/V$ 控制模式运行。

我国舟山五端柔性直流工程也采用主从控制策略[3]。主控站在定海站与岱山站之间选择，典型运行工况下主控站选择定海站，特殊运行工况下主控站选择岱山站。在典型运行工况下，定海站按定直流电压控制，岱山站、衡山站、洋山站和泗礁站按定有功功率控制。5 个换流站的无功类控制策略都是定交流电压控制。

我国张北柔性直流电网工程也采用主从控制策略[4-5]。典型运行工况下，丰宁站按定直流电压控制，张北站和康保站按定交流母线频率和电压幅值控制，北京站按定有功功率控制。

## 11.3.2 仿真验证

采用如图 11-2 所示的四端柔性直流输电系统作为测试系统，展示主从控制策略的响应特性。该测试系统是一个具有大地回线的±500kV 双极直流电网（图中只画出了其中的一个极），每个换流站由正极换流器和负极换流器构成，接地极引线从正极换流器与负极换流器在直流侧的联接点引出。

换流站 1 的容量为 1500MW，所联接的是一个新能源基地，且该新能源基地没有与交流同步电网相联接，其功率送出完全依靠换流站 1，即换流站 1 所联接的交流系统是一个没有同步电源的孤立电网。因此，换流站 1 采用定换流站交流母线频率和电压幅值控制策略，换流站 1 注入直流系统的功率等于新能源基地输出的功率（不计换流站损耗）。

换流站 2 的容量为 3000MW，所联接的也是一个新能源基地，但该新能源基地与交流同步电网相联接，其功率送出存在两条路径，其一是通过换流站 2 送入直流系统，其二是直接送入交流同步电网。因此，换流站 2 的控制方式比较灵活，可以采用直流侧定有功功率类（包括定有功功率和定直流电压两种情况）、交流侧定无功功率类（包括定无功功率和定交流电压两种情况）的控制策略。

换流站 3 的容量为 1500MW，接入交流同步电网，其功率可以双向流动，即换流站 3 既可以作为整流站运行，也可以作为逆变站运行。正常运行方式下换流站 3 的功率流向是确定的，因此换流站3也可以采用直流侧定有功功率类（包括定有功功率和定直流电压两种情况）、交流侧定无功功率类（包括定无功功率和定交流电压两种情况）的控制策略。

换流站4的容量为3000MW，接入交流受端电网。由于交流受端电网容量足够大，因此正常运行方式下换流站4作为功率平衡站。当本测试系统采用主从控制策略时，换流站4为主控站，控制直流电网电压。

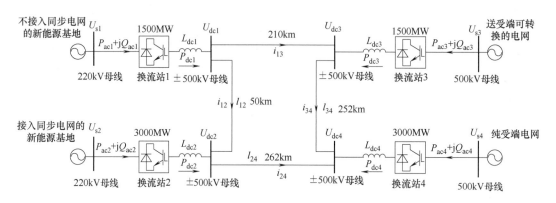

图 11-2　四端柔性直流测试系统结构图

测试系统中的所有直流线路采用 4×LGJ-720 线路，仿真中直流线路的基本电气参数见表 11-1。测试系统各换流站的主回路参数见表 11-2。测试系统各换流站的控制策略及其指令值见表 11-3。

表 11-1　四端柔性直流测试系统直流线路单位长度参数

| 单位长度正序参数 | | | 单位长度零序参数 | | |
| --- | --- | --- | --- | --- | --- |
| $R_1/(\Omega/km)$ | $L_1/(mH/km)$ | $C_1/(\mu F/km)$ | $R_0/(\Omega/km)$ | $L_0/(mH/km)$ | $C_0/(\mu F/km)$ |
| 0.009735 | 0.8489 | 0.01367 | 0.1054 | 2.498 | 0.01046 |

表 11-2　四端柔性直流测试系统各站单个换流器主回路参数

| | | 换流站1 | 换流站2 | 换流站3 | 换流站4 |
| --- | --- | --- | --- | --- | --- |
| 换流器额定容量/MVA | | 750 | 1500 | 750 | 1500 |
| 网侧交流母线电压/kV | | 220 | 220 | 500 | 500 |
| 交流电网短路容量/MVA | | 不适用 | 8000 | 6000 | 15000 |
| 直流电压/kV | | 500 | 500 | 500 | 500 |
| 联接变压器 | 额定容量/MVA | 900 | 1800 | 900 | 1800 |
| | 电压比 | 220/255 | 220/255 | 500/255 | 500/255 |
| | 短路阻抗 $u_k$(%) | 15 | 15 | 15 | 15 |
| 子模块额定电压/kV | | 1.6 | 2.2 | 1.6 | 2.2 |
| 单桥臂子模块个数 | | 313 | 228 | 313 | 228 |
| 子模块电容值/mF | | 12 | 18 | 12 | 18 |
| 桥臂电抗/mH | | 66 | 32 | 66 | 32 |
| 换流站出口平波电抗器/mH | | 300 | 300 | 300 | 300 |

表 11-3 四端柔性直流测试系统控制策略和指令值

| 换流站编号 | 换流站控制策略 | 控制器的指令值 |
| --- | --- | --- |
| 1 | 构网电源控制器 | $U_{s1}^* = 220\text{kV}; f_0^* = 50\text{Hz}$;<br>风电场输出功率：$P_{ac1}^* = 2 \times 500\text{MW}; Q_{ac1}^* = 0\text{Mvar}$ |
| 2 | 直流侧定有功功率；交流侧定无功功率 | $P_{dc2}^* = 2 \times 1000\text{MW}; Q_{ac2}^* = 0\text{Mvar}$ |
| 3 | 直流侧定有功功率；交流侧定无功功率 | $P_{dc3}^* = -2 \times 250\text{MW}; Q_{ac3}^* = 0\text{Mvar}$ |
| 4 | 直流侧定电压；交流侧定无功功率 | $U_{dc4}^* = \pm 500\text{kV}; Q_{ac4}^* = 0\text{Mvar}$ |

**1. 控制指令值改变时的响应特性仿真**

设仿真开始时（$t = 0\text{s}$）测试系统已进入稳态运行，$t = 0.1\text{s}$ 时改变换流站 2 的有功功率指令值 $P_{dc2}^*$ 从 2000MW 变为 1500MW；其他控制指令值保持不变。图 11-3 给出测试系统的响应特性，其中图 a 是 4 个换流站的直流功率波形图（单极）；图 b 是 4 个换流站端口的直流电压波形图（单极）。从图 11-3 可以看出，换流站 2 功率指令值改变后，作为主控制站的换流站 4 功率也跟着改变，其他换流站受到的扰动很小。$t = 0.3\text{s}$ 时系统已再次进入稳态，功率指令值改变引起的暂态过程持续 0.2s 左右。

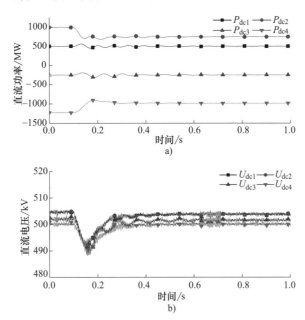

图 11-3 控制指令值改变时的响应特性
a) 4 个换流站的直流功率（单极） b) 4 个换流站端口的直流电压（单极）

**2. 主控制站因故障退出时的响应特性仿真**

设测试系统的初始运行状态见表 11-3，仿真开始时（$t = 0\text{s}$）测试系统已进入稳态运行，$t = 0.1\text{s}$ 时主控制站换流站 4 因交流线路被切除而退出运行；控制保护系统在此后的 3ms 内确认故障并通知换流站 2 由从控站转为主控站，即 3ms 后换流站 2 从定直流功率控制转为定直流电压控制，控制指令值 $U_{dc2}^* = \pm 500\text{kV}$。图 11-4 给出了这种情况下测试系统的响应特性，其中图 a 是 4 个换流站的直流功率波形图（单极）；图 b 是 4 个换流站端口的直流电压波形图（单极）。从图 11-4 可以看出，换流站 4 退出运行后，注入直流系统的功率有很大的盈余,因而造成直流电压快速升高;3ms 后换流站 2 转为定直流电压控制后,换流站 2 注入直流系统的功率开始减小,直到从直流系统吸收功率,过电压持续时间在 0.2s 左右,过电压水平在 1.2 倍以内。

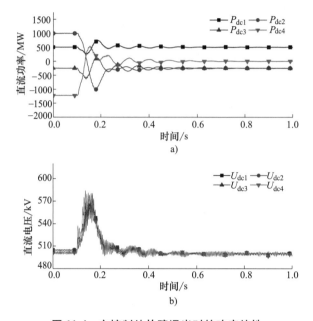

图 11-4 主控制站故障退出时的响应特性
a) 4 个换流站的直流功率(单极) b) 4 个换流站端口的直流电压(单极)

## 11.4 直流电压裕额控制策略

### 11.4.1 基本原理

如前所述,主从控制策略的关键问题是当主控站无法完成其定电压控制的功能时必须通过通信系统才能将定电压控制功能移交给某一个从控站,没有通信系统或通信系统故障时主从控制策略是不能运行的。直流电压裕额控制就是为了解决此问题而提出来的一种控制方法。直流电压裕额控制可以理解为是传统直流输电系统直流电流裕额控制[11]的一种对偶形式,日本学者在研发基于 GTO 的三端柔性直流系统时最早提出此控制方法[6-7]。仍然以一个四端柔性直流输电系统为例来说明直流电压裕额控制的原理,如图 11-5 所示。

图 11-5a 展示了主控站为整流站时的模式切换过程。系统正常运行情况下,换流站 1 向直流系统注入功率,工作在整流模式下,换流站 2、3、4 则从直流系统吸收功率,工作在逆变模式。换流站 1 作为主控站时,负责将直流电压控制在指令值 $U_{dc}^*$ 上,换流站 2、3、4 都采用定有功功率控制。当换流站 1 出现故障退出运行后,直流电网功率失衡,换流站注入直流电网的功率小于换流站从直流电网吸收的功率,因此直流电压下降;此时,换流站 2 将能够自动切换为主控站,但换流站 2 的直流电压指令值为 $U_{dcL}^*$,其数值略低于 $U_{dc}^*$,两者之间存在一个裕额,这就是裕额控制的基本原理。

图 11-5b 展示了主控站为逆变站时的模式切换过程。系统正常运行情况下,换流站 1 从

第11章 MMC直流电网的控制原理与故障处理方法

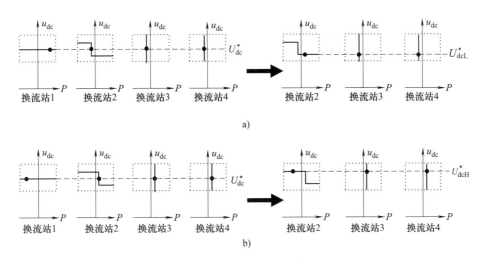

图 11-5 直流电压裕额控制基本原理
a) 主控站为整流站时的模式切换过程  b) 主控站为逆变站时的模式切换过程

直流系统吸收功率，工作在逆变模式，换流站2、3、4向直流系统注入功率，工作在整流模式。换流站1作为主控站时，负责将直流电压控制在指令值 $U_{dc}^*$ 上，换流站2、3、4都采用定有功功率控制。当换流站1出现故障退出运行后，直流电网功率失衡，换流站注入直流电网的功率大于换流站从直流电网吸收的功率，因此直流电压上升；此时，换流站2将能够自动切换为主控站，但换流站2的直流电压指令值为 $U_{dcH}^*$，其数值比 $U_{dc}^*$ 高一个裕额。

### 11.4.2 直流电压裕额控制器的实现原理

直流电压裕额控制策略不需要引入任何站间通信设备，只需要修改备用主控站（这里为换流站2）的差模外环控制器中的有功类外环控制器结构就能实现。采用双比较器的实现方法与参考文献 [13] 所描述的两阶段直流电压控制法类似，直流电压裕额控制器的框图如图 11-6 所示[14]，这里的双比较器指的是图 11-6 中的 MIN 和 MAX 比较器，图中 $i_{dL}^*$、$i_{dP}^*$、$i_{dH}^*$ 分别为 $PI_L$、$PI_P$、$PI_H$ 的输出。

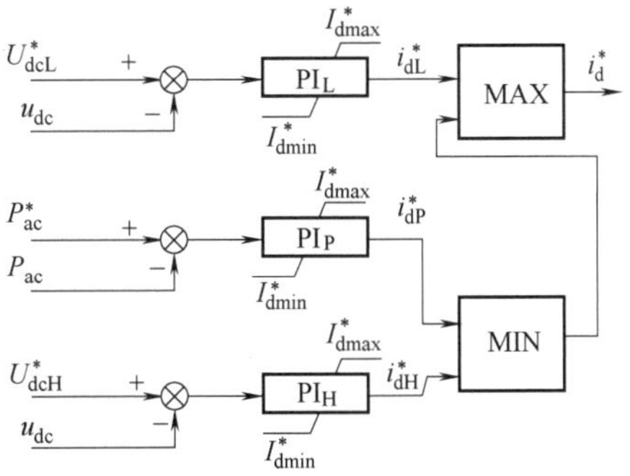

在第 5 章 5.3.4 节所描述的有功功率外环控制器基础上增加双比较器，就构成了直流电压裕额控制器。其控制原理为

$$i_d^* = \text{MAX}(i_{dL}^*, \text{MIN}(i_{dP}^*, i_{dH}^*)) \quad (11\text{-}1)$$

图 11-6 通过改变差模外环控制器中的有功功率控制器结构实现的直流电压裕额控制器框图

为了保证备用主控站直流电压裕额控制器的正常运行，$U_{dcL}^*$、$U_{dcH}^*$ 的取值要满足：

$$\begin{cases} U_{dcL}^* < U_{dc2min} \\ U_{dcH}^* > U_{dc2max} \end{cases} \quad (11\text{-}2)$$

式中，$U_{dc2min}$ 和 $U_{dc2max}$ 分别为主控站（换流站1）正常运行时，考虑所有运行方式后备用主控站（换流站2）的稳态直流电压最小值和最大值。由于 PI 控制器的作用，在主控站

（换流站 1）正常运行时，$U_{dcL}^* < u_{dc}$，$PI_L$ 控制器的输入为负信号，因此 $PI_L$ 控制器的输出为其下限值 $I_{dmin}^*$；同理，在主控站（换流站 1）正常运行时，$U_{dcH}^* > u_{dc}$，$PI_H$ 控制器的输入为正信号，因此 $PI_H$ 控制器的输出为其上限值 $I_{dmax}^*$，即

$$\begin{cases} i_{dL}^* = I_{dmin}^* \leqslant i_{dP}^* \\ i_{dH}^* = I_{dmax}^* \geqslant i_{dP}^* \end{cases} \tag{11-3}$$

由式（11-3）可得，在主控站（换流站 1）正常运行时，备用主控站的外环有功控制器的输出 $i_d^*$ 由 $i_{dP}^*$ 决定，即备用主控站的外环有功控制器在正常运行时的输出与常规外环有功控制器的输出一致。

**1. 主控站为整流站时的模式切换过程分析**

当主控站（换流站 1）故障退出运行时，如果备用主控站（换流站 2）直流电压裕额控制器的输出仍由定有功功率控制器决定，则整个直流系统功率存在缺额，整个系统的直流电压会持续下降。当直流电压 $u_{dc2}$ 开始小于 $U_{dcL}^*$ 时，$i_{dL}^*$ 的数值将从 $I_{dmin}^*$ 开始增大，并在某个时刻，$i_{dL}^*$ 大于 $i_{dP}^*$，由式（11-1）可得，此时直流电压裕额控制器的输出 $i_d^*$ 由 $i_{dL}^*$ 决定，即备用主控站由定功率控制转换为定直流电压控制，直流电压的指令值为 $U_{dcL}^*$。上述过程如图 11-7 所示。图中 $t_1$ 为换流站 1 故障退出运行的时刻，$t_2$ 为 $u_{dc2}$ 开始小于 $U_{dcL}^*$ 的时刻，$t_3$ 为 $i_{dL}^*$ 开始大于 $i_{dP}^*$ 的时刻。

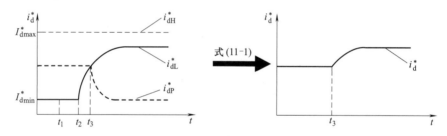

图 11-7 整流站作为主站时备用主站的控制模式切换过程

**2. 主控站为逆变站时的模式切换过程分析**

当主控站（换流站 1）故障退出时，如果备用主控站（换流站 2）直流电压裕额控制器的输出仍由定有功功率控制器决定，则整个直流系统功率存在盈余，整个系统的直流电压会持续上升。当直流电压 $u_{dc2}$ 开始大于 $U_{dcH}^*$ 时，$i_{dH}^*$ 的数值从 $I_{dmax}^*$ 开始减小，并在某个时刻，$i_{dH}^*$ 小于 $i_{dP}^*$，由式（11-1）可得，此时直流电压裕额控制器的输出 $i_d^*$ 由 $i_{dH}^*$ 决定，即备用主控站由定功率控制转换为定直流电压控制，直流电压的指令值为 $U_{dcH}^*$。上述过程如图 11-8

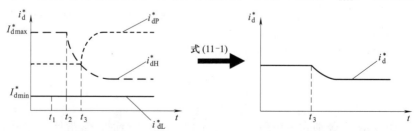

图 11-8 逆变站作为主站时备用主站的控制模式切换过程

所示。图中 $t_1$ 为换流站 1 故障退出运行的时刻，$t_2$ 为 $u_{dc2}$ 开始大于 $U_{dcH}^*$ 的时刻，$t_3$ 为 $i_{dH}^*$ 开始小于 $i_{dP}^*$ 的时刻。

## 11.4.3 直流电压裕额控制策略的仿真验证

仍然采用图 11-2 所示的四端柔性直流测试系统来展示在外环有功控制器中采用双比较器实现的直流电压裕额控制策略的特性。

**1. 直流电压裕额控制器设计**

对于图 11-2 所示的四端系统，上节主从控制器算例说明中已经明确了正常运行时换流站 4 为主控站，如果换流站 4 故障退出运行，就需要选择一个从控站来承担主控站的电压控制与功率平衡任务。显然，在剩下的 3 个换流站中，换流站 2 作为备用主控站是最合适的，因为换流站 2 的容量最大，最有能力承担功率平衡任务。对于换流站 2，由于其联接的是一个新能源基地，正常运行时作整流器运行，功率变化范围为零到额定功率。这样，此四端柔性直流测试系统的直流电压裕额控制器归结为换流站 2 的电压裕额控制器设计。

根据上面的讨论，直流电压裕额控制器的设计实际上就是确定 $PI_L$、$PI_P$、$PI_H$ 3 个 PI 控制器的输入指令值、PI 参数及其上下限值。PI 控制器的 PI 参数（比例系数和积分系数）比较容易确定，下面重点讨论 3 个控制器的输入指令值及其上下限值的确定方法，即 $U_{dc2L}^*$、$U_{dc2H}^*$、$I_{d2min}^*$、$I_{d2max}^*$ 的确定方法。

下面讨论 $U_{dc2L}^*$、$U_{dc2H}^*$ 的确定方法。根据式（11-2）的物理意义，需要确定主控站（换流站 4）正常运行时，考虑所有运行方式后备用主控站（换流站 2）的稳态直流电压最小值和最大值 $U_{dc2min}$、$U_{dc2max}$。实际工程中，所谓的"考虑所有运行方式"一般通过选择若干种极端运行方式来代表，即假定这若干种极端运行方式所对应的物理量已覆盖系统所有运行方式所对应的物理量的数值空间范围。对于图 11-2 所示的四端测试系统，根据其实际运行的可能性，认为表 11-4 所示的 4 种极端运行方式已能够覆盖该测试系统的所有需考虑的运行方式，即 $U_{dc2min}$、$U_{dc2max}$ 可以由这 4 种运行方式来确定。

**表 11-4　测试系统的 4 种极端运行方式及换流站 2 的电压**

| 运行方式 | 换流站 1 $P_{dc1}$/MW | 换流站 2 $P_{dc2}$/MW | 换流站 3 $P_{dc3}$/MW | 换流站 4 $P_{dc4}$/MW | $U_{dc2}$/kV |
|---|---|---|---|---|---|
| 1 | 1500 | 3000 | −1500 | −3000 | 506.423 |
| 2 | 0 | 3000 | 0 | −3000 | 505.57 |
| 3 | 1500 | 0 | 1500 | −3000 | 502.962 |
| 4 | 0 | 0 | 1500 | −1500 | 501.05 |

根据表 11-4 的结果，可以得到 $U_{dc2max}$ = 506.423kV，$U_{dc2min}$ = 501.05kV。考虑到电压测量误差等因素，$U_{dc2L}^*$ 的取值为 $U_{dc2min}$ 值的基础上减 1% 额定电压的值，即 $U_{dc2L}^*$ = 496kV；$U_{dc2H}^*$ 的取值为 $U_{dc2max}$ 值的基础上加 1% 额定电压的值，即 $U_{dc2H}^*$ = 511kV。

对于 3 个控制器输出的上下限值 $I_{d2min}^*$、$I_{d2max}^*$，由于 d 轴电流是交流侧三相电流经过 dq 变换而来，当换流器全额输出或吸收纯有功功率时，d 轴电流达到最大值 1pu。因此取 $I_{d2min}^*$ = −1.0pu，$I_{d2max}^*$ = 1.0pu。

**2. 控制指令值改变时的响应特性仿真**

设测试系统的初始运行状态见表 11-3，仿真开始时（$t=0s$）测试系统已进入稳态运行，$t=0.1s$ 时改变换流站 2 的有功功率指令值 $P_{dc2}^*$ 从 2000MW 变为 1500MW；其他控制指令值保持不变。图 11-9 给出了测试系统的响应特性，其中图 a 是 4 个换流站的直流功率波形图（单极）；图 b 是 4 个换流站端口的直流电压波形图（单极）；图 c 是换流站 2 的 3 个控制器输出的电流指令值 $i_{dL}^*$、$i_{dP}^*$、$i_{dH}^*$ 和实际选中的电流指令值 $i_d^*$。显然图 11-9a 和 b 与图 11-3a 和 b 是完全一致的，因为换流站 2 的功率改变，引起的直流电压变化并不大，并没有引起换流站 2 控制模式的切换，换流站 2 整个过程中一直按照定功率控制器的输出指令值运行，即与图 11-3 所展示的过程是完全一致的。可以认为，直流电压裕额控制策略在直流电网遭受扰动时，只要扰动程度不至于使得主控站改变，则其响应特性与主从控制策略没有差别。

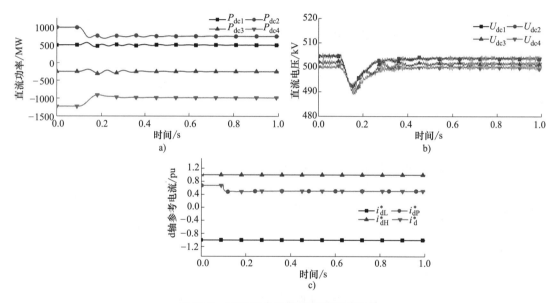

**图 11-9 控制指令值改变时的响应特性**

a) 4 个换流站的直流功率（单极） b) 4 个换流站端口的直流电压（单极） c) 换流站 2 的 3 个控制器的指令值

**3. 主控制站因故障退出时的响应特性仿真**

设测试系统的初始运行状态见表 11-3，仿真开始时（$t=0s$）测试系统已进入稳态运行，$t=0.1s$ 时主控制站换流站 4 因交流线路被切除而退出运行；按照直流电压裕额控制策略的运行原理，备用主控站换流站 2 将自动由从控站转为主控站。图 11-10 给出了这种情况下测试系统的响应特性。其中图 a 为 4 个换流站的交流功率（单极）；图 b 为 4 个换流站的直流功率（单极）；图 c 为 4 个换流站端口的直流电压（单极）；图 d 为 4 个换流站中某个子模块的电容电压；图 e 为换流站 2 的 3 个控制器的指令值 $i_{dL}^*$、$i_{dP}^*$、$i_{dH}^*$ 和实际选中的电流指令值 $i_d^*$。

从图 11-10 可以看出，换流站 4 退出运行后，注入直流系统的功率有很大的盈余，因而造成直流电压快速升高。对于换流站 1、换流站 2 和换流站 3，由于采用的是定有功功率控制，因此与交流系统交换的有功功率在故障发生（$t=0.1s$）后短时间内基本保持不变，见

图 11-10a。这样，由于直流电压的升高，意味着子模块电容电压也升高了，即子模块存储的能量增大了。但在与交流系统交换功率保持不变的情况下，解决子模块存储能量增大的问题只能通过减少向直流电网注入的功率（对应整流站）或者加大从直流电网吸收的功率（对应逆变站）来实现。这就是为什么图 11-10a 与图 11-10b 交流侧功率与直流侧功率不一致的原因。

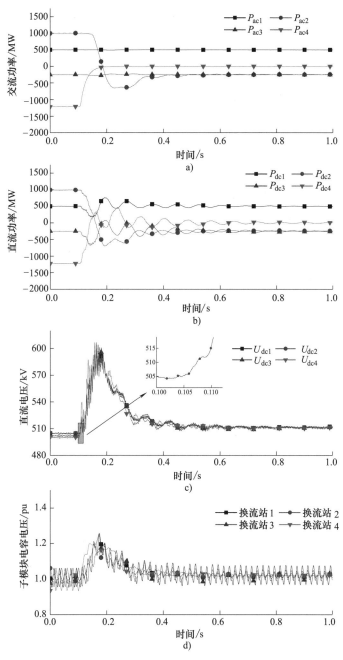

图 11-10 主控制站故障退出时的响应特性
a）4 个换流站的交流功率（单极） b）4 个换流站的直流功率（单极）
c）4 个换流站端口的直流电压（单极） d）4 个换流站子模块电容电压

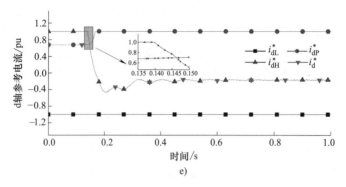

图 11-10 主控制站故障退出时的响应特性（续）

e）换流站 2 的 3 个控制器的指令值

对于备用主控站换流站 2，直流电压 $u_{dc2}$ 在故障后 7ms 超出 $U_{dcH}^* = 511$kV；由于 $PI_H$ 控制器的输出 $i_{dH}^*$ 原来处于上限值 $I_{dmax}^*$，因此在 $u_{dc2}$ 超出 $U_{dcH}^*$ 后 $i_{dH}^*$ 并不是立刻就开始下降；实际上 $i_{dH}^*$ 是在故障发生后 40ms 才开始下降的，在故障发生后 46ms，$i_{dH}^*$ 等于 $i_{dP}^*$，此时 $i_d^*$ 的数值由 $i_{dH}^*$ 确定，标志着换流站 2 转为定直流电压控制，$P_{ac2}$ 才开始下降，从而直流电压开始下降。

由于备用主控站换流站 2 在故障发生后 46ms 才从定功率控制转变为定电压控制，其控制模式转换的速度大大低于主从控制策略，造成的后果是直流电压裕额控制策略比主从控制策略所造成的过电压水平更高。这个结论具有普遍意义，理由如下：对于一般性的直流电网，若采用主从控制策略，那么通信延迟可以按 1ms/300km 计算，假定主控站与备用主控站之间的距离为 1000km，那么通信延迟在 4ms 内，再加上信号处理与发命令的时间，最多延迟 10ms 备用主控站一定能够接替主控站来控制电压；而采用直流电压裕额控制策略，备用主控站接替主控站控制直流电压的延迟在 40ms 以上，是主从控制策略的 4 倍。

根据上述讨论，我们可以得出结论：直流电压裕额控制策略除了可以在失去通信系统的情况下继续工作的优势之外，与主从控制策略相比并不存在响应速度上的优势。另外，直流电压信号的测量位置对裕额控制器的响应特性有很大影响。对于传统直流输电系统，直流电压信号通常取自平波电抗器的线路侧，因为平波电抗器线路侧的直流电压比阀侧直流电压纹波小很多。但对于 MMC 直流输电系统，阀侧直流电压几乎没有纹波，平波电抗器的作用不是为了平波，而是为了限制直流线路侧短路故障时的故障电流上升率。如果直流电压信号仍然取自平波电抗器的线路侧，电压控制器的控制效果明显变差，响应速度比直流电压信号取自阀侧要慢很多。因此对于 MMC 直流输电系统，建议直流电压信号取平波电抗器阀侧电压。

## 11.5 直流电网的一次调压与二次调压协调控制方法

### 11.5.1 基本原理

直流电网功率平衡的指标是直流电网的电压。当注入直流电网的功率大于流出直流电的功率时，直流电网电压就会上升；当注入直流电网的功率小于流出直流电网的功率时，直流电网电压就会下降。因此，直流电网的电压与交流电网中的频率具有相似的特性，都是指示功率是否平衡的指标。但直流电网电压与交流电网频率在时间和空间特性上具有显著的差别。在时间响应特性上，直流电网电压比交流电网频率快3个数量级。直流电网内部能量存储在电容和电感元件中，直流电网电压主要与电容中存储的能量有关。由于电容中存储的能量与直流电网的输入或输出功率相比很小，因此直流电网电压的响应时间一般在毫秒级。而交流电网中的能量存储在发电机转子上，交流电网的频率直接与发电机转子的转速即动能相关，频率响应的时间与发电机的惯性时间常数相当，在秒级。在空间响应特性上，交流电网频率稳态下是全网一致的；而直流电网中各个节点的电压是不一致的，随运行方式的改变而改变的。因此，为了定义直流电网的电压偏差，首先得设定一个直流电网电压的基准节点（Fiducial Node），直流电网的电压偏差就定义为基准节点上的电压偏差。一般将某个容量较大且对全网电压有决定性作用的换流站节点设为电压基准节点。

采用一次调压与二次调压协调控制方法时，需要对直流电网中的换流站节点进行分类。按照输出功率是否有能力根据电网运行的需要进行调整，可以将直流电网中的换流站节点分为可调功率节点与不可调功率节点。一般接入大电网的换流站节点为可调功率节点；而直接接负荷的换流站节点以及直接接风力发电和光伏发电的换流站节点为不可调功率节点。直流电网若采用电压下斜控制作为底层控制方式，那么功率可调的换流站节点除了电压基准节点外，应设置为电压下斜控制节点，而功率不可调的换流站节点应设置为定功率控制节点。

由于直流电网电压与交流电网频率在表征能量平衡方面的相似性，直流电网中负荷的分摊方法完全可以借鉴交流电网中的负荷分摊方法。交流电网采用一次调频和二次调频来实现负荷分摊和频率控制，直流电网也可以采用一次调压和二次调压来实现负荷分摊和电压控制。因此，直流电网的电压控制也可以分两层来实现，底层的是电压下斜控制，上层的是与交流电网二次调频（目前称为自动发电控制（AGC），也称负荷频率控制）类似的二次调压系统（本书也称其为负荷电压控制）。

直流电网一次调压是直流电网遭受扰动后换流器所配置的电压下斜控制器的固有响应。通常，扰动结束后 0.5s 左右的时间段，属于一次调压起作用的时间段。扰动结束后 0.5s 之后的时间段，二次调压或称负荷电压控制系统会起作用。本章假定二次调压系统会根据直流电网电压控制的要求，每隔 0.5s 刷新一次各功率可调换流站的功率指令值，就如同交流电网中的二次调频每隔若干秒刷新一次 AGC 电厂的功率指令值一样。本节将主要讨论直流电网中用于一次调压的下斜控制策略和用于二次调压的 PI 控制策略，重点介绍一种带电压死区的电压下斜控制策略。

## 11.5.2 带电压死区的电压下斜控制特性

带电压死区的电压下斜控制特性[1] 如图 11-11 所示，其中，$U_{dcmax}$ 和 $U_{dcmin}$ 分别为电压死区的上限值和下限值，是直流电网正常运行时，考虑所有运行方式后对应换流站稳态直流电压的最大值和最小值；$P_{dc}^*$、$P_1^*$、$P_2^*$ 和 $P_3^*$ 为电压二次调节系统每隔 0.5s 下发的功率指令值；$K$ 为电压下斜曲线的斜率。在一次调压起作用的时间段内，认为功率指令值 $P_{dc}^*$ 为不变量。而控制策略中的其他几个参数，$U_{dcmax}$、$U_{dcmin}$ 和 $K$，对于特定的换流站可以认为是固定不变的。这类似于交流电网中的 AGC，其频率死区和调差率等参数在运行中是不变的，可变的仅仅是 AGC 机组的功率指令值。

### 11.5.3 带电压死区的电压下斜控制器实现方法

带电压死区的电压下斜控制器的实现框图如图 11-12 所示。在一次调压起作用的过程中，该控制器根据实测的换流站输出功率 $P_{dc}$ 及直流电压 $U_{dc}$ 计算出换流站定功率控制器的新的功率指令值 $P_{dc}^*+\Delta P_{dc}^*$。

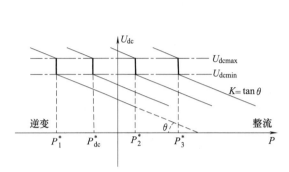

图 11-11 带电压死区的电压下斜控制特性

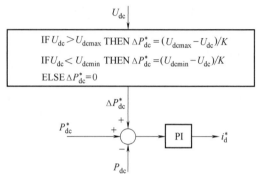

图 11-12 带电压死区的电压下斜控制器实现框图

### 11.5.4 二次调压原理

直流电网正常运行时，全网设置一个电压基准节点，该基准节点对应的换流器采用定电压控制。由于基准节点采用了定电压控制，因此，基准节点注入直流电网的功率就不是恒定的，会随负荷的变化而变化。为了使基准节点注入直流电网的功率基本保持恒定值，就需要采用二次调压，也称负荷电压控制。其控制原理与交流电网的负荷频率控制类似。

负荷电压控制器的输入由两部分组成：第 1 部分为功率偏差值，是电压基准节点的功率指令值 $P_{dcFN}^*$ 与实测功率 $P_{dcFN}$ 之间的偏差；第 2 部分为电压偏差值，是电压基准节点的电压指令值 $U_{dcFN}^*$ 与实测电压 $U_{dcFN}$ 之间的偏差。负荷电压控制器框图如图 11-13 所示[8-10]。其中 $\Delta P_{grid}^*$ 为整个直流电网需要增加的有功功率，将 $\Delta P_{grid}^*$ 按照一定的比例分配给直流电网中的功率可调节点，本章假定每隔 0.5s 向各功率可调节点发送一次新的功率增量指令值。

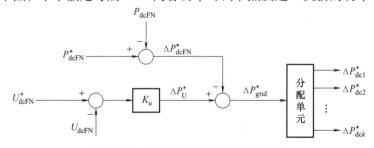

图 11-13 负荷电压控制器的原理框图

### 11.5.5 直流电网一次调压与二次调压协调控制方法的仿真验证

仍然采用图 11-2 所示的四端柔性直流测试系统来展示一次调压与二次调压协调控制方

法的特性。

**1. 带电压死区的电压下斜控制器的设计**

首先需要对图11-2所示测试系统的直流节点进行分类。显然，换流站1联接新能源基地，且新能源基地不与交流电网相连，因此，换流站1为功率不可调节点，且必须采用定交流母线电压幅值和频率控制策略。换流站2、换流站3和换流站4都与交流同步电网相连，其输出功率都是可调节的，因此可以采用直流电压下斜控制策略。由于换流站4是本测试系统的最大受端换流站，其电压大小对全网电压有决定性影响，因此本测试系统的电压基准节点选为换流站4，其基准电压就定为±500kV。下面讨论换流站2、换流站3两个换流站电压下斜控制器的具体参数确定方法。

显然，对于每个换流站，需要确定的参数有电压死区上下限值 $U_{dcmax}$ 和 $U_{dcmin}$、输出直流功率上下限值 $P_{dcmax}$ 和 $P_{dcmin}$ 以及下斜曲线的斜率 $K$。而斜率 $K$ 的意义是换流站输出功率从零变化到额定值时，换流站节点电压的变化范围。一般工程中下斜曲线的斜率 $K$ 取 4%～5%，本章设定所有换流站电压下斜控制特性的斜率 $K$ 为4%。电压死区上下限值 $U_{dcmax}$ 和 $U_{dcmin}$ 是考虑所有运行方式后对应换流站的直流电压最大值和最小值。实际工程中，所谓"考虑所有运行方式"一般是通过选择若干种极端运行方式来代表的。对于图11-2所示的四端测试系统，根据其实际运行的可能性，认为表11-5所示的4种极端运行方式已能够覆盖该测试系统的所有需考虑的运行方式。而换流站输出直流功率的上下限值 $P_{dcmax}$ 和 $P_{dcmin}$ 是由换流站的容量以及所联接的交流系统的特性决定的。对于本测试系统，换流站2是送端站，其输出直流功率的上下限值为零到换流站额定容量；换流站3既可作为送端站，也可作为受端站，其输出直流功率的上下限值为负的换流站额定容量到正的换流站额定容量；换流站4是受端站，其输出直流功率的上下限值为零到负的换流站额定容量。表11-5给出了测试系统4个换流站的直流功率上下限值，表11-6给出了4种极端运行方式下各换流站的电压。根据表11-6，可以确定出 $U_{dc2max} = 506.423\text{kV}$，$U_{dc2min} = 501.05\text{kV}$，$U_{dc3max} = 504.606\text{kV}$，$U_{dc3min} = 501.225\text{kV}$。至此，测试系统中换流站2和换流站3的电压下斜控制器的具体参数确定完毕。

表 11-5 测试系统中换流站的功率上下限值

| 换流站 | 换流站1 | 换流站2 | 换流站3 | 换流站4 |
|---|---|---|---|---|
| 功率上限值 $P_{dcmax}$/MW | 1500 | 3000 | 1500 | 0 |
| 功率下限值 $P_{dcmin}$/MW | 0 | 0 | −1500 | −3000 |

表 11-6 4种极端运行方式下对应换流站的电压

| 运行方式 | 换流站1 $P_{dc1}$/MW | 换流站2 $P_{dc2}$/MW | 换流站3 $P_{dc3}$/MW | 换流站4 $P_{dc4}$/MW | 换流站2 $U_{dc2}$/kV | 换流站3 $U_{dc3}$/kV | 基准站 $U_{dc4}$/kV |
|---|---|---|---|---|---|---|---|
| 1 | 1500 | 3000 | −1500 | −3000 | 506.423 | 501.225 | 500 |
| 2 | 0 | 3000 | 0 | −3000 | 505.57 | 502.089 | 500 |
| 3 | 1500 | 0 | 1500 | −3000 | 502.962 | 504.606 | 500 |
| 4 | 0 | 0 | 1500 | −1500 | 501.05 | 502.734 | 500 |

**2. 控制指令值改变时的响应特性仿真**

设测试系统的初始运行状态见表11-3，仿真开始时（$t=0$s）测试系统已进入稳态运行，

$t=0.1$s 时注入换流站 1 的有功功率从 1000MW 变为 1400MW；并设二次调压系统每隔 0.5s 刷新一次功率指令值。仿真时，图 11-13 所示的负荷电压控制器的参数设置见表 11-7。

表 11-7 负荷电压控制器的参数设置

| 换流站 | 换流站 2 | 换流站 3 | 换流站 4 |
|---|---|---|---|
| 初始状态的功率指令值 $P_{dc}^{*}$/MW | 2×1000 | −2×250 | 由初始状态潮流确定 |
| 目标状态的功率指令值 $P_{dc}^{*}$/MW | 由负荷电压控制器决定 | 由负荷电压控制器决定 | 由负荷电压控制器决定 |
| 比例系数 $K_U$/(MW/kV) | — | — | 10 |
| 功率分配系数(%) | 0 | 50 | 50 |

图 11-14 给出了测试系统的响应特性，其中图 a 是 4 个换流站的直流功率波形图（单极）；图 b 是 4 个换流站端口的直流电压波形图（单极）；图 c 是换流站 2、3、4 的功率指令值波形图（单极）。

从图 11-14 可以看出，由于换流站 1 的功率变化量较小，换流站 4 从直流电网吸收的功率并没有超出其容量限值，因此其定电压控制的模式并没有被改变，这样，整个系统的电压不会出现大的波动。在此功率扰动下整个系统的响应过程可以描述如下：功率扰动后，注入直流电网的功率增加了 2×200MW，导致直流电压有上升的趋势，换流站 4 测量到电压上升的趋势后，其定电压控制器就发生作用，从而换流站 4 加大从电网吸收的功率；由于二次调压的控制周期是 0.5s；因此，当 $t=0.6$s 时，第 1 次计算换流站 4 上的实际功率 $P_{dcFN}$ 与初始化时设定的功率指令值 $P_{dcFN}^{*}$ 之间的偏差量 $\Delta P_{dcFN}^{*}$，由于此时换流站 4 保持在基准电压上，因此电压偏差为零，即 $t=0.6$s 时计算得到的 $\Delta P_{grid}^{*} = \Delta P_{dcFN}^{*}$；然后，就将 $\Delta P_{grid}^{*}$ 按表 11-7 的功率分配系数分配到换流站 2、3、4 上，并与换流站 2、3、4 上当前的功率指令值相加后构成新的功率指令值，即 $t=0.6$s 后，换流站 2、3、4 按新的功率指令值定功率运行；再过 0.5s，即 $t=1.1$s 时，第 2 次计算换流站 4 上的实际功率 $P_{dcFN}$ 与当前功率指令值 $P_{dcFN}^{*}$ 之间的偏差量 $\Delta P_{dcFN}^{*}$；得到新的 $\Delta P_{grid}^{*}$，继续在换流站 2、3、4 之间分配 $\Delta P_{grid}^{*}$，对于本算例，此时系统已进入稳态，$\Delta P_{grid}^{*}$ 近似为零。

由图 11-14 可以看出，最终换流站 2、3、4 的功率指令值稳定在 2×1000MW、−2×350MW 和 −2×1350MW 上。

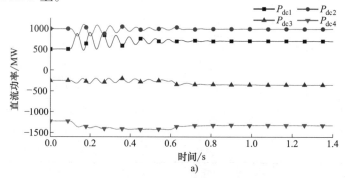

图 11-14 注入换流站 1 的功率改变时的响应特性
a）4 个换流站的直流功率（单极）

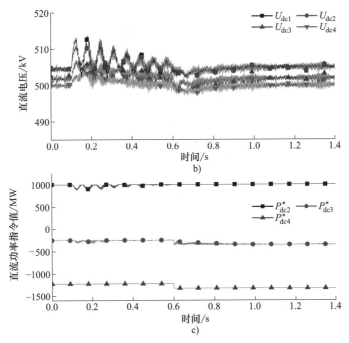

图 11-14 注入换流站 1 的功率改变时的响应特性（续）

b) 4 个换流站端口的直流电压（单极） c) 换流站 2、3、4 的功率指令值波形图（单极）

**3. 换流站 4 故障退出后的响应特性仿真**

设测试系统的初始运行状态见表 11-3，仿真开始时（$t=0$s）测试系统已进入稳态运行，$t=0.1$s 时换流站 4 因故障而退出。设换流站 2 为备用电压基准站，其作用是在主电压基准站退出时承担电压基准站的功能。对于确定的直流电网，主电压基准站与备用电压基准站在系统设计时就已确定，主要的考虑因素是充当电压基准站的换流站必须要有较大的功率调节范围，能够起到作为整个电网电压基准的作用。当主电压基准站故障退出时，保护系统通过通信通道通知备用电压基准站转入电压基准站控制模式，此过程有一定的时间延迟，在本算例中，取这个时间延迟为 50ms，即换流站 2 在换流站 4 故障退出 50ms 后转为定电压控制模式。表 11-8 给出了本算例中负荷电压控制器的参数设置。

表 11-8 具有备用电压基准站的负荷电压控制器参数设置

| 换流站 | 换流站 2<br>（备用电压基准站） | 换流站 3 | 换流站 4<br>（主电压基准站） |
|---|---|---|---|
| 初始状态的功率指令值 $P_{dc}^*$/MW | 2000 | −500 | 由初始状态潮流确定 |
| 故障后功率指令值 $P_{dc}^*$/MW | 由负荷电压<br>控制器决定 | −1200 | — |
| 基准电压值/kV | ±505 | — | ±500 |
| 比例系数 $K_U$/(MW/kV) | 10 | — | 10 |
| 功率分配系数(%) | 100 | 0 | 0 |

图 11-15 给出了这种情况下测试系统的响应特性，其中图 a 是 4 个换流站的直流功率波形图（单极）；图 b 是 4 个换流站端口的直流电压波形图（单极）；图 c 是换流站 2、3、4

的功率指令值波形图（单极）。结合图 11-15，对此大扰动下整个系统的响应过程描述如下：换流站 4 退出后，整个直流电网功率盈余，电压快速上升，换流站 2 和 3 进入电压下斜控制区域，一次调压起作用，换流站 2 减少注入直流电网的功率指令值，换流站 3 增大从直流电网吸收功率的指令值；50ms 后换流站 2 转入定电压控制模式，同时换流站 3 对应于电压死区的功率指令值也变为 -1200MW；系统在故障后 0.4s 后进入稳定状态。

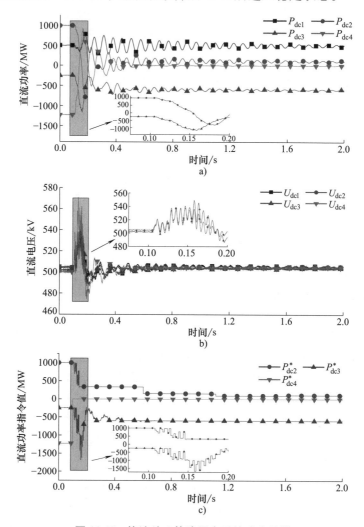

**图 11-15　换流站 4 故障退出后的响应特性**
a) 4 个换流站的直流功率（单极）　b) 4 个换流站端口的直流电压（单极）
c) 换流站 2、3、4 的功率指令值波形图（单极）

## 11.6　直流电网的潮流分布特性及潮流控制器

### 11.6.1　直流电网的潮流分布特性

对于两端直流输电系统，流过直流线路的潮流是完全可控的。这里所谓的完全可控，指的是流过线路的潮流与线路电阻无关。但对于多端直流输电系统和直流电网，情况就不是这样。由电路原理可知，具有 $n$ 个节点的直流电网的节点电压方程为 $J=GU$。其中，$J$ 为注入电流向量，$G$ 为节点电导矩阵，$U$ 为节点电压向量。考察最简单的情况，设该直流电网的所有节点皆为换流站节点，则电压向量 $U$ 是可调节的，因而注入各节点的电流向量 $J$ 也是可调节的。由于 $J$ 中所有元素之和必为零，因而 $J$ 中最多只有 $n-1$ 个元素是独立的，即具有 $n$ 个换流站的直流电网最多只能控制住 $n-1$ 个电流量，这里的电流量可以是注入某个节点的总电流，也可以是单条线路的电流。因此，具有 $n$ 个换流站的直流电网如果线路条数多于 $n-1$，那么就必然存在潮流不可控的线路。对于潮流不可控的线路，就可能发生过负荷，影响系统正常运行。因此，对于直流电网，一般情况下需要引入额外的直流潮流控制装置，才能对直流电网内的各条线路潮流进行有效的控制。

以图 11-2 所示的四端柔性直流测试系统为例，说明潮流的可控性问题。该系统共有 4 个换流站和 4 条直流线路，根据上面的讨论，该系统中 4 条直流线路中的潮流不是完全可控的。但如果将换流站 1 到换流站 2 的线路 $l_{12}$ 断开，则该系统变为只有 3 条线路，那么该系统中所有线路潮流都是可控的。设该测试系统采用主从控制，主控站为换流站 4，当换流站 1 注入直流电网功率 $P_{dc1}$ =1500MW、换流站 3 注入直流电网功率 $P_{dc3}$ = -1500MW 时，改变换流站 2 注入直流电网的功率 $P_{dc2}$ 从 0MW 到 3000MW，测试系统中各条线路的电流变化如图 11-16 所示。从图 11-16 可以看出，各条线路中的电流大小是与所有线路的电阻大小有关的。但如果将换流站 1 到换流站 2 的线路 $l_{12}$ 断开，那么流过各线路的潮流就与所有线路的电阻无关了。例如，当 $P_{dc2}$ =0MW 时，流过线路 $l_{24}$ 的潮流就是零，流过线路 $l_{13}$ 的潮流就是1500MW；而当 $P_{dc2}$ =3000MW 时，流过线路 $l_{24}$ 的潮流就是3000MW，而流过线路 $l_{13}$ 的潮流还是1500MW；即这种情况下流过线路的潮流是完全可控的，与线路本身的电阻大小无关。

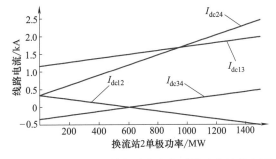

图 11-16　换流站 2 单极功率变化时线路电流分布图

如果测试系统中换流站 1 到换流站 2 的线路 $l_{12}$ 不断开，但需要对测试系统中各条线路的潮流进行控制，这种情况下就必须加装潮流控制器。由于直流线路的电阻通常很小，因此，加装的潮流控制器只需要输出较小范围的电压，就能够达到控制直流线路潮流的目的。例如，如果在线路 $l_{12}$ 上加装一个潮流控制器，在与图 11-16 同样的计算条件下，当 $P_{dc2}$ 从 0MW 变化到 3000MW 时，潮流控制器的输出电压变化范围为 -3.1~4.6kV，就能控制流过线路 $l_{12}$ 的潮流一直为零。通常，直流潮流控制器的输出电压范围在 10kV 以内。现有直流潮流控制设备主要有 3 类[15]：可变电阻器、DC/DC 变换器和辅助电压源。需要指出的是，直流电网中，直流电流对直流电压的变化非常敏感，直流电压的小幅变化可引起电流大幅度的改变。因此，直流潮流控制设备上的电压较小，其额定容量也较小。

### 11.6.2　模块化多电平潮流控制器

模块化多电平潮流控制器（MMPFC）由基于全桥子模块（FBSM）的 MMC 构成[16]，图 11-17 给出了图 11-2 所示的四端柔性直流测试系统在换流站 1 和换流站 2 之间的线路 $l_{12}$

上加装 MMPFC 后的示意图。MMPFC 含有 6 个桥臂，每个桥臂由多个结构相同的级联子模块与一个电抗器串联组成。每个子模块内，$T_1 \sim T_4$ 代表 IGBT，$D_1 \sim D_4$ 代表反并联二极管，$C$ 代表子模块直流侧电容，$U_c$ 为电容器的额定电压。

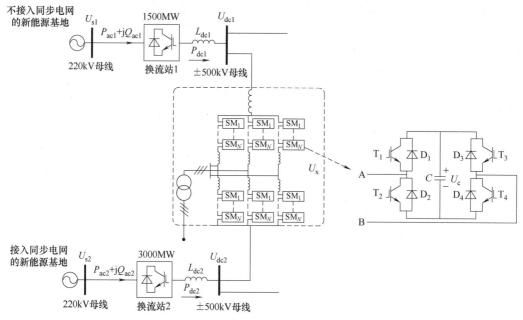

图 11-17 四端柔性直流测试系统加装 MMPFC 后的示意图

MMPFC 与通用的半桥型 MMC 除子模块结构不相同外，整体结构都类似，因而两者的外特性也基本相同。FBSM 能够输出 $+U_c$、0、$-U_c$ 三种电平，因而 MMPFC 的直流侧电压 $U_x$ 可以取正值，也可以取负值，从而能够达到对所安装线路潮流进行充分控制的目的。

MMPFC 的控制器设计与 MMC 的控制器设计类似，也采用内外环控制器结构。但 MMC 的直流侧电压一般是固定的，因此其指令值通常是事先已知的。而 MMPFC 的直流侧电压就是需要插入直流线路的电压 $U_x$，$U_x$ 的大小通常是由整个直流电网根据潮流控制的要求计算得到的，一般由直流电网控制层给出。$U_x$ 的一种简单计算步骤如下：①设定受控的直流线路潮流等于指令值；②进行直流电网的潮流计算，得到受控直流线路两个端点的电压；③根据受控直流线路的潮流指令值和其两个端点的电压值，计算出需要插入直流线路的电压的 $U_x$。将上面计算出来的 $U_x$ 设定为 MMPFC 的直流侧电压指令值 $U_x^*$，外环控制器的任务就是使 MMPFC 的直流侧输出电压跟踪指令值 $U_x^*$，这与 MMC 中的定直流电压控制是完全一致的。至于内环控制，与 MMC 的内环控制也是一样的，不再赘述。

当 MMPFC 附近的某点发生故障时，子模块两端承受的电压会发生相应的变化，流过子模块的电流方向也会出现反转。对于全桥子模块，其状态无非有 4 种：正电压投入模式、负电压投入模式、切除模式以及闭锁模式，如第 7 章 7.4.1 节所描述的。全桥子模块无论处于何种状态，都具有电流双向流通性，且电流方向的变化不需要额外控制，直接由施加在两侧的电压决定。因此，当发生故障，子模块 A、B 两端出现瞬时不确定的电压差时，子模块的电力电子器件（IGBT 和二极管）上不会出现过电压，电力电子器件两端的电压差几乎始终为 0。另外，子模块电容电压在故障瞬间不会发生突变。因此，由 FBSM 级联构成的桥臂具有故障穿越能力，IGBT 等器件上不会出现过电压。

## 11.7 直流电网的短路电流计算方法

### 11.7.1 直流电网短路电流计算的叠加原理

在发生直流线路故障时，基于半桥子模块 MMC 的柔性直流系统无法采用闭锁换流器的方法来限制短路电流。由第 7 章的分析可知，MMC 在线路侧故障后，其响应特性与 MMC 是否闭锁密切相关。

在 MMC 闭锁前，从直流侧向 MMC 看，MMC 3 个相单元的每个相单元都可以用结构恒定和参数恒定的 $RLC$ 电路来描述，如图 7-12 所示，因而 MMC 可以被看作为一个线性电路。

而在 MMC 闭锁后，MMC 可等效为一个标准的 6 脉动整流器，直流侧短路电流的主体是直流电流，其值等于 1.5 倍的上下桥臂基波虚拟等电位点（Δ）三相短路电流幅值 $I_{s3m}$，并与直流侧电路结构和参数关系不大，因而 MMC 可以看作为一个直流电流源。这样，整个直流电网的短路电流计算可以简化为一个直流网络的求解问题。当然用这种方法求出的短路电流实际上是其稳态分量，MMC 闭锁瞬间电感上的电流是不会突变的，因而从 MMC 闭锁瞬间的电流值到稳态值之间还有一个暂态过程，通常用电磁暂态仿真的方法来进行计算更加方便。

以下关于直流电网短路电流的分析，将在 MMC 触发脉冲未闭锁的条件下进行。

不失一般性，考虑如图 11-18a 所示的单极接地故障。显然，直流侧故障可以描述为故障线路处连接了两个相互串联的大小相同、方向相反的电压源，如图 11-18b 所示。为了简化分析过程，电压源的大小可以取为故障前故障点处的直流电压（记为 $U_{dcf0}$）。根据前面的分析，MMC 在闭锁前，从直流侧看进去可以认为是线性电路，因此可以采用叠加原理进行分析。图 11-18b 所示的电路模型可以拆分成两个电路，如图 11-18c 和 d 所示。其中图 11-18c 表示的是图 11-18a 故障前的状态，图 11-18d 中的 MMC 处于零状态。在分析的时间段很短的条件下，认为 MMC 故障后的运行状态基本保持故障前的运行状态不变；这样，图 11-18a 中的短路电流 $i_{dc}$ 可以拆分为两个部分：正常分量 $I_{dc0}$ 和故障分量 $i_{dcf}$。前者就是正常运行状态下的直流电流，后者可以通过图 11-18d 所示的电路进行求解。

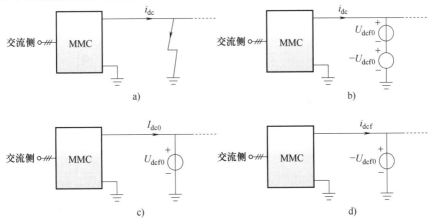

图 11-18 单极接地故障及其线性等效

短路电流的正常分量 $I_{dc0}$ 可以通过直流电网的潮流计算得到，需要考虑 $I_{dc0}$ 取到最大值的运行工况。直流电网的潮流计算可以采用牛顿-拉弗森法完成，一般设定一个功率平衡节点为定电压节点，其余节点为定功率节点，具体流程不再赘述。下面重点讨论故障分量 $i_{dcf}$ 的计算方法。

对于图 11-18d 所示的电路，其关键问题是如何描述处于零状态的 MMC。从直流侧看进去，可以认为 MMC 仅仅由 3 个相单元并联构成。对于处于零状态的每个相单元，显然其等效电路是一个 $RLC$ 串联支路。其中的 $R$ 和 $L$ 容易确定，分别为 $R=2R_0$ 和 $L=2L_0$；而其中的 $C$ 考虑到模拟的是 MMC 触发脉冲未闭锁时的零状态，所有子模块电容都是参与运行的，因此应采用第 3 章式（3-50）的等效原则，即 $RLC$ 串联支路的等效电容 $C$ 取 $C_{eq}=(2/N)C_0$。这样，图 11-18d 所示的电路就很容易计算了，只要将直流电网中的所有 MMC 都用图 11-19 的等效电路来模拟就可以了。

**图 11-19　计算短路电流故障分量时的 MMC 模型**

这样，短路电流故障分量 $i_{dcf}$ 在柔性直流电网中的分布就可用图 11-20 来描述[17]。图中，$L_k(k=1, 2, \cdots, M)$ 表示包含了平波电抗器的换流站 $k$ 的等效电感，$R_k(k=1, 2, \cdots, M)$ 表示换流站 $k$ 的等效电阻，$C_k(k=1, 2, \cdots, M)$ 表示换流站 $k$ 的等效电容；$P_f$ 表示故障点（图中假设故障发生在换流站 2 的直流线路出口），$U_{dc2}$ 表示故障前故障点的稳态直流电压。作为近似，可以认为直流网络中所有点的稳态运行电压均为其额定电压。

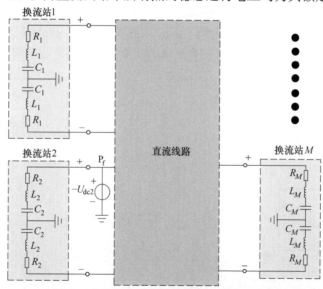

**图 11-20　用于计算柔性直流电网故障电流分量的等效电路图**

## 11.7.2 采用叠加原理计算故障电流的仿真验证

采用图 11-2 所示的四端柔性直流测试系统进行仿真验证，系统初始运行状态见表 11-3。设仿真开始时（$t=0\mathrm{ms}$）测试系统已进入稳态运行，$t=1\mathrm{ms}$ 时在换流站 2 正极直流母线上发生单极接地短路，仿真过程持续到 $t=11\mathrm{ms}$。图 11-21 给出了采用电磁暂态仿真方法与采用叠加原理计算得到的流过各换流站平波电抗器的短路电流波形的比较。

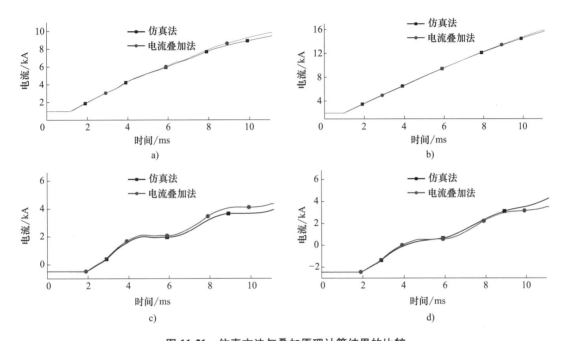

图 11-21 仿真方法与叠加原理计算结果的比较

a）换流站 1 流过平波电抗器的短路电流 b）换流站 2 流过平波电抗器的短路电流 c）换流站 3 流过平波电抗器的短路电流 d）换流站 4 流过平波电抗器的短路电流

从图 11-21 可以看出，采用叠加原理计算的结果与采用仿真方法计算的结果在故障发生后的前 5ms 内几乎没有差别，随着时间推移，差别逐渐变大，但在整个仿真过程持续时间内，误差并不大，表明采用叠加原理进行直流侧的短路电流计算是可行的。

采用叠加原理与采用仿真方法两者存在误差的原因是叠加原理中的稳态分量计算条件在故障后是不严格成立的，只有当故障后 MMC 本身的运行状态继续维持故障前的状态不变的条件下，稳态分量的计算才是成立的。事实上，MMC 在故障后其运行状态是发生变化的，故障发生后时间越长，运行状态的变化越大，因而采用叠加原理进行计算，只在故障后很短的时间内适用。对于一般性的直流电网，这个时间段在 10ms 左右。

采用叠加原理进行直流侧的短路电流计算不需要 MMC 的电磁暂态仿真模型，因而这种方法非常简单，效率极高，是适用于直流电网短路电流计算的好方法。

## 11.8 MMC 直流电网的两种故障处理方法

对于半桥子模块 MMC 加直流断路器的直流电网构网方式，如何快速检测直流故障并隔离故障线路仍然是一个极富挑战性的问题[18]。

常规策略是沿用交流电网的做法，先由继电保护系统判断出故障地点，然后由断路器隔离故障线路，本书将这种故障处理策略称为继电保护主导型故障处理策略。继电保护主导型故障处理策略对继电保护系统的快速性和选择性提出了极高的要求，一般条件下要求故障定位速度比普通交流线路保护快一个数量级。如果直流电网的故障定位速度停留在点对点传统直流输电的故障定位速度上，即故障定位时间在 10ms 左右，那么要求直流断路器切断的故障电流水平就会上升到非常高的水平，使直流断路器的造价大幅度上升。其后果是严重限制了半桥子模块 MMC 加直流断路器这种构网方式的应用。

另一种故障处理策略称为"就地检测故障就地保护"策略[18]，包含两层意思。第一层意思是指换流器，若半桥子模块桥臂电流大于子模块额定电流 2 倍，则换流站自动闭锁。第二层意思是指直流断路器，当流经直流断路器的电流大于正常最大电流的 2 倍时，该直流断路器就立刻动作。即线路两侧的直流断路器独立完成故障检测和跳闸动作，两者之间不需要协调。本书第 12 章的仿真结果表明，此种故障处理策略非常适合于直流电网，具有极高的快速性和选择性，可以大大降低要求直流断路器切断的故障电流水平，从而降低直流断路器的造价。

# 参 考 文 献

[1] CIGRE Working Group B4. 52. HVDC Grid Feasibility Study [R]. Paris, France：CIGRE Brochure No. 533, 2013.

[2] 伍双喜，李力，张轩，等. 南澳多端柔性直流输电工程交直流相互影响分析 [J]. 广东电力，2015，28（4）：26-30.

[3] 吴浩，徐重力，张杰峰，等. 舟山多端柔性直流输电技术及应用 [J]. 智能电网，2013，1（2）：22-26.

[4] 郭贤珊，卢亚军，郭庆雷. 张北柔性直流电网试验示范工程直流控制保护设计原则与验证 [J]. 全球能源互联网，2020，3（2）：181-189.

[5] 杜晓磊，郭庆雷，吴延坤，等. 张北柔性直流电网示范工程控制系统架构及协调控制策略研究 [J]. 电力系统保护与控制，2020，48（9）：164-173.

[6] SAKAMOTO K, YAJIMA M. Development of a control system for a high-performance self-commutated AC/DC converter [J]. IEEE Transaction on power delivery, 1998, 13 (1)：225-232.

[7] NAKAJIMA T, IROKAWA S. A control system for HVDC transmission by voltage sourced converters [C]// IEEE Power Engineering Society Summer Meeting, 18-22 July, 1999, Edmonton, Alberta, Canada. New York：IEEE, 1999.

[8] 徐政，肖亮，刘高任. 一种基于电压基准节点的带死区直流电网电压下垂控制策略：201610377375.9 [P]. 2016-10-08.

[9] 徐政，肖亮，刘高任，等. DC voltage droop control method with dead-band for HVDC grids based on DC voltage fiducial node：US10277032B2 [P]. 2019-04-30.

[10] 徐政，张哲任，刘高任. 柔性直流输电网的电压控制原理研究 [J]. 电力工程技术，2017，36（1）：54-59.

[11] 浙江大学发电教研组直流输电科研组. 直流输电 [M]. 北京：电力工业出版社，1982.

[12] LU W, OOI B T. Optimal acquisition and aggregation of offshore wind power by multiterminal voltage-source

HVDC [J]. IEEE Transactions on Power Delivery, 2003, 18 (1): 201-206.

[13] LU W, OOI B T. Premium quality power park based on multiterminal HVDC [J]. IEEE Transactions on Power Delivery, 2005, 20 (2): 978-983.

[14] 唐庚, 徐政, 薛英林, 等. 基于模块化多电平换流器的多端柔性直流输电控制系统设计 [J]. 高电压技术, 2013, 39 (11): 2773-2782.

[15] 许烽, 徐政, 刘高任. 新型直流潮流控制器及其在环网式直流电网中的应用 [J]. 电网技术, 2014, 38 (10): 2644-2650.

[16] 许烽, 徐政. 一种适用于多端直流系统的模块化多电平潮流控制器 [J]. 电力系统自动化, 2015, 39 (3): 95-102.

[17] ZHANG Z, XU Z, XUE Y. Short circuit current calculation and performance requirement of HVDC breakers for MMC MTDC systems [J]. IEEJ Transactions on Electrical and Electronic Engineering, 2016, 11 (2): 168-177.

[18] 徐政, 刘高任, 张哲任. 柔性直流输电网的故障保护原理研究 [J]. 高电压技术, 2017, 43 (1): 1-8.

# 第12章  高压直流断路器的基本原理和实现方法

## 12.1  直流电网的两种构网方式与直流断路器的两种基本断流原理

### 12.1.1  直流电网的两种构网方式

直流电网有2种基本的构网方式[1]。第1种构网方式采用基于半桥子模块的MMC加直流断路器方案，这种构网方式适用于端数任意多的直流电网。采用半桥子模块MMC加直流断路器的构网方式时，直流线路故障期间通常要求换流站继续运行，不能闭锁，故障线路由直流断路器快速切除，其故障处理原则与交流电网类似。第2种构网方式采用具有直流故障自清除能力的MMC，例如采用基于全桥子模块的MMC，但无需直流断路器，这种构网方式适用于端数小于10的小规模直流电网。采用无直流断路器的构网方式时，直流线路故障期间网内相关换流器闭锁，闭锁后约10ms时间内直流故障电流下降到零并稳定于零值，再通过隔离开关来隔离故障线路，然后相关换流器解锁重新恢复送电，从故障开始到恢复送电的时间一般约为500ms，通常对交流电网的冲击在可以承受的范围之内。

### 12.1.2  直流断路器的两种基本断流原理

当采用半桥子模块MMC加直流断路器的构网方式时，直流断路器就成为直流电网的关键性元件。目前高压直流断路器构造方案主要集中于3种类型，分别是基于常规开关的传统机械型直流断路器、基于纯电力电子器件的固态直流断路器和基于两者结合的混合型直流断路器。虽然目前已开发出技术上可行的高压直流断路器，但其成本高昂，体积巨大，难以像交流断路器那样在电网中广泛使用。因此，直流断路器仍然是发展直流电网的根本性技术瓶颈。与交流断路器相比，开发直流断路器的根本难点主要在2个方面：①直流电网的直流故障电流是单极性的，没有过零点，无法套用交流断路器的开断原理；②直流电网中的直流故障电流发展速度大大高于交流电网中的故障电流，直流断路器必须在直流故障电流达到稳态值前开断直流故障电流，因此对直流断路器的开断速度要求很高。

不失一般性，本章采用如图12-1所示的电路模型来分析直流断路器开断直流故障电流的原理。图中的换流器是基于半桥子模块构成的MMC。

根据图12-1，若直流线路某点发生接地短路，MMC可以有2种工作模式：其一是不闭锁模式，此时从直流侧看，MMC可以等效为一个直流电压源；其二是闭锁模式，此时MMC

的行为表现为一个二极管整流器，从直流侧看，MMC 可以等效为以直流电压为主但具有谐波的电压源。不管 MMC 是处于闭锁模式还是处于不闭锁模式，从 MMC 流到故障点的电流都是单极性的，要使此单极性的电流下降到零，只有 2 条途径[2-3]：第 1 条途径是在直流故障电流通路中串入 1 个无穷大电阻，

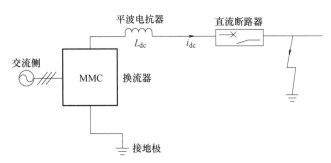

图 12-1 直流断路器开断直流故障电流的电路模型

此时不管 MMC 等效电压源数值的大小，直流故障电流都会下降到零；第 2 条途径是在直流故障电流通路中串入 1 个电容，使得故障通路转变为 1 个 LC 振荡电路，从而使单极性的直流故障电流转变为交流电流，并在此交流电流第 1 次过零点时截断直流故障电流。

## 12.2 基于串入无穷大电阻的高压直流断路器

### 12.2.1 串入无穷大电阻断流法的基本原理

研究直流断路器的开断原理时，所谓的无穷大电阻指的是金属氧化物压敏电阻（MOV）。当 MOV 两端电压小于其参考电压时，MOV 呈现出的电阻可以理解为无穷大。为了分析方便，本节将 MOV 的伏安特性采用 2 个分段折线来表示，如图 12-2 所示。在图 12-2 中，$U_{dcN}$ 为额定直流电压；$U_{ref}$ 为 MOV 的参考电压；$K_{ref}$ 为 $U_{ref}$ 与 $U_{dcN}$ 之比，通常取值约为 1.2；$R_0$ 为 MOV 的增量电阻，其值越小表示 MOV 过电压保护特性越好，对于一般性的 MOV，其值约为 20Ω；$\theta$ 为伏安特性线与水平轴的夹角；$I$ 为流过 MOV 的电流；$\Delta U$ 为 MOV 的电压增量。

在直流断路器完成前序动作步骤后，就在直流故障电流通路中串入了 1 个无穷大电阻；因此，直流断路器开断直流故障电流的等效电路模型如图 12-3a 和 b 所示。图 12-3 中，忽略了直流故障电流通路中除 MOV 之外的其他电阻；$i_{dc}$ 为直流故障电流；$u_{MOV}$ 为 MOV 两端电压；$L$ 为直流故障电流通路的等效电感；当 MMC 不闭锁时，从直流侧向 MMC 看进去的等值电势就等于换流器的额定直流电压 $U_{dcN}$；当 MMC 闭锁时，从直流侧向 MMC 看进去的等值电势等于直流电压分量 $U_{dc}$ 加上一定的谐波电压分量 $\sum u_{dc}(f)$。

设直流断路器转变为 MOV 的瞬间为时间零点 $t=0$，此时的直流故障电流 $i_{dc}(0)$ 就等于初始电流值 $i_{dc0}$，即 $i_{dc}(0) = i_{dc0}$。下面以图 12-3a

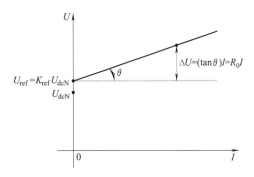

图 12-2 用于直流断路器的 MOV 的简化伏安特性曲线

为例分析串入无穷大电阻实现直流故障电流分断的原理。当 $t>0$ 时，根据图 12-3a 有如下方程：

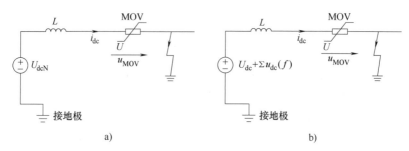

图 12-3 串入无穷大电阻实现断流的原理图
a) MMC 不闭锁 b) MMC 闭锁

$$\begin{cases} U_{\text{dcN}} = L\dfrac{\mathrm{d}i_{\text{dc}}}{\mathrm{d}t} + u_{\text{MOV}} = L\dfrac{\mathrm{d}i_{\text{dc}}}{\mathrm{d}t} + (K_{\text{ref}}U_{\text{dcN}} + R_0 i_{\text{dc}}) \\ i_{\text{dc}}(0) = i_{\text{dc0}} \end{cases} \quad (12\text{-}1)$$

求解式（12-1）可以得到

$$i_{\text{dc}}(t) = i_{\text{dc0}} e^{-\frac{R_0}{L}t} - \frac{U_{\text{dcN}}(K_{\text{ref}}-1)}{R_0}\left(1 - e^{-\frac{R_0}{L}t}\right) \quad (12\text{-}2)$$

$$u_{\text{MOV}} = U_{\text{dcN}} - L\frac{\mathrm{d}i_{\text{dc}}}{\mathrm{d}t} = U_{\text{dcN}} + (R_0 i_{\text{dc0}} + U_{\text{dcN}}(K_{\text{ref}}-1))e^{-\frac{R_0}{L}t} \quad (12\text{-}3)$$

设 $U_{\text{dcN}} = 400\text{kV}$，$L = 200\text{mH}$，$R_0 = 20\Omega$，$K_{\text{ref}} = 1.2$，$i_{\text{dc0}} = 8\text{kA}$，则 $i_{\text{dc}}$ 和 $u_{\text{MOV}}$ 随时间变化的曲线分别如图 12-4a 和 b 所示。由图 12-4 可以看出，在 $t=0$ 时刻（即 MOV 串入电路时刻），直流故障电流和 MOV 两端电压都达到最大值，随后逐渐下降；在电流过零后，MOV 两端电压突变成额定直流电压。

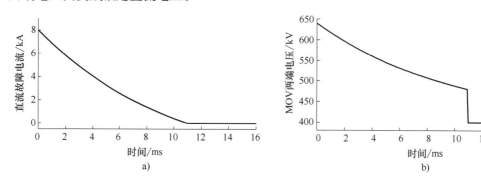

图 12-4 直流故障电流和 MOV 两端电压的变化曲线
a) 直流故障电流变化曲线 b) MOV 两端电压变化曲线

这里关心的是直流故障电流到达零所需要的时间 $\Delta t$ 以及 MOV 两端电压的最大值 $u_{\text{MOV\_max}}$。因此，本章采用单变量变化法，依次改变 $L$、$R_0$、$K_{\text{ref}}$、$i_{\text{dc0}}$ 的值，可以得到 $\Delta t$ 和 $u_{\text{MOV\_max}}$ 随参数变化的特性，如图 12-5 所示。从图 12-5 中可以看出，$\Delta t$ 随着 $L$ 和 $i_{\text{dc0}}$ 的增大而增大，随着 $R_0$ 和 $K_{\text{ref}}$ 的增大而减小；$u_{\text{MOV\_max}}$ 的值与 $R_0$、$K_{\text{ref}}$、$i_{\text{dc0}}$ 这 3 个参数成正相关关系，与参数 $L$ 无关。总的来说，系统的故障特性受故障严重程度以及 MOV 参数影响较大。

第12章 高压直流断路器的基本原理和实现方法

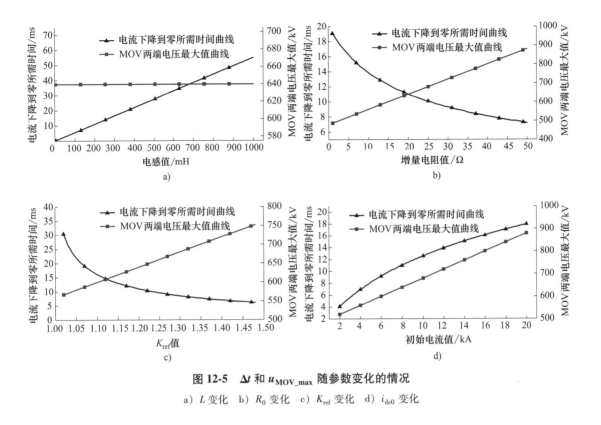

图 12-5 $\Delta t$ 和 $u_{MOV\_max}$ 随参数变化的情况

a) $L$ 变化 b) $R_0$ 变化 c) $K_{ref}$ 变化 d) $i_{dc0}$ 变化

## 12.2.2 基于串入无穷大电阻原理已经得到应用的技术方案

目前已经得到应用的技术方案主要是2种：其一是通常所称的传统机械型直流断路器[4]；其二是ABB公司于2011年提出的混合型直流断路器[5]。针对每一种技术方案，具体实现时可能会有一些变化，下面将对典型的实现方案进行介绍。

**1. 传统机械型直流断路器方案**

传统机械型直流断路器的原理图如图12-6所示[4]。此类直流断路器由主体开关CB，电容$C$、电感$L$及开关$S_1$构成的串联谐振换流回路，代表无穷大电阻的MOV，以及辅助充电电路（辅助电源电压为$U_0$，辅助电源电阻为$R$，辅助电源开关为$S_2$）这4个部分组成。$I_d$为流过直流断路器的电流。

正常运行如图12-6a所示，CB是闭合的，工作电流通过CB流通，损耗可以忽略不计，且电容$C$已预充电完毕。当直流线路发生故障要求直流断路器开断直流故障电流时，首先CB断开产生电弧，同时闭合$S_1$，使串联谐振的换流支路与CB构成1个回路；这样流过CB的电流将包含直流故障电流和从换流支路流入的振荡交变电流，这2个电流叠加后会产生过零点，在合适的条件下CB在电流过零点时电弧熄灭，如图12-6b所示。在CB关断以后，直流故障电流将对电容$C$充电，使电容两端电压迅速上升到使MOV导通的水平，如图12-6c所示。在MOV导通以后，流过换流支路的电流会下降，当该电流下降到一定值时，$S_1$会自动关断，从而实现了在故障通路中串入MOV的目标，如图12-6d所示。

**2. 混合型直流断路器方案**

混合型直流断路器的结构如图12-7所示[5]，主要包含3条支路：第1条支路是正常通

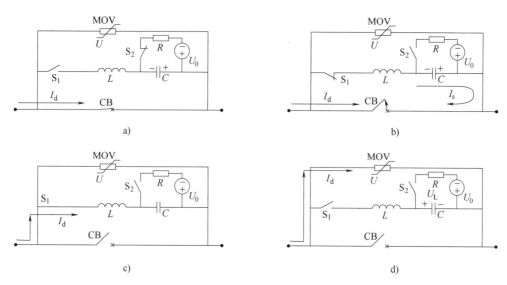

**图 12-6 传统机械型直流断路器的原理图**
a) 阶段 1  b) 阶段 2  c) 阶段 3  d) 阶段 4

流支路,由超高速隔离开关(UFD)和负载转移开关(LCS)串联构成;第 2 条支路是主转移开关支路,也称为主断路器(Main Breaker, MB),由具有双向导通和双向阻断能力的绝缘栅双极型晶体管(IGBT)开关串联构成;第 3 条支路是代表无穷大电阻的 MOV。

正常运行时,UFD 以及 LCS 处于闭合状态,直流电流通过正常通流支路流通,损耗较小,这一阶段电流流通路径如图 12-7a 所示。当线路发生故障要求直流断路器开断直流故障电流时,首先触发 MB 使其导通,然后对 LCS 施加关断信号使其关断,这时直流故障电流仅

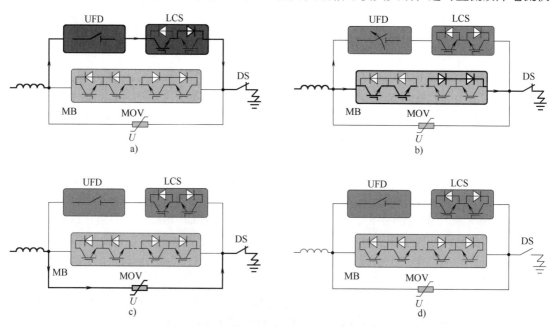

**图 12-7 混合型直流断路器的工作原理图**
a) 阶段 1  b) 阶段 2  c) 阶段 3  d) 阶段 4

通过 MB 流通，正常通流支路中无电流，因而 UFD 可以在无电流和电压很低的状态下断开，如图 12-7b 所示。在 UFD 断开后，对 MB 施加关断信号使其关断，此时直流系统产生的过电压将使 MOV 导通，直流故障电流将只经过 MOV 支路流通，从而实现了在故障通路中串入 MOV 的目标，如图 12-7c 所示。最后再打开隔离开关 DS，实现故障线路与直流系统的电气隔离，如图 12-7d 所示。

### 12.2.3 基于串入无穷大电阻原理的其他技术方案

通过串入无穷大电阻开断直流故障电流的方法一直是直流断路器研究的主流，目前很多研究没有脱离混合型直流断路器的基本思路，仅仅是在 LCS 和 MB 的电路结构上做些改变，比如采用子模块串联结构来代替 IGBT 的直接串联等。

通过何种电路结构，能够更经济有效地在故障期间将 MOV 串入到故障通路中，仍然是一个具有重大价值的研究课题。

## 12.3 基于串入电容的高压直流断路器

### 12.3.1 串入电容断流法的基本原理

在直流断路器完成前序动作将电容串入到直流故障电流通路中后，直流断路器开断直流故障电流的等效电路模型如图 12-8a 和 b 所示。在图 12-8 中，$L$ 为直流故障电流通路的等效电感；$R$ 为直流故障电流通路的等效电阻；$C$ 为串入的电容值；$u_C$ 为电容两端电压。

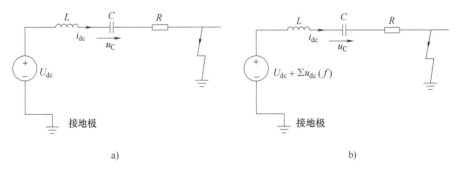

图 12-8 串入电容实现断流的原理图
a) MMC 不闭锁 b) MMC 闭锁

设直流断路器转变为电容 $C$ 的瞬间为时间零点 $t=0$，电容两端电压的初始值为 $u_C(0)=u_{C0}$，直流故障电流 $i_{dc}(0)$ 就等于初始电流值 $i_{dc0}$，即 $i_{dc}(0)=i_{dc0}$。下面以图 12-8a 为例分析串入电容改变直流故障电流性质的原理。当 $t>0$ 时，有如下方程

$$\begin{cases} U_{dcN} = L\dfrac{di_{dc}}{dt} + u_C + Ri_{dc} = L\dfrac{di_{dc}}{dt} + \dfrac{1}{C}\int i_{dc}dt + Ri_{dc} \\ i_{dc}(0) = i_{dc0} \\ u_C(0) = u_{C0} \end{cases} \quad (12\text{-}4)$$

求解式（12-4）可以得到

$$i_{dc}(t) = -\frac{i_{dc0}}{\sin\theta_{dc}} e^{-\frac{t}{\tau_{dc}}} \sin(\omega_{dc}t - \theta_{dc}) + \frac{U_{dcN} - u_{C0}}{\omega_{dc}L} e^{-\frac{t}{\tau_{dc}}} \sin(\omega_{dc}t) \quad (12\text{-}5)$$

式中，$\tau_{dc} = \frac{2L}{R}$，$\omega_{dc} = \frac{1}{2}\sqrt{\frac{4}{LC} - \frac{R^2}{L^2}} \approx \frac{1}{\sqrt{LC}}$，$\theta_{dc} = \arctan(\tau_{dc}\omega_{dc})$。

由式（12-5）可见，直流故障电流 $i_{dc}$ 已变为一个交变的电流，其振荡频率 $\omega_{dc}$ 近似等于 $1/\sqrt{LC}$。通过对直流断路器电路拓扑的针对性设计，可以使直流故障电流在第 1 次过零点时被截断。

由式（12-5）可以得到

$$\begin{aligned} u_C &= U_{dcN} - L\frac{di_{dc}}{dt} - Ri_{dc} = \\ &U_{dcN} + \left(\frac{L\omega_{dc}i_{dc0}}{\sin(\theta_{dc})}\cos(\omega_{dc}t - \theta_{dc}) - (U_{dc} - u_{C0})\cos(\omega_{dc}t) + \right. \\ &\left. \frac{Ri_{dc0}}{2\sin(\theta_{dc})}\sin(\omega_{dc}t - \theta_{dc}) - \frac{R(U_{dcN} - u_{C0})}{2L\omega_{dc}}\sin(\omega_{dc}t)\right)e^{-\frac{R}{2L}t} \end{aligned} \quad (12\text{-}6)$$

设 $U_{dcN} = 400\text{kV}$，$R = 0.5\Omega$，$L = 200\text{mH}$，$C = 100\mu\text{F}$，$u_{C0} = 0$，$i_{dc0} = 8\text{kA}$，则 $i_{dc}$ 和 $u_C$ 随时间变化的曲线分别如图 12-9a 和 b 所示。由图 12-9 可以看出，电容串入电路之后，直流故障电流对电容充电，电容两端电压和直流故障电流都逐渐增大；当电容两端电压达到额定直流电压时（本例为 400kV），直流故障电流达到最大值；接着直流故障电流逐渐减小，但电容两端电压继续增大，直到直流故障电流到零时，电容两端电压达到最大值。

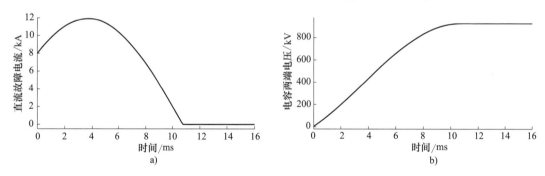

图 12-9 直流故障电流和电容两端电压变化曲线
a）直流故障电流变化曲线 b）电容两端电压变化曲线

与串入 MOV 方案不同，串入电容方案的直流故障电流先上升后下降，因此其最大值大于初始值；串入 MOV 方案的电压最大值出现在初始时刻，而串入电容方案的电压最大值出现在直流故障电流过零时刻。

仍然采用单变量变化法，依次改变 $L$、$C$、$u_{C0}$、$i_{dc0}$ 的值，可以得到直流故障电流过零所需时间 $\Delta t$、电容两端电压最大值 $u_{C\_max}$ 以及直流故障电流最大值 $i_{dc\_max}$ 随参数变化的关系，如图 12-10 所示。从图 12-10 中可以看出，$\Delta t$ 与 $L$、$C$ 成正相关关系，与 $u_{C0}$、$i_{dc0}$ 成反相关关系；$u_{C\_max}$ 与 $L$、$i_{dc0}$ 成正相关关系，与 $C$ 成反相关关系，当 $u_{C0}$ 小于额定直流电压时，$u_{C\_max}$ 随 $u_{C0}$ 增大而减小，当 $u_{C0}$ 大于额定直流电压时，$u_{C\_max}$ 随 $u_{C0}$ 增大而增大；$i_{dc\_max}$ 与 $C$、

$i_{dc0}$ 成正相关关系,与 $L$、$u_{C0}$ 成反相关关系,特别地,当 $u_{C0}$ 大于额定直流电压时,$i_{dc\_max}$ 保持不变。

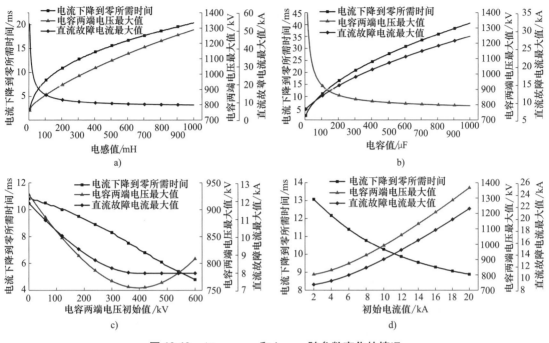

图 12-10　$\Delta t$、$u_{C\_max}$ 和 $i_{dc\_max}$ 随参数变化的情况

a) $L$ 变化　b) $C$ 变化　c) $u_{C0}$ 变化　d) $i_{dc0}$ 变化

## 12.3.2　基于串入电容原理已经得到应用的技术方案

采用此技术路线开断直流故障电流的最典型例子是基于全桥子模块的 MMC。一旦直流线路发生极对地短路,MMC 就立即闭锁。闭锁后的 MMC 子模块就等效为 1 个电容,此时,系统的等效电路如图 12-11 所示,见第 7 章 7.4 节的讨论。通过 FHMMC 的闭锁,电容很自然地串入到了直流故障电流通路中,从而使直流故障电流通路变成了 1 个 LC 振荡回路,时域下的直流故障电流 $i_{dc}(t)$ 变成了类似于式(12-5)的交流电流。由图 12-11 可以看出,

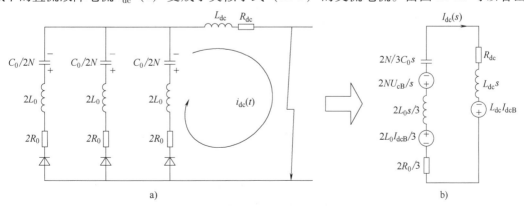

图 12-11　全桥子模块 MMC 闭锁后的等效电路

直流故障电流在第 1 个过零点后就被截断。事实上，具有直流故障自清除能力的 MMC，尽管子模块结构有很多变化，但都是基于上述原理截断直流故障电流的。

### 12.3.3　单支路结构串入电容型直流断路器

单支路结构串入电容型直流断路器如图 12-12 所示。直流断路器中的子模块可以有很多类型，图 12-12 所示的全桥子模块和增强型半桥子模块是 2 种可行的方案，显然采用增强型半桥子模块具有更好的经济性。

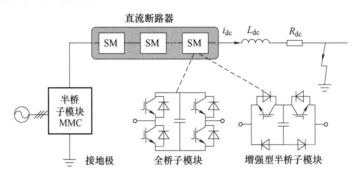

图 12-12　单支路结构串入电容型直流断路器

增强型半桥子模块主要包括 2 种开关状态，分别是导通状态和关断状态，具体介绍如下：

1）导通状态。当 2 个 IGBT 都导通时，电流直接从 IGBT 或其并联二极管流过，电容被旁路。这种开关状态称为导通状态，其电流的流通路径如图 12-13a 所示。

2）关断状态。当 2 个 IGBT 都关断时，电流需要从电容流过，直流电流的流通受阻碍。这种开关状态称为关断状态，其电流的流通路径如图 12-13b 所示。

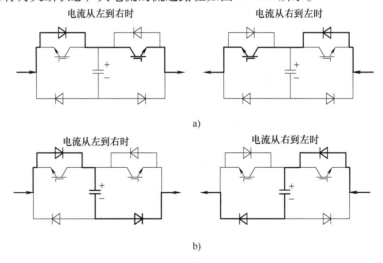

图 12-13　增强型半桥子模块开关状态及流通路径
a）导通状态　b）关断状态

下面采用 2.4.6 节单端 400kV、400MW 的 MMC 测试系统进行仿真验证。图 12-12 中半桥子模块 MMC 的参数见表 12-1，直流断路器的等效电容值为 100μF。设置的运行工况如下：MMC 运行于整流模式，有功功率为 400MW，无功功率为 0。

第12章 高压直流断路器的基本原理和实现方法

表 12-1　400kV、400MW 测试系统具体参数

| 参数 | 数值 | 参数 | 数值 |
| --- | --- | --- | --- |
| MMC 额定容量/MVA | 400 | MMC 子模块电容/μF | 666 |
| 直流额定电压/kV | 400 | MMC 桥臂电感/mH | 76 |
| 交流等值系统线电势有效值/kV | 210 | MMC 桥臂等效电阻/Ω | 0.2 |
| 交流系统额定频率/Hz | 50 | 平波电抗器电感/mH | 200 |
| 交流系统等效电抗/mH | 24 | 平波电抗器电阻/Ω | 0.5 |
| MMC 每个桥臂子模块数目 | 20 | | |

设仿真开始时（$t=0$ms 时）测试系统已进入稳态运行，$t=10$ms 时在平波电抗器出口处发生单极接地短路，故障后 3ms 时直流断路器中的增强型子模块关断。图 12-14 给出了直流故障电流、MMC 直流侧电压和直流断路器上承受电压的变化曲线。图 12-14 中，含正方形的线条是直流断路器等效电容没有预充电时的结果；含三角形的线条是直流断路器等效电容两端电压预充电到 400kV 时的结果。

从图 12-14 中可以看出，有预充电情况下的直流故障电流较小、直流故障电流到零时间较短；2 种情况下的直流侧过电压接近，都约为 600kV。

### 12.3.4 双支路结构串入电容型直流断路器

12.3.3 节的单支路结构串入电容型直流断路器正常运行时直流电流流过所有子模块，直流断路器的通态压降较高，损耗较大。为此，采用与混合型直流断路器相同的思路，增加 1 条正常通流支路。这样，包含正常通流支路的串入电容型直流断路器结构变为双支路结构，如图 12-15 所示。负载转移开关的子模块可以采用与 12.3.3 节相同的子模块，而主断路器中的子模块可以有很多类型，图 12-15 所示的全桥子模块、增强型半桥子模块和精简型半桥子模块是 3 种可行的方案。需要注意的是，由于稳态运行时断流支路不流过电流，而发生直流故障时流过主断路器的电流极性

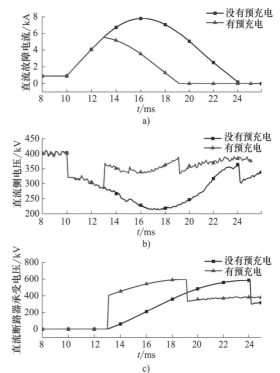

图 12-14　由增强型半桥子模块串联构成的直流断路器的开断性能

是单一的，所以主断路器中的子模块可以采用较为经济的精简型半桥子模块。

精简型半桥子模块也分为导通状态和关断状态。当 IGBT 导通时，电流从 IGBT 流过，电容被旁路，记为导通状态；当 IGBT 关断时，电流从电容支路流过，记为关断状态。

仍然采用单端 400kV、400MW 的 MMC 测试系统进行仿真验证。直流断路器采用图 12-15 所示的直流断路器。图 12-15 中，负载转移开关采用增强型半桥子模块；主断路器采用精简型半桥子模块；主断路器等效电容值为 100μF。

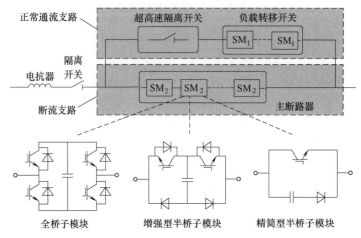

图 12-15 双支路结构串入电容型直流断路器

设仿真开始时（$t=0$ms 时）测试系统已进入稳态运行，$t=10$ms 时在平波电抗器出口处发生单极接地短路。$t=13$ms 时对精简型半桥子模块的 IGBT 加触发脉冲使其导通，同时对负载转移开关加关断指令，$t=13.1$ms 时高速机械开关加关断指令，$t=15$ms 时高速机械开关完全关断，$t=15.1$ms 时对断流支路施加关断指令。图 12-16 给出了正常通流支路电流、断流支路电流、断流支路承受的电压和 MMC 直流侧电压变化曲线。

从图 12-16 中可以看出，双支路结构串入电容型直流断路器的开断性能与单支路结构串入电容型直流断路器的开断性能类似，主要区别是前者的主断路器动作时间比后者慢，直流故障电流最大值较大；但由于前者正常通流路径上的子模块数量少，所以稳态损耗小。

## 12.3.5 三支路结构串入电容型直流断路器

12.3.4 节讨论的双支路结构串入电容型直流断路器所用的串入电容是分布在各个子模块中的，如果需要将电容集中串入到故障通路中，那么可以采用如图 12-17 所示的三支路结构。该结构由 3 个支路组成：正常通流支路和主转移支路与混合型直流断路器的功能一致；断流支路由晶闸管阀与集中式电容串联构成。正常运行时直流电流从正常通流支路中流过，断流支路中不流过电流。

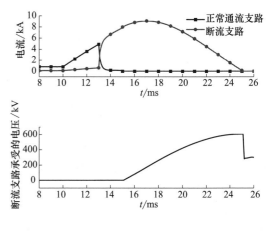

图 12-16 双支路结构串入电容型直流断路器的开断性能

直流线路发生故障后，采用类似于混合型直流断路器的操作步骤，最后将直流故障电流引导到断流支路中，在直流故障电流第 1 次过零点时截断电流。

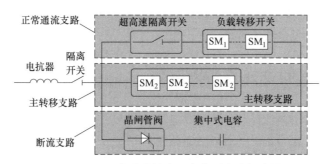

图 12-17 三支路结构串入电容型直流断路器

仍然采用单端 400kV、400MW 的 MMC 测试系统进行仿真验证。直流断路器采用图 12-17 所示的直流断路器。图 12-17 中，负载转移开关采用增强型半桥子模块；主转移支路采用精简型半桥子模块；主转移支路等效电容值为 $10\mu F$，集中式电容值为 $100\mu F$。

设仿真开始时（$t=0ms$ 时）测试系统已进入稳态运行，$t=10ms$ 时在平波电抗器出口处发生单极接地短路。$t=13ms$ 时对主转移支路精简型半桥子模块的 IGBT 加触发脉冲使其导通，同时负载转移开关加关断指令，$t=13.1ms$ 时高速机械开关加关断指令，$t=15ms$ 时高速机械开关完全关断，同时触发断流支路中的晶闸管阀，$t=15.1ms$ 时主转移支路加关断指令。图 12-18 给出了正常通流支路电流、主转移支路电流、断流支路电流、主转移支路电压、晶闸管阀电压、集中式电容电压和 MMC 直流侧电压的变化曲线。

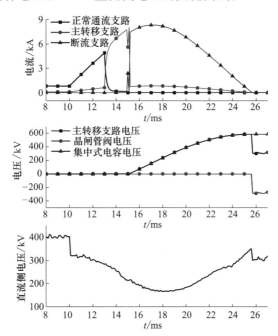

图 12-18 三支路结构串入电容型直流断路器的开断性能

从图 12-18 中可以看出，$t<15ms$ 的响应特性与图 12-16 的响应特性一致；对主转移支路施加关断指令后，电流同时流过主转移支路和断流支路；由于断流支路的集中式电容值远远大于主转移支路等效电容值，因此电流主要从断流支路流过。相比于图 12-15 的串入电容型

直流断路器，图 12-17 的集中串入电容型直流断路器可以将子模块电容集中到断流支路上，因而可以缩减直流断路器的投资成本。

## 12.4 组合式多端口高压直流断路器

在直流电网中，一个换流站可能含有多条直流出线，而通常每条直流出线的两端都需要配置直流断路器，这将大幅提升工程的建造成本。一种降低高压直流断路器造价的可行办法是，将多个独立运行的高压直流断路器通过拓扑优化，集成为一个多端口高压直流断路器。

本书作者团队提出了一种适用于直流电网的组合式多端口高压直流断路器（Assembly Multi-Port HVDC Circuit Breaker）结构[6-10]。组合式多端口高压直流断路器借鉴了混合型直流断路器的断流原理，但将故障断流部件从串联结构变为并联结构，同时将混合型直流断路器的所有部件集中布置方式改变成分散布置方式，从而可以大幅度降低直流电网使用直流断路器的成本。

### 12.4.1 组合式多端口高压直流断路器结构

组合式多端口高压直流断路器的基本结构如图 12-19 所示[6-8]，它是由故障断流部件和正常通流部件组合而成的，所谓的"组合式多端口"指的是两种部件在空间上是独立分开布置的，其中故障断流部件每个换流站单极配置 1 个，正常通流部件换流站的每个单极出线配置 1 个。

故障断流部件包含 2 个支路，分别为主断路器（MB）支路和 MOV 支路，两者并联后通过隔离开关（DS）接到单极直流母线上，具体结构如图 12-19a 所示。组合式多端口直流断路器中的 MB 与混合型直流断路器的 MB 的不同之处是，组合式多端口直流断路器中的 MB 仅需具备单向断流能力，因而所需的 IGBT 器件比混合型直流断路器中的 MB 大为减少。

正常通流部件包括超高速隔离开关（UFD）、负载转移开关（LCS）和续流支路（Freewheeling Branch，FB），其具体结构如图 12-19b 所示。正常通流部件介于直流母线和直流线路之间，每条出线配置 1 个。UFD 与 LCS 串联，其结构与混合型直流断路器的正常通流支路一致；UFD 的另一端与直流母线相联，而 LCS 的另一端与直流线路相联。FB 的高压端与直流线路相联，低压端直接接地。正常通流部件各部分的结构和功能说明如下。

1) UFD：其结构及特性与混合型直流断路器的 UFD 相同，需具有零电流状态下快速断开电路的能力，在当前技术水平下，其开断时间为 2ms 左右。

2) LCS：其结构及特性与混合型直流断路器的 LCS 相同。LCS 由若干个正反向串联的 IGBT 及其反并联二极管组成，具备双向断流能力。UFD-LCS 串联支路的两侧分别为 MB 和 FB。这样，UFD-LCS 串联支路与 MB 和 FB 构成一个 π 形电路，其中 UFD-LCS 串联支路为 π 形电路的"一横"，而 MB 和 FB 分别为 π 形电路的"两条腿"。正常运行时，UFD-LCS 串联支路处于导通状态。当直流线路发生故障引发 MB 和 FB 主动对地短路时，UFD-LCS 串联支路两端的对地电压都接近于零，因此 UFD-LCS 串联支路本身所承受的电压也接近于零，此时给 LCS 施加关断脉冲，LCS 可以在接近零电压下关断。LCS 关断后就初步实现了故障线路的隔离。由于 LCS 不需要承受较高的电压，因而串联 IGBT 的个数不需要太多，系统正常运行时 LCS 的损耗可忽略不计。

第12章 高压直流断路器的基本原理和实现方法

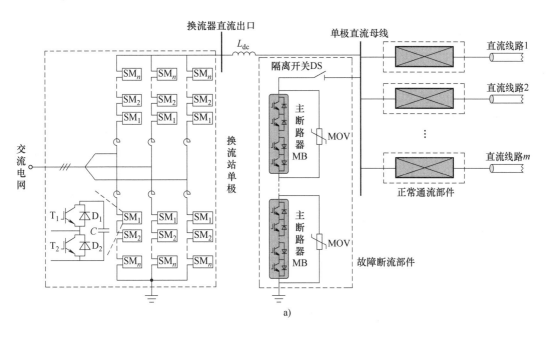

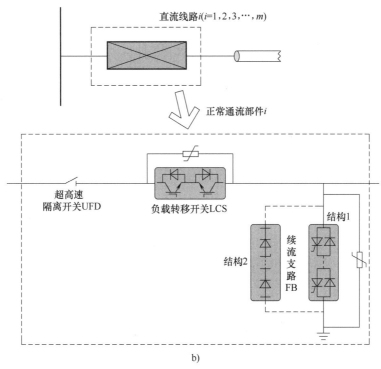

图 12-19 组合式多端口高压直流断路器的基本结构
a) 总体结构 b) 正常通流部件

3) FB：FB 的用途在于 LCS 关断后，为故障直流线路提供一个续流回路，避免在 LCS 关断瞬间产生极大的过电压。FB 需要承受单极直流电压，并需要一定的通流能力。FB 可以采用 2 种结构，第 1 种结构由晶闸管阀与续流二极管阀并联而成[6-8]，第 2 种结构只采用续流二极管阀[9-10]。

## 12.4.2 组合式多端口高压直流断路器工作原理

基于组合式多端口直流断路器隔离故障线路的原理与混合型直流断路器相似，主要包括以下步骤。

1) 稳态运行时，UFD 和 LCS 处于闭合状态，MB 和 FB 处于关断状态。直流电流通过正常通流部件流通。

2) 当直流线路发生故障要求组合式多端口直流断路器开断故障线路时，首先对 MB 和与故障线路对应的 FB 施加闭合信号。两个开关立刻完成闭合，其与系统连接处的电压下降至接近于零，LCS 两端承受电压很小。此时换流器直流出口流出的电流将分别流入 MB、与故障线路对应的 FB 以及故障点，电流的分配依各支路的等效电阻而定。

3) 在 MB 和与故障线路对应的 FB 完成闭合后，对 LCS 内的 IGBT 施加关断信号。经过约 250μs 短暂延时，LCS 完成开断动作，电流迅速降至零。此时，换流器直流出口流出的电流仅流入 MB，实现了故障点和换流器之间的初步隔离。直流线路中的剩余能量将通过 FB 和故障点之间的回路实现泄放，有效抑制了线路可能产生的过电压对 LCS 的威胁。

4) LCS 完成电流开断后，对 UFD 施加开断信号。约延时 2ms 后 UFD 完成开断动作，实现了换流器与直流线路的物理隔离。

5) UFD 打开后，经过约 50μs 的延时，对 MB 内的 IGBT 施加关断信号，系统剩余能量将通过各分段内与 MB 并联的 MOV 泄放。流过 MB 的电流一般经过约 2ms 降低至零，直流故障线路被隔离，系统恢复正常。

## 12.4.3 续流支路采用晶闸管阀与续流二极管阀并联的组合式多端口高压直流断路器仿真验证

第 11 章 11.8 节描述了基于 MMC 的直流电网的两种故障处理策略[11]。续流支路采用晶闸管阀与续流二极管阀并联的组合式高压直流断路器的仿真验证将按照这两种故障处理策略进行。第一种故障处理策略是继电保护主导型策略，第二种故障处理策略是就地故障检测就地保护策略。

考察的直流电网如图 12-20 所示。送端交流系统和受端交流系统都用两区域四机系统[12]来模拟，各发电机出力和各负荷参数见表 12-2。直流电网采用图 12-20 所示的单极结构四端柔性直流测试系统，4 个换流器采用半桥子模块 MMC，其参数见表 12-3，初始运行状态见表 12-4。

表 12-2 发电机出力和负荷大小

| 元件 | 有功功率/MW | 无功功率/Mvar | 端口电压模值/pu | 端口电压相角/(°) |
|---|---|---|---|---|
| $G_{A1}$ | 762 | 166 | 1.03 | 0 |
| $G_{A2}$ | 700 | 285 | 1.01 | −17.0 |
| $G_{A3}$ | 700 | 160 | 1.03 | −12.9 |
| $G_{A4}$ | 700 | 272 | 1.01 | −25.9 |
| $G_{B1}$ | 766 | 169 | 1.03 | 0 |
| $G_{B2}$ | 700 | 292 | 1.01 | −17.3 |

（续）

| 元件 | 有功功率/MW | 无功功率/Mvar | 端口电压模值/pu | 端口电压相角/(°) |
|---|---|---|---|---|
| $G_{B3}$ | 700 | 154 | 1.03 | 1.8 |
| $G_{B4}$ | 700 | 260 | 1.01 | −11.5 |
| $L_{A7}$ | 1100 | 100 | 0.96 | −20.5 |
| $C_{A7}$ | 0 | 0 | 0.96 | −20.5 |
| $L_{A9}$ | 1100 | 100 | 0.96 | 212.6 |
| $C_{A9}$ | 0 | 0 | 0.96 | −212.6 |
| $L_{B7}$ | 1700 | 100 | 0.96 | −20.7 |
| $C_{B7}$ | 0 | 0 | 0.96 | −20.7 |
| $L_{B9}$ | 1700 | 100 | 0.96 | −15.7 |
| $C_{B9}$ | 0 | 0 | 0.96 | −15.7 |

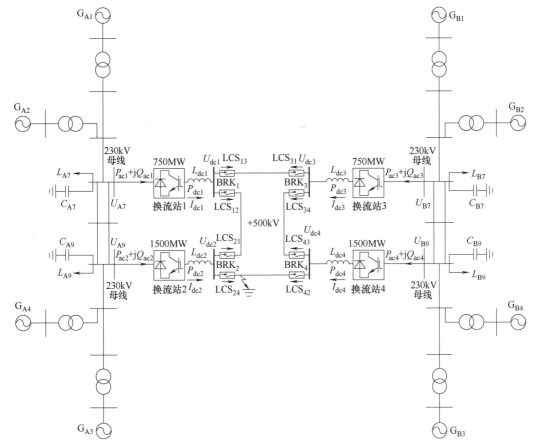

图 12-20　用于远距离大容量输电的小型直流电网测试系统

表 12-3　换流器主回路参数

| 参数名称 | 换流站1 | 换流站2 | 换流站3 | 换流站4 |
|---|---|---|---|---|
| 换流器额定容量/MVA | 750 | 1500 | 750 | 1500 |
| 网侧交流母线电压/kV | 230 | 230 | 230 | 230 |

(续)

| 参数名称 | | 换流站 1 | 换流站 2 | 换流站 3 | 换流站 4 |
|---|---|---|---|---|---|
| | 直流电压/kV | 500 | 500 | 500 | 500 |
| 联接变压器 | 额定容量/MVA | 900 | 1800 | 900 | 1800 |
| | 电压比 | 230/255 | 230/255 | 230/255 | 230/255 |
| | 短路阻抗 $u_k$(%) | 15 | 15 | 15 | 15 |
| 子模块电容额定电压/kV | | 1.6 | 1.6 | 1.6 | 1.6 |
| 单桥臂子模块个数 | | 78 | 78 | 78 | 78 |
| 子模块电容值/mF | | 12 | 12 | 12 | 12 |
| 桥臂电抗/mH | | 66 | 66 | 66 | 66 |
| 换流站出口平波电抗器/mH | | 300 | 300 | 300 | 300 |

表 12-4 四端直流电网初始运行状态

| 换流站 | 换流站控制策略 | 控制器的指令值 |
|---|---|---|
| 1 | 直流侧定有功功率;交流侧定无功功率 | $P_{dc1}^* = 200$ MW; $Q_{ac1}^* = 0$ Mvar |
| 2 | 直流侧定有功功率;交流侧定无功功率 | $P_{dc2}^* = 400$ MW; $Q_{ac2}^* = 0$ Mvar |
| 3 | 直流侧定有功功率;交流侧定无功功率 | $P_{dc3}^* = -200$ MW; $Q_{ac3}^* = 0$ Mvar |
| 4 | 直流侧定电压;交流侧定无功功率 | $U_{dc4}^* = 500$ kV; $Q_{ac4}^* = 0$ Mvar |

**1. 策略 1——由继电保护系统主导故障处理过程**

考察的故障是换流站 2 与换流站 4 之间的直流线路发生单极接地短路。设仿真开始时 ($t=0$s) 测试系统已进入稳态运行。$t=10$ms 时在 $LCS_{24}$ 的线路侧发生单极接地短路。$t=20$ms 时继电保护系统完成故障定位,直流断路器 $BRK_2$ 和 $BRK_4$ 的 MB 和 $FB_{24}$ 与 $FB_{42}$ 动作,同时对 LCS 施加关断信号;$t=20.25$ms 时 LCS 完全关断,并对 UFD 施加断开信号;$t=22.25$ms 时 UFD 完成开断,同时对 MB 施加断开信号。整个故障过程中若桥臂电流大于子模块额定电流 2 倍,则换流站闭锁,其中换流站 1、3 的子模块额定电流为 1.5kA,换流站 2、4 的子模块额定电流为 3.0kA。已闭锁的换流站统一于 $t=40$ms 时解锁,按故障前的控制策略运行。

图 12-21 给出了组合式多端口直流断路器 $BRK_2$ 的响应特性,其中图 a 是 $LCS_{24}$、$FB_{24}$、MB 及 MOV 中的电流波形;图 b 是 $LCS_{24}$、$FB_{24}$、MB 上的电压波形。图 12-22 给出了组合式多端口直流断路器 $BRK_4$ 的响应特性,其中图 a 是 $LCS_{42}$、$FB_{42}$、MB 及 MOV 中的电流波形;图 b 是 $LCS_{42}$、$FB_{42}$、MB 上的电压波形。图 12-23 给出了换流站的响应特性,其中图 a 是流过换流站平波电抗器的电流波形;图 b 是换流站端口的直流电压波形;图 c 是换流站内部桥臂电流最大值波形。图 12-24 为故障点短路电流的波形。

从图 12-21 可以看出,对于断路器 $BRK_2$,$LCS_{24}$ 动作时的电流值为 23.4kA,$LCS_{24}$ 两端瞬间承受的电压为 2.3kV;MB 动作时的电流为 20.4kA,MB 断开后瞬间承受的电压为 940.5kV,是直流电网额定电压的 1.88 倍。从图 12-22 可以看出,对于断路器 $BRK_4$,$LCS_{42}$ 动作时的电流值为 5.5kA,$LCS_{42}$ 两端瞬间承受的电压为 1.5kV;MB 动作时的电流为 9.1kA,MB 断开后瞬间承受的电压为 874.6kV,是直流电网额定电压的 1.75 倍。

从图 12-23 可以看出,对于离短路点较近的换流站 2 和 1,流过平波电抗器的电流较大,可以分别达到 14.3kA 及 7.3kA,桥臂电流也较大,超过其额定电流的 2 倍,并导致换流站 2 和 1 闭锁;$BRK_2$ 和 $BRK_4$ 的 MB 断开瞬间全网过电压达到峰值,其中换流站 2 出口过电压最为严重,但没有超过额定电压的 2 倍。

从图 12-24 可以看出,流过故障线路的电流需要经过约 0.8s 才衰减到零。

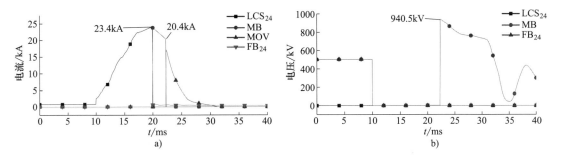

图 12-21 策略 1 下直流断路器 $BRK_2$ 的响应特性

a) 电流波形 b) 电压波形

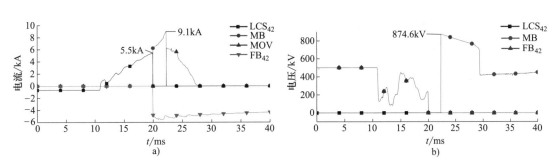

图 12-22 策略 1 下直流断路器 $BRK_4$ 的响应特性

a) 电流波形 b) 电压波形

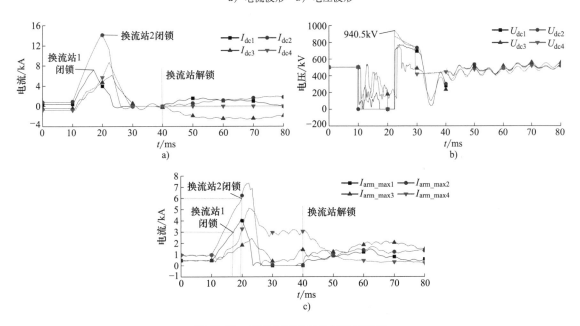

图 12-23 策略 1 下换流站的响应特性

a) 流过换流站平波电抗器的电流波形 b) 换流站端口的直流电压波形
c) 换流站内部桥臂电流最大值波形

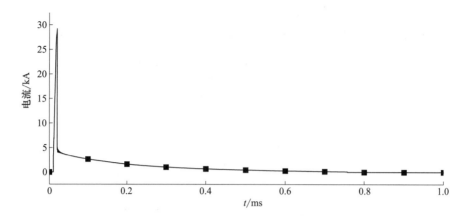

图 12-24 策略 1 下故障点短路电流的波形

**2. 策略 2——基于就地检测就地保护的故障处理过程**

对于本测试系统,换流站 1 和 3 的子模块额定电流为 1.5kA,换流站 2 和 4 的子模块额定电流为 3.0kA。因此,对于换流站 1 和 3,当子模块电流达到 3.0kA 时换流站闭锁;对于换流站 2 和 4,当子模块电流达到 6.0kA 时换流站闭锁。测试系统中所有直流线路正常运行条件下的最大电流都小于 3.0kA,因此当流经直流断路器负载转移开关的电流大于 6kA 时,该负载转移开关就动作,并起动该直流断路器动作的整个过程。

考察换流站 2 与换流站 4 之间的直流线路发生单极接地短路故障。设仿真开始时($t=0$s)测试系统已进入稳态运行。$t=10$ms 时在 $LCS_{24}$ 线路侧发生单极接地短路。图 12-25 给出了流过 8 个直流断路器 LCS 上的电流波形,可以看到,故障线路两侧的断路器 $BRK_2$ 和 $BRK_4$ 的 $LCS_{24}$ 和 $LCS_{42}$ 分别在故障后 1.6ms 和 8.8ms 达到其动作值并动作,在断路器 $BRK_2$ 和 $BRK_4$ 动作后,流过其他断路器的电流开始下降,因而其他断路器不会动作。

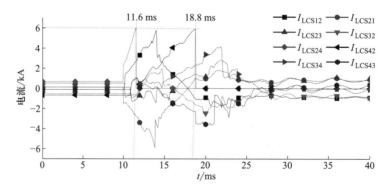

图 12-25 流过 8 个直流断路器 LCS 的电流波形

然后对测试系统中的 4 条直流线路进行逐条故障扫描,故障点分别设为直流断路器线路侧和线路中点,考察就地检测就地保护策略的快速性和选择性。仿真结果见表 12-5。由表 12-5 可以看出,就地检测就地保护的故障处理策略具有极高的快速性和选择性。

## 第12章 高压直流断路器的基本原理和实现方法

表 12-5 不同故障时的组合式断路器动作情况汇总

| 故障点 | 断路器及其动作时间(故障后开始计时)/ms | |
|---|---|---|
| $LCS_{13}$ 线路侧 | $LCS_{13}$:1.6 | $LCS_{31}$:7.6 |
| 线路 13 中点 | $LCS_{13}$:3.8 | $LCS_{31}$:5.1 |
| $LCS_{31}$ 线路侧 | $LCS_{13}$:6.3 | $LCS_{31}$:3.3 |
| $LCS_{12}$ 线路侧 | $LCS_{12}$:2.5 | $LCS_{21}$:3.9 |
| 线路 12 中点 | $LCS_{12}$:3.6 | $LCS_{21}$:3.5 |
| $LCS_{21}$ 线路侧 | $LCS_{12}$:3.9 | $LCS_{21}$:2.5 |
| $LCS_{24}$ 线路侧 | $LCS_{24}$:1.6 | $LCS_{42}$:8.8 |
| 线路 24 中点 | $LCS_{24}$:4.1 | $LCS_{42}$:6.0 |
| $LCS_{42}$ 线路侧 | $LCS_{24}$:6.9 | $LCS_{42}$:3.3 |
| $LCS_{34}$ 线路侧 | $LCS_{34}$:2.3 | $LCS_{43}$:6.7 |
| 线路 34 中点 | $LCS_{34}$:4.9 | $LCS_{43}$:5.0 |
| $LCS_{43}$ 线路侧 | $LCS_{34}$:6.8 | $LCS_{43}$:2.5 |

为了展示策略 2 的完整特性并与策略 1 相比较,下面仍然以正极 $LCS_{24}$ 线路侧发生单极接地短路为例,给出相关物理量的波形。图 12-26 给出了组合式多端口直流断路器 $BRK_2$ 的响应特性,其中图 a 是 $LCS_{24}$、$FB_{24}$、MB 及 MOV 中的电流波形;图 b 是 $LCS_{24}$、$FB_{24}$、MB 上的电压波形。图 12-27 给出了组合式多端口直流断路器 $BRK_4$ 的响应特性,其中图 a 是 $LCS_{42}$、$FB_{42}$、MB 及 MOV 中的电流波形;图 b 是 $LCS_{42}$、$FB_{42}$、MB 上的电压波形。图 12-28 给出了换流站的响应特性,其中图 a 是流过换流站平波电抗器的电流波形;图 b 是换流站端口的直流电压波形;图 c 是换流站内部桥臂电流最大值波形。

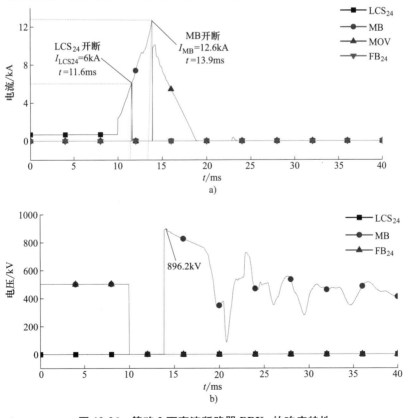

图 12-26 策略 2 下直流断路器 $BRK_2$ 的响应特性
a) 电流波形  b) 电压波形

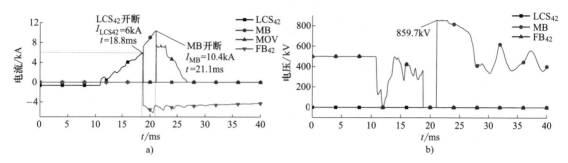

**图 12-27 策略 2 下直流断路器 BRK₄ 的响应特性**

a）电流波形　b）电压波形

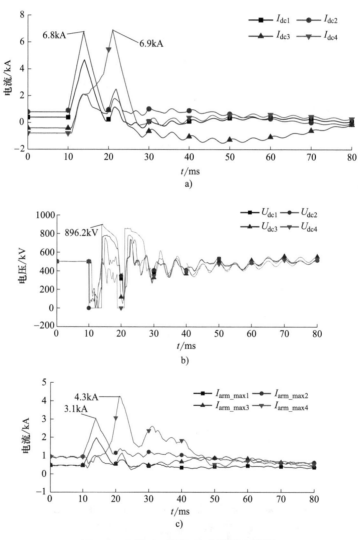

**图 12-28 策略 2 下换流站的响应特性**

a）流过换流站平波电抗器的电流波形　b）换流站端口的直流电压波形
c）换流站内部桥臂电流最大值波形

从图 12-26 可以看出，对于短路点近处的断路器 $BRK_2$，$LCS_{24}$ 动作时的电流值为 6.0kA，$LCS_{24}$ 两端瞬间承受的电压为 1.4kV；MB 动作时的电流为 12.6kA，MB 断开后瞬间承受的电压为 896.2kV，是直流电网额定电压的 1.80 倍。

从图 12-27 可以看出，对于短路点远处的断路器 $BRK_4$，$LCS_{42}$ 动作时的电流值为 6.0kA，$LCS_{42}$ 两端瞬间承受的电压为 1.6kV；MB 动作时的电流为 10.4kA，MB 断开后瞬间承受的电压为 859.7kV，是直流电网额定电压的 1.72 倍。

从图 12-28 可以看出，对于故障线路两端的换流站 2 和 4，流过平波电抗器的电流分别达到 6.8kA 和 6.9kA，桥臂电流未超过其额定电流的 2 倍，换流站 2 和 4 无需闭锁；$BRK_2$ 的 MB 开断瞬间全网过电压达到峰值，其中换流站 2 出口过电压最为严重，但未超过其额定电压的 2 倍。

针对正极 $LCS_{24}$ 线路侧发生单极接地短路故障，表 12-6 给出了 2 种故障处理策略的性能比较。

表 12-6 两种故障处理策略的性能比较

| 类别 | 策略 1 | 策略 2 |
| --- | --- | --- |
| $LCS_{24}$ 动作时间/ms | 10 | 1.6 |
| $LCS_{24}$ 动作电流/kA | 23.4 | 6.0 |
| $BRK_2$ 的 MB 动作电流/kA | 20.4 | 12.6 |
| $BRK_2$ 的 MB 断开后瞬间承受的过电压倍数 | 1.88 | 1.80 |
| $LCS_{42}$ 动作时间/ms | 10 | 8.8 |
| $LCS_{42}$ 动作电流/kA | 5.5 | 6.0 |
| $BRK_4$ 的 MB 动作电流/kA | 12.1 | 10.4 |
| $BRK_4$ 的 MB 断开后瞬间承受的过电压倍数 | 1.75 | 1.72 |
| 流过换流站 1 平波电抗器的电流最大值/kA | 7.3 | 4.7 |
| 流过换流站 2 平波电抗器的电流最大值/kA | 14.4 | 6.8 |
| 流过换流站 3 平波电抗器的电流最大值/kA | 6.2 | 2.5 |
| 流过换流站 4 平波电抗器的电流最大值/kA | 8.8 | 6.9 |
| 流过换流站 1 桥臂的电流最大值/kA | 4.2 | 2.0 |
| 流过换流站 2 桥臂的电流最大值/kA | 7.4 | 3.1 |
| 流过换流站 3 桥臂的电流最大值/kA | 2.4 | 1.1 |
| 流过换流站 4 桥臂的电流最大值/kA | 5.1 | 4.3 |

### 12.4.4 续流支路只采用续流二极管阀的组合式多端口高压直流断路器仿真验证

仍然采用如图 12-20 所示的直流电网进行仿真验证。设仿真开始时（$t=0s$）测试系统已进入稳态运行。$t=10ms$ 时在正极 $LCS_{24}$ 线路侧发生单极接地短路。图 12-29 给出了组合式多端口直流断路器 $BRK_2$ 的响应特性，其中图 a 是 $LCS_{24}$、$LCS_{21}$、MB 和 MOV 的电流波形；图 b 是 $LCS_{24}$、$UFD_{24}$ 和 MB 的电压波形。图 12-30 给出了组合式多端口直流断路器 $BRK_4$ 的响应特性，其中图 a 是 $LCS_{42}$、$LCS_{43}$、MB 和 MOV 的电流波形；图 b 是 $LCS_{42}$、$UFD_{42}$ 和

MB 的电压波形。图 12-31 给出了换流站的响应特性,其中图 a 是流过换流站平波电抗器的电流波形;图 b 是换流站端口的直流电压波形;图 c 是换流站内部桥臂电流最大值波形。

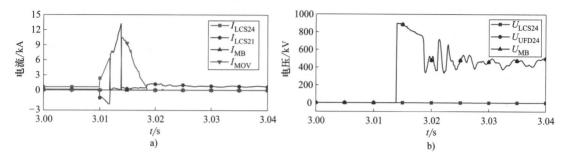

图 12-29 续流支路只采用续流二极管阀的组合式多端口高压直流断路器 $BRK_2$ 的响应特性
a) 电流波形  b) 电压波形

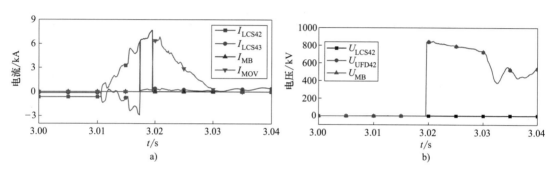

图 12-30 续流支路只采用续流二极管阀的组合式多端口高压直流断路器 $BRK_4$ 的响应特性
a) 电流波形  b) 电压波形

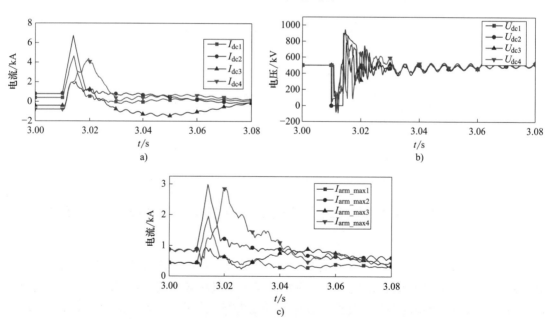

图 12-31 续流支路只采用续流二极管阀的换流站的响应特性
a) 流过换流站平波电抗器的电流波形  b) 换流站端口的直流电压波形  c) 换流站内部桥臂电流最大值波形

从图 12-29 可以看出，对于短路点近处的断路器 $BRK_2$，$LCS_{24}$ 动作时的电流值为 6.0kA，由于 $LCS_{24}$ 完成开关动作需要延时 250μs，因此流过 $LCS_{24}$ 的电流略超其动作值，为 6.3kA；断路器 $BRK_2$ 中的另一个负载转移开关 $LCS_{21}$ 的电流没有达到其动作值，不会触发其动作；MB 动作时的电流为 13.2kA，断开瞬间 MB 两端的电压为 898.6kV，是直流额定电压的 1.80 倍。

从图 12-30 可以看出，对于短路点远处的断路器 $BRK_4$，$LCS_{42}$ 动作时的电流值为 6.0kA，考虑延时后其最大电流值为 6.3kA；断路器 $BRK_4$ 中的另一个负载转移开关 $LCS_{43}$ 的电流没有达到其动作值，不会触发其动作；MB 动作时的电流为 7.7kA，断开瞬间 MB 两端的电压为 848.4kV，是直流额定电压的 1.70 倍。

从图 12-31 可以看出，对于故障线路两端的换流站 2 和 4，流过平波电抗器的电流最大值分别为 6.7kA 和 4.3kA；对于所有换流站，流过桥臂电流的最大值均未超过其额定电流的 2 倍，换流站无需闭锁。

## 12.5　典型高压直流断路器的经济性比较

### 12.5.1　两端口高压直流断路器的经济性比较

本节主要比较以下 4 种直流断路器结构的经济性：①图 12-7 所示的混合型高压直流断路器；②图 12-12 所示的由增强型半桥子模块构成的单支路结构串入电容型高压直流断路器；③图 12-15 所示的双支路结构串入电容型高压直流断路器，其中主断路器子模块采用精简型半桥子模块；④图 12-17 所示的三支路结构串入电容型高压直流断路器，其中主转移支路子模块采用精简型半桥子模块。由于机械型直流断路器基本不需要用到 IGBT，其经济优势是众所周知的，所以本章没有将其纳入比较对象中。

仍然采用如图 12-20 所示的四端柔性直流测试系统进行比较，直流侧额定电压为 500kV。直流断路器设计时考虑 1.6 倍的过电压，并乘以 1.2 作为额外设计裕度，即直流断路器需要具备 960kV 耐压水平。考虑直流断路器的断流能力为 18kA（目前技术资料的指标为 3ms/20kA，这里为方便计算，调整为 18kA）。考察直流断路器 $B_{42}$ 的投资情况。

对于这 4 类直流断路器拓扑，其主断路器（或主转移支路）是核心部件。主断路器中 IGBT 数量的多少直接影响整个直流断路器的造价。所有的直流断路器统一采用 ABB 公司生产的 StakPak 5SNA 3000K452300 型压接式 IGBT，其额定电压为 4.5kV，额定电流为 3.0kA，峰值电流为 6.0kA。

对于混合型高压直流断路器，每个 IGBT 耐压为 4.5kV，整个主断路器耐压为 960kV，这样需要 214 个 IGBT 串联。因为直流断路器有双向通流和双向断流能力，因此所需 IGBT 数量将翻倍，变为 428 个。对于 IGBT 并联支路数量，需要考虑直流断路器的最大断流能力。由于主断路器的断流能力为 18kA，而 IGBT 峰值电流为 6kA，所以需要 3 个并联支路。综上所述，混合型高压直流断路器需要 IGBT 串联数量为 428 个、并联支路为 3 个，IGBT 总数量为 1284 个。

对于单支路电容型高压直流断路器，同样考虑 960kV 的耐压水平，因此需要 214 个增强型半桥子模块串联（增强型半桥子模块含有 2 个 IGBT）。当直流电流达到 IGBT 额定电流的

2倍时，单支路电容型高压直流断路器闭锁，开断直流电流。因此，单支路电容型高压直流断路器只需要1个串联支路，不需要并联支路。综上所述，单支路电容型高压直流断路器需要214个增强型半桥子模块串联，IGBT总数量为428个。

对于双支路电容型高压直流断路器，同样考虑960kV的耐压水平，因此需要214个精简型半桥子模块串联（精简型半桥子模块只含1个IGBT）。由于流过主断路器的直流故障电流最大值为18kA，所以需要3个并联支路。综上所述，双支路电容型高压直流断路器需要214个精简型半桥子模块串联、3个支路并联，IGBT总数量为642个。

对于三支路电容型高压直流断路器，仍然考虑960kV的耐压水平，这样需要214个精简型半桥子模块串联。由于流过主转移支路的直流故障电流最大值为18kA，所以同样需要3个并联支路。综上所述，三支路电容型高压直流断路器需要214个精简型半桥子模块串联、3个支路并联，IGBT总数量为642个。

对于额定直流电压为500kV、有功功率为1500MW的系统，这4种直流断路器所用器件数目情况见表12-7。从表12-7中可以看出，3种电容型高压直流断路器所用的IGBT数量都少于混合型高压直流断路器；相比双支路和三支路断路器，单支路断路器所用的IGBT数量更少，但稳态损耗较大；双支路和三支路断路器所用的IGBT数量相同，但相比双支路断路器，三支路断路器中的主转移支路子模块电容可以选得很小。

表12-7　4种两端口高压直流断路器所用器件数目对比

| 对比项 | 混合型高压直流断路器 | 单支路电容型高压直流断路器 | 双支路电容型高压直流断路器 | 三支路电容型高压直流断路器 |
| --- | --- | --- | --- | --- |
| 主要部件 | 主断路器 | 主断路器 | 主断路器 | 主断路器 |
| IGBT/SM 串联个数 | 428 | 214 | 214 | 214 |
| IGBT/SM 并联个数 | 3 | 1 | 3 | 3 |
| 总 IGBT 数量 | 1284 | 428 | 642 | 642 |

## 12.5.2　组合式多端口高压直流断路器的经济性比较

本节以混合型高压直流断路器为对照基准，比较组合式多端口高压直流断路器的经济性。仍然采用如图12-20所示的四端柔性直流测试系统进行比较，直流侧额定电压为500kV。直流断路器设计时考虑1.6倍的过电压，并乘以1.2作为额外设计裕度，即直流断路器需要具备960kV耐压水平。考虑直流断路器的断流能力为18kA。所有的直流断路器统一采用ABB公司生产的StakPak 5SNA 3000K452300型压接式IGBT，其额定电压为4.5kV，额定电流为3.0kA，峰值电流为6.0kA。考察换流站4的一个单极配置断路器的投资成本。

对于混合型高压直流断路器，从12.5.1节的分析可知，每个直流断路器的主转移支路需要1284个IGBT。假设换流站有$m$条直流出线，这样需要配备$m$个直流断路器，总共需要配置IGBT的数量为1284$m$个。此外，负载转移开关和超高速隔离开关需要配置的数量都为$m$个。对于本节考虑的四端柔性直流测试系统，换流站4共有2条直流出线，因此总共需要2568个IGBT、2个负载转移开关和2个超高速隔离开关。

对于续流支路采用晶闸管阀并联续流二极管阀的组合式多端口高压直流断路器，正常通流部件与故障断流部件是分开布置的，故障断流部件数目由换流站个数决定，正常通流部件数目由出线条数决定。假设1个换流站有 $m$ 条直流出线，这样总共需要配置1个故障断流部件以及 $m$ 个正常通流部件。故障断流部件中，MB 为其核心部件。与混合型高压直流断路器的分析类似，为了保持与之前方案相同的断流及耐压能力，MB 共需配备的 IGBT 个数为 642 个（因为无需双向断流，因此 IGBT 数量为混合型直流断路器的一半）。另外，$m$ 个正常通流部件共需配备 $m$ 个负载转移开关、$m$ 个超高速隔离开关和 $m$ 个续流支路。假定所选晶闸管的型号为 5STP 37Y8500，由于其额定电压为 8kV，同样考虑 960kV 的耐压水平，因此单个续流支路所需晶闸管串联个数为 120 个。由于晶闸管额定通流能力较强，因此无需采用并联结构。对于本节考虑的四端柔性直流测试系统，换流站 4 连接了 2 条直流线路，因此总共需要 642 个 IGBT、240 个晶闸管、2 个负载转移开关、2 个超高速隔离开关和 2 个续流二极管阀。

对于续流支路只采用续流二极管阀的组合式多端口高压直流断路器，假设1个换流站有 $m$ 条直流出线，这样总共需要配置 1 个 MB、$m$ 个负载转移开关、$m$ 个超高速隔离开关和 $m$ 个续流二极管阀。与混合型高压直流断路器的分析类似，为了保持与之前方案相同的断流及耐压能力，MB 共需配备的 IGBT 个数为 642 个（因为无需双向断流，因此 IGBT 数量为混合型直流断路器的一半）。对于本节考虑的四端柔性直流测试系统，换流站 4 连接了 2 条直流线路，因此总共需要 642 个 IGBT、2 个负载转移开关、2 个超高速隔离开关和 2 个二极管阀。

可以看出，由于混合型高压直流断路器的故障断流部件需要串联在每一条直流线路上，因此其器件数目会随直流线路条数的增加而增加；而组合式多端口高压直流断路器的故障断流部件无需直接串联在直流线路中，所有线路可以共用一个故障断流部件，因此其主要器件投资数目仅由换流站个数决定。在直流线路较多时，组合式多端口直流断路器将体现出巨大的经济性优势。

# 参 考 文 献

[1] 徐政，肖晃庆，张哲任，等. 柔性直流输电系统 [M]. 2 版. 北京：机械工业出版社，2017.

[2] 徐政，肖晃庆，徐雨哲. 直流断路器的基本原理和实现方法研究 [J]. 高电压技术，2018，44（2）：347-357.

[3] XU Z, XIAO H, XU Y. Two basic ways to realise DC circuit breakers [J]. The Journal of Engineering, 2019（16）：3098-3105.

[4] 张祖安，黎小林，陈名，等. 应用于南澳多端柔性直流工程中的高压直流断路器关键技术参数研究 [J]. 电网技术，2017，41（8）：2417-2422.

[5] HÄFNER J, JACOBSON B. Proactive hybrid HVDC breakers-a key innovation for reliable HVDC grids [C]//The Electric Power System of the Future Integrating Super Grids and Microgrids International Symposium. Bologna, Italy, 2011.

[6] 徐政，许烽，张哲任. 一种具有直流故障清除能力的换流站及其控制方法：201510122582. 5 [P]. 2015-10-12.

[7] 刘高任，许烽，徐政，等. 适用于直流电网的组合式高压直流断路器 [J]. 电网技术，2016，40（1）：70-77.

[8] LIU G, XU F, XU Z, et al. Assembly HVDC breaker for HVDC grids with modular multilevel converters [J]. IEEE Transactions on Power Electronics, 2016, 32 (2): 931-941.

[9] XIAO H, XU Z, XIAO L, et al. Components sharing based integrated HVDC circuit breaker for meshed HVDC grids [J]. IEEE Transactions on Power Delivery, 2019, 35 (4): 1856-1866.

[10] XIAO H, HUANG X, XU F, et al. Improved multiline HVDC circuit breakers with asymmetric conducting branches [J]. International Journal of Electrical Power & Energy Systems, 2022, 137: 107882.

[11] 徐政, 刘高任, 张哲任. 柔性直流输电网的故障保护原理研究 [J]. 高电压技术, 2017, 43 (1): 1-8.

[12] KUNDUR P. Power system stability and control [M]. New York: McGraw-Hill Inc., 1994.

# 第13章 大规模新能源基地全直流汇集与送出系统

## 13.1 新能源基地外送发展方式的3个阶段及其特点

按照实现"双碳"目标的要求，到2060年，根据多个权威机构的预测，基本一致的数据是，我国的总装机规模为80亿kW，发电量为16万亿kWh。其中风电装机为25亿kW，光伏装机为36亿kW，风电和光伏的总装机为61亿kW。根据2022年发布的大基地规划布局方案，明确到2030年在"沙戈荒"地区规模化建设新能源总装机为4.55亿kW。根据东部地区的电量需求测算，需要实施的风电和光伏西电东送规模会超过15亿kW，而输电距离大多在2500 km以上。采用常规的点对点特高压直流输电，即使每回线路输送1000万kW，也需要超过150回特高压直流输电线路，这是难以实现也是很不经济的。因此迫切需要采用新的直流输电方式。

根据西电东送的需求，本书作者设想的我国新能源基地外送方式可以分为3个发展阶段。

第一发展阶段就是目前正在实施的点对点风光火打捆传统直流输电方式，其结构如图13-1所示。该方式的新能源输送效率很低。根据国家能源局发布的《关于2022年度全国可再生能源电力发展监测评价结果的通报》，风光火打捆外送共9回特高压直流线路，总额定容量为8200万kW，2022年总输送电量为3384亿kWh，平均利用小时数为4126h。输送新能源电量922亿kWh，占比仅为27.25%。显然，这种输电方式难以承担未来大规模新能源的外送任务。

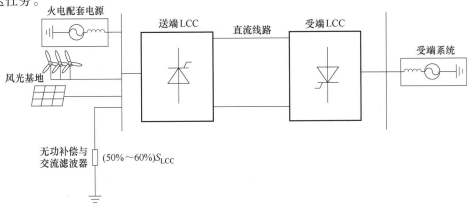

图13-1 点对点风光火打捆传统直流输电方式

第二发展阶段是 2025 年左右将会实施的大规模纯新能源基地通过点对点柔性直流输电送出方式，这是第 9 章已经讨论过的技术方案，其典型结构如图 13-2 所示。

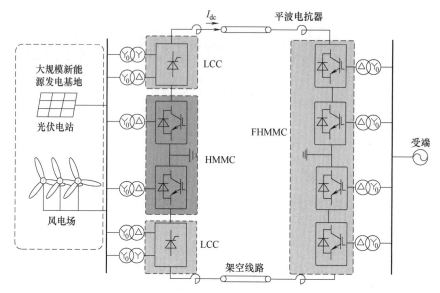

**图 13-2　纯新能源基地通过点对点柔性直流输电送出方案**

当采用点对点直流输电方式时，由于风电和光伏的利用小时数比较低，使得点对点直流输电通道的利用小时数也比较低。举例来说，设新能源基地的装机容量为 $S_{base}$，利用小时数为 2000h，直流输电系统按新能源基地装机容量的 60% 配置输电容量，即 $S_{hvdc} = S_{base} \times 60\%$，若在此输电容量配比下新能源基地的弃电量为 5%，那么直流输电通道的利用小时数为 2000h×95%/60% = 3167h。显然，3167 的利用小时数对直流输电通道来说，利用率太低了，大大低于国家要求的 4500h。因此，纯新能源基地通过点对点柔性直流输电送出方案仍然难以满足未来大规模新能源的外送需求。

为了克服点对点输电方式下直流输电通道利用率太低的缺点，必须采用网对点的输电方式，即将送端多个大规模新能源基地先联接组网，然后统一送电到受端交流电网。显然，送端新能源基地之间的联接方式存在 2 种技术途径，一种是交流联接方式，另一种是直流联接方式。由于我国西部幅员辽阔，人口稀少，既有的交流电网覆盖密度很低，因此将众多新能源基地接入交流大电网后，再实施直流输电，在技术上和经济上存在很多限制因素，不见得是一种优选方案。而基于直流大母线的概念将送端众多新能源基地联接到直流大母线上，然后从直流大母线引出若干西电东送主干通道的方案，不依赖于既有的西部交流电网，在技术上和经济上存在优势。这种基于西部直流大母线概念的特高压柔性直流电网送出方案就是本书作者所设想的我国新能源基地外送方式第三发展阶段，其典型结构如图 13-3 所示。

当采用上述基于直流大母线概念的特高压柔性直流电网送出方案后，单个直流通道的利用小时数可以大幅提高。举例来说，设西部 $n$ 个新能源基地的总装机容量为 $S_{total}$，每个新能源基地的利用小时数为 2000h，直流输电系统所有通道的输送容量之和按 $n$ 个新能源基地总装机容量 $S_{total}$ 的 30% 配置，即 $S_{dc} = S_{total} \times 30\%$，若在此输电容量配比下 $n$ 个新能源基地的总弃电量为 10%，那么直流输电通道的利用小时数为 2000h×90%/30% = 6000h。显然，6000h 的利用小时数对直流输电通道来说，已经令人满意了。

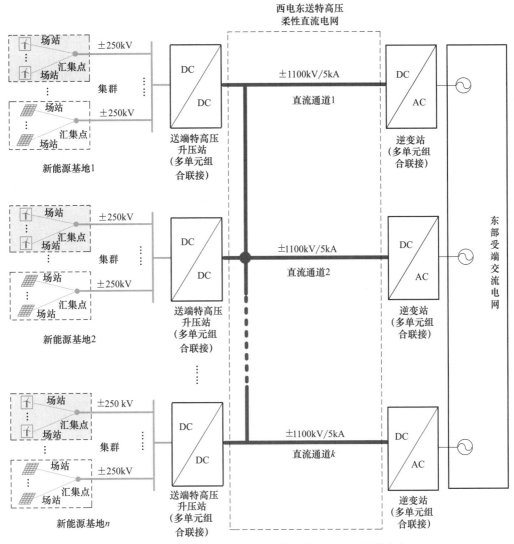

图 13-3 基于西部直流大母线概念的特高压直流电网送出方案

从输电设施的投资费用和运行费用考虑，±800kV 电压等级的合理输电距离在 2500 km 之内，±1100kV 电压等级的合理输电距离在 2000~5000 km 范围[1-3]。如果再考虑西电东送输电通道的稀缺性，那么选择±1100kV 电压等级作为图 13-3 所示西电东送特高压柔性直流电网的电压等级是合适的。而一旦西电东送特高压柔性直流电网的电压等级确定，那么对当前正在规划的"沙戈荒"新能源送出工程的电压等级选择就有决定性的影响，因为当前正在规划的"沙戈荒"新能源送出工程是未来西电东送特高压柔性直流电网的一部分，两者的电压等级必须统一。

## 13.2 新能源基地全直流汇集系统结构

大规模新能源基地主要分布在西部和北部沙漠、戈壁、荒漠地区，通常经过多级交流升压汇集，然后通过特高压直流系统送出。这些新能源基地通常存在如下特点：①大型新能源基地覆盖面积达到数万平方千米，末端新能源场站与送端换流站之间的空间距离较远；②本地建设常规电源较困难，送端电网电压频率支撑主要由送端换流站提供；③高海拔地区气候、地质条件较为复杂。

因此，常规的交流汇集直流送出方案存在如下几个问题需要解决：①送端需要比较紧密的交流电网以支撑大规模新能源电源，并且为了在发电功率大幅变化时保持无功平衡和电压稳定，送端电网需要配置大量动态无功补偿装置，如同步调相机或STATCOM，会对送端电网的经济性产生较大影响；②高海拔地区的低气压导致空气击穿强度下降，需要通过增大输电杆塔尺寸来满足输电线路绝缘要求，此外复杂的地质条件也会给超高压交流架空汇集线路的建设施工带来困难。

全直流汇集送出方案通过直流方式升压汇集并输送新能源电能，不存在无功功率和电压支撑强度问题，特别适用于汇集范围广、输送距离远的新能源基地汇集送出场景。此外，直流方案中输电线路利用率较高，在输送相同功率条件下可以采用比交流方案更低的电压等级，采用较低电压等级的输电线路有利于高海拔地区汇集线路的建设施工。

多个新能源单元并联构成一个小组，统一通过中压直流变压器汇集到场站内中压直流汇集线路上；多个新能源小组构成一个大组，并通过一条中压直流汇集线路输送至站内中压直流母线；单个新能源场站内所有新能源大组都接入同一个中压直流母线，再通过高压直流变压器升压为高压直流，如图13-4所示[4-5]。多个邻近场站（定义为一个集群）再集中通过一回高压直流架空线集中输送数百千米至送端特高压升压站。下面以光伏电站全直流汇集为例，阐述从低压直流到中压直流的汇集过程。

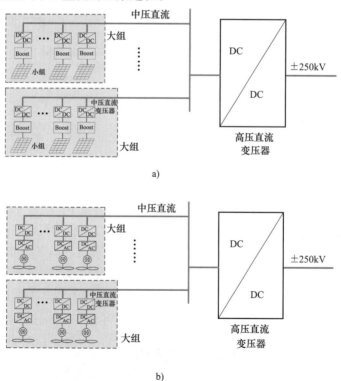

**图13-4 新能源基地全直流汇集系统示意图**
a）光伏场站结构示意图　b）风电场站结构示意图

### 13.2.1 光伏阵列及其出口 Boost 变换器拓扑

光伏单元的基本构成元件是光伏电池单体，或称为光伏电池片，它是将光能转换成电能的最小单元，其工作电压为 0.45~0.5V（开路电压约为 0.6V），典型值为 0.48V，工作电流为 20~25mA/cm$^2$，一般不直接作为电源使用，而是按负载要求，将若干单体电池按电性能分类进行串并联封装组合成可以独立作为电源使用的最小单元——光伏电池组件。光伏电池组件继续串并联形成功率更大的光伏电池阵列。光伏电池的单体、组件和阵列如图 13-5 所示。

光伏电池可以由图 13-6 所示的单二极管等效电路来描述[6]。图中，$I_g$ 代表光子在光伏电池中激发的电流，这个量取决于辐照度、电池的面积和本体的温度 $T$。显然 $I_g$ 与光照强度成线性关系，而温度升高时，$I_g$ 会略有上升。$I_{dio}$ 为通过反并联二极管的电流，它是光伏电池非线性伏安特性的主要来源。

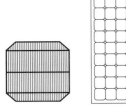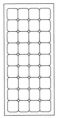

图 13-5 光伏电池的单体、组件和阵列

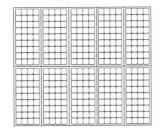

图 13-6 光伏电池的单二极管等效电路

由于光伏组件主要由串联的光伏电池构成，而光伏阵列由光伏组件串并联构成，因此图 13-6 所示的单个光伏电池等效电路可用于表示任何串/并联的组合。光伏电池的伏安特性曲线和功率电压输出特性曲线如图 13-7 所示，从输出特性曲线中可以看到，除开路电压点 $U_{oc}$ 和短路电流点 $I_{sc}$ 这两个重要工作点之外，光伏电池存在着一个最大功率点，对应的电压、电流和功率分别记为 $U_m$（最大功率点电压）、$I_m$（最大功率点电流）和 $P_m$（最大功率）。

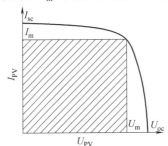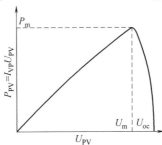

图 13-7 光伏电池的输出特性曲线

在实际运行中，光伏电池的输出特性会受多方面因素影响，如光照强度、温度等都会使它的输出发生变化。因此需要采取一定的控制使光伏电池动态地工作在最大功率输出点附近，这一控制即称最大功率点跟踪（MPPT）控制。MPPT 控制的具体实现由光伏阵列出口的 Boost 变换器完成，假设 Boost 出口低压直流母线电压为 $U_{dcL}$，那么通过调节 Boost 变换器的占空比就能使光伏阵列出口电压追踪其最佳输出电压，从而实现 MPPT。光伏阵列及其出口 Boost 变换器拓扑如图 13-8 所示。

## 13.2.2 中压直流汇集系统

由于单个光伏阵列的功率水平有限，实际工程中通常在 Boost 变换器的高压侧设置低压直流母线，多个光伏阵列及其出口 Boost 变换器在低压直流母线处并联，构成一个光伏小组后再通过中压直流变压器升压。图 13-9 给出了由多个光伏阵列构成的光伏小组经中压直流变压器升压的示意图。

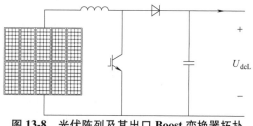

图 13-8　光伏阵列及其出口 Boost 变换器拓扑

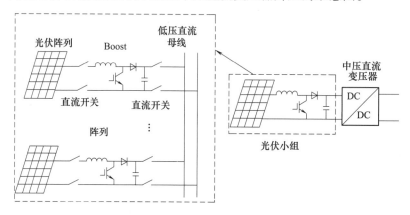

图 13-9　光伏小组的结构示意图

中压直流汇集系统可以采用放射形布置，放射形布置的中压直流汇集系统将若干光伏小组连接在同一条中压直流汇集线路上，构成一个大组；整个光伏电站的电能通过若干条中压直流汇集线输送到中压直流母线上；放射形布置的中压直流汇集系统如图 13-10 所示。该布置的优点是运行简单、投资成本较低；缺点是如果电缆因故障断开，与其相连的所有光伏小组都将停运。

为隔离故障，中压直流汇集系统中还需配置具有直流故障电流开断/阻断能力的直流开关。常用的方案是在每个光伏大组末端靠近中压直流母线处配置直流开关，如图 13-10 所示；当某个大组被直流开关开断后，以该直流开关为界，对应的光伏支路停运，因此单侧配置直流开关即可满足故障隔离需求。

光伏大组的直流开关可以采用第 8 章 8.3 节已介绍过的二极管开关方案，二极管开关由二极管阀和快速开关串联构成。故障发生后，故障所在光伏大组将因过电流而闭

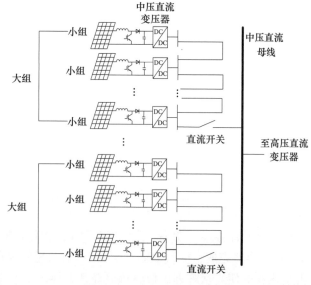

图 13-10　中压直流汇集系统

锁，闭锁后故障所在光伏大组的直流电流将迅速降低至零。考虑到二极管阀的反向阻断作用，无故障的光伏大组将不会向故障点注入短路电流，其运行状态将不受故障影响。此后，可以通过跳开快速开关实现故障隔离，故障隔离时间约为十几毫秒。

## 13.2.3 中压直流汇集系统电压选择

根据国标 GB/T 35727—2017《中低压直流配电电压导则》，中压直流推荐电压等级有 ±10kV、±20kV、±35kV。不同电压等级电缆输送容量对比见表 13-1。采用 ±10kV 电压等级需要的中压直流变压器台数过多，不具备经济性优势。因此中压直流系统的电压等级将从 ±20kV 与 ±35kV 中选取。

表 13-1 不同电压等级电缆输送容量对比

| 电压等级 | ±10kV | | | ±20kV | | | ±35kV | | |
|---|---|---|---|---|---|---|---|---|---|
| 截面积/mm² | 120 | 240 | 300 | 120 | 240 | 300 | 120 | 240 | 300 |
| 载流量/A | 411 | 610 | 692 | 404 | 601 | 688 | 400 | 596 | 677 |
| 输送容量/MW | 8.22 | 12.2 | 13.8 | 16.1 | 24 | 27.5 | 24 | 35.7 | 40.6 |

中压直流母线电压等级的选取与设备造价密切相关，中压直流母线电压越高，设备绝缘成本和设备造价就会相应增高。因此选取中压母线电压时，在满足系统传输容量要求的情况下，不宜选取过高的电压。一般光伏大组容量在 20MW 左右，中压直流汇集系统选择 ±20kV 电压等级有其合理性。

## 13.2.4 中压直流变压器方案

实际工程中，光伏小组的直流电压一般在 1.5kV 左右，考虑到中压直流系统的电压等级为 ±20kV，需要中压直流变压器提供 20 倍以上的直流电压比。中压直流变压器的特点如下：

1) 中压直流变压器的一侧为 1.5kV 左右的直流低压，另一侧为 ±20kV 左右的直流中压。其输入电流高和输出电压高，因此一般采用输入侧并联、输出侧串联（IPOS）的中压直流变压器方案。

2) 从一次主回路结构上看，中压直流汇集系统中各光伏小组在 1.5kV 侧并联，因此需要中压直流变压器采用隔离型拓扑，避免 1.5kV 侧故障经中压直流变压器传递至 ±20kV 直流汇集系统中，进而影响到其他健全设备的运行。

3) 光伏发电具备功率单向性，中压直流变压器黑启动及稳态运行过程中二次系统的所需能量可以从光伏电池本身取电，无需从 ±20kV 侧反送能量。因此中压直流变压器的中压侧可以使用二极管整流单元以提升经济性。

综上，中压直流变压器可以采用隔离型单向 IPOS 拓扑结构，如图 13-11 所示。其中 $DC/DC_1$ ~ $DC/DC_n$ 采用相同的拓扑结构，通常可以采用 LLC 谐振型 DC/DC 变换器方案。

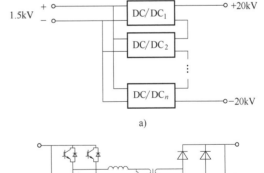

图 13-11 采用 LLC 谐振变换器的 IPOS 型中压直流变压器方案

a) IPOS 拓扑结构　b) 单相 LLC 谐振型直流变压器拓扑

## 13.3 大规模新能源基地送出的高压与特高压直流系统

### 13.3.1 模块化多电平高压直流变压器

作为中压和高压直流系统之间的联系枢纽，在现有技术条件下高压直流变压器可以采用模块化多电平直流变压器（Mudular Multilevel DC/DC Converter，MMDC）拓扑。MMDC 的优势主要有：①属于功率双向型拓扑，可以避免中压和高压等级直流设备频繁启停；②属于隔离性拓扑，其中的交流变压器承担升压比和隔离故障的功能，可以防止中压侧故障影响高压侧的正常运行（反之亦然）；③模块化多电平换流器技术已在高压大容量柔性直流工程中成功应用多年，具备成熟的设计、建设和运维经验。MMDC 主要可以分为单相型和三相型两种拓扑，如图 13-12 所示。

图 13-12a 为单相型 MMDC，其一侧为 ±20kV 左右的直流中压，另一侧为 ±250kV 左右的

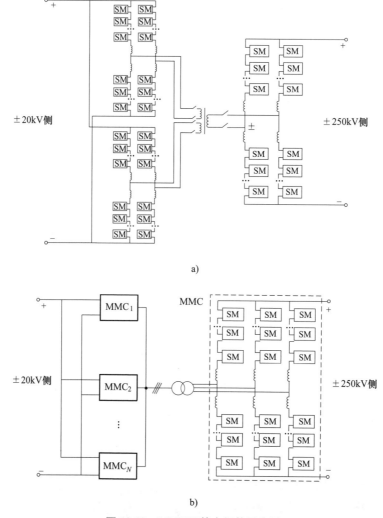

图 13-12 MMDC 基本拓扑示意图
a）单相型 MMDC 拓扑结构　b）三相型 MMDC 拓扑结构

直流高压，且两侧均采用单相MMC，其中±20kV侧采用了两组单相MMC在交直流侧并联。每个单相MMC均由两个相单元并联组成，每个相单元由上、下两个桥臂组成，每个桥臂由多个相同的子模块和桥臂电感组成。直流变压器的直流侧分别连接于直流系统±250kV侧和±20kV侧，中间的交流侧由中频单相三绕组交流变压器连接，实现电压等级变换和故障隔离。

图13-12b为三相型MMDC（共交流母线方案）的拓扑结构。三相型MMDC的两侧均采用三相MMC。该方案中，±20kV侧需要采用多个三相MMC在交直流侧并联，以匹配±250kV侧三相MMC的功率。±250kV侧MMC经由换流变压器与±20kV侧MMC的交流母线相连。通常情况下，±250kV侧采用单个MMC即可满足高压直流变压器的功率要求。

### 13.3.2 特高压直流变压器

参照图13-3，特高压直流变压器需要将±250kV电压提升到±1100kV。原理上，采用图13-12的拓扑结构也是有可能实现的，但这方面的研究还很不充分。特高压直流变压器是未来发展特高压直流电网的关键技术。

## 13.4 全直流汇集与送出系统的接地方案

本节以直流变压器为核心，根据电压等级从高到低的顺序分别介绍全直流汇集与送出系统的接地方案。

根据实际工程经验，特高压直流系统都采用真双极结构，因此所有的特高压换流站都必须配置专门的直流侧接地极，其原理与两端特高压直流输电系统的接地原理类似。

对于高压直流系统，伪双极结构技术成熟且可靠性高，具备一定技术经济优势。高压MMDC接地点配置方案如图13-13所示，有两种可能的接地方案，一是在MMC交流出口安装星形电抗器，二是在Y接线的中性点通过高阻接地。

对于中压直流变压器而言，其1.5kV侧电压等级不高，可以通过换流器机壳接地；其±20kV侧一般在直流侧制造中性点接地，通常串联大阻抗接地，如图13-14所示。

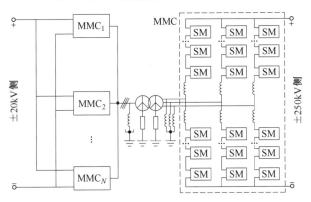

图13-13 高压MMDC接地点配置方案示意图

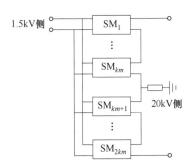

图13-14 中压直流变压器IPOS结构引出接地点示意图

## 13.5 全直流汇集与送出系统的直流电压控制策略

各级直流系统电压都能基本维持稳定,是全直流汇集送出系统稳定运行的前提。

对于特高压直流变压器,其±1100kV 侧的直流电压是由受端 MMC 控制恒定的,因此±1100kV 侧的 MMC 是按照 $f/V$ 控制模式控制的;而±250kV 侧的 MMC 则按照定直流侧电压控制。

对于高压直流变压器,其±250kV 侧的直流电压已经由特高压直流变压器控制恒定,因此其±250kV 侧的 MMC 是按照 $f/V$ 控制模式控制的;而±20kV 侧的 MMC 则按照定直流侧电压控制。

对于采用二极管阀的潮流单向型中压直流变压器,只需采用开环定频控制即能由中间交流变压器电压比和二极管阀的钳位效果共同作用,将光伏阵列升压器出口低压直流电压控制稳定。

图 13-15 按照光伏功率的传输方向,给出了全直流系统的逐级电压控制策略。

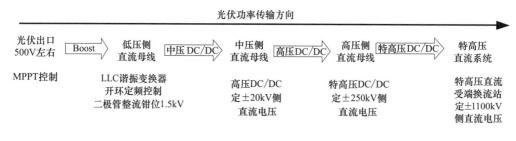

图 13-15　大规模光伏集成全直流系统逐级电压控制策略

## 13.6 大规模新能源基地全直流汇集与送出系统实例仿真

### 13.6.1 实例系统结构

实例系统是一个 1000 万 kW 级的光伏全直流汇集送出系统,如图 13-16 所示。各级直流变压器关键参数见表 13-2。其中,1000 万 kW 级规模的大型光伏基地被划分为若干个百万 kW 级的光伏集群(仿真中分为 7 个 1500MW 规模集群),每个光伏集群又分为若干个 100MW 的光伏场站,场站又分数个大组。每个光伏大组由若干支路经图 13-11 所示的基于 LLC 谐振型变换器的 IPOS 中压直流变压器升压汇集至±20kV 母线构成;每个光伏场站出口配置一台图 13-12a 所示单相高压直流变压器,将光伏功率升压汇集至所在光伏集群的±250kV 直流汇集点;各光伏集群经数百千米高压直流架空线送至特高压直流变压器低压侧,本实例系统的直流特高压等级为±800kV,与图 13-3 中的±1100kV 不同。

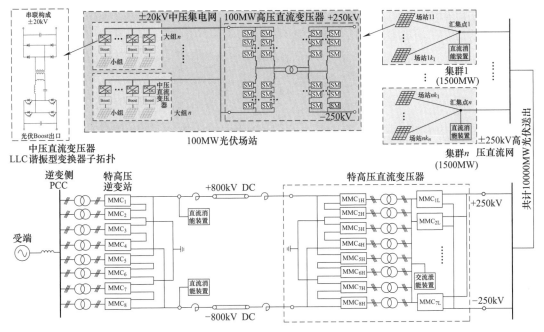

图 13-16 1000 万 kW 级大型光伏基地全直流汇集与送出实例系统

表 13-2 实例系统各级直流变压器参数

| 变压器类型 | 参数名称 | 数值 | 变压器类型 | 参数名称 | 数值 |
|---|---|---|---|---|---|
| 中压直流变压器 | 容量 | 4MW | 高压直流变压器 | 交流变压器电压比 | 28.3kV/353.6kV |
|  | 单元数 | 8 |  | 低压子模块数 | 20 |
|  | 交流变压器电压比 | 1.5kV/5kV |  | 高压子模块数 | 250 |
|  | 谐振电感 $L_r$ | 35.8μH | 特高压直流变压器 | 低压 MMC 数 | 7 |
|  | 谐振电容 $C_r$ | 0.7mF |  | 低压 MMC 型号 | 500kV/1500MW |
|  | 励磁电感 $L_m$ | 716.2μH |  | 高压 MMC 数 | 8 |
| 高压直流变压器 | 容量 | 100MW |  | 高压 MMC 型号 | 400kV/1250MW |

## 13.6.2 光伏集群功率阶跃变化时的系统响应特性

初始工况下所有光伏电站均满发，总有功功率 10500MW。仿真至 2.0s 后，集群 1 所发功率阶跃降至 500MW，3.0s 时恢复原值，系统响应特性如图 13-17 所示。其中，图 a 为光伏集群 1 输出功率，图 b 为高压直流变压器 ±20kV 侧正极直流电压，图 c 为 ±250kV 线路正极直流电压，图 d 为特高压直流变压器 250kV 侧交流电压，图 e 为 ±800kV 线路正极有功功率，图 f 为 ±800kV 线路正极直流电压。从仿真结果可以看出，实例系统能够稳定送出光伏功率，且系统能够较好地跟随光伏出力的波动。在功率阶跃过程中，各级直流电压控制平稳，波动均在合理范围内，整个系统对功率阶跃响应时间在 0.5s 内。

## 13.6.3 受端交流系统故障时的系统响应特性

设定光伏功率满发，在 2.0s 时系统处于稳态，在 ±800kV 特高压直流系统受端逆变站交

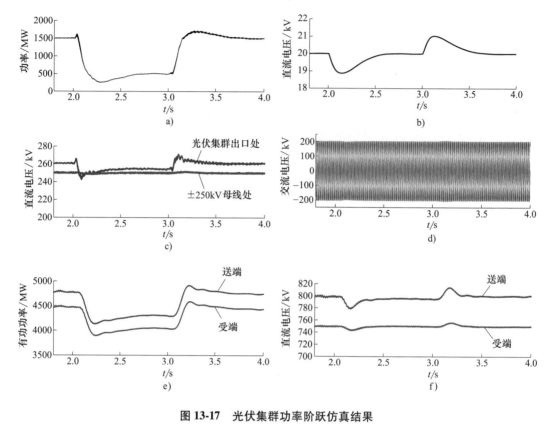

图 13-17 光伏集群功率阶跃仿真结果

a) 光伏集群 1 输出功率  b) 高压直流变压器±20kV 侧正极直流电压  c) ±250kV 线路正极直流电压
d) 特高压直流变压器 250kV 交流电压  e) ±800kV 线路正极有功功率  f) ±800kV 线路正极直流电压

流出口施加持续时间为 0.1s 的三相金属性故障,整个系统的响应特性如图 13-18 所示。其中,图 a 为受端交流母线电压,图 b 为±800kV 线路正极直流电压,图 c 为±800kV 线路正极直流电流,图 d 为±800kV 线路正极有功功率。可见,受端交流系统发生故障后,光伏功率送出受阻,造成直流系统中能量堆积,主要体现在特高压直流受端换流站直流电压的升高。配置在逆变站直流侧的直流消能装置随之投入,避免了能量的过度盈余,使受端发生瞬时性故障后系统无需停运,且前级功率传输基本不受影响。故障结束后 0.3s 内系统即能基本恢复正常运行,故障期间特高压直流线路送端和受端直流电压分别在 1.2pu 和 1.1pu 内。

### 13.6.4 ±800kV 特高压直流线路单极短路故障时的系统响应特性

设定光伏功率满发,在 2.0s 时系统处于稳态,对±800kV 特高压正极直流线路中点施加持续时间为 0.1s 的单极短路故障。特高压直流系统送端采用第 7 章 7.9 节阐述过的直接故障电流控制清除原理清除故障;受端采用闭锁换流器的方式处理直流故障。故障极的故障响应特性如图 13-19 所示。其中,图 a 为±800kV 线路直流电压,图 b 为±800kV 线路正极直流电流,图 c 为±800kV 线路负极直流电流,图 d 为特高压直流变压器 250kV 侧交流电压,图 e 为±250kV 母线正极直流电压。可见,2.0s 发生故障后,特高压直流线路送、受端均能通过检测直流电流 1.5 倍过电流迅速判断出故障。正极送端 FHMMC 利用其降压能力在 0.1s 内

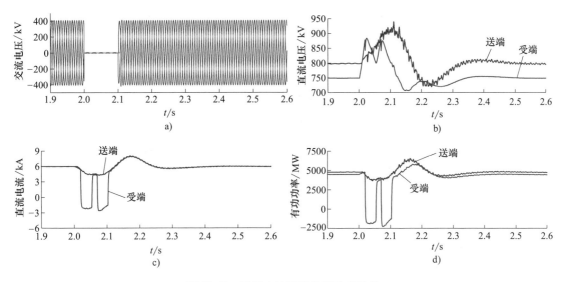

**图 13-18 受端交流系统故障响应特性**

a) 受端交流母线电压  b) ±800kV 线路正极直流电压  c) ±800kV 线路正极直流电流
d) ±800kV 线路正极有功功率

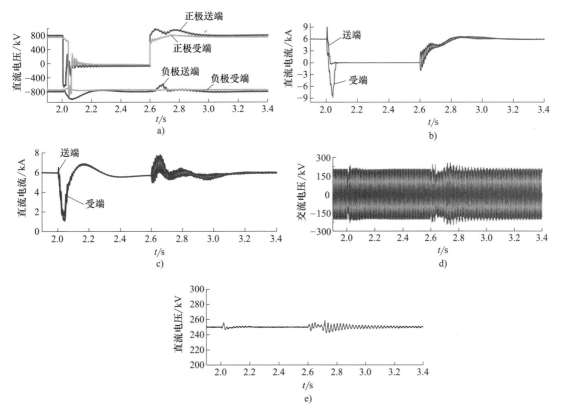

**图 13-19 ±800kV 特高压直流线路单极短路故障仿真结果**

a) ±800kV 线路直流电压  b) ±800kV 线路正极直流电流  c) ±800kV 线路负极直流电流
d) 特高压直流变压器 250kV 侧交流电压  e) ±250kV 母线正极直流电压

即能将正极送端直流电流限制在直流开关开断能力以下；正极受端换流站则通过闭锁 MMC 阻断故障电流通路；直流故障被清除。期间特高压直流线路正极失去功率输送能力，负极仍维持功率传输，配置在送端特高压直流变压器交流侧的交流消能装置投入，吸收无法送出的光伏功率，光伏场站无需停运。经过 500ms 的去游离时间，系统于 2.6s 时重新启动，送端直流开关闭合，送、受端换流站恢复故障前控制方式，交流消能装置切除，0.5s 后系统能够恢复故障前运行状态，且期间未出现过电压与过电流。

### 13.6.5　±250kV 高压直流线路单极短路故障时的系统响应特性

设定光伏集群 1 功率满发，在 2.0s 系统运行至稳态后对光伏集群 1 所联接的 ±250kV 直流正极送出线路中点施加持续时间为 0.1s 的单极短路故障。±250kV 直流系统采用跳开线路两端直流断路器的方式处理直流故障，故障响应特性如图 13-20 所示。其中，图 a 为光伏集群 1 汇集点直流电压，图 b 为 ±250kV 母线直流电压，图 c 为高压直流变压器 ±20kV 侧直流电压，图 d 为 ±250kV 线路正极直流电流，图 e 为光伏集群 1 输出功率。可见，2.0s 发生故障后，±250kV 直流线路送、受端直流断路器延时 5ms 断开，隔离直流故障，同时投入光伏集群 1 汇集点配置的直流消能装置吸收故障期间发出的光伏功率。直流断路器能够快速地清除直流故障，经 500ms 去游离时间后，系统于 2.6s 时重新启动。高压直流线路送、受端直流断路器重新闭合。暂态过程中，汇集点消能装置频繁投切，避免汇集点直流电压上升过多，0.3s 后系统能够恢复故障前运行状态。重启动过程中直流线路电流未超过 1.3pu，不会

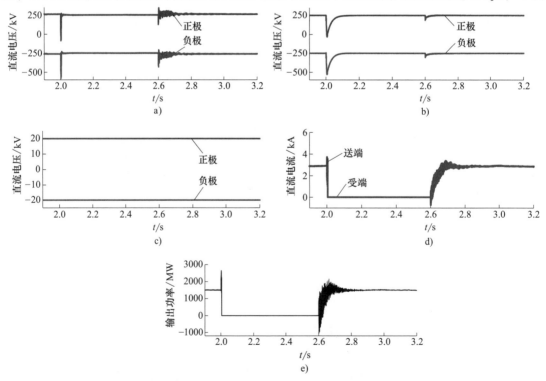

图 13-20　±250kV 高压直流线路单极短路故障仿真结果

a）光伏集群 1 汇集点直流电压　b）±250kV 母线直流电压　c）高压直流变压器 ±20kV 侧直流电压
d）±250kV 线路正极直流电流　e）光伏集群 1 输出功率

触发直流断路器重新动作。

# 参 考 文 献

[1] 刘振亚，舒印彪，张文亮，等．直流输电系统电压等级序列研究［J］．中国电机工程学报，2008，28（10）：1-8.

[2] 徐政，程斌杰．不同电压等级直流输电的适用性研究［J］．电力建设，2015，36（9）：22-29.

[3] 安婷，乐波，杨鹏，等．直流电网直流电压等级确定方法［J］．中国电机工程学报，2016，36（11）：2871-2879.

[4] 徐政，徐文哲，张哲任，等．大型陆上水风光综合基地交直流组网送出方案研究［J］．浙江电力，2023，42（6）：3-13.

[5] 张哲任，徐政，黄莹，等．藏东南光伏基地全直流汇集送出方案及其控制策略研究［J］．浙江电力，2023，42（6）：23-32.

[6] 张兴，曹仁贤，等．太阳能光伏并网发电及其逆变控制［M］．2版．北京：机械工业出版社，2018.

# 第14章 基于MMC的全能型静止同步机原理与应用

## 14.1 全能型静止同步机的典型结构与基本特性

构建新型电力系统的过程就是以非同步机电源为特征的新能源电源占比不断上升的过程。传统同步机电源具有固有的电网支撑特性和多同步机之间的同步特性,而非同步机电源不存在固有的同步特性。在现有电力系统向以新能源为主体的新型电力系统的演化过程中,迫切需要构造大量具有同步机性能的新能源电源,本章阐述的"全能型静止同步机"(Versatile Static Synchronous Machine,VSSM)[1-3],基于电池或超级电容器储能系统,能够达到并超越传统同步机的性能,有望成为构建新型电力系统的支撑性装置之一。

VSSM 由电储能系统加 MMC 构成,如图 14-1 所示。其中图 a 为储能装置集成在子模块中的 VSSM,MMC 中的所有子模块均为储能型子模块(ESSM),其由一个半桥子模块与一个储能装置组成,储能装置通过一个双向 DC/DC 变换器与子模块电容并联;图 b 为储能装置集中安装在直流侧的 VSSM,其 MMC 中的所有子模块为普通半桥子模块,储能装置可以采用直挂式锂电池组。本章的讨论将基于图 14-1a 所示的储能系统结构开展。

VSSM 的基本特性主要表现在如下 3 个方面,而所谓的"全能型"指的就是如下 3 个方面的优势。

**1. 具有 PQ 平面内四象限运行能力**

通过在 MMC 中加入具有功率输出和输入能力的储能装置,MMC 就具备了有功吞吐的能力;而电压源换流器本身就具备无功吞吐的能力;这样,图 14-1 中的储能型 MMC 就构成了一台具有四象限运行能力的静止同步机,而传统同步机只有二象限运行能力。与传统同步机相比,四象限运行的静止同步机的性能优势主要表现在:

1) 能够全容量吸收和发出有功功率。传统同步机不能主动吸收有功功率,尽管在电网频率上升时,传统同步机通过转子动能可以吸收部分能量,但其数量是不能与静止同步机相比的;另外,传统同步机的有功剩余容量根据调速器的调差率调出,在频率下降不多时不能全部调出,而静止同步机没有这个问题,可以全容量调出。

2) 能够等容量发出和吸收无功功率。传统同步机吸收无功功率时称为进相运行,其数量受到进相深度限制,一般为总容量的 20% 左右,而静止同步机没有这方面的限制。

3) 有功和无功的吞吐响应速度快于传统同步机。不管是有功的吞吐响应速度还是无功的吞吐响应速度,一般在秒级以内,比传统同步机快 1 个数量级。

# 第14章 基于MMC的全能型静止同步机原理与应用

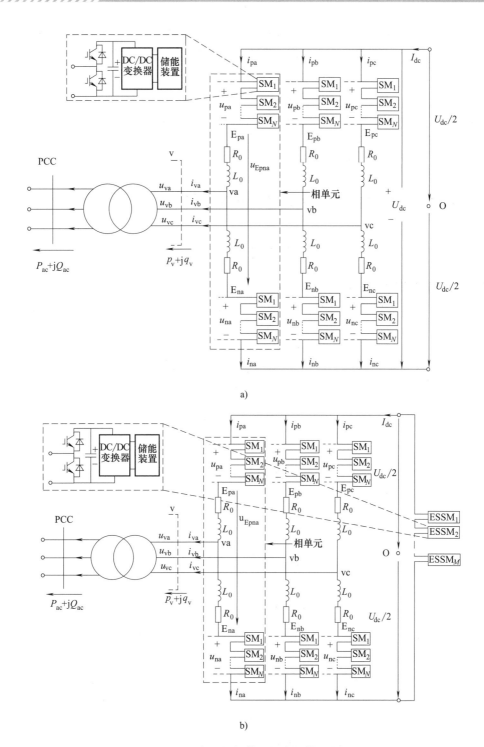

**图 14-1** 四象限运行静止同步机的原理图
a）储能装置集成在子模块中　b）储能装置集中安装在直流侧

## 2. 同时具备交流并网和直流并网能力

静止同步机与电网之间的功率交换既可以采用交流方式，也可以采用直流方式，这就使得静止同步机的并网方式特别灵活。当需要交流并网时，直接将静止同步机的交流端接入交流电网就可以了；而如果需要直流并网，那么只要将静止同步机的直流端接入直流电网；这种灵活的并网能力在现有的电源中是绝无仅有的。

**3. 打破发电出力与负荷功率必须实时平衡的硬约束**

静止同步机由于具有大容量长时间储能的能力，因此就打破了传统电力系统发电出力与负荷功率必须实时平衡的硬约束，从而使交流电网或直流电网的功率平衡约束与稳定性约束变得具有相当的弹性，十分有利于电网的运行。

## 14.2 仅交流侧并网的全能型静止同步机实现原理

### 14.2.1 基于目标同步机的 VSSM 实现原理

只在交流侧并网的 VSSM 的实现原理如图 14-2 所示[1-2]，这种情况下由于储能装置的作用，VSSM 的直流侧可以看作是功率平衡侧，VSSM 向交流侧输出的功率在其容量范围内不受限制。图 14-2 中，$G_1$，$\cdots$，$G_n$ 为 $n$ 台发电机，$N_1$，$\cdots$，$N_n$ 为 $n$ 台发电机的接入点，$\underline{U}_1$，$\cdots$，$\underline{U}_n$ 为 $n$ 台发电机接入点的正序基频电压相量，$P_1+jQ_1$，$\cdots$，$P_n+jQ_n$ 为 $n$ 台发电机注入电网的功率；VSSM 为全能型静止同步机，其接入电网的节点为 PCC，注入电网的功率为 $P_{pcc}+jQ_{pcc}$，PCC 的三相瞬时电压为 $u_{pcc}(t)$，PCC 的正序基频电压相量为 $\underline{U}_{pcc}$。

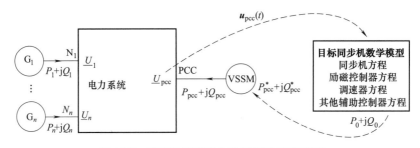

图 14-2 基于目标同步机的 VSSM 实现原理

VSSM 实际上是一个带有储能的 MMC，其控制采用第 5 章已描述过的 PLL/$P_{pcc}$-$Q_{pcc}$ 模式或 PSL/$P_{pcc}$-$Q_{pcc}$ 模式，而其功率指令值 $P_{pcc}^*$ 和 $Q_{pcc}^*$ 按照如下方式获得。

在 PCC 处设置一台目标同步机（Target Synchronous Machine，TSM），该目标同步机为 VSSM 提供功率指令值 $P_{pcc}^*$ 和 $Q_{pcc}^*$。典型情况下目标同步机配备有励磁调节器、调速器和其他辅助控制器，目标同步机本身的参数及其控制器的结构和参数根据对 VSSM 所提出的要求确定。根据 PCC 的三相实时电压 $u_{pcc}(t)$ 以及目标同步机及其励磁调节器、调速器和其他辅助控制器的数学模型，在任何时刻都可以实时计算出目标同步机的输出功率 $P_0+jQ_0$，从而令 $P_{pcc}^*=P_0$ 和 $Q_{pcc}^*=Q_0$ 而得到 VSSM 的功率指令值。

### 14.2.2 VSSM 原理与性能的仿真测试

为了验证基于目标同步机实现 VSSM 的原理并在多机系统中测试 VSSM 的性能，基于四机系统[4]构造了一个测试系统，如图 14-3 所示。与原四机系统相比，左下角的同步发电机

G2 用 VSSM 替代，同时保持正常运行状态下原系统的潮流分布不变[4]，并设置 G3 为相角参考机。图 14-3 中所有同步发电机，包括 VSSM 的目标同步机，都包含有原动机、调速器、励磁系统和电力系统稳定器；同步发电机、线路和负载的参数与参考文献 [4] 保持一致。VSSM 采用 PLL/$P_{pcc}$-$Q_{pcc}$ 控制模式。VSSM 的主回路参数见表 14-1。

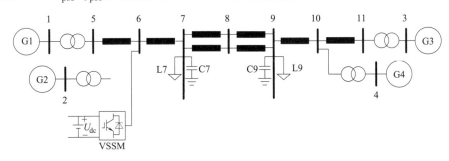

**图 14-3 用于测试 VSSM 原理与性能的四机系统**

**表 14-1 测试系统中的 VSSM 参数**

| 项目 | 大小 | 项目 | 大小 |
| --- | --- | --- | --- |
| 主回路参数 | | 主回路参数 | |
| 换流变压器阀侧电压/kV | 210 | 桥臂电抗/mH | 23.4 |
| 额定直流电压/kV | 400 | 换流变压器漏抗/pu | 0.096 |
| 桥臂级联子模块数目 | 200 | 额定容量/MVA | 900 |
| 子模块电容/μF | 3750 | | |

为了研究 VSSM 在同步发电机状态和同步电动机状态之间的运行状态切换特性，考虑测试系统发生一系列减载动作，见表 14-2。

**表 14-2 减载操作**

| 步骤 | 时间/s | 操作 | 步骤 | 时间/s | 操作 |
| --- | --- | --- | --- | --- | --- |
| 1 | 35 | 负载 1 减小 667MW | 3 | 60 | 负载 2 减小 300MW |
| 2 | 50 | 负载 1 减小 300MW | 4 | 70 | 负载 2 减小 450MW |

在表 14-2 的减载操作下，VSSM 有功功率 $P_{ac}$、转子角 $\delta_g$ 和 q 轴暂态电势 $E'_q$ 的仿真结果如图 14-4 所示。每次减载之后，系统的频率都会相应升高，因此 VSSM 将降低其有功功率，如图 14-4a 所示。与此同时，转子角 $\delta_g$ 也会随着机械功率 $P_m$ 的降低而降低。减载过程中，暂态电势 $E'_q$ 将降低以控制 VSSM 的机端电压。步骤 4 的减载发生后，VSSM 的有功功率从正变为负，表明 VSSM 从同步发电机状态切换到同步电动机状态。在同步电动机状态下，转子角 $\delta_g$ 将小于 0，这意味着储能系统从电网吸收功率。在所研究的系统中，总负荷约为 2734MW，而表 14-2 中减小的负荷约为总负荷的 63%，对整个系统的安全运行来说是一个极端事件。在这种情况下，VSSM 可以进入同步电动机状态以消耗剩余的功率，从而保证系统的频率稳定性。仿真结果表明，在发生 4 次减载后，VSSM 的有功功率从 0.74pu 下降到 -0.34pu，同时能够保持系统频率稳定。因此，VSSM 运行模式切换的能力得到了验证。

在原始的四机系统中，执行表 14-2 中步骤 1 和步骤 2 所示的减载操作后，原四机系统与含 VSSM 的修改系统的仿真结果对比如图 14-5 所示。图 14-5a 表明，当步骤 1 发生后，与

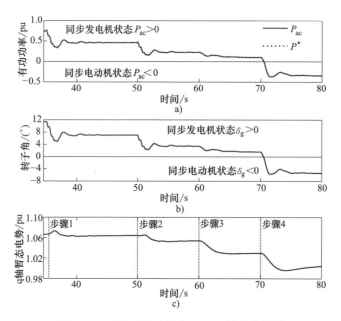

图 14-4 系统减载过程中 VSSM 的响应特性

a) VSSM 的有功功率　b) VSSM 的转子角　c) VSSM 的 q 轴暂态电势

含 VSSM 的修改系统相比,原四机系统中频率偏差更大。当步骤 2 发生后,由于同步发电机最小有功出力的限制(通常为其容量的 0.3~0.4pu),在系统大量减载情况下发电出力将无法与负荷平衡,导致原系统发生频率失稳,从而引起电压振荡。然而,由于 VSSM 具有四象限运行能力,其输出功率可降至 0 和负值(同步电动机状态),从而能够在此减载过程中保持系统的频率稳定。

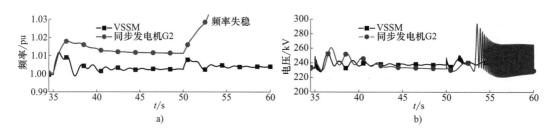

图 14-5 系统减载过程中系统的响应特性

a) 发电机 1 频率　b) 发电机 1 机端电压

## 14.3 接入直流电网的全能型静止同步机的控制原理与性能

### 14.3.1 接入直流电网的 VSSM 的控制策略

当 VSSM 接入直流电网时,直流电网的系统级控制可以选用主从控制策略或电压下斜控制策略。

当使用主从控制策略时,若 VSSM 不是主控站,那么 VSSM 的直流侧电压是由主控站控制的，此时 VSSM 可以有多种控制方式。最直接的控制方式就是上节已阐述过的基于目标同步机的 VSSM 控制方式；而更有优势的一种控制方式是本节将要介绍的交直流双侧故障隔离控制方式。当 VSSM 为主控站时，VSSM 的控制目标是直流侧电压恒定，此时 VSSM 的储能优势可以得到更充分的发挥，能够确保其直流侧电压的恒定。

当直流系统使用电压下斜控制策略时，VSSM 将工作在有功功率控制模式下。VSSM 的直流电流指令值计算方法在第 11 章 11.5 节已描述过。

### 14.3.2 接入直流电网的 VSSM 的双侧故障隔离功能

本节将重点阐述 VSSM 的双侧故障隔离功能，包括交流侧故障时隔离交流侧故障对直流系统的影响，以及直流侧故障时隔离直流侧故障对交流系统的影响。

在交流系统故障期间，ESSM 内的储能装置会精确地对故障引起的直流功率缺额或盈余进行补偿，从而使得故障期间直流侧的电压和电流保持与故障前相同的水平。因此，直流系统将不会受到交流侧故障的影响。

对于暂时性直流故障，在故障期间 VSSM 会发出或吸收有功功率来维持交流侧的功率平衡，从而保证交流系统能够按照故障前的状态继续运行直到直流侧故障被完全清除。对于永久性直流故障，VSSM 能够在一定时间内向交流系统提供足够的功率支撑，直到诸如二次调频等其他交流系统保护措施开始发挥作用。

为了更具体地阐述 VSSM 的双侧故障隔离原理，下面以一个全 VSSM 直流电网为例进行说明，如图 14-6 所示。假设 VSSM 内部以及直流系统的损耗可以忽略不计，采用图 14-6 的有功功率参考方向，那么各个 VSSM 内部以及直流系统内的功率平衡关系可以表示为

$$\begin{cases} P_{\mathrm{ac}i} + P_{\mathrm{es}i} = P_{\mathrm{dc}i}(i=1,2,\cdots,N) \\ \sum_{i=1}^{N} P_{\mathrm{dc}i} = 0 \end{cases} \quad (14\text{-}1)$$

式中，$P_{\mathrm{dc}i}$ 表示第 $i$ 个 VSSM 向直流系统输出的直流功率，$P_{\mathrm{ac}i}$ 表示第 $i$ 个 VSSM 从交流系统吸收的有功功率，$P_{\mathrm{es}i}$ 表示第 $i$ 个 VSSM 的储能装置输出的有功功率。

在稳态运行过程中，所有 VSSM 内的储能装置输出功率 $P_{\mathrm{es}i}$ 均被控制为 0。

当交流系统 $\mathrm{AC}_i$ 中发生了一个故障时，$P_{\mathrm{ac}i}$ 的绝对值将会随着 PCC 电压的下跌而减小。根据式（14-1），为了保持 $P_{\mathrm{dc}i}$ 不发生变化，VSSM$_i$ 内的储能装置被控制输出或吸收与 $P_{\mathrm{ac}i}$ 变化量相等的有功功率来维持直流系统功率平衡。因此，直流系统将不会受到交流系统 $\mathrm{AC}_i$ 故障的影响，而其他交流系统也将保持之前的状态继续运行。

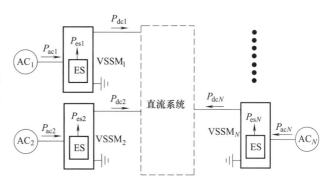

图 14-6 使用 VSSM 的柔性直流电网示意图

另一方面，当某条直流线路发生接地故障时，故障线路将会被直流断路器断开。假设发生故障的线路恰好是第 $i$ 个 VSSM 与柔性直流电网相连的唯一直流线路，那么在故障线路被断开后，直流功率 $P_{\mathrm{dc}i}$ 将会降低至 0。为了防止交流系统 $\mathrm{AC}_i$ 受到功率冲击，该换流站内储

能装置输出的有功功率 $P_{esi}$ 将会被控制到 $-P_{aci}$ 以维持换流站吸收的交流功率 $P_{aci}$ 在故障期间不发生变化。

### 14.3.3 实现双侧故障隔离 VSSM 主体控制策略

根据上一小节的讨论，不管是直流侧故障还是交流侧故障，VSSM 为了实现故障隔离，其充分必要条件是 VSSM 能够通过储能装置的作用维持其直流侧电压恒定。因此，实现双侧故障隔离的 VSSM 的主体控制目标是其直流侧电压被控制在指令值上。此控制目标可以分解成 2 个子目标来完成：第 1 个子目标是在任何故障条件下维持子模块 ESSM 的电容电压不崩溃，这个子目标可以通过 ESSM 本身的控制器来实现；第 2 个子目标是任意相单元中投入的 ESSM 所合成的直流侧电压等于直流电压指令值。

根据上述 2 个控制子目标的要求，设计 VSSM 主体控制器的结构如图 14-7 所示[5]。其由 2 个部分组成，第 1 个部分是双模双环控制器，第 2 个部分是直流电压指令值生成器。

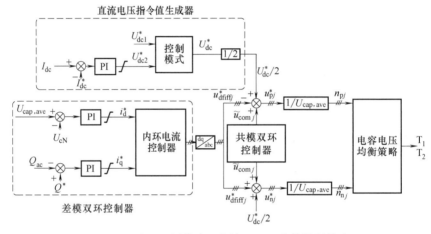

图 14-7 实现双侧故障隔离的 VSSM 主体控制策略

对于双模双环控制器，其与第 5 章 5.3 节描述的 MMC 双模双环控制器在结构上是相同的，仅仅在差模外环控制器的控制目标上有所不同。这部分控制器完成第 2 个控制子目标，即控制直流侧电压等于直流电压指令值。图 14-7 中，子模块电容电压是经过储能装置控制后的电容电压，其在交流侧或直流侧发生故障时也是不会崩溃的。因此，差模外环控制器的 d 轴电流被用来将子模块电容电压平均值 $U_{cap,ave}$ 控制到子模块电容电压额定值 $U_{cN}$ 上，本质上是实现 VSSM 中的有功功率平衡，这与常规 MMC 差模外环控制器的有功类控制并没有本质不同。但这种控制方式既可以满足定有功功率控制的要求，也可以满足定直流电压控制的要求，其比第 5 章 5.3 节描述的 MMC 双模双环控制器有更好的适应性。

直流电压指令值生成器的控制目标是生成直流电压指令值 $U_{dc}^*$，其原理与第 7 章 7.9 节描述的原理类似。与直流电压指令值始终等于直流电压额定值的常规 MMC 不同，VSSM 确定 $U_{dc}^*$ 的方式会随着控制模式的变化而变化。当 VSSM 处于定直流电压控制模式时，直流电压指令值将直接由上层控制器给出的指令值 $U_{dc1}^*$ 确定。而当 VSSM 处于定有功功率控制模式时，直流电压指令值 $U_{dc2}^*$ 则是由一个控制直流电流的 PI 控制器得到的，其中的直流电流指令值 $I_{dc}^*$ 由有功功率指令值和直流电压额定值确定。

### 14.3.4 储能装置的典型结构和技术要求

图 14-8 给出了两种常见的储能型子模块（ESSM）拓扑结构，其中 $u_c$ 代表子模块电容电压。$i_{es}$ 和 $u_{es}$ 分别代表储能装置输出的电流与电压，$L_{es}$ 代表 DC/DC 变换器中的平波电抗。两种拓扑均由一个常规半桥子模块与一个锂电池或超级电容构成的储能装置组成。其中储能装置均通过一个双向 DC/DC 变换器与子模块电容并联。两种拓扑的区别主要在于使用的双向 DC/DC 变换器的种类。图 14-8a 中的拓扑使用的是双向 Boost 变换器，该拓扑仅需要在半桥子模块的基础上增加两个 IGBT，经济性较好，因此许多现有的研究中都采用它来作为 ESSM 中的 DC/DC 变换器[6-9]。图 14-8b 中的拓扑采用的是双向交错并联 Boost 变换器，该拓扑在原有半桥子模块的基础上增加了 4 个 IGBT。与图 14-8a 中的拓扑结构相比，这种拓扑结构能够降低电流的波动，从而减小平波电抗器的体积。参考文献 [10] 中所研究的附加储能装置的 MMC 采用的便是这种拓扑结构的储能型子模块。上述两种拓扑结构均适用于 VSSM，考虑到经济性，本章将采用基于图 14-8a 拓扑结构的 ESSM。

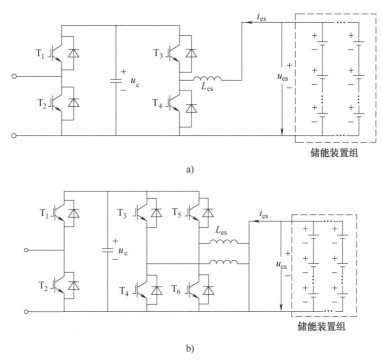

图 14-8 两种 ESSM 拓扑结构
a) 使用双向 Boost 变换器的拓扑  b) 使用双向交错并联 Boost 变换器的拓扑

由于 VSSM 的控制目标是实现交流侧和直流侧的双侧故障隔离，其对于储能装置的技术需求与主流的应用场景有所不同。对于每个 ESSM 中的储能装置，要求其额定输出电流 $i_{esN}$ 与额定输出电压 $u_{esN}$ 满足：

$$\begin{cases} u_{esN} = kU_{cN} \\ i_{esN} = \dfrac{I_{dcN}}{6k} \end{cases} \quad (14-2)$$

式中，$U_{cN}$ 表示子模块电容电压额定值，$I_{dcN}$ 表示 VSSM 的额定直流电流，$k$ 表示 DC/DC 变换器的电压比，可以根据实际需要在 0~1 之间调整。

为了保证在故障引起功率缺额或盈余时能够尽可能久地提供功率支撑，储能装置在稳态下的荷电状态 $S_c$ 通常保持在 $S_{c0}$，其表达式如式（14-3）所示，其中，$S_{cmin}$ 和 $S_{cmax}$ 分别代表储能装置能够长期承受的荷电状态的下限值和上限值。

$$S_{c0} = \frac{S_{cmin} + S_{cmax}}{2} \tag{14-3}$$

根据上述条件，便能够计算在最严重故障下，储能装置能够持续提供满额功率支撑的最长时间 $T_{max}$，其表达式如式（14-4）所示，其中 $W_{es}$ 表示所有储能装置的总能量，$P_{rated}$ 表示 VSSM 的额定有功功率。

$$T_{max} = \frac{(S_{cmax} - S_{c0}) W_{es}}{P_{rated}} \tag{14-4}$$

VSSM 与常规 MMC 的根本性差别是 VSSM 带有储能装置，在外部特性上，VSSM 本身就能够通过储能装置的充放电维持直流侧电压恒定。因此，在储能装置能够维持直流电压恒定的时间尺度内，VSSM 实际上具有 3 个控制自由度，比常规 MMC 多出 1 个控制自由度。对用于双侧故障隔离的 VSSM，这个多出来的控制自由度仅仅在直流侧或交流侧发生故障时使用，系统处于正常态时并不使用这个额外的控制自由度，即系统处于正常态时储能装置的充放电电流 $i_{es}$ 为零。

### 14.3.5 储能装置控制器设计

根据前面几个小节的讨论，可以得到储能装置的控制器结构如图 14-9 所示[5]，其由外环有功类控制器与内环电流控制器 2 个部分组成。外环有功类控制器的控制目标根据 VSSM 所接入系统的运行状态确定。具体分为 3 种场景：①所接入系统处于正常运行态，此时储能装置与 MMC 之间不存在功率交换，外环有功类控制器的输入和输出都是零，即 $i_{es}^*$ 被设定为 0；②所接入系统的交流侧发生故障，此时主体控制器对电容电压的控制能力由于交流电压的跌落受到限制，电容电压控制由储能装置控制器接管，外环有功类控制器的控制目标是子模块电容电压 $u_c$，$u_c$ 控制器将子模块电容电压控制到与电容电压额定值 $U_{cN}$ 相等；③所接入系统的直流侧故障，此时外环有功类控制器的控制目标为 VSSM 的交流侧输出功率，$P_{es}$ 控制器的功率指令值 $P_{es}^*$ 与故障发生前的 MMC 直流功率相等。

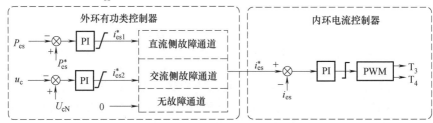

图 14-9 储能装置控制器框图

### 14.3.6 VSSM 在交直流侧故障时的双侧故障隔离实例

实例系统为一个三端直流系统，其拓扑结构如图 14-10 所示，为 2 段线路联接 3 个换流站，每段线路的长度为 50km，线路单位长度参数见表 5-1。VSSM 的主要参数见表 14-3。该实例系统采用主从控制作为系统级控制，其中 VSSM3 作为主控站控制直流电压为 400kV；VSSM1 和 VSSM2 作为从控站运行在定功率控制模式下，有功功率指令值分别为 400MW 和 100MW；功率方向与图 14-10 保持一致。每个交流系统均采用两区四机系统[4]进行模拟，其结构是图 14-3 的原始系统。每个 VSSM 均联接到交流系统的 7 号母线，且 3 个交流系统相互之间无交流线路相联接。在 VSSM 模型中，每个储能装置均由大量的锂电池串并联构成，并采用一阶 RC 等效模型对锂电池进行仿真建模[11]，锂电池组以及 DC/DC 变换器的主要参数见表 14-4。其中，DC/DC 变换器的平波电抗与控制频率是以抑制储能装置电流波动在 20%以下为目标进行选取的。

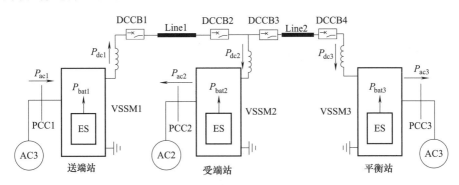

图 14-10 三端实例系统

表 14-3 每个 VSSM 的主要参数

| 参数名称 | 参数值 | 参数名称 | 参数值 |
| --- | --- | --- | --- |
| 额定容量 | 400MVA | 桥臂子模块数量 | 200 |
| 额定直流电压 | 400kV | 子模块电容 | 6667μF |
| 变压器额定容量 | 480MVA | 桥臂电感 | 76mH |
| 换流变压器电压比 | 230kV/210kV($Y_0/\triangle$) | 平波电抗器 | 100mH |
| 换流变压器漏抗 | 0.1pu | | |

表 14-4 锂电池组与 DC/DC 变换器主要参数

| 参数名称 | 参数值 | 参数名称 | 参数值 |
| --- | --- | --- | --- |
| 锂电池组额定电压 | 1kV | 锂电池额定电压 | 3.7V |
| 锂电池组额定电流 | 333A | 锂电池最大持续放电电流 | 10A |
| DC/DC 变换器平波电抗 | 6mH | 锂电池并联数 | 34 |
| DC/DC 变换器控制频率 | 10kHz | 锂电池串联数 | 270 |
| 锂电池额定容量 | 2350mAh | | |

为了验证 VSSM 的双侧故障隔离性能，分别对以下 3 种故障进行了仿真：①送端交流系统故障；②受端交流系统故障；③直流线路接地故障。并将上述 3 种故障的仿真结果与使用常规 MMC 的情况进行了对比。

**1. 送端交流故障**

假设实例系统在仿真开始时已处于稳态，$t = 0.2$s 时在 PCC1 处发生三相接地短路故障，故障持续 200ms。故障期间，PCC1 的电压跌落至 0。VSSM1 通过测量 PCC1 的电压有效值来检测交流故障，储能装置控制器在 $t=0.207$s 时检测到 PCC1 电压有效值跌落至 70% 以下并立刻进入交流故障控制模式。图 14-11 给出了 VSSM 与常规 MMC 的仿真结果对比。

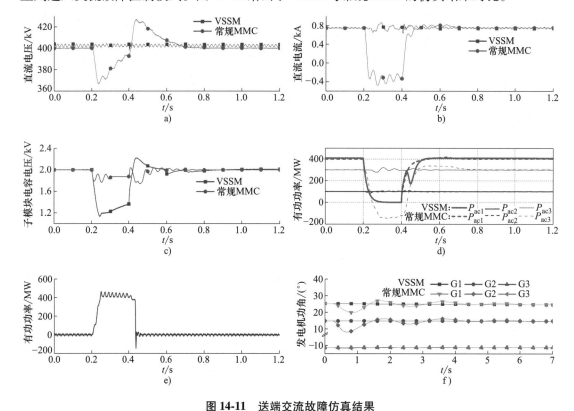

图 14-11 送端交流故障仿真结果

a) VSSM3 直流电压　b) VSSM3 直流电流　c) VSSM1 平均电容电压　d) 各 VSSM 的有功功率
e) VSSM1 储能装置输出功率　f) 交流系统 AC3 发电机功角

从图 14-11a 可以看到，当送端站采用 VSSM 时，主控站的直流电压波动很小；而当送端站采用常规 MMC 时，主控站的直流电压在故障期间有较大的下降，故障清除后又有较大的上升。

从图 14-11b 可以看到，当送端站采用 VSSM 时，AC1 交流故障引起的功率缺额由 VSSM1 的储能装置进行了补偿，因而主控站的直流电流波动很小；而当送端站采用常规 MMC 时，主控站的直流电流方向在故障期间发生了翻转，这是因为 VSSM3 作为主控站工作在定直流电压控制模式，为了弥补直流功率缺额并支撑直流电压，在故障期间从吸收直流功率转变成了发出直流功率。

从图 14-11c 可以看到，VSSM1 的平均电容电压跌落要大于常规 MMC。这是因为对于 VSSM 来说，从故障发生到储能装置开始输出功率这段时间内，为了维持直流电压不发生跌落，子模块电容内的能量被输出到了直流侧。在这之后，储能装置输出的全部功率都被输出到直流侧用于填补交流故障引起的功率缺额，其值等于换流站的额定功率。这期间，因为没有多余的能量补充给子模块电容，电容电压在故障期间始终保持在较低的值。交流故障期间，需要 VSSM1 输出的交流电压较低，因此这段时间内发生的图 14-11c 所示的电容电压跌落是可以接受的。此外，为了防止某些特殊情况下电容电压跌落过大从而触发子模块低压保护或引起换流器失控，储能控制器加入了附加的故障检测逻辑：当子模块电容电压跌落至60%以下而储能装置仍未开始输出功率时，将强制储能装置控制器转换为交流故障控制模式来维持子模块电容电压。

从图14-11d可以看到，不管送端站采用VSSM还是常规MMC，PCC1短路故障期间交流功率都跌落到零。但当送端站采用VSSM时，主控站的有功功率波动很小；而当送端站采用常规MMC时，主控站的有功功率在故障期间会反向，以弥补直流系统的功率缺额。

从图14-11e可以看到，故障期间尽管从交流侧输入VSSM1的有功功率为零，但VSSM1通过储能装置仍然向直流电网送出功率，以隔离交流侧故障对直流电网的影响。

从图14-11f可以看到，当送端站采用VSSM时，对主控站所联接的交流系统几乎没有冲击，因此交流系统AC3中的发电机G1、G2、G3相对于发电机G4的功角没有变化；而当送端站采用常规MMC时，对主控站所联接的交流系统有较大的功率冲击，因此交流系统AC3中的发电机G1、G2、G3相对于发电机G4的功角会发生摆动。

**2. 受端交流故障**

假设实例系统在仿真开始时已处于稳态，$t=0.2s$时在PCC3处发生三相接地短路故障，故障持续200ms。故障期间，PCC3的电压跌落至0。VSSM3通过测量PCC3的电压有效值来检测交流故障，储能装置控制器在$t=0.207s$时检测到PCC3电压有效值跌落至70%以下并立刻进入交流故障控制模式。此外，为了防止故障引起的直流过电压对电力电子开关器件产生损害，换流站将在直流电压超过500kV时发生闭锁并在故障清除后重启。图14-12给出了VSSM与常规MMC的仿真结果对比。

当使用常规MMC时，故障期间直流系统向交流系统AC3输出的功率被阻断，这将使直流侧发生功率盈余并最终导致直流电压快速上升。在$t=0.3s$时，检测到直流电压超过500kV，直流系统内的所有换流站闭锁以保护内部的开关器件。这最终导致了直流系统和各交流系统在故障期间受到了较大冲击。

而使用VSSM时，直流系统的功率盈余由VSSM3内的储能装置吸收；作为主控站的VSSM3的直流电压和直流电流在故障期间几乎没有变化，从而使得整个直流系统在故障期间保持原来的运行状态，实现了隔离受端交流系统故障对直流系统和其他交流系统影响的目标。

**3. 直流侧故障**

假设实例系统在仿真开始时已处于稳态，$t=0.2s$时直流线路Line1的中点发生接地短路故障。$t=0.20325s$时直流线路Line1两端的直流断路器跳开。$t=0.520s$时故障被清除且故障线路绝缘恢复，故障线路两端的直流断路器重新闭合。图14-13给出了VSSM与常规MMC的仿真结果对比。

在使用常规MMC的情况下，故障期间由于Line1被直流断路器隔离，MMC1与直流系统之间的功率传输完全中断。这导致了交流系统AC1与MMC1之间功率传输的中断，从而使交流系统AC1内发生功率盈余。最终，交流系统AC1内的发电机功角发生了波动。

相反，采用VSSM后，VSSM1内的储能装置将能够在故障期间吸收来自交流系统AC1的有功功率。因此VSSM1与交流系统AC1之间的功率传输将在故障期间保持不变，交流系统AC1的发电机功角也没有受到直流故障的影响。

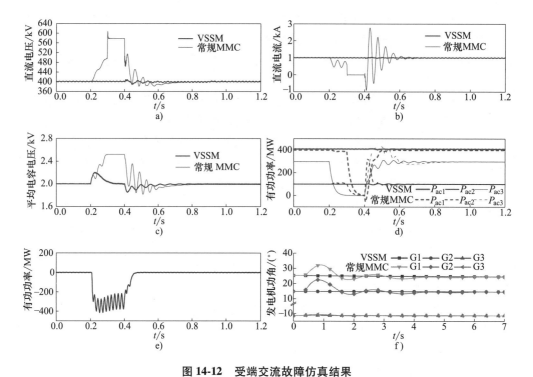

**图 14-12 受端交流故障仿真结果**

a) VSSM1 直流电压　b) VSSM1 直流电流　c) VSSM3 平均电容电压　d) 各 VSSM 的有功功率
e) VSSM3 储能装置输出功率　f) 交流系统 AC1 发电机功角

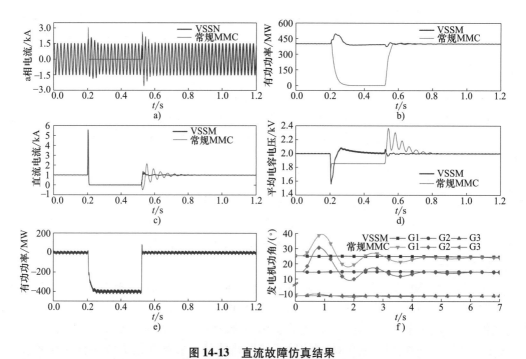

**图 14-13 直流故障仿真结果**

a) VSSM1 交流侧 a 相电流　b) VSSM1 交流有功功率　c) VSSM1 直流侧电流　d) VSSM1 平均电容电压
e) VSSM1 储能装置输出功率　f) 交流系统 AC1 发电机功角

# 参 考 文 献

［1］ 徐政，张哲任，薛翼程. 全能型静止同步机及其实现［J］. 高压电器，2022，58（7）：1-10.

［2］ ZHANG Zheren, XUE Yicheng, XU Zheng. Versatile static synchronous machine and its reference machine following control strategy［J］. IET Renewable Power Generation，2022，16（15）：3184-3196.

［3］ 李玲芳，王国腾，陈义宣，等. 新型电力系统的全能型静止同步机优化配置［J］. 电力系统及其自动化学报，2024，36（5）：141-149.

［4］ KUNDUR P. Power system stability and control［M］. New York：McGraw-Hill Inc.，1994.

［5］ XU Yuzhe, ZHANG Zheren, WANG Guoteng, et al. Modular multilevel converter with embedded energy storage for bidirectional fault isolation［J］. IEEE Transactions on Power Delivery，2022，37（1）：105-115.

［6］ BARUSCHKA L, MERTENS A. Comparison of Cascaded H-Bridge and Modular Multilevel Converters for BESS application［C］//2011 IEEE Energy Conversion Congress and Exposition，17-22 September，2011，Phoenix, AZ, USA. New York：IEEE，2011.

［7］ TRINTIS I, MUNK-NIELSEN S, TEODORESCU R. A new modular multilevel converter with integrated energy storage［C］//IECON 2011-37th Annual Conference of the IEEE Industrial Electronics Society，7-10 November，2011，Melbourne, Victoria, Australia. New York：IEEE，2011.

［8］ VASILADIOTIS M, RUFER A. Analysis and control of modular multilevel converters with integrated battery energy storage［J］. IEEE Transactions on Power Electronics，2015，30（1）：163-175.

［9］ HERATH N, FILIZADEH S, TOULABI M S. Modeling of a modular multilevel converter with embedded energy storage for electromagnetic transient simulations［J］. IEEE Transactions on Energy Conversion，2019，34（4）：2096-2105.

［10］ JUDGE P D, GREEN T C. Modular multilevel converter with partially rated integrated energy storage suitable for frequency support and ancillary service provision［J］. IEEE Transactions on Power Delivery，2019，34（1）：208-219.

［11］ ZHANG L, PENG H, NING Z, et al. Comparative research on RC equivalent circuit models for lithium-ion batteries of electric vehicles［J］. Applied. Sciences.，2017，7（10）：1002.

# 第15章 MMC直流换流站的绝缘配合设计

## 15.1 引言

绝缘配合的主要目的是使所选设备的绝缘水平既经济又合理，所关注的主要问题是怎样保护设备，使之能经受住各种可能出现的过电压。目前普遍使用避雷器来保护设备。一般而言，设计者对避雷器会有以下几点要求：①在系统正常运行时，避雷器能承受住其两端的持续运行电压；②在出现过电压的情况下，避雷器能有效地将过电压水平限制到一个合理的范围；③避雷器能吸收保护动作期间所产生的能量。

对于柔性直流输电系统，研究换流站的过电压与绝缘配合时，不能仅仅局限于换流站本身，还必须考虑与换流站紧密相连的交流系统以及换流站之间的直流线路。

在 MMC 直流换流站过电压与绝缘配合的研究中，换流站的控制系统也是一个重要因素。首先，直流系统中的电气量一般包含直流分量、工频分量和高频分量等，控制系统能直接或间接地影响到这些量的大小和持续时间；其次，控制系统的响应时间很短，能对暂态过程中的过电压波形起到关键性的影响。所以，在一般情况下，需要考虑控制系统的作用。

为了使避雷器和设备本身的总投资最小，一般而言，避雷器种类的选择以及参数的确定是一个反复迭代的过程：①根据避雷器安装位置的持续运行电压，可以近似确定避雷器的参数；②根据避雷器的伏安特性，可以给出在考虑的各种过电压情况下避雷器吸收能量的大致范围；③根据能量要求，可以得到所需的并联避雷器数量，而后可以得出避雷器的残压，进而得到设备的绝缘水平。考虑到设备的绝缘水平与设备的造价又存在一定的比例关系，这就需要反复的计算，使得选择的设备绝缘水平既经济又合理[1]。

## 15.2 金属氧化物避雷器的特性

配置避雷器是电力设备过电压保护的主要手段，图 15-1 较为直观地解释了这一手段的作用。图中，纵轴表示过电压水平，单位是标幺值（基准值为电力设备持续运行电压的幅值），横轴表示过电压持续的时间。

根据过电压幅值大小和持续时间的不同，可以把过电压粗略地划分为 4 类[2]，分别是雷电过电压（微秒级）、操作过电压（毫秒级）、暂时过电压（秒级）以及系统最高持续运行电压（长期）。如果不考虑装设避雷器，电力设备上所能达到的最大过电压水平如图 15-1

中的粗线所示。显而易见，从操作过电压开始，随着持续时间的递减，特别是在雷电过电压情况下，设备的绝缘水平已经不能承受过电压的侵害。如果装设了合适的避雷器，能把过电压水平（如图15-1中的细线所示）限制在设备的绝缘水平之下，设备就不会被损坏。

相对于传统的碳化硅（SiC）避雷器，出现在20世纪70年代的金属氧化物避雷器（MOA）是一种全新的避雷器。它的阀片主要由氧化锌并掺以微量的氧化铋、氧化钴、氧化锰等添加剂构成，具有极其优异的非线性特性。在正常工作电压作用下，其阻值很大，通过的漏电流很小，而在过电压作用下，阻值会急剧变小，因而被广泛应用于电力系统中[3]。

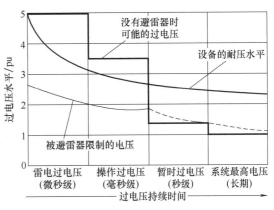

图 15-1 高压电力系统中的过电压水平-持续时间图

图15-2给出了一个额定电压为336kV的交流金属氧化物避雷器的伏安特性曲线[2]，其中，纵轴（电压峰值）采用线性坐标，横轴（电流峰值）采用对数坐标。下面对曲线上的几个关键点进行说明。

正常运行电压：在正常运行状态下，施加在避雷器上的工频电压是相-地电压的峰值，且同时会有漏电流流过避雷器。如前文所述，这个漏电流的数值一般很小，为毫安级，且其中容性分量占主导，一般认为该分量是由避雷器本身的杂散电容引起的。为了突出重点，图15-2中只画出了漏电流的阻性分量 $I_{res} \approx 100\mu A$。另外需要指出，在正常运行电压附近的一个很小范围内，避雷器的伏安特性与阀片温度有关。

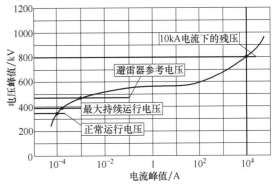

图 15-2 某一额定电压为 336kV 的金属氧化物避雷器的伏安特性曲线

最大持续运行电压：所谓的最大持续运行电压（MCOV）或持续运行电压峰值（PCOV），表征的是电力系统正常运行时，避雷器可能承受的最大工频电压有效值或持续运行电压的最高峰值。其数值比正常运行电压大，该参数可以通过仿真取得，也可以根据相关规程考虑相应裕度系数取得。出于热稳定性的考虑，避雷器必须要保证在最大持续运行电压（MCOV）或持续运行电压峰值（PCOV）的作用下不会出现明显的热效应。

参考电压：随着电压的继续升高，流过避雷器的漏电流的阻性分量开始逐渐增大，在避雷器上产生的热效应已相当显著。一般会定义此时避雷器的漏电流为参考电流（$I_{ref}$），其典型数值为1~20mA（一般根据阀片直径大小和并联柱数来确定），参考电流 $I_{ref}$ 所对应的避雷器电压称为避雷器的参考电压（$U_{ref}$）。在参考电压附近，避雷器电压的微小升高会引起避雷器电流的显著增大，所以也可以认为参考电压是避雷器动作的起点。从参考电压开始，避雷器吸收的能量就不能忽略。为了保证避雷器的热稳定性，避雷器生产厂商一般会给出避雷器的过电压水平-过电压持续时间曲线。从参考电流开始，避雷器的伏安特性变得与阀片温度几乎无关。这时的避雷器伏安特性可以近似用以下公式来描述：

$$I_A = kU_A^\alpha \tag{15-1}$$

式中，$10<\alpha<50$。

保护水平：图 15-2 中，$I$ 在 100A 之后 $U$ 的变化就比较剧烈，可以用来描述避雷器的保护特性。其中，雷电波保护水平是一个极为重要的参数，假设在雷电波作用下，流过避雷器的电流等于避雷器的标称放电电流，为 10kA，那么避雷器上的残压大概为 800kV，这个电压数值就是雷电波的保护水平。同样，操作波的保护水平也有类似的定义。

## 15.3　MMC 换流站避雷器的布置

从绝缘配合的角度来看，可以将直流系统划分成 4 个不同的部分[4]。这 4 个部分分别是：①交流电网；②交流场；③阀厅及直流场；④直流线路。对于伪双极主接线方式，分区划分如图 15-3 所示。交流电网一般都会配备线路避雷器，因此源于交流电网的过电压可以靠这部分避雷器加以限制，侵入换流站的过电压波无论是幅值还是波前时间，都会被显著削弱。所以本节重点考虑的是交流场、阀厅及直流场、直流线路 3 个部分的避雷器配置。

伪双极主接线方式已在西门子公司承建的 Trans Bay Cable 工程中使用[5]，我国的南汇柔性直流输电系统、南澳三端柔性直流输电系统和舟山五端柔性直流输电系统都采用伪双极主接线方式。本章讨论的另一种主接线方式完全与传统直流输电的标准双极系统结构一致，称为（真）双极主接线方式，如图 15-4 所示。双极系统主接线方式必须设置专门的接地极，换流站的中性母线通过接地极引线连接到接地极。

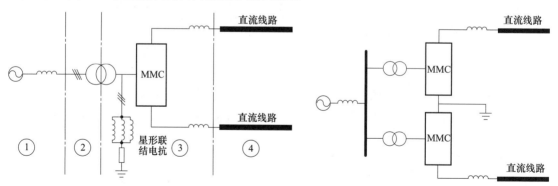

图 15-3　采用伪双极主接线方式的 MMC 换流站分区示意图

图 15-4　采用双极主接线方式的 MMC 换流站示意图

在 MMC 换流站过电压与绝缘配合设计中，需要重点关注以下关键点的稳态电压和故障电压，这些关键点是安装避雷器的候选点。包括：①联接变压器网侧电压；②联接变压器阀侧电压；③阀底对地电压；④阀顶对地电压；⑤直流线路出口对地电压，分别如图 15-5 中①~⑤所示。另外还需要关注支路上的过电压，包括：⑥桥臂电抗两端电压（即图 15-5 中②、③之间的电压）；⑦阀两端电压（即图 15-5 中③、④之间的电压）；⑧平波电抗器两端电压（即图 15-5 中④、⑤之间的电压）。

柔性直流输电的换流站避雷器布置类似于传统直流输电的换流站避雷器布置，也遵循以下原则[6]：

1) 源于交流侧的过电压应尽可能由交流侧的避雷器限制。
2) 源于直流侧的过电压应尽可能由直流侧的避雷器限制。
3) 关键部件应该由紧靠它的避雷器直接保护。

根据以上原则，可以初步配置如下几种避雷器（鉴于结构的相似性，仅画出伪双极主接线方式下换流站的避雷器配置，如图 15-5 所示，双极主接线方式下换流站的避雷器配置几乎相同）。

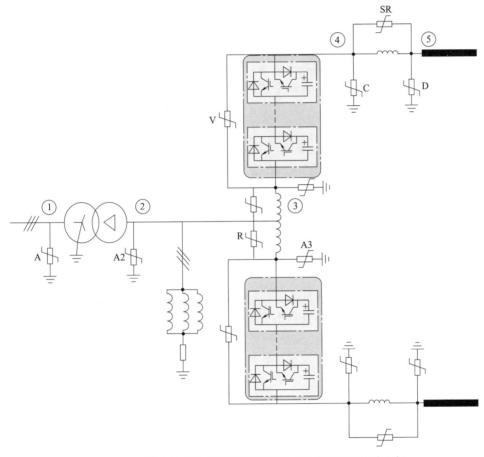

**图 15-5 MMC 直流换流站避雷器配置图**（以伪双极主接线为例）

1) 位于换流站交流场的交流母线避雷器 A：用于保护换流站交流母线设备，需要尽量靠近联接变压器线路侧套管安装，用来限制联接变压器网侧过电压和阀侧过电压。在选择交流避雷器 A 时，还应该考虑系统中已存在的交流避雷器，一般其保护水平要低于常规避雷器，以防止由于配合不当而使交流系统原有避雷器过载。

2) 联接变压器阀侧避雷器 A2：一方面直接限制了联接变压器阀侧绕组相-地之间的过电压，另一方面也能同时作为星形电抗接地支路（伪双极接线）的保护。

3) 子模块级联阀底端避雷器 A3：装于桥臂电抗与阀之间，与避雷器 A2、C 配合，分别用于保护桥臂电抗和子模块级联阀。

4) 桥臂电抗避雷器 R：直接跨接在桥臂电抗器上，用于桥臂电抗器的操作波过电压保护，可以降低桥臂电抗器的绝缘水平，为可选避雷器。

5）阀避雷器 V：防止子模块级联阀承受过电压。由于阀的昂贵和重要，虽然可以通过避雷器 A3 和 C 的配合来间接保护阀，但是可能会造成阀本身绝缘水平以及造价的上升。除了作为阀的直接保护之外，还可以通过与其他避雷器的配合，决定其他关键点的过电压水平。

6）阀顶避雷器 C：用来保护换流站的一极免受来自于直流侧侵入波的危害。也可以和避雷器 D 配合，限制平波电抗器过电压。

7）直流线路侧避雷器 D：具体可分为直流线路避雷器 DL 和直流母线避雷器 DB，分别在紧邻平波电抗器处和直流站进口处装设，用于限制直流场的雷电和操作过电压。直流母线避雷器与直流线路避雷器耐受运行电压相同。在正常运行时，这两台避雷器几乎并联运行，本章将不区分两者，均当成避雷器 D 来研究。

8）平波电抗器避雷器 SR：跨接在平波电抗器的两端，用以抑制平波电抗器的两端出现反极性暂态电压所产生的过电压，但会削弱平波电抗器抑制源于架空线的雷电过电压能力，为可选避雷器。

## 15.4 金属氧化物避雷器的参数选择

如上文所述，施加在避雷器上的电压从参考电压开始，漏电流产生的热效应就不能忽视。所以一定要合理配置避雷器的参数，使它既能长期承受可能出现在它两端的最大持续运行电压（MCOV）或持续运行电压峰值（PCOV），又要保证它在过电压情况下能准确动作，起到保护设备的作用。

柔性直流输电系统中避雷器的持续运行电压与交流系统相比很不相同：不仅包含着工频分量，还具有相当大的直流偏置分量和相对较小的谐波分量。当需要研究持续运行电压对避雷器产生的应力时，这些电压的特性必须仔细研究。特别对于一些高频分量，如果在研究中没有考虑到，可能会造成避雷器吸收不必要的能量，加速其老化过程。下面逐个分析各种避雷器的稳态运行电压。

鉴于目前 MMC-HVDC 的专用避雷器参数尚无标准，本章避雷器参数的确定采用依据荷电率计算的通用设计方法[7]。荷电率表征的是单位电阻片上的电压负荷。对于直流避雷器，定义为持续运行电压峰值（PCOV）与参考电压 $U_{ref}$ 的比值；对于交流避雷器，我国国标 GB/T 11032—2020《交流无间隙金属氧化物避雷器》未定义荷电率。本章中，荷电率定义为最大持续运行电压（MCOV）的峰值与参考电压 $U_{ref}$ 的比值。$U_{ref}$ 一般表示直流电流为 1~5mA 下的电压，即避雷器的起始动作电压。对于直径小的单柱阀片避雷器，1mA 参考电压基本为起始动作电压；对于直径大的阀片，5mA 参考电压基本为起始动作电压；对于多柱并联阀片组成的避雷器，其参考电压对应的直流电流与单柱阀片避雷器存在倍数关系。具体选择的参考电压与阀片单位面积电流密度有关。

合理的荷电率必须考虑稳定性、漏电流的大小、设备绝缘水平等因素。降低荷电率，可以减小持续运行状态下避雷器漏电流的阻性分量，减小损耗，提高稳定性；提高荷电率，能降低保护水平和设备的绝缘水平。对于交流避雷器，荷电率一般可以取 0.7~0.8 左右。对于直流避雷器，根据避雷器承受电压波形和安装位置的不同，可以取 0.8~1.0。下面分别讨论各型避雷器参考电压的选取原则[6]。

1) 对于避雷器 A，考虑到它布置于室外，可能会受到污秽、高温等不良条件的影响，荷电率选择不宜过高，一般为 0.8 左右。

2) 对于避雷器 A2 和 A3，要注意两者之间以及与联接变压器网侧的避雷器 A 之间的合理配合，以避免出现某些避雷器因吸收能量过大而损坏（因其他避雷器残压过大）或者某些避雷器不动作的现象（因其他避雷器残压过小）。荷电率选取比避雷器 A 略高，一般在 0.85 左右为宜。

3) 对于避雷器 V，考虑到其安装在阀厅中，受到外界环境影响较小，且桥臂使用串联电容器提供支撑电压，故桥臂两端的最高过电压不会超过桥臂两端最高电压太多。因此可以将避雷器 V 的荷电率设置在 0.9 以上。

4) 对于避雷器 C 和 D，考虑到它们在稳态运行时的电压相差不会太大，且稳态运行时施加在其两端的电压几乎是纯直流电压，故荷电率可选择略低些，以 0.85 左右为宜。再考虑到对于伪双极接线的柔性直流系统，在发生直流线路接地故障时，健全极的暂态过电压会达到正常运行电压的 2 倍，因此避雷器的参考电压还需要做相应调整。

5) 对于避雷器 R 和 SR，其参考电压的确定与荷电率没有关系，一般通过故障扫描来确定。

## 15.5 两端 MMC-HVDC 换流站保护水平与绝缘水平的确定

### 15.5.1 一般性原则

根据 IEC 60071-5，可以通过将代表性过电压 $U_{rp}$ 乘以一个配合系数 $K_c$，从而得到配合耐受电压 $U_{cw}$，可以用算式表示为 $U_{cw} = K_c U_{rp}$。考虑到绝缘的老化、避雷器特性的变化、设备实际参数的偏差以及海拔等因素，还需要考虑安全系数 $K_s$ 和大气校正系数 $K_a$，才能得到一个合理的"要求耐受电压" $U_{rw}$[8]。

参照以往的传统直流工程[9]，可以考虑采用 $U_{rw} = K U_{rp}$ 去计算要求耐受电压，裕度系数 $K$ 综合考虑了上文的确定性配合系数 $K_c$、安全系数 $K_s$ 以及大气校正系数 $K_a$。对于海拔 1000m 以下的工程，推荐采用 $K = 15\%/20\%/25\%$（操作/雷电/陡波前）。

设备的耐受电压必须大于或等于设备的要求耐受电压。一般可以将设备的要求耐受电压往大的方向靠，取最近的标准耐受电压。

### 15.5.2 实例系统展示

下面结合一个实例系统给出换流站主设备绝缘水平的确定过程。首先基于电磁暂态仿真软件 PSCAD/EMTDC，搭建如图 15-6 和图 15-7 所示的两种不同主接线的 MMC-HVDC 系统，参考舟山柔直工程，确定主要的系统参数见表 15-1~表 15-6。稳态运行时换流站 1 采用定有功功率和定无功功率控制，换流站 2 采用定直流电压控制和定无功功率控制。考虑到 MMC 无法实现直流故障自清除[10]，因此直流侧发生故障需要通过闭锁 IGBT 触发脉冲，并跳开交流侧断路器（配置在联接变压器网侧）来完成故障清除。假设故障 5ms 后 IGBT 触发脉冲能够闭锁，100ms（5个周波）后交流断路器跳闸。该策略应用于发生在换流站阀厅、换流站直流场或直流线路上故障的清除过程。对于联接变压器电网侧故障，假设持续时间0.1s后被清除，系统的 IGBT 触发脉冲不闭锁。

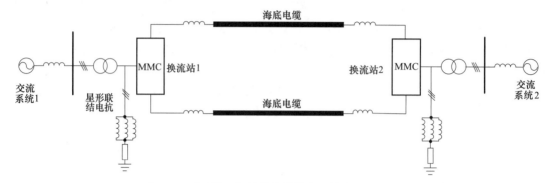

图 15-6　采用伪双极接线的柔性直流输电系统示意图

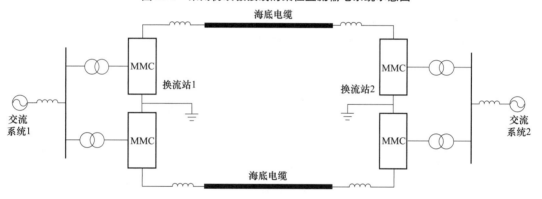

图 15-7　采用双极接线的柔性直流输电系统示意图

表 15-1　交流系统的电压等级和短路容量

|  | 整流侧换流站 | 逆变侧换流站 |
| --- | --- | --- |
| 额定运行电压/kV | 220 | 220 |
| 短路容量/MVA | 4000 | 4000 |
| SCR | 10 | 10 |
| X/R | 8 | 8 |

表 15-2　伪双极接线联接变压器与阀侧接地装置基本参数

|  | 整流侧联接变压器 | 逆变侧联接变压器 |
| --- | --- | --- |
| 额定电压比 | 220kV/208kV | 220kV/208kV |
| 容量/MVA | 475 | 475 |
| 短路阻抗（%） | 12 | 12 |
| 联结型式 | Y0/D | Y0/D |
|  | 整流侧接地装置 | 逆变侧接地装置 |
| 每相电感/H | 3 | 3 |
| 接地电阻/Ω | 1000 | 1000 |

表 15-3  双极接线联接变压器基本参数

|  | 整流侧联接变压器 | 逆变侧联接变压器 |
| --- | --- | --- |
| 额定电压比 | 220kV/104kV | 220kV/104kV |
| 容量/MVA | 250 | 250 |
| 短路阻抗(%) | 12 | 12 |
| 联结型式 | Y0/D | Y0/D |

表 15-4  伪双极接线换流器基本参数

|  | 整流侧换流器 | 逆变侧换流器 |
| --- | --- | --- |
| 每桥臂子模块数 | 20 | 20 |
| 子模块电容/μF | 1300 | 1300 |
| 子模块电容额定电压/kV | 20 | 20 |
| 桥臂电抗/mH | 40 | 40 |
| 调制策略 | 最近电平逼近调制 | 最近电平逼近调制 |

表 15-5  双极接线换流器基本参数

|  | 整流侧换流器 | 逆变侧换流器 |
| --- | --- | --- |
| 每桥臂子模块数 | 20 | 20 |
| 子模块电容/μF | 1300 | 1300 |
| 子模块电容额定电压/kV | 10 | 10 |
| 桥臂电抗/mH | 40 | 40 |
| 调制策略 | 最近电平逼近调制 | 最近电平逼近调制 |

表 15-6  平波电抗器和线路基本参数

|  | 整流侧换流器 | 逆变侧换流器 |
| --- | --- | --- |
| 每极平波电抗器/mH | 50 | 50 |
| 电缆参数 | EMTDC通用模型 | EMTDC通用模型 |
| 电缆长度/km | 80 | 80 |

### 15.5.3  避雷器的电压特性

首先分析稳态运行时作用在各避雷器上的电压特性。

1）交流母线避雷器 A 所承受的长期运行电压是一个纯粹的交流电压，这个电压应该按照交流系统的最高稳态电压来考虑。

2）对于联接变压器阀侧避雷器 A2，它承受的持续运行电压波形随换流站的主接线不同而不同。伪双极接线中，施加在避雷器 A2 上的长期运行电压，几乎是一个纯粹的工频正弦波；双极接线中，联接变压器阀侧电压（相-地间）是具有直流偏置的正弦波形，偏置电压的大小近似等于直流线路电压的一半。如果考虑到 MMC 的子模块数有限，两种接线中的波形均为阶梯波。

3）与避雷器 A2 持续运行电压分析类似，若不考虑桥臂电抗的压降，可以近似认为作用在避雷器 A3 上的电压波形和作用在避雷器 A2 上的电压波形相同。如果考虑到 MMC 的子模块数有限，实际上阀底电压波形是一个（具有直流偏置分量）的阶梯波。

4）桥臂电压也和主接线有关。对于伪双极接线，不难看出，当直流电压为 ±200kV 时，桥臂电压波形近似为一个 0~400kV 的阶梯波。同理对于双极接线，桥臂电压波形近似为一个 0~200kV 的阶梯波。

5）考虑到实际工程中使用的 MMC 子模块数会相当多，可以达到数百个，所以阀顶处的电压几乎为大小恒定的纯直流，大小为直流电压额定值。故避雷器 C 上施加的持续运行电压峰值（PCOV）为 200kV。除了上文分析的原因之外，再考虑到平波电抗器的存在，也可以认为直流母线处的电压为大小稳定的直流电压。故避雷器 D 上施加的持续运行电压峰值（PCOV）为 200kV。

6）桥臂电抗器和平波电抗器主要有两个作用：①限制故障状态下的过电压和过电流；②在稳态运行时改善关键点电压波形。对于实际使用的 MMC 而言，子模块数一般会有很多，所以谐波就会很小。因而稳态运行时，这两种电抗器上的压降相对较小（相对于故障状态下）。一般而言，避雷器 R（SR）参考电压的选取与稳态持续运行电压关系不大。

利用 PSCAD/EMTDC 所搭建的仿真平台，计算各避雷器的持续运行电压峰值，分别见表 15-7 和表 15-8。图 15-8 和图 15-9 分别给出了伪双极接线和双极接线两种情况下联接变压器阀侧电压、换流阀底部电压和阀（桥臂）电压的波形。可以看出，伪双极接线下，联接变压器阀侧电压和换流阀底部电压没有直流偏置；而双极接线下，联接变压器阀侧电压和换流阀底部电压都有直流偏置，偏置电压在 100kV 左右；而阀电压波形在两种主接线下是类似的，都存在一个居中的直流偏置电压。

表 15-7　伪双极接线稳态运行时各关键点的持续运行电压峰值

| 避雷器型号 | 持续运行电压峰值/kV | 避雷器型号 | 持续运行电压峰值/kV |
| --- | --- | --- | --- |
| A | 191 | C | 206 |
| A2 | 195 | D | 206 |
| A3 | 198 | R | / |
| V | 405 | SR | / |

表 15-8　双极接线稳态运行时各关键点的持续运行电压峰值

| 避雷器型号 | 持续运行电压峰值/kV | 避雷器型号 | 持续运行电压峰值/kV |
| --- | --- | --- | --- |
| A | 188 | C | 207 |
| A2 | 195 | D | 207 |
| A3 | 199 | R | / |
| V | 200 | SR | / |

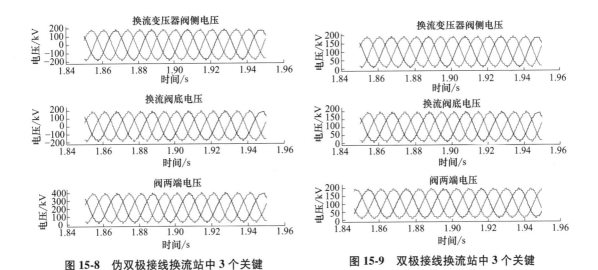

图 15-8　伪双极接线换流站中 3 个关键位置的电压波形

图 15-9　双极接线换流站中 3 个关键位置的电压波形

### 15.5.4　需要考虑的各种故障

本节主要讨论暂态过电压（Transient Overvoltage），重点针对操作波过电压。对于两种不同的主接线，所需要考虑的故障种类基本相同。根据上文对换流站区域的划分，可以将考虑的换流站故障按照发生位置大致分为如下几种[11-12]，如图 15-10 所示。

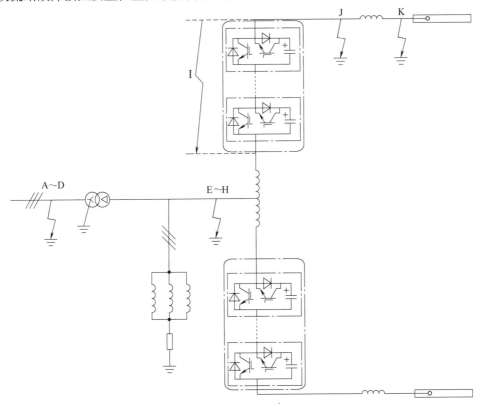

图 15-10　换流站内部故障种类示意图（以伪双极接线为例）

1) 换流站交流场故障：主要考虑交流母线金属性接地故障，分别是三相接地故障 A、两相接地故障 B、单相接地故障 C 和两相相间短路故障 D。

2) 阀厅及换流站直流场故障：主要考虑联接变压器阀侧母线金属性接地故障和阀故障。联接变压器阀侧母线金属性接地故障可以细分为三相接地故障 E、两相接地故障 F、单相接地故障 G 和两相相间短路故障 H，阀故障主要考虑阀短路故障 I 和阀顶对地故障 J。

3) 直流线路故障：主要考虑直流母线接地故障 K、直流线路接地故障 L、直流极线断线故障 M，以及直流极线间短路故障 N。

对于交流侧的 4 种故障，过电压水平为无保护措施时的系统自然响应特性。站内和直流侧故障由于通常故障造成后果严重且一旦发生一般为永久性故障，因此采用了换流器闭锁和交流断路器跳闸的保护措施。

换流站内需要进行电压监测的关键位置如 15.3 节所示。对上述所有故障进行扫描计算，结果表明，对于伪双极接线，故障 G、I、J、K 和 L 产生的过电压水平较为严重；对于双极接线，故障 B、C、I 产生的过电压水平较为严重，其他故障下各关键位置虽有过电压，但过电压水平极低。事实上，由于阀厅内环境优良，因此阀短路故障 I 发生的概率极低，一般可以不作为外绝缘设计的校核工况。各种较为严重的故障下关键位置过电压水平见表 15-9 和表 15-10，故障 I 下伪双极接线时部分关键位置的电压波形如图 15-11 和图 15-12 所示。

表 15-9 伪双极接线时几种严重故障下换流站各观测点过电压水平　　（单位：kV）

| 观测点<br>故障标号 | ① | ② | ③ | ④ | ⑤ | ②-③ | ③-④ | ④-⑤ |
| --- | --- | --- | --- | --- | --- | --- | --- | --- |
| G | 205 | 319 | 368 | 348 | 354 | 149 | 542 | 156 |
| I | 210 | 335 | 565 | 210 | 206 | 241 | 710 | 66 |
| J | 194 | 413 | 458 | 552 | 562 | 180 | 426 | 208 |
| K | 198 | 470 | 513 | 548 | 566 | 163 | 418 | 124 |
| L | 199 | 467 | 518 | 548 | 556 | 161 | 418 | 126 |

注：各观测点位置如图 15-5 所示。

表 15-10 双极接线中几种严重故障下换流站各观测点过电压水平　　（单位：kV）

| 观测点<br>故障标号 | ① | ② | ③ | ④ | ⑤ | ②-③ | ③-④ | ④-⑤ |
| --- | --- | --- | --- | --- | --- | --- | --- | --- |
| B | 296 | 199 | 205 | 217 | 217 | 63 | 212 | 3 |
| C | 285 | 199 | 205 | 212 | 213 | 61 | 214 | 3 |
| I | 198 | 260 | 308 | 195 | 206 | 96 | 308 | 72 |

注：各观测点位置如图 15-5 所示。

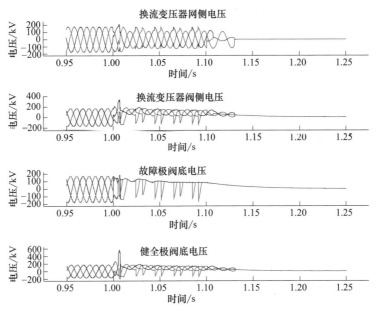

图 15-11　伪双极接线阀短路故障时部分关键点电压波形（1）

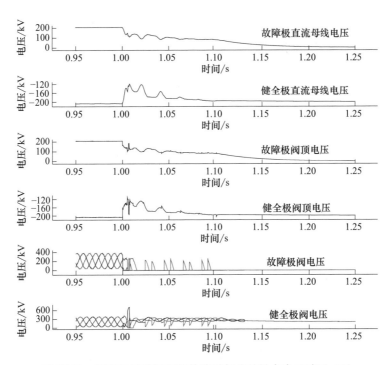

图 15-12　伪双极接线阀短路故障时部分关键点电压波形（2）

### 15.5.5　避雷器的参数选择

根据 15.4 节所述原则，并且经过大量仿真分析和不断调整，选择避雷器参数见表 15-11~表 15-21。

表15-11 避雷器 A 的伏安特性

| $I$/A | 0.0002 | 0.001 | 0.02 | 2 | 20 | 250 | 500 | 1000 |
|---|---|---|---|---|---|---|---|---|
| $U$/kV | 212 | 235 | 243 | 255 | 269 | 299 | 308 | 318 |
| $I$/kA | 2 | 3 | 6 | 10 | 20 | 40 | 80 | 200 |
| $U$/kV | 337 | 349 | 367 | 385 | 412 | 453 | 509 | 637 |

表15-12 避雷器 A2 的伏安特性

| $I$/A | 0.0002 | 0.001 | 0.02 | 2 | 20 | 250 | 500 | 1000 |
|---|---|---|---|---|---|---|---|---|
| $U$/kV | 199 | 220 | 227 | 238 | 252 | 280 | 288 | 298 |
| $I$/kA | 2 | 3 | 6 | 10 | 20 | 40 | 80 | 200 |
| $U$/kV | 315 | 326 | 343 | 360 | 386 | 424 | 477 | 596 |

表15-13 避雷器 A3 的伏安特性

| $I$/A | 0.0002 | 0.001 | 0.02 | 2 | 20 | 250 | 500 | 1000 |
|---|---|---|---|---|---|---|---|---|
| $U$/kV | 199 | 220 | 227 | 238 | 252 | 280 | 288 | 298 |
| $I$/kA | 2 | 3 | 6 | 10 | 20 | 40 | 80 | 200 |
| $U$/kV | 315 | 326 | 343 | 360 | 386 | 424 | 477 | 596 |

表15-14 伪双极接线中避雷器 V 的伏安特性

| $I$/A | 0.0002 | 0.001 | 0.02 | 2 | 20 | 250 | 500 | 1000 |
|---|---|---|---|---|---|---|---|---|
| $U$/kV | 380 | 420 | 434 | 456 | 480 | 534 | 550 | 570 |
| $I$/kA | 2 | 3 | 6 | 10 | 20 | 40 | 80 | 200 |
| $U$/kV | 602 | 624 | 656 | 688 | 736 | 810 | 910 | 1138 |

表15-15 双极接线中避雷器 V 的伏安特性

| $I$/A | 0.0002 | 0.001 | 0.02 | 2 | 20 | 250 | 500 | 1000 |
|---|---|---|---|---|---|---|---|---|
| $U$/kV | 190 | 210 | 217 | 228 | 240 | 267 | 275 | 285 |
| $I$/kA | 2 | 3 | 6 | 10 | 20 | 40 | 80 | 200 |
| $U$/kV | 301 | 312 | 328 | 344 | 368 | 405 | 455 | 569 |

表15-16 伪双极接线中避雷器 C 的伏安特性

| $I$/A | 9e-5 | 4.5e-4 | 0.009 | 0.9 | 9 | 112.5 | 225 | 450 |
|---|---|---|---|---|---|---|---|---|
| $U$/kV | 212 | 235 | 243 | 255 | 269 | 299 | 308 | 318 |
| $I$/kA | 0.9 | 1.35 | 2.7 | 4.5 | 9 | 18 | 36 | 90 |
| $U$/kV | 337 | 349 | 367 | 385 | 412 | 453 | 509 | 637 |

表15-17 双极接线中避雷器 C 的伏安特性

| $I$/A | 0.0002 | 0.001 | 0.02 | 2 | 20 | 250 | 500 | 1000 |
|---|---|---|---|---|---|---|---|---|
| $U$/kV | 212 | 235 | 243 | 255 | 269 | 299 | 308 | 318 |
| $I$/kA | 2 | 3 | 6 | 10 | 20 | 40 | 80 | 200 |
| $U$/kV | 337 | 349 | 367 | 385 | 412 | 453 | 509 | 637 |

## 表 15-18 伪双极接线中避雷器 D 的伏安特性

| I/A | 9e-5 | 4.5e-4 | 0.009 | 0.9 | 9 | 112.5 | 225 | 450 |
|---|---|---|---|---|---|---|---|---|
| U/kV | 212 | 235 | 243 | 255 | 269 | 299 | 308 | 318 |
| I/kA | 0.9 | 1.35 | 2.7 | 4.5 | 9 | 18 | 36 | 90 |
| U/kV | 337 | 349 | 367 | 385 | 412 | 453 | 509 | 637 |

## 表 15-19 双极接线中避雷器 D 的伏安特性

| I/A | 0.0002 | 0.001 | 0.02 | 2 | 20 | 250 | 500 | 1000 |
|---|---|---|---|---|---|---|---|---|
| U/kV | 212 | 235 | 243 | 255 | 269 | 299 | 308 | 318 |
| I/kA | 2 | 3 | 6 | 10 | 20 | 40 | 80 | 200 |
| U/kV | 337 | 349 | 367 | 385 | 412 | 453 | 509 | 637 |

## 表 15-20 避雷器 R 的伏安特性

| I/A | 0.0002 | 0.001 | 0.02 | 2 | 20 | 250 | 500 | 1000 |
|---|---|---|---|---|---|---|---|---|
| U/kV | 108 | 120 | 124 | 130 | 138 | 152 | 157 | 163 |
| I/kA | 2 | 3 | 6 | 10 | 20 | 40 | 80 | 200 |
| U/kV | 172 | 178 | 187 | 197 | 211 | 232 | 260 | 325 |

## 表 15-21 避雷器 SR 的伏安特性

| I/A | 0.0002 | 0.001 | 0.02 | 2 | 20 | 250 | 500 | 1000 |
|---|---|---|---|---|---|---|---|---|
| U/kV | 90 | 100 | 103 | 108 | 115 | 127 | 131 | 136 |
| I/kA | 2 | 3 | 6 | 10 | 20 | 40 | 80 | 200 |
| U/kV | 143 | 148 | 156 | 164 | 176 | 193 | 217 | 271 |

### 15.5.6 避雷器的保护水平、配合电流、能量以及设备绝缘水平的确定

对于所装设避雷器的要求是，必须能有效抑制上节所述的各类操作波过电压。对于设备的绝缘水平，本章基于 IEC 60071-5"绝缘配合"的第 5 部分"高压直流换流站程序"，规定绝缘裕度见表 15-22。

表 15-22 绝缘裕度要求

| 设备 | 操作/雷电/陡前波 | 设备 | 操作/雷电/陡前波 |
|---|---|---|---|
| 阀 | 15%/15%/20% | 交流滤波器设备 | 15%/20%/25% |
| 联接变压器 | 15%/20%/25% | 直流阀厅设备 | 15%/15%/25% |
| 平波电抗器 | 15%/20%/25% | 直流场 | 15%/20%/25% |

对应所有避雷器，下面分别给出对应的泄放能量要求、保护水平以及设备的绝缘水平。

1）交流母线避雷器 A：对于伪双极接线，避雷器 A 的最大过电压为 209kV，最大电流为 1.0mA，最大能耗为 0.11kJ。对于双极接线，避雷器 A 的最大电压为 233kV，最大电流为 1.0mA，最大能耗为 0.11kJ。这表明对于两种主接线，避雷器 A 在上述各故障下均未明显动作。

可以将避雷器 A 的保护水平选为

$$SIPL=279kV，配合电流为 0.1kA（伪双极接线）$$
$$SIPL=279kV，配合电流为 0.1kA（双极接线）$$

受避雷器 A 保护设备的耐受电压为

$$RSIWV=1.15\times279kV=320kV（伪双极接线）$$
$$RSIWV=1.15\times279kV=320kV（双极接线）$$

则

$$SSIWV=325kV（伪双极接线）$$
$$SSIWV=325kV（双极接线）$$

2）联接变压器阀侧避雷器 A2：对于伪双极接线，避雷器 A2 的最大过电压为 318kV，最大电流为 2.2kA，最大能耗为 1.8MJ。对于双极接线，避雷器 A2 的最大过电压为 236kV，配合电流为 0.42A，最大能耗为 0.12kJ，表明双极接线中的避雷器 A2 在上述故障下并未明显动作。

可以将避雷器 A2 的保护水平选为

$$SIPL=326kV，配合电流为 3.0kA（伪双极接线）$$
$$SIPL=262kV，配合电流为 0.1kA（双极接线）$$

受避雷器 A2 保护设备的耐受电压为

$$RSIWV=1.15\times326kV=375kV（伪双极接线）$$
$$RSIWV=1.15\times262kV=301kV（双极接线）$$

则

$$SSIWV=380kV（伪双极接线）$$
$$SSIWV=325kV（双极接线）$$

单次泄放能量要求：$1.2\times1.8MJ=2.2MJ$（伪双极接线）

3）换流阀底避雷器 A3：对于伪双极接线，避雷器 A3 的最大过电压为 355kV，最大电流为 7.4kA，最大能耗为 3.3MJ。对于双极接线，避雷器 A3 的最大过电压为 290kV，配合电流为 0.58kA，最大能耗为 0.24MJ。

可以将避雷器 A3 的保护水平选为

$$SIPL=360kV，配合电流为 10kA（伪双极接线）$$
$$SIPL=298kV，配合电流为 1.0kA（双极接线）$$

受避雷器 A3 保护设备的耐受电压为

$$RSIWV=1.15\times360kV=414kV（伪双极接线）$$
$$RSIWV=1.15\times298kV=342kV（双极接线）$$

则

$$SSIWV=450kV（伪双极接线）$$
$$SSIWV=380kV（双极接线）$$

单次泄放能量要求：

$$1.2\times3.3MJ=4MJ（伪双极接线）$$
$$1.2\times0.24MJ=0.29MJ（双极接线）$$

4）阀避雷器 V：对于伪双极接线，避雷器 V 的最大过电压为 604kV，最大电流为

2.2kA，最大能耗为0.15MJ。对于双极接线，避雷器V的最大过电压为287kV，最大电流为1.2kA，最大能耗为0.57MJ。

可以将避雷器V的保护水平选为

$$SIPL = 624kV，配合电流为3.0kA（伪双极接线）$$
$$SIPL = 301kV，配合电流为2.0kA（双极接线）$$

受避雷器V保护设备的耐受电压为

$$RSIWV = 1.15 \times 624kV = 718kV（伪双极接线）$$
$$RSIWV = 1.15 \times 301kV = 346kV（双极接线）$$

则

$$SSIWV = 750kV（伪双极接线）$$
$$SSIWV = 380kV（双极接线）$$

单次泄放能量要求：

$$1.2 \times 1.1MJ = 1.3MJ（伪双极接线）$$
$$1.2 \times 0.57MJ = 0.68MJ（双极接线）$$

5）阀顶避雷器C：对于伪双极接线，避雷器C的最大过电压为352kV，最大电流为1.6kA，最大能耗为3.0MJ。对于双极接线，避雷器C的最大过电压为239kV，配合电流为11.3mA，最大能耗为0.34kJ，表明双极接线中的避雷器C在上述故障下并未明显动作。

可以将避雷器C的保护水平选为

$$SIPL = 355kV，配合电流为2.0kA（伪双极接线）$$
$$SIPL = 279kV，配合电流为0.1kA（双极接线）$$

受避雷器C保护设备的耐受电压为

$$RSIWV = 1.15 \times 355kV = 408kV（伪双极接线）$$
$$RSIWV = 1.15 \times 279kV = 320kV（双极接线）$$

则

$$SSIWV = 450kV（伪双极接线）$$
$$SSIWV = 325kV（双极接线）$$

单次泄放能量要求：

$$1.2 \times 3.0MJ = 3.6MJ（伪双极接线）$$

6）直流线路侧避雷器D：对于伪双极接线，避雷器D的最大过电压为382kV，最大电流为4.2kA，最大能耗为6.5MJ。对于双极接线，避雷器D的最大过电压为227kV，最大电流为1.0mA，最大能耗为0.75kJ，表明双极接线中的避雷器D在上述故障下并未明显动作。

可以将避雷器D的保护水平选为

$$SIPL = 388kV，配合电流为5.0kA（伪双极接线）$$
$$SIPL = 279kV，配合电流为0.1kA（双极接线）$$

受避雷器D保护设备的耐受电压为

$$RSIWV = 1.15 \times 388kV = 446kV（伪双极接线）$$
$$RSIWV = 1.15 \times 279kV = 320kV（双极接线）$$

则

$$SSIWV = 450kV（伪双极接线）$$

$$SSIWV = 325\text{kV（双极接线）}$$

单次泄放能量要求：

$$1.2 \times 6.5\text{MJ} = 7.8\text{MJ（伪双极接线）}$$

7）桥臂电抗避雷器 R：对于伪双极接线，避雷器 R 的最大过电压为 173kV，最大电流为 2.0kA，最大能耗为 0.15MJ。对于双极接线，避雷器 R 的最大过电压为 183kV，配合电流为 5.6kA，最大能耗为 0.13MJ。

可以将避雷器 R 的保护水平选为

$$SIPL = 178\text{kV，配合电流为 3.0kA（伪双极接线）}$$
$$SIPL = 187\text{kV，配合电流为 6.0kA（双极接线）}$$

受避雷器 R 保护设备的耐受电压为

$$RSIWV = 1.15 \times 178\text{kV} = 205\text{kV（伪双极接线）}$$
$$RSIWV = 1.15 \times 187\text{kV} = 215\text{kV（双极接线）}$$

则

$$SSIWV = 250\text{kV（伪双极接线）}$$
$$SSIWV = 250\text{kV（双极接线）}$$

单次泄放能量要求：

$$1.2 \times 0.15\text{MJ} = 0.18\text{MJ（伪双极接线）}$$
$$1.2 \times 0.13\text{MJ} = 0.16\text{MJ（双极接线）}$$

8）平波电抗器避雷器 SR：对于伪双极接线，避雷器 SR 的最大过电压为 149kV，最大电流为 4.2kA，最大能耗为 0.55MJ。对于双极接线，避雷器 SR 的最大过电压为 149kV，最大电流为 4.2kA，最大能耗为 0.28MJ。

可以将避雷器 SR 的保护水平选为

$$SIPL = 153\text{kV，配合电流为 5.0kA（伪双极接线）}$$
$$SIPL = 153\text{kV，配合电流为 5.0kA（双极接线）}$$

受避雷器 SR 保护设备的耐受电压为

$$RSIWV = 1.15 \times 153\text{kV} = 175\text{kV（伪双极接线）}$$
$$RSIWV = 1.15 \times 153\text{kV} = 175\text{kV（双极接线）}$$

则

$$SSIWV = 200\text{kV（伪双极接线）}$$
$$SSIWV = 200\text{kV（双极接线）}$$

单次泄放能量要求：

$$1.2 \times 0.55\text{MJ} = 0.66\text{MJ（伪双极接线）}$$
$$1.2 \times 0.28\text{MJ} = 0.34\text{MJ（双极接线）}$$

上述计算结果汇总在表 15-23 和表 15-24 中。

表 15-23　换流站保护水平和耐受电压（伪双极接线）

| 位置 | 直接保护的设备 | 保护避雷器 | SIPL/kV | 配合电流/kA | SSIWV/kV | 裕度（%） |
|---|---|---|---|---|---|---|
| ① | 联接变压器网侧 | A | 279 | 0.1 | 325 | 16 |
| ② | 联接变压器阀侧 | A2 | 326 | 3 | 380 | 17 |

(续)

| 位置 | 直接保护的设备 | 保护避雷器 | SIPL/kV | 配合电流/kA | SSIWV/kV | 裕度(%) |
|---|---|---|---|---|---|---|
| ③ | 换流阀阀底 | A3 | 360 | 10 | 450 | 25 |
| ④ | 换流阀阀顶 | C | 355 | 2 | 450 | 27 |
| ⑤ | 直流线路 | D | 388 | 5 | 450 | 16 |
| ②-③ | 桥臂电抗器 | R | 178 | 3 | 250 | 40 |
| ③-④ | 桥臂两端 | V | 624 | 3 | 750 | 20 |
| ④-⑤ | 平波电抗器 | SR | 153 | 5 | 200 | 31 |

注：各关键点位置如图 15-5 所示。

表 15-24 换流站保护水平和耐受电压（双极接线）

| 位置 | 直接保护的设备 | 保护避雷器 | SIPL/kV | 配合电流/kA | SSIWV/kV | 裕度(%) |
|---|---|---|---|---|---|---|
| ① | 联接变压器网侧 | A | 279 | 0.1 | 325 | 16 |
| ② | 联接变压器阀侧 | A2 | 262 | 0.1 | 325 | 24 |
| ③ | 换流阀阀底 | A3 | 298 | 1.0 | 380 | 28 |
| ④ | 换流阀阀顶 | C | 279 | 0.1 | 325 | 16 |
| ⑤ | 直流线路 | D | 279 | 0.1 | 325 | 16 |
| ②-③ | 桥臂电抗器 | R | 187 | 6 | 250 | 34 |
| ③-④ | 桥臂两端 | V | 301 | 2 | 380 | 26 |
| ④-⑤ | 平波电抗器 | SR | 153 | 5 | 200 | 31 |

注：各关键点位置如图 15-5 所示。

### 15.5.7 相关结论

1）通过对所考虑的 14 种故障进行扫描计算，发现换流站过电压最严重情况出现于联接变压器阀侧单相接地故障、换流阀短路故障、阀顶对地短路故障、直流母线接地故障和直流线路接地故障。

2）对于绝缘水平，双极接线换流站内设备的绝缘水平低于伪双极接线。

3）伪双极接线中的联接变压器不存在直流偏置，可以使用普通的交流变压器；而双极接线中的联接变压器由于存在直流偏置，必须使用换流变压器。

4）伪双极接线柔性直流输电系统受制于联接变压器的容量，不可能很大。对于采用基本单元串并联结构的大容量柔性直流输电系统，采用伪双极接线对过电压水平和可靠性影响较大，宜采用双极接线。

## 15.6 多端 MMC-HVDC 系统共用接地点技术

注意到现有的采用伪双极接线的两端柔性直流输电系统中，每个换流站内都必须通过专用的接地装置接地，若多端 MMC-HVDC 也采用相同的处理方法，势必会增加整个直流系统建设成本。如果多端 MMC-HVDC 在交流侧通过星形电抗接地，那么换流器的无功功率运行范围会受到明显影响，甚至需要考虑安装附加无功补偿设备确保系统的正常运行。因此，有必要研究多端 MMC-HVDC 共用接地点方案。

充分借鉴前面章节的研究结果，本节以一个如图 15-13 所示的五端 MMC-HVDC 系统为例，考虑了 4 种可能发生在换流站内的严重故障（联接变压器阀侧单相接地故障、换流阀短路故障、阀顶对地短路故障和直流母线接地故障），基于 PSCAD/EMTDC 对该系统所有典型的接地极共用方案进行仿真计算，通过考察换流站内关键位置的过电压水平，对该五端系统共用接地点的特性进行研究。

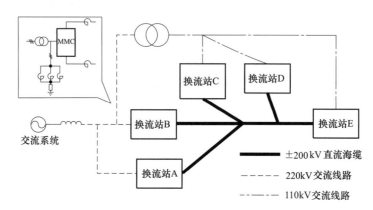

图 15-13　五端 MMC-HVDC 系统示意图

## 15.6.1　仿真算例系统参数

系统主参数见表 15-25。

表 15-25　五端 MMC-HVDC 系统主参数

| 项目 | 换流站 A | 换流站 B | 换流站 C~E |
| --- | --- | --- | --- |
| 换流站额定容量/MVA | 400 | 300 | 100 |
| 网侧交流母线电压/kV | 220 | 220 | 110 |
| 额定直流电压/kV | ±200 | ±200 | ±200 |
| 联接变压器额定容量/MVA | 400 | 350 | 120 |
| 联接变压器压器电压比/kV | 220/200 | 220/200 | 110/200 |
| 联接变压器压器漏抗/pu | 0.1 | 0.1 | 0.1 |
| 桥臂电抗/mH | 40 | 40 | 40 |
| 单桥臂子模块个数 | 10 | 10 | 10 |
| 子模块电容/μF | 3393 | 2544 | 848 |

## 15.6.2　共用接地点需考虑的因素

下面讨论中，需要重点关注以下关键位置在稳态和故障时的电压，这些区域最有可能配置避雷器，包括：①联接变压器网侧电压；②联接变压器阀侧电压；③阀底对地电压；④阀顶对地电压；⑤直流出口对地电压，分别如图 15-5 中①~⑤所示；⑥阀两端电压（图 15-5 中③、④之间）。

如果要分析一般情况，那么对于发生故障的站点，需要遍历所有换流站，且同时必须对所有换流站各个关键位置的电压进行监测。但是鉴于仿真系统中换流站C~E容量相同，控制策略相同，且这3个换流站在该五端直流系统中的地位几乎一样，所以可以简化问题的分析。在本次仿真中，只需要考虑在换流站A~C发生上文提及的4种最严重故障，且仅监测换流站A~C中各个关键位置的过电压情况。

对于一个$N$端系统而言，其可能的共用接地点方案共有（$2^N-2$）种。但是，注意到各个换流站的容量以及控制策略，可以仅考虑部分典型的共用接地点方案，从而避免类似方案的重复计算。

按照接地点数目、换流站的容量和控制方式，可以按照接地点数量，把测试系统的共用接地点方案分为4大类：

情况Ⅰ：五端系统只有1个换流站接地。需要考虑3种方案：a1）换流站A接地；b1）换流站B接地；c1）换流站C接地。

情况Ⅱ：五端系统有2个换流站接地。需要考虑3种方案：a2）换流站A+换流站B接地；b2）换流站A+换流站C接地；c2）换流站B+换流站C接地。

情况Ⅲ：五端系统有2个换流站不接地。需要考虑4种方案：a3）换流站A+换流站B不接地；b3）换流站A+换流站C不接地；c3）换流站B+换流站C不接地；d3）换流站D+换流站E不接地。

情况Ⅳ：五端系统有1个换流站不接地。需要考虑3种方案：a4）换流站A不接地；b4）换流站B不接地；c4）换流站C不接地。

### 15.6.3 仿真结果及分析

为了研究接地点存在与否对系统关键位置过电压水平的影响，下面对上节提到的4大类接地点共用方案，分别计算测试系统在4种最严重故障下的过电压水平。其中，过电压水平用标幺值表示，关键位置的编号如图15-5所示，各关键位置的基准值见表15-26，需要注意对于A站和B站，关键点①的基准电压为179.63kV，而对于C站，关键点①的基准电压为89.81kV。下文中各关键点电压取为同一故障站4种最严重故障下过电压水平的最大值。具体计算结果见表15-27~表15-41。

表15-26　各关键点电压基准值

| 位置 | ① | ② | ③ |
|---|---|---|---|
| 基准值/kV | 179.63/89.81 | 163.30 | 163.30 |
| 位置 | ④ | ⑤ | ③-④ |
| 基准值/kV | 200.00 | 200.00 | 200.00 |

表15-27　五端都接地时各换流站过电压水平

| 故障站 | 关键点过电压 | ① | ② | ③ | ④ | ⑤ | ③-④ |
|---|---|---|---|---|---|---|---|
| A站 | A站 | 1.11 | 2.89 | 3.10 | 2.64 | 3.05 | 2.87 |
| | B站 | 1.09 | 3.38 | 3.68 | 2.69 | 2.84 | 2.86 |
| | C站 | 1.18 | 3.09 | 3.71 | 2.79 | 3.17 | 2.87 |

(续)

| 故障站 | 关键点过电压 | ① | ② | ③ | ④ | ⑤ | ③-④ |
|---|---|---|---|---|---|---|---|
| B 站 | A 站 | 1.08 | 3.38 | 3.45 | 2.82 | 3.52 | 2.87 |
|  | B 站 | 1.11 | 2.91 | 3.07 | 2.60 | 2.75 | 2.85 |
|  | C 站 | 1.17 | 3.07 | 3.64 | 2.81 | 3.12 | 2.84 |
| C 站 | A 站 | 1.06 | 3.32 | 3.33 | 2.84 | 3.47 | 2.81 |
|  | B 站 | 1.06 | 3.29 | 3.61 | 2.64 | 2.75 | 2.81 |
|  | C 站 | 1.08 | 2.68 | 3.07 | 3.30 | 3.03 | 2.84 |

表 15-28 A 站不接地时各换流站过电压水平

| 故障站 | 关键点过电压 | ① | ② | ③ | ④ | ⑤ | ③-④ |
|---|---|---|---|---|---|---|---|
| A 站 | A 站 | 1.11 | 2.90 | 3.10 | 2.66 | 3.06 | 2.88 |
|  | B 站 | 1.09 | 3.38 | 3.68 | 2.69 | 2.84 | 2.86 |
|  | C 站 | 1.18 | 3.25 | 3.39 | 2.79 | 3.10 | 2.88 |
| B 站 | A 站 | 1.08 | 3.18 | 3.69 | 2.99 | 3.52 | 2.87 |
|  | B 站 | 1.11 | 2.91 | 3.07 | 2.65 | 2.74 | 2.85 |
|  | C 站 | 1.12 | 3.06 | 3.63 | 2.82 | 3.12 | 2.84 |
| C 站 | A 站 | 1.06 | 3.13 | 3.62 | 2.99 | 3.47 | 2.81 |
|  | B 站 | 1.06 | 3.29 | 3.61 | 2.65 | 2.75 | 2.81 |
|  | C 站 | 1.08 | 2.68 | 2.97 | 3.31 | 3.04 | 2.84 |

表 15-29 B 站不接地时各换流站过电压水平

| 故障站 | 关键点过电压 | ① | ② | ③ | ④ | ⑤ | ③-④ |
|---|---|---|---|---|---|---|---|
| A 站 | A 站 | 1.11 | 2.88 | 3.10 | 2.64 | 3.00 | 2.88 |
|  | B 站 | 1.09 | 3.38 | 3.70 | 3.00 | 2.83 | 2.86 |
|  | C 站 | 1.18 | 3.10 | 3.71 | 2.81 | 3.10 | 2.88 |
| B 站 | A 站 | 1.08 | 3.38 | 3.38 | 3.35 | 3.52 | 2.86 |
|  | B 站 | 1.11 | 2.91 | 3.07 | 2.68 | 2.73 | 2.85 |
|  | C 站 | 1.15 | 3.22 | 3.35 | 2.82 | 3.12 | 2.84 |
| C 站 | A 站 | 1.06 | 3.33 | 3.33 | 2.84 | 3.46 | 2.82 |
|  | B 站 | 1.06 | 3.30 | 3.62 | 2.96 | 2.77 | 2.80 |
|  | C 站 | 1.08 | 2.68 | 3.13 | 3.34 | 3.03 | 2.84 |

表 15-30 C 站不接地时各换流站过电压水平

| 故障站 | 关键点过电压 | ① | ② | ③ | ④ | ⑤ | ③-④ |
|---|---|---|---|---|---|---|---|
| A 站 | A 站 | 1.11 | 2.89 | 3.11 | 2.64 | 3.02 | 2.86 |
|  | B 站 | 1.09 | 3.37 | 3.69 | 2.69 | 2.84 | 2.85 |
|  | C 站 | 1.19 | 3.14 | 3.71 | 2.98 | 3.12 | 2.87 |

(续)

| 故障站 | 关键点过电压 | ① | ② | ③ | ④ | ⑤ | ③-④ |
|---|---|---|---|---|---|---|---|
| B 站 | A 站 | 1.08 | 3.40 | 3.40 | 2.81 | 3.53 | 2.86 |
|  | B 站 | 1.11 | 2.92 | 3.07 | 2.65 | 2.75 | 2.86 |
|  | C 站 | 1.17 | 3.14 | 3.70 | 3.04 | 3.12 | 2.85 |
| C 站 | A 站 | 1.06 | 3.33 | 3.33 | 2.83 | 3.47 | 2.82 |
|  | B 站 | 1.06 | 3.30 | 3.62 | 2.65 | 2.77 | 2.80 |
|  | C 站 | 1.09 | 2.79 | 3.08 | 3.32 | 3.04 | 2.84 |

表 15-31　A、B 站不接地时各换流站过电压水平

| 故障站 | 关键点过电压 | ① | ② | ③ | ④ | ⑤ | ③-④ |
|---|---|---|---|---|---|---|---|
| A 站 | A 站 | 1.11 | 2.89 | 3.09 | 2.66 | 3.01 | 2.87 |
|  | B 站 | 1.09 | 3.38 | 3.68 | 2.99 | 2.83 | 2.86 |
|  | C 站 | 1.19 | 3.24 | 3.42 | 2.79 | 3.14 | 2.87 |
| B 站 | A 站 | 1.08 | 3.18 | 3.69 | 2.97 | 3.53 | 2.87 |
|  | B 站 | 1.11 | 2.89 | 3.07 | 2.68 | 2.73 | 2.85 |
|  | C 站 | 1.17 | 3.04 | 3.64 | 2.80 | 3.12 | 2.84 |
| C 站 | A 站 | 1.06 | 3.13 | 3.63 | 3.01 | 3.47 | 2.82 |
|  | B 站 | 1.06 | 3.30 | 3.62 | 2.96 | 2.76 | 2.80 |
|  | C 站 | 1.08 | 2.85 | 3.13 | 3.34 | 3.03 | 2.84 |

表 15-32　A、C 站不接地时各换流站过电压水平

| 故障站 | 关键点过电压 | ① | ② | ③ | ④ | ⑤ | ③-④ |
|---|---|---|---|---|---|---|---|
| A 站 | A 站 | 1.11 | 2.90 | 3.12 | 2.66 | 3.02 | 2.87 |
|  | B 站 | 1.09 | 3.38 | 3.68 | 2.70 | 2.84 | 2.86 |
|  | C 站 | 1.20 | 3.17 | 3.71 | 2.98 | 3.14 | 2.88 |
| B 站 | A 站 | 1.08 | 3.19 | 3.69 | 2.95 | 3.53 | 2.87 |
|  | B 站 | 1.11 | 2.89 | 3.07 | 2.67 | 2.75 | 2.85 |
|  | C 站 | 1.19 | 3.14 | 3.70 | 3.03 | 3.12 | 2.86 |
| C 站 | A 站 | 1.06 | 3.13 | 3.63 | 2.83 | 3.47 | 2.82 |
|  | B 站 | 1.06 | 3.29 | 3.62 | 2.65 | 2.77 | 2.80 |
|  | C 站 | 1.09 | 2.84 | 3.09 | 3.32 | 3.04 | 2.84 |

表 15-33　B、C 站不接地时各换流站过电压水平

| 故障站 | 关键点过电压 | ① | ② | ③ | ④ | ⑤ | ③-④ |
|---|---|---|---|---|---|---|---|
| A 站 | A 站 | 1.11 | 2.89 | 3.07 | 2.64 | 3.01 | 2.87 |
|  | B 站 | 1.09 | 3.38 | 3.70 | 2.99 | 2.83 | 2.86 |
|  | C 站 | 1.20 | 3.17 | 3.70 | 2.98 | 3.13 | 2.87 |

(续)

| 故障站 | 关键点过电压 | ① | ② | ③ | ④ | ⑤ | ③-④ |
|---|---|---|---|---|---|---|---|
| B 站 | A 站 | 1.08 | 3.38 | 3.45 | 2.81 | 3.52 | 2.86 |
| | B 站 | 1.11 | 2.89 | 3.07 | 2.68 | 2.74 | 2.85 |
| | C 站 | 1.32 | 3.11 | 3.68 | 3.03 | 3.12 | 2.84 |
| C 站 | A 站 | 1.06 | 3.33 | 3.33 | 2.83 | 3.48 | 2.82 |
| | B 站 | 1.06 | 3.30 | 3.62 | 2.95 | 2.77 | 2.80 |
| | C 站 | 1.09 | 2.67 | 3.11 | 3.33 | 2.98 | 2.83 |

表 15-34　D、E 站不接地时各换流站过电压水平

| 故障站 | 关键点过电压 | ① | ② | ③ | ④ | ⑤ | ③-④ |
|---|---|---|---|---|---|---|---|
| A 站 | A 站 | 1.11 | 2.89 | 3.10 | 2.64 | 3.01 | 2.87 |
| | B 站 | 1.09 | 3.38 | 3.69 | 2.69 | 2.83 | 2.86 |
| | C 站 | 1.19 | 3.09 | 3.71 | 2.75 | 3.11 | 2.87 |
| B 站 | A 站 | 1.08 | 3.38 | 3.45 | 2.76 | 3.53 | 2.87 |
| | B 站 | 1.11 | 2.91 | 3.07 | 2.65 | 2.74 | 2.85 |
| | C 站 | 1.15 | 3.08 | 3.65 | 2.72 | 3.12 | 2.85 |
| C 站 | A 站 | 1.06 | 3.33 | 3.39 | 2.78 | 3.47 | 2.82 |
| | B 站 | 1.06 | 3.30 | 3.62 | 2.67 | 2.76 | 2.80 |
| | C 站 | 1.09 | 2.76 | 2.96 | 3.30 | 3.03 | 2.84 |

表 15-35　A、B 站接地时各换流站过电压水平

| 故障站 | 关键点过电压 | ① | ② | ③ | ④ | ⑤ | ③-④ |
|---|---|---|---|---|---|---|---|
| A 站 | A 站 | 1.11 | 2.89 | 3.10 | 2.64 | 3.04 | 2.88 |
| | B 站 | 1.09 | 3.38 | 3.68 | 2.68 | 2.84 | 2.86 |
| | C 站 | 1.21 | 3.22 | 3.71 | 2.97 | 3.11 | 2.88 |
| B 站 | A 站 | 1.08 | 3.38 | 3.45 | 2.74 | 3.52 | 2.88 |
| | B 站 | 1.11 | 2.92 | 3.07 | 2.65 | 2.75 | 2.85 |
| | C 站 | 1.19 | 3.25 | 3.69 | 2.97 | 3.12 | 2.86 |
| C 站 | A 站 | 1.06 | 3.33 | 3.33 | 2.79 | 3.47 | 2.82 |
| | B 站 | 1.06 | 3.29 | 3.61 | 2.64 | 2.76 | 2.80 |
| | C 站 | 1.13 | 2.68 | 2.95 | 3.30 | 3.03 | 2.83 |

表 15-36　A、C 站接地时各换流站过电压水平

| 故障站 | 关键点过电压 | ① | ② | ③ | ④ | ⑤ | ③-④ |
|---|---|---|---|---|---|---|---|
| A 站 | A 站 | 1.11 | 2.89 | 3.09 | 2.64 | 3.05 | 2.87 |
| | B 站 | 1.09 | 3.35 | 3.65 | 2.87 | 2.83 | 2.85 |
| | C 站 | 1.19 | 3.05 | 3.62 | 2.78 | 3.10 | 2.87 |

(续)

| 故障站 | 关键点过电压 | ① | ② | ③ | ④ | ⑤ | ③-④ |
|---|---|---|---|---|---|---|---|
| B 站 | A 站 | 1.08 | 3.37 | 3.44 | 2.76 | 3.52 | 2.87 |
|  | B 站 | 1.11 | 2.91 | 3.07 | 2.68 | 2.73 | 2.85 |
|  | C 站 | 1.19 | 3.06 | 3.64 | 2.73 | 3.11 | 2.84 |
| C 站 | A 站 | 1.06 | 3.33 | 3.39 | 2.79 | 3.47 | 2.82 |
|  | B 站 | 1.06 | 3.30 | 3.62 | 2.96 | 2.76 | 2.80 |
|  | C 站 | 1.09 | 2.77 | 3.08 | 3.32 | 3.03 | 2.84 |

表 15-37　B、C 站接地时各换流站过电压水平

| 故障站 | 关键点过电压 | ① | ② | ③ | ④ | ⑤ | ③-④ |
|---|---|---|---|---|---|---|---|
| A 站 | A 站 | 1.11 | 2.89 | 3.09 | 2.66 | 3.05 | 2.86 |
|  | B 站 | 1.09 | 3.37 | 3.69 | 2.68 | 2.83 | 2.85 |
|  | C 站 | 1.19 | 3.21 | 3.59 | 2.80 | 3.14 | 2.87 |
| B 站 | A 站 | 1.08 | 3.19 | 3.69 | 2.94 | 3.53 | 2.87 |
|  | B 站 | 1.11 | 2.91 | 3.11 | 2.67 | 2.74 | 2.85 |
|  | C 站 | 1.19 | 3.06 | 3.65 | 2.74 | 3.12 | 2.85 |
| C 站 | A 站 | 1.06 | 3.13 | 3.62 | 2.79 | 3.47 | 2.82 |
|  | B 站 | 1.06 | 3.29 | 3.61 | 2.67 | 2.77 | 2.80 |
|  | C 站 | 1.08 | 2.68 | 3.08 | 3.32 | 3.03 | 2.83 |

表 15-38　D、E 站接地时各换流站过电压水平

| 故障站 | 关键点过电压 | ① | ② | ③ | ④ | ⑤ | ③-④ |
|---|---|---|---|---|---|---|---|
| A 站 | A 站 | 1.11 | 2.89 | 3.08 | 2.67 | 3.05 | 2.86 |
|  | B 站 | 1.09 | 3.37 | 3.68 | 2.99 | 2.84 | 2.85 |
|  | C 站 | 1.19 | 3.14 | 3.71 | 2.97 | 3.11 | 2.86 |
| B 站 | A 站 | 1.08 | 3.18 | 3.69 | 3.01 | 3.53 | 2.87 |
|  | B 站 | 1.11 | 2.91 | 3.06 | 2.68 | 2.73 | 2.85 |
|  | C 站 | 1.19 | 4.20 | 4.20 | 2.83 | 3.12 | 2.85 |
| C 站 | A 站 | 1.06 | 3.14 | 3.63 | 3.01 | 3.47 | 2.82 |
|  | B 站 | 1.06 | 3.30 | 3.62 | 2.96 | 2.77 | 2.80 |
|  | C 站 | 1.09 | 2.78 | 3.13 | 3.35 | 3.04 | 2.84 |

表 15-39　A 站接地时各换流站过电压水平

| 故障站 | 关键点过电压 | ① | ② | ③ | ④ | ⑤ | ③-④ |
|---|---|---|---|---|---|---|---|
| A 站 | A 站 | 1.11 | 2.89 | 3.10 | 2.64 | 3.01 | 2.87 |
|  | B 站 | 1.09 | 3.37 | 3.68 | 2.99 | 2.83 | 2.86 |
|  | C 站 | 1.20 | 3.21 | 3.70 | 2.86 | 3.10 | 2.87 |

(续)

| 故障站 | 关键点过电压 | ① | ② | ③ | ④ | ⑤ | ③-④ |
|---|---|---|---|---|---|---|---|
| B 站 | A 站 | 1.09 | 3.36 | 3.36 | 2.81 | 3.50 | 2.85 |
|  | B 站 | 1.11 | 2.91 | 3.06 | 2.68 | 2.73 | 2.83 |
|  | C 站 | 1.19 | 3.40 | 3.66 | 3.07 | 3.11 | 2.83 |
| C 站 | A 站 | 1.06 | 3.31 | 3.31 | 2.76 | 3.45 | 2.80 |
|  | B 站 | 1.06 | 3.28 | 3.60 | 2.94 | 2.74 | 2.79 |
|  | C 站 | 1.13 | 2.66 | 3.03 | 3.30 | 3.02 | 2.82 |

表 15-40　B 站接地时各换流站过电压水平

| 故障站 | 关键点过电压 | ① | ② | ③ | ④ | ⑤ | ③-④ |
|---|---|---|---|---|---|---|---|
| A 站 | A 站 | 1.11 | 2.89 | 3.13 | 2.66 | 3.06 | 2.85 |
|  | B 站 | 1.09 | 3.36 | 3.67 | 2.70 | 2.83 | 2.84 |
|  | C 站 | 1.20 | 3.25 | 3.70 | 2.95 | 3.11 | 2.86 |
| B 站 | A 站 | 1.08 | 3.18 | 3.68 | 2.94 | 3.52 | 2.87 |
|  | B 站 | 1.11 | 2.90 | 3.05 | 2.65 | 2.74 | 2.83 |
|  | C 站 | 1.19 | 3.20 | 3.68 | 2.97 | 3.11 | 2.85 |
| C 站 | A 站 | 1.06 | 3.13 | 3.62 | 2.79 | 3.46 | 2.81 |
|  | B 站 | 1.06 | 3.28 | 3.61 | 2.65 | 2.76 | 2.78 |
|  | C 站 | 1.13 | 2.66 | 3.05 | 3.31 | 3.02 | 2.82 |

表 15-41　C 站接地时各换流站过电压水平

| 故障站 | 关键点过电压 | ① | ② | ③ | ④ | ⑤ | ③-④ |
|---|---|---|---|---|---|---|---|
| A 站 | A 站 | 1.11 | 2.89 | 3.13 | 2.66 | 3.05 | 2.87 |
|  | B 站 | 1.09 | 3.37 | 3.68 | 3.00 | 2.83 | 2.86 |
|  | C 站 | 1.20 | 3.14 | 3.52 | 2.74 | 3.13 | 2.87 |
| B 站 | A 站 | 1.09 | 3.17 | 3.68 | 2.93 | 3.51 | 2.86 |
|  | B 站 | 1.11 | 2.90 | 3.05 | 2.68 | 2.74 | 2.83 |
|  | C 站 | 1.20 | 3.06 | 3.63 | 2.71 | 3.11 | 2.84 |
| C 站 | A 站 | 1.06 | 3.13 | 3.62 | 2.79 | 3.46 | 2.81 |
|  | B 站 | 1.06 | 3.28 | 3.61 | 2.65 | 2.76 | 2.78 |
|  | C 站 | 1.09 | 2.66 | 2.94 | 3.31 | 3.02 | 2.82 |

若以各换流站发生所有 4 种最严重故障下各关键点的最大过电压水平为评判标准，那么五端系统的接地点数目为 1~4 时，过电压水平最低的方案分别为：换流站 B 接地；换流站 A、B 接地；换流站 A、C 不接地；换流站 C 不接地。上述 4 种接地点共用方案外加 5 个换流站都接地时，各换流站发生所有 4 种最严重故障下各关键点的最大过电压水平见表 15-42 ~ 表 15-46。

表 15-42　5 个换流站都接地时各关键点最大过电压

| 最大过电压 | ① | ② | ③ | ④ | ⑤ | ③-④ |
|---|---|---|---|---|---|---|
| A 站 | 1.11 | 3.38 | 3.45 | 2.84 | 3.52 | 2.87 |
| B 站 | 1.11 | 3.37 | 3.68 | 2.69 | 2.84 | 2.86 |
| C 站 | 1.18 | 3.09 | 3.71 | 3.30 | 3.17 | 2.87 |

表 15-43　换流站 C 不接地时各关键点最大过电压

| 最大过电压 | ① | ② | ③ | ④ | ⑤ | ③-④ |
|---|---|---|---|---|---|---|
| A 站 | 1.11 | 3.40 | 3.40 | 2.83 | 3.53 | 2.86 |
| B 站 | 1.11 | 3.37 | 3.69 | 2.69 | 2.84 | 2.86 |
| C 站 | 1.19 | 3.14 | 3.71 | 3.32 | 3.12 | 2.87 |

表 15-44　换流站 A、C 不接地时各关键点最大过电压

| 最大过电压 | ① | ② | ③ | ④ | ⑤ | ③-④ |
|---|---|---|---|---|---|---|
| A 站 | 1.11 | 3.19 | 3.69 | 2.95 | 3.53 | 2.87 |
| B 站 | 1.11 | 3.38 | 3.68 | 2.70 | 2.84 | 2.86 |
| C 站 | 1.20 | 3.17 | 3.71 | 3.32 | 3.14 | 2.88 |

表 15-45　换流站 A、B 接地时各关键点最大过电压

| 最大过电压 | ① | ② | ③ | ④ | ⑤ | ③-④ |
|---|---|---|---|---|---|---|
| A 站 | 1.11 | 3.38 | 3.45 | 2.79 | 3.52 | 2.88 |
| B 站 | 1.11 | 3.38 | 3.68 | 2.68 | 2.84 | 2.86 |
| C 站 | 1.21 | 3.25 | 3.71 | 3.30 | 3.12 | 2.88 |

表 15-46　换流站 B 接地时各关键点最大过电压

| 最大过电压 | ① | ② | ③ | ④ | ⑤ | ③-④ |
|---|---|---|---|---|---|---|
| A 站 | 1.11 | 3.18 | 3.68 | 2.94 | 3.52 | 2.87 |
| B 站 | 1.11 | 3.36 | 3.67 | 2.70 | 2.83 | 2.84 |
| C 站 | 1.20 | 3.25 | 3.70 | 3.31 | 3.11 | 2.86 |

图 15-14 表示的是对应于接地点数目为 1~5 时，各最佳方案中换流站 A~C 各关键点最大过电压水平，鉴于所有情况下关键位置 1 的最大过电压水平相差不大，图 15-14 中略去了该位置。

分析上述数据，可以发现以下几个现象：

1) 对于一个换流站而言，关键点出现的最大过电压水平有一部分出现在本站发生故障时，另一部分出现在其他换流站发生故障时。

2) 接地点存在与否，会直接影响换流站的过电压水平。对于一个换流站而言，若该换流站没有接地点，那么在所考虑的 4 种故障下，部分关键点过电压水平会有明显提高。

3) 对于一个换流站而言，接地点存在与否，对该换流站的影响程度还与该换流站的控制策略密切相关。若换流站采用定电压或者后备定电压控制策略，那么接地点的存在与否对该站的过电压水平影响较大。若换流站采用定功率控制，那么接地点的存在与否对该站的过

电压水平影响最小。

4) 与五端都接地的方案相比，采用仅在换流站 A（定电压控制）和换流站 B（后备定电压控制）安装接地极的方案，各关键点过电压水平较小，而且接地点个数也明显变少。

5) 从备用的角度而言，在采用定电压和后备定电压的换流站安装接地极是一个较为保险的方案，两个接地极之间互为备用，相对于只采用一个接地极的方案而言，系统的安全性能得到明显的提升。

6) 若从整个系统的可靠性方面考虑，对于多端直流系统而言，必须至少有一个送端或受端。本系统中两个接地站均为送端，若都退出运行，那么剩下的 3 个受端将无法运行，因此本系统采用的共用接地

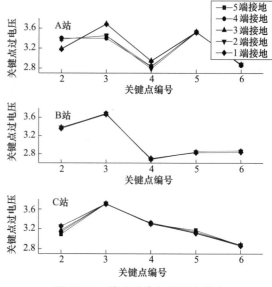

图 15-14 换流站内各关键点最大电压示意图（6 对应③-④电压）

点方案较为合理。若多端系统中换流站较多，那么需要适当增加接地点的数目，从而能最大程度地保证系统的稳定运行。

## 15.7 多端 MMC-HVDC 系统过电压的研究

多端 MMC-HVDC 系统由于交-直流系统的相互作用、复杂的直流网络结构以及换流站之间的协调控制，其故障后过电压的特性与两端 MMC-HVDC 系统并不完全相同。因此，本节依然以一个五端系统为例，通过仿真结果分析多端 MMC-HVDC 系统过电压特性。

### 15.7.1 仿真算例系统参数

五端系统结构如图 15-15 所示，系统主参数见表 15-47。

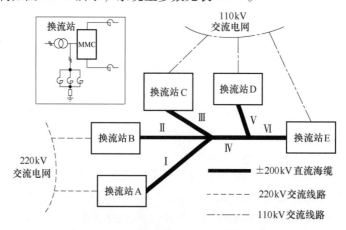

图 15-15 五端 MMC-HVDC 系统示意图

表 15-47　五端 MMC-HVDC 系统主参数

| 项目 | 换流站 A | 换流站 B | 换流站 C～E |
|---|---|---|---|
| 换流站额定容量/MVA | 400 | 300 | 100 |
| 网侧交流母线电压/kV | 220 | 220 | 110 |
| 额定直流电压/kV | ±200 | ±200 | ±200 |
| 联接变压器额定容量/MVA | 400 | 350 | 120 |
| 联接变压器电压比/kV | 220/200 | 220/200 | 110/200 |
| 联接变压器漏抗/pu | 0.1 | 0.1 | 0.1 |
| 桥臂电抗/mH | 19.1 | 37.6 | 119 |
| 单桥臂子模块个数 | 20 | 20 | 20 |
| 子模块电容/μF | 6786 | 5088 | 1696 |

### 15.7.2　过电压计算考虑的因素

故障类型、故障发生时间和后续处理措施、电压观测点的设置如下所述：

1）交流系统故障：主要考虑交流线路金属性接地故障，分别是三相接地故障、两相接地故障、单相接地故障和两相相间短路故障。监测联接变压器网侧电压，联接变压器阀侧电压，阀顶对地电压，以及阀两端电压。假设交流系统故障发生在 6.0s，故障持续 0.1s。

2）换流站内部故障：对于联接变压器阀侧三相接地故障、两相接地故障、相间短路故障和单相接地故障，假设故障发生在 6.0s，故障持续 0.1s。为了研究故障特征，不采取后续的闭锁换流器以及跳开交流开关的措施，对于联接变压器阀侧故障，研究分析 5.8～6.3s 的波形；对于换流器阀短路故障和阀顶对地短路故障，研究分析 5.998～6.006s 的波形；对于上述所有故障，考虑过渡电阻为 0.01Ω（金属性接地/短路故障）。

3）直流线路故障：主要考虑直流线路上发生的直流线路单极接地故障，直流极线断线故障，以及直流极线间短路故障。监测所有换流站直流出口对地电压、阀顶对地电压和阀两端电压。假设直流线路在 10s 发生单极接地故障、极间短路故障和断线故障。为了研究故障特征，不采取后续的闭锁换流器以及跳开交流开关的措施，研究分析 9.998～10.006s 的故障波形。

### 15.7.3　仿真结果及分析

避免赘述，只考虑 220kV 交流电网故障、换流站 A 内部故障以及直流线路 I 故障下的仿真结果。限于篇幅，下文按照故障类型，只给出其中部分较为严重的故障下的换流站 A～换流站 C 故障电压波形。

220kV 交流电网发生单相接地故障下故障波形如图 15-16～图 15-18 所示。

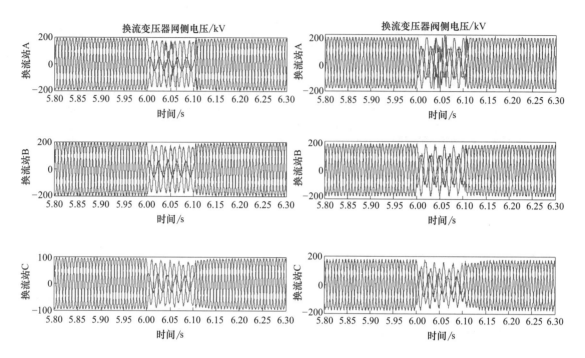

图 15-16　220kV 交流系统单相接地故障前后联接变压器网侧电压和阀侧电压

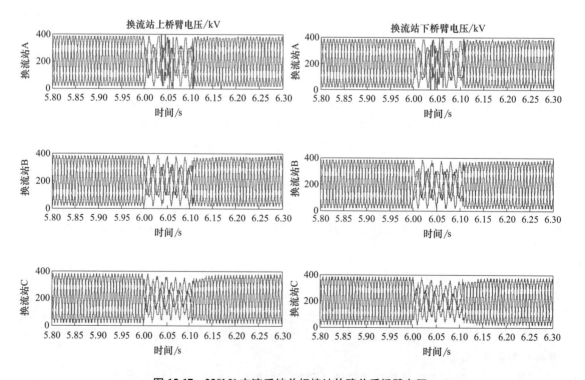

图 15-17　220kV 交流系统单相接地故障前后桥臂电压

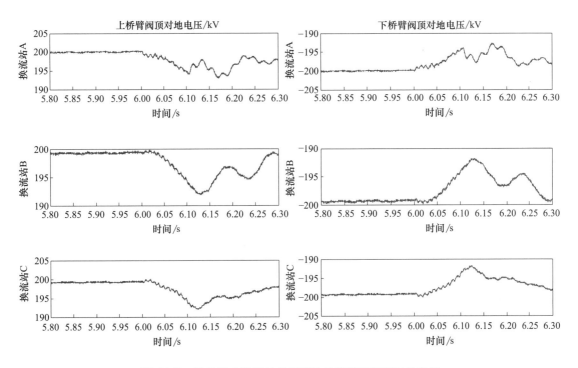

**图 15-18　220kV 交流系统单相接地故障前后阀顶对地电压**

联接变压器阀侧单相接地故障下故障波形如图 15-19~图 15-21 所示。

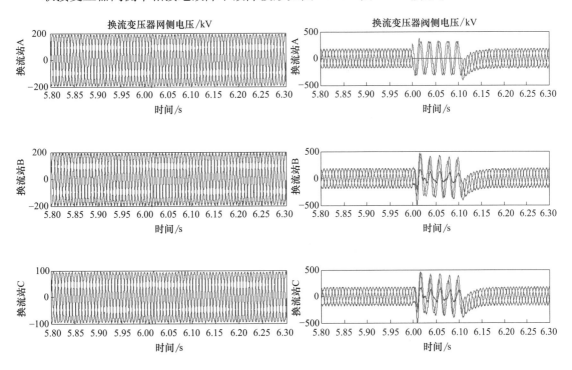

**图 15-19　联接变压器阀侧单相接地故障前后联接变压器网侧电压和阀侧电压**

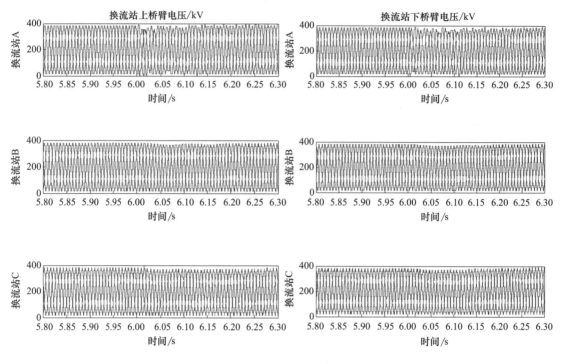

图 15-20 联接变压器阀侧单相接地故障前后桥臂电压

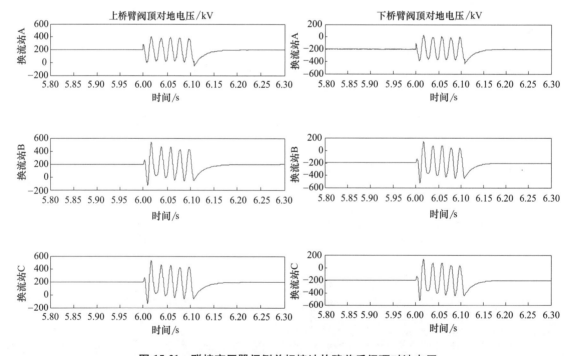

图 15-21 联接变压器阀侧单相接地故障前后阀顶对地电压

直流线路 I 单极接地故障下故障波形如图 15-22~图 15-24 所示。

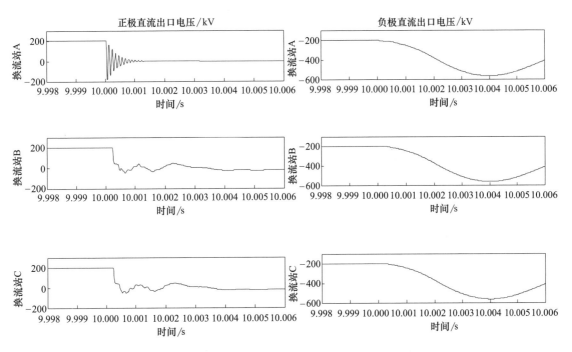

图 15-22　直流线路 I 单极接地故障前后直流出口对地电压

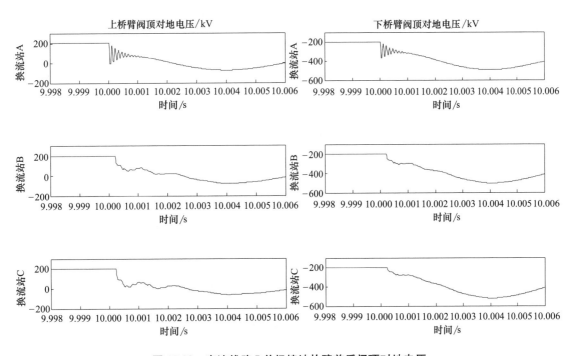

图 15-23　直流线路 I 单极接地故障前后阀顶对地电压

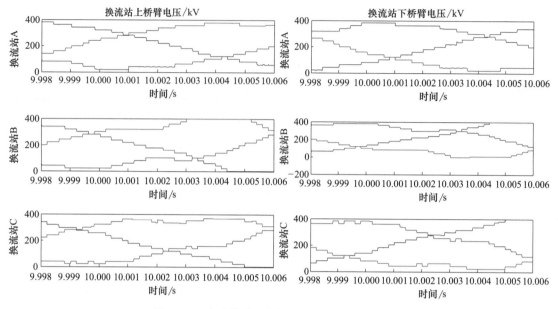

图 15-24 直流线路 I 单极接地故障前后桥臂电压

分析故障后换流站电气量,可以发现以下现象:

1)对于换流站交流侧故障而言,由于 MMC 可以等效为一个同步机,因此交流系统故障后换流站交流侧电压电流的变化规律与交流系统中其他位置发生相同故障后的变化规律类似,可以直接采用对称分量法进行分析。需要指出,故障后换流站交流侧电压电流的变化程度与换流站距故障点的电气距离密切相关,故障离换流站的电气距离越远,换流站过电压越轻微。通过仿真还可以发现,联接变压器网侧的零序分量会被联接变压器阻隔,因此联接变压器阀侧几乎没有零序分量。换流站的直流电压能够几乎维持不变,几乎没有出现严重的过电压现象。

2)对于联接变压器阀侧故障而言,由于联接变压器阀侧采用△联结,联接变压器网侧不会出现零序分量;由于存在着接地极-换流器桥臂-直流线路-换流器桥臂-接地极的零序通路,直流线路上会出现较大的过电压,且其他非故障换流站中也能检测到较大的零序分量。负序分量则会通过联接变压器传递到交流系统,然后传递到与之相连的其他换流站,由于联接变压器漏抗和交流线路的作用,非故障站的负序分量不会太大。

3)单极接地故障发生后,直流线路中会发生一系列的波过程(见图 15-22 中 10~10.001s 换流站 A 正极直流出口电压)。根据参考文献 [13] 可以知道,波过程的波形与过渡电阻关系密切:当过渡电阻很小时,故障极直流出口电压会出现短暂的振荡衰减过程,其最大的振荡幅值为正常运行电压,振荡中心为零;随着过渡电阻的增大,换流站故障极直流出口电压波振荡幅值减小,电压波会按照类似阶梯波的规律变化。反观换流站健全极直流出口电压,可以发现其为变化较平缓的振荡衰减,最大振幅为稳态运行电压。

# 参 考 文 献

[1] Siemens AG. HVDC Systems and Their Planning [EB/OL]. http://ww w.4shared.com/get/vhzmlgrF/_

ebook__HVDC_Systems_and_their.html.

[2] HINRICHSEN Volker. Metal-Oxide Surge Arrester Fundamentals [EB/OL]. http://www.energy.siemens.com/hq/pool/hq/power-transmission/high-voltage-products/surge-arresters-and-limiters/aboutus/arrester-book-1400107.pdf.

[3] 赵智大. 高电压技术 [M]. 北京：中国电力出版社, 2006.

[4] 浙江大学发电教研组直流输电科研组. 直流输电 [M]. 北京：中国电力出版社, 1982.

[5] WESTERWELLER T, FRIEDRICH K, ARMONIES U, et al. Trans bay cable world's first HVDC system using multilevel voltage sourced converter [C]// CIGRE Congress session B4-301, 22-27 August 2010, Paris, France. Paris: CIGRE, 2010.

[6] 国家电网公司. ±800kV 特高压直流换流站过电压保护和绝缘配合导则：Q/GDW 144—2006 [S].

[7] 中国南方电网公司. ±800kV 直流输电技术研究 [M]. 北京：中国电力出版社, 2006.

[8] IEC. Insulation co-ordination-Part 5: Procedures for high-voltage direct current (HVDC) converter stations: IEC 60071-5 [S].

[9] 聂定珍, 袁智勇. ±800kV 向家坝—上海直流工程换流站绝缘配合 [J]. 电网技术, 2007, 31 (14): 1-5.

[10] 徐政, 屠卿瑞, 裘鹏. 从 2010 国际大电网会议看直流输电技术的发展方向 [J]. 高电压技术, 2010, 36 (12): 3070-3077.

[11] 聂定珍, 马为民, 郑劲. ±800kV 特高压直流换流站绝缘配合 [J]. 高电压技术, 2006, 32 (9): 75-79.

[12] IEC. Insulation co-ordination-Part 1: Definitions, principles and rules: IEC 60071-1 [S].

[13] 李爱民. 高压直流输电线路故障解析与保护研究 [D]. 广州：华南理工大学, 2010.

# 第16章 基于M3C的低频输电系统

## 16.1 低频输电的原理和适用场景

低频输电的原理可以从2个方面来理解。第1个方面针对架空线路输电，第2个方面针对海底电缆输电。对于远距离大容量架空线路输电，其主要技术限制是输电系统的同步稳定性[1]。而限制长距离架空线路同步稳定性水平的主要线路参数是线路的串联电抗，因为在同步稳定性约束下线路的最大输送功率与线路的总串联电抗成反比。而输电线路的总串联电抗近似与输电线路的运行频率成正比；因此，通过降低输电线路的运行频率可以降低输电线路的总串联电抗，从而可以提高架空线路的最大输送功率极限。这就是低频输电应用于远距离大容量架空线路输电的基本原理。

对于海底电缆输电，其主要技术限制不是输电系统的同步稳定性，而是海底电缆的电容电流不能太大[2]。造成海底电缆输电与架空线路输电技术限制不同的根本原因是如下2点。第1点是流过电缆的电流必须处处小于其额定电流，即电缆沿线任意一点上的电流幅值都不能超出电缆的额定电流；而在同步稳定性约束下的远距离架空线路的运行电流通常离其热稳定极限电流还有相当距离，沿线电流分布不对架空线路构成限制。第2点是高压电缆的单位长度电容值是同电压等级架空线路的20倍以上，同电压等级同等长度下海底电缆的电容电流是架空线路的20倍以上[2]。

海底电缆的电容电流与电缆的电纳成正比，电缆电纳为输电频率与电缆电容值的乘积。对于运行中的海底电缆，其电容值可以认为是常数。因此，海底电缆的电容电流与输电频率成正比。为了降低电容电流，在无法加装电抗器补偿的海况下，可行的办法就是降低输电频率。显然，将输电频率降低到零是最彻底的解决办法，此时电缆的电容电流就降为零了，而这种输电方式就是直流输电方式。由于直流输电在换流站成本以及组网后的故障开断方面还存在不足，因此将海底电缆的输电频率降低到一定的数值，从而降低电缆的电容电流，扩展海上交流输电的距离，也是一种可行的方案。比如，对于220kV电压等级，工频50Hz下的合理输电距离大约为80km[3]，如果海上风电场的离岸距离超过80km，那么可选的输电方案主要是2种，一种是直流输电方案，另一种就是低频输电方案。直流输电方案不在本章讨论，本章的关注点将集中于基于模块化多电平矩阵变频器（Modular Multilevel Matrix Converter，M3C）的低频输电方案。

采用低频方案进行远距离海底电缆输电的设想已有相当长的历史，至少1950年在论证瑞典本土到 Gotland 岛的输电方案（输电距离为 100km）时已进行过技术经济比较[4-5]。当时比较了 25Hz、$16\frac{2}{3}$Hz 和 0Hz（直流）三种方案，最终还是采用了直流输电方案。2022 年 6 月，世界首个海上风电低频输电工程——台州低频输电工程正式投运，该工程通过低频变压器将浙江台州大陈岛的 2 台 1.1MW、20Hz 低频风电机组升压到 35kV，再通过低频海底电缆和低频架空线路接入到陆上的 M3C 变频站的低频侧，然后 M3C 变频站将低频侧的 20Hz 交流电变换为 50Hz 工频后接入大电网。

陆上采用低频方案进行远距离大容量架空线路输电的设想是由王锡凡院士在 1994 年提出的[6-7]，同样，陆上低频输电方案的主要竞争对手也是直流输电方案。2023 年 6 月，世界上第一个陆上低频输电系统——杭州 220kV 低频输电工程投运，该工程为端对端的低频输电试验示范工程，两端各采用一台 300MW 的 M3C，作为 20Hz 低频系统与 50Hz 工频系统之间的接口。

低频输电的核心设备是变频器，实现变频功能的电路拓扑有多种，而 M3C 是工程应用前景较好的一种变频器拓扑结构。M3C 是在 2001 年提出的[8-9]，与模块化多电平换流器（MMC）是同一年提出的[10]。经过 20 多年来的研究和改进，M3C 的理论已趋于成熟，其主要应用在电机调速领域，在高电压大容量输电领域才刚刚得到实际工程应用。

为了将 M3C 应用于高电压大容量输电领域，需要解决主回路参数设计、过电压与绝缘配合设计、控制器设计以及设备制造等多方面的技术问题，以往文献对 M3C 的数学建模和控制策略已有较多研究[11-15]，但对主回路参数设计、过电压与绝缘配合设计以及控制保护系统设计等涉及较少。本章将用一种便于理解且步步可追溯的方式将 M3C 数学建模、主回路参数设计以及控制器设计的具体过程完整展示出来。

## 16.2　M3C 的数学模型

### 16.2.1　M3C 标准结构和变量命名

恰当的主回路结构展示形式和变量命名对于研究和应用 M3C 技术是十分重要的。对于已接触过 MMC 技术的读者，采用如图 16-1 所示的 M3C 主回路结构展示形式[16]，而不采用原始的 M3C 的主回路结构形式，是特别友好的。因为采用如图 16-1 所示的 M3C 主回路结构展示形式，就可以把 M3C 看作是 MMC 拓扑结构的扩展，而不是一个完全陌生的电路。图 16-1 中的 M3C 主回路结构，可以看作是在 MMC 的上、下各 3 个桥臂结构基础上又增加了中间 3 个桥臂；进而使 MMC 的从上桥臂公共母线到下桥臂公共母线之间输出直流电压变成了 M3C 的从上桥臂公共母线、中间桥臂公共母线和下桥臂公共母线输出三相交流电压；进而达到了从输入端的三相交流电压到输出端的三相交流电压的变换，且这个变换包含了三相电压幅值的变换和三相电压频率的变换；进而达到了交-交变频器的功能。

对于如图 16-1 所示的三相 M3C 拓扑结构，输入侧电气量的下标用大写字母（A, B, C）和字母 in 表示，输出侧电气量的下标用小写字母（a, b, c）和字母 out 表示，桥臂电抗器和桥臂子模块的命名规则采用普遍接受的命名规则[17]，例如，$u_{Ca}$ 表示桥臂 Ca 上所有子模块合成的电压，而 $u_{cCa1}$ 表示桥臂 Ca 上第 1 子模块的电容电压。特别注意"V"和"v"是

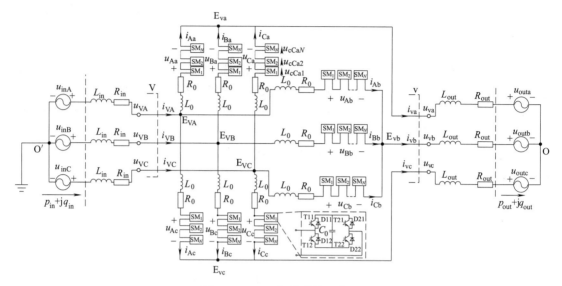

图 16-1 M3C 拓扑结构示意图

表示位置的符号,"V"表示输入侧的阀侧,"v"表示输出侧的阀侧,而"$E_{VA}$、$E_{VB}$、$E_{VC}$"表示输入侧各相 3 个桥臂的公共联接点,而"$E_{va}$、$E_{vb}$、$E_{vc}$"表示输出侧各相 3 个桥臂的公共联接点。

### 16.2.2 M3C 的基本数学模型推导

**1. abc 三相坐标系中的数学模型**

根据基尔霍夫电压定律,可以得到 M3C 微分方程数学模型,如式(16-1)所示。

$$\begin{cases} L_0\dfrac{di_{Aa}}{dt}+R_0i_{Aa}+u_{Aa}=-L_{in}\dfrac{di_{VA}}{dt}-R_{in}i_{VA}+u_{inA}+u_{o'o}-u_{outa}-L_{out}\dfrac{di_{va}}{dt}-R_{out}i_{va} \\ L_0\dfrac{di_{Ab}}{dt}+R_0i_{Ab}+u_{Ab}=-L_{in}\dfrac{di_{VA}}{dt}-R_{in}i_{VA}+u_{inA}+u_{o'o}-u_{outb}-L_{out}\dfrac{di_{vb}}{dt}-R_{out}i_{vb} \\ L_0\dfrac{di_{Ac}}{dt}+R_0i_{Ac}+u_{Ac}=-L_{in}\dfrac{di_{VA}}{dt}-R_{in}i_{VA}+u_{inA}+u_{o'o}-u_{outc}-L_{out}\dfrac{di_{vc}}{dt}-R_{out}i_{vc} \\ L_0\dfrac{di_{Ba}}{dt}+R_0i_{Ba}+u_{Ba}=-L_{in}\dfrac{di_{VB}}{dt}-R_{in}i_{VB}+u_{inB}+u_{o'o}-u_{outa}-L_{out}\dfrac{di_{va}}{dt}-R_{out}i_{va} \\ L_0\dfrac{di_{Bb}}{dt}+R_0i_{Bb}+u_{Bb}=-L_{in}\dfrac{di_{VB}}{dt}-R_{in}i_{VB}+u_{inB}+u_{o'o}-u_{outb}-L_{out}\dfrac{di_{vb}}{dt}-R_{out}i_{vb} \\ L_0\dfrac{di_{Bc}}{dt}+R_0i_{Bc}+u_{Bc}=-L_{in}\dfrac{di_{VB}}{dt}-R_{in}i_{VB}+u_{inB}+u_{o'o}-u_{outc}-L_{out}\dfrac{di_{vc}}{dt}-R_{out}i_{vc} \\ L_0\dfrac{di_{Ca}}{dt}+R_0i_{Ca}+u_{Ca}=-L_{in}\dfrac{di_{VC}}{dt}-R_{in}i_{VC}+u_{inC}+u_{o'o}-u_{outa}-L_{out}\dfrac{di_{va}}{dt}-R_{out}i_{va} \\ L_0\dfrac{di_{Cb}}{dt}+R_0i_{Cb}+u_{Cb}=-L_{in}\dfrac{di_{VC}}{dt}-R_{in}i_{VC}+u_{inC}+u_{o'o}-u_{outb}-L_{out}\dfrac{di_{vb}}{dt}-R_{out}i_{vb} \\ L_0\dfrac{di_{Cc}}{dt}+R_0i_{Cc}+u_{Cc}=-L_{in}\dfrac{di_{VC}}{dt}-R_{in}i_{VC}+u_{inC}+u_{o'o}-u_{outc}-L_{out}\dfrac{di_{vc}}{dt}-R_{out}i_{vc} \end{cases} \quad (16\text{-}1)$$

将上面 9 个方程从上到下按行排列成 3×3 的矩阵形式，有

$$L_0 \frac{d}{dt} \begin{bmatrix} i_{Aa} & i_{Ab} & i_{Ac} \\ i_{Ba} & i_{Bb} & i_{Bc} \\ i_{Ca} & i_{Cb} & i_{Cc} \end{bmatrix} + R_0 \begin{bmatrix} i_{Aa} & i_{Ab} & i_{Ac} \\ i_{Ba} & i_{Bb} & i_{Bc} \\ i_{Ca} & i_{Cb} & i_{Cc} \end{bmatrix} + \begin{bmatrix} u_{Aa} & u_{Ab} & u_{Ac} \\ u_{Ba} & u_{Bb} & u_{Bc} \\ u_{Ca} & u_{Cb} & u_{Cc} \end{bmatrix}$$

$$= -L_{in} \frac{d}{dt} \begin{bmatrix} i_{VA} & i_{VA} & i_{VA} \\ i_{VB} & i_{VB} & i_{VB} \\ i_{VC} & i_{VC} & i_{VC} \end{bmatrix} - R_{in} \begin{bmatrix} i_{VA} & i_{VA} & i_{VA} \\ i_{VB} & i_{VB} & i_{VB} \\ i_{VC} & i_{VC} & i_{VC} \end{bmatrix}$$

$$-L_{out} \frac{d}{dt} \begin{bmatrix} i_{va} & i_{vb} & i_{vc} \\ i_{va} & i_{vb} & i_{vc} \\ i_{va} & i_{vb} & i_{vc} \end{bmatrix} - R_{out} \begin{bmatrix} i_{va} & i_{vb} & i_{vc} \\ i_{va} & i_{vb} & i_{vc} \\ i_{va} & i_{vb} & i_{vc} \end{bmatrix}$$

$$+ \begin{bmatrix} u_{inA} & u_{inA} & u_{inA} \\ u_{inB} & u_{inB} & u_{inB} \\ u_{inC} & u_{inC} & u_{inC} \end{bmatrix} - \begin{bmatrix} u_{outa} & u_{outb} & u_{outc} \\ u_{outa} & u_{outb} & u_{outc} \\ u_{outa} & u_{outb} & u_{outc} \end{bmatrix} + \begin{bmatrix} u_{o'o} & u_{o'o} & u_{o'o} \\ u_{o'o} & u_{o'o} & u_{o'o} \\ u_{o'o} & u_{o'o} & u_{o'o} \end{bmatrix} \quad (16-2)$$

同时，根据基尔霍夫电流定律，M3C 输入侧交流电流与桥臂电流之间的关系为

$$\begin{bmatrix} i_{VA} \\ i_{VB} \\ i_{VC} \end{bmatrix} = \begin{bmatrix} i_{Aa} \\ i_{Ba} \\ i_{Ca} \end{bmatrix} + \begin{bmatrix} i_{Ab} \\ i_{Bb} \\ i_{Cb} \end{bmatrix} + \begin{bmatrix} i_{Ac} \\ i_{Bc} \\ i_{Cc} \end{bmatrix} \quad (16-3)$$

M3C 输出侧交流电流与桥臂电流之间的关系为

$$\begin{bmatrix} i_{va} \\ i_{vb} \\ i_{vc} \end{bmatrix} = \begin{bmatrix} i_{Aa} \\ i_{Ab} \\ i_{Ac} \end{bmatrix} + \begin{bmatrix} i_{Ba} \\ i_{Bb} \\ i_{Bc} \end{bmatrix} + \begin{bmatrix} i_{Ca} \\ i_{Cb} \\ i_{Cc} \end{bmatrix} \quad (16-4)$$

定义输入侧共模电压为

$$\begin{bmatrix} u_{sumA} \\ u_{sumB} \\ u_{sumC} \end{bmatrix} = \begin{bmatrix} \dfrac{u_{Aa}+u_{Ab}+u_{Ac}}{3} \\ \dfrac{u_{Ba}+u_{Bb}+u_{Bc}}{3} \\ \dfrac{u_{Ca}+u_{Cb}+u_{Cc}}{3} \end{bmatrix} \quad (16-5)$$

定义输出侧共模电压为

$$\begin{bmatrix} u_{coma} \\ u_{comb} \\ u_{comc} \end{bmatrix} = \begin{bmatrix} \dfrac{u_{Aa}+u_{Ba}+u_{Ca}}{3} \\ \dfrac{u_{Ab}+u_{Bb}+u_{Cb}}{3} \\ \dfrac{u_{Ac}+u_{Bc}+u_{Cc}}{3} \end{bmatrix} \quad (16-6)$$

**2. αβ0 正交坐标系中的数学模型**

由于 abc 三相物理量可以看作是一个旋转空间向量在 abc 三个静止坐标轴上的投影，但 abc 三个静止坐标轴互差 120°，不是一个正交坐标系，因而在 abc 三相坐标系中不可能做到三相物理量之间的相互解耦。而对于 M3C 的分析计算和控制器设计，在各坐标轴物理量相互解耦的坐标系中来实施一定是更加简便的。而正交坐标系天然就有各坐标轴上物理量相互解耦的特性，因而就自然想到用正交坐标系来代替 abc 坐标系，然后基于正交坐标系中的物理量进行计算的思路。电力工程的先驱者早就已经想到这种思路，最著名并被广泛应用的正交坐标系就是 αβ0 坐标系，而从 abc 坐标系到 αβ0 坐标系的变换矩阵被称为克拉克变换[18]。利用正交坐标系进行分析的另一个优势是可以使描述数学模型的方程数目减少。在正交坐标系中，只有相互独立的数学方程会被呈现出来，不独立的冗余方程自然地会被消去。例如，对于 abc 三相对称系统，描述 abc 三相物理量的 3 个方程实际上只有 2 个是独立的，但这在 abc 三相坐标系中并不能很好地被体现出来，但在 αβ0 正交坐标系中，这种特性就能完全地被呈现出来。因为这种情况下只有描述 α 轴和 β 轴物理量的方程是有意义的，0 轴上的方程是冗余方程，自然地就消失了，这样就将描述 abc 三相物理量的 3 个方程减少为了 2 个方程。下面就来推导 M3C 在 αβ0 坐标系中的数学模型。

定义 abc 到 αβ0 的变换矩阵 $\boldsymbol{T}_{\mathrm{abc}\text{-}\alpha\beta 0}$ 为[19]

$$\boldsymbol{T}_{\mathrm{abc}\text{-}\alpha\beta 0} = \sqrt{\frac{2}{3}} \begin{bmatrix} 1 & -\frac{1}{2} & -\frac{1}{2} \\ 0 & \frac{\sqrt{3}}{2} & -\frac{\sqrt{3}}{2} \\ \frac{1}{\sqrt{2}} & \frac{1}{\sqrt{2}} & \frac{1}{\sqrt{2}} \end{bmatrix} \quad (16\text{-}7)$$

对应的从 αβ0 到 abc 的变换矩阵 $\boldsymbol{T}_{\alpha\beta 0\text{-abc}}$ 为

$$\boldsymbol{T}_{\alpha\beta 0\text{-abc}} = \sqrt{\frac{2}{3}} \begin{bmatrix} 1 & 0 & \frac{1}{\sqrt{2}} \\ -\frac{1}{2} & \frac{\sqrt{3}}{2} & \frac{1}{\sqrt{2}} \\ -\frac{1}{2} & -\frac{\sqrt{3}}{2} & \frac{1}{\sqrt{2}} \end{bmatrix} \quad (16\text{-}8)$$

注意，$\boldsymbol{T}_{\mathrm{abc}\text{-}\alpha\beta 0}$ 和 $\boldsymbol{T}_{\alpha\beta 0\text{-abc}}$ 为正交矩阵，$(\boldsymbol{T}_{\mathrm{abc}\text{-}\alpha\beta 0})^{-1} = (\boldsymbol{T}_{\alpha\beta 0\text{-abc}})^{\mathrm{T}}$。

将输入侧 ABC 坐标系中的各变量变换到 αβ0 坐标系，其变换式如下，注意矩阵表达式可以按列分开理解。

$$\begin{bmatrix} i_{\alpha a} & i_{\alpha b} & i_{\alpha c} \\ i_{\beta a} & i_{\beta b} & i_{\beta c} \\ i_{0a} & i_{0b} & i_{0c} \end{bmatrix} = \boldsymbol{T}_{\mathrm{abc}\text{-}\alpha\beta 0} \begin{bmatrix} i_{Aa} & i_{Ab} & i_{Ac} \\ i_{Ba} & i_{Bb} & i_{Bc} \\ i_{Ca} & i_{Cb} & i_{Cc} \end{bmatrix} = \sqrt{\frac{2}{3}} \begin{bmatrix} 1 & -\frac{1}{2} & -\frac{1}{2} \\ 0 & \frac{\sqrt{3}}{2} & -\frac{\sqrt{3}}{2} \\ \frac{1}{\sqrt{2}} & \frac{1}{\sqrt{2}} & \frac{1}{\sqrt{2}} \end{bmatrix} \begin{bmatrix} i_{Aa} & i_{Ab} & i_{Ac} \\ i_{Ba} & i_{Bb} & i_{Bc} \\ i_{Ca} & i_{Cb} & i_{Cc} \end{bmatrix}$$

$$(16\text{-}9)$$

$$\begin{bmatrix} u_{\alpha a} & u_{\alpha b} & u_{\alpha c} \\ u_{\beta a} & u_{\beta b} & u_{\beta c} \\ u_{0a} & u_{0b} & u_{0c} \end{bmatrix} = \boldsymbol{T}_{\text{abc-}\alpha\beta 0} \begin{bmatrix} u_{Aa} & u_{Ab} & u_{Ac} \\ u_{Ba} & u_{Bb} & u_{Bc} \\ u_{Ca} & u_{Cb} & u_{Cc} \end{bmatrix} = \sqrt{\frac{2}{3}} \begin{bmatrix} 1 & -\frac{1}{2} & -\frac{1}{2} \\ 0 & \frac{\sqrt{3}}{2} & -\frac{\sqrt{3}}{2} \\ \frac{1}{\sqrt{2}} & \frac{1}{\sqrt{2}} & \frac{1}{\sqrt{2}} \end{bmatrix} \begin{bmatrix} u_{Aa} & u_{Ab} & u_{Ac} \\ u_{Ba} & u_{Bb} & u_{Bc} \\ u_{Ca} & u_{Cb} & u_{Cc} \end{bmatrix}$$

(16-10)

$$\begin{bmatrix} i_{V\alpha} & i_{V\alpha} & i_{V\alpha} \\ i_{V\beta} & i_{V\beta} & i_{V\beta} \\ i_{V0} & i_{V0} & i_{V0} \end{bmatrix} = \boldsymbol{T}_{\text{abc-}\alpha\beta 0} \begin{bmatrix} i_{VA} & i_{VA} & i_{VA} \\ i_{VB} & i_{VB} & i_{VB} \\ i_{VC} & i_{VC} & i_{VC} \end{bmatrix} = \sqrt{\frac{2}{3}} \begin{bmatrix} 1 & -\frac{1}{2} & -\frac{1}{2} \\ 0 & \frac{\sqrt{3}}{2} & -\frac{\sqrt{3}}{2} \\ \frac{1}{\sqrt{2}} & \frac{1}{\sqrt{2}} & \frac{1}{\sqrt{2}} \end{bmatrix} \begin{bmatrix} i_{VA} & i_{VA} & i_{VA} \\ i_{VB} & i_{VB} & i_{VB} \\ i_{VC} & i_{VC} & i_{VC} \end{bmatrix}$$

(16-11)

$$\begin{bmatrix} u_{\text{in}\alpha} & u_{\text{in}\alpha} & u_{\text{in}\alpha} \\ u_{\text{in}\beta} & u_{\text{in}\beta} & u_{\text{in}\beta} \\ u_{\text{in}0} & u_{\text{in}0} & u_{\text{in}0} \end{bmatrix} = \boldsymbol{T}_{\text{abc-}\alpha\beta 0} \begin{bmatrix} u_{\text{inA}} & u_{\text{inA}} & u_{\text{inA}} \\ u_{\text{inB}} & u_{\text{inB}} & u_{\text{inB}} \\ u_{\text{inC}} & u_{\text{inC}} & u_{\text{inC}} \end{bmatrix} = \sqrt{\frac{2}{3}} \begin{bmatrix} 1 & -\frac{1}{2} & -\frac{1}{2} \\ 0 & \frac{\sqrt{3}}{2} & -\frac{\sqrt{3}}{2} \\ \frac{1}{\sqrt{2}} & \frac{1}{\sqrt{2}} & \frac{1}{\sqrt{2}} \end{bmatrix} \begin{bmatrix} u_{\text{inA}} & u_{\text{inA}} & u_{\text{inA}} \\ u_{\text{inB}} & u_{\text{inB}} & u_{\text{inB}} \\ u_{\text{inC}} & u_{\text{inC}} & u_{\text{inC}} \end{bmatrix}$$

(16-12)

而根据式（16-3）和式（16-9）有

$$\begin{bmatrix} i_{V\alpha} \\ i_{V\beta} \\ i_{V0} \end{bmatrix} = \boldsymbol{T}_{\text{abc-}\alpha\beta 0} \begin{bmatrix} i_{VA} \\ i_{VB} \\ i_{VC} \end{bmatrix} = \boldsymbol{T}_{\text{abc-}\alpha\beta 0} \left\{ \begin{bmatrix} i_{Aa} \\ i_{Ba} \\ i_{Ca} \end{bmatrix} + \begin{bmatrix} i_{Ab} \\ i_{Bb} \\ i_{Cb} \end{bmatrix} + \begin{bmatrix} i_{Ac} \\ i_{Bc} \\ i_{Cc} \end{bmatrix} \right\} = \begin{bmatrix} i_{\alpha a} + i_{\alpha b} + i_{\alpha c} \\ i_{\beta a} + i_{\beta b} + i_{\beta c} \\ i_{0a} + i_{0b} + i_{0c} \end{bmatrix}$$

(16-13)

根据式（16-5）和式（16-10）有

$$\begin{bmatrix} u_{\text{sum}\alpha} \\ u_{\text{sum}\beta} \\ u_{\text{sum}0} \end{bmatrix} = \boldsymbol{T}_{\text{abc-}\alpha\beta 0} \begin{bmatrix} u_{\text{sumA}} \\ u_{\text{sumB}} \\ u_{\text{sumC}} \end{bmatrix} = \boldsymbol{T}_{\text{abc-}\alpha\beta 0} \begin{bmatrix} \dfrac{u_{Aa}+u_{Ab}+u_{Ac}}{3} \\ \dfrac{u_{Ba}+u_{Bb}+u_{Bc}}{3} \\ \dfrac{u_{Ca}+u_{Cb}+u_{Cc}}{3} \end{bmatrix} = \dfrac{1}{3} \begin{bmatrix} u_{\alpha a}+u_{\alpha b}+u_{\alpha c} \\ u_{\beta a}+u_{\beta b}+u_{\beta c} \\ u_{0a}+u_{0b}+u_{0c} \end{bmatrix}$$

(16-14)

另外，对于输出侧 abc 坐标系中的各变量，进行 abc 坐标系到 αβ0 坐标系的变换后，有如下关系式。

$$T_{\text{abc-}\alpha\beta 0}\begin{bmatrix} i_{\text{va}} & i_{\text{vb}} & i_{\text{vc}} \\ i_{\text{va}} & i_{\text{vb}} & i_{\text{vc}} \\ i_{\text{va}} & i_{\text{vb}} & i_{\text{vc}} \end{bmatrix} = \sqrt{\frac{2}{3}}\begin{bmatrix} 1 & -\frac{1}{2} & -\frac{1}{2} \\ 0 & \frac{\sqrt{3}}{2} & -\frac{\sqrt{3}}{2} \\ \frac{1}{\sqrt{2}} & \frac{1}{\sqrt{2}} & \frac{1}{\sqrt{2}} \end{bmatrix}\begin{bmatrix} i_{\text{va}} & i_{\text{vb}} & i_{\text{vc}} \\ i_{\text{va}} & i_{\text{vb}} & i_{\text{vc}} \\ i_{\text{va}} & i_{\text{vb}} & i_{\text{vc}} \end{bmatrix} = \sqrt{3}\begin{bmatrix} 0 & 0 & 0 \\ 0 & 0 & 0 \\ i_{\text{va}} & i_{\text{vb}} & i_{\text{vc}} \end{bmatrix}$$

(16-15)

$$T_{\text{abc-}\alpha\beta 0}\begin{bmatrix} u_{\text{outa}} & u_{\text{outb}} & u_{\text{outc}} \\ u_{\text{outa}} & u_{\text{outb}} & u_{\text{outc}} \\ u_{\text{outa}} & u_{\text{outb}} & u_{\text{outc}} \end{bmatrix} = \sqrt{\frac{2}{3}}\begin{bmatrix} 1 & -\frac{1}{2} & -\frac{1}{2} \\ 0 & \frac{\sqrt{3}}{2} & -\frac{\sqrt{3}}{2} \\ \frac{1}{\sqrt{2}} & \frac{1}{\sqrt{2}} & \frac{1}{\sqrt{2}} \end{bmatrix}\begin{bmatrix} u_{\text{outa}} & u_{\text{outb}} & u_{\text{outc}} \\ u_{\text{outa}} & u_{\text{outb}} & u_{\text{outc}} \\ u_{\text{outa}} & u_{\text{outb}} & u_{\text{outc}} \end{bmatrix} = \sqrt{3}\begin{bmatrix} 0 & 0 & 0 \\ 0 & 0 & 0 \\ u_{\text{outa}} & u_{\text{outb}} & u_{\text{outc}} \end{bmatrix}$$

(16-16)

$$T_{\text{abc-}\alpha\beta 0}\begin{bmatrix} u_{\text{o'o}} & u_{\text{o'o}} & u_{\text{o'o}} \\ u_{\text{o'o}} & u_{\text{o'o}} & u_{\text{o'o}} \\ u_{\text{o'o}} & u_{\text{o'o}} & u_{\text{o'o}} \end{bmatrix} = \sqrt{\frac{2}{3}}\begin{bmatrix} 1 & -\frac{1}{2} & -\frac{1}{2} \\ 0 & \frac{\sqrt{3}}{2} & -\frac{\sqrt{3}}{2} \\ \frac{1}{\sqrt{2}} & \frac{1}{\sqrt{2}} & \frac{1}{\sqrt{2}} \end{bmatrix}\begin{bmatrix} u_{\text{o'o}} & u_{\text{o'o}} & u_{\text{o'o}} \\ u_{\text{o'o}} & u_{\text{o'o}} & u_{\text{o'o}} \\ u_{\text{o'o}} & u_{\text{o'o}} & u_{\text{o'o}} \end{bmatrix} = \sqrt{3}\begin{bmatrix} 0 & 0 & 0 \\ 0 & 0 & 0 \\ u_{\text{o'o}} & u_{\text{o'o}} & u_{\text{o'o}} \end{bmatrix}$$

(16-17)

在式(16-2)两侧左乘 $T_{\text{abc-}\alpha\beta 0}$ 可以得到

$$\left(L_0\frac{\text{d}}{\text{d}t}+R_0\right)\begin{bmatrix} i_{\alpha\text{a}} & i_{\alpha\text{b}} & i_{\alpha\text{c}} \\ i_{\beta\text{a}} & i_{\beta\text{b}} & i_{\beta\text{c}} \\ i_{0\text{a}} & i_{0\text{b}} & i_{0\text{c}} \end{bmatrix}+\begin{bmatrix} u_{\alpha\text{a}} & u_{\alpha\text{b}} & u_{\alpha\text{c}} \\ u_{\beta\text{a}} & u_{\beta\text{b}} & u_{\beta\text{c}} \\ u_{0\text{a}} & u_{0\text{b}} & u_{0\text{c}} \end{bmatrix}=-\left(L_{\text{in}}\frac{\text{d}}{\text{d}t}+R_{\text{in}}\right)\begin{bmatrix} i_{V\alpha} & i_{V\alpha} & i_{V\alpha} \\ i_{V\beta} & i_{V\beta} & i_{V\beta} \\ i_{V0} & i_{V0} & i_{V0} \end{bmatrix}+\begin{bmatrix} u_{\text{in}\alpha} & u_{\text{in}\alpha} & u_{\text{in}\alpha} \\ u_{\text{in}\beta} & u_{\text{in}\beta} & u_{\text{in}\beta} \\ u_{\text{in}0} & u_{\text{in}0} & u_{\text{in}0} \end{bmatrix}$$

$$-\sqrt{3}\left(L_{\text{out}}\frac{\text{d}}{\text{d}t}+R_{\text{out}}\right)\begin{bmatrix} 0 & 0 & 0 \\ 0 & 0 & 0 \\ i_{\text{va}} & i_{\text{vb}} & i_{\text{vc}} \end{bmatrix}-\sqrt{3}\begin{bmatrix} 0 & 0 & 0 \\ 0 & 0 & 0 \\ u_{\text{outa}} & u_{\text{outb}} & u_{\text{outc}} \end{bmatrix}+\sqrt{3}\begin{bmatrix} 0 & 0 & 0 \\ 0 & 0 & 0 \\ u_{\text{o'o}} & u_{\text{o'o}} & u_{\text{o'o}} \end{bmatrix}$$

(16-18)

将式(16-18)拆分成2个方程,分别为描述输入侧关系的方程

$$\left(L_0\frac{\text{d}}{\text{d}t}+R_0\right)\begin{bmatrix} i_{\alpha\text{a}} & i_{\alpha\text{b}} & i_{\alpha\text{c}} \\ i_{\beta\text{a}} & i_{\beta\text{b}} & i_{\beta\text{c}} \end{bmatrix}+\begin{bmatrix} u_{\alpha\text{a}} & u_{\alpha\text{b}} & u_{\alpha\text{c}} \\ u_{\beta\text{a}} & u_{\beta\text{b}} & u_{\beta\text{c}} \end{bmatrix}=-\left(L_{\text{in}}\frac{\text{d}}{\text{d}t}+R_{\text{in}}\right)\begin{bmatrix} i_{V\alpha} & i_{V\alpha} & i_{V\alpha} \\ i_{V\beta} & i_{V\beta} & i_{V\beta} \end{bmatrix}+\begin{bmatrix} u_{\text{in}\alpha} & u_{\text{in}\alpha} & u_{\text{in}\alpha} \\ u_{\text{in}\beta} & u_{\text{in}\beta} & u_{\text{in}\beta} \end{bmatrix}$$

(16-19)

和描述输出侧关系的方程

$$\left(L_0\frac{\text{d}}{\text{d}t}+R_0\right)\begin{bmatrix} i_{0\text{a}} \\ i_{0\text{b}} \\ i_{0\text{c}} \end{bmatrix}+\begin{bmatrix} u_{0\text{a}} \\ u_{0\text{b}} \\ u_{0\text{c}} \end{bmatrix}=-\left(L_{\text{in}}\frac{\text{d}}{\text{d}t}+R_{\text{in}}\right)\begin{bmatrix} i_{V0} \\ i_{V0} \\ i_{V0} \end{bmatrix}+\begin{bmatrix} u_{\text{in}0} \\ u_{\text{in}0} \\ u_{\text{in}0} \end{bmatrix}-\sqrt{3}\left(L_{\text{out}}\frac{\text{d}}{\text{d}t}+R_{\text{out}}\right)\begin{bmatrix} i_{\text{va}} \\ i_{\text{vb}} \\ i_{\text{vc}} \end{bmatrix}-\sqrt{3}\begin{bmatrix} u_{\text{outa}} \\ u_{\text{outb}} \\ u_{\text{outc}} \end{bmatrix}+\sqrt{3}\begin{bmatrix} u_{\text{o'o}} \\ u_{\text{o'o}} \\ u_{\text{o'o}} \end{bmatrix}$$

(16-20)

由式（16-9）知

$$\begin{bmatrix} i_{0a} \\ i_{0b} \\ i_{0c} \end{bmatrix} = \left\{ \frac{1}{\sqrt{3}} \begin{bmatrix} 1 & 1 & 1 \end{bmatrix} \begin{bmatrix} i_{Aa} & i_{Ab} & i_{Ac} \\ i_{Ba} & i_{Bb} & i_{Bc} \\ i_{Ca} & i_{Cb} & i_{Cc} \end{bmatrix} \right\}^T = \frac{1}{\sqrt{3}} \begin{bmatrix} i_{va} \\ i_{vb} \\ i_{vc} \end{bmatrix} \quad (16\text{-}21)$$

由式（16-10）知

$$\begin{bmatrix} u_{0a} \\ u_{0b} \\ u_{0c} \end{bmatrix} = \left\{ \frac{1}{\sqrt{3}} \begin{bmatrix} 1 & 1 & 1 \end{bmatrix} \begin{bmatrix} u_{Aa} & u_{Ab} & u_{Ac} \\ u_{Ba} & u_{Bb} & u_{Bc} \\ u_{Ca} & u_{Cb} & u_{Cc} \end{bmatrix} \right\}^T = \frac{1}{\sqrt{3}} \begin{bmatrix} u_{Aa}+u_{Ba}+u_{Ca} \\ u_{Ab}+u_{Bb}+u_{Cb} \\ u_{Ac}+u_{Bc}+u_{Cc} \end{bmatrix} = \sqrt{3} \begin{bmatrix} \dfrac{u_{Aa}+u_{Ba}+u_{Ca}}{3} \\ \dfrac{u_{Ab}+u_{Bb}+u_{Cb}}{3} \\ \dfrac{u_{Ac}+u_{Bc}+u_{Cc}}{3} \end{bmatrix} = \sqrt{3} \begin{bmatrix} u_{coma} \\ u_{comb} \\ u_{comc} \end{bmatrix}$$

$$(16\text{-}22)$$

则式（16-20）可以变为

$$\left( L_0 \frac{d}{dt} + R_0 \right) \frac{1}{\sqrt{3}} \begin{bmatrix} i_{va} \\ i_{vb} \\ i_{vc} \end{bmatrix} + \sqrt{3} \begin{bmatrix} u_{coma} \\ u_{comb} \\ u_{comc} \end{bmatrix}$$

$$= -\left( L_{in} \frac{d}{dt} + R_{in} \right) \begin{bmatrix} i_{V0} \\ i_{V0} \\ i_{V0} \end{bmatrix} + \begin{bmatrix} u_{in0} \\ u_{in0} \\ u_{in0} \end{bmatrix} - \sqrt{3} \left( L_{out} \frac{d}{dt} + R_{out} \right) \begin{bmatrix} i_{va} \\ i_{vb} \\ i_{vc} \end{bmatrix} - \sqrt{3} \begin{bmatrix} u_{outa} \\ u_{outb} \\ u_{outc} \end{bmatrix} + \sqrt{3} \begin{bmatrix} u_{o'o} \\ u_{o'o} \\ u_{o'o} \end{bmatrix}$$

$$(16\text{-}23)$$

整理后有

$$\left[ (L_0+3L_{out}) \frac{d}{dt} + (R_0+3R_{out}) \right] \begin{bmatrix} i_{va} \\ i_{vb} \\ i_{vc} \end{bmatrix} + 3 \begin{bmatrix} u_{coma} \\ u_{comb} \\ u_{comc} \end{bmatrix}$$

$$= -\sqrt{3} \left( L_{in} \frac{d}{dt} + R_{in} \right) \begin{bmatrix} i_{V0} \\ i_{V0} \\ i_{V0} \end{bmatrix} + \sqrt{3} \begin{bmatrix} u_{in0} \\ u_{in0} \\ u_{in0} \end{bmatrix} - 3 \begin{bmatrix} u_{outa} \\ u_{outb} \\ u_{outc} \end{bmatrix} + 3 \begin{bmatrix} u_{o'o} \\ u_{o'o} \\ u_{o'o} \end{bmatrix} \quad (16\text{-}24)$$

将输出侧 abc 坐标系中的各变量变换到 αβ0 坐标系，得到

$$\begin{bmatrix} i_{v\alpha} \\ i_{v\beta} \\ i_{v0} \end{bmatrix} = \boldsymbol{T}_{abc\text{-}\alpha\beta0} \begin{bmatrix} i_{va} \\ i_{vb} \\ i_{vc} \end{bmatrix} = \sqrt{\frac{2}{3}} \begin{bmatrix} 1 & -\dfrac{1}{2} & -\dfrac{1}{2} \\ 0 & \dfrac{\sqrt{3}}{2} & -\dfrac{\sqrt{3}}{2} \\ \dfrac{1}{\sqrt{2}} & \dfrac{1}{\sqrt{2}} & \dfrac{1}{\sqrt{2}} \end{bmatrix} \begin{bmatrix} i_{va} \\ i_{vb} \\ i_{vc} \end{bmatrix} \quad (16\text{-}25)$$

$$\begin{bmatrix} u_{\text{com}\alpha} \\ u_{\text{com}\beta} \\ u_{\text{com}0} \end{bmatrix} = \boldsymbol{T}_{\text{abc-}\alpha\beta0} \begin{bmatrix} u_{\text{coma}} \\ u_{\text{comb}} \\ u_{\text{comc}} \end{bmatrix} = \sqrt{\frac{2}{3}} \begin{bmatrix} 1 & -\frac{1}{2} & -\frac{1}{2} \\ 0 & \frac{\sqrt{3}}{2} & -\frac{\sqrt{3}}{2} \\ \frac{1}{\sqrt{2}} & \frac{1}{\sqrt{2}} & \frac{1}{\sqrt{2}} \end{bmatrix} \begin{bmatrix} u_{\text{coma}} \\ u_{\text{comb}} \\ u_{\text{comc}} \end{bmatrix} \quad (16\text{-}26)$$

$$\begin{bmatrix} u_{\text{out}\alpha} \\ u_{\text{out}\beta} \\ u_{\text{out}0} \end{bmatrix} = \boldsymbol{T}_{\text{abc-}\alpha\beta0} \begin{bmatrix} u_{\text{outa}} \\ u_{\text{outb}} \\ u_{\text{outc}} \end{bmatrix} = \sqrt{\frac{2}{3}} \begin{bmatrix} 1 & -\frac{1}{2} & -\frac{1}{2} \\ 0 & \frac{\sqrt{3}}{2} & -\frac{\sqrt{3}}{2} \\ \frac{1}{\sqrt{2}} & \frac{1}{\sqrt{2}} & \frac{1}{\sqrt{2}} \end{bmatrix} \begin{bmatrix} u_{\text{outa}} \\ u_{\text{outb}} \\ u_{\text{outc}} \end{bmatrix} \quad (16\text{-}27)$$

在式（16-24）两侧左乘 $\boldsymbol{T}_{\text{abc-}\alpha\beta0}$ 可以得到

$$\begin{aligned} &\left[ (L_0+3L_{\text{out}})\frac{\text{d}}{\text{d}t} + (R_0+3R_{\text{out}}) \right] \begin{bmatrix} i_{\text{v}\alpha} \\ i_{\text{v}\beta} \\ i_{\text{v}0} \end{bmatrix} + 3 \begin{bmatrix} u_{\text{com}\alpha} \\ u_{\text{com}\beta} \\ u_{\text{com}0} \end{bmatrix} \\ &= -3\left( L_{\text{in}}\frac{\text{d}}{\text{d}t} + R_{\text{in}} \right) \begin{bmatrix} 0 \\ 0 \\ i_{\text{V}0} \end{bmatrix} + 3 \begin{bmatrix} 0 \\ 0 \\ u_{\text{in}0} \end{bmatrix} - 3 \begin{bmatrix} u_{\text{out}\alpha} \\ u_{\text{out}\beta} \\ u_{\text{out}0} \end{bmatrix} + 3\sqrt{3} \begin{bmatrix} 0 \\ 0 \\ u_{\text{o}'\text{o}} \end{bmatrix} \end{aligned} \quad (16\text{-}28)$$

若输入和输出系统三相对称，则有 $i_{\text{V}0}=0$、$u_{\text{in}0}=0$、$i_{\text{v}0}=0$、$u_{\text{out}0}=0$，根据式（16-28）的最后一行有

$$u_{\text{com}0} = \sqrt{3} \cdot u_{\text{o}'\text{o}} \quad (16\text{-}29)$$

此外，根据式（16-14）和式（16-26）的最后一行以及式（16-22）的关系，可以得到 $u_{\text{sum}0} = u_{\text{com}0}$，从而得到

$$u_{\text{sum}0} = u_{\text{com}0} = \sqrt{3} \cdot u_{\text{o}'\text{o}} \quad (16\text{-}30)$$

去掉式（16-28）的最后一行后，式（16-28）可以降阶为

$$\left[ (L_0+3L_{\text{out}})\frac{\text{d}}{\text{d}t} + (R_0+3R_{\text{out}}) \right] \begin{bmatrix} i_{\text{v}\alpha} \\ i_{\text{v}\beta} \end{bmatrix} + 3 \begin{bmatrix} u_{\text{com}\alpha} \\ u_{\text{com}\beta} \end{bmatrix} = -3 \begin{bmatrix} u_{\text{out}\alpha} \\ u_{\text{out}\beta} \end{bmatrix} \quad (16\text{-}31)$$

再将式（16-19）按列拆分成 3 个方程：

$$\left( L_0\frac{\text{d}}{\text{d}t} + R_0 \right) \begin{bmatrix} i_{\alpha\text{a}} \\ i_{\beta\text{a}} \end{bmatrix} + \begin{bmatrix} u_{\alpha\text{a}} \\ u_{\beta\text{a}} \end{bmatrix} = -\left( L_{\text{in}}\frac{\text{d}}{\text{d}t} + R_{\text{in}} \right) \begin{bmatrix} i_{\text{V}\alpha} \\ i_{\text{V}\beta} \end{bmatrix} + \begin{bmatrix} u_{\text{in}\alpha} \\ u_{\text{in}\beta} \end{bmatrix} \quad (16\text{-}32)$$

$$\left( L_0\frac{\text{d}}{\text{d}t} + R_0 \right) \begin{bmatrix} i_{\alpha\text{b}} \\ i_{\beta\text{b}} \end{bmatrix} + \begin{bmatrix} u_{\alpha\text{b}} \\ u_{\beta\text{b}} \end{bmatrix} = -\left( L_{\text{in}}\frac{\text{d}}{\text{d}t} + R_{\text{in}} \right) \begin{bmatrix} i_{\text{V}\alpha} \\ i_{\text{V}\beta} \end{bmatrix} + \begin{bmatrix} u_{\text{in}\alpha} \\ u_{\text{in}\beta} \end{bmatrix} \quad (16\text{-}33)$$

$$\left( L_0\frac{\text{d}}{\text{d}t} + R_0 \right) \begin{bmatrix} i_{\alpha\text{c}} \\ i_{\beta\text{c}} \end{bmatrix} + \begin{bmatrix} u_{\alpha\text{c}} \\ u_{\beta\text{c}} \end{bmatrix} = -\left( L_{\text{in}}\frac{\text{d}}{\text{d}t} + R_{\text{in}} \right) \begin{bmatrix} i_{\text{V}\alpha} \\ i_{\text{V}\beta} \end{bmatrix} + \begin{bmatrix} u_{\text{in}\alpha} \\ u_{\text{in}\beta} \end{bmatrix} \quad (16\text{-}34)$$

将式（16-32）、式（16-33）、式（16-34）相加有

$$\left(L_0\frac{\mathrm{d}}{\mathrm{d}t}+R_0\right)\begin{bmatrix}i_{\alpha a}+i_{\alpha b}+i_{\alpha c}\\ i_{\beta a}+i_{\beta b}+i_{\beta c}\end{bmatrix}+\begin{bmatrix}u_{\alpha a}+u_{\alpha b}+u_{\alpha c}\\ u_{\beta a}+u_{\beta b}+u_{\beta c}\end{bmatrix}=-3\left(L_{\mathrm{in}}\frac{\mathrm{d}}{\mathrm{d}t}+R_{\mathrm{in}}\right)\begin{bmatrix}i_{V\alpha}\\ i_{V\beta}\end{bmatrix}+3\begin{bmatrix}u_{\mathrm{in}\alpha}\\ u_{\mathrm{in}\beta}\end{bmatrix} \quad (16\text{-}35)$$

根据式（16-13）和式（16-14），式（6-35）变为

$$\left[(L_0+3L_{\mathrm{in}})\frac{\mathrm{d}}{\mathrm{d}t}+(R_0+3R_{\mathrm{in}})\right]\begin{bmatrix}i_{V\alpha}\\ i_{V\beta}\end{bmatrix}+3\begin{bmatrix}u_{\mathrm{sum}\alpha}\\ u_{\mathrm{sum}\beta}\end{bmatrix}=3\begin{bmatrix}u_{\mathrm{in}\alpha}\\ u_{\mathrm{in}\beta}\end{bmatrix} \quad (16\text{-}36)$$

分别将式（16-33）、式（16-34）减去式（16-32），并且定义

$$\begin{bmatrix}i_{\alpha b}-i_{\alpha a}\\ i_{\beta b}-i_{\beta a}\end{bmatrix}=\begin{bmatrix}i_{\alpha\mathrm{cir}1}\\ i_{\beta\mathrm{cir}1}\end{bmatrix} \quad (16\text{-}37)$$

$$\begin{bmatrix}u_{\alpha b}-u_{\alpha a}\\ u_{\beta b}-u_{\beta a}\end{bmatrix}=\begin{bmatrix}u_{\alpha\mathrm{cir}1}\\ u_{\beta\mathrm{cir}1}\end{bmatrix} \quad (16\text{-}38)$$

$$\begin{bmatrix}i_{\alpha c}-i_{\alpha a}\\ i_{\beta c}-i_{\beta a}\end{bmatrix}=\begin{bmatrix}i_{\alpha\mathrm{cir}2}\\ i_{\beta\mathrm{cir}2}\end{bmatrix} \quad (16\text{-}39)$$

$$\begin{bmatrix}u_{\alpha c}-u_{\alpha a}\\ u_{\beta c}-u_{\beta a}\end{bmatrix}=\begin{bmatrix}u_{\alpha\mathrm{cir}2}\\ u_{\beta\mathrm{cir}2}\end{bmatrix} \quad (16\text{-}40)$$

式（16-37）~式（16-40）中，$i_{\alpha\mathrm{cir}1}$、$i_{\beta\mathrm{cir}1}$ 被称为环流 1 的 αβ 分量，$i_{\alpha\mathrm{cir}2}$、$i_{\beta\mathrm{cir}2}$ 被称为环流 2 的 αβ 分量，$u_{\alpha\mathrm{cir}1}$、$u_{\beta\mathrm{cir}1}$ 被称为环流电压 1 的 αβ 分量，$u_{\alpha\mathrm{cir}2}$、$u_{\beta\mathrm{cir}2}$ 被称为环流电压 2 的 αβ 分量。从而可以得到描述环流特性的微分方程为

$$\left(L_0\frac{\mathrm{d}}{\mathrm{d}t}+R_0\right)\begin{bmatrix}i_{\alpha\mathrm{cir}1}\\ i_{\beta\mathrm{cir}1}\end{bmatrix}+\begin{bmatrix}u_{\alpha\mathrm{cir}1}\\ u_{\beta\mathrm{cir}1}\end{bmatrix}=0 \quad (16\text{-}41)$$

$$\left(L_0\frac{\mathrm{d}}{\mathrm{d}t}+R_0\right)\begin{bmatrix}i_{\alpha\mathrm{cir}2}\\ i_{\beta\mathrm{cir}2}\end{bmatrix}+\begin{bmatrix}u_{\alpha\mathrm{cir}2}\\ u_{\beta\mathrm{cir}2}\end{bmatrix}=0 \quad (16\text{-}42)$$

显然，环流特性只由 M3C 内部的桥臂电压和桥臂电抗决定，与 M3C 的输入侧和输出侧没有直接关系。

式（16-30）、式（16-31）、式（16-36）、式（16-41）和式（16-42）构成了对称运行时 M3C 在 αβ 坐标系中的 9 阶数学模型，后面的相关分析和控制器设计将主要基于这个 9 阶数学模型进行。

## 16.3 M3C 的等效电路

根据在 αβ 坐标系中描述输入侧和输出侧动态特性的微分方程式（16-36）和式（16-31），可以得到

$$\left(L_{\mathrm{in}\Sigma}\frac{\mathrm{d}}{\mathrm{d}t}+R_{\mathrm{in}\Sigma}\right)\begin{bmatrix}i_{V\alpha}\\ i_{V\beta}\end{bmatrix}=-\begin{bmatrix}u_{\mathrm{sum}\alpha}\\ u_{\mathrm{sum}\beta}\end{bmatrix}+\begin{bmatrix}u_{\mathrm{in}\alpha}\\ u_{\mathrm{in}\beta}\end{bmatrix} \quad (16\text{-}43)$$

$$\left(L_{\mathrm{out}\Sigma}\frac{\mathrm{d}}{\mathrm{d}t}+R_{\mathrm{out}\Sigma}\right)\begin{bmatrix}i_{v\alpha}\\ i_{v\beta}\end{bmatrix}=-\begin{bmatrix}u_{\mathrm{com}\alpha}\\ u_{\mathrm{com}\beta}\end{bmatrix}-\begin{bmatrix}u_{\mathrm{out}\alpha}\\ u_{\mathrm{out}\beta}\end{bmatrix} \quad (16\text{-}44)$$

式中，

$$\begin{cases} L_{\text{in}\Sigma} = L_{\text{in}} + \dfrac{L_0}{3} \\ L_{\text{out}\Sigma} = L_{\text{out}} + \dfrac{L_0}{3} \end{cases} \quad (16\text{-}45)$$

$$\begin{cases} R_{\text{in}\Sigma} = R_{\text{in}} + \dfrac{R_0}{3} \\ R_{\text{out}\Sigma} = R_{\text{out}} + \dfrac{R_0}{3} \end{cases} \quad (16\text{-}46)$$

可以得到 αβ 坐标系中描述 M3C 输入侧和输出侧特性的等效电路如图 16-2 所示。

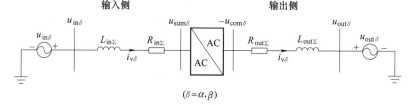

图 16-2  αβ 坐标系中描述 M3C 输入侧和输出侧特性的等效电路

同样，根据在 αβ 坐标系中描述环流特性的微分方程式（16-41）和式（16-42），可以得到 αβ 坐标系中描述 M3C 环流特性的等效电路如图 16-3 所示。

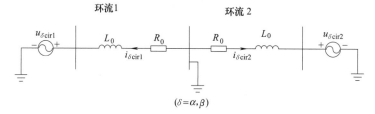

图 16-3  αβ 坐标系中描述 M3C 环流特性的等效电路

## 16.4  M3C 的稳态特性分析

### 16.4.1  M3C 桥臂电流与输入侧和输出侧电流之间的关系

在式（16-3）两侧左乘 $\boldsymbol{T}_{\text{abc-}\alpha\beta 0}$，并且利用环流 $\begin{bmatrix} i_{\alpha\text{cir}1} \\ i_{\beta\text{cir}1} \end{bmatrix} = \begin{bmatrix} i_{\alpha b} - i_{\alpha a} \\ i_{\beta b} - i_{\beta a} \end{bmatrix} = 0$ 和 $\begin{bmatrix} i_{\alpha\text{cir}2} \\ i_{\beta\text{cir}2} \end{bmatrix} = \begin{bmatrix} i_{\alpha c} - i_{\alpha a} \\ i_{\beta c} - i_{\beta a} \end{bmatrix} = 0$ 的假设条件，可以得到

$$\begin{bmatrix} i_{V\alpha} \\ i_{V\beta} \\ i_{V0} \end{bmatrix} = \begin{bmatrix} i_{\alpha a} \\ i_{\beta a} \\ i_{0a} \end{bmatrix} + \begin{bmatrix} i_{\alpha b} \\ i_{\beta b} \\ i_{0b} \end{bmatrix} + \begin{bmatrix} i_{\alpha c} \\ i_{\beta c} \\ i_{0c} \end{bmatrix} = \begin{bmatrix} i_{\alpha a} \\ i_{\beta a} \\ i_{0a} \end{bmatrix} + \begin{bmatrix} i_{\alpha a} \\ i_{\beta a} \\ i_{0b} \end{bmatrix} + \begin{bmatrix} i_{\alpha a} \\ i_{\beta a} \\ i_{0c} \end{bmatrix} = \begin{bmatrix} 3i_{\alpha a} \\ 3i_{\beta a} \\ i_{0a} + i_{0b} + i_{0c} \end{bmatrix} \quad (16\text{-}47)$$

这样，根据式（16-21）和输出侧交流系统对称的条件有

$$\begin{bmatrix} i_{V\alpha} \\ i_{V\beta} \\ i_{V0} \end{bmatrix} = \begin{bmatrix} 3i_{\alpha a} \\ 3i_{\beta a} \\ i_{0a}+i_{0b}+i_{0c} \end{bmatrix} = \begin{bmatrix} 3i_{\alpha a} \\ 3i_{\beta a} \\ \dfrac{i_{va}+i_{vb}+i_{vc}}{\sqrt{3}} \end{bmatrix} = \begin{bmatrix} 3i_{\alpha a} \\ 3i_{\beta a} \\ 0 \end{bmatrix} \tag{16-48}$$

而

$$\begin{bmatrix} i_{Aa} & i_{Ab} & i_{Ac} \\ i_{Ba} & i_{Bb} & i_{Bc} \\ i_{Ca} & i_{Cb} & i_{Cc} \end{bmatrix} = \boldsymbol{T}_{\alpha\beta 0\text{-abc}} \begin{bmatrix} i_{\alpha a} & i_{\alpha b} & i_{\alpha c} \\ i_{\beta a} & i_{\beta b} & i_{\beta c} \\ i_{0a} & i_{0b} & i_{0c} \end{bmatrix} \tag{16-49}$$

这样，根据环流为零的假设条件和式（16-48）有

$$\begin{bmatrix} i_{Aa} & i_{Ab} & i_{Ac} \\ i_{Ba} & i_{Bb} & i_{Bc} \\ i_{Ca} & i_{Cb} & i_{Cc} \end{bmatrix} = \boldsymbol{T}_{\alpha\beta 0\text{-abc}} \begin{bmatrix} i_{\alpha a} & i_{\alpha a} & i_{\alpha a} \\ i_{\beta a} & i_{\beta a} & i_{\beta a} \\ i_{0a} & i_{0b} & i_{0c} \end{bmatrix} = \boldsymbol{T}_{\alpha\beta 0\text{-abc}} \begin{bmatrix} \dfrac{1}{3}i_{V\alpha} & \dfrac{1}{3}i_{V\alpha} & \dfrac{1}{3}i_{V\alpha} \\ \dfrac{1}{3}i_{V\beta} & \dfrac{1}{3}i_{V\beta} & \dfrac{1}{3}i_{V\beta} \\ i_{0a} & i_{0b} & i_{0c} \end{bmatrix} =$$

$$= \boldsymbol{T}_{\alpha\beta 0\text{-abc}} \begin{bmatrix} \dfrac{1}{3}i_{V\alpha} & \dfrac{1}{3}i_{V\alpha} & \dfrac{1}{3}i_{V\alpha} \\ \dfrac{1}{3}i_{V\beta} & \dfrac{1}{3}i_{V\beta} & \dfrac{1}{3}i_{V\beta} \\ 0 & 0 & 0 \end{bmatrix} + \boldsymbol{T}_{\alpha\beta 0\text{-abc}} \begin{bmatrix} 0 & 0 & 0 \\ 0 & 0 & 0 \\ i_{0a} & i_{0b} & i_{0c} \end{bmatrix} \tag{16-50}$$

利用输入侧交流系统对称，从而 $i_{V0}=0$ 的条件，根据式（16-50）有

$$\begin{bmatrix} i_{Aa} & i_{Ab} & i_{Ac} \\ i_{Ba} & i_{Bb} & i_{Bc} \\ i_{Ca} & i_{Cb} & i_{Cc} \end{bmatrix} = \boldsymbol{T}_{\alpha\beta 0\text{-abc}} \begin{bmatrix} \dfrac{1}{3}i_{V\alpha} & \dfrac{1}{3}i_{V\alpha} & \dfrac{1}{3}i_{V\alpha} \\ \dfrac{1}{3}i_{V\beta} & \dfrac{1}{3}i_{V\beta} & \dfrac{1}{3}i_{V\beta} \\ \dfrac{1}{3}i_{V0} & \dfrac{1}{3}i_{V0} & \dfrac{1}{3}i_{V0} \end{bmatrix} + \boldsymbol{T}_{\alpha\beta 0\text{-abc}} \begin{bmatrix} 0 & 0 & 0 \\ 0 & 0 & 0 \\ i_{0a} & i_{0b} & i_{0c} \end{bmatrix} \tag{16-51}$$

而

$$\boldsymbol{T}_{\alpha\beta 0\text{-abc}} \begin{bmatrix} \dfrac{1}{3}i_{V\alpha} & \dfrac{1}{3}i_{V\alpha} & \dfrac{1}{3}i_{V\alpha} \\ \dfrac{1}{3}i_{V\beta} & \dfrac{1}{3}i_{V\beta} & \dfrac{1}{3}i_{V\beta} \\ \dfrac{1}{3}i_{V0} & \dfrac{1}{3}i_{V0} & \dfrac{1}{3}i_{V0} \end{bmatrix} = \dfrac{1}{3} \begin{bmatrix} i_{VA} & i_{VA} & i_{VA} \\ i_{VB} & i_{VB} & i_{VB} \\ i_{VC} & i_{VC} & i_{VC} \end{bmatrix} \tag{16-52}$$

$$\boldsymbol{T}_{\alpha\beta 0\text{-abc}} \begin{bmatrix} 0 & 0 & 0 \\ 0 & 0 & 0 \\ i_{0a} & i_{0b} & i_{0c} \end{bmatrix} = \sqrt{\dfrac{2}{3}} \begin{bmatrix} 1 & 0 & \dfrac{1}{\sqrt{2}} \\ -\dfrac{1}{2} & \dfrac{\sqrt{3}}{2} & \dfrac{1}{\sqrt{2}} \\ -\dfrac{1}{2} & -\dfrac{\sqrt{3}}{2} & \dfrac{1}{\sqrt{2}} \end{bmatrix} \begin{bmatrix} 0 & 0 & 0 \\ 0 & 0 & 0 \\ i_{0a} & i_{0b} & i_{0c} \end{bmatrix} = \sqrt{\dfrac{1}{3}} \begin{bmatrix} i_{0a} & i_{0b} & i_{0c} \\ i_{0a} & i_{0b} & i_{0c} \\ i_{0a} & i_{0b} & i_{0c} \end{bmatrix}$$

$$\tag{16-53}$$

再利用式（16-21）有

$$T_{\alpha\beta0\text{-abc}}\begin{bmatrix} 0 & 0 & 0 \\ 0 & 0 & 0 \\ i_{0a} & i_{0b} & i_{0c} \end{bmatrix} = \frac{1}{3}\begin{bmatrix} i_{va} & i_{vb} & i_{vc} \\ i_{va} & i_{vb} & i_{vc} \\ i_{va} & i_{vb} & i_{vc} \end{bmatrix} \quad (16\text{-}54)$$

从而根据式（16-51）、式（16-52）和式（16-54）有

$$\begin{bmatrix} i_{Aa} & i_{Ab} & i_{Ac} \\ i_{Ba} & i_{Bb} & i_{Bc} \\ i_{Ca} & i_{Cb} & i_{Cc} \end{bmatrix} = \frac{1}{3}\begin{bmatrix} i_{VA} & i_{VA} & i_{VA} \\ i_{VB} & i_{VB} & i_{VB} \\ i_{VC} & i_{VC} & i_{VC} \end{bmatrix} + \frac{1}{3}\begin{bmatrix} i_{va} & i_{vb} & i_{vc} \\ i_{va} & i_{vb} & i_{vc} \\ i_{va} & i_{vb} & i_{vc} \end{bmatrix} \quad (16\text{-}55)$$

式（16-55）表明，M3C 中任一桥臂中的电流等于输入侧该相电流的 1/3 加输出侧该相电流的 1/3，但需要指出的是，这个关系成立的条件是假设了式（16-37）和式（16-39）定义的环流等于零，一般情况下并不能得到式（16-55）的关系。

## 16.4.2 M3C 子模块电容电流与电容电压的集合平均值

下面仿照第 2 章推导 MMC 子模块电容电流与电容电压集合平均值表达式的做法，首先基于开关函数法，推导出子模块电容电流集合平均值与桥臂电流以及子模块电容电压集合平均值与桥臂电压之间的关系。

**1. 子模块电容电流集合平均值与桥臂电流的关系**

定义 $S_{Xy\_i}$ 为 X 相 y 桥臂第 i 个子模块的开关函数。它的值取 1 表示该子模块正投入，取 −1 表示该子模块负投入，取 0 表示将该子模块切除。同时定义 X 相 y 桥臂平均开关函数为

$$S_{Xy} = \frac{1}{N}\sum_{i=1}^{N} S_{Xy\_i} \quad (16\text{-}56)$$

平均开关函数表示桥臂中子模块的平均投入比。

首先推导子模块电容电流集合平均值与桥臂电流之间的关系。桥臂电流通过子模块的开关动作耦合到子模块的直流侧，这部分电流流过子模块电容，称为电容电流。电容电流的正方向与图 16-1 标出的桥臂电流正方向一致，定义为电容充电方向。对于 X 相 y 桥臂的第 i 个全桥子模块，流过其电容的电流满足

$$i_{c,Xy\_i} = S_{Xy\_i} \cdot i_{Xy} \quad (16\text{-}57)$$

对该桥臂所有子模块求和

$$\sum_{i=1}^{N} i_{c,Xy\_i} = \sum_{i=1}^{N} S_{Xy\_i} \cdot i_{Xy} = i_{Xy}\sum_{i=1}^{N} S_{Xy\_i} \quad (16\text{-}58)$$

式（16-58）左右两边同时除以子模块个数 N 得

$$\frac{1}{N}\sum_{i=1}^{N} i_{c,Xy\_i} = i_{Xy}\frac{1}{N}\sum_{i=1}^{N} S_{Xy\_i} \quad (16\text{-}59)$$

将式（16-56）代入式（16-59）得

$$\frac{1}{N}\sum_{i=1}^{N} i_{c,Xy\_i} = S_{Xy}i_{Xy} \quad (16\text{-}60)$$

定义 X 相 y 桥臂子模块电容电流集合平均值为

$$i_{\mathrm{c},Xy} = \frac{1}{N}\sum_{i=1}^{N} i_{\mathrm{c},Xy\_i} \tag{16-61}$$

则有

$$i_{\mathrm{c},Xy} = S_{Xy} i_{Xy} \tag{16-62}$$

式（16-62）就是子模块电容电流集合平均值与桥臂电流之间的关系。

**2. 子模块电容电压集合平均值与桥臂电压的关系**

下面推导子模块电容电压集合平均值与桥臂电压之间的关系。电容电压通过子模块的开关动作耦合到桥臂中。$X$ 相 $y$ 桥臂第 $i$ 个子模块耦合到桥臂中的电压 $u_{\mathrm{sm},Xy\_i}$ 可以用开关函数表示为

$$u_{\mathrm{sm},Xy\_i} = S_{Xy\_i} \cdot u_{\mathrm{c},Xy\_i} \tag{16-63}$$

式中，$u_{\mathrm{c},Xy\_i}$ 为 $X$ 相 $y$ 桥臂第 $i$ 个子模块的电容电压。对该桥臂所有子模块耦合到桥臂中的电压求和有

$$\sum_{i=1}^{N} u_{\mathrm{sm},Xy\_i} = \sum_{i=1}^{N} S_{Xy\_i} \cdot u_{\mathrm{c},Xy\_i} \tag{16-64}$$

由于我们关注的是子模块电容电压集合平均值与桥臂电压之间的关系，因此这里假设所有子模块完全相同，单个子模块的电容电压 $u_{\mathrm{c},Xy\_i}$ 等于所有子模块电容电压的集合平均值 $u_{\mathrm{c},Xy}$，因此有

$$\sum_{i=1}^{N} u_{\mathrm{sm},Xy\_i} = \sum_{i=1}^{N} S_{Xy\_i} \cdot u_{\mathrm{c},Xy\_i} = \sum_{i=1}^{N} S_{Xy\_i} \cdot u_{\mathrm{c},Xy} = u_{\mathrm{c},Xy} \sum_{i=1}^{N} S_{Xy\_i} \tag{16-65}$$

故

$$\sum_{i=1}^{N} u_{\mathrm{sm},Xy\_i} = N u_{\mathrm{c},Xy} \left(\frac{1}{N}\sum_{i=1}^{N} S_{Xy\_i}\right) \tag{16-66}$$

将式（16-56）代入式（16-66）可得

$$\sum_{i=1}^{N} u_{\mathrm{sm},Xy\_i} = S_{Xy}(N u_{\mathrm{c},Xy}) \tag{16-67}$$

式（16-67）左边即为 $X$ 相 $y$ 桥臂的电压 $u_{Xy}$。这样，式（16-67）可以重新写为

$$u_{Xy} = S_{Xy}(N u_{\mathrm{c},Xy}) \tag{16-68}$$

**3. 子模块电容电流集合平均值解析表达式**

下面来推导 $X$ 相 $y$ 桥臂所有子模块电容电流的集合平均值 $i_{\mathrm{c},Xy}$ 的解析表达式。以图 16-1 中 A 相 a 桥臂为列写电压方程，有

$$L_0 \frac{\mathrm{d}i_{\mathrm{Aa}}}{\mathrm{d}t} + R_0 i_{\mathrm{Aa}} + u_{\mathrm{Aa}} = -L_{\mathrm{in}}\frac{\mathrm{d}i_{\mathrm{VA}}}{\mathrm{d}t} - R_{\mathrm{in}} i_{\mathrm{VA}} + u_{\mathrm{inA}} + u_{\mathrm{o'o}} - u_{\mathrm{outa}} - L_{\mathrm{out}}\frac{\mathrm{d}i_{\mathrm{va}}}{\mathrm{d}t} - R_{\mathrm{out}} i_{\mathrm{va}} \tag{16-69}$$

$$u_{\mathrm{Aa}} = -L_{\mathrm{in}}\frac{\mathrm{d}i_{\mathrm{VA}}}{\mathrm{d}t} - R_{\mathrm{in}} i_{\mathrm{VA}} + u_{\mathrm{inA}} + u_{\mathrm{o'o}} - u_{\mathrm{outa}} - L_{\mathrm{out}}\frac{\mathrm{d}i_{\mathrm{va}}}{\mathrm{d}t} - R_{\mathrm{out}} i_{\mathrm{va}} - L_0 \frac{\mathrm{d}i_{\mathrm{Aa}}}{\mathrm{d}t} - R_0 i_{\mathrm{Aa}} \tag{16-70}$$

在输入侧和输出侧对称且环流控制到零的条件下，根据式（16-55）有

$$i_{\mathrm{Aa}} = \frac{1}{3} i_{\mathrm{VA}} + \frac{1}{3} i_{\mathrm{va}} \tag{16-71}$$

因此式（16-70）变为

$$u_{Aa} = -L_{in\Sigma}\frac{di_{VA}}{dt} - R_{in\Sigma}i_{VA} + u_{inA} - L_{out\Sigma}\frac{di_{va}}{dt} - R_{out\Sigma}i_{va} - u_{outa} \quad (16\text{-}71)$$

令

$$\begin{cases} u_{inA} = U_{inm}\cos(\omega_{in}t + \theta_{in}) \\ i_{VA} = I_{Vm}\cos(\omega_{in}t + \theta_{in} - \varphi_{in}) \end{cases} \quad (16\text{-}72)$$

$$\begin{cases} u_{outa} = U_{outm}\cos(\omega_{out}t + \theta_{out}) \\ i_{va} = I_{vm}\cos(\omega_{out}t + \theta_{out} - \varphi_{out}) \end{cases} \quad (16\text{-}73)$$

则

$$u_{Aa} = \omega_{in}L_{in\Sigma}I_{Vm}\sin(\omega_{in}t + \theta_{in} - \varphi_{in}) - R_{in\Sigma}I_{Vm}\cos(\omega_{in}t + \theta_{in} - \varphi_{in}) + U_{inm}\cos(\omega_{in}t + \theta_{in}) + \omega_{out}L_{out\Sigma}I_{vm}\sin(\omega_{out}t + \theta_{out} - \varphi_{out}) - R_{out\Sigma}I_{vm}\cos(\omega_{out}t + \theta_{out} - \varphi_{out}) - U_{outm}\cos(\omega_{out}t + \theta_{out})$$

$$(16\text{-}74)$$

由于 $R_{in\Sigma} \ll \omega_{in}L_{in\Sigma}$ 和 $R_{out\Sigma} \ll \omega_{out}L_{out\Sigma}$，在式（16-74）中忽略与 $R_{in\Sigma}$ 和 $R_{out\Sigma}$ 对应的项，则

$$u_{Aa} = \omega_{in}L_{in\Sigma}I_{Vm}\sin(\omega_{in}t + \theta_{in} - \varphi_{in}) + U_{inm}\cos(\omega_{in}t + \theta_{in}) + \omega_{out}L_{out\Sigma}I_{vm}\sin(\omega_{out}t + \theta_{out} - \varphi_{out}) - U_{outm}\cos(\omega_{out}t + \theta_{out}) \quad (16\text{-}75)$$

令

$$u_{c,Xy} = U_c \quad (16\text{-}76)$$

则根据式（16-68）有

$$S_{Xy} = \frac{u_{Xy}}{NU_c} \quad (16\text{-}77)$$

由式（16-62）、式（16-77）和式（16-55）有

$$i_{c,Aa} = S_{Aa}i_{Aa} = \frac{u_{Aa}}{NU_c}i_{Aa} = \frac{u_{Aa}}{NU_c}\left(\frac{i_{VA}}{3} + \frac{i_{va}}{3}\right) \quad (16\text{-}78)$$

根据式（16-75）、式（16-72）和式（16-73）有

$$i_{c,Aa} = \frac{1}{3NU_c}[\omega_{in}L_{in\Sigma}I_{Vm}\sin(\omega_{in}t + \theta_{in} - \varphi_{in}) + \omega_{out}L_{out\Sigma}I_{vm}\sin(\omega_{out}t + \theta_{out} - \varphi_{out}) + U_{inm}\cos(\omega_{in}t + \theta_{in}) - U_{outm}\cos(\omega_{out}t + \theta_{out})][I_{Vm}\cos(\omega_{in}t + \theta_{in} - \varphi_{in}) + I_{vm}\cos(\omega_{out}t + \theta_{out} - \varphi_{out})]$$

$$(16\text{-}79)$$

将式（16-79）展开，可以得到

$$i_{c,Aa} = \frac{1}{6NU_c}\{\omega_{in}L_{in\Sigma}I_{Vm}^2\sin(2\omega_{in}t + 2\theta_{in} - 2\varphi_{in}) + \omega_{out}L_{out\Sigma}I_{Vm}I_{vm}[\sin((\omega_{out}+\omega_{in})t + \theta_{out} + \theta_{in} - \varphi_{out} - \varphi_{in}) + \sin((\omega_{out}-\omega_{in})t + \theta_{out} - \theta_{in} - \varphi_{out} + \varphi_{in})] + U_{inm}I_{Vm}[\cos(2\omega_{in}t + 2\theta_{in} - \varphi_{in}) + \cos(\varphi_{in})] - U_{outm}I_{Vm}[\cos((\omega_{out}+\omega_{in})t + \theta_{out} + \theta_{in} - \varphi_{in}) + \cos((\omega_{out}-\omega_{in})t + \theta_{out} - \theta_{in} + \varphi_{in})] + \omega_{in}L_{in\Sigma}I_{Vm}I_{vm}[\sin((\omega_{in}+\omega_{out})t + \theta_{in} + \theta_{out} - \varphi_{in} - \varphi_{out}) + \sin((\omega_{in}-\omega_{out})t + \theta_{in} - \theta_{out} - \varphi_{in} + \varphi_{out})] + \omega_{out}L_{out\Sigma}I_{vm}^2\sin(2\omega_{out}t + 2\theta_{out} - 2\varphi_{out}) + U_{inm}I_{vm}[\cos((\omega_{in}+\omega_{out})t + \theta_{in} + \theta_{out} - \varphi_{out}) + \cos((\omega_{in}-\omega_{out})t + \theta_{in} - \theta_{out} + \varphi_{out})] - U_{outm}I_{vm}[\cos(2\omega_{out}t + 2\theta_{out} - \varphi_{out}) + \cos(\varphi_{out})]\}$$

$$(16\text{-}80)$$

式（16-80）中含有直流分量，在稳态运行情况下，子模块电容电流的直流分量应该为零，

否则将产生无穷大的电容电压。这样，子模块电容电流集合平均值的表达式可重写为

$$i_{c,Aa} = \frac{1}{6NU_c} \{ \omega_{in} L_{in\Sigma} I_{Vm}^2 \sin(2\omega_{in}t + 2\theta_{in} - 2\varphi_{in}) +$$
$$\omega_{out} L_{out\Sigma} I_{Vm} I_{vm} [\sin((\omega_{out}+\omega_{in})t + \theta_{out}+\theta_{in}-\varphi_{out}-\varphi_{in}) + \sin((\omega_{out}-\omega_{in})t + \theta_{out}-\theta_{in}-\varphi_{out}+\varphi_{in})] + U_{inm} I_{Vm} \cos(2\omega_{in}t + 2\theta_{in}-\varphi_{in}) -$$
$$U_{outm} I_{Vm} [\cos((\omega_{out}+\omega_{in})t + \theta_{out}+\theta_{in}-\varphi_{in}) + \cos((\omega_{out}-\omega_{in})t + \theta_{out}-\theta_{in}+\varphi_{in})] +$$
$$\omega_{in} L_{in\Sigma} I_{Vm} I_{vm} [\sin((\omega_{in}+\omega_{out})t + \theta_{in}+\theta_{out}-\varphi_{in}-\varphi_{out}) + \sin((\omega_{in}-\omega_{out})t + \theta_{in}-\theta_{out}-\varphi_{in}+\varphi_{out})] + \omega_{out} L_{out\Sigma} I_{vm}^2 \sin(2\omega_{out}t + 2\theta_{out}-2\varphi_{out}) +$$
$$U_{inm} I_{vm} [\cos((\omega_{in}+\omega_{out})t + \theta_{in}+\theta_{out}-\varphi_{out}) + \cos((\omega_{in}-\omega_{out})t + \theta_{in}-\theta_{out}+\varphi_{out})] -$$
$$U_{outm} I_{vm} [\cos(2\omega_{out}t + 2\theta_{out}-\varphi_{out}) + \cos(\varphi_{out})] \} \tag{16-81}$$

**4. 子模块电容电压集合平均值解析表达式**

根据式（16-81），可以得到子模块电容电压的集合平均值为

$$u_{c,Aa} = \frac{1}{C_0} \int i_{c,Aa} dt$$

$$= U_c + \frac{1}{6C_0 NU_c} \left\{ -\frac{L_{in\Sigma} I_{Vm}^2}{2} \cos(2\omega_{in}t + 2\theta_{in} - 2\varphi_{in}) \right.$$

$$-\frac{\omega_{out} L_{out\Sigma} I_{Vm} I_{vm}}{\omega_{out}+\omega_{in}} \cos((\omega_{out}+\omega_{in})t + \theta_{out}+\theta_{in}-\varphi_{out}-\varphi_{in})$$

$$-\frac{\omega_{out} L_{out\Sigma} I_{Vm} I_{vm}}{\omega_{out}-\omega_{in}} \cos((\omega_{out}-\omega_{in})t + \theta_{out}-\theta_{in}-\varphi_{out}+\varphi_{in})$$

$$+\frac{U_{inm} I_{Vm}}{2\omega_{in}} \sin(2\omega_{in}t + 2\theta_{in}-\varphi_{in})$$

$$-\frac{U_{outm} I_{Vm}}{\omega_{out}+\omega_{in}} \sin((\omega_{out}+\omega_{in})t + \theta_{out}+\theta_{in}-\varphi_{in})$$

$$-\frac{U_{outm} I_{Vm}}{\omega_{out}-\omega_{in}} \sin((\omega_{out}-\omega_{in})t + \theta_{out}-\theta_{in}+\varphi_{in})$$

$$-\frac{\omega_{in} L_{in\Sigma} I_{Vm} I_{vm}}{\omega_{in}+\omega_{out}} \cos((\omega_{in}+\omega_{out})t + \theta_{in}+\theta_{out}-\varphi_{in}-\varphi_{out})$$

$$-\frac{\omega_{in} L_{in\Sigma} I_{Vm} I_{vm}}{\omega_{in}-\omega_{out}} \cos((\omega_{in}-\omega_{out})t + \theta_{in}-\theta_{out}-\varphi_{in}+\varphi_{out})$$

$$-\frac{L_{out\Sigma} I_{vm}^2}{2} \cos(2\omega_{out}t + 2\theta_{out}-2\varphi_{out})$$

$$+\frac{U_{inm} I_{vm}}{\omega_{in}+\omega_{out}} \sin((\omega_{in}+\omega_{out})t + \theta_{in}+\theta_{out}-\varphi_{out})$$

$$+\frac{U_{inm} I_{vm}}{\omega_{in}-\omega_{out}} \sin((\omega_{in}-\omega_{out})t + \theta_{in}-\theta_{out}+\varphi_{out})$$

$$\left. -\frac{U_{outm} I_{vm}}{2\omega_{out}} \sin(2\omega_{out}t + 2\theta_{out}-\varphi_{out}) \right\} \tag{16-82}$$

在输入侧和输出侧系统频率、电压、电流以及系统两侧电抗和桥臂电抗给定的条件下，式（16-82）的花括号中的表达式为 $\theta_{\text{in}}$、$\varphi_{\text{in}}$、$\theta_{\text{out}}$、$\varphi_{\text{out}}$、$t$ 共 5 个变量的函数。由于 $\theta_{\text{in}}$ 和 $\theta_{\text{out}}$ 是两侧系统电压的初相角，两者之间只有相对的意义，因此可以设定其中一个为基准值，不妨设定 $\theta_{\text{in}}$ 为基准相角，即设定 $\theta_{\text{in}}=0$。这样式（16-82）的花括号中的表达式就是 $\varphi_{\text{in}}$、$\theta_{\text{out}}$、$\varphi_{\text{out}}$、$t$ 共 4 个变量的函数，用 $\lambda(\varphi_{\text{in}},\theta_{\text{out}},\varphi_{\text{out}},t)$ 来表示，即

$$\lambda(\varphi_{\text{in}},\theta_{\text{out}},\varphi_{\text{out}},t)=\left\{-\frac{L_{\text{in}\Sigma}I_{\text{Vm}}^{2}}{2}\cos(2\omega_{\text{in}}t-2\varphi_{\text{in}})-\frac{\omega_{\text{out}}L_{\text{out}\Sigma}I_{\text{Vm}}I_{\text{vm}}}{\omega_{\text{out}}+\omega_{\text{in}}}\cos((\omega_{\text{out}}+\omega_{\text{in}})t+\theta_{\text{out}}-\varphi_{\text{out}}-\varphi_{\text{in}})\right.$$

$$-\frac{\omega_{\text{out}}L_{\text{out}\Sigma}I_{\text{Vm}}I_{\text{vm}}}{\omega_{\text{out}}-\omega_{\text{in}}}\cos((\omega_{\text{out}}-\omega_{\text{in}})t+\theta_{\text{out}}-\varphi_{\text{out}}+\varphi_{\text{in}})+\frac{U_{\text{inm}}I_{\text{Vm}}}{2\omega_{\text{in}}}\sin(2\omega_{\text{in}}t-\varphi_{\text{in}})$$

$$-\frac{U_{\text{outm}}I_{\text{Vm}}}{\omega_{\text{out}}+\omega_{\text{in}}}\sin((\omega_{\text{out}}+\omega_{\text{in}})t+\theta_{\text{out}}-\varphi_{\text{in}})-\frac{U_{\text{outm}}I_{\text{Vm}}}{\omega_{\text{out}}-\omega_{\text{in}}}\sin((\omega_{\text{out}}-\omega_{\text{in}})t+\theta_{\text{out}}+\varphi_{\text{in}})$$

$$-\frac{\omega_{\text{in}}L_{\text{in}\Sigma}I_{\text{Vm}}I_{\text{vm}}}{\omega_{\text{in}}+\omega_{\text{out}}}\cos((\omega_{\text{in}}+\omega_{\text{out}})t+\theta_{\text{out}}-\varphi_{\text{in}}-\varphi_{\text{out}})$$

$$-\frac{\omega_{\text{in}}L_{\text{in}\Sigma}I_{\text{Vm}}I_{\text{vm}}}{\omega_{\text{in}}-\omega_{\text{out}}}\cos((\omega_{\text{in}}-\omega_{\text{out}})t-\theta_{\text{out}}-\varphi_{\text{in}}+\varphi_{\text{out}})$$

$$-\frac{L_{\text{out}\Sigma}I_{\text{vm}}^{2}}{2}\cos(2\omega_{\text{out}}t+2\theta_{\text{out}}-2\varphi_{\text{out}})+\frac{U_{\text{inm}}I_{\text{vm}}}{\omega_{\text{in}}+\omega_{\text{out}}}\sin((\omega_{\text{in}}+\omega_{\text{out}})t+\theta_{\text{out}}-\varphi_{\text{out}})$$

$$\left.+\frac{U_{\text{inm}}I_{\text{vm}}}{\omega_{\text{in}}-\omega_{\text{out}}}\sin((\omega_{\text{in}}-\omega_{\text{out}})t-\theta_{\text{out}}+\varphi_{\text{out}})-\frac{U_{\text{outm}}I_{\text{vm}}}{2\omega_{\text{out}}}\sin(2\omega_{\text{out}}t+2\theta_{\text{out}}-\varphi_{\text{out}})\right\}$$

(16-83)

从而得到子模块电容电压集合平均值解析表达式为

$$u_{\text{c,Aa}}=U_{\text{c}}+\frac{\lambda(\varphi_{\text{in}},\theta_{\text{out}},\varphi_{\text{out}},t)}{6C_{0}NU_{\text{c}}} \tag{16-84}$$

## 16.5 M3C 的主回路参数设计

M3C 的主回路包括输入侧和输出侧的联接变压器、每个桥臂的电抗器、子模块电容器、IGBT 模块等一次设备。主回路设备参数选择是 M3C 换流站设计的重要组成部分，合理的主回路设备参数可以有效改善系统的动态和稳态性能，降低系统的初始投资及运行成本，提高系统的经济性能指标。主回路设备参数选择的依据是 M3C 的稳态运行特性和暂态运行特性。本节主要讨论桥臂子模块数目、子模块电容值和桥臂电抗器参数的设计方法[20-21]。至于联接变压器和 IGBT 模块等设备参数的选择，可以基本照搬第 3 章关于 MMC 对应设备参数的设计方法。

### 16.5.1 M3C 桥臂子模块数 $N$ 的确定

以图 16-1 中桥臂 Aa 为例进行讨论。稳态下桥臂 Aa 上的电压表达式如式（16-75）所示，对其中的每一项都取其最大值，然后求代数和，则得到的桥臂电压最大值为

$$|u_{\text{Aa}}|_{\max}=\omega_{\text{in}}L_{\text{in}\Sigma}I_{\text{Vm}}+\omega_{\text{out}}L_{\text{out}\Sigma}I_{\text{vm}}+U_{\text{inm}}+U_{\text{outm}} \tag{16-85}$$

注意，式（16-85）中的桥臂电压最大值可以理解为是考虑了 M3C 所有运行工况下的最大值。设子模块电容电压的额定值为 $U_{cN}$，则单桥臂应采用的子模块数目为

$$N \geqslant \frac{|u_{Aa}|_{\max}}{U_{cN}} \tag{16-86}$$

### 16.5.2 子模块电容值的确定方法

子模块电容值的选择取决于子模块电容电压的波动幅度，根据式（16-84），子模块电容电压波动幅度的表达式为

$$\Delta u_{c,Aa} = \frac{\lambda(\varphi_{in}, \theta_{out}, \varphi_{out}, t)}{6C_0 N U_c} \tag{16-87}$$

因此，设子模块电容电压容许的正向最大波动幅度为 $\varepsilon$，则 $\varepsilon$ 的表达式为

$$\varepsilon = |\Delta u_{c,Aa}|_{\max} = \frac{\lambda_{\max}}{6C_0 N U_c} \tag{16-88}$$

现在的目标是求 $\lambda(\varphi_{in}, \theta_{out}, \varphi_{out}, t)$ 的最大值，其直接与子模块电容电压的正向波动幅值成正比。完全基于数学优化方法求 $\lambda(\varphi_{in}, \theta_{out}, \varphi_{out}, t)$ 的最大值并不容易，但是根据 M3C 的物理功能，通过对 $\lambda(\varphi_{in}, \theta_{out}, \varphi_{out}, t)$ 本身的分析，可以确定 $\lambda(\varphi_{in}, \theta_{out}, \varphi_{out}, t)$ 取到最大值的条件如下：①设置两侧系统初始相角差为 0°，即 $\theta_{out}=0°$；②输入侧和输出侧都处于有功功率为零、无功满出力状态，即 $\varphi_{in} = \pm 90°$、$\varphi_{out} = \pm 90°$。在 $\theta_{out}$、$\varphi_{in}$ 和 $\varphi_{out}$ 给定的情况下，$\lambda(\varphi_{in}, \theta_{out}, \varphi_{out}, t)$ 仅仅是单变量 $t$ 的函数。对应条件②的 4 种组合，分别画出 $\lambda(\varphi_{in}, \theta_{out}, \varphi_{out}, t)$ 在一个周期上的曲线，取出 4 条曲线中的最大值进行比较就很容易得到 $\lambda(\varphi_{in}, \theta_{out}, \varphi_{out}, t)$ 的最大值 $\lambda_{\max}$。这样，根据式（16-88），确定子模块电容的值应满足

$$C_0 \geqslant \frac{\lambda_{\max}}{6\varepsilon N U_{cN}} \tag{16-89}$$

### 16.5.3 桥臂电抗器参数设计

桥臂电抗器的功能主要是 2 个。第 1 个功能是充当与电网侧之间的联接电抗器用；第 2 个功能是限制流过桥臂的故障电流上升率，为子模块开关器件的自保护赢得时间。但根据式（16-45），桥臂电抗除以 3 后才与联接变压器漏抗一起构成联接电抗，因此桥臂电抗对联接电抗的贡献比较小，即联接电抗的取值不对桥臂电抗取值构成硬约束。这样，桥臂电抗的取值主要就由其第 2 个功能决定。

为了满足对桥臂故障电流上升率进行限制的要求，需要对 M3C 可能发生的各种故障进行扫描，确定导致桥臂故障电流最严重的故障。实际工程中，当桥臂电压达到其最大值时，单桥臂两端之间的短路故障通常被视为桥臂电感设计中最严重的故障。当单桥臂发生短路故障时，流经该桥臂中每个子模块的故障电流将上升。如果故障电流达到闭锁电流设定值，控制器将发出信号闭锁子模块。但是，由于控制器中的时间延迟，子模块无法立即闭锁，故障电流将继续上升。因此，必须抑制故障电流上升率，以避免在时间延迟期间电流超过子模块

中 IGBT 的最大关断电流。在这种情况下，桥臂电感应满足：

$$L_0 \geq \frac{|u_{Aa}|_{max}}{k_2 I_{IGBTN} - k_1 I_{IGBTN}} k_3 \Delta t \tag{16-90}$$

式中，$|u_{Aa}|_{max}$ 由式（16-85）给出，$\Delta t$ 为控制器的延时，$I_{IGBTN}$ 为 IGBT 的额定电流，$k_1 I_{IGBTN}$ 为 IGBT 过电流闭锁设定值，$k_2 I_{IGBTN}$ 为 IGBT 最大可关断电流，$k_2$ 通常取值为 2，$k_3$ 为安全裕度系数。

### 16.5.4　M3C 的主回路参数设计实例

设某 M3C 输入侧接海上风电场，输出侧接陆上电网，额定容量为 $S_{in} = S_{out} = 330$MVA，$U_{inm} = U_{outm} = 65.3$kV，$I_{Vm} = I_{vm} = 3.368$kA，$\omega_{in} = 2\pi \times 20 = 125.7$rad/s，$\omega_{out} = 2\pi \times 50 = 316.2$rad/s，$L_{in\Sigma} = 15.4$mH，$L_{out\Sigma} = 6.17$mH，子模块电容电压额定值为 $U_{cN} = 1.6$kV，假定要求的子模块电容电压正向波动率小于 10%，试确定桥臂子模块数 $N$ 和子模块电容器的电容值。

求解过程如下：

根据式（16-85）得

$$|u_{Aa}|_{max} = \omega_{in} L_{in\Sigma} I_{Vm} + \omega_{out} L_{out\Sigma} I_{vm} + U_{inm} + U_{outm} = 143.7\text{kV}$$

根据式（16-86），桥臂子模块数 $N$ 应该满足 $N \geq \dfrac{|u_{Aa}|_{max}}{U_{cN}} = 89.8$。

对式（16-83）的 $\lambda(\varphi_{in}, \theta_{out}, \varphi_{out}, t)$ 求最大值。根据物理意义和工程经验，$\lambda(\varphi_{in}, \theta_{out}, \varphi_{out}, t)$ 有可能取到最大值的点对应的 $\theta_{out}$ 的取值可能为 0°、90°、180° 和 270°，对应 $\varphi_{in}$ 的取值可能为 0°、+90°、-90°，对应 $\varphi_{out}$ 的取值可能为 0°、+90°、-90°。因此分别画出 $\theta_{out}$ 取 0°、90°、180° 和 270° 的 4 种情况下 $\lambda(\varphi_{in}, \theta_{out}, \varphi_{out}, t)$ 随时间 $t$ 的变化曲线如图 16-4 所示。

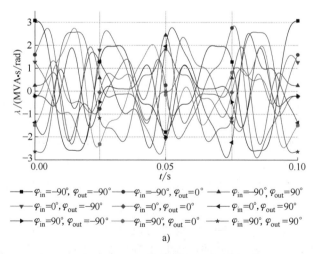

图 16-4　$\lambda$ 随 $t$ 变化的曲线

a）$\theta_{out} = 0°$

第16章　基于M3C的低频输电系统

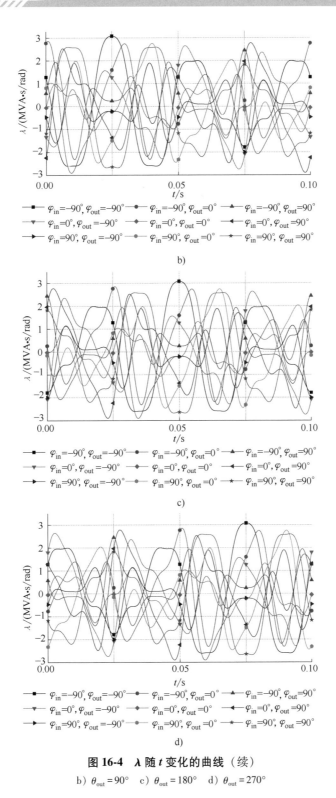

**图16-4** $\lambda$ 随 $t$ 变化的曲线（续）

b）$\theta_{out}=90°$　c）$\theta_{out}=180°$　d）$\theta_{out}=270°$

由图16-4可以看出，本实例条件下子模块电容电压出现正向波动幅度最大的工况是 $\varphi_{in}=-90°$、$\varphi_{out}=-90°$，$\lambda_{max}$ 的取值与 $\theta_{out}$ 没有关系，不同的 $\theta_{out}$ 仅仅起到 $\lambda(\varphi_{in},\theta_{out},\varphi_{out},t)$ 曲

线在时间轴上平移的作用,不改变 $\lambda(\varphi_{in}, \theta_{out}, \varphi_{out}, t)$ 曲线的幅值。根据图16-4的实际计算结果,结合M3C的物理特性和工程经验,说明16.5.2节关于求 $\lambda(\varphi_{in}, \theta_{out}, \varphi_{out}, t)$ 最大值的简化计算条件是合适的。

对于本实例,$\lambda_{max} = 3.08 \text{MVA} \cdot \text{s/rad}$,根据式(16-89)可以得到

$$C_0 \geq \frac{\lambda_{max}}{6NU_{cN}\varepsilon} = \frac{\lambda_{max}}{6N \times 1.6 \times 0.16} = 22.3 \text{mF}$$

### 16.5.5 M3C低频侧频率选择对子模块电容值的影响

低频侧频率变化对M3C的影响主要体现在子模块电容值上。采用16.5.4节的实例,在 $\varphi_{in} = -90°$、$\varphi_{out} = -90°$ 这一子模块电容电压正向波动幅度最大的工况下,计算低频侧频率 $f_{in}$ 从10Hz到30Hz变化时 $\lambda(\varphi_{in}, \theta_{out}, \varphi_{out}, t)$ 随时间 $t$ 的变化曲线如图16-5所示。

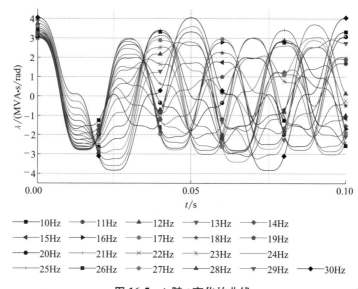

图16-5 $\lambda$ 随 $t$ 变化的曲线

根据图16-5,得到不同低频侧频率下的 $\lambda_{max}$。再根据式(16-89),得到不同低频侧频率下的子模块电容值 $C_0$ 如图16-6所示。可以看出,当低频侧频率从10Hz到30Hz变化时,M3C的子模块电容值先减小后增大,当低频侧频率为17Hz时,M3C的子模块电容值达到最小值。

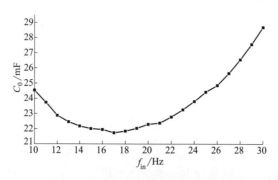

图16-6 $C_0$ 随 $f_{in}$ 变化的曲线

## 16.6　M3C 的控制器设计

控制器设计对 M3C 的功能实现至关重要。M3C 在性质上属于两个电压源换流器的一种特殊组合，因此其控制策略仍然落在电压源换流器的控制策略范畴。关于 M3C 的控制策略，其实质性进展大约发生在 2011～2012 年期间[11-15]。正如 16.2.2 节已经指出的那样，对于 M3C 的分析计算和控制器设计，将 abc 坐标系中相互耦合的各坐标轴物理量变换到各坐标轴物理量相互解耦的三相正交坐标系 αβ0 中来实施，一定是更加简便的。确实，M3C 控制器的设计就是循着这个思路进行的。但即使在 αβ0 正交坐标系中，各坐标轴上的物理量仍然是时间的函数，处理起来仍然很不方便。主流的做法是将 αβ 正交坐标系中的交变物理量变换到同步旋转坐标系（dq 坐标系）中成为直流量，然后再进行控制器设计[22]。

### 16.6.1　M3C 控制器设计的总体思路

16.2 节和 16.3 节已导出了 M3C 在 αβ 坐标系下数学模型和等效电路，见式（16-41）~式（16-43）。M3C 控制器设计的总体思路是将关键性物理量分成与外部系统相关的物理量和与外部系统不相关的物理量两个部分分别进行。与外部系统相关的物理量的控制器设计是变换到 dq 坐标系下进行的，与外部系统不相关的物理量的控制器设计则直接在 αβ 坐标系下进行。具体地说，由式（16-43）和式（16-44）描述的 M3C 输入侧和输出侧特性所对应的控制器设计是在 dq 坐标系下实现的；而由式（16-41）和式（16-42）描述的环流特性所对应的控制器设计则直接在 αβ 坐标系下实现。两个部分的控制器设计分别完成后再进行综合，从而得到 M3C 9 个桥臂的电压指令值方程，主要过程如下。

首先将式（16-43）变换到 dq 旋转坐标系下进行控制器设计，最终确定出电压指令值 $u_{sumd}^*$ 和 $u_{sumq}^*$，并变换回 αβ 坐标系得到 $u_{sum\alpha}^*$ 和 $u_{sum\beta}^*$；对式（16-44）进行同样的操作可以得到 $u_{com\alpha}^*$ 和 $u_{com\beta}^*$；而根据式（16-30），$u_{sum0}^* = u_{com0}^* = \sqrt{3} u_{o'o}^*$，且 $u_{o'o}^*$ 通常设定为等于零。这样就可以得到 $u_{sum\alpha}^*$、$u_{sum\beta}^*$、$u_{sum0}^*$ 和 $u_{com\alpha}^*$、$u_{com\beta}^*$、$u_{com0}^*$。

另外基于式（16-41）和式（16-42）所描述的环流方程设计环流控制器，根据环流指令值 $i_{\alpha cir1}^*$、$i_{\beta cir1}^*$ 和 $i_{\alpha cir2}^*$、$i_{\beta cir2}^*$ 可以得到电压指令值 $u_{\alpha cir1}^*$、$u_{\beta cir1}^*$ 和 $u_{\alpha cir2}^*$、$u_{\beta cir2}^*$。

最后，根据（$u_{sum\alpha}^*$、$u_{sum\beta}^*$、$u_{sum0}^*$）、（$u_{com\alpha}^*$、$u_{com\beta}^*$、$u_{com0}^*$）和（$u_{\alpha cir1}^*$、$u_{\beta cir1}^*$）、（$u_{\alpha cir2}^*$、$u_{\beta cir2}^*$）4 组共 9 个独立变量（因为 $u_{sum0}^* = u_{com0}^* = u_{o'o}^*$）来确定 M3C 中 9 个桥臂电压指令值构成的矩阵 $\boldsymbol{U}_{arm}^* = \begin{bmatrix} u_{Aa}^* & u_{Ab}^* & u_{Ac}^* \\ u_{Ba}^* & u_{Bb}^* & u_{Bc}^* \\ u_{Ca}^* & u_{Cb}^* & u_{Cc}^* \end{bmatrix}$ 的值。

将 $\boldsymbol{U}_{arm}^* = \begin{bmatrix} u_{Aa}^* & u_{Ab}^* & u_{Ac}^* \\ u_{Ba}^* & u_{Bb}^* & u_{Bc}^* \\ u_{Ca}^* & u_{Cb}^* & u_{Cc}^* \end{bmatrix}$ 用（$u_{sum\alpha}^*$、$u_{sum\beta}^*$、$u_{sum0}^*$）、（$u_{com\alpha}^*$、$u_{com\beta}^*$、$u_{com0}^*$）和（$u_{\alpha cir1}^*$、$u_{\beta cir1}^*$）、（$u_{\alpha cir2}^*$、$u_{\beta cir2}^*$）4 组变量来表达的数学公式推导过程如下。

由式（16-14）、式（16-38）、式（16-40）得

$$\begin{bmatrix} u_{\text{sum}\alpha} & u_{\alpha\text{cir1}} & u_{\alpha\text{cir2}} \\ u_{\text{sum}\beta} & u_{\beta\text{cir1}} & u_{\beta\text{cir2}} \end{bmatrix} = \begin{bmatrix} \dfrac{u_{\alpha a}+u_{\alpha b}+u_{\alpha c}}{3} & u_{\alpha b}-u_{\alpha a} & u_{\alpha c}-u_{\alpha a} \\ \dfrac{u_{\beta a}+u_{\beta b}+u_{\beta c}}{3} & u_{\beta b}-u_{\beta a} & u_{\beta c}-u_{\beta a} \end{bmatrix}$$

$$= \begin{bmatrix} u_{\alpha a} & u_{\alpha b} & u_{\alpha c} \\ u_{\beta a} & u_{\beta b} & u_{\beta c} \end{bmatrix} \begin{bmatrix} \dfrac{1}{3} & -1 & -1 \\ \dfrac{1}{3} & 1 & 0 \\ \dfrac{1}{3} & 0 & 1 \end{bmatrix} \tag{16-91}$$

而

$$\begin{bmatrix} u_{\text{com}\alpha} & u_{\text{com}\beta} & u_{\text{com}0} \end{bmatrix} = \left( \sqrt{\dfrac{2}{3}} \begin{bmatrix} 1 & -\dfrac{1}{2} & -\dfrac{1}{2} \\ 0 & \dfrac{\sqrt{3}}{2} & -\dfrac{\sqrt{3}}{2} \\ \dfrac{1}{\sqrt{2}} & \dfrac{1}{\sqrt{2}} & \dfrac{1}{\sqrt{2}} \end{bmatrix} \begin{bmatrix} u_{\text{coma}} \\ u_{\text{comb}} \\ u_{\text{comc}} \end{bmatrix} \right)^{\text{T}}$$

$$= \begin{bmatrix} u_{\text{coma}} & u_{\text{comb}} & u_{\text{comc}} \end{bmatrix} \sqrt{\dfrac{2}{3}} \begin{bmatrix} 1 & -\dfrac{1}{2} & -\dfrac{1}{2} \\ 0 & \dfrac{\sqrt{3}}{2} & -\dfrac{\sqrt{3}}{2} \\ \dfrac{1}{\sqrt{2}} & \dfrac{1}{\sqrt{2}} & \dfrac{1}{\sqrt{2}} \end{bmatrix}^{\text{T}}$$

$$= \begin{bmatrix} \dfrac{1}{3} & \dfrac{1}{3} & \dfrac{1}{3} \end{bmatrix} \begin{bmatrix} u_{\text{Aa}} & u_{\text{Ab}} & u_{\text{Ac}} \\ u_{\text{Ba}} & u_{\text{Bb}} & u_{\text{Bc}} \\ u_{\text{Ca}} & u_{\text{Cb}} & u_{\text{Cc}} \end{bmatrix} \cdot \sqrt{\dfrac{2}{3}} \begin{bmatrix} 1 & -\dfrac{1}{2} & -\dfrac{1}{2} \\ 0 & \dfrac{\sqrt{3}}{2} & -\dfrac{\sqrt{3}}{2} \\ \dfrac{1}{\sqrt{2}} & \dfrac{1}{\sqrt{2}} & \dfrac{1}{\sqrt{2}} \end{bmatrix}^{\text{T}} \tag{16-92}$$

在式（16-92）两边右乘 $\boldsymbol{T}_{\text{abc-}\alpha\beta0}$ 可以得到

$$\sqrt{2}\begin{bmatrix} u_{\text{com}\alpha} & u_{\text{com}\beta} & u_{\text{com}0} \end{bmatrix} \begin{bmatrix} 1 & -\dfrac{1}{2} & -\dfrac{1}{2} \\ 0 & \dfrac{\sqrt{3}}{2} & -\dfrac{\sqrt{3}}{2} \\ \dfrac{1}{\sqrt{2}} & \dfrac{1}{\sqrt{2}} & \dfrac{1}{\sqrt{2}} \end{bmatrix} = \begin{bmatrix} \dfrac{1}{\sqrt{3}} & \dfrac{1}{\sqrt{3}} & \dfrac{1}{\sqrt{3}} \end{bmatrix} \begin{bmatrix} u_{\text{Aa}} & u_{\text{Ab}} & u_{\text{Ac}} \\ u_{\text{Ba}} & u_{\text{Bb}} & u_{\text{Bc}} \\ u_{\text{Ca}} & u_{\text{Cb}} & u_{\text{Cc}} \end{bmatrix} \tag{16-93}$$

根据式（16-93）和式（16-10）的最后一行知

$$\sqrt{2}\begin{bmatrix}u_{\text{com}\alpha} & u_{\text{com}\beta} & u_{\text{com}0}\end{bmatrix}\begin{bmatrix}1 & -\dfrac{1}{2} & -\dfrac{1}{2}\\ 0 & \dfrac{\sqrt{3}}{2} & -\dfrac{\sqrt{3}}{2}\\ \dfrac{1}{\sqrt{2}} & \dfrac{1}{\sqrt{2}} & \dfrac{1}{\sqrt{2}}\end{bmatrix}=\begin{bmatrix}u_{0a} & u_{0b} & u_{0c}\end{bmatrix} \quad (16\text{-}94)$$

将式（16-10）改写为分块形式：

$$\begin{bmatrix}\boldsymbol{U}_{\alpha\beta}\\ \boldsymbol{U}_{0}\end{bmatrix}=\begin{bmatrix}u_{\alpha a} & u_{\alpha b} & u_{\alpha c}\\ u_{\beta a} & u_{\beta b} & u_{\beta c}\\ u_{0a} & u_{0b} & u_{0c}\end{bmatrix}=\sqrt{\dfrac{2}{3}}\begin{bmatrix}1 & -\dfrac{1}{2} & -\dfrac{1}{2}\\ 0 & \dfrac{\sqrt{3}}{2} & -\dfrac{\sqrt{3}}{2}\\ \dfrac{1}{\sqrt{2}} & \dfrac{1}{\sqrt{2}} & \dfrac{1}{\sqrt{2}}\end{bmatrix}\begin{bmatrix}u_{Aa} & u_{Ab} & u_{Ac}\\ u_{Ba} & u_{Bb} & u_{Bc}\\ u_{Ca} & u_{Cb} & u_{Cc}\end{bmatrix} \quad (16\text{-}95)$$

根据式（16-91）可以得到

$$\boldsymbol{U}_{\alpha\beta}=\begin{bmatrix}u_{\text{sum}\alpha} & u_{\alpha\text{cir}1} & u_{\alpha\text{cir}2}\\ u_{\text{sum}\beta} & u_{\beta\text{cir}1} & u_{\beta\text{cir}2}\end{bmatrix}\begin{bmatrix}\dfrac{1}{3} & -1 & -1\\ \dfrac{1}{3} & 1 & 0\\ \dfrac{1}{3} & 0 & 1\end{bmatrix}^{-1} \quad (16\text{-}96)$$

根据式（16-94）可以得到

$$\boldsymbol{U}_{0}=\sqrt{2}\begin{bmatrix}u_{\text{com}\alpha} & u_{\text{com}\beta} & u_{\text{com}0}\end{bmatrix}\begin{bmatrix}1 & -\dfrac{1}{2} & -\dfrac{1}{2}\\ 0 & \dfrac{\sqrt{3}}{2} & -\dfrac{\sqrt{3}}{2}\\ \dfrac{1}{\sqrt{2}} & \dfrac{1}{\sqrt{2}} & \dfrac{1}{\sqrt{2}}\end{bmatrix} \quad (16\text{-}97)$$

至此，根据式（16-96）和式（16-97），通过 αβ0-abc 变换可以得到 9 个桥臂在 abc 坐标系下的电压指令值 $\boldsymbol{U}_{\text{arm}}^{*}$，如式（16-98）所示。

$$\boldsymbol{U}_{\text{arm}}^{*}=\begin{bmatrix}u_{Aa}^{*} & u_{Ab}^{*} & u_{Ac}^{*}\\ u_{Ba}^{*} & u_{Bb}^{*} & u_{Bc}^{*}\\ u_{Ca}^{*} & u_{Cb}^{*} & u_{Cc}^{*}\end{bmatrix}=\sqrt{\dfrac{2}{3}}\begin{bmatrix}1 & -\dfrac{1}{2} & -\dfrac{1}{2}\\ 0 & \dfrac{\sqrt{3}}{2} & -\dfrac{\sqrt{3}}{2}\\ \dfrac{1}{\sqrt{2}} & \dfrac{1}{\sqrt{2}} & \dfrac{1}{\sqrt{2}}\end{bmatrix}^{\text{T}}\begin{bmatrix}\boldsymbol{U}_{\alpha\beta}^{*}\\ \boldsymbol{U}_{0}^{*}\end{bmatrix} \quad (16\text{-}98)$$

## 16.6.2 输入侧控制器设计

默认 M3C 的输入侧与海上风电场相联接，且海上风电场的运行频率由 M3C 确定。定义

输入侧 αβ 到 dq 的变换矩阵 $\boldsymbol{T}_{\alpha\beta\text{-dq}}^{\omega_{\text{in}}}$ 为

$$\boldsymbol{T}_{\alpha\beta\text{-dq}}^{\omega_{\text{in}}} = \begin{bmatrix} \cos\omega_{\text{in}}t & \sin\omega_{\text{in}}t \\ -\sin\omega_{\text{in}}t & \cos\omega_{\text{in}}t \end{bmatrix} \tag{16-99}$$

式中，$\omega_{\text{in}}t$ 是输入侧三相电压 $u_{\text{inA}}$、$u_{\text{inB}}$、$u_{\text{inC}}$ 对应的空间旋转向量的相位角，且 $\omega_{\text{in}}$ 是已知量，即 $u_{\text{inA}}$、$u_{\text{inB}}$、$u_{\text{inC}}$ 的表达式为

$$\begin{bmatrix} u_{\text{inA}} \\ u_{\text{inB}} \\ u_{\text{inC}} \end{bmatrix} = U_{\text{inm}} \begin{bmatrix} \cos\omega_{\text{in}}t \\ \cos(\omega_{\text{in}}t - 2\pi/3) \\ \cos(\omega_{\text{in}}t + 2\pi/3) \end{bmatrix} \tag{16-100}$$

相应地从 dq 到 αβ 的变换矩阵 $\boldsymbol{T}_{\text{dq-}\alpha\beta}^{\omega_{\text{in}}}$ 为

$$\boldsymbol{T}_{\text{dq-}\alpha\beta}^{\omega_{\text{in}}} = \begin{bmatrix} \cos\omega_{\text{in}}t & -\sin\omega_{\text{in}}t \\ \sin\omega_{\text{in}}t & \cos\omega_{\text{in}}t \end{bmatrix} \tag{16-101}$$

注意 $\boldsymbol{T}_{\alpha\beta\text{-dq}}^{\omega_{\text{in}}}$ 和 $\boldsymbol{T}_{\text{dq-}\alpha\beta}^{\omega_{\text{in}}}$ 为正交矩阵，且 $(\boldsymbol{T}_{\alpha\beta\text{-dq}}^{\omega_{\text{in}}})^{-1} = (\boldsymbol{T}_{\alpha\beta\text{-dq}}^{\omega_{\text{in}}})^{\text{T}} = \boldsymbol{T}_{\text{dq-}\alpha\beta}^{\omega_{\text{in}}}$。

设

$$\boldsymbol{f}_{\text{dq}}(t) = \boldsymbol{T}_{\alpha\beta\text{-dq}} \boldsymbol{f}_{\alpha\beta}(t) \tag{16-102}$$

$$\boldsymbol{f}_{\alpha\beta}(t) = \boldsymbol{T}_{\text{dq-}\alpha\beta} \boldsymbol{f}_{\text{dq}}(t) \tag{16-103}$$

则有如下的恒等式：

$$\boldsymbol{T}_{\alpha\beta\text{-dq}} \frac{\text{d}}{\text{d}t}[\boldsymbol{f}_{\alpha\beta}(t)] = \frac{\text{d}}{\text{d}t}[\boldsymbol{f}_{\text{dq}}(t)] - \left[\frac{\text{d}}{\text{d}t}\boldsymbol{T}_{\alpha\beta\text{-dq}}\right] \cdot \boldsymbol{f}_{\text{dq-}\alpha\beta} \cdot \boldsymbol{f}_{\text{dq}}(t) \tag{16-104}$$

将式（16-43）变换到 dq 坐标系，在式（16-43）两边左乘 $\boldsymbol{T}_{\alpha\beta\text{-dq}}^{\omega_{\text{in}}}$ 有

$$\left(L_{\text{in}\Sigma}\boldsymbol{T}_{\alpha\beta\text{-dq}}^{\omega_{\text{in}}}\frac{\text{d}}{\text{d}t} + R_{\text{in}\Sigma}\boldsymbol{T}_{\alpha\beta\text{-dq}}^{\omega_{\text{in}}}\right)\begin{bmatrix} i_{\text{V}\alpha} \\ i_{\text{V}\beta} \end{bmatrix} = -\boldsymbol{T}_{\alpha\beta\text{-dq}}^{\omega_{\text{in}}}\begin{bmatrix} u_{\text{sum}\alpha} \\ u_{\text{sum}\beta} \end{bmatrix} + \boldsymbol{T}_{\alpha\beta\text{-dq}}^{\omega_{\text{in}}}\begin{bmatrix} u_{\text{in}\alpha} \\ u_{\text{in}\beta} \end{bmatrix} \tag{16-105}$$

令

$$\begin{bmatrix} i_{\text{Vd}} \\ i_{\text{Vq}} \end{bmatrix} = \boldsymbol{T}_{\alpha\beta\text{-dq}}^{\omega_{\text{in}}}\begin{bmatrix} i_{\text{V}\alpha} \\ i_{\text{V}\beta} \end{bmatrix} \tag{16-106}$$

$$\begin{bmatrix} u_{\text{sumd}} \\ u_{\text{sumq}} \end{bmatrix} = \boldsymbol{T}_{\alpha\beta\text{-dq}}^{\omega_{\text{in}}}\begin{bmatrix} u_{\text{sum}\alpha} \\ u_{\text{sum}\beta} \end{bmatrix} \tag{16-107}$$

$$\begin{bmatrix} u_{\text{ind}} \\ u_{\text{inq}} \end{bmatrix} = \boldsymbol{T}_{\alpha\beta\text{-dq}}^{\omega_{\text{in}}}\begin{bmatrix} u_{\text{in}\alpha} \\ u_{\text{in}\beta} \end{bmatrix} \tag{16-108}$$

根据式（16-104），式（16-105）可以展开为

$$L_{\text{in}\Sigma}\left[\frac{\text{d}}{\text{d}t} - \begin{bmatrix} 0 & \omega_{\text{in}} \\ -\omega_{\text{in}} & 0 \end{bmatrix}\right]\begin{bmatrix} i_{\text{Vd}} \\ i_{\text{Vq}} \end{bmatrix} + R_{\text{in}\Sigma}\begin{bmatrix} i_{\text{Vd}} \\ i_{\text{Vq}} \end{bmatrix} + \begin{bmatrix} u_{\text{sumd}} \\ u_{\text{sumq}} \end{bmatrix} = \begin{bmatrix} u_{\text{ind}} \\ u_{\text{inq}} \end{bmatrix} \tag{16-109}$$

对式（16-109）用拉普拉斯算子 $s$ 代替 $\text{d}/\text{d}t$，可得 dq 坐标系下描述输入侧动态的时域运算模型为

$$\begin{cases} (R_{\text{in}\Sigma} + L_{\text{in}\Sigma}s) \cdot i_{\text{Vd}} = u_{\text{ind}} - u_{\text{sumd}} + \omega_{\text{in}}L_{\text{in}\Sigma}i_{\text{Vq}} \\ (R_{\text{in}\Sigma} + L_{\text{in}\Sigma}s) \cdot i_{\text{Vq}} = u_{\text{inq}} - u_{\text{sumq}} - \omega_{\text{in}}L_{\text{in}\Sigma}i_{\text{Vd}} \end{cases} \tag{16-110}$$

从式（16-110）可以看出，输入侧电流取决于输入侧系统电压和输入侧共模电压。注意式（16-110）与式（5-20）在形式上完全相同，表明 M3C 输入侧的电流、电压关系可以类比于 MMC 的差模电压、电流关系。因此，M3C 输入侧的控制器设计也与 MMC 的差模分量的控制器设计类似。

由于 M3C 的输入侧默认与海上风电场相联接，因此 M3C 的输入侧控制器设计采用作为新能源基地构网电源时的控制器设计原则。仿照第 5 章 5.9 节针对新能源基地构网电源控制器设计的单环控制器设计流程，可以得到 M3C 输入侧控制器的设计过程如下。在 dq 坐标系下，定 $U_{\text{inm}}$ 控制器采用 M3C 的稳态数学模型来设计。稳态下，式（16-110）中的导数项为零，可以得到

$$\begin{cases} u_{\text{sumd}} = u_{\text{ind}} + \omega_{\text{in}} L_{\text{in}\Sigma} i_{\text{Vq}} - R_{\text{in}\Sigma} i_{\text{Vd}} \\ u_{\text{sumq}} = u_{\text{inq}} - \omega_{\text{in}} L_{\text{in}\Sigma} i_{\text{Vd}} - R_{\text{in}\Sigma} i_{\text{Vq}} \end{cases} \tag{16-111}$$

设 $U_{\text{inm}}$ 的指令值为 $U_{\text{inm}}^*$。在 dq 坐标系下设定输入侧单环控制器的控制目标为

$$\begin{cases} u_{\text{ind}}^* = U_{\text{inm}}^* \\ u_{\text{inq}}^* = 0 \end{cases} \tag{16-112}$$

将输入侧单环控制器的控制目标式（16-112）代入到式（16-111）中就得到输入侧单环控制器的方程为

$$\begin{cases} u_{\text{sumd}}^* = u_{\text{inm}}^* + \omega_{\text{in}} L_{\text{in}\Sigma} i_{\text{Vq}} - R_{\text{in}\Sigma} i_{\text{Vd}} \\ u_{\text{sumq}}^* = -\omega_{\text{in}} L_{\text{in}\Sigma} i_{\text{Vd}} - R_{\text{in}\Sigma} i_{\text{Vq}} \end{cases} \tag{16-113}$$

输入侧单环控制器设计的其他细节在第 5 章 5.9 节已描述过，不再赘述。

### 16.6.3 输出侧控制器设计

默认 M3C 的输出侧与陆上电网相联接，陆上电网为有源电网。定义输出侧 αβ 到 dq 的变换矩阵 $T_{\alpha\beta\text{-dq}}^{\omega_{\text{out}}}$ 为

$$T_{\alpha\beta\text{-dq}}^{\omega_{\text{out}}} = \begin{bmatrix} \cos\omega_{\text{out}}t & \sin\omega_{\text{out}}t \\ -\sin\omega_{\text{out}}t & \cos\omega_{\text{out}}t \end{bmatrix} \tag{16-114}$$

式中，$\omega_{\text{out}}t$ 是输出侧三相交流母线电压 $u_{\text{outa}}$、$u_{\text{outb}}$、$u_{\text{outc}}$ 对应的空间旋转向量的相位角，用锁相环（PLL）来检测，即 $u_{\text{outa}}$、$u_{\text{outb}}$、$u_{\text{outc}}$ 的表达式为

$$\begin{bmatrix} u_{\text{outa}} \\ u_{\text{outb}} \\ u_{\text{outc}} \end{bmatrix} = U_{\text{outm}} \begin{bmatrix} \cos\omega_{\text{out}}t \\ \cos(\omega_{\text{out}}t - 2\pi/3) \\ \cos(\omega_{\text{out}}t + 2\pi/3) \end{bmatrix} \tag{16-115}$$

相应地从 dq 到 αβ 的变换矩阵 $T_{\text{dq-}\alpha\beta}^{\omega_{\text{out}}}$ 为

$$T_{\text{dq-}\alpha\beta}^{\omega_{\text{out}}} = \begin{bmatrix} \cos\omega_{\text{out}}t & -\sin\omega_{\text{out}}t \\ \sin\omega_{\text{out}}t & \cos\omega_{\text{out}}t \end{bmatrix} \tag{16-116}$$

注意 $T_{\alpha\beta\text{-dq}}^{\omega_{\text{out}}}$ 和 $T_{\text{dq-}\alpha\beta}^{\omega_{\text{out}}}$ 为正交矩阵，且 $(T_{\alpha\beta\text{-dq}}^{\omega_{\text{out}}})^{-1} = (T_{\alpha\beta\text{-dq}}^{\omega_{\text{out}}})^{\text{T}} = T_{\text{dq-}\alpha\beta}^{\omega_{\text{out}}}$。

将式（16-44）变换到 dq 坐标系，在式（16-44）两边左乘 $T_{\alpha\beta\text{-dq}}^{\omega_{\text{out}}}$ 有

$$\left[L_{\text{out}\Sigma}\boldsymbol{T}_{\alpha\beta\text{-dq}}^{\omega_{\text{out}}}\frac{\text{d}}{\text{d}t}+\boldsymbol{T}_{\alpha\beta\text{-dq}}^{\omega_{\text{out}}}R_{\text{out}\Sigma}\right]\begin{bmatrix}i_{\text{v}\alpha}\\i_{\text{v}\beta}\end{bmatrix}=-\boldsymbol{T}_{\alpha\beta\text{-dq}}^{\omega_{\text{out}}}\begin{bmatrix}u_{\text{com}\alpha}\\u_{\text{com}\beta}\end{bmatrix}-\boldsymbol{T}_{\alpha\beta\text{-dq}}^{\omega_{\text{out}}}\begin{bmatrix}u_{\text{out}\alpha}\\u_{\text{out}\beta}\end{bmatrix} \quad (16\text{-}117)$$

令

$$\begin{bmatrix}i_{\text{vd}}\\i_{\text{vq}}\end{bmatrix}=\boldsymbol{T}_{\alpha\beta\text{-dq}}^{\omega_{\text{out}}}\begin{bmatrix}i_{\text{v}\alpha}\\i_{\text{v}\beta}\end{bmatrix} \quad (16\text{-}118)$$

$$\begin{bmatrix}u_{\text{comd}}\\u_{\text{comq}}\end{bmatrix}=\boldsymbol{T}_{\alpha\beta\text{-dq}}^{\omega_{\text{out}}}\begin{bmatrix}u_{\text{com}\alpha}\\u_{\text{com}\beta}\end{bmatrix} \quad (16\text{-}119)$$

$$\begin{bmatrix}u_{\text{outd}}\\u_{\text{outq}}\end{bmatrix}=\boldsymbol{T}_{\alpha\beta\text{-dq}}^{\omega_{\text{out}}}\begin{bmatrix}u_{\text{out}\alpha}\\u_{\text{out}\beta}\end{bmatrix} \quad (16\text{-}120)$$

根据式（16-104），式（16-117）可以展开为

$$L_{\text{out}\Sigma}\left[\frac{\text{d}}{\text{d}t}-\begin{bmatrix}0 & \omega_{\text{out}}\\-\omega_{\text{out}} & 0\end{bmatrix}\right]\begin{bmatrix}i_{\text{vd}}\\i_{\text{vq}}\end{bmatrix}+R_{\text{out}\Sigma}\begin{bmatrix}i_{\text{vd}}\\i_{\text{vq}}\end{bmatrix}+\begin{bmatrix}u_{\text{comd}}\\u_{\text{comq}}\end{bmatrix}=-\begin{bmatrix}u_{\text{outd}}\\u_{\text{outq}}\end{bmatrix} \quad (16\text{-}121)$$

对式（16-121）用拉普拉斯算子 $s$ 代替 $\text{d}/\text{d}t$，可得 dq 坐标系下描述输出侧动态的时域运算模型为

$$\begin{cases}(R_{\text{out}\Sigma}+L_{\text{out}\Sigma}s)\cdot i_{\text{vd}}=-u_{\text{outd}}-u_{\text{comd}}+\omega_{\text{out}}L_{\text{out}\Sigma}i_{\text{vq}}\\(R_{\text{out}\Sigma}+L_{\text{out}\Sigma}s)\cdot i_{\text{vq}}=-u_{\text{outq}}-u_{\text{comq}}-\omega_{\text{out}}L_{\text{out}\Sigma}i_{\text{vd}}\end{cases} \quad (16\text{-}122)$$

从式（16-122）可以看出，输出侧电流取决于输出侧系统电压和输出侧共模电压。注意式（16-122）与式（5-20）在形式上完全相同，表明 M3C 输出侧的电流、电压关系可以类比于 MMC 的差模电压、电流关系。因此，完全仿照 5.3.1 节的 MMC 的差模分量内环控制器设计流程，可以得到计算控制变量指令值 $u_{\text{comd}}^*$ 和 $u_{\text{comq}}^*$ 的表达式为

$$\begin{cases}u_{\text{comd}}^*=-u_{\text{outd}}+\omega_{\text{out}}L_{\text{out}\Sigma}i_{\text{vq}}-(i_{\text{vd}}^*-i_{\text{vd}})\left(K_{\text{p1}}+\dfrac{1}{T_{\text{i1}}s}\right)\\u_{\text{comq}}^*=-u_{\text{outq}}-\omega_{\text{out}}L_{\text{out}\Sigma}i_{\text{vd}}-(i_{\text{vq}}^*-i_{\text{vq}})\left(K_{\text{p2}}+\dfrac{1}{T_{\text{i2}}s}\right)\end{cases} \quad (16\text{-}123)$$

M3C 外环控制器的输出是内环电流控制器的 d 轴电流指令值 $i_{\text{vd}}^*$ 和 q 轴电流指令值 $i_{\text{vq}}^*$。外环控制器的有功类控制目标是所有子模块的平均电容电压值 $U_{\text{c,ave}}^*$，外环控制器的无功类控制目标是交流侧无功功率 $Q_{\text{out}}^*$ 或交流侧电压 $U_{\text{outm}}^*$。外环功率控制器中的有功类控制回路如图 16-7 所示，外环功率控制器中的无功类控制回路如图 16-8 所示。其中限幅值 $I_{\text{vdmax}}$ 和 $I_{\text{vqmax}}$ 按照下式计算：

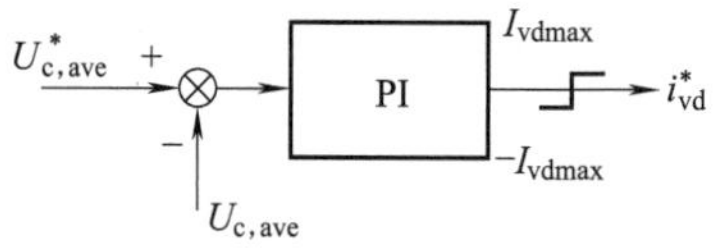

图 16-7 外环功率控制器中的有功类控制回路

$$\begin{cases}I_{\text{vdmax}}=\sqrt{I_{\text{vmmax}}^2-i_{\text{vq}}^2(t-T_{\text{ctrl}})}\\I_{\text{vqmax}}=\sqrt{I_{\text{vmmax}}^2-i_{\text{vd}}^2(t-T_{\text{ctrl}})}\end{cases} \quad (16\text{-}124)$$

式中，$i_{\text{vd}}(t-T_{\text{ctrl}})$ 和 $i_{\text{vq}}(t-T_{\text{ctrl}})$ 是上一个控制周期已经测量到的 d 轴电流和 q 轴电流。$I_{\text{vmmax}}$ 是阀侧交流相电流幅值的最大值，可以根据额定容量和额定交流电压推算出来。

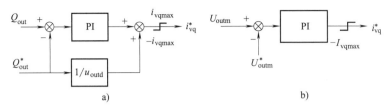

**图 16-8 外环功率控制器中的无功类控制回路**
a) 定无功功率控制  b) 定电压控制

### 16.6.4 环流抑制控制器设计

根据环流的性质，一般情况下 M3C 运行并不需要环流存在，因此，通常都是将环流抑制到零。根据描述环流的动态方程式（16-41）和式（16-42），环流抑制控制器设计直接在 αβ 坐标系中进行，并采用最简单的比例控制来抑制环流，从而得到控制方程为

$$\begin{bmatrix} u^*_{\alpha\text{cir}1} \\ u^*_{\beta\text{cir}1} \end{bmatrix} = k_{\text{cir}1} \begin{bmatrix} i^*_{\alpha\text{cir}1} - i_{\alpha\text{cir}1} \\ i^*_{\beta\text{cir}1} - i_{\beta\text{cir}1} \end{bmatrix} \tag{16-125}$$

$$\begin{bmatrix} u^*_{\alpha\text{cir}2} \\ u^*_{\beta\text{cir}2} \end{bmatrix} = k_{\text{cir}2} \begin{bmatrix} i^*_{\alpha\text{cir}2} - i_{\alpha\text{cir}2} \\ i^*_{\beta\text{cir}2} - i_{\beta\text{cir}2} \end{bmatrix} \tag{16-126}$$

式中，$i^*_{\alpha\text{cir}1}$、$i^*_{\beta\text{cir}1}$、$i^*_{\alpha\text{cir}2}$、$i^*_{\beta\text{cir}2}$ 为环流指令值，通常都取零。

### 16.6.5 桥臂电压指令值的计算

控制器设计的最终结果落实在如何计算桥臂电压指令值上，即完成式（16-98）的计算，也就是如何确定 $\boldsymbol{U}^*_{\alpha\beta}$ 和 $\boldsymbol{U}^*_0$。根据式（16-113），可以得到 $u^*_{\text{sumd}}$ 和 $u^*_{\text{sumq}}$；根据式（16-123），可以得到 $u^*_{\text{comd}}$ 和 $u^*_{\text{comq}}$。将 $u^*_{\text{sumd}}$ 和 $u^*_{\text{sumq}}$ 以及 $u^*_{\text{comd}}$ 和 $u^*_{\text{comq}}$ 变换回 αβ 坐标系，有

$$\begin{bmatrix} u^*_{\text{sum}\alpha} \\ u^*_{\text{sum}\beta} \end{bmatrix} = \begin{bmatrix} \cos\omega_{\text{in}}t & -\sin\omega_{\text{in}}t \\ \sin\omega_{\text{in}}t & \cos\omega_{\text{in}}t \end{bmatrix} \begin{bmatrix} u^*_{\text{sumd}} \\ u^*_{\text{sumq}} \end{bmatrix} \tag{16-127}$$

$$\begin{bmatrix} u^*_{\text{com}\alpha} \\ u^*_{\text{com}\beta} \end{bmatrix} = \begin{bmatrix} \cos\omega_{\text{out}}t & -\sin\omega_{\text{out}}t \\ \sin\omega_{\text{out}}t & \cos\omega_{\text{out}}t \end{bmatrix} \begin{bmatrix} u^*_{\text{comd}} \\ u^*_{\text{comq}} \end{bmatrix} \tag{16-128}$$

另外，设置

$$u_{\text{sum}0} = u_{\text{com}0} = \sqrt{3} \cdot u_{o'o} = 0 \tag{16-129}$$

这样，根据式（16-96）和式（16-97）以及式（16-125）~式（16-129），已经可以得到 $\boldsymbol{U}^*_{\alpha\beta}$ 和 $\boldsymbol{U}^*_0$，从而可以根据式（16-98）求出桥臂电压指令值矩阵 $\boldsymbol{U}^*_{\text{arm}}$。

在得到 9 个桥臂各自的电压指令值后，下面的问题就是如何投切各桥臂中的级联子模块，使得各桥臂合成出来的桥臂电压既满足电压指令值的要求，同时又能保持桥臂中级联子模块电压均衡。下面对此问题进行讨论。

## 16.7 基于最近电平逼近调制的桥臂控制与子模块电压平衡策略

全桥子模块的运行原理已在第7章7.4.1节讨论过，全桥子模块的4种工作状态和10种工作模式见表7-4。采用与表7-4一致的命名规则和电流参考方向，设桥臂 $Xy$ 的电压指令值为 $u_{Xy}^*$，令

$$S_{\text{state}} = \text{sign}(u_{Xy}^*) = \begin{cases} 1 & \text{if } u_{Xy}^* \geq 0 \\ -1 & \text{if } u_{Xy}^* < 0 \end{cases} \qquad (16\text{-}130)$$

$$D_{\text{arm}} = \text{sign}(i_{\text{arm}}) = \begin{cases} 1 & \text{if } i_{\text{arm}} \geq 0 \\ -1 & \text{if } i_{\text{arm}} < 0 \end{cases} \qquad (16\text{-}131)$$

$$C_{\text{charge}} = S_{\text{state}} \cdot D_{\text{arm}} = \begin{cases} 1 & \text{充电} \\ -1 & \text{放电} \end{cases} \qquad (16\text{-}132)$$

$$n_{Xy} = \left| \text{round}\left(\frac{u_{Xy}^*}{U_{cN}}\right) \right| \geq 0 \qquad (16\text{-}133)$$

设上一控制时刻子模块投入数目指令值为 $n_{Xy,\text{old}}$，令

$$\Delta n_{Xy} = \begin{cases} n_{Xy} - n_{Xy,\text{old}} & \text{if } S_{\text{state}} = S_{\text{state,old}} \\ n_{Xy} & \text{if } S_{\text{state}} \neq S_{\text{state,old}} \end{cases} \qquad (16\text{-}134)$$

若 $\Delta n_{Xy} = 0$，则本控制时刻对应桥臂不做任何投切操作，直接等待下一个控制时刻的到来。

若 $\Delta n_{Xy} > 0$，表示需要增加投入的子模块数目。此时，若 $C_{\text{charge}} = 1$，则将电压最低的 $\Delta n_{Xy}$ 个子模块按照 $S_{\text{state}}$ 标示的状态投入；若 $C_{\text{charge}} = -1$，则将电压最高的 $\Delta n_{Xy}$ 个子模块按照 $S_{\text{state}}$ 标示的状态投入。

若 $\Delta n_{Xy} < 0$，表示需要减少已经投入的子模块数目。此时，若 $C_{\text{charge}} = 1$，则将电压最高的 $\Delta n_{Xy}$ 个子模块切除；若 $C_{\text{charge}} = -1$，则将电压最低的 $\Delta n_{Xy}$ 个子模块切除。

此桥臂子模块投切策略称为"基于按状态排序与增量投切的电容电压平衡投切策略"，其流程图如图16-9所示。

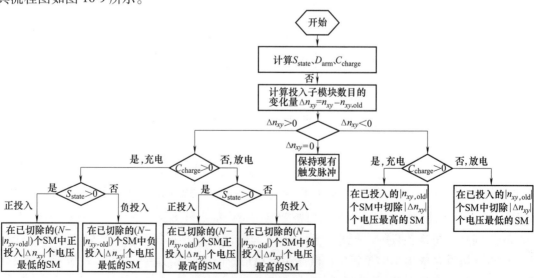

图16-9 基于按状态排序与增量投切的电容电压平衡投切策略流程图

## 16.8 海上风电低频送出测试系统仿真结果

海上风电低频送出系统结构如图16-10所示[23]。测试系统参数见表16-1。M3C的输入侧联接海上风电场，因此，M3C的输入侧采用$f/V$控制模式，频率$f$取20Hz。M3C的输出侧联接陆上电网，M3C的输出侧采用定子模块平均电容电压控制和定无功功率控制，且无功功率指令值取零。

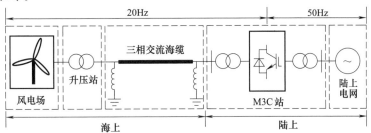

图16-10 海上风电低频送出系统结构

表16-1 测试系统参数

| 项目 | 参数名 | 值 |
| --- | --- | --- |
| M3C | 变压器额定容量 | 330MVA |
| | 变压器额定电压比 | 220kV/97.5kV |
| | 变压器漏抗 | 0.15pu |
| | M3C额定功率 | 300MW |
| | 每个桥臂子模块数目 | 111 |
| | 额定子模块电容电压 | 1.66kV |
| | SM电容 | 18000μF |
| | 输入侧额定频率 | 20Hz |
| | 输出侧额定频率 | 50Hz |
| 高压电缆 | 正序电阻 | 26.8mΩ/km |
| | 正序电感 | 0.395mH/km |
| | 正序电容 | 0.167μF/km |
| | 长度 | 100km |
| | 高压电抗器额定容量 | 2×35Mvar |
| 升压变压器 | 额定容量 | 330MVA |
| | 额定电压比 | 220kV/35kV |
| | 漏抗 | 0.105pu |
| 海上风电场 | 额定容量 | 300MW |
| | 额定电压 | 35kV |

### 16.8.1 额定工况下 M3C 子模块电容电压与开关频率

在海上风电场按额定容量满发时，M3C 中桥臂 Aa 上的子模块电容电压波形和子模块触发信号如图 16-11 所示。从图 16-11 可以看出，桥臂 Aa 上的子模块电容电压平均值在子模块额定电压附近波动，波动幅度较小；而子模块电容电压最大值可以达到 1.9kV；子模块电容电压最小值可以达到 1.4kV。而采用基于按状态排序与增量投切的电容电压平衡投切策略后，开关器件的平均开关频率可以降低至 93Hz。

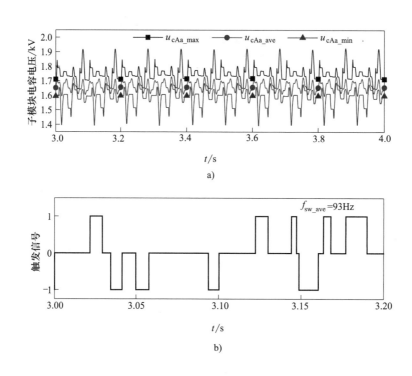

图 16-11 额定工况下 M3C 子模块电容电压与开关频率
a) 桥臂 Aa 上的子模块电容电压  b) 单个子模块触发信号

### 16.8.2 风功率变化时的仿真结果

在系统进入稳态后，设在 $t=4s$ 时风电场功率由于风速变化从 1.0pu 下降到 0.8pu，M3C 的响应特性如图 16-12 所示。从图 6-12 可以看出，风电场输入功率下降后，整个系统可以平稳过渡到稳定运行状态，M3C 低频侧和工频侧的有功功率将稳步下降。子模块电容电压可以保持平衡，当传输的有功功率下降时，子模块电容最大电压会略有下降。M3C 的输出侧将输出无功功率控制在其指令值 0 上。由于 M3C 的输入侧以构网电源模式运行以建立海上风电场的交流电压，因此 M3C 的输入侧充当低频交流电网的功率平衡母线，在稳态下从输入侧吸收的无功功率约为 11Mvar。采用最简单的比例控制，可以将环流控制在 0.04pu 以内。

第16章 基于M3C的低频输电系统

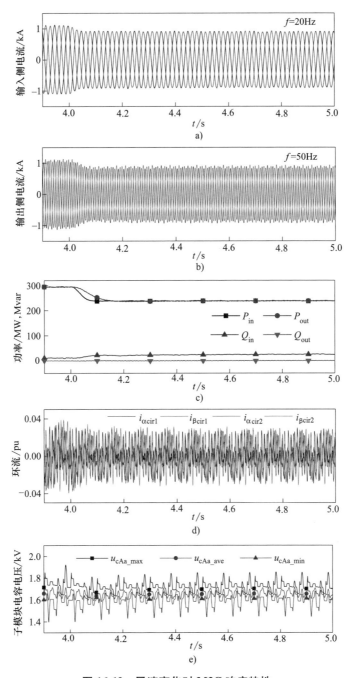

图 16-12 风速变化时 M3C 响应特性

a) 输入侧电流 b) 输出侧电流 c) 输入功率和输出功率 d) 环流
e) 桥臂 Aa 子模块电容电压最大值、平均值和最小值

### 16.8.3 海上风电场故障时的仿真结果

在系统进入稳态后，设在 $t = 4s$ 时 M3C 输入侧发生三相短路故障，故障持续时间 100ms，M3C 的响应特性如图 16-13 所示。从图 16-13 可以看出，当故障清除后，有功功率

恢复传输。子模块电容电压在故障期间不会偏离额定值太多，故障清除后会迅速恢复。

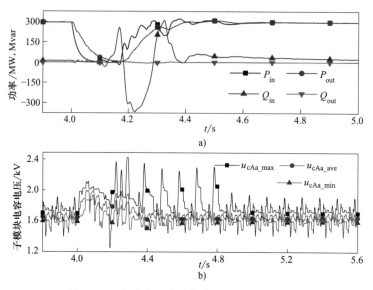

**图 16-13 海上电网发生故障时 M3C 响应特性**

a）输入功率和输出功率 b）桥臂 Aa 子模块电容电压最大值、平均值和最小值

# 参 考 文 献

[1] 徐政. 交直流电力系统动态行为分析［M］. 北京：机械工业出版社，2004.

[2] BENATO R, PAOLUCCI A. 超高压交流地下输电系统的性能与规划［M］. 徐政，译. 北京：机械工业出版社，2012.

[3] 蔡蓉，张立波，程濛，等. 66kV 海上风电交流集电方案技术经济性研究［J］. 全球能源互联网，2019，2（2）：155-162.

[4] ADAMSON C, HINGORANI N G. High voltage direct current power transmission［M］. London：Garraway Limited，1960.

[5] RUSK A, RATHSMAN B G, GLIMSTEDT U. The HVDC power transmission from swedish mainland to the swedish island of Gotland［C］//CIGRE Report No. 406，1950.

[6] WANG Xifan. The fractional frequency transmission system［C］//IEE Japan Power & Energy. Tokyo, Japan：IEE，1994.

[7] 王锡凡. 分频输电系统［J］. 中国电力，1995，28（1）：2-6.

[8] ERICKSON R W, AL-NASEEM O A. A new family of matrix converters［C］// 27th Annual Conference of the IEEE Industrial Electronics Society, November 29-December 2, 2001, Denver, USA. New York：IEEE，2001.

[9] ANGKITITRAKUL S, ERICKSON R W. Capacitor voltage balancing control for a modular matrix converter［C］//Twenty-First Annual IEEE Conference and Exposition on Applied Power Electronics，March 19, 2006, Dallas, TX. New York：IEEE，2006.

[10] MARQUARDT R. Stromrichter schaltungen mit verteilten energie speichern：German Patent DE10103031A1［P］. 2001-01-24.

[11] Kammerer F, Kolb J, Braun M. A novel cascaded vector control scheme for the Modular Multilevel Matrix

Converter [C]//37th Annual Conference on IEEE Industrial Electronics Society, 7-10 November, 2011, Melbourne, Australia. New York: IEEE, 2011.

[12] KAMMERER F, KOLB J, BRAUN M. Fully decoupled current control and energy balancing of the modular multilevel matrix converter [C]//15th international conference on Power Electronics and Motion Control, September 4-6, 2012, Novi Sad, Serbia. New York: IEEE, 2012.

[13] KAWAMURA W, AKAGI H. Control of the modular multilevel cascade converter based on triple-star bridge-cells (MMCC-TSBC) for motor drives [C]//IEEE Energy Conversion Congress and Exposition, September 15-20, 2012, Raleigh, USA. New York: IEEE, 2012.

[14] KAWAMURA W, HAGIWARA M, AKAGI H. Control and experiment of a modular multilevel cascade converter based on triple-star bridge cells (MMCC-TSBC) [J]. IEEE Transaction on Industrial Application, 2014, 50 (5): 3536-3548.

[15] 孟永庆, 王健, 李磊, 等. 基于双dq坐标变换的M3C变换器的数学模型及控制策略研究 [J]. 中国电机工程学报, 2016, 36 (17): 4702-4711.

[16] 徐政, 张哲任. 低频输电技术基本理论之一——M3C的数学模型与等效电路 [J]. 浙江电力, 2021, 40 (10): 13-21.

[17] 徐政, 肖晃庆, 张哲任, 等. 柔性直流输电系统 [M]. 2版. 北京: 机械工业出版社, 2017.

[18] CLARKE E. Circuit Analysis of A-C Power Systems, Vol. I—Symmetrical and Related Components [M]. Hoboken, NJ: Wiley, 1943.

[19] AKAGI H, WATANABE E H, AREDES M. 瞬时功率理论及其在电力调节中的应用 [M]. 徐政, 译. 北京: 机械工业出版社, 2009.

[20] 徐政, 张哲任. 低频输电技术基本理论之二——M3C的稳态特性与主回路参数设计 [J]. 浙江电力, 2021, 40 (10): 22-29.

[21] ZHANG Z, JIN Y, XU Z. Design of main circuit parameters for modular multilevel matrix converter in LFAC system [J]. IEEE Transactions on Circuits and Systems II-Express Briefs, 2022, 69 (9): 3864-3868.

[22] 徐政, 张哲任. 低频输电技术基本理论之三——M3C基本控制策略与子模块电压平衡控制 [J]. 浙江电力, 2021, 40 (10): 30-41.

[23] ZHANG Z, JIN Y, XU Z. Modeling and control of modular multilevel matrix converter for low-frequency ac transmission [J]. Energies, 2023, 16 (8): 3474.

# 第17章 基于MMC的统一潮流控制器（UPFC）

## 17.1 UPFC 的基本原理

统一潮流控制器（UPFC）的概念是 1991 年由美国学者 L. Gyugyi 提出的[1]。作为柔性交流输电系统（FACTS）家族中功能最强大的装置，UPFC 可以同时实现电网潮流控制、交流母线电压控制、抑制低频振荡等功能。早先的 UPFC 工程均采用三电平 VSC[2-4]，近年来在我国投运的 UPFC 都采用 MMC[5-7]。与基于三电平 VSC 的 UPFC 工程相比，基于 MMC 的 UPFC 工程具有设备制造难度低、模块化程度高、输出波形质量好、占地面积小等优势，是未来大容量 UPFC 工程的主流方案。全球主要的 UPFC 工程见表 17-1。

表 17-1 全球主要 UPFC 工程

| 序号 | 工程 | 交流线路额定电压/kV | 换流器容量/MVA | 投产年份 | 拓扑结构 |
|---|---|---|---|---|---|
| 1 | 美国 Inez UPFC | 138 | 2×160 | 1998 | 三电平 VSC |
| 2 | 韩国 Kangjin UPFC | 154 | 2×40 | 2003 | 三电平 VSC |
| 3 | 美国 Marcy CSC | 345 | 2×100 | 2004 | 三电平 VSC |
| 4 | 中国南京西环网 UPFC | 220 | 3×60 | 2015 | MMC |
| 5 | 中国上海蕴藻浜 UPFC | 220 | 2×50 | 2017 | MMC |
| 6 | 中国苏州南部 UPFC | 500 | 3×250 | 2017 | MMC |

UPFC 的基本结构如图 17-1 所示，它由两个背靠背的 VSC 构成，两个 VSC 共用直流母线，都通过联接变压器接入交流系统。其中，并联 VSC 对应的联接变压器以并联形式接入交流母线 t；串联 VSC 对应的联接变压器以串联形式接入位于交流线路始端部分的母线 s 和母线 m，而交流线路的末端设为 r。串联 VSC 的功能是通过串联变压器给线路注入幅值和相角均可调节的一个可控电压源，从而实现对线路潮流的控制；并联 VSC 的功能是维持公共直流母线电压恒定，并与交流系统交换无功功率。

下面说明 UPFC 调节交流线路潮流的原理。设交流线路用简化的 $R\text{-}X$ 等效电路来描述，则考虑了 UPFC 中串联 VSC 注入交流线路的可控串联电压源后，图 17-1 中的交流线路模型可以用图 17-2 来描述。

图 17-2 中，设 UPFC 的串联 VSC 安装在线路始端 s 处，母线 m 是串联 VSC 接入线路的

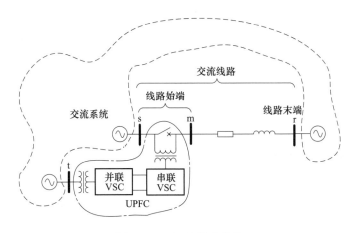

图 17-1 UPFC 基本结构

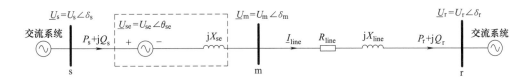

图 17-2 考虑注入可控串联电压源后的输电线路等效模型

另一端,在空间上母线 s 和母线 m 都位于交流线路的始端;而交流线路的末端设为 r;注意交流线路的始端和末端可能相距数百千米。设母线 s 处的正序电压相量为 $\underline{U}_s = U_s \angle \delta_s$,从 s 流向线路的功率为 $P_s + jQ_s$;串联 VSC 折算到线路侧的等效模型为 $\underline{U}_{se} = U_{se} \angle \theta_{se}$,串联电抗为 $X_{se}$,其中 $U_{se}$ 可以在 $0 \sim U_{semax}$ 之间变化,$\theta_{se}$ 可以在 $0 \sim 2\pi$ 之间变化;母线 m 处的正序电压相量为 $\underline{U}_m = U_m \angle \delta_m$;流过线路的正序电流相量为 $\underline{I}_{line}$;交流线路本身用集总阻抗 $R_{line} + jX_{line}$ 来表示;线路末端 r 处的正序电压相量为 $\underline{U}_r = U_r \angle \delta_r$,从线路注入母线 r 的功率为 $P_r + jQ_r$。

由于交流线路的 s 端和 r 端是联接在大电网中的两条母线,在解析分析 UPFC 行为时,首先作 2 个近似假定:①在 UPFC 调节线路潮流时,母线 s 和母线 r 的电压幅值保持不变;②在 UPFC 调节线路潮流时,母线 s 和母线 r 的电压相角保持不变。另外,在高压交流线路中,电抗通常比电阻大 10 倍以上,因此在解析分析时,通常忽略电阻的作用,即可以不考虑图 17-2 中 $R_{line}$ 的作用。

根据图 17-2,可以得到

$$\underline{I}_{line} = \frac{\underline{U}_s - \underline{U}_{se} - \underline{U}_r}{j(X_{se} + X_{line})} \tag{17-1}$$

$$P_s + jQ_s = \underline{U}_s (\underline{I}_{line})^* = \frac{U_s U_r \sin(\delta_s - \delta_r) + U_s U_{se} \sin(\delta_s - \theta_{se})}{X_{se} + X_{line}}$$
$$+ j\frac{U_s^2 - U_s U_r \cos(\delta_s - \delta_r) - U_s U_{se} \cos(\delta_s - \theta_{se})}{X_{se} + X_{line}} \tag{17-2}$$

根据式(17-2),$P_s$ 和 $Q_s$ 是 $U_{se}$ 和 $\theta_{se}$ 的函数。因此,通过调节 $U_{se}$ 和 $\theta_{se}$ 可以达到改

变 $P_s$ 和 $Q_s$ 的目的；或者换句话说，对于指定的 $P_s$ 和 $Q_s$，总能找到对应的 $U_{se}$ 和 $\theta_{se}$，这就是 UPFC 控制输电线路潮流的原理。当然，对于实际的 UPFC，$U_{se}$ 的取值范围是有限制的，因此，对 $P_s$ 和 $Q_s$ 的调节范围也是有限制的。

## 17.2 基于 MMC 的 UPFC 的控制器设计

### 17.2.1 UPFC 并联侧 MMC 的控制器设计

并联侧 MMC 主要控制目标是维持 UPFC 直流电压恒定，并为接入点母线提供无功补偿。因此，并联侧 MMC 可以沿用直流输电场景下 MMC 的控制策略，即采用第 5 章已阐述过的双模双环控制器结构。其中，差模外环控制器的有功类控制回路采用定直流电压控制，无功类控制回路采用定无功功率控制或定交流电压幅值控制；共模双环控制器采用将环流抑制到零的控制策略。相关的控制器设计细节参见第 5 章。

### 17.2.2 UPFC 串联侧 MMC 的控制器设计

串联侧 MMC 串联接入三相交流线路的原理结构如图 17-3 所示。串联侧 MMC 的直流侧电压 $U_{dc}$ 由并联侧 MMC 控制恒定，串联侧 MMC 的基本功能是根据交流线路潮流控制的要求产生幅值可调和相角可调的交流侧电压。图 17-3 中，$u_{va}$、$u_{vb}$、$u_{vc}$ 为 MMC 产生的交流侧三相电压，也是串联变压器的阀侧三相电压。串联变压器的阀侧三相绕组按星形接法联接，其中性点为 O′，O′ 一般通过一个接地电阻接地。为防止交流线路短路故障时短路电流对串联侧 MMC 的损害，采用晶闸管旁路开关（TBS）与阀侧三相绕组并联；交流线路故障时，TBS 导通，将串联侧 MMC 旁路掉。

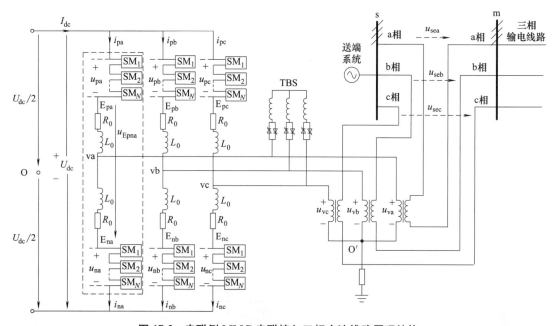

图 17-3 串联侧 MMC 串联接入三相交流线路原理结构

串联侧 MMC 及其变压器折算到线路侧的等效电路如图 17-4 所示。图 17-4 中，$u_{\text{sea}}$、$u_{\text{seb}}$、$u_{\text{sec}}$ 和 $L_{\text{se}}$、$R_{\text{se}}$ 分别为串联侧 MMC 注入交流线路的等效内电势和等效内阻抗，其与串联侧 MMC 本身的内电势 $u_{\text{diffa}}$、$u_{\text{diffb}}$、$u_{\text{diffc}}$ 与内阻抗 $L_{\text{link}}$、$R_{\text{link}}$ 可用下面的公式来表示。

设串联变压器阀侧与网侧之间的电压比为 $1:T_{\text{se}}$，则网侧内电势与阀侧内电势之间的关系为

$$\begin{bmatrix} u_{\text{sea}} \\ u_{\text{seb}} \\ u_{\text{sec}} \end{bmatrix} = T_{\text{se}} \begin{bmatrix} u_{\text{diffa}} \\ u_{\text{diffb}} \\ u_{\text{diffc}} \end{bmatrix} \quad (17\text{-}3)$$

网侧内阻抗与阀侧内阻抗之间的关系为

$$\begin{cases} R_{\text{se}} = T_{\text{se}}^2 R_{\text{link}} = T_{\text{se}}^2 (R_0/2 + R_T) \\ L_{\text{se}} = T_{\text{se}}^2 L_{\text{link}} = T_{\text{se}}^2 (L_0/2 + L_T) \end{cases} \quad (17\text{-}4)$$

式中，$R_0$ 和 $L_0$ 为串联侧 MMC 桥臂电抗器的电阻和电感，$R_T$ 和 $L_T$ 为串联变压器折算到阀侧的漏电阻和漏电感。

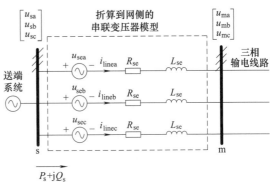

图 17-4　串联侧 MMC 及其变压器折算到线路侧的等效电路

根据图 17-4，可以列出输电线路始端从母线 s 到母线 m 之间的电路方程为

$$L_{\text{se}} \frac{\text{d}}{\text{d}t} \begin{bmatrix} i_{\text{linea}}(t) \\ i_{\text{lineb}}(t) \\ i_{\text{linec}}(t) \end{bmatrix} + R_{\text{se}} \begin{bmatrix} i_{\text{linea}}(t) \\ i_{\text{lineb}}(t) \\ i_{\text{linec}}(t) \end{bmatrix} = \begin{bmatrix} u_{\text{sa}}(t) \\ u_{\text{sb}}(t) \\ u_{\text{sc}}(t) \end{bmatrix} - \begin{bmatrix} u_{\text{sea}}(t) \\ u_{\text{seb}}(t) \\ u_{\text{sec}}(t) \end{bmatrix} - \begin{bmatrix} u_{\text{ma}}(t) \\ u_{\text{mb}}(t) \\ u_{\text{mc}}(t) \end{bmatrix} \quad (17\text{-}5)$$

通过安装在 s 点的锁相环（PLL）获取 $\theta_s$ 和 $\omega_s$，并基于 $\theta_s$ 将式（17-5）从 abc 坐标系变换到 dq 坐标系，也就是将同步旋转坐标系的 d 轴定向于母线 s 上的电压向量。仿照第 5 章推导 MMC 在 dq 坐标系下模型的过程，可以得到式（17-3）和式（17-5）在 dq 坐标系下的方程为

$$\begin{bmatrix} u_{\text{sed}} \\ u_{\text{seq}} \end{bmatrix} = T_{\text{se}} \begin{bmatrix} u_{\text{diffd}} \\ u_{\text{diffq}} \end{bmatrix} \quad (17\text{-}6)$$

$$L_{\text{se}} \frac{\text{d}}{\text{d}t} \begin{bmatrix} i_{\text{lined}}(t) \\ i_{\text{lineq}}(t) \end{bmatrix} + R_{\text{se}} \begin{bmatrix} i_{\text{lined}}(t) \\ i_{\text{lineq}}(t) \end{bmatrix} =$$

$$= \begin{bmatrix} u_{\text{sd}}(t) \\ u_{\text{sq}}(t) \end{bmatrix} - \begin{bmatrix} u_{\text{sed}}(t) \\ u_{\text{seq}}(t) \end{bmatrix} - \begin{bmatrix} u_{\text{md}}(t) \\ u_{\text{mq}}(t) \end{bmatrix} + \begin{bmatrix} & \omega_s L_{\text{se}} \\ -\omega_s L_{\text{se}} & \end{bmatrix} \begin{bmatrix} i_{\text{lined}}(t) \\ i_{\text{lineq}}(t) \end{bmatrix} \quad 17\text{-}7$$

对式（17-7）用拉普拉斯算子 s 代替 d/dt，可得到描述串联侧 MMC 及其变压器在 dq 坐标系下折算到网侧的时域运算模型为

$$\begin{cases} (R_{\text{se}} + L_{\text{se}}s) \cdot i_{\text{lined}} = u_{\text{sd}} - u_{\text{sed}} - u_{\text{md}} + \omega_s L_{\text{se}} i_{\text{lineq}} \\ (R_{\text{se}} + L_{\text{se}}s) \cdot i_{\text{lineq}} = u_{\text{sq}} - u_{\text{seq}} - u_{\text{mq}} - \omega_s L_{\text{se}} i_{\text{lined}} \end{cases} \quad (17\text{-}8)$$

再次仿照第 5 章推导 MMC 差模内环电流控制器的过程，可以得到计算 $u_{\text{sed}}$、$u_{\text{seq}}$ 指令值 $u_{\text{sed}}^*$、$u_{\text{seq}}^*$ 的公式为

$$\begin{cases} u_{\mathrm{sed}}^* = -u_{\mathrm{sd}} + u_{\mathrm{md}} - \omega_s L_{\mathrm{se}} i_{\mathrm{lineq}} + (i_{\mathrm{lined}}^* - i_{\mathrm{lined}})\left(K_{\mathrm{p1}} + \dfrac{1}{T_{\mathrm{i1}} s}\right) \\ u_{\mathrm{seq}}^* = -u_{\mathrm{sq}} + u_{\mathrm{mq}} + \omega_s L_{\mathrm{se}} i_{\mathrm{lined}} + (i_{\mathrm{lineq}}^* - i_{\mathrm{lineq}})\left(K_{\mathrm{p2}} + \dfrac{1}{T_{\mathrm{i2}} s}\right) \end{cases} \quad (17\text{-}9)$$

这样，根据式（17-9）和式（17-6），可以得到计算串联侧 MMC 差模电压指令值 $u_{\mathrm{diffd}}^*$、$u_{\mathrm{diffq}}^*$ 的时域运算模型框图如图 17-5 所示。

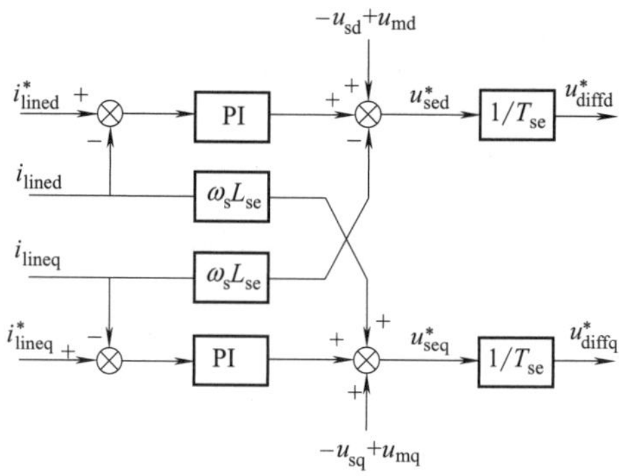

根据图 17-4 折算到线路侧的串联侧 MMC 及其变压器等效电路，在以母线 s 电压定向的 dq 坐标系下，计算 $P_s+\mathrm{j}Q_s$ 的公式为

$$\begin{bmatrix} P_s \\ Q_s \end{bmatrix} = \dfrac{3}{2} \begin{bmatrix} u_{\mathrm{sd}} & u_{\mathrm{sq}} \\ u_{\mathrm{sq}} & -u_{\mathrm{sd}} \end{bmatrix} \begin{bmatrix} i_{\mathrm{lined}} \\ i_{\mathrm{lineq}} \end{bmatrix} \quad (17\text{-}10)$$

稳态下 $u_{\mathrm{sq}}=0$，但暂态下 $u_{\mathrm{sq}} \neq 0$，因而采用如下公式来将线路潮流指令值 $P_s^*$、$Q_s^*$ 转化为线路电流指令值 $i_{\mathrm{lined}}^*$、$i_{\mathrm{lineq}}^*$：

$$\begin{cases} i_{\mathrm{lined}}^* = \dfrac{2(P_s^* u_{\mathrm{sd}} + Q_s^* u_{\mathrm{sq}})}{3(u_{\mathrm{sd}}^2 + u_{\mathrm{sq}}^2)} \\ i_{\mathrm{lineq}}^* = \dfrac{2(P_s^* u_{\mathrm{sq}} - Q_s^* u_{\mathrm{sd}})}{3(u_{\mathrm{sd}}^2 + u_{\mathrm{sq}}^2)} \end{cases} \quad (17\text{-}11)$$

图 17-5　串联侧 MMC 的差模内环电流控制器

这样就得到串联侧 MMC 的差模外环功率控制器框图如图 17-6 所示。图 17-6 中对线路电流指令值 $i_{\mathrm{lined}}^*$、$i_{\mathrm{lineq}}^*$ 加了限幅环节。

在得到了串联侧 MMC 的差模内环控制器图 17-5 和差模外环控制器图 17-6 后，若串联侧 MMC 的共模双环控制器采用将环流抑制到零的控制策略，就可以得到类似于图 5-6 的串联侧 MMC 双模双环控制器框图，这里不再赘述。

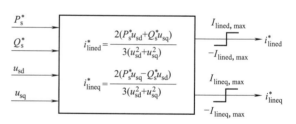

图 17-6　串联侧 MMC 的差模外环功率控制器框图

## 17.3　基于 MMC 的 UPFC 的容量和电压等级确定方法

### 17.3.1　基于 MMC 的 UPFC 的容量确定方法

容量设计包括确定串联变压器、串联侧 MMC、并联变压器和并联侧 MMC 的容量。首先根据系统对 UPFC 的需求，计算出串联变压器网侧绕组注入线路中的最大电压 $U_{\mathrm{semax}}$，再根据输电线路的额定电流 $I_{\mathrm{lineN}}$，确定串联变压器的网侧绕组容量为

$$S_{\mathrm{seT}} = \sqrt{3} U_{\mathrm{semax}} I_{\mathrm{lineN}} \quad (17\text{-}12)$$

取串联变压器的阀侧绕组容量与网侧绕组容量相等,这样就得到了串联变压器的容量如式(17-12)所示。

取串联侧 MMC 的容量与串联变压器的容量相等,并联侧 MMC 的容量与串联侧 MMC 的容量相等,并联变压器的容量与并联侧 MMC 的容量相等。

### 17.3.2 基于 MMC 的 UPFC 的电压等级确定方法

在串联侧 MMC 和并联侧 MMC 容量确定的条件下,首先确定 MMC 的直流侧电流,再根据 MMC 的直流侧电流推算出 MMC 的直流侧电压。而 MMC 的直流侧电流主要取决于子模块的电流额定值,最终取决于功率器件的电流额定值。对于额定电流为 1500A 的 IGBT,MMC 直流侧额定电流可以设计为 1000A。在 MMC 直流侧额定电流确定的条件下,近似认为 MMC 的额定容量就是其有功容量,这样根据 MMC 的有功容量和额定电流,就能确定 MMC 的直流侧额定电压,设其为 $U_{dcN}$。在 MMC 直流侧额定电压 $U_{dcN}$ 已知的条件下,根据第 3 章关于联接变压器参数的确定原理,可知 MMC 联接变压器阀侧空载线电压的额定值为

$$U_{vN} = (1 \sim 1.05)\frac{U_{dcN}}{2} \tag{17-13}$$

这样,对于串联变压器,其阀侧额定电压为 $U_{vN}$,其网侧额定电压为 $U_{semax}$;对于并联变压器,其阀侧额定电压为 $U_{vN}$,其网侧额定电压为 UPFC 并联接入母线(图 17-1 中的母线 t)的额定电压 $U_{tN}$。

## 17.4 基于 MMC 的 UPFC 的实例仿真

基于四机系统[8]构造了一个测试系统,如图 17-7 所示。与原四机系统相比,母线 8 与母线 9 之间双回线路中的 B 线在靠近母线 8 侧安装了一台 UPFC,用于调节 A 线与 B 线之间的潮流分布。UPFC 未投入运行时,系统的潮流分布与原系统完全一致,同步发电机、线路和负载的参数与参考文献 [8] 保持一致,并设置 G3 为相角参考机。

UPFC 的并联侧 MMC 与串联侧 MMC 主回路参数见表 17-2。并联侧 MMC 采用定直流电压控制($U_{dc}^* = 40\text{kV}$)和定无功功率控制($Q_{sh}^* = 0\text{Mvar}$)。串联侧 MMC 采用定线路 8-9B 有功功率和无功功率控制。

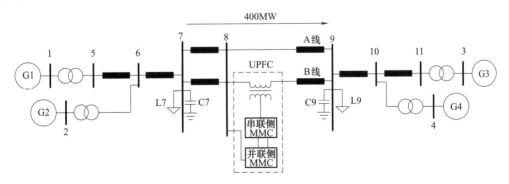

图 17-7 用于测试 UPFC 性能的四机系统

表 17-2  串联侧 MMC 与并联侧 MMC 参数

|  | 并联侧 MMC | 串联侧 MMC |
|---|---|---|
| MMC 额定容量/MVA | 60 | 60 |
| 额定直流电压/kV | ±20 | ±20 |
| 阀侧额定交流电压/kV | 20.8 | 20.8 |
| 桥臂子模块数 | 26 | 26 |
| 桥臂电抗值/mH | 5 | 5 |
| 子模块电容值/mF | 13 | 13 |
| 变压器容量/MVA | 70 | 70 |
| 变压器电压比 | 230kV/20.8kV | 26.5kV/20.8kV |
| 变压器联结方式 | Yn/Y | III/Yn |
| 变压器漏抗 | 0.1 | 0.2 |

设测试系统在 $t=0$s 时已进入稳态，在 $t=2$s 时线路 8-9B 的有功功率指令值从初始值阶跃下降到 150MW，$t=8$s 时线路 8-9B 的无功功率指令值从初始值阶跃到 0Mvar，$t=14$s 时线路 8-9B 的有功功率指令值从 150MW 阶跃上升到 220MW，$t=20$s 时仿真结束。图 17-8 为系统响应波形图，其中图 a 为线路 8-9B 的有功功率和无功功率指令值和实际值波形，图 b 为

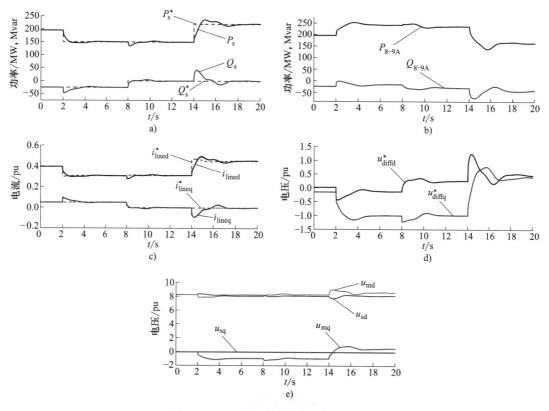

图 17-8  UPFC 进行潮流控制时的性能展示

a) 线路 8-9B 的有功功率和无功功率指令值和实际值  b) 线路 8-9A 的有功功率和无功功率
c) 线路 8-9B 的 dq 轴电流指令值和实际值  d) 串联 MMC 的 dq 轴差模电压指令值 $u_{\text{diffd}}^*$ 和 $u_{\text{diffq}}^*$
e) UPFC 内部母线 s 和 m 上的 dq 轴电压分量 $u_{\text{sd}}$、$u_{\text{sq}}$、$u_{\text{md}}$、$u_{\text{mq}}$

线路 8-9A 的有功功率和无功功率实际值波形，图 c 为线路 8-9B 的 dq 轴电流指令值和实际值波形，图 d 为串联 MMC 的 dq 轴差模电压指令值 $u_{\text{diffd}}^*$ 和 $u_{\text{diffq}}^*$ 的波形，图 e 为 UPFC 内部母线 s 和 m 上的 dq 轴电压分量 $u_{\text{sd}}$、$u_{\text{sq}}$、$u_{\text{md}}$、$u_{\text{mq}}$ 的波形。

从图 17-8 可以看出，安装了 UPFC 的线路 8-9B，线路潮流可以按照功率指令值而变化，响应时间在 4s 左右。由于潮流控制器主要调节潮流断面内线路之间的潮流分布，而线路 8-9A 和线路 8-9B 构成了一个潮流断面；因此，线路 8-9B 的潮流变化自然引起线路 8-9A 的潮流反方向变化。任何时刻，整个断面的总潮流其实变化是不大的。

本章所设计的串联侧 MMC 控制器将线路电流分解为 d 轴分量和 q 轴分量，其中 d 轴分量与有功功率成正比，q 轴分量与无功功率成正比。有功功率与无功功率分别变化时确实实现了相互之间的解耦，对应于 d 轴电流与 q 轴电流之间的解耦。

$u_{\text{diffd}}^*$ 与无功功率关联更大，$u_{\text{diffq}}^*$ 与有功功率关联更大。母线 m 的电压随线路功率的变化会有明显变化。

# 参 考 文 献

[1] GYUGYI L. A unified power-flow control concept for flexible AC transmission systems［J］. IEE Proceedings-C，1992，139（4）：323-331.

[2] SCHAUDER C，STACEY E，GYUGYI L. AEP UPFC project：installation，commissioning and operation of the±160 MVA STATCOM（Phase I）［J］. IEEE Transactions on Power Delivery，1998，13（4）：1530-1535.

[3] FARDANESH B，SCHUFF A. Dynamic studies of the NYS transmission system with the Marcy CSC in the UPFC and IPFC configurations［C］//IEEE PES Transmission and Distribution Conference and Exposition，07-12 September 2003，Dallas，USA. New York：IEEE，2003.

[4] KIM S，YOON J，CHANG B，et al. The operation experience of KEPCO UPFC［C］//International Conference on Electrical Machines & Systems. Sept. 29，2005，Nanjing，China. New York：IEEE，2005.

[5] 国网江苏省电力公司. 统一潮流控制器工程实践：南京西环网统一潮流控制器示范工程［M］. 北京：中国电力出版社，2015.

[6] 国网江苏省电力公司. 统一潮流控制器技术及应用［M］. 2 版. 北京：中国电力出版社，2017.

[7] 谢伟，崔勇，冯煜尧，等. 上海电网 220kV 统一潮流控制装置示范工程应用效果分析［J］. 电力系统保护与控制，2018，46（6）：136-142.

[8] KUNDUR P. Power system stability and control［M］. New York：McGraw-Hill Inc.，1994.

# 第18章 子模块级联型静止同步补偿器

## 18.1 子模块级联型静止同步补偿器的接线方式

用电力电子换流器来发出或吸收无功功率的可能性很早就已被认识到了。这些换流器并不使用电容器或者电抗器来直接产生无功功率,其运行原理与传统的静止无功补偿器(Static Var Compensator, SVC)完全不同。将一个电压源换流器(VSC)通过一个联接电抗器接入到交流电网后,其输出 $V/I$ 特性与旋转同步调相机特性相近,但响应迅速且没有机械惯性,因此这种 VSC 就被称为静止同步补偿器(Static Synchronous Compensator, STATCOM)。在中低压电网中,STATCOM 的另一个名称是静止无功发生器(Static Var Generator, SVG)。

当 STATCOM 应用于高压大电网时,由于其容量大、电压高,采用二电平或三电平 VSC 已很难满足要求,因此普遍采用子模块级联型拓扑结构,也称为链式结构。世界上第一个子模块级联型 STATCOM 于 1999 年在伦敦 East Clayton 变电站投入运行[1],容量为±75MVA。

子模块级联型 STATCOM 所采用的子模块为全桥子模块(FB),最常用的链式结构 STATCOM 包含 3 个桥臂,而不像 MMC 那样使用 6 个桥臂。常见的接线方式有两种,分别为星形接线(Y接线)和三角形接线(△接线),如图 18-1 所示。

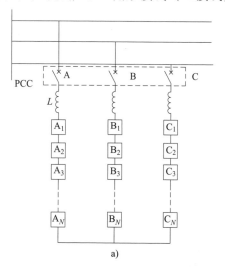 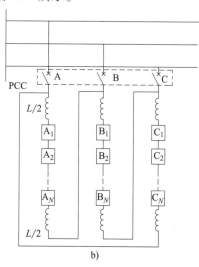

图 18-1 链式 STATCOM 主电路的两种接法

a)星形接线 b)三角形接线

显然，星形接线的桥臂承受的是相电压，而三角形接线的桥臂承受的是线电压。由于三角形接线的 STATCOM 可以存在零序环流，而星形接线的 STATCOM 不存在零序环流，因此两者在数学模型和控制策略上有很大不同，后文将分别对这两种接线方式的 STATCOM 进行讨论。

## 18.2 星形接线 STATCOM 的数学模型

星形接线 STATCOM 的标准电路模型如图 18-2 所示。图 18-2 中，v 是位置符号，表示联接变压器的阀侧；下标 va、vb、vc 都是位置符号，表示联接变压器阀侧的 a 相、b 相、c 相位置；O′ 是位置符号，表示三相交流等效电势的中性点，并被设置为整个电路的电位参考点；O 是位置符号，表示星形接线 STATCOM 3 个桥臂的公共联接点；SM 为首字母缩写，表示子模块；下标 $N$ 表示每个桥臂的子模块数目；$R_0$、$L_0$ 表示桥臂电抗器的电阻和电感；$R_{ac}$、$L_{ac}$ 表示折算到联接变压器阀侧的联接变压器漏电阻和漏电感；$u_a$、$u_b$、$u_c$ 表示 abc 三相桥臂中由子模块级联所合成的电压；$i_{va}$、$i_{vb}$、$i_{vc}$ 表示从 v 点流入交流电网的三相电流；$u_{va}$、$u_{vb}$、$u_{vc}$ 表示联接变压器阀侧 v 点的三相电压；$u_{pcca}$、$u_{pccb}$、$u_{pccc}$ 表示折算到联接变压器阀侧的换流站交流母线 PCC 电压；$p_{pcc}+jq_{pcc}$ 表示从 PCC 流向交流电网的功率。

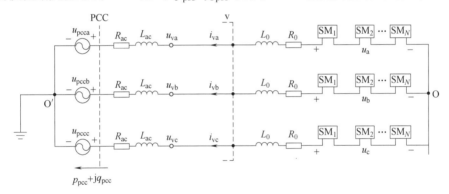

图 18-2 星形接线 STATCOM 标准电路模型

根据图 18-2，可以导出星形接线 STATCOM 的微分方程数学模型为

$$u_{pccj} = -R_{ac}i_{vj} - L_{ac}\frac{di_{vj}}{dt} - R_0 i_{vj} - L_0 \frac{di_{vj}}{dt} + u_j + u_{oo'} \tag{18-1}$$

式中，$j$=a，b，c。根据图 18-2 的三相对称性，可以确定在基频下两个中性点 O′ 和 O 是等电位的，即对于基频等效电路，$u_{oo'}=0$。这样，星形接线 STATCOM 的基频动态特性可以用如下方程来描述：

$$L\frac{di_{vj}}{dt} + Ri_{vj} = -u_{pccj} + u_j \tag{18-2}$$

式中，

$$\begin{cases} L = L_{ac} + L_0 \\ R = R_{ac} + R_0 \end{cases} \tag{18-3}$$

将式（18-3）表示为三相形式，可以得到 abc 坐标系下星形接线 STATCOM 交流侧的基频动态方程为

$$L\frac{\mathrm{d}}{\mathrm{d}t}\begin{bmatrix}i_{\mathrm{va}}(t)\\i_{\mathrm{vb}}(t)\\i_{\mathrm{vc}}(t)\end{bmatrix}+R\begin{bmatrix}i_{\mathrm{va}}(t)\\i_{\mathrm{vb}}(t)\\i_{\mathrm{vc}}(t)\end{bmatrix}=-\begin{bmatrix}u_{\mathrm{pcca}}(t)\\u_{\mathrm{pccb}}(t)\\u_{\mathrm{pccc}}(t)\end{bmatrix}+\begin{bmatrix}u_{\mathrm{a}}(t)\\u_{\mathrm{b}}(t)\\u_{\mathrm{c}}(t)\end{bmatrix} \quad (18\text{-}4)$$

式（18-4）是三相静止坐标系下星形接线 STATCOM 交流侧的动态数学模型。稳态运行时其电压和电流都是正弦形式的交流量，不利于控制器设计。为了得到易于控制的直流量，常用方法是对式（18-4）进行坐标变换，将三相静止坐标系下的正弦交流量变换到两轴同步旋转坐标系 dq 下的直流量。

通过安装在 PCC 的锁相环（PLL）获取 $\theta_{\mathrm{pcc}}$ 和 $\omega_{\mathrm{pcc}}$，并基于 $\theta_{\mathrm{pcc}}$ 将式（18-4）从 abc 坐标系变换到 dq 坐标系，也就是将同步旋转坐标系的 d 轴定向于 PCC 上的电压向量。仿照第 5 章推导 MMC 在 dq 坐标系下模型的过程，可以得到式（18-4）在 dq 坐标系下的方程为

$$L\frac{\mathrm{d}}{\mathrm{d}t}\begin{bmatrix}i_{\mathrm{vd}}(t)\\i_{\mathrm{vq}}(t)\end{bmatrix}+R\begin{bmatrix}i_{\mathrm{vd}}(t)\\i_{\mathrm{vq}}(t)\end{bmatrix}=-\begin{bmatrix}u_{\mathrm{pccd}}(t)\\u_{\mathrm{pccq}}(t)\end{bmatrix}+\begin{bmatrix}u_{\mathrm{d}}(t)\\u_{\mathrm{q}}(t)\end{bmatrix}+\begin{bmatrix}&\omega_{\mathrm{pcc}}L\\-\omega_{\mathrm{pcc}}L&\end{bmatrix}\begin{bmatrix}i_{\mathrm{vd}}(t)\\i_{\mathrm{vq}}(t)\end{bmatrix} \quad (18\text{-}5)$$

对式（18-5）用拉普拉斯算子 $s$ 代替 $\mathrm{d}/\mathrm{d}t$，可得到描述星形接线 STATCOM 在 dq 坐标系下的时域运算模型为

$$\begin{cases}(R+Ls)\cdot i_{\mathrm{vd}}=-u_{\mathrm{pccd}}+u_{\mathrm{d}}+\omega_{\mathrm{pcc}}Li_{\mathrm{vq}}\\(R+Ls)\cdot i_{\mathrm{vq}}=-u_{\mathrm{pccq}}+u_{\mathrm{q}}-\omega_{\mathrm{pcc}}Li_{\mathrm{vd}}\end{cases} \quad (18\text{-}6)$$

## 18.3　交流电网平衡时星形接线 STATCOM 的控制器设计

与 MMC 的控制器结构类似，星形接线 STATCOM 的控制器也采用双环结构。外环控制器的控制目标分为两类，第一类为有功类控制目标，第二类为无功类控制目标。有功类控制目标是保持 STATCOM 中所有子模块电容电压之和 $U_{\mathrm{c\Sigma}}$ 为恒定值；无功类控制目标有两种，一种是保持注入交流侧的无功功率 $Q_{\mathrm{pcc}}$ 恒定，另一种是保持 PCC 电压幅值 $U_{\mathrm{pccm}}$ 恒定，不过任何时刻只可选择一种目标进行控制。外环控制器的输出是内环电流控制器的 d 轴电流指令值 $i_{\mathrm{vd}}^{*}$ 和 q 轴电流指令值 $i_{\mathrm{vq}}^{*}$。当采用 PLL 锁相同步控制时，有功类控制目标与无功类控制目标可以相互解耦，即有功类控制目标与内环电流控制器的 d 轴电流指令值 $i_{\mathrm{vd}}^{*}$ 构成一个独立的控制回路；无功类控制目标与内环电流控制器的 q 轴电流指令值 $i_{\mathrm{vq}}^{*}$ 构成一个独立的控制回路。

内环电流控制器通过调节 STATCOM 的桥臂电压 $u_{\mathrm{d}}$ 和 $u_{\mathrm{q}}$，使 STATCOM 阀侧电流的 dq 轴分量快速跟踪其指令值 $i_{\mathrm{vd}}^{*}$ 和 $i_{\mathrm{vq}}^{*}$。STATCOM 双环控制器的结构如图 18-3 所示，下面介绍控制器中主要环节的设计方法。

### 18.3.1　内环电流控制器设计

式（18-6）中，$i_{\mathrm{vd}}$、$i_{\mathrm{vq}}$ 为受控变量，$u_{\mathrm{d}}$、$u_{\mathrm{q}}$ 为控制变量，$u_{\mathrm{pccd}}$、$u_{\mathrm{pccq}}$ 则是扰动变量，并且 dq 轴电流之间存在耦合。内环电流控制器设计的目标之一是确定控制变量指令值 $u_{\mathrm{d}}^{*}$、$u_{\mathrm{q}}^{*}$，使受控变量 $i_{\mathrm{vd}}$、$i_{\mathrm{vq}}$ 跟踪其指令值 $i_{\mathrm{vd}}^{*}$、$i_{\mathrm{vq}}^{*}$。

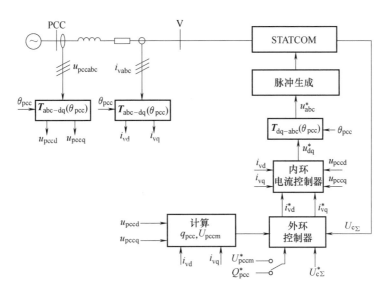

图 18-3 星形接线 STATCOM 双环控制器结构框图

仿照第 5 章推导 MMC 差模内环电流控制器的过程，可以得到计算 $u_d$、$u_q$ 指令值 $u_d^*$、$u_q^*$ 的公式为

$$\begin{cases} u_d^* = u_{pccd} - \omega_{pcc}Li_{vq} + (i_{vd}^* - i_{vd})\left(K_{p1} + \dfrac{1}{T_{i1}s}\right) \\ u_q^* = u_{pccq} + \omega_{pcc}Li_{vd} + (i_{vq}^* - i_{vq})\left(K_{p2} + \dfrac{1}{T_{i2}s}\right) \end{cases}$$

(18-7)

这样，根据式（18-7），可以得到计算 STATCOM 电压指令值 $u_d^*$、$u_q^*$ 的时域运算模型框图如图 18-4 所示。

再次仿照第 5 章推导，根据式（5-14）对 $u_d^*$、$u_q^*$ 进行 dq 反变换，就能得到 abc 坐标系下的桥臂电压指令值 $u_j^*$（$j$=a，b，c）。

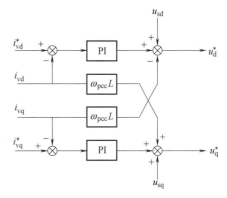

图 18-4 星形接线 STATCOM 内环电流控制器框图

## 18.3.2 外环子模块电容电压恒定控制器设计

为了使星形接线 STATCOM 各桥臂中的所有子模块电容电压恒定，需要满足能量平衡的要求，当注入 STATCOM 的能量超过其损耗时，所有子模块电容电压之和 $U_{c\Sigma}$ 一定会上升，而当注入 STATCOM 的能量小于其损耗时，所有子模块电容电压之和 $U_{c\Sigma}$ 一定会下降。因此，在注入 STATCOM 的能量与其损耗平衡时，就能维持所有子模块电容电压之和 $U_{c\Sigma}$ 为恒定。而各桥臂内部子模块之间的电压平衡则通过第 6 章已介绍过的基于选择性投切原理的子模块之间的电压平衡控制方法来实现。

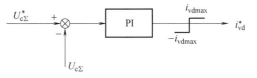

图 18-5 外环子模块电容电压恒定控制器结构

在 STATCOM 所有子模块电容电压之和 $U_{c\Sigma}$ 的指令值 $U_{c\Sigma}^*$ 给定的条件下，子模块电容电压恒定控制器结构如图 18-5 所示。其中，$i_{vd}^*$ 指令值加了限幅环节，限幅值 $i_{vdmax}$ 是随运行工况而变化的，并与 q 轴电流 $i_{vq}$ 有关。简化的 $i_{vdmax}$ 计算式可以采用下式：

$$i_{vdmax} = \sqrt{I_{vmmax}^2 - i_{vq}^2(t-T_{ctrl})} \qquad (18-8)$$

式中，$I_{vmmax}$ 是阀侧交流相电流幅值的最大值，可以根据额定容量和额定交流电压推算出来；$i_{vq}(t-T_{ctrl})$ 是上一个控制周期已经测量到的 q 轴电流。

### 18.3.3 外环无功类控制器设计

根据式（5-17），$Q_{pcc}^*$ 给定时，可以直接计算 $i_{vq}^*$，但为了消除稳态误差，需要加上无功功率的负反馈 PI 调节项。这样，就可以得到 $Q_{pcc}^*$ 给定时的无功类控制回路如图 18-6a 所示。如果给定的是 $U_{pccm}^*$，则对应的无功类控制回路如图 18-6b 所示。限幅值 $i_{vqmax}$ 是随运行工况而变化的，并与 d 轴电流 $i_{vd}$ 有关。简化的 $i_{vqmax}$ 计算式可以采用下式：

$$i_{vqmax} = \sqrt{I_{vmmax}^2 - i_{vd}^2(t-T_{ctrl})} \qquad (18-9)$$

式中，$I_{vmmax}$ 是阀侧交流相电流幅值的最大值，可以根据额定容量和额定交流电压推算出来；$i_{vd}(t-T_{ctrl})$ 是上一个控制周期已经测量到的 d 轴电流。

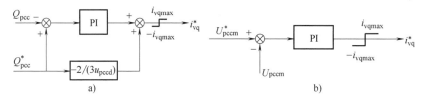

图 18-6 外环控制器
a) 定 $Q_{pcc}$ 控制　b) 定 $U_{pccm}$ 控制

## 18.4 交流电网电压不平衡和畸变条件下星形接线 STATCOM 的控制器设计

上节介绍的星形接线 STATCOM 控制器设计是基于交流电网电压平衡且无畸变的理想情况，实际交流电网电压可能是不平衡的，特别是当交流电网发生不对称故障时。当交流电网发生不对称故障时，换流站交流母线电压不再平衡，存在负序分量和零序分量。星形接线 STATCOM 作为一种 VSC，正常运行时只输出正序基波电压（忽略谐波分量），当换流站交流母线存在负序电压分量和零序电压分量时，STATCOM 并不提供与之相对的反电动势，这样在 STATCOM 的阀侧就会产生很大的负序电流分量，与正序电流分量叠加后可能会大大超出功率器件的电流容量，因此会严重威胁 STATCOM 的安全运行。交流电网不对称故障时 STATCOM 控制器的控制目标是抑制阀侧负序电流，避免功率器件电流超限，使 STATCOM 能够安全度过交流电网故障时段，实现不脱网运行。

交流电网电压不平衡时 STATCOM 控制器设计的基本思路是将电网电压进行瞬时三相对称分量分解，将阀侧电流进行瞬时正序分量和负序分量分解。对于电网电压正序分量和阀侧电流正序分量,其控制关系已在上节中介绍;对于电网电压负序分量和阀侧电流负序分量,其控制关系正是本节需要研究的。

对于星形接线 STATCOM,其阀侧交流端没有零序电流通过,因此根据 abc 坐标系下描述 STATCOM 交流侧基频动态特性的方程式(18-4),可以得到描述正负序电压与电流关系的方程式如下:

$$L\frac{\mathrm{d}}{\mathrm{d}t}\begin{bmatrix} i_{\mathrm{va}}^+(t)+i_{\mathrm{va}}^-(t) \\ i_{\mathrm{vb}}^+(t)+i_{\mathrm{vb}}^-(t) \\ i_{\mathrm{vc}}^+(t)+i_{\mathrm{vc}}^-(t) \end{bmatrix}+R\begin{bmatrix} i_{\mathrm{va}}^+(t)+i_{\mathrm{va}}^-(t) \\ i_{\mathrm{vb}}^+(t)+i_{\mathrm{vb}}^-(t) \\ i_{\mathrm{vc}}^+(t)+i_{\mathrm{vc}}^-(t) \end{bmatrix}=-\begin{bmatrix} u_{\mathrm{pcca}}^+(t)+u_{\mathrm{pcca}}^-(t) \\ u_{\mathrm{pccb}}^+(t)+u_{\mathrm{pccb}}^-(t) \\ u_{\mathrm{pccc}}^+(t)+u_{\mathrm{pccc}}^-(t) \end{bmatrix}+\begin{bmatrix} u_{\mathrm{a}}^+(t)+u_{\mathrm{a}}^-(t) \\ u_{\mathrm{b}}^+(t)+u_{\mathrm{b}}^-(t) \\ u_{\mathrm{c}}^+(t)+u_{\mathrm{c}}^-(t) \end{bmatrix}$$

(18-10)

式中,上标"+"表示正序分量,上标"-"表示负序分量。而如何从 abc 三相量中分离出其正序分量和负序分量的算法,在 5.5.1 节已做过详细介绍,这里不再赘述。

由于 STATCOM 交流侧 abc 三相电路的结构和参数具有对称性,因此可以断定正序和负序分量是完全解耦的,即正序分量和负序分量分别满足如下方程式:

$$L\frac{\mathrm{d}}{\mathrm{d}t}\begin{bmatrix} i_{\mathrm{va}}^+(t) \\ i_{\mathrm{vb}}^+(t) \\ i_{\mathrm{vc}}^+(t) \end{bmatrix}+R\begin{bmatrix} i_{\mathrm{va}}^+(t) \\ i_{\mathrm{vb}}^+(t) \\ i_{\mathrm{vc}}^+(t) \end{bmatrix}=-\begin{bmatrix} u_{\mathrm{pcca}}^+(t) \\ u_{\mathrm{pccb}}^+(t) \\ u_{\mathrm{pccc}}^+(t) \end{bmatrix}+\begin{bmatrix} u_{\mathrm{a}}^+(t) \\ u_{\mathrm{b}}^+(t) \\ u_{\mathrm{c}}^+(t) \end{bmatrix} \quad (18\text{-}11)$$

$$L\frac{\mathrm{d}}{\mathrm{d}t}\begin{bmatrix} i_{\mathrm{va}}^-(t) \\ i_{\mathrm{vb}}^-(t) \\ i_{\mathrm{vc}}^-(t) \end{bmatrix}+R\begin{bmatrix} i_{\mathrm{va}}^-(t) \\ i_{\mathrm{vb}}^-(t) \\ i_{\mathrm{vc}}^-(t) \end{bmatrix}=-\begin{bmatrix} u_{\mathrm{pcca}}^-(t) \\ u_{\mathrm{pccb}}^-(t) \\ u_{\mathrm{pccc}}^-(t) \end{bmatrix}+\begin{bmatrix} u_{\mathrm{a}}^-(t) \\ u_{\mathrm{b}}^-(t) \\ u_{\mathrm{c}}^-(t) \end{bmatrix} \quad (18\text{-}12)$$

控制器设计时我们只考虑基波分量,将正序基波分量通过正向旋转坐标变换映射到 dq 坐标系,将负序基波分量通过反向旋转坐标变换映射到 $d^{-1}q^{-1}$ 坐标系。对式(18-11)和式(18-12)分别进行正向旋转坐标变换和反向旋转坐标变换,容易得到变换后的方程式为

$$L\frac{\mathrm{d}}{\mathrm{d}t}\begin{bmatrix} i_{\mathrm{vd}}^+(t) \\ i_{\mathrm{vq}}^+(t) \end{bmatrix}+R\begin{bmatrix} i_{\mathrm{vd}}^+(t) \\ i_{\mathrm{vq}}^+(t) \end{bmatrix}=-\begin{bmatrix} u_{\mathrm{pccd}}^+(t) \\ u_{\mathrm{pccq}}^+(t) \end{bmatrix}+\begin{bmatrix} u_{\mathrm{d}}^+(t) \\ u_{\mathrm{q}}^+(t) \end{bmatrix}+\begin{bmatrix} & \omega_{\mathrm{pcc}}L \\ -\omega_{\mathrm{pcc}}L & \end{bmatrix}\begin{bmatrix} i_{\mathrm{vd}}^+(t) \\ i_{\mathrm{vq}}^+(t) \end{bmatrix} \quad (18\text{-}13)$$

$$L\frac{\mathrm{d}}{\mathrm{d}t}\begin{bmatrix} i_{\mathrm{vd}}^-(t) \\ i_{\mathrm{vq}}^-(t) \end{bmatrix}+R\begin{bmatrix} i_{\mathrm{vd}}^-(t) \\ i_{\mathrm{vq}}^-(t) \end{bmatrix}=-\begin{bmatrix} u_{\mathrm{pccd}}^-(t) \\ u_{\mathrm{pccq}}^-(t) \end{bmatrix}+\begin{bmatrix} u_{\mathrm{d}}^-(t) \\ u_{\mathrm{q}}^-(t) \end{bmatrix}+\begin{bmatrix} & -\omega_{\mathrm{pcc}}L \\ \omega_{\mathrm{pcc}}L & \end{bmatrix}\begin{bmatrix} i_{\mathrm{vd}}^-(t) \\ i_{\mathrm{vq}}^-(t) \end{bmatrix} \quad (18\text{-}14)$$

对式(18-13)和式(18-14)用拉普拉斯算子 $s$ 代替 $\mathrm{d}/\mathrm{d}t$,可得到正序基波分量和负序基波分量在 dq 和 $d^{-1}q^{-1}$ 坐标系下的时域运算模型为

$$\begin{cases} (R+Ls)\cdot i_{\mathrm{vd}}^+=-u_{\mathrm{pccd}}^++u_{\mathrm{d}}^++\omega_{\mathrm{pcc}}Li_{\mathrm{vq}}^+ \\ (R+Ls)\cdot i_{\mathrm{vq}}^+=-u_{\mathrm{pccq}}^++u_{\mathrm{q}}^+-\omega_{\mathrm{pcc}}Li_{\mathrm{vd}}^+ \end{cases} \quad (18\text{-}15)$$

$$\begin{cases} (R+Ls)\cdot i_{\mathrm{vd}}^-=-u_{\mathrm{pccd}}^-+u_{\mathrm{d}}^--\omega_{\mathrm{pcc}}Li_{\mathrm{vq}}^- \\ (R+Ls)\cdot i_{\mathrm{vq}}^-=-u_{\mathrm{pccq}}^-+u_{\mathrm{q}}^-+\omega_{\mathrm{pcc}}Li_{\mathrm{vd}}^- \end{cases} \quad (18\text{-}16)$$

仿照 5.5.2 节的推导，可以得到实际控制变量指令值 $u_{\rm d}^{+*}$、$u_{\rm q}^{+*}$ 和 $u_{\rm d}^{-*}$、$u_{\rm q}^{-*}$ 的表达式为

$$\begin{cases} u_{\rm d}^{+*} = u_{\rm pccd}^{+} - \omega_{\rm pcc} L i_{\rm vq}^{+} + \left[ i_{\rm vd}^{+*} - i_{\rm vd}^{+} \right] \left( k'_{\rm p1} + \dfrac{k'_{\rm i1}}{s} \right) \\ u_{\rm q}^{+*} = u_{\rm pccq}^{+} + \omega_{\rm pcc} L i_{\rm vd}^{+} + \left[ i_{\rm vq}^{+*} - i_{\rm vq}^{+} \right] \left( k'_{\rm p2} + \dfrac{k'_{\rm i2}}{s} \right) \end{cases} \quad (18\text{-}17)$$

$$\begin{cases} u_{\rm d}^{-*} = u_{\rm pccd}^{-} + \omega_{\rm pcc} L i_{\rm vq}^{-} + \left[ i_{\rm vd}^{-*} - i_{\rm vd}^{-} \right] \left( k''_{\rm p1} + \dfrac{k''_{\rm i1}}{s} \right) \\ u_{\rm q}^{-*} = u_{\rm pccq}^{-} - \omega_{\rm pcc} L i_{\rm vd}^{-} + \left[ i_{\rm vq}^{-*} - i_{\rm vq}^{-} \right] \left( k''_{\rm p2} + \dfrac{k''_{\rm i2}}{s} \right) \end{cases} \quad (18\text{-}18)$$

至此，我们可以得到正序系统和负序系统的内环电流控制器框图分别如图 18-7a 和 b 所示。

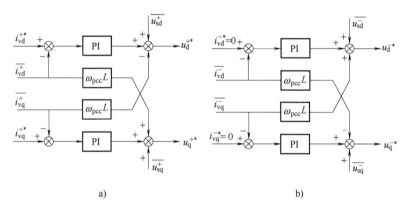

**图 18-7 星形接线 STATCOM 不平衡条件下内环电流控制器框图**
a）正序系统　b）负序系统

仿照 5.5.2 节的推导，在求得实际控制变量 $u_{\rm d}^{+*}$、$u_{\rm q}^{+*}$ 和 $u_{\rm d}^{-*}$、$u_{\rm q}^{-*}$ 后，首先进行坐标反变换，分别将 dq 坐标系中的 $u_{\rm d}^{+*}$、$u_{\rm q}^{+*}$ 和 $d^{-1}q^{-1}$ 坐标系中的 $u_{\rm d}^{-*}$、$u_{\rm q}^{-*}$ 变换回 abc 坐标系中，其反变换方程分别为

$$\begin{bmatrix} u_{\rm a}^{+*} \\ u_{\rm b}^{+*} \\ u_{\rm c}^{+*} \end{bmatrix} = \boldsymbol{T}_{\rm dq\text{-}abc}(\theta_{\rm pcc}) \begin{bmatrix} u_{\rm d}^{+*} \\ u_{\rm q}^{+*} \end{bmatrix} = \begin{bmatrix} \cos\theta_{\rm pcc} & -\sin\theta_{\rm pcc} \\ \cos\left(\theta_{\rm pcc} - \dfrac{2\pi}{3}\right) & -\sin\left(\theta_{\rm pcc} - \dfrac{2\pi}{3}\right) \\ \cos\left(\theta_{\rm pcc} + \dfrac{2\pi}{3}\right) & -\sin\left(\theta_{\rm pcc} + \dfrac{2\pi}{3}\right) \end{bmatrix} \begin{bmatrix} u_{\rm d}^{+*} \\ u_{\rm q}^{+*} \end{bmatrix} \quad (18\text{-}19)$$

$$\begin{bmatrix} u_{\rm a}^{-*} \\ u_{\rm b}^{-*} \\ u_{\rm c}^{-*} \end{bmatrix} = \boldsymbol{T}_{\rm dq\text{-}abc}(-\theta_{\rm pcc}) \begin{bmatrix} u_{\rm d}^{-*} \\ u_{\rm q}^{-*} \end{bmatrix} = \begin{bmatrix} \cos\theta_{\rm pcc} & \sin\theta_{\rm pcc} \\ \cos\left(\theta_{\rm pcc} + \dfrac{2\pi}{3}\right) & \sin\left(\theta_{\rm pcc} + \dfrac{2\pi}{3}\right) \\ \cos\left(\theta_{\rm pcc} - \dfrac{2\pi}{3}\right) & \sin\left(\theta_{\rm pcc} - \dfrac{2\pi}{3}\right) \end{bmatrix} \begin{bmatrix} u_{\rm d}^{-*} \\ u_{\rm q}^{-*} \end{bmatrix} \quad (18\text{-}20)$$

从而求出 abc 坐标系下的桥臂电压指令值 $u_j^*$ 为

第18章 子模块级联型静止同步补偿器

$$\begin{bmatrix} u_a^* \\ u_b^* \\ u_c^* \end{bmatrix} = \begin{bmatrix} u_a^{+*} \\ u_b^{+*} \\ u_c^{+*} \end{bmatrix} + \begin{bmatrix} u_a^{-*} \\ u_b^{-*} \\ u_c^{-*} \end{bmatrix} \qquad (18\text{-}21)$$

前面已讲述过，交流电网不对称故障时，STATCOM 控制器的控制目标是抑制阀侧负序电流，避免功率器件电流超限。因此，内环电流控制器的输入指令中，负序电流指令值 $i_{vd}^{-*}$ 和 $i_{vq}^{-*}$ 直接取零，以消除阀侧负序电流。而正序电流指令值 $i_{vd}^{+*}$ 和 $i_{vq}^{+*}$ 则按照 18.3.2 节和 18.3.3 节的方法确定，其中 PCC 电压幅值和无功功率只根据正序分量计算，即

$$U_{pccm}^+ = \overline{u_{pccd}^+} \qquad (18\text{-}22)$$

$$q_{pcc}^+ = -\frac{3}{2}\overline{u_{pccd}^+} \cdot \overline{i_{vq}^+} \qquad (18\text{-}23)$$

至此，我们可以得到星形接线 STATCOM 在交流电网电压不平衡和畸变条件下的通用控制器模型框图如图 18-8 所示。

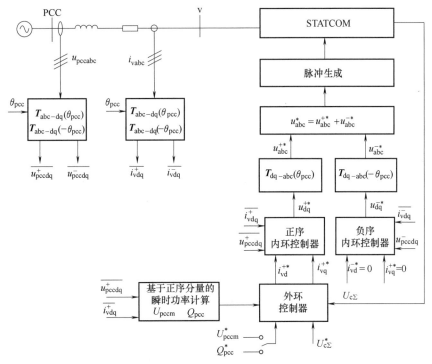

图 18-8 交流电网电压不平衡和畸变条件下星形接线 STATCOM 的控制器框图

## 18.5 星形接线 STATCOM 同时实现无功补偿和有源滤波的控制器设计

STATCOM 除了进行动态无功补偿外，还可以同时实现滤波的功能。星形接线 STATCOM 用于无功补偿和有源滤波的示意图如图 18-9 所示。图 18-9 中，v 是位置符号，表示联接变压器的阀侧；下标 va、vb、vc 都是位置符号，表示联接变压器阀侧的 a 相、b 相、c 相位

置；$O'$ 是位置符号，表示网侧交流等效电势的中性点，并被设置为整个电路的电位参考点；$O$ 是位置符号，表示星形接线 STATCOM 3 个桥臂的公共联接点；SM 为首字母缩写，表示子模块；下标 $N$ 表示每个桥臂的子模块数目；$R_0$、$L_0$ 表示桥臂电抗器的电阻和电感；$R_{ac}$、$L_{ac}$ 表示联接变压器的电阻和电感；$u_a$、$u_b$、$u_c$ 表示 a、b、c 三相桥臂中由子模块级联所合成的电压；$i_{va}$、$i_{vb}$、$i_{vc}$ 表示流入交流电网的阀侧三相电流；$i_a$、$i_b$、$i_c$ 表示流入星形接线 STATCOM 中 a、b、c 相桥臂的电流；$i_{La}$、$i_{Lb}$、$i_{Lc}$ 表示流入非线性负荷的三相电流；$u_{va}$、$u_{vb}$、$u_{vc}$ 表示联接变压器阀侧三相电压；$u_{pcca}$、$u_{pccb}$、$u_{pccc}$ 表示交流电网的三相等效电势；$P_{pcc} + jQ_{pcc}$ 表示流向交流电网的网侧功率。

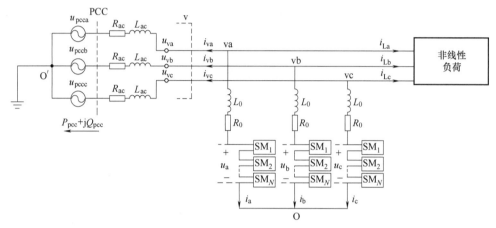

图 18-9　星形接线 STATCOM 用于无功补偿和有源滤波示意图

为了实现动态无功补偿和有源滤波的功能，需要将锁相环 DDSRF-PLL 安装在联接变压器的阀侧，即安装在图 18-9 中 v 的位置。设 DDSRF-PLL 的输出角度为 $\theta_v$。派克正变换 $\boldsymbol{T}_{abc\text{-}dq}(\theta_v)$ 和派克反变换 $\boldsymbol{T}_{dq\text{-}abc}(\theta_v)$ 仍然采用式（5-13）和式（5-14）。这里特别注意尽管派克变换的表达式没有变化，但所采用的相位角是安装在联接变压器阀侧 v 处的锁相环提供的，而不是安装在联接变压器网侧 PCC 的锁相环提供的。

将 $u_{va}$、$u_{vb}$、$u_{vc}$ 和 $i_{La}$、$i_{Lb}$、$i_{Lc}$ 分别变换到 dq 坐标系下，有

$$\begin{bmatrix} u_{vd}(t) \\ u_{vq}(t) \end{bmatrix} = \boldsymbol{T}_{abc\text{-}dq}(\theta_v) \begin{bmatrix} u_{va}(t) \\ u_{vb}(t) \\ u_{vc}(t) \end{bmatrix} \tag{18-24}$$

$$\begin{bmatrix} i_{Ld}(t) \\ i_{Lq}(t) \end{bmatrix} = \boldsymbol{T}_{abc\text{-}dq}(\theta_v) \begin{bmatrix} i_{La}(t) \\ i_{Lb}(t) \\ i_{Lc}(t) \end{bmatrix} \tag{18-25}$$

当 $u_{va}$、$u_{vb}$、$u_{vc}$ 和 $i_{La}$、$i_{Lb}$、$i_{Lc}$ 本身包含正、负序基波和谐波时，根据 5.5.1 节的推导，$u_{va}$、$u_{vb}$、$u_{vc}$ 和 $i_{La}$、$i_{Lb}$、$i_{Lc}$ 经过派克正变换后的一般性表达式为

$$\begin{bmatrix} u_{vd} \\ u_{vq} \end{bmatrix} = \begin{bmatrix} \overline{u_{vd}} \\ \overline{u_{vq}} \end{bmatrix} + \begin{bmatrix} \widetilde{u_{vd}} \\ \widetilde{u_{vq}} \end{bmatrix} \tag{18-26}$$

$$\begin{bmatrix} i_{\mathrm{Ld}} \\ i_{\mathrm{Lq}} \end{bmatrix} = \begin{bmatrix} \overline{i_{\mathrm{Ld}}} \\ \overline{i_{\mathrm{Lq}}} \end{bmatrix} + \begin{bmatrix} \widetilde{i_{\mathrm{Ld}}} \\ \widetilde{i_{\mathrm{Lq}}} \end{bmatrix} \tag{18-27}$$

式（18-26）和式（18-27）中，变量上方的"-"表示直流量，变量上方的"~"表示谐波量。考察 dq 坐标系中各个变量的意义如下：①$\overline{u_{\mathrm{vd}}}$ 与 $\overline{i_{\mathrm{Ld}}}$ 构成了非线性负荷的正序有功功率，即 $\overline{i_{\mathrm{Ld}}}$ 是不需要补偿掉的；②$\overline{u_{\mathrm{vd}}}$ 与 $\overline{i_{\mathrm{Lq}}}$ 构成了非线性负荷的正序无功功率，是不希望流到网侧系统中去的，即 $\overline{i_{\mathrm{Lq}}}$ 是需要补偿掉的；③式（18-27）中的其他电流分量都是谐波分量，是需要补偿掉的。

这样，如果使星形接线 STATCOM 产生的电流刚好补偿非线性负荷中的无功和谐波分量，那么就实现了 STATCOM 同时作为无功补偿器和有源滤波器的功能。参照图 18-9 星形接线 STATCOM 的电流参考方向，桥臂电流 $i_\mathrm{a}$、$i_\mathrm{b}$、$i_\mathrm{c}$ 在 dq 坐标系中的指令值可以由如下方程确定：

$$\begin{bmatrix} i_{\mathrm{d}}^* \\ i_{\mathrm{q}}^* \end{bmatrix} = \begin{bmatrix} i_{\mathrm{c}\Sigma\mathrm{d}}^* \\ 0 \end{bmatrix} - \begin{bmatrix} 0 \\ \overline{i_{\mathrm{Lq}}} \end{bmatrix} - \begin{bmatrix} \widetilde{i_{\mathrm{Ld}}} \\ \widetilde{i_{\mathrm{Lq}}} \end{bmatrix} = \begin{bmatrix} i_{\mathrm{c}\Sigma\mathrm{d}}^* - \widetilde{i_{\mathrm{Ld}}} \\ -\overline{i_{\mathrm{Lq}}} - \widetilde{i_{\mathrm{Lq}}} \end{bmatrix} \tag{18-28}$$

式中，$i_{\mathrm{c}\Sigma\mathrm{d}}^*$ 是为了保持 STATCOM 中各子模块电容电压恒定而加入的有功电流分量，即 $i_{\mathrm{c}\Sigma\mathrm{d}}^*$ 是用来补偿 STATCOM 本身的有功损耗的。

仿照 18.3.2 节的控制器设计方法，可以得到产生 $i_{\mathrm{c}\Sigma\mathrm{d}}^*$ 的控制器框图如图 18-10 所示。

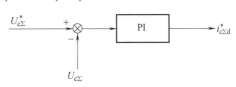

图 18-10 外环子模块电容电压恒定控制器结构

而形成 $\widetilde{i_{\mathrm{Ld}}}$ 和 $\overline{i_{\mathrm{Lq}}} + \widetilde{i_{\mathrm{Lq}}}$ 的原理框图如图 18-11 所示。图 18-11 中，LPF 为低通滤波器，采用二阶 Butterworth 滤波器实现，其原理已在 4.2.4 节介绍过。

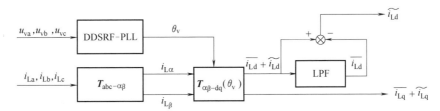

图 18-11 dq 坐标系下非线性负荷的无功与谐波分量

这样，根据式（18-28）就能实现星形接线 STATCOM 的无功补偿与有源滤波功能。

## 18.6 星形接线 STATCOM 应用于 SCCC 的实例仿真

电容换相换流器（Capacitor Commutated Converter，CCC）是在传统 LCC 的换流变压器和换流阀之间串联电容而构成的，其主要优势是可以解决 LCC 在极弱交流系统下的运行问题，提高换相失败的抵御能力，减少无功补偿容量。在 CCC 的基础上，在换流变压器的阀侧安装星形接线的 STATCOM 构成改进型电容换相换流器（STATCOM and CCC，SCCC），可以进一步提高 CCC 的运行性能，并可以取消换流站的无功补偿装置和滤波器[2]。其原理接线如图 18-12 所示。

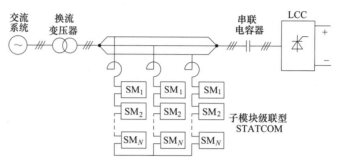

图 18-12　SCCC 原理接线图

在电磁暂态仿真软件 PSCAD/EMTDC 中搭建了整流侧采用 LCC、逆变侧采用 SCCC 的直流输电系统模型。选取某±500kV/3000MW 直流输电工程的正极参数，系统主回路参数见表 18-1。

表 18-1　SCCC 直流输电系统主回路参数

| 设备 | 参数 | 数值 |
| --- | --- | --- |
| LCC 整流站 | 交流母线电压 | 525kV |
|  | 交流系统短路比 | 2.5 |
|  | 换流变压器电压比 | 525kV/209.7kV |
|  | 换流变压器漏抗 | 0.16pu |
|  | 换流变压器容量 | 900MVA |
|  | 触发角 | 15° |
| SCCC 逆变站 | 交流母线电压 | 525kV |
|  | 交流系统短路比 | 2.5 或 1.5 |
|  | 换流变压器电压比 | 525kV/360kV |
|  | 换流变压器漏抗 | 0.16pu |
|  | 换流变压器容量 | 1800MVA |
|  | 视在关断角 | 15° |
|  | 串联电容 | 129.75μF |
| 直流系统 | 额定功率 | 1500MW |
|  | 额定直流电压 | 500kV |
|  | 额定直流电流 | 3kA |

逆变侧 CCC 采用定关断角控制，视在关断角被控制为 1°、5°、10°、15°时，根据表 18-1 参数，计算在传输额定有功功率时 CCC 及换流变压器吸收的无功功率分别为 47Mvar、151Mvar、284Mvar、416Mvar。可见，相比于吸收无功功率约为传输有功功率 40%～60% 的 LCC，由于换相电容的无功补偿和辅助换相作用，CCC 的视在关断角可以控制为很小值，CCC 的无功需求大大减小。后续仿真中，CCC 视在关断角控制为 15°，配置 STATCOM 的容量为 625Mvar。

为了便于展示仿真结果，SCCC 换流站各物理量的含义及正方向标注在图 18-13 中。SCCC 换流站交流母线电压为 $u_{SCCC}$，SCCC 换流站输出到交流系统的有功功率、无功功率、交

流电流分别为 $P_{SCCC}$、$Q_{SCCC}$、$i_{SCCC}$；SCCC 中 STATCOM 输出的有功功率、无功功率、交流电流分别为 $P_S$、$Q_S$、$i_S$；SCCC 中 CCC 输出的有功功率、无功功率、交流电流分别为 $P_{CCC}$、$Q_{CCC}$、$i_{CCC}$；$U_{DC}$ 和 $I_{DC}$ 为直流电压和直流电流。

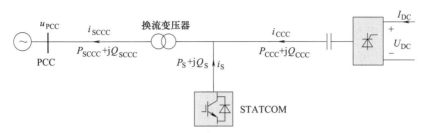

图 18-13　SCCC 变量含义及正方向

## 18.6.1　无功补偿性能

当直流输电系统传输有功功率变化时，研究 STATCOM 的无功功率动态补偿性能。初始时刻，系统传输直流电流控制为 0.5pu；在 $t=2s$ 时，直流电流阶跃上升至 1.0pu；在 $t=3s$ 时，直流电流又阶跃下降至 0.1pu。同时，为了检验 SCCC 的弱电网适应性，受端交流系统的短路比设为 1.5、阻抗角为 75°。图 18-14 给出了 SCCC 主回路主要电气量的变化波形。

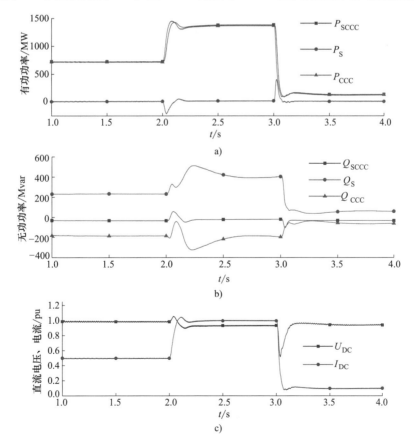

图 18-14　系统传输有功功率变化时 SCCC 响应特性

a) SCCC 逆变站各部分有功功率　b) SCCC 逆变站各部分无功功率　c) 直流输电系统直流电压、直流电流

可以看出，随着直流电流指令值的阶跃变化，SCCC 输出的有功功率 $P_{SCCC}$ 和 CCC 吸收的有功功率 $P_{CCC}$ 相应变化。随着传输有功功率的增大，SCCC 中 LCC 吸收的无功功率显著增大；而由于流过换相电容的电流增大，换相电容提供的无功补偿也增加；因此，CCC 吸收的无功功率 $Q_{CCC}$ 没有显著增加。STATCOM 能够实时补偿 CCC 和换流变压器的无功需求，使得 SCCC 换流站注入交流系统的无功功率 $Q_{SCCC}$ 始终很小。由于 STATCOM 按照维持子模块电容电压恒定控制，因此 STATCOM 输出的有功功率保持在 0 附近，在功率阶跃时能够维持 STATCOM 能量平衡。

### 18.6.2 交流滤波性能

算例模型中，受端交流系统的短路比设为 1.5，阻抗角为 75°；SCCC 采用六脉动换流器，其交流侧谐波电流主要为 ($6k\pm1$) 次。以 SCCC 换流站 PCC 母线为衡量谐波水平的基准节点，考察 SCCC 换流站 PCC 母线电压畸变率。参照 IEEE 规定的谐波限制值，对于 161kV 及以上的交流系统，交流电压的总谐波畸变率（Total Harmonic Distortion，THD）的限制值为 1.5%、单次谐波畸变率为 1.0%。

首先，不进行交流滤波，仅对 CCC 做无功补偿，换流站输出谐波电流和交流母线谐波电压如图 18-15 所示。可以看到，CCC 输出交流电流波形发生严重畸变，总谐波畸变率高达 29.838%。如果没有交流滤波，CCC 输出谐波电流基本上注入交流电网，SCCC 输出电流的总谐波畸变率为 29.584%。大量谐波电流使得 SCCC 换流站 PCC 母线电压波形明显畸变，电压总谐波畸变率高达 7.957%，远超限制值，5 次、7 次、11 次单次电压谐波畸变率也超过限制值。

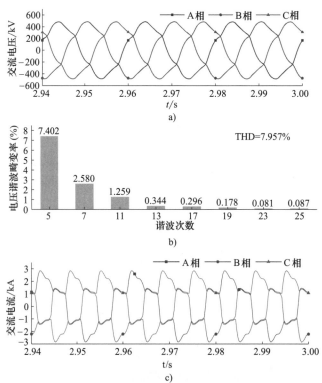

**图 18-15　未滤波的换流站谐波电压和谐波电流**
a）PCC 母线电压 $u_{PCC}$　b）PCC 母线电压 $u_{PCC}$ 谐波畸变率　c）SCCC 输出交流电流 $i_{SCCC}$

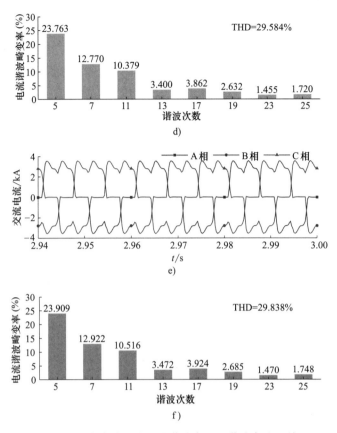

**图 18-15** 未滤波的换流站谐波电压和谐波电流（续）

d) SCCC 输出交流电流 $i_{SCCC}$ 谐波畸变率  e) CCC 输出交流电流 $i_{CCC}$  f) CCC 输出交流电流 $i_{CCC}$ 谐波畸变率

采用基于直接电流补偿的有源滤波控制后，SCCC 输出电压电流波形如图 18-16 所示。可以看到，CCC 输出交流电流波形仍然严重畸变。STATCOM 采用直接电流补偿控制，检测 CCC 的谐波电流，并直接产生与之抵消的谐波电流。通过 STATCOM 对 CCC 谐波电流全补

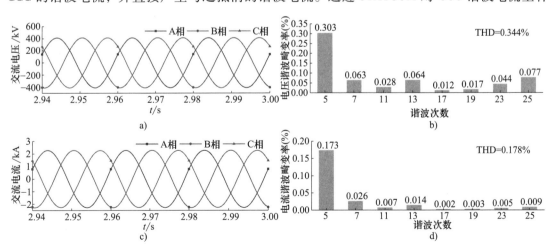

**图 18-16** 滤波后的 SCCC 换流站谐波电压和谐波电流

a) PCC 母线电压 $u_{PCC}$  b) PCC 母线电压 $u_{PCC}$ 谐波畸变率
c) SCCC 输出交流电流 $i_{SCCC}$  d) SCCC 输出交流电流 $i_{SCCC}$ 谐波畸变率

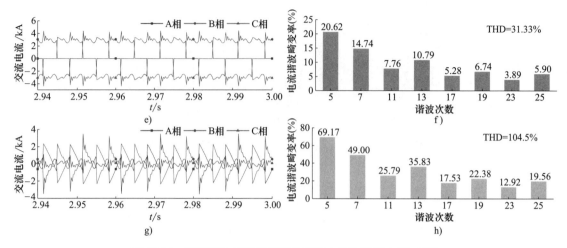

**图 18-16  滤波后的 SCCC 换流站谐波电压和谐波电流（续）**

e) CCC 输出交流电流 $i_{CCC}$   f) CCC 输出交流电流 $i_{CCC}$ 谐波畸变率

g) STATCOM 输出交流电流 $i_S$   h) STATCOM 输出交流电流 $i_S$ 谐波畸变率

偿，SCCC 换流站流入交流电网的谐波电流大大减小，换流站 PCC 母线电压的总谐波畸变率和特征次谐波电压畸变率均降低至 0.35% 以下，换流站输出交流电流和交流母线电压没有明显畸变，交流滤波效果显著。

### 18.6.3  暂态性能

为了研究 SCCC 的故障恢复能力和换相失败抵御能力，在 PSCAD/EMTDC 中搭建三种采用不同逆变器的直流输电系统，直流输电系统仍选取表 18-1 所示的某 ±500kV/3000MW 直流输电工程的正极参数，逆变侧分别采用 LCC、CCC、SCCC 3 种换流器。对这 3 种直流输电系统进行逆变侧交流故障暂态特性对比。为了确保 LCC 逆变器在稳态下能够正常运行，受端交流系统的短路比设为 2.5，阻抗角为 75°。

设置 3.0s 时逆变侧交流母线处发生三相非金属性接地故障，故障持续时间为 50ms。3 种采用不同逆变器的直流系统的暂态特性如图 18-17 所示。可以看到，在逆变侧三相接地故

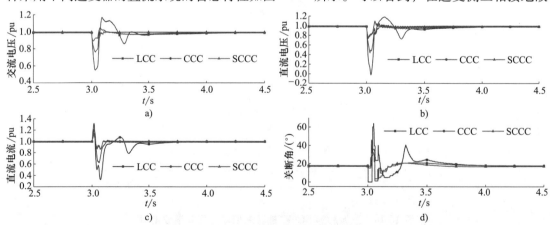

**图 18-17  逆变侧三相接地故障暂态特性对比**

a) 逆变站 PCC 母线电压有效值  b) 逆变侧直流电压  c) 逆变侧直流电流  d) 逆变站关断角

障后，逆变侧 PCC 母线电压减小到 0.55pu，LCC 发生了换相失败，关断角迅速跌落为 0，直流电压也下降到 0，直流电流达到 1.32pu。CCC 和 SCCC 都没有发生换相失败，其直流电压分别跌落到 0.43pu 和 0.71pu，逆变侧 PCC 母线电压分别减小到 0.77pu 和 0.89pu，直流电流分别达到 1.21pu 和 1.14pu。在逆变侧三相交流故障期间和故障清除后，SCCC 中的 STATCOM 能够提供无功补偿，从而支撑逆变站 PCC 母线电压，使得 SCCC 直流系统的交流电压和直流电压跌落最小、直流过电流最小、故障恢复过程最为平稳快速。因此，相比于 LCC 和 CCC，SCCC 具有更好的换相失败抵御能力和故障穿越能力。

## 18.7 三角形接线 STATCOM 的数学模型

三角形接线 STATCOM 的标准电路模型如图 18-18 所示。图 18-18 中，v 是位置符号，表示联接变压器的阀侧；下标 va、vb、vc 都是位置符号，表示联接变压器阀侧的 a 相、b 相、c 相位置；O′ 是位置符号，表示三相交流等效电势的中性点，并被设置为整个电路的电位参考点；SM 为首字母缩写，表示子模块；下标 N 表示每个桥臂的子模块数目；$R_0$、$L_0$ 表示桥臂电抗器的电阻和电感；$R_{ac}$、$L_{ac}$ 表示折算到联接变压器阀侧的联接变压器漏电阻和漏电感；$u_a$、$u_b$、$u_c$ 表示 abc 三相桥臂中由子模块级联所合成的电压；$i_a$、$i_b$、$i_c$ 表示 abc 三相桥臂中流过的电流；$i_{va}$、$i_{vb}$、$i_{vc}$ 表示从 v 点流入交流电网的三相电流；$u_{va}$、$u_{vb}$、$u_{vc}$ 表示联接变压器阀侧 v 点的三相电压；$u_{pcca}$、$u_{pccb}$、$u_{pccc}$ 表示折算到联接变压器阀侧的换流站交流母线 PCC 电压；$p_{pcc}+jq_{pcc}$ 表示从 PCC 流向交流电网的功率。

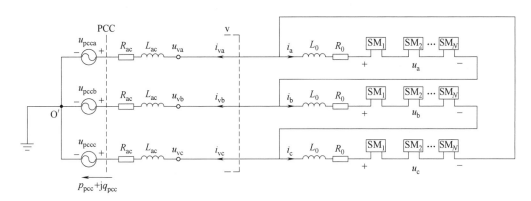

**图 18-18　三角形接线 STATCOM 标准电路模型**

根据基尔霍夫电压定律，可以得到 STATCOM 微分方程数学模型，如式（18-29）所示。

$$\begin{cases} L_0\dfrac{di_a}{dt}+R_0 i_a+u_a = L_{ac}\dfrac{di_{va}}{dt}+R_{ac}i_{va}+u_{pcca}-u_{pccb}-L_{ac}\dfrac{di_{vb}}{dt}-R_{ac}i_{vb} \\ L_0\dfrac{di_b}{dt}+R_0 i_b+u_b = L_{ac}\dfrac{di_{vb}}{dt}+R_{ac}i_{vb}+u_{pccb}-u_{pccc}-L_{ac}\dfrac{di_{vc}}{dt}-R_{ac}i_{vc} \\ L_0\dfrac{di_c}{dt}+R_0 i_c+u_c = L_{ac}\dfrac{di_{vc}}{dt}+R_{ac}i_{vc}+u_{pccc}-u_{pcca}-L_{ac}\dfrac{di_{va}}{dt}-R_{ac}i_{va} \end{cases} \quad (18\text{-}29)$$

$$\begin{bmatrix} i_{\text{va}} \\ i_{\text{vb}} \\ i_{\text{vc}} \end{bmatrix} = \begin{bmatrix} i_{\text{c}}-i_{\text{a}} \\ i_{\text{a}}-i_{\text{b}} \\ i_{\text{b}}-i_{\text{c}} \end{bmatrix} \tag{18-30}$$

将 $i_{\text{va}}$、$i_{\text{vb}}$、$i_{\text{vc}}$ 用桥臂电流来表达，重新整理式（18-29）有

$$\left(L_0\frac{\text{d}}{\text{d}t}+R_0\right)\begin{bmatrix} i_{\text{a}} \\ i_{\text{b}} \\ i_{\text{c}} \end{bmatrix} + \begin{bmatrix} u_{\text{a}} \\ u_{\text{b}} \\ u_{\text{c}} \end{bmatrix} = 3\left(L_{\text{ac}}\frac{\text{d}}{\text{d}t}+R_{\text{ac}}\right)\left(\begin{bmatrix} i_0 \\ i_0 \\ i_0 \end{bmatrix} - \begin{bmatrix} i_{\text{a}} \\ i_{\text{b}} \\ i_{\text{c}} \end{bmatrix}\right) + \begin{bmatrix} u_{\text{pcca}}-u_{\text{pccb}} \\ u_{\text{pccb}}-u_{\text{pccc}} \\ u_{\text{pccc}}-u_{\text{pcca}} \end{bmatrix} \tag{18-31}$$

式中，

$$i_0 = \frac{i_{\text{a}}+i_{\text{b}}+i_{\text{c}}}{3} \tag{18-32}$$

进一步整理式（18-31）有

$$\left[L\frac{\text{d}}{\text{d}t}+R\right]\begin{bmatrix} i_{\text{a}} \\ i_{\text{b}} \\ i_{\text{c}} \end{bmatrix} = 3\left(L_{\text{ac}}\frac{\text{d}}{\text{d}t}+R_{\text{ac}}\right)\begin{bmatrix} i_0 \\ i_0 \\ i_0 \end{bmatrix} + \begin{bmatrix} u_{\text{pcca}}-u_{\text{pccb}} \\ u_{\text{pccb}}-u_{\text{pccc}} \\ u_{\text{pccc}}-u_{\text{pcca}} \end{bmatrix} - \begin{bmatrix} u_{\text{a}} \\ u_{\text{b}} \\ u_{\text{c}} \end{bmatrix} \tag{18-33}$$

式中，

$$\begin{cases} L = L_0 + 3L_{\text{ac}} \\ R = R_0 + 3R_{\text{ac}} \end{cases} \tag{18-34}$$

式（18-33）是三相静止坐标系下三角形接线 STATCOM 交流侧的动态数学模型。稳态运行时其电压和电流都是正弦形式的交流量，不利于控制器设计。为了得到易于控制的直流量，常用方法是对式（18-33）进行坐标变换，将三相静止坐标系下的正弦交流量变换到同步旋转坐标系 dq0 下的直流量。

通过安装在 PCC 的锁相环（PLL）获取 $\theta_{\text{pcc}}$ 和 $\omega_{\text{pcc}}$，并基于 $\theta_{\text{pcc}}$ 将式（18-33）从 abc 坐标系变换到 dq0 坐标系，也就是将同步旋转坐标系的 d 轴定向于 PCC 上的电压向量。派克正变换 $\boldsymbol{T}_{\text{abc-dq0}}(\theta_{\text{pcc}})$ 和派克反变换 $\boldsymbol{T}_{\text{dq0-abc}}(\theta_{\text{pcc}})$ 的表达式为

$$\boldsymbol{T}_{\text{abc-dq0}}(\theta_{\text{pcc}}) = \frac{2}{3}\begin{bmatrix} \cos\theta_{\text{pcc}} & \cos(\theta_{\text{pcc}}-2\pi/3) & \cos(\theta_{\text{pcc}}+2\pi/3) \\ -\sin\theta_{\text{pcc}} & -\sin(\theta_{\text{pcc}}-2\pi/3) & -\sin(\theta_{\text{pcc}}+2\pi/3) \\ 1/2 & 1/2 & 1/2 \end{bmatrix} \tag{18-35}$$

$$\boldsymbol{T}_{\text{dq0-abc}}(\theta_{\text{pcc}}) = \begin{bmatrix} \cos\theta_{\text{pcc}} & -\sin\theta_{\text{pcc}} & 1 \\ \cos(\theta_{\text{pcc}}-2\pi/3) & -\sin(\theta_{\text{pcc}}-2\pi/3) & 1 \\ \cos(\theta_{\text{pcc}}+2\pi/3) & -\sin(\theta_{\text{pcc}}+2\pi/3) & 1 \end{bmatrix} \tag{18-36}$$

定义

$$\begin{bmatrix} i_{\text{vd}} \\ i_{\text{vq}} \\ i_{\text{v0}} \end{bmatrix} = \boldsymbol{T}_{\text{abc-dq0}}(\theta_{\text{pcc}})\begin{bmatrix} i_{\text{va}} \\ i_{\text{vb}} \\ i_{\text{vc}} \end{bmatrix} \tag{18-37}$$

$$\begin{bmatrix} i_{\text{d}} \\ i_{\text{q}} \\ i_0 \end{bmatrix} = \boldsymbol{T}_{\text{abc-dq0}}(\theta_{\text{pcc}})\begin{bmatrix} i_{\text{a}} \\ i_{\text{b}} \\ i_{\text{c}} \end{bmatrix} \tag{18-38}$$

$$\begin{bmatrix} u_d \\ u_q \\ u_0 \end{bmatrix} = \boldsymbol{T}_{\text{abc-dq0}}(\theta_{\text{pcc}}) \begin{bmatrix} u_a \\ u_b \\ u_c \end{bmatrix} \tag{18-39}$$

$$\begin{bmatrix} u_{\text{pccld}} \\ u_{\text{pcclq}} \\ u_{\text{pccl0}} \end{bmatrix} = \boldsymbol{T}_{\text{abc-dq0}}(\theta_{\text{pcc}}) \begin{bmatrix} u_{\text{pcca}} - u_{\text{pccb}} \\ u_{\text{pccb}} - u_{\text{pccc}} \\ u_{\text{pccc}} - u_{\text{pcca}} \end{bmatrix} \tag{18-40}$$

根据式（5-12）有

$$\boldsymbol{T}_{\text{abc-dq0}}(\theta_{\text{pcc}}) \frac{\mathrm{d}}{\mathrm{d}t}[\boldsymbol{f}_{\text{abc}}(t)] = \frac{\mathrm{d}}{\mathrm{d}t}[\boldsymbol{f}_{\text{dq0}}(t)] - \frac{\mathrm{d}}{\mathrm{d}t}[\boldsymbol{T}_{\text{abc-dq0}}(\theta_{\text{pcc}})] \cdot \boldsymbol{T}_{\text{dq0-abc}}(\theta_{\text{pcc}}) \cdot \boldsymbol{f}_{\text{dq0}}(t) \tag{18-41}$$

因此有

$$\boldsymbol{T}_{\text{abc-dq0}}(\theta_{\text{pcc}}) L \frac{\mathrm{d}}{\mathrm{d}t} \begin{bmatrix} i_a \\ i_b \\ i_c \end{bmatrix} = L \frac{\mathrm{d}}{\mathrm{d}t} \begin{bmatrix} i_d \\ i_q \\ i_0 \end{bmatrix} - L \left[ \frac{\mathrm{d}}{\mathrm{d}t} \boldsymbol{T}_{\text{abc-dq0}}(\theta_{\text{pcc}}) \right] \boldsymbol{T}_{\text{dq0-abc}}(\theta_{\text{pcc}}) \begin{bmatrix} i_d \\ i_q \\ i_0 \end{bmatrix} \tag{18-42}$$

$$= L \frac{\mathrm{d}}{\mathrm{d}t} \begin{bmatrix} i_d \\ i_q \\ i_0 \end{bmatrix} - \begin{bmatrix} 0 & \omega_{\text{pcc}} L & 0 \\ -\omega_{\text{pcc}} & 0 & 0 \\ 0 & 0 & 0 \end{bmatrix} \begin{bmatrix} i_d \\ i_q \\ i_0 \end{bmatrix}$$

$$\boldsymbol{T}_{\text{abc-dq0}}(\theta_{\text{pcc}}) \begin{bmatrix} i_0 \\ i_0 \\ i_0 \end{bmatrix} = \begin{bmatrix} 0 \\ 0 \\ i_0 \end{bmatrix} \tag{18-43}$$

$$\boldsymbol{T}_{\text{abc-dq0}}(\theta_{\text{pcc}}) 3L_{\text{ac}} \frac{\mathrm{d}}{\mathrm{d}t} \begin{bmatrix} i_0 \\ i_0 \\ i_0 \end{bmatrix} = 3L_{\text{ac}} \frac{\mathrm{d}}{\mathrm{d}t} \begin{bmatrix} 0 \\ 0 \\ i_0 \end{bmatrix} - 3L_{\text{ac}} \left[ \frac{\mathrm{d}}{\mathrm{d}t} \boldsymbol{T}_{\text{abc-dq0}}(\theta_{\text{pcc}}) \right] \boldsymbol{T}_{\text{dq0-abc}}(\theta_{\text{pcc}}) \begin{bmatrix} 0 \\ 0 \\ i_0 \end{bmatrix}$$

$$= 3L_{\text{ac}} \frac{\mathrm{d}}{\mathrm{d}t} \begin{bmatrix} 0 \\ 0 \\ i_0 \end{bmatrix} - \begin{bmatrix} 0 & 3\omega_{\text{pcc}} L_{\text{ac}} & 0 \\ -3\omega_{\text{pcc}} L_{\text{ac}} & 0 & 0 \\ 0 & 0 & 0 \end{bmatrix} \begin{bmatrix} 0 \\ 0 \\ i_0 \end{bmatrix} \tag{18-44}$$

在式（18-33）两侧左乘 $\boldsymbol{T}_{\text{abc-dq0}}(\theta_{\text{pcc}})$ 可以得到

$$L \frac{\mathrm{d}}{\mathrm{d}t} \begin{bmatrix} i_d \\ i_q \\ i_0 \end{bmatrix} - \begin{bmatrix} 0 & \omega_{\text{pcc}} L & 0 \\ -\omega_{\text{pcc}} L & 0 & 0 \\ 0 & 0 & 0 \end{bmatrix} \begin{bmatrix} i_d \\ i_q \\ i_0 \end{bmatrix} + R \begin{bmatrix} i_d \\ i_q \\ i_0 \end{bmatrix} =$$

$$3L_{\text{ac}} \frac{\mathrm{d}}{\mathrm{d}t} \begin{bmatrix} 0 \\ 0 \\ i_0 \end{bmatrix} - \begin{bmatrix} 0 & 3\omega_{\text{pcc}} L_{\text{ac}} & 0 \\ -3\omega_{\text{pcc}} L_{\text{ac}} & 0 & 0 \\ 0 & 0 & 0 \end{bmatrix} \begin{bmatrix} 0 \\ 0 \\ i_0 \end{bmatrix} + 3R_{\text{ac}} \begin{bmatrix} 0 \\ 0 \\ i_0 \end{bmatrix} + \begin{bmatrix} u_{\text{pccld}} \\ u_{\text{pcclq}} \\ u_{\text{pccl0}} \end{bmatrix} - \begin{bmatrix} u_d \\ u_q \\ u_0 \end{bmatrix} \tag{18-45}$$

将式（18-45）的前 2 行和第 3 行分别表达，可以得到如下两式：

$$L \frac{\mathrm{d}}{\mathrm{d}t} \begin{bmatrix} i_d \\ i_q \end{bmatrix} + R \begin{bmatrix} i_d \\ i_q \end{bmatrix} = \begin{bmatrix} u_{\text{pccld}} \\ u_{\text{pcclq}} \end{bmatrix} - \begin{bmatrix} u_d \\ u_q \end{bmatrix} + \begin{bmatrix} 0 & \omega_{\text{pcc}} L \\ -\omega_{\text{pcc}} L & 0 \end{bmatrix} \begin{bmatrix} i_d \\ i_q \end{bmatrix} \tag{18-46}$$

$$L\frac{\mathrm{d}i_0}{\mathrm{d}t}+Ri_0=3L_{ac}\frac{\mathrm{d}i_0}{\mathrm{d}t}+3R_{ac}i_0+u_{pccl0}-u_0 \tag{18-47}$$

由于

$$u_{pccl0}=\frac{u_{pcca}-u_{pccb}+u_{pccb}-u_{pccc}+u_{pccc}-u_{pcca}}{3}=0 \tag{18-48}$$

根据式（18-34）和式（18-48）可以将式（18-47）简化为

$$\left(L_0\frac{\mathrm{d}}{\mathrm{d}t}+R_0\right)i_0=-u_0 \tag{18-49}$$

对式（18-46）和式（18-49）用拉普拉斯算子 $s$ 代替 $\mathrm{d}/\mathrm{d}t$，可得到描述三角形接线 STATCOM 在 dq 坐标系下的时域运算模型为

$$\begin{cases}(R+Ls)\cdot i_d=u_{pccld}-u_d+\omega_{pcc}Li_q\\(R+Ls)\cdot i_q=u_{pcclq}-u_q-\omega_{pcc}Li_d\end{cases} \tag{18-50}$$

$$(R_0+L_0s)i_0=-u_0 \tag{18-51}$$

三角形接线 STATCOM 的数学模型与 MMC 的数学模型在结构上有类似性。为了与 MMC 的数学模型相类比，我们称式（18-50）为三角形接线 STATCOM 的差模方程，称式（18-51）为三角形接线 STATCOM 的共模方程。

## 18.8 交流电网平衡时三角形接线 STATCOM 的控制器设计

与 MMC 的控制器结构类似，三角形接线 STATCOM 的控制器也采用双模双环结构。

差模外环控制器的控制目标分为两类，第一类为有功类控制目标，第二类为无功类控制目标。有功类控制目标是保持 STATCOM 中所有子模块电容电压之和 $U_{c\Sigma}$ 为恒定值；无功类控制目标有两种，一种是保持注入交流侧的无功功率 $Q_{pcc}$ 恒定，另一种是保持 PCC 电压幅值 $U_{pccm}$ 恒定，不过任何时刻只可选择一种目标进行控制。

共模外环控制器确定环流指令值 $i_0^*$。共模内环电流控制器通过调节 3 个桥臂的共模电压 $u_0$ 使环流 $i_0$ 快速跟踪其指令值 $i_0^*$。

三角形接线 STATCOM 的双模双环控制器结构如图 18-19 所示，下面介绍控制器中主要环节的设计方法。

### 18.8.1 差模内环电流控制器设计

式（18-50）中，$i_d$、$i_q$ 为受控变量，$u_d$、$u_q$ 为控制变量，$u_{pccld}$、$u_{pcclq}$ 则是扰动变量，并且 dq 轴电流之间存在耦合。内环电流控制器设计的目标之一是确定控制变量指令值 $u_d^*$、$u_q^*$，使受控变量 $i_d$、$i_q$ 跟踪其指令值 $i_d^*$、$i_q^*$。

仿照第 5 章推导 MMC 差模内环电流控制器的过程，可以得到计算 $u_d$、$u_q$ 指令值 $u_d^*$、$u_q^*$ 的公式为

$$\begin{cases}u_d^*=u_{pccld}+\omega_{pcc}Li_q-(i_d^*-i_d)\left(K_{p1}+\frac{1}{T_{i1}s}\right)\\u_q^*=u_{pcclq}-\omega_{pcc}Li_d-(i_q^*-i_q)\left(K_{p2}+\frac{1}{T_{i2}s}\right)\end{cases} \tag{18-52}$$

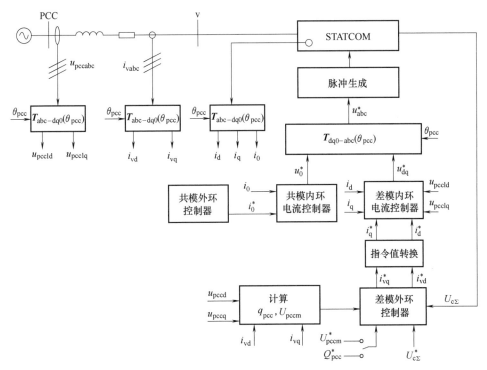

图 18-19 三角形接线 STATCOM 双模双环控制器结构框图

这样,根据式(18-52),可以得到计算桥臂电压指令值 $u_d^*$、$u_q^*$ 的时域运算模型框图如图 18-20 所示。

## 18.8.2 差模外环子模块电容电压恒定控制器设计

为了使三角形接线 STATCOM 各桥臂中的所有子模块电容电压恒定,需要满足能量平衡的要求,当注入 STATCOM 的能量超过其损耗时,所有子模块电容电压之和 $U_{c\Sigma}$ 一定会上升,而当注入 STATCOM 的能量小于其损耗时,所有子模块电容电压之和 $U_{c\Sigma}$ 一定会下降。因此,在注入 STATCOM 的能量与其损耗平衡时,就能维持所有子模块电容电压之和 $U_{c\Sigma}$

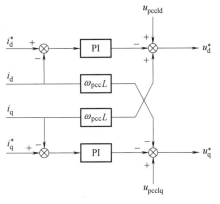

图 18-20 三角形接线 STATCOM 差模内环电流控制器框图

为恒定。而各桥臂内部子模块之间的电压均衡则通过第 6 章已介绍过的基于选择性投切原理的子模块之间的电压均衡控制方法来实现。

在 STATCOM 所有子模块电容电压之和 $U_{c\Sigma}$ 的指令值 $U_{c\Sigma}^*$ 给定的条件下,子模块电容电压恒定控制器结构如图 18-5 所示。

## 18.8.3 差模外环无功类控制器设计

根据式(5-17),$Q_{pcc}^*$ 给定时,可以直接计算 $i_{vq}^*$,但为了消除稳态误差,需要加上无功功率的负反馈 PI 调节项。这样,就可以得到 $Q_{pcc}^*$ 给定时的无功类控制回路如图 18-6a 所示。

如果给定的是 $U_{pccm}^*$，则对应的无功类控制回路如图 18-6b 所示。

### 18.8.4 差模内环控制器电流指令值的转换

对于三角形接法的子模块级联型 STATCOM，内环电流控制器控制的是 $i_d$ 和 $i_q$，其指令值是 $i_d^*$ 和 $i_q^*$。而外环功率控制器给出的指令值是 $i_{vd}^*$ 和 $i_{vq}^*$，因此需要将 $i_{vd}^*$ 和 $i_{vq}^*$ 转换为 $i_d^*$ 和 $i_q^*$。下面讨论如何根据 $i_{vd}^*$ 和 $i_{vq}^*$ 得到 $i_d^*$ 和 $i_q^*$。

根据式（18-30）有

$$\begin{bmatrix} i_{va} \\ i_{vb} \\ i_{vc} \end{bmatrix} = \begin{bmatrix} i_c - i_a \\ i_a - i_b \\ i_b - i_c \end{bmatrix} = \begin{bmatrix} -1 & 0 & 1 \\ 1 & -1 & 0 \\ 0 & 1 & -1 \end{bmatrix} \begin{bmatrix} i_a \\ i_b \\ i_c \end{bmatrix} \quad (18\text{-}53)$$

根据式（18-37）有

$$\begin{bmatrix} i_{vd} \\ i_{vq} \\ i_{v0} \end{bmatrix} = \boldsymbol{T}_{abc\text{-}dq0} \begin{bmatrix} i_{va} \\ i_{vb} \\ i_{vc} \end{bmatrix} = \boldsymbol{T}_{abc\text{-}dq0} \begin{bmatrix} -1 & 0 & 1 \\ 1 & -1 & 0 \\ 0 & 1 & -1 \end{bmatrix} \begin{bmatrix} i_a \\ i_b \\ i_c \end{bmatrix}$$

$$= \boldsymbol{T}_{abc\text{-}dq0} \begin{bmatrix} -1 & 0 & 1 \\ 1 & -1 & 0 \\ 0 & 1 & -1 \end{bmatrix} \boldsymbol{T}_{dq0\text{-}abc} \begin{bmatrix} i_d \\ i_q \\ i_0 \end{bmatrix} = \begin{bmatrix} -3/2 & -\sqrt{3}/2 & 0 \\ \sqrt{3}/2 & -3/2 & 0 \\ 0 & 0 & 0 \end{bmatrix} \begin{bmatrix} i_d \\ i_q \\ i_0 \end{bmatrix} \quad (18\text{-}54)$$

因此有

$$\begin{bmatrix} i_{vd} \\ i_{vq} \end{bmatrix} = \begin{bmatrix} -3/2 & -\sqrt{3}/2 \\ \sqrt{3}/2 & -3/2 \end{bmatrix} \begin{bmatrix} i_d \\ i_q \end{bmatrix} \quad (18\text{-}55)$$

和

$$\begin{bmatrix} i_d^* \\ i_q^* \end{bmatrix} = \begin{bmatrix} -1/2 & \sqrt{3}/6 \\ -\sqrt{3}/6 & -1/2 \end{bmatrix} \begin{bmatrix} i_{vd}^* \\ i_{vq}^* \end{bmatrix} \quad (18\text{-}56)$$

### 18.8.5 共模内环电流控制器设计

根据式（18-51），可以得到共模内环控制器的方程为

$$u_0^* = [i_0 - i_0^*]\left(k_{p3} + \frac{k_{i3}}{s}\right) \quad (18\text{-}57)$$

### 18.8.6 内环电流控制器的最终控制量计算

根据式（18-39），对 $u_d^*$、$u_q^*$、$u_0^*$ 进行 $\boldsymbol{T}_{dq0\text{-}abc}(\theta_{pcc})$ 的派克反变换，

$$\begin{bmatrix} u_a^* \\ u_b^* \\ u_c^* \end{bmatrix} = T_{\text{dq0-abc}}(\theta_{\text{pcc}}) \begin{bmatrix} u_d^* \\ u_q^* \\ u_0^* \end{bmatrix} \tag{18-58}$$

就能得到 abc 相坐标系下的桥臂电压指令值 $u_a^*$、$u_b^*$、$u_c^*$，从而就可以按照最近电平逼近进行子模块的触发控制了。

## 18.9 交流电网电压不平衡和畸变条件下三角形接线 STATCOM 的控制器设计

交流电网电压不平衡时，图 18-18 中的两组电压量（$u_{\text{pcca}}$, $u_{\text{pccb}}$, $u_{\text{pccc}}$）、（$u_a$, $u_b$, $u_c$）和两组电流量（$i_{\text{va}}$, $i_{\text{vb}}$, $i_{\text{vc}}$）、（$i_a$, $i_b$, $i_c$）都包含有正序分量和负序分量。由三角形接线 STATCOM 电路本身的对称性，正序分量与负序分量之间不存在耦合，因此对于式（18-50）所描述的三角形接线 STATCOM 的差模方程，可以分为差模正序方程和差模负序方程；而对于式（18-51）所描述的三角形接线 STATCOM 的共模方程，其并不受交流电网电压不平衡的影响。

仿照 5.5.2 节电网电压不平衡和畸变情况下 MMC 的控制器设计方法。首先采用 5.5.1 节基于 DDSRF 瞬时对称分量分解方法提取出三角形接线 STATCOM 差模正序分量和差模负序分量。根据第 5 章将 $T_{\text{DDSRF}}(\theta_{\text{pcc}})$ 定义为对任意三相瞬时量提取其正序分量和负序分量的数学算子，有

$$\begin{bmatrix} \overline{i_{\text{vdq}}^+} \\ \overline{i_{\text{vdq}}^-} \end{bmatrix} = T_{\text{DDSRF}}(\theta_{\text{pcc}}) \begin{bmatrix} i_{\text{va}} \\ i_{\text{vb}} \\ i_{\text{vc}} \end{bmatrix} \tag{18-59}$$

$$\begin{bmatrix} \overline{i_{\text{dq}}^+} \\ \overline{i_{\text{dq}}^-} \end{bmatrix} = T_{\text{DDSRF}}(\theta_{\text{pcc}}) \begin{bmatrix} i_a \\ i_b \\ i_c \end{bmatrix} \tag{18-60}$$

$$\begin{bmatrix} \overline{u_{\text{pccldq}}^+} \\ \overline{u_{\text{pccldq}}^-} \end{bmatrix} = T_{\text{DDSRF}}(\theta_{\text{pcc}}) \begin{bmatrix} u_{\text{pcca}} - u_{\text{pccb}} \\ u_{\text{pccb}} - u_{\text{pccc}} \\ u_{\text{pccc}} - u_{\text{pcca}} \end{bmatrix} \tag{18-61}$$

采用 18.7 节同样的数学模型推导流程，可以得到与式（18-50）对应的描述三角形接线 STATCOM 差模正序分量和差模负序分量在 dq 和 $d^{-1}q^{-1}$ 坐标系下的时域运算模型为

$$\begin{cases} (R+Ls) \cdot \overline{i_d^+} = \overline{u_{\text{pccld}}^+} - \overline{u_d^+} + \omega_{\text{pcc}} L \overline{i_q^+} \\ (R+Ls) \cdot \overline{i_q^+} = \overline{u_{\text{pcclq}}^+} - \overline{u_q^+} - \omega_{\text{pcc}} L \overline{i_d^+} \end{cases} \tag{18-62}$$

$$\begin{cases} (R+Ls) \cdot \overline{i_d^-} = \overline{u_{\text{pccld}}^-} - \overline{u_d^-} - \omega_{\text{pcc}} L \overline{i_q^-} \\ (R+Ls) \cdot \overline{i_q^-} = \overline{u_{\text{pcclq}}^-} - \overline{u_q^-} + \omega_{\text{pcc}} L \overline{i_d^-} \end{cases} \tag{18-63}$$

仿照 5.3.1 节差模内环电流控制器之阀侧电流跟踪控制一节的推导，可以得到实际控制变量指令值 $u_\mathrm{d}^{+*}$、$u_\mathrm{q}^{+*}$ 和 $u_\mathrm{d}^{-*}$、$u_\mathrm{q}^{-*}$ 的表达式为

$$\begin{cases} u_\mathrm{d}^{+*} = \overline{u_\mathrm{pccld}^{+}} + \omega_\mathrm{pcc} L \overline{i_\mathrm{q}^{+}} - (i_\mathrm{d}^{+*} - \overline{i_\mathrm{d}^{+}})\left(K_\mathrm{p1}' + \dfrac{1}{T_\mathrm{i1}'s}\right) \\ u_\mathrm{q}^{+*} = \overline{u_\mathrm{pcclq}^{+}} - \omega_\mathrm{pcc} L \overline{i_\mathrm{d}^{+}} - (i_\mathrm{q}^{+*} - \overline{i_\mathrm{q}^{+}})\left(K_\mathrm{p2}' + \dfrac{1}{T_\mathrm{i2}'s}\right) \end{cases} \tag{18-64}$$

$$\begin{cases} u_\mathrm{d}^{-*} = \overline{u_\mathrm{pccld}^{-}} - \omega_\mathrm{pcc} L \overline{i_\mathrm{q}^{-}} - (i_\mathrm{d}^{-*} - \overline{i_\mathrm{d}^{-}})\left(K_\mathrm{p1}'' + \dfrac{1}{T_\mathrm{i1}''s}\right) \\ u_\mathrm{q}^{-*} = \overline{u_\mathrm{pcclq}^{-}} + \omega_\mathrm{pcc} L \overline{i_\mathrm{d}^{-}} - (i_\mathrm{q}^{-*} - \overline{i_\mathrm{q}^{-}})\left(K_\mathrm{p2}'' + \dfrac{1}{T_\mathrm{i2}''s}\right) \end{cases} \tag{18-65}$$

仿照 5.3.3 节的推导，在求得实际控制变量 $u_\mathrm{d}^{+*}$、$u_\mathrm{q}^{+*}$ 和 $u_\mathrm{d}^{-*}$、$u_\mathrm{q}^{-*}$ 后，首先进行坐标反变换。通过反变换矩阵 $\boldsymbol{T}_\mathrm{dq\text{-}abc}(\theta_\mathrm{pcc})$ 将 dq 坐标系中的 $u_\mathrm{d}^{+*}$、$u_\mathrm{q}^{+*}$ 变换回 abc 坐标系中。通过反变换矩阵 $\boldsymbol{T}_\mathrm{dq\text{-}abc}(-\theta_\mathrm{pcc})$ 将 $\mathrm{d}^{-1}\mathrm{q}^{-1}$ 坐标系中的 $u_\mathrm{d}^{-*}$、$u_\mathrm{q}^{-*}$ 变换回 abc 坐标系中。

$$\begin{bmatrix} u_\mathrm{a}^{+*}(t) \\ u_\mathrm{b}^{+*}(t) \\ u_\mathrm{c}^{+*}(t) \end{bmatrix} = \boldsymbol{T}_\mathrm{dq\text{-}abc}(\theta_\mathrm{pcc}) \begin{bmatrix} u_\mathrm{d}^{+*}(t) \\ u_\mathrm{q}^{+*}(t) \end{bmatrix} \tag{18-66}$$

$$\begin{bmatrix} u_\mathrm{a}^{-*}(t) \\ u_\mathrm{b}^{-*}(t) \\ u_\mathrm{c}^{-*}(t) \end{bmatrix} = \boldsymbol{T}_\mathrm{dq\text{-}abc}(-\theta_\mathrm{pcc}) \begin{bmatrix} u_\mathrm{d}^{-*}(t) \\ u_\mathrm{q}^{-*}(t) \end{bmatrix} \tag{18-67}$$

从而求出 abc 坐标系下的桥臂电压指令值 $u_j^*$ 为

$$\begin{bmatrix} u_\mathrm{a}^{*}(t) \\ u_\mathrm{b}^{*}(t) \\ u_\mathrm{c}^{*}(t) \end{bmatrix} = \begin{bmatrix} u_\mathrm{a}^{+*}(t) \\ u_\mathrm{b}^{+*}(t) \\ u_\mathrm{c}^{+*}(t) \end{bmatrix} + \begin{bmatrix} u_\mathrm{a}^{-*}(t) \\ u_\mathrm{b}^{-*}(t) \\ u_\mathrm{c}^{-*}(t) \end{bmatrix} + \begin{bmatrix} u_0^{*}(t) \\ u_0^{*}(t) \\ u_0^{*}(t) \end{bmatrix} \tag{18-68}$$

注意，式（18-68）中的零序电压 $u_0^*$ 的计算仍然按照式（18-57）的共模内环控制器的方程进行计算，因为外部电网的不对称不影响共模分量控制器的设计。在得到桥臂电压指令值 $u_j^*$ 后，就可以直接进行桥臂子模块的触发控制了。

交流电网不对称故障时 STATCOM 控制器的控制目标与 MMC 是类似的，也是将桥臂中流过的负序电流抑制到零，避免功率器件电流超限。因此，差模内环电流控制器的输入指令中，负序电流指令值 $i_\mathrm{d}^{-*}$ 和 $i_\mathrm{q}^{-*}$ 直接取零，以消除桥臂负序电流。而正序电流指令值 $i_\mathrm{d}^{+*}$ 和 $i_\mathrm{q}^{+*}$ 则按照 18.8 节外环控制器的设计方法确定。

至此，我们可以得到三角形接线 STATCOM 在交流电网电压不平衡和畸变时的通用控制器模型框图，如图 18-21 所示。

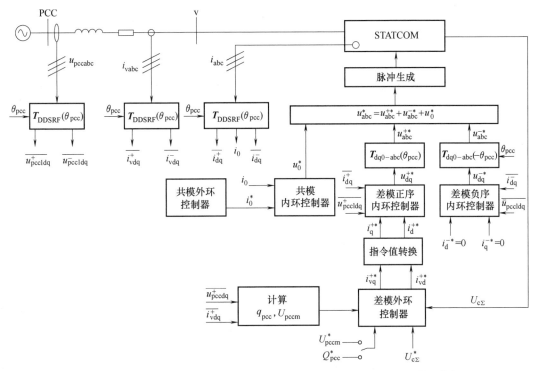

图 18-21 交流电网电压不平衡和畸变条件下三角形接线 STATCOM 控制器框图

## 18.10 STATCOM 选择星形接线与三角形接线所考虑的因素

子模块级联型 STATCOM 包含 3 个桥臂，可以采用星形接线或三角形接线两种接线方式。星形接线的桥臂承受相电压，三角形接线的桥臂承受线电压。在同样的子模块额定电压下，采用星形接线时需要的子模块个数较少；当子模块数目对成本有决定性影响时，应采用星形接线。而三角形接线承受线电压，但桥臂额定电流比星形接线小，因此，在子模块额定电流对成本有决定性影响时，应采用三角形接线。此外，三角形接线的 STATCOM 会存在零序环流，其控制器结构比星形接线的 STATCOM 复杂。

## 参 考 文 献

[1] HANSON D J, HORWILL C, LOUGHRAN J, et al. The application of a relocatable STATCOM-based SVC on the UK National Grid system [C]//IEEE Asia Pacific Conference and Exhibition of the IEEE-Power Engineering Society on Transmission and Distribution, 6-10 Oct. 2002, Yokohama, Japan. New York：IEEE, 2002.

[2] 金砚秋，张哲任，严铭，等. 结合阀侧 STATCOM 的电容换相换流拓扑及基本控制策略 [J]. 电力自动化设备, 2024, 48（4）：12-18.

# 第19章 模块化多电平换流器的电磁暂态快速仿真方法

## 19.1 问题的提出

在电磁暂态仿真时,IGBT 和二极管等电力电子开关器件的模拟是最耗仿真时间的,因为开关器件的伏安特性是非线性的。为了避免直接求解非线性网络所遇到的困难,在交直流电力系统的电磁暂态仿真中,对开关器件的伏安特性都做了一定的简化[1]。最常用的简化方法是把开关器件在断态和通态下的伏安特性曲线分别用一条直线来等效。通常有 2 种模拟开关器件的方法。第 1 种方法是变拓扑的方法,开关器件关断状态用开路来表示,开关器件导通状态用短路来表示;第 2 种方法是变参数的方法,常见的做法是用适当的高电阻等效开关器件的断态,适当的低电阻等效开关器件的通态。采用上述方法以后,开关器件在某个确定的状态下就具有线性元件的特性,但只要网络中有一个开关器件状态改变,描述网络的方程就必须跟着改变。在 MMC 的电磁暂态仿真中,无论采用哪种方法,原则上开关器件状态每变化一次,就需要重新建立一次网络方程。这对于开关器件数量巨大的 MMC,几乎是难以实现的。

目前构成 MMC 最常用的子模块类型为半桥子模块,即使采用最简化的半桥子模块电路模型,如图 2-2 所示,一个子模块就包含两个 IGBT、两个二极管和一个电容器。我们以舟山五端柔性直流输电系统为例来计算该工程包含的子模块数量和开关器件数量。舟山工程每端 MMC 包含 6 个桥臂,每个桥臂包含 250 个子模块,因此,整个系统包含的子模块数量为 $5×6×250=7500$ 个。这样,整个系统包含的开关器件数为 $7500×4=30000$ 个。假设采用了较优化的调制策略,使得每个开关器件的开关频率降到 250Hz。这样,每个开关器件一个工频周期内需要开关 5 次,即其状态需要改变 5 次,因此,一个工频周期内,整个系统的开关状态改变数为 $30000×5=15$ 万次。这意味着对舟山五端柔性直流输电系统进行一个工频周期(20ms)的仿真,就要建立整个系统的网络方程 15 万次,这在实际仿真中是难以接受的。

因此,如何缩短建立网络方程的时间,就成为 MMC 电磁暂态仿真的一个十分关键问题,特别是需要进行实时数字仿真时。采用分块交接变量方程法[1-3],可以将开关器件集中在专门的几个分块中,开关器件状态改变时只要改变对应分块的网络方程,而不需要改变整个系统的网络方程,因而能够大大减少仿真过程中建立整个系统网络方程的次数,从而可以大幅度提高仿真速度。另外,采用分块交接变量方程法,可以运用并行计算方法同时对各分块进行计算,从而达到实时或超实时仿真的要求。分块交接变量方程法需要在所研究电网的离散化伴随模型上才能实施，本质上是一种针对大规模线性方程组的降阶求解方法。下面先讨论电网的离散化伴随模型及其建立过程。

## 19.2 电磁暂态仿真的实现途径和离散化伴随模型

目前，电力系统电磁暂态仿真程序几乎无一例外地都采用离散化伴随模型法进行求解，离散化伴随模型法的求解过程如下[1]：①先挑选适当的数值积分公式，把描述单个元件特性的微分方程做离散化处理，形成单个元件的离散化伴随模型；②根据单个元件的离散化伴随模型建立整个电网的离散化伴随网络；③通过对整个电网的离散化伴随网络的求解，得到某个时间离散点上的解；④利用当前时刻已求得的解递推下一个离散时刻的离散化伴随模型；重复②、③、④即可得到系统在一系列时间离散点上的解。离散化伴随模型法的特点是将网络中的所有分布参数元件和集中参数储能元件等效为一个电导和一个与之并联的电流源的组合，从而把用微分方程描述的网络方程转化为用代数方程描述的网络方程，将复杂的电力网络的暂态分析问题转化为了相对简单的离散化伴随网络的直流分析问题。而对离散化伴随网络的直流分析通常采用节点电压分析法，可以充分利用节点导纳矩阵的稀疏性，从而大大提高网络的求解效率。

选择合适的数值积分公式对保证电磁暂态仿真的精度具有十分重要的意义。对数值积分公式的选择，一般从如下3个方面加以考虑[1]：第一，选择的数值积分公式必须具有良好的数值稳定性；第二，数值积分公式的局部截断误差必须比较小；第三，数值积分公式必须具有较好的自起动特性。根据上述三点，目前电力系统电磁暂态仿真常用的数值积分公式有两种，一种是梯形公式，另一种是后退欧拉公式。下面推导最基本的电感元件和电容元件的离散化伴随模型。

首先推导电阻-电感串联支路的离散化伴随模型。电阻-电感串联支路如图19-1a所示。描述电阻-电感串联支路的微分方程为

$$u = Ri + L\frac{\mathrm{d}i}{\mathrm{d}t} \tag{19-1}$$

因此

$$\frac{\mathrm{d}i}{\mathrm{d}t} = \frac{1}{L}(u - Ri) \tag{19-2}$$

如采用梯形公式进行离散化，设步长为 $h$，则

$$i_{n+1} = i_n + \frac{h}{2}(i'_n + i'_{n+1}) = i_n + \frac{h}{2L}(u_n - Ri_n + u_{n+1} - Ri_{n+1}) \tag{19-3}$$

因此

$$i_{n+1} = \frac{h}{2L+hR}u_{n+1} + \left(\frac{h}{2L+hR}u_n + \frac{2L-hR}{2L+hR}i_n\right) = G_{\mathrm{TLR}}u_{n+1} + J_{\mathrm{TLR}\,n} \tag{19-4}$$

$$u_{n+1} = \frac{2L+hR}{h}i_{n+1} - \left(u_n + \frac{2L-hR}{h}i_n\right) = R_{\mathrm{TLR}}i_{n+1} - E_{\mathrm{TLR}\,n} \tag{19-5}$$

其离散化伴随模型分别如图19-1b 和 c 所示。

如采用后退欧拉公式进行离散化，则离散化方程为

$$i_{n+1} = \frac{h}{L+hR}u_{n+1} + \frac{L}{L+hR}i_n = G_{\mathrm{ELR}}u_{n+1} + J_{\mathrm{ELR}n} \qquad (19\text{-}6)$$

$$u_{n+1} = \frac{L+hR}{h}i_{n+1} - \frac{L}{h}i_n = R_{\mathrm{ELR}}i_{n+1} - E_{\mathrm{ELR}n} \qquad (19\text{-}7)$$

其离散化伴随模型结构仍然如图 19-1b 和 c 所示，只是 $G_{\mathrm{LR}}$、$J_{\mathrm{LR}n}$ 和 $R_{\mathrm{LR}}$、$E_{\mathrm{LR}n}$ 的表达式不同。

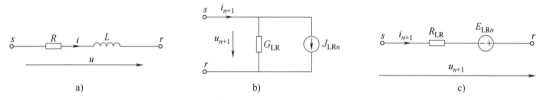

图 19-1　电感-电阻串联支路的离散化伴随模型
a) 原始电路　b) 诺顿离散化伴随模型　c) 戴维南离散化伴随模型

下面推导电容支路的离散化伴随模型。电容支路如图 19-2a 所示。描述电容支路的微分方程为

$$i = C\frac{\mathrm{d}u}{\mathrm{d}t} \qquad (19\text{-}8)$$

如采用梯形公式进行离散化，设步长为 $h$，

$$\begin{aligned}u_{n+1} &= u_n + \frac{h}{2}(u'_n + u'_{n+1}) = u_n + \frac{h}{2C}(i_n + i_{n+1}) = \frac{h}{2C}i_{n+1} + \left(u_n + \frac{h}{2C}i_n\right) \\ &= R_{\mathrm{TC}}i_{n+1} + E_{\mathrm{TC}n}\end{aligned} \qquad (19\text{-}9)$$

而

$$i_{n+1} = \frac{2C}{h}u_{n+1} - \left(i_n + \frac{2C}{h}u_n\right) = G_{\mathrm{TC}}u_{n+1} - J_{\mathrm{TC}n} \qquad (19\text{-}10)$$

其离散化伴随模型分别如图 19-2b 和 c 所示。

如采用后退欧拉公式进行离散化，则离散化方程为

$$u_{n+1} = u_n + hu'_{n+1} = u_n + \frac{h}{C}i_{n+1} = \frac{h}{C}i_{n+1} + u_n = R_{\mathrm{EC}}i_{n+1} + E_{\mathrm{EC}n} \qquad (19\text{-}11)$$

$$i_{n+1} = \frac{C}{h}u_{n+1} - \frac{C}{h}u_n = G_{\mathrm{EC}}u_{n+1} - J_{\mathrm{EC}n} \qquad (19\text{-}12)$$

其离散化伴随模型结构仍然如图 19-2b 和 c 所示，只是 $G_{\mathrm{C}}$、$J_{\mathrm{C}n}$ 和 $R_{\mathrm{C}}$、$E_{\mathrm{C}n}$ 的表达式不同。

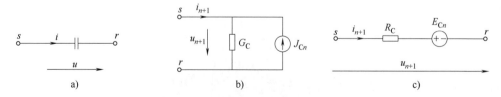

图 19-2　电容支路的离散化伴随模型
a) 原始电路　b) 诺顿离散化伴随模型　c) 戴维南离散化伴随模型

如果把电力系统中所有非线性元件都用分段线性化的方法化为分段线性元件，则MMC的电磁暂态仿真是通过求解各时间分段上的线性网络来实现的。因此如何精确确定各时间分段的边界点即断点以及断点上的初始值就成为交直流电力系统电磁暂态仿真的一个重要问题。根据常微分方程初值问题的柯西定理，要使常微分方程 $x'(t)=f(x,t)$ 在求解的时间段内有解且唯一，一个必不可少的条件是 $f(x,t)$ 在该时间段内连续。但当计算时步内有断点时，上述条件通常不能满足。例如对于电感元件，描述其特性的微分方程为 $i'(t)=u(t)/L$，在断点上，只有状态量 $i(t)$ 是连续的，而 $u(t)$ 可能会发生突变。因此，当计算时步内出现断点时，从微分方程解的存在性和唯一性考虑，必须将求解过程以断点时刻作为边界。因此，如果按照严格的数学理论，在交直流电力系统电磁暂态仿真中，必须以断点时刻作为边界一个时间段接着一个时间段地进行网络求解。但这种做法在工程实践上相当不方便，特别是当一个时步内出现多个断点时，处理起来效率极低。因此，目前商业化的电力系统电磁暂态仿真程序在断点的处理上都有自己一些独到的做法。

基于梯形公式所得出的储能元件的离散化模型中，等效电流源取决于当前步的电流和电压两个量的大小。例如对于电感元件，用梯形公式可导出其离散化伴随模型为

$$i_{n+1}=i_n+\frac{1}{2}[i'_n+i'_{n+1}]h=\frac{h}{2L}u_{n+1}+(i_n+\frac{h}{2L}u_n)=Gu_{n+1}+J_{n+1} \tag{19-13}$$

式中，$h$ 为步长。显然等效电流源 $J_{n+1}$ 取决于当前步的电流 $i_n$ 和电压 $u_n$。

现假定 $t_n$ 时刻为网络断点，则 $t_{n+1}=t_n+h$ 点网络的解与 $t_{n+}$（断点后瞬间）时刻网络中储能元件上的电流 $i_{n+}$ 和电压 $u_{n+}$ 有关。但对于任何一种储能元件，在断点时刻，电流和电压两个量中只能保证一个是连续的，即其中只有一个量（该元件的状态量）可以直接取自断点前一瞬间（$t_{n-}$）的值，而另一个量（状态量的导数）必须采用其他方法来求出，否则梯形离散化模型无法起动。如果仍然使用断点前一瞬间（$t_{n-}$）状态量的导数值来计算断点后的网络状态，极有可能引起数值振荡。

在基于后退欧拉公式所得出的储能元件的离散化模型中，等效电流源只取决于储能元件当前步状态量的大小。例如对于电感元件，用后退欧拉公式可导出其离散化伴随模型为

$$i_{n+1}=i_n+hi'_{n+1}=\frac{h}{L}u_{n+1}+i_n=Gu_{n+1}+J_{n+1} \tag{19-14}$$

可见其等效电流源 $J_{n+1}$ 只取决于当前步的电流 $i_n$，并且其等效电导 $G$ 是梯形离散化模型的2倍，或者说当步长减半时后退欧拉离散化模型的等效电导与梯形离散化模型的等效电导相等。由于基于后退欧拉公式所导出的储能元件的离散化伴随模型的等效电流源只与当前步储能元件状态量的大小有关，而断点时刻储能元件的状态量是连续的，因此后退欧拉离散化模型能够直接在断点处起动。

目前，电力系统电磁暂态仿真的一种成功做法是采用后退欧拉公式来进行断点后第一步的计算，并且步长减半，从断点后第二步开始再使用梯形公式，这样就避免了梯形公式在断点处理上的困难。

## 19.3 基于分块交接变量方程法的MMC快速仿真方法总体思路

在传统直流输电系统电磁暂态仿真时，为了减少每次开关器件状态改变而需要重新建立

整个系统网络方程的计算量,提出了基于网络分块的分块交接变量方程法[2-3]。网络分块的原则是按拓扑常变与拓扑不变进行子网络的划分,各子网络独立列方程并独立求解,各子网络间的相互作用通过交接变量来体现。特别需要指出的是,分块交接变量方程法的基础是离散化伴随网络模型,即分块交接变量方程法是针对离散化伴随网络而实施的,其对象是线性代数方程而非微分方程。

对于 MMC 的电磁暂态仿真,为了解决子模块开关器件状态频繁改变而需要重新建立整个 MMC 网络方程所涉及计算量大的问题,需要采用分块交接变量方程法进行求解。对应 MMC 的分块交接变量方程法的步骤如图 19-3 所示。首先,将 MMC 的离散化伴随网络分解为桥臂子网络与非桥臂子网络,如图 19-3a 所示,其中虚线框内的为桥臂子网络,虚线框外的为非桥臂子网络。显然,非桥臂子网络的拓扑结构不随时间而变化,桥臂子网络的拓扑结构是随时间而不断变化的。其次,求出虚线框内的桥臂离散化伴随子网络的交接变量方程,该交接变量方程对应的等效电路就是该子网络的时变戴维南等效电路,如图 19-3b 所示。显然,存在多种可能的方法求出虚线框内桥臂离散化伴随子网络的交接变量方程,也就是将虚线框内桥臂离散化伴随子网络等效为一个戴维南等效电路。参考文献 [4] 提出了考虑桥臂内所有子模块内部特性的桥臂子网络戴维南等效方法,本书将其称为"子模块戴维南等效快速仿真方法";参考文献 [5] 提出了仅考虑桥臂内子模块集合平均特性的桥臂子网络戴维南等效方法,本书将其称为"桥臂戴维南等效快速仿真方法"。最后,将桥臂离散化伴随子网络的时变戴维南等效电路替代 MMC 离散化伴随网络中的桥臂离散化伴随子网络,得到包含所有交接变量的 MMC 的等效网络,如图 19-3c 所示。进一步求解图 19-3c 这个包含所有交接变量的 MMC 的等效网络,得到 MMC 各个离散化伴随子网络的所有交接变量。再将这些交接变量代回到各自的离散化伴随子网络中,求出各离散化伴随子网络中的所有物理量。这样就完成了分块交接变量方程法的对应一个仿真步长的求解过程。

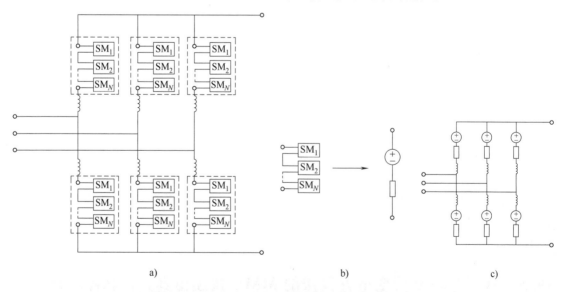

图 19-3 MMC 的分块方法及其交接变量等效电路

a) MMC 的分块方法 b) 桥臂分块及其时变戴维南等效电路 c) MMC 的交接变量等效网络

## 19.4 子模块戴维南等效快速仿真方法

### 19.4.1 IGBT 可控时桥臂的戴维南等效模型

如前面所述,求出桥臂离散化伴随子网络的时变戴维南等效电路是 MMC 电磁暂态快速仿真方法的第一步。MMC 的桥臂由多个子模块串联而成,子模块的结构根据使用场合的需要分为不同的类型,这里主要推导 3 种最常见子模块结构的时变戴维南等效电路,其他结构子模块的时变戴维南等效电路可以按照相同的方法导出。所讨论的 3 种子模块结构分别为半桥子模块 (HBSM)、全桥子模块 (FBSM) 和钳位双子模块 (CDSM),如图 19-4 所示。

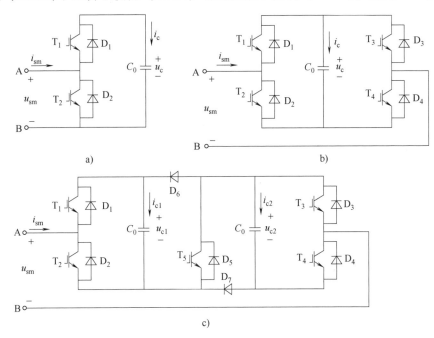

图 19-4 常见的 3 种子模块结构

a) 半桥子模块 b) 全桥子模块 c) 钳位双子模块

**1. 基于半桥子模块的桥臂时变戴维南等效电路**

在子模块正常受控条件下,IGBT 及其反并联二极管 D 作为一个整体可以被看作一个开关 T&D,因而可被视为一个由开关指令控制的可变电阻。当 T&D 导通时,其可变电阻取较小的值;当 T&D 关断时,其可变电阻值取较大的值。对于一般的电磁暂态仿真软件,如果仿真目的不是为了计算 MMC 的损耗,T&D 导通状态下的可变电阻值取 $0.01\Omega$,T&D 关断状态下的可变电阻值取 $1M\Omega$,可以得到较好的效果。

根据图 19-2c 所示的电容支路的戴维南离散化伴随模型,可以得到半桥子模块的等效电路如图 19-5 所示。其中 $R_1$、$R_2$ 为上下开关 T&D 的等效可变电阻。

求从图 19-5a 所示的 AB 端口看进去的戴维南等效电路,可以得到

$$u_{sm}(t) = R_{smeq} i_{sm}(t) + E_{smeq}(t-h) \tag{19-15}$$

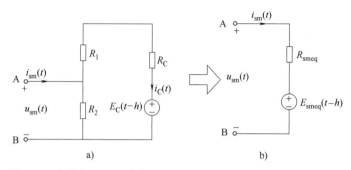

**图 19-5** 离散化处理后的半桥子模块等效电路及其戴维南等效电路

式中,

$$R_{\text{smeq}} = \frac{R_2(R_1+R_C)}{R_1+R_2+R_C} \quad (19\text{-}16)$$

$$E_{\text{smeq}}(t-h) = \frac{R_2}{R_1+R_2+R_C}E_C(t-h) \quad (19\text{-}17)$$

另有,

$$i_C(t) = \frac{R_2 i_{\text{sm}}(t) - E_C(t-h)}{R_1+R_2+R_C} \quad (19\text{-}18)$$

在得到单个子模块的戴维南等效电路后,就可以求出整个桥臂的戴维南等效电路。设整个桥臂的戴维南等效电路如图 19-6 所示,下面推导整个桥臂的戴维南等效电路。

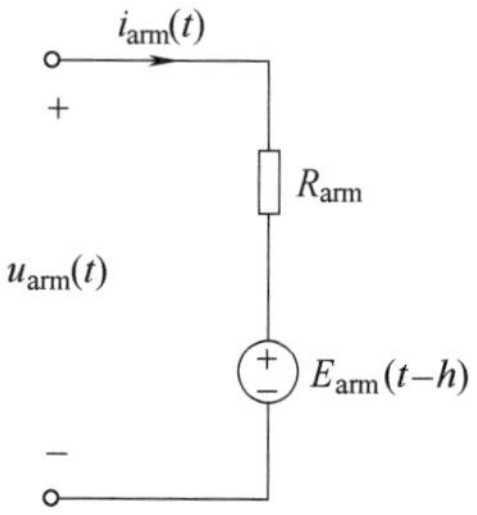

**图 19-6** 整个桥臂的戴维南等效电路

一个桥臂是由 $N$ 个半桥子模块串联而成的。因此,一个桥臂的瞬时输出电压 $u_{\text{arm}}(t)$ 等于此桥臂中全部 $N$ 个子模块的输出端口电压 $u_{\text{sm}}(t)$ 之和,且 $i_{\text{arm}}(t) = i_{\text{sm}}(t)$,即

$$u_{\text{arm}}(t) = \sum_{i=1}^{N} u_{\text{sm}}^i(t) = \left(\sum_{i=1}^{N} R_{\text{smeq}}^i\right) i_{\text{arm}}(t) + \sum_{i=1}^{N} E_{\text{smeq}}^i(t-h) = R_{\text{arm}} i_{\text{arm}}(t) + E_{\text{arm}}(t-h)$$

$$(19\text{-}19)$$

从而可以得到

$$R_{\text{arm}} = \sum_{i=1}^{N} R_{\text{smeq}}^i = \sum_{i=1}^{N} \frac{R_2^i(R_1^i+R_C^i)}{R_1^i+R_2^i+R_C^i} \quad (19\text{-}20)$$

$$E_{\text{arm}}(t-h) = \sum_{i=1}^{N} E_{\text{smeq}}^i(t-h) = \sum_{i=1}^{N} \frac{R_2^i}{R_1^i+R_2^i+R_C^i}E_C^i(t-h) \quad (19\text{-}21)$$

**2. 基于全桥子模块的桥臂时变戴维南等效电路**

求解全桥子模块所构成桥臂的时变戴维南等效电路与求解半桥子模块所构成桥臂的时变戴维南等效电路类似。先将全桥子模块中的 4 个开关 T&D 等效为 4 个可变电阻,再将全桥子模块中的电容用其戴维南离散化伴随模型代替,就得到如图 19-7 所示的全桥子模块等效电路图。

求从图 19-7a 所示的 AB 端口看进去的戴维南等效电路,可以得到

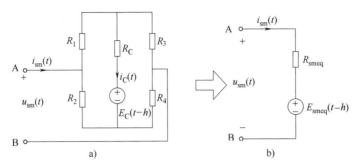

图 19-7 离散化处理后的全桥子模块等效电路及其戴维南等效电路

$$R_{\text{smeq}} = \frac{R_1 R_A - R_3 R_E}{R_M} \tag{19-22}$$

$$E_{\text{smeq}}(t-h) = \frac{(R_1 R_B - R_3 R_D)}{R_M} \cdot E_C(t-h) \tag{19-23}$$

另有,

$$i_C(t) = \frac{(R_A + R_E) \cdot i_{\text{sm}}(t) + (R_B + R_D) \cdot E_C(t-h)}{R_M} \tag{19-24}$$

式中,

$$R_A = R_2(R_C + R_3 + R_4) + R_C R_4 \tag{19-25}$$

$$R_B = -(R_3 + R_4) \tag{19-26}$$

$$R_E = -[R_4(R_1 + R_2 + R_C) + R_C R_2] \tag{19-27}$$

$$R_D = -(R_1 + R_2) \tag{19-28}$$

$$R_M = (R_1 + R_2)(R_3 + R_4) + R_C(R_1 + R_2 + R_3 + R_4) \tag{19-29}$$

求整个桥臂戴维南等效电路的方法与半桥子模块完全相同,不再赘述。

**3. 基于钳位双子模块的桥臂时变戴维南等效电路**

钳位双子模块在受控状态下的运行模式有 4 种,见表 19-1。根据表 19-1,$T_5$&$D_5$ 可用短路表示,$D_6$ 和 $D_7$ 可用开路表示,其他 4 个开关 T&D 用 4 个可变电阻表示,再将钳位双子模块中的 2 个电容用其戴维南离散化伴随模型代替,就得到如图 19-8 所示的钳位双子模块等效电路图。

表 19-1 钳位双子模块受控状态下的运行模式

| | $T_1$ | $T_2$ | $T_3$ | $T_4$ | $T_5$ | $D_6$ | $D_7$ | $U_{\text{HBSM1}}$ | $U_{\text{HBSM2}}$ | $u_{\text{sm}}$ | $i_{\text{sm}}$ |
|---|---|---|---|---|---|---|---|---|---|---|---|
| 受控状态 | 1 | 0 | 0 | 1 | 1 | 0 | 0 | $U_c$ | $U_c$ | $2U_c$ | — |
| | 1 | 0 | 1 | 0 | 1 | 0 | 0 | $U_c$ | 0 | $U_c$ | — |
| | 0 | 1 | 0 | 1 | 1 | 0 | 0 | 0 | $U_c$ | $U_c$ | — |
| | 0 | 1 | 1 | 0 | 1 | 0 | 0 | 0 | 0 | 0 | — |

求从图 19-8a 所示的 AB 端口看进去的戴维南等效电路,可以得到

$$R_{\text{smeq}} = \frac{R_2(R_1 + R_C)}{R_1 + R_2 + R_C} + \frac{R_3(R_4 + R_C)}{R_3 + R_4 + R_C} \tag{19-30}$$

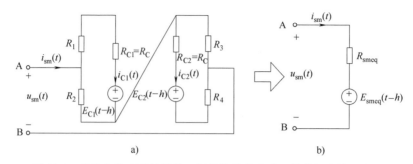

图 19-8　离散化处理后的钳位双子模块等效电路及其戴维南等效电路

$$E_{\mathrm{smeq}}(t-h) = \frac{R_2}{R_1+R_2+R_C}E_{\mathrm{C1}}(t-h) + \frac{R_3}{R_3+R_4+R_C}E_{\mathrm{C2}}(t-h) \quad (19\text{-}31)$$

$$i_{\mathrm{C1}}(t) = \frac{R_2 i_{\mathrm{sm}}(t) - E_{\mathrm{C1}}(t-h)}{R_1+R_2+R_C} \quad (19\text{-}32)$$

$$i_{\mathrm{C2}}(t) = \frac{R_3 i_{\mathrm{sm}}(t) - E_{\mathrm{C2}}(t-h)}{R_3+R_4+R_C} \quad (19\text{-}33)$$

求整个桥臂戴维南等效电路的方法与半桥子模块完全相同，不再赘述。

### 19.4.2　IGBT 闭锁时桥臂的戴维南等效模型

一旦子模块中的 IGBT 闭锁，子模块就变为二极管电路，其运行状态决定于流过子模块的电流方向。又由于同一个桥臂中的子模块流过的是同一个电流，因此同一个桥臂中的子模块的运行状态是完全一致的。这是与前述子模块在受控条件下的运行状态有很大不同的，因为子模块在受控条件下，同一个桥臂中的不同子模块可能处于不同的运行状态。下面分别推导 3 种最常见子模块结构在 IGBT 闭锁条件下的时变戴维南等效电路，其他结构子模块在 IGBT 闭锁条件下的时变戴维南等效电路可以按照相同的方法导出。

**1. 基于半桥子模块的桥臂在 IGBT 闭锁条件下的时变戴维南等效电路**

在 IGBT 闭锁条件下，半桥子模块的等效电路如图 19-9 所示[6]。由于 $D_1$ 和 $D_2$ 为静态元件，其离散化伴随模型与原始模型一致，因此在半桥子模块离散化处理时仍然保留 $D_1$ 和

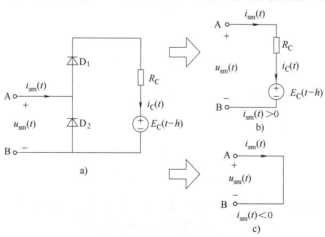

图 19-9　IGBT 闭锁条件下半桥子模块的离散化等效电路

$D_2$ 的原始形式,而不像上一节那样用 $R_1$ 和 $R_2$ 来替代。保留 $D_1$ 和 $D_2$ 的好处是可以利用电磁暂态仿真软件本身来处理 $D_1$ 和 $D_2$ 开通和关断时的断点问题,而不需要用户直接介入对 $D_1$ 和 $D_2$ 的模拟。$i_C(t)$ 随子模块电流的方向而定,如下式所示。

$$i_C(t) = \begin{cases} i_{sm}(t) & \text{当 } i_{sm}(t) > 0 \text{ 时} \\ 0 & \text{当 } i_{sm}(t) < 0 \text{ 时} \end{cases} \quad (19\text{-}34)$$

在 IGBT 闭锁条件下,同一桥臂中的所有子模块满足如下 2 个条件:第一,图 19-9 中 $D_1$ 和 $D_2$ 的导通状态是互斥的,即任何时刻 $D_1$ 和 $D_2$ 中只有一个导通;第二,由于流过桥臂的是同一个电流,故所有子模块的运行状态是完全一致的,即所有子模块中 $D_1$ 和 $D_2$ 的导通状态是完全一致的。根据这 2 个条件,容易得到单桥臂的时变戴维南等效电路如图 19-10 所示。图 19-10 中,

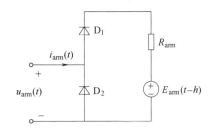

图 19-10 基于半桥子模块的桥臂在 IGBT 闭锁条件下的时变戴维南等效电路

$$R_{arm} = \sum_{i=1}^{N} R_C^i \quad (19\text{-}35)$$

$$E_{arm}(t-h) = \sum_{i=1}^{N} E_C^i(t-h) \quad (19\text{-}36)$$

**2. 基于全桥子模块的桥臂在 IGBT 闭锁条件下的时变戴维南等效电路**

在 IGBT 闭锁条件下,全桥子模块的等效电路如图 19-11 所示。由于 $D_1$、$D_2$、$D_3$、$D_4$ 为静态元件,其离散化伴随模型与原始模型一致,因此在全桥子模块离散化处理时仍然保留 $D_1$、$D_2$、$D_3$、$D_4$ 的原始形式,而不像上一节那样用 $R_1$、$R_2$、$R_3$、$R_4$ 来替代。保留 $D_1$、$D_2$、$D_3$、$D_4$ 的好处是可以利用电磁暂态仿真软件本身来处理 $D_1$、$D_2$、$D_3$、$D_4$ 开通和关断时的断点问题,而不需要用户直接介入对 $D_1$、$D_2$、$D_3$、$D_4$ 的模拟。$i_C(t)$ 随子模块电流的方向而定,如下式所示。

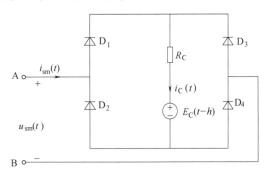

图 19-11 IGBT 闭锁条件下全桥子模块的离散化等效电路

$$i_C(t) = \begin{cases} i_{sm}(t) & \text{当 } i_{sm}(t) > 0 \text{ 时} \\ -i_{sm}(t) & \text{当 } i_{sm}(t) < 0 \text{ 时} \end{cases} \quad (19\text{-}37)$$

在 IGBT 闭锁条件下,同一桥臂中的所有子模块满足如下 2 个条件:第一,图 19-11 中 $D_1$、$D_4$ 和 $D_2$、$D_3$ 的导通状态是互斥的,即任何时刻 $D_1$、$D_4$ 和 $D_2$、$D_3$ 中只有一对导通;第二,由于流过桥臂的是同一个电流,故所有子模块的运行状态是完全一致的,即所有子模块中 $D_1$、$D_4$ 和 $D_2$、$D_3$ 的导通状态是完全一致的。根据这 2 个条件,容易得到单桥臂的时变戴维南等效电路如图 19-12 所示。图 19-12 中,

$$R_{arm} = \sum_{i=1}^{N} R_C^i \quad (19\text{-}38)$$

$$E_{\text{arm}}(t-h) = \sum_{i=1}^{N} E_C^i(t-h) \tag{19-39}$$

**3. 基于钳位双子模块的桥臂在IGBT闭锁条件下的时变戴维南等效电路**

在 IGBT 闭锁条件下，钳位双子模块等效电路如图 19-13 所示。由于 $D_1$、$D_2$、$D_3$、$D_4$、$D_5$、$D_6$、$D_7$ 为静态元件，其离散化伴随模型与原始模型一致，因此在钳位双子模块离散化处理时仍然保留 $D_1$、$D_2$、$D_3$、$D_4$、$D_5$、$D_6$、$D_7$ 的原始形式。保留 $D_1$、$D_2$、$D_3$、$D_4$、$D_5$、$D_6$、$D_7$ 的好处是可以利用电磁暂态仿真软件本身来处理 $D_1$、$D_2$、$D_3$、$D_4$、$D_5$、$D_6$、$D_7$ 开通和关断时的断点问题，而不需要用户直接介入对 $D_1$、$D_2$、$D_3$、$D_4$、$D_5$、$D_6$、$D_7$ 的模拟。$i_{C1}(t)$ 和 $i_{C2}(t)$ 随子模块电流的方向而定，如下式所示。

$$i_{C1}(t) = i_{C2}(t) = \begin{cases} i_{\text{sm}}(t) & \text{当 } i_{\text{sm}}(t)>0 \text{ 时} \\ -i_{\text{sm}}(t)/2 & \text{当 } i_{\text{sm}}(t)<0 \text{ 时} \end{cases} \tag{19-40}$$

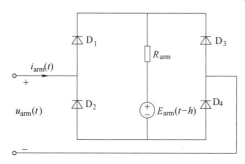

图 19-12 基于全桥子模块的桥臂在 IGBT 闭锁条件下的时变戴维南等效电路

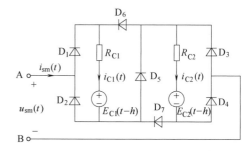

图 19-13 IGBT 闭锁条件下钳位双子模块的离散化等效电路

在 IGBT 闭锁条件下，同一桥臂中的所有子模块满足如下 2 个条件：第一，图 19-13 中 $D_1$、$D_4$、$D_5$ 和 $D_2$、$D_3$、$D_6$、$D_7$ 的导通状态是互斥的，即任何时刻 $D_1$、$D_4$、$D_5$ 和 $D_2$、$D_3$、$D_6$、$D_7$ 中只有一组导通；第二，由于流过桥臂的是同一个电流，故所有子模块的运行状态是完全一致的，即所有子模块中 $D_1$、$D_4$、$D_5$ 和 $D_2$、$D_3$、$D_6$、$D_7$ 的导通状态是完全一致的。根据这 2 个条件，容易得到单桥臂的时变戴维南等效电路如图 19-14 所示。图 19-14 中，

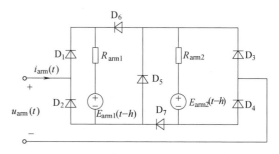

图 19-14 基于钳位双子模块的桥臂在 IGBT 闭锁条件下的时变戴维南等效电路

$$R_{\text{arm1}} = \sum_{i=1}^{N} R_{C1}^i \tag{19-41}$$

$$R_{\text{arm2}} = \sum_{i=1}^{N} R_{C2}^i \tag{19-42}$$

$$E_{\text{arm1}}(t-h) = \sum_{i=1}^{N} E_{C1}^i(t-h) \tag{19-43}$$

$$E_{\text{arm2}}(t-h) = \sum_{i=1}^{N} E_{\text{C2}}^{i}(t-h) \tag{19-44}$$

### 19.4.3 全状态桥臂等效模型

全状态桥臂等效模型能够在任何时刻模拟桥臂的行为，包括子模块中的 IGBT 处于受控状态和子模块中的 IGBT 处于闭锁状态两种情况。全状态桥臂等效模型通过将 IGBT 受控状态下的桥臂戴维南等效模型与 IGBT 闭锁状态下的桥臂戴维南等效模型相串联而构成。任何时刻只有其中的一个等效电路起作用，另一个等效电路处于短路状态。具体做法是用受控电阻模拟戴维南等效电阻，用受控电压源模拟戴维南等效电势。当所模拟的桥臂戴维南等效电路起作用时，其戴维南等效电阻和戴维南等效电势按照前面已经导出的公式进行计算；当所模拟的桥臂戴维南等效电路不起作用，即处于短路状态时，则将其戴维南等效电阻和戴维南等效电势分别置零。比如，对于由钳位双子模块构成的桥臂，其全状态等效模型如图 19-15 所示。

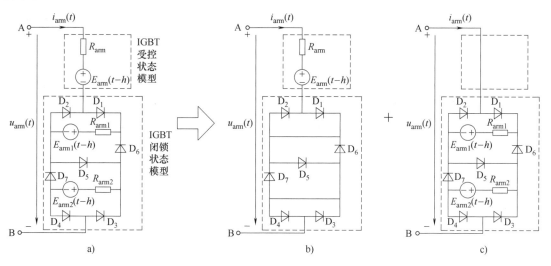

图 19-15　钳位双子模块桥臂全状态等效模型
a) 全状态等效模型　b) IGBT 受控状态计算电路　c) IGBT 闭锁状态计算电路

### 19.4.4 子模块戴维南等效快速仿真方法测试

采用第 2 章 2.4.6 节的单端 400kV、400MW 测试系统进行 MMC 电磁暂态快速仿真的相关测试。测试的目的是比较基于梯形公式对子模块电容进行离散化与基于后退欧拉公式对子模块电容进行离散化所得仿真结果的差别。设置的运行工况如下：交流等效系统线电势有效值 210kV，即相电势幅值 $U_{\text{pccm}} = 171.5\text{kV}$；直流电压 $U_{\text{dc}} = 400\text{kV}$；MMC 运行于整流模式，有功功率 $P_{\text{v}} = 400\text{MW}$，无功功率 $Q_{\text{v}} = 0\text{Mvar}$。平波电抗器电感和电阻分别为 $L_{\text{dc}} = 200\text{ mH}$ 和 $R_{\text{dc}} = 0.1\Omega$。MMC 的相关参数重新列于表 19-2。仿真软件采用 PSCAD/EMTDC，控制器控制频率 $f_{\text{ctrl}} = 50\text{kHz}$，仿真步长 $h = 20\mu\text{s}$。仿真中子模块电容电压平衡采用第 6 章 6.1.1 节基于完全排序与整体投入的电容电压平衡策略。

表 19-2 单端 400kV、400MW 测试系统具体参数

| 参数 | 数值 | 参数 | 数值 |
| --- | --- | --- | --- |
| MMC 额定容量 $S_{vN}$/MVA | 400 | 每个桥臂子模块数目 $N$ | 20 |
| 直流电压 $U_{dc}$/kV | 400 | 子模块电容 $C_0$/μF | 666 |
| 交流系统额定频率 $f_0$/Hz | 50 | 桥臂电感 $L_0$/mH | 76 |
| 交流系统等效电抗 $L_{ac}$/mH | 24 | 桥臂电阻 $R_0$/Ω | 0.2 |

设仿真开始时（$t=0$ms）测试系统已进入稳态运行，$t=40$ms 时在平波电抗器出口处发生直流端口短路，故障后 40ms 换流器闭锁，仿真过程持续到 $t=160$ms。图 19-16 给出了 3 种模型下直流侧短路电流仿真结果，包括所有子模块采用实际结构（简称真实模型）、桥臂时变戴维南等效电路采用梯形公式求得（简称梯形法）和桥臂时变戴维南等效电路采用后退欧拉求得（简称后退欧拉法）。图 19-17 给出了 3 种模型下 a 相上桥臂电流波形。图 19-18 给出了 3 种模型下 a 相上桥臂第 1 个子模块的电容电压波形。图 19-19 给出了 3 种模型下 a 相上桥臂第 1 个子模块的电容电流波形。图 19-20 给出了 3 种模型下 a 相上桥臂子模块电容电压集合平均值。图 19-21 给出了 3 种模型下 a 相上桥臂子模块电容电流集合平均值。

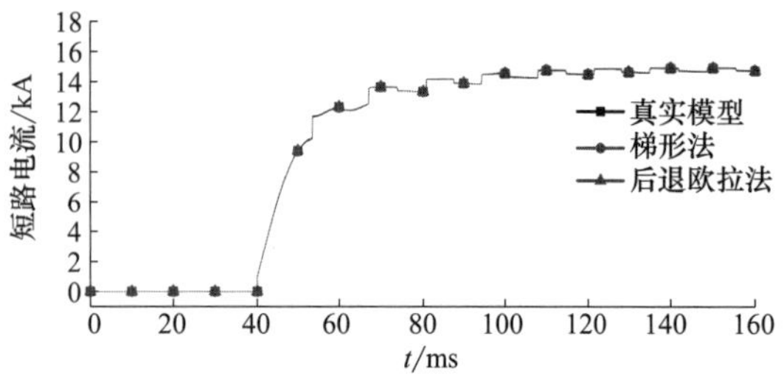

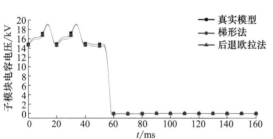

图 19-16 3 种模型下直流侧短路电流

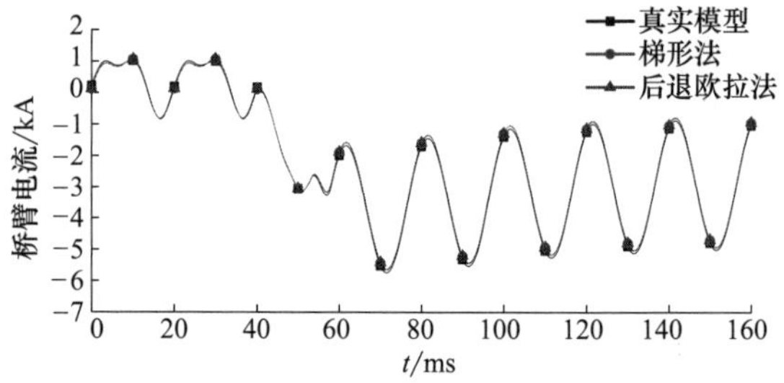

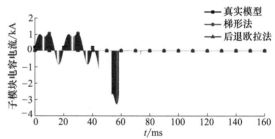

图 19-17 3 种模型下 a 相上桥臂电流

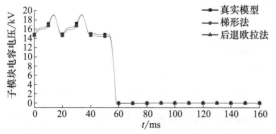

图 19-18 3 种模型下 a 相上桥臂第 1 个子模块的电容电压

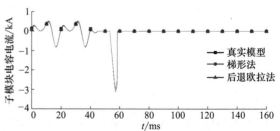

图 19-19 3 种模型下 a 相上桥臂第 1 个子模块的电容电流

图 19-20 3 种模型下 a 相上桥臂子模块电容电压集合平均值

图 19-21 3 种模型下 a 相上桥臂子模块电容电流集合平均值

从图 19-16～图 19-21 可以看出，3 种模型下的仿真结果吻合得很好，说明采用梯形法与采用后退欧拉法对子模块电容进行离散化并不会对仿真结果产生大的影响；另一方面，MMC 直流侧短路后，如果持续很长时间不闭锁，子模块电容电压必然放电到零。

## 19.5 桥臂戴维南等效快速仿真方法

上一节介绍的子模块戴维南等效快速仿真方法是以子模块为基本单元进行戴维南等效，因此可以准确模拟每个子模块的动态特性。但是其仿真效率仍受子模块数量的约束，即子模块数量越多，仿真时间越长。而桥臂戴维南等效快速仿真方法以桥臂为基本单元进行戴维南等效，因此其仿真效率与子模块数量无关，对于半桥子模块型 MMC，桥臂戴维南等效方法特别方便。本节的讨论将仅仅针对半桥子模块型 MMC 而展开。

### 19.5.1 IGBT 可控时桥臂戴维南等效模型的推导

第 2 章已详细讨论过开关函数的定义及其应用，这里重写如下。定义 $s_{rj\_i}$ 为 $j$ 相 $r$ 桥臂第 $i$ 个子模块的开关函数。它的值取 1 表示该子模块投入，取 0 表示将该子模块切除。同时定义 $j$ 相 $r$ 桥臂平均开关函数为

$$S_{rj} = \frac{1}{N}\sum_{i=1}^{N} S_{rj\_i} \tag{19-45}$$

平均开关函数表示桥臂中子模块的平均投入比。显然，在任何时刻 $j$ 相 $r$ 桥臂中的所有子模块状态是已知的。因此，在任何时刻，认为式（19-45）中的平均开关函数 $S_{rj}$ 是一个已知量，这是推导桥臂戴维南等效模型的基础。

根据 2.4.2 节的推导，可得子模块电容电流集合平均值 $i_{c,rj}$ 与桥臂电流 $i_{rj}$ 之间的关系为

$$i_{c,rj} = S_{rj} i_{rj} \tag{19-46}$$

桥臂电压 $u_{rj}$ 与子模块电容电压集合平均值 $u_{c,rj}$ 的关系为

$$u_{rj} = S_{rj}(Nu_{c,rj}) \tag{19-47}$$

引入

$$u_{c\Sigma,rj} = Nu_{c,rj} \tag{19-48}$$

称 $u_{c\Sigma,rj}$ 为桥臂总电容电压，这样有

$$u_{rj} = S_{rj} u_{c\Sigma,rj} \tag{19-49}$$

下面推导桥臂电流与桥臂总电容电压之间的关系。根据电容电压和电容电流之间的关系，对每个子模块有

$$i_{c,rj\_i} = C_0 \frac{du_{c,rj\_i}}{dt} \tag{19-50}$$

对 $j$ 相 $r$ 桥臂所有子模块的电容电流求和有

$$\sum_{i=1}^{N} i_{c,rj\_i} = C_0 \sum_{i=1}^{N} \frac{du_{c,rj\_i}}{dt} \tag{19-51}$$

当单个子模块的电容电压取所有子模块电容电压的集合平均值时，式（19-51）变为

$$\frac{1}{N}\sum_{i=1}^{N} i_{c,rj\_i} = C_0 \frac{du_{c,rj}}{dt} \tag{19-52}$$

而根据式（2-17），式（19-52）的等式左边就是 $j$ 相 $r$ 桥臂子模块电容电流集合平均值 $i_{c,rj}$。因此根据式（19-52）有

$$i_{c,rj} = \frac{1}{N}\sum_{i=1}^{N} i_{c,rj\_i} = C_0 \frac{du_{c,rj}}{dt} = \frac{C_0}{N}\frac{d(Nu_{c,rj})}{dt} = \frac{C_0}{N}\frac{d(u_{c\Sigma,rj})}{dt} \quad (19\text{-}53)$$

联立式（19-46）和式（19-53），可得桥臂电流与桥臂总电容电压之间的关系为

$$i_{rj} = \frac{C_0}{NS_{rj}}\frac{du_{c\Sigma,rj}}{dt} \quad (19\text{-}54)$$

定义桥臂等效电容 $C_{\text{arm},rj}$ 为

$$C_{\text{arm},rj} = \frac{C_0}{NS_{rj}} \quad (19\text{-}55)$$

则式（19-54）可以简化为

$$i_{rj} = C_{\text{arm},rj}\frac{du_{c\Sigma,rj}}{dt} \quad (19\text{-}56)$$

显然，式（19-56）就是普通电容支路的微分方程，其与式（19-8）在结构上完全相同，差模仅仅在于电容值 $C_{\text{arm},rj}$ 是一个时变量。对式（19-56）完全可以像对式（19-8）一样，对其进行梯形公式离散化或后退欧拉公式离散化，从而得到与图 19-2c 或图 19-6 同样结构的桥臂戴维南等效模型。

在每一仿真时步得到 $i_{rj}(t)$ 和 $U_{c\Sigma,rj}(t)$ 后，可以根据式（19-46）和桥臂平均开关函数 $S_{rj}(t)$，计算出子模块电容电流集合平均值 $i_{c,rj}$，并根据式（19-48）计算出子模块电容电压集合平均值 $u_{c,rj}$。

### 19.5.2 IGBT 闭锁时桥臂戴维南等效模型的推导

在 19.4.2 节已讨论过基于半桥子模块的桥臂在 IGBT 闭锁条件下的时变戴维南等效电路，见图 19-10。这里不再赘述。

### 19.5.3 全状态 MMC 桥臂等效模型

全状态桥臂等效模型通过将 IGBT 受控状态下的桥臂戴维南等效模型与 IGBT 闭锁状态下的桥臂戴维南等效模型相串联而构成，半桥子模块型 MMC 全状态桥臂等效模型如图 19-22 所示。其应用原则在 19.4.3 节已描述过，这里不再赘述。

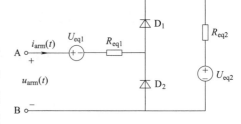

图 19-22 半桥子模块桥臂全状态等效模型

### 19.5.4 桥臂戴维南等效快速仿真方法测试

采用 19.4.4 节的单端 400kV、400MW 测试系统进行仿真测试，该测试系统每个桥臂的子模块数目为 20，几乎达到了采用非分块交接变量方程法进行电磁暂态仿真的极限规模。本测试将基于桥臂戴维南等效仿真方法得到的结果与采用 MMC 完整电路模型（称为"真实

模型"）所得到的结果进行比较，以测试桥臂戴维南等效方法的仿真精度。

设仿真开始时（$t=0\text{ms}$）测试系统已进入稳态运行，$t=40\text{ms}$ 时在平波电抗器出口处发生单极接地短路，故障后 5ms 换流器闭锁，仿真过程持续到 $t=100\text{ms}$。图 19-23 给出了 a 相上桥臂电压波形；图 19-24 给出了 a 相上桥臂电流波形；图 19-25 给出了 a 相上桥臂子模块电容电压集合平均值；图 19-26 给出了 a 相上桥臂子模块电容电流集合平均值。

从图 19-23~图 19-26 可以看出，基于桥臂戴维南等效的仿真方法与采用 MMC 完整电路模型的真实模型仿真方法相比，两者几乎没有差别，说明基于桥臂戴维南等效的仿真方法具有很高的精度。

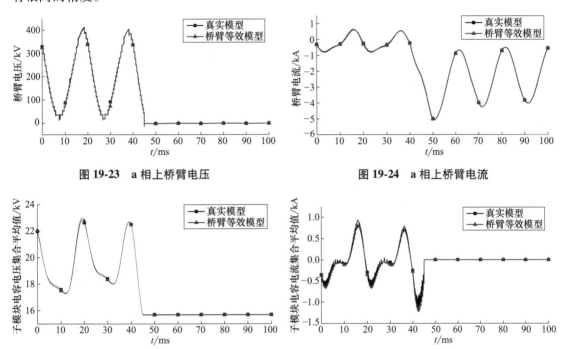

图 19-23　a 相上桥臂电压　　　　　图 19-24　a 相上桥臂电流

图 19-25　a 相上桥臂子模块电容电压集合平均值　　　图 19-26　a 相上桥臂子模块电容电流集合平均值

为了对比真实模型、子模块戴维南等效模型和桥臂戴维南等效模型在仿真速度方面的差异，分别测试了上述 3 种模型在不同子模块数量下，稳态运行 1.0s 所需要的仿真时间。基于 PSCAD 仿真软件，在同一计算机上得到的仿真耗时对比结果见表 19-3。

表 19-3　3 种仿真模型的仿真速度比较

| 单个桥臂子模块数量 | CPU 耗时/s | | |
| --- | --- | --- | --- |
| | 真实模型 | 子模块等效模型 | 桥臂等效模型 |
| 20 | 184.3 | 3.7 | 3.5 |
| 50 | — | 4.2 | 3.6 |
| 100 | — | 5.2 | 3.5 |
| 200 | — | 7.0 | 3.9 |
| 300 | — | 8.8 | 4.0 |
| 400 | — | 10.6 | 4.2 |

从表19-3可以看出，真实模型的仿真速度很慢，且当桥臂子模块数目大于20后，已很难得到仿真结果。子模块戴维南等效仿真方法的仿真时间随着子模块数量的增加而增加，因为其模型中的所有子模块电容电压和电流都是单独计算的。桥臂戴维南等效仿真方法的仿真时间几乎不受子模块数量的影响，因为其模型中所有子模块都看成是一样的，电容电压和电流只需要计算一次。当单桥臂子模块数目达到300时，桥臂戴维南等效仿真方法已比子模块戴维南等效仿真方法在仿真速度上快1倍以上。对于包含大量MMC的直流电网，可以想象，桥臂戴维南等效仿真方法比子模块戴维南等效仿真方法在仿真速度上还会快出更多。

## 19.6 几种常用仿真方法的比较和适用性分析

1）采用MMC完整电路模型的"真实模型"仿真方法能够精确模拟MMC的内外动态特性和子模块投切操作，还可以精确计算半导体器件的开关损耗和通态损耗，且适用于任何子模块类型的MMC。但由于"真实模型"包含了全部功率器件，即使采用理想开关模型来模拟功率器件，仍然存在网络规模大、网络拓扑变化频繁的问题。一般来说，采用"真实模型"进行MMC仿真的桥臂子模块数目最多可到20左右，桥臂子模块数目更多时仿真效率将非常低，甚至不可行。采用"真实模型"仿真方法的独到之处是可用于研究桥臂子模块之间的故障或子模块内部故障。

2）子模块戴维南等效快速仿真方法理论上具有和"真实模型"相同的仿真精度，且适用于任何子模块类型的MMC，并且仿真速度与"真实模型"相比具有数量级的提升。由于子模块戴维南等效快速仿真方法是以子模块正常行为特性为基础进行模型推导的，其可以研究子模块个体级的正常行为特性，但难以研究桥臂内子模块之间的故障或子模块内部故障。且每个仿真步长都需要重新计算和记录所有子模块的内部电气量，仿真速度仍会受到子模块数目的制约。子模块戴维南等效快速仿真方法适用于由不同子模块类型MMC构成的直流电网的各种动态特性仿真。

3）桥臂戴维南等效快速仿真方法比子模块戴维南等效快速仿真方法具有更快的仿真速度，且仿真速度不受桥臂子模块数目的影响，但该方法是基于半桥子模块型MMC开发的，对于其他子模块类型的MMC，其适用性还有待研究。桥臂戴维南等效仿真方法主要适用于半桥子模块型MMC的外部特性仿真，且对于桥臂上的物理量具有很高的精度；但对于子模块上的物理量只能得到其集合平均值，因而不能用于研究子模块个体级的行为特性，更不能用于研究桥臂内子模块之间的故障或子模块内部故障，因为桥臂戴维南等效快速仿真方法忽略了桥臂子模块个体之间的参数及动态特性差异。对于采用直流断路器的基于半桥子模块MMC的大规模直流电网动态特性仿真，其并不注重MMC内部子模块级的行为特性，这种情况下采用桥臂戴维南等效快速仿真方法是最适合的。

## 参 考 文 献

[1] 徐政. 交直流电力系统动态行为分析[M]. 北京：机械工业出版社，2004.
[2] XU Z, DAI X, ZHAO L. The digital simulation of HVDC system by diakoptic interface variable equation ap-

proach［C］//International Conference on Power System Technology，13-17 September，1991，Beijing，China. New York：IEEE，1991.

［3］ 徐政. 直流输电系统离散模型拓扑分块法数字仿真［J］. 电网技术，1994，18（2）：1-5.

［4］ GNANARATHNA U N，GOLE A M，JAYASINGHE R P. Efficient modeling of modular multilevel HVDC converters（MMC）on electromagnetic transient simulation programs［J］. IEEE Transactions On Power Delivery，2011，26（1）：316-324.

［5］ LI X，XU Z. Enhanced efficient EMT-type model of the MMCs based on arm equivalence［J］. Applied Sciences，2020，10（23）：8421.

［6］ 唐庚，徐政，刘昇. 改进式模块化多电平换流器快速仿真方法［J］. 电力系统自动化，2014，38（24）：56-61，85.

# 第20章 电力系统强度的合理定义及其计算方法

## 20.1 问题的提出

首先考察如图 20-1 所示的接入不同类型系统的两个 LCC，需要回答图 a 和图 b 两种不同类型系统下，电力系统为 LCC 提供的电压支撑强度如何定义和计算。

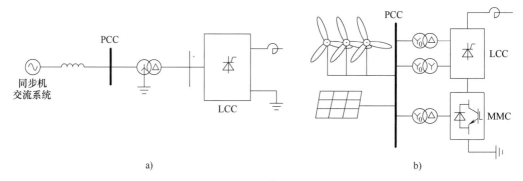

图 20-1 接入不同类型系统的 LCC

众所周知，LCC 是电网换相型换流器。LCC 必须接入有源电网才能完成换相并正常运行，且 LCC 对接入电网的强度有一定的要求。对于图 20-1a 所示的由同步发电机主导的电力系统，电力系统为 LCC 提供的电压支撑强度如何定义和计算，20 世纪 80 年代 CIGRE（国际大电网会议）和 IEEE（美国电气与电子工程师协会）曾组织过联合工作组对此问题进行过深入研究[1-3]。研究结论是对于图 20-1a 系统，电力系统对 LCC 的电压支撑强度可以用短路比（SCR）来定义和计算。SCR 定义为换流站交流母线 PCC 的系统三相短路容量 $S_{sc}$ 与 LCC 的额定直流功率 $P_{dcN}$ 的比值[1-3]。且可以根据 SCR 的大小来划分电压支撑强度的强弱：当 SCR>3 时，认为系统提供的电压支撑强度较强；而当 SCR<2 时，认为系统提供的电压支撑强度较弱。

那么对于图 20-1b 系统，电力系统对 LCC 的电压支撑强度是否仍然可以沿用 SCR 来定义和计算呢？这里，自然会提出这样一个疑问：如果在 SCR 计算中考虑风电和光伏等非同步机电源的短路电流，那么仍然采用 SCR 来描述电力系统为 LCC 提供的电压支撑强度是否可行？答案是否定的，其原因将在本章后面阐述。因此，在同步机电源与非同步机电源共存的新型电力系统中，如何表征电力系统的电压支撑强度是一个迫切需要解决的问题。

## 20.2 电力系统强度的定义

系统强度是电力系统的基本概念之一，但在已有文献中并没有关于系统强度的严格定义，本书试着给出系统强度的一个初步定义[4]：电力系统强度用于度量电力系统本身与接入系统的一次设备之间相互作用的程度，相互作用越强，系统强度越弱；这里的一次设备可以是电源或负荷，也可以是各种类型的场站。

尽管以往对电力系统强度没有严格的定义，但关于"无穷大电源"，教科书中是有严格定义的，所谓的无穷大电源就是系统强度为无穷大的电源。

系统强度可以通过经典的无穷大电源的概念来做最简单的阐释，因为系统中的一次设备接入点母线可以看作是一个电源，显然该电源的强度可以通过与无穷大电源的强度做比对而得到体现。若系统中的某个母线被称为无穷大电源，其意义就是该母线的系统强度为无穷大，表示两层意思[5-7]：第一层意思是不管该母线接入的一次设备容量多大，该母线的电压幅值不会改变；第二层意思是不管该母线接入的一次设备容量多大，该母线电压的频率不会改变。可见，对于无穷大电源，其电压幅值和电压频率并不受所接入设备的种类和容量的影响。也就是说，当系统强度为无穷大时，电力系统本身与接入系统的一次设备之间就不存在相互作用了，即系统强度越大，系统本身与接入系统的一次设备之间的相互作用就越弱。

而对于实际系统，其任意一条母线的电压幅值和电压频率一定会受到所接入设备的种类和容量的影响，相应地描述其影响程度的指标就是系统强度。与无穷大电源的第一层意思相对应，描述电压幅值受所接入设备影响而改变的系统强度指标是电压支撑强度；与无穷大电源的第二层意思相对应，描述电压频率受所接入设备影响而改变的系统强度指标是频率支撑强度。

在以同步机电源为主导的传统电力系统中，电压支撑强度通常用 SCR 来表示[1-3]。所谓的 SCR 被定义为接入母线（设备与系统的接口母线，后文都用 PCC 表示）的三相短路容量与所接入设备的容量之比，这里的三相短路容量指的是由同步机电源提供的短路容量。传统电力系统中，SCR 的典型应用是描述直流输电换流站接入时的系统强度，一般认为当 SCR 大于 3 时直流输电换流站可以稳定运行[1-3]。在传统电力系统向以新能源为主体的新型电力系统转型过程中，非同步机电源在电力系统中的占比越来越高，仍然采用 SCR 来描述电压支撑强度显然是不合理的。因为 SCR 只考虑了由同步机电源提供的电压支撑作用，非同步机电源的电压支撑作用并不能通过其贡献的短路电流大小来得到体现。如何定义和计算非同步机电源的电压支撑作用是本章要探讨的一个重要内容。

实际电力系统中，频率支撑强度通常在两个维度上呈现其含义。第一个维度是惯量支撑能力[5-7]，用于描述系统在遭受有功扰动后初始时段频率的变化速率；第二个维度是一次调频能力[5-7]，用于描述系统存在频率偏差时系统能够吞吐的有功功率大小。

在以同步机电源为主导的传统电力系统中，惯量支撑能力可以用全网同步机转子中储存的动能来表示，常用的单位是 MW·s；也可以用全网等效惯性时间常数 $H$ 来描述，其含义是，全网同步机转子中储存的动能以数值等于全网同步机总容量的恒定有功功率释放到零，所能持续的时间，单位是 s。在同步机电源与非同步机电源共存的新型电力系统中，如何计及非同步机电源的惯量支撑作用，是一个有待解决的问题。

在以同步机电源为主导的传统电力系统中，一次调频能力通常用频率偏差因子 $\beta$ 来描述[5-7]，其与全网同步发电机调速器的调差率以及全网有功负荷的频率调节系数有关，频率偏差因子 $\beta$ 的常用单位是 MW/(0.1Hz)。在同步机电源与非同步机电源共存的新型电力系统中，如何计及非同步机电源的一次调频能力，是一个亟待解决的问题。

本章将对系统强度所涉及的电压支撑强度、惯量支撑能力、一次调频能力在新型电力系统背景下的表现形式和计算方法进行探讨。

## 20.3 非同步机电源的分类和外部特性描述

非同步机电源通常通过 VSC 与电网接口，因此从电网向非同步机电源看，非同步机电源的典型结构如图 5-1 所示。将图 5-1 重新画于图 20-2。图 20-2 中，$U_{dc}$ 为 VSC 的直流侧电压；$I_{dc}$ 为 VSC 的直流侧电流；$u_{diff}$ 为 VSC 的内电势；$u_{pcc}$ 为 VSC 的网侧交流母线 PCC 电压；$P_{pcc}+jQ_{pcc}$ 为 VSC 注入交流系统的有功功率和无功功率；$i_{pcc}$ 为注入交流系统的电流；$U_{pccm}$ 为 PCC 电压幅值；$f_{pcc}$ 为 PCC 的电压频率；$t$ 为时间；$\theta_{pcc}$ 为 PCC 的电压相角。

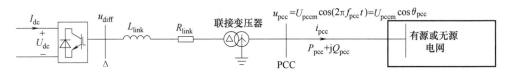

图 20-2 非同步机电源典型结构

根据图 5-2 对 VSC 控制器的分类，可以得到 7 种类型的 VSC 外部特性，分别为 $f/V$、PSL/$P_{pcc}$-$U_{pccm}$、PSL/$P_{pcc}$-$Q_{pcc}$、PLL/$U_{dc}$-$U_{pccm}$、PLL/$U_{dc}$-$Q_{pcc}$、PLL/$P_{pcc}$-$U_{pccm}$、PLL/$P_{pcc}$-$Q_{pcc}$。

考察 VSC 对所接入的交流系统强度做出何种贡献时，需要考察 VSC 直流侧的外部特性和 VSC 交流侧的外部特性两个方面。其中，直流侧的外部特性涉及 VSC 的功率平衡能力，是 VSC 是否具有频率支撑能力的决定性因素；而交流侧的外部特性主要关注 VSC 维持 PCC 电压恒定的能力，是 VSC 是否具有电压支撑能力的决定性因素。

在上述 7 种类型的 VSC 控制器中，如下 5 种控制器：$f/V$、PSL/$P_{pcc}$-$U_{pccm}$、PSL/$P_{pcc}$-$Q_{pcc}$、PLL/$P_{pcc}$-$U_{pccm}$、PLL/$P_{pcc}$-$Q_{pcc}$ 假定了 VSC 的直流侧电压 $U_{dc}$ 基本保持在恒定值。即当 VSC 输出到交流系统的有功功率大范围变化时，$U_{dc}$ 能够保持恒定，且保持 $U_{dc}$ 为恒定值的职责不是由 VSC 本身来完成，而是由接在 VSC 直流侧的外部电路来完成。对于上述 5 种类型的 VSC，其具有频率支撑的能力。

同样，在上述 7 种类型的 VSC 控制器中，如下 5 种控制器：$f/V$、PSL/$P_{pcc}$-$U_{pccm}$、PSL/$P_{pcc}$-$Q_{pcc}$、PLL/$U_{dc}$-$U_{pccm}$、PLL/$P_{pcc}$-$U_{pccm}$ 的控制目标之一是 PCC 电压幅值 $U_{pccm}$ 恒定。因此这 5 种类型的 VSC 具有电压支撑的能力。注意，对于 PSL/$P_{pcc}$-$Q_{pcc}$ 控制器，尽管表面上看 VSC 控制的是交流侧的无功功率 $Q_{pcc}$，但根据图 5-31 所展示的 PSL/$P_{pcc}$-$Q_{pcc}$ 控制器实现原理，$Q_{pcc}$ 的改变是通过改变 $U_{pccm}$ 的指令值 $U_{pccm}^*$ 来实现的，即其内层控制逻辑与 PSL/$P_{pcc}$-$U_{pccm}$ 控制逻辑并没有本质差别，因此 VSC 本身的外部特性仍然呈现为电压源特性，故 PSL/$P_{pcc}$-$Q_{pcc}$ 控制器仍然具有电压支撑的能力。

## 20.4 非同步机电源的运行状态及其外特性等效电路

根据第 5 章关于 VSC 控制器设计原理的讨论，对于上节所描述的 7 种类型非同步机电源，除了采用 $f/V$ 控制模式的 VSC 外，另外 6 种 VSC 控制器的实际控制目标都是通过常规内外环控制器来实现的，且最终的控制环节都是采用直接电流控制的内环电流控制器。因为内环电流控制器的 d 轴和 q 轴电流指令值 $i_{vd}^*$ 和 $i_{vq}^*$ 是有限幅的，一旦进入限幅运行状态，也称为电流饱和状态，内环电流控制器的输出已不能完成外环控制器的预定控制目标。因此，内环电流控制器是否运行在限幅状态对 VSC 的外特性具有决定性的影响。显然，内环电流控制器转入限幅状态运行的根本原因是 PCC 的电压下降。这样，基于 PCC 的电压下降幅度，可以将非同步机电源的运行工况分为正常态和故障态两种。正常态工况下，PCC 的电压在额定值附近，内环电流控制器的 d 轴和 q 轴电流指令值 $i_{vd}^*$ 和 $i_{vq}^*$ 都不会落在电流限幅值上，非同步机电源能够实现预定的控制目标；而在故障态工况下，PCC 的电压有较大幅度下降，迫使内环电流控制器的 d 轴和 q 轴电流指令值 $i_{vd}^*$ 和 $i_{vq}^*$ 等于电流限幅值，即非同步机电源进入电流饱和状态，非同步机电源已不能实现预定的控制目标。下面分别对上述 7 种类型的非同步机电源在正常态工况和故障态工况下的外特性等效电路进行分析。

### 20.4.1 正常态工况下非同步机电源的外特性等效电路

对于 $f/V$、PSL/$P_{pcc}$-$U_{pccm}$、PSL/$P_{pcc}$-$Q_{pcc}$、PLL/$U_{dc}$-$U_{pccm}$、PLL/$P_{pcc}$-$U_{pccm}$ 非同步机电源，在正常态工况下，从交流系统向非同步机电源看，非同步机电源可以等效为一个接在 PCC 的幅值恒定和相角恒定的电压源。

对于 PLL/$U_{dc}$-$Q_{pcc}$、PLL/$P_{pcc}$-$Q_{pcc}$ 非同步机电源，其在正常态工况下的外特性等效电路是一个幅值恒定和相角恒定的电流源。

### 20.4.2 故障态工况下非同步机电源的外特性等效电路

在故障态工况下，除了采用 $f/V$ 控制模式的 VSC 外，另外 6 种 VSC 的内环电流控制器的 d 轴和 q 轴电流指令值 $i_{vd}^*$ 和 $i_{vq}^*$ 等于电流限幅值，非同步机电源进入电流饱和状态，从交流系统向非同步机电源看，其外特性等效为一个幅值恒定和相角恒定的电流源。而对于采用 $f/V$ 控制的 VSC，根据图 5-46 所示的控制器结构，其尽管不存在电流控制环，从而不存在电流饱和态，但在故障态工况下，其交流侧电压幅值也会大幅跌落，其等效电路可以用一个低幅值的电压源表示。

## 20.5 描述电力系统任意点电压支撑强度的短路比指标与电压刚度指标

### 20.5.1 经典短路比指标的两种表达形式

当我们探讨系统的电压支撑强度时，所考察的对象是交流系统在基频下的正序网络。而对应这个基频正序网络，根据戴维南等效原理[8-9]，从电网中任意节点 sys 看向系统时，可以将整个系统用一个戴维南等效电路来表示，如图 20-3 所示。戴维南等效电路由戴维南等

效电势 $\underline{E}_{th} = E_{th} \angle \theta_{th}$ 与戴维南等效阻抗 $\underline{Z}_{th} = Z_{th} \angle \varphi_{th}$ 相串联组成（注意，本书采用在变量下面加一横来表示复数）。戴维南等效电势 $\underline{E}_{th}$ 等于入网设备未接入电网时节点 sys 上的空载电压 $\underline{U}_{sys0} = U_{sys0} \angle \theta_{sys0}$，戴维南等效阻抗 $\underline{Z}_{th}$ 等于基频正序网络中各独立电源置零时，从节点 sys 看向系统的等效阻抗。

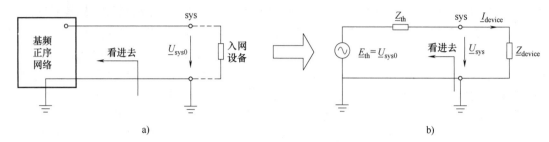

图 20-3  系统的戴维南等效原理
a）入网设备接入前  b）入网设备接入后的戴维南等效电路

在下面的讨论中，假设入网设备未接入电网时节点 sys 上的空载电压模值 $U_{sys0}$ 等于额定电压 $U_N$。

这样，根据图 20-3b 可以得到节点 sys 上的电网短路容量 $S_{sc}$ 为

$$S_{sc} = \frac{E_{th}^2}{Z_{th}} = \frac{U_{sys0}^2}{Z_{th}} = \frac{U_N^2}{Z_{th}} \tag{20-1}$$

设入网设备的等效阻抗为 $\underline{Z}_{device} = Z_{device} \angle \varphi_{device}$，则额定电压下入网设备的容量 $S_{device}$ 为

$$S_{device} = \frac{U_N^2}{Z_{device}} \tag{20-2}$$

这样，根据短路比为设备接入点的系统三相短路容量与接入设备容量之比的原始定义，可以导出节点 sys 对应入网设备 $\underline{Z}_{device}$ 的 2 种短路比表达形式。

第 1 种表达形式本书将其命名为容量短路比，其表达式为

$$\rho_{SCR} = \frac{S_{sc}}{S_{device}} \tag{20-3}$$

第 2 种表达形式本书将其命名为阻抗短路比，其表达式为

$$\lambda_{SCR} = \frac{Z_{device}}{Z_{th}} \tag{20-4}$$

对于由同步机主导的电力系统，容量短路比与阻抗短路比的计算结果是完全一致的，可以采用其中的任意一种进行计算。但对于包含非同步机电源的新型电力系统，容量短路比已不再适用，而阻抗短路比则仍然适用。因为容量短路比仅仅考虑了由同步发电机提供的短路电流，非同步机电源对电网的支撑作用没有在容量短路比中得到体现。这个问题本章后续内容还会进行讨论。

### 20.5.2  电压刚度指标的定义

考察入网设备接入电网后，入网设备端口电压即节点 sys 上的电压 $\underline{U}_{sys} = U_{sys} \angle \theta_{sys}$ 是如何变化的。根据图 20-3b 有

$$\underline{U}_{sys} = \frac{\underline{Z}_{device}}{\underline{Z}_{device}+\underline{Z}_{th}}U_{sys0} = \frac{\underline{Z}_{device}/\underline{Z}_{th}}{1+\underline{Z}_{device}/\underline{Z}_{th}}U_{sys0} = \frac{\lambda_{SCR}\angle(\varphi_{device}-\varphi_{th})}{1+\lambda_{SCR}\angle(\varphi_{device}-\varphi_{th})}U_{sys0}\angle\theta_{sys0} \quad (20\text{-}5)$$

根据式（20-5），入网设备 $\underline{Z}_{device}$ 接入电网后，其端口上的电压模值 $U_{sys}$ 是随阻抗短路比 $\lambda_{SCR}$ 和阻抗角 $\varphi_{device}$ 及 $\varphi_{th}$ 而变化的。受无穷大电源概念的启发，将电网中任意点的电压支撑强度定义为维持接入点电压模值接近于接入点空载电压的能力，并用 $U_{sys}/U_{sys0}$ 来刻画，称之为电压刚度 $K_{vtg}$。那么根据式（20-5）有

$$K_{vtg} = \frac{U_{sys}}{U_{sys0}} = \left|\frac{\underline{Z}_{device}}{\underline{Z}_{th}+\underline{Z}_{device}}\right| = \left|\frac{\underline{Z}_{device}/\underline{Z}_{th}}{1+\underline{Z}_{device}/\underline{Z}_{th}}\right| = \left|\frac{\lambda_{SCR}\angle(\varphi_{device}-\varphi_{th})}{1+\lambda_{SCR}\angle(\varphi_{device}-\varphi_{th})}\right| \quad (20\text{-}6)$$

对于一般性电网，不管是高压电网还是低压电网，从电网任意节点向电网看进去的基频正序戴维南等效阻抗 $\underline{Z}_{th}$，总是呈现为电阻-电感特性，且 $\underline{Z}_{th}$ 中的电阻部分总是大于零的。因此，可以确认 $\underline{Z}_{th}$ 一定落在复阻抗平面的第 1 象限，即 $\varphi_{th}\in[0,\pi/2]$。

对电网任意点的电压刚度进行评估，关注的是接入系统的一次设备对接入点电压模值的影响；更具体地说，关注的是接入点电压模值的跌落程度。对于某些特殊设备，其接入系统后导致接入点电压模值上升，这些设备属于电压支撑设备，不属于系统为设备提供电压支撑的范畴，因此不属于采用电压刚度指标对系统支撑强度进行描述的范畴。为此，需要对接入系统的一次设备的类型做一定的限制。第 1 种类型的一次设备是非同步机电源，第 2 种类型的一次设备是新能源发电场站，第 3 种类型的一次设备是直流输电换流站。对这 3 种设备类型，都可以认为其等效阻抗 $\underline{Z}_{device}$ 落在复阻抗平面的第 1 和第 2 象限，即 $\varphi_{device}\in[0,\pi]$。

在设定 $\varphi_{th}\in[0,\pi/2]$ 和 $\varphi_{device}\in[0,\pi]$ 的条件下，一般电压刚度 $K_{vtg}$ 的取值范围是 $[0,1]$，$K_{vtg}$ 数值越大，表示系统的电压支撑强度越大，$K_{vtg}$ 取 1 表示系统的电压支撑强度为无穷大。根据式（20-6），当 $\underline{Z}_{th}$ 等于零时，电压刚度 $K_{vtg}$ 等于 1；当 $\underline{Z}_{th}$ 等于无穷大时，电压刚度 $K_{vtg}$ 等于零。

### 20.5.3 阻抗短路比指标与电压刚度指标的比较

从电压刚度 $K_{vtg}$ 的定义式（20-6）可以看出，$K_{vtg}$ 所反映的电网信息和入网设备信息比阻抗短路比 $\lambda_{SCR}$ 更全面，$\lambda_{SCR}$ 仅仅反映 $\underline{Z}_{th}=Z_{th}\angle\varphi_{th}$ 和 $\underline{Z}_{device}=Z_{device}\angle\varphi_{device}$ 的模值信息，没有反映两者的相角信息；而 $K_{vtg}$ 考虑了戴维南等效阻抗和入网设备等效阻抗各自阻抗角的作用。另外，阻抗短路比 $\lambda_{SCR}$ 的取值范围是 $[0,\infty]$，而 $K_{vtg}$ 的取值范围是 $[0,1]$。

考察一种典型情况：电网的戴维南等效阻抗 $\underline{Z}_{th}=Z_{th}\angle\varphi_{th}$ 为纯感性的，而入网设备的等效阻抗 $\underline{Z}_{device}=Z_{device}\angle\varphi_{device}$ 为纯阻性的，即 $\varphi_{th}=90°$ 和 $\varphi_{device}=0°$。这种情况下，式（20-6）的 $K_{vtg}$ 表达式可以简化为式（20-7）。

$$K_{vtg} = \frac{U_{sys}}{U_{sys0}} = \frac{U_{sys}}{U_N} = \frac{\lambda_{SCR}}{\sqrt{1+\lambda_{SCR}^2}} \quad (20\text{-}7)$$

由式（20-7）可以看出，当 $\lambda_{SCR}\gg 1$ 时，$K_{vtg}\approx 1$；其他情况下，$K_{vtg}$ 总是小于 1 的；$K_{vtg}$ 随 $\lambda_{SCR}$ 变化的特性如图 20-4 所示。可见，当 $\lambda_{SCR}=5$ 时，$K_{vtg}=0.98$，$U_{sys}=$

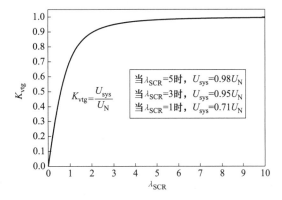

图 20-4 典型场景下电压刚度与阻抗短路比的关系

$0.98U_N$；当 $\lambda_{SCR} = 3$ 时，$K_{vtg} = 0.95$，$U_{sys} = 0.95U_N$；当 $\lambda_{SCR} = 1$ 时，$K_{vtg} = 0.71$，$U_{sys} = 0.71U_N$。因此，一般认为当短路比大于 3 时，节点 sys 为比较强的电源点，因为其带载后的电压下降小于额定电压的 5%，此时 $K_{vtg} = 0.95$。

## 20.6 电网中任意节点电压刚度与阻抗短路比的计算

### 20.6.1 电网中任意节点戴维南等效阻抗的计算原理

根据电压刚度的定义式（20-6），$K_{vtg}$ 由 $\underline{Z}_{th} = Z_{th} \angle \varphi_{th}$ 和 $\underline{Z}_{device} = Z_{device} \angle \varphi_{device}$ 唯一确定。而入网设备的阻抗信息 $\underline{Z}_{device} = Z_{device} \angle \varphi_{device}$ 是已知的，因此关于 $K_{vtg}$ 的计算就转化为戴维南等效阻抗 $\underline{Z}_{th} = Z_{th} \angle \varphi_{th}$ 的计算。

在计算图 20-3 中的基频正序戴维南等效阻抗时，对于电网中的同步发电机，采用的模型是次暂态电抗串联一个等效电势；对于电网中的负荷，直接用其等效阻抗表示；对电网中的输电线路和变压器，用其基频正序模型表示。

由 20.4 节的分析结果可知，非同步机电源的外特性等效电路与其运行状态密切相关。因此，关于电网任意节点的戴维南等效阻抗 $\underline{Z}_{th} = Z_{th} \angle \varphi_{th}$ 计算也与非同步机电源的运行状态紧密相关。为此，对每个非同步机电源，必须用其对应状态下的等效电路进行计算。

根据戴维南等效阻抗 $\underline{Z}_{th}$ 的计算原理，计算 $\underline{Z}_{th}$ 时，需要将基频正序网络中各独立电源置零；这意味着电压源用对地短路支路来表示，电流源用对地开路支路来表示。这样，计算戴维南等效阻抗 $\underline{Z}_{th}$ 时，首先需要确定非同步机电源处于何种运行状态。

当非同步机电源处于正常态工况时，采用 $f/V$、PSL/$P_{pcc}$-$U_{pccm}$、PSL/$P_{pcc}$-$Q_{pcc}$、PLL/$U_{dc}$-$U_{pccm}$、PLL/$P_{pcc}$-$U_{pccm}$ 控制的非同步机电源，用其 PCC 对地的短路支路来表示；而采用 PLL/$U_{dc}$-$Q_{pcc}$、PLL/$P_{pcc}$-$Q_{pcc}$ 控制的非同步机电源，用其 PCC 对地的开路支路来表示。当非同步机电源处于故障态工况时，除采用 $f/V$ 控制的非同步机电源用其 PCC 对地的短路支路来表示外，另外 6 种非同步机电源全部用其 PCC 对地的开路支路来表示。

实际计算时，对于任一电网故障，电网中各母线的电压跌落程度是不同的，因而对于同一个故障，电网中各非同步机电源所处的运行状态可能是不同的，比如有的处于故障态工况，有的处于正常态工况。因而原理上，电网某一节点的戴维南等效阻抗 $\underline{Z}_{th}$ 是随电网故障位置的不同而不同的。为了简化分析，对电网中的任一节点，定义 2 种有指标意义的戴维南等效阻抗[4]；第 1 种称为正常态戴维南等效阻抗 $\underline{Z}_{th,nom}$，第 2 种称为故障态戴维南等效阻抗 $\underline{Z}_{th,flt}$。这样，计算正常态戴维南等效阻抗 $\underline{Z}_{th,nom}$ 时，假设电网中的所有非同步机电源都处于正常态工况；而计算故障态戴维南等效阻抗 $\underline{Z}_{th,flt}$ 时，则认为电网中所有非同步机电源都处于故障态工况。

另外必须指出，当非同步机电源不采用常规内外环控制器结构，而采用无电流内环控制的幅相控制策略[10-11] 或者如图 5-46 所示的单环控制器时，在故障态下非同步机电源的等效电路近似为故障前的内电势串联总限流阻抗，总限流阻抗由联接电抗和虚拟阻抗一起构成，具体取值决定于非同步机电源的控制器结构。限流阻抗的目标是限制非同步机电源在电网故障下的输出电流不超过其过载电流水平，通常为额定电流的 1.1 倍。这种情况下，非同步机电源的故障态戴维南等效阻抗就等于总限流阻抗。

## 20.6.2 电压刚度与阻抗短路比计算实例 1

考察如图 20-5 所示的纯新能源交流送出系统，假设风电和光伏都采用 PLL/$U_{dc}$-$Q_{pcc}$ 控制，PCC 的电压支撑由交流等效系统 $E_{sys}$ 和接在受端电网的一个 STATCOM 提供，STATCOM 可以采用恒定电压控制和恒定无功功率控制两种控制模式。现要求计算 PCC 的电压刚度 $K_{vtg}$ 与阻抗短路比 $\lambda_{SCR}$。

首先计算系统处于正常态时 PCC 的电压刚度 $K_{vtg}$ 与阻抗短路比 $\lambda_{SCR}$。假设系统所有参数都折算到 220kV 电压等级，此时从 PCC 看向交流系统的等效电路如图 20-6 所示。因此，当 STATCOM 采用定电压控制时，有 $\underline{Z}_{th,nom} = jx_{line}$；当 STATCOM 采用定无功功率控制时，有 $\underline{Z}_{th,nom} = j(x_{line}+x_T+x_{sys})$。

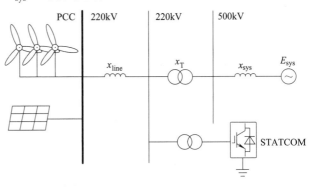

图 20-5 纯新能源交流送出系统示意图

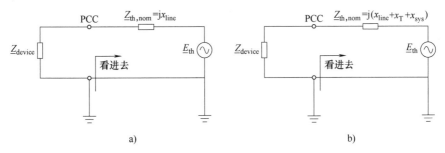

图 20-6 正常态下图 20-5 系统从 PCC 向右看的戴维南等效电路

a) STATCOM 定电压控制   b) STATCOM 定无功功率控制

根据图 20-6 的戴维南等效电路，容易得到

$$\begin{cases} K_{vtg,nom} = \left| \dfrac{\underline{Z}_{device}}{\underline{Z}_{th,nom}+\underline{Z}_{device}} \right| = \left| \dfrac{\underline{Z}_{device}}{jx_{line}+\underline{Z}_{device}} \right| & \text{当 STATCOM 采用定电压控制} \\ K_{vtg,nom} = \left| \dfrac{\underline{Z}_{device}}{\underline{Z}_{th,nom}+\underline{Z}_{device}} \right| = \left| \dfrac{\underline{Z}_{device}}{j(x_{line}+x_T+x_{sys})+\underline{Z}_{device}} \right| & \text{当 STATCOM 采用定无功功率控制} \end{cases}$$

（20-8）

$$\begin{cases} \lambda_{SCR,nom} = \dfrac{|\underline{Z}_{device}|}{|\underline{Z}_{th,nom}|} = \dfrac{Z_{device}}{x_{line}} & \text{当 STATCOM 采用定电压控制} \\ \lambda_{SCR,nom} = \dfrac{|\underline{Z}_{device}|}{|\underline{Z}_{th,nom}|} = \dfrac{Z_{device}}{x_{line}+x_T+x_{sys}} & \text{当 STATCOM 采用定无功控制} \end{cases}$$

（20-9）

然后计算系统处于故障态时 PCC 的电压刚度 $K_{vtg}$ 与阻抗短路比 $\lambda_{SCR}$。在故障态下，不管 STATCOM 采用定电压控制还是定无功功率控制，都会进入电流饱和态，其等效电路是一个电流源支路。因此在计算戴维南等效阻抗时 STATCOM 都是用开路支路来表示的。这样，

从 PCC 看向交流系统的等效电路如图 20-6b 所示。因此有 $\underline{Z}_{\text{th,flt}} = \text{j}(x_{\text{line}} + x_{\text{T}} + x_{\text{sys}})$。故有

$$K_{\text{vtg,flt}} = \left| \frac{\underline{Z}_{\text{device}}}{\underline{Z}_{\text{th,flt}} + \underline{Z}_{\text{device}}} \right| = \left| \frac{\underline{Z}_{\text{device}}}{\text{j}(x_{\text{line}} + x_{\text{T}} + x_{\text{sys}}) + \underline{Z}_{\text{device}}} \right| \quad (20\text{-}10)$$

$$\lambda_{\text{SCR,flt}} = \frac{|\underline{Z}_{\text{device}}|}{|\underline{Z}_{\text{th,flt}}|} = \frac{Z_{\text{device}}}{x_{\text{line}} + x_{\text{T}} + x_{\text{sys}}} \quad (20\text{-}11)$$

### 20.6.3 电压刚度与阻抗短路比计算实例 2

考察图 9-1 所示的应用于纯新能源基地送出的 LCC-MMC 串联混合型直流输电系统拓扑，也就是本章开头部分图 20-1b 所示的纯新能源直流送端系统。假设风电和光伏都采用 PLL/$U_{\text{dc}}$-$Q_{\text{pcc}}$ 控制，PCC 的电压支撑由换流器 MMC 提供，即 MMC 采用 5.9 节描述的 $f/V$ 控制模式。现要求计算 PCC 的电压刚度 $K_{\text{vtg}}$ 与阻抗短路比 $\lambda_{\text{SCR}}$。

如图 20-7 所示，在此种纯新能源基地送出场景下，LCC 在 MMC 作为构网电源的支撑下完成换相过程，风电和光伏也在 MMC 作为构网电源的支撑下实现 PLL/$U_{\text{dc}}$-$Q_{\text{pcc}}$ 控制。对于 PCC 来说，风电和光伏以及 LCC 合起来是作为入网设备看待的，这样 MMC 就是交流电网的唯一构网电源，计算 PCC 看向交流电网的戴维南等效阻抗时，需要得到从 PCC 看向 MMC 的等效电路。

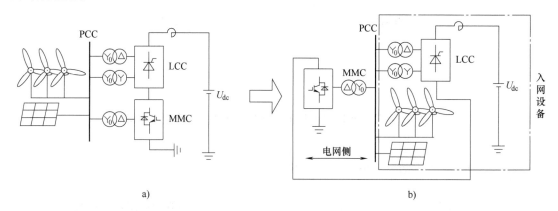

图 20-7 纯新能源直流送端系统示意图

a）送端交流电网　b）计算从 PCC 看出去的戴维南等效阻抗所采用的等效电路

首先计算送端交流电网无故障即处于正常态时 PCC 的电压刚度和阻抗短路比。此时，MMC 的等效电路为恒定电压源，计算戴维南等效阻抗时独立电压源用短路支路来表示，因而 MMC 用 PCC 对地的短路支路来表示，即从 PCC 看向交流电网的戴维南等效阻抗 $\underline{Z}_{\text{th,nom}} = 0$。这样，PCC 的电压刚度 $K_{\text{vtg}} = 1$、阻抗短路比 $\lambda_{\text{SCR}} = \infty$。

然后计算送端交流电网发生故障时 PCC 的电压刚度和阻抗短路比。此时，MMC 由于 PCC 电压跌落处于故障态工况，MMC 运行于低输出电压状态，MMC 的等效电路为低幅值的电压源，计算戴维南等效阻抗时独立电压源用短路支路来表示，因而 MMC 用 PCC 对地的短路支路来表示，即从 PCC 看向交流电网的戴维南等效阻抗 $\underline{Z}_{\text{th,flt}} = 0$。这样，PCC 的电压刚度 $K_{\text{vtg}} = 1$、阻抗短路比 $\lambda_{\text{SCR}} = \infty$。

## 20.6.4 电压刚度与阻抗短路比计算实例3

考察如图 20-8 所示的纯新能源基地通过直流输电送出的典型场站电压支撑特性，假设场站中的风电和光伏都采用 PLL/$U_{dc}$-$Q_{pcc}$ 控制，直流输电送端站采用 MMC 拓扑，为新能源基地提供频率和电压支撑，控制模式为 $f/V$。实际的纯新能源基地是由数量很多的如图 20-8 所示的 35kV 场站构成的，但对 35kV 场站电压支撑特性的分析，采用如图 20-8 所示的典型场站逐级升压结构具有一般性意义。因为由采用 PLL/$U_{dc}$-$Q_{pcc}$ 控制的非同步机电源构成的场站，其对相邻场站不存在电压支撑作用。故对 35kV 场站电压支撑特性的分析只要考虑直流输电送端站 MMC 的作用就可以了，因此采用如图 20-8 所示的典型场站逐级升压结构分析 35kV 场站电压支撑特性具有普遍性意义。

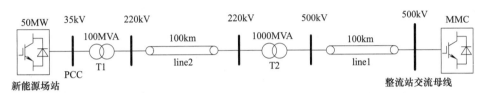

图 20-8 纯新能源基地通过直流输电送出的典型场站逐级升压结构

现在需要评估直流输电送端站的 MMC 为新能源基地电网末端的 35kV 场站提供了多大的电压支撑强度。设 35kV 新能源场站需通过两级升压和一定距离的架空线路才能联接到直流输电送端站，具体结构和线路长度如图 20-8 所示。假定 500kV 架空线路单位长度电抗为 0.273Ω/km，220kV 架空线路单位长度电抗为 0.315Ω/km，变压器短路电抗 $u_k\%$ 统一设定为 10%，忽略架空线路和变压器中的电阻部分，要求计算新能源场站 35kV 侧 PCC 的电压刚度 $K_{vtg}$ 与阻抗短路比 $\lambda_{SCR}$。

对图 20-8 所示系统，计算 PCC 的电压刚度 $K_{vtg}$ 与阻抗短路比 $\lambda_{SCR}$ 的关键是计算从 PCC 向右看的戴维南等效阻抗。采用标幺值进行计算，设定容量基准 $S_{base}$ = 100MVA。由于 MMC 采用 $f/V$ 控制模式，在计算戴维南等效阻抗时采用短路支路模拟。500kV 线路 line1 的标幺阻抗为 $\underline{Z}_{line1,pu}$ = j0.01092pu，220kV 线路 line2 的标幺阻抗为 $\underline{Z}_{line2,pu}$ = j0.06508pu，变压器 T2 的标幺阻抗为 $\underline{Z}_{T2,pu}$ = j0.01pu，变压器 T1 的标幺阻抗为 $\underline{Z}_{T1,pu}$ = j0.1pu。35kV 场站本身的等效阻抗为 $\underline{Z}_{device,pu}$ = -2.0pu。因此 35kV 新能源场站侧 PCC 的电压刚度 $K_{vtg}$ 与阻抗短路比 $\lambda_{SCR}$ 的计算式为

$$K_{vtg,PCC} = \left| \frac{\underline{Z}_{device}}{\underline{Z}_{th,PCC}+\underline{Z}_{device}} \right| = \left| \frac{-2}{j(0.01092+0.06508+0.01+0.1)-2} \right| = 0.9957 \quad (20\text{-}12)$$

$$\lambda_{SCR,PCC} = \frac{|\underline{Z}_{device}|}{|\underline{Z}_{th,PCC}|} = \frac{2}{0.01092+0.06508+0.01+0.1} = 10.7527 \quad (20\text{-}13)$$

上述计算结果表明，对于大规模纯新能源基地通过直流输电送出的场景，尽管新能源基地电网的末端 35kV 场站，离整个电网的电压支撑点（直流输电送端站）距离较远，但实际上直流输电送端站对其电压支撑是非常强的，电压刚度 $K_{vtg}$ 超过 0.99，阻抗短路比 $\lambda_{SCR}$ 超过 10，相当于 35kV 场站接入了极强的交流系统，因此场站内的非同步机电源采用经典的锁相同步控制时，运行是非常稳定的。

## 20.7 影响电压刚度和阻抗短路比的决定性因素

从上节的电压刚度与阻抗短路比计算实例可以看出，影响设备接入点电压支撑强度的决定性因素是从设备接入点看向电网的戴维南等效阻抗 $Z_{th}$。$Z_{th}$ 的取值决定于电网内非同步机电源的戴维南等效阻抗，而非同步机电源的戴维南等效阻抗与其控制模式和运行状态紧密相关。因此，影响设备接入点电压支撑强度的决定性因素一是非同步机电源的控制模式，二是电网的运行状态。当非同步机电源采用定交流母线电压幅值的控制模式时，非同步机电源可以等效为电压源，其戴维南等效阻抗是对地短路的支路，此时非同步机电源具有电压支撑能力。当电网处于故障态时，假定非同步机电源转入电流饱和态运行，此时非同步机电源的戴维南等效阻抗是对地开路的支路，完全失去对电网的电压支撑作用。

定交流电压控制的非同步机电源能够正常发挥电压支撑作用的前提是不能进入电流饱和态。增大非同步机电源的过电流能力，比如从 1.1 倍的过载能力提升到 3 倍的过载能力，目的并不是提升非同步机电源的短路电流水平，而是维持非同步机电源距饱和电流状态有足够的距离，使非同步机电源在交流电网电压有较大跌落时仍然能够不进入电流饱和态，仍然能够完成其既定的控制目标。换句话说，提升非同步机电源的短路电流水平，并不能提升阻抗短路比的数值，仅仅对提升非同步机电源处于正常态运行的裕度有帮助。

## 20.8 新型电力系统背景下容量短路比与阻抗短路比的适用性分析

先来看一个简单实例[12]。在 PSCAD/EMTDC 上搭建一个受端交流系统由 VSC 串联一个阻抗模拟的简单 HVDC 系统，如图 20-9 所示。图 20-9 的主回路参数见表 20-1。

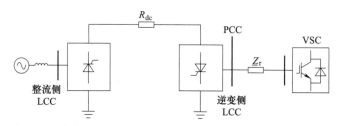

图 20-9 受端交流系统为 VSC 的简单 HVDC 系统

表 20-1 图 20-9 简单 HVDC 系统主回路参数

| | 项目 | 值 | | 项目 | 值 |
|---|---|---|---|---|---|
| LCC | 额定有功功率/MW | 1000 | VSC | 额定容量/MVA | 1000 |
| | 额定直流电压/kV | 500 | | 额定直流电压/kV | 400 |
| | 阀侧交流电压/kV | 210 | | 控制模式 | $f/V$ |
| | 网侧交流电压/kV | 345 | | | |

20.5.1 节已经推导过，对于由同步机主导的电力系统，容量短路比与阻抗短路比是完全一致的，并断言在同步机电源与非同步机电源共存的新型电力系统中，容量短路比已不再适用。因为容量短路比仅仅考虑了由同步发电机提供的短路电流，非同步机电源对电网的支

撑作用没有在容量短路比中得到体现。那么自然就会提出这样一个疑问：在新型电力系统中，如果将非同步机电源的短路电流与同步机电源的短路电流加在一起计算短路容量，再计算容量短路比的话，采用容量短路比来描述电压支撑强度是否依然可行？本实例将对此疑问做出直接的解答。

对于图 20-9 中的逆变站交流母线 PCC，计算 PCC 的容量短路比。采用将非同步机电源的短路电流与同步机电源的短路电流加在一起计算短路容量，再计算容量短路比的方法。因本例中受端系统无同步机电源，短路电流计算只要考虑 VSC 提供的短路电流。这样，将图 20-9 中的 VSC 的电流限幅设置为 1.2pu，则无论串联阻抗 $\underline{Z}_r$ 如何变化，PCC 的短路容量就是 1.2pu，PCC 的容量短路比不随串联阻抗 $\underline{Z}_r$ 而变化，总是 1.2。根据经典的短路比理论[1-3]，受端系统就是一个极弱系统，HVDC 系统难以稳定运行。

现对图 20-9 的 HVDC 系统进行电磁暂态仿真，设定受端 VSC 采用 $f/V$ 控制模式，改变串联阻抗 $\underline{Z}_r$ 的值考察不同电压刚度和阻抗短路比下系统的运行特性。对应图 20-9 逆变站交流母线 PCC，忽略 $\underline{Z}_r$ 中的电阻部分，阻抗短路比和容量短路比与电压刚度的关系见表 20-2。

表 20-2 图 20-9 系统 PCC 两种短路比与电压刚度的关系

| 阻抗短路比 $\lambda_{SCR}$ | 容量短路比 $\rho_{SCR}$ | 电压刚度 $K_{vtg}$ | 戴维南等效阻抗 $X_{th}/\text{pu}$ | 串联阻抗 $X_r/\text{pu}$ |
| --- | --- | --- | --- | --- |
| 1 | 1.2 | 0.7071 | 1.0000 | 1.0000 |
| 2 | 1.2 | 0.8944 | 0.5000 | 0.5000 |
| 3 | 1.2 | 0.9487 | 0.3333 | 0.3333 |
| 4 | 1.2 | 0.9701 | 0.2500 | 0.2500 |
| 5 | 1.2 | 0.9806 | 0.2000 | 0.2000 |
| 6 | 1.2 | 0.9864 | 0.1667 | 0.1667 |
| 7 | 1.2 | 0.9899 | 0.1429 | 0.1429 |
| 8 | 1.2 | 0.9923 | 0.1250 | 0.1250 |
| 9 | 1.2 | 0.9939 | 0.1111 | 0.1111 |
| 10 | 1.2 | 0.9950 | 0.1 | 0.1 |

在 $t=2.0$s 时，电压刚度 $K_{vtg}$ 分别从 0.99 变为 0.93、0.94 和 0.95，仿真结果如图 20-10 所示。从图 20-10 可以看出，只有当 $K_{vtg}$ 降至 0.93 以下时，系统才会发生不稳定现象；此时对应的阻抗短路比为 2.53。

此外，当 $K_{vtg}=0.95$，对应的阻抗短路比为 3 时，逆变侧 PCC 发生三相金属短路故障，持续时间 0.1s，仿真结果如图 20-11 所示。从图 20-11 可以看出，在故障清除后，系统可以恢复到稳定运行状态。

上述实例表明，在新型电力系统背景下，由于非同步机电源的电流饱和特性，非同步机电源的短路电流总等于其电流限幅值，因而根据电流限幅值定义的短路容量是一个常数，由此得到的容量短路比也是一个常数，比如表 10-2 中的容量短路比一直保持 1.2 不变。可见，容量短路比完全失去了刻画电力系统电压支撑强度的指标作用，在新型电力系统中已不再适用。相反，阻抗短路比尽管不如电压刚度所包含的信息完整，但在新型电力系统中仍然适用，且其数值所指示的系统强度保持其原始的意义。

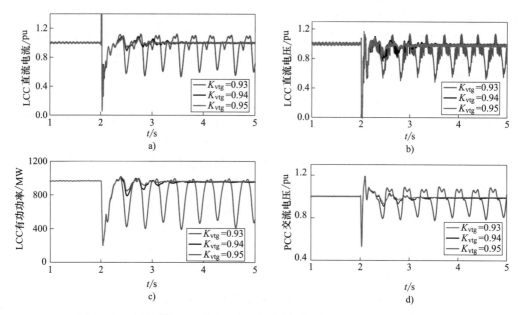

图 20-10　电压刚度 $K_{vtg}$ 从 0.99 下降到降低值时 HVDC 系统的响应特性
a) 直流电流　b) 直流电压　c) 直流功率　d) PCC 交流电压模值

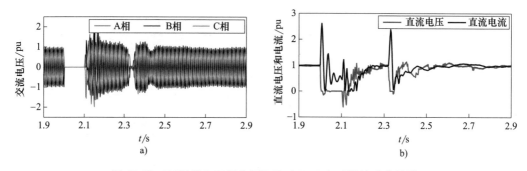

图 20-11　PCC 发生三相金属短路时 HVDC 系统的响应特性
a) PCC 三相电压　b) 直流电压和电流

实际上，1992 年 CIGRE 和 IEEE 联合工作组提出的短路比概念是基于短路容量来定义的[1]，是式（20-3）所给出的容量短路比。当电网中只有同步机电源时，容量短路比与阻抗短路比是完全一致的，因为同步机的短路电流完全由其阻抗决定，不存在限幅环节。但对于非同步机电源，容量短路比与阻抗短路比两者是完全不同的。对于非同步机电源，由于短路电流有限幅环节的作用，用短路容量来定义短路比是没有意义的；即对于非同步机电源，短路容量并不能表征其维持接入点电压模值接近于接入点空载电压的能力。在新型电力系统背景下，为了使短路比仍然具有表征电网维持任一接入点电压模值接近于接入点空载电压的能力，需要采用阻抗短路比，即采用式（20-4）的短路比表达式。阻抗短路比将同步机电源与非同步机电源统一看待，从而将短路比的适用范围拓展到了同步机电源与非同步机电源共存的新型电力系统。具体计算时，所有非同步机电源的戴维南等效阻抗应采用其正常态的戴维南等效阻抗，因为 1992 年 CIGRE 和 IEEE 联合工作组提出的短路比实际描述的是电网在正常态下的电压支撑能力[1]。

根据上述讨论，可以得出结论：在新型电力系统中，电力系统的电压支撑强度可以用电压刚度和阻抗短路比 2 个指标来刻画，但容量短路比已不再适用；且电压刚度大于 0.95 或阻抗短路比大于 3 作为区分强系统与弱系统的标准仍然适用。

## 20.9　提升电压支撑强度的控制器改造方法

由 20.3 节对非同步机电源的分类结果可知，在 7 种类型的 VSC 控制器中，只有 5 种控制器：$f/V$、PSL/$P_{pcc}$-$U_{pccm}$、PSL/$P_{pcc}$-$Q_{pcc}$、PLL/$U_{dc}$-$U_{pccm}$、PLL/$P_{pcc}$-$U_{pccm}$ 具有电压支撑的能力。另外 2 种控制器：PLL/$U_{dc}$-$Q_{pcc}$、PLL/$P_{pcc}$-$Q_{pcc}$ 不具有电压支撑能力，因为在这种控制模式下，VSC 的外特性呈现为电流源特性。

但实际上，对于采用 PLL/$U_{dc}$-$Q_{pcc}$、PLL/$P_{pcc}$-$Q_{pcc}$ 控制模式的 VSC，将 VSC 的外特性改造成电压源特性也是可能的。方法就是将定 $Q_{pcc}^*$ 控制通过定 $U_{pccm}^*$ 控制来实现，而不是直接通过定 q 轴电流 $i_{vq}^*$ 来实现；其原理与 PSL/$P_{pcc}$-$Q_{pcc}$ 的定 $Q_{pcc}^*$ 控制完全一致。相关的控制框图如图 20-12 所示，即用图 b 的控制策略来替换图 a 的控制策略。通过控制器改造后，在电网不发生故障的正常态下，采用 PLL/$U_{dc}$-$Q_{pcc}$、PLL/$P_{pcc}$-$Q_{pcc}$ 控制模式 VSC 的外特性也会呈现出电压源特性，即正常态下采用 PLL/$U_{dc}$-$Q_{pcc}$、PLL/$P_{pcc}$-$Q_{pcc}$ 控制模式 VSC 的戴维南等效电路也可以用对地短路支路来表示，从而这种类型的 VSC 也具有电压支撑能力。

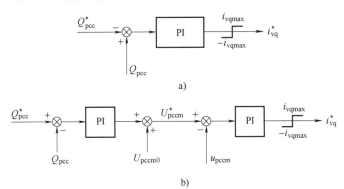

图 20-12　两种实现恒定无功功率的外环控制器框图

a）仅仅实现恒定无功功率控制的外环控制器　b）同时实现恒定无功功率和恒定电压控制的外环控制器

## 20.10　基于电压支撑强度不变的新能源基地电网等效简化方法

在新能源基地中的非同步机电源，普遍采用 PLL/$U_{dc}$-$Q_{pcc}$ 控制模式，根据 20.9 节的讨论，假定 PLL/$U_{dc}$-$Q_{pcc}$ 控制模式都采用了图 20-12 改造过的控制器结构。这样，从新能源基地的高压电网并网点向新能源基地看，可以将新能源基地电网在电压支撑强度不变的条件下做等效简化。具体过程说明如下。

图 20-13a 展示了典型新能源基地接入 220kV 并网母线的结构，设要对图 20-13a 中的第 $i$ 个新能源基地做等效简化。设等效的基准是新能源基地电网对其 220kV 并网母线的电压支撑强度保持不变，这个条件对应于从 220kV 并网母线看向新能源基地时，等效简化前后的

戴维南等效阻抗保持不变。显然，这个等效条件可以用非常简单的电路来实现，这里采用如图 20-13b 所示的标准结构来实现这个等效条件，从而得到网络化简的具体步骤如下：

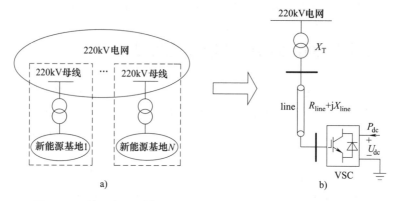

图 20-13　基于电压支撑强度不变的新能源基地电网简化方法原理
a）典型新能源基地接入 220kV 并网母线结构　b）单个新能源基地接入 220kV 并网母线标准简化结构

第 0 步：假定要对图 20-13a 中的第 $i$ 个新能源基地电网进行简化。

第 1 步：将新能源基地 $i$ 中的所有 VSC 都用对地短路支路替代。

第 2 步：针对新能源基地 $i$，计算出从 220kV 并网母线看向新能源基地的等效阻抗，该等效阻抗就是与 220kV 并网母线相对应的戴维南等效阻抗 $Z_{th,i}$。

第 3 步：针对新能源基地 $i$，计算出所有非同步机电源的总容量 $S_{total,i}$ 以及当前运行工况下直流侧的总有功功率 $P_{total,i}$。

第 4 步：设定图 20-13b 中的变压器容量和 VSC 容量均等于新能源基地 $i$ 的非同步机电源总容量 $S_{total,i}$。

第 5 步：设定图 20-13b 中的变压器短路阻抗 $u_k\%$ 等于 10%，根据与 220kV 并网母线相对应的戴维南等效阻抗 $Z_{th,i}$，反推出线路 line 的阻抗 $R_{line}+jX_{line}$。

第 6 步：设定图 20-13b 中的 VSC 的控制模式为 PLL/$U_{dc}$-$Q_{pcc}$，VSC 的主回路参数和控制器参数都采用典型参数，VSC 直流侧输入的有功功率 $P_{dc}$ 等于 $P_{total,i}$。

至此，对第 $i$ 个新能源基地电网的简化已完成，对其余新能源基地的简化可以按同样的步骤完成。

## 20.11　多馈入电压刚度与多馈入阻抗短路比的定义和性质

### 20.11.1　多馈入电压刚度与多馈入阻抗短路比的定义

2007 年 CIGRE 多馈入工作组提出了多馈入有效短路比的概念[13-14]，用于描述多回直流线路同时将功率馈入交流电网时交流电网对直流馈入母线的电压支撑强度。注意，这里必须强调"同时将功率馈入"这个前提，如果没有"同时将功率馈入"这个前提，那么即使有多回直流馈入到同一个交流电网，交流电网对每回直流线路的电压支撑强度仍然能够采用单馈入指标来进行度量。下面以一个双直流馈入的交流电网为例，来阐释上面的论断。

所考察的双直流馈入交流电网如图 20-14a 所示，根据双端口网络的戴维南等效原理[15]，可以得到双直流馈入交流电网的等效电路如图20-14b所示。图20-14中，双回直流线路的馈入母线分别为$i$和$j$，$\underline{U}_{io}$和$\underline{U}_{jo}$为双回直流线路都未接入电网时的电压相量（即空载电压），$\underline{Z}_{ii}$、$\underline{Z}_{jj}$和$\underline{Z}_{ij}$分别为交流电网的基频正序网络做双端口戴维南等效时的等效阻抗，$\underline{Z}_{DCi}$和$\underline{Z}_{DCj}$分别为双回直流线路在额定工况下所对应的等效阻抗。

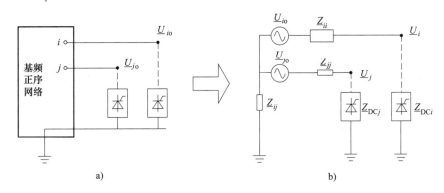

**图 20-14　双直流馈入系统的戴维南等效电路**
a) 双直流系统未接入　b) 双直流系统接入后的戴维南等效电路

以直流线路$i$为例，首先考察直流线路$j$未接入时从母线$i$看向电网的戴维南等效电势$\underline{E}_{th}$和戴维南等效阻抗$\underline{Z}_{th}$，然后考察直流线路$j$接入电网时从母线$i$看向电网的戴维南等效电势$\underline{E}_{th}^m$和戴维南等效阻抗$\underline{Z}_{th}^m$。这里的上标"m"表示在多馈入工况下。

在单馈入工况下，即当直流线路$j$未接入时，图20-14b中的$\underline{Z}_{DCj}$支路是开路的，求出从母线$i$看向电网的戴维南等效电势$\underline{E}_{th}$和戴维南等效阻抗$\underline{Z}_{th}$为

$$\begin{cases} \underline{E}_{th} = \underline{U}_{io} \\ \underline{Z}_{th} = \underline{Z}_{ij} + \underline{Z}_{ii} \end{cases} \tag{20-14}$$

在多馈入工况下，即当直流线路$j$接入时，求出母线$i$看向电网的戴维南等效电势$\underline{E}_{th}^m$和戴维南等效阻抗$\underline{Z}_{th}^m$如下：

$$\begin{cases} \underline{E}_{th}^m = \underline{U}_{io}^m = \underline{U}_{io} + \dfrac{\underline{Z}_{ij}}{\underline{Z}_{ij} + \underline{Z}_{jj} + \underline{Z}_{DCj}} \underline{U}_{jo} \\ \underline{Z}_{th}^m = \underline{Z}_{ii} + \dfrac{\underline{Z}_{ij}(\underline{Z}_{jj} + \underline{Z}_{DCj})}{\underline{Z}_{ij} + \underline{Z}_{jj} + \underline{Z}_{DCj}} \end{cases} \tag{20-15}$$

这样，相对于单馈入工况，由于多馈入导致从母线$i$看向电网的戴维南等效电势$\underline{E}_{th}^m$和戴维南等效阻抗$\underline{Z}_{th}^m$发生了变化，其比值为

$$\begin{cases} \underline{R}_{eth}^m = \dfrac{\underline{E}_{th}^m}{\underline{E}_{th}} = \dfrac{\underline{U}_{io}^m}{\underline{U}_{io}} = 1 + \dfrac{\underline{Z}_{ij}}{\underline{Z}_{ij} + \underline{Z}_{jj} + \underline{Z}_{DCj}} \cdot \dfrac{\underline{U}_{jo}}{\underline{U}_{io}} \\ \underline{R}_{zth}^m = \dfrac{\underline{Z}_{th}^m}{\underline{Z}_{th}} = \dfrac{\underline{Z}_{ii}}{\underline{Z}_{ij} + \underline{Z}_{ii}} + \dfrac{\underline{Z}_{ij}}{\underline{Z}_{ij} + \underline{Z}_{ii}} \cdot \dfrac{\underline{Z}_{jj} + \underline{Z}_{DCj}}{\underline{Z}_{ij} + \underline{Z}_{jj} + \underline{Z}_{DCj}} \end{cases} \tag{20-16}$$

式中，$R_{\text{eth}}^{\text{m}}$ 为多馈入与单馈入两种工况下从母线 $i$ 看向电网的戴维南等效电势的比值，本书称其为多馈入空载电压比例因子；$U_{io}$ 为单馈入工况下母线 $i$ 的空载电压相量，$U_{io}^{\text{m}}$ 为多馈入工况下母线 $i$ 的空载电压相量；$R_{\text{zth}}^{\text{m}}$ 为多馈入与单馈入两种工况下从母线 $i$ 看向电网的戴维南等效阻抗的比值，本书称其为多馈入戴维南等效阻抗比例因子。

这样就可以得到电压刚度和阻抗短路比在单馈入与多馈入两种工况下的关系为

$$\begin{cases} \lambda_{\text{SCR}}^{\text{m}} = \dfrac{Z_{\text{DC}i}}{Z_{\text{th}}^{\text{m}}} = \dfrac{Z_{\text{DC}i}}{Z_{\text{th}}} \dfrac{Z_{\text{th}}}{Z_{\text{th}}^{\text{m}}} = \dfrac{\lambda_{\text{SCR}}}{R_{\text{zth}}^{\text{m}}} \\ K_{\text{vtg}}^{\text{m}} = \dfrac{U_i^{\text{m}}}{U_{io}} = \dfrac{1}{U_{io}} \left| \dfrac{E_{\text{th}}^{\text{m}} \cdot Z_{\text{DC}i}}{Z_{\text{th}}^{\text{m}} + Z_{\text{DC}i}} \right| = R_{\text{eth}}^{\text{m}} \left| \dfrac{Z_{\text{th}} + Z_{\text{DC}i}}{R_{\text{zth}}^{\text{m}} Z_{\text{th}} + Z_{\text{DC}i}} \right| K_{\text{vtg}} \end{cases} \quad (20\text{-}17)$$

式中，$\lambda_{\text{SCR}}$ 和 $K_{\text{vtg}}$ 分别为单馈入工况下直流线路 $i$ 的阻抗短路比和电压刚度；$\lambda_{\text{SCR}}^{\text{m}}$ 和 $K_{\text{vtg}}^{\text{m}}$ 分别为多馈入工况下直流线路 $i$ 的阻抗短路比和电压刚度，本书分别称其为多馈入阻抗短路比和多馈入电压刚度。从式（20-17）可以看出，$\lambda_{\text{SCR}}^{\text{m}}$ 与 $\lambda_{\text{SCR}}$ 的大小关系取决于 $R_{\text{zth}}^{\text{m}}$ 的值；而 $K_{\text{vtg}}^{\text{m}}$ 与 $K_{\text{vtg}}$ 的大小关系则与 $R_{\text{eth}}^{\text{m}}$ 和 $R_{\text{zth}}^{\text{m}}$ 都有关系；对于实际电网参数和运行方式，多馈入工况与单馈入工况相比，其戴维南等效电势总是下降的，且多馈入电压刚度总小于单馈入电压刚度。

## 20.11.2　多馈入电压刚度与多馈入阻抗短路比的应用

对任一单回直流线路来说，双回直流线路同时接入交流电网相对于仅仅单回直流线路接入交流电网，其维持换流站交流母线电压接近于空载电压（所有直流线路未接入工况）的能力下降，即多馈入电压刚度总小于单馈入电压刚度。这就是为什么在多馈入的交流电网中，由交流电网故障造成多直流线路同时发生换相失败后，各回直流线路采用错时恢复比采用同时恢复，电压稳定性更好的原因[16-18]。因为直流逆变器换相失败进入上下阀贯通状态后，逆变器馈入交流电网的电流等于零，对于换流站交流母线来说逆变器就相当于一条开路支路；当故障被清除直流线路开始恢复时，相当于逆变器重新接入到交流电网中；多回直流线路同时恢复相当于多个逆变器同时接入到交流电网中，对任意单个逆变器来说，其交流母线看向交流电网的戴维南等效电势下降。

而采用错时恢复时，每个时段只有 1 回直流线路的逆变器处于接入电网状态，其他待恢复的直流线路逆变器仍然处于开路状态；而其他已经恢复的直流线路已成为电网内部元件，且电网通过自身的调节使正在恢复的那回直流线路所看到的戴维南等效电势有所提高。换句话说，采用错时恢复时对每回直流线路来说其戴维南等效电势下降不大，而采用同时恢复时对每回直流线路来说其戴维南等效电势下降较大。

## 20.11.3　新型电力系统背景下多馈入有效短路比的适用性分析

将多馈入电压刚度 $K_{\text{vtg}}^{\text{m}}$ 和多馈入阻抗短路比 $\lambda_{\text{SCR}}^{\text{m}}$ 与 CIGRE 工作组提出的多馈入有效短路比[13-14]做比较是有意义的。对于换流站 $i$，其多馈入有效短路比的定义式为

$$\begin{cases} \rho_{\text{MIESCR},i} = \dfrac{S_{\text{sc},i} - Q_{\text{c},i}}{P_{\text{dcN},i} + \sum\limits_{j=1, j\neq i} \gamma_{\text{MIIF},ji} \cdot P_{\text{dcN},j}} \\ \gamma_{\text{MIIF},ji} = \dfrac{\Delta V_j}{\Delta V_i} \end{cases} \quad (20\text{-}18)$$

式中，$\rho_{\text{MIESCR},i}$ 称为多馈入有效短路比，$\gamma_{\text{MIIF},ji}$ 称为多馈入相互作用因子；$S_{\text{sc},i}$ 为换流站 $i$ 交流母线的三相短路容量；$Q_{\text{c},i}$ 为换流站 $i$ 内部交流滤波器和并联电容器所提供的额定无功功率；$P_{\text{dcN},i}$ 为换流站 $i$ 的额定直流功率，$P_{\text{dcN},j}$ 为换流站 $j$ 的额定直流功率；$\Delta V_i$ 为换流站 $i$ 交流母线的电压扰动量，约为 1%；$\Delta V_j$ 为换流站 $j$ 交流母线的电压变化量。

式（20-18）仍然沿用了单馈入容量短路比的概念，仅仅将多馈入的有功功率折算到单个换流站上，即将换流站 $j$ 的有功功率按照与换流站 $i$ 的相互作用因子大小折算到换流站 $i$ 中。

显然式（20-18）是直接基于容量短路比的概念而推广到多馈入系统的，根据 20.8 节的分析，对于包含非同步机电源的新型电力系统，容量短路比已不再适用。因此可以断言，对于包含非同步机电源的新型电力系统，多馈入有效短路比也不再适用。

## 20.12　新型电力系统背景下频率支撑强度的定义与计算方法

频率支撑强度表现在 2 个方面，第 1 个方面是惯量支撑能力，第 2 个方面是一次调频能力。同步发电机具有惯量和一次调频能力，同步发电机的惯量与其运行点无关，为恒定值[5-7]；同步发电机的一次调频能力与其运行点和调速器的调差率紧密相关。负荷具有一定的惯量和频率调节效应，但数值较小。与同步机电源不同，非同步机电源的惯量支撑能力和一次调频能力完全决定于非同步机电源的控制方式和可输出功率裕度。早期投运的非同步机电源通常按照最大功率点跟踪控制，其输出功率与电网频率是解耦的，这种情况下非同步机电源对电网的频率稳定性没有任何支撑作用。在非同步机电源占比越来越高的情况下，必须改变非同步机电源的控制方式，使其输出功率与电网频率发生耦合，从而具有惯量支撑能力和一次调频能力。

电网的惯量支撑能力和一次调频能力可以通过电网在遭受大扰动后的频率动态响应曲线来描述[19-20]，如图 20-15 所示。图 20-15 中，采用分段折线来表示实际的频率动态响应曲线，折线段 1 为惯量响应时间段，折线段 2 和折线段 3 为惯量响应与一次调频共同作用时间段，折线段 4 为一次调频单独作用时间段。基于该频率动态响应曲线，通常用 3 个参数来整体描述电网的惯量支撑和一次调频能力。第 1 个参数为扰动初始时段的频率变化率（Rate of Change of Frequency，RoCoF），即折线段 1 的斜率；第 2 个参数为频率的最高点 $f_{\text{zenith}}$ 或最低点 $f_{\text{nadir}}$；第 3 个参数为稳态频率偏差 $\Delta f_\infty$。

### 20.12.1　非同步机电源的惯量与一次调频实现方式

对于采用 $f/V$ 控制模式的非同步机电源，其是所接入电网的构网电源，在其电流容量范围内，电网频率由其完全确定，且并不受电网中各种扰动的影响。因此对于采用 $f/V$ 控制模式的非同步机电源，在其电流容量范围内，所提供的惯量支撑为无穷大，频率保持恒定不

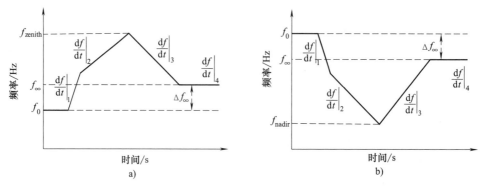

**图 20-15 描述惯量支撑和一次调频能力的频率动态响应曲线**
a) 高频场景  b) 低频场景

变；即使由于电网故障导致采用 $f/V$ 控制模式的非同步机电源的输出电压幅值跌落，输出电压的频率依然保持恒定。

对于采用 $\mathrm{PSL}/P_\mathrm{pcc}\text{-}U_\mathrm{pccm}$ 和 $\mathrm{PSL}/P_\mathrm{pcc}\text{-}Q_\mathrm{pcc}$ 控制模式的非同步机电源，其惯量支撑能力可以用第 4 章的式（4-71）来表示，其一次调频能力可以用第 4 章的式（4-76）来表示。

对于采用 $\mathrm{PLL}/U_\mathrm{dc}\text{-}U_\mathrm{pccm}$ 和 $\mathrm{PLL}/U_\mathrm{dc}\text{-}Q_\mathrm{pcc}$ 控制模式的非同步机电源，其输出的有功功率决定于其输入的有功功率；当其输入的有功功率与电网频率解耦时，这种控制模式的非同步机电源没有惯量支撑能力和一次调频能力。

对于采用 $\mathrm{PLL}/P_\mathrm{pcc}\text{-}U_\mathrm{pccm}$ 和 $\mathrm{PLL}/P_\mathrm{pcc}\text{-}Q_\mathrm{pcc}$，控制模式的非同步机电源，当功率指令值 $P_\mathrm{pcc}^*$ 与电网频率解耦时，该非同步机电源不具备惯量支撑与一次调频能力；当 $P_\mathrm{pcc}^*$ 与电网频率的导数相关时，该非同步机电源具有惯量支撑能力；当 $P_\mathrm{pcc}^*$ 与电网频率偏差相关时，该非同步机电源具有一次调频能力。

### 20.12.2 非同步机电源惯量支撑强度的定义和计算方法

对于惯量大小和最小惯量需求的计算方法，已有很多文献分别从发电单元和系统层面进行过讨论[21-42]。不同于惯量等于常数的同步发电机，非同步机电源的惯量是由其控制系统决定的，且惯量的大小不是常数，其随非同步机电源运行点的变化而变化。因此在系统层面，系统的总惯量是随运行方式的变化而变化的。

惯量大小的直接反映是系统的 RoCoF，特别是扰动初始阶段的 RoCoF 只与惯量大小和扰动本身有关，因此对惯量大小的计算可以转化为对扰动初始阶段 RoCoF 的计算。

对于特定的电力系统，对 RoCoF 具有最大值限制[19]，比如限制 RoCoF 的最大值为不超过 0.1Hz/s 等。通常根据 RoCoF 的最大限制值和预想的最大有功扰动来反推电网对惯量大小的最低要求。不同的电网对预想的最大有功扰动有不同的规定，比如欧洲大陆电网规定的最大有功扰动为失去 3000MW 发电功率[21]，我国电网规定的最大有功扰动一般为单回最大直流输电线路双极闭锁[43-44]。

本书采用等效惯量提升因子来刻画非同步机电源的惯量支撑强度，推导过程如下。设在规定的最大有功扰动下，扰动初始阶段电网中某节点 node 的频率变化率为[22,26]

$$\left.\frac{\mathrm{d}f_\mathrm{node}}{\mathrm{d}t}\right|_{t=0} = k_\mathrm{const}\frac{\Delta P_\mathrm{max}}{H_\mathrm{eq}} \qquad (20\text{-}19)$$

式中，$k_{const}$ 为与系统运行方式有关的常数；$\Delta P_{max}$ 为规定的最大有功扰动下的不平衡功率；$H_{eq}$ 为所考察的运行方式下的系统等效惯性时间常数。

对于所考察的系统运行方式，定义所有非同步机电源采用无惯量支撑控制时的 $\left.\dfrac{df_{node}}{dt}\right|_{t=0}$ 为 $\left.\dfrac{df_{node}}{dt}\right|_{t=0}^{0}$；再定义所有非同步机电源惯量支撑控制投入时的 $\left.\dfrac{df_{node}}{dt}\right|_{t=0}$ 为 $\left.\dfrac{df_{node}}{dt}\right|_{t=0}^{1}$。这样，定义由非同步机电源惯量支撑控制投入而使等效惯量提升的倍数为等效惯量提升因子 $H_{amp}$，如式（20-20）所示。

$$H_{amp} = \dfrac{H_{eq}^{1}}{H_{eq}^{0}} = \left.\dfrac{df}{dt}\right|_{t=0}^{0} \Big/ \left.\dfrac{df}{dt}\right|_{t=0}^{1} \tag{20-20}$$

式中，$H_{eq}^{0}$ 为全网所有非同步机电源采用无惯量支撑控制时的全网等效惯性时间常数，$H_{eq}^{1}$ 为全网所有非同步机电源惯量支撑控制投入时的全网等效惯性时间常数。显然，$H_{amp}$ 总大于1，反映了非同步机电源惯量支撑控制投入后对全网等效惯量的提升作用，因此可以表征非同步机电源的惯量支撑强度。

根据式（20-20），$H_{amp}$ 适合于数字仿真计算，且扰动起始时刻的 $\left.\dfrac{df_{node}}{dt}\right|_{t=0}$ 可以通过数值微分求得。另外，考核惯量支撑强度的电网节点应根据电网实际情况进行选择，且可以同时选择多个节点进行考核；一般选择同步机电源比较短缺的电网区域进行考核，因为这些区域通常频率变化率是最大的，也就是惯量支撑强度是最弱的。

### 20.12.3  非同步机电源一次调频能力的定义和计算方法

一次调频能力可以用频率偏差因子来度量[45]。在新型电力系统背景下，频率偏差因子 $\beta$ 可以定义为

$$\beta = \dfrac{1}{R_{gen}} + D_{load} + K_{non} \tag{20-21}$$

式中，$R_{gen}$ 是所有同步发电机调速器的等效调差率，单位为 Hz/MW；$K_{non}$ 为所有非同步机电源的等效频率调节系数，单位为 MW/Hz；$D_{load}$ 为系统有功负荷的频率调节系数，单位为 MW/Hz；频率偏差因子 $\beta$ 的常用单位是 MW/0.1Hz。

频率偏差因子 $\beta$ 描述了有功扰动 $\Delta P$ 与电网稳态频率偏差 $\Delta f_{\infty}$ 之间的关系，如式（20-22）所示。

$$\Delta f_{\infty} = \dfrac{\Delta P}{\beta} \tag{20-22}$$

仿照惯量支撑强度的定义方法，本书采用稳态频率偏差下降因子 $R_{deltf}$ 来刻画非同步机电源的一次调频能力，$R_{deltf}$ 的定义式为

$$R_{deltf} = \dfrac{\Delta f_{\infty}^{1}}{\Delta f_{\infty}^{0}} = \dfrac{\beta^{0}}{\beta^{1}} \tag{20-23}$$

式中，$\Delta f_{\infty}^{0}$ 和 $\beta^{0}$ 分别为全网所有非同步机电源采用无一次调频控制时的稳态频率偏差和频率偏差因子；$\Delta f_{\infty}^{1}$ 和 $\beta^{1}$ 分别为全网所有非同步机电源一次调频控制投入时的全网稳态频率

偏差和频率偏差因子。显然，$R_{\text{deltf}}$ 总小于 1，反映了非同步机电源一次调频控制投入后对电网稳态频率偏差的降低作用，因此可以表征非同步机电源的一次调频能力。根据式（20-23），$R_{\text{deltf}}$ 很容易通过数字仿真进行计算。

# 参 考 文 献

[1] CIGRE Working Group 14. 07, IEEE Working Group 15. 05. 05. Guide for planning DC links terminating at AC locations having low short-circuit capacities-Part I：AC/DC interaction phenomena ［R］. Paris, France：CIGRE, 1992：Brochure No. 68.

[2] CIGRE Working Group 14. 07, IEEE Working Group 15. 05. 05. Guide for planning DC links terminating at AC locations having low short-circuit capacities-Part II：Planning guidelines ［R］. Paris, France：CIGRE, 1997：Brochure No. 115.

[3] IEEE. IEEE Std 1204—1997：IEEE guide for planning DC links terminating at AC locations having low short-circuit capacities ［S］. New York：IEEE Press, 1997.

[4] 徐政. 新型电力系统背景下电网强度的合理定义及其计算方法 ［J］. 高电压技术, 2022, 48（10）：1-15.

[5] ANDERSON P M, FOUAD A A. Power system control and stability ［M］. 2nd ed. New York, USA：IEEE Press, 2003.

[6] KUNDUR P S. Power system stability and control ［M］. New York, USA：McGraw-Hill, 1994.

[7] MACHOWSKI J, BIALEK J W, BUMBY J R. Power system dynamics-stability and control ［M］. New York, USA：John Wiley & Sons, Ltd., 2008.

[8] 邱关源，罗先觉. 电路 ［M］. 5 版. 北京：高等教育出版社, 2006.

[9] ANDERSON P M. Analysis of faulted power systems ［M］. New York, USA：John Wiley & Sons, INC., 1995.

[10] 管敏渊，徐政. MMC 型柔性直流输电系统无源网络供电的直接电压控制 ［J］. 电力自动化设备, 2012, 32（12）：1-5.

[11] LU X N, WANG J H, GUERRERO J M, et al. Virtual-impedance-based fault current limiters for inverter dominated AC microgrids ［J］. IEEE Transactions on Smart Grid, 2018, 9（3）：1599-1612.

[12] WANG G, HUANG Y, XU Z. Voltage Stiffness for Strength Evaluation of VSC-Penetrated Power Systems. IEEE Transactions on Power Systems, 2024, 39（4）：6119-6122.

[13] CIGRE Working Group B4. 41. Systems with multiple DC infeed ［J］. ELECTRA, 2007（15）：14-18.

[14] CIGRE Working Group B4. 41. Systems with multiple DC infeed ［R］. Paris, France：CIGRE, 2008：Brochure No. 364.

[15] 张洪欣，杜玉杰. 戴维南定理在双口网络中的推广 ［J］. 滨州师专学报, 1999, 15（2）：32-33.

[16] REEVE J, LANE-SMITH S P. Multi-infeed HVDC transient response and recovery strategies ［J］. IEEE Transactions on Power Delivery, 1993, 8（4）：1995-2001.

[17] 杨卫东，徐 政，韩祯祥. 多馈入交直流电力系统研究中的相关问题 ［J］. 电网技术, 2000, 24（8）：13-17.

[18] YANG W D, XU Z, HAN Z X. A co-ordinated recovery strategy of multi-infeed HVDC systems ［C］// 2001 IEEE Power Engineering Society Winter Meeting, Columbus, 28 Jan. -1 Feb. 2001, Columbus, OH, USA. New York：IEEE, 2001.

[19] ENTSO-E. Rate of change of frequency（RoCoF）withstand capability ［R］. Brussels, Belgium：ENTSO-

E，2018.

[20] 孙华东，王宝财，李文锋，等. 高比例电力电子电力系统频率响应的惯量体系研究[J]. 中国电机工程学报，2020，40（16）：5179-5191.

[21] ENTSO-E. Frequency stability evaluation criteria for the synchronous zone of continental Europe[R]. Brussels，Belgium：ENTSO-E，2016.

[22] ENTSO-E. Future system inertia[R]. Brussels，Belgium：ENTSO-E，2016.

[23] ENTSO-E. Parameters related to frequency stability[R]. Brussels，Belgium：ENTSO-E，2016.

[24] ENTSO-E. Limited frequency sensitive mode[R]. Brussels，Belgium：ENTSO-E，2018.

[25] ENTSO-E. Need for synthetic inertia (SI) for frequency regulation[R]. Brussels，Belgium：ENTSO-E，2018.

[26] ENTSO-E. Inertia and rate of change of frequency (RoCoF)[R]. Brussels，Belgium：ENTSO-E，2020.

[27] ENTSO-E. Frequency ranges[R]. Brussels，Belgium：ENTSO-E，2021.

[28] ENTSO-E. System defense plan[R]. Brussels，Belgium：ENTSO-E，2022.

[29] CAO X，STEPHEN B，ABDULHADI I F，et al. Switching Markov Gaussian models for dynamic power system inertia estimation[J]. IEEE Transactions on Power Systems，2016，31（5）：3394-3403.

[30] TUTTELBERG K，KILTER J，WILSON D，et al. Estimation of power system inertia from ambient wide area measurements[J]. IEEE Transactions on Power Systems，2018，33（6）：7249-7257.

[31] MILANO F，DÖRFLER F，HUG G，et al. Foundations and challenges of low-inertia systems[C]//2018 Power Systems Computation Conference (PSCC)，11-15 June，2018，Dublin，Ireland. New York：IEEE，2018.

[32] FERNÁNDEZ-GUILLAMÓN A，GÓMEZ-LÁZARO E，MULJADI E，et al. Power systems with high renewable energy sources：A review of inertia and frequency control strategies over time[J]. Renewable and Sustainable Energy Reviews，2019，115：109369.

[33] 曾繁宏，张俊勃. 电力系统惯性的时空特性及分析方法[J]. 中国电机工程学报，2020，40（1）：50-58.

[34] 王博，杨德友，蔡国伟. 高比例新能源接入下电力系统惯量相关问题研究综述[J]. 电网技术，2020，44（8）：2998-3006.

[35] 李东东，张佳乐，徐波，等. 考虑频率分布特性的新能源电力系统等效惯量评估[J]. 电网技术，2020，44（8）：2913-2921.

[36] 李世春，夏智雄，程绪长，等. 基于类噪声扰动的电网惯量常态化连续估计方法[J]. 中国电机工程学报，2020，40（14）：4430-4439.

[37] 刘方蕾，胥国毅，王凡，等. 基于差值计算法的系统分区惯量评估方法[J]. 电力系统自动化，2020，44（20）：46-53.

[38] 黄思维，张俊勃，曾繁宏. 适用于电力系统惯性秒级追踪的高效在线算法[J]. 高电压技术，2021，47（10）：3519-3527.

[39] 张武其，文云峰，迟方德，等. 电力系统惯量评估研究框架与展望[J]. 中国电机工程学报，2021，41（20）：6842-6855.

[40] 王宝财，孙华东，李文锋，等. 考虑动态频率约束的电力系统最小惯量评估[J]. 中国电机工程学报，2022，42（1）：114-126.

[41] 刘巨，赵红生，李梦颖，等. 基于功率谱密度分析的新能源电力系统等效惯量评估[J]. 高电压技术，2022，48（1）：178-188.

[42] 张桂红，刘飞，王世斌，等. 高比例新能源电力系统频率稳定性的惯量需求分析[J]. 电力系统及其自动化学报，2022，34（7）：81-87.

[43] XU Z, DONG H F. Three basic constraints for the reasonable size of synchronous power systems [J]. International Journal of Electrical Power & Energy Systems, 2017, 90: 76-86.

[44] 董桓锋, 徐政, 钱迎春, 等. 交直流同步电网异步分隔的一般性原则 [J]. 高电压技术, 2017, 43 (7): 2167-2174.

[45] 徐政, 黄弘扬, 周煜智. 描述交直流并列系统电网结构品质的3种宏观指标 [J]. 中国电机工程学报, 2013, 33 (4): 1-7.

# 第21章 电力系统谐振稳定性的定义与分析方法

## 21.1 引言

随着新能源电力系统建设的深入,电力系统在源网荷储四个层面越来越表现出电力电子化特征,使得以往较少出现的谐振不稳定问题变得越来越普遍。国内外已有大量文献报道了发生谐振不稳定现象的案例[1-3],包括交流电网中的谐振不稳定现象[1-2]和直流电网中的谐振不稳定现象[3]。

当发生谐振不稳定时,电力系统中该谐振频率下的电流和电压会很大,有可能造成设备损坏和保护跳闸[1];当谐振频率落在次同步频段时,谐振频率电流流过汽轮发电机的定子绕组后,会在发电机的转子上产生振荡频率与此谐振频率互补的转矩,从而有可能激发汽轮发电机的固有扭振模式[4-6],造成以往只在汽轮发电机经串联补偿线路送出系统中才会出现的机网复合共振现象[4-6]。

可以断言,随着电力系统电力电子化程度的不断加深,谐振稳定性问题将会越来越突出,并成为继同步稳定性、电压稳定性和频率稳定性之后的第四大电力系统稳定性问题。电力系统谐振稳定性分析将与经典的电力系统三大计算,即潮流计算、暂态稳定计算和短路电流计算具有同等重要的地位。因此,迫切需要有效的理论和工具对电力系统的谐振稳定性进行分析,并在此基础上提出改善谐振稳定性的措施。

然而,关于电力系统谐振稳定性分析的工具还比较匮乏,缺乏能够应用于交流大系统层面的谐振稳定性分析工具。目前业界普遍使用基于奈奎斯特判据的方法来分析谐振稳定性问题[7-8]。这种方法将整个系统分为待接入装置和既有系统两个部分,分别求出待接入装置的增量阻抗频率特性和既有系统的增量阻抗频率特性,然后基于奈奎斯特判据,判断装置接入后整个系统是否会发生谐振不稳定问题。这种方法对单个装置接入系统的谐振稳定性分析比较方便,但并不适合于大系统层面的谐振稳定性分析。因为对于一般性电力系统,谐振稳定性分析需要明确该系统存在哪些谐振模态,每个谐振模态的阻尼和谐振频率,每个谐振模态的节点电压振型和参与因子,以及特定谐振模态阻尼对特定元件参数的灵敏度等。

理论上,能满足上述大系统层面谐振稳定性分析需求的方法主要有状态空间法[9]和本章将要阐述的 $s$ 域节点导纳矩阵法[10-12]。

但采用状态空间法分析谐振稳定性存在如下3个主要困难:①当考虑输电线路等分布参数元件时,因描述分布参数元件特性的方程是偏微分方程,整个电力网络已不能用线性定常系统的标准状态空间模型来描述；②若进一步考虑元件参数随频率而变化的特性，那么即使对于由集总参数元件构成的电力网络，也无法用线性定常系统的标准状态空间模型来描述；③对于电力电子装置，建立其在某个工作点上的增量线性化状态空间模型并不容易。

而所谓的"s域节点导纳矩阵"，在电路理论中被称为"运算导纳矩阵"，就是对由运算导纳构成的运算网络采用节点电压分析法所建立的节点导纳矩阵。电路元件的运算导纳构成原理非常简单，就是将交流稳态分析时元件导纳模型中的 $j\omega$（$\omega$ 为角频率）用拉普拉斯算子 $s$ 来替换就构成了对应元件的运算导纳。例如，电容 $C$ 的运算导纳是 $sC$，电感 $L$ 的运算导纳是 $1/(sL)$；对于分布参数的输电线路，可以用代数方程来描述其运算导纳。s 域节点导纳矩阵法的基本理论依据是，对于包含分布参数元件和频变参数元件的一般性电力网络，其谐振模态就是 s 域导纳矩阵行列式的零点。

状态空间法和 s 域节点导纳矩阵法的优势比较见表 21-1。

表 21-1 两种大系统层面全频段谐振稳定性分析方法的优势比较

| 项目 | 状态空间法[9] | s 域节点导纳矩阵法[10-12] |
| --- | --- | --- |
| 数学模型 | 系统状态方程 $\dot{x}=Ax+bu$ 式中，$x$ 为状态变量，$A$ 为系统矩阵，$b$ 为控制向量，$u$ 为控制 | s 域节点导纳矩阵 $Y_{node}(s)$ 式中，$s$ 为拉普拉斯算子，$s$ 的定义域是整个复平面 |
| 建模难度 | 对电力电子装置物理建模和实测建模都比较困难 | 对电力电子装置物理建模和实测建模都比较容易 |
| 谐振模态算法 | 求 $\det(sI-A)=0$ 的根 | 求 $\det[Y_{node}(s)]=0$ 的根 |
| 谐振模态数目 | 有限个 | 包含分布参数元件时无限个 |
| 分布参数元件处理能力 | 输电线路等分布参数元件需要近似简化为集总参数元件，并用常微分方程描述 | 能够直接处理偏微分方程，输电线路等分布参数元件可以用精确 π 形等效电路描述 |
| 频变参数元件处理能力 | 不能处理 | 可以方便地处理 |

从表 21-1 可以看出，在大系统层面进行谐振稳定性分析时，s 域节点导纳矩阵法具有更强的适应能力。但应用 s 域节点导纳矩阵法的主要困难是如何高效求解 s 域节点导纳矩阵行列式的根[10-12]，以往所提出的方法还不能满足大系统层面电力系统谐振稳定性分析的要求[13-16]。本章将对如何解决此问题进行详细阐述。

## 21.2 谐振稳定性的定义和物理机理

### 21.2.1 谐振稳定性的定义

关于谐振稳定性，目前业界并没有统一的定义，本书作者将其定义为电力系统中以"固有谐振频率"振荡的自由分量的衰减特性[17]。当电力系统遭受扰动后，必然进入电磁暂态振荡过程，其电压、电流响应中除了基波频率的强制分量外，还包含有以"固有谐振频率"振荡的自由分量。如果所有以"固有谐振频率"振荡的自由分量都是衰减的，则称电力系统是谐振稳定的，否则就称电力系统是谐振不稳定的。下面以一个简单系统说明谐振稳定性的概念。图 21-1 为一个三调谐滤波器合闸到理想电源的简单系统。

图 21-1 中，右侧为一个三调谐滤波器[18]，其由一个 $L$-$C$ 串联电路和两个 $L$-$C$ 并联电路串联而成。当图 21-1 中的电源开关 S 合上时，图 21-1 所示简单系统就进入电磁暂态振荡过程，其特性可以由流过三调谐滤波器的电流 $i_s$ 来呈现。$i_s$ 的表达式可以写为

$$i_s = i_{s,\text{forced}} + i_{s,\text{free}} = I_{sm}\cos(\omega_0 t - \varphi_{\text{zfilter}}) + I_{\text{res1}}e^{\sigma_{\text{res1}}}\cos(\omega_{\text{res1}}t + \varphi_{\text{res1}}) + I_{\text{res2}}e^{\sigma_{\text{res2}}}\cos(\omega_{\text{res2}}t + \varphi_{\text{res2}}) + I_{\text{res3}}e^{\sigma_{\text{res3}}}\cos(\omega_{\text{res3}}t + \varphi_{\text{res3}}) \tag{21-1}$$

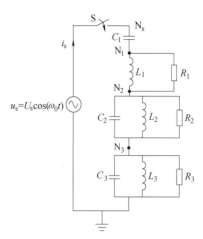

**图 21-1** 一个三调谐滤波器合闸到理想电源的简单系统

式中，$i_s$ 由两部分组成，分别为强制分量部分 $i_{s,\text{forced}}$ 和自由分量部分 $i_{s,\text{free}}$。其中，强制分量部分只有 1 个分量，表达式为 $I_{sm}\cos(\omega_0 t - \varphi_{\text{zfilter}})$，其角频率 $\omega_0$ 与电源 $u_s$ 的角频率相同，幅值 $I_{sm} = U_s/Z_{\text{filter}}$，而 $Z_{\text{filter}}$ 为三调谐滤波器在角频率 $\omega_0$ 下的阻抗模值，$\varphi_{\text{zfilter}}$ 为三调谐滤波器在角频率 $\omega_0$ 下的阻抗角。而自由分量部分包含 3 个分量，分别与三调谐滤波器的 3 个固有谐振模态相对应，分别为 $\sigma_{\text{res1}} \pm j\omega_{\text{res1}}$、$\sigma_{\text{res2}} \pm j\omega_{\text{res2}}$、$\sigma_{\text{res3}} \pm j\omega_{\text{res3}}$，而 $I_{\text{res1}}$、$\varphi_{\text{res1}}$、$I_{\text{res2}}$、$\varphi_{\text{res2}}$、$I_{\text{res3}}$、$\varphi_{\text{res3}}$ 由三调谐滤波器的参数和初始条件决定。对应每一个谐振模态，其分别由实部和虚部组成；其中实部与该分量的衰减特性相对应，虚部与该分量的振荡频率相对应。

由式（21-1）可以看出，当三调谐滤波器的 3 个固有谐振模态的实部 $\sigma_{\text{res1}}$、$\sigma_{\text{res2}}$、$\sigma_{\text{res3}}$ 为负时，式（21-1）中的自由分量是衰减的，此时称图 21-1 的简单系统是谐振稳定的。若 3 个固有谐振模态中存在实部为正的谐振模态，就意味着 $i_s$ 的 3 个自由分量中存在不衰减的自由分量，此时就称图 21-1 的简单系统是谐振不稳定的。

值得指出的是，以往在进行电力系统机电暂态过程分析时，总是假定电力网络中以"固有谐振频率"振荡的自由分量是迅速衰减的，即总是假定电力网络在机电暂态振荡的时间尺度内，电压、电流中以"固有谐振频率"振荡的自由分量已衰减到零[6]，即电力系统不但是谐振稳定的，而且其谐振模态具有很强的阻尼。正是在这个假设条件下，电力系统机电暂态过程分析时是不考虑电力网络本身的电磁暂态过程的，电力网络仅仅被看作为用于功率传递的静态元件，从而采用基频正序阻抗和代数方程来进行描述，网络物理量为基频正序相量[6]。

### 21.2.2 谐振稳定性的物理机理

电力系统中包含的某些装置在一定的频段可能存在负电阻效应，典型例子如同步发电机在次同步频段会呈现出负电阻效应[5]，两电平换流器和双馈风电机组等在一定的频段会呈现出负电阻效应[19-20]。当在某些频段电力系统本身的固有正电阻不足以抵消某些装置所呈现的负电阻，且固有谐振频率又刚好落在这些频段内时，扰动后电压、电流响应中以固有谐振频率振荡的自由分量就不会衰减，从而导致谐振不稳定。最简单的例子是同步发电机经串联补偿线路接入大电网或者双馈风电场经串联补偿线路接入大电网，两种情况都可采用图 21-2 所示的等效电路来分析。

图 21-2 中，$\Delta e_M$ 为同步发电机或双馈风电场在某个稳态工作点上的增量等效电势；$\Delta e_S$ 为受端电网在对应稳态工作点上的增量等效电势；$\Delta R_\Sigma(f)$ 为系统总增量电阻，包括考虑送端电源特性的增量等效电阻、输电线路电阻和受端电网增量等效电阻，其中 $f$ 为频率，$\Delta R_\Sigma(f)$ 表示此电阻是随频率而变化的；$\Delta L_\Sigma$ 为系统总增量电感，包括考虑送端电源特性的增量等效电感、输电线路电感和受端电网增量等效电感，严格来说，$\Delta L_\Sigma$ 也是频率 $f$ 的函数，这里为简化起见，假定 $\Delta L_\Sigma$ 为常值；$C$ 为输电线路串联补偿电容，其不随频率而变化，且不管是对全量还是对增量，其值不变。

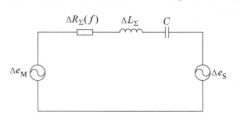

图 21-2 发电机经串联补偿线路接入大电网的增量等效电路

显然，图 21-2 所示系统存在 1 个谐振频率点，该谐振频率的表达式为

$$f_{\text{res}} = \frac{1}{2\pi\sqrt{\Delta L_\Sigma \cdot C}} \tag{21-2}$$

由串补电容的作用原理知，$f_{\text{res}}$ 一定落在次同步频段。而在次同步频段，同步发电机和双馈风电机组的增量电阻有可能是负值，从而使得 $\Delta R_\Sigma(f)$ 有可能是负值。当 $\Delta R_\Sigma(f)<0$ 满足时，图 21-2 所示增量等效电路就发生谐振不稳定现象。

对于一般性的复杂系统，负电阻效应的判断不会像图 21-2 那么简单。谐振频率点和负电阻效应都需要通过计算系统特征值来确认[21]，负电阻效应表现在系统特征值的实部上，谐振频率点则表现在系统特征值的虚部上。具体计算方法可以采用本章将要讨论的 $s$ 域节点导纳矩阵法[10-12]。

### 21.2.3 谐振稳定性的性质

电力电子装置的稳态工作点是由基频电压确定的，对应稳态工作点的全量电阻一般不会是负的。但对于稳态工作点上的增量电路，其增量电阻在某些频段内有可能是负的，如图 21-2 中的同步发电机或双馈风电机组在次同步频段的增量电阻就可能是负的，从而会导致谐振不稳定现象的发生。因此，谐振不稳定振荡属于增量型振荡，而增量型振荡也称为小扰动振荡或小信号振荡，数学上可以采用线性化方法应用线性系统理论进行分析[9]。

### 21.2.4 "宽频谐振"与"宽频振荡"含义的差别

目前业界广泛采用"宽频振荡"这个术语来指称新能源电力系统中出现的振荡现象，并相应提出了一些抑制"宽频振荡"的措施。本书作者认为"宽频振荡"这个术语本身存在很大的问题，根本性缺陷是缺乏对"宽频振荡"物理机理的描述。本书作者将新能源电力系统的主要动态特性归结为五个方面，即五大动态特性[22]，分别为广义同步稳定性、电压稳定性、频率稳定性、宽频谐振稳定性和短路电流新特性。新能源电力系统中发生的"宽频振荡"现象，至少包括了由广义同步稳定性、电压稳定性和宽频谐振稳定性三种稳定性破坏所造成的振荡现象，因为这三种稳定性破坏后通常表现为振荡，且振荡的频率是不确定的，可以在很宽的范围内变化。因此，采用"宽频振荡"这个术语对理解振荡的物理机理是不利的，也不能为抑制振荡提供有价值的信息。事实上，"宽频振荡"这个术语的产生正是因为对实际工程中出现的一大类振荡现象不明其物理机理，因而暂时将其统称为"宽频振荡"所致。而"宽频谐振"的含义是明确的，就是前文所述的由装置增量电路中的负电阻引起的谐振不稳定现象。

振荡溯源的第一要务是明确振荡的性质：振荡是由广义同步稳定性破坏引起的，还是由于谐振稳定性破坏引起的？用"宽频振荡"这个术语是无法区分的。例如，对于采用锁相同步控制的非同步机电源，其与电网保持同步的关键因素是其锁相环（PLL）是否锁相成功，锁相成功就意味着该非同步机电源与电网保持广义同步稳定性，而锁相失败则意味着该非同步机电源与电网失去广义同步稳定性。第5章5.7节的算例结果表明，当非同步机电源所接入的系统的短路比较小时，PLL有可能发生锁相失败，造成该非同步机电源与电网失去广义同步稳定性，从而引起失步振荡。但这种振荡的性质是明确的，属于同步稳定性破坏引起的失步振荡；将这种振荡笼统地称为"宽频振荡"对解决实际问题没有任何帮助。

因此，"宽频振荡"这个术语含义不够确切，不利于理解振荡发生的机理以及针对性地解决问题。

## 21.3　$s$ 域节点导纳矩阵法的理论基础

早在1969年，N. Balabanian 等人在其《电网络理论》的专著中[23]，给出了这样一个定理：对于线性时不变网络，其 $s$ 域回路阻抗矩阵 $\boldsymbol{Z}_{\text{loop}}(s)$ 的行列式 $\det[\boldsymbol{Z}_{\text{loop}}(s)]$、$s$ 域节点导纳矩阵 $\boldsymbol{Y}_{\text{node}}(s)$ 的行列式 $\det[\boldsymbol{Y}_{\text{node}}(s)]$ 和系统状态方程的特征多项式 $\det(s\boldsymbol{I}-\boldsymbol{A})$，三者之间具有相同的非零值零点。下面基于如图21-3所示的简单 RLC 串联电路，对上述三者之间的关系进行验证。

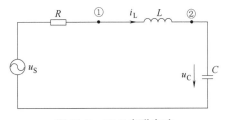

图 21-3　RLC 串联电路

图21-3所示 RLC 电路的状态空间方程为

$$\frac{\mathrm{d}}{\mathrm{d}t}\begin{bmatrix}i_\text{L}\\u_\text{C}\end{bmatrix}=\begin{bmatrix}-\dfrac{R}{L}&-\dfrac{1}{L}\\\dfrac{1}{C}&0\end{bmatrix}\begin{bmatrix}i_\text{L}\\u_\text{C}\end{bmatrix}+\begin{bmatrix}\dfrac{1}{L}\\0\end{bmatrix}u_\text{s}=\boldsymbol{A}\boldsymbol{x}+\boldsymbol{b}u \tag{21-3}$$

进而可以求出系统的特征方程为

$$\det(s\boldsymbol{I}-\boldsymbol{A})=\begin{vmatrix}s+\dfrac{R}{L}&\dfrac{1}{L}\\-\dfrac{1}{C}&s\end{vmatrix}=s^2+\dfrac{R}{L}s+\dfrac{1}{LC} \tag{21-4}$$

若采用 $s$ 域节点导纳矩阵法，则该电路的 $s$ 域节点导纳矩阵为

$$\boldsymbol{Y}_{\text{node}}(s)=\begin{bmatrix}\dfrac{1}{R}+\dfrac{1}{sL}&-\dfrac{1}{sL}\\-\dfrac{1}{sL}&\dfrac{1}{sL}+sC\end{bmatrix} \tag{21-5}$$

而

$$\det[\boldsymbol{Y}_{\text{node}}(s)] = \begin{vmatrix} \dfrac{1}{R}+\dfrac{1}{sL} & -\dfrac{1}{sL} \\ -\dfrac{1}{sL} & \dfrac{1}{sL}+sC \end{vmatrix} = \dfrac{C}{R}\dfrac{1}{s}\left(s^2+\dfrac{R}{L}s+\dfrac{1}{LC}\right) \tag{21-6}$$

若采用 $s$ 域回路阻抗矩阵法，则该电路的 $s$ 域回路阻抗矩阵为

$$\boldsymbol{Z}_{\text{loop}}(s) = R+sL+\dfrac{1}{sC} \tag{21-7}$$

而

$$\det[\boldsymbol{Z}_{\text{loop}}(s)] = =\dfrac{L}{s}\left(s^2+\dfrac{R}{L}s+\dfrac{1}{LC}\right) \tag{21-8}$$

显然，在 $s$ 为非零值时，即在 $s \neq 0$ 的条件下，式（21-4）、式（21-6）和式（21-8）具有相同的零点。

这样，对于线性时不变网络，其状态方程的特征根计算可以转化为 $s$ 域回路阻抗矩阵行列式 $\det[\boldsymbol{Z}_{\text{loop}}(s)]$ 或 $s$ 域节点导纳矩阵行列式 $\det[\boldsymbol{Y}_{\text{node}}(s)]$ 的零点计算。而在基于数字计算机的电路分析方法中，节点导纳矩阵分析法是特别易于实现的[24]。因此本书将基于 $s$ 域节点导纳矩阵来求解系统的特征根，进而分析系统的谐振稳定性，并称这种方法为"$s$ 域节点导纳矩阵法"。

## 21.4 决定谐振模态阻尼的因素及弱阻尼系统基本特性

根据线性系统的基本理论，一个谐振模态与特征根中的一对共轭复根相对应，其中该共轭复根的实部表示该谐振模态的阻尼，该共轭复根的虚部表示该谐振模态的谐振频率。对于电力系统，所有谐振模态中的阻尼都决定于系统元件中的电阻（电导）特性。电力系统一般属于弱阻尼系统（本书将存在阻尼比小于 10% 的谐振模态的系统称为弱阻尼系统）而不是过阻尼系统。另外，由于谐振不稳定是由电力系统元件在某些频段的负电阻特性引起的，但这种负电阻特性所产生的能量通常不足以引起电气量的单调发散，电力系统谐振不稳定一般表现为电气量的振荡发散。这样，研究电力系统的谐振稳定性时，可以排除存在实数特征根的情形，只要关注成对共轭复根情形就可以了。因此，以下分析 $s$ 域节点导纳矩阵行列式的零点时，我们只需关注 $s$ 域节点导纳矩阵行列式的共轭复根。

由于电力系统属于弱阻尼系统，不妨将阻尼比小于 10% 的谐振模态定义为关键性谐振模态，因为这些谐振模态是决定系统是否会失去谐振稳定性的关键性因素，也是谐振稳定性分析所主要关注的谐振模态。根据共轭复根的有阻尼自然振荡频率与无阻尼自然振荡频率之间的关系，当谐振模态的阻尼比在 0~10% 之间变化时，对谐振模态的谐振频率不会产生明显影响。这个结果表明，对于关键性谐振模态，其对应的特征根的实部和虚部存在一定程度的解耦关系，即其实部的改变不会引起虚部的明显变化。反映在元件参数上，就是将电力系统元件中的电阻全部置零将会导致谐振模态的实部全部变为零；但对关键性谐振模态，这种元件参数的改变，并不会对其谐振频率产生明显影响。

## 21.5 $s$域节点导纳矩阵法的总体思路

根据弱阻尼系统中关键性谐振模态的实部和虚部近似解耦的特殊特性，$s$域节点导纳矩阵法分两阶段完成。第1阶段在无阻尼系统中进行分析，即在电力系统所有元件中的电阻（电导）性参数置零的无阻尼系统中，计算谐振模态的无阻尼谐振频率，从而确定系统在所研究频段内的谐振模态数目，再进一步确定每个谐振模态的节点电压振型和节点参与因子。第2阶段在考虑所有阻尼的完整系统中进行分析，即在考虑所有元件中的电阻（电导）特性后，基于测试信号法[6]，精确计算谐振模态的阻尼和谐振频率，从而判断系统的稳定性；必要时可以进一步计算特定谐振模态的阻尼对特定元件参数的灵敏度等。

在以下的分析中，将采用图21-1所示的简单系统来具体展示每一步的实现过程。图21-1中三调谐滤波器的调谐次数设置为3次、24次和37次，具体参数见表21-2[18]。

表21-2 图21-1中三调谐滤波器参数

| 元件 | 参数 | 元件 | 参数 | 元件 | 参数 |
| --- | --- | --- | --- | --- | --- |
| $R_1$ | 1500Ω | $R_2$ | 400Ω | $R_3$ | $10^6$Ω |
| $L_1$ | 8.047mH | $L_2$ | 126.556mH | $L_3$ | 1.608mH |
| $C_1$ | 1.57929μF | $C_2$ | 7.29461μF | $C_3$ | 7.76831μF |

注意列写$s$域节点导纳矩阵时，电压源按短路处理，电流源按开路处理，这样图21-1系统中的$N_s$就变为参考电压节点了，图21-1系统就变为一个三节点系统。设$N_1$、$N_2$和$N_3$节点分别对应1号、2号和3号节点，则对应图21-1的$s$域节点导纳矩阵为

$$Y_{\text{node}}(s) = \begin{bmatrix} C_1 s + \dfrac{1}{L_1 s} + \dfrac{1}{R_1} & -\dfrac{1}{L_1 s} - \dfrac{1}{R_1} & 0 \\ -\dfrac{1}{L_1 s} - \dfrac{1}{R_1} & \dfrac{1}{L_1 s} + \dfrac{1}{R_1} + C_2 s + \dfrac{1}{L_2 s} + \dfrac{1}{R_2} & -C_2 s - \dfrac{1}{L_2 s} - \dfrac{1}{R_2} \\ 0 & -C_2 s - \dfrac{1}{L_2 s} - \dfrac{1}{R_2} & C_2 s + \dfrac{1}{L_2 s} + \dfrac{1}{R_2} + C_3 s + \dfrac{1}{L_3 s} + \dfrac{1}{R_3} \end{bmatrix} \tag{21-9}$$

## 21.6 在无阻尼系统中实现第1阶段算法的过程

将电力系统中所有元件中的电阻（电导）性参数置零后，有两个重要特性可以利用。第一个重要特性表现在谐振模态的结构上，第二个重要特性表现在$s$域节点导纳矩阵的结构上。

### 21.6.1 无阻尼系统的谐振模态结构

在有阻尼的电力系统中，与第$i$个谐振模态相对应的一对共轭复根的一般形式为

$$\begin{cases} s_i = \sigma_i + \mathrm{j}\omega_i = \sigma_i + \mathrm{j}2\pi f_i \\ s_i^* = \sigma_i - \mathrm{j}\omega_i = \sigma_i - \mathrm{j}2\pi f_i \end{cases} \tag{21-10}$$

式中，$s_i$ 的共轭为 $s_i^*$，$\sigma_i$ 为 $s_i$ 的实部，$j\omega_i$ 为 $s_i$ 的虚部，$f_i$ 为谐振模态的谐振频率。

而在设定系统为无阻尼的条件下，代表谐振模态阻尼的系统特征根实部必然为零，这样 $s_i$ 就变为了一个纯虚数

$$s_i = j\omega_i = j2\pi f_i \tag{21-11}$$

而当 $s_i$ 取纯虚数时，$s$ 域节点导纳矩阵的计算就退化为正弦稳态分析时的常规节点导纳矩阵计算，而正弦稳态分析时的常规节点导纳矩阵计算已有完全成熟的模型和算法[24]。

### 21.6.2 无阻尼系统的 $s$ 域节点导纳矩阵的结构

在系统无阻尼的条件下，系统特征根为纯虚数。设第 $i$ 个特征根为 $s_i = j\omega_i = j2\pi f_i$，则在 $s_i$ 上的 $s$ 域节点导纳矩阵变为

$$\boldsymbol{Y}_{\text{node}}(s_i) = \boldsymbol{Y}_{\text{node}}(j\omega_i) = \boldsymbol{G}_{\text{node}}(j\omega_i) + j\boldsymbol{B}_{\text{node}}(j\omega_i) = j\boldsymbol{B}_{\text{node}}(j\omega_i) \tag{21-12}$$

式中，$\boldsymbol{Y}_{\text{node}}(j\omega_i)$ 就是常规正弦稳态分析中的节点导纳矩阵；$\boldsymbol{G}_{\text{node}}(j\omega_i)$ 为 $\boldsymbol{Y}_{\text{node}}(j\omega_i)$ 的实部，称为节点电导矩阵；$\boldsymbol{B}_{\text{node}}(j\omega_i)$ 为 $\boldsymbol{Y}_{\text{node}}(j\omega_i)$ 的虚部，称为节点电纳矩阵。由于已经设定系统的阻尼为零，意味着节点电导矩阵 $\boldsymbol{G}_{\text{node}}(j\omega_i) = 0$，从而有 $\boldsymbol{Y}_{\text{node}}(s_i) = j\boldsymbol{B}_{\text{node}}(j\omega_i)$，注意 $\boldsymbol{B}_{\text{node}}(j\omega_i)$ 是一个实对称矩阵。

### 21.6.3 谐振模态无阻尼谐振频率的计算方法

根据式（21-12），由于 $s_i$ 为系统的特征根，从而满足如下关系：

$$\det[\boldsymbol{Y}_{\text{node}}(s_i)] = 0 \Rightarrow \det[j\boldsymbol{B}_{\text{node}}(j\omega_i)] = 0 \Rightarrow \det[\boldsymbol{B}_{\text{node}}(j\omega_i)] = 0 \tag{21-13}$$

因而可以通过求解 $\det[\boldsymbol{B}_{\text{node}}(j\omega_i)] = 0$ 来得到 $\omega_i$。这样就得到无阻尼谐振频率 $\omega_i$ 的计算步骤如下：

步骤 1：设谐振稳定性分析所关注的频段为 $[f_{\text{st}}, f_{\text{end}}]$。

步骤 2：在 $[f_{\text{st}}, f_{\text{end}}]$ 频段内以一定的步长计算 $\det[\boldsymbol{B}_{\text{node}}(j2\pi f_k)]$，这里 $f_k$ 为离散频率点。

步骤 3：检查相邻两个离散频率点之间 $\det[\boldsymbol{B}_{\text{node}}(j\omega)]$ 是否存在过零点，通过计算 $\det[\boldsymbol{B}_{\text{node}}(j2\pi f_{k-1})] \cdot \det[\boldsymbol{B}_{\text{node}}(j2\pi f_k)]$ 来进行判断，若此值大于零，表示没有过零点；若此值小于零，表示存在过零点。

步骤 4：若存在过零点，则通过 2 点线性插值求出过零点频率 $f_{\text{zero}}$，从而得到无阻尼谐振频率 $\omega_i = 2\pi f_{\text{zero}}$。

### 21.6.4 谐振模态的节点电压振型与节点参与因子的意义及其计算方法

因为 $\det[\boldsymbol{B}_{\text{node}}(j\omega_i)] = 0$，由矩阵理论知，矩阵行列式的值等于矩阵所有特征值的乘积，因此，实对称矩阵 $\boldsymbol{B}_{\text{node}}(j\omega_i)$ 必有一个零特征值 $\lambda_1 = 0$，且 $\boldsymbol{B}_{\text{node}}(j\omega_i)$ 必能对角化。设 $\boldsymbol{B}_{\text{node}}(j\omega_i)$ 为 $n$ 阶方阵，其特征值分别为 $\lambda_1, \lambda_2, \cdots, \lambda_n$；对应的右特征向量分别为 $\boldsymbol{M}_1, \boldsymbol{M}_2, \cdots, \boldsymbol{M}_n$，且满足唯一性条件 $\boldsymbol{M}_k^{\text{T}} \boldsymbol{M}_k = 1$ $(k = 1, 2, \cdots, n)$，则根据矩阵理论有

$$\boldsymbol{B}_{\text{node}}(j\omega_i) = \boldsymbol{M}\boldsymbol{\Lambda}\boldsymbol{M}^{-1} = \boldsymbol{M}\boldsymbol{\Lambda}\boldsymbol{L} \tag{21-14}$$

式中，$\boldsymbol{\Lambda} = \text{diag}(\lambda_1, \lambda_2, \cdots, \lambda_n)$ 是对角元素为特征值的对角矩阵，其中 $\lambda_1 = 0$；$\boldsymbol{M} = [\boldsymbol{M}_1, \boldsymbol{M}_2, \cdots, \boldsymbol{M}_n]$ 是 $\boldsymbol{B}_{\text{node}}(j\omega_i)$ 的右特征向量矩阵，$\boldsymbol{L} = \boldsymbol{M}^{-1} = [\boldsymbol{L}_1^{\text{T}} \quad \boldsymbol{L}_2^{\text{T}} \quad \cdots \quad \boldsymbol{L}_n^{\text{T}}]^{\text{T}}$ 是 $\boldsymbol{B}_{\text{node}}$

（$j\omega_i$）的左特征向量矩阵，且由于 $\boldsymbol{B}_{\text{node}}(j\omega_i)$ 为对称矩阵，因此又有 $\boldsymbol{M}^{-1}=\boldsymbol{M}^{\text{T}}$。根据 $s$ 域节点导纳矩阵的定义，有

$$j\boldsymbol{B}(j\omega_i)\boldsymbol{V}_{\text{node}}(j\omega_i)=\boldsymbol{I}_{\text{node}}(j\omega_i) \tag{21-15}$$

式中，$\boldsymbol{V}_{\text{node}}(j\omega_i)$ 为节点电压向量，$\boldsymbol{I}_{\text{node}}(j\omega_i)$ 为节点注入电流向量。

令

$$\begin{cases} \boldsymbol{U}_{\text{mode}}=\boldsymbol{L}\boldsymbol{V}_{\text{node}}(j\omega_i) \\ \boldsymbol{J}_{\text{mode}}=\boldsymbol{L}\boldsymbol{I}_{\text{node}}(j\omega_i) \end{cases} \tag{21-16}$$

则式（21-15）可以变换为

$$\boldsymbol{U}_{\text{mode}}=-j\boldsymbol{\Lambda}^{-1}\boldsymbol{J}_{\text{mode}}=-j\begin{bmatrix} \lambda_1^{-1} & & & \\ & \lambda_2^{-1} & & \\ & & \ddots & \\ & & & \lambda_n^{-1} \end{bmatrix}\boldsymbol{J}_{\text{mode}} \tag{21-17}$$

即

$$\boldsymbol{U}_{\text{mode}}=\begin{bmatrix} U_1 \\ U_2 \\ \vdots \\ U_n \end{bmatrix}=-j\begin{bmatrix} \lambda_1^{-1} & & & \\ & \lambda_2^{-1} & & \\ & & \ddots & \\ & & & \lambda_n^{-1} \end{bmatrix}\boldsymbol{J}_{\text{mode}}=-j\begin{bmatrix} \lambda_1^{-1} & & & \\ & \lambda_2^{-1} & & \\ & & \ddots & \\ & & & \lambda_n^{-1} \end{bmatrix}\begin{bmatrix} J_1 \\ J_2 \\ \vdots \\ J_n \end{bmatrix} \tag{21-18}$$

由于 $\lambda_1^{-1}=\infty$，而 $\lambda_2^{-1}\cdots\lambda_n^{-1}$ 为有限值，因此有 $|U_1|\gg|U_2|$，$\cdots$，$|U_1|\gg|U_n|$。根据式（21-16）有

$$\boldsymbol{V}_{\text{node}}(j\omega_i)=\boldsymbol{L}^{-1}\boldsymbol{U}_{\text{mode}}=\boldsymbol{M}\boldsymbol{U}_{\text{mode}}=[\boldsymbol{M}_1\ \boldsymbol{M}_2\cdots\boldsymbol{M}_n][U_1\ U_2\ \cdots\ U_n]^{\text{T}} \tag{21-19}$$
$$=U_1\boldsymbol{M}_1+U_2\boldsymbol{M}_2+\cdots+U_n\boldsymbol{M}_n\approx U_1\boldsymbol{M}_1$$

因此，我们定义 $\boldsymbol{M}_1$ 为对应谐振模态 $j\omega_i$ 的节点电压振型（node voltage modeshape），表示在谐振模态 $j\omega_i$ 下系统中各节点电压的相对振幅和相位。若设 $\boldsymbol{M}_1=[m_1\ m_2\cdots m_k\cdots m_n]^{\text{T}}$，且第 $k$ 个元素 $m_k$ 的绝对值最大，则意味着对应谐振模态 $j\omega_i$，第 $k$ 个节点的电压振幅最大。

而根据式（21-16），有

$$J_1=\boldsymbol{L}_1\boldsymbol{I}_{\text{node}}(j\omega_i) \tag{21-20}$$

因此，根据式（21-18）~式（21-20）有

$$\boldsymbol{V}_{\text{node}}(j\omega_i)\approx U_1\boldsymbol{M}_1=\boldsymbol{M}_1U_1=-j\boldsymbol{M}_1\lambda_1^{-1}J_1=-j\lambda_1^{-1}\boldsymbol{M}_1\boldsymbol{L}_1\boldsymbol{I}_{\text{node}}(j\omega_i) \tag{21-21}$$

由于 $\boldsymbol{B}_{\text{node}}(j\omega_i)$ 为对称矩阵，其右特征向量与左特征向量之间存在互为转置的关系，即 $\boldsymbol{L}_1=\boldsymbol{M}_1^{\text{T}}=[m_1\ m_2\cdots m_k\cdots m_n]$，因此式（21-21）可以写为

$$\boldsymbol{V}_{\text{node}}(j\omega_i)\approx -j\lambda_1^{-1}\begin{bmatrix} m_1^2 & m_1m_2 & \cdots & m_1m_k & \cdots & m_1m_n \\ m_2m_1 & m_2^2 & \cdots & m_2m_k & \cdots & m_2m_n \\ \vdots & \vdots & \cdots & \vdots & \cdots & \vdots \\ m_km_1 & m_km_2 & \cdots & m_k^2 & \cdots & m_km_n \\ \vdots & \vdots & \cdots & \vdots & \cdots & \vdots \\ m_nm_1 & m_nm_2 & \cdots & m_nm_k & \cdots & m_n^2 \end{bmatrix}\boldsymbol{I}_{\text{node}}(j\omega_i) \tag{21-22}$$

因此定义矩阵

$$P = M_1 L_1 = M_1 M_1^T = \begin{bmatrix} m_1^2 & m_1 m_2 & \cdots & m_1 m_k & \cdots & m_1 m_n \\ m_2 m_1 & m_2^2 & \cdots & m_2 m_k & \cdots & m_2 m_n \\ \vdots & \vdots & \cdots & \vdots & \cdots & \vdots \\ m_k m_1 & m_k m_2 & \cdots & m_k^2 & \cdots & m_k m_n \\ \vdots & \vdots & \cdots & \vdots & \cdots & \vdots \\ m_n m_1 & m_n m_2 & \cdots & m_n m_k & \cdots & m_n^2 \end{bmatrix} \tag{21-23}$$

为节点参与因子矩阵，$P$ 的元素 $p_{xy}$ 表示在谐振模态 $j\omega_i$ 下电网中节点 $y$ 的注入电流对节点 $x$ 电压的相对作用大小。考察 $P$ 中的所有元素可以发现，$m_k^2$ 是其中的最大元素。这意味着在对应电压振幅最大的那个节点上注入电流时，在该节点上所呈现出来的电压值也是所有其他节点中最大的。如果将节点电压振型中振幅最大的那个节点定义为对谐振模态 $j\omega_i$ 的最佳可观测节点，那么根据节点参与因子的意义，该节点还是对谐振模态 $j\omega_i$ 的最佳可控制节点。

总结上面的推导有如下结果：

1) $B_{\text{node}}(j\omega_i)$ 有一个值为零的特征值 $\lambda_1 = 0$。

2) 与零特征值相对应的右特征向量 $M_1$ 被称为节点电压振型，其标示了在谐振模态 $j\omega_i$ 下各节点电压的相对振幅大小和相对相位关系。

3) 节点电压振型中振幅最大的那个节点既是谐振模态 $j\omega_i$ 的最佳可观测节点，也是谐振模态 $j\omega_i$ 的最佳可控制节点。后文中将把这个节点称为最佳可控可观测节点。

下面讨论与零特征值相对应的右特征向量 $M_1$ 的数值计算方法。推荐的计算步骤如下：

步骤 1：对 $B_{\text{node}}(j\omega_i)$ 进行 QR 分解，得到 $B_{\text{node}}(j\omega_i) = QR$，这里 $Q$ 为正交矩阵，$R$ 为上三角矩阵。由于 $B_{\text{node}}(j\omega_i)$ 具有一个零特征值，因此矩阵 $R$ 必然具有如下形式：

$$R = \begin{bmatrix} R_{11} & R_{12} & \cdots & R_{1n-1} & R_{1n} \\ 0 & R_{22} & \cdots & R_{2n-1} & R_{2n} \\ \vdots & \vdots & \ddots & \vdots & \vdots \\ 0 & 0 & \cdots & R_{n-1n-1} & R_{n-1n} \\ 0 & 0 & \cdots & 0 & 0 \end{bmatrix} \tag{21-24}$$

步骤 2：由于与零特征值相对应的右特征向量 $M_1 \neq 0$，且满足如下关系：

$$B_{\text{node}}(j\omega_i) M_1 = 0 \Rightarrow QR M_1 = 0 \Rightarrow R M_1 = 0 \tag{21-25}$$

即

$$\begin{bmatrix} R_{11} & R_{12} & \cdots & R_{1n-1} & R_{1n} \\ 0 & R_{22} & \cdots & R_{2n-1} & R_{2n} \\ \vdots & \vdots & \ddots & \vdots & \vdots \\ 0 & 0 & \cdots & R_{n-1n-1} & R_{n-1n} \\ 0 & 0 & \cdots & 0 & 0 \end{bmatrix} \begin{bmatrix} m_1 \\ m_2 \\ \vdots \\ m_{n-1} \\ m_n \end{bmatrix} = 0 \tag{21-26}$$

步骤 3：由于特征向量 $M_1$ 不是唯一的，不妨设 $m_n = 1$。这样 $M_1$ 中的其他元素可以通过求解如下方程得到：

$$\begin{bmatrix} R_{11} & R_{12} & \cdots & R_{1n-1} \\ 0 & R_{22} & \cdots & R_{2n-1} \\ \vdots & \vdots & \ddots & \vdots \\ 0 & 0 & \cdots & R_{n-1n-1} \end{bmatrix} \begin{bmatrix} m_1 \\ m_2 \\ \vdots \\ m_{n-1} \end{bmatrix} = -\begin{bmatrix} R_{1n} \\ R_{2n} \\ \vdots \\ R_{n-1n} \end{bmatrix} \quad (21\text{-}27)$$

求解式（21-27），就可以得到特征向量 $\boldsymbol{M}_1$，然后找出 $\boldsymbol{M}_1$ 中的最大元素序号，就能确定与谐振模态 $\mathrm{j}\omega_i$ 对应的最佳可控可观测节点。

### 21.6.5 实现第1阶段算法的实例展示

以图 21-1 所示简单系统为例展示第 1 阶段算法的过程。构造无阻尼系统的方法是将图 21-1 系统中的所有电阻性参数置零，具体做法为：对于两个节点之间唯一的电阻性元件，将其电阻值置零；对于两个节点之间存在其他元件的电阻性元件，将其电导值置零。

设谐振稳定性分析所关注的频段为 $[f_{\mathrm{st}}, f_{\mathrm{end}}] = [50, 2500]$ Hz，在此频段内以 1Hz 为步长扫描计算 $\det[\boldsymbol{B}_{\mathrm{node}}(\mathrm{j}2\pi f_k)]$，然后检查相邻两个离散频率点之间 $\det[\boldsymbol{B}_{\mathrm{node}}(\mathrm{j}\omega)]$ 是否存在过零点；若存在过零点，则通过 2 点线性插值求出过零点频率 $f_{\mathrm{zero}}$。

计算结果得到 3 个过零点如下：第 1 谐振模态无阻尼谐振频率 $f_{\mathrm{zero1}} = 150.0$Hz，第 2 谐振模态无阻尼谐振频率 $f_{\mathrm{zero2}} = 1200.1$Hz，第 3 谐振模态无阻尼谐振频率 $f_{\mathrm{zero3}} = 1850.0$Hz。

与第 1 谐振频率 $f_{\mathrm{zero1}} = 150.0$Hz 对应的节点电压振型为 $\boldsymbol{V}_{\mathrm{ms1}} = [1.0000 \quad 0.9887 \quad 0.0023]^{\mathrm{T}}$，与第 2 谐振频率 $f_{\mathrm{zero2}} = 1200.1$Hz 对应的节点电压振型为 $\boldsymbol{V}_{\mathrm{ms2}} = [1.0000 \quad 0.2775 \quad 0.4982]^{\mathrm{T}}$，与第 3 谐振频率 $f_{\mathrm{zero3}} = 1850.0$Hz 对应的节点电压振型为 $\boldsymbol{V}_{\mathrm{ms3}} = [-1.0000 \quad 0.7171 \quad 0.4989]^{\mathrm{T}}$。对应 3 个节点电压振型，第 1 个元素的绝对值都是最大的，表明 1 号节点（$\mathrm{N}_1$）是最佳可控可观测节点。

## 21.7 在有阻尼的完整系统中实现第 2 阶段算法的过程

### 21.7.1 采用测试信号法的理论依据

第 2 阶段的计算在考虑所有元件中的电阻（电导）特性后进行。$s$ 域下系统的节点电压方程为

$$\boldsymbol{Y}_{\mathrm{node}}(s)\boldsymbol{V}_{\mathrm{node}}(s) = \boldsymbol{I}_{\mathrm{node}}(s) \quad (21\text{-}28)$$

式中，$\boldsymbol{Y}_{\mathrm{node}}(s)$ 为 $s$ 域节点导纳矩阵，$\boldsymbol{V}_{\mathrm{node}}(s)$ 和 $\boldsymbol{I}_{\mathrm{node}}(s)$ 分别为 $s$ 域节点电压向量和 $s$ 域节点注入电流向量。考察 $\boldsymbol{I}_{\mathrm{node}}(s)$ 为单个输入时的情况，设节点 $k$ 为最佳可控可观测节点，在节点 $k$ 上注入电流 $i_k(s)$，计算与节点 $k$ 相连接的某条支路（命名为 shunt 支路）的电流 $i_{\mathrm{shunt}}(s)$。设 shunt 支路的一端为节点 $k$，另一端为节点 $l$，且 shunt 支路的导纳为 $y_{\mathrm{shunt}}(s)$（考虑节点 $k$ 与 $l$ 间的所有并联支路），则式（21-28）可以写成如下形式：

$$\boldsymbol{Y}_{\mathrm{node}}(s)\boldsymbol{V}_{\mathrm{node}}(s) = \boldsymbol{\beta} i_k(s) \quad (21\text{-}29)$$

式中，$\boldsymbol{\beta}$ 是一维列向量，其第 $k$ 个元素为 1，其余元素为零。而 $i_{\mathrm{shunt}}(s)$ 可以表达为

$$i_{\mathrm{shunt}}(s) = y_{\mathrm{shunt}}(s) \cdot \boldsymbol{\gamma} \boldsymbol{V}_{\mathrm{node}}(s) = y_{\mathrm{shunt}}(s) \cdot \boldsymbol{\gamma} [\boldsymbol{Y}_{\mathrm{node}}(s)]^{-1} \boldsymbol{\beta} i_k(s) \quad (21\text{-}30)$$

式中，$\gamma$ 是一维行向量，其第 $k$ 个元素为 1，第 $l$ 个元素为 -1，其余元素为零。定义分流比 $\eta_{\text{shunt}}$ 为流过 shunt 支路的电流与注入电流之比，则根据式（21-30）有

$$\eta_{\text{shunt}}(s) = \frac{i_{\text{shunt}}(s)}{i_k(s)} = y_{\text{shunt}}(s) \cdot \gamma \frac{Y_{\text{node}}^*(s)}{\det[Y_{\text{node}}(s)]} \beta \tag{21-31}$$

式中，$Y_{\text{node}}^*(s)$ 为 $Y_{\text{node}}(s)$ 的伴随矩阵。显然，$\eta_{\text{shunt}}(s)$ 是一个标量，可以理解为是一种传递函数，其分母为系统的特征方程 $\det[Y_{\text{node}}(s)]$。因此 $\eta_{\text{shunt}}(s)$ 的分母多项式一定包含系统特征方程的信息。

一般情况下，$\eta_{\text{shunt}}(s)$ 的分子和分母都是 $s$ 的高次多项式。但当 $s$ 处于系统特定特征根的邻域中时，$\eta_{\text{shunt}}(s)$ 的分母可以用与该特征根对应的 2 次多项式来表示，而 $\eta_{\text{shunt}}(s)$ 的分子则同样可以用一个 2 次多项式来逼近。这样，在系统特定特征根的邻域中，$\eta_{\text{shunt}}(s)$ 可以表达为

$$\eta_{\text{shunt}}(s) = \frac{b_2 s^2 + b_1 s + b_0}{s^2 + a_1 s + a_0} \tag{21-32}$$

式中，$a_1$、$a_0$、$b_2$、$b_1$、$b_0$ 为待定的实系数。

值得指出的是，在最佳可控可观测节点 $k$ 注入电流信号的条件下，可以得到多种分母为系统特征方程的传递函数，比如节点 $k$ 本身的策动点阻抗 $Z_{kk}(s)$[10]，但就传递函数在系统特征根邻域中进行二阶近似的可适用性来衡量，分流比 $\eta_{\text{shunt}}(s)$ 是优于策动点阻抗 $Z_{kk}(s)$ 的。

### 21.7.2 测试信号法的具体实施示例

为了确定 $\eta_{\text{shunt}}(s)$ 在特定特征根邻域中的近似表达式（21-32），可以让 $s$ 沿着虚轴在 $j2\pi f_{\text{zero}}$ 的邻域内变化，然后再辨识出式（21-32）中的系数。具体的实现步骤如下：

步骤 1：对应第 1 阶段已经计算出的特定无阻尼谐振频率 $f_{\text{zero}}$，在 $f_{\text{zero}}$ 正负 3% 的频率范围内构造 5 个邻近的频率计算点，分别为 $f_1 = 0.97 f_{\text{zero}}$、$f_2 = 0.985 f_{\text{zero}}$、$f_3 = 1.0 f_{\text{zero}}$、$f_4 = 1.015 f_{\text{zero}}$、$f_5 = 1.03 f_{\text{zero}}$。

步骤 2：在与 $f_{\text{zero}}$ 相对应的最佳可控可观测节点 $k$，注入单位电流相量。然后在上述的 5 个频率点分别计算出 $\eta_{\text{shunt}}(j2\pi f_1)$、$\eta_{\text{shunt}}(j2\pi f_2)$、$\eta_{\text{shunt}}(j2\pi f_3)$、$\eta_{\text{shunt}}(j2\pi f_4)$ 和 $\eta_{\text{shunt}}(j2\pi f_5)$。

步骤 3：根据 $s$ 分别取 $j2\pi f_1$、$j2\pi f_2$、$j2\pi f_3$、$j2\pi f_4$ 和 $j2\pi f_5$ 时的 $\eta_{\text{shunt}}(j2\pi f_1)$、$\eta_{\text{shunt}}(j2\pi f_2)$、$\eta_{\text{shunt}}(j2\pi f_3)$、$\eta_{\text{shunt}}(j2\pi f_4)$ 和 $\eta_{\text{shunt}}(j2\pi f_5)$，辨识出式（21-32）中的 $a_1$、$a_0$、$b_2$、$b_1$、$b_0$ 5 个待定实系数。

步骤 4：求解式（21-32）分母的 2 次多项式，得到与特定无阻尼谐振频率 $f_{\text{zero}}$ 对应的精确谐振模态特征根 $\sigma_{\text{res}} \pm j\omega_{\text{res}}$。

值得指出的是，上述 3% 的频率范围和 5 个邻近的频率计算点，不是绝对的。但改变这 2 个参数，并不会对结果有大的影响。比如，将 3% 的频率范围改变为 4% 或者 2%，以及将 5 个邻近的频率计算点改变为 7 个或者 9 个，对结果的影响都不大。

仍然以图 21-1 所示简单系统为例展示第 2 阶段算法的过程。计算结果见表 21-3。

表 21-3  第 2 阶段计算过程列表

| 项目 | 谐振模态 1 | 谐振模态 2 | 谐振模态 3 |
|---|---|---|---|
| 电流注入节点 | 1 号节点 | 1 号节点 | 1 号节点 |
| shunt 支路末端节点 | 2 号节点 | 2 号节点 | 2 号节点 |
| 5 个频率点上的分流比 $\eta_{shunt}$ | 1.2645∠153.27°,<br>1.2282∠150.97°,<br>1.1841∠148.88°,<br>1.1340∠147.13°,<br>1.0806∠145.81° | 7.2791∠164.29°,<br>12.5386∠151.32°,<br>25.3739∠91.03°,<br>11.4565∠27.70°,<br>5.8282∠14.10° | 5.2991∠146.53°,<br>7.3984∠126.58°,<br>8.8229∠93.27°,<br>7.4139∠60.95°,<br>5.4613∠42.13° |
| 系数 $b_2, b_1, b_0$ | −0.825893,<br>−286.035,<br>−896563 | −0.707002,<br>61.9164,<br>−6.33983×10⁷ | 0.299775,<br>−356.06,<br>−1.46347×10⁷ |
| 系数 $a_1, a_0$ | 282.293,<br>888448 | 121.323,<br>5.68886×10⁷ | 540.352,<br>1.35005×10⁸ |
| 特征根 | −141.1467<br>±j931.9471 | −60.6615<br>±j7542.2065 | −270.1758<br>±j11616.0096 |
| 谐振频率/Hz | 148.3240 | 1200.3794 | 1848.7454 |
| 阻尼比 | 0.1497 | 0.0080 | 0.0233 |

对上述计算结果的准确性进行检验，方法是验证所得到的特征根是否满足 $\det[\boldsymbol{Y}_{node}(s)]=0$ 的条件。

对于谐振模态 1，$s_1=-141.1467+j931.9471$，对应式（21-9）的 $s$ 域节点导纳矩阵为

$$\boldsymbol{Y}_{node}(s_1)=\begin{bmatrix} -19.2989-j128.882 & 19.076+j130.354 & 0 \\ 19.076+j130.354 & -18.8609-j131.845 & -0.215065+j1.49032 \\ 0 & -0.215065+j1.49032 & -99.6795-j646.59 \end{bmatrix}\times 10^{-3}$$

因此有 $\det[\boldsymbol{Y}_{node}(s_1)]=1.36143\times 10^{-6}$。

对于谐振模态 2，$s_2=-60.6615+j7542.2065$，对应式（21-9）的 $s$ 域节点导纳矩阵为

$$\boldsymbol{Y}_{node}(s_2)=\begin{bmatrix} 0.438353-j4.5642 & -0.534155+j16.4755 & 0 \\ -0.534155+j16.4755 & 2.58323+j37.4943 & -2.04907-j53.9699 \\ 0 & -2.04907-j53.9699 & 0.9157+j30.1107 \end{bmatrix}\times 10^{-3}$$

因此有 $\det[\boldsymbol{Y}_{node}(s_2)]=1.66546\times 10^{-9}$。

对于谐振模态 3，$s_3=-270.1758+j11616.0096$，对应式（21-9）的 $s$ 域节点导纳矩阵为

$$\boldsymbol{Y}_{node}(s_3)=\begin{bmatrix} -0.00871232+j7.65267 & -0.417974+j10.6924 & 0 \\ -0.417974+j10.6924 & 0.931334+j73.362 & -0.51336-j84.0544 \\ 0 & -0.51336-j84.0544 & -2.829+j120.783 \end{bmatrix}\times 10^{-3}$$

因此有 $\det[\boldsymbol{Y}_{node}(s_3)]=9.75886\times 10^{-10}$。

上述验证计算表明，对于阻尼比小于 10% 的关键性谐振模态，即本算例的谐振模态 2 和谐振模态 3，$s$ 域节点导纳矩阵法的计算精度是非常高的，达到了 $10^{-9}$ 数量级。对于谐振模态 1，其阻尼比为 14.97%，$s$ 域节点导纳矩阵法的计算精度就要差一些，为 $10^{-6}$ 数量级。上述结果具有一定的普遍性，即 $s$ 域节点导纳矩阵法对阻尼比越小的谐振模态，计算精度越高。这个结果与谐振稳定性分析的目标是吻合的，因为谐振稳定性分析的关注点就是阻尼比

小于10%的关键性谐振模态；而对阻尼比大于10%的非关键性谐振模态，计算精度差一些影响也不大，因为其并不对谐振稳定性结果产生明显影响。

### 21.7.3 谐振模态阻尼值的灵敏度分析

显然，特征根的实部决定于系统中的电阻（电导）性参数，通过改变系统中的特定电阻（电导）性参数，可以计算特征根的阻尼值对特定电阻（电导）性参数的灵敏度。仍然以图21-1简单系统为例进行分析。分别改变图21-1中并联电阻 $R_1$ 和 $R_2$ 的取值，看3个特征根是如何变化的。计算结果分别见表21-4和表21-5。

表21-4 谐振模态阻尼关于并联电阻 $R_1$ 的灵敏度

| $R_1/\Omega$ | 1500 | 3000 | 4500 | -1500 |
|---|---|---|---|---|
| 谐振模态1<br>特征根 | -141.1467<br>±j931.9471 | -141.1423<br>±j931.9506 | -141.1408<br>±j931.9518 | -141.1292<br>±j931.9612 |
| 谐振模态2<br>特征根 | -60.6615<br>±j7542.2065 | -38.2341<br>±j7540.3724 | -30.7402<br>±j7539.9914 | 29.1242<br>±j7541.0899 |
| 谐振模态3<br>特征根 | -270.1758<br>±j11616.0096 | -142.5601<br>±j11621.2736 | -100.1241<br>±j11622.3567 | 239.3299<br>±j11618.6361 |

表21-5 谐振模态阻尼关于并联电阻 $R_2$ 的灵敏度

| $R_2/\Omega$ | 400 | 800 | 1200 | -400 |
|---|---|---|---|---|
| 谐振模态1<br>特征根 | -141.1467<br>±j931.9471 | -70.2147<br>±j939.8807 | -46.7666<br>±j941.3253 | 141.1292<br>±j931.9612 |
| 谐振模态2<br>特征根 | -60.6615<br>±j7542.2065 | -52.7585<br>±j7542.3499 | -50.1267<br>±j7542.3348 | -29.1883<br>±j7541.0874 |
| 谐振模态3<br>特征根 | -270.1758<br>±j11616.0096 | -262.5072<br>±j11617.0093 | -259.9452<br>±j11617.2919 | -239.3956<br>±j 11618.6384 |

从表21-4可以看出，谐振模态2和谐振模态3的阻尼值对电阻 $R_1$ 的改变很敏感，特别是当 $R_1$ 取负值时，谐振模态2和谐振模态3变得不稳定。说明谐振模态2和谐振模态3的阻尼与电阻 $R_1$ 强相关，而谐振模态1的阻尼与电阻 $R_1$ 几乎不相关。

从表21-5可以看出，谐振模态1的阻尼值对电阻 $R_2$ 的改变很敏感，特别是当 $R_2$ 取负值时，谐振模态1变得不稳定。说明谐振模态1的阻尼与电阻 $R_2$ 强相关，而谐振模态2和谐振模态3的阻尼与电阻 $R_2$ 仅仅是弱相关。

另外一个有趣的现象是，对于阻尼很强的谐振模态，比如表21-3中的谐振模态1，其5个频率点上的分流比的模值是单调变化的，没有像关键性谐振模态2和谐振模态3那样表现出存在峰值的变化特征。而当改变电阻 $R_2$ 的取值，使得谐振模态1变为关键性谐振模态时，对应谐振模态1的5个频率点上的分流比的模值也会表现出存在峰值的变化特征。当电阻 $R_2$ 取1200Ω时，谐振模态1的阻尼比变为4.96%，谐振频率变为149.8166Hz，已属于关键性谐振模态。此时对应谐振模态1的5个频率点上的分流比为 2.2194∠144.44°、2.2435∠132.54°、2.0967∠118.91°、1.7819∠106.31°、1.4086∠97.40°，显然，第2个频率点上的值，是这5个值中的峰值。

上述结果具有普遍性，对于关键性谐振模态，其有阻尼谐振频率与无阻尼谐振频率非常相近，分流比 $\eta_{shunt}$ 的模值在有阻尼谐振频率点上会出现峰值。

另外，还需要指出的是，表 21-4 和表 21-5 中，当设置电阻为负时，系统中会出现不稳定的谐振模态，这在基于 $s$ 域节点导纳矩阵的分析方法中是非常自然的结果。但这个结果在用电磁暂态仿真方法研究系统谐振稳定性时，是很难复现的，因为在这种系统条件下，电磁暂态仿真方法不可能建立初始工作点。这也是采用 $s$ 域节点导纳矩阵法分析系统谐振稳定性优于采用电磁暂态仿真方法的原因之一。

## 21.8　直流电网谐振稳定性分析实例

考察一个四端直流电网的谐振稳定性问题。该四端直流电网接线如图 21-4 所示，是一个双极带金属回线的直流电网，金属回线全网单点接地，接地点设在换流站 C。

设定图 21-4 所示直流电网中所有平波电抗器的电感值都是 100mH；从直流侧看进去的每个 MMC 的阻抗频率特性如图 21-5 所示，解析式如式（21-33）所示，单位为 Ω；三线耦合输电线路的单位长度电阻参数（Ω/km）如式（21-34）所示，单位长度电感参数（mH/km）如式（21-35）所示，单位长度电容参数（μF/km）如式（21-36）所示。式（21-33）~式（21-35）中，$f$ 为频率，单位为 Hz。从图 21-5 可见，MMC 的阻抗频率特性在 100Hz 范围内存在负电阻频段，因此图 21-4 直流电网的谐振稳定性问题就是一个需要关注的问题。

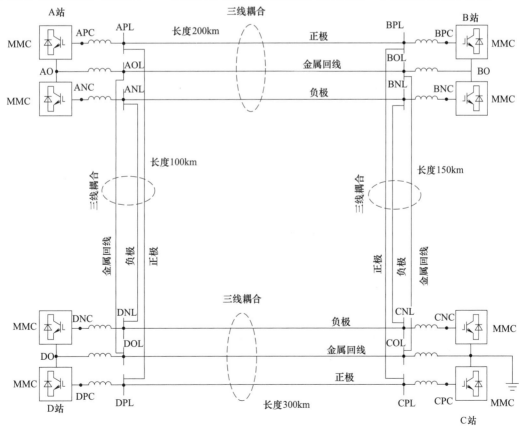

图 21-4　双极带金属回线的四端直流电网接线

$$\underline{Z}_{MMC} = (0.8-0.066f+6\times10^{-4}f^2)+j(-108.6+4.618f-0.0631f^2+3.046\times10^{-4}f^3) \quad (21\text{-}33)$$

$$\boldsymbol{R} = \begin{bmatrix} 74.26+14.47\cdot\dfrac{f}{50} & 46.98+12.37\cdot\dfrac{f}{50} & 45.04+11.57\cdot\dfrac{f}{50} \\ & 73.68+13.46\cdot\dfrac{f}{50} & 46.98+12.37\cdot\dfrac{f}{50} \\ \text{对称} & & 74.26+14.47\cdot\dfrac{f}{50} \end{bmatrix} \times 10^{-3} \quad (21\text{-}34)$$

$$\boldsymbol{L} = \begin{bmatrix} 1.331-0.047\cdot\dfrac{f}{50} & 0.4839-0.043\cdot\dfrac{f}{50} & 0.3563-0.039\cdot\dfrac{f}{50} \\ & 1.330-0.044\cdot\dfrac{f}{50} & 0.4839-0.043\cdot\dfrac{f}{50} \\ \text{对称} & & 1.331-0.047\cdot\dfrac{f}{50} \end{bmatrix} \quad (21\text{-}35)$$

$$\boldsymbol{C} = \begin{bmatrix} 11.77 & -1.823 & -0.4646 \\ & 11.89 & -1.823 \\ \text{对称} & & 11.77 \end{bmatrix} \times 10^{-3} \quad (21\text{-}36)$$

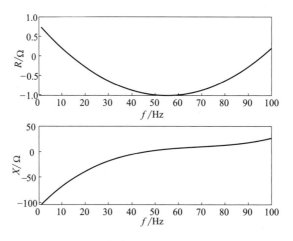

图 21-5　设定的 MMC 的阻抗频率特性

对图 21-4 所示直流电网进行谐振稳定性分析，计算结果见表 21-6。从表 21-6 可以看出，在 100Hz 的频率范围内，该系统存在 6 个谐振模态，但这 6 个谐振模态都是稳定的，尽管阻尼比小于 5% 的有 3 个。

表 21-6　图 21-4 直流电网谐振稳定性分析结果

| 项目 | 第 1 阶段无阻尼网络分析 | | 第 2 阶段有阻尼网络分析 | |
|---|---|---|---|---|
| | 谐振频率/Hz | 最佳可控可观测节点 | 系统特征根 | 谐振频率/Hz 阻尼比 |
| 谐振模态 1 | 15.77 | BO | $-7.7501+j96.3358$ | 15.3323, 0.0802 |
| 谐振模态 2 | 17.88 | AO | $-3.8835+j111.7413$ | 17.7842, 0.0347 |

(续)

| 项目 | 第1阶段无阻尼网络分析 | | 第2阶段有阻尼网络分析 | |
|---|---|---|---|---|
| | 谐振频率/Hz | 最佳可控可观测节点 | 系统特征根 | 谐振频率/Hz 阻尼比 |
| 谐振模态3 | 23.21 | CPC | −7.7121+j143.8820 | 22.8995,0.0535 |
| 谐振模态4 | 25.80 | BNC | −3.5096+j161.6719 | 25.7309,0.0217 |
| 谐振模态5 | 27.13 | ANC | −1.4978+j171.3023 | 27.2636,0.0087 |
| 谐振模态6 | 63.65 | AOL | −32.7895+j392.6486 | 62.4920,0.0832 |

基于此实际案例的分析，有两点需要特别指出：

1) 输电线路具有多相耦合、分布参数和参数随频率而变化的特点，这些特点限制了状态空间模型在谐振稳定性分析方面的有效应用；而 $s$ 域节点导纳矩阵法则可以完全克服这些困难。

2) 即使 MMC 的阻抗频率特性存在负电阻频段，并不必然导致谐振不稳定的发生；实际系统是否会出现谐振不稳定问题，需要基于具体的系统参数进行精确计算。

## 21.9 $s$ 域节点导纳矩阵法总结

前面各节根据谐振稳定性的机理和性质，基于 $s$ 域节点导纳矩阵原理，将谐振稳定性分析分解为无阻尼网络分析和有阻尼网络分析两个阶段来完成，避免了直接求解 $s$ 域节点导纳矩阵行列式零点的困难，为在大系统层面开展电力系统谐振稳定性分析开辟了一条可靠途径。主要结果总结如下：

1) 谐振稳定性的实质是电力系统中以"固有谐振频率"振荡的自由分量的衰减特性。谐振稳定性属于小扰动稳定性，可以采用线性系统理论进行分析。

2) $s$ 域节点导纳矩阵法的理论基础是，$s$ 域回路阻抗矩阵的行列式、$s$ 域节点导纳矩阵的行列式以及系统状态方程的特征多项式，三者之间具有相同的非零值零点。

3) 两阶段 $s$ 域节点导纳矩阵分析法的根本优势是将原本属于 $s$ 平面上的二维问题简化为 $j\omega$ 轴上的一维问题。第1阶段简化通过假设全系统零阻尼来实现，第2阶段简化通过测试信号法来实现。任一阶段简化后的系统都可以采用完全成熟的交流稳态电路分析方法来进行计算。

4) 本章提出的以分流比为媒介实现谐振模态精确辨识的方法非常有效。大量算例表明，当 $s$ 处于系统特定特征根的邻域中时，分流比的分子和分母都可以简化为 $s$ 的2次多项式。

5) 基于无阻尼谐振频率正负3%范围的5个频率点上的分流比，可以精确辨识出分流比的 $s$ 域表达式，从而可以精确确定谐振模态的实部和虚部及其谐振频率和阻尼比。

6) $s$ 域节点导纳矩阵法能够将决定系统谐振稳定性的关键性谐振模态突显出来，且阻尼比越小的谐振模态，其计算精度越高，与电力系统谐振稳定性分析的目标完全吻合。

## 21.10 基于序网模型分析谐振稳定性的合理性探讨

### 21.10.1 问题的提出

我们来看一个实际例子。设交流电网 A 通过带串联补偿电容器的三相输电线路向交流电网 B 输电,研究该输电系统在 0~100Hz 范围内的谐振模态。为了简化分析,首先假定交流电网 A 和交流电网 B 都是无穷大系统,即两者的戴维南等效阻抗都为零;其次假定三相输电线路完全对称平衡,即三相输电线路的单位长度电气参数矩阵都是平衡矩阵(注:平衡矩阵指的是主对角元素都相等、非主对角元素都相等的矩阵);最后假定三相输电线路的单位长度电气参数不随频率而变化。设定的三相输电线路的单位长度电气参数如下:

$$\boldsymbol{R} = \begin{bmatrix} 88.20 & 58.44 & 58.44 \\ & 88.20 & 58.44 \\ 对称 & & 88.20 \end{bmatrix} \times 10^{-3} \Omega/km \tag{21-37}$$

$$\boldsymbol{L} = \begin{bmatrix} 1.285 & 0.3993 & 0.3993 \\ & 1.285 & 0.3993 \\ 对称 & & 1.285 \end{bmatrix} mH/km \tag{21-38}$$

$$\boldsymbol{C} = \begin{bmatrix} 11.81 & -1.370 & -1.370 \\ & 11.81 & -1.370 \\ 对称 & & 11.81 \end{bmatrix} \times 10^{-3} \mu F/km \tag{21-39}$$

对应的正序、负序和零序参数分别为

$$\begin{cases} R_1 = 29.76 \times 10^{-3} \Omega/km & 正序电阻 \\ R_2 = 29.76 \times 10^{-3} \Omega/km & 负序电阻 \\ R_0 = 205.98 \times 10^{-3} \Omega/km & 零序电阻 \end{cases} \tag{21-40}$$

$$\begin{cases} L_1 = 0.8857 mH/km & 正序电感 \\ L_2 = 0.8857 mH/km & 负序电感 \\ L_0 = 2.0836 mH/km & 零序电感 \end{cases} \tag{21-41}$$

$$\begin{cases} C_1 = 13.18 \times 10^{-3} \mu F/km & 正序电容 \\ C_2 = 13.18 \times 10^{-3} \mu F/km & 负序电容 \\ C_0 = 9.07 \times 10^{-3} \mu F/km & 零序电容 \end{cases} \tag{21-42}$$

再设定该输电线路的长度为 300km,在输电线路中点加入集中式串联补偿电容器,每相电容值为 106μF。该输电系统的三相耦合电路模型、正序网模型、负序网模型和零序网模型分别如图 21-6a、b、c 和 d 所示。

分别计算图 21-6a、b、c 和 d 4 个系统在 0~100Hz 范围内的谐振模态,发现在该频率范围内每个系统都只有 1 个谐振模态,具体结果见表 21-7。

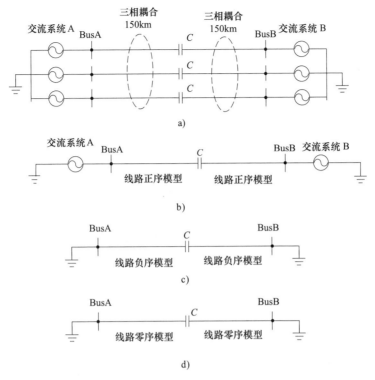

图 21-6 带串联补偿电容器的输电系统耦合模型与各序模型
a) 三相耦合模型  b) 正序模型  c) 负序模型  d) 零序模型

表 21-7 图 21-6a、b、c 和 d 4 个系统的谐振模态

| 项目 | 三相耦合模型 | 正序(负序)模型 | 零序模型 |
|---|---|---|---|
| 特征根 | −15.5079+j42.5988 | −16.8053+j187.3816 | −49.4997+j112.1097 |
| 谐振频率/Hz | 6.7798 | 29.8227 | 17.8428 |
| 阻尼比 | 0.3421 | 0.0893 | 0.4039 |

从表 21-7 可以看出，基于三相耦合模型、正序（负序）模型和零序模型得到的系统谐振模态是不一致的。这就自然引出一个问题，对于一般性的交流电力系统，谐振稳定性分析应采用上述 4 种模型中的何种模型？

## 21.10.2 谐振稳定性分析的网络模型选择问题探讨

在经典的电力系统三大计算中，都是根据对称分量法原理[25]，在系统对称的条件下，只针对特定的序网模型进行计算，从而大大简化了电力系统的计算。仔细分析系统对称的条件，实际上包含两个方面。第一个方面与电网包含的所有元件的结构和参数相关，我们称之为元件特性条件；第二个方面与激励源的特性相关，我们称之为激励源特性条件。元件特性条件要求三相元件的结构和参数对称，就是与该元件相对应的 3 阶阻抗矩阵或 3 阶导纳矩阵是平衡矩阵。激励源特性条件要求电力系统中的所有激励源三相对称。而对于激励源的所谓"三相对称"，则可以呈现为 3 种类型。第一种类型是三相激励源呈现为正序形态，这种情况下系统的响应可以根据三相元件的正序模型进行计算；第二种类型是三相激励源呈现为负序形态，这种情况下系统的响应可以根据三相元件的负序模型进行计算；第三种类型是三相激励源呈现为零序形态，这种情况下系统的响应可以根据三相元件的零序模型进行计算。

值得指出的是，采用序网模型所进行的计算，都是针对电力系统的稳态响应，也就是电力系统响应中的强制分量。换句话说，序网模型建立了电力系统响应中的强制分量与激励源之间的关系。而电力系统响应中的自由分量是与激励源无关的；既然自由分量与激励源无关，那么自由分量与序网模型也没有关系；而谐振稳定性是对电力系统响应中自由分量衰减特性的描述，这样谐振稳定性的分析也应该与序网模型无关。

在直流电网的谐振稳定性分析中，一般直接采用耦合元件模型，如21.8节的算例所示。在交流电网的谐振稳定性分析中，如对串联电容器补偿引起的SSR问题的分析[5]，以往采用电磁暂态仿真分析时，都是直接采用耦合元件模型的，没有使用序网模型。因此，采用耦合元件模型分析电力系统的谐振稳定性问题，在理论上和实践上都有充分的依据。

但在实践中，有基于序网模型对交流电网谐振稳定性进行分析的做法。比如，采用阻抗模型分析谐振稳定性时，通常是基于交流电网的序阻抗模型进行分析的，最常用的是采用正序阻抗模型进行分析。

针对交流电网的谐振稳定性分析问题，采用序网模型是否合适，这是一个重要的理论问题。以下给出一种支持采用序网模型的论点：

用结果评估法证明采用序网模型的正当性：一旦谐振不稳定发展到等幅振荡阶段，所对应的电压、电流等电气量就可以分解为正序、负序和零序3种序量。若对应的序网模型是谐振稳定的，则该序的等幅振荡量是一定会衰减的，或者该序的振荡量根本发展不到等幅振荡的程度，早就衰减到零了。因此，基于序网模型进行谐振稳定性分析是可以成立的。

不过，本书作者认为，在交流电网谐振稳定性分析中，必须采用全相耦合模型，采用序网模型是不合适的。

# 参 考 文 献

[1] 李明节，于钊，许涛，等. 新能源并网系统引发的复杂振荡问题及其对策研究［J］. 电网技术，2017，41（4）：1035-1042.

[2] 吕敬，董鹏，施刚，等. 大型双馈风电场经MMC-HVDC并网的次同步振荡及其抑制［J］. 中国电机工程学报，2015，35（19）：4852-4860.

[3] 李云丰，汤广福，贺之渊，等. MMC型直流输电系统阻尼控制策略研究［J］. 中国电机工程学报，2016，36（20）：5492-5503.

[4] KUNDUR P. Power system stability and control［M］. New York：McGraw-Hill Inc.，1994.

[5] ANDERSON P M，AGRAWAL B L，VAN NESS J E. Subsynchronous Resonance in Power Systems［M］. New York：IEEE Press，1990.

[6] 徐政. 交直流电力系统动态行为分析［M］. 北京：机械工业出版社，2005.

[7] SUN J. Impedance-based stability criterion for grid-connected inverters［J］. IEEE Transactions on Power Electronics，2011，26（11）：3075-3078.

[8] CESPEDES M，SUN J. Impedance modeling and analysis of grid-connected voltage-source converters［J］. IEEE Transactions on Power Electronics，2014，29（3）：1254-1261.

[9] 刘豹. 现代控制理论 [M]. 2版. 北京：机械工业出版社，2000.

[10] 徐政，王世佳，邢法财. 电力网络的谐振稳定性分析方法研究 [J]. 电力建设，2017，38（11）：1-8.

[11] 徐政. 高比例非同步机电源电网面临的三大技术挑战 [J]. 南方电网技术，2020，14（2）：1-9.

[12] 徐政. 基于$s$域节点导纳矩阵的谐振稳定性分析方法. 电力自动化设备，2023，43（10）：1-8.

[13] SEMLYEN A I. s-domain methodology for assessing the small signal stability of complex systems in nonsinusoidal steady state [J]. IEEE Transactions on Power Systems，1999，14（1）：132-137.

[14] GOMES S, MARTINS N, PORTELA C. Modal analysis applied to s-domain models of AC networks [C] //2001 IEEE Power Engineering Society Winter Meeting，28 Jan. -1 Feb. 2001，Columbus，OH，USA. New York：IEEE，2001.

[15] LIMA L T G, MARTINS N, CARNEIRO S. Augmented state-space formulation for the study of electric networks including distributed-parameter transmission line models [C] //IPST´99 International conference on power systems transients. June 20-24，1999，Budapest，Hungary.

[16] VARRICCHIO S L, MARTINS N, LIMA L T G. A Newton-Raphson method based on eigenvalue sensitivities to improve harmonic voltage performance [J]. IEEE Transactions on Power Delivery，2003，18（1）：334-342.

[17] 徐政. 电力系统广义同步稳定性与宽频谐振稳定性专辑特约主编寄语 [J]. 电力自动化设备，2020，40（9）：1-2.

[18] 李普明，徐政，黄莹，等. 高压直流输电交流滤波器参数的计算 [J]. 中国电机工程学报，2008，28（16）：115-121.

[19] 邢法财，徐政. 两电平电压源型换流器负阻性与容性效应特征指标研究 [J]. 电力系统自动化，2021，45（13）：12-19.

[20] 邢法财，徐政. 双馈感应风力发电机的负电阻效应研究 [J]. 太阳能学报，2022，43（4）：324-332.

[21] SHENKMAN A L. Transient Analysis of Electric Power Circuits Handbook [M]. Netherlands：Springer，2005.

[22] 徐政. 新型电力系统关键技术：五大动态特性研究专辑特约主编寄语 [J]. 电力自动化设备，2022，42（8）：1-2.

[23] BALABANIAN N, BICKART T A, SESHU S. Electrical Network Theory [M]. New York：John Wiley & Sons，1969.

[24] 西安交通大学，等. 电力系统计算：电子数字计算机的应用 [M]. 北京：水利电力出版社，1978.

[25] FORTESCUE C L. Method of symmetrical coordinates applied to the solution of polyphase networks [J]. AIEE，1918，37（2）：1027-1140.

# 第22章 基于阻抗模型分析电力系统谐振稳定性的两难困境

## 22.1 引言

基于电力电子装置的阻抗模型，分析电力系统的谐振稳定性，是学术界和工业界广泛采用的做法[1-5]，包括基于奈奎斯特判据的分析方法[1-2]和基于 $s$ 域节点导纳矩阵的分析方法[3-5]等。这些方法都属于线性时不变（Linear Time-Invariant，LTI）系统的分析方法，其本质都是判断 LTI 系统的特征根在复平面上的位置。

阻抗模型属于非线性装置的线性化模型，其理论根据不是基于泰勒级数展开原理的局部线性化方法，而是基于谐波平衡原理的谐波线性化（Harmonic Linearization）方法。谐波线性化方法，也叫描述函数法，是 20 世纪 30 年代提出，40 年代得到发展和完善的一种对非线性装置的近似描述方法[6-11]。谐波线性化方法的基本原理是使非线性装置线性化后的数学模型满足 LTI 模型的一个基本特性——频率保持特性，也就是单一频率激励产生同一频率响应的特性。根据这个原理，谐波线性化方法并不关注非线性装置线性化后的数学模型对原非线性装置特性的描述是否精确。谐波线性化方法的强项是可以为一般性的非线性装置建立一个准 LTI 模型，从而总可以借助于 LTI 系统理论对包含该非线性装置的系统进行分析。应用谐波线性化方法的一个根本性难题是所建立的装置的准 LTI 模型往往精度不高，因而基于该装置的准 LTI 模型采用 LTI 系统理论进行稳定性分析所得到的结果，其准确性难以得到保证。

在经典控制理论中谐波线性化方法（即描述函数法）之所以能够得到广泛应用，其根本原因是描述函数法所舍去的是装置响应中的高次谐波分量，在结合了实际工程系统通常具有的高频衰减特性后，描述函数法就成为了一种行之有效的非线性装置线性化方法[10-11]。但对于电力系统谐振稳定性分析，谐波线性化方法是在交流稳态工作点上建立装置的增量线性化模型，所采用的是双输入描述函数法[7]，所导出的增量阻抗模型是一种精度比较低的近似模型，本书称之为 LTI 阻抗模型。基于双输入描述函数法导出装置的 LTI 阻抗模型时，所舍去的不全是装置响应中的高次谐波分量，因此即使实际系统具有高频衰减特性，也不能保证基于 LTI 阻抗模型的分析结果就是可靠的。本章将用一个简单实例展示 LTI 阻抗模型的推导过程及精度不高的原因。

为了克服基于双输入描述函数法所得到的 LTI 阻抗模型精度不高的缺点，业界提出了采用频率耦合阻抗模型替代 LTI 阻抗模型进行电力系统谐振稳定性分析的方法[12-17]。且频率耦合阻抗建模已成为近年来的一大研究热点，并已发表了数以百计的论文[12-17]。然而尽管频率耦合阻抗模型在描述装置特性的精度上确实得到了改进，但频率耦合阻抗模型不是LTI模型，因其不具有LTI模型单一频率激励产生同一频率响应的基本特性。故将电力电子装置的频率耦合阻抗模型与其他元件的LTI模型联接在一起，应用LTI系统理论来分析整个系统的稳定性，在理论上和逻辑上都是不能成立的。本章将采用一个简单实例来展示频率耦合阻抗模型的推导过程，阐释频率耦合阻抗模型不是LTI模型，表明基于频率耦合阻抗模型并应用LTI系统理论来分析电力系统的谐振稳定性会得到荒谬的结果[18]。

## 22.2 电力电子装置的LTI阻抗模型与频率耦合阻抗模型

### 22.2.1 三相非线性电力装置的LTI阻抗定义

对于如图22-1所示的三相非线性电力装置，开展如下的讨论。设三相非线性电力装置在三相正序基频（50Hz）电压 $u_{a50}$、$u_{b50}$、$u_{c50}$ 下确立正常工作点，现在要测量该三相非线性电力装置在此工作点下线性化后的正序阻抗。假设需要测量频率在20Hz下从交流侧看进去的正序阻抗 $\underline{Z}_{20Hz}$。做法是在三相正序基频电压 $u_{a50}$、$u_{b50}$、$u_{c50}$ 的基础上叠加频率为20Hz的三相正序小扰动电压信号 $\Delta u_{a20}$、$\Delta u_{b20}$、$\Delta u_{c20}$（本书用"Δ"表示该物理量为增量），测量注入三相非线性电力装置的正序电流 $\Delta i_{a20}$、$\Delta i_{b20}$、$\Delta i_{c20}$。由于装置是非线性的，叠加小扰动电压信号后，会激励出20Hz和其他离散频率点上的电流信号。由于LTI阻抗是定义在工作点上的线性化系统上的，而LTI模型的基本特性是单一频率激励产生同一频率响应；因此对于LTI阻抗定义，其他被激励出来的非20Hz电流分量，不管其幅值是大是小，都是必须被忽略掉的。这种LTI增量阻抗定义的理论基础是基于谐波线性化原理的双输入描述函数分析法[7]。

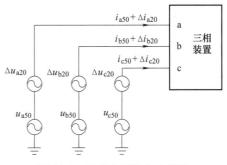

图22-1 三相非线性电力装置

理论和仿真能够证明，在小扰动正序电压信号 $\Delta u_{a20}$、$\Delta u_{b20}$、$\Delta u_{c20}$ 激励下，20Hz电流响应分量中只包含正序分量，因此可以得到 $\underline{Z}_{20Hz}$ 的计算过程如下：

1) 将 $\Delta u_{a20}$、$\Delta u_{b20}$、$\Delta u_{c20}$ 写成复数相量 $\Delta \underline{U}_{a20}$、$\Delta \underline{U}_{b20}$、$\Delta \underline{U}_{c20}$。
2) 将20Hz响应电流 $\Delta i_{a20}$、$\Delta i_{b20}$、$\Delta i_{c20}$ 写成复数相量 $\Delta \underline{I}_{a20}$、$\Delta \underline{I}_{b20}$、$\Delta \underline{I}_{c20}$。
3) 按照 $\underline{Z}_{20Hz} = \Delta \underline{U}_{a20}/\Delta \underline{I}_{a20} = \Delta \underline{U}_{b20}/\Delta \underline{I}_{b20} = \Delta \underline{U}_{c20}/\Delta \underline{I}_{c20}$ 计算给定工作点下的正序阻抗。

上述讨论证明，三相非线性装置在工作点上谐波线性化后的正序阻抗是一个标量。如果在工作点电压 $u_{a50}$、$u_{b50}$、$u_{c50}$ 的基础上叠加三相负序小扰动电压信号，类似地可以得到三相非线性装置在工作点上谐波线性化后的负序阻抗。

### 22.2.2 三相非线性电力装置的频率耦合阻抗模型定义

本章所述的电力电子装置的频率耦合阻抗模型特指按如下方式所建立的阻抗模型。如图22-2所示，三相电力装置处于正常稳态运行条件下。设三相非线性电力装置在三相正序基频（50 Hz）电压 $u_{a50}$、$u_{b50}$、$u_{c50}$ 下确立正常工作点，图 22-2 中将三相正序基频（50 Hz）电压用相量表示为 $\underline{U}_{sa}$、$\underline{U}_{sb}$、$\underline{U}_{sc}$。在三相正序基频电压 $\underline{U}_{sa}$、$\underline{U}_{sb}$、$\underline{U}_{sc}$ 基础上施加 2 组小信号电压：第 1 组小信号电压为频率等于 $f$ 的正序电压信号 $\Delta\underline{U}_a^+(f)$、$\Delta\underline{U}_b^+(f)$、$\Delta\underline{U}_c^+(f)$；第 2 组小信号电压为频率等于 $f-2f_0$（$f_0$ 表示基频）的负序电压信号 $\Delta\underline{U}_a^-(f-2f_0)$、$\Delta\underline{U}_b^-(f-2f_0)$、$\Delta\underline{U}_c^-(f-2f_0)$。

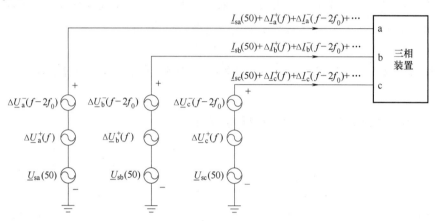

**图 22-2　三相非线性电力装置频率耦合阻抗模型所涉及的增量电压**

对应于第 1 组频率为 $f$ 的正序小信号电压激励，三相非线性电力装置的响应信号中除了同频率 $f$ 的正序电流分量 $\Delta\underline{I}_a^+(f)^{(1)}$、$\Delta\underline{I}_b^+(f)^{(1)}$、$\Delta\underline{I}_c^+(f)^{(1)}$ 外，还包括频率为 $f-2f_0$ 的负序电流分量 $\Delta\underline{I}_a^-(f-2f_0)^{(1)}$、$\Delta\underline{I}_b^-(f-2f_0)^{(1)}$、$\Delta\underline{I}_c^-(f-2f_0)^{(1)}$，以及其他离散频率点上的电流分量。这里正序电流分量和负序电流分量中的上标"（1）"表示由第 1 组小信号电压激励所产生的响应。

对应于第 2 组频率为 $f-2f_0$ 的负序小信号电压激励，三相非线性电力装置的响应信号中除了同频率 $f-2f_0$ 的负序电流分量 $\Delta\underline{I}_a^-(f-2f_0)^{(2)}$、$\Delta\underline{I}_b^-(f-2f_0)^{(2)}$、$\Delta\underline{I}_c^-(f-2f_0)^{(2)}$ 外，还包括频率为 $f$ 的正序电流分量 $\Delta\underline{I}_a^+(f)^{(2)}$、$\Delta\underline{I}_b^+(f)^{(2)}$、$\Delta\underline{I}_c^+(f)^{(2)}$，以及其他离散频率点的电流分量。这里负序电流分量和正序电流分量中的上标"（2）"表示由第 2 组小信号电压激励所产生的响应。

如果用下标"p"表示正序，下标"n"表示负序，只考虑图 22-2 的电流响应中频率为 $f$ 和 $f-2f_0$ 两种分量，忽略掉电流响应中的其他离散频率点分量，那么图 22-2 中由两组小信号电压所产生的增量电流响应可以用式（22-1）来表示。

$$\begin{bmatrix} \underline{I}_p(f) \\ \underline{I}_n(f-2f_0) \end{bmatrix} = \begin{bmatrix} \underline{Y}_{pp}(f) & \underline{Y}_{pn}(f) \\ \underline{Y}_{np}(f-2f_0) & \underline{Y}_{nn}(f-2f_0) \end{bmatrix} \begin{bmatrix} \underline{U}_p(f) \\ \underline{U}_n(f-2f_0) \end{bmatrix} = \underline{\mathbf{Y}}_{cpl} \begin{bmatrix} \underline{U}_p(f) \\ \underline{U}_n(f-2f_0) \end{bmatrix} \qquad (22\text{-}1)$$

式中，$\underline{U}_p(f)$ 表示频率为 $f$ 的正序激励电压；$\underline{U}_n(f-2f_0)$ 表示频率为 $f-2f_0$ 的负序激励电压；$\underline{I}_p(f)$ 表示频率为 $f$ 的正序响应电流；$\underline{I}_n(f-2f_0)$ 表示频率为 $f-2f_0$ 的负序响应电流；$\underline{Y}_{pp}(f)$ 为标量正序导纳，表示频率为 $f$ 的正序激励电压与同频率的正序响应电流之间的关系；$\underline{Y}_{nn}(f-2f_0)$ 为标量负序导纳，表示频率为 $f-2f_0$ 的负序激励电压与同频率的负序响应电流之间的关系；$\underline{Y}_{pn}(f)$ 为频率耦合导纳，表示频率为 $f-2f_0$ 的负序激励电压与频率为 $f$ 的正序响应电流之间的关系；$\underline{Y}_{np}(f-2f_0)$ 为频率耦合导纳，表示频率为 $f$ 的正序激励电压与频率为 $f-$

$2f_0$ 的负序响应电流之间的关系；矩阵 $\underline{Y}_{cpl}$ 称为频率耦合导纳模型；而 $\underline{Y}_{cpl}$ 的逆矩阵 $\underline{Z}_{cpl} = (\underline{Y}_{cpl})^{-1}$ 称为频率耦合阻抗模型[12]。

## 22.3 基于简单测试系统的常用线性化方法特性分析

为了考察几种常用线性化方法的特性，本章以图 22-3 所示的简单非线性电阻元件为例展示具体的线性化过程。图 22-3 中，左边的电压源为系统输入（或称系统激励），右边的非线性电阻 $R$ 上的电流 $i$ 为系统输出（或称系统响应）；称 $u_0$ 为工作点输入，$\Delta u$ 为增量输入；$u$ 表示非线性电阻 $R$ 上的电压。非线性电阻的伏安特性之所以采用这种形式，是因为电工装置一般都具有奇对称特性，而在多项式表达的非线性奇对称特性中，图 22-3 非线性电阻 $R$ 所采用的伏安特性是最简单的一类之一。本测试系统所揭示的性质，对于包含动态元件的一般性非线性系统也应该是存在的；因为图 22-3 所示的简单测试系统是包含动态元件的一般性非线性系统的一个特例。因此可以认为，本测试系统所揭示的性质具有一定的普遍性。

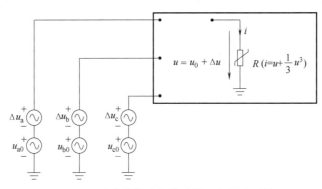

图 22-3 由非线性电阻构成的三相静态系统

### 22.3.1 直流工作点上基于泰勒级数展开的增量线性化方法

分析图 22-3 非线性电阻在直流工作点上的增量线性化问题。以 a 相为例进行推导，设

$$\begin{cases} u_{a0} = A_0 \\ \Delta u_a = \Delta u(t) \end{cases} \quad (22\text{-}2)$$

式中，$A_0$ 为直流工作点电压，$\Delta u(t)$ 为随时间 $t$ 变化的增量电压。
则流过电阻的电流为

$$\begin{aligned} i_a &= u_a + \frac{1}{3} u_a^3 = (A_0 + \Delta u) + \frac{1}{3}(A_0 + \Delta u)^3 \\ &= \left(A_0 + \frac{1}{3} A_0^3\right) + (1 + A_0^2) \Delta u + A_0 \Delta u^2 + \frac{1}{3} \Delta u^3 \end{aligned} \quad (22\text{-}3)$$

显然，根据泰勒级数展开公式中对线性项的定义，由 $\Delta u_a$ 引起的电流增量 $\Delta i_a$ 的线性部分为 $(1 + A_0^2)\Delta u$。忽略泰勒级数展开式中 $\Delta u$ 的高次项，可以得到图 22-3 非线性电阻在工作点 $u_{a0} = A_0$ 上的增量线性化电导为

$$G\big|_{u_{a0}=A_0} = \frac{\Delta i_a}{\Delta u_a} = \frac{(1+A_0^2)\Delta u}{\Delta u} = 1+A_0^2 \tag{22-4}$$

对于确定的工作点 $u_{a0}=A_0$，$G\big|_{u_{a0}=A_0}$ 为一个常数。

## 22.3.2 直流工作点上基于傅里叶级数展开的增量谐波线性化方法

分析图 22-3 非线性电阻在直流工作点上的增量谐波线性化问题。以 a 相为例进行推导，设

$$\begin{cases} u_{a0}=A_0 \\ \Delta u_a = \Delta u_f = \delta\cos 2\pi ft = \delta\cos\omega t \end{cases} \tag{22-5}$$

式中，$A_0$ 为直流工作点电压，$\Delta u_f$ 为增量输入，$\delta$ 为增量输入的幅值，$f$ 为增量输入的频率，$\omega$ 为增量输入的角频率。

则流过电阻的电流为

$$\begin{aligned}
i_a &= u_a + \frac{1}{3}u_a^3 = (A_0+\delta\cos\omega t) + \frac{1}{3}(A_0+\delta\cos\omega t)^3 \\
&= \left(A_0+\frac{A_0^3}{3}+\frac{A_0\delta^2}{2}\right) + \left(1+A_0^2+\frac{\delta^2}{4}\right)\delta\cos\omega t + \frac{A_0\delta^2}{2}\cos 2\omega t + \frac{\delta^3}{12}\cos 3\omega t
\end{aligned} \tag{22-6}$$

根据谐波线性化原理，只考虑增量电流 $\Delta i_a$ 中的基波分量，有

$$\Delta i_{a,\text{fund}} = \left(1+A_0^2+\frac{\delta^2}{4}\right)\delta\cos\omega t \tag{22-7}$$

将 $\Delta u_a$ 写成相量形式，同时将 $i_a$ 中的增量电流的基波分量 $\Delta i_{a,\text{fund}}$ 也写成相量形式：

$$\begin{cases} \underline{\Delta U}_a = \delta\angle 0° \\ \underline{\Delta I}_{a,\text{fund}} = \left(1+A_0^2+\frac{\delta^2}{4}\right)\delta\angle 0° \end{cases} \tag{22-8}$$

这样就可以得到图 22-3 非线性电阻在直流工作点上的增量谐波线性化模型（这里为导纳 $\underline{Y}$）为

$$\underline{Y} = \frac{\underline{\Delta I}_{a,\text{fund}}}{\underline{\Delta U}_a} = \frac{\left(1+A_0^2+\frac{\delta^2}{4}\right)\delta\angle 0°}{\delta\angle 0°} = 1+A_0^2+\frac{\delta^2}{4} \tag{22-9}$$

对于小扰动稳定性分析，增量输入可以理解为是无穷小量，即式（22-5）中增量输入的幅值 $\delta$ 是趋近于零的，因此式（22-9）中的 $\underline{Y}$ 可以表达为

$$\underline{Y} = \lim_{\delta\to 0}\frac{\underline{\Delta I}_{a,\text{fund}}}{\underline{\Delta U}_a} = \lim_{\delta\to 0}\frac{\left(1+A_0^2+\frac{\delta^2}{4}\right)\delta\angle 0°}{\delta\angle 0°} = 1+A_0^2 \tag{22-10}$$

比较式（22-4）和式（22-10）可以看出，两者是一致的。这个结果说明，对于图 22-3 所示的非线性电阻，在直流工作点上，基于泰勒级数展开的增量线性化模型与基于傅里叶级数展开的增量谐波线性化模型是没有差别的。

## 22.3.3 基于傅里叶级数展开的全量谐波线性化方法

对于图 22-3 所示的非线性电阻，当对全量进行谐波线性化时，不考虑增量输入 $\Delta u$ 的作

用，即将 $\Delta u$ 置零。以 a 相为例进行推导，设

$$\begin{cases} u_{a0} = A_0\cos\omega_0 t \\ \Delta u_a = 0 \end{cases} \tag{22-11}$$

式中，$A_0$ 为幅值，$\omega_0$ 为角频率，$t$ 为时间。

则流过电阻的电流为

$$\begin{aligned} i_a &= u_a + \frac{1}{3}u_a^3 = (A_0\cos\omega_0 t) + \frac{1}{3}(A_0\cos\omega_0 t)^3 \\ &= \left(A_0 + \frac{1}{4}A_0^3\right)\cos\omega_0 t + \frac{1}{12}A_0^3\cos3\omega_0 t \end{aligned} \tag{22-12}$$

根据谐波线性化原理，对电流 $i_a$ 只考虑其基波分量：

$$i_{a,\text{fund}} = \left(A_0 + \frac{1}{4}A_0^3\right)\cos\omega_0 t \tag{22-13}$$

就可以得到图 22-3 非线性电阻的全量谐波线性化模型。将 $u_a$ 写成相量形式，同时将 $i_a$ 的基波分量 $i_{a,\text{fund}}$ 也写成相量形式，有

$$\begin{cases} \underline{U}_a = A_0 \angle 0° \\ \underline{I}_{a,\text{fund}} = \left(A_0 + \frac{1}{4}A_0^3\right)\angle 0° \end{cases} \tag{22-14}$$

这样就得到图 22-3 非线性电阻的全量谐波线性化模型（这里为导纳 $\underline{Y}_{f0}$）为

$$\underline{Y}_{f0} = \frac{\underline{I}_{a,\text{fund}}}{\underline{U}_a} = \frac{\left(A_0 + \frac{1}{4}A_0^3\right)\angle 0°}{A_0\angle 0°} = 1 + \frac{1}{4}A_0^2 \tag{22-15}$$

实际上，上述对非线性电阻的全量进行谐波线性化的方法在经典控制理论里被称为基波平衡法或描述函数法[6-11]，而式（22-15）中的 $\underline{Y}_{f0}$ 则被称为图 22-3 非线性电阻的描述函数或复放大系数。可见，描述函数法本质上是针对全量的谐波线性化方法。当系统包含动态元件时，例如图 22-3 中的非线性电阻串联电容元件或电感元件，那么其输入与输出之间就不会是同相位的，且其输出必然与输入的角频率 $\omega_0$ 有关。因此对于包含动态元件的一般性动态系统，式（22-15）中的导纳 $\underline{Y}_{f0}$ 除了与 $A_0$ 有关外，还会与 $\omega_0$ 有关，且一般含有虚部。

## 22.3.4 交流稳态工作点上基于傅里叶级数展开的增量谐波线性化方法

分析图 22-3 非线性电阻在交流稳态工作点上的增量谐波线性化问题。设所加入的增量输入信号为三相正序电压信号 $\Delta u_a$、$\Delta u_b$、$\Delta u_c$，则图 22-3 非线性电阻的增量谐波线性化问题与图 22-1 所示的三相非线性电力装置的 LTI 阻抗定义是同一个问题。首先以 a 相为例进行推导，设

$$\begin{cases} u_{a0} = A_0\cos\omega_0 t \\ \Delta u_a = \Delta u_f = \delta\cos2\pi ft = \delta\cos\omega t \end{cases} \tag{22-16}$$

式中，$u_{a0}$ 为工作点电压，其意义与式（22-11）相同；$\Delta u_f$ 为增量输入，$\delta$ 为增量输入的幅值，$f$ 为增量输入的频率，$\omega$ 为增量输入的角频率。

则流过电阻的电流为

$$i_a = u_a + \frac{1}{3}u_a^3 = (A_0\cos\omega_0 t + \delta\cos\omega t) + \frac{1}{3}(A_0\cos\omega_0 t + \delta\cos\omega t)^3 \quad (22\text{-}17)$$

即

$$\begin{aligned}i_a =& \left(A_0 + \frac{1}{4}A_0^3 + \frac{1}{2}A_0\delta^2\right)\cos\omega_0 t + \frac{1}{12}A_0^3\cos3\omega_0 t + \left(\delta + \frac{1}{2}A_0^2\delta + \frac{1}{4}\delta^3\right)\cos\omega t + \\ & \frac{1}{4}A_0^2\delta\cos(\omega+2\omega_0)t + \frac{1}{4}A_0^2\delta\cos(\omega-2\omega_0)t + \frac{1}{4}A_0\delta^2\cos(2\omega+\omega_0)t + \\ & \frac{1}{4}A_0\delta^2\cos(2\omega-\omega_0)t + \frac{1}{12}\delta^3\cos3\omega t\end{aligned} \quad (22\text{-}18)$$

这样，对应于工作点电压 $u_{a0} = A_0\cos\omega_0 t$，其输出的基波分量为

$$i_{f0} = \left(A_0 + \frac{1}{4}A_0^3 + \frac{1}{2}A_0\delta^2\right)\cos\omega_0 t \quad (22\text{-}19)$$

对应于增量输入 $\Delta u_f = \delta\cos\omega t$，其增量输出的基波分量为

$$\Delta i_f = \left(\delta + \frac{1}{2}A_0^2\delta + \frac{1}{4}\delta^3\right)\cos\omega t \quad (22\text{-}20)$$

电流 $i_a$ 中，除了对应于工作点电压的基波电流分量 $i_{f0}$ 和对应于增量电压的基波电流分量 $\Delta i_f$ 外，还包括了 $3\omega_0$、$\omega+2\omega_0$、$\omega-2\omega_0$、$2\omega+\omega_0$、$2\omega-\omega_0$ 和 $3\omega$ 的 6 种谐波电流分量。但根据谐波线性化原理，为了满足 LTI 模型单一频率激励产生同一频率响应的要求，这 6 种谐波电流分量在推导谐波线性化模型时是必须被舍去的。表 22-1 给出了与增量输入 $\Delta u_f = \delta\cos\omega t$ 相关的 $\omega$、$\omega+2\omega_0$、$\omega-2\omega_0$、$2\omega+\omega_0$、$2\omega-\omega_0$ 和 $3\omega$ 谐波电流分量的幅值比较，设定 $A_0 = 100$ 和 $\delta = 1$。

表 22-1 与增量输入频率相关的增量输出中的谐波电流分量幅值

| 谐波电流分量角频率 | 幅值公式 | 幅值数值 |
| --- | --- | --- |
| $\omega$ | $\delta + A_0^2\delta/2 + \delta^3/4$ | 5001.25 |
| $\omega \pm 2\omega_0$ | $A_0^2\delta/4$ | 2500 |
| $2\omega \pm \omega_0$ | $A_0\delta^2/4$ | 25 |
| $3\omega$ | $\delta^3/12$ | 0.0833 |

从表 22-1 可以看出，角频率为 $\omega \pm 2\omega_0$ 的谐波电流分量的幅值与增量电压的基波（角频率为 $\omega$）电流分量幅值相比并不小，前者为后者的一半左右；而角频率为 $2\omega \pm \omega_0$ 的谐波电流分量的幅值与增量电压的基波电流分量幅值相比很小，前者为后者的约 1/200；角频率为 $3\omega$ 的谐波电流分量的幅值与增量电压的基波电流分量幅值相比更小，前者比后者小 5 个数量级。因此，从数学模型的精度考虑，舍去角频率为 $2\omega \pm \omega_0$ 和 $3\omega$ 的谐波电流分量对模型的精度影响很小；但舍去角频率为 $\omega \pm 2\omega_0$ 的谐波电流分量对模型的精度有实质性的影响。

对于 $\omega \pm 2\omega_0$ 的谐波电流分量，本章后文将会证明，角频率为 $\omega-2\omega_0$ 的谐波电流分量是负序或正序的，角频率为 $\omega+2\omega_0$ 的谐波电流分量是零序的。对于电力电子装置，通常零序电流是不能流通的，因此舍去角频率为 $\omega+2\omega_0$ 的谐波电流分量是合理的。但舍去角频率为 $\omega-2\omega_0$ 的谐波电流分量对模型精度有实质性的影响。

这样，围绕是否舍去角频率为 $\omega-2\omega_0$ 的谐波电流分量问题，非线性装置在交流稳态工

作点上的阻抗建模工作处于两难困境。

第 1 种困境我们称之为"削足适履"困境。在该困境下，为了满足 LTI 模型的频率保持特性，即单一频率激励产生同一频率响应的特性，必须舍去 $\omega-2\omega_0$ 的谐波电流分量，这样做的结果从表 22-1 可以直观看出，模型精度受到了实质性的影响。这里所谓的"削足"，就是舍去 $\omega-2\omega_0$ 的谐波电流分量，导致模型精度受到实质性的损伤；而所谓的"适履"，就是满足 LTI 模型的频率保持特性要求，从而可以应用 LTI 系统理论来分析包含该装置的整个系统的稳定性问题。

第 2 种困境我们称之为"走断头路"困境。在该困境下，为了保持装置增量模型的精度，必须保留 $\omega-2\omega_0$ 的谐波电流分量。但根据 LTI 模型单一频率激励产生同一频率响应的特性，保留了 $\omega-2\omega_0$ 的谐波电流分量的模型就不是 LTI 模型了，因而不能应用 LTI 系统理论来分析包含该装置的整个系统的稳定性问题。这里所谓的"走断头路"，指的是尽管可以得到精度较高的装置增量模型，但该模型为非 LTI 模型，而目前没有普遍适用的数学工具可以用来分析包含非 LTI 元件模型的整个系统的稳定性问题。也就是模型建完之后无法继续往下走，从而陷入"走断头路"困境。

权衡上述 2 种困境，显然第 2 种困境更加难以逾越。对应于第 1 种困境，在获得了装置的 LTI 模型后，就可以应用 LTI 系统理论来分析包含该装置的整个系统的稳定性问题了；尽管所得结果的准确性难以得到保证，但总可以得到一个结果。

这样，本书还是按照"削足适履"的思路来推导非线性装置的增量线性化模型。根据谐波线性化原理，可以得到图 22-3 所示非线性电阻的全量谐波线性化模型和增量谐波线性化模型（这里为导纳）分别为

$$\underline{Y}_{f0} = \frac{\underline{I}_{f0}}{\underline{U}_{a0}} = \frac{\left(A_0 + \frac{1}{4}A_0^3 + \frac{1}{2}A_0\delta^2\right)\angle 0°}{A_0 \angle 0°} = 1 + \frac{1}{4}A_0^2 + \frac{1}{2}\delta^2 \qquad (22\text{-}21)$$

$$\underline{Y}_{\Delta u_f}^f = \frac{\Delta \underline{I}_f}{\Delta \underline{U}_f} = \frac{\left(\delta + \frac{1}{2}A_0^2\delta + \frac{1}{4}\delta^3\right)\angle 0°}{\delta \angle 0°} = 1 + \frac{1}{2}A_0^2 + \frac{1}{4}\delta^2 \qquad (22\text{-}22)$$

式（22-21）和式（22-22）中，$\underline{I}_{f0}$、$\Delta \underline{I}_f$、$\underline{U}_{a0}$ 和 $\Delta \underline{U}_f$ 分别为式（22-19）、式（22-20）和式（22-16）的相量表达式；式（22-22）中，下标 $\Delta u_f$ 表示工作点上的增量输入，上标 $f$ 表示与增量输入 $\Delta u_f$ 同频率，即为增量输入的基波分量。

同样，如果以图 22-3 中的 b 相或 c 相为例进行推导，可以得到与式（22-21）和式（22-22）同样的非线性电阻的全量谐波线性化模型和增量谐波线性化模型。

在经典控制理论中，式（22-21）和式（22-22）所描述的全量谐波线性化模型和增量谐波线性化模型也被称为对应于 $f_0$ 和 $f$ 的双输入描述函数[7]。

根据式（22-21）和式（22-22）知，非线性装置的谐波线性化模型是与增量输入的振幅 $\delta$ 相关的。对于小扰动稳定性分析，增量输入可以理解为是无穷小量，从而可以得到图 22-3 所示非线性电阻的全量谐波线性化模型和增量谐波线性化模型（这里为导纳）为

$$\underline{Y}_{f0} = \lim_{\delta \to 0} \frac{\underline{I}_{f0}}{\underline{U}_{a0}} = \lim_{\delta \to 0} \frac{\left(A_0 + \frac{1}{4}A_0^3 + \frac{1}{2}A_0\delta^2\right)\angle 0°}{A_0 \angle 0°} = 1 + \frac{1}{4}A_0^2 \qquad (22\text{-}23)$$

$$\underline{Y}^f_{\Delta u_f} = \lim_{\delta \to 0} \frac{\Delta \underline{I}_f}{\Delta \underline{U}_f} = \lim_{\delta \to 0} \frac{\left(\delta + \frac{1}{2}A_0^2\delta + \frac{1}{4}\delta^3\right) \angle 0°}{\delta \angle 0°} = 1 + \frac{1}{2}A_0^2 \qquad (22\text{-}24)$$

比较式（22-23）与式（22-15）可见，两者是一致的，说明双输入描述函数法得到的全量谐波线性化模型与描述函数法得到的全量谐波线性化模型是一致的。比较式（22-24）与式（22-10）可见，交流工作点上的增量谐波线性化模型与直流工作点上的增量谐波线性化模型两者是不同的。

由于电力系统的谐振稳定性分析属于小扰动稳定性分析，因此我们主要关注增量谐波线性化模型，即在双输入描述函数中，我们主要关注频率为 $f$ 的那个描述函数。

实际电力电子装置的特性是非常复杂的，采用解析方法推导电力电子装置的增量谐波线性化模型并不容易。工程上可以采用基于时域电磁暂态仿真的方法来获取电力电子装置的增量谐波线性化模型。比较典型的做法是采用测试信号法[19]。

当采用测试信号法或现场实测法获取非线性装置的增量谐波线性化模型时，需要施加测试信号 $\Delta u_f$，显然 $\Delta u_f$ 的振幅 $\delta$ 一定是一个有限值。而根据式（22-22）知，增量谐波线性化模型是与 $\delta$ 的取值有关的，$\delta$ 越小越接近于式（22-24）的值。但 $\delta$ 太小会影响仿真计算的精度或现场实测的精度，因此，在采用测试信号法仿真计算或现场实测非线性系统的增量谐波线性化模型时，$\delta$ 的取值原则为在保证计算精度或测试精度的前提下取最小的值。

另外还需要指出的是，对于包含动态元件的一般性非线性装置，由于动态元件是由微分方程描述的，必然造成输出与输入之间存在随 $\omega_0$ 和 $\omega$ 而变化的相位移动和幅值变化，因此式（22-23）和式（22-24）中的 $\underline{Y}_{f0}$ 和 $\underline{Y}^f_{\Delta u_f}$ 还会与 $\omega_0$ 和 $\omega$ 有关，且一般包含有虚部。

值得指出的是，当基于 LTI 系统理论分析电力系统的谐振稳定性时，装置的线性化模型应该采用本节所述的基于双输入描述函数法的增量谐波线性化模型，即式（22-24）所描述的模型。注意，式（22-24）所描述的增量谐波线性化模型是一个标量。

## 22.3.5　交流稳态工作点上基于泰勒级数展开的增量线性化方法

分析图 22-3 所示的非线性电阻在交流稳态工作点上基于泰勒级数展开的增量线性化问题。为了讨论更有针对性，设定增量输入为正弦信号。

首先讨论增量输入为三相正序电压信号时非线性电阻的响应特性。

对于 a 相的推导过程如下。设

$$\begin{cases} u_{a0} = A_0 \cos\omega_0 t \\ \Delta u_a = \delta\cos 2\pi f t = \delta\cos\omega t \end{cases} \qquad (22\text{-}25)$$

则流过电阻的电流为

$$i_a = u_a + \frac{1}{3}u_a^3 = (A_0\cos\omega_0 t + \delta\cos\omega t) + \frac{1}{3}(A_0\cos\omega_0 t + \delta\cos\omega t)^3 \qquad (22\text{-}26)$$

在定义 $\delta\cos\omega t$ 为增量的条件下对式（22-26）按照泰勒级数展开排序，有

$$i_a = \left[A_0\cos\omega_0 t + \frac{1}{3}(A_0\cos\omega_0 t)^3\right] + \left[1 + (A_0\cos\omega_0 t)^2\right](\delta\cos\omega t) \\ + (A_0\cos\omega_0 t)(\delta\cos\omega t)^2 + \frac{1}{3}(\delta\cos\omega t)^3 \qquad (22\text{-}27)$$

略去式（22-27）中在泰勒级数意义上的高次项后，得到电流 $i_a$ 中与 $\delta\cos\omega t$ 成线性关系的项为

$$\Delta i_a = [1+(A_0\cos\omega_0 t)^2](\delta\cos\omega t) \tag{22-28}$$

展开式（22-28）得

$$\Delta i_a = \left(1+\frac{A_0^2}{2}\right)\delta\cos\omega t + \frac{A_0^2}{4}\delta\cos(\omega-2\omega_0)t + \frac{A_0^2}{4}\delta\cos(\omega+2\omega_0)t \tag{22-29}$$

类似地，对于 b 相，有如下结果：

$$\begin{cases} u_{b0} = A_0\cos\left(\omega_0 t-\dfrac{2\pi}{3}\right) \\ \Delta u_b = \delta\cos\left(2\pi f t-\dfrac{2\pi}{3}\right) = \delta\cos\left(\omega t-\dfrac{2\pi}{3}\right) \end{cases} \tag{22-30}$$

$$\Delta i_b = \left(1+\frac{A_0^2}{2}\right)\delta\cos\left(\omega t-\frac{2\pi}{3}\right) + \frac{A_0^2}{4}\delta\cos\left[(\omega-2\omega_0)t+\frac{2\pi}{3}\right] + \frac{A_0^2}{4}\delta\cos(\omega+2\omega_0)t \tag{22-31}$$

同样对于 c 相，有如下结果：

$$\begin{cases} u_{c0} = A_0\cos\left(\omega_0 t+\dfrac{2\pi}{3}\right) \\ \Delta u_c = \delta\cos\left(2\pi f t+\dfrac{2\pi}{3}\right) = \delta\cos\left(\omega t+\dfrac{2\pi}{3}\right) \end{cases} \tag{22-32}$$

$$\Delta i_c = \left(1+\frac{A_0^2}{2}\right)\delta\cos\left(\omega t+\frac{2\pi}{3}\right) + \frac{A_0^2}{4}\delta\cos\left[(\omega-2\omega_0)t-\frac{2\pi}{3}\right] + \frac{A_0^2}{4}\delta\cos(\omega+2\omega_0)t \tag{22-33}$$

这样，在交流稳态工作点上基于泰勒级数展开进行增量线性化后，增量电流响应中不但包含基波分量，而且还包含 $\omega-2\omega_0$ 和 $\omega+2\omega_0$ 分量。且从三相系统来看，电流中的 $\omega$ 频率分量是正序性质的，电流中的 $\omega-2\omega_0$ 频率分量是负序性质的（当 $\omega-2\omega_0>0$ 时）或正序性质的（当 $\omega-2\omega_0<0$ 时），而电流中的 $\omega+2\omega_0$ 频率分量是零序性质的。以下讨论对角频率为 $\omega-2\omega_0$ 的谐波电流分量的数学描述方法。

这种情况下，可以按如下方式来描述增量输入与增量输出之间的关系。

根据式（22-29）可以得到 $\omega-2\omega_0$ 分量的表达式为

$$\Delta i_{f-2f_0} = \frac{1}{4}A_0^2\delta\cos(\omega-2\omega_0)t \tag{22-34}$$

显然，这个分量的特殊性在于输出量的频率与输入量的频率是不同的，因此不能采用电路理论中常规的导纳或阻抗来进行描述。然而这个电流分量与增量输入之间又存在确定的关系，因此，可以采用类似于导纳或阻抗的形式来进行描述。本章用频率转移导纳或频率转移阻抗来描述不同频率的正弦输入量与正弦输出量之间的关系。

这样，定义电流分量的相量与增量输入的相量之比为频率转移导纳，特别注意不同频率的量，其相量基准是不同的。对于 $\omega$ 频率分量，其相量以 $\cos\omega t$ 为基准，即 $\cos\omega t$ 所对应的相量为 $1\angle 0°$；对于 $\omega-2\omega_0$ 频率分量，其相量以 $\cos(\omega-2\omega_0)t$ 为基准，即 $\cos(\omega-2\omega_0)t$ 所对应的相量为 $1\angle 0°$。

这样可以得到对应的频率转移导纳为

$$\underline{Y}_{\Delta \underline{u}_f}^{f-2f_0} = \frac{\Delta \underline{I}_{f-2f_0}}{\Delta \underline{U}_f} = \frac{\frac{1}{4}A_0^2 \delta \angle 0°}{\delta \angle 0°} = \frac{1}{4}A_0^2 \tag{22-35}$$

式中，$\underline{Y}_{\Delta \underline{u}_f}^{f-2f_0}$ 中的下标表示增量输入，上标表示增量输出的频率与增量输入的频率是不同的，为 $f-2f_0$。写成列向量的形式为

$$\begin{bmatrix} \Delta \underline{I}_f \\ \Delta \underline{I}_{f-2f_0} \end{bmatrix} = \begin{bmatrix} \underline{Y}_{\Delta \underline{u}_f}^{f} \\ \underline{Y}_{\Delta \underline{u}_f}^{f-2f_0} \end{bmatrix} \Delta \underline{U}_f \tag{22-36}$$

比较式（22-24）和式（22-36）可以看出，基于傅里叶级数展开的增量谐波线性化方法与基于泰勒级数展开的增量线性化方法性质是不同的。前者只保留与增量输入同频率的分量，略去所有其他分量，因此得到的线性化模型是一个标量。后者首先取出与增量输入成线性关系的部分，然后再从中挑出非零序的分量，因而线性化后所保留的部分除了与增量输入同频率的分量外，还包含有 $\omega-2\omega_0$ 的频率分量。因此基于泰勒级数展开的增量线性化模型是一个多频率分量模型，而不是一个单一频率分量模型。但 LTI 模型的基本特性是单一频率激励产生同一频率响应，故基于泰勒级数展开的增量线性化模型不是 LTI 模型。

上述讨论表明，为了得到 LTI 模型，必须采用双输入描述函数法对非线性元件进行线性化。换句话说，为了使非线性元件在交流稳态工作点上线性化后成为一个 LTI 元件，必须采用双输入描述函数法，而不能采用基于泰勒级数展开的线性化方法。

## 22.4 多频率耦合导纳模型的导出

采用交流稳态工作点上基于泰勒级数展开的增量线性化方法，取增量输入 $\Delta u$ 的频率为 $f-2f_0$，推导当加入的增量输入为三相负序电压信号时非线性电阻的响应特性。

对于 a 相的推导过程如下。设

$$\begin{cases} u_{a0} = A_0 \cos \omega_0 t \\ \Delta u_a = \Delta u_{f-2f_0} = \delta \cos 2\pi (f-2f_0) t = \delta \cos(\omega-2\omega_0) t \end{cases} \tag{22-37}$$

则根据式（22-28），$i_a$ 中与 $\Delta u_a$ 成线性关系的项为

$$\begin{aligned} \Delta i_a &= [1+(A_0 \cos \omega_0 t)^2] \delta \cos(\omega-2\omega_0) t \\ &= \left(1+\frac{A_0^2}{2}\right) \delta \cos(\omega-2\omega_0) t + \frac{A_0^2}{4} \delta \cos(\omega-4\omega_0) t + \frac{A_0^2}{4} \delta \cos \omega t \end{aligned} \tag{22-38}$$

对于 b 相的推导过程如下。设

$$\begin{cases} u_{b0} = A_0 \cos(\omega_0 t - 2\pi/3) \\ \Delta u_b = \delta \cos[2\pi(f-2f_0)t + 2\pi/3] = \delta \cos[(\omega-2\omega_0)t + 2\pi/3] \end{cases} \tag{22-39}$$

则根据式（22-28），$i_b$ 中与 $\Delta u_b$ 成线性关系的项为

$$\begin{aligned} \Delta i_b &= \left\{1+\left[A_0 \cos\left(\omega_0 t - \frac{2\pi}{3}\right)\right]^2\right\} \delta \cos\left[(\omega-2\omega_0)t + \frac{2\pi}{3}\right] \\ &= \left(1+\frac{A_0^2}{2}\right) \delta \cos\left[(\omega-2\omega_0)t + \frac{2\pi}{3}\right] + \frac{A_0^2 \delta}{4} \cos(\omega-4\omega_0)t + \frac{A_0^2}{4} \delta \cos\left(\omega t - \frac{2\pi}{3}\right) \end{aligned} \tag{22-40}$$

对于 c 相的推导过程如下。设

$$\begin{cases} u_{c0} = A_0\cos(\omega_0 t + 2\pi/3) \\ \Delta u_c = \delta\cos[2\pi(f-2f_0)t - 2\pi/3] = \delta\cos[(\omega-2\omega_0)t - 2\pi/3] \end{cases} \quad (22\text{-}41)$$

则根据式（22-28），$i_c$ 中与 $\Delta u_c$ 成线性关系的项为

$$\Delta i_c = \left\{1 + \left[A_0\cos\left(\omega_0 t + \frac{2\pi}{3}\right)\right]^2\right\}\delta\cos\left[(\omega-2\omega_0)t - \frac{2\pi}{3}\right] \quad (22\text{-}42)$$

$$= \left(1 + \frac{A_0^2}{2}\right)\delta\cos\left[(\omega-2\omega_0)t - \frac{2\pi}{3}\right] + \frac{A_0^2\delta}{4}\cos(\omega-4\omega_0)t + \frac{A_0^2}{4}\delta\cos\left(\omega t + \frac{2\pi}{3}\right)$$

因此，从三相系统来看，电流中的 $\omega-2\omega_0$ 频率分量是负序性质的，电流中的 $\omega$ 频率分量是正序性质的，电流中的 $\omega-4\omega_0$ 频率分量是零序性质的。

根据式（22-38）可以得到 $\omega$ 和 $\omega-2\omega_0$ 分量的表达式为

$$\Delta i_f = \frac{1}{4}A_0^2\delta\cos\omega t \quad (22\text{-}43)$$

$$\Delta i_{f-2f_0} = \left(1 + \frac{1}{2}A_0^2\right)\delta\cos(\omega-2\omega_0)t \quad (22\text{-}44)$$

这样可以得到对应的频率转移导纳为

$$\underline{Y}^{f}_{\Delta u_{f-2f_0}} = \frac{\Delta\underline{I}_f}{\Delta\underline{U}_{f-2f_0}} = \frac{\frac{1}{4}A_0^2\delta\angle 0°}{\delta\angle 0°} = \frac{1}{4}A_0^2 \quad (22\text{-}45)$$

$$\underline{Y}^{f-2f_0}_{\Delta u_{f-2f_0}} = \frac{\Delta\underline{I}_{f-2f_0}}{\Delta\underline{U}_{f-2f_0}} = \frac{(1+\frac{1}{2}A_0^2)\delta\angle 0°}{\delta\angle 0°} = 1 + \frac{1}{2}A_0^2 \quad (22\text{-}46)$$

写成列向量的形式为

$$\begin{bmatrix}\Delta\underline{I}_f \\ \Delta\underline{I}_{f-2f_0}\end{bmatrix} = \begin{bmatrix}\underline{Y}^{f}_{\Delta u_{f-2f_0}} \\ \underline{Y}^{f-2f_0}_{\Delta u_{f-2f_0}}\end{bmatrix}\Delta\underline{U}_{f-2f_0} \quad (22\text{-}47)$$

如果取增量输入 $\Delta u = \delta[\cos\omega t + \cos(\omega-2\omega_0)t]$，且取频率为 $\omega$ 的增量输入为三相正序电压信号，频率为 $\omega-2\omega_0$ 的增量输入为三相负序电压信号。那么图 22-3 非线性电阻的电流响应中必然包含 $\omega$ 与 $\omega-2\omega_0$ 分量。根据泰勒级数展开的增量线性化性质，上述 2 个电流分量可以通过叠加原理进行计算，因而这 2 个电流分量的相量可以写成矩阵形式，实际上为式（22-36）和式（22-47）相加。从而有

$$\begin{bmatrix}\Delta\underline{I}_f \\ \Delta\underline{I}_{f-2f_0}\end{bmatrix} = \begin{bmatrix}\underline{Y}^{f}_{\Delta u_f} & \underline{Y}^{f}_{\Delta u_{f-2f_0}} \\ \underline{Y}^{f-2f_0}_{\Delta u_f} & \underline{Y}^{f-2f_0}_{\Delta u_{f-2f_0}}\end{bmatrix}\begin{bmatrix}\Delta\underline{U}_f \\ \Delta\underline{U}_{f-2f_0}\end{bmatrix} = \underline{Y}_{\text{cpl}}\begin{bmatrix}\Delta\underline{U}_f \\ \Delta\underline{U}_{f-2f_0}\end{bmatrix} \quad (22\text{-}48)$$

而式（22-48）中的 $\underline{Y}_{\text{cpl}}$ 为

$$\underline{Y}_{\text{cpl}} = \begin{bmatrix}1+\frac{1}{2}A_0^2 & \frac{1}{4}A_0^2 \\ \frac{1}{4}A_0^2 & 1+\frac{1}{2}A_0^2\end{bmatrix} \quad (22\text{-}49)$$

式（22-48）所描述的 $\underline{Y}_{cpl}$ 就是频率耦合导纳矩阵，其与式（22-1）的性质是完全相同的，其逆矩阵 $\underline{Z}_{cpl}=(\underline{Y}_{cpl})^{-1}$ 就是频率耦合阻抗矩阵。从式（22-48）的导出过程可以看出，频率耦合导纳矩阵 $\underline{Y}_{cpl}$ 是由特定增量输入下的部分线性增量输出项构成的，其忽略了线性增量输出中的零序分量，比如忽略了泰勒级数展开意义上的线性项式（22-29）中的 $\omega+2\omega_0$ 分量和式（22-38）中的 $\omega-4\omega_0$ 分量。

## 22.5 频率耦合阻抗模型的性质

从 $\underline{Y}_{cpl}$ 的构建过程可以看出，$\underline{Y}_{cpl}$ 有如下性质：

1）$\underline{Y}_{cpl}$ 不是 LTI 模型。$\underline{Y}_{cpl}$ 不是严格按照傅里叶级数展开进行谐波线性化的，其保留了 $\omega$ 和 $\omega-2\omega_0$ 两个频率分量，不满足 LTI 模型的频率保持特性，即单一频率激励产生同一频率响应特性。

2）$\underline{Y}_{cpl}$ 不是电路理论意义上的导纳矩阵。式（22-48）中的 $\underline{Y}_{cpl}$ 的定义域在频率维度上是 2 个离散频率点 $(f-2f_0, f)$，在网络维度上是装置的端口节点。$\underline{Y}_{cpl}$ 描述了装置端口节点上的 2 个注入电流谐波相量与该节点上对应的 2 个电压谐波相量之间的关系，且不同频率点的谐波相量具有不同的相量基准。不具有电路理论中导纳矩阵的物理性质，只是量纲上与电路理论中的导纳矩阵一致。

3）$\underline{Y}_{cpl}$ 不是控制理论意义上的多输入多输出系统模型。根据多输入多输出系统的定义，其各个输入是完全独立的，不存在各个输入之间的频率依赖关系；而式（22-48）中的各个输入的频率是相互依赖的，各个输入之间是不独立的；因此式（22-48）不是控制理论意义上的多输入多输出系统模型。逻辑上，一个物理上的单输入单输出系统是不可能变成一个多输入多输出系统的，式（22-48）只是描述了单输出中几个分量之间的关系。既然式（22-48）不是控制理论意义上的多输入多输出系统模型，将 $\underline{Y}_{cpl}$ 看作是控制理论意义上的线性多输入多输出系统模型就更无从谈起了。

电路理论中的导纳矩阵 $\underline{Y}_{net}$ 或阻抗矩阵 $\underline{Z}_{net}$ 的定义域在频率维度上是单一频率 $f$，在网络维度上是网络中的所有节点和支路。$\underline{Y}_{net}$ 描述了单一频率 $f$ 下网络中所有节点电压相量及其注入电流相量之间的关系，且所有电压、电流相量具有相同的相量基准，并满足电路理论中的基尔霍夫电流定律和电压定律。

这样，由于 $\underline{Y}_{cpl}$ 与 $\underline{Y}_{net}$（$\underline{Z}_{net}$）的定义域在频率维度上和在网络维度上都是不同的，两者之间是不能进行常规的矩阵运算的，比如矩阵的加、减和乘法运算，因为数学上只有具有相同定义域的对象才可能进行加、减运算，即 $\underline{Y}_{cpl}$ 与 $\underline{Y}_{net}$（$\underline{Z}_{net}$）进行常规数学运算的基本条件都不能满足。这就排除了利用装置的频率耦合模型 $\underline{Y}_{cpl}$ 结合系统导纳矩阵 $\underline{Y}_{net}$ 或阻抗矩阵 $\underline{Z}_{net}$ 进行数学运算来分析电力系统谐振稳定性的可能性。

下面分析在何种条件下 $\underline{Y}_{cpl}$ 与 $\underline{Y}_{net}$（$\underline{Z}_{net}$）有共同的定义域，从而可以进行常规的数学运算。

第 1 种条件，倾向于满足网络模型的要求：将 $\underline{Y}_{cpl}$ 在频率维度上的定义域收缩到单一频率点 $f$。这种情况下，$\underline{Y}_{cpl}$ 与 $\underline{Y}_{net}$（$\underline{Z}_{net}$）在频率维度上具有相同的定义域。此时 $\underline{Y}_{cpl}$ 实际上已退化到式（22-24）所描述的增量谐波线性化标量模型 $\underline{Y}^f_{\Delta u_f}$。而 $\underline{Y}_{net}$（$\underline{Z}_{net}$）在网络维度上

的定义域是网络中的所有节点和支路，当然包括装置所接入的节点和装置所在的支路；因而 $\underline{Y}_{cpl}$ 作为装置的谐波线性化模型与 $\underline{Y}_{net}$（$\underline{Z}_{net}$）在网络维度存在共同的定义域，即装置所接入的节点和装置所在的支路；而作为标量的 $\underline{Y}_{cpl} = \underline{Y}^f_{\Delta u_f}$ 具有 LTI 元件的性质，这样 $\underline{Y}_{cpl}$ 就可以参与到 $\underline{Y}_{net}$（$\underline{Z}_{net}$）的计算中，从而可以应用 LTI 系统理论来分析系统的谐振稳定性。

第 2 种条件，倾向于满足装置频率序列模型的要求：将系统导纳矩阵 $\underline{Y}_{net}$ 在网络维度上的定义域收缩到装置端口节点，使 $\underline{Y}_{net}$ 变为一个标量；然后将 $\underline{Y}_{net}$ 在频率维度上进行拓展，即构造 $\underline{Y}_{net}$ 在离散频率点 $f-2f_0$、$f$ 下的频率耦合模型 $\underline{Y}_{net,cpl}$；这样，$\underline{Y}_{cpl}$ 与 $\underline{Y}_{net,cpl}$ 具有相同的频率维度定义域和网络维度定义域，两者之间可以进行常规的数学运算。

但这种做法的实际意义不大，理由如下：

1) 电力系统已被压缩到装置端口节点，整个电力系统被压缩为单节点系统，对研究系统层面的谐振稳定性问题已不适合。

2) $\underline{Y}_{cpl}$ 与 $\underline{Y}_{net,cpl}$ 不是元件的 LTI 模型，因此将 $\underline{Y}_{cpl}$ 与 $\underline{Y}_{net,cpl}$ 联接在一起，应用 LTI 系统理论的稳定性判据（基于系统特征值位置的稳定性判据）来判断系统的稳定性，是不能成立的。

由上述分析可知，对包含电力电子装置的电力系统，基于 LTI 系统理论进行谐振稳定性分析时，电力电子装置必须采用增量谐波线性化的 LTI 模型，即式（22-24）所示的模型，而不能采用如式（22-48）所示的多频率耦合模型。

## 22.6 展示频率耦合阻抗模型不适用于谐振稳定性分析的案例

案例系统如图 22-4 所示，为一个正序三相电源经过内阻抗带图 22-3 所示的电阻性负载。显然，图 22-4 系统是一个三相对称系统，且三相之间是解耦的，因此分析其中的一相就能了解其他两相的行为。对应图 22-4 系统的任意一相，只存在一个动态元件 $L_g$，根据基本的物理概念可以判断，此系统是一阶系统（即可以用一阶微分方程进行描述），不存在振荡模态。如果采用式（22-24）所示的增量谐波线性化 LTI 模型来描述非线性电阻的小扰动行为，那么增量电阻是一个大于零的数，图 22-4 系统的特征多项式只有 1 个负实根，系统在任何小扰动激励下都是稳定的，这是与基本物理概念相吻合的。

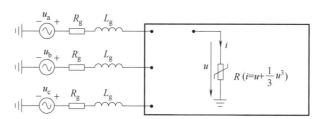

图 22-4　验证频率耦合阻抗模型不适用于谐振稳定性分析的案例系统

下面我们来考察如果采用频率耦合阻抗模型式（22-49）来对图 22-4 的案例系统进行谐振稳定性分析，会得到什么样的结果。

分析方法完全套用参考文献 [20] 的步骤和计算公式，其过程如下：

1) 计算 $\underline{\mathbf{Z}}_\Sigma = (\underline{\mathbf{Y}}_{\mathrm{cpl}})^{-1} + \underline{\mathbf{Z}}_\mathrm{g}$。
2) 计算 $\underline{\mathbf{Z}}_\Sigma$ 的行列式 $\det(\underline{\mathbf{Z}}_\Sigma) = 0$ 的根。
3) 根据 $\det(\underline{\mathbf{Z}}_\Sigma) = 0$ 的根的位置，判断系统稳定性。

根据式（22-48），已经得到 $\underline{\mathbf{Y}}_{\mathrm{cpl}}$ 如式（22-49）所示。而

$$\underline{\mathbf{Z}}_\mathrm{g} = \begin{bmatrix} R_\mathrm{g} + sL_\mathrm{g} & \\ & R_\mathrm{g} + s_\mathrm{c}^* L_\mathrm{g} \end{bmatrix} \tag{22-50}$$

根据参考文献[20]，式（22-50）中，$s = \sigma + \mathrm{j}\omega$，$s_\mathrm{c} = s - \mathrm{j}2\omega_0$，$s_\mathrm{c}^* = s + \mathrm{j}2\omega_0$。

为了使计算简单，这里直接采用数值计算。设 $A_0 = 1.0$、$R_\mathrm{g} = 0$、$L_\mathrm{g} = 1$、$\omega_0 = 1$，则有

$$\underline{\mathbf{Y}}_{\mathrm{cpl}} = \begin{bmatrix} 1 + \dfrac{1}{2} & \dfrac{1}{4} \\ \dfrac{1}{4} & 1 + \dfrac{1}{2} \end{bmatrix} = \begin{bmatrix} \dfrac{6}{4} & \dfrac{1}{4} \\ \dfrac{1}{4} & \dfrac{1}{4} \end{bmatrix} \tag{22-51}$$

$$\underline{\mathbf{Z}}_\mathrm{g} = \begin{bmatrix} s & \\ & s + \mathrm{j}2 \end{bmatrix} \tag{22-52}$$

$$\underline{\mathbf{Z}}_\Sigma = \begin{bmatrix} s + \dfrac{24}{35} & -\dfrac{4}{35} \\ -\dfrac{4}{35} & s + \mathrm{j}2 + \dfrac{24}{35} \end{bmatrix} \tag{22-53}$$

$$\det(\underline{\mathbf{Z}}_\Sigma) = s^2 + \left(\dfrac{48}{35} + \mathrm{j}2\right)s + \dfrac{24}{35}\left(\dfrac{20}{35} + \mathrm{j}2\right) = 0 \tag{22-54}$$

根据式（22-54），实际上就可以判断频率耦合阻抗模型不能用来分析系统的谐振稳定性。

因为 $\det(\underline{\mathbf{Z}}_\Sigma)$ 的性质是图 22-4 系统在小扰动下的特征多项式。而对于任何物理系统，其特征多项式的系数一定是实数；既然图 22-4 系统是物理系统，那么其特征多项式的系数一定是实数。但式（22-54）所示的特征多项式的系数存在复数，因此只存在一种可能，就是所采用的数学模型是错误的，即采用频率耦合阻抗模型来构造图 22-4 系统的特征多项式是错误的。

进一步，计算 $\det(\underline{\mathbf{Z}}_\Sigma) = 0$ 的 2 个根，为

$$\begin{cases} s_1 = -0.6857 - \mathrm{j}0.0400 \\ s_2 = -0.6857 - \mathrm{j}1.9600 \end{cases} \tag{22-55}$$

可见，$s_1$ 和 $s_2$ 不是成对的共轭复根；对于实际物理系统，这种情况是绝不可能出现的。因为与一对非共轭复根相对应的时域响应表达式为复函数而不是实函数；而任何物理系统，其时域响应一定是时间 $t$ 的实函数；出现复数形式的时域响应函数，可以肯定是虚假的结果，其原因只可能是所采用的数学模型错了。

设计此案例的原始思路是要考察基于频率耦合阻抗模型分析此系统的谐振稳定性会得到什么样的结果，但实际上分析过程只进行到特征多项式这一步，就已经证明了频率耦合阻抗模型不适用于谐振稳定性分析，这是设计此案例前没有想到的。此案例的逻辑论证过程如图 22-5 所示。

表 22-2 总结了以往相关文献在基于频率耦合阻抗模型分析系统谐振稳定性时所犯错误

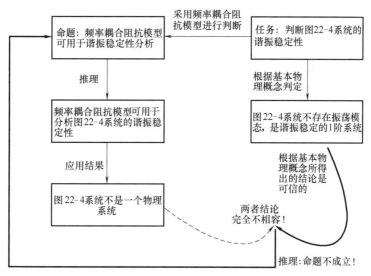

图 22-5 基于简单案例论证频率耦合阻抗模型不适用于
谐振稳定性分析的逻辑过程

的表现形式和原因。

表 22-2 基于频率耦合阻抗模型分析系统谐振稳定性时所犯错误的表现形式和原因

| 错误的表现形式 | 错误的原因 |
|---|---|
| 特征多项式的系数为复数 | 频率耦合阻抗模型为非 LTI 模型,不能应用 LTI 系统理论来分析包含非 LTI 模型的系统的稳定性 |
| 特征根为非成对共轭复根 | 1) 特征多项式为复系数的必然结果<br>2) 所对应的时域响应为时间 $t$ 的复函数,已失去实际物理意义,是一种虚假响应;实际物理系统的时域响应,不管是稳定系统的响应还是不稳定系统的响应,物理上总是有意义的 |
| 根据特征根在复平面上的位置判断系统稳定性 | 1) 非成对共轭复根情况下对应的时域响应函数是一个没有任何物理意义的虚假响应,这种情况下特征根在复平面上的位置与系统的实际响应毫无关系<br>2) 基于时域响应特性导出的根据特征根在复平面上的位置判断系统稳定性的经典判据在非成对共轭复根情况下已失去其成立的依据 |
| 应用广义奈奎斯特判据判断系统稳定性 | 1) 此判据的本质是根据特征根在复平面上的位置判断系统稳定性<br>2) 根据特征根在复平面的位置判断系统稳定性的经典判据在出现非成对共轭复根情况下已失效 |

从表 22-2 可见,不能将电力电子装置的频率耦合阻抗模型与其他元件的 LTI 模型联接在一起,应用 LTI 系统理论来分析整个系统的稳定性。

## 22.7 小结与评述

本章采用一个具体的非线性电阻模型对几种常用线性化方法的特性进行了分析,阐释了基于阻抗模型分析交流电力系统谐振稳定性的两难困境。主要结果如下:

1) 为了借助 LTI 系统理论对包含非线性装置的电力系统进行谐振稳定性分析,需要推导非线性装置的 LTI 模型。而为了满足 LTI 模型的频率保持特性，即单一频率激励产生同一频率响应的特性，非线性装置的 LTI 模型需要借助于双输入描述函数法进行推导。而在基于双输入描述函数法推导非线性装置的 LTI 模型过程中，必然会舍去非线性装置增量响应中的非高次谐波分量。因为所舍去的非高次谐波分量与增量响应的基波分量相比并不是一个高阶小量，从而对所导出的非线性装置的 LTI 模型精度造成了实质性的损伤。这个过程可以用成语"削足适履"进行非常贴切的描述。这里的"削足"就是舍去非线性装置增量响应中的非高次谐波分量，从而对所导出的 LTI 模型精度造成了实质性的损伤；而所谓的"适履"就是为了满足已成体系的 LTI 系统分析理论。由于所导出的非线性装置的 LTI 模型经过了"削足"，其对非线性装置响应的描述是不完整的，因而根据此模型基于 LTI 系统理论对电力系统谐振稳定性进行分析的结果，并不可靠。这就是期望基于阻抗模型分析交流电力系统谐振稳定性所处的第一方面困境。

2）近 10 年来有大量文献推导出了各种电力电子装置的考虑增量响应中非高次谐波分量的数学模型，本书将这些模型统称为频率耦合阻抗模型。但如何使用频率耦合阻抗模型对电力系统谐振稳定性进行分析，并没有现成的理论。从更宏观的角度来看，如果存在一种理论可以通过频率耦合阻抗模型对电力系统谐振稳定性进行分析，那就意味着困扰人类数百年的一般性非线性系统的稳定性分析问题已经得到解决；因为对于任何非线性装置，导出其频率耦合阻抗模型还是比较方便的。本书采用俗语"走断头路"来描述试图采用频率耦合阻抗模型进行电力系统谐振稳定性分析的做法，比较贴切地描述了这种做法所处的困境。这就是期望基于阻抗模型分析交流电力系统谐振稳定性所处的第二方面困境。

3）既然目前没有现成理论可以基于频率耦合阻抗模型分析电力系统的谐振稳定性问题，那么推导电力电子装置频率耦合阻抗模型工作的实际意义是什么？就本书作者的观点，频率耦合阻抗模型既不能完整反映电力电子装置的谐波分布特性，也不能用于电力系统的谐振稳定性分析。因此目前看不出电力电子装置的频率耦合阻抗建模工作有实际用处，尽管近 10 年来推导各种电力电子装置的频率耦合阻抗模型成为研究热点，发表了大量的论文、专著和学位论文，但看不出此类工作有实际意义。

4）本章使用了大量篇幅来论证频率耦合阻抗模型不是 LTI 模型，实际上这凭基本概念就可以立刻做出判断。因为根据 LTI 元件的基本特性，单一频率激励只会产生同一频率响应，这是在大学低年级电路理论和控制理论课程中反复强调的基本概念。而频率耦合阻抗模型是单一频率激励产生多个频率响应，因此，频率耦合阻抗模型一定不是 LTI 模型。

5）本章用一个简单实例论证了频率耦合阻抗模型不能与其他元件的 LTI 模型联接在一起并应用 LTI 系统理论分析电力系统的谐振稳定性。具体展示了基于频率耦合阻抗模型应用 LTI 系统理论分析电力系统的谐振稳定性时，会出现复系数的特征多项式和非成对共轭复根现象。这在实际物理系统中是不可能出现的，从而反推出频率耦合阻抗模型不能与其他元件的 LTI 模型联接在一起并应用 LTI 系统理论分析系统稳定性的结论。

6）既然基于阻抗模型分析交流电力系统谐振稳定性处于两难困境，那工程上对谐振稳定性问题该如何处理？如何对电力系统的谐振不稳定问题进行预测？如何对电力系统的谐振不稳定进行控制？就本书作者的观点，目前对电力系统谐振稳定性分析比较有效的工具仍然是经典的电力系统电磁暂态仿真和电力系统物理模型实验。

7）由于在直流工作点上基于泰勒级数展开的增量线性化模型与基于傅里叶级数展开的

增量谐波线性化模型是完全一致的,因此对于直流电网或者直流侧电网内部的谐振稳定性分析,阻抗分析法是有效的,如第 21 章 21.8 节的实际算例所示。

# 参 考 文 献

[1] SUN J. Impedance-based stability criterion for grid-connected inverters [J]. IEEE Transactions on Power Electronics, 2011, 26 (11): 3075-3078.

[2] CESPEDES M, SUN J. Impedance modeling and analysis of grid-connected voltage-source converters [J]. IEEE Transactions on Power Electronics, 2014, 29 (3): 1254-1261.

[3] 徐政, 王世佳, 邢法财. 电力网络的谐振稳定性分析方法研究 [J]. 电力建设, 2017, 38 (11): 1-8.

[4] 徐政. 高比例非同步机电源电网面临的三大技术挑战 [J]. 南方电网技术, 2020, 14 (2): 1-9.

[5] 徐政. 基于 $s$ 域节点导纳矩阵的谐振稳定性分析方法. 电力自动化设备, 2023, 43 (10): 1-8.

[6] 项国波. 非线性自动控制系统中的谐波线性化原理 [J]. 信息与控制, 1980 (1): 41-51, 81.

[7] 威斯特. 非线性控制系统分析 [M]. 徐俊荣, 译. 上海: 上海科学技术出版社, 1964.

[8] 朱绍箕. 非线性系统的近似分析方法 [M]. 北京: 国防工业出版社, 1980.

[9] 项国波. 非线性系统 [M]. 北京: 知识出版社, 1991.

[10] SLOTINE J J E, LI Weiping. Applied Nonlinear Control [M]. New Jersey: Prentice-Hall, Inc., 1991.

[11] GASPARYAN O N. Linear and Nonlinear Multivariable Feedback Control: A Classical Approach [M]. West Sussex: John Wiley & Sons, 2008.

[12] KAZEM BAKHSHIZADEH M, WANG X, BLAABJERG F, et al. Couplings in phase domain impedance modeling of grid-connected converters [J]. IEEE Transactions on Power Electronics, 2016, 31 (10): 6792-6796.

[13] SHAH S, PARSA L. Impedance modeling of three-phase voltage source converters in DQ, sequence, and phasor domains [J]. IEEE Transactions on Energy Conversion, 2017, 32 (3): 1139-1150.

[14] PINARES G, BONGIORNO M. Application of sequence domain impedances on the stability analysis of AC-grid connected converters [C] //IECON 2019-45th Annual Conference of the IEEE Industrial Electronics Society, October 14-17, 2019, Lisbon, Portugal. New York: IEEE, 2019.

[15] NOURI B, KOCEWIAK L, SHAH S, et al. Generic multi-frequency modelling of converter-connected renewable energy generators considering frequency and sequence couplings [J]. IEEE Transactions on Energy Conversion, 2022, 37 (1): 547-559.

[16] NOURI B, KOCEWIAK L, SHAH S, et al. Extension of the generic multi-frequency modelling method for Type 3 Wind Turbines [J]. IEEE Transactions on Energy Conversion, 2022, 37 (3): 1875-1884.

[17] SHAH S, KORALEWICZ P, GEVORGIAN V, et al. Sequence Impedance measurement of utility-scale wind turbines and inverters-reference frame, frequency coupling, and MIMO/SISO Forms [J]. IEEE Transac-tions on Energy Conversion, 2022, 37 (1): 75-86.

[18] 徐政. 频率耦合阻抗模型的性质及其适用性分析. 高电压技术, 2023, 49 (10): 4058-4068.

[19] 徐政. 交直流电力系统动态行为分析 [M]. 北京: 机械工业出版社, 2004.

[20] 刘威, 谢小荣, 黄金魁, 等. 并网变流器的频率耦合阻抗模型及其稳定性分析 [J]. 电力系统自动化, 2019, 43 (3): 138-146.

# 附　　录

## 附录 A　典型高压大容量柔性输电工程

### A1　南汇柔性直流输电工程

#### A1.1　基本结构

上海南汇柔性直流输电工程是亚洲第 1 个 MMC-HVDC 系统，于 2011 年 7 月投运[1-3]。该工程的一次系统接线如图 A-1 所示，其中直流电缆长度为 8km。南风换流站主接线如图 A-2 所示。南汇柔性直流输电工程是伪双极系统，直流系统通过联接变压器阀侧的丫绕组中性点经电阻接地。

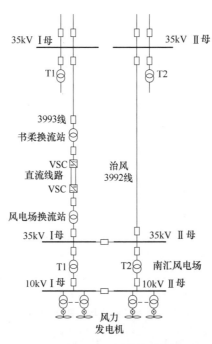

图 A-1　上海南汇风电场柔性直流输电工程一次系统单线图

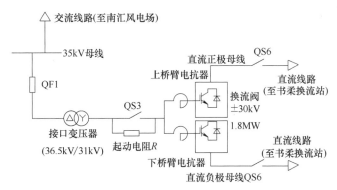

图 A-2 南风站一次接线图

### A1.2 换流站主要技术参数

上海南汇柔性直流输电工程换流站主要技术参数见表 A-1。

表 A-1 上海南汇柔性直流输电工程换流站基本参数

| 参数名称 | 大治 | 书柔 |
| --- | --- | --- |
| MMC 额定容量/MVA | 18 | 18 |
| 联接变压器型式 | 三相双绕组 | 三相双绕组 |
| 联接变压器容量/MVA | 20 | 20 |
| 联接变压器额定电压/kV | 36.5/31 | 36.5/31 |
| 绕组联结组标号 | D/Yn | D/Yn |
| 联接变压器短路阻抗 | — | — |
| 变压器中性点接地电阻/kΩ | 2 | 2 |
| 起动电阻/kΩ | 2 | 2 |
| 直流侧额定电压/kV | ±30 | ±30 |
| 直流侧额定电流/A | 300 | 300 |
| 平波电抗器/mH | 0 | 0 |
| 桥臂子模块数 | 48+8(冗余) | 48+8(冗余) |
| 桥臂电抗值/mH | 53 | 53 |
| 子模块电容值/mF | 6 | 6 |
| 子模块 IGBT 参数 | 3.3kV/1200A | 3.3kV/1200A |
| 子模块投切控制周期/μs | 100 | 100 |

## A2 南澳柔性直流输电工程

### A2.1 基本结构

南澳三端柔性直流输电系统是世界上第 1 个多端柔性直流输电工程,于 2013 年 12 月投运[4-6]。该工程的一次系统接线如图 A-3 所示,直流系统电压等级为 ±160kV,输送容量为 200MW。三端系统的送端换流站是位于南澳岛上的青澳换流站和金牛换流站,受端换流站是位于大陆的塑城换流站。青澳和南亚风电场接入青澳换流站,通过青澳-金牛直流线路汇集到金牛换流站；牛头岭和云澳风电场接入金牛换流站，汇集至金牛换流站的电力通过直流架空线和电缆混合线路送至塑城换流站。与三端柔性直流系统并列送电的交流电网是110kV交流电网。南澳三端柔性直流输电系统是伪双极系统，3个换流站都通过联接变压器阀侧的Y绕组中性点经电阻接地。

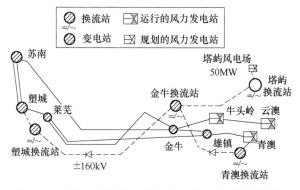

图 A-3 南澳三端柔性直流输电工程一次系统单线图

### A2.2 换流站主要技术参数

南澳三端柔性直流输电工程换流站主要技术参数见表 A-2。

表 A-2 南澳三端柔性直流输电工程换流站基本参数

| 参数名称 | 塑城 | 金牛 | 青澳 |
| --- | --- | --- | --- |
| MMC 额定容量/MVA | 200 | 100 | 50 |
| 联接变压器型式 | 三相双绕组 | 三相双绕组 | 三相双绕组 |
| 联接变压器容量/MVA | 240 | 120 | 60 |
| 联接变压器额定电压/kV | 110/166 | 110/166 | 110/166 |
| 绕组联结组标号 | D/Yn | D/Yn | D/Yn |
| 联接变压器短路阻抗(%) | 12 | 12 | 10 |
| 变压器中性点接地电阻/kΩ | 5 | 5 | 5 |
| 起动电阻/kΩ | 5 | 8 | 10 |
| 直流侧额定电压/kV | ±160 | ±160 | ±160 |
| 直流侧额定电流/A | 625 | 313 | 157 |
| 平波电抗器/mH | 10 | 10 | 10 |
| 桥臂子模块数 | 134+13(冗余) | 200+20(冗余) | 200+20(冗余) |
| 桥臂电抗值/mH | 100 | 180 | 360 |
| 子模块电容值/mF | 5 | 2.5 | 1.4 |
| 子模块IGBT参数 | IEGT 4500V/1500A | IGBT 3300V/1000A | IGBT 3300V/400A |
| 子模块投切控制周期/μs | 100 | 100 | 100 |

## A3 舟山五端柔性直流输电工程

### A3.1 基本结构

舟山五端柔性直流输电系统于2014年7月投运，是目前世界上端数最多的多端柔性直流输电工程[7-8]。该工程的一次系统接线如图A-4所示，直流系统电压等级为±200kV，包括定海、岱山、衢山、泗礁、洋山5个换流站，总容量为1000MW。定海和岱山换流站通过220kV单线分别接入220kV云顶变电站和蓬莱变电站，衢山、泗礁和洋山换流站通过110kV

单线分别接入 110kV 大衢变电站、沈家湾变电站和嵊泗变电站。舟山五端柔性直流输电系统是伪双极系统，各换流站的接地方式并不相同。定海和岱山换流站采用星形联结电抗器构成辅助接地中性点。洋山换流站采用联接变压器阀侧 Y 绕组中性点经电阻接地。衢山和泗礁换流站采用联接变压器阀侧 Y 绕组中性点经开关和电阻接地，正常运行时开关打开，即衢山和泗礁换流站正常运行时不接地。

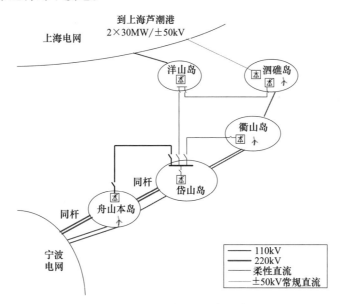

图 A-4　舟山五端柔性直流输电系统接线图

### A3.2　换流站主要技术参数

舟山五端柔性直流输电工程换流站主要技术参数见表 A-3。

表 A-3　舟山五端柔性直流输电工程换流站基本参数

| 参数名称 | 定海 | 岱山 | 衢山 | 泗礁 | 洋山岛 |
| --- | --- | --- | --- | --- | --- |
| MMC 额定容量/MVA | 400 | 300 | 100 | 100 | 100 |
| 联接变压器型式 | 三相三绕组油浸式 | 三相三绕组油浸式 | 三相三绕组油浸式 | 三相三绕组油浸式 | 三相三绕组油浸式 |
| 联接变压器容量/MVA | 450/450/150 | 350/350/120 | 120/120/40 | 120/120/40 | 120/120/40 |
| 联接变压器额定电压/kV | 230(+8/-6)×1.25%/205/10.5 | 230(+8/-6)×1.25%/204/10.5 | 115(+8/-6)×1.25%/208/10.5 | 115(+8/-6)×1.25%/208/10.5 | 115(+8/-6)×1.25%/208/10.5 |
| 绕组联结组标号 | Yn/D/D | Yn/D/D | Yn/Y/D | Yn/Y/D | Y/Yn/D |
| 联接变压器短路阻抗(%) | 15/50/35 | 15/50/35 | 14/24/8 | 14/24/8 | 14/24/8 |
| 变压器中性点接地电阻/kΩ | — | — | 2 | 2 | 2 |
| 阀侧接地电抗器/H | 3 | 3 | — | — | — |
| 阀侧接地电阻/kΩ | 1 | 1 | — | — | — |
| 起动电阻/kΩ | 6 | 9 | 26 | 26 | 26 |
| 直流侧额定电压/kV | ±200 | ±200 | ±200 | ±200 | ±200 |
| 直流侧额定电流/A | 1000 | 750 | 250 | 250 | 250 |

(续)

| 参数名称 | 定海 | 岱山 | 衢山 | 泗礁 | 洋山岛 |
|---|---|---|---|---|---|
| 平波电抗器/mH | 20 | 20 | 20 | 20 | 20 |
| 桥臂子模块数 | 250 | 250 | 250 | 250 | 250 |
| 桥臂电抗值/mH | 90 | 120 | 350 | 350 | 350 |
| 子模块电容值/mF | 12 | 9 | 3 | 3 | 3 |
| 子模块 IGBT 参数 | 3300V/1500A | 3300V/1500A | 3300V/1000A | 3300V/1000A | 3300V/1000A |
| 子模块投切控制周期/μs | 100 | 100 | 100 | 100 | 100 |

## A4  厦门柔性直流输电工程

### A4.1  基本结构

厦门柔性直流输电工程于 2015 年 12 月投运,是世界首个采用真双极带金属回线接线方式的柔性直流输电工程[9],额定电压为±320kV,额定容量为 1000MW。厦门柔性直流输电工程联接厦门市翔安南部地区彭厝换流站至厦门岛内湖里地区湖边换流站,彭厝换流站到湖边换流站距离为 10.7km。彭厝换流站的主接线如图 A-5 所示,湖边换流站的主接线与图 A-5 类似。

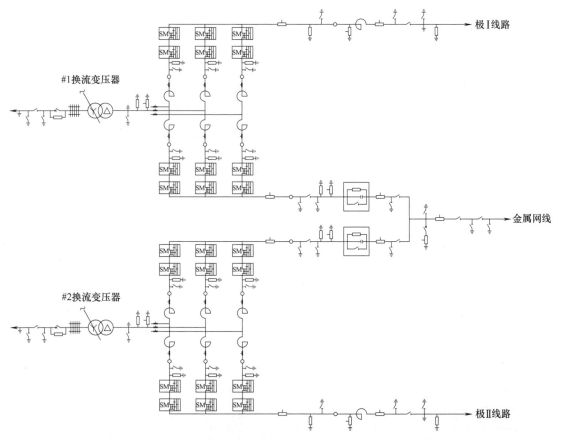

图 A-5  彭厝换流站的主接线图

### A4.2 换流站主要技术参数

厦门柔性直流输电工程换流站主要技术参数见表 A-4。

表 A-4 厦门柔性直流输电工程换流站基本参数

| 参数名称 | 彭厝 | 湖边 |
|---|---|---|
| MMC 额定容量/MVA | 500 | 500 |
| 联接变压器型式 | 三相双绕组 | 三相双绕组 |
| 联接变压器容量/MVA | 530 | 530 |
| 联接变压器额定电压/kV | 230/166.57 | 110/166.57 |
| 绕组联结组标号 | Yn/D | Yn/D |
| 联接变压器短路阻抗(%) | 15 | 15 |
| 起动电阻/kΩ | 9 | 9 |
| 直流侧额定电压/kV | ±320 | ±320 |
| 直流侧额定电流/A | 1563 | 1563 |
| 平波电抗器/mH | 50 | 50 |
| 桥臂子模块数 | 200+16(冗余) | 200+16(冗余) |
| 桥臂电抗值/mH | 60 | 60 |
| 子模块电容值/mF | 10 | 10 |
| 子模块 IGBT 参数 | 3300V/1500A | 3300V/1500A |
| 子模块投切控制周期/μs | 100 | 100 |

## A5 鲁西背靠背柔性直流输电工程

### A5.1 基本结构

鲁西背靠背柔性直流输电工程于 2016 年 8 月投运，额定电压为 ±350kV，额定容量为 1000MW[10]。鲁西背靠背柔性直流输电工程单端换流站主接线如图 A-6 所示。该系统也是伪双极系统，两端系统联接变压器采用单相双绕组 Yn/Yn 联结，网侧绕组中性点直接接地，阀侧绕组中性点经电阻接地。

### A5.2 换流站主要技术参数

鲁西背靠背柔性直流输电工程换流站主要技术参数见表 A-5。

表 A-5 鲁西背靠背柔性直流输电工程换流站基本参数

| 参数名称 | 换流站1 | 换流站2 |
|---|---|---|
| MMC 额定容量/MVA | 1000 | 1000 |
| 联接变压器型式 | 单相双绕组 | 单相双绕组 |
| 联接变压器额定电压/kV | 525/375 | 525/375 |
| 绕组联结组标号 | Yn/Yn | Yn/Yn |
| 联接变压器短路阻抗(%) | 14 | 14 |
| 直流侧额定电压/kV | ±350 | ±350 |
| 直流侧额定电流/A | 1429 | 1429 |
| 桥臂子模块数 | 310 | 438 |
| 桥臂电抗值/mH | 105 | 105 |
| 子模块电容值/mF | 8 | 12 |
| 子模块 IGBT 参数 | IEGT | IGBT |
| 子模块投切控制周期/μs | 100 | 100 |

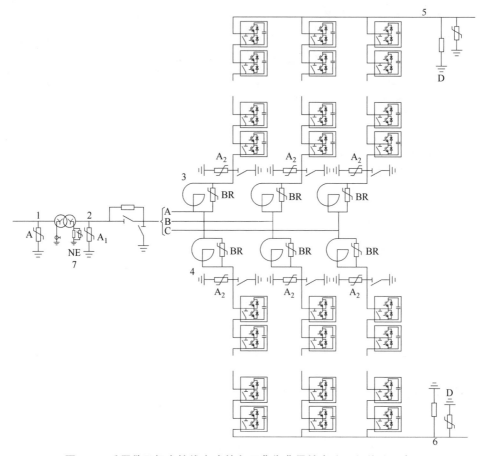

图 A-6　采用伪双极主接线方式的鲁西背靠背柔性直流工程单端示意图

## A6　张北柔性直流电网工程

### A6.1　基本结构

张北柔性直流电网工程于 2020 年 6 月投运，是世界上首个 ±500kV 柔性直流电网工程。该工程的一次系统接线如图 A-7 所示[11-12]，包括张北、康保、丰宁和北京 4 个换流站。张北柔性直流电网工程采用双极金属回线结构，全网中性线接地点设在北京站。

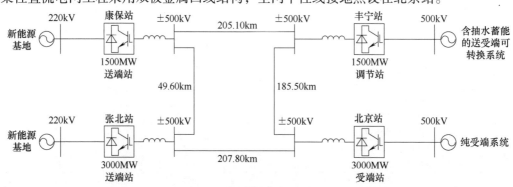

图 A-7　张北柔性直流电网接线图

## A6.2 换流站主要技术参数

张北柔性直流电网工程换流站主要技术参数见表 A-6。

表 A-6 张北柔性直流电网工程换流站基本参数

| 参数名称 | 北京 | 张北 | 康保 | 丰宁 |
|---|---|---|---|---|
| 换流站容量/MW | 3000 | 3000 | 1500 | 1500 |
| 变压器额定容量/MVA | 1700 | 1700 | 850 | 850 |
| 变压器网侧额定电压/kV | 525 | 230 | 230 | 525 |
| 变压器阀侧额定电压/kV | 290.88 | 290.88 | 290.88 | 290.88 |
| 变压器短路阻抗(%) | 20 | 18 | 15 | 15 |
| 正负极线限流电抗器/mH | 150 | 150 | 150 | 150 |
| 中性线限流电抗器/mH | 300 | 300 | 300 | 300 |
| 桥臂电抗值/mH | 75 | 75 | 100 | 100 |
| 子模块电容值/mF | 15 | 15 | 8 | 8 |
| 子模块额定电压/kV | 2.2 | 2.2 | 2.2 | 2.2 |

# A7 昆柳龙±800kV 特高压三端柔性直流工程

## A7.1 基本结构

昆柳龙±800kV 特高压三端柔性直流工程送端为云南昆北换流站，受端分别为广西柳北换流站和广东龙门换流站，地理接线如图 A-8 所示。该工程于 2020 年 12 月投入运行，是世界上首个柔性特高压直流输电工程。该工程采用±800kV 双极结构，每极由 2 个 400kV 换流器串联构成，其中昆北换流站采用电网换相换流器（LCC），柳北换流站和龙门换流站都采用全桥半桥混合型换流器（FHMMC）。

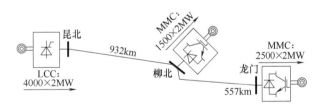

图 A-8 昆柳龙±800kV 特高压三端柔性直流工程地理接线

## A7.2 换流站主要技术参数

昆柳龙±800kV 特高压三端柔性直流工程换流站主要技术参数见表 A-7[13]。

表 A-7 昆柳龙±800kV 特高压三端柔性直流工程换流站基本参数

| 参数名称 | 昆北 | 柳北 | 龙门 |
|---|---|---|---|
| 换流站容量/MW | 8000 | 3000 | 5000 |
| 变压器网侧额定电压/kV | 525 | 525 | 525 |
| 变压器阀侧额定电压/kV | 178 | 220 | 220 |
| 变压器短路阻抗(%) | 20 | 16 | 18 |

(续)

| 参数名称 | 昆北 | 柳北 | 龙门 |
|---|---|---|---|
| 正负极线限流电抗器/mH | 300 | 300 | 150 |
| 每桥臂子模块总数 | — | 200 | 200 |
| 每桥臂全桥子模块数 | — | 160 | 160 |
| 桥臂电抗值/mH | — | 40.5 | 24.3 |
| 子模块电容值/mF | — | 12.5 | 20.833 |
| 子模块额定电压/kV | — | 2.0 | 2.0 |

## A8 白鹤滩-江苏±800kV 特高压柔性直流工程

### A8.1 基本结构

白鹤滩-江苏特高压柔性直流工程送端换流站落点于四川省内的白鹤滩水电站，受端换流站落点于江苏苏州附近，一次系统接线如图 A-9 所示[14]。该工程于 2022 年 7 月投入运行，是世界上首个采用 LCC-MMC 串联结构的柔性特高压直流输电工程。该工程采用±800kV 双极结构，每极由 2 个 400kV 换流器串联构成，其中白鹤滩换流站采用电网换相换流器（LCC），苏州换流站采用 LCC-MMC 串联结构。

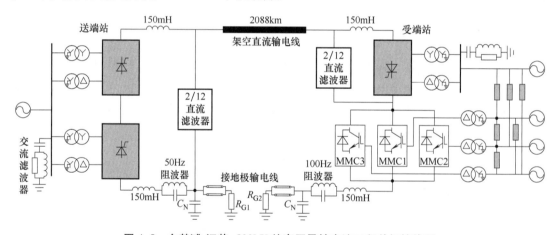

图 A-9 白鹤滩-江苏±800kV 特高压柔性直流工程单极接线图

### A8.2 换流站主要技术参数

白鹤滩-江苏±800kV 特高压柔性直流工程换流器主要技术参数见表 A-8[14-15]。

表 A-8 白鹤滩-江苏±800kV 特高压柔性直流工程换流器基本参数

| 参数名称 | 白鹤滩 400kV LCC | 苏州 400kV LCC | 苏州 400kV MMC |
|---|---|---|---|
| 换流器容量/MW | 2000 | 2000 | 1000 |
| 变压器网侧额定电压/kV | 525 | 510 | 510 |
| 变压器阀侧额定电压/kV | 179.5 | 161.50 | 210 |
| 变压器短路阻抗(%) | 19 | 18 | 15 |
| 每桥臂子模块总数 | — | — | 200 |

(续)

| 参数名称 | 白鹤滩 400kV LCC | 苏州 400kV LCC | 苏州 400kV MMC |
|---|---|---|---|
| 桥臂电抗值/mH | — | — | 50 |
| 子模块电容值/mF | — | — | 18 |
| 子模块额定电压/kV | — | — | 2.0 |

## A9  渝鄂背靠背柔性直流工程

渝鄂背靠背柔性直流工程是利用柔性直流输电实现我国西南电网与华中电网异步互联的工程，2019 年 7 月全部建成投运。异步互联前，西南电网与华中电网通过 2 个 500kV 交流通道相联接；其中北通道为九盘-龙泉通道，由双回 500kV 交流线路构成；南通道为张家坝-恩施通道，也由双回 500kV 交流线路构成。渝鄂背靠背柔性直流工程通过在原来的 2 个交流通道上各插入一个背靠背柔性直流换流站实现西南电网与华中电网的异步互联。插入的每个换流站包含 2 个±420kV、1250MW 的柔性直流背靠背换流单元，每个单元采用伪双极结构，单个背靠背换流站的总容量为 2500MW。单个±420kV、1250MW 的柔性直流背靠背换流单元的主要技术参数见表 A-9[16]。

表 A-9  渝鄂背靠背柔性直流工程单个背靠背换流单元基本参数

| 变压器网侧额定电压/kV | 525 | 每桥臂子模块总数 | 540 |
|---|---|---|---|
| 变压器阀侧额定电压/kV | 437.23 | 桥臂电抗值/mH | 140 |
| 变压器短路阻抗(%) | 14 | 子模块电容值/mF | 11 |
| 额定直流电压/kV | ±420 | 子模块额定电压/kV | 1.6 |
| 额定直流功率/MW | 1250 | | |

## A10  粤港澳大湾区背靠背柔性直流工程

大湾区背靠背柔性直流工程实现了广东电网东部电网与西部电网的异同步互联。目前广东电网东部电网与西部电网之间有 3 个通道互联，分别为南通道和中通道的背靠背柔性直流异同步互联及北通道的交流同步互联。中通道广州背靠背换流站于 2023 年 3 月投运，南通道东莞背靠背换流站于 2023 年 5 月投运。每个背靠背换流站包含 2 个±300kV、1500MW 的柔性直流背靠背换流单元，每个单元采用伪双极结构，单个背靠背换流站的总容量为 3000MW。单个±300kV、1500MW 的柔性直流背靠背换流单元的主要技术参数见表 A-10[17]。

表 A-10  粤港澳大湾区背靠背柔性直流工程单个背靠背换流单元基本参数

| 变压器网侧额定电压/kV | 525 | 每桥臂子模块总数 | 286 |
|---|---|---|---|
| 变压器阀侧额定电压/kV | 300 | 桥臂电抗值/mH | 60 |
| 变压器短路阻抗(%) | 18 | 子模块电容值/mF | 15 |
| 额定直流电压/kV | ±300 | 子模块额定电压/kV | 2.2 |
| 额定直流功率/MW | 1500 | | |

## A11 南京西环网 UPFC 工程

### A11.1 基本结构

南京西环网 UPFC 工程是世界上首个基于 MMC 的 UPFC 工程，于 2015 年 12 月建成投运。该工程的接入系统方案如图 A-10 所示，在 220kV 晓庄-铁北双回线路上装设 2×60MVA 串联换流器，在 220kV 燕子矶变电站 35kV 母线上装设 1×60MVA 并联换流器，其拓扑结构如图 A-11 所示[18]。

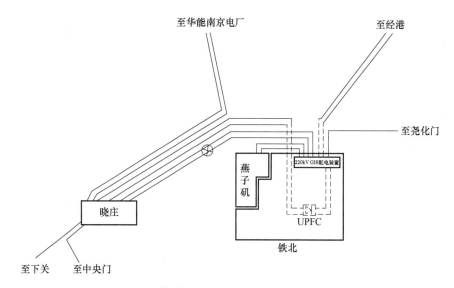

图 A-10　南京西环网 UPFC 工程接入系统方案

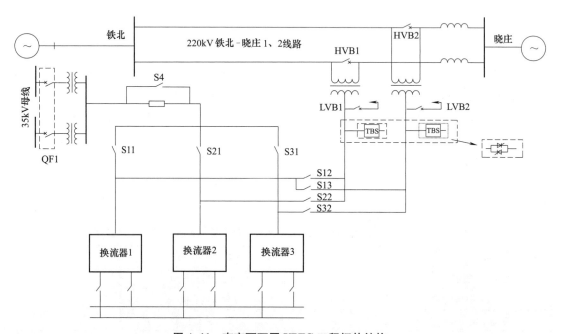

图 A-11　南京西环网 UPFC 工程拓扑结构

## A11.2 换流器主要技术参数

南京西环网 UPFC 工程的主要技术参数见表 A-11~表 A-13。

表 A-11 南京西环网 UPFC 工程换流器的主要技术参数

| 参数名称 | MMC1 | MMC2 | MMC3 |
| --- | --- | --- | --- |
| MMC 额定容量/MVA | 60 | 60 | 60 |
| 直流额定功率/MW | 40 | 40 | 40 |
| 额定直流电压/kV | ±20 | ±20 | ±20 |
| 额定直流电流/A | 1000 | 1000 | 1000 |
| 阀侧额定交流电压/kV | 20.8 | 20.8 | 20.8 |
| 额定交流电流/A | 1665 | 1665 | 1665 |
| 桥臂子模块数 | 26+2(冗余) | 26+2(冗余) | 26+2(冗余) |
| 桥臂电抗值/mH | 8 | 8 | 8 |
| MMC 等容量放电时间常数 $H$/ms | 40 | 40 | 40 |
| 子模块 IGBT 参数 | 3.3kV/1500A | 3.3kV/1500A | 3.3kV/1500A |

表 A-12 串联联接变压器的主要参数

| 参数名称 | 串联侧变压器 | 主要技术参数 | 串联侧变压器 |
| --- | --- | --- | --- |
| 变压器容量/MVA | 70/70/25 | 绕组联结组标号 | III/Yn/D |
| 变压器变比/kV | 26.5/20.8/10 | 变压器一次侧额定电流/kA | 1.5 |
| 变压器漏抗/pu | 0.2/0.3/0.075 | 安装位置 | 户外 |
| 空心电抗/pu | ≤0.4 | | |

表 A-13 并联联接变压器的主要参数

| 参数名称 | 并联侧变压器 | 主要技术参数 | 并联侧变压器 |
| --- | --- | --- | --- |
| 变压器容量/MVA | 60 | 绕组联结组标号 | D/Yn |
| 变压器电压比/kV | 35±2×2.5%/20.8kV | 安装位置 | 户外 |
| 变压器漏抗/pu | 0.1 | | |

## A12 苏州南部 UPFC 工程

### A12.1 基本结构

苏州南部 500kV UPFC 工程是世界上电压等级最高、容量最大的 UPFC 工程,于 2017 年 12 月建成投运。该工程的拓扑结构如图 A-12 所示[19]。工程采用 2 个串联侧 MMC 和 1 个并联侧 MMC 结构,其中串联侧 MMC 接入梅里-木渎双线,并联侧 MMC 接入木渎 500kV 母线。3 台 MMC 的容量均为 250MVA,3 台联接变压器容量为 300MVA,直流侧电压为±90kV。

### A12.2 换流器主要技术参数

苏州南部 UPFC 工程 MMC 主要技术参数见表 A-14。

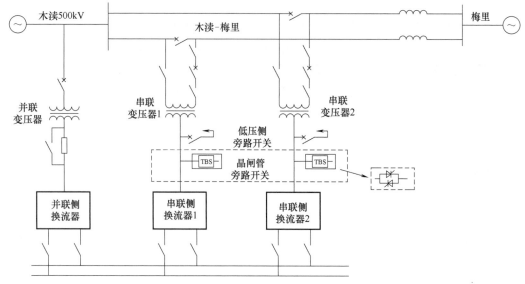

图 A-12 苏州南部 UPFC 工程拓扑结构

表 A-14 苏州南部 UPFC 工程换流器的主要技术参数

| 参数名称 | MMC1 | MMC2 | MMC3 |
| --- | --- | --- | --- |
| MMC 额定容量/MVA | 250 | 250 | 250 |
| 额定直流电压/kV | ±90 | ±90 | ±90 |
| 额定直流电流/A | 1389 | 1389 | 1389 |
| 阀侧额定交流电压/kV | 105 | 105 | 105 |
| 并联变压器电压比/kV | 525/105 | — | — |
| 串联变压器电压比/kV | — | 43.5/105 | 43.5/105 |
| 桥臂子模块数 | 112+11(冗余) | 112+11(冗余) | 112+11(冗余) |
| 桥臂电抗值/mH | 8 | 8 | 8 |
| MMC 等容量放电时间常数 $H$/ms | 40 | 40 | 40 |
| 子模块 IGBT 参数 | 3.3kV/1500A | 3.3kV/1500A | 3.3kV/1500A |

## A13 上海蕴藻浜 UPFC 工程

### A13.1 基本结构

上海蕴藻浜 UPFC 工程于 2017 年 9 月建成投运。该 UPFC 安装于蕴藻浜站至闸北站三回 220kV 线路的 2258 线路上，系统接线如图 A-13 所示[20-21]。MMC1 通过并联变压器接入 2258 线路；MMC2 通过串联变压器串接入 2258 线路。两个 MMC 结构完全相同，每个桥臂包含 30 个子模块，其中 4 个为冗余子模块。

### A13.2 换流器主要技术参数

上海蕴藻浜 UPFC 工程的主要技术参数见表 A-15。

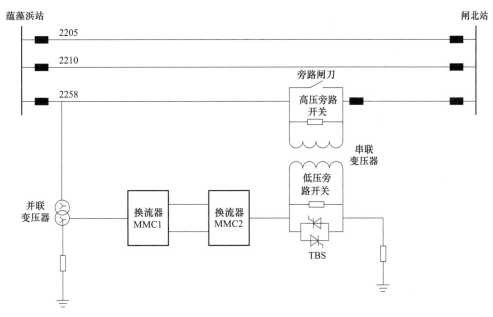

图 A-13 蕴藻浜 UPFC 工程系统接线

表 A-15 上海蕴藻浜 UPFC 工程 MMC 主要技术参数

| 参数名称 | MMC1/MMC2 | 参数名称 | MMC1/MMC2 |
|---|---|---|---|
| MMC 额定容量/MVA | 50 | 串联变压器电压比/kV | 14/18.6 |
| 直流额定功率/MW | 40 | 桥臂子模块数 | 26+4(冗余) |
| 额定直流电压/kV | ±17 | 桥臂电抗值/mH | 2.2 |
| 额定直流电流/A | 1176 | 子模块电容值/mF | 20 |
| 阀侧额定交流电压/kV | 18.6 | 子模块 IGBT 参数 | 3.3kV/1500A |
| 并联变压器电压比/kV | 220/18.6 | | |

## A14 杭州低频输电工程

### A14.1 基本结构

杭州低频输电示范工程将 2 个 220kV 供电片区通过 20Hz 低频输电线路联接起来，额定传输容量为 300MW，于 2023 年 6 月建成投运。该工程是目前国际上电压等级最高、输送容量最大的柔性低频输电工程，其拓扑结构如图 A-14 所示。

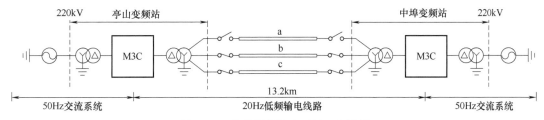

图 A-14 杭州低频输电示范工程接线

### A14.2 换流器主要技术参数

杭州低频输电示范工程 M3C 主要技术参数见表 A-16[22]。

表 A-16  杭州低频输电示范工程 M3C 主要技术参数

| 工频交流系统 | |
|---|---|
| 额定交流电压/kV | 230 |
| M3C | |
| 额定容量/MVA | 300 |
| 额定阀侧电压/kV | 64 |
| 子模块个数 | 64 |
| 子模块电容额定电压/kV | 2.15 |
| 子模块电容/mF | 14 |
| 桥臂电抗器电感/mH | 14 |
| 联接变压器 | |
| 电压比/kV | 230/64 |
| 漏抗百分数(%) | 15 |
| 低频交流系统 | |
| 额定交流电压/kV | 230 |
| 额定频率/Hz | 20 |

## A15  华能玉环 2 号海上风电场低频输电工程

### A15.1  基本结构

玉环 2 号海上风电场位于浙江省台州市玉环县海域，安装有 19 台单机容量为 16MW 的低频（20Hz）风电机组，6 台单机容量为 16MW 的工频风电机组和 6 台单机容量为 18MW 的工频风电机组，总装机容量为 508MW。风电送出工程设置一座 220kV 海上升压站，低频升压设备和工频升压设备共建在一座海上升压站上，升压后分别通过一回 220kV 低频海缆和一回 220kV 工频海缆送至陆上，然后低频海缆接入 M3C 变频器变为工频，再与工频海缆一起接入同一回 220kV 架空线路与陆上电网并网。华能玉环 2 号海上风电场送出工程接线如图 A-15 所示，计划于 2025 年底投运，将成为世界上首个 220kV 海上低频输电工程。

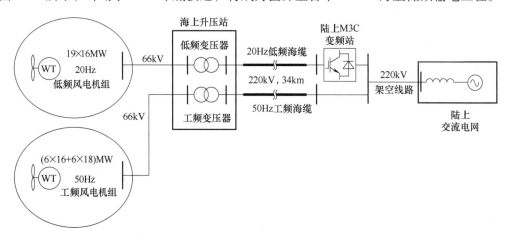

图 A-15  华能玉环 2 号海上风电场送出工程接线

### A15.2  换流器主要技术参数

华能玉环 2 号海上风电场低频输电工程所采用的 M3C 主要技术参数与表 A-16 一致。

# 参 考 文 献

[1] 乔卫东，毛颖科．上海柔性直流输电示范工程综述［J］．华东电力，2011，39（7）：1137-1140．

[2] 李尊青，季舒平，赵岩，等．柔性直流系统启动及试验分析［J］．华东电力，2011，39（7）：1144-1147．

[3] 许强，罗俊华，张丽，等．柔性直流输电示范工程电缆进线相关技术探讨［J］．华东电力，2011，39（7）：1151-1154．

[4] 伍双喜，李力，张轩，等．南澳多端柔性直流输电工程交直流相互影响分析［J］．广东电力，2015，28（4）：26-30．

[5] 杨柳，黎小林，许树楷，等．南澳多端柔性直流输电示范工程系统集成设计方案［J］．南方电网技术，2015，9（1）：63-67．

[6] 李岩，罗雨，许树楷，等．柔性直流输电技术：应用、进步与期望［J］．南方电网技术，2015，9（1）：7-13．

[7] 李亚男，蒋维勇，余世峰，等．舟山多端柔性直流输电工程系统设计［J］．高电压技术，2014，40（8）：2490-2496．

[8] 高强，林烨，黄立超，等．舟山多端柔性直流输电工程综述［J］．电网与清洁能源，2015，31（2）：33-38．

[9] 阳岳希，贺之渊，周杨，等．厦门±320kV柔性直流输电工程的控制方式和运行性能［J］．智能电网，2016，4（3）：229-234．

[10] 刘大鹏，程晓绚，苟锐锋，等．异步联网工程柔性直流换流站过电压与绝缘配合［J］．高压电器，2015，51（4）：104-108．

[11] 赵翠宇，齐磊，陈宁，等．±500kV张北柔性直流电网单极接地故障健全极母线过电压产生机理［J］．电网技术，2019，43（2）：530-536．

[12] 杜晓磊，郭庆雷，吴延坤，等．张北柔性直流电网示范工程控制系统架构及协调控制策略研究［J］．电力系统保护与控制，2020，48（9）：164-173．

[13] 陈凌云，程改红，邵冲，等．LCC-MMC型三端混合直流输电系统控制策略研究［J］．高压电器，2018，54（7）：146-152．

[14] 李晓栋．特高压混合级联直流输电系统的几个关键技术问题研究［D］．杭州：浙江大学，2022．

[15] 刘泽洪，王绍武，种芝艺，等．适用于混合级联特高压直流输电系统的可控自恢复消能装置［J］．中国电机工程学报，2021，41（2）：514-523．

[16] 潘尔生，乐波，梅念，等．±420kV中国渝鄂直流背靠背联网工程系统设计［J］．电力系统自动化，2021，45（5）：175-183．

[17] 彭发喜，黄伟煌，许树楷，等．柔性直流输电系统异同步自动控制策略［J］．南方电网技术，2023，17（3）：20-26．

[18] 国网江苏省电力公司．统一潮流控制器工程实践：南京西环网统一潮流控制器示范工程［M］．北京：中国电力出版社，2015．

[19] 国网江苏省电力公司．统一潮流控制器技术及应用［M］．2版．北京：中国电力出版社，2017．

[20] 荆平，周飞，宋洁莹，等．采用模块化结构的统一潮流控制器设计与仿真［J］．电网技术，2013，37（2）：356-361．

[21] 崔虎宝，陈国富，徐博，等．上海蕴藻浜UPFC工程计算机监控及控制保护系统架构［J］．中国电力，2019，52（10）：72-78．

[22] 吴小丹，卢宇，董云龙，等．双端柔性低频输电系统低频侧两相运行控制策略［J］．电力系统自动化，2022，46（19）：132-144．

# 附录 B　高压大容量柔性输电工程分析与设计的工具

高压大容量柔性输电工程是一种非常复杂的系统，基于解析方法对其进行分析、计算几乎是不可能的。为了弄清柔性输电系统的行为特性，必须借助于数字仿真的方法和工具。浙江大学交直流输配电研究团队根据柔性输电工程规划、设计、制造和运行的实际需求，开发了一整套与柔性输电工程相关的研究工具，下面简短介绍一下各主要工具的功能。

## B1　柔性直流输电基本设计软件 ZJU-MMCDP

ZJU-MMCDP 包括 4 个功能模块。分别是：①主电路参数确定模块；②MMC 所有电气量稳态特性展示模块；③MMC 阀损耗评估模块；④MMC 有功-无功运行范围展示模块。本书第 2 章和第 3 章的相关原理已固化在 ZJU-MMCDP 中；同时，第 2 章和第 3 章所展示的相关结果大多是由 ZJU-MMCDP 给出的。

## B2　柔性直流输电电磁暂态仿真平台 ZJU-MMCEMTP

ZJU-MMCEMTP 基于国际上普遍接受的电力系统电磁暂态仿真软件 PSCAD/EMTDC 开发，本书第 19 章对 ZJU-MMCEMTP 所采用的快速算法进行了描述。事实上，ZJU-MMCEMTP 是应用最为广泛的工具，从柔性直流输电系统的运行原理、控制策略、故障特性到绝缘配合，无不需要采用 ZJU-MMCEMTP 进行仿真。ZJU-MMCEMTP 固化了本书所描述的多种主电路结构和多种控制策略，本书自第 2 章开始的所有电磁暂态仿真波形都是由 PSCAD/EMTDC 和 ZJU-MMCEMTP 给出的。

## B3　低频输电电磁暂态仿真平台 ZJU-M3CEMTP 介绍

ZJU-M3CEMTP 基于国际上普遍接受的电力系统电磁暂态仿真软件 PSCAD/EMTDC 开发，本书第 16 章对 ZJU-M3CEMTP 所采用的模型和算法进行了描述。ZJU-M3CEMTP 固化了本书所描述的 M3C 主电路结构和控制策略，本书第 16 章的电磁暂态仿真波形都是由 PSCAD/EMTDC 和 ZJU-M3CEMTP 给出的。

## B4　通用电力网络谐振稳定性分析程序 ZJU-ENRSA

ZJU-ENRSA 基于 $S$ 域节点导纳矩阵法对交流电网和直流电网分别进行谐振稳定性分析。分析直流电网谐振稳定性时，采用直流电网的全相模型，考虑双极线路耦合模型以及双极线路与金属回线的耦合模型。本书第 21 章的相关原理已固化在 ZJU-ENRSA 中；同时，第 21 章所展示的相关结果也是由 ZJU-ENRSA 给出的。